国防科技图书出版基金

反射棱镜与平面镜系统

——光学仪器的调整与稳像

Mirror and Prism Systems

Adjustment and Image Stabilization of Optical Instruments

连铜淑　著

国防工業出版社

·北京·

图书在版编目(CIP)数据

反射棱镜与平面镜系统:光学仪器的调整与稳像/连铜淑著.—北京:国防工业出版社,2014.9
ISBN 978-7-118-08810-6

Ⅰ.①反… Ⅱ.①连… Ⅲ.①光学仪器-反射镜-研究 Ⅳ.①TH74

中国版本图书馆 CIP 数据核字(2014)第 019352 号

※

国防工业出版社出版发行
(北京市海淀区紫竹院南路 23 号 邮政编码 100048)
北京嘉恒彩色印刷有限责任公司
新华书店经售

*

开本 710×1000 1/16 **印张** 36¼ **字数** 680 千字
2014 年 9 月第 1 版第 1 次印刷 **印数** 1—2500 册 **定价** 188.00 元

国防书店:(010)88540777 发行邮购:(010)88540776
发行传真:(010)88540755 发行业务:(010)88540717

献　　给

亲爱的母亲
郑桃英女士
（1902—1974）

敬爱的中医世家
徐绣柏大夫
（1906—1999）

敬爱的老师
钱伟长院士
（1912—2010）

尊敬的领导
魏思文院长
（1910—1967）

致 读 者

本书由国防科技图书出版基金资助出版。

国防科技图书出版工作是国防科技事业的一个重要方面。优秀的国防科技图书既是国防科技成果的一部分,又是国防科技水平的重要标志。为了促进国防科技和武器装备建设事业的发展,加强社会主义物质文明和精神文明建设,培养优秀科技人才,确保国防科技优秀图书的出版,原国防科工委于1988年初决定每年拨出专款,设立国防科技图书出版基金,成立评审委员会,扶持、审定出版国防科技优秀图书。

国防科技图书出版基金资助的对象是:

1. 在国防科学技术领域中,学术水平高,内容有创见,在学科上居领先地位的基础科学理论图书;在工程技术理论方面有突破的应用科学专著。

2. 学术思想新颖,内容具体、实用,对国防科技和武器装备发展具有较大推动作用的专著;密切结合国防现代化和武器装备现代化需要的高新技术内容的专著。

3. 有重要发展前景和有重大开拓使用价值,密切结合国防现代化和武器装备现代化需要的新工艺、新材料内容的专著。

4. 填补目前我国科技领域空白并具有军事应用前景的薄弱学科和边缘学科的科技图书。

国防科技图书出版基金评审委员会在总装备部的领导下开展工作,负责掌握出版基金的使用方向,评审受理的图书选题,决定资助的图书选题和资助金额,以及决定中断或取消资助等。经评审给予资助的图书,由总装备部国防工业出版社列选出版。

国防科技事业已经取得了举世瞩目的成就。国防科技图书承担着记载和弘扬这些成就,积累和传播科技知识的使命。在改革开放的新形势下,原国防科工委率先设立出版基金,扶持出版科技图书,这是一项具有深远意义的创举。此举势必促使国防科技图书的出版随着国防科技事业的发展更加兴旺。

设立出版基金是一件新生事物,是对出版工作的一项改革。因而,评审工作需要不断地摸索、认真地总结和及时地改进，这样，才能使有限的基金发挥出巨大的效能。评审工作更需要国防科技和武器装备建设战线广大科技工作者、专家、教授，以及社会各界朋友的热情支持。

让我们携起手来，为祖国昌盛、科技腾飞、出版繁荣而共同奋斗！

国防科技图书出版基金
评审委员会

国防科技图书出版基金
第六届评审委员会组成人员

主 任 委 员　王　峰

副主任委员　宋家树　蔡　镭　杨崇新

秘 书 长　杨崇新

副 秘 书 长　邢海鹰　贺　明

委　　员　（按姓氏笔画排序）

于景元　才鸿年　马伟明　王小谟

甘茂治　甘晓华　卢秉恒　邬江兴

刘世参　芮筱亭　李言荣　李德仁

李德毅　杨　伟　肖志力　吴有生

吴宏鑫　何新贵　张信威　陈良惠

陈冀胜　周一宇　赵万生　赵凤起

崔尔杰　韩祖南　傅惠民　魏炳波

作者简介

连铜淑,男,1930 年 6 月生于上海,广东潮阳人。教授、博士生导师。1952 年毕业于清华大学机械系。1952—1996 年在北京理工大学光电工程系任教,曾任光电工程系副主任。长期致力于光学仪器和应用光学的教学与研究。在“反射棱镜共轭理论”的研究中,他创建了崭新的“刚体运动学”的学派体系,提出了一系列有关棱镜成像与转动的新概念、定理、法则、基本方程、作用矩阵、特性参量以及新型棱镜和棱镜组并编制了反射棱镜工程图表,使我国的反射棱镜共轭理论成为一个相当系统和完整的体系。这一成果在国际光学工程界享有盛誉。1980—1981 年在美国光学科学中心访问研究。多次应邀在欧美等地举行的国际学术会议上宣读论文,讲授短课,并担任会议主席。1994—1997 年多次应邀赴中国台湾与中央大学光电科学中心主任、国际光学委员会副会长张明文教授进行合作研究,指导研究生与撰书。

先后讲授过“炮兵光学仪器”、“航空军用光学仪器”、“光学系统三级像差理论”、“反射棱镜共轭理论”、“光学仪器调整与稳像”、“自动车床凸轮设计”、“机构精确度分析与计算”以及“傅里叶光学”等课程。

先后主持并参与了“强击机瞄准具”、“大型天象仪主要配套设备太阳系”、“棱镜调整与实践”等课题的研究工作,并作为主要完成人参与了“远程反坦克导弹控制技术和稳像技术”研究。

培养了硕士 4 名、博士 4 名。

著有《三级像差理论与查表法望远物镜设计》、《棱镜调整(光轴和像倾斜计算)》(北京工业学院,1973)、《棱镜调整》(国防工业出版社,1978)、《棱镜调整(原理和图表)》(国防工业出版社,1979)、《反射棱镜共轭理论》(北京理工大学出版社,1988)以及“Theory of Conjugation for Reflecting Prisms”(由英国 Pergamon Press 资助,中英合资企业 International Academic Publishers 1991 出版)。

发表论文 40 余篇。

获奖成果有:《棱镜调整》被评为“1977—1981 年度全国优秀科技图书”一等奖;《反射棱镜共轭理论》获 1992 年度部级优秀教材一等奖;《反射棱镜共轭理论(英文改进版)》获 1995 年度部级优秀教材一等奖;《棱镜调整与实践》获国防工办 1980 年重大技术改进成果二等奖;《远程反坦克导弹控制技术和稳像技术研究》获兵器工业总公司 1995 年度部级科技进步奖三等奖。拥有“分离式圆束偏器”及

“方截面等腰屋脊棱镜”两项实用新型专利。

1992年起享受国家政府特殊津贴。

曾兼任兵器工业部科学技术委员会委员、兵器工业部学位委员会委员、兵器工业部高等工业学校工程光学专业教材编审委员会委员、中国光学学会理事、北京市人民政府第二届专业顾问团顾问。

序

《反射棱镜与平面镜系统》是一本专著。主要讨论反射棱镜（含平面镜系统）的成像和转动原理。棱镜成像的特点，加上它的运动性，赋予光学仪器以诸多的性能，如周视、瞄准、扫描、跟踪、测量、调整、稳像以及体视、潜望、正像，等等。上列功能不仅同一些民用光学仪器相关，而且更为各类军用光学仪器所需。因此，本书的出版对促进国防科技发展和武器装备建设也有相当重要的意义。

本书稿是作者在他1988年出版的《反射棱镜共轭理论》以及1991年出版的同名英文修订版"Theory of Conjugation for Reflecting Prisms"的基础上，做了重大的补充、修改、提升或发展而写成的。新书稿在内容的安排上和原著具有同样的结构。它们的正文都包括数理基础、反射棱镜共轭理论和反射棱镜共轭理论的应用等三篇，并均以反射棱镜共轭理论一篇为该书的核心。新版书增添的内容有：绪论、新型的棱镜和棱镜组、新型双目体视显微镜的设计、大角度干扰观测线稳定的研究、反射棱镜光学平行差分析与计算、有限量和微量同时在棱镜系统中传递的相对独立性的推论、扫描棱镜调整结构的模型以及反射棱镜成像、位移和调整等3条定理。此外，用更典型的经纬仪和潜望测角仪取代了原测角一章的内容。

作者从事光学仪器与应用光学教学与研究已60余年。他在反射棱镜的成像和转动原理的研究中，创立了崭新的刚体运动学学派的理论体系——反射棱镜共轭理论。该学派以刚体运动表达反射棱镜成像中的物体和像体之间的关系，与此类同，又用刚体运动反映同一物体在棱镜微量转动前后所对应的两个像体之间的关系，因而允许采取刚体运动学的观点与原理来处理反射棱镜的成像和调整等光学问题。如所知，刚体运动是一种比较简单的运动，非转动，即移动。正是靠着这种模拟的关系，我国以作者为首的几位知名光学仪器专家已先后创立了8条法则、3条定理，构建了22个参量（棱镜成像特性参量和棱镜调整特性参量）。连同已推导出的30多个（组）公式，它们一起反映了棱镜成像和调整的规律性，并成为我国独树一帜的反射棱镜共轭理论的核心部分。

1973—1991年期间，作者共撰写并出版了关于反射棱镜的专著5部。其中，

《棱镜调整》于1982年被评为“1977—1981年度全国优秀科技图书”一等奖；《反射棱镜共轭理论》的中文版与英文改进版先后获1992年度和1995年度部级优秀教材一等奖。

1991年，“Theory of Conjugation for Reflecting Prisms”出版，并在牛津、纽约、北京、法兰克福、圣保罗、悉尼、东京、多伦多发行后，受到了国际著名科学家的好评。国际光学工程界权威 R Kingslake 教授认为该书“在相当一段时间内将是这个复杂课题方面的权威性的和看来是详尽的著作”；我国两院院士王大珩教授在给这本英文专著的题字中写道：“提出了有关各种反射棱镜性能的统一理论，……这是作者的一项新成就，就其实际价值，应可看做是为几何光学增添了新篇章。”某些美国公司和国际光学工程学会随接邀请他去工作和主持国际会议，并赞誉连铜淑为“反射棱镜共轭理论方面的世界一流权威”和“棱镜设计与组合方面的最佳者”。

作者在反射棱镜这个学科分支和技术领域的研究中，形成了学派，创建了理论。研究成果的学术理论水平及工程实用性，在国际同行中均居前列。因此，《反射棱镜与平面镜系统》的出版，将为光学工程界的读者提供一本学术水准上乘和内容全面、系统、翔实的实用参考书。

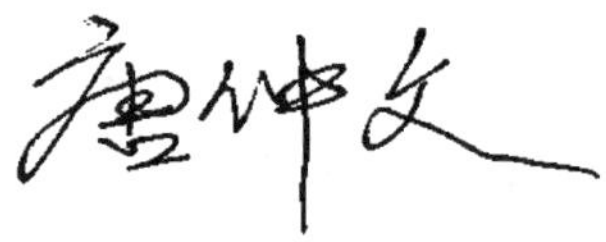

2014年2月19日

前　言

《反射棱镜与平面镜系统》一书包括数理基础、反射棱镜共轭理论和反射棱镜共轭理论的应用三篇。其中,反射棱镜共轭理论一篇为本书的核心。

数理基础篇回顾了刚体运动学的基本知识,给出了关于反射、转动、坐标转换及梯度的几个矢量公式和转换矩阵。这些都是学习和解决反射棱镜共轭理论问题所必需的。在本篇里也有一些新内容,如微转动轴矢量和刚体微量转动模式等概念、刚体微量转动的合成、刚体螺旋运动螺旋轴的求解以及用转动求坐标转换矩阵的方法等。

反射棱镜共轭理论篇主要研究反射棱镜物、像空间的共轭关系以及存在于此种关系之中的规律性。

与透镜不同,反射棱镜在许多情况下表现为一个运动的光学元件。正是由于它的这种运动的特性,光学系统才具有千变万化的形式和功能。也有不少棱镜于所在的光学系统中是固定不动的,然而在仪器生产的装配阶段,有些固定棱镜被赋予调整的功能,以其微小的位移来补偿系统成像的误差,于是它们成了变相的运动元件,只是位移很小而已。另一些固定棱镜虽然没有调整的作用,然而当需要分析和计算棱镜加工误差对其成像方位和质量的影响时,可将棱镜的每一个反射面或屋脊(即夹角为90°的两个反射面所组成的角镜)看成是一个单元棱镜,则具有加工误差的棱镜变成了诸单元棱镜所组成的一个棱镜系统,而此系统中的各个单元棱镜也都呈现为变相的运动元件,只是运动元件的微量偏转等效于它所代表的反射面或屋脊的加工误差而已。兼有调整作用的扫描棱镜是一种比较复杂的典型,因为这个问题同时与棱镜成像、棱镜微量运动以及棱镜大转动等三者相关。

上述表明,反射棱镜在大多数情况下都离不开与运动的关系,因此,本理论自然应该包括反射棱镜处在运动状态下的物、像关系。

本篇包含反射棱镜的成像、有限转动、微量位移、调整与调整规律、微量转动的传递与多棱镜系的调整、扫描棱镜调整结构的模型与棱镜稳像等内容。前三部分属于反射棱镜的基础理论,后三部分属于反射棱镜的应用理论,综合起来,组成了反射棱镜共轭理论的一个比较系统和完整的体系。它为学习最后一篇的内容奠定了一个坚实的基础。

反射棱镜共轭理论的应用篇是上一篇理论的实际运用。其中,针对几个典型的光学仪器的某些有代表性的问题进行了系统而深入的分析。在本篇中,对于一些具体的调整原理和稳像原理也作了某些补充。此外,还有一些创新性的研究和设计，如新型棱镜和棱镜组的研究以及新型双目显微镜的设计等篇章。

书中除正文外，还有习题、部分题解、程序、实用调整图表以及参考文献等。

本书内容与光学仪器的原理、设计和生产密切相关，对解决光学仪器的成像、扫描、测量、瞄准、调整、稳像、误差分析、结构设计等一系列技术问题，以至新型棱镜、棱镜组和新型光学仪器的设计与研究，都具有重要的指导意义。

本书可作为高等院校光学仪器、应用光学、光学工程以及光电信息工程与技术等相关专业研究生和本科生的教材或参考书，对从事光学仪器研究、设计、制造与修理的科技人员均有参考价值。本专著的创新思路和科学方法也许可供学术界相关人士参考。

我国广大的光学工作者，经过数十年的辛勤劳动和共同努力，在反射棱镜与平面镜系统的成像理论方面已经取得了一些可喜的成果。这些成果表现为一系列新的概念、法则、定理、方程、参量、模式、算法、程序，以及于此基础上编制的棱镜工程图表和国家标准。这些创造性的研究成果既说明了我国的反射棱镜共轭理论的学术水平，同时又显示了其工程实用化的程度。

自作者所著《棱镜调整》、《反射棱镜共轭理论》以及"Theory of Conjugation for Reflecting Prisms"等书相继出版以来，国内外光学界对此高度评价，认为，我国在平面镜棱镜系统成像与转动原理的研究方法上取得了突破，创建了"刚体运动学"的学派。"刚体运动"这一虚构的物理模型被用来模拟反射棱镜的物像关系以及像运动等真实的物理现象。刚体运动学的原理和观点好像一条主线贯穿于反射棱镜共轭理论的研究与形成的全过程。这里，刚体运动学的处理方法，其价值已不再停留在仅仅作为一种解题途径的意义上，而是已经完全融化到了理论之中，并成为具有独创性的反射棱镜共轭理论中的一个不可分割的组成部分。学派的风采为我国的反射棱镜共轭理论增添了鲜明的特色。

由于作者水平所限，书中疏漏与不足甚至是差错在所难免，敬请读者批评指正。

连铜淑

2012 年 4 月

目　录

第3篇　反射棱镜共轭理论的应用

Contents

绪　论

国防科技图书出版基金评审委员会在审查并通过本书稿时，附带提出了以下两条修改意见：①希望作者在前言中较为详细地叙述自己的学派体系的形成和发展过程；②补充一些有关创新思路和科学方法的叙述。考虑到我国和作者本人的情况，在这一方面，确实有不少可以而且值得写的材料。篇幅较大，不适合置前言中。为此，在本书正文之前增设一“绪论”，该绪论主要应具有以下两点作用：①回应基金评审委员会提出的两条修改意见；②呈现绪论自身应有的功能，即通过在绪论中所介绍的内容引导读者入门。评委会的两条意见，其涉及材料学术性较强，时间跨度达40～60年之久。由此而写成的，必然是一篇颇具深度的绪论。故建议：开始阅读本书正文之前，先请粗读它，可引您入门；读完本书之后，再请精读它，能助您梳理。

1. 反射棱镜中有什么值得探索的问题吗？——问题的提出

反射棱镜的成像原理属几何光学学科。这是一门古老的学科，一般认为在原理和内容上都已穷其究竟。

然而，在对于反射棱镜成像原理这个学科分支的认知上，过去长久地存在着一个悖论。有些人觉得这个问题非常简单，尤其是某些光学设计工作者。他/她们在做光学系统像差的计算时，把系统中的反射棱镜展开成为平行玻璃板（这相当于去除棱镜全部反射面的反射作用），而每块平行玻璃板可以当作一个最简单的透镜来对待；当进行光学系统的外形尺寸计算时，又进一步将平行玻璃板压缩成一空气层（这相当于去除棱镜入射面和出射面的折射作用），而空气层就是什么都没有。当然必须记住空气层出射面的位置。在考虑反射棱镜的正像作用时，只需上下颠倒、左右翻转，来回摆弄几个箭头就可以了。可是，另一些人，尤其是光学仪器的总体与结构设计者，当他/她们必须考虑棱镜的制造误差、光学平行差、位置误差、公差制定以及与棱镜密切相关的调整、扫描、稳像等技术，以至新型棱镜和棱镜组创造以及同棱镜理论有关的新型光学仪器研制的时候，问题就会变得非常复杂，甚至使人无从入手。困难主要来自两个方面的原因：其一是棱镜结构的空间性；其二是棱镜的运动性。棱镜的运动性表明，反射棱镜共轭理论已不纯属一个单学科的问题，多少也是一个光学－力学的跨界学科。

其实，纵然你是一位光学设计工作者，也有必要了解更多一点的棱镜知识。大约在1997年7月，北京某中外合资仪器有限公司的赵副总工程师，一位光学系统设计方面的专家，一天来找连铜淑请教一个双目体视显微镜设计中的棱镜问题。如所知，双目显微镜天生有“左、右支出射光轴发散”的缺陷，而且到了无法使用的程度。赵的研究小组试图利用系统中的一块半五角棱镜的转动来达到光轴平行性的目的，但却派生了像倾斜。他们已花去了一年多的时间，然而始终未能攻克这个难关。出资方决定再给他们两个星期时间，还解决不了，该项目就下马。连铜淑在了解到了来者所处的困境，便无条件地接下了这个难题。他首先利用他自创的“余弦律和差向量法则”(见后)在很短的时间内得到了初步的结果。然而为慎重起见，须确定残留的光轴不平行性和像倾斜的大小。为此，他继续推导准确的公式，进行了大量的计算，用了5个整天，每天从早晨7点到晚上12点，才最终完成了这一任务。解题的途径就是利用这块半五角棱镜在两个适当平面上的微量转动，以达到光轴平行而又不产生像倾斜的要求。所用原理就是光轴偏和像倾斜的综合计算。公司的工厂按照连铜淑求得的数据做出了合格的样机。后来产品拿到美国参展，订货的不少。

克服上述困难的办法需要一定的数理基础，而主要是矢量代数、矩阵以及刚体运动学等知识。但无论如何，棱镜处于转动状态下的物像关系始终被认为是一个复杂而繁琐的问题。如何能把问题简化，甚至变得十分简单，需要发掘事物的内在规律，在原理和方法上要有所创新。

连铜淑在研究方法上创建了“刚体运动学”的学派。“刚体运动”这一虚构的物理模型被用来模拟反射棱镜的物像关系以及像运动等真实的物理现象。刚体运动学的原理和观点好像一条主线贯穿于反射棱镜共轭理论的研究与形成的全过程。这里，刚体运动学的处理方法，其价值已不再停留在仅仅作为一种解题途径的意义上，而是已经完全融化到了理论之中，并成为具有独创性的反射棱镜共轭理论中的一个不可分割的组成部分。学派的风采为中国的反射棱镜共轭理论增添了鲜明的特色。

利用刚体运动学来解决反射棱镜成像的解题途径具有显著的优越性(见后)，称得上是研究方法上的一项突破。然而，这并不是一件很容易做到的事情，因为存在着不少观念上的障碍。首先是学科的跨越，一为光学，另一为运动学，分别属于完全不同的两个学科；其次是虚实之别，图像可见但不可触，有点虚无缥缈，而刚体的定义是其上任意两点间的距离绝对不变，比钢铁还硬，实在是千差万别；再者是静动之差，棱镜不动时其一对共轭的物像均处在静止状态，又谈何与运动学中的刚体运动相结缘；还有，棱镜通常用在一个透镜光学系统之中，出于透镜成像的局限性，此种系统的讨论对象，不是光线就是光束，不是像点就是像面，总之很难形成“体”的概念。以上说法有点夸张，甚至不够科学，因为即使是像点、像面，它们也是体的组成部分，何况现实世界里几何学中定义的点是不存在的，体积再小的像点也可视为像体。实际上，在近轴成像的条件下反射棱镜的一对共轭的物空间和像空间都应视为无穷大，并可看成是同一个刚体在两个不同方位上的呈现。

2. “反射棱镜调整理论”的创立(20世纪70年代)

1）连铜淑1973年提出了反射棱镜会聚光路的调整计算——会聚光路中光轴偏的计算方法

本课题来自生产实践，出于集体智慧。1973年初，连铜淑同另外几位老师曾到南京某光学仪器厂实习数月，内容为某炮队镜装校。随即拜访南京理工大学，向光学仪器教研室同行请教。接待来客的有迟泽英、卞松玲、郭英智和陈进榜等四位老师。几位老师刚好花了较长的时间在同一工厂对同一型号炮队镜的调校进行了深入的探索。

为了把问题说清楚，这里要提一下炮队镜光学系统调整的概况。设光学系统在竖直状态，位于物镜上方平行光路中斜置45°的平面镜用于调整光学系统的光轴，而调整时平面镜的转轴可处在与镜面相平行的一个平面内的任意方向。位于物镜下方会聚光路中的靴形屋脊棱镜用于调整光学系统的像倾斜，此时棱镜的转轴应该是平行于棱镜主截面的某一平面内两根给定轴线中的任意一根。调整的过程通常是，先利用上方平面镜把系统的光轴调好，然后将系统的像倾斜的调整留给靴形屋脊棱镜去完成。当然，后来发现问题并非想像中那么简单，因为单靠会聚光路中的这块棱镜是做不到的。

现在回到主题上。主人在了解了客人的来意之后，毫无保留地把他们在实习中所发现的最关键的问题告诉了来访者。他们说：“这个炮队镜调整最大的难题是在会聚光路中像倾斜的调整计算。”连铜淑当时还立刻提了一个问题：“棱镜会聚光路中像倾斜的计算方法和平行光路中像倾斜的计算方法不是一样的吗？”因为大家都知道棱镜平行光路中像倾斜（包括光轴偏）的计算方法是相对简单的。主人接着说：“是的，棱镜会聚光路像倾斜的计算方法和平行光路像倾斜的计算方法的确一样。不过，当在会聚光路中用靴形屋脊棱镜调整像倾斜时，它会派生出新的光轴偏。这样就引来了需要在会聚光路中求解由于棱镜的微量转动所造成的光轴偏的问题。”事情已经变得十分清楚了。反射棱镜在会聚光路中的光轴偏计算，这才是真正的困难所在，而且这并非一般的难题，简直就是一个课题——一个不可多得和求之不得的研究课题！这才称得上是真正的反射棱镜会聚光路的调整计算。人们也只有当这一课题被攻克之后，才有资格谈论已经比较完整地掌握了反射棱镜调整的原理和计算。因为，无论是什么形式的光学系统，反射棱镜不是在它的平行光路里，就是在它的会聚光路里，别无其他可能。

事实上，同行专家的这一启迪决定了连铜淑自那以后直至今日近40年的教学工作和研究方向。

他带着这个课题返京后，全力以赴，在较短的时间内便取得了可喜的成果。该课题得以顺利解决，无疑同连铜淑的学习和工作背景以及所具备的基础和专业知识有关，然而更主要的还是取决于以下一些概念性、观念性以及思维方法等方面的问题：

(1) 一个重要的概念——什么是光轴或什么是光轴偏？以往我们主要讨论平行光路中的调整问题。如所知，在平行光路中物、像都在无穷远处，轴外物像点的位置只能用平行光束对光轴的倾斜度来表示。换一种说法，若用一矢量代表光轴的方向，则光轴偏将由这一矢量在方向上的微量变化来表示。平行光路中关于光轴偏的这种表述方法当然是对的，然而它也会给人一种错觉，即忽略了光轴的本质是像点的位置。其实，当倾斜的平行光束进入物镜之后，它将会聚在焦平面内的一个点上，光轴即像点位置或光轴偏即像点横偏移的这一本质便显示出来。因此，会聚光路中光轴偏的计算，就是要求解棱镜绕某轴线的微量转动所造成的像点位移在像平面内的分量。

(2) 观念的转变——将刚体运动学的原理应用来求解由棱镜微量转动所造成的像点位移。在上述中已提到，点和面也是体的组成部分，何况一个点稍许扩大一些便成为体，一个面稍许增厚一些也一样。所以，连铜淑首次启用"像体"这样一个专门名词。当利用反射棱镜调整光学系统时，棱镜的转角非常小，可以忽略同一个物体在棱镜转动前后所对应的两个像体之间的差异。既然棱镜转动前后的两个像体之间没有任何变形，因此可以用同一刚体代表上述两个像体，换句话说，棱镜转动前后的两个像体的方向和位置可以被看成是同一个刚体于棱镜转移的起始和末了分别在其像空间内所占据的两个不同的方位。这样，求解由棱镜微量转动所造成的像点位移的任务，便演变成了刚体运动的问题。

(3) 利用"两步法"[2]（谢尧廷 1968 年已读到了何绍宇创立两步法的文章）。两步法把一个复杂的任务分解成为两个简单的问题，是一项优异的研究成果。两步法的提出最初被用在平行光路，不过它同样可服务于会聚光路，虽然此间也会存在一定的思想障碍。这一法则融入刚体运动学的解题途径，实为顺理成章之事。在此情形，像点微量位移的求解也分成了两个步骤：第一步，让物点绕物轴反转一微小角度而得一微量位移，并求出物点的这一微量位移所造成共轭像点的一个相应的微量位移；第二步，物点、棱镜以及共轭像点三者作为一个整体一起再绕物轴正转同一微小角度，使共轭像点又得一微量位移。此时，物点复位，棱镜完成了应有的微量转动，所以，共轭像点两个微量位移的叠加便是所求的答案（这里，像点应视为像体的一个代表）。

(4) 利用反射棱镜的一对"共轭基点"。"反射棱镜入射光轴与等效空气层出射面的交点和棱镜出射光轴与棱镜出射面的交点，二者构成了棱镜物、像空间的一对共轭点，前者为物点，后者为像点。"这对共轭点可以从国防工业出版社出版的《棱镜调整（原理和图表）》中查到，所以取名反射棱镜的一对"共轭基点"。若将一对方向共轭的物像坐标各自的原点分别定在一对共轭基点（或其他任意一对适当的物像点）处，则得到了棱镜物像空间内的一对完全共轭的坐标系。利用这样一对完全共轭的坐标系，不难由给定的物轴求得像轴以及由物轴上的一个定位点求得像轴上一个相应的定位点。这里，定位点是为了限制物、像轴随意平移的自由度，而把二者约束为滑移矢量，是为会聚光路计算的一个特点。

（5）利用运动学的现存公式。如所知，在两个或多个角速率矢量同时作用于同一个刚体的时候，如何将它们进行叠加的问题，这在运动学中是一种比较常见和简单的情况——两个或几个叉乘的合成便可以给出刚体上一任意点的线速率矢量。把这一方法移植到反射棱镜在会聚光路中微量转动的情况，那么两个叉乘的运算即可求出像点的微量位移，因而得到相应的光轴偏。

课题“会聚光路中反射棱镜的光轴偏计算”是研究工作中的一个突破口。所谓突破主要表现在以下两点：其一，在反射棱镜与平面镜系统的理论研究中引入了刚体运动学的原理和观点（此点影响深远）；其二，由于本课题的解决立刻又带来了其他的一系列成果（见下述）。

2）连铜淑 1973 年提出了光轴偏和像倾斜的综合计算——光学系统的一个完整的调整计算

以上曾经提到，当在某炮队镜用会聚光路中的靴形屋脊棱镜调整像倾斜时，它会派生出新的光轴偏，而当再用平行光路中的平面镜来消除刚才提及的派生光轴偏时，一般讲它也会派生出新的像倾斜。如此反复，调整的时间可能拖得很长。以此种炮队镜为例，综合计算的意思是：先用平行光路中平面镜的微量转动完全消除掉整个光学系统的光轴偏，此时一般讲系统中还留有一定数量的像倾斜。然后，用会聚光路中棱镜的微量转动调整掉仅仅是存留像倾斜的某一个部分，而保留着另一个部分。如上所述，棱镜刚才的微量转动派生了新的光轴偏。在此情形，当再次用平面镜来消除掉新的光轴偏时，要求由此而派生出来的像倾斜恰好与保留着的那部分像倾斜相抵消。这就是光轴偏和像倾斜的综合计算的概念。它要求在一个循环中结束调整，所以，综合计算也叫做调整的单循环计算。本例的综合计算所涉及的棱镜正好分别处在平行光路和会聚光路中，因而也是平行光路和会聚光路的综合计算。所以，本实例也是一个可以使学员得到全面训练的一个很好的大型练习。

3）连铜淑 1973 年提出了由反射棱镜的微量转动所造成的像体微量运动的基本方程——反射棱镜像体微量运动基本方程

在解决此炮队镜光学系统的调整计算时，必须推导在平行光路中平面镜的微量转动所造成的像偏转公式以及推导在会聚光路中靴形屋脊棱镜的微量转动所造成的像体微量运动公式。平行光路中平面镜的像偏转有 3 个方向上的自由度。会聚光路中反射棱镜的像体微量运动有两个组成部分：一为像偏转；另一为像点位移。前者有 3 个方向上的自由度；后者有 3 个位置上的自由度，总共 6 个自由度，与运动学中刚体运动的 6 个自由度完全一致。所以，如果只从解题方法上考虑，平行光路的问题包含在会聚光路的问题之中。这就是说，平行光路中棱镜的调整计算只需用到会聚光路中的像偏转公式，而会聚光路中棱镜的调整计算才需同时应用会聚光路中的像偏转和像点位移两个公式。因此，以为会聚光路中反射棱镜像体微量运动的两个公式只限用于会聚光路的想法是不准确的。这里的论述虽然只针对会聚光路中的一块具体的棱镜，然而所得结论具有普遍的意义。由此可见，会聚光路中反射棱镜像体微量运动这样两个公式的组合是一个完整而彻底解决问题的方程组。在本书中为它试取一个较规范的名称：反射棱镜像体微量运动基本方程或反射棱镜调整基本方程。

4）连铜淑1973年在反射棱镜调整方面，提出了“余弦律和差向量法则”或“反射棱镜调整法则”

其含义如下：

（1）根据差向量法则，可以极其方便地得到关于像偏转的3个极值特性向量。首先设定棱镜的像空间坐标，它的3根坐标轴之一为棱镜的出射光轴，另外两根垂直于出射光轴。然后沿坐标轴的方向设置3个单位矢量。在偶次反射棱镜的情况，作出与像空间坐标相共轭的物空间坐标，无疑，入射光轴肯定是3根坐标轴之一，其他两根与之垂直。同样沿坐标轴的方向也取3个单位矢量。所谓“差向量”就是从3个像单位矢量中分别减去3个对应的物单位矢量，由此得到3个差向量，再将后者乘以棱镜的微小转角，便找到了3个极值特性向量。在奇次反射棱镜的情况，只要把3个物单位矢量反一个方向就可以了，其他做法完全一样。

（2）关于3个极值特性向量的意义，上面已提到它们是像偏转的属性。这里，以平行光路为例，这3个极值特性向量分别与像倾斜及两个光轴偏分量相对应。再进一步以像倾斜为例，也就是说来讨论一下，与像倾斜相对应的那个极值特性向量究竟有何意义——当棱镜绕此极值特性向量的方向转动一微小转角，则像倾斜达到极值，而且这个像倾斜极值正好等于该极值特性向量的大小。因此像倾斜的极值特性向量的方向和大小分别取名为“像倾斜极值轴向”和“像倾斜极值”。对于分别与两个光轴偏分量相对应的两个极值特性向量，它们两两之间的关系同上述像倾斜的情况完全一致（邓必鑫后来深刻地指出差向量正是像偏转分量的梯度）。

（3）根据余弦律，可以求得棱镜绕任一轴线转动一微小转角所造成的像偏转的3个分量。还是以平行光路中的像倾斜为例，假定棱镜的转轴与像倾斜极值轴向成某一夹角，则用此夹角的余弦值与像倾斜极值相乘，便求得了棱镜绕该转轴转动这一微小转角所造成的像倾斜。两个光轴偏分量的求法也是如此，只要找出棱镜转轴分别与两个光轴偏分量的极值轴向的夹角就可以了。

（4）余弦律和差向量法则有“一石三鸟”之功：①揭示了规律；②指出了解题的途径；③规范了参量。3个极值特性向量决定了反射棱镜像偏转的全部特性，因而能够完整地反映一反射棱镜在平行光路中的调整特性。必须指出，反射棱镜的3个极值特性向量已经列入中国的国家标准（国家标准由王志坚和汤自仪编制）。

（5）实际上，余弦律和差向量法则适用于像空间中的任一方向。

5）连铜淑1978年在国防工业出版社出版了专著《棱镜调整》

该书是作者对过去二十多年的教学经验，特别是对这一时期的后六七年本人和几位同行专家在棱镜调整理论方面的研究成果，所做的一个全面和系统的总结。

这也是中国第一部论述棱镜调整理论的专著。

6）连铜淑 1979 年在国防工业出版社出版了《棱镜调整（原理和图表）》

本书以图表为主，是专著《棱镜调整》的搭配。图表中列入的棱镜，均给出一个调整图、一个调整特性数据表、一个成像特性数据表以及像偏转和像点微量位移等六个调整计算公式。本书图表的计算工作，由须耀辉和汤自义完成。程序由须耀辉编制，计算站的尤定华曾在某些关键性的问题上给予指导。这是中国第一个关于反射棱镜成像与调整的图表，用于制作此图表的程序也是中国第一个关于反射棱镜的软件。无论是图表本身，还是它的软件，二者均具有创新性和开创性的双重意义。有必要指出，须耀辉完成的这个软件具有相当的难度和特色，它的输出不仅为数据而且有公式，就连软件工程方面的专家也给以高度的评价。

以上专著是反射棱镜调整理论当时的两部代表作。

7）我国反射棱镜调整专题学术讨论会于 1979 年 1 月 9 日至 14 日在京举行

在连铜淑的主导下，中国反射棱镜调整专题学术讨论会于 1979 年 1 月 9 日至 14 日在京举行。中国兵工学会光学学会的成立大会与各专业组的专题学术讨论会同期举行。会后，《光明日报》于 1979 年 3 月 31 日以《我国光学棱镜调整理论研究进入世界先进行列》为标题，报道了“中国兵工学会光学学会最近在北京召开成立大会”的消息。反射棱镜调整的这次学术讨论会不限于国防领域，实际上是一次全国性的学术会议。

3. “反射棱镜共轭理论”及“刚体运动学”学派的创立（20 世纪 80 年代）

1）由反射棱镜调整理论向反射棱镜共轭理论的过渡

（1）刚体运动学的学派体系已趋完善和成熟。如前所述，像体的概念及刚体运动学的原理首先被用到反射棱镜会聚光路光轴偏的计算上，因而开拓了棱镜微量转动理论这个新领域——反射棱镜调整理论。通常，把反射棱镜静止状态下的物像关系称为反射棱镜成像。应当说，无论是棱镜微量转动或是平面镜系统的有限转动，它们都是以反射棱镜成像作为基础而构建起来的。因此，必须尝试将像体的概念及刚体运动学的原理运用到棱镜成像上。其实，我们已经掌握了反射棱镜的一套与刚体运动相关的、完整的成像特性参量（特征方向、特征角及反射次数三者一起代表棱镜的方向共轭参量[1]（唐家范于 1972 年的贡献），而由一对共轭基点所构成的、由物基点至像基点的矢量则代表棱镜的位置共轭参量）离设定的目标只差一步之遥。然而这一步却走了好多年。难度在于观念上的障碍。由于物、棱镜和像三者都处在静止的状态，很难把它们同刚体运动学联系起来，因为这里好似没有运动可言。然而，一旦灵感出现，情况就突然完全改变。首先，在近轴成像的条件下，反射棱镜能够给出一个同物体完全一样，即没有任何变形的像体（暂不考虑镜像的问题），不变形正是刚体的实质，因而可以用同一个刚体来代表这一对共轭的物、像体;其次,反射棱镜成像的任务是要找出一物体通过反射棱镜所成的像体,一物体通过棱镜诸反射面的每一次反射后,其对应的像体一般会有一次方位上的变化,最后由于棱镜两个折射面的共同作用还会沿着棱镜出射光轴的方向再平移一段距离。上述表明,运动原来蕴含在成像的过程之中。由此可见,反射棱镜的一对共轭的物体和像体通常具有不同的方位,因此可以把棱镜的一对物、像体看成是同一个刚体于其转移前后在空间内所占据的两个不同的方位,这样,静止棱镜物像共轭关系的问题便转化成了刚体运动学的问题。后来刚体运动学的原理又相继用于平面镜系统的有限转动、反射棱镜稳像以及反射棱镜光学平行差的分析与计算上。刚体运动学的原理和观点渗入并融化到反射棱镜成像与转动理论的各个部分,终于形成了独树一帜的刚体运动学学派。

(2) 反射棱镜成像与转动理论已经从棱镜调整理论的阶段发展到了反射棱镜共轭理论的阶段。由于内容上不断的拓宽和深化,原来以棱镜调整理论为核心内容的专著名称《棱镜调整》已不能适应,因而启用新的书名《反射棱镜共轭理论》。由上述可知,反射棱镜共轭理论是随着刚体运动学不断融入反射棱镜成像与转动原理的过程而同步发展起来的。《反射棱镜共轭理论》体系和刚体运动学学派呈现为一对"双胞胎",或者说,反射棱镜共轭理论是反射棱镜的成像与转动原理中的刚体运动学学派的理论体系。

(3) 提出了反射棱镜像点位移和像点位移分量的极值轴(梯度轴)、零值轴、零值轴平面、三维零值轴、平面三维零值极点、平面三维零值极线、空间三维零值极点,并导出了平面三维零值极点、极线的存在条件和一般解。此外,还导出了偶次反射棱镜的成像螺旋轴的位置矢量及成像螺旋运动的轴向位移,并定义了奇次反射棱镜的成像螺旋轴和反转中心。这些示性轴和示性极点进一步揭示了棱镜在会聚光路中成像与调整的规律。

(4) 增加了反射棱镜稳像的内容。反射棱镜稳像的含义是,利用棱镜的微量转动来补偿由于外界干扰而引起光学仪器成像方位的变化,当然对这一过程要求自动化。因此棱镜稳像意味着棱镜的自动调整,二者无本质上不同,只是稳像在技术上有更高的要求。

(5) 反射棱镜图表的内容扩充了。

(6) 提出了关于反射棱镜的一种新的分类法。分类法依据的标志是棱镜的成像特性和调整特性——先按照成像的特性进行棱镜的粗分,然后再依据调整的特性进行棱镜的细分。

2) 连铜淑 1988 年在北京理工大学出版社出版了专著《反射棱镜共轭理论》

这是连铜淑对他在光学仪器专业从事教学与研究工作三四十年以来所取得的经验及成果的一个全面和系统的总结(含同行专家的一些成就)。

3) 连铜淑 1991 年在万国学术出版社(International Academic Publishers, A Pergamon – CNPIEC Joint Venture) 出版了英文专著"Theory of Conjugation for Reflecting Prisms"

本专著由英国的 Pergamon Press 在牛津、纽约、北京、法兰克福、圣保罗、悉尼、东京、多伦多等八大城市发行。该书是中文版《反射棱镜共轭理论》的改进版，收入了新的研究成果（新的研究成果含毛文炜的贡献）。

这两本专著是反射棱镜共轭理论当时的代表作。

近二十年，连铜淑又在新型棱镜和棱镜组的创造（含赵跃进持有的国家专利“分离式道威棱镜阵列”）、反射棱镜光学平行差的分析与计算、微量转动的算法、棱镜调整的模式、扫描棱镜调整结构的模型、新型双目显微镜研制以及反射棱镜调整理论的自身发展等方面取得了新的进展。

特别是近两年，他在原有一些法则的基础上，提升和发展了三条定理：反射棱镜成像定理、反射棱镜位移定理以及反射棱镜调整定理。

4. 基于刚体运动学的反射棱镜共轭理论的优点和国内外著名专家的评价

1）优点

（1）刚体运动学是一门非常成熟的学科分支，因此可以沿用运动学中的一些适当的概念、公式和方法来解决反射棱镜成像与转动的问题。例如：反射棱镜像体微量运动基本方程及成像螺旋轴均来自刚体运动学，等等。

（2）有助于发现反射棱镜成像与转动的内在规律。本学派以刚体运动表达反射棱镜成像中的物体和像体之间的关系，与此类同，又用刚体运动反映同一物体在棱镜微量转动前后所对应的两个像体之间的关系，因而允许采取刚体运动学的原理来处理反射棱镜的成像和调整等光学问题。如所知，刚体运动是一种比较简单的运动，非转动，即移动，仅此而已。正是靠着这种模拟的关系，到目前为止，我们已经创立了 8 条定理和法则，构建了 22 个参量（成像特性参量和调整特性参量）。连同已推导出的 30 多个（组）公式，它们一起反映了棱镜成像和调整的规律性，并成为我国反射棱镜共轭理论核心的组成部分。

（3）极大地降低了设计和计算的难度。反射棱镜图表含 54 块常用棱镜的上述参量及像体微量运动方程组。这套工程图表极大地方便了相关工程技术人员的设计、计算，尤其是免除了对一棱镜诸反射面进行逐面计算的繁琐步骤，因为在确立相关参量的时候已然经历过了这样一个麻烦的过程。

2）评价

（1）周培源院士：“根据连铜淑同志在几何光学科学研究上的贡献，……我同意晋升他为教授。”

（2）王大珩院士（我国两弹一星元勋，两院院士，战略科学家）在给“Theory of Conjugation for Reflecting Prisms”一书的题字中写道：“提出了有关各种反射棱镜性能的统一理论，……这是作者的一项新成就，就其实际价值，应可看做是为几何光学增添了新篇章。”

（3）周立伟院士在祝贺连铜淑 80 岁生日的诗词中写道：“传承拓新，桃李天下,棱镜调整,中国学派。”

(4) Rudolf Kingslake (国际光学工程界权威,美国 Rochester 大学光学研究生院终身教授,美国柯达克总公司原光学总设计师) :“I imagine it will long remain the definitive study of this complex subject。”

清华大学外语系系主任程慕胜教授译:“ 我认为这本书在相当一段时间内将是这个复杂课题方面的权威性的、详尽的著作。”(依据 Webster's Ninth New Collegiate Dictionary 1988 版)

(5) SPIE 的学术主任 Dr. Terry Montonye 邀连铜淑在 SPIE 91 年会上讲授题为“Theory of Conjugation for Reflecting prisms, Adjustment, and Image Stabilization of Optical Instruments”的短课。

(6) 1992 年,美国 TIR 公司技术部主任 Dr. Bill Parkyn 来函正式聘请连铜淑为公司顾问,月薪 4000 美元,并称作者是反射棱镜共轭理论方面的世界一流权威。

(7) 1993 年,SPIE 的学术主任 Dr. Terry Montonye 来函正式邀请连铜淑担任 1994 年 7 月在美国圣地亚哥举行的题为“紫外、可见光、近红外光学仪器先进设计”的国际会议的主席,并称连铜淑是棱镜设计与组合方面的最佳者(You' re the best at design and integration of prisms)。

(8) Dr. Bill Parkyn (TIR Company) 获悉连铜淑将参加 SPIE 95 年会,事先发出传真。传文如下:

“I hope you can stay for a time in the U. S. , in order to assist us in our optical design activities because of your unique skills and experience. We would be eager to employ you for the term of an extended visa. Any U. S. Government officials may contact us for anything you need. I hope to see you at the conference, where I will be a speaker at the non-imaging optics session. ”

(9) 1994 年 5 月,应国际光学学会副理事长、中国台湾中央大学光电科学研究中心主任张明文教授的邀请,连铜淑和许惠英一起赴台,在张教授举办的“光机械设计讲习会”上讲授题为“反射棱镜共轭理论及其应用”的课程。后来,连、许二人又应邀先后于 1996 年和 1997 年两次赴台在该中心与张教授合作撰书和指导研究生。

5. 小结

1) 举一反三的学术思想以及新旧观念的转变

科学研究的第一步是立题。课题当然可以来自上级部门下达的任务,但这里要强调的是:课题也可能来自实际,或来自群众。后者正是连铜淑所经历的情况。发现问题非常重要,因为它是解决问题的必要条件。一般讲,发现问题就等于问题已经解决了一半,甚至于更多。

反射棱镜会聚光路的光轴偏计算是南京理工大学几位同行的朋友传授给作者的一个非常宝贵的课题。对 “反射棱镜成像和转动的刚体运动学学派的理论体系”的形成而言,该课题是那么好的一个突破口或切入点。因为,它不单纯是一个光轴偏计算的问题，或者说它并非只限于一个像点的微小位移，而更重要地，它将涉及到整个像体(刚体)的微量运动，而所谓像点的微小位移只不过是整个像体微量运动中的一个组成部分而已。这就是说，棱镜会聚光路光轴偏计算最终会引出刚体(像体)微量运动的6个自由度，即像点微量位移的3个自由度(整个像体平移此微小位移的3个自由度)再加上像偏转的3个自由度(整个像体绕过此像点的某一轴线转动一微小角度的3个自由度)。当然，要用心思考，不过那只是迟早的事。

机遇总是留给已经做好了准备的人。连铜淑的背景：基础和专业知识、兴趣、精力以及思想状态，都恰到好处地与这一课题的情况相呼应。也许这就是天赐良机。总之，他把握住了。

研究工作是在“举一反三”这一思想的指导下进行的。不过，这只是一种潜在的作用。关键在于要扫除一些观念上的障碍以及建立一些新概念，且二者是相关的。头等重要的概念应该是“像体”。像体在这里是一个术语，它本应属于反射棱镜的专利，然而由于种种原因，就连像体这个概念的形成也颇费一番周折。其实，在反射棱镜会聚光路的调整计算中，除了像点、像面之外，还要面对“像轴”的问题，而且由于像轴和像面一般都不重合，因此在棱镜调整中像体是客观存在的。棱镜的这个像体必须是刚体，或者说“刚体”是这里第二个重要的概念。而棱镜成像的不变形，应是促使像体成为刚体的唯一的关键因素，因为不变形是刚体的一个最通俗的定义。第三个重要概念则是“刚体运动”，即用刚体运动来描述棱镜静止状态下的物像关系或棱镜微量转动前后的两个像体之间的关系。根据成像的观点分别对反射棱镜诸反射面和两个折射面的作用所做的深入分析以及根据运动的观点进而对反射棱镜的成像所做的深入分析，为建立上述三个重要的概念提供了充分的理据。于是，像体的概念和刚体运动学的原理开始被引入棱镜调整，二者的结合达到了水乳交融的程度。不仅如此，刚体运动学还对棱镜微量转动理论的发展起到了催化的作用。随着反映棱镜微量转动内在规律的定理、法则、参量和公式，一条条、一个个，相继被发掘和推导出来，加上一套工程实用化的棱镜调整图表的出炉，棱镜微量转动的原理日趋成熟，而最终形成了我国自成一帖的“反射棱镜调整理论”。与此同时，刚体运动学学派也显露其雏型。

棱镜调整理论应该是我们在反射棱镜研究工作中的一个阶段性成果，因为它还只限于在棱镜微量转动的范围。就目前所知，一个完整的“反射棱镜成像与转动”的范围似应覆盖反射棱镜成像、微量运动与调整、平面镜系统和反射棱镜(在允许棱镜做有限转动的条件下)的有限转动与扫描、扫描棱镜调整以及反射棱镜制造误差所造成的总量像偏转与光学平行差(即固定棱镜的多棱镜调整计算)等领域。关于“扫描棱镜调整”的问题，要加一点说明：这个课题或领域是从光学仪器用反射棱镜进行稳像、测角、周视等功能中抽象出来的。后来，在相当长的一段时间里，由于刚体运动学的观点和原理先后地被引入上述的各个领域，反射棱镜成像与转动原理的内容不断扩充和深化，因而从反射棱镜调整理论的阶段发展到了反射棱镜共轭理论的阶段。与此同时,反射棱镜理论研究中的“刚体运动学”学派也趋成熟。

纵观反射棱镜共轭理论的形成过程,也就是刚体运动学的观点和原理逐步被融入反射棱镜成像与转动原理的过程,它基本符合以下三点:

(1) 从易到难。始于平行光路而终于会聚光路。

(2) 由点及面。始于微量转动,后形成反射棱镜调整理论,之后逐渐波及其他领域,全面开花,而终成反射棱镜共轭理论。

(3) 由理到工。始于理论:概念、定理、法则、公式、参量;最后落实于工程:图表与标准。特性参量是理论与工程之间的一个结合点,它以简明、透彻的方式标志棱镜的某种功能,同时又非常便于科技人员的使用。

2) 创新的思路以及科学的方法

思维方法对于研究工作的成功与否具有关键的作用。在反射棱镜共轭理论的形成与发展过程中,创新思路主要有以下几个方面,而每一个方面会罗列几个例子。

(1) 举一反三——模拟和移植可以视为它的一些变式,“灵活应用”可看作它的一种通俗的诠释。例一,刚体运动学原理在反射棱镜成像与转动上的应用。例二,棱镜调整理论在反射棱镜制造误差所引起的总量像偏转和光学平行差上的应用。

(2) 转变观念——传统观念往往作为一种习惯势力而成为事物前进的一种障碍。仍然采用与上述相同的两个例子:例一,刚体运动学和反射棱镜成像分属于两个不同的学科,二者怎么能互通呢?例二,棱镜调整涉及位置误差,而棱镜光学平行差涉及制造误差。前者为外部误差,后者属内部误差,它们又何以能相通呢?

(3) 化繁为简——把一个混合的问题转换成两个单纯的问题,是常见的一种化繁为简的做法。例一,一块反射棱镜在展开后变成了一个单纯的反射面系统(反射部)和一块单纯的平行玻璃板(折射部)所形成的串联组合。例二,在物体不动的情况下光是由棱镜转动所造成的像体运动本来呈现为一个比较复杂的像运动,所谓“复杂”指的是:在所求的像运动里,既含有纯机械转动的因素,又混杂有棱镜成像的光学因素的状况。而“二步法”就是把这一复杂的任务分解成两个简单的步骤:其一为物与像之间的一种对应的转动(光学的成像运动,因为棱镜静止不动);其二为物、棱镜、像三者一起作为一个整体的转动(纯机械的运动)。在某些情况下,合二为一的结果倒反而简单。例三,90°角镜是由夹角为90°的两个反射面组成的两面镜,即反射棱镜中常见的屋脊。对于这种屋脊,单独考虑每一个反射面的作用比较复杂,而把两个反射面合起来处理则反倒简单。其实,我们用一些特性参量来标志整体棱镜的某些成像或调整的性能,以避免每次都要对棱镜诸工作面进行逐面计算的那种麻烦,这也就是在例三所提到的合二为一的意思。

(4) 数、理互动——数学是物理的抽象;它们是量和质的关系。这两种理解都可以接受，然而还必须指出数学对物理的反作用，或者说数学和物理的互动关系。在科技工作中常常需要推导公式，而对于推导过程及所得的结果又往往会提出这样一个问题——它的物理意义是什么？或是，它到底有什么物理意义？由此可见，推导的过程和结果一定能加深我们对一物理现象或物理过程的理解，进而认清事物的本质。例一，对于“特征矩阵”，原先的理解仅限于把它当作一个与“作用矩阵”意义相类似的一个成像参量，只不过特征矩阵多一点运动学的色彩而已。后来在一次偶然的机会，经过一定的数学推导，结果表明特征矩阵还扮演着另一个重要角色，即“误差角矢量”或“微转动轴矢量”的传递矩阵。这样，特征矩阵与作用矩阵之间又多了一层关系——二者分别为角矢量和线矢量的传递矩阵。此后，这一结论为某些公式的推导带来了不少的方便。例二，在物体方向不变的情况下，试求出棱镜绕某一轴线完成一有限角转动所引起的像体方向的变化——这好似一道习题。传统上采取坐标转换的方法：先将作为输入的物体方向矢量由定坐标转换到与棱镜一起转动的动坐标中（输入矢量左乘一坐标转换矩阵），接着在动坐标中求出共轭的像体方向矢量（再左乘一作用矩阵），然后将这个像体方向矢量再由动坐标转回定坐标中（再左乘一反向坐标转换矩阵，最后成为一个“三连乘式”）。如所知，这里的坐标转换源于棱镜的转动，所以由定坐标到动坐标和由动坐标到定坐标的两个坐标转换矩阵可以用绕该轴线反转一有限角和绕同一轴线正转同一有限角的两个转动矩阵加以取代。根据取代后的三连乘式的物理意义，“二步法”便会立刻浮出水面。以上的推导过程及其结果说明了：①“二步法”是可以推导出来的。②所谓二步法的实质是，由定坐标到动坐标的转换为第一步，而再由动坐标转回到定坐标则为第二步。③无论是二步法还是坐标转换法，相对运动应是二者的共同基础。数学和物理互动的推导过程及其结果使我们对“二步法”的物理意义有了更深刻的了解。以上二例说明，数学对物理的反作用有助于揭示事物的本质。

（5）概括——通常，“概括”有总结或梳理的意思。然而，作为一种思维方法，那它的作用就非同小可。要想在科学研究的工作中发明或创造出点什么，尤其是在理论上，离开“概括”这一思路是不行的，因为需要由它来发现共性，揭示规律。这方面的例子很多，如反射棱镜共轭理论中的 8 条定理、法则和 22 个参量，每一条、每一个都是通过“概括”而提炼出来的。当然，必须做好之前的大量工作，但临门一脚仍是关键，否则就好比是只开花而不结果。所谓模式、模型，以至于分类，也均与概括有密切的关系。抽象是一个哲学术语，它表示从许多事物中抽出共同的、本质属性。所以，抽象似乎是概括的一个同义词。下面用一个稍微详细一点的例子来说明抽象的作用。对于一个普通的单眼望远系统（带分划板），其校正内容主要有光轴（定中心）、像倾斜、像面偏、视差以及视度。对于一个普通的双眼观察仪器，必须考虑两个望远系统成像的一致性，故增校光轴平行性、相对像倾斜以及放大率差。若是带铰链的双望，则还需保证各分支望远镜的光轴均平行于铰链轴的轴线（分校光轴）。对于一些专用的光学仪器，则除了上述的基本校正项目以外，还有一些专项校正,例如测距仪的高低失调和距离失调,等等。尽管调整的名目繁多,然而途径只有一条,即无论是调整哪一个项目,最终总要通过调整像体的运动来实现该调整项目所要达到的目的。因此,作为棱镜调整理论,这里只研究棱镜微量位移与由其所致的像体微量运动之间的关系。具体说,像体微量运动等于像偏转和像点位移按照一定方式而形成的一个组合。在平行光路中,像偏转的 3 个分量分别代表像倾斜和两个光轴偏分量;在会聚光路中,像偏转的 3 个分量分别代表像倾斜和两个像面偏分量,而像点位移的 3 个分量则分别代表视差和两个光轴偏分量。以上像体的 6 个自由度的运动分量与像体的 6 个通用的调整量是相呼应的,它们都是从五花八门的调整项目中抽象(概括)出来的。其实有些思维方法之间也是相通的,如果无法从多个事物中概括(抽象)出共性来,那也就谈不上什么举一反三了。

(6) 温故而知新——我国的一句著名的古训。随着时间的推移,每个人的阅历都在增长,看问题的水平也在不断地提高。人若能站在这样一个更高的层次上去重温过去的研究成果,无论是你自己的或是他人的,则往往可以提高对原事物的认识或体会,甚至是又一种新的发现。本书里有很多这样的实例。“关于 6.1 节和 6.2 节的小结”一段就是一个很好的例子。在我们已经认识到了反射棱镜的特征矩阵可以作为微转动轴矢量或角矢量的传递矩阵的新意之后,再去审视分别与反射棱镜微量转动和微量移动相对应的两条法则的时候,发现微量转动那条法则的条文似应做些修改,而微量移动那条法则的名称及条文也均需稍作变动。这些变化增强了法则及其定义的逻辑性,因为改后的结果更加符合事物自身的内在规律。当然,变动前后的两种情况在正确性方面没有任何差别,只是后者的表达方式更科学,更加自然合理而已。

以上是作者长期在反射棱镜的研究实践中所总结出来的在思维方法方面的一些体会,仅供参考。而对每一位年轻的读者来说,只有通过个人的工作实践才能总结出真正属于自己的一套思维方法。至于怎样达到这个目标,作者本人倒有一个小“窍门”,那就是当在工作中遇到一个困难的时候,譬如说需要推导一个属于本专业范围内的公式,就必须设法自己努力去把这个公式推导出来,哪怕花上一个月或更长的时间也是值得的。这个窍门显然不是一条什么捷径,而应视为对每一位年轻科技工作者的一种严峻的考验。谁能够不断地亲自参与解决一个又一个的难题,克服一个又一个的困难,谁就能到达胜利的彼岸。收获将是全方位的,不仅仅是扎实的知识、丰富的经验,而且是思维上的飞跃。

实验和实习在我们的研究工作中具有极其重要的作用。实验不只作为一种手段,而且是检验理论及计算结果正确与否的唯一标准。在撰写《棱镜调整》一书之前,作者曾多次赴苏州、无锡、南京等地的光学仪器厂,在几个选定的产品上进行了有针对性的实验,累计时间一年。实验的结果表明,基于刚体运动学原理的棱镜调整理论及计算是正确的。实验的成果保证了专著《棱镜调整》的先进性、正确性、实用性以及上乘的学术水平,并推动反射棱镜理论研究的继续发展。

3）反射棱镜共轭理论结构图

结构图(见图1)说明反射棱镜共轭理论的各个组成部分以及它们之间的相互关系。图1还列举了一系列研究成果,并指出刚体运动学学派与反射棱镜共轭理论之间的交融关系。

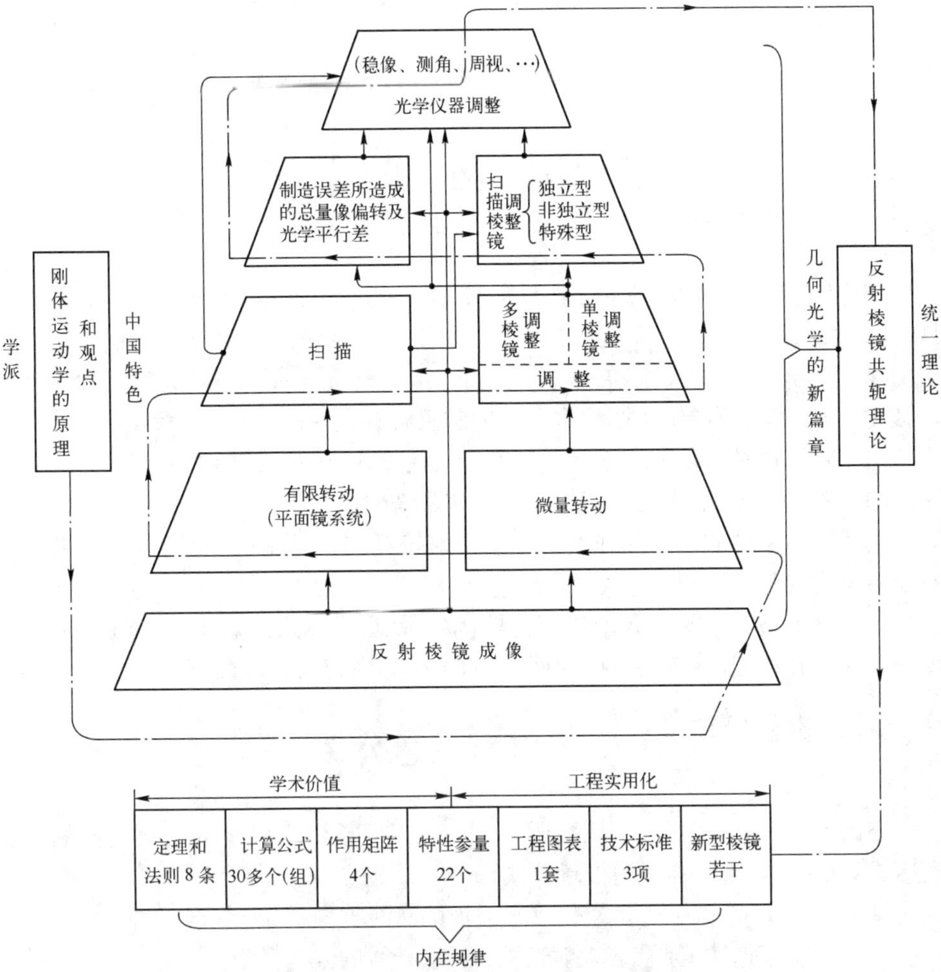

图1 反射棱镜共轭理论的组成与结构体系

第1篇　数理基础

第1章　数理基础

与透镜相比较，平面镜系统和反射棱镜具有两个重要的特点：其一为不对称性；其二为可运动性。这两个因素使得平面镜棱镜系统的光路以及它们的一对共轭的物、像空间之间的关系，在很多情况下，会呈现为空间结构极其复杂的一些图形，以至于根本不可能用作图法进行描述和求解。

为了克服这种由于三维立体空间所造成的困扰，矢量代数、矩阵以及立体解析几何的某些基本知识，将给我们提供一个非常有效的工具。

既然刚体运动的原理和观点贯穿于反射棱镜共轭理论的始终，因此也有必要对刚体运动的基本原理作一简介。

考虑到本书的主要目标，加之篇幅所限，所以，本章仅结合书中后述章节的需要，对有关的数理基础作一简要的回顾，而不求其内容的完整性。

1.1　反射矢量公式

棱镜包括一个或多个反射面，所以单一反射面或单平面镜的反射定律的矢量表达式是最基本的，简称反射矢量公式。

见图1-1-1，用单位矢量$\boldsymbol{N}$代表平面镜的法线方向（朝外）；矢量$\boldsymbol{A}$和$\boldsymbol{A}'$分别代表入射光线和反射光线的方向，或换一种说法，$\boldsymbol{A}$和$\boldsymbol{A}'$代表一对共轭的物、像矢量。

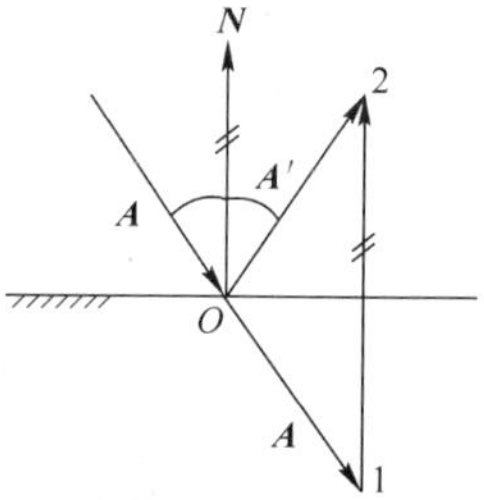

图1-1-1　光线反射矢量图

由图中的矢量三角形$O12$，不难求得

$$\boldsymbol{A}' = \boldsymbol{A} - 2(\boldsymbol{A}\cdot\boldsymbol{N})\boldsymbol{N} \qquad (1\text{-}1\text{-}1)$$

这就是所谓的反射矢量公式。

众所周知，当矢量表达式用作具体运算时，通常须设置一坐标系。

设$\boldsymbol{A}$、$\boldsymbol{N}$、$\boldsymbol{A}'$在坐标xyz上的分量为A_x、A_y、A_z、N_x、N_y、N_z、A'_x、A'_y、A'_z，并将它们代入(1-1-1)式，得

$$A'_x = (1-2N_x^2)A_x - 2N_xN_yA_y - 2N_xN_zA_z$$
$$A'_y = -2N_xN_yA_x + (1-2N_y^2)A_y - 2N_yN_zA_z$$

$$A'_z = -2N_xN_zA_x - 2N_yN_zA_y + (1-2N_z^2)A_z \qquad (1-1-2)$$

可见,反射作用是一种线性变换,可将上式写成矩阵的关系式:

$$(\boldsymbol{A}')_0 = \boldsymbol{R}(\boldsymbol{A})_0 \qquad (1-1-3)$$

式中:$(\boldsymbol{A})_0$ 和$(\boldsymbol{A}')_0$ 分别代表矢量 $\boldsymbol{A}$ 和矢量 $\boldsymbol{A}'$在坐标 xyz 中的列矩阵表示:

$$(\boldsymbol{A})_0 = \begin{pmatrix} A_x \\ A_y \\ A_z \end{pmatrix}, (\boldsymbol{A}')_0 = \begin{pmatrix} A'_x \\ A'_y \\ A'_z \end{pmatrix}$$

$\boldsymbol{R}$ 代表单平面镜的反射作用矩阵,且

$$\boldsymbol{R} = \begin{pmatrix} (1-2N_x^2) & -2N_xN_y & -2N_xN_z \\ -2N_xN_y & (1-2N_y^2) & -2N_yN_z \\ -2N_xN_z & -2N_yN_z & (1-2N_z^2) \end{pmatrix} \qquad (1-1-4)$$

有必要再强调一下,反射矢量公式(1-1-1)成立的前提是,把平面镜的法线矢量 $\boldsymbol{N}$ 认定为单位矢量。在此情形,入射光线矢量 $\boldsymbol{A}$ 的模允许等于任意值,只不过由(1-1-1)式所求得的反射光线矢量 $\boldsymbol{A}'$和 $\boldsymbol{A}$ 具有同一个模①。

同时,由(1-1-1)式或(1-1-4)式可见,正反向的法线矢量 $\boldsymbol{N}$ 都将给出同样的结果,所以对平面镜的镜面来说,规定 $\boldsymbol{N}$ 朝里或朝外均无妨。

1.2 转动矢量公式

在图 1-2-1 上,设矢量 $\boldsymbol{A}$ 绕转轴单位矢量 $\boldsymbol{P}$ 转动一大角度 θ 而成为矢量 $\boldsymbol{A}'$。现求 $\boldsymbol{A}'$的矢量表达式,而此表达式简称转动矢量公式。

在此情形,转轴矢量 $\boldsymbol{P}$ 属自由矢量,因此,为使推导进程简单起见,将 $\boldsymbol{P}$ 平移至通过矢量 $\boldsymbol{A}$ 的始点的位置,如图 1-2-1 所示。

图中的虚线圆代表当矢量 $\boldsymbol{A}$ 绕 $\boldsymbol{P}$ 回转一圈时 $\boldsymbol{A}$ 的终点 1 的轨迹,圆心在 O'。

为求得未知矢量 $\boldsymbol{A}'$,宜将它分解到一些已知的方向上。为此,作虚线圆在点 1 处的切线 14,又经 $\boldsymbol{A}'$的终点 2 引至 $O'1$ 的垂线 23,因此 32∥14。这里的已知方向,除 $\boldsymbol{A}$ 和 $\boldsymbol{P}$ 之外,还有 $O'1$、14 以及 32 等直线的方向。

从图中的封闭的多边形 $OO'32O$ 得

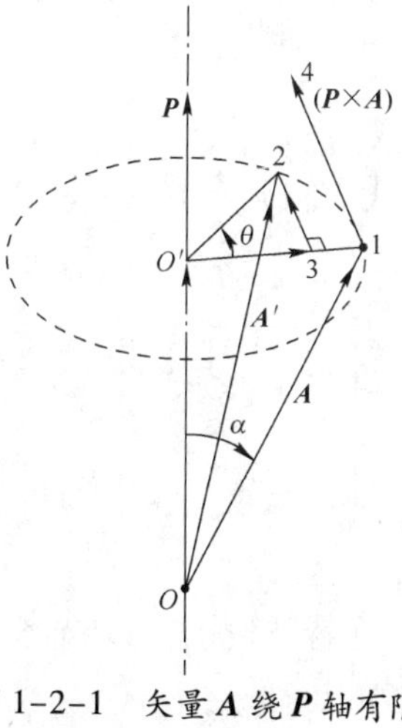

图 1-2-1 矢量 $\boldsymbol{A}$ 绕 $\boldsymbol{P}$ 轴有限转动 θ 角的示意图

---

① 对于只是方向上有意义而大小无任何影响的一些矢量,一般均可设定为单位矢量。

$$\boldsymbol{A}' = \overrightarrow{OO'} + \overrightarrow{O'3} + \overrightarrow{32} \tag{1-2-1}$$

上式右边的三个矢量分别等于：

$$\overrightarrow{OO'} = (\boldsymbol{A} \cdot \boldsymbol{P})\boldsymbol{P}$$

$$\overrightarrow{O'3} = [\boldsymbol{A} - (\boldsymbol{A} \cdot \boldsymbol{P})\boldsymbol{P}]\cos\theta$$

$$\overrightarrow{32} = -(\boldsymbol{A} \times \boldsymbol{P})\sin\theta$$

代入(1-2-1)式，得

$$\boldsymbol{A}' = \boldsymbol{A}\cos\theta + (1-\cos\theta)(\boldsymbol{A} \cdot \boldsymbol{P})\boldsymbol{P} - \sin\theta(\boldsymbol{A} \times \boldsymbol{P}) \tag{1-2-2}$$

这就是所谓的转动矢量公式或称任意角转动公式。在使用(1-2-2)式时，应注意到 $\boldsymbol{P}$ 必须是单位矢量。

设(1-2-2)式中的 $\boldsymbol{A}$、$\boldsymbol{P}$、$\boldsymbol{A}'$ 在右手坐标 xyz 上的分量为 A_x、A_y、A_z、P_x、P_y、P_z、A'_x、A'_y、A'_z，并将它们代入(1-2-2)式，经展开运算后，得

$$\left.\begin{aligned}
A'_x &= \left(\cos\theta + 2P_x^2\sin^2\frac{\theta}{2}\right)A_x + \left(-P_z\sin\theta + 2P_xP_y\sin^2\frac{\theta}{2}\right)A_y + \left(P_y\sin\theta + 2P_xP_z\sin^2\frac{\theta}{2}\right)A_z \\
A'_y &= \left(P_z\sin\theta + 2P_xP_y\sin^2\frac{\theta}{2}\right)A_x + \left(\cos\theta + 2P_y^2\sin^2\frac{\theta}{2}\right)A_y + \left(-P_x\sin\theta + 2P_yP_z\sin^2\frac{\theta}{2}\right)A_z \\
A'_z &= \left(-P_y\sin\theta + 2P_xP_z\sin^2\frac{\theta}{2}\right)A_x + \left(P_x\sin\theta + 2P_yP_z\sin^2\frac{\theta}{2}\right)A_y + \left(\cos\theta + 2P_z^2\sin^2\frac{\theta}{2}\right)A_z
\end{aligned}\right\} \tag{1-2-3}$$

由于呈现线性的关系，所以方程组(1-2-3)式可写成矩阵的形式：

$$(\boldsymbol{A}')_0 = \boldsymbol{S}_{\boldsymbol{P},\theta}(\boldsymbol{A})_0 \tag{1-2-4}$$

式中

$$(\boldsymbol{A})_0 = \begin{pmatrix} A_x \\ A_y \\ A_z \end{pmatrix}, (\boldsymbol{A}')_0 = \begin{pmatrix} A'_x \\ A'_y \\ A'_z \end{pmatrix}$$

$\boldsymbol{S}_{\boldsymbol{P},\theta}$代表绕 $\boldsymbol{P}$ 转 θ 的转动矩阵：

$$\boldsymbol{S}_{\boldsymbol{P},\theta} = \begin{pmatrix}
\cos\theta + 2P_x^2\sin^2\frac{\theta}{2} & -P_z\sin\theta + 2P_xP_y\sin^2\frac{\theta}{2} & P_y\sin\theta + 2P_xP_z\sin^2\frac{\theta}{2} \\
P_z\sin\theta + 2P_xP_y\sin^2\frac{\theta}{2} & \cos\theta + 2P_y^2\sin^2\frac{\theta}{2} & -P_x\sin\theta + 2P_yP_z\sin^2\frac{\theta}{2} \\
-P_y\sin\theta + 2P_xP_z\sin^2\frac{\theta}{2} & P_x\sin\theta + 2P_yP_z\sin^2\frac{\theta}{2} & \cos\theta + 2P_z^2\sin^2\frac{\theta}{2}
\end{pmatrix} \tag{1-2-5}$$

在特殊情况下，$\boldsymbol{P}$ 与坐标 xyz 中的某一根坐标轴重合，则转动矩阵 $\boldsymbol{S}_{i,\theta}$、$\boldsymbol{S}_{j,\theta}$和$\boldsymbol{S}_{k,\theta}$分别等于：

$$\boldsymbol{S}_{i,\theta} = \begin{pmatrix} 1 & 0 & 0 \\ 0 & \cos\theta & -\sin\theta \\ 0 & \sin\theta & \cos\theta \end{pmatrix}, \boldsymbol{S}_{j,\theta} = \begin{pmatrix} \cos\theta & 0 & \sin\theta \\ 0 & 1 & 0 \\ -\sin\theta & 0 & \cos\theta \end{pmatrix}, \boldsymbol{S}_{k,\theta} = \begin{pmatrix} \cos\theta & -\sin\theta & 0 \\ \sin\theta & \cos\theta & 0 \\ 0 & 0 & 1 \end{pmatrix} \tag{1-2-6}$$

以上，θ 角的正负号应遵守右螺旋规则。

在微量转动的情况下，用 $\Delta\theta$ 取代 θ。此时，若略去二阶及高阶以上的微量，可令 $\cos\Delta\theta\approx1$，$\sin\Delta\theta\approx\Delta\theta$，则(1-2-2)式变成

$$\boldsymbol{A}'=\boldsymbol{A}+\Delta\theta\boldsymbol{P}\times\boldsymbol{A} \tag{1-2-7}$$

设 $\Delta\boldsymbol{A}=\boldsymbol{A}'-\boldsymbol{A}$，则：

$$\Delta\boldsymbol{A}=\Delta\theta\boldsymbol{P}\times\boldsymbol{A} \tag{1-2-8}$$

必须指出，公式(1-2-7)中的 $\Delta\theta\boldsymbol{P}$ 被视为一个统一的矢量，取名微转动轴矢量，采用了按照角速率矢量的表达方式。矢量 $\boldsymbol{A}$ 代表刚体上的一个任意的方向，而公式本身呈现为一种叫做"刚体微量转动"的模式。公式的重要意义和作用将会在本书的后续内容中逐渐地体现出来。

1.3 转动与坐标转换的关系

本小节拟解决如何把一个转动矩阵表达成为与转动有关的一对坐标系之间的坐标转换矩阵，或反之。

为此，设坐标 $x_1y_1z_1$ 和矢量 $\boldsymbol{A}$，一起绕 $\boldsymbol{P}$ 转 θ 而成为坐标 $x_2y_2z_2$ 和矢量 $\boldsymbol{A}'$。

首先，在坐标 $x_1y_1z_1$ 中写出(1-2-4)式：

$$(\boldsymbol{A}')_1=\boldsymbol{S}_{\boldsymbol{P},\theta}(\boldsymbol{A})_1 \tag{1-3-1}$$

式中

$$(\boldsymbol{A})_1=\begin{pmatrix}A_{x_1}\\A_{y_1}\\A_{z_1}\end{pmatrix},(\boldsymbol{A}')_1=\begin{pmatrix}A'_{x_1}\\A'_{y_1}\\A'_{z_1}\end{pmatrix}$$

转动矩阵 $\boldsymbol{S}_{\boldsymbol{P},\theta}$ 由(1-2-5)式求得，只是其中的 P_x、P_y、P_z 用 P_{x_1}、P_{y_1}、P_{z_1} 取代。

考虑到 $x_1y_1z_1$ 和 $\boldsymbol{A}$ 在绕 $\boldsymbol{P}$ 转动的过程中一直保持着彼此的相对位置不变，并最终到达 $x_2y_2z_2$ 和 $\boldsymbol{A}'$。所以，有：$A_{x_1}=A'_{x_2}$，$A_{y_1}=A'_{y_2}$，$A_{z_1}=A'_{z_2}$，或

$$(\boldsymbol{A})_1=(\boldsymbol{A}')_2 \tag{1-3-2}$$

将(1-3-2)式代入(1-3-1)式，得

$$(\boldsymbol{A}')_1=\boldsymbol{S}_{\boldsymbol{P},\theta}(\boldsymbol{A}')_2 \tag{1-3-3}$$

设 $\boldsymbol{G}_{21}$ 代表由 $x_2y_2z_2$ 向 $x_1y_1z_1$ 的坐标转换矩阵：

$$(\boldsymbol{A}')_1=\boldsymbol{G}_{21}(\boldsymbol{A}')_2 \tag{1-3-4}$$

对照(1-3-3)式和(1-3-4)式得

$$\boldsymbol{S}_{\boldsymbol{P},\theta}=\boldsymbol{G}_{21} \tag{1-3-5}$$

结果说明，在(1-3-3)式中原为转动矩阵的 $\boldsymbol{S}_{\boldsymbol{P},\theta}$ 已经变成为坐标转换矩阵了。

对于(1-3-3)式，读者可能会产生这样一个问题："当用(1-2-5)式确定 $\boldsymbol{S}_{\boldsymbol{P},\theta}$ 时，是否也可以用 $\boldsymbol{P}$ 在 $x_2y_2z_2$ 中的三个方向余弦值 P_{x_2}、P_{y_2}、P_{z2} 代入？"

回答是肯定的，因为 $x_2y_2z_2$ 系由 $x_1y_1z_1$ 绕 $\boldsymbol{P}$ 转 θ 而成，所以必然存在 $P_{x_2}=P_{x_1}$，

$P_{y_2}=P_{y_1}$和 $P_{z_2}=P_{z_1}$等关系。

由于上述的坐标 $x_1y_1z_1$ 和 $x_2y_2z_2$ 将分别与第 3 章的定坐标和动坐标相对应,所以(1-3-5)式可以表达成文字性的结论:

"绕 $\boldsymbol{P}$ 转 θ 的转动矩阵 $\boldsymbol{S}_{\boldsymbol{P},\theta}$正好等于由动坐标向定坐标的坐标转换矩阵 $\boldsymbol{G}_{\mathrm{mf}}$。"

或换句话说,

"绕 $\boldsymbol{P}$ 反转 θ 的转动矩阵 $\boldsymbol{S}_{\boldsymbol{P},-\theta}$则等于由定坐标向动坐标的坐标转换矩阵 $\boldsymbol{G}_{\mathrm{fm}}$。"

以上,用小写英文字母 m 表示"动",用 f 表示"定"。

为便于记忆,把(1-3-5)式重新写成

$$\boldsymbol{S}_{\boldsymbol{P},\theta}=\boldsymbol{G}_{\mathrm{mf}} \quad 或 \quad \boldsymbol{S}_{\boldsymbol{P},-\theta}=\boldsymbol{G}_{\mathrm{fm}} \tag{1-3-6}$$

实际上,上述结论包含着非常明确的物理意义。前一段加引号的话表示,当一个观察者站在定坐标中去观察动坐标上的物体的时候,观察者的感觉将是这些物体绕 $\boldsymbol{P}$ 转 θ 的运动。而后一段加引号的话则表示,当一个观察者站在动坐标中去观察定坐标上的物体的时候,观察者的感觉将是这些物体绕 $\boldsymbol{P}$ 反转 θ 的运动。

(1-3-6)式以及对它的物理意义的理解,是一个很重要的问题,这将使我们在进行坐标转换的运算中避免发生一些不应有的差错。

公式(1-3-6)的运用具有双向性,有时由 $\boldsymbol{S}_{\boldsymbol{P},\theta}$来得 $\boldsymbol{G}_{\mathrm{mf}}$,有时则反过来由 $\boldsymbol{G}_{\mathrm{mf}}$求得 $\boldsymbol{S}_{\boldsymbol{P},\theta}$。

1.4 刚体运动一般规律

刚体运动学的原理在棱镜调整理论中占有一个非常重要的位置,因此有必要对刚体运动的有关知识作一简单回顾。

1.4.1 刚体任意运动的等效

见图 1-4-1,设 $O1234567$ 代表刚体的原始方位。在经过某种复杂运动之后,该刚体到达 $O'1'2'3'4'5'6'7'$的方位。为了找出同这种复杂运动相等效的运动,在刚体上选择一参考点 O,它在刚体的最终方位中占据 O'点的位置。设 $\boldsymbol{S}$ 代表由 O 至 O'的矢量:$\boldsymbol{S}=\overrightarrow{OO'}$。首先,使刚体作一平移运动,并取位移矢量等于 $\boldsymbol{S}$,则刚体到达虚线所示的方位 $O''1''2''3''4''5''6''7''$,而 O''点与 O'点重合。然后,刚体继续作某种定点转动,便能够最终到达 $O'1'2'3'4'5'6'7'$的方位。无疑,这里的定点应是 O'。

所以,根据刚体的运动结果,一般都可以把它的运动过程归化成一个平移以及随后的一个定点转动。

不过,定点转动到底是怎么一回事?下述的欧拉-达朗倍尔定理将作出回答。

定理:"关于刚体的定点转动,不论其转动过程如何,均可按照转动的结果,将此运动过程等效为刚体绕通过此定点的某一轴线 $\boldsymbol{P}$ 转动某一角度 θ,而且 $\boldsymbol{P}$ 的方

向和 θ 的大小都唯一地对应于刚体运动的结果。”

证明:刚体的运动一般具有六个自由度,即三个移动和三个转动,所以,刚体在空间内的位置可以用属于刚体上的任意三个点(只要不在同一直线上)的位置加以确定。其中,第一个点消除三个移动的自由度;第二个点消除两个转动的自由度;第三个点则消除最后一个转动的自由度。

定点转动的刚体只有三个转动的自由度。此时,定点本身可视为刚体上的一个点,所以,还需要利用刚体上另外两个任意的点来代表刚体的空间位置,只要这后两个点勿与定点成一直线即可。

见图 1-4-2,设刚体 1 绕 O 点作定点转动。以 O 点为中心作一任意半径的球面 2,并在此球面上取两点 a 和 b(属刚体 1)。过 a 点和 b 点作此球面的大圆的圆弧 $\overset{\frown}{ab}$。显然,刚体 1 的位置将取决于大圆弧 $\overset{\frown}{ab}$ 的位置。

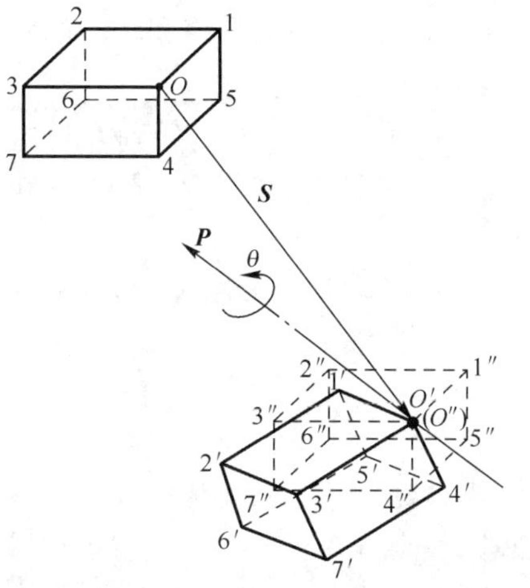

图 1-4-1 刚体一般运动的等效位移

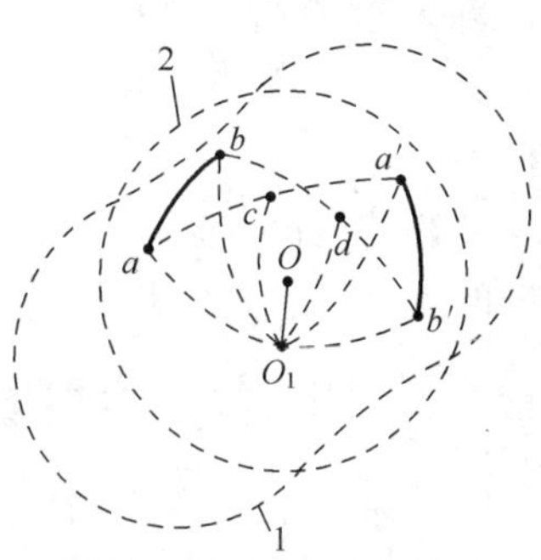

图 1-4-2 刚体绕一定点的转动

现设在刚体 1 绕定点 O 作了某种任意的转动之后,圆弧 $\overset{\frown}{ab}$ 在球面上转移到了一个新的位置 $\overset{\frown}{a'b'}$。

作大圆弧 $\overset{\frown}{aa'}$ 和 $\overset{\frown}{bb'}$,并过此两大圆弧的中点 c 和 d 作分别垂直于 $\overset{\frown}{aa'}$ 和 $\overset{\frown}{bb'}$ 的两个大圆弧。后作的两个大圆弧交于球面上的 O_1 点,当然,还会有另外一个交点 O_2(图上未表示出来),而 O_1 和 O_2 是过球心 O 的同一根直径线上的两个端点。

由于 O_1 点和 a 点及 a' 点等距,同时又和 b 点及 b' 点等距,因此,球面三角形 abO_1 和 $a'b'O_1$ 相等,$\angle aO_1b = \angle a'O_1b'$。

又由于

$$\angle aO_1a' = \angle aO_1b + \angle bO_1a'$$
$$\angle bO_1b' = \angle a'O_1b' + \angle bO_1a'$$

所以

$$\angle aO_1a' = \angle bO_1b'$$

由此，当刚体1绕转轴 OO_1 回转一角度 $\angle aO_1a'$（或 $\angle bO_1b'$）时，大圆弧 $\widehat{ab}$ 便转移到和大圆弧 $\widehat{a'b'}$ 完全重合的位置。这就是说，刚体的上述任意转动都可以等效为绕某一轴线 OO_1 回转某一角度 $\angle aO_1a'$。

因两个大圆 $\widehat{cO_1}$ 和 $\widehat{dO_1}$ 只能有一根交线，所以转轴 OO_1 的方向和转角 $\angle aO_1a'$ 的大小均唯一地取决于转动的结果。

在上述讨论中，对刚体的转动过程以及转动后的新位置均未附加任何的约束条件，因此所得的结论具有一定的普遍意义。

以上的转轴方向和转角即定理中的 $\boldsymbol{P}$ 和 θ。证毕。

上述定理揭示了定点转动的实质。因此，根据自由刚体的运动结果，一般都可以把它的运动过程等效为一个平移以及随后的一个绕某轴作某角度的转动。

应当指出，由于参考点的选择是任意的，即使是刚体的同一个运动结果，刚体运动的上述分解方案仍然具有无穷多种变式。加之，如果把平移和转动的顺序调换一下，则变式的数目又会增加一倍。

不过，无论是哪一种变式，或者说无论选择了哪一个参考点，转轴 $\boldsymbol{P}$ 的方向以及转角 θ 的数值维持不变，而变化的仅仅是平移矢量 $\boldsymbol{S}$ 以及转轴 $\boldsymbol{P}$ 的空间位置而已。

与上述结论相对应，平移只改变刚体的位置，转动才改变刚体的方向，并且刚体方向的变化仅取决于 $\boldsymbol{P}$ 的方向和 θ 的大小，而与 $\boldsymbol{P}$ 的位置无关。

1.4.2 刚体的等效螺旋运动

如同上述一样，在图1-4-3中，长方体 $O1234567$ 代表某刚体以及它的原始方位，而相应的长方体 $O'1'2'3'4'5'6'7'$ 则代表同一刚体在经过某种任意运动后到达的最终方位。设取刚体上的 O（也可换一种说法，取 O'）作为参考点，则刚体等效运动中的平移为 $\boldsymbol{S}=\overrightarrow{OO'}$，而随后的定点转动可视为绕通过 O' 点的某 $\boldsymbol{P}$ 轴（单位矢量）转动某 θ 角。$\boldsymbol{P}$ 轴的方向和 θ 角的大小唯一取决于刚体的运动结果，然而平移矢量 $\boldsymbol{S}$ 和转轴 $\boldsymbol{P}$ 的位置则还需视参考点而定。

上述现象表明，对刚体的等效运动还可作进一步的简化，即要求在刚体上选择这样一个（或这样一类的）参考点，使得等效运动中的平移矢量 $\boldsymbol{S}$ 的方向与转轴 $\boldsymbol{P}$ 的方向相平行。这样，就得到了刚体的等效螺旋运动，以后简称为刚体的螺旋运动。

为了找出此类参考点必须满足的条件，并进而导出螺旋轴空间位置参量的表达式，设图1-4-3中的 $\boldsymbol{S}=\overrightarrow{OO'}$、$\boldsymbol{P}$、$\theta$ 以及包括参考点 O'（或 O）在内的运动参量均为给定的已知数据。

又设 a 为属于刚体 $O1234567$ 上的某一个点，而且是刚体上同等效螺旋运动相对应的一个新的参考点。根据给定的等效运动，先将 a 平移 $\boldsymbol{S}$ 而到达 a''，然后再使 a'' 绕通过 O' 点的 $\boldsymbol{P}$ 轴转 θ，得到 a'，后者即为 a 在刚体运动终了时所在的位置。

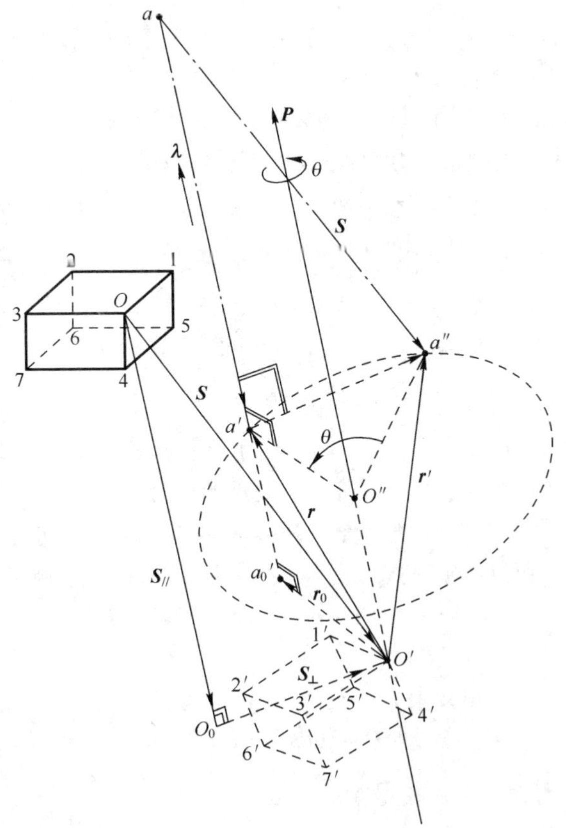

图 1-4-3　刚体等效螺旋运动的螺旋轴与轴向位移

图 1-4-3中,以 O''为中心的虚线圆系由 a''点绕 $\boldsymbol{P}$ 轴转动而成。矢量直角三角形中的$\overrightarrow{OO_0}$ 代表 $\boldsymbol{S}$ 在 $\boldsymbol{P}$ 方向上的投影矢量 $\boldsymbol{S}_{/\!/}$,$\overrightarrow{O_0O'}$代表 $\boldsymbol{S}$ 在与 $\boldsymbol{P}$ 相垂直的平面内的投影矢量 $\boldsymbol{S}_{\perp}$。

根据以上对参考点 a(或 a')所作的规定,必须有$\overrightarrow{aa'}/\!/\boldsymbol{P}$。所以,$\overrightarrow{aa'}$也应垂直于虚线圆平面,因而$\overrightarrow{aa'}\perp\overrightarrow{a'a''}$。

此时不难看出,两个矢量直角三角形 OO_0O'与 $aa'a''$相等,所以有:

$$\overrightarrow{a'a''}=\boldsymbol{S}_{\perp} \tag{1-4-1}$$

实际上,反过来不难证明,如果(1-4-1)式成立,那么它将导致:

$$\overrightarrow{aa'}=\overrightarrow{aa''}-\overrightarrow{a'a''}=\boldsymbol{S}-\boldsymbol{S}_{\perp}=\boldsymbol{S}_{/\!/} \tag{1-4-2}$$

上式说明,与参考点 a 相对应的平移矢量$\overrightarrow{aa'}/\!/\boldsymbol{P}$,因而刚体的等效运动呈现螺旋形式。此时,刚体等效运动中的定点转动部分,由原来绕通过 O'点的 $\boldsymbol{P}$ 转 θ,变成了绕通过 a'点的 $\boldsymbol{P}$ 转 θ。换句话说,刚体等效螺旋运动的螺旋轴通过 a'点,方向同 $\boldsymbol{P}$,因而取$\overrightarrow{a'a}$的方向。以后,用单位矢量 $\boldsymbol{\lambda}$ 表示螺旋轴,以区别于 $\boldsymbol{P}$。

由上述可见，等式$\overrightarrow{a'a''}=\boldsymbol{S}_{\perp}$将是刚体上同等效螺旋运动相对应的一类参考点所必须满足的唯一的条件，即充要条件。

现由(1-4-1)式所规定的条件出发，利用矢量代数的方法，来推导刚体上同螺旋运动相对应的参考点的轨迹、螺旋轴本身的方程以及螺旋轴空间位置参量的表达式。

见图1-4-3，坐标系取在运动终止时的刚体上。设O'为始点；$\boldsymbol{r}=\overrightarrow{o'a'}$代表参考点$a'$的位置矢量；$\boldsymbol{r}'=O'a''$代表$a''$点的位置矢量。

矢量$\boldsymbol{r}'$系由$\boldsymbol{r}$绕$\boldsymbol{P}$转$(-\theta)$而成，故由转动矢量公式(1-2-2)可得

$$\boldsymbol{r}'=\boldsymbol{r}\cos\theta+(1-\cos\theta)(\boldsymbol{r}\cdot\boldsymbol{P})\boldsymbol{P}+\sin\theta(\boldsymbol{r}\times\boldsymbol{P}) \tag{1-4-3}$$

因$\overrightarrow{a'a''}=\boldsymbol{r}'-\boldsymbol{r}$，所以(1-4-1)式的左方等于：

$$\overrightarrow{a'a''}=(\cos\theta-1)\boldsymbol{r}+(1-\cos\theta)(\boldsymbol{r}\cdot\boldsymbol{P})\boldsymbol{P}+\sin\theta(\boldsymbol{r}\times\boldsymbol{P}) \tag{1-4-4}$$

根据矢积的几何意义，并考虑到三重矢积的展开式，有

$$\boldsymbol{S}_{\perp}=\boldsymbol{P}\times(\boldsymbol{S}\times\boldsymbol{P})=\boldsymbol{S}-(\boldsymbol{S}\cdot\boldsymbol{P})\boldsymbol{P} \tag{1-4-5}$$

将(1-4-4)式和(1-4-5)式分别代入(1-4-1)式的左右侧，得

$$\begin{aligned}&(\cos\theta-1)\boldsymbol{r}+(1-\cos\theta)(\boldsymbol{r}\cdot\boldsymbol{P})\boldsymbol{P}+\sin\theta(\boldsymbol{r}\times\boldsymbol{P})\\&=\boldsymbol{S}-(\boldsymbol{S}\cdot\boldsymbol{P})\boldsymbol{P}\end{aligned} \tag{1-4-6}$$

由公式(1-4-6)两侧叉乘$\boldsymbol{P}$可得

$$(\cos\theta-1)\boldsymbol{r}\times\boldsymbol{P}+\sin\theta(\boldsymbol{r}\cdot\boldsymbol{P})\boldsymbol{P}-\boldsymbol{r}\sin\theta=\boldsymbol{S}\times\boldsymbol{P} \tag{1-4-7}$$

又由(1-4-7)式与(1-4-6)式联解，得

$$\boldsymbol{r}=(\boldsymbol{r}\cdot\boldsymbol{P})\boldsymbol{P}+\frac{1}{2}[(\boldsymbol{S}\cdot\boldsymbol{P})\boldsymbol{P}-\boldsymbol{S}]+\frac{1}{2}\left(\frac{\sin\theta}{\cos\theta-1}\right)\boldsymbol{S}\times\boldsymbol{P} \tag{1-4-8}$$

引入可变的标参量p和不变的矢参量$\boldsymbol{r}_0$：

$$p=(\boldsymbol{r}\cdot\boldsymbol{P}) \tag{1-4-9}$$

$$\boldsymbol{r}_0=\frac{1}{2}[(\boldsymbol{S}\cdot\boldsymbol{P})\boldsymbol{P}-\boldsymbol{S}]+\frac{1}{2}\left(\frac{\sin\theta}{\cos\theta-1}\right)\boldsymbol{S}\times\boldsymbol{P} \tag{1-4-10}$$

则(1-4-8)式可写成

$$\boldsymbol{r}=\boldsymbol{r}_0+p\boldsymbol{P} \tag{1-4-11}$$

由解析几何知，(1-4-11)式代表一直线方程，该直线的方向平行于$\boldsymbol{P}$轴，而空间位置取决于矢参量$\boldsymbol{r}_0$，即直线通过$\boldsymbol{r}_0$的矢端a'_0，当然直线也同时通过$\boldsymbol{r}$的矢端a'。

直线方程(1-4-11)式除了代表刚体上与等效螺旋运动相对应的参考点a'的轨迹之外，同时也代表了过a'点的螺旋轴$\boldsymbol{\lambda}$的载线(或作用线)。

根据(1-4-11)式或(1-4-8)式的几何关系不难看出，代表螺旋轴$\boldsymbol{\lambda}$的空间位置的矢参量$\boldsymbol{r}_0$，正好是自始点O'至螺旋轴$\boldsymbol{\lambda}$的垂线矢量，$\boldsymbol{r}_0$的矢端a'_0即为垂足。

由(1-4-10)式可见，$\boldsymbol{r}_0$唯一地取决于给定的$\boldsymbol{P}$、θ和$\boldsymbol{S}$，然后由已知的始点O'出发，可确定螺旋轴$\boldsymbol{\lambda}$的位置。所以，刚体的等效螺旋运动是存在和唯一的。

剩下的问题就是要确定刚体螺旋运动的移动参量。设l代表此移动参量，则由(1-4-2)式，得

$$l=\boldsymbol{S}\cdot\boldsymbol{P} \tag{1-4-12}$$

以下是几种特殊情况：

1. 移动

此时，$\theta=0$，并由(1-4-10)式，有 $\boldsymbol{r}_0=\infty$，因为移动是转动或螺旋运动的一个特例，它的转轴或螺旋轴在无穷远处。

2. 纯转动

纯转动又可分成两种情况：

(1) 参考点在转轴之外，即 $\boldsymbol{S}\neq 0$，此时应有 $l=\boldsymbol{S}\cdot\boldsymbol{P}=0$，因为移动量为零的螺旋运动必然为纯转动；

(2) 参考点在转轴上，此时，应有 $\boldsymbol{S}=0$，因而 $\boldsymbol{r}_0=0$。

实际上，情况(1)包含了情况(2)。

3. 螺旋运动($\boldsymbol{S}/\!/\boldsymbol{P}$)

应当指出，$\boldsymbol{r}_0=0$ 也发生在 $\boldsymbol{S}\times\boldsymbol{P}=0$ 的情况，此时 $\boldsymbol{S}$ 不一定非得为零，只是与 $\boldsymbol{P}$ 相平行而已。这就是说，原先给出的 $\boldsymbol{P}$ 已然是螺旋轴 $\boldsymbol{\lambda}$，而且参考点也正好在$\boldsymbol{P}(\boldsymbol{\lambda})$上。

1.4.3 刚体的瞬间转动的合成

见图 1-4-4，设某刚体同时具有 n 个角速度矢量 $\boldsymbol{\omega}_i(i=1,2,\cdots,n)$。

因 $\boldsymbol{\omega}_i$ 的作用点各异，分别为 $O_i(i=1,2,\cdots,n)$，所以合成时，必须把它们归化到同一个作用点上，例如图 1-4-4 中的 O 点，而以后称 O 为归化点。

图 1-4-5 说明如何将某一个 $\boldsymbol{\omega}_i$ 归化到归化点 O 上。首先，人为地在归化点 O 处加上一对作用互相抵消的角速度矢量 $+\boldsymbol{\omega}_i$ 和 $-\boldsymbol{\omega}_i$。如果把后加的作用点在 O 的 $-\boldsymbol{\omega}_i$ 和原来的作用点在 O_i 的 $\boldsymbol{\omega}_i$ 看成是一对角速度矢量偶，则可以把原来作用点在 O_i 的 $\boldsymbol{\omega}_i$ 分解为作用点在 O 的 $\boldsymbol{\omega}_i$ 和另一个角速度矢量偶。

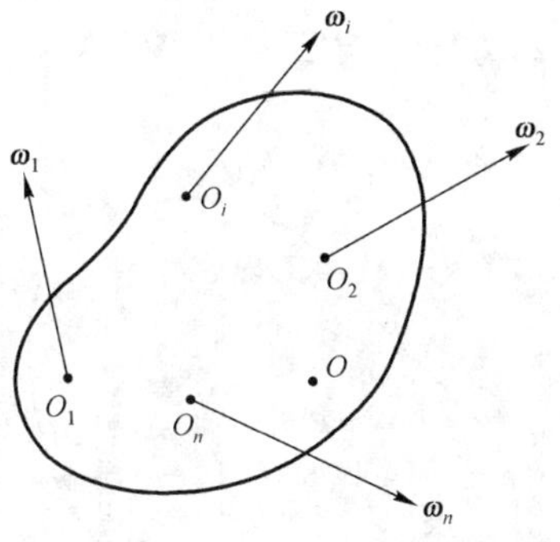

图 1-4-4 若干角速度矢量的合成

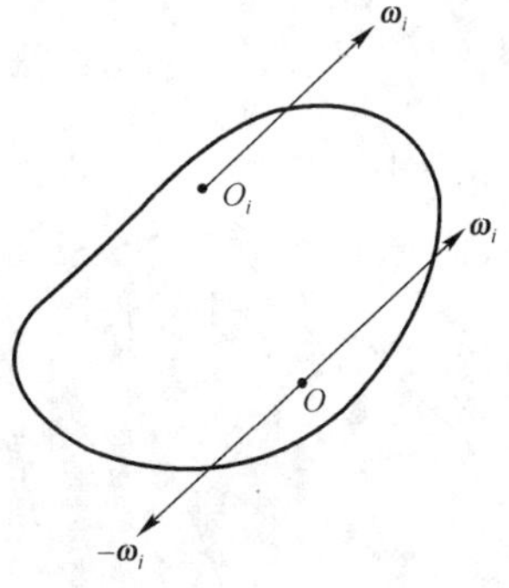

图 1-4-5 一角速度矢量相对一选定归化点的分解

图 1-4-6 又进一步讨论一角速度矢量偶对刚体上某一个任意点 E 的影响。

根据运动学中的已知公式，可求得此角速度矢量偶在 E 点所造成的线速度矢量 $\boldsymbol{v}_{E,i}$

$$\boldsymbol{v}_{E,i}=\boldsymbol{\omega}_i\times\boldsymbol{\rho}_{E,i}+(-\boldsymbol{\omega}_i)\times\boldsymbol{\rho}_E=\boldsymbol{\omega}_i\times(\boldsymbol{\rho}_{E,i}-\boldsymbol{\rho}_E)=\boldsymbol{\omega}_i\times\overrightarrow{q_iq} \quad (1-4-13)$$

式中，q_i 为沿 $\boldsymbol{\omega}_i$ 作用线上的一任意点；q 为沿 $-\boldsymbol{\omega}_i$ 作用线上的一任意点。

(1-4-13)式的右侧同 E 点的位置无关，这说明各点具有同样的线速度，所以，角速度矢量偶将使刚体平移，而平移速度矢量也可写成

$$\boldsymbol{v}_{o,i}=\boldsymbol{\omega}_i\times\boldsymbol{\rho}_{O,i}$$

式中，$\boldsymbol{\rho}_{O,i}$ 代表自 $\boldsymbol{\omega}_i$ 作用线上的任意点 q_i 至归化点 O 的矢径。

按照上述的同一方式，把每一个定线矢量 $\boldsymbol{\omega}_i(i=1,2,\cdots,n)$ 都归化到同一个归化点 O，则最后可将这些角速度矢量合成为

$$\boldsymbol{\Omega}_O=\sum_{i=1}^{n}\boldsymbol{\omega}_i \quad (1-4-14)$$

$$\boldsymbol{v}_O=\sum_{i=1}^{n}\boldsymbol{\omega}_i\times\boldsymbol{\rho}_{O,i} \quad (1-4-15)$$

式中，$\boldsymbol{\Omega}_O$ 代表合成的角速度矢量，它的作用线通过归化点 O；$\boldsymbol{v}_O$ 代表归化点 O 的线速度矢量，或者说，$\boldsymbol{v}_O$ 代表整个刚体的平移速度矢量。

虽然，(1-4-14)式和(1-4-15)式是相对某一归化点 O 而言的。见图 1-4-7，如果换一个归化点，设为 F 点，那么可以得到另外一对合成的公式：

$$\boldsymbol{\Omega}_F=\sum_{i=1}^{n}\boldsymbol{\omega}_i \quad (1-4-16)$$

$$\boldsymbol{v}_F=\sum_{i=1}^{n}\boldsymbol{\omega}_i\times\boldsymbol{\rho}_{F,i} \quad (1-4-17)$$

应当指出，$\boldsymbol{\Omega}_F$ 和 $\boldsymbol{\Omega}_O$ 具有同样的大小和方向，但作用线的位置却不一样：分别通过 F 点和 O 点，$\boldsymbol{v}_F$ 和 $\boldsymbol{v}_O$ 则一般有别。

由此得出结论：刚体的任意的瞬间运动都可以归并为两个瞬间的分运动，其中一个是平移的线速度 $\boldsymbol{v}_O$，它的大小和方向取决于所选的归化点 O，另一个则是作用线通过归化点 O 的回转角速度 $\boldsymbol{\Omega}_O$，而它的大小和方向则与归化点 O 无关。

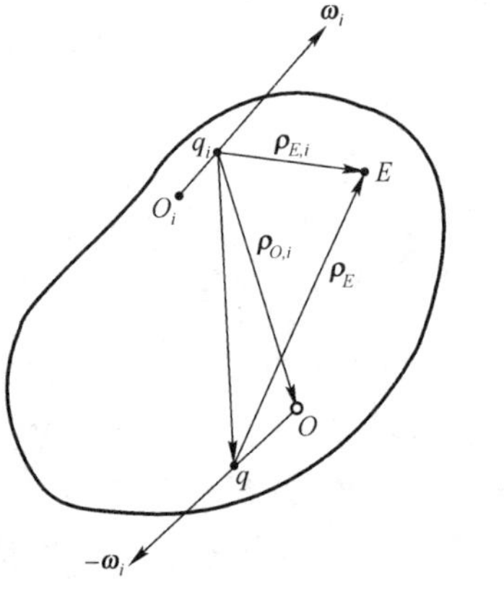

图 1-4-6　刚体上任意点由一角速度矢量偶所得到的线速度

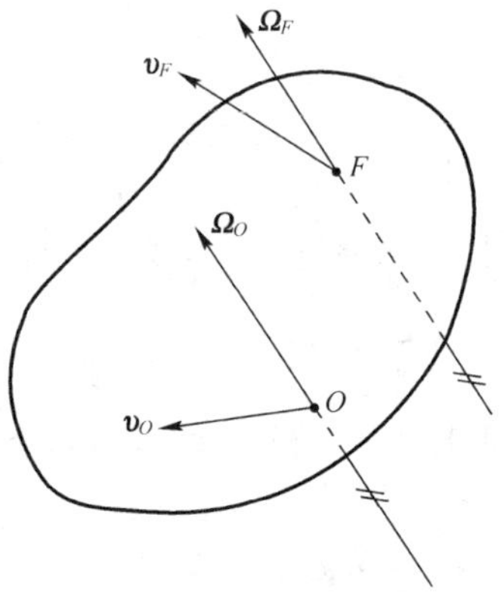

图 1-4-7　两个不同归化点 O 和 F 的合成线速度和合成角速度

1.4.4 刚体的微量转动的合成

设刚体先后作 n 次微量转动 $\Delta\theta_i\boldsymbol{P}_i(i=1,2,\cdots,n)$，其中单位矢量 $\boldsymbol{P}_i$ 代表第 i 次微量转动的转轴方向，$\Delta\theta_i$ 为该次微量转动的转角大小。各转轴矢量 $\boldsymbol{P}_i$ 的作用线分别通过 O_i 点$(i=1,2,\cdots,n)$。

在略去二阶和高阶小量的前提下，诸 $\Delta\theta_i\boldsymbol{P}_i$ 的先后次序问题就不存在了，它们可以进行线性独立的叠加。这和略去二阶小量条件下而成立的"小误差独立作用原理"是一致的。

当然，定线矢量 $\Delta\theta_i\boldsymbol{P}_i$ 的叠加原理同上述一样，需设归化点，例如 O 点，则以 $\Delta\theta_i\boldsymbol{P}_i$ 取代(1-4-14)式和(1-4-15)式中的 $\boldsymbol{\omega}_i$，得

$$\Delta\boldsymbol{\theta}_O = \sum_{i=1}^{n}\Delta\theta_i\boldsymbol{P}_i \tag{1-4-18}$$

$$\Delta\boldsymbol{S}_O = \sum_{i=1}^{n}\Delta\theta_i\boldsymbol{P}_i\times\boldsymbol{\rho}_{O,i} \tag{1-4-19}$$

式中，$\Delta\boldsymbol{\theta}_O$为合成的微量转动矢量，其转轴或作用线通过归化点 O；而$\Delta\boldsymbol{S}_O$为归化点 O 的微量平移矢量，同时也是整个刚体的微量平移矢量。

1.5 梯　度

设有一标量的物理量 u，它随空间位置(坐标)的变化为一单值函数 $u(x,y,z)$，则函数 u 代表该物理量的数量场。有时，数量场也用 $u(q)$ 表示，其中 q 为空间中的某一任意点。

为了掌握数量场 $u(x,y,z)$ 在空间各个点处的情况，需求出函数值 u 在空间某一任意点 q 处沿某一任意方向 $\boldsymbol{l}$ 的变化率$\dfrac{\partial u}{\partial l}$。

设 $\boldsymbol{l}$ 的方向余弦为 $\cos\alpha$、$\cos\beta$、$\cos\gamma$，则不难求得

$$\frac{\partial u}{\partial l}=\frac{\partial u}{\partial x}\cos\alpha+\frac{\partial u}{\partial y}\cos\beta+\frac{\partial u}{\partial z}\cos\gamma \tag{1-5-1}$$

这里，$\dfrac{\partial u}{\partial l}$也称方向导数。

现在引入一个矢量 $\boldsymbol{G}$：

$$\boldsymbol{G}=\frac{\partial u}{\partial x}\boldsymbol{i}+\frac{\partial u}{\partial y}\boldsymbol{j}+\frac{\partial u}{\partial z}\boldsymbol{k} \tag{1-5-2}$$

则由上列二式可得

$$\frac{\partial u}{\partial l}=\boldsymbol{G}\cdot\boldsymbol{l}^0=|\boldsymbol{G}|\cos(\boldsymbol{G},\boldsymbol{l}) \tag{1-5-3}$$

式中，$\boldsymbol{l}^0$ 代表沿矢量 $\boldsymbol{l}$ 方向的单位矢量。

由(1-5-3)式可见,当 $\boldsymbol{l}$ 取 $\boldsymbol{G}$ 的方向时,方向导数$\frac{\partial u}{\partial l}$达到了极值(最大值):

$$\left.\frac{\partial u}{\partial l}\right|_{(\boldsymbol{l}\text{与}\boldsymbol{G}\text{同向})} = |\boldsymbol{G}| = \left(\frac{\partial u}{\partial l}\right)_{\max}$$

这一结果指出了矢量 $\boldsymbol{G}$ 的物理意义,即矢量 $\boldsymbol{G}$ 的方向是函数 $u(q)$ 变化率最大的方向,而且在这个方向上的变化率的数值正好等于矢量 $\boldsymbol{G}$ 的模 $|\boldsymbol{G}|$。

通常称 $\boldsymbol{G}$ 为数量场 $u(q)$ 的梯度,并记作 grad u。关于梯度的一些变型的概念将在后述的第 6 章里得到广泛的应用。

1.6 平面矢量方程

见图 1-6-1,设一平面 Π 通过用向径 $\boldsymbol{r}_0(x_0,y_0,z_0)$ 表示的一给定点 M_0,并垂直于一给定的方向 $\boldsymbol{n}(n_x,n_y,n_z)$。向径 $\boldsymbol{r}(x,y,z)$ 代表平面 Π 内的一任意点 M。

显然,矢量差 $(\boldsymbol{r}-\boldsymbol{r}_0)$ 或 $\overrightarrow{M_0M}$,一定位于 Π 平面内,因而垂直于法矢量 $\boldsymbol{n}$,所以有

$$\boldsymbol{n}\cdot(\boldsymbol{r}-\boldsymbol{r}_0)=0 \tag{1-6-1}$$

上式是 Π 平面内任意一个点都必须满足的条件,因此也正是 Π 面的平面矢量方程。

现将平面矢量方程转变成在直角坐标系中的表达形式。

设置以向径始点 O 为原点的坐标系 $Oxyz$。由图 1-6-1 有

$$\left.\begin{aligned}\boldsymbol{r}_0 &= x_0\boldsymbol{i}+y_0\boldsymbol{y}+z_0\boldsymbol{k}\\ \boldsymbol{n} &= n_x\boldsymbol{i}+n_y\boldsymbol{j}+n_z\boldsymbol{k}\\ \boldsymbol{r} &= x\boldsymbol{i}+y\boldsymbol{j}+z\boldsymbol{k}\end{aligned}\right\} \tag{1-6-2}$$

将(1-6-2)式代入(1-6-1)式,得

$$n_x(x-x_0)+n_y(y-y_0)+n_z(z-z_0)=0 \tag{1-6-3}$$

(1-6-3)式展开后得

$$n_xx+n_yy+n_zz-(n_xx_0+n_yy_0+n_zz_0)=0 \tag{1-6-4}$$

由(1-6-4)式可知,变量 x、y、z 的所有的一次式均代表平面方程:

$$Ax+By+Cz+D=0 \tag{1-6-5}$$

在特殊情况下,平面的已知法线方向为一个单位矢量 $\boldsymbol{n}^0$,则可以用它的方向余弦 $\cos\alpha$、$\cos\beta$、$\cos\gamma$ 取代 n_x、n_y、n_z,而(1-6-1)式和(1-6-4)式分别变成

$$\boldsymbol{n}^0\cdot\boldsymbol{r}-\boldsymbol{n}^0\cdot\boldsymbol{r}_0=0 \tag{1-6-6}$$

$$x\cos\alpha+y\cos\beta+z\cos\gamma-(x_0\cos\alpha+y_0\cos\beta+z_0\cos\gamma)=0 \tag{1-6-7}$$

方程(1-6-6)式和(1-6-7)式中的常数项 $\boldsymbol{n}^0\cdot\boldsymbol{r}_0$ 和 $(x_0\cos\alpha+y_0\cos\beta+z_0\cos\gamma)$ 的绝对值代表自向径始点(或坐标原点)O 至平面 Π 的垂直距离 d,如图 1-6-2 所示。

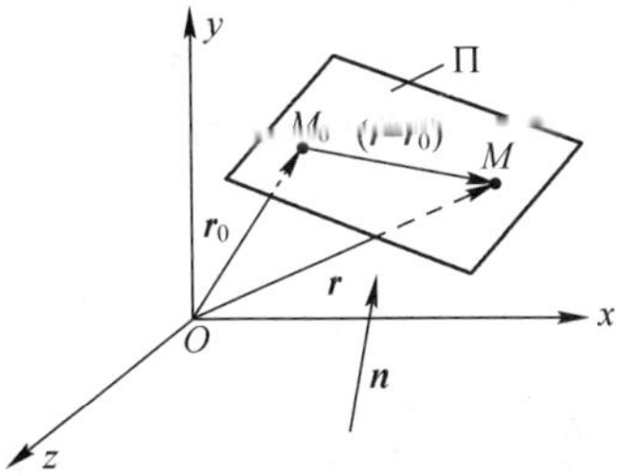

图 1-6-1　平面矢量方程的建立

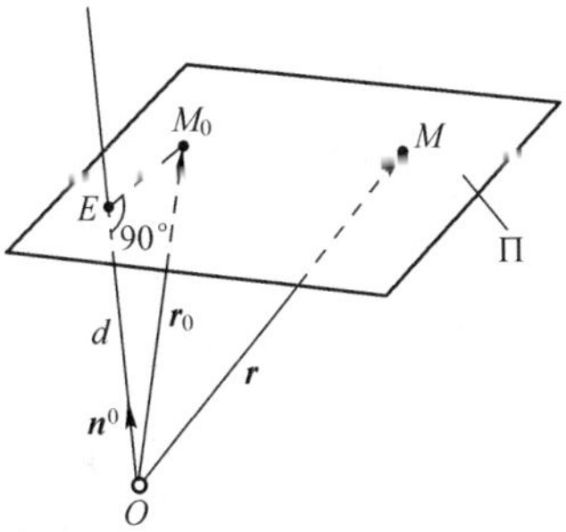

图 1-6-2　规范平面矢量方程的建立

如果规定法线矢量 $\boldsymbol{n}^0$ 为自向径始点(或坐标原点)O 引至平面 Π 的方向,则上述的常数项必定为正数,即 $\boldsymbol{n}^0\cdot\boldsymbol{r}_0=d$。在此情形,方程(1-6-6)式和(1-6-7)式可写成

$$\boldsymbol{n}^0\boldsymbol{r}-d=0 \qquad (1\text{-}6\text{-}8)$$

$$x\cos\alpha+y\cos\beta+z\cos\gamma-d=0 \qquad (1\text{-}6\text{-}9)$$

以上二式称为规范平面方程。

在本书后述的问题中,常用到的平面方程还有(1-6-1)和(1-6-4)式或(1-6-6)和(1-6-7)式。

1.7　直线矢量方程

在 1.4 节中已经得到了一直线的矢量方程(1-4-11):

$$\boldsymbol{r}=\boldsymbol{r}_0+p\boldsymbol{P} \qquad (1\text{-}4\text{-}11)$$

如图 1-7-1 所示,向径 $\boldsymbol{r}_0(x_0,y_0,z_0)$ 代表直线通过的一给定点 M_0;单位矢量 $\boldsymbol{P}(\cos\alpha,\cos\beta,\cos\gamma)$ 代表直线的方向;向径 $\boldsymbol{r}(x,y,z)$ 代表直线上的一任意点 M;p 为一变参数。

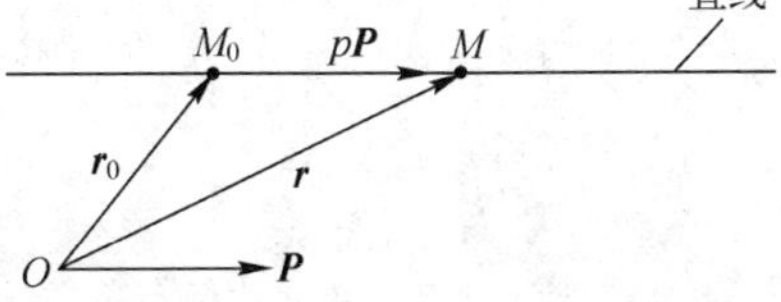

图 1-7-1　直线矢量方程的建立

现将直线矢量方程转变为在直角坐标系中的表达形式。

设置以向径始点 O 为原点的坐标系 $Oxyz$,并将(1-4-11)式中的矢量分解到三个坐标轴 x、y、z 的方向上,得

$$\left.\begin{aligned} x &= x_0 + p\cos\alpha \\ y &= y_0 + p\cos\beta \\ z &= z_0 + p\cos\gamma \end{aligned}\right\} \tag{1-7-1}$$

由(1-7-1)式可得

$$\frac{x-x_0}{\cos\alpha}=p,\frac{y-y_0}{\cos\beta}=p,\frac{z-z_0}{\cos\gamma}=p$$

或

$$\frac{x-x_0}{\cos\alpha}=\frac{y-y_0}{\cos\beta}=\frac{z-z_0}{\cos\gamma} \tag{1-7-2}$$

方程组(1-7-2)式实际上是两个平面的方程:

$$\left.\begin{aligned} \frac{x-x_0}{\cos\alpha}&=\frac{z-z_0}{\cos\gamma} \\ \frac{y-y_0}{\cos\beta}&=\frac{z-z_0}{\cos\gamma} \end{aligned}\right\} \tag{1-7-3}$$

而以它们的联解来给出直线方程,或者说,直线表现为两个平面交截的轨迹。

在特殊的情况下,例如 $\cos\gamma=0$,则(1-7-2)式或(1-7-3)式变成

$$\left.\begin{aligned} &z=z_0 \\ &\frac{x-x_0}{\cos\alpha}=\frac{y-y_0}{\cos\beta} \end{aligned}\right\} \tag{1-7-4}$$

如果直线的已知方向 $\boldsymbol{P}$ 不是一个单位矢量,那么也可以用它的分量 P_x、P_y、P_z 取代 $\cos\alpha$、$\cos\beta$、$\cos\gamma$,而(1-7-2)式变为

$$\frac{x-x_0}{P_x}=\frac{y-y_0}{P_y}=\frac{z-z_0}{P_z} \tag{1-7-5}$$

习　题

1.1　试证明矢量 $\boldsymbol{A}$ 和 $\boldsymbol{B}$ 的标积(点乘)可以表达成下列的矩阵形式:

$$(\boldsymbol{A}\cdot\boldsymbol{B})=(\boldsymbol{A})^{\mathrm{T}}(\boldsymbol{B})=(\boldsymbol{B})^{\mathrm{T}}(\boldsymbol{A}) \tag{P1-1}$$

注意:(P1-1)式中的第二个等式只有在当($\boldsymbol{A}$)和($\boldsymbol{B}$)均为列矩阵时才是正确的,而在一般的情况下:

$$\boldsymbol{C}^{\mathrm{T}}\boldsymbol{D}=(\boldsymbol{D}^{\mathrm{T}}\boldsymbol{C})^{\mathrm{T}}$$

1.2　为将投影矢量的表达式 $\boldsymbol{A}_{\mathrm{p}}=(\boldsymbol{A}\cdot\boldsymbol{P})\boldsymbol{P}$ 转换成矩阵的形式($\boldsymbol{A}_{\mathrm{p}}$) $=\boldsymbol{M}_{\mathrm{p}}$($\boldsymbol{A}$),请用最巧妙的方法求出可以用单位矢量 $\boldsymbol{P}$ 的各个分量 P_x、P_y、P_z 加以表达的投影矩阵 $\boldsymbol{M}_{\mathrm{p}}$。

提示:利用式(P1-1)。

1.3　试求用矢量 $\boldsymbol{A}$ 的各个分量 A_x、A_y、A_z 加以表达的叉乘矩阵 $\boldsymbol{C}_{\boldsymbol{A}}$，以将矢量 $\boldsymbol{A}$ 对 $\boldsymbol{B}$ 的叉乘公式 $\boldsymbol{D}=\boldsymbol{A}\times\boldsymbol{B}$ 转换成下列的矩阵形式：

$$(\boldsymbol{D})=\boldsymbol{C}_{\boldsymbol{A}}(\boldsymbol{B}) \tag{P1-2}$$

1.4　将在前面三道习题中所得到的结果应用于(1-2-2)式，以求证(1-2-5)式所表示的 $\boldsymbol{S}_{P,\theta}$。

1.5　一万向轴节(虎克联接)用于连接夹角为 α 的两根转轴，主动轴的转角为 θ，试用标积的公式求出从动轴的相应转角 φ，以取代常用的图解法。

提示：不管主动轴以及从动轴随之转过了多大的角度(θ 与 φ)，十字连接头上的两个(对)销轴的轴线却始终成90°夹角。

1.6　已知一平面在直角坐标系 $Oxyz$ 中的一般的方程为

$$Ax+By+Cz+D=0$$

试将上式归化成如(1-6-9)式所示的规范平面方程。

第 2 篇 反射棱镜共轭理论

第 2 章 反射棱镜成像

在前言中已提到,反射棱镜共轭理论所研究的棱镜物、像空间的共轭关系,同时包括反射棱镜静止和运动两种情况。为了区分起见,习惯上前一种情况叫做棱镜成像,而后一种情况称为棱镜转动(或平面镜系统转动)。

因此本章系讨论反射棱镜处在静止状态下的物、像空间的共轭关系。这些内容属于反射棱镜共轭理论的先导部分,它将为第 3 章和第 4 章研究平面镜系统转动和反射棱镜微量位移打下必要的光学基础。

应当指出,在本章的研究途径方面,除了讲述传统的光学方法之外,还运用了"刚体运动学"的观点,以"刚体运动"的模型,来模拟反射棱镜物、像空间的相互关系。这种研究方法的特点是有助于抽取共性,发现参量,揭示规律,使理论达到了高度的概括。

2.1 专用术语

为了后述方便,现将本书中采用的几个与反射棱镜有关的专用术语定义于下:

1. 光轴平面

在反射棱镜中,同时平行于棱镜的入射光轴和出射光轴的平面,称为光轴平面。

据此定义可知,光轴平面不会单个出现,而是方向相同的一族光轴平面(下同)。

2. 共轭光轴平面

取一物平面平行于棱镜的某一光轴平面,若它经棱镜后所成的像平面也平行于同一光轴平面,则称此光轴平面为共轭光轴平面。

3. 平面棱镜和空间棱镜

在反射棱镜中,只要存在有一个共轭光轴平面的棱镜,便称为平面棱镜,除此以外的均称为空间棱镜。

按照这一定义,空间棱镜不存在共轭光轴平面,而入射光轴与出射光轴互不平行的平面棱镜只存在一种方向的共轭光轴平面，入射光轴与出射光轴互相平行的平面棱镜则具有多种方向的共轭光轴平面。

图 2-1-1 所示是测距仪的一块中央棱镜。此棱镜的入射光轴和它在棱镜内部所走过的光路，以及出射光轴一起形成了一空间的折线 1234567，然而按照上述定义，它仍然是一个平面棱镜。

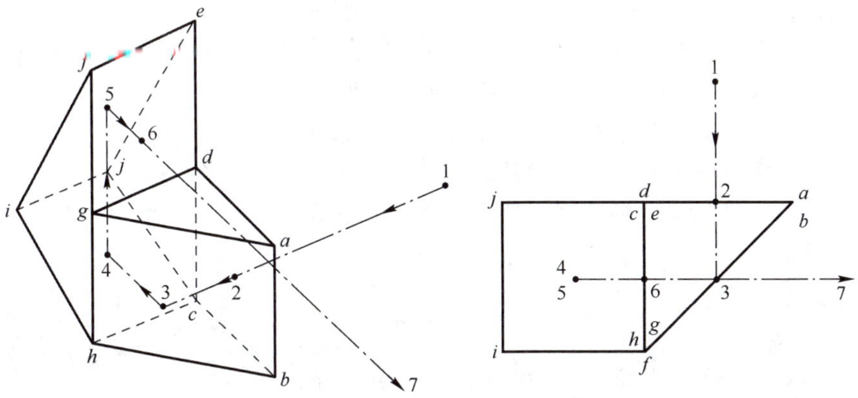

图 2-1-1　体视测距仪的中央棱镜

图 2-1-1、图 2-1-2、图 2-1-3 表示三种不同类型的平面棱镜。它们分别具有一种方向的共轭光轴平面，两种方向的共轭光轴平面，以及无穷多种方向的共轭光轴平面。

图 2-1-2　道威棱镜

图 2-1-4 表示一空间棱镜的实例。

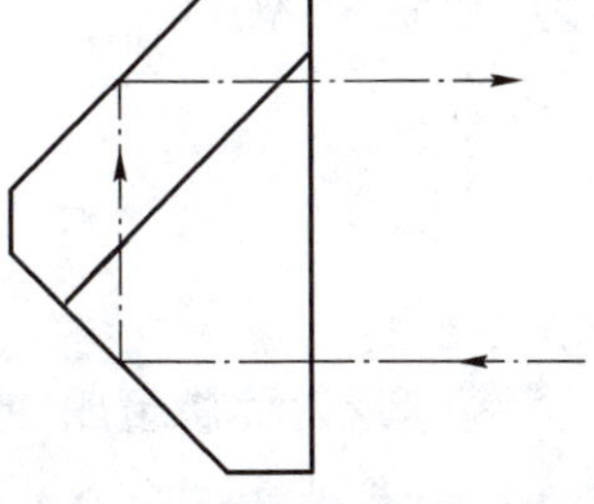

图 2-1-3　角隅棱镜

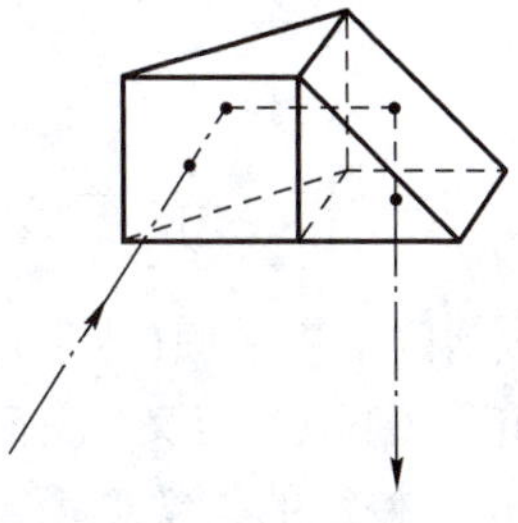

图 2-1-4　空间棱镜

4. 光轴截面和共轭光轴截面

在反射棱镜中，如果入射光轴和出射光轴位于同一个平面内，则称此平面为光轴截面。

取位于光轴截面内的一物平面，若它经棱镜后所成的像平面也在此光轴截面内，则称该光轴截面为共轭光轴截面。

5. 共合平面棱镜和非共合平面棱镜

在平面棱镜中，只要存在有一个共轭光轴截面的平面棱镜，便称为共合平面棱镜，除此以外的平面棱镜均称为非共合平面棱镜。

按照这一定义，共合平面棱镜的入射光轴和出射光轴的相互位置可能有三种情况：或相交，或共线，或平行。不过，出射光轴和入射光轴相互平行的平面棱镜却不见得是共合平面棱镜，因为此时的光轴截面并不一定是共轭光轴截面（见图6-7-9）；而非共合平面棱镜的入射光轴和出射光轴则肯定是既不相交又非共线。

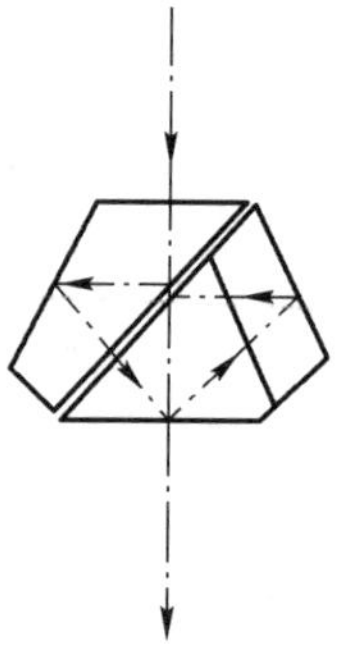

图 2-1-5 别汉屋脊棱镜

图 2-1-1 上的平面棱镜可视为非共合平面棱镜的一个实例。

图 2-1-3 表示的共合平面棱镜只有一个共轭光轴截面。

图 2-1-2 表示的共合平面棱镜具有两个共轭光轴截面。

图 2-1-5 所示是一个具有无穷多个共轭光轴截面的共合平面棱镜。

6. 偶次反射棱镜

反射面的数目为偶数（t = 偶数）的反射棱镜简称为偶次反射棱镜。

7. 奇次反射棱镜

反射面的数目为奇数（t = 奇数）的反射棱镜简称为奇次反射棱镜。

8. 物体与像体

当一个反射棱镜单独地应用于成像时，物和该棱镜所成的像，都可以是三维空间的，为此引入“物体”特别是“像体”这样两个名词，以强调它们的立体性。

2.2 反射棱镜结构分析成像观

2.2.1 反射棱镜的展开和归化

棱镜包括两个折射面（入射面和出射面）和诸反射面。

为叙述方便起见，定义“棱镜反射部”为由棱镜诸反射面所组成的平面镜系统，即去除构成棱镜的光学玻璃，而仅仅保存其各反射面，且每一个反射面用一个平面镜取代后所成的那个平面镜反射系统。

言外之意“棱镜折射部”代表了棱镜的入射面和出射面的两次折射作用。

棱镜反射部在棱镜中起本质的作用。因此，为了搞清楚棱镜物像空间的共轭关系，必先讨论棱镜反射部的物像空间的共轭关系，然后，再通过棱镜同它的棱镜反射部之间的联系，去找出所需要的棱镜物像空间的共轭关系。

然而，为了讨论棱镜反射部的物像空间的共轭关系以及弄清棱镜同棱镜反射部之间的相互联系，又必须将棱镜展开，说得更确切一些，就是作出棱镜相对其棱镜反射部的展开图。

所谓展开，即沿着棱镜的逆光路的方向，依次地对于棱镜的每一个反射面，作出其后方光线、后方反射面及出射面等在这个反射面中的镜像（严格地讲，这个镜像应当理解为虚物）。

在图 2-2-1 上给出了一五角棱镜（WⅡ -90°）的展开的例子。五角棱镜 $abcde'f'g''h''$ 中的 ab 为入射面，cd 为第一反射面，$e'f'$ 为第二反射面，$g''h''$ 为出射面。ⅠⅡⅢⅣ′Ⅴ″Ⅵ″代表垂直入射光线ⅠⅡ经棱镜的实际光路。1234′5″6″则代表倾斜入射光线 12 经棱镜的实际光路。后者在棱镜的入射面和出射面处发生了两次折射。出射光线 5″6″和出射光线Ⅴ″Ⅵ″相交于 F'' 点。为说明问题，同时画出了倾斜入射光线 12 经棱镜反射部的光路 2(3)(4′)(5″)(6″)，即想像此光线在入射面和出射面处不发生折射。出射光线(5″)(6″)和出射光线Ⅴ″Ⅵ″相交于 F''_0 点。

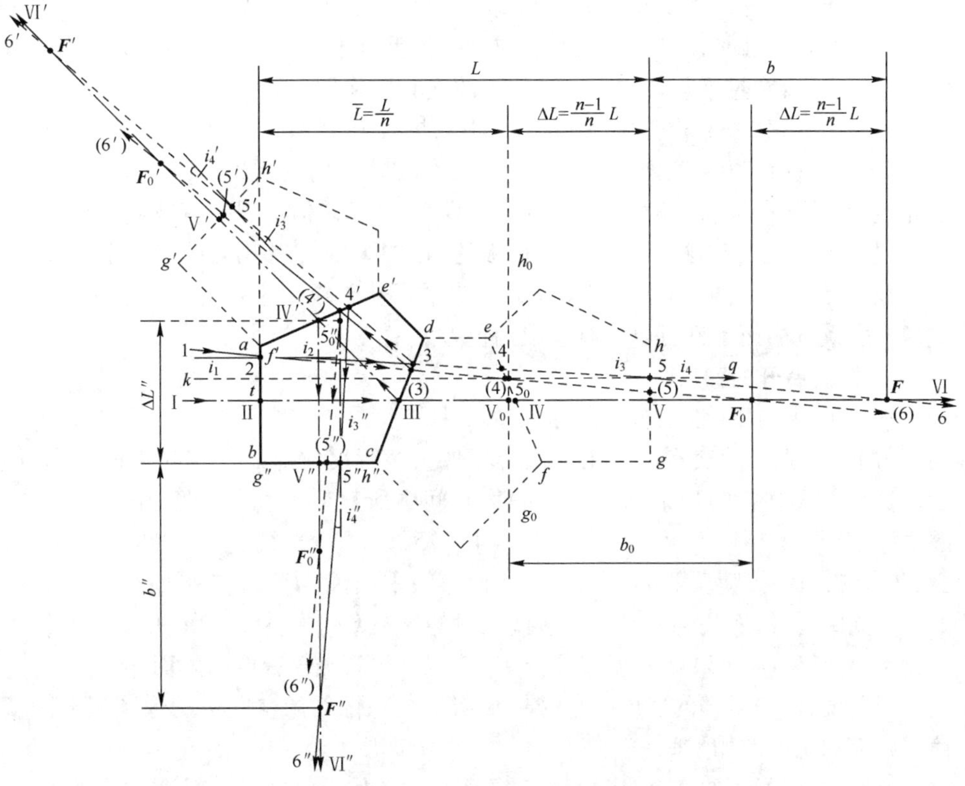

图 2-2-1　五角棱镜展开图

图 2-2-1 中，右上角带两撇“″”的符号代表在棱镜反射部的像空间内的点、线、面；不带撇的符号代表在棱镜反射部的物空间内的点、线、面；带一撇“′”的符号则代表在第一反射面 cd 的像空间内的点、线、面。

1. 棱镜展开的过程

首先，对于最后一个反射面 $e'f'$，作出其后方光线和点子Ⅳ′Ⅴ″Ⅵ″、4′5″6″、(4′)(5″)(6″)、F''_0、F''以及出射面 $g''h''$等在这个反射面中的虚物Ⅳ′Ⅴ′Ⅵ′、4′5′6′、(4′)(5′)(6′)、F'_0、F'以及 $g'h'$。

然后，按照逆光路的方向，依次地对于其他的反射面进行同样的处理。

在本情况下，一共只有两个反射面，所以将针对第一个反射面，作出其现在的后方光线和点子ⅢⅣ′Ⅴ′Ⅵ′、34′5′6′、(3)(4′)(5′)(6′)、F'_0、F'以及现在的出射面 $g'h'$等在反射面 cd 中的虚物ⅢⅣⅤⅥ、3456、(3)(4)(5)(6)、F_0、F 以及 gh。

2. 棱镜展开的结果

无疑，棱镜反射部展开后成为“空气”。所以，经棱镜反射部的光路 12(3)(4′)(5″)(6″)展开后成为一根直线 12(3)(4)(5)(6)，犹如光线在空气中直线传播一样。

棱镜本身在展开后成为一块平行玻璃板 $abgh$，或者说，诸反射面已不复存在，而棱镜的出射面 $g''h''$则变成了平行玻璃板的出射面 gh。所以，垂直入射光线经棱镜的实际光路ⅠⅡⅢⅣ′Ⅴ″Ⅵ″展开后成为一根垂直于平行玻璃板的直线ⅠⅡⅢⅣⅤⅥ，好比垂直穿过平行玻璃板的光线不改变其原来的方向一样，倾斜入射光线经棱镜的实际光路 1234′5″6″展开后成为一根双折线 123456，其中在平行玻璃板内的一段 2345 是一根直线，相当于入射光线 12 在玻璃板内的折射光线。双折线的出射光线 56 的方向虽与入射光线 12 的方向发生了错移，但仍保持着彼此平行，这和一根斜的入射光线 12 经过一平行玻璃板的两次折射而平移出射的情况完全一样。

顺便提一下，反射棱镜应该展开为一块平行玻璃板。这是由于反射棱镜用于成像光学系统中而不许可出现有过限的色差的缘故。

3. 棱镜展开的实质

从整个展开的过程来看，展开的实质是把棱镜最末一个反射面(如这里的$e'f'$)的后方光线、光线的交点以及出射面等想像为棱镜反射部的像空间中的像图，而找出这些像图在棱镜反射部的想像的物空间中所对应的物图(虚物图)，例如在图 2-2-1 上把光线Ⅳ′Ⅴ″Ⅵ″、4′5″6″、(4′)(5″)(6″)，光线交点 F''_0、F''以及出射面$g''h''$等想像为棱镜反射部(例如，这里由第一平面镜 cd 和第二平面镜 $e'f'$组成)的像空间中的像，而找到了它们在棱镜反射部的想像的物空间中所对应的物，即光线ⅣⅤⅥ、456、(4)(5)(6)，光线交点 F_0、F 以及平行玻璃板的出射面 gh。

因此说，棱镜展开的实质是把棱镜反射部的想像的像空间中的像图展开到棱镜反射部的想像的物空间中。

此外，棱镜展开的整个过程实际上等于排除了棱镜的全部反射面的反射作用。其结果变为一块平行玻璃板。可见，棱镜的入射面和出射面的两次折射作用，仅与一块平行玻璃板的作用相当，它只不过使入射光线或成像发生一个平移而已。

所以，在棱镜的成像中，其“折射部”的作用只限于使成像位置发生一个平移，唯其“反射部”才造成物、像之间在方向上的差异。当然，这不等于说成像的位置同棱镜反射部无关。

因此,今后在讨论棱镜的平行光路的问题时,无需考虑其入射面与出射面的两次折射的影响。

应当指出,在展开过程中,一个微妙而有效的措施是,按照物像关系的原则把原来发生在棱镜出射面处的折射(如图 2-2-1 上的 $g''h''$面的 $5''$点)由棱镜反射部的像空间转移到反射部的物空间(如图 2-2-1 上的 gh 面的 5 点),因而使反射棱镜固有的"三明治"结构——反射部夹在折射部之间,转换成为一种比较容易理解的结构形式。

4. 平行玻璃板的归化及其实质

下面进一步把平行玻璃板归化成一等效空气层。见图 2-2-1,经出射光线 56 与平行玻璃板出射面的交点 5,作垂直于平行玻璃板的直线 kq,后者与倾斜入射光线 12 的延长线交于 5_0 点,并与棱镜入射面交于 t 点。然后,经 5_0 点作垂直于光轴ⅠⅥ的平面 g_0h_0,则得到等效空气层 abg_0h_0,而 g_0h_0 为等效空气层的出射面。

设 L 和$\bar{L}$分别代表平行玻璃板和等效空气层的厚度,ΔL 代表由平行玻璃板所引起的轴向像移。在近轴光线的情形,由应用光学中的已知公式,有

$$\Delta L = \frac{n-1}{n}L \tag{2-2-1}$$

和

$$\bar{L} = \frac{L}{n} \tag{2-2-2}$$

式中,n 为玻璃折射率。

为了揭示"归化"的实质,把图 2-2-1 中的有关部分提取出来,而表示在图 2-2-2上。

这里,将平行玻璃板 $abgh$ 视为一光学系统。它的两根物方光线 12 和 kt 交于 5_0 点,而与此时对应的两根像方的出射光线 56 和 $5q$(即 kt 的延长线)则交于 5 点。所以说,等效空气层的出射面 g_0h_0 和平行玻璃板的出射面 gh 构成了平行玻璃板的物像空间内的一对共轭的平面,前者为物平面,后者为像平面。显然,平行玻璃板的物方光线 12 与等效空气层出射面的交截高度$\overline{5_0\text{V}_0}$,应等于对应的像方光线 56 与平行玻璃板出射面的交截高度$\overline{5\text{V}}$。

无疑,光线将沿着直线的方向穿过等效空气层。此时,在棱镜入射面和出射面处的两次折射也可以免去。

所以,平行玻璃板归化的过程实质上是在继棱镜展开之后,把平行玻璃板的出射面本身以及自出射面出射后的一些光线和光线的交点等想像为平行玻璃板的像空间中的像图,而找出这些像图在平行玻璃板的物空间中对应的物图(虚物图),例如在图 2-2-2 上把出射面 gh、光线 56 以及光线的交点 F 等想像为平行玻璃板的像空间中的像图,而找出它们在平行玻璃板的物空间中所对应的物,即等效空气

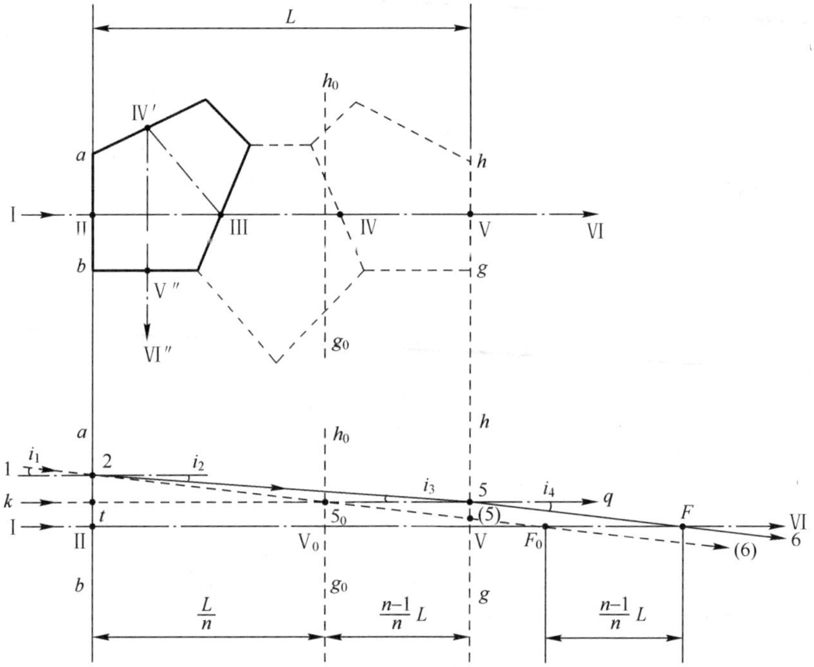

图 2-2-2　平行玻璃板的等效空气层

层的出射面 g_0h_0、光线 $5_0(6)$ 以及光线的交点 F_0。实际上，平行玻璃板的物系由它的共轭像逆入射光轴方向平移 ΔL 而成。

5. 反射棱镜的等效结构

上面已提到反射棱镜的“三明治”结构的转换，然而并未明确指出它将会转换为一种什么样的结构形式。

由图 2-2-1 不难看出，如果入射光线 12 先通过平行玻璃板 *abgh* 的两次折射而沿着 56 的方向出射，然后想像光线 56 沿着自身的方向后移到反射面 *cd* 之前，接着再射入棱镜反射部，则不管其中间路程如何，最终也同样会与棱镜的出射面交于 5″点，并沿 5″6″的方向出射。

因为我们只关心反射棱镜的物空间和像空间之间的共轭关系，而不在乎棱镜内部的中间光路如何，所以根据上述的分析，在维持成像效果的条件下，可以在结构上把一个反射棱镜分解为两个组成部分，并用下列的文字公式（或逻辑方程）加以表达：

$$\text{反射棱镜} = \text{物方平行玻璃板} \leftrightarrow \text{棱镜反射部} \qquad (2\text{-}2\text{-}3)$$

式中，特殊的作用符“↔”代表“将两个光学系统作串联的组合”，出现在此作用符之前的光学系统被认为是串联组合中的先导部分。

根据方程(2-2-3)式，图 2-2-1 中的五角棱镜的等效复合系统示于图 2-2-3 上。平行玻璃板 *abgh* 为串联复合系统的先导部分；由角镜 *cd* 和 *e′f′* 组成的棱镜反射部为串联复合系统的后续部分。图 2-2-3 中带圆圈的数字表示光线经过等效复合系统的顺序。例如,①、②表示光线先通过平行玻璃板;③表示把已通过玻璃板的光线按原方向拉回,然后再入射到反射镜 cd 上,接着按④、⑤的顺序通过整个角镜。

以上在(2-2-3)式中给平行玻璃板加上“物方”二字,是因为反射棱镜还可以展开到其反射部的像空间中而呈现为一块像方平行玻璃板的缘故。在此情形,可以得到类似的逻辑方程:

反射棱镜 = 棱镜反射部 + 像方平行玻璃板 (2-2-4)

而相应的等效复合系统示于图 2-2-4 上。

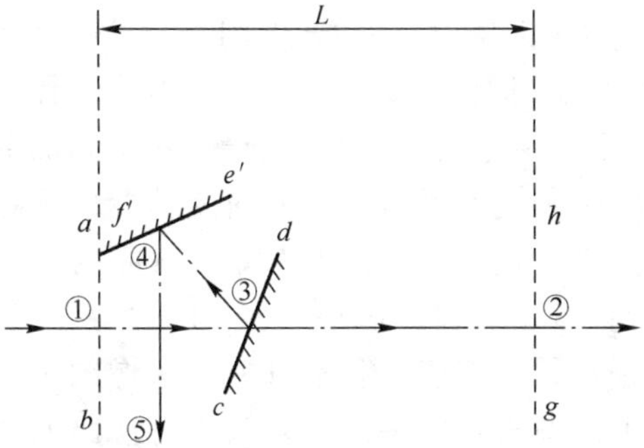

图 2-2-3 棱镜展开到其反射部物空间的情况

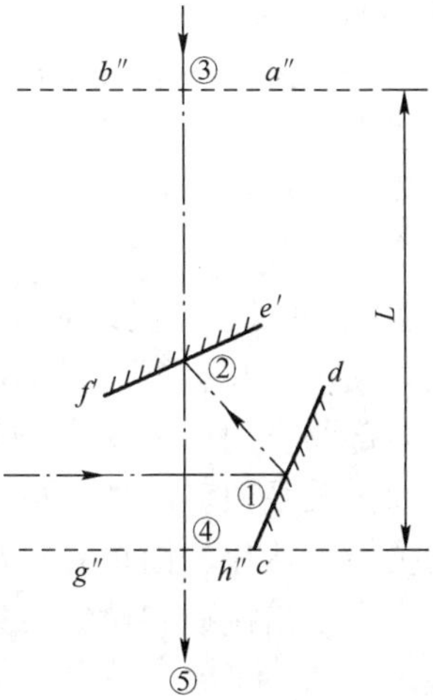

图 2-2-4 棱镜展开到其反射部像空间的情况

(2-2-3)式和(2-2-4)式中的任何一个都可用来求得反射棱镜对一给定物所形成的共轭像。

若用(2-2-3)式,则首先求出给定物通过物方平行玻璃板所成的像,此时只需将给定物沿着棱镜入射光轴的方向移动一距离 $\Delta L = \frac{n-1}{n}L$ 即可,然后再求出此移动了的物为棱镜反射部所构成的像,那么它就是原来的给定物由整个棱镜所形成的共轭像。

若用(2-2-4)式,则首先求出给定物为棱镜反射部所构成的像,然后将此像再沿着棱镜出射光轴的方向移动一个由像方平行玻璃板所造成的像移量 $\Delta L'' = \frac{n-1}{n}L$,便得到了给定物对反射棱镜而言的共轭像。

因为沿入射光轴的位移 ΔL,经棱镜反射部成像后,正好变为沿出射光轴的位移 $\Delta L''$,所以(2-2-3)式和(2-2-4)式两个方程将给出同样的结果。

以上有关反射棱镜成像的一些带有普遍意义的结论也可以用另一种方式论证如下。

由前述可见，在展开前存在有两个光学系统：一个是反射棱镜，另一个是它的反射部；展开后，这两个系统分别转变成一块平行玻璃板和另一部分所谓的"空气"[①]。因此，展开前后一共有四个光学系统，以下简称四系统。现在，在四系统各自的物空间内设取一个统一的物图，然后找出这一物图分别在四系统的像空间内所对应的四个像图。

见图 2-2-1，为了使图形不致于变得过分地复杂，只取两根物方光线 12 和 Ⅰ Ⅱ，二者交于一物点 F_0。

设 F_0 为上述统一物图的一个代表点。此时，F_0 经"空气"而成的像图为出射光线(5)(6)与Ⅴ Ⅵ的交点，仍在 F_0；平行玻璃板的像图为出射光线 56 与Ⅴ Ⅵ的交点 F；棱镜反射部的像图为出射光线(5″)(6″)与Ⅴ″Ⅵ″的交点 F_0''；而棱镜的像图则是出射光线 5″6″与Ⅴ″Ⅵ″的交点 F''。

我们解题思路中的一个出发点是认为棱镜反射部的物、像图之间的共轭关系已经解决。由于物图是统一的，所以只要找出棱镜和棱镜反射部的两个像图之间的关系，就可以确定棱镜的物、像图的关系，并由此而解决了棱镜物像空间的共轭关系。又由于在棱镜反射部像空间的棱镜和棱镜反射部二者对应地变成了在棱镜反射部物空间内的平行玻璃板和"空气"，所以，棱镜和棱镜反射部的两个像图之间的关系便对应地变成了平行玻璃板和空气的两个像图之间的关系。后二者的关系显然比较简单，所以，我们总是从平行玻璃板和空气的两个像图之间的关系中去找出棱镜和棱镜反射部的两个像图之间的关系。是为上述思路的解题过程。

上述关系可以从讨论构成物点 F_0 的同一根入射光线 12 经四系统后的四根出射光线之间的关系着手。

见图 2-2-1，由于 12(3)(4)(5)(6)是一根直线，故前述的 56∥12 就等于是 56∥(5)(6)。

可见，对于同一根入射光线 12，其自平行玻璃板的出射光线 56 平行于自空气出射的光线(5)(6)。平移的距离为 $\Delta L = \frac{n-1}{n}L$，而平移的方向即沿入射光轴Ⅰ Ⅱ的方向。

上述的 56∥(5)(6)的关系发生在棱镜反射部的物空间内，而在棱镜反射部的像空间内则对应地有 5″6″∥(5″)(6″)。

可见，对于同一根入射光线 12，其自棱镜的出射光线 5″6″平行于自棱镜反射部的出射光线(5″)(6″)。平移的距离为 $\Delta L'' = \Delta L$，而平移的方向即沿棱镜反射部(或棱镜)的出射光轴Ⅴ″Ⅵ″的方向。

以上针对入射光线 12 的情况，同样也适用于其他的入射光线，只要入射角在一定的范围内即可。

---

① "空气"就等于是"乌有"，它的引入是为了在棱镜反射部的物像空间内造成对称的情况。

因此，可以把上述所得的关系推广到诸像图(四系统的成像)之间的关系上。

当四系统在它们各自的物空间内具有同一个物图(以 F_0 点为代表)时，则有：

(1) 空气的像图(仍然以 F_0 点为代表)与棱镜反射部的像图(以 F_0'' 点为代表)对棱镜反射部来说呈现共轭关系，前者为物，后者为像；

(2) 平行玻璃板的像图(以 F 点为代表)与棱镜的像图(以 F''点为代表)对棱镜反射部来说也呈现共轭关系，前者为物，后者为像；

(3) 如果把平行玻璃板的像图对于空气的像图沿入射光轴方向平移一距离 $\overrightarrow{F_0F}\left(\overline{F_0F}=\Delta L=\dfrac{n-1}{n}L\right)$，看作是发生在棱镜反射部的物空间内的一种现象，那么，棱镜的像图对于棱镜反射部的像图沿出射光轴方向平移一距离 $\overrightarrow{F_0''F''}$ ($\overline{F_0''F''}=\Delta L''=\Delta L$)，就是对应地发生在棱镜反射部的像空间内的一种共轭的现象；

(4) 结论——一个物图在棱镜像空间内的共轭像图，可以由同一个物图在此棱镜的"反射部"的像空间内的共轭像图，沿着棱镜的出射光轴方向平移一距离 $\Delta L''=\dfrac{n-1}{n}L$ 而成。

可以直接计算 $\Delta L''$，也可先计算 ΔL 然后再通过棱镜反射部的成像而间接求得 $\Delta L''$。

由此又回到了(2-2-3)式和(2-2-4)式。

"应用光学"中关于棱镜展开成平行玻璃板并继续压缩成等效空气层的传统概念，都仅局限于方便棱镜像差设计和简化棱镜外形尺寸计算的范围。那里只说明了，在棱镜像差计算中无需考虑各反射面的影响，以及展开与归化，使在计算棱镜外形尺寸时，可以免去棱镜诸反射面的反射作用以及入射面和出射面的两次折射作用的困扰。

然而，这里跳出了那个范围，从探讨棱镜的物像空间的共轭关系上，来揭示展开与归化的实质，并由此而抽象出平行玻璃板和等效空气层等概念。因此，当反射棱镜在展开与归化中消匿之际，其物像关系却得到了恢复或重建。这不仅是为解决"棱镜调整"所需，而且反映了事物的内在联系，同时也有益于加深对棱镜的作用原理及其外形尺寸的计算方法的理解。

2.2.2 反射棱镜的一对共轭基点——棱镜物、像位置共轭法则

在前面曾提到的解题思路中，为了求得给定物为反射棱镜所形成的像，必须先找到给定物由棱镜反射部所成的像。然而，作为一个纯粹的平面镜系统的棱镜反射部，要想完整地解决它的成像问题，特别是在会聚光路中，仍然是一个不太轻松的课题。

为了克服上述困难，并配合发展反射棱镜共轭理论的需要，下面将揭示存在于反射棱镜物、像空间中的一对特殊的共轭点。

鉴于这一问题的重要性，所以把它作为一条法则提出来，然后求证。

棱镜物、像位置共轭法则

"反射棱镜入射光轴与等效空气层出射面的交点和棱镜出射光轴与棱镜出射面的交点,二者构成了棱镜物、像空间的一对共轭点。前者为物点,后者为像点。"

证明

设符号"物$\xrightarrow{\text{成像系统}}$像"表示某成像系统的物像关系,则根据在对展开与归化的论证中所了解到的一些物像的共轭关系,并利用图 2-2-1 上所用的符号,有

$$g_0h_0 \xrightarrow{\text{物方平行玻璃板}} gh \tag{2-2-5}$$

$$gh \xrightarrow{\text{棱镜反射部}} g''h'' \tag{2-2-6}$$

将以上二者串联起来,则

$$g_0h_0 \xrightarrow{\text{物方平行玻璃板}} gh \xrightarrow{\text{棱镜反射部}} g''h'' \tag{2-2-7}$$

或

$$g_0h_0 \xrightarrow{\text{物方平行玻璃板}\leftrightarrow\text{棱镜反射部}} g''h'' \tag{2-2-8}$$

考虑到(2-2-3)式,得

$$g_0h_0 \xrightarrow{\text{棱镜}} g''h'' \tag{2-2-9}$$

符号法的运算结果(2-2-9)式表明:棱镜的等效空气层的出射面 g_0h_0 和棱镜自身的出射面 $g''h''$构成了棱镜物、像空间内的一对共轭面。前者为物平面,后者为像平面。

由于棱镜的入射光轴和出射光轴也是相互共轭的,所以,棱镜的入射光轴及出射光轴分别同等效空气层出射面及棱镜出射面的一对交点,就必然是棱镜物、像空间内的一对共轭点。如图 2-2-5 中的 M_0 和 M'点即是。

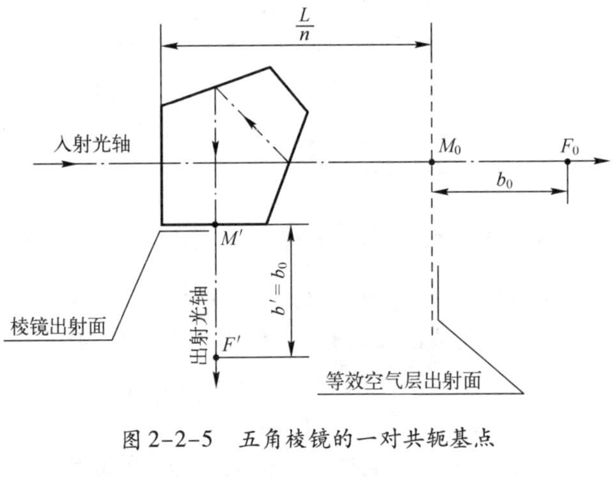

图 2-2-5　五角棱镜的一对共轭基点

以上所得关于棱镜物像空间共轭关系的一些结论,并未涉及到五角棱镜的个性问题,因而可以推广到目视光学系统中所应用的其他的一切反射棱镜上。证毕。

本法则可视为棱镜的展开、归化以及等效结构等有关原理综合用于棱镜的自身结构上所得到的一个成果。

一个棱镜有无穷多对的共轭点，不过，由于在很多光学手册中都能查到棱镜的轴向展开厚度 L，所以，M_0 和 M' 是最容易确定的一对。

这样两个特别的点子在棱镜上的位置只同棱镜自身的结构有关，并在一定的程度上反映了棱镜的成像特性，因此取名为反射棱镜的一对共轭基点。在某种意义上，棱镜的共轭基点同透镜的主点和焦点等一类基点具有相似的作用。

从已经获得的一对共轭点 M_0 和 M'(图 2-2-5)出发，不难看出，在棱镜的入射光轴及出射光轴上分别和等效空气层出射面及棱镜出射面等距的任意一对点子，也都是棱镜物、像空间内的一对共轭点。如图 2-2-5 的 F_0 和 F' 点即是，因 $b_0=b'$。

本法则主要解决了棱镜物、像空间内一对共轭点的位置上的共轭关系。这对于以后解决会聚光路中的棱镜调整计算是非常必要的。

2.2.3 一对完全共轭的坐标系——作图法求像

对于全部的平面棱镜以及某些空间棱镜而言，如果利用棱镜的一对已知的共轭点，那么，我们就能够用比较方便的作图法来确定一给定物为棱镜所形成的像。

以下结合一实例加以说明。图 2-2-6 表示一带屋脊的靴形棱镜以及一对位置已知的共轭基点 M_0 和 M'。假设棱镜位于一望远镜物镜后方的会聚光路中；F' 为轴向平行光束经物镜、接着再通过棱镜之后的会聚点，位于棱镜出射光轴上与 M' 的距离为 b' 的地方。F' 可以看作是在棱镜像空间中的一个像点。以共轭基点 M_0 和 M' 作为基准，由 $b_0=\overline{M_0F_0}=\overline{M'F'}=b'$，可在棱镜入射光轴上找到与 F' 相对应的共轭物点 F_0。

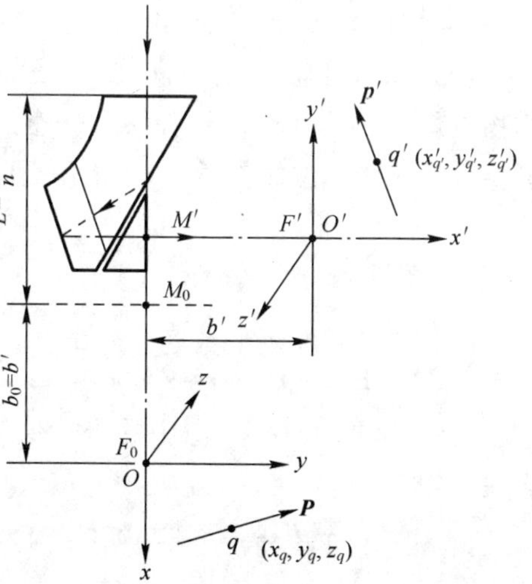

图 2-2-6　用图解法确定共轭像的示例

设给定像空间坐标 $x'y'z'$，其中 x' 和棱镜的出射光轴一致，y' 在光轴截面内，z' 和 x'、y' 构成右手系坐标，即 z' 垂直于光轴截面且朝外。然后，用作图法不难求得共轭的物空间坐标 xyz，其中 x 对应地和棱镜的入射光轴一致，由于屋脊的存在 z 和 z' 反向，又由于本棱镜为奇次反射（三个反射面），故 xyz 应是反 $x'y'z'$ 的右手系结构而成为左手系结构，由此确定 y 的方向。

最后，把这一对共轭坐标 xyz 和 $x'y'z'$ 的两个原点 O 和 O' 分别定在棱镜物像空间内的一对共轭点 F_0 和 F' 处，则求得了棱镜物像空间内的一对完全共轭的坐标系 $Oxyz$ 和 $O'x'y'z'$。这里，“完全共轭”是指两个坐标系不仅在方向上共轭，而且在位置上也共轭。倘若讨论平行光路的问题，当然坐标原点 O 和 O' 就不再有什么意义了，因而可以去掉。

有了一对完全共轭的坐标系之后，便可以求得一任意物的像。

设已知一任意物矢量 $\boldsymbol{P}$（单位矢量，也可以不是单位矢量）在物坐标系 $Oxyz$ 中的各个分量 P_x、P_y、P_z：

$$\boldsymbol{P} = P_x\boldsymbol{i} + P_y\boldsymbol{j} + P_z\boldsymbol{k} \tag{2-2-10}$$

设欲求的共轭像矢量 $\boldsymbol{P}'$ 在像坐标系 $O'x'y'z'$ 中的各个分量为 $P'_{x'}$、$P'_{y'}$、$P'_{z'}$：

$$\boldsymbol{P}' = P'_{x'}\boldsymbol{i}' + P'_{y'}\boldsymbol{j}' + P'_{z'}\boldsymbol{k}' \tag{2-2-11}$$

由于在棱镜的两个共轭空间之间的一种显而易见的关系，有：

$$P'_{x'} = P_x;P'_{y'} = P_y;P'_{z'} = P_z \tag{2-2-12}$$

代入(2-2-11)式，得

$$\boldsymbol{P}' = P_x\boldsymbol{i}' + P_y\boldsymbol{j}' + P_z\boldsymbol{k}' \tag{2-2-13}$$

(2-2-13)式只给出了像矢量 $\boldsymbol{P}'$ 的方向。有时候，单位矢量 $\boldsymbol{P}$ 代表棱镜转轴的方向，叫做物轴，则单位矢量 $\boldsymbol{P}'$ 称为像轴。当讨论棱镜在会聚光路中的微量转动时（见后述的第 4 章），除了应该知道像轴 $\boldsymbol{P}'$ 的方向之外，还需要确定 $\boldsymbol{P}'$ 的位置。在此情形，可以先在单位物矢量 $\boldsymbol{P}$ 的作用线上选择一个任意的已知点 q，则按照物像关系，它的共轭像点 q' 将必然处在单位像矢量 $\boldsymbol{P}'$ 的作用线上，并由此而标定了像轴 $\boldsymbol{P}'$ 的空间位置。

设已知物点 q 在物坐标系 $Oxyz$ 中的坐标值 x_q、y_q、z_q；$\boldsymbol{r}_q$ 代表自原点 O 至 q 点的向径，则

$$\boldsymbol{r}_q = x_q\boldsymbol{i} + y_q\boldsymbol{j} + z_q\boldsymbol{k} \tag{2-2-14}$$

设欲求的共轭像点 q' 在像坐标系 $O'x'y'z'$ 中的坐标值为 $x'_{q'}$、$y'_{q'}$、$z'_{q'}$；$\boldsymbol{r}'_{q'}$ 代表自原点 O' 至 q' 点的向径，则

$$\boldsymbol{r}'_{q'} = x'_{q'}\boldsymbol{i}' + y'_{q'}\boldsymbol{j}' + z'_{q'}\boldsymbol{k}' \tag{2-2-15}$$

同理，有

$$x'_{q'} = x_q;y'_{q'} = y_q;z'_{q'} = z_q \tag{2-2-16}$$

代入(2-2-15)式，得

$$\boldsymbol{r}_{q'} = x_q\boldsymbol{i}' + y_q\boldsymbol{j}' + z_q\boldsymbol{k}' \tag{2-2-17}$$

以上用作图法得到棱镜的一对共轭的坐标轴 xyz 和 $x'y'z'$ 以示棱镜物像空间的方向上的共轭关系，乃是非常实用的方法。但是，从理论上说，作图法总是不具有普遍的意义，因为它不能适用于所有的情况。显然，作图法难以用来表达一棱镜在运转中的物像关系。严格的方法还应该是解析法。

2.3 反射棱镜成像分析运动观

2.3.1 棱镜成像和刚体运动的相似性

由 2.2 节可知，反射棱镜的两个折射面与一平行玻璃板相当，因而它在会聚光路中将会产生各种类型的单色像差。所以，为了保证下述理论的准确性，必须把成像光束限制在近轴范围。这个规定与棱镜的实际使用条件是相接近的，而且棱镜的像差在一定程度上还可以得到整个光学系统的其他光学组件的像差的补偿。

在图 2-3-1 和图 2-3-2 上分别表示一偶次反射棱镜的代表 FP－0°和一奇次反射棱镜的代表 $FX_J-90°$ 的物、像关系。在两种情况下均设长方体 $Oabcdefg$ 为棱镜物空间内的物，长方体 $O'a'b'c'd'e'f'g'$ 为棱镜像空间内对应的共轭像。为清晰起见，又在两长方体上取直角坐标 $Oxyz$ 和 $O'x'y'z'$ 分别代表共轭物、像的方位，即坐标轴 xyz 和 $x'y'z'$ 分别代表共轭物、像的方向，而坐标原点 O 和 O' 分别代表共轭物、像的位置。当然，O 和 O' 只能代表共轭物、像中的某一对共轭点的位置，而非整个物、像的位置。如 2.2.3 节中所述，这是一对完全共轭的坐标系。

由应用光学知，偶次反射棱镜给出完全不变形的共轭像。如图 2-3-1 所示，物、像坐标 $Oxyz$ 和 $O'x'y'z'$ 属于同一种结构，这里同为右手系，当然也可以是同为左手系。奇次反射棱镜则给出变形的共轭像。如图 2-3-2 所示，物、像坐标 $Oxyz$ 和 $O'x'y'z'$ 属异性结构，这里左手系的 $Oxyz$ 变成了右手系的 $O'x'y'z'$。

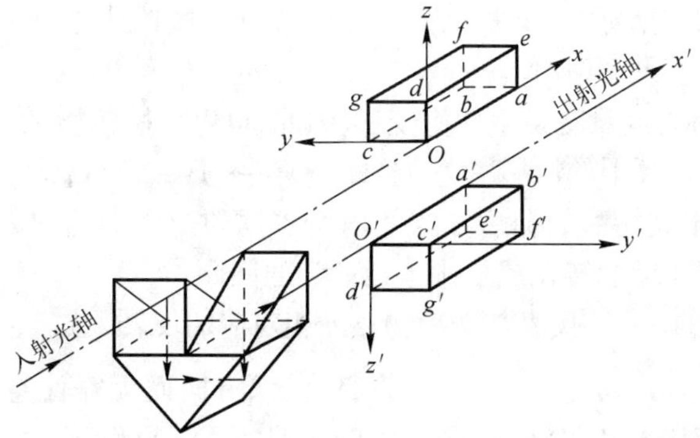

图 2-3-1 偶次反射棱镜的成像

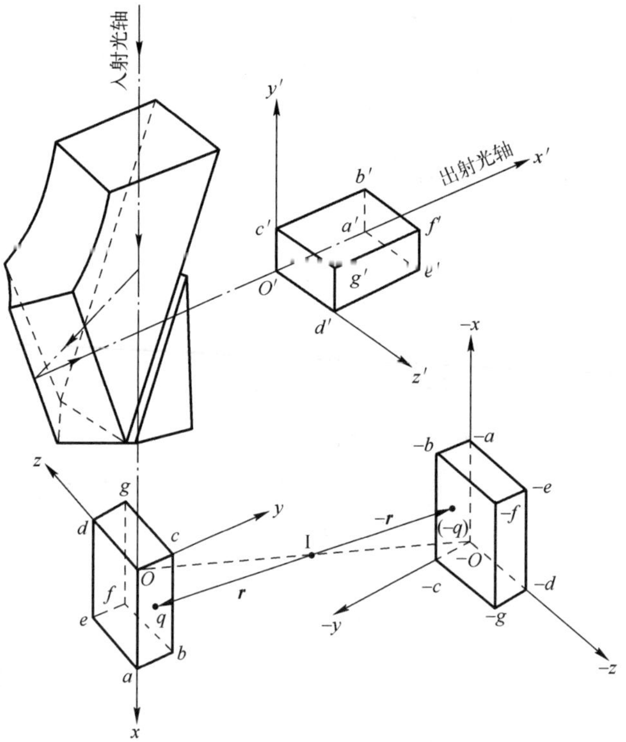

图 2-3-2　奇次反射棱镜的成像

倘若人为地把奇次反射棱镜的真实的物 $Oabcdefg$ 相对于空间内一任意点 I 对称地反转为 $(-O)(-a)(-b)(-c)(-d)(-e)(-f)(-g)$，那么与 $(-O)(-a)(-b)(-c)(-d)(-e)(-f)(-g)$ 相对应的虚构的物坐标 $(-O)(-x)(-y)(-z)$ 和真实的像坐标 $O'x'y'z'$ 也变成了同一种结构的坐标。以后，称 I 为反转中心，$(-O)(-a)(-b)(-c)(-d)(-e)(-f)(-g)$ 为反转物，而 $(-O)(-x)(-y)(-z)$ 为反转物坐标。

可见，如果在讨论奇次反射棱镜时以这种反转物坐标 $(-O)(-x)(-y)(-z)$ 取代真实的物坐标 $Oxyz$，那么不论是偶次反射棱镜或是奇次反射棱镜，它们都给出了完全不变形的共轭像。

既然两个坐标之间没有发生任何变形，因此，可以把棱镜物、像空间的两个对应的坐标 $Oxyz$（在奇次反射的情形用 $(-O)(-x)(-y)(-z)$ 取代 $Oxyz$）和 $O'x'y'z'$ 看成是同一个刚体于其转移的前后在空间内所占据的两个不同的方位。这样，棱镜物、像共轭关系的问题便转化成了刚体运动学的问题。

图 2-3-2 中的 $(-q)$ 代表与任一物点 q 相对应的反转物点，它们对反转中心 I 的关系为：$\overrightarrow{\mathrm{I}(-q)} = -\overrightarrow{\mathrm{I}q} = -\boldsymbol{r}$。在只关心物、像方向而无需注意物、像位置的情形，不用设置反转中心 I，而只要把真实的物坐标 xyz 反转成 $(-x)(-y)(-z)$ 即可。

2.3.2 棱镜物、像空间共轭关系的刚体运动学解题途径

根据在 2.3.1 节的类比中所得的结果,我们将在讨论棱镜物、像空间的共轭关系时,采取刚体运动学的解题途径。

既然刚体的任意运动可初步归化为一个平移以及随后的一个转动等两个组成部分,那么,依照 2.3.1 节中的结论,也一定能够把棱镜物、像空间的共轭关系区分为相应的两个部分:棱镜的位置共轭和棱镜的方向共轭。

2.3.3 棱镜的位置共轭

这个问题与刚体运动中的平移部分相当,是一个选择参考点的问题。刚体上的一个参考点实际上在空间内占据了两个位置:一个位置对应于刚体还没有运动的时候,另一个位置是在刚体运动终了的时候,如图 1-4-1 中的 O 和 O'即是。所以,棱镜的位置共轭可表现为棱镜物、像空间内的一对共轭点的关系。

棱镜物、像空间内有无穷多对的共轭点。其中的任何一对都可以充当这个角色。不过,有一对共轭点是现成的。这就是由 2.2.2 节中的棱镜物、像位置共轭法则所提供的一对共轭基点 M_0 和 M',如图 2-3-3 所示。

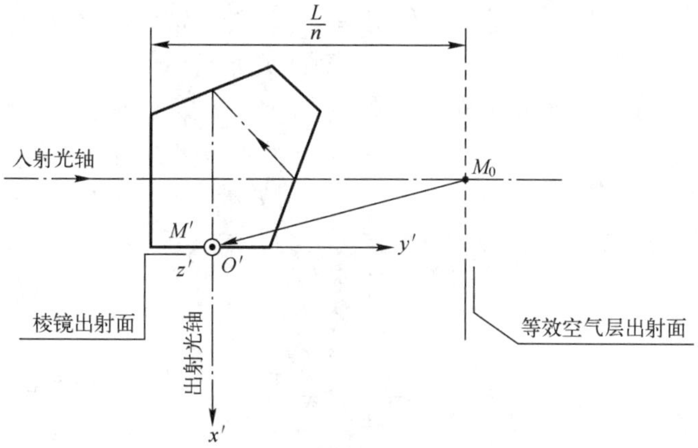

图 2-3-3 反射棱镜的位置共轭参量

通常,用矢量$\overrightarrow{M_0M'}$表示棱镜的一对共轭基点 M_0 和 M'之间的相对位置。这一矢量与刚体等效运动中的平移矢量 $\boldsymbol{S}$ 相当。

为具体地标定矢量$\overrightarrow{M_0M'}$,在棱镜的像空间内设坐标系 $O'x'y'z'$。规定 $O'x'y'z'$ 为右手坐标;坐标原点 O'定在 M'点;x'为棱镜的出射光轴;在平面棱镜的情形 y'在共轭光轴平面内,其取向使 z'指向读者一侧。

以图 2-3-3 上的五角棱镜 WⅡ -90°为例,有

$$\overrightarrow{M_0M'} = 0.5D\boldsymbol{i}' + \left(-0.5D + 3.414\frac{D}{n}\right)\boldsymbol{j}' + 0\cdot\boldsymbol{k}'$$

式中,$\boldsymbol{i}'$、$\boldsymbol{j}'$、$\boldsymbol{k}'$代表沿坐标轴 $x'y'z'$的三个单位矢量;D 为棱镜口径;n 为棱镜玻璃折

射率。

在一般的情况下，矢量$\overrightarrow{M_0M'}$可写成

$$\overrightarrow{M_0M'} = \left(A_1 D + B_1 \frac{D}{n}\right)\boldsymbol{i}' + \left(A_2 D + B_2 \frac{D}{n}\right)\boldsymbol{j}' + \left(A_3 D + B_3 \frac{D}{n}\right)\boldsymbol{k}' \qquad (2\text{-}3\text{-}1)$$

式中，六个系数 A_1、B_1、A_2、B_2、A_3 和 B_3 代表反射棱镜的位置共轭参量。对于具体的棱镜，它们有确定的数值。

2.3.4 棱镜的方向共轭——棱镜物、像方向共轭法则

棱镜的方向共轭反映了棱镜物、像之间在方向上的共轭关系。这个问题与刚体等效运动中的定点转动部分相当。或者说，它们与绕 $\boldsymbol{P}$ 转 θ 相对应。

根据 2.3.1 节和 1.4 节中所述，棱镜物、像方向间的关系，将受下述的“棱镜物、像方向共轭法则”支配。

棱镜物、像方向共轭法则

“棱镜存在唯一的特征方向 $\boldsymbol{T}$ 和一定的特征角 2φ。偶次反射棱镜的任一出射矢量 $\boldsymbol{A}'$可由其共轭的入射矢量 $\boldsymbol{A}$ 绕 $\boldsymbol{T}$ 转 2φ 而成；奇次反射棱镜的任一出射矢量 $\boldsymbol{A}'$则可由其共轭的入射矢量 $\boldsymbol{A}$ 的反矢量($-\boldsymbol{A}$)绕 $\boldsymbol{T}$ 转 2φ 而成。”

本法则实质上同欧拉－达朗倍尔定理完全一样，故其证明可以借鉴。

不过，为加深对这一法则的理解，以下列述几个具体例子。

图 2-3-4 表示单平面镜的情形。像坐标 $x'y'z'$可以看作是共轭物坐标 xyz 先反一个向，变成反转物坐标($-x$)($-y$)($-z$)，然后再绕平面镜法线矢量 $\boldsymbol{N}$ 转 180°而成。而且任何一个出射矢量 $\boldsymbol{A}'$，也是对应的入射矢量 $\boldsymbol{A}$ 先反向变成($-\boldsymbol{A}$)之后，再绕 $\boldsymbol{N}$ 转 180°而成。所以，单平面镜的特征方向 $\boldsymbol{T}$ 为其法线 $\boldsymbol{N}$，而特征角 $2\varphi = 180°$。

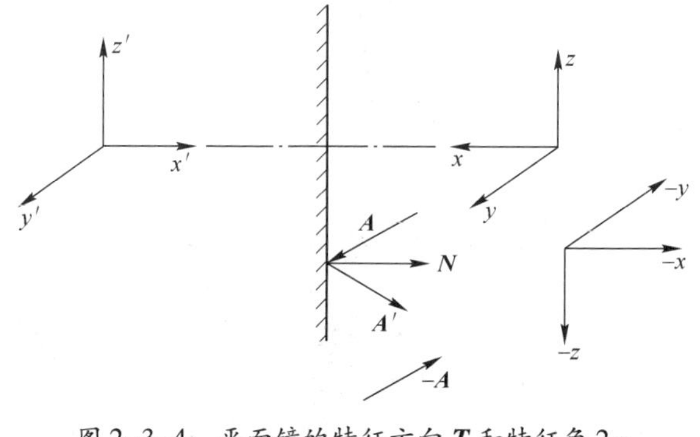

图 2-3-4 平面镜的特征方向 $\boldsymbol{T}$ 和特征角 2φ

图 2-3-5 表示角镜的情形。像坐标 $x'y'z'$可以看作是共轭的物坐标 xyz 直接绕交棱方向 $\boldsymbol{P}$ 转动 2β 而成，这里 β 为角镜的两面角。同样，任意一个出射矢量 $\boldsymbol{A}'$也都可以由其对应的入射矢量 $\boldsymbol{A}$ 绕 $\boldsymbol{P}$ 转 2β 而成；为了明确 $\boldsymbol{P}$ 的方向，应指出 $\boldsymbol{P}$ 的方向与矢积($\boldsymbol{N}_2 \times \boldsymbol{N}_1$)的方向一致，$\boldsymbol{N}_1$ 和 $\boldsymbol{N}_2$ 分别为第一平面镜和第二平面镜的法线矢量。所以，角镜的特征方向 $\boldsymbol{T}$ 为其交棱 $\boldsymbol{P}$，而特征角 $2\varphi = 2\beta$。

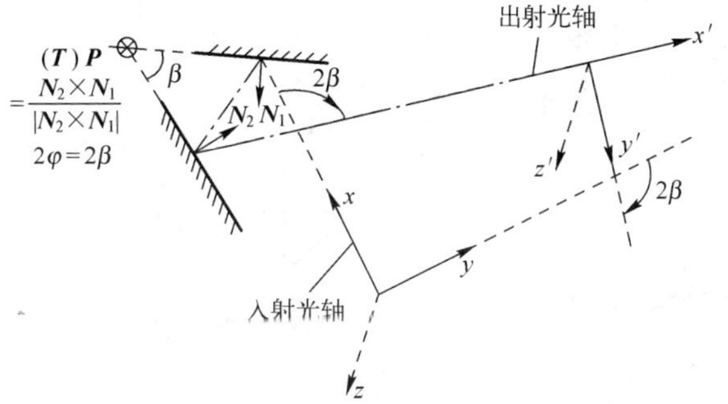

图 2-3-5　角镜的 $\boldsymbol{T}$ 和 2φ

图 2-3-6 表示反射次数为偶次($t=4$)的复合棱镜 FP－0°。它的右手系像坐标 $x'y'z'$ 将由其共轭的、同为右手系的物坐标 xyz 绕特征方向 $\boldsymbol{T}$ 转 $2\varphi=180°$ 而成。

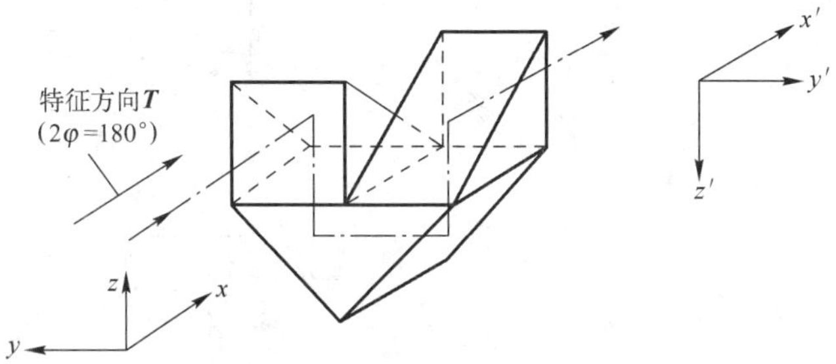

图 2-3-6　偶次反射棱镜的 $\boldsymbol{T}$ 和 2φ

图 2-3-7 表示反射次数为奇次($t=3$)的复合棱镜 FA－0°。它的左手系像坐标 $x'y'z'$ 将由其共轭的、本为右手系的物坐标 xyz 先反向,变成反转物坐标($-x$)($-y$)($-z$),然后再绕特征方向 $\boldsymbol{T}$ 转 $2\varphi=180°$ 而成。

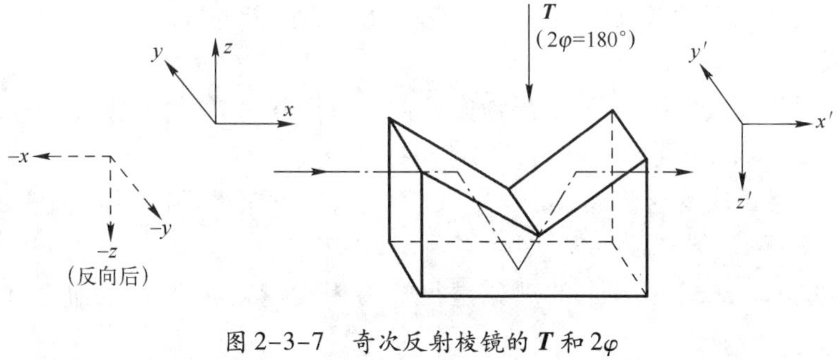

图 2-3-7　奇次反射棱镜的 $\boldsymbol{T}$ 和 2φ

图 2-3-8 表示一菱形棱镜。像坐标 $x'y'z'$ 和物坐标 xyz 的各个坐标轴对应地相互平行,所以,它的特征方向 $\boldsymbol{T}$ 可以是在空间中的一个任意的方向,而特征角 $2\varphi=0°$。

图 2-3-9 和图 2-3-10 所示也是平面棱镜,反射面的数目均为奇数($t=3$),一个不带屋脊,另一个带屋脊。标注在图上的特征方向 $\boldsymbol{T}$ 和特征角 2φ 留给读者自己求证。

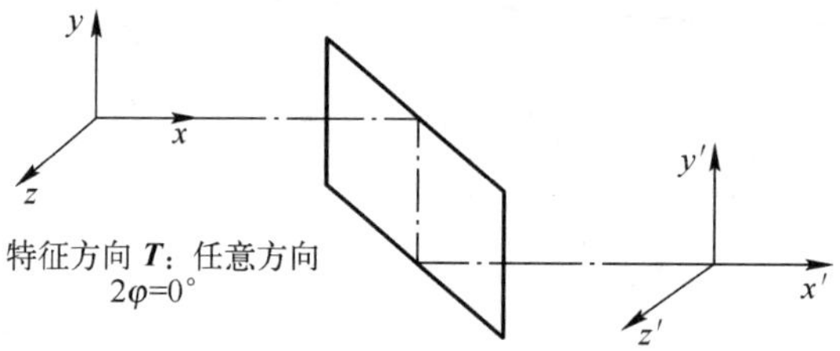

图 2-3-8　菱形棱镜的 $\boldsymbol{T}$ 和 2φ

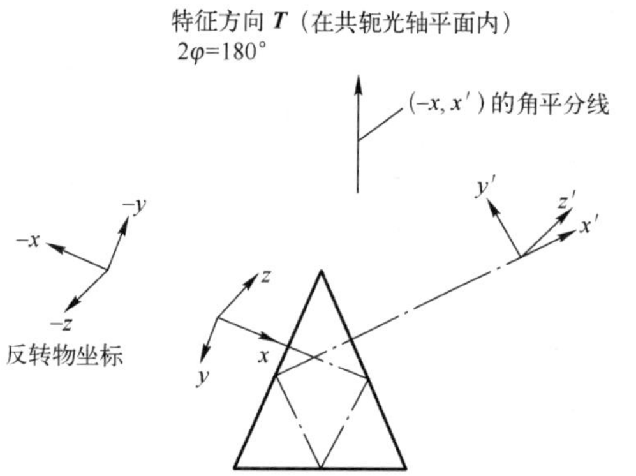

图 2-3-9　等腰棱镜的 $\boldsymbol{T}$ 和 2φ

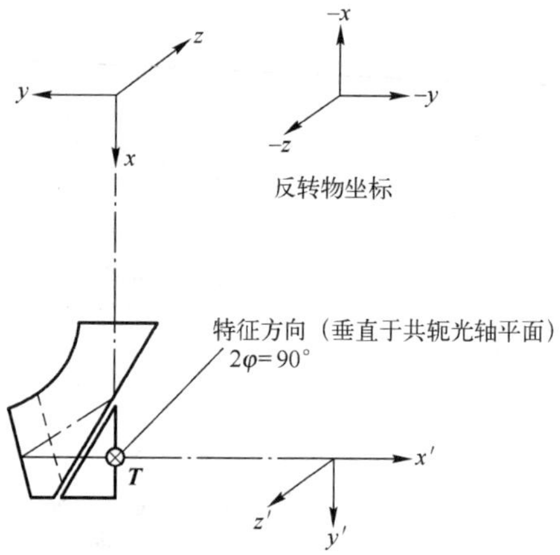

图 2-3-10　靴形屋脊棱镜的 $\boldsymbol{T}$ 和 2φ

以下是有关特征方向 $\boldsymbol{T}$ 的几个重要的性质：

（1）如果物不动，那么，不管棱镜绕其特征方向 $\boldsymbol{T}$ 转动多大的角度，都不会改变像的方向。

这是因为在棱镜绕其特征方向 $\boldsymbol{T}$ 转动的过程中，$\boldsymbol{T}$ 的方向和 2φ 的大小都保持不变的缘故。

（2）对于偶次反射棱镜，如果物矢量 $\boldsymbol{A}$ 与特征方向 $\boldsymbol{T}$ 平行，那么共轭的像矢量 $\boldsymbol{A}'$ 也将与 $\boldsymbol{T}$ 平行，并且与 $\boldsymbol{A}$ 同向，即 $\boldsymbol{A}'=\boldsymbol{A}=\pm\boldsymbol{T}$。

（3）对于奇次反射棱镜，如果物矢量 $\boldsymbol{A}$ 与特征方向 $\boldsymbol{T}$ 平行，那么共轭的像矢量 $\boldsymbol{A}'$ 也将与 $\boldsymbol{T}$ 平行，但与 $\boldsymbol{A}$ 反向，即 $\boldsymbol{A}'=-\boldsymbol{A}=\pm\boldsymbol{T}$。

上述的(2)、(3)两点中的现象是很容易用棱镜物、像方向共轭法则加以说明的。

特征方向 $\boldsymbol{T}$ 以及特征角 2φ 与入射矢量无关(因为入射矢量 $\boldsymbol{A}$ 可以是任意的)而只取决于平面镜系统或棱镜的内部结构，因此，$\boldsymbol{T}$ 和 2φ 是棱镜的属性。特征方向中的“特征”二字来自于矩阵①，不过可以从属性这个意义上去理解它。

---

① 实际上反射棱镜的特征方向 $\boldsymbol{T}$ 和反射棱镜的作用矩阵 $\boldsymbol{R}$(见 2.5.3 节)的特征矢量不完全一样，因为前者是唯一的，而后者不是唯一的，只不过特征方向 $\boldsymbol{T}$ 也是 $\boldsymbol{R}$ 的一个特征矢量而已。

如果找出一个棱镜的特征方向 $\boldsymbol{T}$ 及特征角 2φ 之后，那么不管这个棱镜是何等复杂，它使光线变换方向的作用与绕 $\boldsymbol{T}$ 转 2φ 的作用相当或等效。这样，就可以使计算大为简化。

2.3.5 棱镜成像特性参量

棱镜的位置共轭和方向共轭最终表现为两组参量：棱镜位置共轭参量和棱镜方向共轭参量。

依据棱镜物、像位置共轭法则，规定由一对共轭基点所形成的矢量 $\overrightarrow{M_0M'}$ 为棱镜位置共轭参量。

又依据棱镜物、像方向共轭法则，定义一个矩阵 $\boldsymbol{R}$：

$$\boldsymbol{R} = (-1)^t \boldsymbol{S}_{T,2\varphi} \tag{2-3-2}$$

并规定该矩阵为棱镜方向共轭参量。

上述矩阵 $\boldsymbol{R}$ 中所包含的转动矩阵 $\boldsymbol{S}_{T,2\varphi}$ 在数学上代表了绕 $\boldsymbol{T}$ 转 2φ 的变换，而乘数因子 $(-1)^t$ 则考虑到了奇次反射（t = 奇数）时所造成的反转作用。

(2-3-2)式所表示的矩阵 $\boldsymbol{R}$ 取名为棱镜的作用矩阵。实际上，棱镜的作用矩阵 $\boldsymbol{R}$ 反映了棱镜诸反射面的反射作用，因此也可称为棱镜的反射作用矩阵。

矢量 $\overrightarrow{M_0M'}$ 和矩阵 $\boldsymbol{R} = (-1)^t \boldsymbol{S}_{T,2\varphi}$ 一起总称为棱镜的成像特性参量。这些成像特性参量的建立对于反射棱镜的理论工作的发展起到了重要的作用。

矢量 $\overrightarrow{M_0M'}$ 的问题已经解决，以下两节将比较详细地讨论棱镜的作用矩阵 $\boldsymbol{R}$ 以及特征方向 $\boldsymbol{T}$ 和特征角 2φ 等问题。

2.4 棱镜作用矩阵（反射作用矩阵）$\boldsymbol{R}$ 的确定方法

这里，将讨论棱镜作用矩阵 $\boldsymbol{R}$ 的几种求法。因为，在一定的条件下每一种方法都有它自己的优点，例如有的计算简单，有的便于编制计算程序。

2.4.1 各个反射面的反射作用矩阵的连乘

显然，棱镜的作用矩阵 $\boldsymbol{R}$ 可表达成：

$$\boldsymbol{R} = \boldsymbol{R}_t \boldsymbol{R}_{t-1} \cdots \boldsymbol{R}_p \cdots \boldsymbol{R}_2 \boldsymbol{R}_1 \tag{2-4-1}$$

式中，$\boldsymbol{R}_t$ 代表最后一个反射面的反射作用矩阵，每一个反射面的反射作用矩阵，例如 $\boldsymbol{R}_p$，可用(1-1-4)式求得

$$\boldsymbol{R}_p = \begin{pmatrix} 1-2N_{px}^2 & -2N_{px}N_{py} & -2N_{px}N_{pz} \\ -2N_{px}N_{py} & 1-2N_{py}^2 & -2N_{py}N_{pz} \\ -2N_{px}N_{pz} & -2N_{py}N_{pz} & 1-2N_{pz}^2 \end{pmatrix} \tag{2-4-2}$$

由所得的作用矩阵 $\boldsymbol{R}$，可以求出任一物矢量 $\boldsymbol{A}$ 为棱镜所形成的像矢量 $\boldsymbol{A}'$：

$$(\boldsymbol{A}') = \boldsymbol{R}(\boldsymbol{A}) \qquad (2-4-3)$$

2.4.2 屋脊的等效

屋脊棱镜的两个屋脊面，在方向共轭上相当于一个交棱 $\boldsymbol{P}$ 沿屋脊方向、两面角 $\beta=90°$ 的角镜，如图 2-4-1 所示。

由 2.3.4 节的分析得知，角镜的特征方向 $\boldsymbol{T}$ 与其交棱 $\boldsymbol{P}$ 相平行，特征角 $2\varphi=2\beta=180°$。

利用转动矢量公式(1-2-2)，可将棱镜物、像方向共轭法则表达成矢量的关系式：

$$\boldsymbol{A}'=(-1)^t\boldsymbol{A}\cos2\varphi+(1-\cos2\varphi)[(-1)^t\boldsymbol{A}\cdot\boldsymbol{T}]\boldsymbol{T}-sin2\varphi[((-1)^t\boldsymbol{A}\times\boldsymbol{T}] \qquad (2-4-4)$$

在 90°屋脊的情形，将 $\boldsymbol{T}=\boldsymbol{P}$、$2\varphi=2\beta=90°$ 以及 $t=2$ 代入(2-4-4)式，得

$$\boldsymbol{A}'=-\boldsymbol{A}-2[(-\boldsymbol{A})\cdot\boldsymbol{P}]\boldsymbol{P} \qquad (2-4-5)$$

为比较起见，重写单平面镜的反射矢量公式于下：

$$\boldsymbol{A}'=\boldsymbol{A}-2(\boldsymbol{A}\cdot\boldsymbol{N})\boldsymbol{N} \qquad (2-4-6)$$

并对照(2-4-5)和(2-4-6)二式，从中不难看出，90°夹角的角镜可以等效为法线 $\boldsymbol{N}$ 与角镜交棱 $\boldsymbol{P}$ 相平行的单平面镜，只是把输入矢量 $\boldsymbol{A}$ 反向而成为 $-\boldsymbol{A}$ 即可。

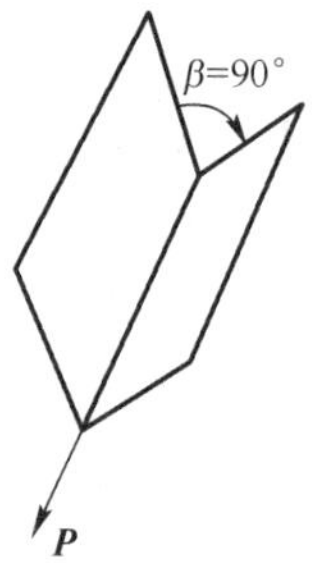

图 2-4-1　屋脊

这个结论对今后简化屋脊的光路计算是很有意义的。

如果在棱镜中有 r 个夹角为 90°的屋脊，那么，根据在 2.4.2 节中所述的等效原理，可把(2-4-1)式改写成

$$\boldsymbol{R}=(-1)^r\cdot\boldsymbol{R}_{t-r}\boldsymbol{R}_{t-r-1}\cdots\boldsymbol{R}_2\boldsymbol{R}_1 \qquad (2-4-7)$$

式中，r 通常为 0 或 1(因为屋脊棱镜只有一个屋脊)。

此种方法便于编制程序，同时具有普遍的意义。

2.4.3 作图法求棱镜作用矩阵——直接利用棱镜的一对共轭的物、像坐标

设 $x_1y_1z_1$ 和 $x_1'y_1'z_1'$ 代表棱镜的一对共轭的物、像坐标，$\boldsymbol{A}$ 和 $\boldsymbol{A}'$代表棱镜的一对共轭的物、像矢量，$\boldsymbol{G}_{1'1}$代表由像坐标 $x_1'y_1'z_1'$ 向物坐标 $x_1y_1z_1$ 的坐标转换矩阵。

根据坐标转换的关系，有

$$(\boldsymbol{A})_1=\boldsymbol{G}_{1'1}(\boldsymbol{A})_{1'} \qquad (2-4-8)$$

而由棱镜的物、像关系，则有

$$(\boldsymbol{A})_1=(\boldsymbol{A}')_{1'} \qquad (2-4-9)$$

将上列关系代入(2-4-8)式，得

$$(\boldsymbol{A}')_{1'}=\boldsymbol{G}_{1'1}(\boldsymbol{A})_{1'} \qquad (2-4-10)$$

在(2-4-10)式中，原意为坐标转换矩阵的 $\boldsymbol{G}_{1'1}$已经变成为棱镜成像作用的作

用矩阵。

或者说,由像坐标 $x_1'y_1'z_1'$ 向物坐标 $x_1y_1z_1$ 的坐标转换矩阵 $\boldsymbol{G}_{1'1}$,变成了在像坐标 $x_1'y_1'z_1'$ 中表示的棱镜作用矩阵,并且为了明确起见,这里的作用矩阵改用符号 $[\boldsymbol{R}]_{1'}$表示,方括号外的脚注与坐标系相对应。

所以

$$[\boldsymbol{R}]_{1'}=\boldsymbol{G}_{1'1} \tag{2-4-11}$$

$$(\boldsymbol{A}')_{1'}=[\boldsymbol{R}]_{1'}(\boldsymbol{A})_{1'} \tag{2-4-12}$$

无疑,(2-4-8)式中的矢量 $\boldsymbol{A}$ 可以用矢量 $\boldsymbol{A}'$代入:

$$(\boldsymbol{A}')_1=\boldsymbol{G}_{1'1}(\boldsymbol{A}')_{1'} \tag{2-4-13}$$

同样,把物、像关系式(2-4-9)代入上式,得

$$(\boldsymbol{A}')_1=\boldsymbol{G}_{1'1}(\boldsymbol{A})_1 \tag{2-4-14}$$

与(2-4-10)式相对应,(2-4-14)式表明,由像坐标 $x_1'y_1'z_1'$ 向物坐标 $x_1y_1z_1$ 的同一个坐标转换矩阵 $\boldsymbol{G}_{1'1}$,现在又变成了在物坐标 $x_1y_1z_1$ 中表示的棱镜作用矩阵$[\boldsymbol{R}]_1$:

$$[\boldsymbol{R}]_1=\boldsymbol{G}_{1'1} \tag{2-4-15}$$

$$(\boldsymbol{A}')_1=[\boldsymbol{R}]_1(\boldsymbol{A})_1 \tag{2-4-16}$$

显然,(2-4-15)和(2-4-11)两式可一起写成

$$[\boldsymbol{R}]_1=\boldsymbol{G}_{1'1}=[\boldsymbol{R}]_{1'} \tag{2-4-17}$$

假设 $x_1y_1z_1$、$x_1'y_1'z_1'$、$x_1''y_1''z_1''$、$x_1'''y_1'''z_1'''$、…为同一个系列的物、像坐标,或者说,在这个系列中的任意两个相邻的坐标都对同一个棱镜呈现物、像坐标的关系,其中前一个为物坐标,而后一个为像坐标。例如,就 x_1'、y_1'、z_1' 和 x_1''、y_1''、z_1'' 而言,x_1'、y_1'、z_1' 为物坐标,x_1''、y_1''、z_1'' 为像坐标。

根据与上述同样的道理,可以把关系式(2-4-17)按顺序连续地推广到系列的其他物、像坐标上,则

$$[\boldsymbol{R}]_1=\boldsymbol{G}_{1'1}=[\boldsymbol{R}]_{1'}=\boldsymbol{G}_{1''1'}=[\boldsymbol{R}]_{1''}=\boldsymbol{G}_{1'''1''}=[\boldsymbol{R}]_{1'''}=\cdots \tag{2-4-18}$$

这里,对 x_1、y_1、z_1 而言,$x_1'y_1'z_1'$ 呈现为像坐标;然而对 $x_1''y_1''z_1''$ 而言,同样的 $x_1'y_1'z_1'$ 又变成了物坐标。

现举例说明(2-4-18)式的应用。图 2-4-2 表示一 $t=3$ 的复合棱镜 FP - 90°。先设置像坐标 $x_1'y_1'z_1'$,并用作图法得到它在棱镜物空间内的共轭物坐标 $x_1y_1z_1$,然后又把同样的 $x'_1y'_1z'_1$ 视为棱镜的物坐标,而在棱镜的想像的像空间内求出它的共轭像坐标 $x_1''y_1''z_1''$。

根据(2-4-18)式,有

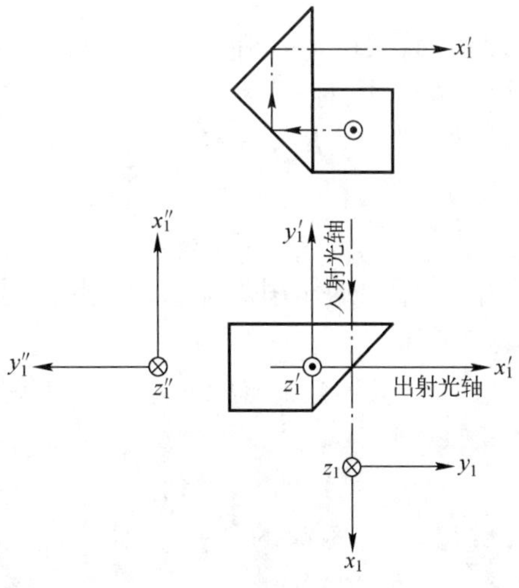

图 2-4-2　复合棱镜 FP - 90°

$$
\begin{array}{c} \\ {[\boldsymbol{R}]_1 = [\boldsymbol{R}]_{1'} = \boldsymbol{G}_{1'1} =} \\ \\ \end{array}
\begin{array}{c} \begin{matrix} x_1' & y_1' & z_1' \end{matrix} \\ \begin{pmatrix} 0 & -1 & 0 \\ 1 & 0 & 0 \\ 0 & 0 & -1 \end{pmatrix} \end{array}
\begin{array}{c} \\ x_1 \\ y_1 \\ z_1 \end{array}
$$

或

$$
\begin{array}{c} \\ {[\boldsymbol{R}]_{1'} = [\boldsymbol{R}]_{1''} = \boldsymbol{G}_{1''1'} =} \\ \\ \end{array}
\begin{array}{c} \begin{matrix} x_1'' & y_1'' & z_1'' \end{matrix} \\ \begin{pmatrix} 0 & -1 & 0 \\ 1 & 0 & 0 \\ 0 & 0 & -1 \end{pmatrix} \end{array}
\begin{array}{c} \\ x_1' \\ y_1' \\ z_1' \end{array}
$$

2.4.4 利用转动与坐标转换的关系

根据 1.3 节的原理，设法在棱镜上找出一对同绕 $\boldsymbol{T}$ 转 2φ 有关的坐标。

见图 2-4-3，如同在 2.3.1 节中一样，设 $x'y'z'$ 代表棱镜的像坐标。至于 xyz 与原来的规定有所不同，在偶次反射棱镜 xyz 代表棱镜物空间内的共轭物坐标，而在奇次反射棱镜 xyz 则代表棱镜物空间内的反转物坐标，即此时的 $(-x)(-y)(-z)$ 与 $x'y'z'$ 是共轭的。

由应用光学知，在上述假定下，不管是偶次反射棱镜或是奇次反射棱镜，它们的物、像空间内的两个对应的坐标 xyz 和 $x'y'z'$ 都属于同一种结构，或同为右手坐标，或同为左手坐标。并且由欧拉－达朗倍尔定理知，此时存在有 xyz 绕 $\boldsymbol{T}$ 转 2φ 而成为 $x'y'z'$ 的关系。或者说，这里的 xyz 和 $x'y'z'$ 对应地同 1.3 节中的 $x_1y_1z_1$ 和 $x_2y_2z_2$ 相当。

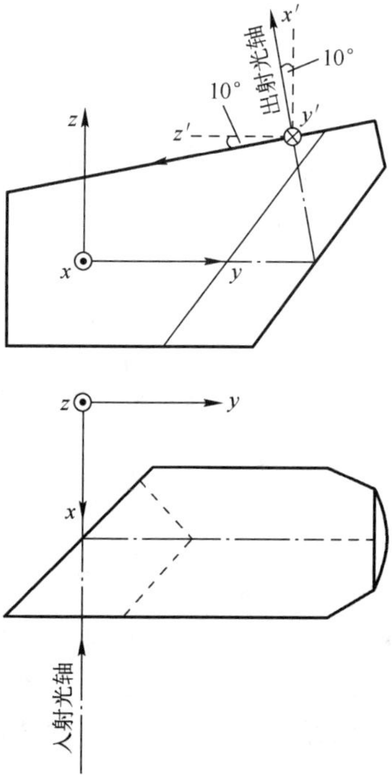

图 2-4-3　屋脊棱镜 $\text{K}Ⅱ_{\text{J}}-100°-90°$

设 $\boldsymbol{G}_{0'0}$ 代表由 $x'y'z'$ 向 xyz 的坐标转换矩阵，则由(1-3-5)式，有

$$\boldsymbol{S}_{\mathrm{T},2\varphi} = \boldsymbol{G}_{0'0} \tag{2-4-19}$$

并由(2-3-2)式，得

$$\boldsymbol{R} = (-1)^t \boldsymbol{G}_{0'0} \tag{2-4-20}$$

由上式给出的作用矩阵 $\boldsymbol{R}$，可同时适用于坐标 xyz 和坐标 $x'y'z'$，即

$$(\boldsymbol{A}')_0 = \boldsymbol{R}(\boldsymbol{A})_0 \tag{2-4-21}$$

或

$$(\boldsymbol{A}')_{0'} = \boldsymbol{R}(\boldsymbol{A})_{0'} \tag{2-4-22}$$

式中，$\boldsymbol{A}$ 和 $\boldsymbol{A}'$ 为棱镜的任意一对共轭的物、像矢量。

现举例说明。图 2-4-3 表示一 $t=3$ 的奇次反射屋脊棱镜 KⅡ$_J$-100°-90°。该棱镜的特征方向 $\boldsymbol{T}$ 和转换角 2φ 并非一目了然,需用作图解析法或解析法才能求得。然而,$\boldsymbol{G}_{0'0}$倒不难确定。

见图 2-4-3,根据设置的像坐标 $x'y'z'$,可很方便地用作图法得到反转物坐标 xyz。

根据坐标转换的原理,由 $x'y'z'$向 xyz 的坐标转换矩阵 $\boldsymbol{G}_{0'0}$为

$$\begin{array}{cc} & \begin{matrix} x' & \quad\quad y' & \quad\quad z' \end{matrix} \\ \boldsymbol{G}_{0'0}= & \begin{pmatrix} \cos(x',x) & \cos(y',x) & \cos(z',x) \\ \cos(x',y) & \cos(y',y) & \cos(z',y) \\ \cos(x',z) & \cos(y',z) & \cos(z',z) \end{pmatrix} \begin{matrix} x \\ y \\ z \end{matrix} \end{array}$$

将各有关坐标轴夹角的具体数值代入上式,得

$$\boldsymbol{S}_{\boldsymbol{T},2\varphi}=\boldsymbol{G}_{0'0}=\begin{pmatrix} 0 & -1 & 0 \\ -0.174 & 0 & -0.985 \\ 0.985 & 0 & -0.174 \end{pmatrix}$$

并由(2-4-20)式,最后得到此棱镜的作用矩阵 $\boldsymbol{R}$:

$$\boldsymbol{R}=(-1)^3\boldsymbol{S}_{\boldsymbol{T},2\varphi}=\begin{pmatrix} 0 & 1 & 0 \\ 0.174 & 0 & 0.985 \\ -0.985 & 0 & 0.174 \end{pmatrix}$$

2.4.5 利用棱镜的成像特性参量 $\boldsymbol{T}$、2φ 以及 t 确定棱镜的作用矩阵 $\boldsymbol{R}$

在 2.3.5 节中已知,根据棱镜物、像方向共轭法则,可将棱镜的作用矩阵 $\boldsymbol{R}$ 写成

$$\boldsymbol{R}=(-1)^t\boldsymbol{S}_{\boldsymbol{T},2\varphi} \tag{2-4-23}$$

将 $\boldsymbol{T}$ 和 2φ 取代(1-2-5)式中的 $\boldsymbol{P}$ 和 θ,可求得上式中的 $\boldsymbol{S}_{\boldsymbol{T},2\varphi}$为

$$\boldsymbol{S}_{\boldsymbol{T},2\varphi}=\begin{pmatrix} \cos2\varphi+2T_x^2\sin^2\varphi & -T_z\sin2\varphi+2T_xT_y\sin^2\varphi & T_y\sin2\varphi+2T_xT_z\sin^2\varphi \\ T_z\sin2\varphi+2T_xT_y\sin^2\varphi & \cos2\varphi+2T_y^2\sin^2\varphi & -T_x\sin2\varphi+2T_yT_z\sin^2\varphi \\ -T_y\sin2\varphi+2T_xT_z\sin^2\varphi & T_x\sin2\varphi+2T_yT_z\sin^2\varphi & \cos2\varphi+2T_z^2\sin^2\varphi \end{pmatrix} \tag{2-4-24}$$

因此,只要已知 $\boldsymbol{T}$、2φ 和 t 等参量,便可由(2-4-23)式求得作用矩阵 $\boldsymbol{R}$。

现用(2-4-23)式确定在图 2-3-7 所示的阿贝棱镜的作用矩阵 $\boldsymbol{R}$。

由图 2-3-7 已知,$\boldsymbol{T}=\boldsymbol{k}'$,$2\varphi=180°$以及 $t=3$。

将上列数据代入(2-4-23)式,并由(1-2-6)式中的第三个矩阵,得

$$\begin{aligned}[\boldsymbol{R}]_{0'}&=(-1)^t\boldsymbol{S}_{\boldsymbol{T},2\varphi}=(-1)^3\boldsymbol{S}_{\boldsymbol{k}',180°} \\ &=-\begin{pmatrix} \cos180° & -\sin180° & 0 \\ \sin180° & \cos180° & 0 \\ 0 & 0 & 1 \end{pmatrix}=\begin{pmatrix} 1 & 0 & 0 \\ 0 & 1 & 0 \\ 0 & 0 & -1 \end{pmatrix}\end{aligned}$$

2.5 棱镜特征方向 $\boldsymbol{T}$ 和特征角 2φ 的求解

棱镜特征方向 $\boldsymbol{T}$ 和特征角 2φ 的求法分为解析法、作图法和作图解析法。

解析法是一种比较严格的方法，它直接根据组成棱镜的各个反射面的法线矢量 $\boldsymbol{N}_1$、$\boldsymbol{N}_2$、…、$\boldsymbol{N}_t$ 用解析法求 $\boldsymbol{T}$ 和 2φ。

作图法和作图解析法适用于某些棱镜，其中可以很容易地找出物、像空间内的一对对应的坐标 xyz 和 $x'y'z'$，然后再根据此二坐标的相互关系求 $\boldsymbol{T}$ 和 2φ。

按照在 2.1 节中的定义，全部的平面棱镜的 $\boldsymbol{T}$ 和 2φ 都可用作图法确定，而空间棱镜的 $\boldsymbol{T}$ 和 2φ 一般可用作图解析法求解。

2.5.1 平面棱镜特征方向的作图法求解

根据定义，在平面棱镜的情形，对于一切与共轭光轴平面相平行的物平面，它们的像平面也都将平行于同一个共轭光轴平面。

图 2-5-1 中表示一包含入射光轴的物平面以及与之共轭的、包含出射光轴的像平面，此二平面都平行于共轭光轴平面。

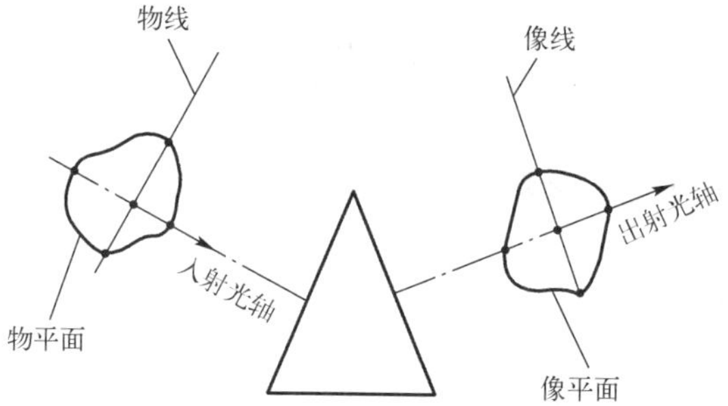

图 2-5-1 一平面棱镜示意图

根据特征方向 $\boldsymbol{T}$ 的性质可知，共轭光轴平面内的一个物平面[①]在绕 $\boldsymbol{T}$ 转 2φ 后仍与本身平行，那么转轴 $\boldsymbol{T}$ 要不是处在共轭光轴平面之内，就必定是垂直于共轭光轴平面，而其他的可能性是不存在的。

可见，平面棱镜的特征方向是很规则的，这也正是能用作图法求解的道理。

图 2-3-4 ~ 图 2-3-10 所示的平面镜系统和反射棱镜均可视为上述方法的应用实例。

2.5.2 空间棱镜特征方向的矢量法求解——作图解析法

空间棱镜的特征方向一般需用作图解析法求解。以下结合例子 KⅡ90° − 90° 讨论矢量法求解的一般公式。

① “共轭光轴平面内的一个物平面”的提法等效于“平行于某一方向的共轭光轴平面的一个物平面”。

见图 2-5-2，$x'y'z'$代表与间棱镜 KⅡ90° −90°的像坐标；xyz 在偶次反射棱镜时代表与 $x'y'z'$相对应的共轭物坐标，而在奇次反射棱镜时则代表与 $x'y'z'$相对应的反转物坐标；XYZ 代表计读坐标；又设 $\boldsymbol{A}_1$、$\boldsymbol{A}_2$、$\boldsymbol{A}_3$ 和 $\boldsymbol{A}_1'$、$\boldsymbol{A}_2'$、$\boldsymbol{A}_3'$ 分别代表沿坐标轴 xyz 和 $x'y'z'$方向的单位矢量；单位矢量 $\boldsymbol{T}$ 代表棱镜的特征方向。

设 $\boldsymbol{T}$ 在计读坐标 XYZ 中的方向余弦为 $\cos\alpha$、$\cos\beta$、$\cos\gamma$。根据特征方向的性质，见图 2-5-3，$\boldsymbol{T}$ 应当与 $\boldsymbol{A}_1$ 及 $\boldsymbol{A}_1'$ 构成相等的角度，同时又与 $\boldsymbol{A}_2$ 及 $\boldsymbol{A}_2'$ 构成相等的角度，据此，有

$$(\boldsymbol{A}_1 \cdot \boldsymbol{T}) = (\boldsymbol{A}_1' \cdot \boldsymbol{T}) \tag{2-5-1}$$

$$(\boldsymbol{A}_2 \cdot \boldsymbol{T}) = (\boldsymbol{A}_2' \cdot \boldsymbol{T}) \tag{2-5-2}$$

另有

$$\cos^2\alpha + \cos^2\beta + \cos^2\gamma = 1 \tag{2-5-3}$$

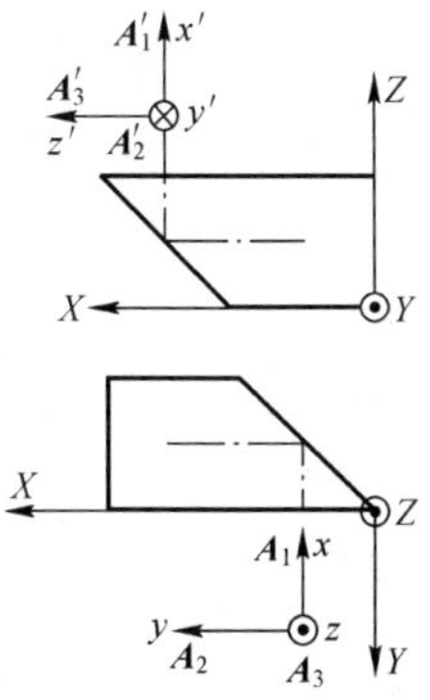

图 2-5-2　棱镜 KⅡ −90° −90°

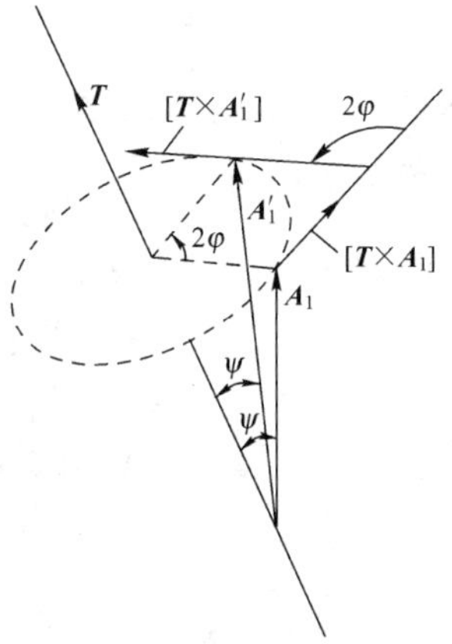

图 2-5-3　一对共轭矢量 $\boldsymbol{A}_1$、$\boldsymbol{A}_1'$ 和 $\boldsymbol{T}$、2φ 之间的几何关系

根据以上的三个公式便可以解出特征方向 $\boldsymbol{T}$ 的三个方向余弦。

特征角 2φ 应等于矢量 $\boldsymbol{A}_1$ 及 $\boldsymbol{A}_1'$ 在与 $\boldsymbol{T}$ 相垂直的平面内的两个投影矢量之间的夹角，因而等于矢积$(\boldsymbol{T}\times\boldsymbol{A}_1)$和矢积$(\boldsymbol{T}\times\boldsymbol{A}_1')$之间的夹角，由此得

$$\cos 2\varphi = \frac{(\boldsymbol{T}\times\boldsymbol{A}_1)\cdot(\boldsymbol{T}\times\boldsymbol{A}_1')}{|(\boldsymbol{T}\times\boldsymbol{A}_1)|\cdot|(\boldsymbol{T}\times\boldsymbol{A}_1')|}$$

因 $|(\boldsymbol{T}\times\boldsymbol{A}_1)| = |(\boldsymbol{T}\times\boldsymbol{A}_1')|$，所以

$$\cos 2\varphi = \frac{(\boldsymbol{T}\times\boldsymbol{A}_1)\cdot(\boldsymbol{T}\times\boldsymbol{A}_1')}{|(\boldsymbol{T}\times\boldsymbol{A}_1)|^2} \tag{2-5-4}$$

现求 KⅡ −90° −90°的 $\boldsymbol{T}$ 和 2φ。见图 2-5-2，设 $\boldsymbol{i}$、$\boldsymbol{j}$、$\boldsymbol{k}$ 代表沿计读坐标轴 XYZ 的三个单位矢量，则

$$\boldsymbol{A}_1 = 0\cdot\boldsymbol{i} - \boldsymbol{j} + 0\cdot\boldsymbol{k} = -\boldsymbol{j}$$
$$\boldsymbol{A}_1' = 0\cdot\boldsymbol{i} + 0\cdot\boldsymbol{j} + \boldsymbol{k} = \boldsymbol{k}$$
$$\boldsymbol{A}_2 = \boldsymbol{i} + 0\cdot\boldsymbol{j} + 0\cdot\boldsymbol{k} = \boldsymbol{i}$$

$$\boldsymbol{A}_2' = 0 \cdot \boldsymbol{i} - \boldsymbol{j} + 0 \cdot \boldsymbol{k} = -\boldsymbol{j}$$

$$\boldsymbol{T} = \cos\alpha \cdot \boldsymbol{i} + \cos\beta \cdot \boldsymbol{j} + \cos\gamma \cdot \boldsymbol{k}$$

将上列有关的数据代入(2-5-1)式及(2-5-2)式并重写(2-5-3)式,得

$$-\cos\beta = \cos\gamma$$

$$\cos\alpha = -\cos\beta$$

$$\cos^2\alpha + \cos^2\beta + \cos^2\gamma = 1$$

由此,解得

$$3\cos^2\beta = 1 \text{ 或 } \cos\beta = \pm\frac{1}{\sqrt{3}}$$

若取 $\cos\beta = +\frac{1}{\sqrt{3}}$,则 $\boldsymbol{T}$ 的第一组解为

$$(\cos 125°16';\cos 54°44';\cos 125°16')$$

若取 $\cos\beta = -\frac{1}{\sqrt{3}}$,则 $\boldsymbol{T}$ 的第二组解为

$$(\cos 54°44';\cos 125°16';\cos 54°44')$$

将有关数据代入(2-5-4)式,得

$$(\boldsymbol{T} \times \boldsymbol{A}_1) = \cos\gamma \cdot \boldsymbol{i} - \cos\alpha \cdot \boldsymbol{k}$$

$$(\boldsymbol{T} \times \boldsymbol{A}_1') = \cos\beta \cdot \boldsymbol{i} - \cos\alpha \cdot \boldsymbol{j}$$

$$(\boldsymbol{T} \times \boldsymbol{A}_1) \cdot (\boldsymbol{T} \times \boldsymbol{A}_1') = \cos\beta\cos\gamma = -\cos^2\alpha$$

$$|(\boldsymbol{T} \times \boldsymbol{A}_1)|^2 = 2\cos^2\alpha$$

所以,得

$$\cos 2\varphi = \frac{-\cos^2\alpha}{2\cos^2\alpha} = -\frac{1}{2}$$

由此,$2\varphi = 120°$(与 $\boldsymbol{T}$ 的第一组解相对应)或 $2\varphi = 240°$(与 $\boldsymbol{T}$ 的第二组解相对应)。

用作图法或作图解析法求特征方向之前,需画出棱镜物、像空间内的一对对应的坐标 xyz 和 $x'y'z'$。这种解题的思路好像不合乎逻辑。因为一对对应的坐标 xyz 和 $x'y'z'$ 已经能够解决棱镜物、像空间内的方向上的共轭关系,那又何必再去求特征方向? $\boldsymbol{T}$ 和 2φ 不也就是为了解决方向上的共轭关系吗? 实际上,不管是在棱镜成像中,还是在后述的棱镜调整中,特征方向都有它的醒目的几何意义和物理意义。所以,求特征方向的作图法或作图解析法是有实用价值的。

2.5.3 棱镜特征方向的解析法求解

解析法应用于作图法和作图解析法都难以解决的情况。

一般讲,解析法的特点是要从数学上对棱镜的每一个反射面的反射作用进行逐个的计算,即先由(2-4-1)式或(2-4-7)式和(2-4-2)式求得整个棱镜的作用矩阵 $\boldsymbol{R}$。至于如何由这个已知的作用矩阵 $\boldsymbol{R}$ 出发继续从数学上去解出棱镜的特征方向$\boldsymbol{T}$和特征角 2φ,则仍然存在着许多不同的途径。以下主要介绍两种。

1. 求棱镜作用矩阵的特征矢量

根据特征方向在棱镜中所起的作用，它具有下列一个重要的特性："沿特征方向 $\boldsymbol{T}$ 的方向的入射矢量，经该棱镜后仍沿着原方向出射（对偶次反射棱镜）或沿着反方向出射（对奇次反射棱镜）。"这个特性可以作为求解特征方向的依据。

设 $\boldsymbol{R}$ 代表已经由（2-4-1）或（2-4-7）式求得的棱镜作用矩阵，并直接用棱镜的特征方向 $\boldsymbol{T}$ 代表它的入射矢量，$\boldsymbol{T}'$ 代表出射矢量。据（2-4-3）式并考虑到上述的特性，有

$$(\boldsymbol{T}') = \boldsymbol{R}(\boldsymbol{T}) = \lambda(\boldsymbol{T}) \tag{2-5-5}$$

式中，$\lambda = (-1)^t$。

为求解 $\boldsymbol{T}$，将（2-5-5）式的 $\lambda(\boldsymbol{T})$ 左乘以一个单位矩阵 $\boldsymbol{E}$ 得

$$\boldsymbol{R}(\boldsymbol{T}) = \lambda\boldsymbol{E}(\boldsymbol{T})$$

或

$$(\boldsymbol{R} - \lambda\boldsymbol{E})(\boldsymbol{T}) = 0 \tag{2-5-6}$$

这就是用于确定棱镜特征方向 $\boldsymbol{T}$ 的矩阵方程式。

不难看出，由（2-5-6）式解出的 $\boldsymbol{T}$ 正好是矩阵 R 的特征矢量，而 $\lambda = (-1)^t$ 则系与此特征矢量相对应的特征值。这说明，特征方向中的"特征"二字来自于特征矢量。

在求出特征方向 $\boldsymbol{T}$ 之后，转换角 2φ 则可由（2-4-23）式和（2-4-24）式确定。

见图 2-5-4，单位矢量 $\boldsymbol{N}_1$ 和 $\boldsymbol{N}_2$ 分别代表靴形屋脊棱镜的反射面法线和屋脊棱的方向。

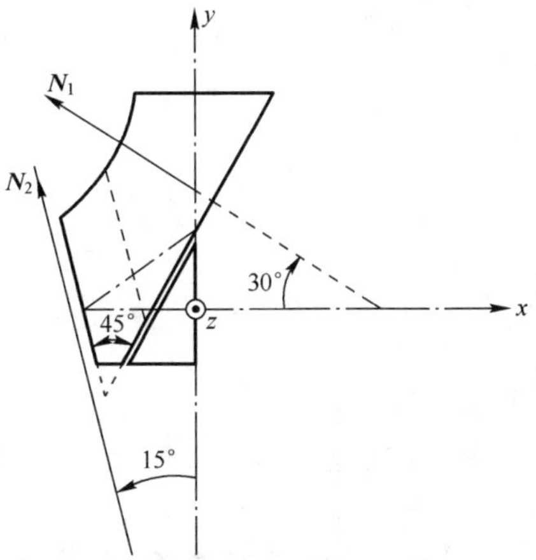

图 2-5-4 靴形屋脊棱镜

设置坐标 xyz，并由图 2-5-4 求得

$$N_{1x} = -\cos30° = -0.8660 \qquad N_{1y} = \cos60° = 0.50 \qquad N_{1z} = 0$$

$$N_{2x} = -\cos75° = -0.2588 \qquad N_{2y} = \cos15° = 0.9659 \qquad N_{2z} = 0$$

先后将上列两组数据代入（2-4-2）式，求出反射面和等效反射面的反射作用矩阵 $\boldsymbol{R}_1$ 和 $\boldsymbol{R}_2$，然后考虑到屋脊棱数 $r = 1$，由（2-4-7）式确定棱镜的作用矩阵 $\boldsymbol{R}$：

$$\boldsymbol{R} = (-1)^r\boldsymbol{R}_2\boldsymbol{R}_1 = -\boldsymbol{R}_2\boldsymbol{R}_1$$

$$= -\begin{pmatrix} 0.866 & 0.5 & 0 \\ 0.5 & -0.866 & 0 \\ 0 & 0 & 1 \end{pmatrix}\begin{pmatrix} -0.5 & 0.866 & 0 \\ 0.866 & 0.5 & 0 \\ 0 & 0 & 1 \end{pmatrix}$$

$$= \begin{pmatrix} 0 & -1 & 0 \\ 1 & 0 & 0 \\ 0 & 0 & -1 \end{pmatrix}$$

再把所得的矩阵 $\boldsymbol{R}$ 代入(2-5-6)式,并考虑到 $\lambda=(-1)^3=-1$,则有

$$T_x-T_y=0$$
$$T_x+T_y=0$$
$$0\cdot T_y=0$$

此外

$$T_x^2+T_y^2+T_z^2=1$$

由上列方程组解得

$$T_x=0$$
$$T_y=0$$
$$T_z=\pm1$$

现取 T_x、$T_y=0$,$T_z=+1$,它恰好是坐标轴 z 的正向:$\boldsymbol{T}=\boldsymbol{k}$。

然后,根据(2-4-23)式,并令式中的 $\boldsymbol{S}_{\boldsymbol{T},2\varphi}$ 与(1-2-6)式中的 $\boldsymbol{S}_{\boldsymbol{k},2\varphi}$ 相等,则

$$-1\begin{pmatrix}0&1&0\\-1&0&0\\0&0&1\end{pmatrix}=-1\begin{pmatrix}\cos2\varphi&-\sin2\varphi&0\\\sin2\varphi&\cos2\varphi&0\\0&0&1\end{pmatrix}$$

由此

$$\cos2\varphi=0$$
$$\sin2\varphi=-1$$

所以

$$2\varphi=270°$$

而另一个答案为

$$\boldsymbol{T}=-\boldsymbol{k}$$
$$2\varphi=90°$$

上述例题只是为了具体地说明解析法求 $\boldsymbol{T}$ 和 2φ 的步骤,而例子本身很简单,并不是一定要用解析法。

在前述中曾提到,棱镜的作用矩阵 $\boldsymbol{R}$ 具有多于一个的特征矢量。可以用单平面镜作为一个例子来说明这一情况。显然,一切与镜面相平行的矢量都是单平面镜的特征矢量,而所对应的特征值为 $\lambda=1$,即

$$(\boldsymbol{J})=\boldsymbol{R}(\boldsymbol{J})$$

所以,我们专门把 $\boldsymbol{T}$ 取名为特征方向,以区别于其他的一些特征矢量。

在一般的情况下,反射矩阵 $\boldsymbol{R}$ 的特征值的实数解和复数解分别为

$$\lambda_1=(-1)^t \tag{2-5-7}$$

$$\lambda_{2,3}=\mathrm{e}^{\pm\mathrm{i}\left\{(\pi-2\varphi)-\frac{(-1)^{t+1}}{2}\pi\right\}} \tag{2-5-8}$$

2. 矩阵矢量法

这是一种混合的方法。方法的前一个步骤是由(2-4-1)式或(2-4-7)式求得棱镜的作用矩阵 $\boldsymbol{R}$,后一个步骤基本上与2.5.2节的作图解析法相同,只是这里的

A_1' 和 A_2' 并非由作图的方法求得,而是利用了在前一个步骤中已经得到的 $\boldsymbol{R}$,即

$$(\boldsymbol{A}_1') = \boldsymbol{R}(\boldsymbol{A}_1),(\boldsymbol{A}_2') = \boldsymbol{R}(\boldsymbol{A}_2)$$

2.6 棱镜的光路计算

顾名思义,光路计算的任务在于追踪入射光线通过棱镜后的出射光线的方向和位置。由于光线和光束系于物、像点,故究其本质,光路计算旨在确定一物点经棱镜成像后的像点位置。因此,棱镜的光路计算和棱镜成像实为同一问题的两种提法。

光路计算可视为成像理论的具体应用。

按照棱镜所在光路的特点,传统上把棱镜的光路计算划分为平行光路和会聚光路两种类型的问题。

在平行光路的问题中,我们只对物像或光束的方向感兴趣。因此,这里的任务是要确定一任意的物矢量为棱镜所形成的像矢量。

在会聚光路的问题中,应同时考虑到物像或光线的方向和位置。因此,这里的任务是要确定一任意的物点为棱镜所形成的像点。

显然,平行光路的问题和会聚光路的问题都能在刚体运动中找到自己的同类,这就是刚体的定点转动和刚体的任意空间运动。

2.7 平行光路中的光路计算

在平行光路的情形,棱镜的物、像点均位于遥远的地方。此时,物、像点对棱镜的相对位置,已无法再用线量表示,而取代它们的,是代表物、像点位置的入射平行光束及出射平行光束的方向。

所以,棱镜光路计算中的像点追踪,在这里,却变成了对平行光束的方向的追踪。

由此可见,平行光路的光路计算只涉及到棱镜的方向共轭,而与棱镜的位置共轭无关。

如所知,反射棱镜的两个折射面的作用,仅仅是使物体经该棱镜诸反射面所成的像,沿棱镜出射光轴的方向再移动一个 ΔL 而已。因此,这里也无需考虑反射棱镜的入射面和出射面的两次折射的影响。于是,在平行光路的光路计算中,反射棱镜与平面镜系统完全一样,也不必受到近轴成像条件的限制。

根据平行光路问题的上述特点,以后常常把只涉及到方向共轭的现象归结为平行光路的问题,而不管此种现象本身是否属于平行光路的范围。

综上所述,平行光路中的光路计算归结为求棱镜物空间内一任意物矢量在它的像空间内的共轭像矢量。

因此,对于平行光路中的光路计算,它所依据的基本公式是

$$(\boldsymbol{A}') = \boldsymbol{R}(\boldsymbol{A}) \tag{2-7-1}$$

式中,$\boldsymbol{A}$ 和 $\boldsymbol{A}'$为一对共轭的物、像矢量;$\boldsymbol{R}$ 为棱棱或平面镜系的作用矩阵。

关于确定 $\boldsymbol{R}$ 的方法可参考2.4节和2.5节。

不过,在常见的单平面镜或两个单独的平面镜(或两个单独的一次反射棱镜)的情况下,宜直接应用反射矢量公式(1-1-1)。

以下举例说明。

图2-7-1表示一准直系统。它由物镜1、分划板2以及平面镜3所组成。a 为分划板十字线横线上的一个点。想像由 a 点发出一光束,并要找出此光束经物镜及平面镜后而投向空间的平行光束的方向。

设单位矢量 $\boldsymbol{A}$ 代表 a 点经物镜后而投向平面镜的平行光束的方向;单位矢量 $\boldsymbol{N}$ 代表平面镜的法线方向;单位矢量 $\boldsymbol{A}'$代表所求平行光束的方向;xyz 为计读坐标系。因为在平行光路中,一切矢量均为自由矢量,它们只有方向上的意义,而无位置上的要求,即可在空间内任意平移,所以计读坐标系的原点 O 是不必要的。

首先,把已知的矢量 $\boldsymbol{A}$ 和 $\boldsymbol{N}$ 标定到计读坐标系 xyz 上,见图2-7-2,并求出它们各自在 xyz 中的三个分量:

$$A_x=0, A_y=-\cos\nu, A_z=\sin\nu$$

$$N_x=\cos45°=\frac{\sqrt{2}}{2}, N_y=\sin45°=\frac{\sqrt{2}}{2}, N_z=0$$

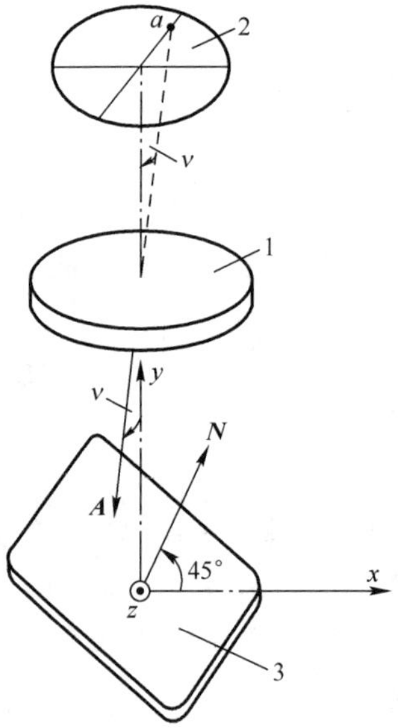

图2-7-1　准直仪的光路追迹

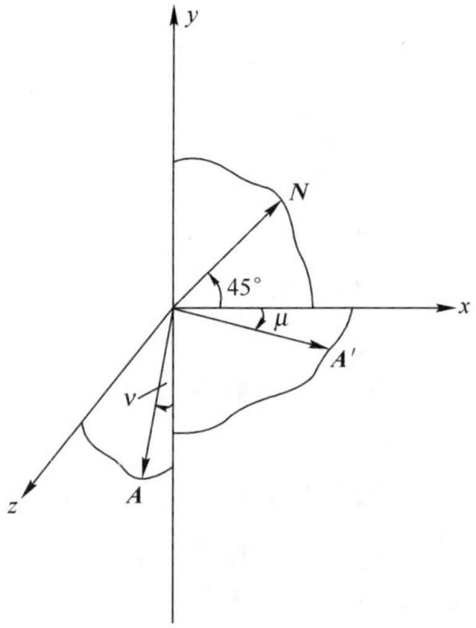

图2-7-2　物、像矢量在坐标系中的标定

于是

$$-2(\boldsymbol{A}\cdot\boldsymbol{N})=\sqrt{2}\cos\nu$$

将上列数据代入(1-1-1)式,则

$$A'_x=A_x-2(\boldsymbol{A}\cdot\boldsymbol{N})N_x=\cos\nu$$

$$A'_y = A_y - 2(\boldsymbol{A} \cdot \boldsymbol{N})N_y = 0$$
$$A'_z = A_z - 2(\boldsymbol{A} \cdot \boldsymbol{N})N_z = \sin\nu$$

可见,$\boldsymbol{A}'$平行于 $x-z$ 平面。

设 μ 为 $\boldsymbol{A}'$与 x 轴的夹角,则

$$\tan\mu = \frac{A'_z}{A'_x} = \frac{\sin\nu}{\cos\nu} = \tan\nu$$

因而

$$\mu = \nu$$

通过这一例子可以看到,由于 $\boldsymbol{A}$ 和 $\boldsymbol{N}$ 不在 xyz 的同一个坐标面内而引起的空间几何关系的困扰,只有凭借像"矢量代数"这类数学工具,才得顺利解决。否则,单靠想像,即使对于以上这个只有一次反射的简单题目都会感到难以应付。

2.8 会聚光路中的光路计算

在会聚光路的情形,棱镜的物、像位于有限距离的地方,此时,除了关心物、像的方向以外,还要考虑它们的位置。总起来说,要能够求出一任意物点所对应的共轭像点的位置,因为任何两个物点所对应的两个共轭像点的连线中也就包含了方向的问题。

由此可见,会聚光路中的光路计算同时与棱镜的方向共轭和位置共轭有关。

图 2-8-1 表示一任意的反射棱镜。设 q 为一已知的任意物点,作用矩阵 $\boldsymbol{R}$ 和共轭基点矢量$\overrightarrow{M_0M'}$为棱镜的已知的成像特性数据,$\boldsymbol{e} = \overrightarrow{qM_0}$,$q'$为欲求的共轭像点。

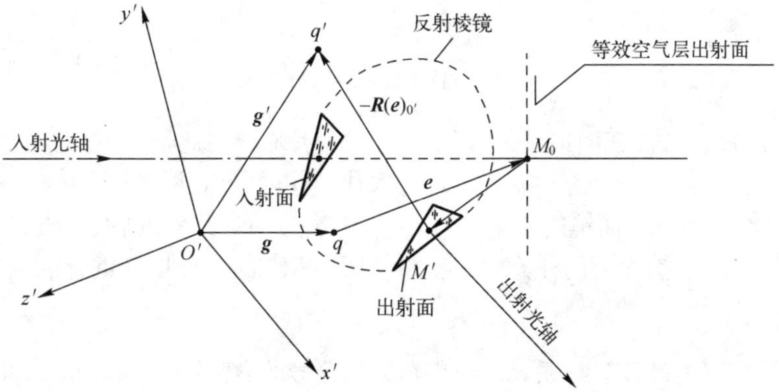

图 2-8-1 一任意反射棱镜及其共轭基点矢量$\overrightarrow{M_0M'}$

设 $O'x'y'z'$为固定的计读坐标系,$\boldsymbol{g}$ 和 $\boldsymbol{g}'$分别代表物、像点 q 和 q'的位置矢量。由图 2-8-1 不难求得

$$\boldsymbol{g}' = \boldsymbol{g} + \boldsymbol{e} + \overrightarrow{M_0M'} - \boldsymbol{R}(\boldsymbol{e})_{0'} \tag{2-8-1}$$

或统写成矩阵形式：

$$(\boldsymbol{g}')_{0'} = (\boldsymbol{g})_{0'} + (\boldsymbol{e})_{0'} + (\overrightarrow{M_0M'})_{0'} - \boldsymbol{R}(\boldsymbol{e})_{0'} \tag{2-8-2}$$

(2-8-1)式和(2-8-2)式也可以应用于平面镜系统的情况。不过，公式中的共轭基点矢量$\overrightarrow{M_0M'}$应当为平面镜系统的共轭基点矢量$\overrightarrow{MM'}$所取代。

图 2-8-2 表示一任意的平面镜系统。光轴分别同第一块和最后一块平面镜交于 E 点和 M'点。按照前述的反射棱镜展开的原理，同 M'对应的虚物点 M 应在入射光轴 BE 的延长线上，而且 M 与 E 之间的距离等于光轴在首末二平面镜间的路程的总和，例如，在本情况下$\overline{EM} = \overline{EC} + \overline{CM'}$。

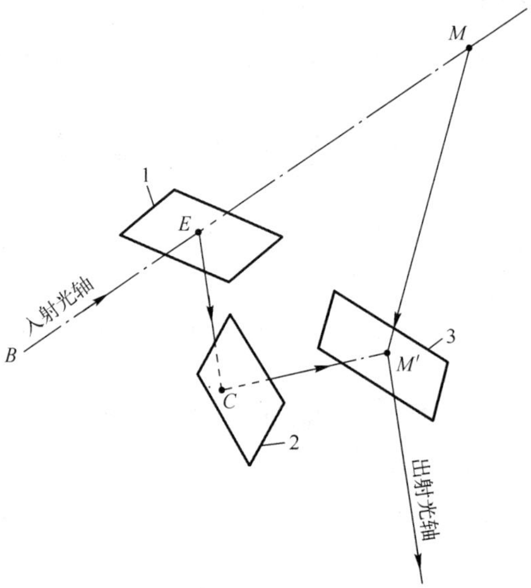

图 2-8-2　一平面镜系统及其共轭基点矢量$\overrightarrow{MM'}$

单平面镜、角镜、三面镜是最常见的平面镜系统。在此情形，往往可以用一对相互重合的物、像点，实际上是一个点，来取代上述的一对共轭基点 M 和 M'。

图 2-8-3 为单平面镜的情形。其中，q 和 q'为一对共轭的物、像点；$\boldsymbol{N}$ 为法线单位矢量；平面镜镜面上的任意一个点 $M(M')$都代表一对相互重合的共轭点，即$\overrightarrow{MM'} = 0$。

设 $O'x'y'z'$为计读坐标系，$\boldsymbol{g}_M = \overrightarrow{O'M}$，其他符号的含义同前。

由(2-8-1)式得

$$\boldsymbol{g}' = \boldsymbol{g} + \boldsymbol{e} - \boldsymbol{R}(\boldsymbol{e})_{0'} \tag{2-8-3}$$

式中

$$\boldsymbol{R}(\boldsymbol{e})_{0'} = [\boldsymbol{e} - 2(\boldsymbol{e} \cdot \boldsymbol{N})\boldsymbol{N}]$$

$$\boldsymbol{e} = \boldsymbol{g}_M - \boldsymbol{g}$$

将上列的关系代入(2-8-3)式，并经整理后，得

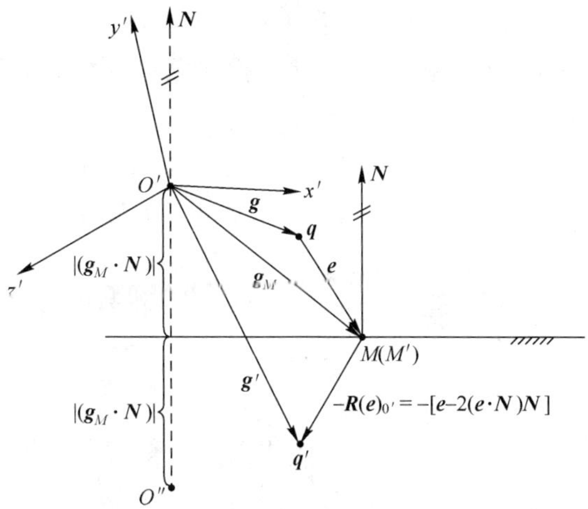

图 2-8-3　单平面镜的一对物、像点的关系

$$g' = g - 2(g \cdot N)N + 2(g_M \cdot N)N \tag{2-8-4}$$

或

$$g' = R(g)_{O'} + 2(g_M \cdot N)N \tag{2-8-5}$$

(2-8-5)式的物理意义是很清楚的,其右侧的第一项 $R(g)_{O'}$ 与任意物点 q 的位置有关,它所代表的变换可视作由物点 q 先对反转中心(对称中心)O'反转而成为反转物点($-q$),如图 2-8-4 所示,然后,反转物点($-q$)再绕通过 O'的 N 轴转 180°而到达 q_1 点;第二项与输入 g 无关,因而代表一平移,它使 q_1 点继续移动 $\overrightarrow{q_1q'}=2(g_M \cdot N)N$ 而到达最后的像点 q'。平移矢量 $2(g_M \cdot N)N$ 的长度正好等于由 O'到镜面的垂线长的两倍,数值 $2(g_M \cdot N)$ 的正负号则恰好保证了平移的方向始终是由 O'指向镜面,而不管坐标原点 O'究竟选在镜面的何方。

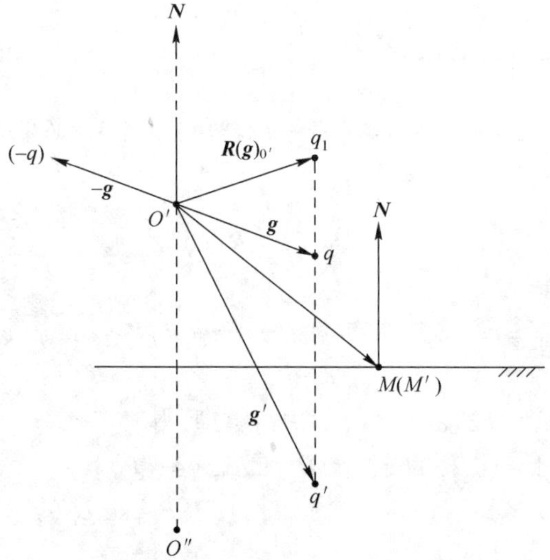

图 2-8-4　刚体运动在单平面镜物、像点关系中的体现

如果把图 2-8-3 与图 1-4-3 作一番对照，便不难看出，这里的参考物点，即坐标原点 O'与图 1-4-3 中的 O 点相对应，而与 O'相共轭的参考像点 O''则与图 1-4-3 中的 O'相对应，所以平移矢量 $\boldsymbol{S}=\overrightarrow{O'O''}=2(\boldsymbol{g}_M\cdot\boldsymbol{N})\boldsymbol{N}$。

当坐标原点 O'选在镜面内，平移部分 $2(\boldsymbol{g}_M\cdot\boldsymbol{N})\boldsymbol{N}=0$，$\boldsymbol{g}'=R(\boldsymbol{g})_{0'}$。

以上用刚体运动的原理对单平面镜的成像进行了解读。

图 2-8-5 为角镜的情形。其中，$\boldsymbol{P}$ 为角镜的交棱；φ 为两面角；交棱上的任意一个点 $M(M')$都代表一对相互重合的共轭点。其他符号的含义不变。

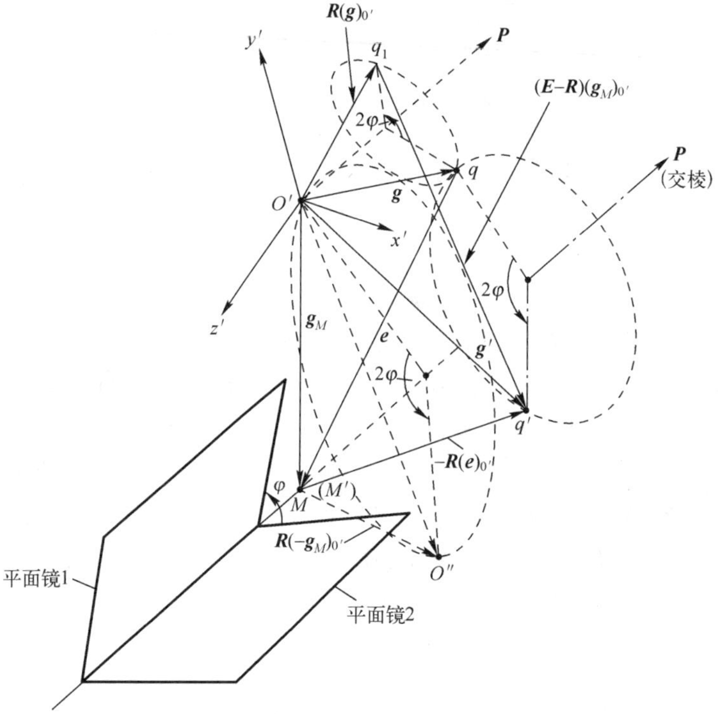

图 2-8-5　刚体运动在一角镜物、像点关系中的体现

同理，有

$$\boldsymbol{g}'=\boldsymbol{g}+\boldsymbol{e}-\boldsymbol{R}(\boldsymbol{e})_{0'} \tag{2-8-6}$$

式中

$$\boldsymbol{R}(\boldsymbol{e})_{0'}=\boldsymbol{e}\cos2\varphi+(1-\cos2\varphi)(\boldsymbol{e}\cdot\boldsymbol{P})\boldsymbol{P}-\sin2\varphi(\boldsymbol{e}\times\boldsymbol{P})$$

$$\boldsymbol{e}=\boldsymbol{g}_M-\boldsymbol{g}$$

将上列的关系代入(2-8-6)式，并进行整理，得

$$\begin{aligned}\boldsymbol{g}'=&\{\boldsymbol{g}\cos2\varphi+(1-\cos2\varphi)(\boldsymbol{g}\cdot\boldsymbol{P})\boldsymbol{P}-\sin2\varphi(\boldsymbol{g}\times\boldsymbol{P})\}+\\&+\{\boldsymbol{g}_M-[\boldsymbol{g}_M\cos2\varphi+(1-\cos2\varphi)(\boldsymbol{g}_M\cdot\boldsymbol{P})\boldsymbol{P}-\sin2\varphi(\boldsymbol{g}_M\times\boldsymbol{P})]\}\end{aligned} \tag{2-8-7}$$

或

$$\boldsymbol{g}'=\boldsymbol{R}(\boldsymbol{g})_{0'}+(\boldsymbol{E}-\boldsymbol{R})(\boldsymbol{g}_M)_{0'} \tag{2-8-8}$$

公式(2-8-8)的物理意义也是很明显的,其右侧的第一项 $\boldsymbol{R}(\boldsymbol{g})_{0'}=\overrightarrow{O'q_1}$ 可看作由输入 $\boldsymbol{g}$ 绕通过 O' 的 $\boldsymbol{P}$ 轴转 2φ 而成;同样,第二项与 $\boldsymbol{g}$ 无关,因而代表一平移矢量 $(\boldsymbol{E}-\boldsymbol{R})(\boldsymbol{g}_M)_{0'}=\overrightarrow{q_1q'}$。

如果与刚体的等效运动相对照,则同样有:平移矢量 $\boldsymbol{S}=\overrightarrow{O'O''}=(\boldsymbol{E}-\boldsymbol{R})(\boldsymbol{g}_M)_{0'}$,这里的 O'' 为与参考物点 O' 相共轭的参考像点。

当坐标原点 O' 选在角镜的交棱上,则平移部分 $(\boldsymbol{E}-\boldsymbol{R})(\boldsymbol{g}_M)_{0'}=0$,而 $\boldsymbol{g}'=\boldsymbol{R}(\boldsymbol{g})_{0'}$。

图 2-8-6 为三平面镜系的情形。其中,$\boldsymbol{P}_{1,2}$ 和 $\varphi_{1,2}$ 为平面镜 1、2 的交棱和两面角;$M(M')$ 为交棱 $\boldsymbol{P}_{1,2}$ 的延长线与平面镜 3 的交点,显然,$M(M')$ 为此三平面镜系唯一的一对相互重合的共轭点。其他符号保持原来的含义。

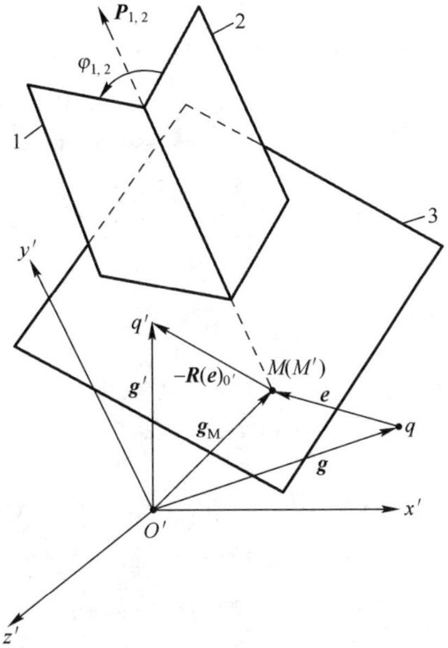

图 2-8-6 刚体运动在一三平面镜系物、像点关系中的体现

图 2-8-6 中给出同样的关系:

$$\boldsymbol{g}'=\boldsymbol{g}+\boldsymbol{e}-\boldsymbol{R}(\boldsymbol{e})_{0'} \tag{2-8-9}$$

$$\boldsymbol{e}=\boldsymbol{g}_M-\boldsymbol{g}$$

而合并后,得

$$\boldsymbol{g}'=\boldsymbol{R}(\boldsymbol{g})_{0'}+(\boldsymbol{E}-\boldsymbol{R})(\boldsymbol{g}_M)_{0'} \tag{2-8-10}$$

(2-8-10)式右侧两项的物理意义与前述两种情况的相类似。当坐标原点 O' 选在 $M(M')$ 点处,则平移矢量 $(\boldsymbol{E}-\boldsymbol{R})(\boldsymbol{g}_M)_{0'}=0$,而 $\boldsymbol{g}'=\boldsymbol{R}(\boldsymbol{g})_{0'}$。

本情况下的作用矩阵 $\boldsymbol{R}$ 表示先反转然后再作定点转动。这里的定点自然是三根交棱的顶点 $M(M')$。

应当指出,(2-8-5)式右部的第二项也可写成

$$2(\boldsymbol{g}_M\cdot\boldsymbol{N})\boldsymbol{N}=(\boldsymbol{E}-\boldsymbol{R})(\boldsymbol{g}_M)_{0'} \tag{2-8-11}$$

以上在单平面镜、角镜以及三平面镜等情况下所得到的结果可以推广到一般的多平面镜系上，如图 2-8-7 所示。在此情形，利用在 2.3 节中的刚体运动学的模型来模拟多平面镜系的物像共轭关系。采用一个统一的刚性物体以代表一些个别的物点，并想像该物体的尺寸大到足以把坐标原点 O' 也包含在内。然后，按照 1.4 节的做法，将坐标原点 O' 看作是物体上的一个参考点，这样，就能够得到一个用来确定一任意物点 q 为一多平面镜系所形成的像点 q' 的普遍公式：

$$\boldsymbol{g}' = (-1)^t \boldsymbol{S}_{T,2\varphi}(\boldsymbol{g})_{0'} + \overrightarrow{O'O''} \tag{2-8-12}$$

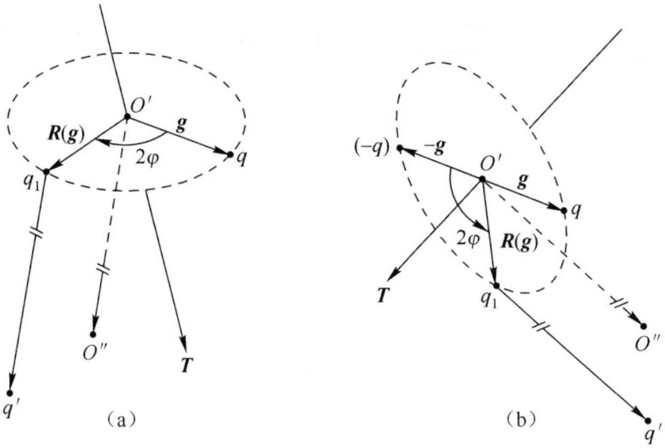

图 2-8-7　刚体运动在一平面镜系物、像点关系中的体现

(a) t = 偶数；(b) t = 奇数。

式中，$\overrightarrow{O'O''}$ 为连接作为参考物点的坐标原点 O' 及其在平面镜系中的像点 O'' 的矢量。

在一般的情况有

$$\overrightarrow{O'O''} = (\boldsymbol{E} - \boldsymbol{R})(\boldsymbol{g}_M)_{0'} + \overrightarrow{MM'} \tag{2-8-13}$$

在特殊的情况，当 $\overrightarrow{MM'} = 0$ 时有

$$\overrightarrow{O'O''} = (\boldsymbol{E} - \boldsymbol{R})(\boldsymbol{g}_M)_{0'} \tag{2-8-14}$$

如果坐标原点 O' 选在这样的 $M(M')$ 点处，则 $\overrightarrow{O'O''} = 0$，因而

$$\boldsymbol{g}' = \boldsymbol{R}(\boldsymbol{g})_{0'} \tag{2-8-15}$$

以下举例说明最后的这种特殊情况。

例 2-8-1　图 2-8-8 表示一最常见的三平面镜系，它由三块相互垂直的平面镜 1、2、3 所组成。试求一已知的任意物点 q 的共轭像点 q'。

为方便起见，取平面镜系的三根交棱和顶点组成的 $O'x'y'z'$ 为计读坐标系。所以 O' 与 $M(M')$ 重合。

由(2-8-9)式得

$$\boldsymbol{g}' = \boldsymbol{g} + \boldsymbol{e} - \boldsymbol{R}(\boldsymbol{e})_{0'}$$

由于

$$\boldsymbol{e} = -\boldsymbol{g}$$

所以

$$\boldsymbol{g}' = \boldsymbol{R}(\boldsymbol{g})_{0'}$$

或统写成矩阵形式

$$(\boldsymbol{g}')_{0'} = \boldsymbol{R}(\boldsymbol{g})_{0'}$$

为求作用矩阵 $\boldsymbol{R}$,想像 $x'y'z'$ 为三平面镜系的物坐标,并用作图法求出它的共轭的像坐标 $x''y''z''$,然后求出由 $x''y''z''$向 $x'y'z'$的坐标转换矩阵 $\boldsymbol{G}_{0''0'}$:

$$\boldsymbol{G}_{0''0'} = \begin{pmatrix} -1 & 0 & 0 \\ 0 & -1 & 0 \\ 0 & 0 & -1 \end{pmatrix} = -\boldsymbol{E}$$

又由于$[\boldsymbol{R}]_{0'} = \boldsymbol{G}_{0''0'}$,所以

$$(\boldsymbol{g}')_{0'} = -\boldsymbol{E}(\boldsymbol{g})_{0'} = -(\boldsymbol{g})_{0'}$$

或

$$\boldsymbol{g}' = -\boldsymbol{g}$$

上述结果说明,垂直三平面镜的物、像点对平面镜系的顶点呈现反转关系。或者说,任何方向输入的平行光束,经此平面镜的三次反射后,都将按原方向返回。

与此三平面镜系相当的棱镜称为角隅棱镜,在激光测距中得到了广泛的应用。

在某些参考书中,将单平面镜的像点位置公式(2-8-5)写成

$$\begin{pmatrix} 1 \\ g'_{x'} \\ g'_{y'} \\ g'_{z'} \end{pmatrix} = \begin{pmatrix} 1 & 0 & 0 & 0 \\ 2(\boldsymbol{g}_M \cdot \boldsymbol{N})N_{x'} & (1-2N_{x'}^2) & -2N_{x'}N_{y'} & -2N_{x'}N_{z'} \\ 2(\boldsymbol{g}_M \cdot \boldsymbol{N})N_{y'} & -2N_{x'}N_{y'} & (1-2N_{y'}^2) & -2N'_{y'}N_{z'} \\ 2(\boldsymbol{g}_M \cdot \boldsymbol{N})N_{z'} & -2N_{x'}N_{z'} & -2N_{y'}N_{z'} & (1-2N_{z'}^2) \end{pmatrix} \begin{pmatrix} 1 \\ g_{x'} \\ g_{y'} \\ g_{z'} \end{pmatrix} \tag{2-8-16}$$

或

$$(\boldsymbol{g}')_{0'} = \mathscr{L}(\boldsymbol{g})_{0'} \tag{2-8-17}$$

式中,4 阶方阵$\mathscr{L}$用于确定一任意物点为单平面镜所形成的像点的位置;$\boldsymbol{g}$ 和 $\boldsymbol{g}'$仍分别代表物点 q 和像点 q'的位置矢量(向径),然而为了数学上的需要,与它们对应的$(\boldsymbol{g})_{0'}$和$(\boldsymbol{g}')_{0'}$已变成了 4×1 的列矩阵。

对于图 2-8-9 所示的几个平面镜系统,可逐个地应用(2-8-16)式。不过,必须采用一统一的坐标系。在此情形,有

$$(\boldsymbol{g}')_{0'} = \mathscr{L}_n\mathscr{L}_{n-1}\cdots\mathscr{L}_i\cdots\mathscr{L}_2\mathscr{L}_1(\boldsymbol{g})_{0'} \tag{2-8-18}$$

式中

$$\mathscr{L}_i = \begin{pmatrix} 1 & 0 & 0 & 0 \\ 2(\boldsymbol{g}_{M_i} \cdot \boldsymbol{N}_i)N_{ix'} & (1-N_{ix'}^2) & -2N_{ix'}N_{iy'} & -2N_{ix'}N_{iz'} \\ 2(\boldsymbol{g}_{M_i} \cdot \boldsymbol{N}_i)N_{iy'} & -2N_{ix'}N_{iy'} & (1-N_{iy'}^2) & -2N_{iy'}N_{iz'} \\ 2(\boldsymbol{g}_{M_i} \cdot \boldsymbol{N}_i)N_{iz'} & -2N_{ix'}N_{iz'} & -2N_{iy'}N_{iz'} & (1-N_{iz'}^2) \end{pmatrix} \tag{2-8-19}$$

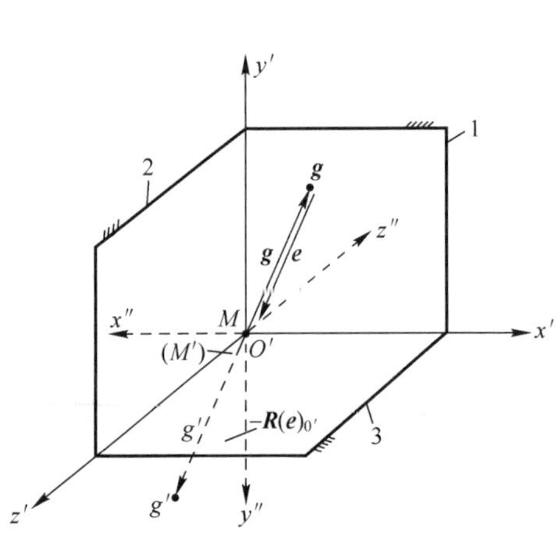

图 2-8-8　相互垂直的三平面镜系

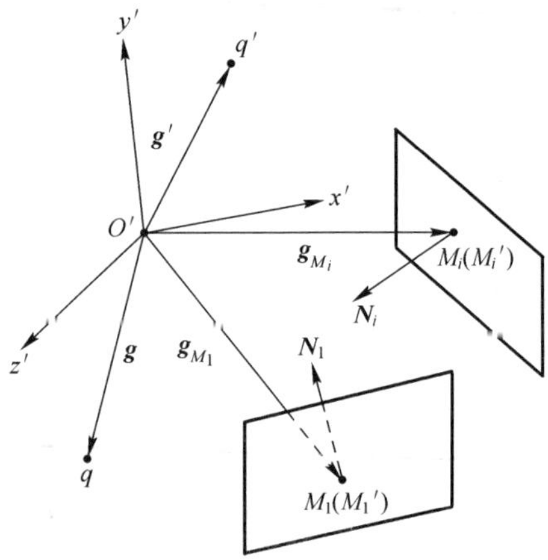

图 2-8-9　n 个平面镜系

2.9　反射棱镜的成像螺旋轴

在 2.3 节曾指出，棱镜物、像的共轭关系可以用刚体运动的方式进行描述。又由 1.4.2 节知，刚体的一般运动最终可归结为一等效的螺旋运动。由此会联想到，是否可以使棱镜物空间内的物方位，通过一个适当的螺旋运动之后而变换为共轭像的方位。按照逻辑的推理，这种设想是一定能够实现的。当然，在奇次反射棱镜的情形，必须以反转物取代原物为前提。

2.9.1　偶次反射棱镜的成像螺旋轴

为了确定偶次反射棱镜的成像螺旋轴的位置 $\boldsymbol{r}_0$ 以及沿螺旋轴的轴向位移 $2d$①，只要用已知的棱镜成像特性数据中的 $\overrightarrow{M_0M'}$、$\boldsymbol{T}$、2φ 和 M' 点去取代图 1-4-3 中的运动参量 $\boldsymbol{S}$、$\boldsymbol{P}$、θ 和始点 O'，并将这些数据代入两个基本公式(1-4-10)和(1-4-12)中，便可以很容易地求出每一块偶次反射棱镜的成像螺旋轴的位置以及沿螺旋轴的轴向位移：

$$\boldsymbol{r}_0=\frac{1}{2}[(\overrightarrow{M_0M'}\cdot\boldsymbol{T})\boldsymbol{T}-\overrightarrow{M_0M'}]+\frac{1}{2}\left(\frac{\sin2\varphi}{\cos2\varphi-1}\right)\overrightarrow{M_0M'}\times\boldsymbol{T}\qquad(2-9-1)$$

$$2d=\overrightarrow{M_0M'}\cdot\boldsymbol{T}\qquad(2-9-2)$$

式中，$\boldsymbol{r}_0$ 为由坐标原点 M' 至螺旋轴 $\boldsymbol{\lambda}$ 的垂直矢量，还有 $\boldsymbol{\lambda}/\!/\boldsymbol{T}$。

以下举两个例子。

图 2-9-1 表示一五棱镜 WⅡ -90°，并给出棱镜的几个有关的成像特性数据。$O'x'y'z'$ 为棱镜的像坐标，其原点 O' 取在棱镜一对共轭基点的 M' 处。$\boldsymbol{i}'$、$\boldsymbol{j}'$、$\boldsymbol{k}'$ 为像

---

① 为了与 2φ 相对称，以下用 $2d$ 代表沿螺旋轴的轴向位移，以取代原来的 l。

坐标的单位矢量。

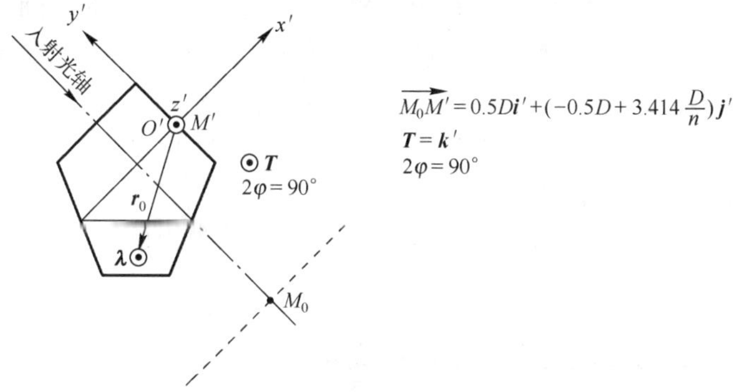

图 2-9-1　五棱镜的成像螺旋轴

按照要求，这里的坐标原点 O' 同图 1-4-3 中的始点 O' 是一致的。

将上列数据代入(2-9-1)式和(2-9-2)式，求得

$$\boldsymbol{r}_0=-1.707\frac{D}{n}\boldsymbol{i}'+\left(0.5D-1.707\frac{D}{n}\right)\boldsymbol{j}'$$

$$2d=l=0$$

答案中的 $\boldsymbol{r}_0$ 代表自始点 O' 至成像螺旋轴 $\boldsymbol{\lambda}$ 的垂线矢量，$\boldsymbol{r}_0$ 的矢端决定了螺旋轴的空间位置；$2d=0$ 说明这里的成像等效螺旋运动取纯转动的形式。

图 2-9-2 中给出一直角屋脊棱镜 $\mathrm{DI_J}-90°$ 的几个有关的成像特性数据。

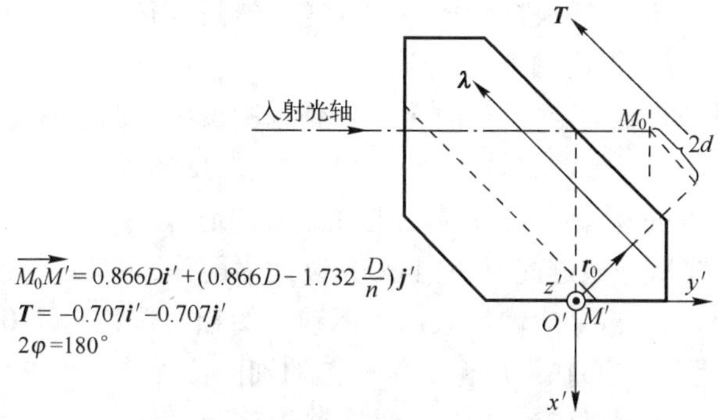

图 2-9-2　直角屋脊棱镜的成像螺旋轴

将有关数据代入同样的公式，得

$$\boldsymbol{r}_0=-0.433\frac{D}{n}\boldsymbol{i}'+0.433\frac{D}{n}\boldsymbol{j}'$$

$$2d=-1.225D+1.225\frac{D}{n}$$

如果说特征方向 $\boldsymbol{T}$ 和特征角 2φ 仅仅反映了反射棱镜的方向共轭，那么成像螺旋轴 $\boldsymbol{\lambda}$、转换角 2φ 以及轴向位移 $2d$ 则全面地代表了反射棱镜的方向共轭和位置

共轭的综合作用。

根据成像螺旋轴的性质,可以得出这样一个结论:如果物不动,那么在不破坏近轴成像的条件下,偶次反射棱镜绕成像螺旋轴的转动和沿成像螺旋轴的移动,都将不会改变其共轭像的方向和位置。这是因为成像螺旋轴本身的方向和位置并未发生变化的缘故。换句话说,偶次反射棱镜绕其成像螺旋轴的转动和沿成像螺旋轴的移动,都不会产生像倾斜、像面偏和像点位移。

因为整个棱镜的成像理论的建立是以近轴光束为前提的,所以,在会聚光路中棱镜的上述转动和移动,一般仅限于微量的范围。

2.9.2 奇次反射棱镜的成像螺旋轴

与偶次反射棱镜相比较,本节多了一个反转的问题。首先,需设置一个反转中心Ⅰ,并求出相对于Ⅰ的反转物,然后根据反转物同像之间的相对方位,应用与上述相同的原理,便可以求出奇次反射棱镜的成像螺旋轴。

必须特别指出,在奇次反射棱镜的情形,成像螺旋轴的空间位置是与一定的反转中心Ⅰ相对应的。或者说,同一个奇次反射棱镜的成像螺旋轴的位置,将随着反转中心选择的不同而发生变化。由于选择反转中心的任意性,所以奇次反射棱镜不同于偶次反射棱镜,它的成像螺旋轴并不是唯一确定的。

当然,对于任何一块给定的奇次反射棱镜,可以随意地指定一个反转中心,而求出棱镜的某一个位置的成像螺旋轴。这样的一根成像螺旋轴以及与之相伴随的反转中心,固然可以用于解决棱镜成像的问题。然而,当进一步讨论棱镜调整的规律时,随意确定的成像螺旋轴则无济于事。

为了排除问题的不确定性,同时也考虑到有利于棱镜调整理论的进一步发展,现对奇次反射棱镜的成像螺旋轴以及与之相对应的反转中心作出如下的定义:

"奇次反射棱镜的反转中心Ⅰ应当选在这样的地方,使得与之相联系的成像等效螺旋运动的轴线恰好通过此反转中心,并以此为前提,定义该轴线为奇次反射棱镜的成像螺旋轴,然后再令成像等效螺旋运动中的轴向位移 $2d=0$,并以此为条件进一步确定上述反转中心在沿成像螺旋轴上的轴向位置。"

上述定义使奇次反射棱镜的成像螺旋轴 $\boldsymbol{\lambda}$ 和反转中心Ⅰ获得了唯一确定的解。而且,不难看出,在这一定义下的反转中心Ⅰ,正好是棱镜的一对相互重合的物、像点,或者说,如果以Ⅰ作为棱镜的一个物点,那么它的共轭像点就是Ⅰ本身。根据奇次反射棱镜成像的原理,它的物、像空间在沿成像螺旋轴上只存在唯一的一对相互重合的共轭物、像点,而这个唯一的点恰好就是上述定义下的奇次反射棱镜的反转中心Ⅰ。

图2-9-3为依照上述定义的思路而构置出来的一种与奇次反射棱镜的成像相对应的刚体运动学模型。图中,$\boldsymbol{T}$、2φ 以及 $\boldsymbol{S}=\overrightarrow{M_0M'}$ 为已知的奇次反射棱镜的成像特性数据。Ⅰ点代表反转中心,按照规定,它应位于成像螺旋轴 $\boldsymbol{\lambda}$ 上。棱镜一对

共轭基点中的物点 M_0，经 I 反转到 $(-M_0)$。又由于规定 $2d=0$，所以 $\overrightarrow{\mathrm{I}(-M_0)}$ 绕 $\boldsymbol{\lambda}$ 转动 2φ 后应成为 $\overrightarrow{\mathrm{I}M'}$，$\boldsymbol{\rho}$ 和 $-\boldsymbol{\rho}$ 分别代表 M_0 和 $(-M_0)$ 对反转中心 I 的相对位置。

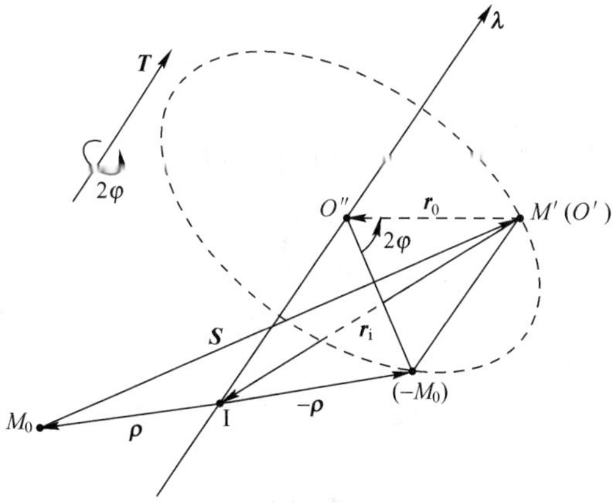

图 2-9-3　在一定条件下的奇次反射棱镜的成像螺旋轴

同样，M' 兼作坐标始点 O'，$\boldsymbol{r}_i$ 为反转中心的位置矢量，$\boldsymbol{r}_0$ 仍表示自始点 O' 至成像螺旋轴 $\boldsymbol{\lambda}$ 的垂直矢量，因而代表了 $\boldsymbol{\lambda}$ 的空间位置。

由图 2-9-3 中的几何关系，有

$$\overrightarrow{\mathrm{I}(-M_0)} = -\boldsymbol{\rho} = \boldsymbol{r}_i + \boldsymbol{S}$$

$$\overrightarrow{\mathrm{I}M'} = -\boldsymbol{r}_i$$

同样，可以认为矢量 $\overrightarrow{\mathrm{I}M'}$ 由 $\overrightarrow{\mathrm{I}(-M_0)}$ 绕 $\boldsymbol{T}$ 转 2φ 而成，所以由转动矢量公式有

$$(\boldsymbol{r}_i+\boldsymbol{S})\cos2\varphi+(1-\cos2\varphi)[(\boldsymbol{r}_i+\boldsymbol{s})\cdot\boldsymbol{T}]\boldsymbol{T}-\sin2\varphi[(\boldsymbol{r}_i+\boldsymbol{S})\times\boldsymbol{T}] = -\boldsymbol{r}_i$$

或

$$\begin{aligned}&\boldsymbol{r}_i(\cos2\varphi+1)+(1-\cos2\varphi)(\boldsymbol{r}_i\cdot\boldsymbol{T})\boldsymbol{T}-\sin2\varphi(\boldsymbol{r}_i\times\boldsymbol{T})\\&=-\boldsymbol{S}\cos2\varphi-(1-\cos2\varphi)(\boldsymbol{S}\cdot\boldsymbol{T})\boldsymbol{T}+\sin2\varphi(\boldsymbol{S}\times\boldsymbol{T})\end{aligned}\qquad(2\text{-}9\text{-}3)$$

由(2-9-3)式 $\times\boldsymbol{T}$ 得

$$\begin{aligned}&(\cos2\varphi+1)\boldsymbol{r}_i\times\boldsymbol{T}-\sin2\varphi[(\boldsymbol{r}_i\cdot\boldsymbol{T})\boldsymbol{T}-\boldsymbol{r}_i]\\&=(-\cos2\varphi)\boldsymbol{S}\times\boldsymbol{T}+\sin2\varphi[(\boldsymbol{S}\cdot\boldsymbol{T})\boldsymbol{T}-\boldsymbol{S}]\end{aligned}\qquad(2\text{-}9\text{-}4)$$

又由(2-9-4)式与(2-9-3)式联解，得

$$\boldsymbol{r}_i=-\frac{1}{2}\boldsymbol{S}+\frac{1}{2}\left(\frac{\sin2\varphi}{\cos2\varphi+1}\right)\boldsymbol{S}\times\boldsymbol{T}\qquad(2\text{-}9\text{-}5)$$

由图中的矢量直角三角形 $O''M'\mathrm{I}$，有

$$\boldsymbol{r}_0=\boldsymbol{r}_i-(\boldsymbol{r}_i\cdot\boldsymbol{T})\boldsymbol{T}\qquad(2\text{-}9\text{-}6)$$

在本情况下，(2-9-6)式右侧的第二项等于

$$(\boldsymbol{r}_i\cdot\boldsymbol{T})\boldsymbol{T}=-\frac{1}{2}(\boldsymbol{S}\cdot\boldsymbol{T})\boldsymbol{T}\qquad(2\text{-}9\text{-}7)$$

所以，最后求得

$$\boldsymbol{r}_0=\frac{1}{2}[(\boldsymbol{S}\cdot\boldsymbol{T})\boldsymbol{T}-\boldsymbol{S}]+\frac{1}{2}\left(\frac{\sin2\varphi}{\cos2\varphi+1}\right)\boldsymbol{S}\times\boldsymbol{T} \tag{2-9-8}$$

若用$\overrightarrow{M_0M'}$取代 $\boldsymbol{S}$,则(2-9-5)式和(2-9-8)式变成

$$\boldsymbol{r}_i=-\frac{1}{2}\overrightarrow{M_0M'}+\frac{1}{2}\left(\frac{\sin2\varphi}{\cos2\varphi+1}\right)\overrightarrow{M_0M'}\times\boldsymbol{T} \tag{2-9-9}$$

$$\boldsymbol{r}_0=\frac{1}{2}[(\overrightarrow{M_0M'}\cdot\boldsymbol{T})\boldsymbol{T}-\overrightarrow{M_0M'}]+\frac{1}{2}\left(\frac{\sin2\varphi}{\cos2\varphi+1}\right)\overrightarrow{M_0M'}\times\boldsymbol{T} \tag{2-9-10}$$

(2-9-10)式和(2-9-1)式还可以写成统一的形式:

$$\boldsymbol{r}_0=\frac{1}{2}[(\overrightarrow{M_0M'}\cdot\boldsymbol{T})\boldsymbol{T}-\overrightarrow{M_0M'}]+\frac{1}{2}\left[\frac{\sin2\varphi}{\cos2\varphi+(-1)^{t-1}}\right]\overrightarrow{M_0M'}\times\boldsymbol{T} \tag{2-9-11}$$

以下也举两个例子。

图 2-9-4 中给出一靴形屋脊棱镜 $\mathrm{FX_J}-90°$的有关数据。

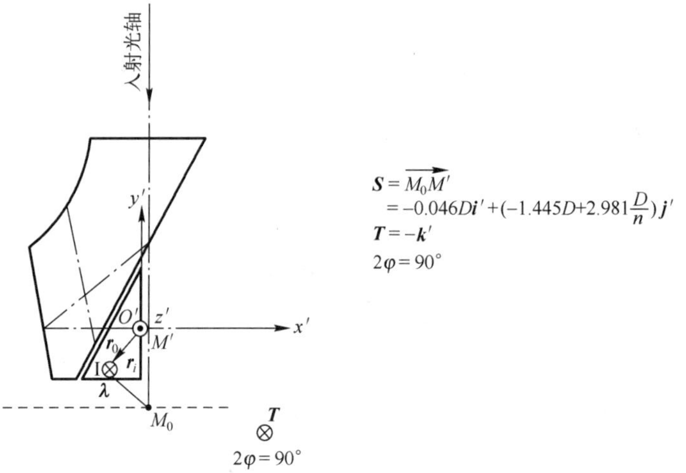

图 2-9-4　靴形屋脊棱镜的成像螺旋轴

同样,把坐标的始点 O'定在 M'处,并将已知的数据代入(2-9-9)式和(2-9-10)式,得

$$\boldsymbol{r}_0=\left(0.746D-1.491\frac{D}{n}\right)\boldsymbol{i}'+\left(0.700D-1.491\frac{D}{n}\right)\boldsymbol{j}'$$

$$\boldsymbol{r}_i=\left(0.746D-1.491\frac{D}{n}\right)\boldsymbol{i}'+\left(0.700D-1.491\frac{D}{n}\right)\boldsymbol{j}'$$

式中,$\boldsymbol{r}_i$ 为反转中心 I 的位置矢量。在本例子,由于$\overrightarrow{M_0M'}\cdot\boldsymbol{T}=0$,所以 $\boldsymbol{r}_i=\boldsymbol{r}_0$。

图 2-9-5 给出了直角棱镜 DⅠ-90°的有关数据。

由于这里的 $2\varphi=180°$,(2-9-9)式和(2-9-10)式中的($\overrightarrow{M_0M'}\times\boldsymbol{T}$)项的系数为

$$\frac{1}{2}\left(\frac{\sin2\varphi}{\cos2\varphi+1}\right)=\infty$$

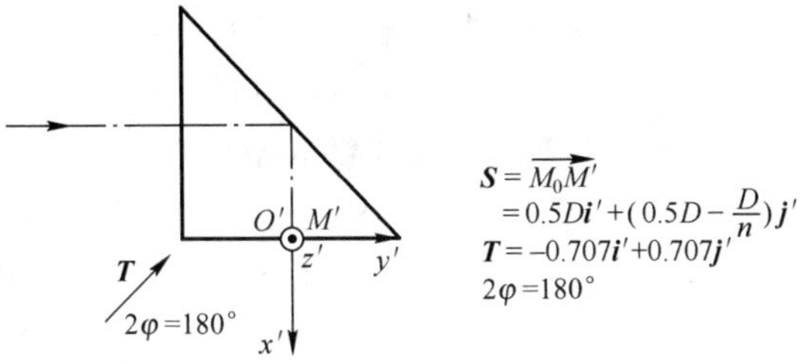

图 2-9-5　直角棱镜的成像螺旋轴

在另一方面，在直角棱镜 DⅠ −90°的情况，无论是矢量$\overrightarrow{M_0M'}$，还是叉乘$\overrightarrow{M_0M'}\times\boldsymbol{T}$，它们都不等于零，即使是返回到(2-9-5)式和(2-9-8)式，把$\overrightarrow{M_0M'}$复原为代表任意一对共轭物像点的连接矢量 $\boldsymbol{S}$，情况也仍然是如此，即

$$\overrightarrow{M_0M'}\neq 0,\boldsymbol{S}\neq 0$$

$$\overrightarrow{M_0M'}\times\boldsymbol{T}\neq 0;\boldsymbol{S}\times\boldsymbol{T}\neq 0$$

因此

$$\boldsymbol{r}_0=\infty;\boldsymbol{r}_i=\infty$$

由此可见，在以上对反转中心所作的定义下，直角棱镜 DI −90°的成像螺旋轴 $\boldsymbol{\lambda}$ 和反转中心 I 均位于无穷远处。

实际上，诸法线共平面的奇次反射棱镜，例如 DI −105°、DⅢ −45°、DⅢ −180°、LⅢ −0°、FA −0°、FB −0°、FQ −0°以及 FY −60°，它们的成像螺旋轴和反转中心也都在无穷远的地方。因为，这些棱镜的转换角 2φ 都等于 180°。

图 2-9-6 所示的平面镜是上述情况的一种例外。虽然 $2\varphi=180°$ 使 $\sin2\varphi/[2(\cos2\varphi+1)]=\infty$，然而可将 M 点选在镜面内而使平移矢量 $\boldsymbol{S}=\overrightarrow{MM'}=0$。即使 M 点不在镜面内，也会因为 $\boldsymbol{S}=\overrightarrow{MM'}$总是平行于 $\boldsymbol{T}=\boldsymbol{N}$ 而使 $\boldsymbol{S}\times\boldsymbol{T}=0$。由此，有

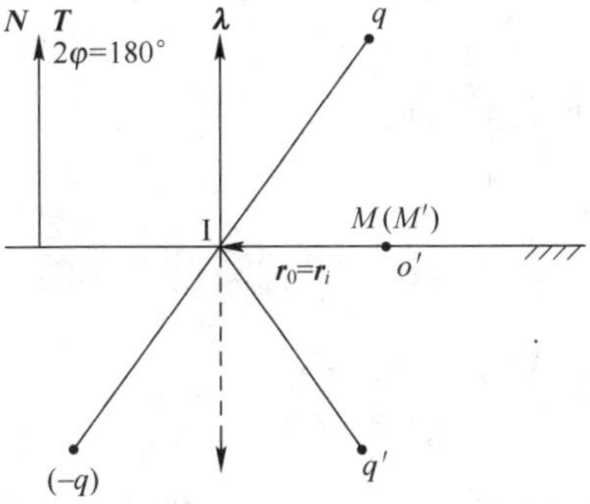

图 2-9-6

$$\boldsymbol{r}_i=\infty\cdot 0;\boldsymbol{r}_0=\infty\cdot 0$$

上述结果以及(2-9-5)式和(2-9-8)式中的矢积的方向表明，反转中心 I 可以是镜面内的任意一点，而相应的螺旋轴 $\boldsymbol{\lambda}$ 便是自该反转中心竖起的法线。因此，平面镜的任一法线矢量都是该平面镜的成像螺旋轴 $\boldsymbol{\lambda}$。

根据奇次反射棱镜的成像螺旋轴和反转中心的性质，可得出下列一些结论：

(1) 如果物不动，那么在不破坏近轴成像的条件下，奇次反射棱镜绕成像螺旋轴的转动（在一般情况下为微量转动），将不会改变其共轭像的方向和位置。这是因为成像螺旋轴本身的方向和位置以及反转中心的位置均未发生变化的缘故。换

句话说，奇次反射棱镜绕其成像螺旋轴的微量转动，将不会造成像倾斜、像面偏和像点位移。

（2）如果物不动，那么在不破坏近轴成像的条件下，奇次反射棱镜沿成像螺旋轴方向的移动 Δg，将使其共轭像沿同一方向移动两倍的距离 $2\Delta g$。

（3）对于诸法线共平面的奇次反射棱镜，由于它们的成像螺旋轴一般都位于无穷远处，并且在主截面内，所以，在物不动的情形，唯有棱镜沿垂直其主截面方向的微量移动，才不会造成像倾斜、像面偏以及像点位移，而棱镜绕近处的任何一根轴线的微量转动，都将会或改变共轭像的方向或改变共轭像的位置。

由上述可见，无论是偶次还是奇次反射棱镜，它们的成像螺旋轴不仅对棱镜成像是重要的，而且在棱镜调整中也是一根意义非同一般的转轴。

2.10 反射棱镜成像定理

在本章的 2.2.2 和 2.3.4 二小节先后讨论了反射棱镜物、像位置共轭法则和物、像方向共轭法则。前者讨论 3 个位置上的自由度，后者涉及 3 个方向上的自由度，总共 6 个自由度，与运动学中刚体运动的 6 个自由度完全一致。

上述两条法则的结合必然会在反射棱镜成像的解题途径中提供一个完整的刚体运动学的模型。下面拟将这一结合概括成一条定理。

如前所述，刚体运动学的目的之一在于求得运动终了时刚体上的每一个点的空间位置。而与此对照，反射棱镜成像的任务也无非是为了找出棱镜物空间内的一任意物点在它的像空间内所对应的共轭像点。

2.10.1 反射棱镜成像定理

1. 定理的定义

“反射棱镜存在唯一的特征方向 $\boldsymbol{T}$、特征角 2φ 以及一对确定的共轭基点 M_0、M' 和反射次数 t。偶次反射棱镜的任一像体可由其共轭物体先平移一矢量 $\overrightarrow{M_0M'}$，然后再围绕过 M' 点的 $\boldsymbol{T}$ 轴转动 2φ 角而成；奇次反射棱镜则只须先将其物体变换成以 M_0 为对称点的反转物体，而后续的步骤同前。这里，物基点 M_0 为棱镜入射光轴与等效空气层出射面的交点，像基点 M' 为棱镜出射光轴与棱镜出射面的交点。”

2. 说明

（1）反射棱镜成像一般可归结为：“求物体上一任意物点 q 的共轭像点 q'”。所以，定理中所指的以 M_0 为对称点的反转物体，无非就是把量自 M_0 的物点位置矢量 $\overrightarrow{M_0q}$ 变换成其反转位置矢量 $\overrightarrow{-M_0q}$ 而已。为了论述的概括性，可用 $(-1)^t\,\overrightarrow{M_0q}$ 取代 $\overrightarrow{-M_0q}$。

（2）运动的顺序也可以变为先转动后平移的过程，不过此时必须把“绕过 M'

点的特征方向 $\boldsymbol{T}$…”相应地改成“绕过 M_0 点的特征方向 $\boldsymbol{T}$…”。这样,才能保证最后得到同样的结果。

2.10.2 反射棱镜成像刚体运动学模型

定理为反射棱镜成像创建了一个崭新的刚体运动学模型,而模型呈现为一套完整的成像特性参量:$\boldsymbol{T}$、2φ、t 和$\overrightarrow{M_0M'}$。

此类参量具有本征的特质。它们仅取决于棱镜自身的结构,而与外界的因素无关,并具有形象化和实体感等优点。

参量一方面为棱镜工程图表的制作提供了素材,另一方面又为棱镜成像公式的推导指明途径。

与传统上逐面追迹棱镜物、像关系的方法相比较,上述成像特性参量所提供的方法的优点是它将直接面对整个反射棱镜的物、像空间的关系。

在反射棱镜成像与转动原理中,棱镜静止状态下的物、像关系是棱镜动态下的物、像关系的基础,因此,只有当刚体运动学的原理已然被融入反射棱镜成像原理之中的时候,才有可能去谈论什么刚体运动学的学派等问题。

2.10.3 反射棱镜成像公式

成像公式的任务在于求解棱镜物空间的任一物点通过棱镜后而在其像空间所成的像点。

1. 先平移后转动

见图 2-10-1,参量组 $\boldsymbol{T}$、2φ、t 以及$\overrightarrow{M_0M'}$取代了一具体的棱镜;像坐标 $O'x'y'z'$ 的原点 O' 与像基点 M' 重合,$x'y'z'$ 的方向可针对具体的棱镜型号由反射棱镜图表中查到,无疑 x' 一定是出射光轴;坐标 $Oxyz$ 的原点 O 与物基点 M_0 重合,xyz 的方向对应地与 $x'y'z'$ 相平行。显然 xyz 并非通常的物方坐标,选择这样的方向是为了方便 $Oxyz$ 与 $O'x'y'z'$ 之间的坐标转换;q 代表棱镜物空间一任意物点;$\boldsymbol{r}_0$ 和 $\boldsymbol{r}_{0'}$ 分别表示由 M_0(O)和 M'(O′)计读的物点位置矢量。

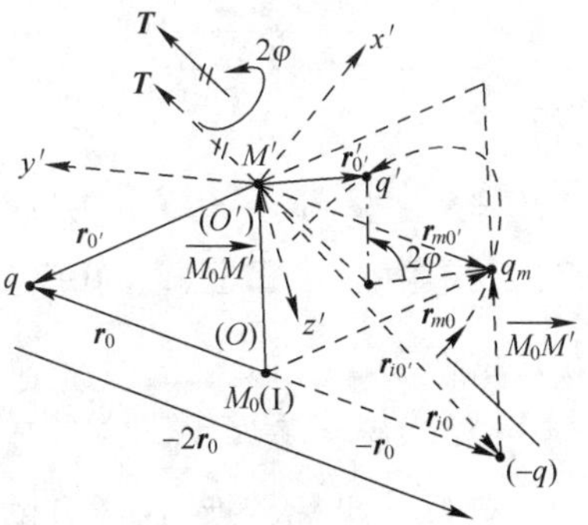

图 2-10-1 先平移后转动的方法

下面推导求解像点 q'位置 $\boldsymbol{r}'_{0'}$的表达式。

1）反转

设反转中心 Ⅰ 与 $M_0(O)$相重合，$\boldsymbol{r}_{i0}$为量自坐标原点 O 的反转物点（$-q$）的位置，则

$$\boldsymbol{r}_{i0} = -\boldsymbol{r}_0 \tag{2-10-1}$$

2）平移$\overrightarrow{M_0M'}$

设 q_m 代表反转物点（$-q$）平移$\overrightarrow{M_0M'}$后的位置；$\boldsymbol{r}_{m0}$和 $\boldsymbol{r}_{m0'}$分别代表由 O 和 O'计读的过渡点 q_m 的位置，则

$$\boldsymbol{r}_{m0} = -\boldsymbol{r}_0 + \overrightarrow{M_0M'} \tag{2-10-2}$$

3）转动（$S_{T,2\varphi}$）

如 2.10.1 小节中所述，在这一步骤，q_m 点将绕过 M'的 $\boldsymbol{T}$ 轴转动 2φ。为此，应该先求出 $\boldsymbol{r}_{m0'}$，这实际上就是一个由 $Oxyz$ 向 $O'x'y'z'$的坐标转换的问题。由于予先设定了 xyz 与 $x'y'z'$对应的平行关系，所以这里只须进行位置的坐标转换：

$$\boldsymbol{r}_{m0'} = \boldsymbol{r}_{m0} - \overrightarrow{M_0M'} \tag{2-10-3}$$

虽说上列关系式可以很方便地由图中的矢量三角形$\triangle M_0M'q_m$ 中求得，还是希望读者能参照 1.3 节中的原理，以提高自身的思维能力。

将（2-10-2）式代入（2-10-3）式，得

$$\boldsymbol{r}_{m0'} = -\boldsymbol{r}_0 \tag{2-10-4}$$

最后，由 $\boldsymbol{S}_{T,2\varphi}$可求得像点 q'的位置矢量 $\boldsymbol{r}'_{0'}$：

$$\boldsymbol{r}'_{0'} = \boldsymbol{S}_{T,2\varphi}(-\boldsymbol{r}_0)$$

上式 $\boldsymbol{r}_0$ 前的页号宜写成$(-1)^t$，所以

$$\boldsymbol{r}'_{0'} = \boldsymbol{S}_{T,2\varphi}(-1)^t\boldsymbol{r}_0 \tag{2-10-5}$$

这就是反射棱镜成像公式。

通常，（2-10-5）式中的 $\boldsymbol{r}_0$ 用 $\boldsymbol{r}_{0'}$取代：

$$\boldsymbol{r}_0 = \boldsymbol{r}_{0'} + \overrightarrow{M_0M'} \tag{2-10-6}$$

将上式代入（2-10-5）式，得

$$\boldsymbol{r}'_{0'} = \boldsymbol{S}_{T,2\varphi}(-1)^t(\boldsymbol{r}_{0'} + \overrightarrow{M_0M'}) \tag{2-10-7}$$

（2-10-5）和（2-10-7）二式等效，表面上（2-10-7）稍许复杂，实际上，$(\boldsymbol{r}_{0'} + \overrightarrow{M_0M'})$的数值比 $\boldsymbol{r}_0$ 的数值更容易确定。

将（2-10-3）式和（2-10-6）式做一个比较，前者为由定坐标向动坐标的坐标转换，而后者为由动坐标向定坐标的坐标转换，这样有助于理解何时需“$-\overrightarrow{M_0M'}$”而何时需“$+\overrightarrow{M_0M'}$”。

2. 先转动后平移

见图 2-10-2，一些符号的含义同前。

1）反转

$$\boldsymbol{r}_{i0}=-\boldsymbol{r}_0=(-1)^t\boldsymbol{r}_0 \tag{2-10-8}$$

2）转动

$(-q)$点绕过 M_0 点的 $\boldsymbol{T}$ 轴转动 2φ 而到达 q_m 点，该点对于 M_0 的位置矢量 $\boldsymbol{r}_{m0}$ 等于

$$\boldsymbol{r}_{m0}=\boldsymbol{S}_{T,2\varphi}(-1)^t\boldsymbol{r}_0 \tag{2-10-8}$$

3）平移$\overrightarrow{M_0M'}$

$$\boldsymbol{r}'_0=\boldsymbol{S}_{T,2\varphi}(-1)^t\boldsymbol{r}_0+\overrightarrow{M_0M'} \tag{2-10-9}$$

4）坐标转换

(2-10-7)式～(2-10-9)式的运算都是在辅助计算坐标系 $Oxyz$ 中进行的，现在需要将 $\boldsymbol{r}'_0$ 由 $Oxyz$ 转换到主计算坐标系 $O'x'y'z'$中，即 $\boldsymbol{r}'_0$ 最后变成为 $\boldsymbol{r}'_{0'}$：

$$\boldsymbol{r}'_{0'}=\boldsymbol{r}'_0-\overrightarrow{M_0M'} \tag{2-10-10}$$

所以

$$\boldsymbol{r}'_{0'}=\boldsymbol{S}_{T,2\varphi}(-1)^t\boldsymbol{r}_0 \tag{2-10-11}$$

或

$$\boldsymbol{r}'_{0'}=\boldsymbol{S}_{T,2\varphi}(-1)^t(\boldsymbol{r}_{0'}+\overrightarrow{M_0M'}) \tag{2-10-12}$$

结果与先平移后转动的完全一致。

例 2-10-1

(1) 计读坐标系

图 2-10-1 给出本例所要讨论的屋脊五棱镜。由反射棱镜图表可以查到该棱镜的调整图和一些必要的数据。

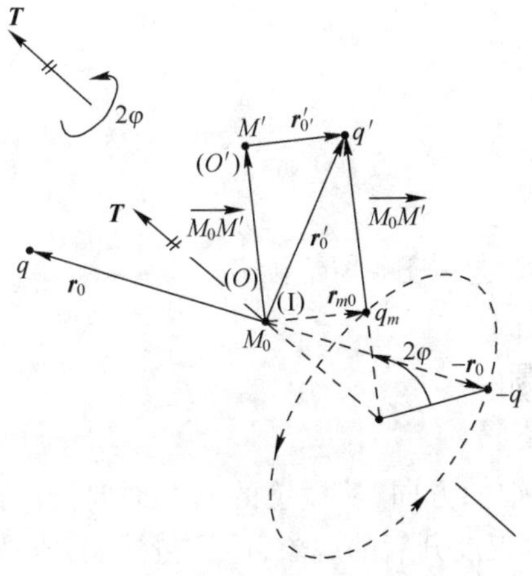

图 2-10-2　先转动后平移的方法

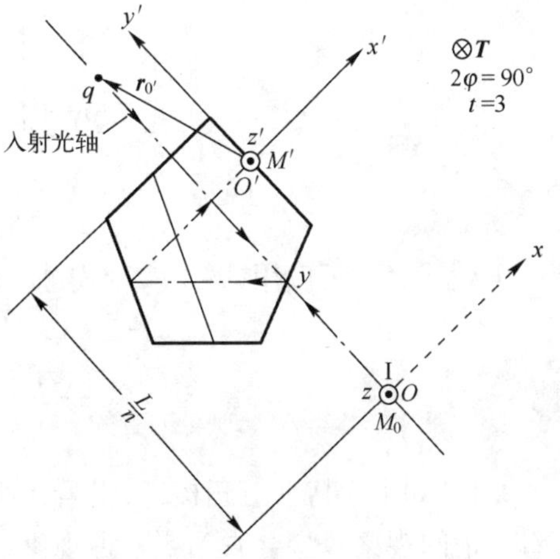

图 2-10-1　屋脊五棱镜

将棱镜的像空间坐标系 $O'x'y'z'$设定为计算坐标系,坐标原点 O'与棱镜的像基点 M'重合。辅助计算坐标系 $Oxyz$ 的坐标原点 O 选在棱镜的物基点 M_0 处。xyz 的方向对应地与 $x'y'z'$相平行。

(2) 已知原始数据

棱镜口径 $D=20$ mm;棱镜玻璃折射率 $n=1.5163$;物点 q 在计读坐标 $O'x'y'z'$ 中的位置矢量 $\boldsymbol{r}_{0'}=-10\boldsymbol{i}'+30\boldsymbol{j}'-20\boldsymbol{k}'$。

由棱镜图表,有:

$$L=4.223D$$

$$\overrightarrow{M_0M'}=0.5D\boldsymbol{i}'+\left(-0.5D+4.223\frac{D}{n}\right)\boldsymbol{j}'$$

由此,

$$L=84.46$$

$$\overrightarrow{M_0M'}=10\boldsymbol{i}'+45.7\boldsymbol{j}'$$

又由棱镜的 $\boldsymbol{T}$ 和 2φ,得

$$\boldsymbol{S}_{\boldsymbol{T},2\varphi}=\boldsymbol{S}_{-\boldsymbol{k}',90^\circ}=\boldsymbol{S}_{\boldsymbol{k}',-90^\circ}=\begin{pmatrix}0&1&0\\-1&0&0\\0&0&1\end{pmatrix}$$

(3) 求像点 q'在计读坐标系 $O'x'y'z'$中的位置矢量 $\boldsymbol{r}'_{0'}$

由(2-10-7)式,有

$$\boldsymbol{r}'_{0'}=\boldsymbol{S}_{\boldsymbol{T},2\varphi}(-1)^t(\boldsymbol{r}_{0'}+\overrightarrow{M_0M'})$$

将已知数据代入上式,得

$$\boldsymbol{r}'_{0'}=\begin{pmatrix}0&1&0\\-1&0&0\\0&0&1\end{pmatrix}(-1)^3\begin{pmatrix}0\\75.7\\-20\end{pmatrix}$$

$$=\begin{pmatrix}-75.7\\0\\20\end{pmatrix}$$

或

$$\boldsymbol{r}'_{0'}=-75.7\boldsymbol{i}'+20\boldsymbol{k}'$$

上列答案也可以用(2-10-5)式进行验算,这一任务留给读者。

习　题

2.1　如果手持一五角棱镜,沿着入射光轴的方向,从棱镜的入射面向其内部察看。请问观察者将会看到哪一种现象:是仅仅展开后的现象,还是包括展开与归化的全过程的结局?

2.2　图 P2-1 所示为一五角棱镜的展开图。观察者由棱镜的入射面 ab 向棱镜内部察看。请问观察者此时所看到的棱镜出射面 $g''h''$ 将会出现在什么地方：是在平行玻璃板的出射面 gh 处，还是在等效空气层的出射面 g_0h_0 处？

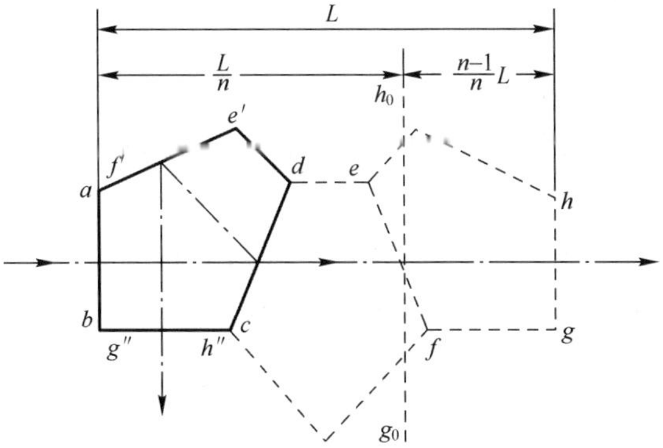

图 P2-1　五角棱镜展开与归化图

2.3　既然一反射棱镜在展开与归化后仅呈现为一等效空气层，或者说，它将融化在棱镜的介质为空气的物空间中，那么如何能够通过这两个把棱镜化为乌有的过程来探讨棱镜的物、像空间的共轭关系呢？

2.4　请指出这里对等效空气层的讨论方法和传统的方法有何不同，并说明本方法的优越之处。

2.5　本书从棱镜物、像空间的共轭关系出发来引出等效空气层的概念。请说明这样的概念为何可以被用于计算棱镜的尺寸。

2.6　如果手持一五角棱镜，并从棱镜的出射面 $g''h''$（图 P2-1）返回，向棱镜内部察看，请问观察者将会看到什么现象？

2.7　见图 P2-2，在别汉棱镜置入光路中之前，远物通过物镜后成像于其后焦

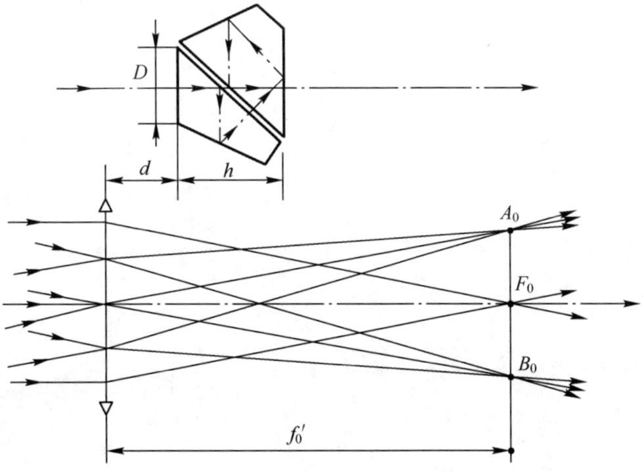

图 P2-2　别汉棱镜置入光路的影响

面上而形成 $A_0F_0B_0$ 像。试问在棱镜按图示位置插入光路后，像面 $A_0F_0B_0$ 将朝哪一个方向移动以及移动多少？已知 $f'_0=120\ \text{mm}$，$d=20\ \text{mm}$，$n=1.5163$ 以及棱镜口径 $D=20\ \text{mm}$。

2.8　以直角棱镜 DⅠ－90°为例，画出它的展开与归化图，并说明如何利用展开而改变了反射棱镜的"三明治"结构以及与此相关的一个微妙的措施，然后，再论证反射棱镜的等效结构如何能够维持棱镜原来的物、像空间的共轭关系。

2.9　你是否觉得一个确定的反射棱镜的特征方向 $\boldsymbol{T}$ 与转换角 2φ 将会随着输入矢量 $\boldsymbol{A}$ 的不同而变化？并说明理由。

2.10　用自己的话说明提出反射棱镜的一对共轭基点的意义。

2.11　以五角棱镜 WⅡ－90°和靴形屋脊棱镜 $FX_J-90°$为例，利用棱镜的成像特性参量 $\overrightarrow{M_0M'}$、$\boldsymbol{T}$、2φ、t，按照刚体运动的模型求棱镜物空间内一任意物点在它的像空间内的共轭像点。

第3章 平面镜系统转动

本章讨论平面镜系统任意转动时所造成的平面镜系统像空间内的像的运动。所谓任意转动,即平面镜系统可作大角度转动。

在会聚光路中,一般来说反射棱镜不允许作大角度转动,这就是为什么在本章的标题中特别用“平面镜系统”取代“反射棱镜”的原因所在。由此可见,倘若在平行光路中,那么有关平面镜系统转动的原理和公式,同样也将适用于反射棱镜转动的情况。

当然,本章的原理也适用于小角度转动的情况。不过,微量转动的问题还将单独在以后讨论,这首先是由于微量转动具有自身的特殊性,其次由于在那里将要直接结合反射棱镜的情形进行讨论。至于平面镜系统的移动问题,因无区分大小移动的必要,故也将一并归入“反射棱镜微量位移”一章内。

在下述中,物矢量和物点都将被认为是不动的。因此,本章的实质就是研究转动后的平面镜系统的物、像共轭关系,或有时候也是转动后的反射棱镜的物、像共轭关系。

平面镜系统的大转动理论与光学仪器的扫描、稳像、跟踪、测量、活动图形模拟等一系列技术,以及新型光学仪器的研制,有着极其密切的关系,因此,它是广义的反射棱镜共轭理论中的一个重要的组成部分。

根据过去的习惯,以下仍然按照平行光路和会聚光路两种情况,分别加以讨论。

3.1 平行光路

坐标转换是传统上讨论平面镜系统转动问题时所采用的一种有效的数学工具。

设取与固定系统相联结的定坐标系 $O'x'y'z'$以及与平面镜系统固定联结而一起转动的动坐标系 $O'_1x'_1y'_1$、z'_1,并且规定在平面镜系统未转动时动坐标 $x'_1y'_1z'_1$ 的起始方向和定坐标 $x'y'z'$的方向对应一致。

设平面镜系统绕单位矢量 $\boldsymbol{P}$ 轴转动了 θ 角,又设 $\boldsymbol{A}$ 代表一任意的入射矢量,$\boldsymbol{A}'_\theta$ 代表平面镜系统转动后的出射矢量。按照本书所采用的符号规则,$\boldsymbol{G}_{1'0'}$ 和 $\boldsymbol{G}_{0'1'}$ 将分别代表由动坐标 $x'_1y'_1z'_1$ 向定坐标 $x'y'z'$的坐标转换矩阵以及由定坐标 $x'y'z'$向动坐标 $x'_1y'_1z'_1$ 的坐标转换矩阵。无疑,后者应为前者的逆矩阵:$\boldsymbol{G}_{0'1'}=\boldsymbol{G}_{1'0'}^{-1}$。又由于两个直角坐标之间的坐标转换矩阵是正交的,所以这里的 $\boldsymbol{G}_{1'0'}$ 和 $\boldsymbol{G}_{1'0'}^{-1}$ 互为转置

矩阵，即 $G_{1'0'}^{-1}=G_{1'0'}^{\mathrm{T}}$。

由 1.3 节中的已知结论，这里的由动坐标向定坐标的坐标转换矩阵 $\boldsymbol{G}_{1'0'}$ 应当等于绕 $\boldsymbol{P}$ 转 θ 的转动矩阵 $\boldsymbol{S}_{\boldsymbol{P},\theta}$，并根据(1-2-5)式有

$$\boldsymbol{G}_{1'0'}=\boldsymbol{S}_{\boldsymbol{P},\theta}=\begin{pmatrix} \cos\theta+2P_{x'}^2\sin^2\dfrac{\theta}{2} & -P_{z}\sin\theta+2P_{x'}P_{y'}\sin^2\dfrac{\theta}{2} & P_{y'}\sin\theta+2P_{x'}P_{z'}\sin^2\dfrac{\theta}{2} \\ P_{z'}\sin\theta+2P_{x'}P_{y'}\sin^2\dfrac{\theta}{2} & \cos\theta+2P_{y'}^2\sin^2\dfrac{\theta}{2} & -P_{x'}\sin\theta+2P_{y'}P_{z'}\sin^2\dfrac{\theta}{2} \\ -P_{y'}\sin\theta+2P_{x'}P_{z'}\sin^2\dfrac{\theta}{2} & P_{x'}\sin\theta+2P_{y'}P_{z'}\sin^2\dfrac{\theta}{2} & \cos\theta+2P_{z'}^2\sin^2\dfrac{\theta}{2} \end{pmatrix} \tag{3-1-1}$$

求解出射矢量 $\boldsymbol{A}'_\theta$ 的思路隐含于下列的过程中。首先，把入射矢量 $\boldsymbol{A}$ 在定坐标 $x'y'z'$ 中的坐标(分量)转换到动坐标 $x'_1y'_1z'_1$ 中：

$$(\boldsymbol{A})_{1'}=\boldsymbol{G}_{0'1'}(\boldsymbol{A})_{0'}=\boldsymbol{G}_{1'0'}^{-1}(\boldsymbol{A})_{0'} \tag{3-1-2}$$

其次，根据平面镜系统的物、像共轭关系，求得出射矢量 $\boldsymbol{A}'_\theta$ 在动坐标 $x'_1y'_1z'_1$ 中的分量 $(\boldsymbol{A}'_\theta)_{1'}$。设 $\boldsymbol{R}$ 为平面镜系统的作用矩阵，则

$$(\boldsymbol{A}'_\theta)_{1'}=\boldsymbol{R}(\boldsymbol{A})_{1'} \tag{3-1-3}$$

一般来讲，观察者在定坐标系内，所以最后还需把出射矢量 $\boldsymbol{A}'_\theta$ 再转换到定坐标中：

$$(\boldsymbol{A}'_\theta)_{0'}=\boldsymbol{G}_{1'0'}(\boldsymbol{A}'_\theta)_{1'} \tag{3-1-4}$$

而综合以上三式，得

$$(\boldsymbol{A}'_\theta)_{0'}=\boldsymbol{G}_{1'0'}\boldsymbol{R}\boldsymbol{G}_{1'0'}^{-1}(\boldsymbol{A})_{0'} \tag{3-1-5}$$

有时只需求像矢量 $\boldsymbol{A}'$ 的变化 $\Delta\boldsymbol{A}'_\theta$：

$$(\Delta\boldsymbol{A}'_\theta)_{0'}=(\boldsymbol{A}'_\theta)_{0'}-(\boldsymbol{A}')_{0'}$$

将(2-4-3)式和(3-1-5)式代入上式，得

$$(\Delta\boldsymbol{A}'_\theta)_{0'}=(\boldsymbol{G}_{1'0'}\boldsymbol{R}\boldsymbol{G}_{1'0'}^{-1}-\boldsymbol{R})(\boldsymbol{A})_{0'} \tag{3-1-6}$$

例 3-1-1 图 3-1-1(a)所示为周视镜的光学系统。由序号 3、4、5 组成的望远系统是不动的。为使观察者能在固定的位置周视全景，在物镜上方的平行光路中的直角棱镜 1 应绕竖轴周转 360°。道威棱镜 2 用来补偿因直角棱镜的周转而产生的像倾斜。为此，道威棱镜和直角棱镜绕同一竖轴作同向转动，唯道威棱镜的转角始终等于直角棱镜的转角的一半。试用(3-1-5)式论证。

在图上，直角棱镜 1 和道威棱镜 2 正处在一个正确的相对位置上，不存在像倾斜。此时，设竖直朝上的 $\boldsymbol{A}_1$ 为物矢量，它经直角棱镜而成的像矢量为 $\boldsymbol{A}'_1$，又经道威棱镜为 $\boldsymbol{A}''_1$，最后经物镜和屋脊棱镜而成的像矢量 $\boldsymbol{A}'''_1$ 仍为竖直朝上。这里只关心物像矢量的方向，而不注意它们的位置。

下面讨论道威棱镜转动时的物像关系。设定坐标 xyz 以及同道威棱镜固结在一起的动坐标 $x_1y_1z_1$。当直角棱镜作周视转动时，景物也随着同步变迁。设 $\boldsymbol{A}_2$ 代表直角棱镜转动了 θ 角时的物矢量，则 $\boldsymbol{A}_2$ 经直角棱镜的成像 $\boldsymbol{A}'_2$ 显然也绕竖轴同步转动了 θ 角，这个像矢量 $\boldsymbol{A}'_2$ 也就是道威棱镜的物矢量，如俯视图 3-1-1(b)所

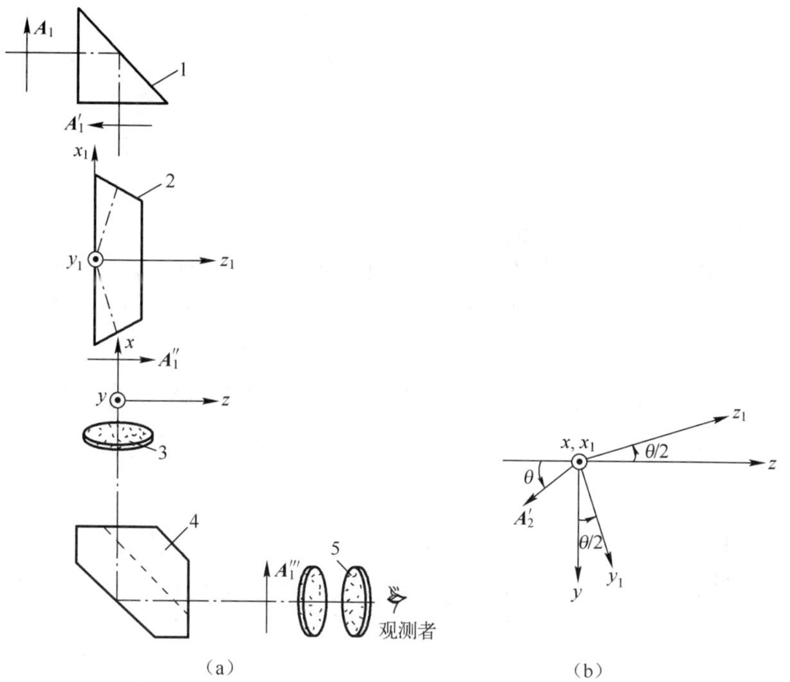

图 3-1-1　周视镜

(a) 光学系统;(b) 俯视图及旋转坐标。

示。此时,动坐标 $x_1y_1z_1$ 随道威棱镜一起绕 x 轴转动了$\dfrac{\theta}{2}$角。

由(3-1-5)式,可求得 $\boldsymbol{A}_2'$ 经道威棱镜而成的像矢量 $\boldsymbol{A}_{2,\theta}''$:

$$(\boldsymbol{A}_{2,\theta}'')_0 = \boldsymbol{G}_{1,0}\boldsymbol{R}\boldsymbol{G}_{1,0}^{-1}(\boldsymbol{A}_2')_0 \tag{3-1-7}$$

式中,$\boldsymbol{G}_{1,0}$、$\boldsymbol{G}_{1,0}^{-1}$和 $\boldsymbol{R}$ 分别由(1-2-6)式和(2-3-2)式或(1-1-4)式求得

$$\boldsymbol{G}_{1,0} = \begin{pmatrix} 1 & 0 & 0 \\ 0 & \cos\dfrac{\theta}{2} & -\sin\dfrac{\theta}{2} \\ 0 & \sin\dfrac{\theta}{2} & \cos\dfrac{\theta}{2} \end{pmatrix} \quad \boldsymbol{G}_{1,0}^{-1} = \begin{pmatrix} 1 & 0 & 0 \\ 0 & \cos\dfrac{\theta}{2} & \sin\dfrac{\theta}{2} \\ 0 & -\sin\dfrac{\theta}{2} & \cos\dfrac{\theta}{2} \end{pmatrix}$$

$$\boldsymbol{R} = \begin{pmatrix} 1 & 0 & 0 \\ 0 & 1 & 0 \\ 0 & 0 & -1 \end{pmatrix}$$

而$(\boldsymbol{A}_2')_0$ 由图 3-1-1(b)求得

$$(\boldsymbol{A}_2')_0 = \begin{pmatrix} 0 \\ \sin\theta \\ -\cos\theta \end{pmatrix}$$

将上列关系代入(3-1-7)式,得

$$
(\boldsymbol{A}''_{2,\theta})_0 = \begin{pmatrix} 0 \\ 0 \\ 1 \end{pmatrix}
$$

或

$$
\boldsymbol{A}''_{2,\theta} = \boldsymbol{k}
$$

可见,$\boldsymbol{A}''_{2,\theta}$和原来的$\boldsymbol{A}''_1$同向,所以不存在像倾斜。

例 3-1-2 见图 3-1-2,准直式观测镜由物镜 3、分划板 4、双轴转动平面镜 1 以及固定平面镜 2 所组成。图 3-1-3 表示转镜和定镜的初始相对位置。由十字线叉点 a 发出的光束,经物镜后形成平行光束,然后射入转镜 1,最后由定镜出射时,仍保持为平行光束。通常,把与十字线叉点 a 对应的出射平行光束的反方向称作观测线的方向。试求本结构的观测线的空间位置与转镜 1 的转角 α、γ 之间的关系。

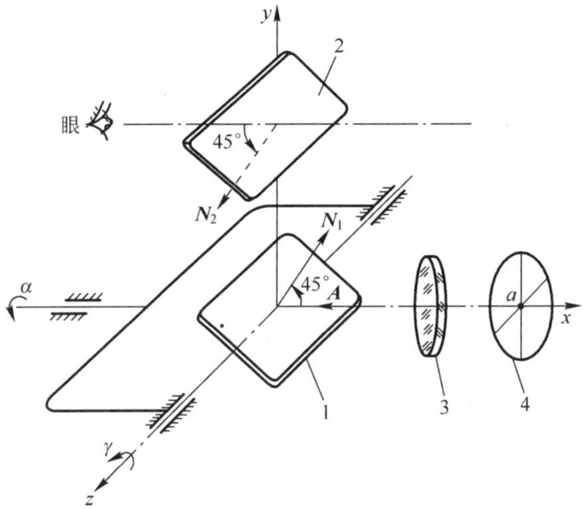

图 3-1-2 准直式观测镜

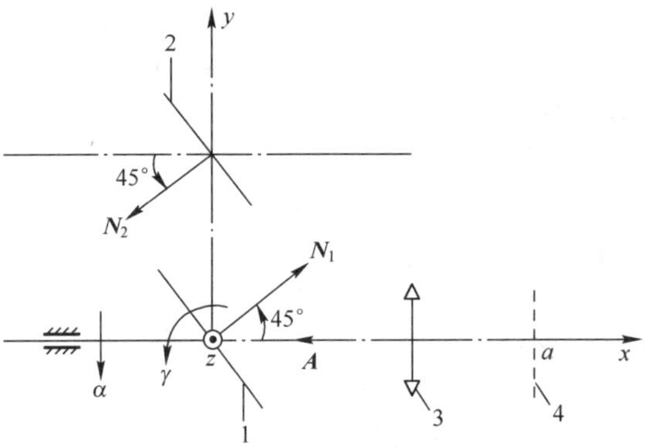

图 3-1-3 准直观测仪下平面镜的初始位置

($\alpha=\gamma=0$)

设矢量 $\boldsymbol{A}$ 代表转镜 1 的入射平行光束的方向，矢量 $\boldsymbol{A}'$ 和 $\boldsymbol{A}''$ 分别代表动镜和定镜对应的出射光束的方向，而矢量 $\boldsymbol{A}_S = -\boldsymbol{A}''$ 则代表观测线的方向。

当用(3-1-5)式求转镜 1 的出射矢量 $\boldsymbol{A}'$ 时，关键在于如何正确而简便地导出定、动坐标之间的坐标转换矩阵 $\boldsymbol{G}_{fm}$ 和 $\boldsymbol{G}_{mf}$。

由图 3-1-2 可见，转镜的位置取决于转角 α 和 γ。在结构上两个转动是允许进行独立操作的，本来并不存在哪个转动在先和哪个在后，但为了在推导公式过程中便于思考起见，仍然可以把它们看成是先后完成的两个转动。这样一来，除了定、动坐标之外，就还存在一个过渡的中间坐标。这个中间坐标在第一个转动中呈现为动坐标，而在第二个转动中则作为定坐标。

对于此种双轴的转动机构，为了计算的简便，宜采取先外轴而后内轴的转动顺序。按照图上所用的角度符号，也就是先转动 α，然后再转动 γ，而与之对应的定坐标 xyz、动坐标 $x_2y_2z_2$ 以及中间坐标 $x_1y_1z_1$ 如图 3-1-4 所示。

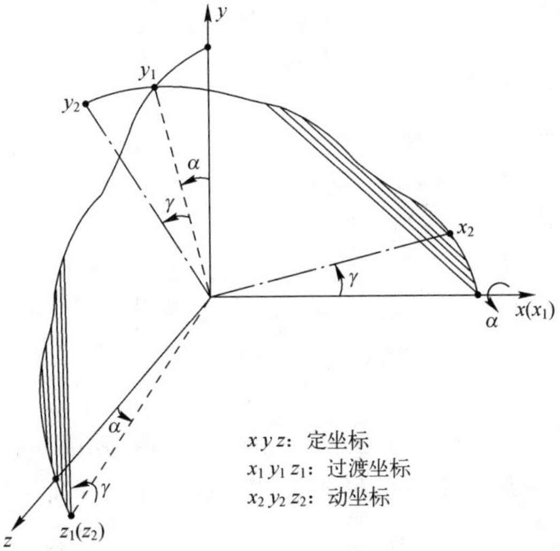

图 3-1-4　下平面镜转动 α、γ 过程中的坐标设定

按照上述的顺序，首先求由定坐标 xyz 向动坐标 $x_2y_2z_2$ 的坐标转换矩阵 $\boldsymbol{G}_{fm}$ 如下：

$$\boldsymbol{G}_{fm} = \boldsymbol{G}_{02} = \boldsymbol{S}_{k,-\gamma}\boldsymbol{S}_{i,-\alpha} = \boldsymbol{S}_{k,\gamma}^{-1}\boldsymbol{S}_{i,\alpha}^{-1} \tag{3-1-8}$$

同理，可求得由动坐标 $x_2y_2z_2$ 向定坐标 xyz 转换的坐标转换矩阵 $\boldsymbol{G}_{mf}$：

$$\boldsymbol{G}_{mf} = \boldsymbol{G}_{20} = \boldsymbol{S}_{i,\alpha}\boldsymbol{S}_{k,\gamma} \tag{3-1-9}$$

无疑，由于下列关系式成立：

$$\boldsymbol{S}_{k,\gamma}^{-1}\boldsymbol{S}_{i,\alpha}^{-1} = (\boldsymbol{S}_{i,\alpha}\boldsymbol{S}_{k,\gamma})^{-1}$$

所以，关系式 $\boldsymbol{G}_{02} = \boldsymbol{G}_{20}^{-1}$ 自然得到保证。

设 $\boldsymbol{R}_1$、$\boldsymbol{R}_2$ 分别代表转镜和定镜的作用矩阵，则根据(3-1-5)式、(2-4-3)式以及观测线方向的定义，不难写出：

$$(\boldsymbol{A}')_0 = \boldsymbol{S}_{i,\alpha}\boldsymbol{S}_{k,\gamma}\boldsymbol{R}_1\boldsymbol{S}_{k,\gamma}^{-1}\boldsymbol{S}_{i,\alpha}^{-1}(\boldsymbol{A})_0$$

$$(\boldsymbol{A}'')_0 = R_2(\boldsymbol{A}')_0$$

$$(\boldsymbol{A}_S)_0 = -(\boldsymbol{A}'')_0$$

而综合以上三式,得

$$(\boldsymbol{A}_S)_0 = -\boldsymbol{R}_2\boldsymbol{S}_{i,\alpha}\boldsymbol{S}_{k,\gamma}\boldsymbol{R}_1\boldsymbol{S}_{k,\gamma}^{-1}\boldsymbol{S}_{i,\alpha}^{-1}(\boldsymbol{A})_0 \tag{3-1-10}$$

或

$$(\boldsymbol{A}_S)_0 = -\boldsymbol{R}_2\boldsymbol{S}_{i,\alpha}\boldsymbol{S}_{k,\gamma}\boldsymbol{R}_1\boldsymbol{S}_{k,\gamma}^{T}\boldsymbol{S}_{i,\alpha}^{T}(\boldsymbol{A})_0 \tag{3-1-11}$$

式中,各有关的矩阵可分别由(1-1-4)式、(1-2-6)式求得如下:

$$\boldsymbol{R}_1 = \begin{pmatrix} 0 & -1 & 0 \\ -1 & 0 & 0 \\ 0 & 0 & 1 \end{pmatrix} \quad \boldsymbol{R}_2 = \begin{pmatrix} 0 & -1 & 0 \\ -1 & 0 & 0 \\ 0 & 0 & 1 \end{pmatrix}$$

$$\boldsymbol{S}_{i,\alpha} = \begin{pmatrix} 1 & 0 & 0 \\ 0 & \cos\alpha & -\sin\alpha \\ 0 & \sin\alpha & \cos\alpha \end{pmatrix} \quad \boldsymbol{S}_{k,\gamma} = \begin{pmatrix} \cos\gamma & -\sin\gamma & 0 \\ \sin\gamma & \cos\gamma & 0 \\ 0 & 0 & 1 \end{pmatrix}$$

$$\boldsymbol{S}_{i,\alpha}^{T} = \boldsymbol{S}_{i,-\alpha} = \begin{pmatrix} 1 & 0 & 0 \\ 0 & \cos\alpha & \sin\alpha \\ 0 & -\sin\alpha & \cos\alpha \end{pmatrix} \quad \boldsymbol{S}_{k,\gamma}^{T} = \boldsymbol{S}_{k,-\gamma} = \begin{pmatrix} \cos\gamma & \sin\gamma & 0 \\ -\sin\gamma & \cos\gamma & 0 \\ 0 & 0 & 1 \end{pmatrix}$$

将上列各矩阵代入(3-1-11)式,得

$$(\boldsymbol{A}_S)_0 = \begin{pmatrix} \cos2\gamma\cos\alpha \\ -\sin2\gamma \\ -\cos2\gamma\sin\alpha \end{pmatrix} \tag{3-1-12}$$

或

$$\boldsymbol{A}_S = \cos2\gamma\cos\alpha \cdot \boldsymbol{i} - \sin2\gamma \cdot \boldsymbol{j} - \cos2\gamma\sin\alpha \cdot \boldsymbol{k}$$

为清晰起见,把观测线单位矢量 $\boldsymbol{A}_S$ 标定在定坐标系 xyz 上,如图 3-1-5 所示。

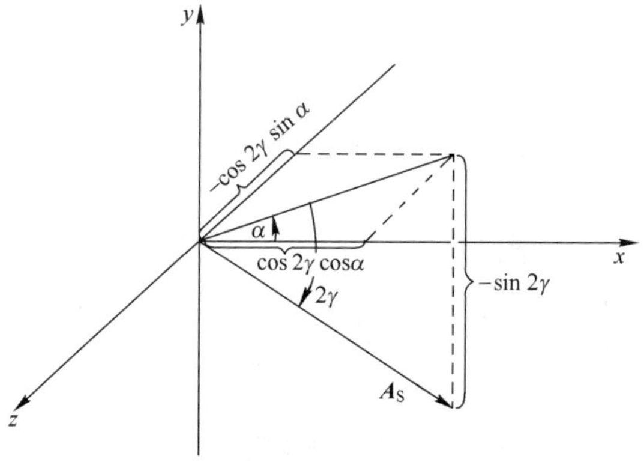

图 3-1-5 观测线 $\boldsymbol{A}_S$ 在定坐标中的标定

如果采取先内轴而后外轴的转动顺序,那么情况将会怎样?为什么说计算会变得复杂一些?这些问题留给读者自己解决。

3.2 会聚光路

在实际的光学仪器里,有时也会见到单平面镜或平面镜系处在会聚光路中而且需作大角度转动的情况。图 3-2-1 所示为一准直式空中射击瞄准具的光学系统,其中固定在陀螺轴一端、并且可绕过 q 点的某轴线作转动的平面镜 2,正好就是本标题范围内的一个例子。

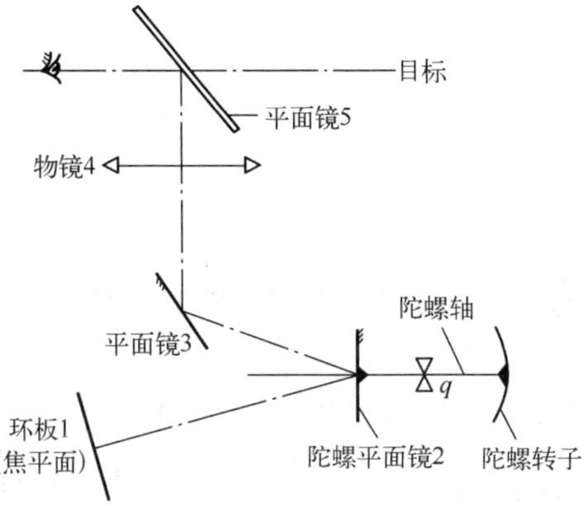

图 3-2-1　空中射击瞄准具的准直式光学系统

同 2.8 节相类似,这里的任务是要确定一任意不动的物点在平面镜系统绕一定轴转动一大角度后所对应的共轭像点。

见图 3-2-2,设 $\boldsymbol{P}$ 为平面镜系统的转轴单位矢量;q 为转轴 $\boldsymbol{P}$ 上的一个任意已知点;M 和 M' 为平面镜系统的一对共轭点;F 为物空间内的一个任意的物点,F' 为 F 在平面镜系统未转动时的像空间内所对应的共轭像;$O'x'y'z'$ 和 $O'_1x'_1y'_1z'_1$ 分别为定坐标系和动坐标系,规定动坐标 $x'_1y'_1z'_1$ 的起始方向和定坐标 $x'y'z'$ 的方向对应平行;其他矢量符号 $\boldsymbol{h}$ 和 $\boldsymbol{l}$ 的含义见图 3-2-2。

这里不直接构制由物点 F 至 M 的矢量 $\overrightarrow{FM}$,而在转轴 $\boldsymbol{P}$ 上选择一已知点 q 作为过渡,把 $\overrightarrow{FM}$ 分成为两个矢量 $\overrightarrow{FM}=\boldsymbol{h}+\boldsymbol{l}$,其目的在于把固定不变的矢量 $\boldsymbol{h}$ 和以后跟随平面镜系统一起转动的变化的矢量 $\boldsymbol{l}$ 相区分开,以便于在平面镜系统转动之后分别处理它们的像矢量。

首先,求出在平面镜系统转动前的共轭像点 F' 的位置矢量 $\boldsymbol{g}'$ 的列矩阵 $(\boldsymbol{g}')_{0'}$:

$$(\boldsymbol{g}')_{0'}=(\boldsymbol{g})_{0'}+(\boldsymbol{h})_{0'}+(\boldsymbol{l})_{0'}+(\overrightarrow{MM'})_{0'}-\boldsymbol{R}(\boldsymbol{l})_{0'}-\boldsymbol{R}(\boldsymbol{h})_{0'} \tag{3-2-1}$$

式中,$\boldsymbol{R}$ 代表平面镜系统的作用矩阵。

然后,根据坐标转换的道理,不难确定同一物点 F 在平面镜系统绕过 q 点的 $\boldsymbol{P}$ 轴转 θ 角后所对应的共轭像点 F'_θ 的位置矢量 $\boldsymbol{g}'_\theta$ 的列矩阵 $(\boldsymbol{g}'_\theta)_{0'}$:

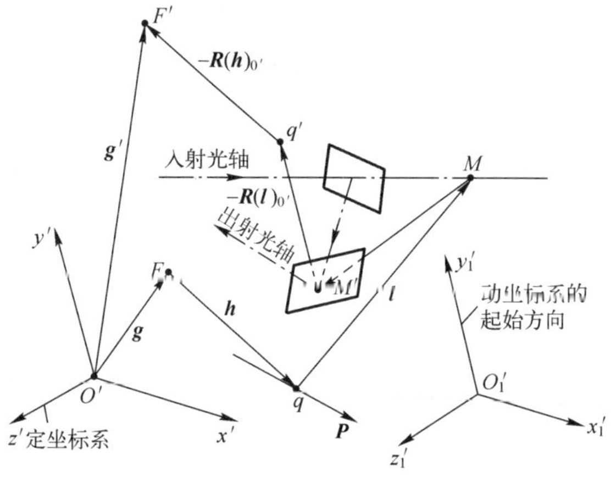

图 3-2-2 转动平面镜系物、像点关系的建立

$$(\boldsymbol{g}'_\theta)_{0'}=(\boldsymbol{g})_{0'}+(\boldsymbol{h})_{0'}+\boldsymbol{G}_{1'0'}(\boldsymbol{l})_{0'}+\boldsymbol{G}_{1'0'}(\overrightarrow{MM'})_{0'}-\boldsymbol{G}_{1'0'}R(\boldsymbol{l})_{0'}-\boldsymbol{G}_{1'0'}\boldsymbol{R}\boldsymbol{G}_{1'0'}^{-1}(\boldsymbol{h})_{0'} \tag{3-2-2}$$

由于 $\boldsymbol{G}_{1'0'}=\boldsymbol{S}_{P,\theta}$；$\boldsymbol{G}_{1'0'}^{-1}=\boldsymbol{S}_{P,-\theta}$，(3-2-2)式也可写成

$$(\boldsymbol{g}'_\theta)_{0'}=(\boldsymbol{g})_{0'}+(\boldsymbol{h})_{0'}+\boldsymbol{S}_{P,\theta}(\boldsymbol{l})_{0'}+\boldsymbol{S}_{P,\theta}(\overrightarrow{MM'})_{0'}-\boldsymbol{S}_{P,\theta}\boldsymbol{R}(\boldsymbol{l})_{0'}-\boldsymbol{S}_{P,\theta}\boldsymbol{R}\boldsymbol{S}_{P,-\theta}(\boldsymbol{h})_{0'}$$

又考虑到计读坐标系 $x'y'z'$ 是任选的，因此还可以把上式中的脚注“0′”去掉：

$$(\boldsymbol{g}'_\theta)=(\boldsymbol{g})+(\boldsymbol{h})+\boldsymbol{S}_{P,\theta}(\boldsymbol{l})+\boldsymbol{S}_{P,\theta}(\overrightarrow{MM'})-\boldsymbol{S}_{P,\theta}\boldsymbol{R}(\boldsymbol{l})-\boldsymbol{S}_{P,\theta}\boldsymbol{R}\boldsymbol{S}_{P,-\theta}(\boldsymbol{h}) \tag{3-2-3}$$

有时只对发生的像点位移 $\Delta\boldsymbol{g}'_\theta=\overrightarrow{F'F'_\theta}$ 感兴趣，则可由(3-2-3)和(3-2-1)二式相减，得

$$(\Delta\boldsymbol{g}'_\theta)=(\boldsymbol{S}_{P,\theta}-\boldsymbol{E})(\boldsymbol{l}+\overrightarrow{MM'})-(\boldsymbol{S}_{P,\theta}-\boldsymbol{E})\boldsymbol{R}(\boldsymbol{l})-(\boldsymbol{S}_{P,\theta}\boldsymbol{R}\boldsymbol{S}_{P,-\theta}-\boldsymbol{R})(\boldsymbol{h}) \tag{3-2-4}$$

显然，上式中不再包含$(\boldsymbol{g})$，这说明像点位移 $\Delta\boldsymbol{g}'_\theta$ 与计读坐标系原点 O' 的位置无关。

例 3-2-1 这里以图 3-2-1 所示的观测镜作为例子。图 3-2-3 上给出了有关的参量，所用的符号均同前，只是一对共轭点 M 和 M' 取在陀螺镜 2 的中心因而相互重合。$Oxyz$ 为计读的定坐标系。设陀螺镜转轴 $\boldsymbol{P}$ 取 y 轴方向，试求平面镜 2 绕此轴转 θ 角所产生的观测角 β 的大小及观测线的方向。

据 3.1 节所述，此时的观测线应是自环板 1 的中心点 F 射出的发散光束，经绕 $\boldsymbol{P}$ 转 θ 后的陀螺镜的反射，再经固定平面镜 3 和物镜 4 成为平行光束，最后经平面镜 5 反射而投向空间的平行光束的方向。

图 3-2-3 中，O 点代表居初始位置的陀螺镜中心。令 $b=\overline{FO}$。

首先，求出矢量 $\boldsymbol{l}$ 和 $\boldsymbol{h}$：

$$\boldsymbol{l}=\overrightarrow{qM}=-l\cdot\boldsymbol{i}$$

$$\boldsymbol{h}=\overrightarrow{Fq}=\overrightarrow{FM}-\boldsymbol{l}=(b\cos\alpha+l)\cdot\boldsymbol{i}+b\sin\alpha\cdot\boldsymbol{j}$$

然后再求出有关的矩阵。据(1-2-6)式和(1-1-4)式，得

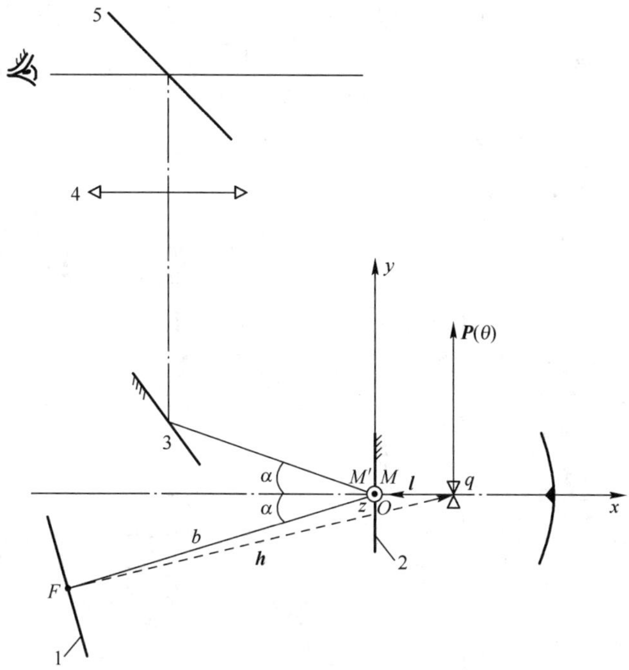

图 3-2-3　带陀螺平面镜的准直式观测系统

$$S_{P,\theta}=\begin{pmatrix}\cos\theta & 0 & \sin\theta\\ 0 & 1 & 0\\ -\sin\theta & 0 & \cos\theta\end{pmatrix}\quad R=\begin{pmatrix}-1 & 0 & 0\\ 0 & 1 & 0\\ 0 & 0 & 1\end{pmatrix}$$

并由此求得各组合矩阵：

$$(S_{P,\theta}-E)=\begin{pmatrix}\cos\theta-1 & 0 & \sin\theta\\ 0 & 0 & 0\\ -\sin\theta & 0 & \cos\theta-1\end{pmatrix}$$

$$(S_{P,\theta}-E)R=\begin{pmatrix}1-\cos\theta & 0 & \sin\theta\\ 0 & 0 & 0\\ \sin\theta & 0 & \cos\theta-1\end{pmatrix}$$

$$S_{P,\theta}RS_{P,\theta}=\begin{pmatrix}-\cos2\theta & 0 & \sin2\theta\\ 0 & 1 & 0\\ \sin2\theta & 0 & \cos2\theta\end{pmatrix}$$

$$(S_{P,\theta}RS_{P,-\theta}-R)=\begin{pmatrix}-\cos2\theta+1 & 0 & \sin2\theta\\ 0 & 0 & 0\\ \sin2\theta & 0 & \cos2\theta-1\end{pmatrix}$$

将上列矩阵以及列矩阵($\boldsymbol{l}$)和($\boldsymbol{h}$)代入(3-2-4)式，并考虑到$\overrightarrow{MM'}=0$，得

$$(\boldsymbol{\Delta g'_\theta})_0 = \begin{pmatrix} b\cos\alpha\cos2\theta - b\cos\alpha + l(1-2\cos\theta+\cos2\theta) \\ 0 \\ -b\cos\alpha\sin2\theta + l(2\sin\theta - \sin2\theta) \end{pmatrix}$$

所得结果$(\boldsymbol{\Delta g'_\theta})_0$代表像点位移$\boldsymbol{\Delta g'_\theta} = \overrightarrow{F'F'_\theta}$在坐标 xyz 中的列矩阵。现在应该把$(\boldsymbol{\Delta g'_\theta})_0$转换到整个观测镜的像空间中。

为清晰起见,把有关的三个坐标一起画在图 3-2-4 上。其中,xyz 为原来的计读坐标;$x_1y_1z_1$ 和 x'_1、y'_1、z'_1 代表双平面镜系 3、5(不包括物镜 4)的物、像空间内的一对共轭的坐标。图 3-2-4 中的$\boldsymbol{\Delta g''_\theta} = \overrightarrow{F''F''_\theta}$则和原来的像点位移$\boldsymbol{\Delta g'_\theta} = \overrightarrow{F'F'_\theta}$呈现为同一个双平面镜系 3、5 的一对共轭的物、像矢量。

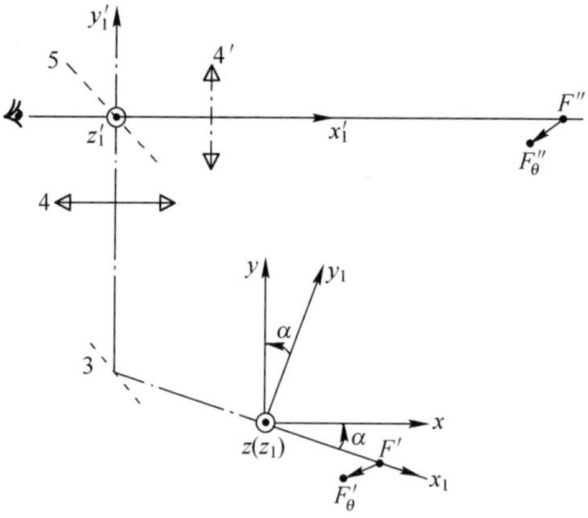

图 3-2-4 两面镜系(3 和 5)的物、像坐标系的设定(不包括物镜)

首先,由坐标转换求得

$$(\boldsymbol{\Delta g'_\theta})_1 = \boldsymbol{G}_{01}(\boldsymbol{\Delta g'_\theta})_0$$

式中

$$\boldsymbol{G}_{01} = \begin{pmatrix} \cos\alpha & -\sin\alpha & 0 \\ \sin\alpha & \cos\alpha & 0 \\ 0 & 0 & 1 \end{pmatrix}$$

然后,根据物像关系,有

$$(\boldsymbol{\Delta g''_\theta})_{1'} = (\boldsymbol{\Delta g'_\theta})_1$$

综合以上三式,得

$$(\boldsymbol{\Delta g''_\theta})_{1'} = \begin{pmatrix} b\cos^2\alpha\cos2\theta - b\cos^2\alpha + l(1-2\cos\theta+\cos2\theta)\cos\alpha \\ \dfrac{b}{2}\sin2\alpha\cos2\theta - \dfrac{b}{2}\sin2\alpha + l(1-2\cos\theta+\cos2\theta)\sin\alpha \\ -b\cos\alpha\sin2\theta + l(2\sin\theta-\sin2\theta) \end{pmatrix} \quad (3-2-5)$$

可以在平面镜 5 的像空间内考虑物镜 4′的作用。如图 3-2-5 所示,$\Delta g''_{\theta z'_1}$和$\Delta g''_{\theta y'_1}$分别产生观测角分量 $\beta_{/\!/}$ 和 $\beta_\perp$,而 $\Delta g''_{\theta x'_1}$则改变了出射光束的平行性。其中,

$\beta_{/\!/}$平行于陀螺镜的转动平面,$\beta_{\perp}$垂直于此转动平面。应当指出,$\beta_{\perp}$实属不应有的误差部分。

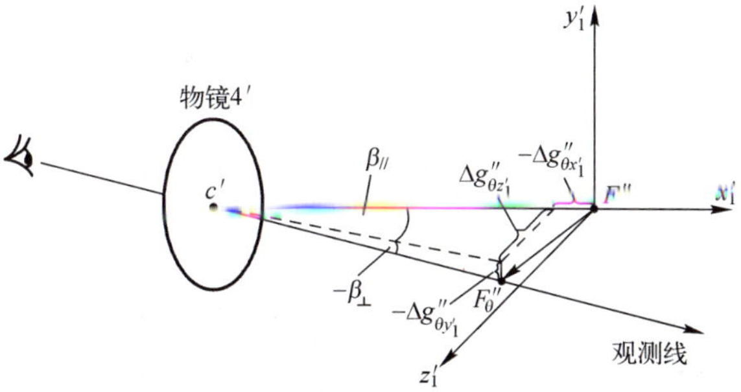

图 3-2-5　观测线偏转的标定

由图3-2-5,得

$$\tan\beta_{/\!/}=\frac{\Delta g''_{\theta z_1'}}{f'_{物}+\Delta g''_{\theta x_1'}}\approx\frac{\Delta g''_{\theta z_1'}}{f'_{物}}$$

$$\sin\beta_{\perp}=\frac{\Delta g''_{\theta y_1'}}{f'_{物}+\Delta g''_{\theta x_1'}}\cos\beta_{/\!/}\quad 或\quad \tan\beta_{\perp}\approx\frac{\Delta g''_{\theta y_1'}}{f'_{物}}$$

将(3-2-5)式中的有关分量代入上式,最后得

$$\tan\beta_{/\!/}\approx\frac{-b\cos\alpha\sin2\theta+l(2\sin\theta-\sin2\theta)}{f'_{物}}$$

$$\tan\beta_{\perp}\approx\frac{\frac{b}{2}\sin2\alpha\cos2\theta-\frac{b}{2}\sin2\alpha+l(1-2\cos\theta+\cos2\theta)\sin\alpha}{f'_{物}}$$

3.3　平面镜系统转动法则

我们在 3.1 节中,应用坐标转换的原理导出了(3-1-5)式:$(\boldsymbol{A}'_{\theta})_{0'}=\boldsymbol{G}_{1'0'}\boldsymbol{R}\boldsymbol{G}^{-1}_{1'0'}(\boldsymbol{A})_{0'}$,这是平面镜系统转动中的一个最基本的公式。它用于描述在物不动的条件下平面镜系统转动后的物、像方向共轭关系。公式的数学过程是很清楚的,不过,公式的物理意义方面则有待于进一步讨论,特别是在它的几何概念和运动学过程方面。为此,根据转动同坐标转换之间的已知关系,将(3-1-5)式改写成下列形式:

$$(\boldsymbol{A}'_{\theta})=\boldsymbol{S}_{\boldsymbol{P},\theta}\boldsymbol{R}\boldsymbol{S}_{\boldsymbol{P},-\theta}(\boldsymbol{A})\tag{3-3-1}$$

式中,因转动矩阵$\boldsymbol{S}_{\boldsymbol{P},\theta}$和$\boldsymbol{S}_{\boldsymbol{P},-\theta}$并不一定需要涉及到两个坐标,而作为定坐标的$x'y'z'$又属任选,所以把列矩阵$(\boldsymbol{A}')$和$(\boldsymbol{A}'_{\theta})$的脚注“0′”去掉,只要记住列矩阵$(\boldsymbol{A})$、$(\boldsymbol{A}'_{\theta})$都属定坐标中的表示即可。

然后,再用中括号和大括号把(3-3-1)式的求解过程区分成先后的三个步骤:

$$(A'_\theta) = S_{P,\theta}\{R[S_{P,-\theta}(A)]\} \tag{3-3-2}$$

以下对每一个步骤的物理意义加以讨论。

步骤一,求 $S_{P,-\theta}(A)$。

这一步骤表示,物矢量 A 轴转 $-\theta$ 角,或者说,绕 P 轴反转 θ 角。这里,把原来是平面镜系统绕 P 转 θ 的运动暂时认为是平面镜系统不动,而物却绕 P 转了 $-\theta$。这一设想的意义仅在于建立物与平面镜系统之间在方向上的一个正确的相对关系。

无疑,P 属于物空间内的一个量,故称物轴。$S_{P,-\theta}(A)$ 是发生在物空间内的一个运动。令 $(A_1) = S_{P,-\theta}(A)$,则 A_1 是由 A 绕 P 反转 θ 而成。

步骤二,求 $R[S_{P,-\theta}(A)]$。

根据作用矩阵 R 的物理意义不难看出,这一步骤旨在找出平面镜系统物空间内的运动 $S_{P,-\theta}(A)$ 在像空间内所对应的共轭部分。此时,认为平面镜系统自身是不动的。为清晰起见,作图 3-3-1。A'、P'、A'_1 分别代表 A、P、A_1 在转动前的平面镜系统的像空间内的共轭矢量。P' 取名为像轴。根据在物空间内 A_1 系由 A 绕 P 转 $-\theta$ 而成的关系,并考虑到奇次反射次数所带来的镜像效应①,那么,对应地在像空间内应有 A'_1 是由 A' 绕 P' 转 $(-1)^t(-\theta)$ 而成的关系。

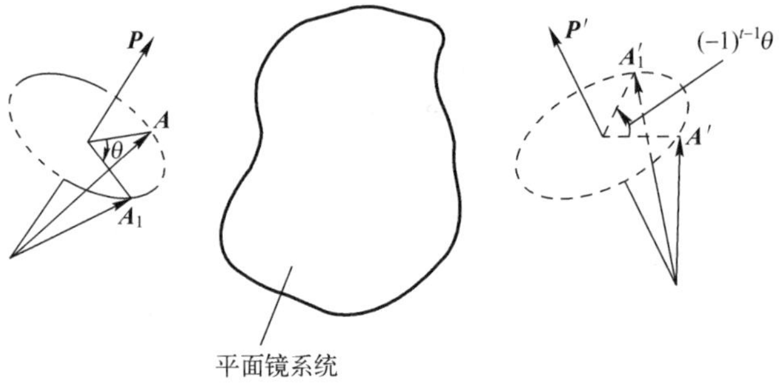

图 3-3-1 把平面镜系统视为静止不动时物、镜、像三者的相对关系

应当指出,数学运算 $R[S_{P,-\theta}(A)]$ 给出了像矢量列阵 (A'_1)。这一过程的意义是在已经建立了物(指 A_1 而不是 A)与平面镜系统之间正确的相对方向的基础上,求出共轭的像矢量 A'_1。因此,物、像矢量 A_1、A'_1 与未转动的平面镜系统三者之间在方向上的相对关系,完全等同于物、像矢量 A、A'_θ 与转动后的平面镜系统三者之间在方向上的相对关系。

还应指出,作为步骤一、二的综合结果,使矢量 A' 绕像轴 P' 转动了 $(-1)^{t-1}\theta$ 角。若用公式表示,则有

$$(A'_1) = S_{P',(-1)^{t-1}\theta}(A') \tag{3-3-3}$$

步骤三,求 $S_{P,\theta}\{R(S_{P,-\theta})(A)\}$。

---

① 详见下述。

由于

$$S_{P,\theta}\{R[S_{P,-\theta}(A)]\}=S_{P,\theta}\{(A'_1)\} \tag{3-3-4}$$

所以，这一步骤表示，中间像矢量 A'_1 接着绕 P 轴转 θ 角而成为所求的像矢量 A'_θ。如果只是讨论数学过程，那么这一解释就已足够。倘若要分析运动的关系，那么，为了维持在步骤二中已经建立的物、像矢量 A_1、A'_1 与平面镜系统三者之间在方向上的正确关系，三者就必须一起绕 P 转 θ。所以，这一过程实际上应被理解为在步骤二结束时的物、像以及平面镜系统三者如同一个刚体一起绕 P 轴转 θ 角，而正是由于物与平面镜系统二者一起的转动才引起像的伴随运动。至此，物因 $S_{P,\theta}S_{P,-\theta}(A)=(A)$ 而得到复位，平面镜则绕 P 转了 θ，这一结果正好与前提条件相符，因此，像的最终方向 A'_θ 也必然是正确的。在这个意义上，可以认为，最后这个步骤使物、平面镜系统和像三者，除了保持正确的相对关系之外，还各自都恢复到正确的方向上。

综上所述，又可把(3-3-1)式写成

$$(A'_\theta)=S_{P,\theta}S_{P',(-1)^{t-1}\theta}(A') \tag{3-3-5}$$

式中，$(P')=R(P)$；$(A')=R(A)$。

然而，我们的思路以及由此而得的效果却并非(3-3-5)式所能包容。所以，有必要对上述内容作出文字性的结论，而这个结论按照传统叫法[11,12]，就是“棱镜转动法则”，不过，根据本章开始所讲的道理，以后将改称为“平面镜系统转动法则”。

法则：“在物不动的前提下，平面镜系统绕其物空间内的物轴 P 转动 θ 角所造成的共轭像的运动，可分成为先后的两个转动：首先像绕像空间内的像轴 P' 转动一个 $(-1)^{t-1}\theta$ 角，然后转动了的像再绕 P 轴转动 θ 角。这里，t 为平面镜系统的反射次数，P' 为 P 在转动前的平面镜系统的像空间内的共轭轴。”

上述像的第一项转动是设想平面镜系统不动，而物绕物轴 P 反转 θ 角所引起的像的运动，这一部分属物、像对应关系的光学运动；第二项转动则是假想物和平面镜系统一起转动，因而像也随着，三者如同一个刚体，绕 P 转 θ 角，这一部分属机械运动，它使物得到复位。

像的上述两项转动是分先后次序的。

实际上，定理的条文和说明都很有说服力，再加上前述中的详细分析，所以关于法则的证明已无需多说，只要把系数 $(-1)^{t-1}$ 的来由交待清楚即可。

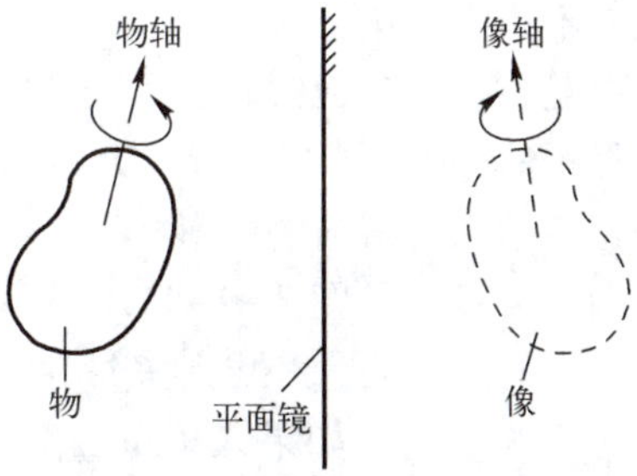

图 3-3-2　平面镜物、像各自绕物、像轴转动之间的关系

以单个平面镜为例，见图 3-3-2，当物空间内某物绕物轴转 θ 角时，则像空间内的共轭像将对应地绕像轴转 $-\theta$ 角，是为镜像的一个特点，它和在第 2 章中的“镜像效应”实际上是同一个现象的两个不同的侧面。如果以角镜取代单平面镜，则先后两次镜像的作用相互抵消，共轭像

绕像轴的转角又变成了 $+\theta$。

依此类推,奇次反射平面镜系统的情况与单个平面镜一样,偶次反射平面镜系统的情况则与角镜一样。

由此可见,当物绕物轴转 θ 角,则平面镜系统的共轭像将绕像轴转 $(-1)^t\theta$ 角。

因上述物绕物轴 $\boldsymbol{P}$ 转 $-\theta$,所以像绕像轴 $\boldsymbol{P}'$ 的转角应是 $(-1)^t(-\theta)=(-1)^{t+1}\theta$,而习惯上把 $(-1)^{t+1}\theta$ 写成 $(-1)^{t-1}\theta$。这就是系数 $(-1)^{t-1}$ 的来源。

从法则的条文可以看出,该法则不仅与求像矢量 $\boldsymbol{A}'_\theta$ 的(3-1-5)式相当,同时也适用于求像矢量的变化量 $\Delta\boldsymbol{A}'_\theta$。

此外,法则指出了像转动的一些具体的转轴 $\boldsymbol{P}$ 和 $\boldsymbol{P}'$,所以只要同时考虑到这些转轴的方向以及它们的位置,就可以把此法则推广应用到会聚光路的问题上。

3.4 平面镜系统转动法则在平面镜系统转动中的应用

在 3.3 节中,我们从平面镜系统转动的平行光路公式(3-1-5)出发,利用了坐标转换与转动之间的关系,按照由平面镜系统转动所引起的像运动的思路而导出了所谓的平面镜系统转动法则。然而,这条法则却同时可以应用于平行光路和会聚光路等两种情况,以下分别加以讨论。

3.4.1 平行光路

关于平面镜系统转动法则在平行光路中的应用问题,由于已经进行了详细的讨论,所以可直接写出与(3-1-5)式、(3-1-6)式相当的两个公式:

$$(\boldsymbol{A}'_\theta)=\boldsymbol{S}_{\boldsymbol{P},\theta}\boldsymbol{S}_{\boldsymbol{P}',(-1)^{t-1}\theta}(\boldsymbol{A}') \tag{3-4-1}$$

$$(\Delta\boldsymbol{A}'_\theta)=(\boldsymbol{S}_{\boldsymbol{P},\theta}\boldsymbol{S}_{\boldsymbol{P}',(-1)^{t-1}\theta}-\boldsymbol{E})(\boldsymbol{A}') \tag{3-4-2}$$

式中,$(\boldsymbol{P}')=\boldsymbol{R}(\boldsymbol{P})$;$(\boldsymbol{A}')=\boldsymbol{R}(\boldsymbol{A})$。

(3-4-1)式和(3-4-2)式在形式上要比相应的(3-1-5)式和(3-1-6)式简单些,不过,这里包括了像空间内的量 $(\boldsymbol{A}')$ 和 $(\boldsymbol{P}')$,所以,在此情形,平面镜系统转动法则并不占多大优势。

可是,在某些特殊情况下,当 $\boldsymbol{A}'$ 和 $\boldsymbol{P}'$ 等像方矢量一目了然,尤其是 $\boldsymbol{P}'$ 平行于 $\boldsymbol{P}$ 的时候,那么转动法则将会给出较清晰的图形。

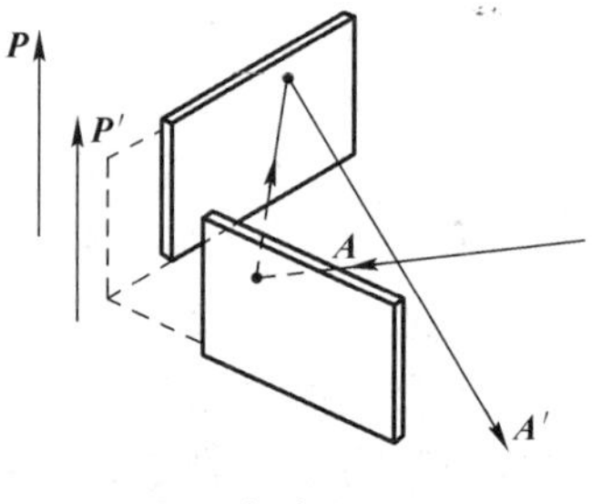

图 3-4-1 角镜的转轴平行于交棱的情况

例 3-4-1 见图 3-4-1,$\boldsymbol{A}$ 和 $\boldsymbol{A}'$ 代表角镜的一对共轭的入射矢量和出射矢量,$\boldsymbol{P}$ 代表与角镜交棱相平行的方向。如果入射矢量 $\boldsymbol{A}$ 保持不变,试论证角镜绕 $\boldsymbol{P}$ 转任意角 θ 都不影响出射矢量 $\boldsymbol{A}'$ 的方向。

根据平面镜系统转动法则,角镜绕物轴 $\boldsymbol{P}$ 转 θ 角使出射矢量 $\boldsymbol{A}'$ 获得以下两项转动:第一步,$\boldsymbol{A}'$ 绕 $\boldsymbol{P}'$ 转 $(-1)^{2-1}\theta=-\theta$;第二步,已经转动了的 $\boldsymbol{A}'$,即 $\boldsymbol{A}'_1$,继续绕

$\boldsymbol{P}$ 转 θ。

因物轴 $\boldsymbol{P}$ 和角镜的特征方向 $\boldsymbol{T}$ 一致,反射次数又为偶次,所以 $\boldsymbol{P}'$的方向与 $\boldsymbol{P}$ 相同。

由此可见,$\boldsymbol{A}'$先绕 $\boldsymbol{P}$ 转 $-\theta$,然后再继续绕 $\boldsymbol{P}$ 转 θ,结果等于不转。所以,角镜绕与交棱平行的轴线不管转动多大角度都不影响出射矢量 $\boldsymbol{A}'$的方向。由于 $\boldsymbol{A}'$是任意的,因此不会改变整个像体的方向。

下面讨论有关"平面镜系统转动法则"的一个思想方法的问题。

平面镜系统转动法则的已知条件是,物不动而只有平面镜系统单独转动。如果片面和孤立地去观察问题,只看到平面镜系统本身的转动,那么可能会得出这样一个结论,认为平面镜系统的转动是一个简单的、纯粹的机械运动。但是,如果换一种观察问题的方法,把物、平面镜系统、像三者作为一个整体来看,并且考虑它们之间的相互联系,那么就会得到另外一个结论,即表面上是平面镜系统本身的简单的机械运动,实质上在它对像的影响之中,却包含了机械的和光学的两种运动在内。而实践已经证明后一个结论是正确的。

这就是说,当讨论平面镜系统像空间内的成像的变化时,平面镜系统的转动所产生的影响,实际上起到了一种复合的作用,它等于一个单纯的机械运动和一个单纯的光学运动的综合效果。

有必要指出一个易于出错的地方。

见图 3-4-1,本例题的条件原是角镜绕 $\boldsymbol{P}$ 转 θ 而物矢量 $\boldsymbol{A}$ 不动,但有人从理论力学中相对运动的概念出发,把上列条件等效为角镜不动而物矢量 $\boldsymbol{A}$ 绕 $\boldsymbol{P}$ 转 $-\theta$,并由此求得像矢量 $\boldsymbol{A}'$相应绕 $\boldsymbol{P}'$转 $-\theta$,因 $\boldsymbol{P}'=\boldsymbol{P}$,所以 $\boldsymbol{A}'$绕 $\boldsymbol{P}$ 转 $-\theta$。

这个结论显然是不正确的。而出错的主要原因与上述的思想方法有关。

3.4.2 会聚光路

如前所述,按照形成平面镜系统转动法则的思路,本法则也完全可应用于会聚光路的情况,只是在考虑转轴 $\boldsymbol{P}$ 和 $\boldsymbol{P}'$的方向时,还必须注意到它们的位置。

见图 3-4-2,F 代表平面镜系统物空间内的一个任意的物点;F'为 F 在转动前的平面镜系统的像空间内所对应的像点;$\boldsymbol{P}$ 和 $\boldsymbol{P}'$代表一对共轭的物、像轴;q 和 q' 为一对共轭的物、像点,它们分别位于 $\boldsymbol{P}$ 和 $\boldsymbol{P}'$轴上,以确定转轴矢量 $\boldsymbol{P}$ 和 $\boldsymbol{P}'$的空间位置;$Oxyz$ 为计读的定坐标系;$\boldsymbol{g}$、$\boldsymbol{g}'$、$\boldsymbol{g}'_1$、$\boldsymbol{r}_q$ 和 $\boldsymbol{r}_{q'}$分别代表 F、F'、F'_1、q 和 q'点的位置矢量。为了图形简洁起见,平面镜系统以及 F 在转动后的平面镜系统的像空间内所对应的像点 F'_θ 均未表示出来。

我们的任务是要确定像点 F'_θ 的位置矢量 $\boldsymbol{g}'_\theta$,或者是确定平面镜系统转动后引起的像点位移$\Delta\boldsymbol{g}'_\theta=\boldsymbol{g}'_\theta-\boldsymbol{g}'$。

按照平面镜系统转动法则,平面镜系统绕物轴 $\boldsymbol{P}$ 转动 θ 角将使像点 F'获得先后两项转动:第一步,F'绕 $\boldsymbol{P}'$转$(-1)^{t-1}\theta$ 而成为中间像点 F'_1;第二步,中间像点 F'_1 继续绕 $\boldsymbol{P}$ 转 θ 而最后到达所求的像点F'_θ。

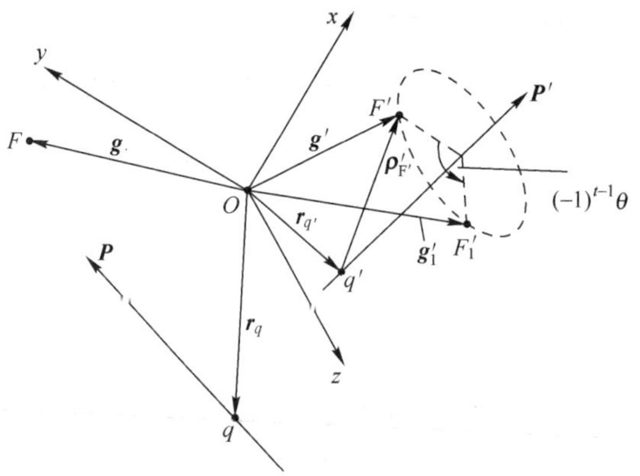

图 3-4-2　按照平面镜系统转动法则求像点位置的示意图

先推导第一项转动所对应的公式。

由图 3-4-2 可得

$$\boldsymbol{g}'_1 = \boldsymbol{r}_{q'} + \overrightarrow{q'F'_1} \tag{3-4-3}$$

$$(\overrightarrow{q'F'_1}) = \boldsymbol{S}_{\boldsymbol{P}',(-1)^{t-1}\theta}(\boldsymbol{\rho}'_{F'}) \tag{3-4-4}$$

$$\boldsymbol{\rho}'_{F'} = \boldsymbol{g}' - \boldsymbol{r}_{q'} \tag{3-4-5}$$

综合以上三式,得

$$(\boldsymbol{g}'_1) = (\boldsymbol{r}'_q) + \boldsymbol{S}_{\boldsymbol{P}',(-1)^{t-1}\theta}(\boldsymbol{g}' - \boldsymbol{r}_{q'}) \tag{3-4-6}$$

同理,可以由(3-4-6)式直接写出第二项转动所对应的公式如下:

$$(\boldsymbol{g}'_\theta) = (\boldsymbol{r}_q) + \boldsymbol{S}_{\boldsymbol{P},\theta}(\boldsymbol{g}'_1 - \boldsymbol{r}_q) \tag{3-4-7}$$

然后,把(3-4-6)式代入(3-4-7)式,并经整理,得

$$(\boldsymbol{g}'_\theta) = (\boldsymbol{E} - \boldsymbol{S}_{\boldsymbol{P},\theta})(\boldsymbol{r}_q) + \boldsymbol{S}_{\boldsymbol{P},\theta}(\boldsymbol{E} - \boldsymbol{S}_{\boldsymbol{P}',(-1)^{t-1}\theta})(\boldsymbol{r}_{q'}) + \boldsymbol{S}_{\boldsymbol{P},\theta}\boldsymbol{S}_{\boldsymbol{P}',(-1)^{t-1}\theta}(\boldsymbol{g}') \tag{3-4-8}$$

因而,有

$$(\Delta\boldsymbol{g}'_\theta) = (\boldsymbol{E} - \boldsymbol{S}_{\boldsymbol{P},\theta})(\boldsymbol{r}_q) + \boldsymbol{S}_{\boldsymbol{P},\theta}(\boldsymbol{E} - \boldsymbol{S}_{\boldsymbol{P}',(-1)^{t-1}\theta})(\boldsymbol{r}_{q'}) + (\boldsymbol{S}_{\boldsymbol{P},\theta}\boldsymbol{S}_{\boldsymbol{P}',(-1)^{t-1}\theta} - \boldsymbol{E})(\boldsymbol{g}') \tag{3-4-9}$$

式中,$(\boldsymbol{P}') = \boldsymbol{R}(\boldsymbol{P})$;$(\boldsymbol{g}')$和$(\boldsymbol{r}_{q'})$原则上可求自(3-2-1)式。不过,(3-4-8)和(3-4-9)式一般只适用于比较容易得到$\boldsymbol{P}'$、$\boldsymbol{g}'$和$\boldsymbol{r}_{q'}$等像方矢量的情况。

例 3-4-2　用(3-4-9)式验算图 3-2-3 所示的例 3-2-1。

见图 3-4-3,保持原来的计读坐标系 $Oxyz$,选择同一个 q 点,然后确定 $\boldsymbol{g}$ 和 $\boldsymbol{r}_q$,并由此找出有关的像方矢量$\boldsymbol{p}'$、$\boldsymbol{g}'$和$\boldsymbol{r}_{q'}$。

由于$\boldsymbol{P}' /\!/ \boldsymbol{P}$,$(-1)^{t-1}\theta = (-1)^0\theta = \theta$,所以$\boldsymbol{S}_{\boldsymbol{P}',(-1)^{t-1}\theta} = \boldsymbol{S}_{\boldsymbol{P},\theta}$。

首先,求出(3-4-9)式所需的全部矩阵:

$$(\boldsymbol{r}_q) = \begin{pmatrix} l \\ 0 \\ 0 \end{pmatrix} \quad (\boldsymbol{r}_{q'}) = \begin{pmatrix} -l \\ 0 \\ 0 \end{pmatrix} \quad (\boldsymbol{g}') = \begin{pmatrix} b\cos\alpha \\ -b\sin\alpha \\ 0 \end{pmatrix}$$

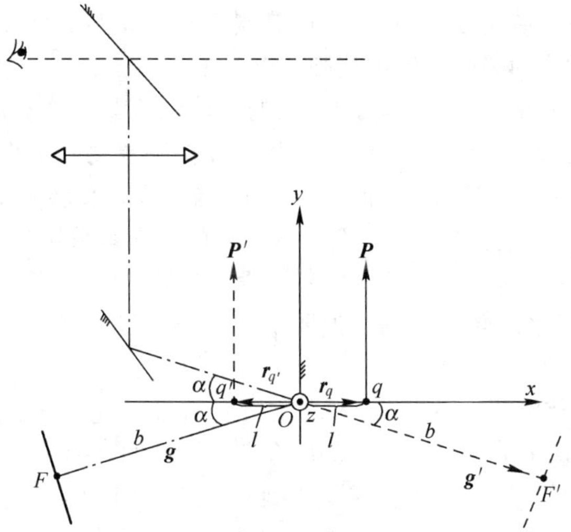

图 3-4-3　带陀螺镜的准直式观测仪

$$S_{P',(-1)^{t-1}\theta}=S_{P,\theta}=S_{j,\theta}=\begin{pmatrix}\cos\theta & 0 & \sin\theta\\ 0 & 1 & 0\\ -\sin\theta & 0 & \cos\theta\end{pmatrix}$$

$$(E-S_{P,\theta})=(E-S_{P',(-1)^{t-1}\theta})=\begin{pmatrix}1-\cos\theta & 0 & -\sin\theta\\ 0 & 0 & 0\\ \sin\theta & 0 & 1-\cos\theta\end{pmatrix}$$

$$S_{P,\theta}(E-S_{P',(-1)^{t-1}\theta})=\begin{pmatrix}\cos\theta-\cos2\theta & 0 & \sin\theta-\sin2\theta\\ 0 & 0 & 0\\ -\sin\theta+\sin2\theta & 0 & \cos\theta-\cos2\theta\end{pmatrix}$$

$$S_{P,\theta}S_{P',(-1)^{t-1}\theta}=\begin{pmatrix}\cos2\theta & 0 & \sin2\theta\\ 0 & 1 & 0\\ -\sin2\theta & 0 & \cos2\theta\end{pmatrix}$$

$$S_{P,\theta}S_{P',(-1)^{t-1}\theta}-E=\begin{pmatrix}\cos2\theta-1 & 0 & \sin2\theta\\ 0 & 0 & 0\\ -\sin2\theta & 0 & \cos2\theta-1\end{pmatrix}$$

然后,将上列有关的矩阵代入(3-4-9)式,得

$$(\Delta g'_\theta)_0=\begin{pmatrix}b\cos\alpha\cos2\theta-b\cos\alpha+l(1-2\cos\theta+\cos2\theta)\\ 0\\ -b\cos\alpha\sin2\theta+l(2\sin\theta-\sin2\theta)\end{pmatrix}$$

答案与(3-2-4)式所得完全一致。

可见,平面镜系统转动的问题,无论是属于平行光路的情况,还是属于会聚光路的情况,均可用平面镜系统转动法则加以解决。

在某些专著中,平面镜系统转动法则的具体内容与本节有所不同。主要是两项像转动的顺序正好相反。其中的第一步是让像随着物和平面镜系统,三者如同一个刚体,一起绕物轴 $\boldsymbol{P}$ 转 θ 角,而在第二步,当物绕 $\boldsymbol{P}$ 反转 θ 复位时,像则对应地绕 $\boldsymbol{P}'_\theta$ 轴转 $(-1)^{t-1}\theta$,这里 $\boldsymbol{P}'_\theta$ 为 $\boldsymbol{P}$ 在转动后的平面镜系统的像空间内所对应的像轴。显然,$\boldsymbol{P}'_\theta$ 由 $\boldsymbol{P}'$ 转 θ 而成,所以,在一般情况下,$\boldsymbol{P}'_\theta$ 与 $\boldsymbol{P}'$ 不同。这就是为什么在前述关于平面镜系统转动法则的说明中,要特别指出像的两项转动是有先后次序的。

这就是说,像体的两项不同方向的转角之间并非彼此独立的关系,反之,它们之间是相关的。因此,刚体(像体)先后的两个有限转动的"综合"绝非一种简单的叠加作用,因为,叠加永远是指两个独立量的相加。无论在(3-3-5)式还是在(3-4-8)式中,都出现了两个转动矩阵的相乘运算,也正是此种相关性质的一种反映,而矩阵相乘不符合交换律,则又是两项转动有序的一种表现。

因此,有必要郑重地指出,"有限转动"不宜用矢量"$\theta\boldsymbol{P}$"表示,特别是进行多项有限转动的叠加运算:$\theta_1\boldsymbol{P}_1+\theta_2\boldsymbol{P}_2+\cdots$,那就更是一种原则性的错误①。

最后讨论如何在像轴 $\boldsymbol{P}'$ 上选择一任意点的问题。

在会聚光路中物轴 $\boldsymbol{P}$ 和像轴 $\boldsymbol{P}'$ 均属定线矢量(滑移矢量)。为了确定这些转轴的空间位置,分别在矢量 $\boldsymbol{P}$ 和 $\boldsymbol{P}'$ 的载线上选择一个任意的点即可,而对这两个点本来并不要求呈现什么样的关系。不过,在一般情况下,试图在平面镜系统像空间的像轴 $\boldsymbol{P}'$ 上找一个任意的点是比较困难的。所以,通常总是先在物轴 $\boldsymbol{P}$ 上找一个方便的点 q,然后求出 q 在平面镜系统(或反射棱镜)像空间内的共轭点 q',则后者自然就是像轴 $\boldsymbol{p}'$ 上的一个点。关于 q' 点的一些求法,详见第 4 章。

习　题

3.1　针对本章的例 3-1-2,在处理平面镜 1 的两个转角时,按照与书中相反的顺序,即先 γ 而后 α 的方式,将例题再做一遍,并解释为什么书中所采用的方式较为方便。

3.2　见图 P3-1,组成观测部件的两个直角棱镜 1 和 2 分别绕 x 轴和 z 轴转动 α 角和 β 角。单位矢量 $\boldsymbol{A}$ 和 $\boldsymbol{A}''$ 分别代表入射和出射的平行光束的方向。$\boldsymbol{A}=\boldsymbol{i}$,求 $\boldsymbol{A}''$ 与 α、β 的关系式。图 P3-1 中的棱镜处于零位:$\boldsymbol{N}_1$ 在图面内;$\boldsymbol{N}_2$ 与 x 轴成 45°夹角。

---

① 因在学生的作业里常出现这类错误,所以借机再强调一下。

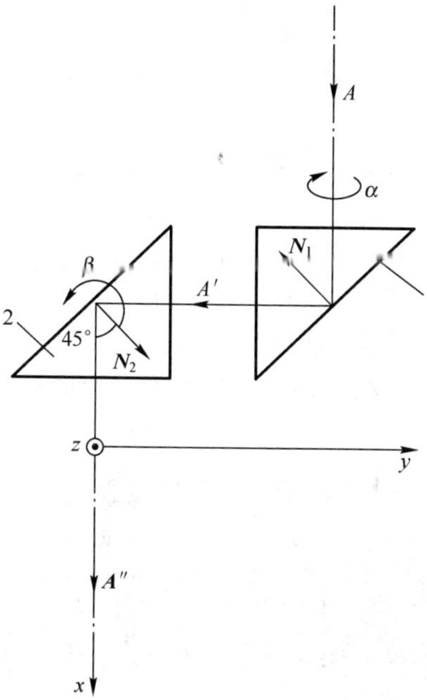

图 P3-1　两个分别转动的直角棱镜

3.3　请按照自己的理解，说明在图 3-2-2 中设定两对共轭点 M、M' 以及 q、q' 的目的和意义。

第4章 反射棱镜微量位移

本章讨论反射棱镜的微量位移所造成的反射棱镜像空间内的像的微量位移。这里，“位移”二字，或指线位移，或指角位移，或兼而有之。

不过，本章的重点还在于研究反射棱镜微量转动时所引起的像的微量位移，这也是比较有点特色的部分。

在第3章里曾经指出，由于在会聚光路中反射棱镜一般不宜作大角度转动，所以，其中的公式(3-2-3)和(3-2-4)一般讲不能用于反射棱镜的情况。然而在反射棱镜作微量转动的情况，当以微量转角 $\Delta\theta$ 取代了公式中的 θ，及按照传统的习惯把式中的$\overrightarrow{MM'}$改写成为反射棱镜的一对共轭基点的矢量$\overrightarrow{M_0M'}$之后，那么这两个公式也完全可以用到反射棱镜上。

这就是说，平面镜系统任意转动的公式(3-1-5)、(3-1-6)和(3-2-3)、(3-2-4)也均可用于解决反射棱镜微量转动的问题。

但必须指出，这些公式的直接套用是比较繁琐的。

在这一课题中，中国的光学科技工作者开创了一条独特的解题途径。首先，把平面镜系统转动法则应用于反射棱镜的微量转动上，从而提出了所谓的反射棱镜微量转动法则，并在此基础上，从像体所具有的刚体运动的性质出发，在略去微量转角的二阶小量及高阶小量的条件下，利用刚体瞬间转动综合的原理，导出了像的微量运动的基本方程。

应当特别指出，在忽略微量位移中的二阶及高阶小量的情况下，像运动的两个基本方程变得十分简单，但更重要的是，它使我们得以揭示许多内在的规律，而这些规律性在不略去二阶及高阶小量的时候本来是难以发现的。

后来，我们又从这些有关的规律中定义了一系列有用的特性参量，并进一步针对50多块常用的反射棱镜，把它们的特性参量以及像运动方程编制成一套实用化的反射棱镜工程图表。

以上就是在绪论中所提到的，开拓了反射棱镜微量位移理论这一新领域。它是反射棱镜共轭理论发展过程中的主要特色之一。

反射棱镜微量位移理论直接服务于反射棱镜的调整，同时也和光学仪器的稳像技术以及反射棱镜的误差分析密切相关，因此，它也是广义的反射棱镜共轭理论的一个不可缺少的组成部分。

4.1 反射棱镜微量转动法则

在过去的一些文献[11,12]里,曾经采用过“棱镜转动法则”这样一个专用术语。由于当时并没有限制转动角度的大小,也未曾指明棱镜是处在会聚光路中或是平行光路中,所以,“棱镜转动法则”的提法是不够严谨的。考虑到反射棱镜在会聚光路中一般只允许作微量转动,因此,在第 3 章里,在转角的大小不受限制的情况下,用“平面镜系统转动法则”取代了原来的“棱镜转动法则”。而现在针对微量转动的情况,则“反射棱镜微量转动法则”的提法似乎是恰如其分的。

法则 “在近轴的条件下,当物不动时,反射棱镜绕其物空间内的物轴 $\boldsymbol{P}$ 转动一微小角度 $\Delta\theta$ 所造成的共轭像的运动,可分成为先后的两个转动:首先像绕像空间内的像轴 $\boldsymbol{P}'$转动一个$(-1)^{t-1}\Delta\theta$ 角,然后转动了的像再绕 $\boldsymbol{P}$ 轴转动 $\Delta\theta$ 角。这里,t 为反射棱镜的反射次数,$\boldsymbol{P}'$为 $\boldsymbol{P}$ 在转动前的反射棱镜的像空间内的共轭轴。”

本法则似乎已是不证自明的。

在今后的计算中,将采用矢量 $\Delta\theta\boldsymbol{P}$ 和$(-1)^{t-1}\Delta\theta\boldsymbol{P}'$来表示法则中的两项微量转动,并且在运算中遵循矢量代数的一般规则。这种做法的本身就等于略去了二阶及高阶小量。在此情形,法则中所提到的两项转动的先后次序问题也就不存在了,这和“小误差独立作用原理”是相一致的。

法则在它刚出现的时候还只限于在平行光路中的应用。然而,由于再一次运用了刚体运动学的观点而把像的运动也看作是刚体的运动时,法则便为会聚光路问题的解决创造了良好的条件。

4.2 反射棱镜微量移动法则

上述反射棱镜微量转动法则的思路可以很自然地被应用于反射棱镜的微量移动上。其结果也可被概括成一法则。

法则 “在近轴的条件下,当物不动时,反射棱镜沿其物空间内的方向 $\boldsymbol{D}$ 移动一微小位移 Δg 所造成的共轭像的运动可分成为先后的两个移动:首先像沿方向 $\boldsymbol{D}'$移动 $-\Delta g$,然后移动了的像再沿方向 $\boldsymbol{D}$ 移动 Δg。这里,$\boldsymbol{D}'$为 $\boldsymbol{D}$ 在反射棱镜的像空间内的共轭方向。”

4.3 像体微量运动的基本方程

首先,讨论由反射棱镜的微量转动所造成的像运动。见图 4-3-1,在物不动的情形,设棱镜作微量转动 $\Delta\theta\boldsymbol{P}$(过 q 点),那么按照在 4.1 节中的思路,并运用刚体瞬间转动合成的原理,便可以导出像运动的方程如下:

$$\Delta\boldsymbol{\mu}' = \Delta\theta\boldsymbol{P} + (-1)^{t-1}\Delta\theta\boldsymbol{P}' \tag{4-3-1}$$

$$\Delta\boldsymbol{S}'_{F'} = \Delta\theta\boldsymbol{P}\times\boldsymbol{\rho}_{F'} + (-1)^{t-1}\Delta\theta\boldsymbol{P}'\times\boldsymbol{\rho}'_{F'} \tag{4-3-2}$$

式中：$\boldsymbol{P}$ 为物轴单位矢量，代表棱镜的转轴；$\boldsymbol{P}'$ 为像轴单位矢量，与 $\boldsymbol{P}$ 共轭；q 和 q' 为分别在物、像轴上的一对共轭点，用以确定物、像轴 $\boldsymbol{P}$ 和 $\boldsymbol{P}'$ 的空间位置；F' 为像点，位于出射光轴上；$\boldsymbol{\rho}_{F'}$ 和 $\boldsymbol{\rho}'_{F'}$ 为分别自 q 和 q' 至 F' 的矢量；$\Delta\theta$ 为棱镜绕 $\boldsymbol{P}$ 的微小转角；$\Delta\boldsymbol{\mu}'$ 为像偏转，由棱镜的微量转动 $\Delta\theta\boldsymbol{P}$（过 q 点）所造成的像的微量转动矢量，它代表像的方向变化，其作用线通过像点 F'；$\Delta\boldsymbol{S}'_{F'}$ 为像点位移，由棱镜的微量转动 $\Delta\theta\boldsymbol{P}$（过 q 点）所造成的像的微量移动矢量，在此情形，它代表像点 F' 的微量位移。

不难看出，(4-3-2)式本身也包含着十分清晰的物理意义。见图 4-3-1，F_0 为像点 F' 在物空间内所对应的物点，$\boldsymbol{\rho}_{F_0} = \overrightarrow{qF_0}$。(4-3-2)式右侧的第一项 $\Delta\theta\boldsymbol{P}\times\boldsymbol{\rho}_{F'}$ 代表物、棱镜和像三者一起绕物轴 $\boldsymbol{P}$ 转动微小角度 $\Delta\theta$ 时所造成的像点 F' 的微小位移。此时，物点 F_0 所获得的微小位移为 $\Delta\theta\boldsymbol{P}\times\overrightarrow{qF_0} = \Delta\theta\boldsymbol{P}\times\boldsymbol{\rho}_{F_0}$。考虑到整个物体实际上应该是固定不动的，这就是说物点 F_0 最终的位移应等于零。因此，(4-3-2) 式右侧的第二项 $(-1)^{t-1}\Delta\theta\boldsymbol{P}'\times\boldsymbol{\rho}'_{F'}$，应当被理解为物点 F_0 单独的复位微量移动 $(-\Delta\theta\boldsymbol{P}\times\boldsymbol{\rho}_{F_0})$ 在棱镜像空间内所对应的像点 F' 的微小位移。这个结论可用公式加以表达：

$$([-1]^{t-1}\Delta\theta\boldsymbol{P}'\times\boldsymbol{\rho}'_{F'}) = R(-\Delta\theta\boldsymbol{P}\times\boldsymbol{\rho}_{F_0}) \tag{4-3-3}$$

必须指出，在以上导出像的微量运动的两个基本方程时，我们选择了像点 F' 作为归化点。

因此，由(4-3-2)式所求得的 $\Delta\boldsymbol{S}_{F'}$ 只代表像点 F' 的微量位移，而像体上其他满足近轴成像条件的点，例如图 4-3-2 上所示的 E' 点，其位移 $\Delta\boldsymbol{S}_{E'}$ 应等于：

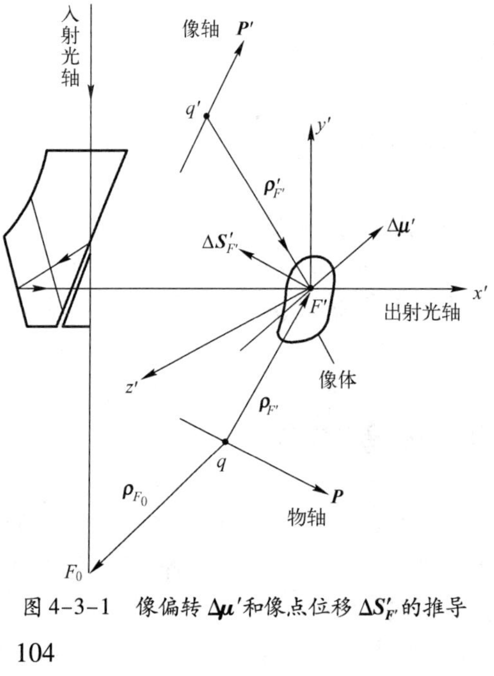

图 4-3-1　像偏转 $\Delta\boldsymbol{\mu}'$ 和像点位移 $\Delta\boldsymbol{S}'_{F'}$ 的推导

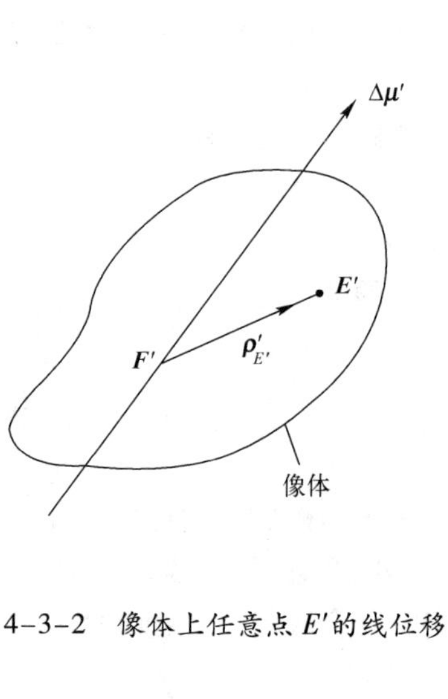

图 4-3-2　像体上任意点 E' 的线位移

$$\Delta \boldsymbol{S}'_{E'} = \Delta \boldsymbol{S}'_{F'} + \Delta \boldsymbol{\mu}' \times \Delta \boldsymbol{\rho}'_{E'} \tag{4-3-4}$$

现在,再讨论由反射棱镜的微量移动所造成的像运动。显然,棱镜的移动只引起像的移动,而并不改变像的方向。设棱镜作微量移动 $\Delta g\boldsymbol{D}$,那么在物不动的前提下,按照在 4.2 节中的思路,不难导出像运动的表达式如下:

$$\Delta \boldsymbol{S}' = \Delta g\boldsymbol{D} - \Delta g\boldsymbol{D}' \tag{4-3-5}$$

式中,$\boldsymbol{D}$ 和 $\boldsymbol{D}'$为一对共轭的单位矢量;Δg 为棱镜移动的大小;$\Delta \boldsymbol{S}'$取名为像移动。

最后,综合(4-3-1)式、(4-3-2)式和(4-3-5)式,求得由反射棱镜的微量转动 $\Delta\theta\boldsymbol{P}$(过 q 点)和微量移动 $\Delta g\boldsymbol{D}$ 一起所造成的像体微量运动的两个基本方程:

$$\Delta \boldsymbol{\mu}' = \Delta\theta\boldsymbol{P} + (-1)^{t-1}\Delta\theta\boldsymbol{P}'$$

$$\Delta \boldsymbol{S}'_{F'} = \Delta\theta\boldsymbol{P} \times \boldsymbol{\rho}_{F'} + (-1)^{t-1}\Delta\theta\boldsymbol{P}' \times \boldsymbol{\rho}'_{F'} + \Delta g\boldsymbol{D} - \Delta g\boldsymbol{D}' \tag{4-3-6}$$

以上两个公式对今后发展反射棱镜调整和稳像理论以及解决它们的具体计算问题都是非常有用的。

如同平面镜系统转动法则所导出的(3-3-5)式和(3-4-8)式那样,反射棱镜微量转动法则及移动法则所给出的公式也都包含有像方的矢量,例如 $\boldsymbol{P}'$、$\boldsymbol{D}'$以及 $\boldsymbol{\rho}'_{F'}$等矢量。

按照正规的要求,宜将这些公式里的全部像方矢量转换成对应的物方矢量。此时,应利用棱镜物、像共轭的两条法则,或者说,需借助于棱镜的方向共轭参量 $\boldsymbol{S}_{T,2\varphi}$和位置共轭参量$\overrightarrow{M_0M'}$。

首先,由比较简单的(4-3-1)式和(4-3-5)式开始。根据棱镜物、像方向共轭法则,有

$$(\boldsymbol{P}') = (-1)^t \boldsymbol{S}_{T,2\varphi}(\boldsymbol{P}) \tag{4-3-7}$$

$$(\boldsymbol{D}') = (-1)^t \boldsymbol{S}_{T,2\varphi}(\boldsymbol{D}) \tag{4-3-8}$$

然后分别将上两式代入(4-3-1)式和(4-3-5)式,得

$$(\Delta \boldsymbol{\mu}') = \Delta\theta(\boldsymbol{E} - \boldsymbol{S}_{T,2\varphi})(\boldsymbol{P}) \tag{4-3-9}$$

$$(\Delta \boldsymbol{S}') = \Delta g[\boldsymbol{E} + (-1)^{t-1}\boldsymbol{S}_{T,2\varphi}](\boldsymbol{D}) \tag{4-3-10}$$

为方便起见,将上两式写成

$$(\Delta \boldsymbol{\mu}') = \Delta\theta \boldsymbol{J}_{\mu P}(\boldsymbol{P}) \tag{4-3-11}$$

$$(\Delta \boldsymbol{S}') = \Delta g \boldsymbol{J}_{SD}(\boldsymbol{D}) \tag{4-3-12}$$

式中,矩阵 $\boldsymbol{J}_{\mu P}$和 $\boldsymbol{J}_{SD}$分别等于:

$$\boldsymbol{J}_{\mu P} = \boldsymbol{E} - \boldsymbol{S}_{T,2\varphi} \tag{4-3-13}$$

$$\boldsymbol{J}_{SD} = \boldsymbol{E} + (-1)^{t-1}\boldsymbol{S}_{T,2\varphi} \tag{4-3-14}$$

而按照它们各自的物理意义,$\boldsymbol{J}_{\mu P}$取名为像偏转矩阵,$\boldsymbol{J}_{SD}$则取名像移动矩阵。

现在,按照同样的原则来处理(4-3-2)式,只是这里除了方向矢量 $\boldsymbol{P}'$之外,还有位置矢量 $\boldsymbol{\rho}'_{F'}$的问题。为清晰起见,以下分几个步骤进行讨论(见图 4-3-3):

(1) 为了标定 q 点的位置,选择坐标始点 O',并考虑到今后制作反射棱镜调整图表时的规范化问题,使 O'与棱镜一对共轭基点中的 M'相重合。$\boldsymbol{r}_q$ 代表 q 点的位置矢量。

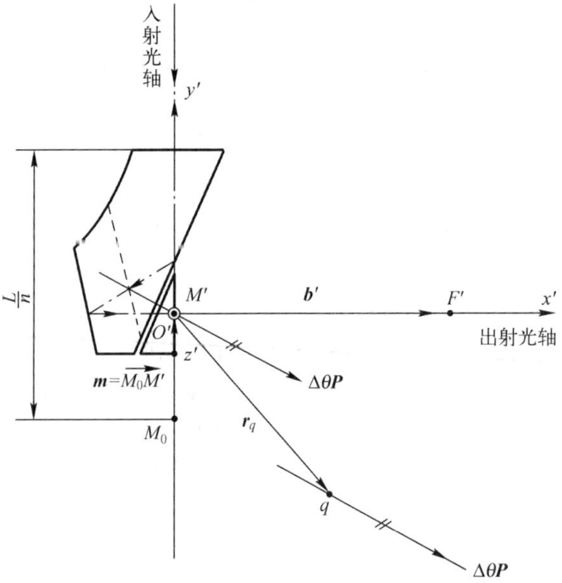

图 4-3-3　像点位移方程 $\Delta S'_{F'}$ 的规范化

(2) 为了求得 q 的共轭像点 q',需要从棱镜的另外一对已知的共轭点出发,无疑共轭基点 M_0 和 M' 可以充当这一角色,因此,为了把参量 $\overrightarrow{M_0M'}$ 引入公式,选择 M' 点作为归化点。在此情形,由(4-3-4)式,得

$$\Delta \boldsymbol{S}'_{F'} = \Delta \boldsymbol{S}'_{M'} + \Delta \boldsymbol{\mu}' \times \overrightarrow{M'F'}$$

由于 $\overrightarrow{M'F'} = \boldsymbol{b}'$,所以

$$\Delta \boldsymbol{S}'_{F'} = \Delta \boldsymbol{S}'_{M'} + \Delta \boldsymbol{\mu}' \times \boldsymbol{b}' \tag{4-3-15}$$

式中,$\Delta \boldsymbol{S}'_{M'}$ 代表由棱镜的微量转动 $\Delta\theta \boldsymbol{P}$(过 q 点)所造成的像体的 M' 点的微小位移。

(3) 为了求 $\Delta \boldsymbol{S}'_{M'}$ 的方便,根据 1.4.3 节的原理,把棱镜过 q 点的微量转动 $\Delta\theta \boldsymbol{P}$ 等效成棱镜的另外两个微量运动的组合:其一为棱镜过 M' 点的微量转动 $\Delta\theta \boldsymbol{P}$,它平行于原来过 q 点的 $\Delta\theta \boldsymbol{P}$;其二为棱镜的微量移动 $\Delta\theta \boldsymbol{P} \times \overrightarrow{qM'} = \Delta\theta \boldsymbol{r}_q \times \boldsymbol{P}$,而此时的 $\Delta \boldsymbol{S}'_{M'}$ 可以视作由上述两项等效的微量运动分别造成的 M' 点的微量位移的叠加:$\Delta \boldsymbol{S}'_{M'} = \Delta \boldsymbol{S}'_{M'1} + \Delta \boldsymbol{S}'_{M'2}$。

设 $\Delta \boldsymbol{S}'_{M'1}$ 系由棱镜过 M' 点的微量转动 $\Delta\theta \boldsymbol{P}$ 所致。此时,由于(4-3-2)式中的第一项为零,第二项则可按照(4-3-3)式直接转换成物方矢量,因而

$$(\Delta \boldsymbol{S}'_{M'1}) = \boldsymbol{R}(-\Delta\theta \boldsymbol{P} \times \overrightarrow{M'M_0}) = \boldsymbol{R}(\Delta\theta \boldsymbol{P} \times \overrightarrow{M_0M'}) \tag{4-3-16}$$

注意,这里的 $\overrightarrow{M'M_0}$ 相当于(4-3-3)式中的 $\boldsymbol{\rho}_{F_0}$。

$\Delta \boldsymbol{S}'_{M'2}$ 系由棱镜的微量移动 $\Delta\theta \boldsymbol{r}_q \times \boldsymbol{P}$ 所致。据(4-3-12)式,有

$$(\Delta \boldsymbol{S}'_{M'2}) = \Delta\theta \boldsymbol{J}_{SD}(\boldsymbol{r}_q \times \boldsymbol{P}) \tag{4-3-17}$$

这里的 $\Delta\theta(\boldsymbol{r}_q \times \boldsymbol{P})$ 相当于(4-3-12)式中的 $\Delta g(\boldsymbol{D})$。

由此得

$$(\Delta \boldsymbol{S}'_{M'}) = \Delta\theta \boldsymbol{J}_{SD}(\boldsymbol{r}_q \times \boldsymbol{P}) + \boldsymbol{R}(\Delta\theta \boldsymbol{P} \times \overrightarrow{M_0M'}) \tag{4-3-18}$$

最后,把(4-3-18)式代入(4-3-15)式,并考虑到(4-3-11)式,得

$$(\Delta \boldsymbol{S}'_{F'}) = \Delta\theta \boldsymbol{J}_{SD}(\boldsymbol{r}_q \times \boldsymbol{P}) + \boldsymbol{R}(\Delta\theta \boldsymbol{P} \times \overrightarrow{M_0M'}) + (\Delta\theta \boldsymbol{J}_{\mu P}(\boldsymbol{P}) \times \boldsymbol{b}') \tag{4-3-19}$$

若将 $\boldsymbol{R}$、$\boldsymbol{J}_{SD}$ 和 $\boldsymbol{J}_{\mu P}$ 等矩阵表达成 $\boldsymbol{S}_{T,2\varphi}$ 的关系式,则(4-3-19)式变成:

$$\begin{aligned}(\Delta \boldsymbol{S}'_{F'}) = &\Delta\theta[\boldsymbol{E} + (-1)^{t-1}\boldsymbol{S}_{T,2\varphi}](\boldsymbol{r}_q \times \boldsymbol{P}) - (-1)^t\Delta\theta \boldsymbol{S}_{T,2\varphi}(\overrightarrow{M_0M'} \times \boldsymbol{P})\\ &- \Delta\theta(\boldsymbol{b}' \times [(\boldsymbol{E} - \boldsymbol{S}_{T,2\varphi})(\boldsymbol{P})])\end{aligned} \tag{4-3-20}$$

这里有意地在公式的右侧保留了一个唯一的像方矢量 $\boldsymbol{b}'$。因矢量 $\boldsymbol{b}'$ 总是已知的,所以,(4-3-20)式是像点位移的一种常用的表达式。

不过,由于(4-3-20)式或(4-3-19)式对($\boldsymbol{P}$)所呈现的线性关系,所以还可进一步推导出一个总的矩阵。

为此,引入与矢量 $\boldsymbol{r}_q$、$\boldsymbol{m} = \overrightarrow{M_0M'}$ 以及 $\boldsymbol{b}'$ 相对应的三个叉乘矩阵 $\boldsymbol{C}_q$、$\boldsymbol{C}_m$ 以及 $\boldsymbol{C}_{b'}$:

$$\boldsymbol{C}_q = \begin{pmatrix} 0 & -z'_q & y'_q \\ z'_q & 0 & -x'_q \\ -y'_q & x'_q & 0 \end{pmatrix}, \boldsymbol{C}_m = \begin{pmatrix} 0 & -m_{z'} & m_{y'} \\ m_{z'} & 0 & -m_{x'} \\ -m_{y'} & m_{x'} & 0 \end{pmatrix}, \boldsymbol{C}_{b'} = \begin{pmatrix} 0 & -b'_{z'} & b'_{y'} \\ b'_{z'} & 0 & -b'_{x'} \\ -b'_{y'} & b'_{x'} & 0 \end{pmatrix} \tag{4-3-21}$$

则(4-3-19)式可写成

$$(\Delta \boldsymbol{S}'_{F'}) = \Delta\theta(\boldsymbol{J}_{SD}\boldsymbol{C}_q - \boldsymbol{R}\boldsymbol{C}_m - \boldsymbol{C}_{b'}\boldsymbol{J}_{\mu P})(\boldsymbol{P}) \tag{4-3-22}$$

令

$$\boldsymbol{J}_{SP} = \boldsymbol{J}_{SD}\boldsymbol{C}_q - \boldsymbol{R}\boldsymbol{C}_m - \boldsymbol{C}_{b'}\boldsymbol{J}_{\mu P} \tag{4-3-23}$$

则

$$(\Delta \boldsymbol{S}'_{F'}) = \Delta\theta \boldsymbol{J}_{SP}(\boldsymbol{P}) \tag{4-3-24}$$

这里,$\boldsymbol{J}_{SP}$ 取名为像点位移矩阵。

现在,把以上所得的结果作一归纳:

(1) 像的微量运动的基本方程:

$$\begin{cases}(\Delta \boldsymbol{\mu}') = \Delta\theta(\boldsymbol{E} - \boldsymbol{S}_{T,2\varphi})(\boldsymbol{P})\\ (\Delta \boldsymbol{S}'_{F'}) = \Delta\theta[\boldsymbol{E} + (-1)^{t-1}\boldsymbol{S}_{T,2\varphi}](\boldsymbol{r}_q \times \boldsymbol{P}) - (-1)^t\Delta\theta \boldsymbol{S}_{T,2\varphi}(\overrightarrow{M_0M'} \times \boldsymbol{P}) -\\ \qquad \Delta\theta(\boldsymbol{b}' \times [(\boldsymbol{E} - \boldsymbol{S}_{T,2\varphi})(\boldsymbol{P})]) + \Delta g[\boldsymbol{E} + (-1)^{t-1}\boldsymbol{S}_{T,2\varphi}](\boldsymbol{D})\end{cases} \tag{4-3-25}$$

或

$$\begin{cases}(\Delta \boldsymbol{\mu}') = \Delta\theta(\boldsymbol{E} - \boldsymbol{S}_{T,2\varphi})(\boldsymbol{P})\\ (\Delta \boldsymbol{S}'_{F'}) = \Delta\theta(\boldsymbol{P} \times \boldsymbol{\rho}_{F'}) + (-1)^{t-1}\Delta\theta \boldsymbol{S}_{T,2\varphi}(\boldsymbol{P} \times \boldsymbol{\rho}_{F_0}) + \Delta g[\boldsymbol{E} + (-1)^{t-1}\boldsymbol{S}_{T,2\varphi}](\boldsymbol{D})\end{cases} \tag{4-3-26}$$

(2) 四个矩阵:

① 作用矩阵 $\boldsymbol{R}$

$$\boldsymbol{R}=(-1)^{t}\boldsymbol{S}_{T,2\varphi}$$

② 像偏转矩阵 $\boldsymbol{J}_{\mu P}$

$$\boldsymbol{J}_{\mu P}=\boldsymbol{E}-\boldsymbol{S}_{T,2\varphi}$$

③ 像移动矩阵 $\boldsymbol{J}_{SD}$

$$\boldsymbol{J}_{SD}=\boldsymbol{E}+(-1)^{t-1}\boldsymbol{S}_{T,2\varphi}$$

④ 像点位移矩阵 $\boldsymbol{J}_{SP}$

$$\boldsymbol{J}_{SP}=\boldsymbol{J}_{SD}\boldsymbol{C}_{q}-(-1)^{t}\boldsymbol{S}_{T,2\varphi}\boldsymbol{C}_{m}-\boldsymbol{C}_{b'}\boldsymbol{J}_{\mu P}$$

若将(2-4-24)式的 $\boldsymbol{S}_{T,2\varphi}$ 以及(4-3-21)式中的各个叉乘矩阵代入上列四个公式中,并考虑到 $b'_{y'}=b'_{z'}=0, b'_{x'}=b'$,则可求得四个矩阵的各个矩元的表达式:

$$\boldsymbol{R}=(-1)^{t}\begin{pmatrix} \cos2\varphi+2T_{x'}^{2}\sin^{2}\varphi & -T_{z'}\sin2\varphi+2T_{x'}T_{y'}\sin^{2}\varphi & T_{y'}\sin2\varphi+2T_{x'}T_{z'}\sin^{2}\varphi \\ T_{z'}\sin2\varphi+2T_{x'}T_{y'}\sin^{2}\varphi & \cos2\varphi+2T_{y'}^{2}\sin^{2}\varphi & -T_{x'}\sin2\varphi+2T_{y'}T_{z'}\sin^{2}\varphi \\ -T_{y'}\sin2\varphi+2T_{x'}T_{z'}\sin^{2}\varphi & T_{x'}\sin2\varphi+2T_{y'}T_{z'}\sin^{2}\varphi & \cos2\varphi+2T_{z'}^{2}\sin^{2}\varphi \end{pmatrix} \tag{4-3-27}$$

$$\boldsymbol{J}_{\mu P}=\begin{pmatrix} 1-\cos2\varphi-2T_{x'}^{2}\sin^{2}\varphi & T_{z'}\sin2\varphi-2T_{x'}T_{y'}\sin^{2}\varphi & -T_{y'}\sin2\varphi-2T_{x'}T_{z'}\sin^{2}\varphi \\ -T_{z'}\sin2\varphi-2T_{x'}T_{y'}\sin^{2}\varphi & 1-\cos2\varphi-2T_{y'}^{2}\sin^{2}\varphi & T_{x'}\sin2\varphi-2T_{y'}T_{z'}\sin^{2}\varphi \\ T_{y'}\sin2\varphi-2T_{x'}T_{z'}\sin^{2}\varphi & -T_{x'}\sin2\varphi-2T_{y'}T_{z'}\sin^{2}\varphi & 1-\cos2\varphi-2T_{z'}^{2}\sin^{2}\varphi \end{pmatrix} \tag{4-3-28}$$

$$\boldsymbol{J}_{SD}=\begin{pmatrix} 1+(-1)^{t-1}(\cos2\varphi+2T_{x'}^{2}\sin^{2}\varphi) & (-1)^{t-1}(-T_{z'}\sin2\varphi+2T_{x'}T_{y'}\sin^{2}\varphi) & (-1)^{t-1}(T_{y'}\sin2\varphi+2T_{x'}T_{z'}\sin^{2}\varphi) \\ (-1)^{t-1}(T_{z'}\sin2\varphi+2T_{x'}T_{y'}\sin^{2}\varphi) & 1+(-1)^{t-1}(\cos2\varphi+2T_{y'}^{2}\sin^{2}\varphi) & (-1)^{t-1}(-T_{x'}\sin2\varphi+2T_{y'}T_{z'}\sin^{2}\varphi) \\ (-1)^{t-1}(-T_{y'}\sin2\varphi+2T_{x'}T_{z'}\sin^{2}\varphi) & (-1)^{t-1}(T_{x'}\sin2\varphi+2T_{y'}T_{z'}\sin^{2}\varphi) & 1+(-1)^{t-1}(\cos2\varphi+2T_{z'}^{2}\sin^{2}\varphi) \end{pmatrix} \tag{4-3-29}$$

$$\boldsymbol{J}_{SP}=\begin{pmatrix} \begin{array}{l}(-1)^{t-1}\{-[(z'_q+m_{z'})T_{z'}+\\(y'_q+m_{y'})T_{y'}]\sin2\varphi+2[(z'_q+m_{z'})T_{y'}-\\(y'_q+m_{y'})T_{z'}]T_{x'}\sin^{2}\varphi\}\end{array} & \begin{array}{l}(-1)^{t-1}\{-(z'_q+m_{z'})\cos2\varphi+(x'_q+\\m_{x'})T_{y'}\sin2\varphi+2[-(z'_q+m_{z'})T_{x'}+\\(x'_q+m_{x'})T_{z'}]T_{x'}\sin^{2}\varphi\}-z'_q\end{array} & \begin{array}{l}(-1)^{t-1}\{(y'_q+m_{y'})\cos2\varphi+(x'_q+\\m_{x'})T_{z'}\sin2\varphi+2[(y'_q+m_{y'})T_{x'}-\\(x'_q+m_{x'})T_{y'}]T_{x'}\sin^{2}\varphi\}+y'_q\end{array} \\ \begin{array}{l}(-1)^{t-1}\{(z'_q+m_{z'})\cos2\varphi+(y'_q+\\m_{y'})T_{x'}\sin2\varphi+2[(z'_q+m_{z'})T_{y'}-\\(y'_q+m_{y'})T_{z'}]T_{y'}\sin^{2}\varphi\}-\\2b'T_{x'}T_{z'}\sin^{2}\varphi+b'T_{y'}\sin2\varphi+z'_q\end{array} & \begin{array}{l}(-1)^{t-1}\{-[(z'_q+m_{z'})T_{z'}+(x'_q+\\m_{x'})T_{x'}]\sin2\varphi-2[(z'_q+m_{z'})T_{x'}-\\(x'_q+m_{x'})T_{z'}]T_{y'}\sin^{2}\varphi\}-\\b'T_{x'}\sin2\varphi-2b'T_{y'}T_{z'}\sin^{2}\varphi\end{array} & \begin{array}{l}(-1)^{t-1}\{-(x'_q+m_{x'})\cos2\varphi+(y'_q+\\m_{y'})T_{z'}\sin2\varphi+2[(y'_q+m_{y'})T_{x'}-\\(x'_q+m_{x'})T_{y'}]T_{y'}\sin^{2}\varphi\}-\\x'_q+b'-b'\cos2\varphi-2b'T_{z'}^{2}\sin^{2}\varphi\end{array} \\ \begin{array}{l}(-1)^{t-1}\{-(y'_q+m_{y'})\cos2\varphi+(z'_q+\\m_{z'})T_{x'}\sin2\varphi+2[-(y'_q+m_{y'})T_{z'}+\\(z'_q+m_{z'})T_{y'}]T_{z'}\sin^{2}\varphi\}-y'_q+\\b'T_{z'}\sin2\varphi+2b'T_{x'}T_{y'}\sin^{2}\varphi\end{array} & \begin{array}{l}(-1)^{t-1}\{(x'_q+m_{x'})\cos2\varphi+(z'_q+\\m_{z'})T_{y'}\sin2\varphi+2[-(z'_q+m_{z'})T_{x'}+\\(x'_q+m_{x'})T_{z'}]T_{z'}\sin^{2}\varphi\}+\\x'_q-b'+b'\cos2\varphi+2b'T_{y'}^{2}\sin^{2}\varphi\end{array} & \begin{array}{l}(-1)^{t-1}\{-[(y'_q+m_{y'})T_{y'}+(x'_q+\\m_{x'})T_{x'}]\sin2\varphi+2[(y'_q+m_{y'})T_{x'}-\\(x'_q+m_{x'})T_{y'}]T_{z'}\sin^{2}\varphi\}-\\b'T_{x'}\sin2\varphi+2b'T_{y'}T_{z'}\sin^{2}\varphi\end{array} \end{pmatrix} \tag{4-3-30}$$

4.4 反射棱镜微量转动法则的论证

为了对反射棱镜微量转动法则有一个更加全面和深入的理解，本节将从数学上和逻辑上对这一法则及由之而来的像体微量运动基本方程之一，即(4-3-1)式，做一次严密的推导和论证。

4.4.1 微量转动的算法

已知有限转动的矢量公式和矩阵公式分别为(1-2-2)式和(1-2-4)式：

$$\boldsymbol{A}' = \boldsymbol{A}\cos\theta + (1-\cos\theta)(\boldsymbol{A}\cdot\boldsymbol{P})\boldsymbol{P} + \sin\theta(\boldsymbol{P}\times\boldsymbol{A}) \tag{1-2-2}$$

$$(\boldsymbol{A}')_0 = \boldsymbol{S}_{\boldsymbol{P},\theta}(\boldsymbol{A})_0 \tag{1-2-4}$$

式中，$(\boldsymbol{A})_0$ 和 $(\boldsymbol{A}')_0$ 为转动前后的矢量 $\boldsymbol{A}$ 和 $\boldsymbol{A}'$（一般为单位矢量）在坐标 xyz 中的列矩阵：

$$(\boldsymbol{A})_0 = \begin{pmatrix} A_x \\ A_y \\ A_z \end{pmatrix},\ (\boldsymbol{A}')_0 = \begin{pmatrix} A'_x \\ A'_y \\ A'_z \end{pmatrix}$$

式中，$\boldsymbol{S}_{\boldsymbol{P},\theta}$代表绕单位矢量 $\boldsymbol{P}$ 轴转 θ 角的转动矩阵：

$$\boldsymbol{S}_{\boldsymbol{P},\theta} = \begin{pmatrix} \cos\theta + 2P_x^2\sin^2\dfrac{\theta}{2} & -P_z\sin\theta + 2P_xP_y\sin^2\dfrac{\theta}{2} & P_y\sin\theta + 2P_xP_z\sin^2\dfrac{\theta}{2} \\ P_z\sin\theta + 2P_xP_y\sin^2\dfrac{\theta}{2} & \cos\theta + 2P_y^2\sin^2\dfrac{\theta}{2} & -P_x\sin\theta + 2P_yP_z\sin^2\dfrac{\theta}{2} \\ -P_y\sin\theta + 2P_xP_z\sin^2\dfrac{\theta}{2} & P_x\sin\theta + 2P_yP_z\sin^2\dfrac{\theta}{2} & \cos\theta + 2P_z^2\sin^2\dfrac{\theta}{2} \end{pmatrix} \tag{1-2-5}$$

在微量转动的情形，用 $\Delta\theta$ 取代 θ 并在略去了二阶和二阶以上的小量之后，(1-2-2)式、(1-2-4)式、(1-2-5)式变成：

$$\boldsymbol{A}' = \boldsymbol{A} + \Delta\theta\boldsymbol{P}\times\boldsymbol{A} \tag{4-4-1}$$

或

$$(\boldsymbol{A}')_0 = [\boldsymbol{E} + (\Delta\theta\boldsymbol{P}\times)](\boldsymbol{A})_0 \tag{4-4-2}$$

$$(\boldsymbol{A}')_0 = \boldsymbol{S}_{\boldsymbol{P},\Delta\theta}(\boldsymbol{A})_0 \tag{4-4-3}$$

$$\boldsymbol{S}_{\boldsymbol{P},\Delta\theta} = \begin{pmatrix} 1 & -\Delta\theta P_z & \Delta\theta P_y \\ \Delta\theta P_z & 1 & -\Delta\theta P_x \\ -\Delta\theta P_y & \Delta\theta P_x & 1 \end{pmatrix} \tag{4-4-4}$$

或

$$\boldsymbol{S}_{\boldsymbol{P},\Delta\theta} = \begin{pmatrix} 1 & 0 & 0 \\ 0 & 1 & 0 \\ 0 & 0 & 1 \end{pmatrix} + \begin{pmatrix} 0 & -\Delta\theta P_z & \Delta\theta P_y \\ \Delta\theta P_z & 0 & -\Delta\theta P_x \\ -\Delta\theta P_y & \Delta\theta P_x & 0 \end{pmatrix}$$

$$= \boldsymbol{E} + \Delta \boldsymbol{S}_{P,\Delta\theta} \tag{4-4-5}$$

将(4-4-2)式与(4-4-3)式、(4-4-5)式做一对照,得

$$\boldsymbol{S}_{P,\Delta\theta} = \boldsymbol{E} + \Delta \boldsymbol{S}_{P,\Delta\theta} = \boldsymbol{E} + (\Delta\theta \boldsymbol{P} \times) \tag{4-4-6}$$

式中

$$(\Delta\theta \boldsymbol{P} \times) = \begin{pmatrix} 0 & -\Delta\theta P_z & \Delta\theta P_y \\ \Delta\theta P_z & 0 & -\Delta\theta P_x \\ -\Delta\theta P_y & \Delta\theta P_x & 0 \end{pmatrix} \tag{4-4-7}$$

这里,$(\Delta\theta \boldsymbol{P} \times)$是特有的一个新的运算符,其实它就是在(4-3-21)式和(P 1 -2)式中已经提到的叉乘矩阵,本可以用已采用的符号来代表它:$C_{\Delta\theta P} = (\Delta\theta \boldsymbol{P} \times)$,然而为了在后述中能够更清楚地说明问题,依然有意地保留了这个专一的算符。

(4-4-1)式表明,在微量转动并略去二阶小量的情况下,$\Delta\theta$ 和 $\boldsymbol{P}$ 可以结合起来当作一个统一的矢量 $\Delta\theta \boldsymbol{P}$ 对待,而且可合并写成:

$$\Delta \boldsymbol{\theta} = \Delta\theta \boldsymbol{P} \tag{4-4-8}$$

矢量 $\Delta\boldsymbol{\theta}$ 的方向按照右螺旋规则代表微量转动的转轴方向 $\boldsymbol{P}$,而它的长短则代表微量转角的大小 $\Delta\theta$。图 4-4-1 上给出了微量转动上述两种不同的表达形式 $\Delta\theta \boldsymbol{P}$ 或 $\Delta\boldsymbol{\theta}$。二者各有其优点。

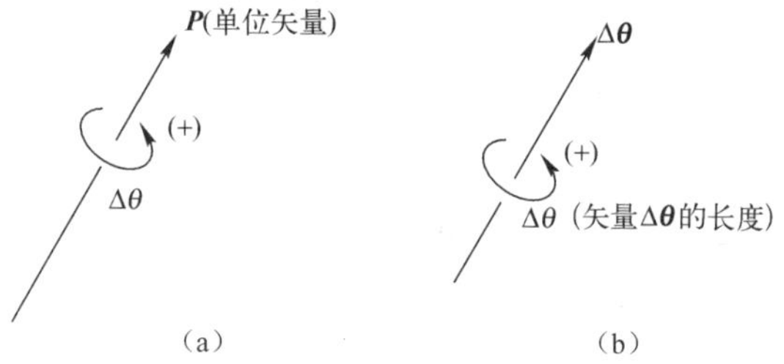

图 4-4-1　微转动轴矢量的两种表达方式
(a) $\Delta\theta\boldsymbol{P}$;(b) $\Delta\boldsymbol{\theta}$。

在刚体运动学学派的反射棱镜共轭理论中,微量转动矢量是一个非常重要的概念。为了规范化,建议 $\Delta\theta \boldsymbol{P}$ 或 $\Delta\boldsymbol{\theta}$ 一类矢量取名微转动轴矢量或微偏转轴矢量。像运动学中的角速度矢量 $\boldsymbol{\omega}$ 一样,它们均应归属角矢量(Angular vectors)以区别于常见的线矢量(Linear vectors)$\boldsymbol{A}$。

(4-4-6)式具有以下一些作用或特点:

(1) 误差分离法——$\Delta \boldsymbol{S}_{P,\Delta\theta}$由 $\boldsymbol{S}_{P,\Delta\theta}$中分离出来;

(2) 矩阵矢量化——$\Delta \boldsymbol{S}_{P,\Delta\theta}$变成了 $\Delta\theta \boldsymbol{P} \times$;

(3) 构建了刚体微量转动的模式——$\Delta\theta \boldsymbol{P} \times \boldsymbol{A}$ 中的输入 $\boldsymbol{A}$ 代表刚体的方向。

为了强调微量转动矩阵此种独特的作用,可以把(4-4-6)式视为微量转动的一种算法,而要透彻理解算法真正的意义,还得等到 4. 4. 3 节和 4. 4. 4 节。

4.4.2 微量转动的传递

这里将从另一种意义上讨论反射棱镜的成像作用。见图 4-4-2，以一个单平面镜为例，当物空间内某物绕物轴 $\boldsymbol{P}$ 转 $\Delta\theta$（或 θ）时，则像空间内的共轭像将绕像轴 $\boldsymbol{P}'$ 转 $-\Delta\theta$（或 $-\theta$），是为镜像的一个特点。

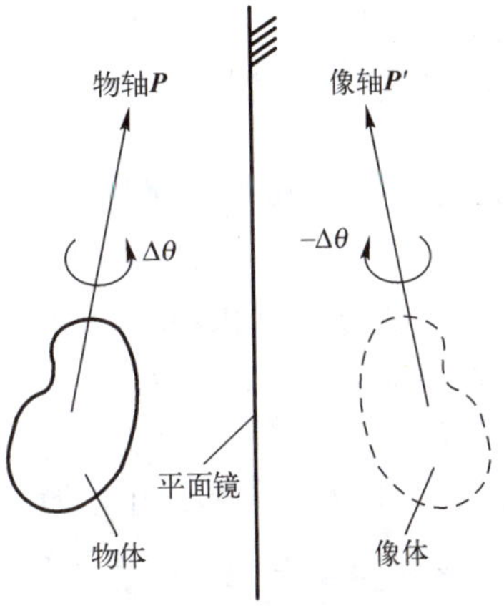

图 4-4-2 平面镜物、像体各自绕物、像轴转动的情况

设 $\Delta\boldsymbol{\theta}$ 为输入的微转动轴矢量：

$$\Delta\boldsymbol{\theta} = \Delta\theta\boldsymbol{P} \tag{4-4-9}$$

则输出的微转动轴矢量 $\Delta\boldsymbol{\theta}'$ 为

$$\Delta\boldsymbol{\theta}' = -\Delta\theta\boldsymbol{P}' \tag{4-4-10}$$

式中的物轴 $\boldsymbol{P}$ 和像轴 $\boldsymbol{P}'$ 属一般的物、像关系：

$$\boldsymbol{P}' = \boldsymbol{R}\boldsymbol{P} \tag{4-4-11}$$ [①]

在一般的情况下，应把(4-4-10)式写成

$$\Delta\boldsymbol{\theta}' = (-1)^t\Delta\theta\boldsymbol{P}' \tag{4-4-12}$$

将(4-4-11)式代入(4-4-12)式，并考虑到 $\boldsymbol{R} = (-1)^t\boldsymbol{S}_{T,2\varphi}$ 的关系：

$$\Delta\boldsymbol{\theta}' = (-1)^t(-1)^t\boldsymbol{S}_{T,2\varphi}\Delta\theta\boldsymbol{P}$$

由此

$$\Delta\boldsymbol{\theta}' = \boldsymbol{S}_{T,2\varphi}\Delta\boldsymbol{\theta} \tag{4-4-13}$$ [①]

最后的公式(4-4-13)赋予了 $\boldsymbol{S}_{T,2\varphi}$ 以“微转动轴矢量传递矩阵”的新含义。

由此可见，如果说作用矩阵 $\boldsymbol{R}$ 呈现为线矢量的成像矩阵，那么，特征矩阵 $\boldsymbol{S}_{T,2\varphi}$ 则呈现为角矢量的传递的矩阵。

微转动轴矢量经常代表一种误差，所以有时 $\boldsymbol{S}_{T,2\varphi}$ 也叫做反射棱镜的误差传递矩阵。

以下要建立的一种关系式，以显示 $\boldsymbol{S}_{T,2\varphi}$ 在其他方面的一些特点。

设 $\boldsymbol{a},\boldsymbol{b},\boldsymbol{c}$ 和 $\boldsymbol{a}',\boldsymbol{b}',\boldsymbol{c}'$ 分别为一反射棱镜物、像空间的二组对应的物、像矢量，并有

$$\boldsymbol{c} = \boldsymbol{a}\times\boldsymbol{b}$$

上式表明，$\boldsymbol{a},\boldsymbol{b},\boldsymbol{c}$ 呈现为右手系。如果所论的是一块奇次反射棱镜，则 $\boldsymbol{a}',\boldsymbol{b}',\boldsymbol{c}'$ 将呈现为左手系，所以

$$\begin{aligned}\boldsymbol{c}' &= \boldsymbol{R}(\boldsymbol{c}) = \boldsymbol{R}(\boldsymbol{a}\times\boldsymbol{b})\\ &= (-1)^t\boldsymbol{R}(\boldsymbol{a})\times\boldsymbol{R}(\boldsymbol{b}) = (-1)^t\boldsymbol{a}'\times\boldsymbol{b}'\end{aligned} \tag{4-4-14}$$

将(4-4-14)式中的 $(-1)^t$ 与其右方的任一个 $\boldsymbol{R}$ 合并成 $\boldsymbol{S}_{T,2\varphi}$，则

$$\boldsymbol{c}' = \boldsymbol{S}_{T,2\varphi}(\boldsymbol{a})\times\boldsymbol{R}(\boldsymbol{b}) \tag{4-4-15}$$

---

① 注：$\boldsymbol{P}$ 和 $\boldsymbol{P}'$ 是共轭的一对；$\Delta\boldsymbol{\theta}$ 和 $\Delta\boldsymbol{\theta}'$ 则不一定是共轭的一对，不过肯定是分别代表一对共轭的物、像体的微转动轴矢量。

或

$$c' = R(a) \times S_{T,2\varphi}(b) \tag{4-4-16}$$

(4-4-14)式 ~ (4-4-16)式指出，求一矢积 $a \times b$ 的成像 $R(a \times b)$ 时，处理的方式是把其中的任意一个矢量，例如 a，当作角矢量传递，而另一个矢量，例如 b，则当作线矢量成像，二者最后在像空间按照同样的顺序完成的叉乘即为所求：

$$R(a \times b) = S_{T,2\varphi}(a) \times R(b) = R(a) \times S_{T,2\varphi}(b) \tag{4-4-17}$$

(4-4-17)式中的第一个等式通常应用于下列情况：

$$R(\Delta\theta \times A) = S_{T,2\varphi}(\Delta\theta) \times R(A) = \Delta\theta' \times (A') \tag{4-4-18}$$

式中，左端圆括弧内的 $\Delta\theta \times A$ 表示棱镜物空间一物矢量 A 微量转动 $\Delta\theta$ 所造成的 A 的方向变化 $\Delta A = \Delta\theta \times A$；公式右端的 $\Delta\theta' \times A'$ 则表示共轭像矢量 A' 微量转动 $\Delta\theta'$ 所造成的 A' 的方向变化 $\Delta A' = \Delta\theta' \times A'$。由于左端的运算符 $R(\quad)$ 的作用，$\Delta\theta \times A$ 和 $\Delta\theta' \times A'$ 构成了棱镜物、像空间内相共轭的一对。

必须指出，这里的 $\Delta\theta' = S_{T,2\varphi}\Delta\theta$，与前述的(4-4-13)式相符，因而再一次证实了 $S_{T,2\varphi}$ 作为角误差传递矩阵的新意，而且由于转动的主体 A 和 A' 在(4-4-18)式中的出现，物理意义显得更加明确。

然而，如果将(4-4-17)式中的第二个等式应用于同一情况，则有

$$R(\Delta\theta \times A) = R(\Delta\theta) \times S_{T,2\varphi}(A)$$

上式应该会给出正确的结果，然而物理意义却含混不清，因此必须放弃。

实际上，(4-4-18)式表示一矢端小位移 $\Delta A = \Delta\theta \times A$ 的成像。

顺便给出两个有用的关系式：

$$R(a \times b) \neq R(a) \times R(b) \tag{4-4-19}$$

$$S_{T,2\varphi}(a \times b) = S_{T,2\varphi}(a) \times S_{T,2\varphi}(b) \tag{4-4-20}$$

4.4.3 棱镜微量转动所造成的像偏转

如所知，棱镜微量转动 $\Delta\theta P$ 所造成的像偏转公式 $\Delta\mu'$ 已由二步法导出：

$$(\Delta\mu') = (E - S_{T,2\varphi})(\Delta\theta P) \tag{4-4-21}$$

式中，E 为单位矩阵。

以下拟直接应用反射棱镜大转动的公式来推导上式，以求得对有关问题的一个较完整的理解。

1. 应用传统的坐标转换法推导像偏转 $\Delta\mu'$

已知棱镜大转动公式有以下两种等效的形式：

$$(A'_\theta)_0 = G_{0'0} R G_{00'} (A)_0 \tag{4-4-22}$$

或

$$(A'_\theta)_0 = S_{P,\theta} R S_{P,-\theta} (A)_0 \tag{4-4-23}$$

式中，$G_{00'}$ 和 $G_{0'0}$ 分别代表由定坐标 xyz 向动坐标 $x'y'z'$ 以及由动坐标 $x'y'z'$ 向定坐标 xyz 的坐标转换矩阵。由于坐标转换的问题是棱镜绕 P 转 θ 所引起的，所以正反坐标转换矩阵为 $S_{P,-\theta}$ 和 $S_{P,\theta}$ 所取代。

在棱镜微量转动的情况，用 $\Delta\theta$ 替代 θ，则(4-4-23)式变成

$$(\boldsymbol{A}'_{\Delta\theta})_0 = \boldsymbol{S}_{\boldsymbol{P},\Delta\theta}\boldsymbol{R}\boldsymbol{S}_{\boldsymbol{P},-\Delta\theta}(\boldsymbol{A})_0 \tag{4-4-24}$$

按照刚体运动学学派的观点，(4-4-24)式的输入和输出应是完整的物体和像体，所以用$(\boldsymbol{A}_i)$和$(\boldsymbol{A}'_{\Delta\theta,i})$取代$(\boldsymbol{A})$和$(\boldsymbol{A}'_{\Delta\theta})$，由此

$$(\boldsymbol{A}'_{\Delta\theta,i}) = \boldsymbol{S}_{\boldsymbol{P},\Delta\theta}\boldsymbol{R}\boldsymbol{S}_{\boldsymbol{P},-\Delta\theta}(\boldsymbol{A}_i) \tag{4-4-25}$$

式中，$(\boldsymbol{A}_i)$和$(\boldsymbol{A}'_{\Delta\theta,i})$代表物体上一个任意的方向和像体上一个对应的任意方向。在默认下可省略 i。

将算法(4-4-6)式代入(4-4-24)式，得

$$(\boldsymbol{A}'_{\Delta\theta})_0 = [\boldsymbol{E} + (\Delta\theta\boldsymbol{P}\times)]\boldsymbol{R}[\boldsymbol{E} + (-\Delta\theta\boldsymbol{P}\times)](\boldsymbol{A})_0 \tag{4-4-26}$$

由(4-4-26)式开始的推导过程可分成三个步骤。

1）第一步，正向坐标转换

将 $\boldsymbol{A}$ 从定坐标 xyz 转换到动坐标 $x_1y_1z_1$。由(4-4-26)式最右边两项的乘积，得

$$(\boldsymbol{A}_{\Delta\theta})_1 = [\boldsymbol{E} + (-\Delta\theta\boldsymbol{P}\times)](\boldsymbol{A})_0$$

由此

$$(\boldsymbol{A}_{\Delta\theta})_1 = (\boldsymbol{A})_0 + (-\Delta\theta\boldsymbol{P})\times(\boldsymbol{A})_0 \tag{4-4-27}$$ ①

上式表明，经这次坐标转换后，在与棱镜一起转动的动坐标 $x_1y_1z_1$ 中，输入变成了两项，其一为原来的$(\boldsymbol{A})_0$，另一为$(\boldsymbol{A})_0$的微量变化$(\Delta\boldsymbol{A})$。

$$(\Delta\boldsymbol{A})_0 = (-\Delta\theta\boldsymbol{P})\times(\boldsymbol{A})_0 \tag{4-4-28}$$

2）第二步，棱镜成像

用(4-4-26)式中的 $\boldsymbol{R}$ 乘以(4-4-27)式，得

$$(\boldsymbol{A}'_{\Delta\theta})_1 = \boldsymbol{R}[(\boldsymbol{A})_0 + (-\Delta\theta\boldsymbol{P})\times(\boldsymbol{A})_0]$$

式中，$(\boldsymbol{A}'_{\Delta\theta})_1$ 为 $\boldsymbol{A}'_{\Delta\theta}$在动坐标 $x_1y_1z_1$ 中的列矩阵表示。利用(4-4-18)式的关系，并注意到 $\boldsymbol{A}'=\boldsymbol{R}\boldsymbol{A}$，上式变成

$$(\boldsymbol{A}'_{\Delta\theta})_1 = (\boldsymbol{A}')_0 + [\boldsymbol{S}_{\boldsymbol{T},2\varphi}(-\Delta\theta\boldsymbol{P})]\times(\boldsymbol{A}')_0 \tag{4-4-29}$$

由(4-4-29)式可见，通过棱镜后，理想的物矢量 $\boldsymbol{A}$ 经成像而呈现为理想的像矢量 $\boldsymbol{R}\boldsymbol{A}=\boldsymbol{A}'$，而误差中的微转动轴矢量$(-\Delta\theta\boldsymbol{P})$经传递而成为 $\boldsymbol{S}_{\boldsymbol{T},2\varphi}(-\Delta\theta\boldsymbol{P})$。

3）第三步，反向坐标转换

将 $\boldsymbol{A}'_{\Delta\theta}$从动坐标 $x_1y_1z_1$ 转回到定坐标 xyz。用(4-4-26)式中的$[\boldsymbol{E}+(\Delta\theta\boldsymbol{P}\times)]$乘以(4-4-29)式，得

$$(\boldsymbol{A}'_{\Delta\theta})_0 = [\boldsymbol{E} + (\Delta\theta\boldsymbol{P}\times)]\{(\boldsymbol{A}')_0 + [\boldsymbol{S}_{\boldsymbol{T},2\varphi}(-\Delta\theta\boldsymbol{P})]\times(\boldsymbol{A}')_0\} \tag{4-4-30}$$

由此

$$(\boldsymbol{A}'_{\Delta\theta})_0 = \{(\boldsymbol{A}')_0 + [(\Delta\theta\boldsymbol{P}) + \boldsymbol{S}_{\boldsymbol{T},2\varphi}(-\Delta\theta\boldsymbol{P})]\times(\boldsymbol{A}')_0\} \tag{4-4-31}$$

设

---

① 注：按照$(\boldsymbol{A}_{\Delta\theta})_1$的实际意义，本来可以不要 $\Delta\theta$ 这个下标，直接写成$(\boldsymbol{A})_1$即可。加上 $\Delta\theta$ 只为表明棱镜微转了 $\Delta\theta\boldsymbol{P}$ 的情况。对于$(\boldsymbol{A}'_{\Delta\theta})_1$和$(\boldsymbol{A}'_{\Delta\theta})_0$来说也是同样的意思。

$$\Delta\boldsymbol{\mu}' = \Delta\theta \boldsymbol{P} + \boldsymbol{S}_{T,2\varphi}(-\Delta\theta \boldsymbol{P}) \tag{4-4-32}$$

则

$$(\boldsymbol{A}'_{\Delta\theta})_0 = (\boldsymbol{A}')_0 + \Delta\boldsymbol{\mu}' \times (\boldsymbol{A}')_0 \tag{4-4-33}$$

(4-4-32)式通常写成

$$\Delta\boldsymbol{\mu}' = (\boldsymbol{E} - \boldsymbol{S}_{T,2\varphi})(\Delta\theta \boldsymbol{P}) \tag{4-4-34}$$

这正是用二步法直接求得的像偏转公式(4-4-21)。

2. (4-4-26)式传输过程的分析

由于4.4.1小节和4.4.2小节所提供的依据，以上三个步骤各自所得的结果((4-4-27)式、(4-4-29)式、(4-4-31)式、(4-4-33)式)表明，它们的结构必然会归属于同一种模型："$\boldsymbol{A}_i + \Delta\alpha_i \boldsymbol{P}_i \times \boldsymbol{A}_i$"。这里，模式的主体部分 $\boldsymbol{A}_i$ 代表理想的物、像体方向，如 $\boldsymbol{A}$ 和 $\boldsymbol{A}'$；模式的误差部分 $\Delta\boldsymbol{A}_i = \Delta\alpha_i \boldsymbol{P}_i \times \boldsymbol{A}_i$ 代表物、像体方向的变化，如$(-\Delta\theta\boldsymbol{P})\times\boldsymbol{A}$，$[\boldsymbol{S}_{T,2\varphi}(-\Delta\theta\boldsymbol{P})]\times\boldsymbol{A}'$和$[(\Delta\theta\boldsymbol{P})+\boldsymbol{S}_{T,2\varphi}(-\Delta\theta\boldsymbol{P})]\times\boldsymbol{A}'$。最初的输入量$(\boldsymbol{A})_0$也可归入此种模式，那里认为 $\Delta\alpha_i\boldsymbol{P}_i = 0$。

主体部分固然重要，不过当讨论棱镜调整的问题时，误差部分将成为主要的关注点。

为清晰起见，以下用一原理框图4-4-3来表达上述公式推演的流程。

框图由 $\boldsymbol{S}_{\boldsymbol{P},-\Delta\theta}$算法、棱镜 $\boldsymbol{R}$ 和 $\boldsymbol{S}_{\boldsymbol{P},\Delta\theta}$算法三个环节组成。物体方向矢量$(\boldsymbol{A})_0$最初被送入 $\boldsymbol{S}_{\boldsymbol{P},-\Delta\theta}$算法框，并分别由路线1、2输入"$\boldsymbol{E}$"、"$-\Delta\theta\boldsymbol{P}\times$"运算框，然后由3、4汇入加法器，接着经5通过棱镜，再由6进入 $\boldsymbol{S}_{\boldsymbol{P},\Delta\theta}$算法框，依此类推，最终沿11输出像体的方向矢量$(\boldsymbol{A}'_{\Delta\theta})_0$。$(\boldsymbol{A}_{\Delta\theta})_1$和$(\boldsymbol{A}'_{\Delta\theta})_1$为两个中间量。

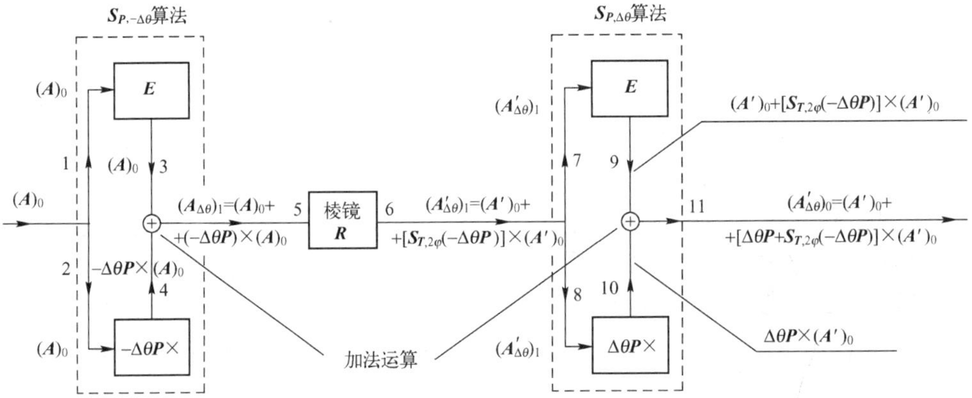

图4-4-3　输入量$(\boldsymbol{A})_0$通过三个环节的真实的传输线

为了考查上述诸量中的主体部分和误差部分随着整个流程的变化，将图4-4-3稍许修改成图4-4-4的样子。两个部分分别被移至上、下方的两根虚线处。应当指出，在误差部分中只提取进行叉乘的两项中的微转动轴矢量一项，因为这些角矢量$(-\Delta\theta\boldsymbol{P})$、$\boldsymbol{S}_{T,2\varphi}(-\Delta\theta\boldsymbol{P})$和$\Delta\boldsymbol{\mu}'$同光轴偏及像倾斜等重要的光学调整量有着直接的联系，能够准确地描述物、像体方向的误差。

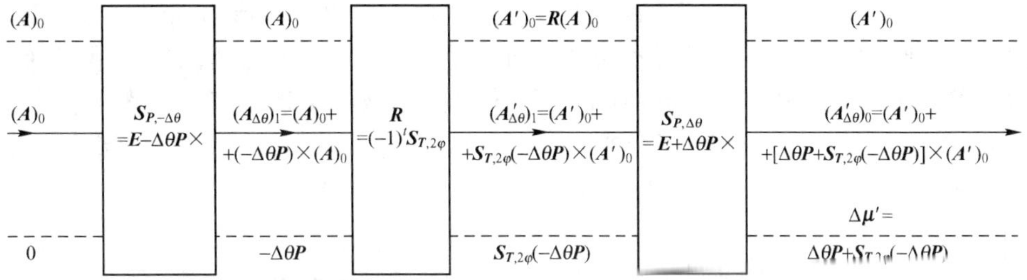

图 4-4-4　真实传输线向着主体和误差两条传输线的转换(分离)示意图

见图 4-4-4,沿上方虚线可看到,$\boldsymbol{S}_{\boldsymbol{P},\pm\Delta\theta}$两个环节对理想的物、像体方向没有任何影响,棱镜对它们的作用是众所周知的:$\boldsymbol{A}'=\boldsymbol{R}\boldsymbol{A}$;沿下方虚线可知,棱镜对误差角矢量的影响是:$\Delta\boldsymbol{\theta}'=\boldsymbol{S}_{T,2\varphi}\Delta\boldsymbol{\theta}$,而 $\boldsymbol{S}_{\boldsymbol{P},\pm\Delta\theta}$的影响是在输出中保留原封不动的输入之外,再增添一项 $\pm\Delta\theta\boldsymbol{P}$。

上述关于 $\boldsymbol{S}_{\boldsymbol{P},\pm\Delta\theta}$对某种模式的输入量的作用可证明如下:

设环节 $\boldsymbol{S}_{\boldsymbol{P},\pm\Delta\theta}$的输入和输出分别为($\boldsymbol{A}_i+\Delta\theta_i\boldsymbol{P}_i\times\boldsymbol{A}_i$)和($\boldsymbol{A}_{i+1}+\Delta\theta_{i+1}\boldsymbol{P}_{i+1}\times\boldsymbol{A}_{i+1}$),则

$$\boldsymbol{A}_{i+1}+\Delta\theta_{i+1}\boldsymbol{P}_{i+1}\times\boldsymbol{A}_{i+1}=\boldsymbol{S}_{\boldsymbol{P},\pm\Delta\theta}(\boldsymbol{A}_i+\Delta\theta_i\boldsymbol{P}_i\times\boldsymbol{A}_i)\tag{4-4-35}$$

然后将(4-4-6)式代入(4-4-35)式,并展开得

$$\boldsymbol{A}_{i+1}+\Delta\theta_{i+1}\boldsymbol{P}_{i+1}\times\boldsymbol{A}_{i+1}=\boldsymbol{A}_i+(\Delta\theta_i\boldsymbol{P}_i\pm\Delta\theta\boldsymbol{P})\times\boldsymbol{A}_i$$

由此

$$\boldsymbol{A}_{i+1}=\boldsymbol{A}_i\tag{4-4-36}$$

$$\Delta\theta_{i+1}\boldsymbol{P}_{i+1}=\Delta\theta_i\boldsymbol{P}_i\pm\Delta\theta\boldsymbol{P}\tag{4-4-37}$$

证明完毕。

再回到图 4-4-4 上。由于理想的物、像方向矢量比较容易求得,所以,讨论的重点放在误差角矢量上。图 4-4-5 表示输入角矢量通过诸环节的流程。这里,输入的角矢量为零,因为原始的输入应是理想的物体方向矢量 $\boldsymbol{A}$ 在定坐标中的列矩阵表示$(\boldsymbol{A})_0$,那里,方向误差 $\Delta\boldsymbol{A}=0$,所以误差角矢量也不存在。

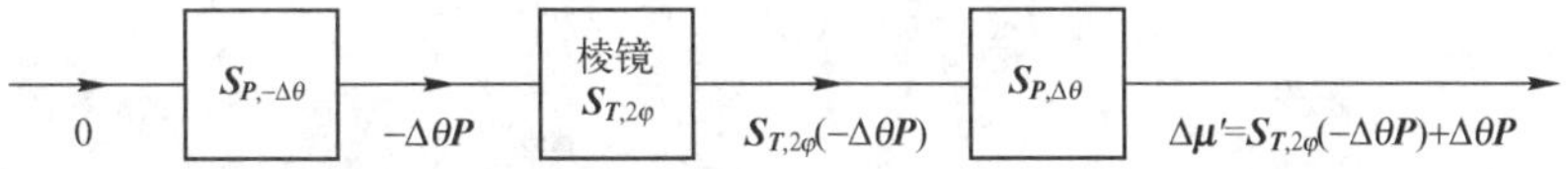

图 4-4-5　误差角矢量传输线

图 4-4-5 属图 4-4-4 的下方部分,它本来不算是传输图,所以在原图中画成虚线,而且不带箭头。现在的图 4-4-5 已经完全变成了误差角矢量的一个传输图,不过,这是需要有一个前提,那就是必须承认(4-4-37)式。换句话说,为了正确地求得角矢量传输线上的诸传输量,需将微量转动矩阵 $\boldsymbol{S}_{\boldsymbol{P},\pm\Delta\theta}$算法公式(4-4-6)的作用转变成为关系式(4-4-37)所呈现的功效,即"微量转动矩阵环节 $\boldsymbol{S}_{\boldsymbol{P},\pm\Delta\theta}$的输出角矢量等于其输入角矢量再添一项 $\pm\Delta\theta\boldsymbol{P}$"。

同样，也可以把图 4-4-4 的上方部分单独地划分出来而成为理想物、像体方向矢量的传输图 4-4-6。相应地，也必须把微量转动矩阵 $\boldsymbol{S}_{P,\pm\Delta\theta}$ 算法公式(4-4-6)的作用转变为关系式(4-4-36)所呈现的功效，即“微量转动矩阵环节 $\boldsymbol{S}_{P,\pm\Delta\theta}$ 对输入理想的物、像体方向没有任何影响”，因为 $\boldsymbol{S}_{P,\pm\Delta\theta}$ 对理想物、像体方向的影响部分已经被归入到误差角矢量的传输线上。

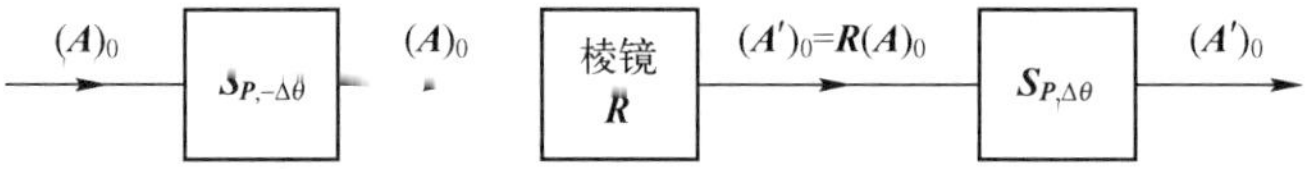

图 4-4-6　理想物、像体方向矢量的传输线

再回到图 4-4-4，本来相对复杂的真正的传输线(带箭头的实线)就这样转换成了两条相对简单的传输线，即理想物、像体方向矢量传输线(上方虚线)和误差角矢量传输线(下方虚线)。

理想物、像体方向矢量的传输简单到了只要将它默存心中即可，需要时呼之即来。误差角矢量的传输线也不太复杂，由它可求得棱镜像空间中的像偏转 $\Delta\boldsymbol{\mu}'$。

在调整计算中，像偏转 $\Delta\boldsymbol{\mu}'$ 本身就有很直接的重要作用。如果需要求出棱镜微量转动 $\Delta\theta\boldsymbol{P}$ 所形成的像体的方向 $\boldsymbol{A}'_{\Delta\theta}$，那么由已经得到的 $\Delta\boldsymbol{\mu}'$，按照(4-4-33)式或(4-4-35)式所示传输量的模式，可即刻给出：

$$\boldsymbol{A}'_{\Delta\theta} = \boldsymbol{A}' + \Delta\boldsymbol{\mu}' \times \boldsymbol{A}' \tag{4-4-38}$$

双管齐下的传输还有一个好处：无论是在哪一条传输线上，棱镜的作用矩阵 $\boldsymbol{R}$ 和特征矩阵 $\boldsymbol{S}_{T,2\varphi}$ 都可用它们的理想值代入。

以上经过漫长的推导和一些数学及运动学方面的处理，才得到了图 4-4-5 所示的误差角矢量的传输线。这条传输线显然反映了两步法的过程，而且结果完全一致。

两步法的首创者[2]在提出这一方法的时候未必也遵循上述的推导过程，多半是按照表 4-4-1 所示的思路。

表 4-4-1　反射棱镜微量转动的两步法思路

	物空间	棱　镜	像空间	备　注
第一步	$-\Delta\theta\boldsymbol{P}$	0	$\boldsymbol{S}_{T,2\varphi}(-\Delta\theta\boldsymbol{P})$	棱镜不动；物像空间对应的成像运动
第二步	$\Delta\theta\boldsymbol{P}$	$\Delta\theta\boldsymbol{P}$	$\Delta\theta\boldsymbol{P}$	物、棱镜和像三者作为一个整体的刚体运动
结果	0	$\Delta\theta\boldsymbol{P}$	$\boldsymbol{S}_{T,2\varphi}(-\Delta\theta\boldsymbol{P})+(\Delta\theta\boldsymbol{P})$	

那么，是否上述的推导是多余的？答案是否定的。因为推导的过程和结果均指出，除了误差角矢量之外，同时还存在着一条理想物、像体方向矢量的传输线，$\boldsymbol{A}$ 和 $\boldsymbol{A}'$ 沿之川流不息，无处不在。

设想一下，如果 $\boldsymbol{A}$ 和 $\boldsymbol{A}'$ 真的没有了，那么情况将会是如何？

纵观图 4-4-3 或图 4-4-4 沿中间传输线的诸量，$\Delta\theta\boldsymbol{P}$ 均以叉乘形式与 $\boldsymbol{A}$ 或 $\boldsymbol{A}'$ 结合出现。一旦 $\boldsymbol{A}$ 和 $\boldsymbol{A}'$ 消逝，则 $\Delta\theta\boldsymbol{P}$ 将随之覆没。“皮之不存，毛将焉附。”例如，$(-\Delta\theta\boldsymbol{P})\times(\boldsymbol{A})_0$ 项中的 $(\boldsymbol{A})_0$ 可以默认而省缺，但却不允勾销，不然是什么绕 $\boldsymbol{P}$ 反转 $\Delta\theta$ 呢？连这个问题都无以对答，则 $(-\Delta\theta\boldsymbol{P})$ 也将失去自身的价值。

再由图 4-4-3 或图 4-4-4 传输线最终的输出 $(\boldsymbol{A}'_{\Delta\theta})_0$ 中提取其误差角矢量部分：$\Delta\boldsymbol{\mu}'=\boldsymbol{S}_{T,2\varphi}(-\Delta\theta\boldsymbol{P})+\Delta\theta\boldsymbol{P}$。这里，角矢量 $\boldsymbol{S}_{T,2\varphi}(-\Delta\theta\boldsymbol{P})$ 和 $\Delta\theta\boldsymbol{P}$ 之所以能叠加在一起，是由于二者均施加于同一个像体 $(\boldsymbol{A}')_0$ 的缘故。若将 $(\boldsymbol{A}')_0$ 除掉，致使二角矢量的作用对象不清，则不可随意地把它们做相加的处理。

事实上，只要令输入 $\boldsymbol{A}=0$，传输线上一切荡然无存，其他则没有意义。

所以，理想物、像体方向矢量传输线是客观存在，而且这是误差角矢量传输线得以存在的必要条件。

3. 再谈二步法与像偏转公式

由于以上论述的启示，以下将结合误差角矢量的流程图 4-4-5 对由二步法快速求得的像偏转公式(4-4-32)的两个基本项 $-\Delta\theta\boldsymbol{P}$ 和 $+\Delta\theta\boldsymbol{P}$ 的物理意义做进一步的探讨。

因 $+\Delta\theta\boldsymbol{P}$ 的意义和作用必然与 $-\Delta\theta\boldsymbol{P}$ 的正好相反，所以只要对其中的一个，例如 $-\Delta\theta\boldsymbol{P}$，有个全面深入的理解即可。

$-\Delta\theta\boldsymbol{P}$ 的物理意义如下：

1） $-\Delta\theta\boldsymbol{P}$ 与坐标转换

首先，从 $\Delta\theta\boldsymbol{P}$ 作为微转动轴矢量的定义出发，$-\Delta\theta\boldsymbol{P}$ 代表绕 $\boldsymbol{P}$ 反转 $\Delta\theta$，它与微量转动矩阵 $\boldsymbol{S}_{P,-\Delta\theta}$ 在物理意义上无本质的差别。已知 $\boldsymbol{S}_{P,-\Delta\theta}$ 在沿中间传输线（图 4-4-3或图 4-4-4）上代表由定坐标向动坐标的坐标转换矩阵，所以 $-\Delta\theta\boldsymbol{P}$ 相应地在误差角矢量传输线上担当着由定坐标向动坐标的转换作用。

2） $-\Delta\theta\boldsymbol{P}$ 与相对运动

其次，从运算的方式上看，$-\Delta\theta\boldsymbol{P}$ 可以被理解为“减去一个角矢量 $\Delta\theta\boldsymbol{P}$”。如所知，这是在求解相对运动中唯一的一种运算方式。

在直线运动的情况，相对运动的概念比较清晰。设 $\boldsymbol{v}_1$ 和 $\boldsymbol{v}_2$ 分别代表二独立质点 1 和 2 的绝对速度，$\boldsymbol{v}_{1,2}$ 代表点 1 对点 2 的相对速度，则

$$\boldsymbol{v}_{1,2}=\boldsymbol{v}_1-\boldsymbol{v}_2 \tag{4-4-39}$$

然后回到本题上。在一般的情形，设 $\Delta\theta_0\boldsymbol{P}_0$ 代表输入的物体方向矢量 $\boldsymbol{A}$ 在定坐标 xyz 中的初始方向误差；$\Delta\theta\boldsymbol{P}$ 代表反射棱镜在同一个计读坐标 xyz 中的微量转动；$\Delta\theta_r\boldsymbol{P}_r$ 代表物体对棱镜的相对误差角矢量（相对微转动轴矢量），则由(4-4-39)式，有

$$\Delta\theta_r\boldsymbol{P}_r=\Delta\theta_0\boldsymbol{P}_0-\Delta\theta\boldsymbol{P} \tag{4-4-40}$$

根据相对运动的意义，上式中的 $\Delta\theta_r\boldsymbol{P}_r$ 应是在误差角矢量传输线上，输入微转动棱镜的物体方向误差角矢量。显然，$\Delta\theta_r\boldsymbol{P}_r$ 应该是在与棱镜刚性联结的动坐标 $x_1y_1z_1$ 中计读出来的物体相对方向误差角矢量。

3） $-\Delta\theta\boldsymbol{P}$ 与输入

(4–4–40)式代表一般的情况。对于多数的情况，$\Delta\theta_0\boldsymbol{P}_0$ 为零，则

$$\Delta\theta_{\mathrm{r}}\boldsymbol{P}_{\mathrm{r}} = -\Delta\theta\boldsymbol{P} \tag{4-4-41}$$

这就是 $-\Delta\theta\boldsymbol{P}$ 常常呈现为微转动棱镜输入的原因。实质上，$-\Delta\theta\boldsymbol{P}$ 应该是输入量的变化。

棱镜的微量转动 $\Delta\theta\boldsymbol{P}$ 带来了坐标转换，因而引起参考系(基准)的更易。输入量 $\boldsymbol{A}$ 的方向取决于所选的参考系，所以坐标转换会造成输入量的变化($-\Delta\theta\boldsymbol{P}$)，这是理所当然的。

由上述可见，与棱镜微量转动 $-\Delta\theta\boldsymbol{P}$ 相关的坐标转换、反转矩阵 $\boldsymbol{S}_{\boldsymbol{P},-\Delta\theta}$、物体对于转动棱镜的相对运动 $\Delta\theta_{\mathrm{r}}\boldsymbol{P}_{\mathrm{r}}$ 以及输入误差角矢量的变化等诸多问题，通过各自与 $-\Delta\theta\boldsymbol{P}$ 这一微转动轴矢量的关系而联结在一起。然而，必须指出，相对运动是这里的核心，因为它是上列其他几个问题的共同基础。

综上所述，可将两步法的一个实质性的问题归纳如下："两步法公式(4–4–32)中的 $-\Delta\theta\boldsymbol{P}$ 代表将输入的误差角矢量由定坐标向动坐标的坐标转换，$+\Delta\theta\boldsymbol{P}$ 则代表将输出的误差角矢量由动坐标向定坐标的坐标转换。"

所以，两步法的两个步骤实际上就是正反向两次坐标转换的过程。

4.4.4 小结

现对 4.4 节的内容做一简单的梳理。

1. 微量转动的算法或算式

$$\boldsymbol{S}_{\boldsymbol{P},\Delta\theta} = \boldsymbol{E} + \Delta\theta\boldsymbol{P}\times \tag{4-4-42}$$

2. 刚体微量转动模式

$$\boldsymbol{A}_{i,\pm\Delta\theta} = \boldsymbol{A}_i \pm \Delta\theta_i\boldsymbol{P}_i \times \boldsymbol{A}_i \tag{4-4-43}$$

式中，$\boldsymbol{A}_i$ 代表刚体上的一个任意的方向；$\Delta\theta_i\boldsymbol{P}_i$ 代表刚体的微转动轴矢量；$\boldsymbol{A}_{i,\Delta\theta}$ 由 $\boldsymbol{A}_i$ 微量转动 $\Delta\theta_i\boldsymbol{P}_i$ 而成。

3. 刚体微量转动模式是棱镜调整系统诸传输量的统一形式

刚体微量转动模式(见(4–4–43)式)是任一反射棱镜调整系统流程中全部传输量必然呈现的一种标准的形式。

证明如下：

(1) 在反射棱镜调整系统的流程中一定出现刚体微量转动模式的传输量。"调整"二字表明有微量转动的存在。由(4–4–27)式可见，任何一个输入的刚体方向矢量 $\boldsymbol{A}$，只要受到微量转动算法的作用，便会转换成为刚体微量转动模式的输出量。

(2) 已出现的刚体微量转动模式的传输量不会因调整系统中的其他影响而改变原有的标准形式。

① 由(4-4-18)式可见,反射棱镜的作用矩阵 $\boldsymbol{R}$ 不会改变传输量的刚体微量转动模式;

② 由(4-4-20)式可见,有限转动矩阵 $\boldsymbol{S}_{P_{\alpha},\alpha}$ 也不会改变传输量的刚体微量转动模式;

③ (4-4-35)式~(4-4-37)式表明,另一次微量转动算法的作用也不会变更传输量已有的刚体微量转动模式。

4. 刚体微量转动模式传输量的可分离性结构

刚体微量转动模式的传输量在棱镜调整系统中的真实的传输线可以分离成理想部分和误差部分两条较为简单的传输线。

由(4-4-43)式可见,刚体微量转动模式的传输量 $\boldsymbol{A}_{i,\pm\Delta\theta}$ 包含一个理想部分 $\boldsymbol{A}_i$ 和误差部分 $\pm\Delta\theta_i\boldsymbol{P}_i\times\boldsymbol{A}_i$。微转动轴矢量 $\pm\Delta\theta_i\boldsymbol{P}_i$ 应是误差部分的一个标志。或者说,在 $\boldsymbol{A}_{i,\pm\Delta\theta}$ 中有两个变量 $\boldsymbol{A}_i$ 和 $\Delta\theta_i\boldsymbol{P}_i$,而实际上是把 $\boldsymbol{A}_i$ 和 $\Delta\theta_i\boldsymbol{P}_i$ 分置于两条传输线上。两条传输线相互依存,但可以单独处理,各有独自的算法或传递法则,而且在逻辑上是理顺的。

5. 再谈微量转动的算法

(4-4-42)式表示微量转动的算法或算式。总的来说,算法有以下三个作用或特点:

1) 误差分离

(4-4-42)式右侧的"$\boldsymbol{E}+$"的作用是要把由微量转动所造成的误差部分单独地划分出来。

2) 矩阵矢量化

(4-4-42)式右侧的"$\Delta\theta\boldsymbol{P}\times$"表明,在微量转动的情况,微量转动矩阵 $\boldsymbol{S}_{P,\Delta\theta}$ 中的误差部分 $\Delta\boldsymbol{S}_{P,\Delta\theta}$(见(4-4-5)式)已然变成了一个叉乘的矢量"$\Delta\theta\boldsymbol{P}\times$"。

3) 乘法变加法(加减法)

当一标准模式的传输量($\boldsymbol{A}_i+\Delta\theta_i\boldsymbol{P}_i\times\boldsymbol{A}_i$)输入一微量转动算式 $\boldsymbol{S}_{P,\pm\Delta\theta}=(\boldsymbol{E}\pm\Delta\theta\boldsymbol{P}\times)$时,算式中 $\boldsymbol{E}$ 的作用在于在输出中保持了不变的输入量,而算式中 $\pm\Delta\theta\boldsymbol{P}\times$ 的影响则是在 $\boldsymbol{E}$ 运算的基础上再新添一个误差部分($\pm\Delta\theta\boldsymbol{P}\times\boldsymbol{A}_i$),二者的综合构成了 $\boldsymbol{S}_{P,\pm\Delta\theta}$ 环节的输出:

$$\begin{aligned}\text{输出}&=\boldsymbol{A}_i+\Delta\theta_i\boldsymbol{P}_i\times\boldsymbol{A}_i\pm\Delta\theta\boldsymbol{P}\times\boldsymbol{A}_i\\&=\boldsymbol{A}_i+(\Delta\theta_i\boldsymbol{P}_i\pm\Delta\theta\boldsymbol{P})\times\boldsymbol{A}_i\end{aligned}\tag{4-4-44}$$

上式说明,这里所述的"乘法变加法"是指输入量的误差角矢量 $\Delta\theta_i\boldsymbol{P}_i$ 与微量转动算法的叉乘角矢量($\pm\Delta\theta\boldsymbol{P}$)的叠加。由于 $\Delta\theta_i\boldsymbol{P}_i$ 和 $\pm\Delta\theta\boldsymbol{P}$ 均作用于同一个刚体 $\boldsymbol{A}_i$,所以此种叠加的方法与刚体运动学的原理相符合(见(1-4-18)式)。

4) 微量转动算法分别对两条传输线的影响

(1) 对理想物、像体方向 $\boldsymbol{A}_i$ 没有影响,因全部影响均已归入到误差角矢量的传输线上。

(2) 对误差角矢量的影响呈现为:在保持原输入 $\Delta\theta_i\boldsymbol{P}_i$ 之外,添上 $\pm\Delta\theta\boldsymbol{P}$。

4.5 多棱镜的微量转动

当在4.4.3节讨论一单棱镜微量转动所造成的像偏转时,曾经应用传统的坐标转换法,把输出与输入之间的框图视为一个三环节的系统(见(4-4-26)式和图4-4-3),也曾借助简便的两步法(见(4-4-32)式和表4-4-1)。

无论是哪一种解题途径,都得到了下列的同一结果:

$$\Delta\boldsymbol{\mu}' = (\boldsymbol{E} - \boldsymbol{S}_{T,2\varphi})\Delta\theta\boldsymbol{P} \tag{4-4-34}$$

或

$$\Delta\boldsymbol{\mu}' = \boldsymbol{J}_{\mu P}(\Delta\theta\boldsymbol{P}) \tag{4-3-11}$$

式中

$$\boldsymbol{J}_{\mu P} = (\boldsymbol{E} - \boldsymbol{S}_{T,2\varphi}) \tag{4-3-13}$$

$(\Delta\theta\boldsymbol{P})$和$(\Delta\boldsymbol{\mu}')$应在同一个定坐标系中计读,$\boldsymbol{S}_{T,2\varphi}$可取理想值。

与两步法的(4-4-32)式相对照,(4-4-34)式有微妙的差异。这里,把棱镜的微量转动$\Delta\theta\boldsymbol{P}$视作输入,由此所引起的像偏转$\Delta\boldsymbol{\mu}'$为输出,而在此情形像偏转矩阵$\boldsymbol{J}_{\mu P}$具有误差传递矩阵的意义。不过,$\boldsymbol{J}_{\mu P}$与作为棱镜物、像空间之间的误差传递矩阵$\boldsymbol{S}_{T,2\varphi}$是有差别的。

当讨论多棱镜调整系统时,每块棱镜被当作一个独立的单元,所以宜采用由(4-3-11)式所表达的像偏转,因为该式呈现为一单环节形式。

设$\Delta\theta_i\boldsymbol{P}_i\ (i=1,2,\cdots,n)$代表一多棱镜调整系统中每一块棱镜的微量转动;$\Delta\boldsymbol{\mu}'$代表由诸$\Delta\theta_i\boldsymbol{P}_i$在最后一块棱镜(第$n$块)的像空间内所造成的总的像偏转:

$$\Delta\boldsymbol{\mu}' = \sum_{i=1}^{n} \boldsymbol{S}_{T_n,2\varphi_n}\boldsymbol{S}_{T_{n-1},2\varphi_{n-1}}\cdots\boldsymbol{S}_{T_{i+1},2\varphi_{i+1}}\boldsymbol{J}_{\mu P_i}(\Delta\theta_i\boldsymbol{P}_i) \tag{4-5-1}$$

$$\boldsymbol{J}_{\mu P_i} = (\boldsymbol{E} - \boldsymbol{S}_{T_i,2\varphi_i}) \tag{4-5-2}$$

式中,$\boldsymbol{S}_{T_i,2\varphi_i}$和$\boldsymbol{J}_{\mu P_i}\ (i=1,2,\cdots,n)$分别代表各棱镜的特征矩阵和像偏转矩阵。

(4-5-1)式也将在第17章用于求解一反射棱镜的光学平行差。

4.6 扫描棱镜的微量转动

4.6.1 概述

顾名思义,扫描意味着棱镜的大转动,调整隐含着微量转动,而物像关系则无处不在。扫描、调整以及成像等三种不同的功能一起发生在同一个反射棱镜上。这是一个在实践中,从不同类型的光学仪器中抽象出来的课题,它与测角、周视以及稳像等棱镜技术密切相关。

4.6.2 扫描棱镜调整结构的模型

为了说明问题,图4-6-1给出一双轴运动结构,其中Ⅰ-Ⅰ为独立轴,Ⅱ-Ⅱ为非独立轴。当独立轴转动时，非独立轴跟随它一起转动；反之，当非独立轴转动时，独立轴维持不动。

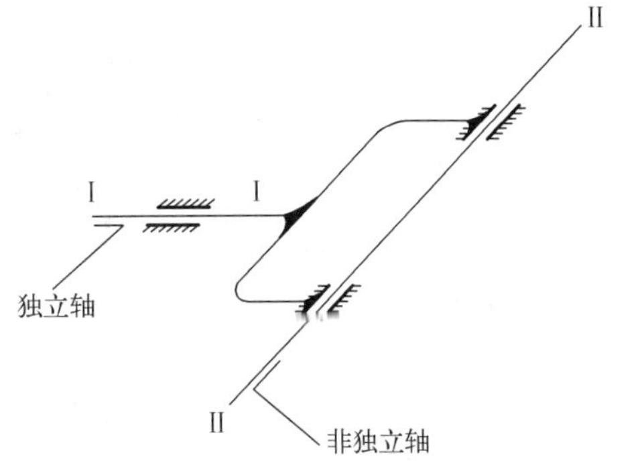

图 4–6–1　独立轴与非独立轴

根据扫描棱镜的扫描轴与调整轴的相对关系，把扫描棱镜的调整结构分成下列三种模型：

1）独立型

独立轴作为调整轴 $\boldsymbol{P}$ 而非独立轴作为扫描轴 $\boldsymbol{P}_\alpha$ 的结构称为独立型，如图 4–6–2 所示。

此种调整结构的调整量 $\Delta\theta\boldsymbol{P}$ 不受棱镜扫描时绕 $\boldsymbol{P}_\alpha$ 转动 α 的影响。这就是说，可以把 $\Delta\theta\boldsymbol{P}$ 视为定坐标中的量。因此，可以类似于处理(3–3–1)式与(2–7–1)式的关系那样来求得棱镜扫描情况下由 $\Delta\theta\boldsymbol{P}$ 所造成的像偏转 $\Delta\boldsymbol{\mu}'_\alpha$，只需用动态的特征矩阵取代(4–4–21)式中的 $\boldsymbol{S}_{T,2\varphi}$

$$(\Delta\boldsymbol{\mu}'_\alpha) = (\boldsymbol{E} - \boldsymbol{S}_{P_\alpha,\alpha}\boldsymbol{S}_{T,2\varphi}\boldsymbol{S}_{P_\alpha,-\alpha})(\Delta\theta\boldsymbol{P})$$

或

$$(\Delta\boldsymbol{\mu}'_\alpha) = \boldsymbol{S}_{P_\alpha,\alpha}(\boldsymbol{E} - \boldsymbol{S}_{T,2\varphi})\boldsymbol{S}_{P_\alpha,-\alpha}(\Delta\theta\boldsymbol{P}) \tag{4–6–1}$$

2）非独立型

非独立轴作为调整轴 $\boldsymbol{P}$ 而独立轴作为扫描轴 $\boldsymbol{P}_\alpha$ 的结构称为非独立型，如图 4–6–3所示。

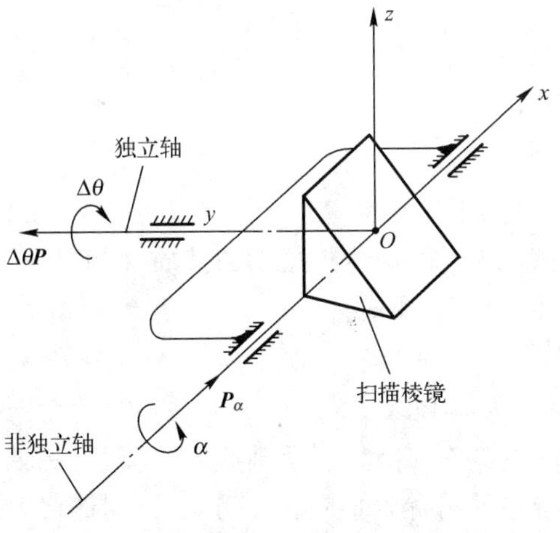

图 4–6–2　独立型调整结构

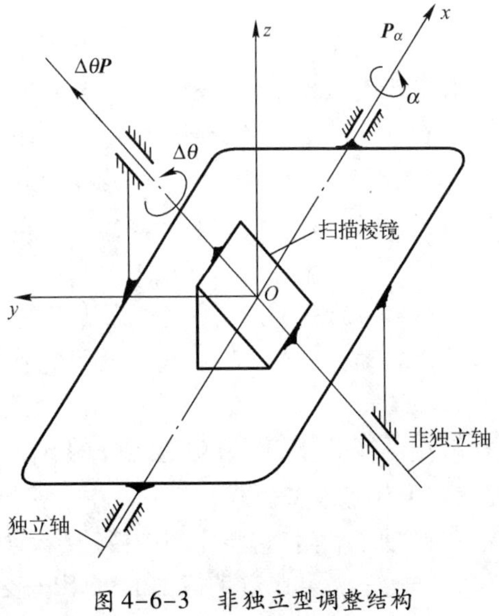

图 4–6–3　非独立型调整结构

此种调整结构的调整量 $\Delta\theta\boldsymbol{P}$ 随着扫描棱镜一起绕 $\boldsymbol{P}_\alpha$ 转 α。这就是说，应该用 $\boldsymbol{S}_{P_\alpha,\alpha}(\Delta\theta\boldsymbol{P})$ 取代(4–6–1)式中的 $\Delta\theta\boldsymbol{P}$，于是

$$(\Delta\boldsymbol{\mu}'_{\alpha}) = \boldsymbol{S}_{\boldsymbol{P}_{\alpha},\alpha}(\boldsymbol{E} - \boldsymbol{S}_{\boldsymbol{T},2\varphi})\boldsymbol{S}_{\boldsymbol{P}_{\alpha},-\alpha}\boldsymbol{S}_{\boldsymbol{P}_{\alpha},\alpha}(\Delta\theta\boldsymbol{P})$$

由此

$$(\Delta\boldsymbol{\mu}'_{\alpha}) = \boldsymbol{S}_{\boldsymbol{P}_{\alpha},\alpha}(\boldsymbol{E} - \boldsymbol{S}_{\boldsymbol{T},2\varphi})(\Delta\theta\boldsymbol{P}) \tag{4-6-2}$$

与独立型的相比，非独立型像偏转公式 $\Delta\boldsymbol{\mu}'_{\alpha}$ 右侧 $\Delta\theta\boldsymbol{P}$ 的左方少了一个反转矩阵 $\boldsymbol{S}_{\boldsymbol{P}_{\alpha},-\alpha}$，这是由于调整量 $\Delta\theta\boldsymbol{P}$ 本来就处在动坐标中，因而不存在需要从定坐标向动坐标转换的问题。

3）特殊型

在特殊情况下，调整轴 $\boldsymbol{P}$ 与扫描轴 $\boldsymbol{P}_{\alpha}$ 平行或重合：$\boldsymbol{P} = \boldsymbol{P}_{\alpha}$，(4-6-1)式右侧最后一个乘积变成

$$\boldsymbol{S}_{\boldsymbol{P}_{\alpha},-\alpha}(\Delta\theta\boldsymbol{P}) = \boldsymbol{S}_{\boldsymbol{P},-\alpha}(\Delta\theta\boldsymbol{P}) = \Delta\theta\boldsymbol{P}$$

此时(4-6-1)与(4-6-2)二式趋于一致。

结果表明，扫描棱镜的调整结构只存在两种基本的模型，即独立型和非独立型，而特殊型只不过是两种基本型的一个特例。特殊型的 $\Delta\boldsymbol{\mu}'_{\alpha}$ 可由(4-6-1)式或(4-6-2)式中的任意一式求得，结果都一样。

图4-6-2和图4-6-3都有些夸张，其实调整轴通常是稳式的。它们所表示的独立型及非独立型的调整结构恰巧一起发生在后述实例的同一个扫描观测棱镜上（潜望测角仪上方直角棱镜）。

4.7 反射棱镜大转动公式的转型（移植）

刚体运动学被用在反射棱镜的成像与转动中，从中所得到的启示又可以返回来服务于纯机械学的问题。

在3.3节中，已经提出了反射棱镜的大转动公式：

$$(\boldsymbol{A}'_{\theta})_0 = \boldsymbol{S}_{\boldsymbol{P},\theta}\boldsymbol{R}\boldsymbol{S}_{\boldsymbol{P},-\theta}(\boldsymbol{A})_0 \tag{4-7-1}$$

将 $\boldsymbol{R} = (-1)^t\boldsymbol{S}_{\boldsymbol{T},2\varphi}$ 代入上式，得

$$(\boldsymbol{A}'_{\theta})_0 = (-1)^t\boldsymbol{S}_{\boldsymbol{P},\theta}\boldsymbol{S}_{\boldsymbol{T},2\varphi}\boldsymbol{S}_{\boldsymbol{P},-\theta}(\boldsymbol{A})_0 \tag{4-7-2}$$

(4-7-2)式变成了一个“旋转三连乘式”。它具有纯机械学的性质，因此反射棱镜大转动公式(4-7-1)可以找到它在机械学中的变式：

$$(\boldsymbol{A}'_{\theta})_0 = \boldsymbol{S}_{\boldsymbol{P},\theta}\boldsymbol{S}_{\boldsymbol{P}_{\zeta},\zeta}\boldsymbol{S}_{\boldsymbol{P},-\theta}(\boldsymbol{A})_0 \tag{4-7-3}$$

在转型的变式中，作为功能矩阵的 $\boldsymbol{S}_{\boldsymbol{P}_{\zeta},\zeta}$ 只代表绕轴线 $\boldsymbol{P}_{\zeta}$ 转动一角度 ζ 的转动矩阵，它取代了原型公式(4-7-1)中的棱镜作用矩阵 $\boldsymbol{R}$；$\boldsymbol{S}_{\boldsymbol{P},\theta}$ 表示轴线 $\boldsymbol{P}_{\zeta}$ 先绕另一轴线 $\boldsymbol{P}$ 转动了 θ 角，它与原型中棱镜绕 $\boldsymbol{P}$ 转 θ 的步骤相对应；$(\boldsymbol{A})_0$ 和 $(\boldsymbol{A}'_{\theta})$ 同样代表输入和输出矢量在定坐标中的列矩阵表示。$(\boldsymbol{A})_0$ 也是本情况下的作用矩阵 $\boldsymbol{S}_{\boldsymbol{P}_{\zeta},\zeta}$ 的主体，不过它同物矢量无关。

现将(4-7-3)式与(4-6-1)式作一对照，不难看出，由(4-7-3)式所构想的传动结构是独立型的传动结构；不过，它成立的前提是输入 $\boldsymbol{A}$ 不应受到 $\boldsymbol{P}_{\zeta}$ 轴绕 $\boldsymbol{P}$ 转

动 θ 的影响。此情况的 $\boldsymbol{A}$ 一般代表某一机械零件的方向,该零件 $\boldsymbol{A}$ 一方面与 $\boldsymbol{P}_\zeta$ 轴有一定的联结,以实现绕它转动 ζ 角,另一方面又不准许随 $\boldsymbol{P}_\zeta$ 轴一起绕 $\boldsymbol{P}$ 转 θ,这样的结构在实现上有相当的难度,加上目前尚不知它究竟有何实用价值,因此,本小节内容只当作是为引出非独立型结构的一个过渡。

非独立型的传动结构如图 4-7-1 所示。该传动结构由基座 0、框架 1、圆盘 2 以及独立轴 $\boldsymbol{P}_0$ 和非独立轴 $\boldsymbol{P}_1$ 所组成。$\boldsymbol{\lambda}_0$ 和 $\boldsymbol{\lambda}_1$ 分别为框架绕 $\boldsymbol{P}_0$ 轴和圆盘绕 $\boldsymbol{P}_1$ 轴的转角;设 xyz 为与基座固定联结的定坐标,$x_1y_1z_1$ 和 $x_2y_2z_2$ 为分别与框架和圆盘刚性联结的一阶动坐标和二阶动坐标;二阶动坐标 $x_2y_2z_2$ 的起始位置($\boldsymbol{\lambda}_1=0$ 时)应与一阶动坐标 $x_1y_1z_1$ 相平行,而一阶动坐标 $x_1y_1z_1$ 的起始位置($\boldsymbol{\lambda}_0=0$ 时)则应与定坐标 xyz 相平行。

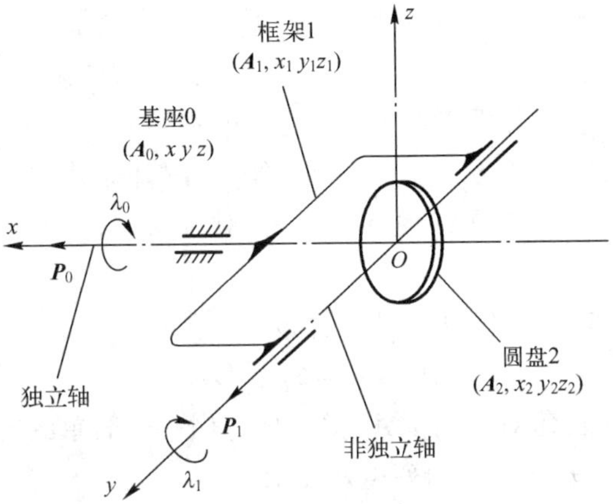

图 4-7-1　非独立型传动结构

又设 $\boldsymbol{A}_0$、$\boldsymbol{A}_1$ 和 $\boldsymbol{A}_2$ 分别代表基座、框架和圆盘的方向,它们同样与相应的机件作刚性联结。三个矢量之间的相对关系与三个坐标之间的相对关系完全一样,即当 $\boldsymbol{\lambda}_1=0$ 时,$\boldsymbol{A}_2$ 与 $\boldsymbol{A}_1$ 相平行;当 $\boldsymbol{\lambda}_0=0$ 时,$\boldsymbol{A}_1$ 与 $\boldsymbol{A}_0$ 相平行,因而当圆盘和框架均处在起始位置时,$\boldsymbol{A}_2 /\!/ \boldsymbol{A}_1 /\!/ \boldsymbol{A}_0$。应当指出,圆盘上的矢量 $\boldsymbol{A}_2$ 的方向可以是任选的,即$(\boldsymbol{A}_2)_2$ 的数值是可以随意的,重要的是 $\boldsymbol{A}_0$、$\boldsymbol{A}_1$ 和 $\boldsymbol{A}_2$ 应保持以上规定的相对关系。

下面讨论此非独立型传动的输出、输入之间的关系。

在以上对于各机件方向矢量及各种坐标系的原始方向所做的规定下,可以用 $(\boldsymbol{A}_2)_0$ 代表输入,因为当 $\boldsymbol{\lambda}_0$ 和 $\boldsymbol{\lambda}_1$ 二转角均未启动时,$x_2y_2z_2$、$x_1y_1z_1$ 与 xyz 三者相互平行,$\boldsymbol{A}_2$ 矢量在哪一个坐标系中的列矩阵表示均无异。诚然,还是以 $\boldsymbol{A}_2$ 在定坐标 xyz 中的呈现较为方便。

至于用什么符号来代表圆盘 2 方向矢量的输出,则在尚未清楚 $\boldsymbol{\lambda}_0$ 和 $\boldsymbol{\lambda}_1$ 二转角的转动顺序是否会影响到输出的结果时,为慎重起见,暂时先用两个不同的符号 $(\boldsymbol{A}_{2,\lambda_1,\lambda_0})_0$ 和$(\boldsymbol{A}_{2,\lambda_0,\lambda_1})_0$ 分别代表两种不同转动顺序的输出。

首先讨论先 λ_1 后 λ_0 的顺序。此种转动的秩序比较简单,容易理解。其输出 $(\boldsymbol{A}_{2,\lambda_1,\lambda_0})_0$ 的表达式可以直接写出:

$$(\boldsymbol{A}_{2,\lambda_1,\lambda_0})_0 = \boldsymbol{S}_{\boldsymbol{P}_0,\lambda_0}\boldsymbol{S}_{\boldsymbol{P}_1,\lambda_1}(\boldsymbol{A}_2)_0 \tag{4-7-4}$$

设 $\boldsymbol{A}_{2,\lambda_1}$ 代表转动 λ_1 后的阶段输出,并考虑到 $\lambda_0=0$ 时,坐标 $x_1y_1z_1$ 仍处在与 xyz 相平行的原始方向,则有

$$(\boldsymbol{A}_{2,\lambda_1})_0 = (\boldsymbol{A}_{2,\lambda_1})_1 = \boldsymbol{S}_{\boldsymbol{P}_1,\lambda_1}(\boldsymbol{A}_2)_0 \tag{4-7-5}$$

由此

$$(\boldsymbol{A}_{2,\lambda_1,\lambda_0})_0 = \boldsymbol{S}_{\boldsymbol{P}_0,\lambda_0}(\boldsymbol{A}_{2,\lambda_1})_0 \tag{4-7-6}$$

而由于(4-7-6)式右侧两项的呈现和运算均在定坐标 xyz 中,所以运算的结果必然回归最初给出的(4-7-4)式。换一种说法,第二阶段的转动 $\boldsymbol{S}_{\boldsymbol{P}_0,\lambda_0}$ 之对于前一次转动结果的影响,只表现在再左乘以转动矩阵 $\boldsymbol{S}_{\boldsymbol{P}_0,\lambda_0}$ 就可以了。

以下讨论先 λ_0 后 λ_1 的顺序。首先必须指出,此时的第一转动 $\boldsymbol{S}_{\boldsymbol{P}_0,\lambda_0}$ 和上述情况下的第一转动 $\boldsymbol{S}_{\boldsymbol{P}_1,\lambda_1}$ 二者所产生的效果是有区别的。

虽然 λ_0 转动对后续的传动链只是一个统一和整体的影响,然而为了使这个问题能够得到透彻的理解,须仔细地分析 $\boldsymbol{S}_{\boldsymbol{P}_0,\lambda_0}$ 对于后续传动的各个部分的不同的作用。

设圆盘方向矢量 $\boldsymbol{A}_2$ 在转动 λ_0 后成为 $\boldsymbol{A}_{2,\lambda_0}$,则

$$(\boldsymbol{A}_{2,\lambda_0})_0 = \boldsymbol{S}_{\boldsymbol{P}_0,\lambda_0}(\boldsymbol{A}_2)_0 \tag{4-7-7}$$

(4-7-7)式表明,λ_0 转角对于矢量 $\boldsymbol{A}_2$ 只是使它做一个简单的转动 $\boldsymbol{S}_{\boldsymbol{P}_0,\lambda_0}$ 而已,其结果为矢量 $\boldsymbol{A}_{2,\lambda_0}$ 在定坐标 xyz 中的列矩阵表示。

至于 λ_0 转动对圆盘 2 与环架 1 之间的传动关系的影响,或者说,对功能矩阵 $\boldsymbol{S}_{\boldsymbol{P}_1,\lambda_1}$ 所产生的作用,则可以借鉴平面镜系统转动原理的(3-1-5)式或是扫描棱镜调整结构独立型的(4-6-1)式。这里的功能矩阵 $\boldsymbol{S}_{\boldsymbol{P}_1,\lambda_1}$ 与那里的作用矩阵 $\boldsymbol{R}$ 或像偏转矩阵 $\boldsymbol{J}_{\mu p}=(\boldsymbol{E}-\boldsymbol{S}_{T,2\varphi})$ 相对应,而目前的输入 $\boldsymbol{A}_{2,\lambda_0}$ 则与当时的 $\boldsymbol{A}$ 或 $\Delta\theta\boldsymbol{P}$ 相当。三者在形式上略有差别,然而共性却是本质的,因此,由套用原来的公式,得

$$(\boldsymbol{A}_{2,\lambda_0,\lambda_1})_0 = \boldsymbol{S}_{\boldsymbol{P}_0,\lambda_0}\boldsymbol{S}_{\boldsymbol{P}_1,\lambda_1}\boldsymbol{S}_{\boldsymbol{P}_0,-\lambda_0}(\boldsymbol{A}_{2,\lambda_0})_0$$

将(4-7-7)式代入,有

$$(\boldsymbol{A}_{2,\lambda_0,\lambda_1})_0 = \boldsymbol{S}_{\boldsymbol{P}_0,\lambda_0}\boldsymbol{S}_{\boldsymbol{P}_1,\lambda_1}\boldsymbol{S}_{\boldsymbol{P}_0,-\lambda_0}\boldsymbol{S}_{\boldsymbol{P}_0,\lambda_0}(\boldsymbol{A}_2)_0 \tag{4-7-8}$$

由于(4-7-8)式右侧的连乘"$\boldsymbol{S}_{\boldsymbol{P}_0,-\lambda_0}\boldsymbol{S}_{\boldsymbol{P}_0,\lambda_0}$"互相抵消,(4-7-8)和(4-7-4)两式的结果趋于一致,因而可以用统一的符号 $\boldsymbol{A}_{2,\lambda}$ 取代原来的 $\boldsymbol{A}_{2,\lambda_1,\lambda_0}$ 和 $\boldsymbol{A}_{2,\lambda_0,\lambda_1}$,所以图 4-7-1 所示传动链的输出与输入的关系式最终成为:

$$(\boldsymbol{A}_{2,\lambda})_0 = \boldsymbol{S}_{\boldsymbol{P}_0,\lambda_0}\boldsymbol{S}_{\boldsymbol{P}_1,\lambda_1}(\boldsymbol{A}_2)_0 \tag{4-7-9}$$

上述的分析同时说明,在图 4-7-1 所示的非独立型传动结构中,对于绕独立轴和绕非独立轴的两项转动,无论哪个在先、哪个在后均无妨,而结果都一样,即输入、输出关系式中的矩阵连乘的顺序将保持不变。就本例来说,按照由右向左的方向,那么应始于绕非独立轴的转动矩阵,而终于绕独立轴的转动矩阵:

$S_{P_0,\lambda_0}S_{P_1,\lambda_1}$。图 4-7-1 所示属于一最简单的非独立型传动结构，只有一个非独立轴，然而它的有关结论可推广到多级的非独立型传动结构。

设一 n 级非独立型传动结构，其中有一个独立轴和几个非独立轴 P_i（$i=1,2,\cdots,n$），则(4-7-8)式变成

$$(A_{n+1,\lambda})_0 = S_{P_0,\lambda_0}S_{P_1,\lambda_1}\cdots S_{P_i,\lambda_i}\cdots S_{P_n,\lambda_n}(A_{n+1})_0 \tag{4-7-10}$$

式中，A_{n+1} 代表从动件的方向矢量；$(A_{n+1})_0$ 代表矢量 A_{n+1} 的原始位置在定坐标 xyz 中的列矩阵表示；λ_i 为各机件绕相应轴 P_i 的转角。求转动矩阵 S_{P_i,λ_i} 时，各转轴 P_i 用它们的原始方向在定坐标 xyz 中的分量代入。

由(4-7-10)式可见，按照自右向左的方向，矩阵连乘式始于绕最高阶非独立轴 P_n 的转动矩阵 S_{P_n,λ_n}，接着逐级下降为 S_{P_i,λ_i}，而最后终于绕独立轴 P_0 的转动矩阵 S_{P_0,λ_0}。这个顺序绝对不会因各个转动先后的不同而有所变化。

图 4-7-2 所示是一个二级非独立型传动结构。它由一个单元的非独立型传动结构增添一内环而成，原来的环架改称为外环。二级非独立型传动结构具有两个非独立轴，前者为一阶非独立轴，后者为二阶非独立轴。相对二阶非独立轴而言，一阶非独立轴可视为独立轴，因为绕二阶非独立轴的转动对一阶非独立轴无任何影响。

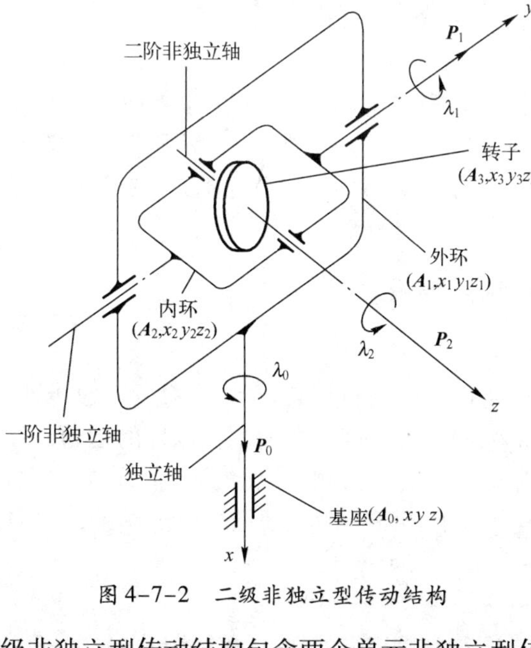

图 4-7-2　二级非独立型传动结构

可以认为，二级非独立型传动结构包含两个单元非独立型传动结构：第一级传动由独立轴 P、一阶非独立轴 P_1 和相关的机件组成；第二级传动则由一阶非独立轴 P_1、二阶非独立轴 P_2 和相关的机件组成。这里，一阶非独立轴 P_1 和某些机件是两级传动所共有的。

将 $n=2$ 代入(4-7-10)式，得

$$(\boldsymbol{A}_{3,\lambda})_0 = \boldsymbol{S}_{\boldsymbol{P}_0,\lambda_0}\boldsymbol{S}_{\boldsymbol{P}_1,\lambda_1}\boldsymbol{S}_{\boldsymbol{P}_2,\lambda_2}(\boldsymbol{A}_3)_0 \tag{4-7-11}$$

上式表示,$\boldsymbol{A}_0$ 经三次转动而成为 $\boldsymbol{A}_{3,\lambda}$。根据刚体运动学的原理,这样的三次转动可等效为一次绕 $\boldsymbol{P}_\lambda$ 轴作 λ 角的转动,即

$$\boldsymbol{S}_{\boldsymbol{P}_\lambda,\lambda} = \boldsymbol{S}_{\boldsymbol{P}_0,\lambda_0}\boldsymbol{S}_{\boldsymbol{P}_1,\lambda_1}\boldsymbol{S}_{\boldsymbol{P}_2,\lambda_2} \tag{4-7-12}$$

由此

$$(\boldsymbol{A}_{3,\lambda})_0 = \boldsymbol{S}_{\boldsymbol{P}_\lambda,\lambda}(\boldsymbol{A}_3)_0 \tag{4-7-13}$$

显然,转动矩阵 $\boldsymbol{S}_{\boldsymbol{P}_\lambda,\lambda}$ 也代表由动坐标 $x_3y_3z_3$ 向定坐标 xyz 的坐标转换矩阵 $\boldsymbol{G}_{30}$。因此,由定坐标 xyz 向动坐标 $x_3y_3z_3$ 的坐标转换矩阵 $\boldsymbol{G}_{03}$ 应是

$$\boldsymbol{G}_{03} = (\boldsymbol{G}_{30})^{-1} = (\boldsymbol{S}_{\boldsymbol{P}_0,\lambda_0}\boldsymbol{S}_{\boldsymbol{P}_1,\lambda_1}\boldsymbol{S}_{\boldsymbol{P}_2,\lambda_2})^{-1}$$

所以

$$\boldsymbol{G}_{03} = \boldsymbol{S}_{\boldsymbol{P}_2,-\lambda_2}\boldsymbol{S}_{\boldsymbol{P}_1,-\lambda_1}\boldsymbol{S}_{\boldsymbol{P}_0,-\lambda_0} \tag{4-7-14}$$

二级非独立型传动结构,由于其原理和结构上的某些优点,已广泛地应用于陀螺仪、经纬仪、潜望测角仪、周视瞄准镜以及其他一些类同的仪器和仪表上。

根据4.7节所述,微量转动的算法与传递的原理和公式也可以回归纯机械学的领域。此情可见诸于“11.1经纬仪”一节。

4.8 反射棱镜位移定理

在3.3、4.1以及4.2等三个大节里曾先后讨论了“平面镜系统转动法则”、“反射棱镜微量转动法则”以及“反射棱镜微量移动法则”等内容。三条法则各有侧重和特色,然而究其本质,仍以共性居首。因此,拟将上列法则归并、提升和发展成为一条定理。

4.8.1 反射棱镜位移定理

1. 定理的定义

“在物体不动的条件下,反射棱镜绕(沿)其物空间的转轴单位矢量 $\boldsymbol{P}$ 转动 θ(方向单位矢量 $\boldsymbol{D}$ 移动 g)在像空间所造成共轭像体的运动,可通过先后的两个步骤获得:第一步,想象棱镜不动而由物体绕(沿)$\boldsymbol{P}$ 轴转动 $-\theta$(方向 $\boldsymbol{D}$ 移动 $-g$)所造成像体相对应的运动;第二步,运动了的像体再继续绕(沿)$\boldsymbol{P}$ 轴转动 θ(方向 $\boldsymbol{D}$ 移动 g)。”

2. 说明

(1) 定理中“位移”二字是广义的,它覆盖线位移(平移)和角位移(转动)等两种情况;同时也包含微量位移和有限位移等两个方面。

(2) 定理的适用范围不受棱镜所在光路性质的限制,既可以是平行光路,也可以是会聚光路。在平行光路中转轴 $\boldsymbol{P}$ 属自由矢量,而在会聚光路中转轴 $\boldsymbol{P}$ 则归属定线矢量(滑移矢量)。

4.8.2 反射棱镜位移定理的逻辑

1. 两步法的诠释

为叙述的方便,以下只讨论反射棱镜(含平面镜系统)在会聚光路中大转动的情况。

位移定理实际上提供了一条所谓两步法的解题途径。

两步法中的第一个步骤本身也可以分成二个环节:环节一,棱镜不动而物体绕 $\boldsymbol{P}$ 反向转动 θ,这一过程代表物体方位由定坐标向动坐标的坐标转换;环节二,在动坐标中,依据反射棱镜物、像体运动之间的传递关系,求得共轭像体的方位,或者说,在动坐标中求出一任意物点所对应的共轭像点的位置。

两步法中的第二个步骤则是假想物体和反射棱镜一起转动,因而像体也随着,三者如同一个刚体,绕 $\boldsymbol{P}$ 正向转动 θ,这一过程代表在第一个步骤已得到的像点位置再由动坐标返回定坐标的坐标转换。

由上述可见,原来两步法就是两次坐标转换:第一步表示由定坐标向动坐标的转换,而第二步则表示由动坐标返回定坐标的转换。

所以,两步法的数学基础为坐标转换,而物理基础则是相对运动。

在第二个步骤,若仅就坐标转换而论,则只需让在动坐标中已求得的像点位置(或像体方位)单独绕 $\boldsymbol{P}$ 正转 θ 即可。然而,带上物体和棱镜,三者整体完成这一转动,则可以揭示事物更深层次的内在联系。因为由第一个步骤在动坐标中已经建立的相对于棱镜所呈现的物、像间的共轭关系,在第二个步骤的过程中仍然保持不变,直至终了。此时,物体复位,棱镜到位,像体也达至其应有的方位。不过,三者的方位均已转换到了定坐标之中。

难道在定坐标中,物体不应该是静止不动的吗?难道在定坐标中,棱镜不应该是绕 $\boldsymbol{P}$ 转动了 θ 吗?而静止物体方位在棱镜绕 P 转动了 θ 后所对应的共轭像体方位不正是需要求解的答案吗?回答将是十分肯定的。

两步法把一个复杂的任务分解成二个或三个简单的问题,这在思维方法上即所谓的化繁为简。

2. 刚体运动学的观点与原理

反射棱镜成像定理表明,可以用一个刚体运动模型来模拟棱镜静止不动时物体与像体之间的共轭关系。棱镜转动原理的任务是要讨论物体不动时棱镜绕 $\boldsymbol{P}$ 转动 θ 所引起共轭像体方位的变化。

以上,分别提到反射棱镜的静态成像和动态成像等两个不同的问题。然而不难看出,在棱镜转动的过程中,对它的每一个位置,或在某一个瞬间,相共轭的物、像空间均代表一个静态成像。这就是说,棱镜的动态成像实际上是由无数个静态成像所组成的。由此可见,刚体运动模型同样可以用来模拟反射棱镜转动中的物、像之间的共轭关系,或是模拟物体在棱镜转动过程中所对应的任意两个像体之间的关系。

刚体运动学的观点与原理已然贯穿于反射棱镜成像与转动原理的各个部分，无疑也已融化到了两步法的二个步骤或三个环节之中。

4.8.3 反射棱镜转动公式

1. 概述

同理，下面也只讨论反射棱镜（含平面镜系统）在会聚光路中大转动的情况。所以，本标题有意缺失移动二字。

公式的推导严格遵循定理中指明的两步法：第一步，棱镜不动而物体绕 $\boldsymbol{P}$ 反转 θ；第二步，物体、棱镜与像体三者一起绕 $\boldsymbol{P}$ 正转 θ。

关于第一个步骤，一般可采取二种不同的解题方式：其一，在公式推导中既利用物空间的数据同时也借助像空间的数据；其二，在公式推导中几乎全部依靠物空间的数据。第一种解题方式已在 3.4.2 节有过详细的推导，这里不再重复，因此在下述中只讨论第二种解题方式。

关于第二个步骤，则比较简单，它不过是一项整体的刚体运动而已。

2. 公式推导

如上所述，下面将按照第二种解题方式推导物体上一任意物点在棱镜或平面镜系绕某轴线转动一有限角度后所对应的共轭像点的位置。

见图 4-8-1，共轭基点矢量 $\overrightarrow{M_0M'}$ 或 $\overrightarrow{MM'}$ 以及作用矩阵或特征矩阵和反射次数 $\boldsymbol{R}=(-1)^t\boldsymbol{S}_{T,2\varphi}$ 为反射棱镜（含平面镜系）的成像特性参量；转轴（物轴）单位矢量 $\boldsymbol{P}$、有限转角 θ 以及定位点 q（使 $\boldsymbol{P}$ 成为滑移矢量）代表棱镜的运动参量；$\boldsymbol{P}'$ 和 q' 为对应的像轴和它的定位点；F 代表物体上的一任意的物点；$Oxyz$ 和 $O_1x_1y_1z_1$ 分别代表定坐标系和动坐标系，当棱镜未转动时，动坐标的各坐标轴及原点应与定坐标完全重合；$F'_{\theta,1}$ 和 F'_{θ} 代表物点 F 在棱镜绕 $\boldsymbol{P}$ 转 θ 后分别在动坐标和定坐标中所对应的共轭像点。图上还给出了物、像点在定、动坐标系中的位置矢量以及一些相关点连线的方向矢量，如 $\boldsymbol{g}$、$\boldsymbol{h}$、$\boldsymbol{l}$ 和 $\boldsymbol{g}'_{\theta}$……，等等。为了不使图形变得太复杂，有些点子、连线及图形未能画出，需要想象。

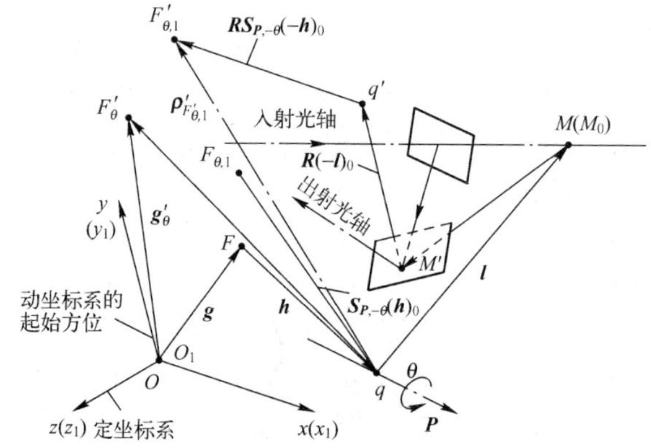

图 4-8-1　会聚光路中大转动平面镜系物、像点关系的建立

1）坐标转换

在两步法中，坐标转换起着关键的作用，既是解题途径，也是指导原则。

以上曾多次提到两步法中的坐标转换的问题。这里只想强调一下棱镜在会聚光路中的一个重要的特点。

在会聚光路中，棱镜转轴单位矢量 $\boldsymbol{P}$ 属于滑移矢量，或称定线矢量。$\boldsymbol{P}$ 矢量载线上一定位点 q 的作用就在于此。所以，两步法的第一次坐标转换是，物体上一任意点 F，包括定坐标系 $Oxyz$ 自身，均应绕过 q 点的 $\boldsymbol{P}$ 轴反转 θ 角，而成为动坐标中的 $F_{\theta,1}$ 和 $O_\theta x_\theta y_\theta z_\theta$（图中未标出）；第二次坐标转换则是，$F_{\theta,1}$ 在动坐标中的共轭像点 $F'_{\theta,1}$ 再绕过 q 点的 $\boldsymbol{P}$ 轴正转 θ 角，而成为定坐标中的 F'_θ，此时 $F_{\theta,1}$ 和 $O_\theta x_\theta y_\theta z_\theta$ 均返回其原位。作为名词 $\boldsymbol{P}$ 轴的定语"过 q 点"就是这里想要强调的三个字。

会聚光路中的坐标转换不仅要考虑方向上的转换，而且须注意位置上的转换。为保证这一要求，转换的两次转动的转轴 $\boldsymbol{P}$ 必须是一个过定位点 q 的定线矢量。

2）公式推导过程

（1）由定坐标 $Oxyz$ 转入动坐标 $O_1x_1y_1z_1$

推导过程的第一步是在动坐标 $O_1x_1y_1z_1$ 中进行的。见图 4-8-1，在物体绕过 q 点的 $\boldsymbol{P}$ 轴反转 θ 后，定坐标 $Oxyz$ 中的物点 F 变成了动坐标 $O_1x_1y_1z_1$ 中的物点 $F_{\theta,1}$，$\boldsymbol{h}$ 则变成 $\overrightarrow{F_{\theta,1}q} = \boldsymbol{S}_{P,-\theta}(\boldsymbol{h})_0$。

以下经由 $F_{\theta,1}qMM'q'F'_{\theta,1}$ 的途径，推导像点 $F'_{\theta,1}$ 的位置矢量在动坐标中的表达式。根据后续步骤的需要，暂时采用 q 点作为计读坐标的原点，并设 $\boldsymbol{\rho}'_{F'_{\theta,1}} = \overrightarrow{qF'_{\theta,1}}$，则

$$(\boldsymbol{\rho}'_{F'_{\theta,1}})_0 = (\boldsymbol{l})_0 + (\overrightarrow{MM'})_0 + \boldsymbol{R}(-\boldsymbol{l})_0 + \boldsymbol{R}\boldsymbol{S}_{P,-\theta}(-\boldsymbol{h})_0 \qquad (4\text{-}8\text{-}1)$$

（2）由动坐标 $O_1x_1y_1z_1$ 转回定坐标 $Oxyz$

再次参见图 4-8-1，如在 1）中所述，在物空间和平面镜系均绕过 q 点的 $\boldsymbol{P}$ 轴正转 θ 角后，矢量 $\boldsymbol{\rho}'_{F'_{\theta,1}}$ 将变成 $\overrightarrow{qF'_\theta}$，动坐标中的像点 $F'_{\theta,1}$ 也随着转入定坐标中而成为 F'_θ。由此，有：

$$\overrightarrow{qF'_\theta} = \boldsymbol{S}_{P,\theta}\boldsymbol{\rho}'_{F'_{\theta,1}} \qquad (4\text{-}8\text{-}2)$$

设 $\boldsymbol{g}'_\theta$ 代表像点 F'_θ 在定坐标系 $Oxyz$ 中的位置矢量，则

$$\boldsymbol{g}'_\theta = \boldsymbol{g} + \boldsymbol{h} + \overrightarrow{qF'_\theta} \qquad (4\text{-}8\text{-}3)$$

将(4-8-1)式代入(4-8-2)式，然后再代入(4-8-3)式，得

$$(\boldsymbol{g}'_\theta)_0 = (\boldsymbol{g})_0 + (\boldsymbol{h})_0 + \boldsymbol{S}_{P,\theta}(\boldsymbol{l})_0 + \boldsymbol{S}_{P,\theta}(\overrightarrow{MM'})_0 - \boldsymbol{S}_{P,\theta}\boldsymbol{R}(\boldsymbol{l})_0 - \boldsymbol{S}_{P,\theta}\boldsymbol{R}\boldsymbol{S}_{P,-\theta}(\boldsymbol{h})_0 \qquad (4\text{-}8\text{-}4)$$

如果将(4-8-1)、(4-8-4)二式与(3-2-1、(3-2-3)二式作一对照，不难看出，(4-8-1)式和(3-2-1)式各自的最后一项略有差异，这是由于二者的思路不尽相同的缘故。(4-8-4)和(3-2-3)二式当然一致，即所谓殊途同归，然而在诠释上也有所不同。

3. 几点体验

1）定位

在公式推导过程，除了坐标转换之外，定位也是一个重要的问题。

见图 4-8-1，计读坐标系 $Oxyz$ 无疑与定位有密切的关系，尤其是它的坐标原点 O，因为物、像点 F 和 F'_θ 的位置矢量 $\boldsymbol{g}$ 和 $\boldsymbol{g}'_\theta$ 均量自原点 O。

然而，为了确定一物点 F 通过一旋转平面镜系所成的像点 F'_θ，需要实现两种类型的过渡：其一为由物空间向像空间的过渡；其二为由静止空间向运动空间的过渡或反之由运动空间向静止空间的过渡。显然，平面镜系的一对共轭点 M 和 M'（或反射棱镜的一对共轭基点 M_0 和 M'）将用于前一种过渡。至于后一种过渡，则区分为两种情况：第一种情况发生在棱镜的物空间内，此时物轴 $\boldsymbol{P}$ 充当相对运动空间与相对静止空间①的边界线，界线上的任何一个点子，例如 q，都具有双重性，它既属于静止空间，同时也可归入运动空间，因此，借助于 q 点实现了由相对运动空间中的 $F_{\theta,1}$ 点向相对静止空间中的 M（或 M_0）点的过渡；第二种情况相应地发生在棱镜的像空间内，此时像轴 $\boldsymbol{P}'$ 充当彼此间具有相对运动的两个空间的边界线，界线上的任何一个点子，例如 q'，均可视为上述两个不同空间的一个共有的点子，所以，借助于 q' 点实现了由一个相对静止空间中的 M' 点向另一个相对运动空间中的 $F'_{\theta,1}$ 点的过渡。

由上述可见，过程中的一切转换点，如：M_0、M'、q 和 q' 都扮演着定位点的角色，它们相当于各处的计读基准，具有实质性的意义。

2）刚体运动中的四点组模式

四点组是运动学解题途径中的一种典型的模式。见图 4-8-1，q、M_0、M' 和 q' 为第一个四点组，其模式为："根据已知的一对共轭（基）点 $\overrightarrow{M_0M'}$，求给定物点 q 的像点 q'"。

依此类推，第二个四点组为 $F_{\theta,1}$、q、q' 和 $F'_{\theta,1}$，即：根据已知的一对共轭点 $\overrightarrow{qq'}$，求给定点 $F_{\theta,1}$ 的像点 $F'_{\theta,1}$。

每一次四点组的刚体运动模拟会给出一个新的像点，例如 q'，而该像点将作为下一个像矢量，例如 $\overrightarrow{q'F'_{\theta,1}}$ 的定位点。

3）相对运动与牵连运动

上述两次四点组的刚体运动模拟属于两步法的第一步，其过程完全发生在相对静止空间，即棱镜的 $O_1x_1y_1z_1$ 坐标中，结果是一对共轭的物、像体如下的旋转运动：物体在棱镜物空间绕过 q 点的 $\boldsymbol{P}$ 轴转动 $-\theta$，而像体在棱镜像空间绕过 q' 点的 $\boldsymbol{P}'$ 轴转动相应的角度 $(-1)^t(-\theta)=(-1)^{t-1}\theta$。

由于在解题的第一步棱镜是被想象为静止不动的，可将上述的物、像体转动看

---

① 注：在两步法的第一步，棱镜被当作是静止的，而静止的空间反倒成为运动的，故称 $O_1x_1y_1z_1$ 为相对静止空间，$Oxyz$（含物点 F）为相对运动空间。

作是它们对于棱镜或其坐标系 $O_1x_1y_1z_1$ 的一种相对运动。所以,按照运动学的观点,在解题的第二步棱镜、物体和像体三者作为一个整体一起绕过 q 点的 $\boldsymbol{P}$ 轴转动 θ 的运动便可取名为牵连运动。

虽说相对运动的分析方法在本质上与坐标转换无异,然而前者更具形象化和实体感,便于思考。尤其是人们习惯于在棱镜静止的情景来思考它的物像关系。

4）再现刚体运动学模型

图 4-8-2 是图 4-8-1 的延续,一些符号还保留着原有的意义。

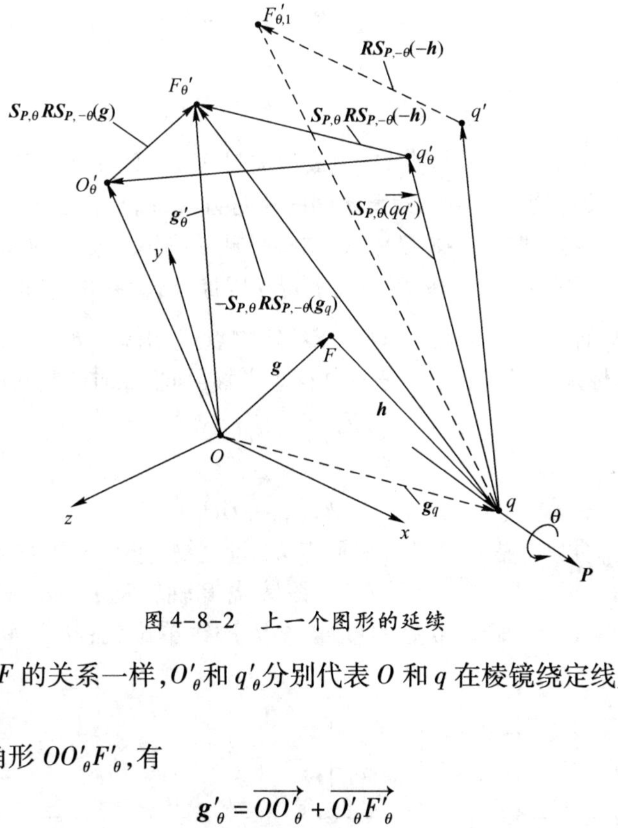

图 4-8-2　上一个图形的延续

如同 F'_θ 和 F 的关系一样,O'_θ 和 q'_θ 分别代表 O 和 q 在棱镜绕定线矢量 $\boldsymbol{P}$ 转动 θ 后的共轭像点。

由矢量三角形 $OO'_\theta F'_\theta$,有

$$\boldsymbol{g}'_\theta = \overrightarrow{OO'_\theta} + \overrightarrow{O'_\theta F'_\theta}$$

由此,

$$(\boldsymbol{g}'_\theta)_0 = (\overrightarrow{OO'_\theta})_0 + \boldsymbol{S}_{\boldsymbol{P},\theta}\boldsymbol{R}\boldsymbol{S}_{\boldsymbol{P},-\theta}(\boldsymbol{g})_0 \tag{4-8-5}$$

引入符号 $\boldsymbol{R}_\theta$:

$$\boldsymbol{R}_\theta = \boldsymbol{S}_{\boldsymbol{P},\theta}\boldsymbol{R}\boldsymbol{S}_{\boldsymbol{P},-\theta} \tag{4-8-6}$$

$\boldsymbol{R}_\theta$ 取名动态作用矩阵。其所以挂上动态二字,是出于它同棱镜转角 θ 有关的缘故。实际上,$\boldsymbol{R}_\theta$ 只不过是棱镜在绕 $\boldsymbol{P}$ 轴转动了 θ 角之后,其原有的功能矩阵在定坐标系中的一个新的呈现而已,它代表棱镜在转动过程中的某个瞬间或某个 θ 值的作用矩阵,与一般的静态作用矩阵无任何差异;而 $\boldsymbol{R}$ 此时反倒成为在随棱镜一起转动的动坐标系中的一个不变的作用矩阵。

将(4-8-6)式代入(4-8-5)式,得

$$(\boldsymbol{g}'_\theta)_0 = (\overrightarrow{OO'_\theta})_0 + \boldsymbol{R}_\theta(\boldsymbol{g})_0 \tag{4-8-7}$$

与(2-8-13)式相类似,以下也可以证明(4-8-5)式中的矢量$\overrightarrow{OO'_\theta}$与物点 F 的位置矢量 $\boldsymbol{g}$ 无关。

无论物点 F 在何处,都可由矢量四边形 $Oqq'_\theta O'_\theta$,得

$$(\overrightarrow{OO'_\theta})_0 = (\boldsymbol{g}_q)_0 + \boldsymbol{S}_{P,\theta}(\overrightarrow{qq'})_0 - \boldsymbol{R}_\theta(\boldsymbol{g}_q)_0$$

由此,

$$(\overrightarrow{OO'_\theta})_0 = (\boldsymbol{E} - \boldsymbol{R}_\theta)(\boldsymbol{g}_q)_0 + \boldsymbol{S}_{P,\theta}(\overrightarrow{qq'})_0 \tag{4-8-8}$$

式中,

$$(\overrightarrow{qq'})_0 = (\boldsymbol{l})_0 + (\overrightarrow{MM'})_0 + \boldsymbol{R}(-\boldsymbol{l})_0 \tag{4-8-9}$$

结果表明,坐标原点 O 与其像点 O'_θ 组成的矢量$\overrightarrow{OO'_\theta}$,只取决于棱镜的运动参量、成像特性参量以及计读坐标系与棱镜之间的相对方位,而与物点 F 的位置无关。

因此,(4-8-5)式或(4-8-7)式的结构呈现一刚体运动学的模型 。

必须指出,反映刚体运动模型的棱镜转动成像公式(4-8-7)也有它自身的四点组,即根据已知的一对共轭点矢量$\overrightarrow{OO'_\theta}$求给定物点 F 的像点 F'_θ。$Oxyz$ 为(4-8-7)式相应的参考坐标系。当需要把参考系由 O 点平移至 O'_θ 点时,则(4-8-7)式将变成

$$(\overrightarrow{O'_\theta F'_\theta}) = \boldsymbol{R}_\theta(\boldsymbol{g})$$

或

$$\boldsymbol{g}'_{\theta,0'} = \boldsymbol{R}_\theta(\boldsymbol{g}_{0'} + \overrightarrow{OO'_\theta}) \tag{4-8-10}$$

式中,$\boldsymbol{g}_{0'}$和$\boldsymbol{g}'_{\theta,0'}$分别代表由新的坐标原点 O'_θ 量至物、像点 F 和 F'_θ 的位置矢量。

例 4-8-1 图上呈现一单平面镜,该镜绕 $\boldsymbol{P}$ 轴转动 $\theta=90°$;实线 12 表示其起始位置,虚线 1′2′为转动 θ 后的位置,$\boldsymbol{N}$ 为法线单位矢;M 和 M'为平面镜镜面

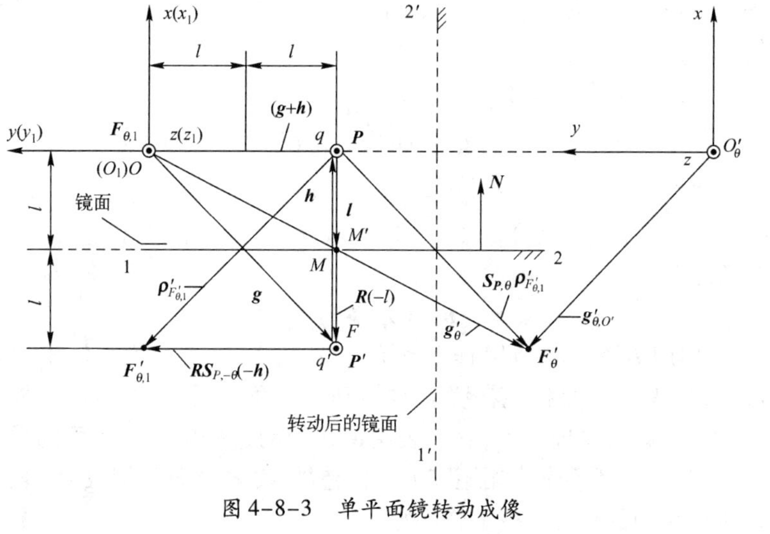

图 4-8-3 单平面镜转动成像

内相互重合的一对共轭点；$\boldsymbol{P}'$为像轴，q 和 q' 为分别在物、像轴上的一对相互共轭的定位点；F 为给定的物点；$Oxyz$ 和 $O_1x_1y_1z_1$ 分别为定坐标系和与平面镜一起转动的动坐标系，后者的起始方位与前者完全重合。其他符号保持原意。

以下将严格地按照两步法的途径，依据本节的相关公式，求解物点 F 在平面镜绕 $\boldsymbol{P}$ 转 90°后的共轭像点 F'_θ 的位置矢量 $\boldsymbol{g}'_\theta$。

1）原始数据

$$
\begin{aligned}
&\boldsymbol{R}=(-1)^t\boldsymbol{S}_{\boldsymbol{T},2\varphi}=-\boldsymbol{S}_{\boldsymbol{N},180^\circ}=-\boldsymbol{S}_{\boldsymbol{i},180^\circ};\\
&\boldsymbol{S}_{\boldsymbol{P},\theta}=\boldsymbol{S}_{\boldsymbol{k},90^\circ};\boldsymbol{S}_{\boldsymbol{P},-\theta}=\boldsymbol{S}_{\boldsymbol{k},-90^\circ};\\
&|\boldsymbol{l}|=l\\
&\boldsymbol{l}=-l\boldsymbol{i};\boldsymbol{g}=-2l\boldsymbol{i}-2l\boldsymbol{j};\boldsymbol{h}=2l\boldsymbol{i};\\
&\overrightarrow{MM'}=0
\end{aligned}
\tag{4-8-11}
$$

2）用两步法求平面镜转动后的像点位置 $\boldsymbol{g}'_\theta$

（1）在棱镜的动坐标 $O_1x_1y_1z_1$ 中求物点的共轭像点 $F'_{\theta,1}$。此时平面镜和与它固定联结的坐标系 $O_1x_1y_1z_1$ 被认为是静止不动的，而本来静止的物点 F 反倒应当绕过 q 点的 $\boldsymbol{P}$ 轴反转 90°。这就是在前面一再重述的“物体由定坐标向动坐标的坐标转换”。

在这个几何关系非常简单的例题里，不难看到，F 绕 $\boldsymbol{P}$ 反转 θ 而成的 $F_{\theta,1}$ 转移到了坐标原点 O_1 处，而 $F_{\theta,1}$ 在被想象成固定的平面镜中的对称位置 $F'_{\theta,1}$ 就是它的共轭像点。不过，这个像点还不是最后的答案，因为它只是在平面镜坐标系 $O_1x_1y_1z_1$ 中呈现的一个量。

回归正轨，将(4-8-11)式中的相关量代入(4-8-1)式，得

$$
\begin{aligned}
(\boldsymbol{P}'_{F'_{\theta,1}})_0&=(\boldsymbol{l})_0+(\overrightarrow{MM'})_0+\boldsymbol{R}(-\boldsymbol{l})_0+\boldsymbol{R}\boldsymbol{S}_{\boldsymbol{P},-\theta}(-\boldsymbol{h})_0\\
&=-l\boldsymbol{i}+0-\boldsymbol{S}_{\boldsymbol{i},180^\circ}(l\boldsymbol{i})-\boldsymbol{S}_{\boldsymbol{i},180^\circ}\boldsymbol{S}_{\boldsymbol{k},-90^\circ}(-2l\boldsymbol{i})
\end{aligned}
$$

由此

$$
\boldsymbol{P}'_{F'_{\theta,1}}=-2l\boldsymbol{i}+2l\boldsymbol{j}
\tag{4-8-12}
$$

（2）将平面镜连同在平面镜物、像空间中已然构建起来的一对共轭的物、像体，例如它们的代表 $F_{\theta,1}$ 和 $F'_{\theta,1}$，作为一个整体，围绕过 q 点的 $\boldsymbol{P}$ 轴一起转动 $\theta=90°$ 的角度。整体的刚性运动不会破坏这种物、像体之间的共轭关系，所以一旦物体复位和平面镜同时的到位，随从的共轭像体遂必然自动就位。重要的是，这里的复位、到位和就位都是相对于定坐标 $Oxyz$ 而言的。

由图中可见，$F'_{\theta,1}$ 点绕定线转轴 $\boldsymbol{P}$ 转动 θ 角后转移到了 F'_θ 点，而后者与给定的物点 F 对转动后的平面镜 1′2′呈现对称的关系。

回归正轨，将已知数据代入(4-8-2)式，并引入一符号 $\boldsymbol{\rho}'_{F'_\theta}=\overrightarrow{qF'_\theta}$，得

$$
\boldsymbol{\rho}'_{F'_\theta}=\overrightarrow{qF'_\theta}=\boldsymbol{S}_{\boldsymbol{P},\theta}\,\boldsymbol{\rho}'_{F'_{\theta,1}}
$$

$$= \boldsymbol{S}_{\boldsymbol{k},90°}\begin{pmatrix}-2l\\2l\\0\end{pmatrix} = \begin{pmatrix}0 & -1 & 0\\1 & 0 & 0\\0 & 0 & 1\end{pmatrix}\begin{pmatrix}-2l\\2l\\0\end{pmatrix}$$

由此，

$$\boldsymbol{\rho}'_{F'_\theta} = -2l\boldsymbol{i} - 2l\boldsymbol{j} \tag{4-8-13}$$

式中，$\boldsymbol{\rho}'_{F'_\theta}$代表给定物点 F 在平面镜绕 $\boldsymbol{P}$ 转 90°后的像点 F'_θ 的位置矢量。该位置矢量已呈现在静止空间，唯计读起点为 q。

(3) 计读坐标系的选择

设 $Oxyz$ 为计读坐标系，则将已知数据代入(4-8-3)式，并注意到$\boldsymbol{\rho}'_{F'_\theta} = \overrightarrow{qF'_\theta}$，得

$$\boldsymbol{g}'_\theta = \boldsymbol{g} + \boldsymbol{h} + \boldsymbol{\rho}'_{F'_\theta} = -2l\boldsymbol{i} - 4l\boldsymbol{j} \tag{4-8-14}$$

若将已知数据代入(4-8-7)式，并保持物点位置矢量为一变量 $\boldsymbol{g}$，则

$$(\boldsymbol{g}'_\theta)_0 = -6l\boldsymbol{j} - \boldsymbol{S}_{j,180°}(\boldsymbol{g}) \tag{4-8-15}$$

同样，当把计读坐标系由 O 点平移至 O'_θ 点时，则由新的坐标原点 O'_θ 量至像点 F'_θ 的位置矢量 $\boldsymbol{g}'_{\theta,O'}$变成

$$\boldsymbol{g}'_{\theta,O'} = -\boldsymbol{S}_{j,180°}(\boldsymbol{g}_{O'} - 6l\boldsymbol{j}) \tag{4-8-16}$$

式中，$\boldsymbol{g}_{O'}$代表由 O'_θ 点量至物点 F 的位置矢量。

习　　题

4.1　请说明(4-3-9)式和(4-3-25)式中的五个组成部分的物理意义。

4.2　请推导像点位移矩阵 $\boldsymbol{J}_{SP}$的(4-3-30)式。

4.3　在图 P4-1 上表示某望远镜的一个部分，包括物镜和在会聚光路中的靴形屋脊棱镜。棱镜绕 $\boldsymbol{P}$ 轴微量转动 $\Delta\theta$ 角。$\boldsymbol{P}$ 在过屋脊棱 mn 的光轴截面内，$\Delta\theta$ 为 50′，玻璃折射率为 1.5163，其他数据均标注于图中，长度尺寸的单位均为 mm。试求由 $\Delta\theta\boldsymbol{P}$ 所造成的像点位移分量 $\Delta S'_{F'y'}$ 和 $\Delta S'_{F'z'}$ 以及像偏转分量 $\Delta\mu'_{x'}$。

4.4　请在下列两个式子中选出正确的一个，并说明为何另一个是错误的(参见图 4-3-1)。

$$(\boldsymbol{P}' \times \boldsymbol{\sigma}'_{F'}) \overset{?}{=} \boldsymbol{S}_{\boldsymbol{T},2\varphi}(\boldsymbol{P} \times \boldsymbol{\sigma}_{F_0})$$

$$(\boldsymbol{P}' \times \boldsymbol{\sigma}'_{F'}) \overset{?}{=} \boldsymbol{R}(\boldsymbol{P} \times \boldsymbol{\sigma}_{F_0})$$

4.5　请对模式如 $\boldsymbol{A}_{i,\Delta\theta} = \boldsymbol{A}_i + \Delta\theta_i\boldsymbol{P}_i \times \boldsymbol{A}_i$ 那样的公式做一论述。

4.6　请对算法 $\boldsymbol{S}_{\boldsymbol{P},\Delta\theta} = \boldsymbol{E} + \Delta\theta\boldsymbol{P} \times$ 做一论述。

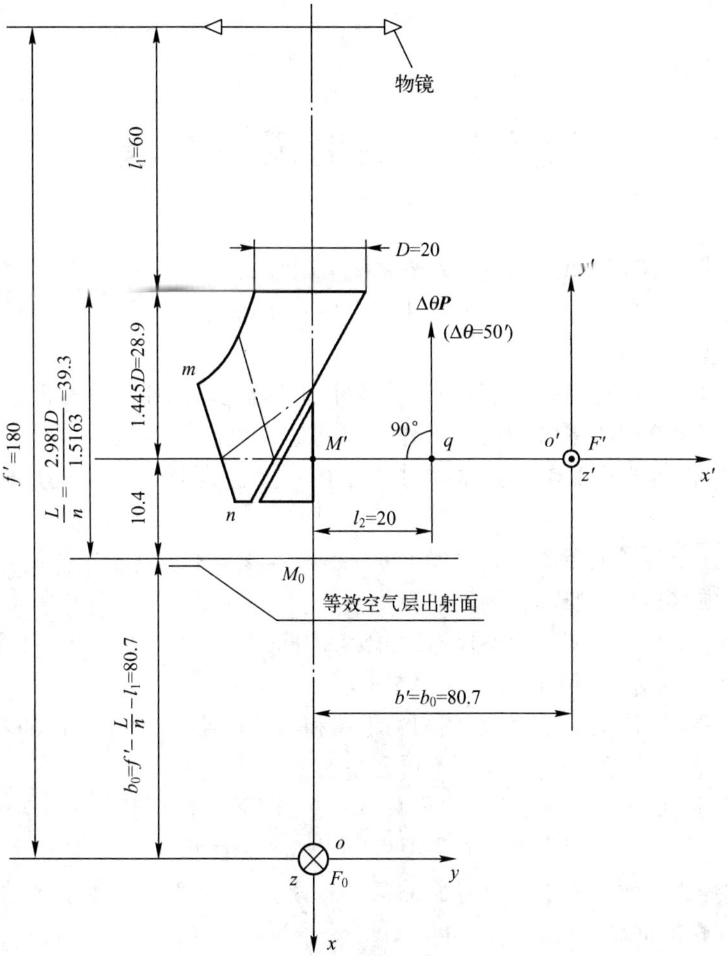

图 P4-1　靴形屋脊棱镜的有关数据

第5章　反射棱镜调整

在光学仪器中，“光学校正”是光学系统调整的一个专称。它是光学仪器装配校正工艺的一个组成部分。光学校正的目的在于保证光学系统的像质以及光学性能的各项预定指标。

为此，应将光学系统中的各个光学零件调整到正确的相互位置上。

反射棱镜在光学系统中的工艺作用要比透镜灵活得多，是一个很好的补偿元件，它的微量位移可以作为光学尺寸链中的一个补偿环节。这就是棱镜调整的概念。

对于一个普通的单眼望远系统，其校正内容主要有光轴（光轴偏）、像倾斜以及视度三项，当有分划板时，则又加视差一项。

对于一个普通的双眼观察仪器，必须考虑两个望远系统成像的一致性，故增校光轴平行性、相对像倾斜以及放大率差三项。

对于一些专用的光学仪器，例如测距仪和测角仪器，则除了上述的基本校正项目以外，还有一些专项校正，在此不再列举。

尽管调整的项目繁多，然而途径只有一条，即无论是调整哪一个项目，最终总要通过调整像的运动来实现该调整项目所要达到的目的。

本章开始接触到光学调整方面的某些术语。不过，我们仍然只准备讨论一些基本的、共性的问题。

特别要指出的，这里所讨论的光轴偏和像倾斜并不涉及到任何一种光学仪器的具体问题，它们是从各类光学系统的具体校正实践中抽象出来的一些概念，而这些概念和数学中的几何学非常接近。

例如这里所谓的光轴偏，实际上是指沿光学零件光轴方向的光路的变化①，至于这种光路的变化究竟有什么影响，则应视具体的仪器和所讨论的具体问题而定，例如，它可能和定中心有关，也可能影响到双眼仪器的光轴平行性，或是涉及到体视测距机的高低失调和距离失调等。

反射棱镜尤其与光轴及像倾斜的调整密切相关。

“反射棱镜调整”的理论和计算旨在确定棱镜的微量位移对于光轴偏和像倾斜的影响，并从中找出规律，以指导光学仪器设计和校正等技术实践。这些调整的规律同时还从定义参量、棱镜分类、编制图表以及制定国家标准等各个方面推动了

---

① 注：在平行光路中这种光路的变化表现为平行光束的方向的变化；在会聚光路中这种光路的变化表现为像点位置的变化。

反射棱镜调整理论自身的不断发展。

光轴偏计算按照计算方法的特点可分为平行光路中的光轴偏计算和会聚光路中的光轴偏计算。像倾斜计算,就其计算方法而言,与平行光路中的光轴偏计算没有任何差异,应列属平行光路的范围。因此,整个棱镜调整计算,其基本类型就只有平行光路和会聚光路两种。这就是说,如果掌握了棱镜在这样两种光路中的调整计算方法,那么就棱镜调整的分析计算方面而言,无论所涉及到的对象是一个什么形式的光学系统,例如,或望远系统,或显微系统,或照相系统,或投影系统等,我们都将不会遇到任何实质性的困难,一切问题均可迎刃而解。

本书自始至终坚持“刚体运动学”的体系,而此种论点在这一章里的具体表现就是,把由反射棱镜微量位移所造成的像运动视为刚体的一种微量运动。因此,在本章之首就必须搞清楚像运动($\boldsymbol{\Delta\mu}'$和 $\boldsymbol{\Delta S}_{F'}$)的各个分量分别在平行光路和会聚光路中与光轴偏、像倾斜等一些最一般化的调整项目之间的关系,即像运动在光学校正中的物理意义。

5.1 像运动与光学调整的关系

这里,像运动的全部含义是指由反射棱镜(含平面镜系)的微量位移所造成的像的微量运动。由 4.3 节已知,这样一个微量的像运动可以用像偏转 $\boldsymbol{\Delta\mu}'$和像点位移 $\boldsymbol{\Delta S}'_{F'}$两个矢量加以表示。

设在棱镜像空间内选取坐标系 $x'y'z'$。通常,使 x'的方向和出射光轴的方向相一致,而 y'和 z'在垂直出射光轴的平面内的一些便利的方向上,例如 y'在共轭光轴平面内,而 z'同 x'、y'构成右手系。此情可见图 5-1-1,这里棱镜的形式是随意的。

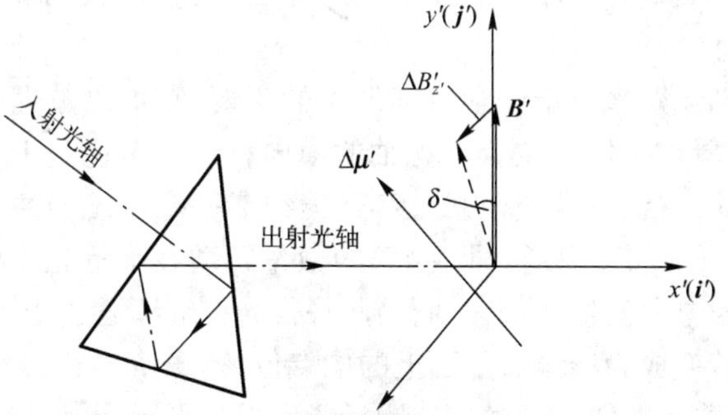

图 5-1-1 像倾斜 δ 与像偏转 $\boldsymbol{\Delta\mu}'$的关系

下面讨论一下像偏转 $\boldsymbol{\Delta\mu}'$ 和像点位移 $\boldsymbol{\Delta S}'_{F'}$ 在坐标 $x'y'z'$中的六个分量 $\Delta\mu'_{x'}$、$\Delta\mu'_{y'}$、$\Delta\mu'_{z'}$、$\Delta S'_{F'x'}$、$\Delta S'_{F'y'}$、$\Delta S'_{F'z'}$与光轴偏、像倾斜、像面偏以及视差等调整量之间的相互关系。因为此种关系取决于棱镜所在的光路的性质,所以,下面就平行光路和会聚光路两种情况分别进行讨论。

5.1.1 平行光路

见图5-1-1,当棱镜位于平行光路中,物、像均在无穷远处。此时,只是像的方向变化才有意义,而它的位置变化是无关紧要的。在此情形,可把图中代表像平面的 $y'z'$ 想像为在沿 x' 轴的遥远的地方。

首先,讨论由像偏转 $\Delta\boldsymbol{\mu}'$ 所造成的像倾斜 δ。

按照求像倾斜的传统做法,在像空间坐标内沿 y' 轴方向,取一单位矢量 $\boldsymbol{B}'$ 代表像矢量。

根据(1-2-8)式,确定由像偏转 $\Delta\boldsymbol{\mu}'$ 使像矢量 $\boldsymbol{B}'$ 发生的方向变化 $\Delta\boldsymbol{B}'$:

$$\Delta\boldsymbol{B}' = \Delta\boldsymbol{\mu}' \times \boldsymbol{B}' \tag{5-1-1}$$

设像偏转 $\Delta\boldsymbol{\mu}'$ 在坐标 $x'y'z'$ 中的三个分量为 $\Delta\mu'_{x'}$、$\Delta\mu'_{y'}$、$\Delta\mu'_{z'}$:

$$\Delta\boldsymbol{\mu}' = \Delta\mu'_{x'} \cdot \boldsymbol{i}' + \Delta\mu'_{y'} \cdot \boldsymbol{j}' + \Delta\mu'_{z'} \cdot \boldsymbol{k} \tag{5-1-2}$$

由于 $B'_{x'} = B'_{z'} = 0$,所以

$$\boldsymbol{B}' = \boldsymbol{j}' \tag{5-1-3}$$

将(5-1-2)式、(5-1-3)式代入(5-1-1)式,得

$$\Delta\boldsymbol{B}' = -\Delta\mu'_{z'} \cdot \boldsymbol{i}' + \Delta\mu'_{x'} \cdot \boldsymbol{k}'$$

或

$$\Delta B'_{x'} = -\Delta\mu'_{z'},\ \Delta B'_{y'} = 0,\ \Delta B'_{z'} = \Delta\mu'_{x'}$$

由图5-1-1中的小三角形,求得

$$\delta = \frac{\Delta B'_{z'}}{B'} = \frac{\Delta\mu'_{x'}}{1} = \Delta\mu'_{x'} \tag{5-1-4}$$

(5-1-4)式说明,$\Delta\boldsymbol{\mu}'$ 在 x' 轴上的分量 $\Delta\mu'_{x'}$ 正好等于像倾斜 δ。

在讨论像偏转 $\Delta\boldsymbol{\mu}'$ 的另外两个分量 $\Delta\mu'_{y'}$ 和 $\Delta\mu'_{z'}$ 的影响之前,应当对光轴偏的概念有个正确的理解。

光轴偏的定义无疑来自于光学仪器调整的需要,它可以被理解为沿光轴方向的光路变化,也可看作是像点位置对光轴的横向移动。上述关于光轴偏的两种解释实际上是等效的,这在通常棱镜总是和透镜组成一个系统的情况下尤其看得清楚。例如,在图5-1-2上,棱镜DⅢ-45°的微量转动在平行光路中使沿光轴方向出射的平行光束的方向发生了变化,而当此平行光束继续通过透镜之后,其方向上的变化便对应地转换成为透镜后焦面上的像点位移。

其实,平行光路中的像点的横向位置只能表现为平行光束对光轴的倾斜角,而轴上物点经棱镜后的出射平行光束的此种倾斜即所定义的光轴偏。显然,光轴偏是一个二自由度的矢量。

同理,为分析由 $\Delta\boldsymbol{\mu}'$ 所造成的光轴偏,在像空间坐标内沿 x' 轴方向,取一单位矢量 $\boldsymbol{A}'$ 代表出射矢量,则按照上述的方法,可以证明,$\Delta\boldsymbol{\mu}'$ 在 y' 和 z' 轴上的分量 $\Delta\mu'_{y'}$ 和 $\Delta\mu'_{z'}$ 正好等于绕 y' 和 z' 轴的光轴偏,如图5-1-3所示的 $\xi_{y'}$ 和 $\xi_{z'}$。

结论:像偏转矢量 $\Delta\boldsymbol{\mu}'$ 在沿棱镜出射光轴 x' 上的分量 $\Delta\mu'_{x'}$ 代表像倾斜,而 $\Delta\boldsymbol{\mu}'$

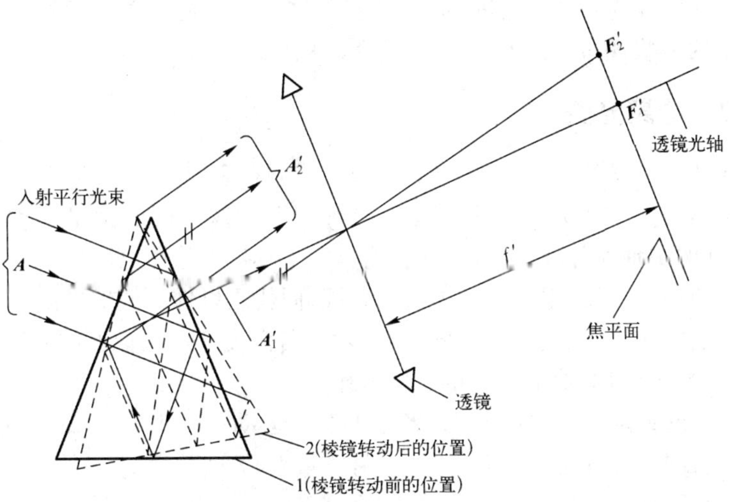

图 5-1-2　平行光路中的光轴偏

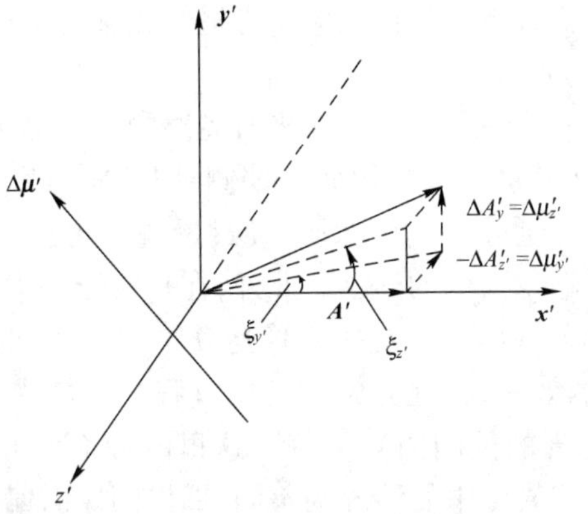

图 5-1-3　平行光路中的光轴偏 $\Delta\mu_{y'}'$ 和 $\Delta\mu_{z'}'$

在沿与出射光轴相垂直的 y'、z' 轴上的分量 $\Delta\mu_{y'}'$、$\Delta\mu_{z'}'$ 则代表两个光轴偏分量。

由此可见,在平行光路中像偏转矢量 $\boldsymbol{\Delta\mu}'$ 直接代表了调整量(光轴偏和像倾斜),所以它的引入简化了调整计算。

然而,像偏转引入的更重要的作用,在于它对光轴偏与像倾斜的共性进行了高度的概括和抽象。本来对观察者来说,光轴偏同像倾斜是有区别的。此外,在包括透镜系统的整个光学系统中来看,光轴偏受透镜系统角放大率的影响,而像倾斜则在大小和方向①(正、负号)上都与透镜系统无关。但是,如果把讨论的问题缩小到棱镜以及棱镜的物、像空间这个小范围内,那么在光轴偏同像倾斜之间,它们的共性就成为主要的了,特别是在引入了像偏转 $\boldsymbol{\Delta\mu}'$ 之后,它们的差别无非就是 $\boldsymbol{\Delta\mu}'$ 在不同坐标轴 x'、y'、z' 上的分量,而这一点与其说是差别,还不如说是大同。

① 注:透镜系统使像在上下、左右两个方向上都发生倒转,因而不会影响像倾斜的正、负号。

认识到光轴偏与像倾斜之间的共性问题，这对于去揭露客观存在于棱镜调整平行光路中的一些规律性的问题，是极为重要的。

5.1.2 会聚光路

见图5-1-1，当棱镜位于会聚光路中，物、像均在有限距离的地方。

在此情形，$\Delta\boldsymbol{\mu}'$和$\Delta\boldsymbol{S}'_{F'}$二矢量代表位于$y'z'$上的像平面的微量运动。应当指出：这里提到的像平面并非一泛指平面，而是一个具体的像图；此外，由于棱镜通常与透镜一起使用，所以这里不用像体这个名词，而代之以像面或像平面。

一个平面的像图，如同像体一样，具有六个自由度，因此，像面的微量运动$\Delta\boldsymbol{\mu}'$和$\Delta\boldsymbol{S}'_{F'}$的六个分量都将会有各自的调整作用。

根据上述的道理不难看出，会聚光路中的像运动的六个分量$\Delta\mu'_{x'}$、$\Delta\mu'_{y'}$、$\Delta\mu'_{z'}$、$\Delta S'_{F'x'}$、$\Delta S'_{F'y'}$、$\Delta S'_{F'z'}$与自由度数目相当的调整量对应如下：$\Delta\mu'_{x'}$仍然代表像倾斜；$\Delta\mu'_{y'}$和$\Delta\mu'_{z'}$表示像面偏的两个分量；$\Delta S'_{F'y'}$和$\Delta S'_{F'z'}$按一定的比例尺反映了光轴偏的两个分量；$\Delta S'_{F'x'}$则与视差相当。

在会聚光路中，像面偏造成了像面对后方透镜光轴的不垂直性，因而无法实现对整个像面同时调焦的要求。

读者也许会产生一个问题：为什么在平行光路中没有提到像面偏？诚然，在平行光路中棱镜的微量转动也会造成像面的偏侧，即像面对后方透镜光轴的不垂直度。然而，这个位于无穷远处的偏侧像面，经过透镜后再次成像在焦平面上，可以认为，在实质上并不存在像面偏的问题。此外，在平行光路中像平面的偏侧也等于$\Delta\mu'_{y'}\boldsymbol{j}' + \Delta\mu'_{z'}\boldsymbol{k}'$，和光轴偏同属一个统一的像运动中的一些同样的分量。此种像面偏侧在透视上所产生的效应，将在光学校正的过程中随着光轴的调整而与光轴偏一起消失（或控制在允许的范围内）。因此，这里的像面偏并非独立存在，没有必要再单列出来，而在会聚光路中的情况则不同，那里的像面偏不仅具有完全不同的效应，而且和光轴偏各自属于独立的调整量。

根据以上的分析不难看出，进行反射棱镜调整计算时所依据的公式将是像运动的基本方程（4-3-1）和（4-3-6）式，或是它们的另外一些表达式（4-3-9）和（4-3-25）式或（4-3-11）式、（4-3-12）式、（4-3-24）式、（4-3-28）式、（4-3-29）式和（4-3-30）式。

5.2 平行光路中的调整计算

5.2.1 概述

平行光路中的调整计算包括像倾斜计算和平行光路中的光轴偏计算。根据5.1节，上述两部分调整量分别取决于像矢量和平行光束的方向，而同它们的位置无关。

所以，平行光路中的调整计算具有下列几个特点：

（1）只注意平行光束或物、像矢量的方向而无需考虑其位置。因此，可以用一个自由矢量（一般为单位矢量）代表平行光束或物、像的方向。这种做法等效为把像偏转矢量 $\Delta\boldsymbol{\mu}'$视作自由矢量。

（2）只注意棱镜的反射面的反射作用，而无需考虑其入射面和出射面的两次折射的影响，因后者仅使由反射作用而得的像图发生一个平移。

（3）只注意棱镜的转动，而无需考虑其移动。

（4）只注意棱镜的转轴的方向，而无需考虑其位置，即转轴允许任意平移。因此可以用一个自由矢量（一般为单位矢量）代表转轴的方向。

平行光路中的调整计算的任务在于计算这一光路中的棱镜的微量转动对于光轴偏和像倾斜的影响。

5.2.2 计算公式

如上所述，棱镜调整计算主要依据像运动基本方程，而平行光路中的调整计算则只需用到基本方程中的像偏转公式即可。现把像偏转的计算公式重写于下：

$$\Delta\boldsymbol{\mu}' = \Delta\theta\boldsymbol{P} + (-1)^{t-1}\Delta\theta\boldsymbol{P}' \tag{4-3-1}$$

或

$$(\Delta\boldsymbol{\mu}') = \Delta\theta(\boldsymbol{E} - \boldsymbol{S}_{T,2\varphi})(\boldsymbol{P}) \tag{4-3-9}$$

或

$$(\Delta\boldsymbol{\mu}') = \Delta\theta\boldsymbol{J}_{\mu P}(\boldsymbol{P}) \tag{4-3-11}$$

$$\boldsymbol{J}_{\mu P} = \boldsymbol{E} - \boldsymbol{S}_{T,2\varphi} \tag{4-3-13}$$

有时，也把 $\boldsymbol{J}_{\mu P}$写成

$$\boldsymbol{J}_{\mu P} = \boldsymbol{E} + (-1)^{t-1}\boldsymbol{R} \tag{5-2-1}$$

式中，$\boldsymbol{R}$ 为棱镜的作用矩阵。

例 5-2-1 见图 5-2-1，设棱镜 DⅢ -45°调整时的转轴 $\boldsymbol{P}$ 在共轭光轴平面内，且平行于底面，求棱镜绕 $\boldsymbol{P}$ 微量转动 $\Delta\theta$ 所产生的光轴偏和像倾斜（假设棱镜在平行光路中）。

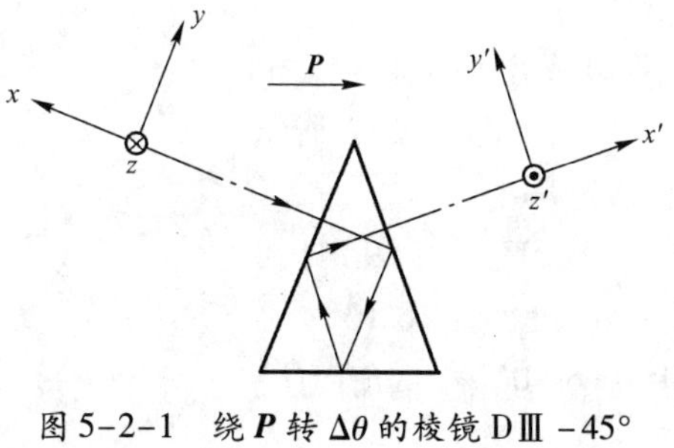

图 5-2-1　绕 $\boldsymbol{P}$ 转 $\Delta\theta$ 的棱镜 DⅢ -45°

1）求棱镜的 $\boldsymbol{S}_{T,2\varphi}$ 和 $\boldsymbol{J}_{\mu P}$

按照 2.8.4 节的规定画出棱镜的像空间坐标 $x'y'z'$以及它在棱镜物空间对应

的坐标 xyz。由于 $t=3$(奇次),所以 xyz 代表 $x'y'z'$ 在物空间的共轭坐标系的反向。因此,有 xyz 绕 $\boldsymbol{T}$ 转 2φ 而成为 $x'y'z'$ 的关系。

根据1.3节,有

$$\boldsymbol{S}_{T,2\varphi}=G_{0'0}$$

所以

$$\boldsymbol{S}_{T,2\varphi}=\begin{pmatrix}\cos135^\circ & \cos45^\circ & \cos90^\circ\\ \cos45^\circ & \cos45^\circ & \cos90^\circ\\ \cos90^\circ & \cos90^\circ & \cos180^\circ\end{pmatrix}=\begin{pmatrix}-0.707 & 0.707 & 0\\ 0.707 & 0.707 & 0\\ 0 & 0 & -1\end{pmatrix}$$

由(4-3-13)式,得

$$\boldsymbol{J}_{\mu P}=\boldsymbol{E}-\boldsymbol{S}_{T,2\varphi}=\begin{pmatrix}1.707 & -0.707 & 0\\ -0.707 & 0.293 & 0\\ 0 & 0 & 2\end{pmatrix}$$

2) 求 $\boldsymbol{P}$

这里,用 $x'y'z'$ 作为标定坐标系。由图5-2-1,求得

$$P_{x'}=0.924,P_{y'}=-0.383,P_{z'}=0$$

3) 求 $\Delta\boldsymbol{\mu}'$

将上列有关数据代入(4-3-11)式,得

$$(\Delta\boldsymbol{\mu}')=\Delta\theta\boldsymbol{J}_{\mu P}(\boldsymbol{P})=\Delta\theta\begin{pmatrix}1.707 & -0.707 & 0\\ -0.707 & 0.293 & 0\\ 0 & 0 & 2\end{pmatrix}\begin{pmatrix}0.924\\ -0.383\\ 0\end{pmatrix}=\begin{pmatrix}1.85\\ -0.77\\ 0\end{pmatrix}\Delta\theta$$

所以

$$\Delta\mu'_{x'}=1.85\Delta\theta,\Delta\mu'_{y'}=-0.77\Delta\theta,\Delta\mu'_{z'}=0$$

结果说明,像倾斜为 $1.85\Delta\theta$,绕 y' 轴的光轴偏分量为 $-0.77\Delta\theta$,绕 z' 轴的光轴偏分量为零。

例5-2-2 见图5-2-2,求空间棱镜KⅡ-80°-90°微量转动 $\Delta\theta\boldsymbol{P}$ 所造成的像倾斜和光轴偏。$\boldsymbol{P}$ 同时平行于图面和 z' 轴。

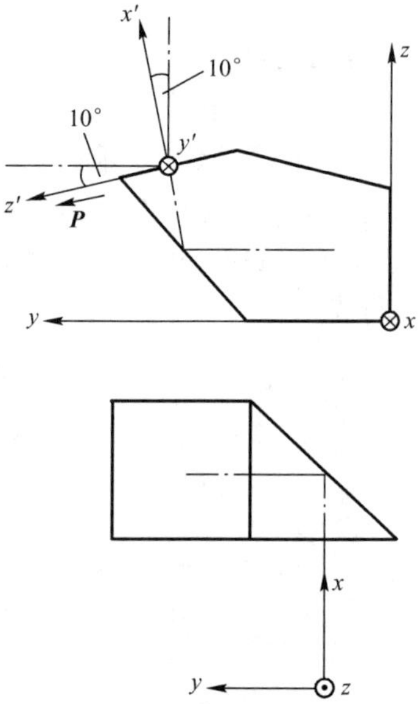

图5-2-2 微量转动 $\Delta\theta\boldsymbol{P}$ 的棱镜KⅡ-80°-90°

1) 求 $\boldsymbol{S}_{T,2\varphi}$ 和 $\boldsymbol{J}_{\mu P}$

由于 $t=2$(偶次),所以作出棱镜物、像空间的一对共轭坐标 xyz 和 $x'y'z'$,如图5-2-2所示。

同理

$$\boldsymbol{S}_{T,2\varphi}=\boldsymbol{G}_{0'0}=\begin{pmatrix}\cos90^\circ & \cos0^\circ & \cos90^\circ\\ \sin10^\circ & \cos90^\circ & \cos10^\circ\\ \cos10^\circ & \cos90^\circ & -\sin10^\circ\end{pmatrix}$$

$$=\begin{pmatrix}0 & 1 & 0\\ 0.174 & 0 & 0.985\\ 0.985 & 0 & -0.174\end{pmatrix}$$

$$J_{\mu P}=E-S_{T,2\varphi}=\begin{pmatrix}1 & -1 & 0\\ -0.174 & 1 & -0.985\\ -0.985 & 0 & 1.174\end{pmatrix}$$

2）求 $\boldsymbol{P}$

由图 5-2-2 可求得

$$\boldsymbol{P}=\boldsymbol{k}'$$

3）求 $\Delta\boldsymbol{\mu}'$

$$(\Delta\boldsymbol{\mu}')=\Delta\theta\boldsymbol{J}_{\mu P}(\boldsymbol{P})=\Delta\theta\begin{pmatrix}1 & -1 & 0\\ -0.174 & 1 & -0.985\\ -0.985 & 0 & 1.174\end{pmatrix}\begin{pmatrix}0\\0\\1\end{pmatrix}=\begin{pmatrix}0\\-0.99\\1.17\end{pmatrix}\Delta\theta$$

结果:像倾斜为零,光轴偏的两个分量为 $-0.99\Delta\theta$ 和 $1.17\Delta\theta$。

也可以直接利用(4-3-1)式求 $\Delta\boldsymbol{\mu}'$。

现将(4-3-1)式展开:

$$\Delta\boldsymbol{\mu}'=\Delta\theta\{P_{x'}+(-1)^{t-1}P'_{x'}\}\boldsymbol{i}'+\Delta\theta\{P_{y'}+(-1)^{t-1}P'_{y'}\}\boldsymbol{j}'+\Delta\theta\{P_{z'}+(-1)^{t-1}P'_{z'}\}\boldsymbol{k}' \tag{5-2-2}$$

由于

$$P'_{x'}=(-1)^tP_x,P'_{y'}=(-1)^tP_y,P'_{z'}=(-1)^tP_z$$

所以

$$\Delta\boldsymbol{\mu}'=\Delta\theta(P_{x'}-P_x)\boldsymbol{i}'+\Delta\theta(P_{y'}-P_y)\boldsymbol{j}'+\Delta\theta(P_{z'}-P_z)\boldsymbol{k}' \tag{5-2-3}$$

(5-2-3)式与(5-2-2)式相比较,其意义是更加充分地运用了物、像空间的对应关系,因在(5-2-3)式的导出过程中同时发挥了物、像空间内一对坐标系的作用。

以下用(5-2-3)式计算例 5-2-2。

由图 5-2-2,得

$$P_{x'}=0,P_{y'}=0,P_{z'}=1$$

$$P_x=0,P_y=\cos10^\circ,P_z=-\sin10^\circ$$

代入(5-2-3)式,得

$$\Delta\boldsymbol{\mu}'=0\cdot\boldsymbol{i}'-\Delta\theta\cos10^\circ\cdot\boldsymbol{j}'+\Delta\theta(1+\sin10^\circ)\cdot\boldsymbol{k}'$$

由此

$$\Delta\mu'_{x'}=0$$

$$\Delta\mu'_{y'}=-\Delta\theta\cos10^\circ=-0.99\Delta\theta$$

$$\Delta\mu'_{z'}=\Delta\theta(1+\sin10^\circ)=1.17\Delta\theta$$

计算结果同上。

关于平行光路中的调整计算,以后还会讨论一些其他方便的方法。

5.3 会聚光路中的调整计算

5.3.1 概述

会聚光路中的光轴偏计算和平行光路中的光轴偏计算有所不同。这里已经不能再用光线的方向来代表光轴，因为会聚光束中的每一根光线的方向都是不一样的。从光轴的实质出发，在会聚光路中明确地用像点的位置来代表光轴。

因此，会聚光路中光轴偏计算的任务在于求出由于棱镜的微量位移（包括转动和移动）所造成的像点的小位移。

与平行光路中的光轴偏计算相比较，会聚光路中的光轴偏计算具有以下几个特点：

(1) 直接用像点的位置代表光轴。

(2) 不仅要考虑棱镜的反射作用，而且需注意其入射面和出射面的两次折射的作用。

(3) 不仅要考虑棱镜的转动，而且需注意其移动。

(4) 不仅要考虑棱镜转轴的方向，而且需注意其位置。或者说，应当用一个定线矢量（滑移矢量）代表转轴。

(5) 此时，像偏转 $\Delta\boldsymbol{\mu}'$ 也应视作定线矢量，因为该矢量总是通过选定的归化点 F'；至于像点位移 $\Delta\boldsymbol{S}'_{F'}$，倒反而属自由矢量，因为该矢量代表整个像面的牵连小位移，而并非 F' 点所独有。

鉴于上述原因，会聚光路中的调整计算要比平行光路中的调整计算复杂，特别是在光轴偏的计算方面。

5.3.2 计算公式

如上所述，在会聚光路中，棱镜的微量转动 $\Delta\theta\boldsymbol{P}$ 和微量移动 $\Delta g\boldsymbol{D}$ 都有影响。不过，$\Delta g\boldsymbol{D}$ 所引起的像移动 $\Delta\boldsymbol{S}'$ 只对像点位移 $\Delta\boldsymbol{S}'_{F'}$ 有作用，而与像偏转 $\Delta\boldsymbol{\mu}'$ 无关；此外，像移动 $\Delta\boldsymbol{S}'$ 与 $\Delta g\boldsymbol{D}$ 的关系式也比较简单，还可以待研究调整规律时再予以讨论。所以，这里只考虑棱镜微量转动的情况。

此时，计算所依据的公式是像运动的基本方程(4-3-1)式和(4-3-2)式：

$$\Delta\boldsymbol{\mu}' = \Delta\theta\boldsymbol{P} + (-1)^{t-1}\Delta\theta\boldsymbol{P}' \tag{5-3-1}$$

$$\Delta\boldsymbol{S}'_{F'} = \Delta\theta\boldsymbol{P}\times\boldsymbol{\rho}_{F'} + (-1)^{t-1}\Delta\theta\boldsymbol{P}'\times\boldsymbol{\rho}'_{F'} \tag{5-3-2}$$

(5-3-1)式前面已经在平行光路的调整计算中应用过。虽说在平行光路中该式用于确定像倾斜和光轴偏，而在会聚光路中却旨在求解像倾斜和像面偏，情况有所不同，然而，在运算方法上并无任何差异。所以，下面仅重点介绍(5-3-2)式的运用，或者说，只准备讨论光轴偏的计算①。

---

① 注：倘若随意选择归化点，那么求像点位移时也需同时运用(5-3-1)式和(5-3-2)式。

(5-3-2)式中的$\boldsymbol{\rho}_{F'}$和$\boldsymbol{\rho}'_{F'}$的含义可见图5-3-1。它们分别代表由物轴$\boldsymbol{P}$和像轴$\boldsymbol{P}'$上的任意点q和t指向像点F'的矢量。

下面讨论如何在像轴$\boldsymbol{P}'$上选择一任意点t的问题。

一般来讲,试图在棱镜像空间的像轴$\boldsymbol{P}'$上找一个任意的点是比较困难的。所以,通常总是先在物轴$\boldsymbol{P}$上找一个方便的点q,然后求出q在棱镜像空间内的共轭点q',则后者自然就是像轴$\boldsymbol{P}'$上的一个点。

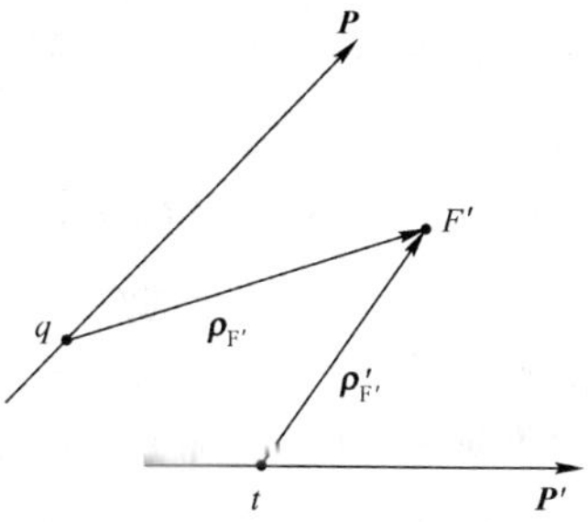

图5-3-1　会聚光路中求光轴偏的示意图

现在一个重要的问题就是要探索一个方便的、且具有一定普遍意义的方法,以迅速确定某一物点q所对应的共轭点q'的坐标。

为此,仍需充分地利用棱镜物、像空间内一些现成的共轭关系。

见图5-3-2,F_0代表物镜在空气中的后焦点,F'代表"物镜-棱镜"组的实际后焦点。如前所述,F_0和F'是棱镜物、像空间内的一对共轭点。$O'x'y'z'$代表棱镜的像空间坐标,其中原点O'定在F'处,x'与出射光轴一致,y'、z'根据棱镜的结构选择便利的方向,而$x'y'z'$必须是右手系①。用作图法或其他任意方法求出$O'x'y'z'$在棱镜物空间内所对应的共轭坐标$Oxyz$,其中原点O定在F_0处。由此所得的$Oxyz$和$O'x'y'z'$属棱镜物、像空间内一对完全共轭的坐标系,即不但在方向上共轭,而且在位置上也共轭。

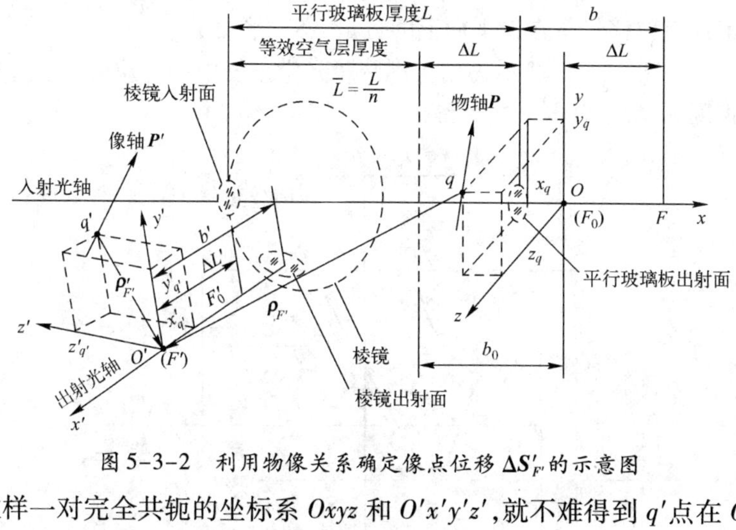

图5-3-2　利用物像关系确定像点位移$\Delta \boldsymbol{S}'_{F'}$的示意图

由这样一对完全共轭的坐标系$Oxyz$和$O'x'y'z'$,就不难得到q'点在$O'x'y'z'$中的坐标:

$$x'_{q'} = x_q, y'_{q'} = y_q, z'_{q'} = z_q \tag{5-3-3}$$

当然,也可以求得像轴$\boldsymbol{P}'$在$x'y'z'$中的三个分量:

$$P'_{x'} = P_x, P'_{y'} = P_y, P'_{z'} = P_z \tag{5-3-4}$$

① 注:因为有矢积运算。

因光轴偏只和像点位移矢量 $\Delta \boldsymbol{S}'_{F'}$ 在像平面 $y'O'z'$ 上的投影 $\Delta S'_{F'y'}$、$\Delta S'_{F'z'}$ 相关，所以将(5-3-2)式展开：

$$\Delta S'_{F'y'} = \Delta\theta[(P_{z'}\rho_{F'x'} - P_{x'}\rho_{F'z'}) + (-1)^{t-1}(P'_{z'}\rho'_{F'x'} - P'_{x'}\rho'_{F'z'})] \quad (5-3-5)$$

$$\Delta S'_{F'z'} = \Delta\theta[(P_{x'}\rho_{F'y'} - P_{y'}\rho_{F'x'}) + (-1)^{t-1}(P'_{x'}\rho'_{F'y'} - P'_{y'}\rho'_{F'x'})] \quad (5-3-6)$$

现将求像点位移的步骤归结如下：

(1) 标定物轴 $\boldsymbol{P}$，选定 q 点。

(2) 确定 F_0 和 F' 点的位置，即求 L、ΔL、b_0。

(3) 确立一对完全共轭的坐标系 $O'x'y'z'$ 和 $Oxyz$。

(4) 求 $\boldsymbol{P}$ 分别在 $Oxyz$ 和 $O'x'y'z'$ 中的分量 P_x、P_y、P_z 和 $P_{x'}$、$P_{y'}$、$P_{z'}$。

(5) 求 q 分别在 $Oxyz$ 和 $O'x'y'z'$ 中的坐标 x_q、y_q、z_q 和 $x'_{q'}$、$y'_{q'}$、$z'_{q'}$。

(6) 求 $\boldsymbol{P}'$ 和 q' 在 $O'x'y'z'$ 中的分量和坐标 $P'_{x'}$、$P'_{y'}$、$P'_{z'}$ 和 $x'_{q'}$、$y'_{q'}$、$z'_{q'}$：

$$P'_{x'} = P_x, P'_{y'} = P_y, P'_{z'} = P_z$$

$$x'_{q'} = x_q, y'_{q'} = y_q, z'_{q'} = z_q$$

(7) 求 $\boldsymbol{\rho}_{F'}$ 和 $\boldsymbol{\rho}'_{F'}$ 在 $O'x'y'z'$ 中的分量：见图 5-3-2，因为

$$\boldsymbol{\rho}_{F'} = -\overrightarrow{O'q}, \boldsymbol{\rho}'_{F'} = -\overrightarrow{O'q'}$$

所以

$$\left.\begin{aligned} \rho_{F'x'} = -x'_q, \rho_{F'y'} = -y'_q, \rho_{F'z'} = -z'_q \\ \rho'_{F'x'} = -x'_{q'}, \rho'_{F'y'} = -y'_{q'}, \rho'_{F'q'} = -z'_{q'} \end{aligned}\right\} \quad (5-3-7)$$

(8) 求像点位移矢量在像平面上的分量 $\Delta S'_{F'y'}$ 和 $\Delta S'_{F'z'}$。

例 5-3-1 图 5-3-3 所示为用于炮队镜光学系统中的一块靴形屋脊棱镜。该棱镜位于物镜和目镜之间的会聚光路中。

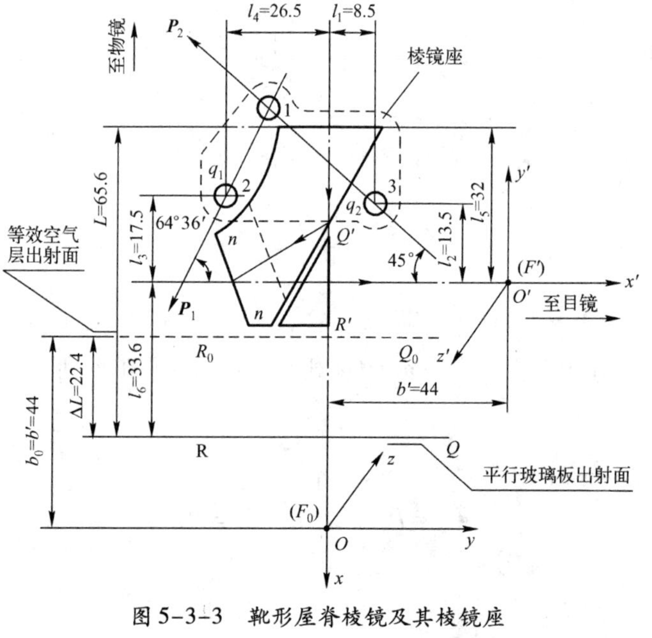

图 5-3-3 靴形屋脊棱镜及其棱镜座

棱镜固定在棱镜座上，而棱镜座则通过螺孔 1、2、3 用螺钉固定在镜筒壳体的棱镜室内。

当校正系统的像倾斜时，在螺孔 3 或螺孔 2 的下面衬以很薄的垫片，使棱镜随着棱镜座绕 $\boldsymbol{P}_1$ 或 $\boldsymbol{P}_2$ 轴作微量转动。现在的问题是要求出棱镜的上述转动将造成多大的光轴偏。显然，这是一个会聚光路中的光轴偏的计算问题。

已知有关数据：棱镜口径 $D=22$；棱镜玻璃折射率 $n=1.5163$；焦点 F'离棱镜出射面的距离 $b'=44$；棱镜座在三个螺孔处的支承面平行于通过屋脊 mn 的主截面，但比主截面（即图 5-3-3 的图面）高出 8.3，或者说，转轴 $\boldsymbol{P}_1$ 和 $\boldsymbol{P}_2$ 均平行于棱镜主截面，但比主截面高出 8.3。

其他尺寸均示于图 5-3-3 上。

以下计算棱镜绕 $\boldsymbol{P}_1$ 微量转动的情况。

（1）选取坐标。棱镜像空间的右手系坐标 $O'x'y'z'$的原点 O'定在 F'处。如前所述，F'是沿物镜光轴方向入射的平行光束经物镜会聚并经棱镜折转后所成的像点。

由上列数据，得

$$L=2.98D=65.6,\Delta L=\frac{n-1}{n}L=22.4$$

由此求得等效空气层的出射面 R_0Q_0。

由等效空气层出射面起，沿出射光轴方向量截一段 $b_0=b'=44$，便可找到物镜在空气中的焦点 F_0，即 F'在棱镜物空间内的共轭点。

然后，把棱镜物空间的共轭坐标 $Oxyz$ 的原点 O 定在 F_0 处，而坐标轴 xyz 的方向可用作图法求得。

（2）求 $\boldsymbol{P}_1$ 分别在物、像空间坐标中的分量：

$$P_{1x}=\cos 25°24'=0.903,P_{1y}=-\sin 25°24'=-0.429,P_{1z}=0$$

$$P_{1x'}=-\sin 25°24'=-0.429,P_{1y'}=-\cos 25°24'=-0.903,P_{1z'}=0$$

（3）选择 q_1 点，并求 q_1 分别在两个坐标系中的坐标。q_1 点可选在 $\boldsymbol{P}_1$ 轴线上的任意位置，为方便起见，选在螺孔 2 的中心（比图面高出 8.3）。由图 5-3-3 上所示的尺寸，得

$$x_{q_1}=-72.7,y_{q_1}=-26.5,z_{q_1}=-8.3$$

$$x'_{q_1}=-70.5,y'_{q_1}=17.5,z'_{q_1}=8.3$$

（4）求像轴 $\boldsymbol{P}'_1$ 以及像轴所通过的 q'_1 点在坐标 $O'x'y'z'$中的分量和坐标：

$$P'_{1x'}=P_{1x}=0.903,P'_{1y'}=P_{1y}=-0.429,P'_{1z'}=P_{1z}=0$$

$$x'_{q'_1}=x_{q_1}=-72.7,y'_{q'_1}=y_{q_1}=-26.5,z'_{q'_1}=z_{q_1}=-8.3$$

（5）求 $\boldsymbol{\rho}_{F'}$和 $\boldsymbol{\rho}'_{F'}$。据(5-3-7)式，有

$$\rho_{F'x'}=-x'_{q_1}=70.5,\rho_{F'y'}=-y'_{q_1}=-17.5,\rho_{F'z'}=-z'_{q_1}=-8.3$$

$$\rho'_{F'x'}=-x'_{q'_1}=72.7,\rho'_{F'y'}=-y'_{q'_1}=26.5,\rho'_{F'z'}=-z'_{q'_1}=8.3$$

（6）将有关数据整理如下：

$$\boldsymbol{P}_1: P_{1x'} = -0.429, P_{1y'} = -0.903, P_{1z'} = 0$$

$$\boldsymbol{\rho}_{F'}: \rho_{F'x'} = 70.5, \rho_{F'y'} = -17.5, \rho_{F'z'} = -8.3$$

$$\boldsymbol{P}'_1: P'_{1x'} = 0.903, P'_{1y'} = -0.429, P'_{1z'} = 0$$

$$\boldsymbol{\rho}'_{F'}: \rho'_{F'x'} = 72.7, \rho'_{F'y'} = 26.5, \rho'_{F'z'} = 8.3$$

(7) 求 $\Delta S'_{F'y'}$ 和 $\Delta S'_{F'z'}$。将上列数据代入(5-3-5)式和(5-3-6)式,并考虑到本棱镜的反射次数 $t=3$,得

$$\Delta S'_{F'y'} = \Delta\theta[(P_{1z'}\rho_{F'x'} - P_{1x'}\rho_{F'z'}) + (-1)^{t-1}(P'_{1z'}\rho'_{F'x'} - P'_{1x'}\rho'_{F'z'})] = -11.1\Delta\theta \quad (5-3-8)$$

$$\Delta S'_{F'z'} = \Delta\theta[(P_{1x'}\rho_{F'y'} - P_{1y'}\rho_{F'x'}) + (-1)^{t-1}(P'_{1x'}\rho'_{F'y'} - P'_{1y'}\rho'_{F'x'})] = 126.4\Delta\theta \quad (5-3-9)$$

当棱镜绕 $\boldsymbol{P}_2$ 微量转动 $\Delta\theta$ 时,按同样的方法求得

$$\Delta S'_{F'y'} = 0 \quad (5-3-10)$$

$$\Delta S'_{F'z'} = 39.2\Delta\theta \quad (5-3-11)$$

5.3.3 在会聚光路中存在两块棱镜的情况

常见会聚光路中不止一块棱镜的情况,如图 5-3-4 所示。

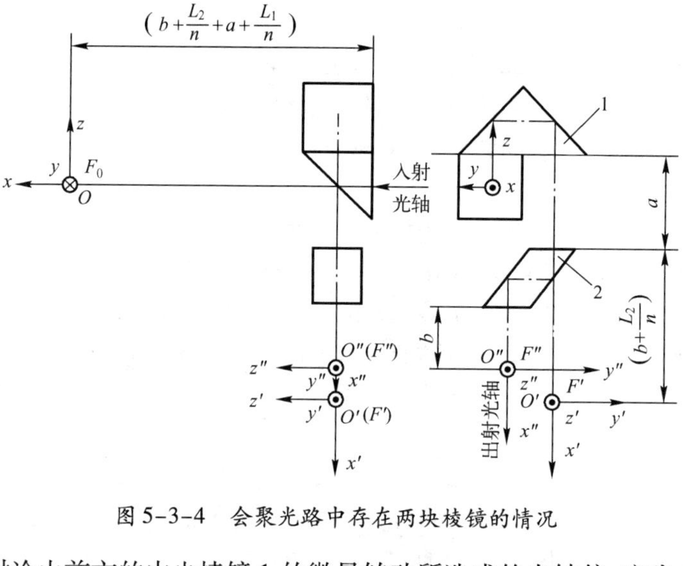

图 5-3-4 会聚光路中存在两块棱镜的情况

此时,讨论由前方的中央棱镜 1 的微量转动所造成的光轴偏,应先求出此棱镜物、像空间内的焦点 F_0 和 F'。

由图纸查得斜方棱镜 2 的像空间内的焦点 F''的位置尺寸 b 以及两棱镜的间隔 a,然后计算$\left(b+\frac{L_2}{n}\right)$和$\left(b+\frac{L_2}{n}+a+\frac{L_1}{n}\right)$,便得到 F'和 F_0 点的位置。这里 L_1、L_2 为棱镜 1、2 对应的平行玻璃板厚度,n 为棱镜 1、2 的玻璃折射率。

据(5-3-5)式和(5-3-6)式,求出像点 F'在像平面 $y'O'z'$内的小位移 $\Delta S'_{F'y'}$

和 $\Delta S'_{F'z'}$。

因斜方棱镜不动，故利用该棱镜物、像空间坐标的转换关系，可立即求得像点 F''在像平面 $y''O''z''$内的对应的小位移：

$$\Delta S''_{F''y''} = \Delta S'_{F'y'}, \Delta S''_{F''z''} = \Delta S'_{F'z'} \tag{5-3-12}$$

习　题

5.1　用平面镜系有限转角的物像关系原理重新计算图 5-2-1 上所示的例 5-2-1，在演算过程中略去二阶和高阶小量，然后将所得结果与原来的作比较，并对两种不同的方法进行评价。

5.2　图 P5-1 表示一两次反射的直角棱镜 DⅡ-180°，试论证棱镜与其弦面相平行的微量转动矢量 $\Delta\theta\boldsymbol{P}$（即绕 $\boldsymbol{P}$ 或 y'轴转 $\Delta\theta$ 角）对像倾斜调整的可能性，并给出 $\Delta\mu'_{x'}$与 $\Delta\theta\boldsymbol{P}$ 的数量关系。

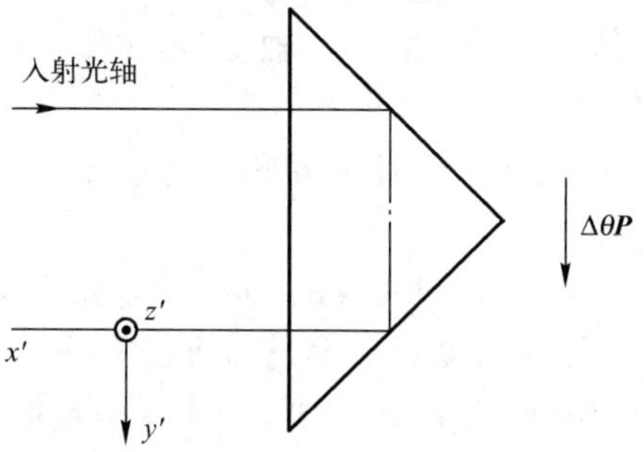

图 P5-1　微量转动 $\Delta\theta\boldsymbol{P}$ 的棱镜 DⅡ-180°

5.3　请通过计算核实(5-3-10)式和(5-3-11)式所表示的结果。

第6章　反射棱镜调整规律

在前面的两章里，已经比较详细地讨论了反射棱镜在微量位移情况下的物、像空间的共轭关系，或称像运动，以及基于此种像运动计算的反射棱镜的调整计算的分类、特点和计算公式，等等。

虽然像运动的基本方程包括它的多种不同的表达式，已经在总体上揭示了棱镜调整中的某些共同的规律性，然而，我国近一个时期在反射棱镜共轭理论研究方面所取得的一些成果表明，有必要专门开辟一个完整的篇章，以便就棱镜调整中的几个重要的问题，对它们的规律性作进一步的探讨。

根据光学仪器设计和调整的需要，这里着重讨论反射棱镜调整的极值轴向、零值轴向、极值移向、零值移向、极值轴、零值轴、三维零值极点、三维零值极线，以及与此有关的一系列调整特性参量。

如同以前一样，反射棱镜调整规律的问题也将按照平行光路和会聚光路两种情况，分别加以讨论。

(4-3-1)式和(4-3-5)式分别代表由 $\Delta\theta \boldsymbol{P}$ 所造成的像偏转 $\Delta\boldsymbol{\mu}'$ 以及由 $\Delta g\boldsymbol{D}$ 所造成的像移动 $\Delta\boldsymbol{S}'$。因为这两个公式都只与方向共轭有关，所以在数学上可以认为它们具有平行光路的性质，虽然在物理上，(4-3-5)式只是在会聚光路中才有它的实际意义。

而只有代表由 $\Delta\theta \boldsymbol{P}$ 所造成的像点位移 $\Delta\boldsymbol{S}'_{F'}$ 的表达式(4-3-2)，才同时和方向共轭及位置共轭有关，因而被认为具有会聚光路的性质。

无疑，当研究反射棱镜在平行光路和会聚光路中的调整规律时，将把(4-3-1)式、(4-3-5)式和(4-3-2)式三个公式视为讨论问题的出发点。

6.1　像偏转分量及其极值特性向量——余弦律与差向量法则

由5.1节得知，$\Delta\mu'_{x'}$代表像倾斜，而 $\Delta\mu'_{y'}$ 和 $\Delta\mu'_{z'}$ 在平行光路的情形分别代表光轴偏的一个分量。可见，像偏转的这些具体的分量都有很明确的调整意义。从另一方面看，棱镜座的固定结构所能保证的调整运动，通常也只允许校正一个标量的调整项，即与像偏转或像点位移的一个分量相对应的调整量。

所以说，在棱镜调整的理论和实践中，往往需要讨论像偏转 $\Delta\boldsymbol{\mu}'$ 沿反射棱镜像空间内的某一特定方向 $\boldsymbol{r}'$（单位矢量）上的分量 $\Delta\mu'_{r'}$ 与引起像偏转的棱镜微量转动 $\Delta\theta \boldsymbol{P}$ 之间的关系。

根据角矢量的意义，分量 $\Delta\mu'_{r'}$ 实质上代表像绕像空间内某一轴线 $\boldsymbol{r}'$ 的微小偏转。为简单起见，以下称 $\Delta\mu'_{r'}$ 为 r' 像偏转。

由(4-3-1)式，得

$$\Delta\mu'_{r'} = \Delta\theta[P_{r'} + (-1)^{t-1}P'_{r'}] \tag{6-1-1}$$

式中，$P_{r'}$ 和 $P'_{r'}$ 分别为单位矢量 $\boldsymbol{P}$ 和 $\boldsymbol{P}'$ 在 $\boldsymbol{r}'$ 轴上的分量。

设 $(-1)^t\boldsymbol{r}$ 为 $\boldsymbol{r}'$ 在反射棱镜的物空间内的共轭单位矢量。这就是说，在偶次反射棱镜的情形，$\boldsymbol{r}$ 为 $\boldsymbol{r}'$ 在棱镜物空间内的共轭矢量，而在奇次反射棱镜的情形则 $\boldsymbol{r}$ 为 $\boldsymbol{r}'$ 在棱镜物空间内的共轭矢量的反矢量。此种人为的做法，主要是为了在以后能够得到对于偶次反射棱镜和对于奇次反射棱镜都是一样的统一的规律。

考虑到棱镜的物、像关系以及 $\boldsymbol{r}$ 与 $\boldsymbol{r}'$ 的关系，有

$$P'_{r'} = (-1)^t P_r \tag{6-1-2}$$

式中，P_r 为 $\boldsymbol{P}$ 在 $\boldsymbol{r}$ 轴上的分量。

将(6-1-2)式代入(6-1-1)式，得奇、偶次反射棱镜的统一公式：

$$\Delta\mu'_{r'} = \Delta\theta(P_{r'} - P_r) \tag{6-1-3}$$

根据数积的定义，有

$$P_r = \boldsymbol{P}\cdot\boldsymbol{r}, P_{r'} = \boldsymbol{P}\cdot\boldsymbol{r}'$$

将上列关系代入(6-1-3)式，得

$$\Delta\mu'_{r'} = \boldsymbol{P}\cdot\Delta\theta(\boldsymbol{r}' - \boldsymbol{r}) \tag{6-1-4}$$

可以把(6-1-4)式写成下列的形式：

$$\Delta\mu'_{r'} = \boldsymbol{P}\cdot\boldsymbol{\delta}_h = \delta_h\cos(\boldsymbol{P},\boldsymbol{\delta}_h) \tag{6-1-5}$$

其中

$$\boldsymbol{\delta}_h = \Delta\theta(\boldsymbol{r}' - \boldsymbol{r}) = \delta_h\boldsymbol{h} \tag{6-1-6}$$

式中，$\boldsymbol{h}$ 为引入矢量 $\boldsymbol{\delta}_h$ 方向上的单位矢量。

所得公式(6-1-5)和(6-1-6)具有很重要的意义。它们的内容可以概括为“余弦律与差向量法则”或称“反射棱镜调整法则”。

法则：“像偏转 $\Delta\boldsymbol{\mu}'$ 沿反射棱镜像空间内的方向单位矢量 $\boldsymbol{r}'$ 上的分量 $\Delta\mu'_{r'}$（r' 像偏转）同引起像偏转的棱镜微量转动 $\Delta\theta\boldsymbol{P}$ 之间的关系受余弦律支配：$\Delta\mu'_{r'} = \boldsymbol{P}\cdot\boldsymbol{\delta}_h = \delta_h\cos(\boldsymbol{P},\boldsymbol{\delta}_h)$，而余弦律中的唯一的矢参量 $\boldsymbol{\delta}_h$ 可由差向量法则求得：$\boldsymbol{\delta}_h = \Delta\theta(\boldsymbol{r}' - \boldsymbol{r})$。这里，$(-1)^t\boldsymbol{r}$ 为 $\boldsymbol{r}'$ 在反射棱镜的物空间内的共轭单位矢量；t 为反射棱镜的反射次数。”

由(6-1-5)式可见，当棱镜的转轴 $\boldsymbol{P}$ 和矢量 $\boldsymbol{\delta}_h$ 同向时，r' 像偏转 $\Delta\mu'_{r'}$ 取极值 $\Delta\mu'_{r'\max}$，而且这个极值正好等于 $\boldsymbol{\delta}_h$ 本身的大小 δ_h：

$$\Delta\mu'_{r'} = \delta_h\cos(\boldsymbol{P},\boldsymbol{\delta}_h) = \delta_h\cos0° = \delta_h = \Delta\mu'_{r'\max} \tag{6-1-7}$$

显然，当 $\boldsymbol{P}$ 与 $\boldsymbol{\delta}_h$ 反向时，则 r' 像偏转 $\Delta\mu'_{r'}$ 取负号的极值：$\Delta\mu'_{r'} = \delta_h\cos180° = -\delta_h = -\Delta\mu'_{r'\max}$。

根据矢参量 $\boldsymbol{\delta}_h = \delta_h\boldsymbol{h}$ 的上述含义，$\boldsymbol{\delta}_h$ 的方向 $\boldsymbol{h}$ 取名为 r' 像偏转的极值轴向；$\boldsymbol{\delta}_h$ 的大小，即 $\delta_h = \Delta\mu'_{r'\max}$ 取名为 r' 像偏转极值；而矢量 $\boldsymbol{\delta}_h$ 本身则取名为 r' 像偏转的极

值特性向量。

又由(6-1-5)式可见,当棱镜转轴 $\boldsymbol{P}$ 垂直于 $\boldsymbol{\delta}_h$ 时,r'像偏转 $\Delta\mu'_{r'}$取零值:

$$\Delta\mu'_{r'} = \delta_h \cos 90° = 0$$

故知一切和 r'像偏转的极值轴向相垂直的方向均为 r'像偏转的零值轴向。

有时候,$\boldsymbol{\delta}_h = 0$,此种情况说明无论棱镜绕何种 $\boldsymbol{P}$ 轴微量转动,都不会产生 r'像偏转,即 $\Delta\mu'_{r'}$总是等于零。在此情形,不存在 r'像偏转的极值轴向,而所有的方向均可视作 r'像偏转的零值轴向。

应当指出,在以上的讨论中并未对 $\boldsymbol{r}'$轴附加任何的约束条件,或者说,$\boldsymbol{r}'$可以是棱镜像空间内的一根任意方向的轴线,所以,(6-1-5)式和(6-1-6)式具有一定的普遍意义。

根据极值轴向的含义,它和同一个 r'像偏转的梯度的方向应该是一致的,因此也可以利用梯度的公式求得 r'像偏转 $\Delta\mu'_{r'}$的极值轴向。

设 $\boldsymbol{\eta}_h$ 代表 $\Delta\mu'_{r'}$的梯度或梯度轴向,则有

$$\boldsymbol{\eta}_h = \mathrm{grad}\Delta\mu'_{r'} = \frac{\partial\Delta\mu'_{r'}}{\partial\Delta\theta_{x'}}\boldsymbol{i}' + \frac{\partial\Delta\mu'_{r'}}{\partial\Delta\theta_{y'}}\boldsymbol{j}' + \frac{\partial\Delta\mu'_{r'}}{\partial\Delta\theta_{z'}}\boldsymbol{k}' \tag{6-1-8}$$

式中

$$\Delta\theta_{x'} = \Delta\theta P_{x'},\ \Delta\theta_{y'} = \Delta\theta P_{y'},\ \Delta\theta_{z'} = \Delta\theta P_{z'} \tag{6-1-9}$$

由(6-1-5)式和(6-1-6)式,有

$$\begin{aligned}\Delta\mu'_{r'} &= \boldsymbol{P}\cdot\boldsymbol{\delta}_h = \Delta\theta\boldsymbol{P}\cdot(\boldsymbol{r}'-\boldsymbol{r})\\ &= \Delta\theta P_{x'}(\boldsymbol{r}'-\boldsymbol{r})_{x'} + \Delta\theta P_{y'}(\boldsymbol{r}'-\boldsymbol{r})_{y'} + \Delta\theta P_{z'}(\boldsymbol{r}'-\boldsymbol{r})_{z'}\\ &= \Delta\theta_{x'}(\boldsymbol{r}'-\boldsymbol{r})_{x'} + \Delta\theta_{y'}(\boldsymbol{r}'-\boldsymbol{r})_{y'} + \Delta\theta_{z'}(\boldsymbol{r}'-\boldsymbol{r})_{z'}\end{aligned} \tag{6-1-10}$$

式中,$(\boldsymbol{r}'-\boldsymbol{r})_{x'}$、$(\boldsymbol{r}'-\boldsymbol{r})_{y'}$和$(\boldsymbol{r}'-\boldsymbol{r})_{z'}$代表矢量$(\boldsymbol{r}'-\boldsymbol{r})$在 $x'y'z'$上的分量。

将(6-1-10)式代入(6-1-8)式,得

$$\boldsymbol{\eta}_h = (\boldsymbol{r}'-\boldsymbol{r})_{x'}\boldsymbol{i}' + (\boldsymbol{r}'-\boldsymbol{r})_{y'}\boldsymbol{j}' + (\boldsymbol{r}'-\boldsymbol{r})_{z'}\boldsymbol{k}' \tag{6-1-11}$$

上式也可写成

$$\boldsymbol{\eta}_h = \mathrm{grad}\Delta\mu'_{r'} = \boldsymbol{r}'-\boldsymbol{r} \tag{6-1-12}$$

比较(6-1-12)和(6-1-6)二式,不难看出有下列的关系:

$$\boldsymbol{\delta}_h = \Delta\theta\boldsymbol{\eta}_h \tag{6-1-13}$$

由此可见,同一个 r'像偏转 $\Delta\mu'_{r'}$的极值特性向量 $\boldsymbol{\delta}_h$ 和梯度轴向 $\boldsymbol{\eta}_h$ 具有同样的方向,而在数值上只差一个比例系数 $\Delta\theta$。因此,r'像偏转的梯度轴向就是它的极值轴向。

如果说,法则中的余弦律揭示了 r'像偏转的函数形式,那么法则中的差向量法则便指出了确定 r'像偏转的具体途径。

由此可见,矢量 $\boldsymbol{\delta}_h$ 以及求 $\boldsymbol{\delta}_h$ 的差向量法则,在本法则中占有重要的地位。

以下用具体的靴形屋脊棱镜为例来说明余弦律与差向量法则的应用,特别是利用差向量法则构制反射棱镜的调整图的方法。

见图 6-1-1,首先选定棱镜的像坐标 $x'y'z'$。为以后编制统一的调整图表的方

便，规定 $x'y'z'$ 为右手坐标；x' 为棱镜的出射光轴；在平面棱镜的情形 y' 在共轭光轴平面内，其取向使 z' 指向读者一侧。按照 $\boldsymbol{r}$ 同 $\boldsymbol{r}'$ 关系来规定物空间内的对应坐标 xyz。这就是说，在偶次反射棱镜的情形 xyz 代表 $x'y'z'$ 在棱镜物空间内所对应的共轭坐标，而在奇次反射棱镜的情形则 xyz 为 $x'y'z'$ 在棱镜物空间内所对应的共轭坐标的反向。

为了今后叙述的方便，把按上述规定所选择的坐标系 $x'y'z'$ 和 xyz 叫做"规范化"的坐标系，并把这一过程叫做"按本书规范化的法则选取棱镜物、像空间的坐标系"。

平面棱镜和部分空间棱镜的 xyz 可以很容易地用作图法求得。

$\boldsymbol{i}$、$\boldsymbol{j}$、$\boldsymbol{k}$ 和 $\boldsymbol{i}'$、$\boldsymbol{j}'$、$\boldsymbol{k}'$ 代表沿 xyz 和 $x'y'z'$ 坐标轴的六个单位矢量。

现先后用像空间的 $\boldsymbol{i}'$、$\boldsymbol{j}'$、$\boldsymbol{k}'$ 轴取代余弦律与差向量法则中的 $\boldsymbol{r}'$ 轴，则(6-1-5)式和(6-1-6)式相应地变成下列两组公式：

$$\left.\begin{aligned}\Delta\mu'_{x'} &= \boldsymbol{P}\cdot\boldsymbol{\delta}_u = \delta_u\cos(\boldsymbol{P},\boldsymbol{\delta}_u) = \delta_u\cos\alpha\\ \Delta\mu'_{y'} &= \boldsymbol{P}\cdot\boldsymbol{\delta}_v = \delta_v\cos(\boldsymbol{P},\boldsymbol{\delta}_v) = \delta_v\cos\beta\\ \Delta\mu'_{z'} &= \boldsymbol{P}\cdot\boldsymbol{\delta}_w = \delta_w\cos(\boldsymbol{P},\boldsymbol{\delta}_w) = \delta_w\cos\gamma\end{aligned}\right\}\tag{6-1-14}$$

$$\left.\begin{aligned}\boldsymbol{\delta}_u &= \Delta\theta(\boldsymbol{i}'-\boldsymbol{i}) = \delta_u\boldsymbol{u}\\ \boldsymbol{\delta}_v &= \Delta\theta(\boldsymbol{j}'-\boldsymbol{j}) = \delta_v\boldsymbol{v}\\ \boldsymbol{\delta}_w &= \Delta\theta(\boldsymbol{k}'-\boldsymbol{k}) = \delta_w\boldsymbol{w}\end{aligned}\right\}\tag{6-1-15}$$

式中，$\Delta\mu'_{x'}$、$\Delta\mu'_{y'}$、$\Delta\mu'_{z'}$ 分别代表 x'、y'、z' 像偏转；$\boldsymbol{\delta}_u$、$\boldsymbol{\delta}_v$、$\boldsymbol{\delta}_w$ 分别代表 x'、y'、z' 像偏转的极值特性向量；单位矢量 $\boldsymbol{u}$、$\boldsymbol{v}$、$\boldsymbol{w}$ 分别代表 x'、y'、z' 像偏转的极值轴向；$\cos\alpha$、$\cos\beta$、$\cos\gamma$ 分别为棱镜转轴 $\boldsymbol{P}$ 与极值轴向 $\boldsymbol{u}$、$\boldsymbol{v}$、$\boldsymbol{w}$ 的夹角余弦。

以上的 $\Delta\mu'_{x'}$ 就是像倾斜，而 $\Delta\mu'_{y'}$ 和 $\Delta\mu'_{z'}$ 在平行光路中代表光轴偏的分量。

(6-1-4)式说明，任何一个 r' 像偏转的数值最大不超过棱镜转角 $\Delta\theta$ 的两倍。

由(6-1-14)式和(6-1-15)式可见，为了确定 $\Delta\mu'_{x'}$、$\Delta\mu'_{y'}$、$\Delta\mu'_{z'}$，只需先按差向量法则公式(6-1-15)求出三个极值特性向量 $\boldsymbol{\delta}_u$、$\boldsymbol{\delta}_v$、$\boldsymbol{\delta}_w$ 即可。这说明，反射棱镜调整法则所提供的两个公式(6-1-15)和(6-1-14)同样可以有效地应用于平行光路中的调整计算上。

实际上，反射棱镜的三个极值特性向量 $\boldsymbol{\delta}_u$、$\boldsymbol{\delta}_v$、$\boldsymbol{\delta}_w$ 本身就具有很重要的意义，因为它们决定了棱镜在平行光路中的全部的调整特性，而且对会聚光路中的调整特性也有很大的影响。

因此，我们把 $\boldsymbol{\delta}_u$、$\boldsymbol{\delta}_v$、$\boldsymbol{\delta}_w$ 规定为反射棱镜在其调整特性方面的三个重要的参量。这一点在最新制定的关于反射棱镜的国家标准中已有所反映。

如果把图 6-1-1 上的一些解题过程中的图线及符号去掉，只保留棱镜简图、像坐标 $x'y'z'$ 以及与此像坐标对应的三个极值特性向量的大小 δ_u、δ_v、δ_w 和方向 $\boldsymbol{u}$、$\boldsymbol{v}$、$\boldsymbol{w}$，则最后得到图 6-1-2。这就是一个典型的棱镜调整图的雏形。以后，再添上其他的成像和调整的特性参量，便是一个完整的调整图。

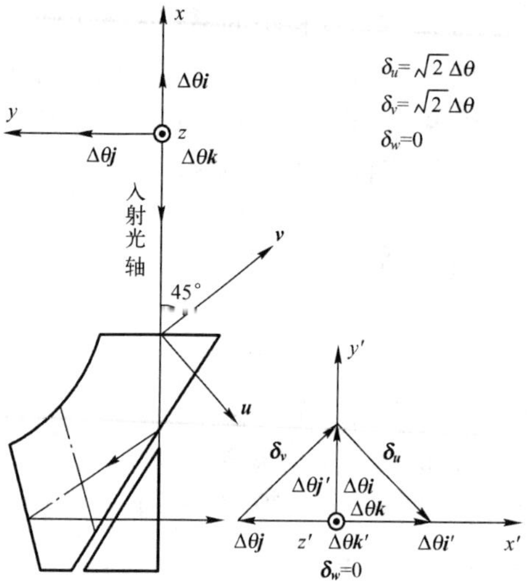

图 6-1-1　用作图法确定极值特性向量示例

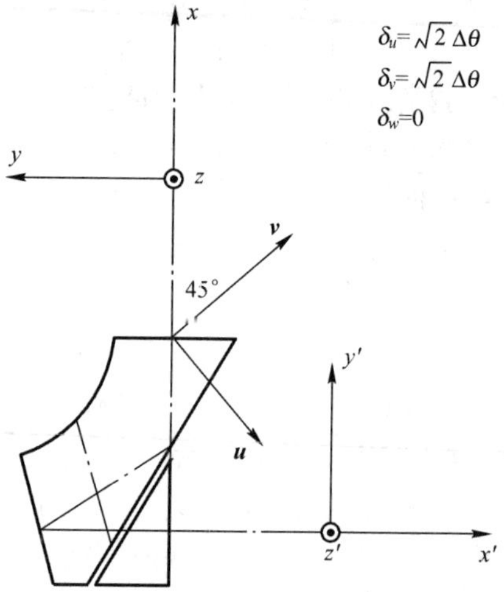

图 6-1-2　调整图雏形

同样，令 $\boldsymbol{\eta}_u$、$\boldsymbol{\eta}_v$、$\boldsymbol{\eta}_w$ 分别代表 x'、y'、z'像偏转的梯度轴向，则由(6-1-12)式和(6-1-13)式，有

$$\left.\begin{aligned}\boldsymbol{\eta}_u&=\mathrm{grad}\Delta\mu'_{x'}=\boldsymbol{i}'-\boldsymbol{i}\\\boldsymbol{\eta}_v&=\mathrm{grad}\Delta\mu'_{y'}=\boldsymbol{j}'-\boldsymbol{j}\\\boldsymbol{\eta}_w&=\mathrm{grad}\Delta\mu'_{z'}=\boldsymbol{k}'-\boldsymbol{k}\end{aligned}\right\}\tag{6-1-16}$$

$$\left.\begin{aligned}\boldsymbol{\delta}_u&=\Delta\theta\boldsymbol{\eta}_u\\\boldsymbol{\delta}_v&=\Delta\theta\boldsymbol{\eta}_v\\\boldsymbol{\delta}_w&=\Delta\theta\boldsymbol{\eta}_w\end{aligned}\right\}\tag{6-1-17}$$

棱镜的三个极值特性向量 $\boldsymbol{\delta}_u$、$\boldsymbol{\delta}_v$、$\boldsymbol{\delta}_w$ 和三个梯度轴向 $\boldsymbol{\eta}_u$、$\boldsymbol{\eta}_v$、$\boldsymbol{\eta}_w$，也可以表达成矩阵的形式。

由(4-3-11)式，有

$$(\Delta\boldsymbol{\mu}')=\Delta\theta\boldsymbol{J}_{\boldsymbol{\mu}\boldsymbol{P}}(\boldsymbol{P})$$

或

$$(\Delta\boldsymbol{\mu}')=\boldsymbol{J}_{\boldsymbol{\mu}\boldsymbol{P}}(\Delta\boldsymbol{\theta})\tag{6-1-18}$$

式中，$(\Delta\boldsymbol{\theta})=\Delta\theta(\boldsymbol{P})$。

又由(6-1-8)式，得

$$\left.\begin{aligned}\boldsymbol{\eta}_u&=\frac{\partial\Delta\mu'_{x'}}{\partial\Delta\theta_{x'}}\boldsymbol{i}'+\frac{\partial\Delta\mu'_{x'}}{\partial\Delta\theta_{y'}}\boldsymbol{j}'+\frac{\partial\Delta\mu'_{x'}}{\partial\Delta\theta_{z'}}\boldsymbol{k}'\\\boldsymbol{\eta}_v&=\frac{\partial\Delta\mu'_{y'}}{\partial\Delta\theta_{x'}}\boldsymbol{i}'+\frac{\partial\Delta\mu'_{y'}}{\partial\Delta\theta_{y'}}\boldsymbol{j}'+\frac{\partial\Delta\mu'_{y'}}{\partial\Delta\theta_{z'}}\boldsymbol{k}'\\\boldsymbol{\eta}_w&=\frac{\partial\Delta\mu'_{z'}}{\partial\Delta\theta_{x'}}\boldsymbol{i}'+\frac{\partial\Delta\mu'_{z'}}{\partial\Delta\theta_{y'}}\boldsymbol{j}'+\frac{\partial\Delta\mu'_{z'}}{\partial\Delta\theta_{z'}}\boldsymbol{k}'\end{aligned}\right\}\tag{6-1-19}$$

根据(6-1-18)式的关系,不难看出,方程组(6-1-19)右方的九个系数所组成的矩阵正好就是$\boldsymbol{J}_{\mu P}$,所以,可将方程组(6-1-19)写成下列的矩阵表达式:

$$\begin{pmatrix}\boldsymbol{\eta}_u\\ \boldsymbol{\eta}_v\\ \boldsymbol{\eta}_w\end{pmatrix}=\boldsymbol{J}_{\mu P}\begin{pmatrix}\boldsymbol{i}'\\ \boldsymbol{j}'\\ \boldsymbol{k}'\end{pmatrix} \tag{6-1-20}$$

而考虑到(6-1-13)式,则

$$\begin{pmatrix}\boldsymbol{\delta}_u\\ \boldsymbol{\delta}_v\\ \boldsymbol{\delta}_w\end{pmatrix}=\Delta\theta\boldsymbol{J}_{\mu P}\begin{pmatrix}\boldsymbol{i}'\\ \boldsymbol{j}'\\ \boldsymbol{k}'\end{pmatrix} \tag{6-1-21}$$

必须特别指出,在(6-1-20)式及(6-1-21)式中,只是利用矩阵的算法来表达矩阵$\boldsymbol{J}_{\mu P}$与三个梯度轴向或极值特性向量之间的关系。至于等式左右侧的列矩阵,它们并不符合常规列矩阵的定义,因此仅有形式上的意义,而无实质的内容(下同)。

当然,作为一种练习,矩阵关系式(6-1-20)也可以由(6-1-16)式推导出来。

考虑到棱镜物、像空间的关系,(6-1-16)式中的第一个方程可以写成下列的矩阵形式:

$$\begin{aligned}(\boldsymbol{\eta}_u)_{0'}&=(\boldsymbol{i}')_{0'}-(\boldsymbol{i})_{0'}=(\boldsymbol{i}')_{0'}-G_{00'}(\boldsymbol{i})_0\\&=\boldsymbol{E}(\boldsymbol{i}')_{0'}-\boldsymbol{S}_{\boldsymbol{T},-2\varphi}(\boldsymbol{i})_0\end{aligned} \tag{6-1-22}$$ [1]

由于$(\boldsymbol{i})_0=(\boldsymbol{i}')_{0'}$,所以

$$(\boldsymbol{\eta}_u)_{0'}=(\boldsymbol{E}-\boldsymbol{S}_{\boldsymbol{T},-2\varphi})(\boldsymbol{i}')_{0'}$$

将上式左右双方的矩阵转置一下,得

$$(\boldsymbol{\eta}_u)_{0'}^{\mathrm{T}}=(\boldsymbol{i}')_{0'}^{\mathrm{T}}(\boldsymbol{E}-\boldsymbol{S}_{\boldsymbol{T},2\varphi})=(1\quad 0\quad 0)\boldsymbol{J}_{\mu P} \tag{6-1-23}$$

同理,有

$$(\boldsymbol{\eta}_v)_{0'}^{\mathrm{T}}=(0\quad 1\quad 0)\boldsymbol{J}_{\mu P} \tag{6-1-24}$$

$$(\boldsymbol{\eta}_w)_{0'}^{\mathrm{T}}=(0\quad 0\quad 1)\boldsymbol{J}_{\mu P} \tag{6-1-25}$$

最后,综合以上三个公式,便可得到同样的结果:

$$\begin{pmatrix}\boldsymbol{\eta}_u\\ \boldsymbol{\eta}_v\\ \boldsymbol{\eta}_w\end{pmatrix}=\boldsymbol{J}_{\mu P}\begin{pmatrix}\boldsymbol{i}'\\ \boldsymbol{j}'\\ \boldsymbol{k}'\end{pmatrix}$$

根据特征方向$\boldsymbol{T}$的意义,它必然是任何一个r'像偏转$\Delta\mu'_{r'}$的零值轴向,因而有$\boldsymbol{T}\perp\boldsymbol{\delta}_h$。因此,棱镜的特征方向$\boldsymbol{T}$同时垂直于$\boldsymbol{u}$、$\boldsymbol{v}$、$\boldsymbol{w}$。又由于特征方向$\boldsymbol{T}$的存在和唯一性,所以,棱镜的三个极值轴向$\boldsymbol{u}$、$\boldsymbol{v}$、$\boldsymbol{w}$必定平行于同一个平面,而此平面垂直于$\boldsymbol{T}$。

---

① 注:$(\boldsymbol{i})_0$和$(\boldsymbol{i})_{0'}$代表单位矢$\boldsymbol{i}$分别在坐标xyz和$x'y'z'$中的列矩阵表示。

最后,通过举例说明反射棱镜调整法则的一般用途。

例 6-1-1 见图 6-1-3,这是一个已经在 5.2 节中计算过的例题。不过,在这个调整图上附有现成的三个极值特性向量的大小 δ_u、δ_v、δ_w 和方向 $\boldsymbol{u}$、$\boldsymbol{v}$、$\boldsymbol{w}$。

根据(6-1-1)式,得

$$\Delta\mu'_{x'} = \delta_u \cos(\boldsymbol{P},\boldsymbol{\delta}_u) = 1.85\Delta\theta\cos0° = 1.85\Delta\theta$$

$$\Delta\mu'_{y'} = \delta_v \cos(\boldsymbol{P},\boldsymbol{\delta}_v) = 0.77\Delta\theta\cos180° = -0.77\Delta\theta$$

$$\Delta\mu'_{z'} = \delta_w \cos(\boldsymbol{P},\boldsymbol{\delta}_w) = 2\Delta\theta\cos90° = 0$$

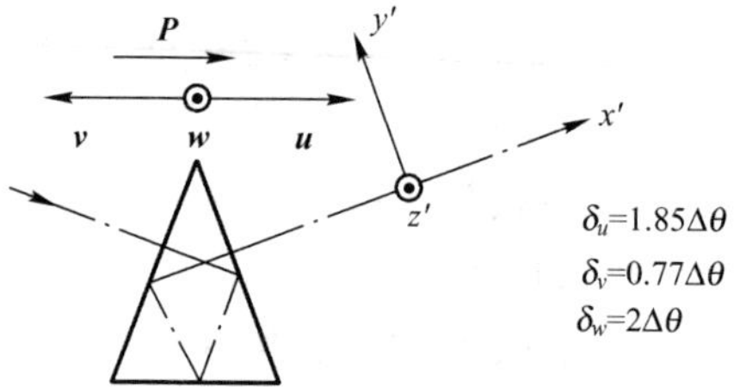

图 6-1-3 带极值特性向量的棱镜 DⅢ -45°

棱镜的调整图可由附录中的反射棱镜图表中查到。由此可见,余弦律与差向量法则以及利用差向量法则制备的棱镜调整图,使平行光路中的调整计算变得十分简单。

例 6-1-2 讨论测距仪测标系统左支角镜的调整轴的选择问题(图 6-1-4)。

按照同样的方法,把所选的像空间坐标 $x'y'z'$ 以及由此求得的 δ_u、δ_v、δ_w 和 $\boldsymbol{u}$、$\boldsymbol{v}$、$\boldsymbol{w}$ 标注在棱镜(角镜)的简图上。

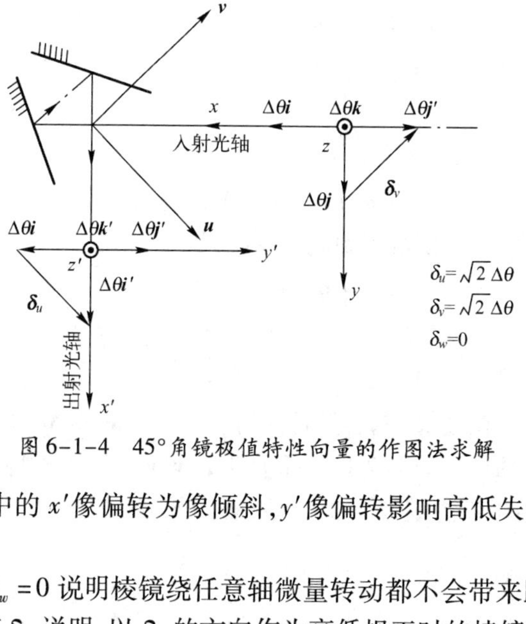

图 6-1-4 45°角镜极值特性向量的作图法求解

如所知,本例中的 x' 像偏转为像倾斜,y' 像偏转影响高低失调整,而 z' 像偏转和距离失调有关。

由所得结果,$\boldsymbol{\delta}_w = 0$ 说明棱镜绕任意轴微量转动都不会带来距离失调(不包括二阶小量),$\boldsymbol{\delta}_v$ 垂直 $\boldsymbol{\delta}_u$ 说明:以 $\boldsymbol{\delta}_v$ 的方向作为高低规正时的棱镜转轴是适当的,因为这样的高低规正最灵敏,而且还不会造成距离失调和像倾斜(这里表现为测标的像倾斜)。

6.2 像移动分量及其极值特性向量——余弦律与差、和向量法则

如同6.1节一样,由棱镜微量移动 $\Delta g\boldsymbol{D}$ 所造成的像移动 $\Delta\boldsymbol{S}'$ 沿棱镜像空间内某一特定方向 $\boldsymbol{r}'$(单位矢量)上的分量 $\Delta S'_{r'}$,称为 r'像移动。实际上,$\Delta S'_{r'}$ 就是由棱镜的 $\Delta g\boldsymbol{D}$ 所造成的像在 $\boldsymbol{r}'$方向上的微小移动

已知

$$\Delta\boldsymbol{S}' = \Delta g(\boldsymbol{D} - \boldsymbol{D}') \tag{4-3-5}$$

所以

$$\Delta S'_{r'} = \Delta g(D_{r'} - D'_{r'}) \tag{6-2-1}$$

式中,$D_{r'}$和 $D'_{r'}$为单位矢量 $\boldsymbol{D}$ 和 $\boldsymbol{D}'$分别在 $\boldsymbol{r}'$方向上的分量。

由于(4-3-5)式、(6-2-1)式与(4-3-1)式、(6-1-1)式极为相似,所以,经过一些相应的步骤,同样可以求得和"余弦律与差向量法则"相呼应的两个公式:

$$\Delta S'_{r'} = \boldsymbol{D}\cdot\boldsymbol{\delta}_e = \delta_e\cos(\boldsymbol{D},\boldsymbol{\delta}_e) \tag{6-2-2}$$

$$\boldsymbol{\delta}_e = \Delta g[\boldsymbol{r}' - (-1)^t\boldsymbol{r}] = \delta_e\boldsymbol{e} \tag{6-2-3}$$

根据这种相似性,上列两个公式可以归结成为余弦律与差、和向量法则。

法则:"像移动 $\Delta\boldsymbol{S}'$沿反射棱镜像空间内的方向单位矢量 $\boldsymbol{r}'$上的分量 $\Delta S'_{r'}$(r'像移动)同引起像移动的棱镜微量移动 $\Delta g\boldsymbol{D}$ 之间的关系受余弦律支配:$\Delta S'_{r'} = \boldsymbol{D}\cdot\boldsymbol{\delta}_e = \delta_e\cos(\boldsymbol{D},\boldsymbol{\delta}_e)$,而余弦律中的唯一的矢参量 $\boldsymbol{\delta}_e$ 可由差、和向量法则求得:$\boldsymbol{\delta}_e = \Delta g[\boldsymbol{r}' - (-1)^t\boldsymbol{r}]$。这里,$(-1)^t\boldsymbol{r}$ 为 $\boldsymbol{r}'$在反射棱镜的物空间内的共轭单位矢量;t 为反射棱镜的反射次数。"

由(6-2-3)式可见,当 t = 偶数时,矢参量 $\boldsymbol{\delta}_e$ 的表达式呈现为差向量法则,而当 t = 奇数时,则 $\boldsymbol{\delta}_e$ 的表达式呈现为和向量法则:

$$\left.\begin{aligned}\boldsymbol{\delta}_e &= \Delta g(\boldsymbol{r}' - \boldsymbol{r})\ (t = \text{偶数})\\ \boldsymbol{\delta}_e &= \Delta g(\boldsymbol{r}' + \boldsymbol{r})\ (t = \text{奇数})\end{aligned}\right\} \tag{6-2-4}$$

所以,本法则也称"余弦律与差、和向量法则"。

这里的矢参量 $\boldsymbol{\delta}_e = \delta_e\boldsymbol{e}$ 和6.1节里的矢参量 $\boldsymbol{\delta}_h = \delta_h\boldsymbol{h}$,具有完全类同的意义。因此,$\boldsymbol{\delta}_e$ 的方向 $\boldsymbol{e}$ 取名为 r'像移动的极值移向;$\boldsymbol{\delta}_e$ 的大小,即 $\delta_e = \Delta S'_{r'\max}$取名为 r'像移动极值;而矢量 $\boldsymbol{\delta}_e$ 本身则取名为 r'像移动的极值特性向量。

进而把(6-2-2)式、(6-2-3)式应用到图6-1-1所示的靴形屋脊棱镜上,并注意维持规范化的物、像空间坐标关系,便可以得到下列两组相应的公式:

$$\left.\begin{aligned}\Delta S'_{x'} &= \boldsymbol{D}\cdot\boldsymbol{\delta}_a = \delta_a\cos(\boldsymbol{D},\boldsymbol{\delta}_a) = \delta_a\cos\alpha\\ \Delta S'_{y'} &= \boldsymbol{D}\cdot\boldsymbol{\delta}_b = \delta_b\cos(\boldsymbol{D},\boldsymbol{\delta}_b) = \delta_b\cos\beta\\ \Delta S'_{z'} &= \boldsymbol{D}\cdot\boldsymbol{\delta}_c = \delta_c\cos(\boldsymbol{D},\boldsymbol{\delta}_c) = \delta_c\cos\gamma\end{aligned}\right\} \tag{6-2-5}$$

$$\left.\begin{aligned}\boldsymbol{\delta}_a &= \Delta g[\boldsymbol{i}' - (-1)^t\boldsymbol{i}] = \delta_a\boldsymbol{a}\\ \boldsymbol{\delta}_b &= \Delta g[\boldsymbol{j}' - (-1)^t\boldsymbol{j}] = \delta_b\boldsymbol{b}\\ \boldsymbol{\delta}_c &= \Delta g[\boldsymbol{k}' - (-1)^t\boldsymbol{k}] = \delta_c\boldsymbol{c}\end{aligned}\right\} \tag{6-2-6}$$

式中，$\Delta S'_{x'}$、$\Delta S'_{y'}$、$\Delta S'_{z'}$分别代表 x'、y'、z'像移动；$\boldsymbol{\delta}_a$、$\boldsymbol{\delta}_b$、$\boldsymbol{\delta}_c$ 分别代表 x'、y'、z'像移动的极值特性向量；单位矢量 $\boldsymbol{a}$、$\boldsymbol{b}$、$\boldsymbol{c}$ 分别代表 x'、y'、z'像移动的极值移向；$\cos\alpha$、$\cos\beta$、$\cos\gamma$ 分别为棱镜移向 $\boldsymbol{D}$ 与极值移向 $\boldsymbol{a}$、$\boldsymbol{b}$、$\boldsymbol{c}$ 的夹角余弦。

(6-2-6)式同样说明，偶次反射棱镜的三个极值移向 $\boldsymbol{a}$、$\boldsymbol{b}$、$\boldsymbol{c}$ 对应地和三个极值轴向 $\boldsymbol{u}$、$\boldsymbol{v}$、$\boldsymbol{w}$ 同向，而奇次反射棱镜的三个极值移向则和三个极值轴向不同，然而它们之间存在着一定的联系：

$$\left.\begin{aligned}\frac{\boldsymbol{\delta}_a}{\Delta g} &= \frac{\boldsymbol{\delta}_u}{\Delta\theta} + 2\boldsymbol{i}\\ \frac{\boldsymbol{\delta}_b}{\Delta g} &= \frac{\boldsymbol{\delta}_v}{\Delta\theta} + 2\boldsymbol{j}\\ \frac{\boldsymbol{\delta}_c}{\Delta g} &= \frac{\boldsymbol{\delta}_w}{\Delta\theta} + 2\boldsymbol{k}\end{aligned}\right\} \tag{6-2-7}$$

这些情况可以从图 6-2-1、图 6-2-2、图 6-2-3 所示的反射棱镜 $FX_J-90°$、$DI_J-90°$、$DI-90°$的调整图中看得很清楚。图上的极值特性向量 $\boldsymbol{\delta}_a$、$\boldsymbol{\delta}_b$、$\boldsymbol{\delta}_c$ 同样可用作图法求得。调整图上的内容也明显增多了。

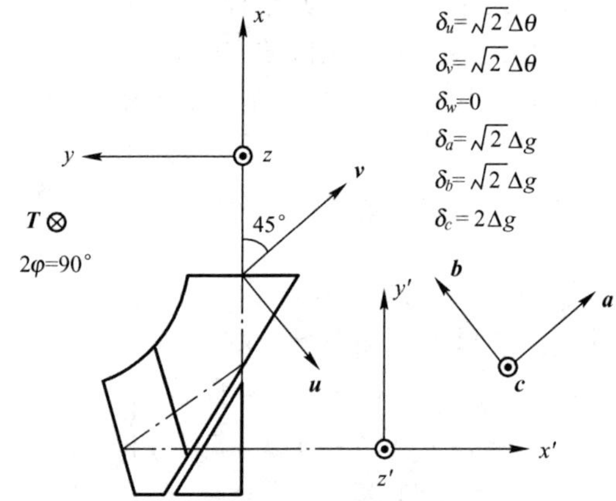

图 6-2-1 奇次反射棱镜的调整图

应当指出，偶次反射棱镜的特征方向 $\boldsymbol{T}$(或成像螺旋轴 $\boldsymbol{\lambda}$ 的方向)是任何一个 r'像移动的零值移向，所以三个极值移向 $\boldsymbol{a}$、$\boldsymbol{b}$、$\boldsymbol{c}$ 也必然平行于同一个平面，且此平面垂直于 $\boldsymbol{T}$。这和 $\boldsymbol{u}$、$\boldsymbol{v}$、$\boldsymbol{w}$ 的情况是完全一致的。

然而，奇次反射棱镜的特征方向 $\boldsymbol{T}$(或成像螺旋轴 $\boldsymbol{\lambda}$ 的方向)并不是所有 r'像移动的零值移向，而且 $\boldsymbol{T}$ 还是与自身方向相一致的像移动分量的极值移向。因此，一般来讲奇次反射棱镜的三个极值移向 $\boldsymbol{a}$、$\boldsymbol{b}$、$\boldsymbol{c}$ 并无共同平行于同一个平面的规律性，如图 6-2-1 就是此种情况的一个例子。

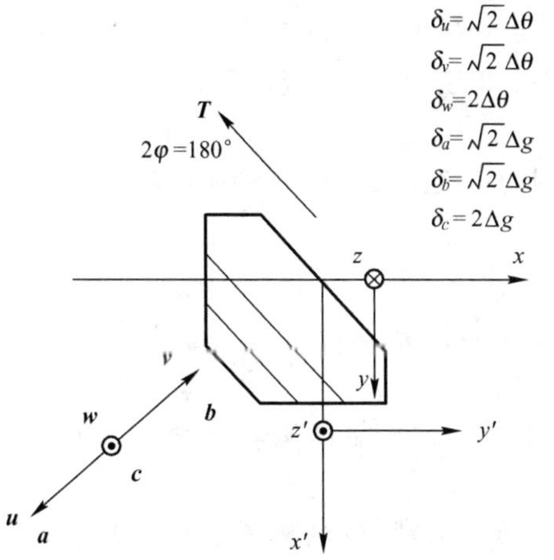

图 6-2-2　偶次反射棱镜的调整图

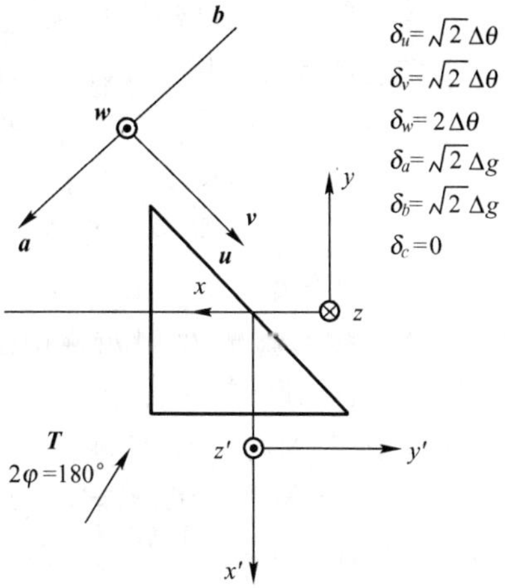

图 6-2-3　直角棱镜的调整图

在第 2 章里曾经提到,单一主截面的奇次反射棱镜的成像螺旋轴系在主截面内,且位于无穷远处。棱镜绕螺旋轴的微量转动已经变成了棱镜沿垂直其主截面方向的移动。在此情形,由于棱镜绕螺旋轴的微量转动始终不会造成像的任何运动,因而棱镜主截面的垂直方向却成了一切 r' 像移动的零值移向。所以此类奇次反射棱镜的三个极值移向 $\boldsymbol{a}$、$\boldsymbol{b}$、$\boldsymbol{c}$ 必然平行于同一个平面,且此平面就是该棱镜的主截面。图 6-2-3 所示的直角棱镜 DⅠ-90°正说明了这种情况。

同理,设 $\boldsymbol{\eta}_e$、$\boldsymbol{\eta}_a$、$\boldsymbol{\eta}_b$、$\boldsymbol{\eta}_c$ 分别代表 r'、x'、y'、z'像移动的梯度移向,则可以导出下列一些类同的公式:

$$\boldsymbol{\eta}_e = \mathrm{grad}\Delta S'_{r'} = \boldsymbol{r}' - (-1)^t \boldsymbol{r} \tag{6-2-8}$$

$$\boldsymbol{\delta}_e = \Delta g \boldsymbol{\eta}_e \tag{6-2-9}$$

$$\left.\begin{aligned} \boldsymbol{\eta}_a &= \mathrm{grad}\Delta S'_{x'} = \boldsymbol{i}' - (-1)^t \boldsymbol{i} \\ \boldsymbol{\eta}_b &= \mathrm{grad}\Delta S'_{y'} = \boldsymbol{j}' - (-1)^t \boldsymbol{j} \\ \boldsymbol{\eta}_c &= \mathrm{grad}\Delta S'_{z'} = \boldsymbol{k}' - (-1)^t \boldsymbol{k} \end{aligned}\right\} \tag{6-2-10}$$

$$\left.\begin{aligned} \boldsymbol{\delta}_a &= \Delta g \boldsymbol{\eta}_a \\ \boldsymbol{\delta}_b &= \Delta g \boldsymbol{\eta}_b \\ \boldsymbol{\delta}_c &= \Delta g \boldsymbol{\eta}_c \end{aligned}\right\} \tag{6-2-11}$$

以及

$$\begin{pmatrix} \boldsymbol{\eta}_a \\ \boldsymbol{\eta}_b \\ \boldsymbol{\eta}_c \end{pmatrix} = \boldsymbol{J}_{SD} \begin{pmatrix} \boldsymbol{i}' \\ \boldsymbol{j}' \\ \boldsymbol{k}' \end{pmatrix} \tag{6-2-12}$$

$$\begin{pmatrix} \boldsymbol{\delta}_a \\ \boldsymbol{\delta}_b \\ \boldsymbol{\delta}_c \end{pmatrix} = \Delta g \boldsymbol{J}_{SD} \begin{pmatrix} \boldsymbol{i}' \\ \boldsymbol{j}' \\ \boldsymbol{k}' \end{pmatrix} \tag{6-2-13}$$

在本章的开始已经提到，由棱镜微量移动 $\Delta g\boldsymbol{D}$ 所引起的像移动 $\Delta\boldsymbol{S}'$，实质上是一个会聚光路的问题，所以，关于余弦律与差、和向量法则的应用问题，将在以下几节里一并加以讨论。

关于6.1节和6.2节的小结——在法则的定义条文中引入特征矩阵 $\boldsymbol{S}_{T,2\varphi}$ 和作用矩阵 $\boldsymbol{R}$ 以改善法则条文的科学性。

（1）对在6.1节导出的"余弦律与差向量法则"的描述可做如下的变更：

"像偏转 $\Delta\boldsymbol{\mu}'$ 沿反射棱镜像空间内的方向单位矢量 $\boldsymbol{r}'$ 上的分量 $\Delta\mu'_{r'}$（r' 像偏转）同引起像偏转的棱镜微量转动 $\Delta\theta\boldsymbol{P}$ 之间的关系受余弦律支配：$\Delta\mu'_{r'} = \boldsymbol{P}\cdot\boldsymbol{\delta}_h = \delta_h\cos(\boldsymbol{P},\boldsymbol{\delta}_h)$，而余弦律中的唯一的矢参量 $\boldsymbol{\delta}_h$ 可由差向量法则求得：$\boldsymbol{\delta}_h = \Delta\theta(\boldsymbol{r}' - \boldsymbol{r})$。这里，$\boldsymbol{r} = \boldsymbol{S}_{T,-2\varphi}\boldsymbol{r}'$ 或 $\boldsymbol{r}' = \boldsymbol{S}_{T,2\varphi}\boldsymbol{r}$。"

（2）对在6.2节导出的"余弦律与差、和向量法则"的名称和定义可做如下的变更：

"像移动 $\Delta\boldsymbol{S}'$ 沿反射棱镜空间内的方向单位矢量 $\boldsymbol{r}'$ 上的分量 $\Delta S'_{r'}$（r' 像移动）同引起像移动的棱镜微量移动 $\Delta g\boldsymbol{D}$ 之间的关系受余弦律支配：$\Delta S'_{r'} = \boldsymbol{D}\cdot\boldsymbol{\delta}_e = \delta_e\cos(\boldsymbol{D},\boldsymbol{\delta}_e)$，而余弦律中的唯一的矢参量 $\boldsymbol{\delta}_e$ 可由差向量法则求得：$\boldsymbol{\delta}_e = \Delta g(\boldsymbol{r}' - \boldsymbol{r})$。这里，$\boldsymbol{r} = \boldsymbol{R}^{-1}\boldsymbol{r}'$ 或 $\boldsymbol{r}' = \boldsymbol{R}\boldsymbol{r}$。"

必须指出，在棱镜微量转动的情况，法则中的 $\boldsymbol{r}'$ 和 $\boldsymbol{r}$ 属于角矢量；而在棱镜微量移动的情况，法则定义中的 $\boldsymbol{r}'$ 和 $\boldsymbol{r}$ 则属于线矢量。又由4.4.2节中所得的结论："特征矩阵 $\boldsymbol{S}_{T,2\varphi}$ 和作用矩阵 $\boldsymbol{R}$ 分别呈现为角矢量和线矢量的传递矩阵"，因此，在上述两种不同的情况下，分别选择用 $\boldsymbol{S}_{T,2\varphi}$ 来表达作为角矢量的 $\boldsymbol{r}'$ 与 $\boldsymbol{r}$ 之间的关系以及用 $\boldsymbol{R}$ 来表达作为线矢量的 $\boldsymbol{r}'$ 与 $\boldsymbol{r}$ 之间的关系，是完全合乎逻辑的。之所以认为它合乎逻辑，就是因为这种表达的方法与事物本身的内在规律是相符合的。

在上述中，由于在处理 xyz 和 $x'y'z'$ 的关系上采取了科学的方法，二法则趋于同名，均为"余弦律与差向量法则"，这是优越性所在，它反映了事物的主要方面。不过，在事情的次要方面，也会有不便之处。在奇次反射棱镜的情况，对于同一个像空间坐标 $x'y'z'$，由于 $\boldsymbol{R} = (-1)^t\boldsymbol{S}_{T,2\varphi} = -\boldsymbol{S}_{T,2\varphi}$，因此将会出现两种方向不同但互为反向的"物空间"坐标 xyz 和 $(-x)(-y)(-z)$。此时，若 $\boldsymbol{i}' = \boldsymbol{S}_{T,2\varphi}\boldsymbol{i} = \boldsymbol{R}(-\boldsymbol{i})$；$\boldsymbol{j}' = \boldsymbol{S}_{T,2\varphi}\boldsymbol{j} = \boldsymbol{R}(-\boldsymbol{j})$；$\boldsymbol{k}' = \boldsymbol{S}_{T,2\varphi}\boldsymbol{k} = \boldsymbol{R}(-\boldsymbol{k})$，则 xyz 用于求 x'、y'、z' 像偏转的极值特性向量 $\boldsymbol{\delta}_u$、$\boldsymbol{\delta}_v$、$\boldsymbol{\delta}_w$，而 $(-x)(-y)(-z)$ 用于求 x'、y'、z' 像移动的极值特性向量 $\boldsymbol{\delta}_a$、$\boldsymbol{\delta}_b$、$\boldsymbol{\delta}_c$。

为清晰起见，当 t 为奇数时，设 $x_py_pz_p$ 代表上述的 xyz；$x_dy_dz_d$ 代表 $(-x)(-y)(-z)$；$\boldsymbol{i}_p$、$\boldsymbol{j}_p$、$\boldsymbol{k}_p$ 和 $\boldsymbol{i}_d$、$\boldsymbol{j}_d$、$\boldsymbol{k}_d$ 分别代表沿 x_p、y_p、z_p 和 x_d、y_d、z_d 坐标轴的单位矢量，则(6-1-15)式、(6-1-17)式和(6-2-6)式、(6-2-11)式变成

$$\boldsymbol{\delta}_u = \Delta\theta(\boldsymbol{i}' - \boldsymbol{i}_p) = \delta_u\boldsymbol{u} = \Delta\theta\boldsymbol{\eta}_u$$

$$\boldsymbol{\delta}_v = \Delta\theta(\boldsymbol{j}' - \boldsymbol{j}_p) = \delta_v\boldsymbol{v} = \Delta\theta\boldsymbol{\eta}_v$$

$$\boldsymbol{\delta}_w = \Delta\theta(\boldsymbol{k}' - \boldsymbol{k}_p) = \delta_w\boldsymbol{w} = \Delta\theta\boldsymbol{\eta}_w$$

和

$$\boldsymbol{\delta}_a = \Delta g(\boldsymbol{i}' - \boldsymbol{i}_{\mathrm{d}}) = \delta_a \boldsymbol{a} = \Delta g \boldsymbol{\eta}_a$$
$$\boldsymbol{\delta}_b = \Delta g(\boldsymbol{j}' - \boldsymbol{j}_{\mathrm{d}}) = \delta_b \boldsymbol{b} = \Delta g \boldsymbol{\eta}_b$$
$$\boldsymbol{\delta}_c = \Delta g(\boldsymbol{k}' - \boldsymbol{k}_{\mathrm{d}}) = \delta_c \boldsymbol{c} = \Delta g \boldsymbol{\eta}_c$$

式中

$$\boldsymbol{i}_{\mathrm{d}} = -\boldsymbol{i}_r$$
$$\boldsymbol{j}_{\mathrm{d}} = -\boldsymbol{j}_r$$
$$\boldsymbol{k}_{\mathrm{d}} = -\boldsymbol{k}_r$$

可见,形式上由和向量法则改变成差向量法则,但结果是一样的。

为区别起见,棱镜微量移动情况下的法则可取名为“余弦律与差向量法则(微移)”,而棱镜微量转动情况下的法则仍可维持原名“余弦律与差向量法则”,并出自它明显的重要性,还可称为“反射棱镜调整法则”。

6.3 有关像点位移分量和像点位移的特性参量

在以上两节里,我们对像运动基本方程中只同方向共轭有关的两个部分作了较深入的讨论。现在转入方程中的最后一个部分,这就是由棱镜的微量转动 $\Delta\theta \boldsymbol{P}$ 所造成的像点位移 $\Delta \boldsymbol{S}'_{F'}$

$$\Delta \boldsymbol{S}'_{F'} = \Delta\theta \boldsymbol{P} \times \boldsymbol{\rho}_{F'} + (-1)^{t-1} \Delta\theta \boldsymbol{P}' \times \boldsymbol{\rho}'_{F'} \tag{4-3-2}$$

或

$$(\Delta \boldsymbol{S}'_{F'}) = \Delta\theta[\boldsymbol{E} + (-1)^{t-1} \boldsymbol{S}_{T,2\varphi}](\boldsymbol{r}_q \times \boldsymbol{P}) - (-1)^t \Delta\theta \boldsymbol{S}_{T,2\varphi}(\overrightarrow{M_0 M'} \times \boldsymbol{P}) - \Delta\theta(\boldsymbol{b}' \times [(\boldsymbol{E} - \boldsymbol{S}_{T,2\varphi})(\boldsymbol{P})]) \tag{4-3-20}$$

同样,像点位移矢量 $\Delta \boldsymbol{S}'_{F'}$ 沿棱镜像空间内某一特定方向 $\boldsymbol{r}'$ 上的分量 $\Delta S'_{F'r'}$ 称为 r' 像点位移。

通常,我们只对 x'、y'、z' 像点位移感兴趣。这里的坐标系一般仍然是规范化的,不过在规范化的含义中增加了一项内容,即把坐标系 $O'x'y'z'$ 的原点 O' 定在棱镜一对共轭基点的像点 M' 处。

应当指出,在使用(4-3-20)式的时候,可以选定任意的 $x'y'z'$ 坐标,只是坐标原点 O' 应在一对共轭点的像点处,例如公式中的 M' 点,然而所述的一对共轭点也允许是任意的一对,而并不要求非 M_0 和 M' 不可。

像点位移的三个分量 $\Delta S'_{F'x'}$、$\Delta S'_{F'y'}$、$\Delta S'_{F'z'}$,可以由(4-3-30)式求得:

设

$$\boldsymbol{J}_{SP} = \begin{pmatrix} K_{11} & K_{12} & K_{13} \\ K_{21} & K_{22} & K_{23} \\ K_{31} & K_{32} & K_{33} \end{pmatrix} \tag{6-3-1}$$

则

$$\left.\begin{aligned}\Delta S'_{F'x'} &= \Delta\theta(K_{11}P_{x'} + K_{12}P_{y'} + K_{13}P_{z'})\\ \Delta S'_{F'y'} &= \Delta\theta(K_{21}P_{x'} + K_{22}P_{y'} + K_{23}P_{z'})\\ \Delta S'_{F'z'} &= \Delta\theta(K_{31}P_{x'} + K_{32}P_{y'} + K_{33}P_{z'})\end{aligned}\right\} \tag{6-3-2}$$

如果把 K_{ij}的具体表达式代入上式，则所有棱镜的像点位移分量的表达式均可归结为下列的形式：

$$\begin{aligned}\Delta S'_{F'r'} = \Delta\theta[&P_{x'}(r_{11}x'_q + r_{12}y'_q + r_{13}z'_q + r_{14}) + \\ &P_{y'}(r_{21}x'_q + r_{22}y'_q + r_{23}z'_q + r_{24}) + P_{z'}(r_{31}x'_q + r_{32}y'_q + r_{33}z'_q + r_{34})]\end{aligned} \tag{6-3-3}$$ ①

这一结果也可以从文献[12]中看得很清楚。上式的 $\Delta S'_{F'r'}$代表 $\Delta S'_{F'x'}$、$\Delta S'_{F'y'}$、$\Delta S'_{F'z'}$中的任何一个，此时，对每一块具体的反射棱镜来说，系数 $r_{ij}(i=1,2,3;j=1,2,3)$为常数，$r_{i4}(i=1,2,3)$则是由 b'、D 和 D/n 等参量组成的表达式（见 4-3-30 式）。

由(4-3-20)式和(6-3-3)式可见，无论是像点位移 $\boldsymbol{\Delta S'_{F'}}$，或是像点位移分量 $\Delta S'_{F'x'}$、$\Delta S'_{F'y'}$、$\Delta S'_{F'z'}$，它们都同时取决于微量转动 $\Delta\theta\boldsymbol{P}$ 的方向和大小（$\Delta\theta P_{x'}$、$\Delta\theta P_{y'}$、$\Delta\theta P_{z'}$）以及转轴的位置 $\boldsymbol{r}_q(x'_q、y'_q、z'_q)$。因此，与像偏转分量以及像移动分量作一比较，像点位移分量的规律性要显得更复杂一些，对于它的讨论，将在下述的几节逐步展开。

为了后述的方便，首先对一些专用术语进行定义。

1）一维零值轴

使 x'像点位移（$\Delta S_{F'x'}$）、y'像点位移（$\Delta S'_{F'y'}$）、z'像点位移（$\Delta S'_{F'z'}$）中的某一个像点位移分量取零值的棱镜转轴称为一维零值轴。例如：x'像点位移的一维零值轴表示，当棱镜绕此轴微量转动时，仅仅有 $\Delta S'_{F'x'}=0$，而 $\Delta S'_{F'y'}\neq 0$ 和 $\Delta S'_{F'z'}\neq 0$。

2）二维零值轴

使 x'、y'、z'像点位移中的任意两个像点位移分量取零值的棱镜转轴称为二维零值轴。例如：$x'-y'$像点位移的二维零值轴代表使 $\Delta S'_{F'x'}=0$ 和 $\Delta S'_{F'y'}=0$ 的棱镜转轴。不言而喻，此外还有 $y'-z'$像点位移的二维零值轴以及 $z'-x'$像点位移的二维零值轴。

3）三维零值轴

使 F'像点位移矢量 $\boldsymbol{\Delta S'_{F'}}$取零值的棱镜轴称为三维零值轴。当棱镜绕此轴微量转动时，$\Delta S'_{F'x'}=\Delta S'_{F'y'}=\Delta S'_{F'z'}=0$。

4）极值轴或梯度轴

在通过某一定点的所有的轴线中，使 x'像点位移 $\Delta S'_{F'x'}$达到极值的棱镜转轴称为 x'像点位移的极值轴或梯度轴。由此可见，这里极值轴中的“极值”二字是在一定的条件下才有意义的，而这个条件就是所论的轴线都通过某一个定点，当然，定点可以是任意的。

5）一维零值轴平面

若一平面内的任意方向和任意位置的轴线都至少是一维零值轴，则称该平面

---

① 注：对于一些具体的棱镜有些 r_{ij}必然为零值，但这并不影响用(6-3-3)式来说明某些一般性的问题。

为一维零值轴平面。

6）二维零值轴平面

若一平面内的任意方向和任意位置的轴线都至少是二维零值轴，则称该平面为二维零值轴平面。

依此类推，还应当有三维零值轴平面。

7）平面三维零值极点和它的归属平面

设 C 点位于 ∏ 平面内。若在此平面内通过 C 点的任意轴线都是三维零值轴，则认为 C 点在 ∏ 平面内呈现为三维零值极点。此时，称 C 为平面三维零值极点，而 ∏ 则为与之对应的归属平面。

8）空间三维零值极点

若过某点的任意方向的轴线均为三维零值轴，则称该点为空间三维零值极点。

依此类推，还应当有平面一维零值极点、平面二维零值极点、空间一维零值极点以及空间二维零值极点。

以后，还将遇到平面三维零值极线，极线上的每一个点都是一个平面三维零值极点。

也许读者已经注意到了一个微妙的差别。在 6.1 节和 6.2 节里，不管是轴向还是移向，其中都有一个"向"字，而在本节里，则无论是零值轴或是极值轴，却有意去掉一个"向"字。这是由于在会聚光路中不仅是转轴的方向而且连它的位置也都有影响的缘故。实际上，6.1 节和 6.2 节里的零值轴向、极值轴向、零值移向和极值移向都是自由矢量，而在本节，零值轴属定线矢量，极值轴或梯度轴则属定点矢量。这个问题在下一节就可以搞清楚。

以下，将详细地探讨如何确定在上述中所定义的一些示性轴、极点、极线以及示性平面等特性参量。

6.4 像点位移分量的极值轴（或梯度轴）和零值轴

由 6.3 节已知，r' 像点位移 $\Delta S'_{F'r'}$ 的一般表达式可写成

$$\begin{aligned}\Delta S'_{F'r'} = \Delta\theta[\, & P_{x'}(r_{11}x'_q + r_{12}y'_q + r_{13}z'_q + r_{14}) + \\ & P_{y'}(r_{21}x'_q + r_{22}y'_q + r_{23}z'_q + r_{24}) + \\ & P_{z'}(r_{31}x'_q + r_{32}y'_q + r_{33}z'_q + r_{34})\,]\end{aligned}$$

上式可以看作是 $\Delta S'_{F'r'}$ 的数量场，其中的自变量为过某些定点 $q(x'_q、y'_q、z'_q)$ 的不同的微量转动 $\Delta\boldsymbol{\theta}(\Delta\theta_{x'} = \Delta\theta P_{x'}, \Delta\theta_{y'} = \Delta\theta P_{y'}, \Delta\theta_{z'} = \Delta\theta P_{z'})$。因此，利用数量场的有关概念，便不难作出以下的判断，即 r' 像点位移 $\Delta S'_{F'r'}$ 过 q 点的极值轴正好表现为 $\Delta S'_{F'r'}$ 数量场在同一 q 点的梯度的方向，即梯度轴。现用 $\boldsymbol{\eta}_{F'hq}$ 代表在 q 点的 $\mathrm{grad}\Delta S'_{F'r'}$，则

$$\boldsymbol{\eta}_{F'hq} = \mathrm{grad}\Delta S'_{F'r'} = \frac{\partial\Delta S'_{F'r'}}{\partial\Delta\theta_{x'}}\boldsymbol{i}' + \frac{\partial\Delta S'_{F'r'}}{\partial\Delta\theta_{y'}}\boldsymbol{j}' + \frac{\partial\Delta S'_{F'r'}}{\partial\Delta\theta_{z'}}\boldsymbol{k}' \qquad (6\text{-}4\text{-}1)$$

式中，各偏导数可由(6-3-3)式求得

$$\left.\begin{aligned}\frac{\partial \Delta S'_{F'r'}}{\partial \Delta\theta_{x'}} &= r_{11}x'_q + r_{12}y'_q + r_{13}z'_q + r_{14}\\ \frac{\partial \Delta S'_{F'r'}}{\partial \Delta\theta_{y'}} &= r_{21}x'_q + r_{22}y'_q + r_{23}z'_q + r_{24}\\ \frac{\partial \Delta S'_{F'r'}}{\partial \Delta\theta_{z'}} &= r_{31}x'_q + r_{32}y'_q + r_{33}z'_q + r_{34}\end{aligned}\right\} \tag{6-4-2}$$

而由(6-4-2)式和(6-3-3)式，又可把 $\Delta S'_{F'r'}$ 的表达式写成：

$$\Delta S'_{F'r'} = \Delta\theta\left(\frac{\partial \Delta S'_{F'r'}}{\partial \Delta\theta_{x'}}P_{x'} + \frac{\partial \Delta S'_{F'r'}}{\partial \Delta\theta_{y'}}P_{y'} + \frac{\partial \Delta S'_{F'r'}}{\partial \Delta\theta_{z'}}P_{z'}\right) \tag{6-4-3}$$

不难看出，(6-4-3)式和(6-4-1)式的关系犹如(6-1-5)式和(6-1-6)式的关系一样。

现将(6-4-2)式代入(6-4-1)式，得

$$\boldsymbol{\eta}_{F'hq} = \mathrm{grad}\Delta S'_{F'r'} = (r_{11}x'_q + r_{12}y'_q + r_{13}z'_q + r_{14})\boldsymbol{i}' + (r_{21}x'_q + r_{22}y'_q + r_{23}z'_q + r_{24})\boldsymbol{j}' + (r_{31}x'_q + r_{32}y'_q + r_{33}z'_q + r_{34})\boldsymbol{k}' \tag{6-4-4}$$

此式说明，对于某一个确定的 q 点，一般讲可以找到一根 $\Delta S'_{F'r'}$ 的梯度轴，而且至多是一根。这就是像点位移分量数量场 $\Delta S'_{F'r'}$ 的梯度轴空间逐点分布的存在和唯一性。当然，有些空间点也不存在梯度轴，例如在那些空间一、二、三维零值极点的地方。

设 $\boldsymbol{\zeta}_{dq}$ 代表 $\Delta S'_{F'r'}$ 的过 q 点的零值轴。由(6-4-3)式或(6-3-3)式可以求得零值轴 $\boldsymbol{\zeta}_{dq}$ 的方向余弦如下：

令

$$\Delta S'_{F'r'} = \Delta\theta\left(\frac{\partial \Delta S'_{F'r'}}{\partial \Delta\theta_{x'}}P_{x'} + \frac{\partial \Delta S'_{F'r'}}{\partial \Delta\theta_{y'}}P_{y'} + \frac{\partial \Delta S'_{F'r'}}{\partial \Delta\theta_{z'}}P_{z'}\right) = 0 \tag{6-4-5}$$

或

$$\Delta S'_{F'r'} = \Delta\theta[P_{x'}(r_{11}x'_q + r_{12}y'_q + r_{13}z'_q + r_{14}) + P_{y'}(r_{21}x'_q + r_{22}y'_q + r_{23}z'_q + r_{24}) + P_{z'}(r_{31}x'_q + r_{32}y'_q + r_{33}z'_q + r_{34})] = 0 \tag{6-4-6}$$

则满足上列二式的 $P_{x'}$、$P_{y'}$、$P_{z'}$ 便是所求的零值轴 $\boldsymbol{\zeta}_{dq}$ 的方向余弦。

而且这两个方程清楚地说明了 $\Delta S'_{F'r'}$ 过同一个 q 点的极值轴 $\boldsymbol{\eta}_{F'hq}$ 和零值轴 $\boldsymbol{\zeta}_{dq}$ 的正交关系。

由此可见，$\Delta S'_{F'r'}$ 在空间 q 点处的零值轴 $\boldsymbol{\zeta}_{dq}$ 并不是唯一的，有无穷多根，不过它们都相交于 q 点，并且处在同一个平面内，而此平面垂直于同一个 q 点所对应的梯度轴 $\boldsymbol{\eta}_{F'hq}$，如图 6-4-1 所示。

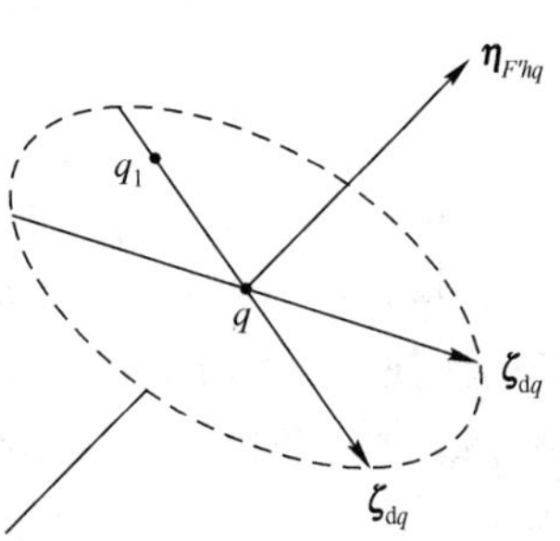

图 6-4-1　一定点 q 的 $\Delta S'_{F'r'}$ 的梯度轴 $\boldsymbol{\eta}_{F'hq}$ 和零值轴 $\boldsymbol{\zeta}_{dq}$

显然，空间的任何一个 q 点都是某 r' 像点位

移 $\Delta S'_{F'r'}$ 的平面一维零值极点，而该极点的归属平面为过 q 点且垂直于同一个 q 点所对应的梯度轴 $\boldsymbol{\eta}_{F'hq}$。

还应指出，梯度轴 $\boldsymbol{\eta}_{F'hq}$ 一般来讲只对应于轴上的一个确定的 q 点，而零值轴 $\boldsymbol{\zeta}_{dq}$ 则同时对应于该轴上的任意一个点，例如图 6-4-1 中除 q 点以外的 q_1 点等。这就是为什么说梯度轴是定点矢量，而零值轴是定线矢量的缘故。

现先后用棱镜像空间坐标的 x'、y'、z' 轴取代上述的 r' 轴，则(6-4-1)式和(6-4-3)式相应地变成下列两组公式：

$$\left.\begin{aligned}\boldsymbol{\eta}_{F'uq} &= \frac{\partial \Delta S'_{F'x'}}{\partial \Delta\theta_{x'}}\boldsymbol{i}' + \frac{\partial \Delta S'_{F'x'}}{\partial \Delta\theta_{y'}}\boldsymbol{j}' + \frac{\partial \Delta S'_{F'x'}}{\partial \Delta\theta_{z'}}\boldsymbol{k}' \\ \boldsymbol{\eta}_{F'vq} &= \frac{\partial \Delta S'_{F'y'}}{\partial \Delta\theta_{x'}}\boldsymbol{i}' + \frac{\partial \Delta S'_{F'y'}}{\partial \Delta\theta_{y'}}\boldsymbol{j}' + \frac{\partial \Delta S'_{F'y'}}{\partial \Delta\theta_{z'}}\boldsymbol{k}' \\ \boldsymbol{\eta}_{F'wq} &= \frac{\partial \Delta S'_{F'z'}}{\partial \Delta\theta_{x'}}\boldsymbol{i}' + \frac{\partial \Delta S'_{F'z'}}{\partial \Delta\theta_{y'}}\boldsymbol{j}' + \frac{\partial \Delta S'_{F'z'}}{\partial \Delta\theta_{z'}}\boldsymbol{k}'\end{aligned}\right\} \tag{6-4-7}$$

$$\left.\begin{aligned}\Delta S'_{F'x'} &= \Delta\theta\left(\frac{\partial \Delta S'_{F'x'}}{\partial \Delta\theta_{x'}}P_{x'} + \frac{\partial \Delta S'_{F'x'}}{\partial \Delta\theta_{y'}}P_{y'} + \frac{\partial \Delta S'_{F'x'}}{\partial \Delta\theta_{z'}}P_{z'}\right) \\ \Delta S'_{F'y'} &= \Delta\theta\left(\frac{\partial \Delta S'_{F'y'}}{\partial \Delta\theta_{x'}}P_{x'} + \frac{\partial \Delta S'_{F'y'}}{\partial \Delta\theta_{y'}}P_{y'} + \frac{\partial \Delta S'_{F'y'}}{\partial \Delta\theta_{z'}}P_{z'}\right) \\ \Delta S'_{F'z'} &= \Delta\theta\left(\frac{\partial \Delta S'_{F'z'}}{\partial \Delta\theta_{x'}}P_{x'} + \frac{\partial \Delta S'_{F'z'}}{\partial \Delta\theta_{y'}}P_{y'} + \frac{\partial \Delta S'_{F'z'}}{\partial \Delta\theta_{z'}}P_{z'}\right)\end{aligned}\right\} \tag{6-4-8}$$

式中，$\boldsymbol{\eta}_{F'uq}$、$\boldsymbol{\eta}_{F'vq}$、$\boldsymbol{\eta}_{F'wq}$ 分别代表 x'、y'、z' 像点位移 $\Delta S'_{F'x'}$、$\Delta S'_{F'y'}$、$\Delta S'_{F'z'}$ 在 q 点的极值轴。

另外，$\Delta S'_{F'r'}$ 在不同 q 点的梯度轴 $\boldsymbol{\eta}_{F'hq}$ 都有它自己的梯度值 $|\boldsymbol{\eta}_{F'hq}|$：

$$|\boldsymbol{\eta}_{F'hq}| = \sqrt{\left(\frac{\partial \Delta S'_{F'r'}}{\partial \Delta\theta_{x'}}\right)^2 + \left(\frac{\partial \Delta S'_{F'r'}}{\partial \Delta\theta_{y'}}\right)^2 + \left(\frac{\partial \Delta S'_{F'r'}}{\partial \Delta\theta_{z'}}\right)^2} \tag{6-4-9}$$

梯度的数值 $|\boldsymbol{\eta}_{F'hq}|$ 同样取决于 q 点的位置(x'_q、y'_q、z'_q)。由(4-3-20)式可以看出，梯度值 $|\boldsymbol{\eta}_{F'hq}|$ 随 q 点位置的变化而趋于发散，不存在 $|\boldsymbol{\eta}_{F'hq}|_{\max}$，因此，不可能在现实空间内找出一根梯度值为最大值的梯度轴，实际上也没有这种必要。

当维持棱镜微量转动 $\Delta\theta\boldsymbol{P}$ 不变时，可以得到以 q 点的空间位置 x'_q、y'_q、z'_q 作为自变量的 $\Delta S'_{F'r'}$ 数量场。现用 $\boldsymbol{\eta}_{F'eP}$ 代表其相应的梯度，则

$$\boldsymbol{\eta}_{F'eP} = \mathrm{grad}\Delta S'_{F'r'} = \frac{\partial \Delta S'_{F'r'}}{\partial x'_q}\boldsymbol{i}' + \frac{\partial \Delta S'_{F'r'}}{\partial y'_q}\boldsymbol{j}' + \frac{\partial \Delta S'_{F'r'}}{\partial z'_q}\boldsymbol{k}' \tag{6-4-10}$$

见图 6-4-2，根据梯度的概念，由(6-4-10)式求得的 $\boldsymbol{\eta}_{F'eP}$ 具有这样一个特性，即在 $\Delta\theta\boldsymbol{P}$ 维持不变的情形，若 q 点的位置矢量 $\boldsymbol{r}_q$ 的增量 $\Delta\boldsymbol{r}_q$ 发生在沿 $\boldsymbol{\eta}_{F'eP}$ 的方向上，则 r' 像点位移 $\Delta S'_{F'r'}$ 的变化率将达到最大值。

关于梯度 $\boldsymbol{\eta}_{F'eP}$ 的方向，可以作出如下的判断。首先，由于沿 $\boldsymbol{P}$ 轴方向的增量 $\Delta\boldsymbol{r}_q$ 对 $\Delta S'_{F'r'}$ 的数值没有任何影响，所以，根据 $\boldsymbol{\eta}_{F'eP}$ 为 $\Delta\theta\boldsymbol{P}$ 的方向不变时函数 $\Delta S'_{F'r'}$ 最大变化率所对应的 q 点位置增量 $\Delta\boldsymbol{r}_q$ 的方向，$\boldsymbol{\eta}_{F'eP}$ 应垂直于 $\boldsymbol{P}$。其次，由于 $\Delta\theta\boldsymbol{P}$

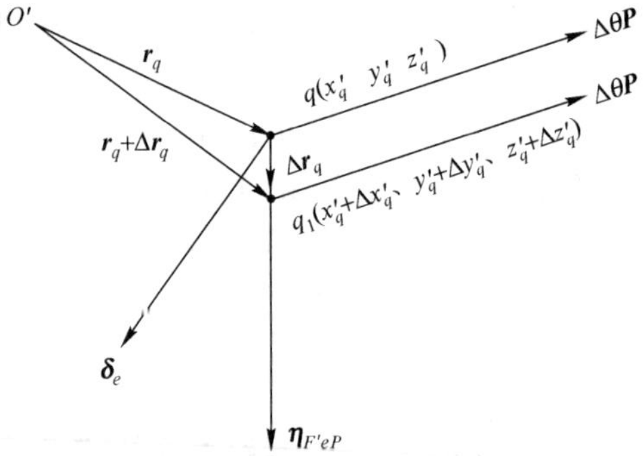

图 6-4-2　一微转动轴矢量 $\Delta\theta\boldsymbol{P}$ 沿着 $\Delta S'_{F'r'}$ 的梯度 $\boldsymbol{\eta}_{F'eP}$ 方向的侧移

平移 $\Delta\boldsymbol{r}_q$ 所产生的作用等效于棱镜作一个二阶的微量移动 $\Delta\boldsymbol{r}_q\times\Delta\theta\boldsymbol{P}$，而且为了此项微量移动能够使 $\Delta S'_{F'r'}$ 获得最大的变化，要求微量移动 $\Delta\boldsymbol{r}_q\times\Delta\theta\boldsymbol{P}$ 的方向与极值特性向量 $\boldsymbol{\delta}_e$（见 6.2 节）成最小夹角，因此 $\boldsymbol{\eta}_{F'eP}$ 又应垂直于 $\boldsymbol{\delta}_e$。结果是，$\boldsymbol{\eta}_{F'eP}$ 同时垂直于 $\boldsymbol{P}$ 和 $\boldsymbol{\delta}_e$，或者说，$\boldsymbol{\eta}_{F'eP}$ 垂直于由 $\boldsymbol{P}$ 和 $\boldsymbol{\delta}_e$ 组成的平面。

上述结论在数学上可表达成：

$$(\boldsymbol{P}\times\boldsymbol{\delta}_e)\times\boldsymbol{\eta}_{F'eP}=0 \tag{6-4-11}$$

或

$$\boldsymbol{\eta}_{F'eP}\cdot\boldsymbol{P}=0 \tag{6-4-12}$$

$$\boldsymbol{\eta}_{F'eP}\cdot\boldsymbol{\delta}_e=0 \tag{6-4-13}$$

为了验证(6-4-11)式～(6-4-13)等式，可以针对 r' 轴取 y' 轴方向的情况，此时，(6-4-11)式～(6-4-13)式相应地变成：

$$(\boldsymbol{P}\times\boldsymbol{\delta}_b)\times\boldsymbol{\eta}_{F'bP}=0 \tag{6-4-14}$$

$$\boldsymbol{\eta}_{F'bP}\cdot\boldsymbol{P}=0 \tag{6-4-15}$$

$$\boldsymbol{\eta}_{F'bP}\cdot\boldsymbol{\delta}_b=0 \tag{6-4-16}$$

式中，$\boldsymbol{\eta}_{F'bP}$ 按照(6-4-10)式应等于：

$$\boldsymbol{\eta}_{F'bP}=\frac{\partial\Delta S'_{F'y'}}{\partial x'_q}\boldsymbol{i}'+\frac{\partial\Delta S'_{F'y'}}{\partial y'_q}\boldsymbol{j}'+\frac{\partial\Delta S'_{F'y'}}{\partial z'_q}\boldsymbol{k}' \tag{6-4-17}$$

不妨用棱镜 $FX_J-90°$ 作例。

由(6-6-5)式得

$$\Delta S'_{F'y'}=\Delta\theta\left[P_{x'}z'_q+P_{y'}z'_q+P_{z'}\left(-x'_q-y'_q+1.445D-2.981\frac{D}{n}\right)\right]$$

所以

$$\boldsymbol{\eta}_{F'bP}=\Delta\theta[-P'_{z'}\boldsymbol{i}'-P'_{z'}\boldsymbol{j}'+(P_{x'}+P_{y'})\boldsymbol{k}']$$

由图 6-2-1

$$\boldsymbol{\delta}_b=\Delta g(-\boldsymbol{i}'+\boldsymbol{j}')$$

因 $\boldsymbol{P}=P_{x'}\boldsymbol{i}'+P_{y'}\boldsymbol{j}'+P_{z'}\boldsymbol{k}'$，所以

$$\boldsymbol{P}\times\boldsymbol{\delta}_b=\Delta g[-P_{z'}\boldsymbol{i}'-P_{z'}\boldsymbol{j}'+(P_{x'}+P_{y'})\boldsymbol{k}']$$

矢积 $\boldsymbol{P}\times\boldsymbol{\delta}_b$ 显然与 $\boldsymbol{\eta}_{F'bP}$ 同向,因此满足

$$(\boldsymbol{P}\times\boldsymbol{\delta}_b)\times\boldsymbol{\eta}_{F'bP}=0$$

自然也能满足

$$\boldsymbol{\eta}_{F'bP}\cdot\boldsymbol{P}=0$$
$$\boldsymbol{\eta}_{F'bP}\cdot\boldsymbol{\delta}_b=0$$

6.5 像点位移的各维数的零值轴

在 6.4 节里着重讨论了像点位移分量的梯度轴,同时也涉及了零值轴以及同一个像点位移分量在空间同一个点的梯度轴和零值轴之间的关系。这实际上等于已经给出了确定一维零值轴的方法,且指出了求解二维零值轴和三维零值轴的可能途径。

本节将对像点位移的一维、二维、三维零值轴的求解方法进行系统的讨论。

根据(4-3-20)式和(6-3-3)式,可将三个像点位移分量 $\Delta S'_{F'x'}$、$\Delta S'_{F'y'}$、$\Delta S'_{F'z'}$ 的表达式写成:

$$\Delta S'_{F'x'}=\Delta\theta[P_{x'}(l_{11}x'_q+l_{12}y'_q+l_{13}z'_q+l_{14})+P_{y'}(l_{21}x'_q+l_{22}y'_q+l_{23}z'_q+l_{24})+P_{z'}(l_{31}x'_q+l_{32}y'_q+l_{33}z'_q+l_{34})] \quad (6-5-1)$$

$$\Delta S'_{F'y'}=\Delta\theta[P_{x'}(m_{11}x'_q+m_{12}y'_q+m_{13}z'_q+m_{14})+P_{y'}(m_{21}x'_q+m_{22}y'_q+m_{23}z'_q+m_{24})+P_{z'}(m_{31}x'_q+m_{32}y'_q+m_{33}z'_q+m_{34})] \quad (6-5-2)$$

$$\Delta S'_{F'z'}=\Delta\theta[P_{x'}(n_{11}x'_q+n_{12}y'_q+n_{13}z'_q+n_{14})+P_{y'}(n_{21}x'_q+n_{22}y'_q+n_{23}z'_q+n_{24})+P_{z'}(n_{31}x'_q+n_{32}y'_q+n_{33}z'_q+n_{34})] \quad (6-5-3)$$

或

$$\Delta S'_{F'x'}=\Delta\theta[P_{x'}l_1(q)+P_{y'}l_2(q)+P_{z'}l_3(q)] \quad (6-5-4)$$
$$\Delta S'_{F'y'}=\Delta\theta[P_{x'}m_1(q)+P_{y'}m_2(q)+P_{z'}m_3(q)] \quad (6-5-5)$$
$$\Delta S'_{F'z'}=\Delta\theta[P_{x'}n_1(q)+P_{y'}n_2(q)+P_{z'}n_3(q)] \quad (6-5-6)$$

式中,$l_i(q)$、$m_i(q)$、$n_i(q)$($i=1,2,3$)为 q 点坐标 x'_q、y'_q、z'_q 的线性表达式,而表达式中的常数项为 D、D/n、b'等参量的线性组合。

由公式组(6-5-4)式~(6-5-6)式不难看出,各个维数的零值轴似乎可以由下列三个方程式的单解或联解中求得:

$$\Delta S'_{F'x'}=\Delta\theta[P_{x'}l_1(q)+P_{y'}l_2(q)+P_{z'}l_3(q)]=0 \quad (6-5-7)$$
$$\Delta S'_{F'y'}=\Delta\theta[P_{x'}m_1(q)+P_{y'}m_2(q)+P_{z'}m_3(q)]=0 \quad (6-5-8)$$
$$\Delta S'_{F'z'}=\Delta\theta[P_{x'}n_1(q)+P_{y'}n_2(q)+P_{z'}n_3(q)]=0 \quad (6-5-9)$$

或

$$l_1(q)P_{x'}+l_2(q)P_{y'}+l_3(q)P_{z'}=0 \quad (6-5-10)$$
$$m_1(q)P_{x'}+m_2(q)P_{y'}+m_3(q)P_{z'}=0 \quad (6-5-11)$$
$$n_1(q)P_{x'}+n_2(q)P_{y'}+n_3(q)P_{z'}=0 \quad (6-5-12)$$

为了对以后的分析有所帮助,现引入方程组的自由度和约束度的概念。

设 K 代表方程组中独立未知量的数目，M 代表方程组中独立方程式的数目，并令

$$N = K - M \tag{6-5-13}$$

当 $K = M$ 时，$N = 0$，这说明方程式数等于未知量数，在此情形，方程组一般存在唯一的解。当 $K > M$ 时，N 为正数，这说明方程组具有 N 个自由度，在此情形，一般有解，而且方程组的解允许有 N 个变动的自由度。当 $K < M$ 时，N 为负数，这说明方程组具有 $|N|$ 个约束度，在此情形，方程组一般无解，不过，有时也会出现特殊的情况而仍然可以找到答案。

首先，讨论一维零值轴的求法。

以求 $\Delta S'_{F'x'}$ 在已知点 q 的一维零值轴为例，则该轴的方向余弦应求自方程（6-5-10）：

$$l_1(q)P_{x'} + l_2(q)P_{y'} + l_3(q)P_{z'} = 0$$

式中，有两个独立的未知量 $P_{x'}$ 和 $P_{y'}$（或三个方向余弦中的其他任意两个），即 $K = 2$，所以 $N = K - M = 1$。这说明，$\Delta S'_{F'x'}$ 在 q 点的一维零值轴的解具有一个自由度的灵活性。

实际上，方程式（6-5-10）代表一个过 q 的平面，且该平面的法线的方向余弦 $n_{x'}$、$n_{y'}$、$n_{z'}$ 应满足下列条件：

$$\frac{n_{x'}}{l_1(q)} = \frac{n_{y'}}{l_2(q)} = \frac{n_{z'}}{l_3(q)} \tag{6-5-14}$$

而在此平面内，一切过 q 点的直线都是所求的零值轴。

见图 6-5-1，如果在方程所决定的零值轴平面内，过 q 点作一根基准线 OO，并用自 OO 线起计的 α 角表示过 q 点的零值轴 $\boldsymbol{\zeta}_{lq}$，则不管 α 角多大，过 q 点的直线的方向余弦都能满足方程式（6-5-10）的要求。这里，标量 α 的随意变化，就是方程（6-5-13）所赋予解的一个自由度（$N = K - M = 1$）。

由 6.4 节已知，图 6-5-1 中的法线 $\boldsymbol{n}$ 就是同一个像点位移分量 $\Delta S'_{F'x'}$ 在同一个 q 点的梯度轴 $\boldsymbol{\eta}_{F'uq}$。

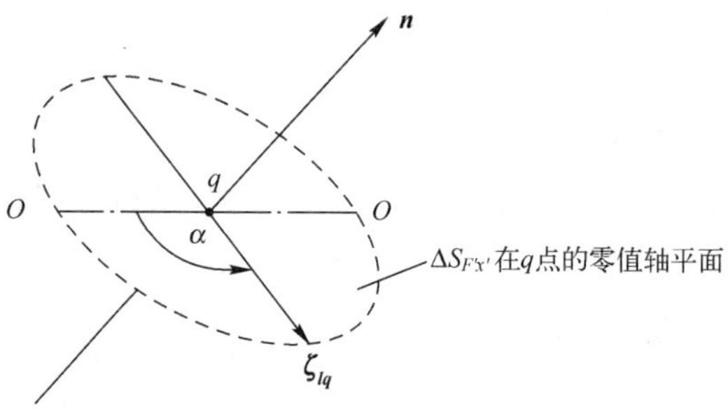

图 6-5-1　$\Delta S'_{F'x'}$ 在 q 点的零值轴平面

$\Delta S'_{F'y'}$ 和 $\Delta S'_{F'z'}$ 各自的一维零值轴的求法与此类同。

在一般情况下，棱镜的三个像点位移分量 $\Delta S'_{F'x'}$、$\Delta S'_{F'y'}$、$\Delta S'_{F'z'}$ 在同一个 q 点具有各自的零值轴平面，它们并不共一平面。换句话说，三个像点位移分量在同一个 q 点具有各自的梯度轴（极值轴），它们并不同向。

下面讨论二维零值轴的求法。

设 $\boldsymbol{\zeta}_{lmq}$、$\boldsymbol{\zeta}_{mnq}$、$\boldsymbol{\zeta}_{nlq}$ 分别代表 $x'-y'$ 像点位移、$y'-z'$ 像点位移、$z'-x'$ 像点位移的二维零值轴。

以求 $\Delta S'_{F'x'}$ 和 $\Delta S'_{F'y'}$ 在已知点 q 的二维零值轴 $\boldsymbol{\zeta}_{lmq}$ 为例，则该轴的方向余弦应由下列两个方程的联解求得：

$$\left.\begin{aligned} l_1(q)P_{x'}+l_2(q)P_{y'}+l_3(q)P_{z'}=0 \\ m_1(q)P_{x'}+m_2(q)P_{y'}+m_3(q)P_{z'}=0 \end{aligned}\right\} \tag{6-5-15}$$

上列方程组的 $N=K-M=2-2=0$，所以，一般 $\Delta S'_{F'x'}$ 和 $\Delta S'_{F'y'}$ 在空间某一 q 点存在二维零值轴，而且解是唯一的。

实际上，由方程组(6-5-15)求得的二维零值轴 $\boldsymbol{\zeta}_{lmq}$ 就是 $\Delta S'_{F'x'}$ 和 $\Delta S'_{F'y'}$ 各自在 q 点的零值轴平面的交线。这根交线自然通过 q 点，而且应同时垂直于 $\Delta S'_{F'x'}$ 和 $\Delta S'_{F'y'}$ 各自在 q 点的梯度轴 $\boldsymbol{\eta}_{F'uq}$ 和 $\boldsymbol{\eta}_{F'vq}$。换句话说，也可以由两根梯度轴的叉乘 $\boldsymbol{\eta}_{F'uq}\times\boldsymbol{\eta}_{F'vq}$ 求得二维零值轴 $\boldsymbol{\zeta}_{lmq}$ 的方向。

在特殊情况下，当 $\boldsymbol{\eta}_{F'uq}$ 和 $\boldsymbol{\eta}_{F'vq}$ 同向时（重合），则 $\Delta S'_{F'x'}$ 和 $\Delta S'_{F'y'}$ 各自在 q 点的两个零值轴平面也互相重合，此时 q 点在该平面内呈现为二维零值极点，即在该平面内一切过 q 点的直线均为二维零值轴。

其他两个二维零值轴 $\boldsymbol{\zeta}_{mnq}$ 和 $\boldsymbol{\zeta}_{nlq}$ 的求法与此类同。

下面讨论三维零值轴的求法。

如果说问题的提出方式，仍然是要求确定在一个已知点 q 处的三维零值轴的方向，那么，该轴的方向余弦应由下列三个方程的联解求得：

$$\left.\begin{aligned} l_1(q)P_{x'}+l_2(q)P_{y'}+l_3(q)P_{z'}=0 \\ m_1(q)P_{x'}+m_2(q)P_{y'}+m_3(q)P_{z'}=0 \\ n_1(q)P_{x'}+n_2(q)P_{y'}+n_3(q)P_{z'}=0 \end{aligned}\right\} \tag{6-5-16}$$

上列方程组的 $N=K-M=2-3=-1$，约束度为 1。这说明，在空间的某一个指定点 q 一般不存在三维零值轴。

然而，若换一种方式提出问题，则方程组(6-5-16)的 N 值将会发生变化。

从棱镜调整的实际出发，有必要了解某一种棱镜在整个空间内是否存在有三维零值轴。在此情形，方程组依旧不变，M 仍等于 3，而 K 值有所增加。现在先讨论一下 K 的数目到底等于多少。

如前所述，零值轴属于定线矢量，三维零值轴亦然，所以一根位置和方向均未确定的三维零值轴，它和一根无限长的空间直线一样，具有为数相同的标量参量数。

见图 6-5-2，一般情况，一根空间直线可以延长到与两个坐标平面交于两个点上，如图 6-5-2 中的 q_1、q_2 点，它们相当于 4 个标量参量 y'_1、z'_1、x'_2、y'_2。也可换一种方式，用两个坐标参量 y'_1、z'_1 和两个方向参量 $P_{x'}=\cos\alpha$、$P_{y'}=\cos\beta$ 加以表示。当然，还可以有其他的表达方式。

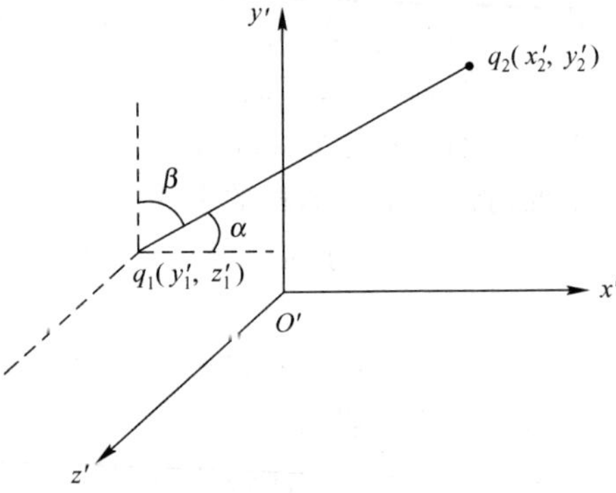

图 6-5-2 直线具有的标量数

由此可见，$K=4$。结果 $N=K-M=4-3=1$。这说明，一般棱镜在空间内有无穷多的二维零值轴。为了找到一根确定的三维零值轴，则在未知量的四个参量中，有一个参量可作任意的选择。为清晰起见，现举例说明。

例 6-5-1 见图 6-5-3，求靴形屋脊棱镜 $FX_J-90°$ 在 $P_{z'}=-0.5$ 时的三维零值轴的位置和方向。

据(6-5-7)式、(6-5-8)式、(6-5-9)式，得下列方程：

$$P_{x'}z'_q - P_{y'}z'_q + P_{z'}(-x'_q + y'_q + 0.046D) = 0 \qquad (6\text{-}5\text{-}17)$$

$$P_{x'}z'_q + P_{y'}z'_q + P_{z'}\left(-x'_q - y'_q + 1.445D - 2.981\frac{D}{n}\right) = 0 \qquad (6\text{-}5\text{-}18)$$

$$P_{x'}\left(-2y'_q - b' + 1.445D - 2.981\frac{D}{n}\right) + P_{y'}(2x'_q - b' - 0.046D) = 0 \qquad (6\text{-}5\text{-}19)$$

$P_{z'}=-0.5$ 说明所求的三维零值轴将对坐标平面 $x'O'y'$ 倾斜 30°，所以，可将该零值轴延长到与 $x'O'y'$ 平面相交的地方，并用 q 代表该交点，坐标为 x'_q、y'_q、z'_q，自然 $z'_q=0$。

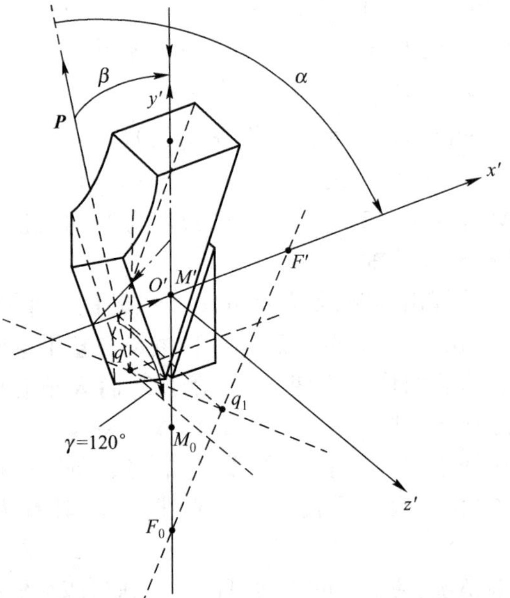

图 6-5-3 棱镜 $\boldsymbol{FX}_J-90°$ 在 $P_{z'}=-0.5$ 时的三维零值轴

将 $z'_q=0$ 和 $P_{z'}=-0.5$ 代入(6-5-17)式、(6-5-18)式,得

$$-0.5(-x'_q+y'_q+0.046D)=0 \tag{6-5-20}$$

$$-0.5\left(-x'_q-y'_q+1.445D-2.981\frac{D}{n}\right)=0 \tag{6-5-21}$$

并求出它们的解:

$$\left.\begin{aligned}x'_q&=0.746D-1.491\frac{D}{n}\\y'_q&=0.700D-1.491\frac{D}{n}\end{aligned}\right\} \tag{6-5-22}$$

由(6-5-19)式,得

$$\frac{P_{x'}}{P_{y'}}=\frac{2x'_q-(b'+0.046D)}{2y'_q-\left(-b'+1.445D-2.981\frac{D}{n}\right)} \tag{6-5-23}$$

令

$$\left.\begin{aligned}x'_{q_1}&=\frac{1}{2}(b'+0.046D)\\y'_{q_1}&=\frac{1}{2}\left(-b'+1.445D-2.981\frac{D}{n}\right)\end{aligned}\right\} \tag{6-5-24}$$

则可将(6-5-23)式写成

$$\frac{P_{x'}}{P_{y'}}=\frac{x'_q-x'_{q_1}}{y'_q-y'_{q_1}} \tag{6-5-25}$$

求得的三维零值轴 $\boldsymbol{P}$ 示于图6-5-3上,该轴通过坐标平面 $x'O'y'$ 上的 q 点,在同一平面上的投影为直线 q_1q,和 z' 轴的夹角 $\gamma=120°$。

棱镜绕三维零值轴 $\boldsymbol{\zeta}_q$ 微量转动时,像点位移的三个分量都等于零:$\Delta S'_{F'x'}=\Delta S'_{F'y'}=\Delta S'_{F'z'}=0$,这也就是说,整个像点位移矢量 $\Delta\boldsymbol{S}'_{F'}=0$。所以,讨论三维零值轴的问题,可以直接从像点位移 $\Delta\boldsymbol{S}'_{F'}$ 的矢量公式(4-3-20)出发。

令 $\Delta\boldsymbol{S}'_{F'}=0$,则有

$$(\Delta S'_{F'})=\Delta\theta[\boldsymbol{E}+(-1)^{t-1}\boldsymbol{S}_{\boldsymbol{T},2\varphi}](\boldsymbol{r}_q\times\boldsymbol{P})-(-1)^t\Delta\theta\boldsymbol{S}_{\boldsymbol{T},2\varphi}(\overrightarrow{M_0M'}\times\boldsymbol{P})-\Delta\theta(\boldsymbol{b}'\times[(\boldsymbol{E}-\boldsymbol{S}_{\boldsymbol{T},2\varphi})(\boldsymbol{P})])=0 \tag{6-5-26}$$

根据原公式(4-3-20)各项的物理意义,可将方程(6-5-26)写成:

$$\Delta\boldsymbol{S}_{M'}=-\Delta\boldsymbol{\mu}'\times\boldsymbol{b}' \tag{6-5-27}$$

式中,$\Delta\boldsymbol{S}_{M'}$ 代表由棱镜的微量转动 $\Delta\theta\boldsymbol{P}$(过 q 点)所造成的 M' 点的微量位移;$\Delta\boldsymbol{\mu}'$ 代表由 $\Delta\theta\boldsymbol{P}$ 所造成的像偏转,该矢量的载线通过归化点 M'。

为了说明方程式(6-5-27)或(6-5-26)的某些物理意义,下面讨论一下像运动的螺旋运动参量。

见图6-5-4,由 $\Delta\theta\boldsymbol{P}$ 所造成的像运动,以 M' 为归化点而表达成 M' 像点位移 $\Delta\boldsymbol{S}'_{M'}$ 和过 M' 点的像偏转 $\Delta\boldsymbol{\mu}'$ 的组合形式。这种组合形式将因归化点的不同而各异,然而彼此是等效的。

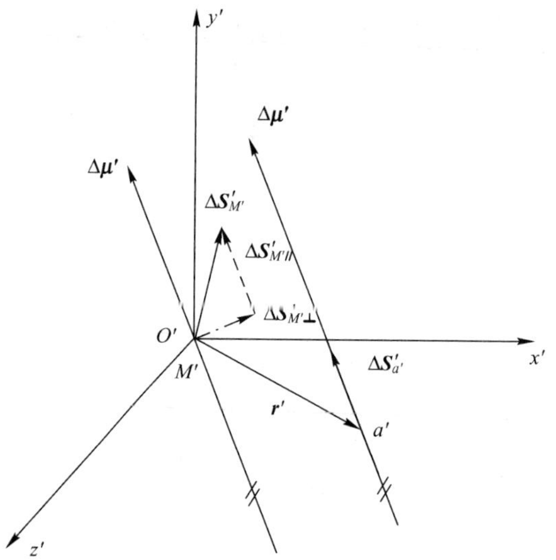

图 6-5-4　由归化点为 M'的已知像微量运动确定像运动螺旋轴的原理图

毫无疑问,由棱镜 $\Delta\theta\boldsymbol{P}$ 所造成的像的微量运动可以视为一种刚体的运动,因此,如在第 1 章里所讲的那样,图 6-5-4 中所表示的像运动 $\Delta\boldsymbol{S}'_{M'}$ 和 $\Delta\boldsymbol{\mu}'$ 最终也能归化为一个螺旋运动。

设图 6-5-4 中的 a' 为与螺旋运动相对应的归化点,这等于说,过 M' 点的 $\Delta\boldsymbol{\mu}'$ 和 $\Delta\boldsymbol{S}'_{M'}$ 将转化成为过 a' 点的 $\Delta\boldsymbol{\mu}'$ 和 $\Delta\boldsymbol{S}'_{a'}$ 的组合,而根据螺旋运动的特点,a' 点的微量移动 $\Delta\boldsymbol{S}'_{a'}$ 应当等于 $\Delta\boldsymbol{S}'_{M'}$ 在沿 $\Delta\boldsymbol{\mu}'$ 方向上的投影矢量 $\Delta\boldsymbol{S}'_{M'//}$:

$$\Delta\boldsymbol{S}'_{a'} = \Delta\boldsymbol{S}'_{M'//} = \frac{\Delta\boldsymbol{S}'_{M'} \cdot \Delta\boldsymbol{\mu}'}{|\Delta\boldsymbol{\mu}'|}\left(\frac{\Delta\boldsymbol{\mu}'}{|\Delta\boldsymbol{\mu}'|}\right) \tag{6-5-28}$$

由刚体运动学知,当把一个过 O' 点的角矢量 $\Delta\boldsymbol{\mu}'$ 经由 $\boldsymbol{r}' = \overrightarrow{O'a'}$ 而平移到过 a' 点的时候,为了使二者在运动学上具有等效的作用,应当在过 a' 点的 $\Delta\boldsymbol{\mu}'$ 上,再补上一个角矢量偶 $\Delta\boldsymbol{\mu}' \times \boldsymbol{r}'$,而在本情况下,这个角矢量偶所对应的微量移动($\Delta\boldsymbol{\mu}' \times \boldsymbol{r}'$)应当与 $\Delta\boldsymbol{S}'_{M'}$ 在与 $\Delta\boldsymbol{\mu}'$ 相垂直的方向上的投影矢量 $\Delta\boldsymbol{S}'_{M'\perp}$ 相抵消:

$$\Delta\boldsymbol{S}'_{M'\perp} = -\Delta\boldsymbol{\mu}' \times \boldsymbol{r}' \tag{6-5-29}$$

式中

$$\Delta\boldsymbol{S}'_{M'\perp} = \Delta\boldsymbol{S}'_{M'} - \Delta\boldsymbol{S}'_{M'//}$$

或

$$\Delta\boldsymbol{S}'_{M'\perp} = \Delta\boldsymbol{S}'_{M'} - \frac{\Delta\boldsymbol{S}'_{M'} \cdot \Delta\boldsymbol{\mu}'}{|\Delta\boldsymbol{\mu}'|^2}\Delta\boldsymbol{\mu}'$$

将上式代入(6-5-29)式,得

$$\Delta\boldsymbol{S}'_{M'} - \frac{\Delta\boldsymbol{S}'_{M'} \cdot \Delta\boldsymbol{\mu}'}{|\Delta\boldsymbol{\mu}'|^2}\Delta\boldsymbol{\mu}' = -\Delta\boldsymbol{\mu}' \times \boldsymbol{r}' \tag{6-5-30}$$

(6-5-30)式中的 $\boldsymbol{r}'$ 给出了螺旋轴的位置，螺旋运动的转动部分为 $\Delta\boldsymbol{\mu}'$，移动部分 $\Delta\boldsymbol{S}'_{a'}$ 可由(6-5-28)式求得。

现在回到本题上。

假设棱镜过 q 点的微量转动 $\Delta\theta\boldsymbol{P}$ 所造成的像点位移矢量 $\Delta\boldsymbol{S}'_{F'}=0$，即 $\boldsymbol{P}$ 为三维零值轴，此时，若以 M' 作为归化点，则由 $\Delta\theta\boldsymbol{P}$ 所造成的像运动中的两个组成部分：$\Delta\boldsymbol{S}'_{M'}$ 和过 M' 点的 $\Delta\boldsymbol{\mu}'$，应满足下列两个条件：

(1) 由 $\Delta\boldsymbol{S}'_{M'}$ 和 $\Delta\boldsymbol{\mu}'$（过 M'）合成的螺旋运动的螺旋轴应当通过像点 F'，此条件在数学上可表达成

$$\Delta\boldsymbol{S}'_{M'}-\frac{\Delta\boldsymbol{S}'_{M'}\cdot\Delta\boldsymbol{\mu}'}{|\Delta\boldsymbol{\mu}'|^2}\Delta\boldsymbol{\mu}'=-\Delta\boldsymbol{\mu}'\times\boldsymbol{b}' \tag{6-5-31}$$

(2) 由 $\Delta\boldsymbol{S}'_{M'}$ 和 $\Delta\boldsymbol{\mu}'$（过 M'）合成的螺旋运动中沿螺旋轴方向的移动部分应当等于零，即

$$\Delta\boldsymbol{S}'_{M'}\cdot\Delta\boldsymbol{\mu}'=0 \tag{6-5-32}$$

将(6-5-32)式代入(6-5-31)式，得

$$\Delta\boldsymbol{S}'_{M'}=-\Delta\boldsymbol{\mu}'\times\boldsymbol{b}' \tag{6-5-33}$$

显然，兜了一个大圈子，所得公式(6-5-33)又回到了和方程(6-5-27)完全相同的样子。这说明，方程式(6-5-26)具有十分清楚的物理意义。

这就是说，倘若 $\boldsymbol{P}$ 要成为像点 F' 的三维零值轴，那么由 $\Delta\theta\boldsymbol{P}$ 所造成的、归化到 M' 点处的像运动 $\Delta\boldsymbol{S}'_{M'}$ 和 $\Delta\boldsymbol{\mu}'$，应当能够转化成为一个特殊的螺旋运动，即纯转动，且转轴通过 F' 点，而这一意义全部包含在方程(6-5-27)或(6-5-26)之中。

根据方程(6-5-27)的关系，首先，在方向上要求 $\Delta\boldsymbol{S}'_{M'}$ 同时满足 $\Delta\boldsymbol{S}'_{M'}\perp\Delta\boldsymbol{\mu}'$ 和 $\Delta\boldsymbol{S}'_{M'}\perp\boldsymbol{b}'$ 的关系。在后述中将会看到，这个几何关系在很多情况下可以帮助我们估计三维零值轴的分布区域，以至三维零值轴的方向。

当确定棱镜的各维数零值轴以及其他一些示性极点和示性平面时，除了可以应用上述的一套比较系统的方法之外，下列的一些原则和特性也是很有用处的。

(1) $\overrightarrow{F_0F'}$ 或 $\overrightarrow{F'F_0}$ 必然是像点 F' 的三维零值轴。这里，F_0 为 F' 在棱镜物空间内对应的物点。

根据基本公式(4-3-2)，得

$$\Delta\boldsymbol{S}'_{F'}=\Delta\theta\boldsymbol{P}\times\boldsymbol{\rho}_{F'}+(-1)^{t-1}\Delta\theta\boldsymbol{P}'\times\boldsymbol{\rho}'_{F'} \tag{4-3-2}$$

由于此时的 $\boldsymbol{\rho}_{F'}=\boldsymbol{\rho}'_{F'}=0$，所以 $\Delta\boldsymbol{S}'_{F'}=0$。可见，当棱镜绕物、像点的连线 F_0F' 转动时，不会产生像点位移。

(2) 无论是奇次反射棱镜，还是偶次反射棱镜，成像螺旋轴 $\boldsymbol{\lambda}$ 本身必然是三维零值轴。

(3) 两根三维零值轴的交点在这两根三维零值轴所构成的平面内呈现为三维

零值极点。

(4) 像移动分量的极值特性向量 $\boldsymbol{\delta}_a$、$\boldsymbol{\delta}_b$、$\boldsymbol{\delta}_c$，特别是它们的方向 $\boldsymbol{a}$、$\boldsymbol{b}$、$\boldsymbol{c}$ 在探讨会聚光路调整规律中的作用。

如所知，棱镜的微量转动 $\Delta\theta\boldsymbol{P}$（过某点）可以转换为另外一个与之平行的微量转动 $\Delta\theta\boldsymbol{P}_{/\!/}$ 和一个移动 $\Delta\boldsymbol{g}$。这里，$\boldsymbol{P}_{/\!/} /\!/ \boldsymbol{P}$，而 $\Delta\boldsymbol{g}$ 垂直于 $\boldsymbol{P}$ 和 $\boldsymbol{P}_{/\!/}$ 构成的平面。

利用极值移向 $\boldsymbol{a}$、$\boldsymbol{b}$、$\boldsymbol{c}$，可以对棱镜的移动 $\Delta\boldsymbol{g}$ 所致的像移动作出快速的判断。所以，通常把一个其作用难以判断的 $\Delta\theta\boldsymbol{P}$ 从一个位置平移到另一个位置，使之变成一个容易判断的 $\Delta\theta\boldsymbol{P}_{/\!/}$，并辅以另一个容易判断的 $\Delta\boldsymbol{g}$，而最终达到判断 $\Delta\theta\boldsymbol{P}$ 的目的。实际上，这一原则在前述中早已被运用过。

同样的原则也可以用在从一个维数的零值轴导出同一维数或另一个维数的零值轴。见图 6-5-5，假设 $\boldsymbol{\zeta}_{mnq}$ 为根据某种方法而求得的 $y'-z'$ 像点位移的二维零值轴，又设 $\boldsymbol{a}$、$\boldsymbol{b}$、$\boldsymbol{c}$ 为已知棱镜的三个极值移向，则当 $\boldsymbol{\zeta}_{mnq}$ 在同时与 $\boldsymbol{b}$ 和 $\boldsymbol{c}$ 相平行的平面内平移时，它仍然保持为 $y'-z'$ 像点位移的二维零值轴。

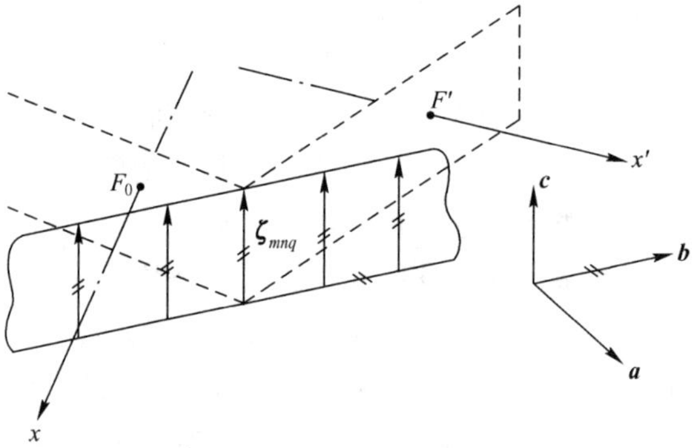

图 6-5-5　$\boldsymbol{\zeta}_{mnq}$ 同时平行于 $\boldsymbol{b}$ 和 $\boldsymbol{c}$ 的情况

在同一图上，如果说原来求得的是一根三维零值轴，那么按照同样的方式平移后，它将变成为 $y'-z'$ 像点位移的二维零值轴。

在平面棱镜中，常常出现有某一个极值移向不存在的情况。见图 6-5-6，设 $\boldsymbol{c}$ 不存在，或者说 $\boldsymbol{\delta}_c=0$。此种现象表明，棱镜的任何移动 $\Delta\boldsymbol{g}$（$\Delta\boldsymbol{g}=\Delta g\boldsymbol{D}$）都将不会产生 z' 像移动 $\Delta S'_{z'}$，因而进一步说明了 z' 像点位移 $\Delta S'_{F'z'}$ 仅取决于棱镜微量转动 $\Delta\theta\boldsymbol{P}$ 的方向，而与它的位置无关。由此可见，在 $\boldsymbol{c}$ 不存在的情形，$\Delta S'_{F'z'}$ 与 $\Delta\theta\boldsymbol{P}$ 之间的关系在数学上具有平行光路的性质。此时，不管给定的 $\Delta\theta\boldsymbol{P}$ 在何位置，均可把它平移到通过 F_0 点（F' 的共轭物点）的地方，以便求得 $\Delta S'_{F'z'}$：

$$\Delta S'_{F'z'}=(\Delta\theta\boldsymbol{P}\times\overrightarrow{F_0F'})_{z'} \qquad (6\text{-}5\text{-}34)$$

图 6-5-6 中表示光轴交截平面棱镜的情形，z' 轴垂直于共轭光轴截面，平行于共轭光轴截面且垂直于 F_0F' 连线的 $\Delta\theta\boldsymbol{P}$ 正好是 $\Delta S'_{F'z'}$ 的极值轴向（不仅是极值轴）。显然，一切与极值轴向相垂直的方向均为 $\Delta S'_{F'z'}$ 的零值轴向（不仅是零值轴）。

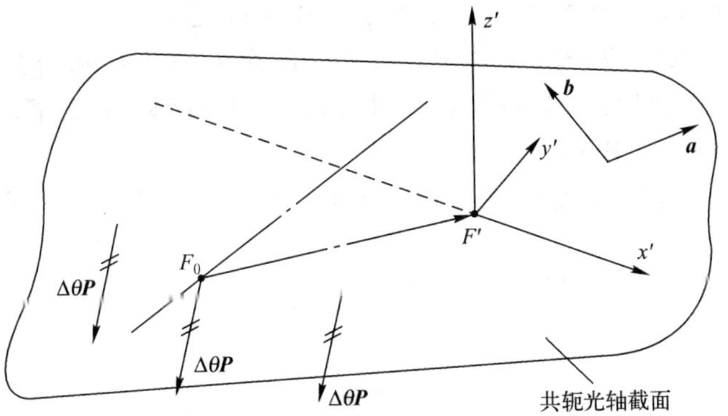

图 6-5-6 $\boldsymbol{c}$ 不存在时的 $\Delta S'_{F'z'}$

(5) 见图 6-5-5，一般来讲，过像点 F' 且与 x' 轴相垂直的平面同过物点 F_0 且与 x 轴相垂直的平面的交线，呈现为 $y'-z'$ 像点位移的二维零值轴 $\boldsymbol{\zeta}_{mnq}$。这是由于此时基本公式(4-3-2)中的 $\boldsymbol{P}$、$\boldsymbol{P}'$、$\boldsymbol{\rho}_{F'}$ 以及 $\boldsymbol{\rho}'_{F'}$ 等矢量都处在过 F' 且垂直于 x' 的同一个平面内的缘故。应当指出，对于光轴交截平面棱镜，上述结论只适用于 $\boldsymbol{\delta}_b \neq 0$ 或 $\boldsymbol{b}$ 存在的情况，其理由见 6.6 节。

同理，过像点 F' 且与 y' 轴相垂直的平面同过物点 F_0 且与 y 轴相垂直的平面的交线，呈现为 $x'-z'$ 像点位移的二维零值轴 $\boldsymbol{\zeta}_{nlq}$。在光轴交截平面棱镜的情形，使用本结论时，也应以 $\boldsymbol{\delta}_a \neq 0$ 或 $\boldsymbol{a}$ 的存在为前提。

过像点 F' 且与 z' 轴相垂直的平面同过物点 F_0 且与 z 轴相垂直的平面的交线，则呈现为 $x'-y'$ 像点位移的二维零值轴 $\boldsymbol{\zeta}_{lmq}$。在光轴交截平面棱镜的情形，上述二平面同属于一个平面，即棱镜的共轭光轴截面，因此，共轭光轴截面内的任何一根直线均可视为上述二平面的交线而呈现为 $x'-y'$ 像点位移的二维零值轴 $\boldsymbol{\zeta}_{lmq}$。这就是说，光轴交截平面棱镜的共轭光轴截面是一个二维零值轴平面。本结论的适用性不受 $\boldsymbol{\delta}_a$ 或 $\boldsymbol{\delta}_b$ 是否为零的影响，其理由见 6.6 节。

6.6 光轴交截平面棱镜的各维数零值轴、零值轴平面和零值极点

由文献[12]中五十余块反射棱镜的像点位移分量 $\Delta S'_{F'x'}$、$\Delta S'_{F'y'}$、$\Delta S'_{F'z'}$ 与 $\Delta\theta\boldsymbol{P}$、$\boldsymbol{r}_q$ 之间的关系式，发现有约占 85% 的反射棱镜，它们的像点位移分量表达式的结构几乎可以归属于同一个类型。这些有关的棱镜实际上就是曾经在 2.1 节中定义过的“光轴交截平面棱镜”，即入射光轴和出射光轴处在同一个平面内的那些平面棱镜。

为了对像点位移分量表达式的此种结构形式具有一个比较深刻的印象，同时也是为了下述讨论的方便，我们选择了五块有代表性的光轴交截平面棱镜，在图 6-6-1及图 6-6-3 ~ 图 6-6-6 上分别给出它们的调整图、成像螺旋轴和物、像

点，并对应地在图的下方附上 $\Delta S'_{F'x'}$、$\Delta S'_{F'y'}$、$\Delta S'_{F'z'}$ 的表达式。

本节将着重讨论图 6-6-1 及图 6-6-3 ~ 图 6-6-6 上所示的五块反射棱镜。这些例子一方面说明上述理论的具体应用，另一方面能够帮助读者掌握光轴交截平面棱镜在会聚光路中的调整特性。

此外，这些具体的实例还可以为进一步探讨反射棱镜的规律性问题，提供一些有益的启示。

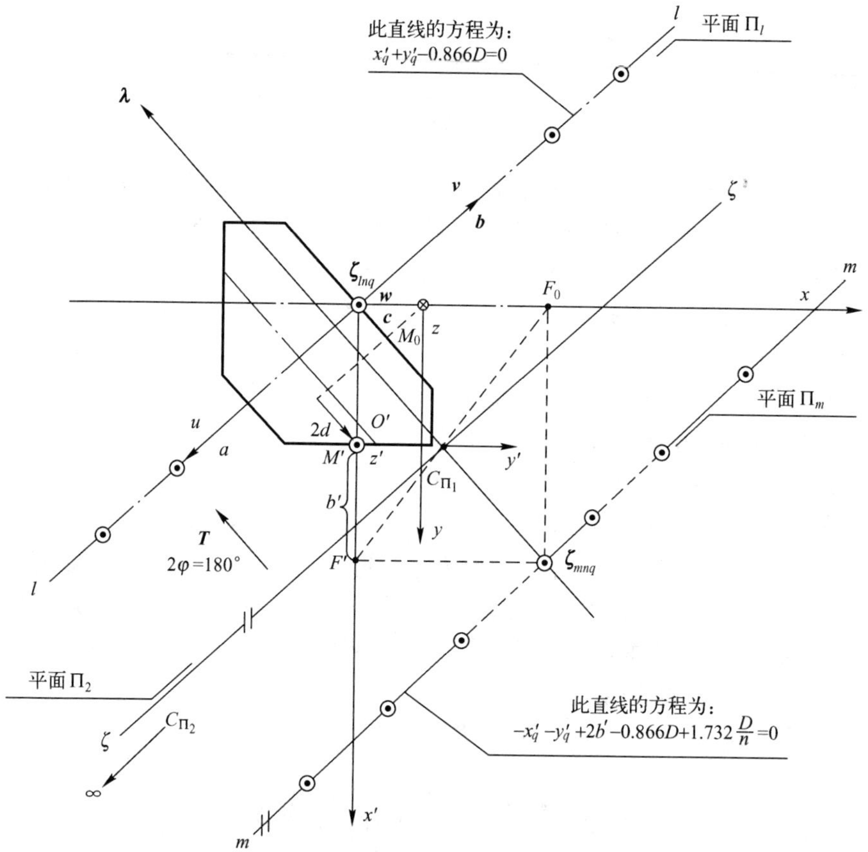

图 6-6-1　一个平面三维零值极点 C_{Π_1} 在有限距离而另一个 C_{Π_2} 在无限远的代表性棱镜

$$\Delta S'_{F'x'}=\Delta\theta[-P_{x'}z'_q-P_{y'}z'_q+P_{z'}(x'_q+y'_q+0.866D)] \tag{6-6-1}$$

$$\Delta S'_{F'y'}=\Delta\theta\left[P_{x'}z'_q+P_{y'}z'_q+P_{z'}\left(-x'_q-y'_q+2b'-0.866D+1.732\frac{D}{n}\right)\right] \tag{6-6-2}$$

$$\Delta S'_{F'z'}=\Delta\theta\left[P_{x'}\left(-2y'_q+b'-0.866D+1.732\frac{D}{n}\right)+P_{y'}(2x'_q-b'+0.866D)\right] \tag{6-6-3}$$

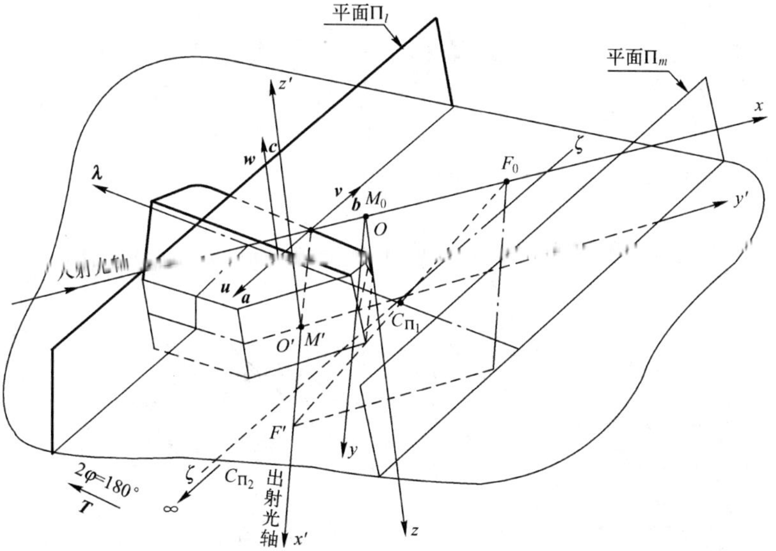

图 6-6-2 棱镜 $DI_J-90°$ 的立体图示(内容与图 6-6-1 同)

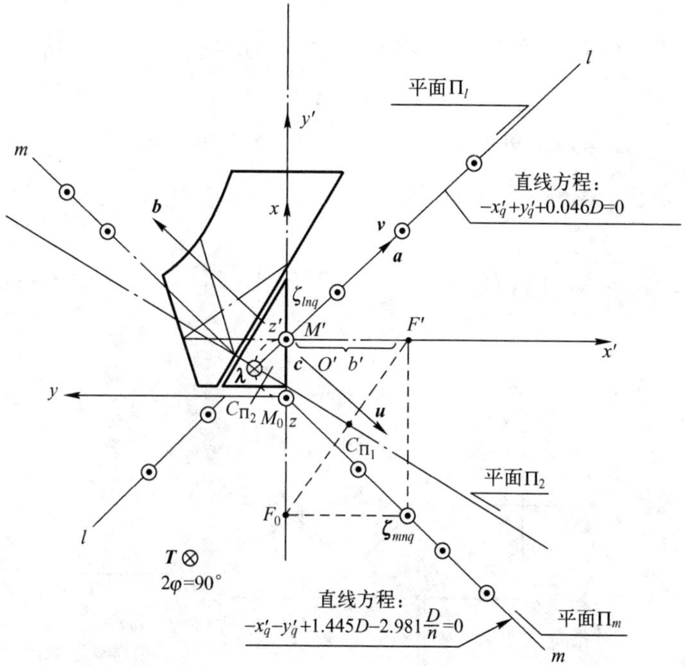

图 6-6-3 两个平面三维零值极点 C_{Π_1} 和 C_{Π_2} 均在有限距离的代表性棱镜

$$\Delta S'_{F'x'}=\Delta\theta[P_{x'}z'_q-P_{y'}z'_q+P_{z'}(-x'_q+y'_q+0.046D)] \tag{6-6-4}$$

$$\Delta S'_{F'y'}=\Delta\theta\left[P_{x'}z'_q+P_{y'}z'_q+P_{z'}\left(-x'_q-y'_q+1.445D-2.981\frac{D}{n}\right)\right] \tag{6-6-5}$$

$$\Delta S'_{F'z'}=\Delta\theta\left[P_{x'}\left(-2y'_q-b'+1.445D-2.981\frac{D}{n}\right)+P_{y'}(2x'_q-b'-0.046D)\right] \tag{6-6-6}$$

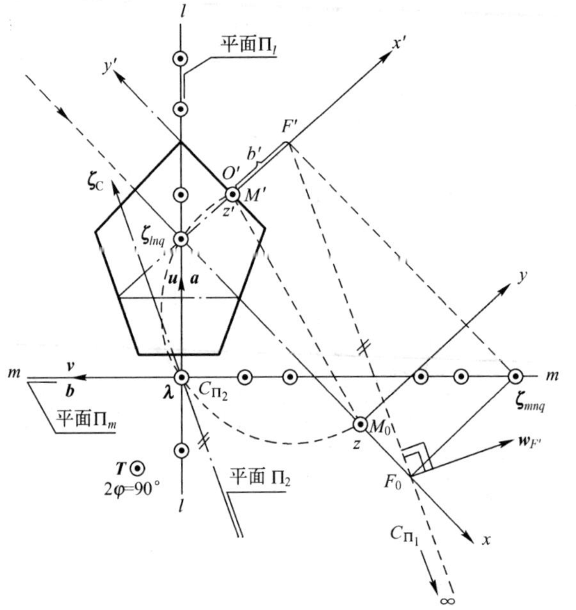

图 6-6-4　一个平面三维零值极点 C_{Π_2} 在有限距离而另一个 C_{Π_1} 在无限远的代表性棱镜

$$\Delta S'_{F'x'} = \Delta\theta[P_{x'}z'_q - P_{y'}z'_q + P_{z'}(-x'_q + y'_q - 0.5D)] \tag{6-6-7}$$

$$\Delta S'_{F'y'} = \Delta\theta\left[P_{x'}z'_q + P_{y'}z'_q + P_{z'}\left(-x'_q - y'_q + 0.5D - 3.414\frac{D}{n}\right)\right] \tag{6-6-8}$$

$$\Delta S'_{F'z'} = \Delta\theta\left[P_{x'}\left(b' - 0.5D + 3.414\frac{D}{n}\right) + P_{y'}(-b' - 0.5D)\right] \tag{6-6-9}$$

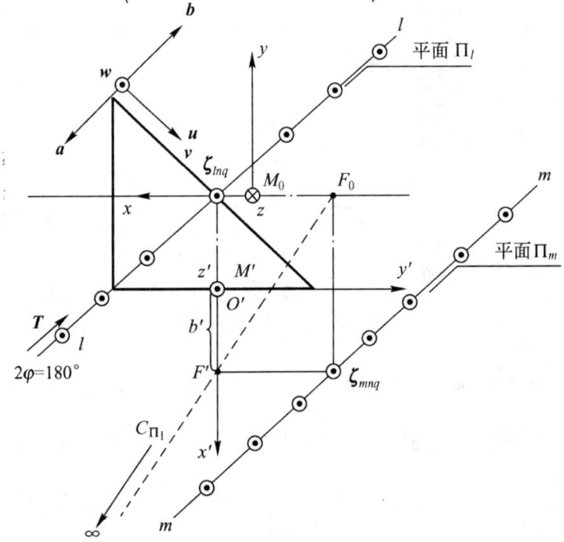

图 6-6-5　只有一个平面三维零值极点 C_{Π_1} 在无限远的代表性棱镜

$$\Delta S'_{F'x'} = \Delta\theta[\ -P_{x'}z'_q - P_{y'}z'_q + P_{z'}(x'_q + y'_q + 0.5D)\ ] \tag{6-6-10}$$

$$\Delta S'_{F'y'} = \Delta\theta\left[P_{x'}z'_q + P_{y'}z'_q + P_{z'}\left(-x'_q - y'_q + 2b' - 0.5D + \frac{D}{n}\right)\right] \tag{6-6-11}$$

$$\Delta S'_{F'z'} = \Delta\theta\left[P_{x'}\left(-b' + 0.5D - \frac{D}{n}\right) + P_{y'}(-b' - 0.5D)\right] \tag{6-6-12}$$

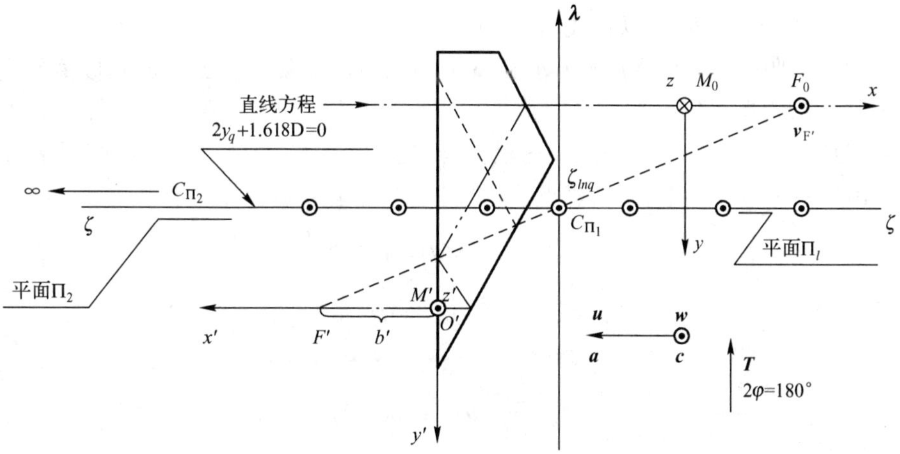

图 6-6-6　***b*** 不存在的棱镜

$$\Delta S'_{F'x'} = \Delta\theta[\ -2P_{y'}z'_q + P_{z'}(2y'_q + 1.618D)\ ] \tag{6-6-13}$$

$$\Delta S'_{F'y'} = \Delta\theta\left[P_{z'}\left(2b' + 2.802\frac{D}{n}\right)\right] \tag{6-6-14}$$

$$\Delta S'_{F'z'} = \Delta\theta\left[P_{x'}(-2y'_q - 1.618D) + P_{y'}\left(2x'_q + 2.802\frac{D}{n}\right)\right] \tag{6-6-15}$$

1. 对五块棱镜的分析

1）直角屋脊棱镜 $DI_J-90°$(图 6-6-1 和图 6-6-2)

(1) 由 6.5 节末的第(5)条原则知,棱镜的共轭光轴截面呈现为 $x'-y'$像点位移的二维零值轴平面,记作Π_{lm}。在此平面内任意方向和位置的 ***P*** 至少是 $x'-y'$像点位移的二维零值轴 $\boldsymbol{\zeta}_{lmq}$。

实际上,从(6-6-1)式和(6-6-2)式可以看到,由于光轴截面内的 ***P*** 均对应于 $P_{z'}=0$ 和 $z'_q=0$,所以有 $\Delta S'_{F'x'}=0$ 和 $\Delta S'_{F'y'}=0$。

(2) 由第(4)条原则求得 $y'-z'$像点位移的一根二维零值轴 $\boldsymbol{\zeta}_{mnq}$。该轴垂直于共轭光轴截面。

(3) 根据第(5)条原则,当 $\boldsymbol{\zeta}_{mnq}$ 沿着同时平行于 ***b*** 和 ***c*** 的平面平移时,它仍然保持为 $y'-z'$像点位移的二维零值轴。这些二维零值轴在光轴截面内的垂足形成一直线 mm。

实际上,由(6-6-2)式知,直线 mm 的方程应是

$$-x'_q - y'_q + 2b' - 0.866D + 1.732\frac{D}{n} = 0$$

因为,只有这样才能使 $\Delta S'_{F'y'}=0$。

还有,$\boldsymbol{\zeta}_{mnq}$ 按照上述方式平移而形成的平面 $\prod_m$ 呈现为 $\Delta S'_{F'y'}$ 的一维零值轴平面。

(4) 用同样的方式可以求得 $x'-z'$ 像点位移的一部分二维零值轴 $\boldsymbol{\zeta}_{lnq}$ 和 $\Delta S'_{F'x'}$ 的一维零值轴平面 $\prod_l$,并由(6-6-1)式知,直线 ll 的方程应是

$$x'_q+y'_q+0.866D=0$$

这里,由于 $\boldsymbol{a}/\!/\boldsymbol{b}$,所以直线 $mm/\!/ll$。

(5) 按照第(1)~(3)条原则,图 6-6-1 中的物、像点连线 F_0F' 和棱镜的成像螺旋轴 $\boldsymbol{\lambda}$ 均为像点位移的三维零值轴,而且二者的交点 $C_{\prod_1}$ 在共轭光轴截面内呈现为像点位移的三维零值极点。这里,共轭光轴截面 $\prod_1$ 为极点 $C_{\prod_1}$ 的归属平面。

由(6-6-3)式不难看出,极点 $C_{\prod_1}$ 的坐标应解自下列两个方程:

$$-2y'_q+b'-0.866D+1.732\frac{D}{n}=0$$

$$2x'_q-b'+0.866D=0$$

所以

$$x'_q=\frac{1}{2}(b'-0.866D)$$

$$y'_q=\frac{1}{2}\left(b'-0.866D+1.732\frac{D}{n}\right)$$

结果说明,极点 $C_{\prod_1}$ 正好在线段 $\overline{F_0F'}$ 的平分点处。

(6) 过 $C_{\prod_1}$ 作与 mm 平行的直线 $\zeta\zeta$,设 $\prod_2$ 为通过直线 $\zeta\zeta$ 且与光轴截面相垂直的平面,则不难看出,在 $\prod_2$ 平面内一切平行于 $\zeta\zeta$ 的轴线均为三维零值轴。可以认为,另一个三维零值极点 $C_{\prod_2}$ 在沿直线 $\zeta\zeta$ 方向的无穷远处,而 $\prod_2$ 为相应的归属平面。

2) 靴形屋脊棱镜 $FX_J-90°$(图 6-6-3)

(1) 图 6-6-3 中的 mm、$\boldsymbol{\zeta}_{mnq}$、$\prod_m$、ll、$\boldsymbol{\zeta}_{lnq}$、$\prod_l$ 保持原来的含义,它们的求法同直角屋脊棱镜。

(2) 这里的直线 F_0F' 同螺旋轴 $\boldsymbol{\lambda}$ 并不相交,不过,由(6-6-6)式还是可以列出以下两个方程:

$$-2y'_q-b'+1.445D-2.981\frac{D}{n}=0$$

$$2x'_q-b'-0.046D=0$$

并求得它们的解为

$$x'_q=\frac{1}{2}(b'+0.046D)$$

$$y'_q=\frac{1}{2}\left(-b'+1.445D-2.981\frac{D}{n}\right)$$

所得结果仍是线段 $\overline{F_0F'}$ 的平分点 $C_{\prod_1}$ 的坐标。

因为在共轭光轴截面内任意通过 $C_{\prod_1}$ 点的微量转动 $\Delta\boldsymbol{\theta P}$ 都将使 $\Delta S'_{F'z'}=0$,加

上原有的 $\Delta S'_{F'x'}=0$ 和 $\Delta S'_{F'y'}=0$，所以 $C_{\prod_1}$ 仍然在共轭光轴截面内呈现为三维零值极点。同样，共轭光轴截面 $\prod_1$ 为极点 $C_{\prod_1}$ 的归属平面。

（3）设 $C_{\prod_2}$ 代表螺旋轴 $\boldsymbol{\lambda}$ 与光轴截面的交点，$\prod_2$ 代表由连线 $C_{\prod_1}C_{\prod_2}$ 和 $\boldsymbol{\lambda}$ 组成的平面。由于 $C_{\prod_1}C_{\prod_2}$ 和 $\boldsymbol{\lambda}$ 均为像点位移的三维零值轴，所以它们的交点 $C_{\prod_2}$ 在 $\prod_2$ 平面内呈现为棱镜的另一个平面三维零值极点，而 $\prod_2$ 为相应的归属平面。

由(6-6-4)式和(6-6-5)式可以看出，极点 $C_{\prod_2}$ 的坐标应求自下列两个方程：

$$x'_q+y'_q+0.046D=0$$

$$-x'_q-y'_q+1.445D-2.981\frac{D}{n}=0$$

所以

$$x'_q=0.746D-1.491\frac{D}{n}$$

$$y'_q=0.700D-1.491\frac{D}{n}$$

$C_{\prod_2}$ 同时也是直线 mm 与 ll 的交点。

可见，棱镜 $\mathrm{FX_J}-90°$ 在近处比棱镜 $\mathrm{DI_J}-90°$ 多了一个平面三维零值极点，这种差异的原因将在以后分析。

应当指出，平面三维零值极点 $C_{\prod_1}$ 的坐标同像点 F' 的位置有关，而平面三维零值极点 $C_{\prod_2}$ 的坐标则仅取决于棱镜本身的结构，不过相应的归属平面 $\prod_2$ 仍与 F' 有关。

3）五棱镜 WII −90°（图 6-6-4）

相同之处不再重复，只讨论异点。

（1）本棱镜的 z' 像移动 $\Delta S'_{z'}$ 的极值特性向量 $\boldsymbol{\delta}_c=0$，或者说，极值移向 $\boldsymbol{c}$ 不存在。所以，根据 6.5 节末第(4)条原则，z' 像点位移 $\Delta S'_{F'z'}$ 只取决于转轴 $\boldsymbol{P}$ 的方向，而同它的位置无关。这一点也可以从(6-6-9)式看得清楚，因为公式的右侧不包含 q 点的坐标参量 x'_q、y'_q 或 z'_q。

在此情形，对 $\Delta S'_{F'z'}$ 而言，既存在零值轴向，也存在极值轴向。更明确地说，在整个空间内 $\Delta S'_{F'z'}$ 的极值轴的方向是唯一的。

作为像点位移的三维零值轴的 $\overrightarrow{F_0F'}$，无疑也是 $\Delta S'_{F'z'}$ 的零值轴。此外，一切垂直于共轭光轴截面的轴线也都是 $\Delta S'_{F'z'}$ 的零值轴。由于极值轴必须同时垂直于以上的零值轴，所以，$\Delta S'_{F'z'}$ 的极值轴应当平行于共轭光轴截面，而且与直线 F_0F' 相垂直。图 6-6-4 中，位于光轴截面内的过 F_0 点且垂直于 F_0F' 的矢量 $\boldsymbol{w}_{F'}$ 就是此族极值轴中的一个代表。

不难看出，当棱镜绕 z' 像点位移的极值轴（在此情形，也可用极值轴向这个名词）转动 $\Delta\theta$ 时，它所造成的 z' 像点位移极值 $\Delta S'_{F'z'\max}$ 等于：

$$\Delta S'_{F'z'\max}=\Delta\theta\left|\overrightarrow{F_0F'}\right|$$

（2）应当特别指出，在本例中，线段 $\overline{F_0F'}$ 的平分点不再是任何平面内的三维零值极点，这是由于伴随 $\boldsymbol{c}$ 的消失而在 $\Delta S'_{F'z'}$ 表达式(6-6-9)的结构上所发生的变化的缘故。

为了探讨在共轭光轴截面内是否还存在三维零值极点的问题，令(6-6-9)式的右侧部分等于零：

$$\Delta\theta\left[P_{x'}\left(b'-0.5D+3.414\frac{D}{n}\right)+P_{y'}(-b'-0.5D)\right]=0$$

由此

$$\frac{P_{x'}}{P_{y'}}=\frac{b'+0.5D}{b'-0.5D+3.414\dfrac{D}{n}}$$

所得结果说明，在光轴截面内一切与 $\overrightarrow{F_0F'}$ 相平行的直线都是 $\Delta S'_{F'z'}$ 的零值轴。已知光轴截面内的任何一根转轴都至少是 $x'-y'$ 像点位移的二维零值轴，因此，实际上在本棱镜的共轭光轴截面内找到了一族平行于 $\overrightarrow{F_0F'}$ 的三维零值轴。可以认为，平面三维零值极点 $C_{\prod_1}$ 在沿直线 F_0F' 方向的无穷远处，其相应的归属平面 $\prod_1$ 为共轭光轴截面。

(3) 设 $C_{\prod_2}$ 为螺旋轴 $\boldsymbol{\lambda}$ 与光轴截面的交点。过 $C_{\prod_2}$ 点作平行于 $\overrightarrow{F_0F'}$ 的矢量 $\boldsymbol{\zeta}_c$，并用 $\prod_2$ 代表由 $\boldsymbol{\zeta}_c$ 同 $\boldsymbol{\lambda}$ 组成的平面。显然 $C_{\prod_2}$ 在 $\prod_2$ 平面内呈现为一个三维零值极点。

同样，由(6-6-7)式和(6-6-8)式可以看出，极点 $C_{\prod_2}$ 的坐标应求自下列两个联立方程：

$$-x'_q+y'_q-0.5D=0$$

$$-x'_q-y'_q+0.5D-3.414\frac{D}{n}=0$$

所以，它的坐标等于：

$$x'_q=-1.707\frac{D}{n}$$

$$y'_q=\frac{1}{2}\left(D-3.414\frac{D}{n}\right)$$

$C_{\prod_2}$ 同时也是直线 mm 与 ll 的交点。

4) 直角棱镜 DI－90°(图 6-6-5)

这里只说明两点。

(1) 由于 $\boldsymbol{c}$ 的消失，$\Delta S'_{F'z'}$ 表达式(6-6-12)的结构与棱镜 WII－90°的类同，所以，共轭光轴截面内一切平行于 $\overrightarrow{F_0F'}$ 的直线均为三维零值轴。可以认为，平面三维零值极点 $C_{\prod_1}$ 在沿直线 F_0F' 方向的无穷远处，其相应的归属平面为光轴截面。

(2) 另一平面三维零值极点 $C_{\prod_2}$ 不存在(不管是在近处还是在无穷远处)。

实际上，上述两点结论可以推广到一切诸法线共面的奇次反射棱镜上①。

① 注：不包括入射光轴和出射光轴重合的情况，例如复合棱镜 FA－0°。

5）屋脊棱镜 $DIII_J-180°$（图 6-6-6）

本例着重说明由于 $\boldsymbol{b}$ 的消失而产生的问题。

（1）由于这里 $\boldsymbol{b}$ 不存在，所以根据 6.5 节末第（5）条原则所求得的 $y'-z'$ 像点位移的二维零值轴 $\boldsymbol{\zeta}_{nlq}$ 已不再有效。实际上，此时过 F' 且垂直于 y' 轴的平面与过 F_0 且垂直于 y 轴的平面相互平行，二平面相交于无穷远，而且交线的方向也不确定。在此情形，棱镜绕这样一根无穷远处的轴线作 $\Delta\theta$ 的微量转动转化成棱镜的移动，因此，它同这里本意所要讨论的二维零值轴 $\boldsymbol{\zeta}_{nlq}$ 的问题已经不再有什么联系。

由（6-6-14）式和（6-4-7）式，得

$$\boldsymbol{\eta}_{F'vq}=\mathrm{grad}\Delta S'_{F'y'}=\left(2b'+2.802\frac{D}{n}\right)\boldsymbol{k}'$$

所得的 $\boldsymbol{\eta}_{F'vq}$ 与 q 点的坐标无关，因而呈现为 $\Delta S'_{F'y'}$ 的极值轴向，或者说，在整个空间的有限距离内，任何一点所对应的极值轴（或梯度轴）均为 $\boldsymbol{\eta}_{F'vq}=\left(2b'+2.802\frac{D}{n}\right)\boldsymbol{k}'$。所以，在本情况下，可以把 $\boldsymbol{\eta}_{F'vq}$ 的脚注中的“q”去掉，而将 $\Delta S'_{F'y'}$ 的极值轴向写成

$$\boldsymbol{\eta}_{F'v}=\left(2b'+2.802\frac{D}{n}\right)\boldsymbol{k}'$$

由于上式右侧常量 $\left(2b'+2.802\frac{D}{n}\right)$ 的大小并不影响 $\boldsymbol{\eta}_{F'v}$ 的方向，所以 $\Delta S'_{F'y'}$ 的梯度轴向是一族与共轭光轴截面相垂直的轴线。图 6-6-6 中，过 F_0 点且垂直于光轴截面的 $\boldsymbol{v}_{F'}$ 就是此族梯度轴中的一个代表。

（2）如同棱镜 $DI_J-90°$ 一样，若过 C_{Π_1} 点作与 $\boldsymbol{a}$ 相平行的直线 $\zeta\zeta$，并设 Π_2 为通过直线 $\zeta\zeta$ 且同时与 $\boldsymbol{a}$ 和 $\boldsymbol{c}$ 相平行的平面，则不难看出，在 Π_2 平面内一切平行于 $\zeta\zeta$ 的轴线均为三维零值轴。可见，平面三维零值极点 C_{Π_2} 在沿直线 $\zeta\zeta$ 方向的无穷远处，其相应的归属平面为 Π_2。

2. 对局部规律的初步讨论

通过对以上几块反射棱镜的分析，可以看到一些局部的规律。就平面三维零值极点而言，似乎光轴交截平面棱镜一般存在 1～2 个这样的极点，其中一个为 C_{Π_1}，另一个为 C_{Π_2}。

虽说以上指出的规律性尚不够全面，然而为了使读者对问题的认识有一个逐步深化的过程，故以下先就此点作一初步的讨论。

（1）见图 6-6-7，光轴交截平面棱镜的成像特性参量只存在两种可能的情况：第一种情况，成像螺旋轴 $\boldsymbol{\lambda}$ 垂直于共轭光轴平面，转换角 2φ 为任意值，轴向位移 $2d=0$；第二种情况，成像螺旋轴 $\boldsymbol{\lambda}$ 在共轭光轴平面内，转换角 $2\varphi=180°$，轴向位移 $2d$ 为任意值。

（2）根据光轴交截平面棱镜上述的成像特性，由像点位移矢量公式（4-3-2）：

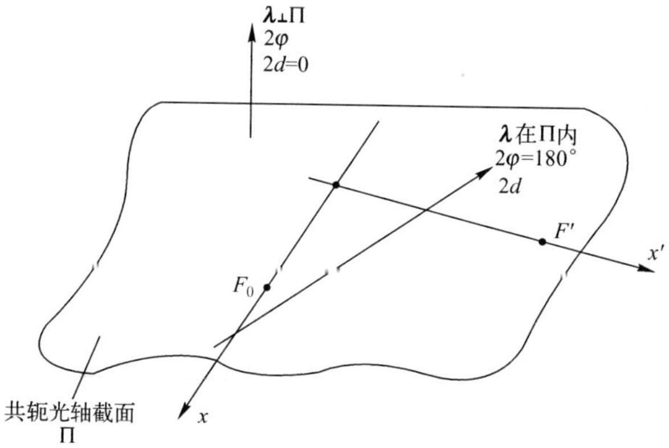

图 6-6-7　光轴交截平面棱镜成像特性参量的特点

$$\Delta \boldsymbol{S}'_{F'} = \Delta\theta \boldsymbol{P} \times \boldsymbol{\rho}_{F'} + (-1)^{t-1}\Delta\theta \boldsymbol{P}' \times \boldsymbol{\rho}'_{F'} \quad (4-3-2)$$

可对此类平面棱镜的下列两种转轴的调整特性作出判断:第一,共轭光轴截面内的一切轴线均至少为二维零值轴 $\boldsymbol{\zeta}_{lmq}$,因为此时基本公式(4-3-2)中的 $\boldsymbol{P}$、$\boldsymbol{P}'$、$\boldsymbol{\rho}_{F'}$ 以及 $\boldsymbol{\rho}'_{F'}$ 等矢量都处在同一个共轭光轴截面内。所以,共轭光轴平面呈现为一个二维零值轴平面 $\prod_{lm}$;第二,垂直于共轭光轴截面的一切轴线均至少是 $\Delta S'_{F'z'}$ 的一维零值轴 $\boldsymbol{\zeta}_{nq}$,这是由于此时基本公式(4-3-2)中的 $\boldsymbol{P}$、$\boldsymbol{P}'$ 都平行于 z' 轴的缘故。

(3) 根据第(2)点中的第二个判断,可以把平面棱镜的(6-5-3)式写成:

$$\Delta S'_{F'z'} = \Delta\theta[P_{x'}(n_{11}x'_q + n_{12}y'_q + n_{13}z'_q + n_{14}) + P_{y'}(n_{21}x'_q + n_{22}y'_q + n_{23}z'_q + n_{24})] \quad (6-6-16)$$

这就是说,$\Delta S'_{F'z'}$ 与 $P_{z'}$ 无关。

实际上,由于(4-3-2)式或(4-3-20)式中的叉乘结构,(6-6-16)式中的 n_{11} 和 n_{22} 不管在什么情况下总是等于零值,因此还可进一步把(6-6-16)式写成

$$\Delta S'_{F'z'} = \Delta\theta[P_{x'}(n_{12}y'_q + n_{13}z'_q + n_{14}) + P_{y'}(n_{21}x'_q + n_{23}z'_q + n_{24})] \quad (6-6-17)$$

此外,光轴交截平面棱镜的极值移向 $\boldsymbol{c}$(如果存在)总是垂直于棱镜的共轭光轴截面,所以,平行于共轭光轴截面的轴线 $\boldsymbol{P}$(见图 6-6-8)在过 $\boldsymbol{P}$ 且与此截面相垂直的平面内的任何平移都将不会引起 $\Delta S'_{F'z'}$ 的变化。这种现象说明了(6-6-17)式中的 z'_q 的系数为零值,即 $n_{13} = n_{23} = 0$,因而又可将(6-6-17)式写成:

$$\Delta S'_{F'z'} = \Delta\theta[P_{x'}(n_{12}y'_q + n_{14}) + P_{y'}(n_{21}x'_q + n_{24})] \quad (6-6-18)$$

式中,系数 n_{12}、n_{21} 是与棱镜的 $\boldsymbol{T}$、2φ 和 t 等参量有关的常数;n_{14}、n_{24} 则由 b'、D 和 $\frac{D}{n}$ 等参量组成。

更有甚者,当极值移向 $\boldsymbol{c}$ 不存在时,则(6-6-18)式变为

$$\Delta S'_{F'z'} = \Delta\theta(n_{14}P_{x'} + n_{24}P_{y'}) \quad (6-6-19)$$

(4) 综合以上三点,特别是从(6-6-18)和(6-6-19)二式的差异中得知,极值

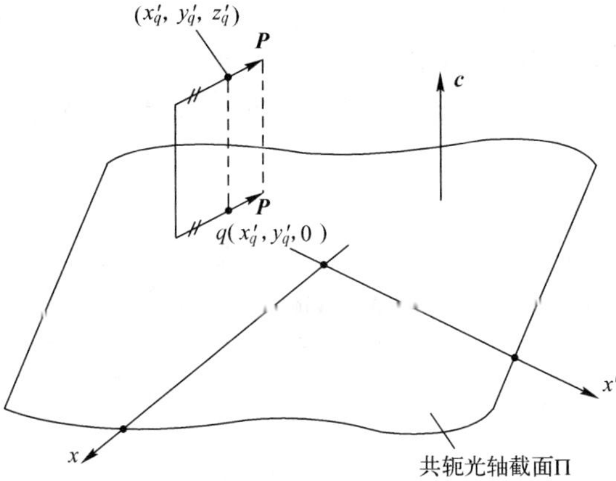

图 6-6-8　光轴交截平面∏与 **c**

移向 **c** 对光轴交截平面棱镜的一个平面三维零值极点 C_{Π_1} 具有很大的影响：当 **c** 存在时，极点 C_{Π_1} 在有限距离；当 **c** 不存在时，极点 C_{Π_1} 在无限远处。

(5) 为了讨论棱镜的另一个平面三维零值极点 C_{Π_2}，首先从分析 $\Delta S'_{F'x'}$ 和 $\Delta S'_{F'y'}$ 的表达式(6-5-1)和(6-5-2)开始。同理，考虑到 $l_{11}=l_{22}=l_{33}=0$ 和 $m_{11}=m_{22}=m_{33}=0$，得

$$\Delta S'_{F'x'}=\Delta\theta[P_{x'}(l_{12}y'_q+l_{13}z'_q+l_{14})+P_{y'}(l_{21}x'_q+l_{23}z'_q+l_{24})+ P_{z'}(l_{31}x'_q+l_{32}y'_q+l_{34})] \quad (6\text{-}6\text{-}20)$$

$$\Delta S'_{F'y'}=\Delta\theta[P_{x'}(m_{12}y'_q+m_{13}z'_q+m_{14})+P_{y'}(m_{21}x'_q+m_{23}z'_q+m_{24})+ P_{z'}(m_{31}x'_q+m_{32}y'_q+m_{34})] \quad (6\text{-}6\text{-}21)$$

此外，光轴交截平面棱镜的极值移向 **a** 和 **b** 总是平行于棱镜的共轭光轴截面，所以，平行于共轭光轴截面的轴线 **P** 在过 **P** 且与此截面相平行的平面内的任何平移都将不会引起 $\Delta S'_{F'x'}$ 或 $\Delta S'_{F'y'}$ 的变化。此种现象表明，(6-6-20)式和(6-6-21)式中分别与 $P_{x'}$、$P_{y'}$ 相乘的圆括弧项里的 x'_q 和 y'_q 的系数应当等于零值，即 $l_{12}=l_{21}=0$ 和 $m_{12}=m_{21}=0$。由此可将(6-6-20)式、(6-6-21)式写成：

$$\Delta S'_{F'x'}=\Delta\theta[P_{x'}(l_{13}z'_q+l_{14})+P_{y'}(l_{23}z'_q+l_{24})+ P_{z'}(l_{31}x'_q+l_{32}y'_q+l_{34})] \quad (6\text{-}6\text{-}22)$$

$$\Delta S'_{F'y'}=\Delta\theta[P_{x'}(m_{13}z'_q+m_{14})+P_{y'}(m_{23}z'_q+m_{24})+ P_{z'}(m_{31}x'_q+m_{32}y'_q+m_{34})] \quad (6\text{-}6\text{-}23)$$

在以上第(2)点中的第一个判断已经指出，共轭光轴截面内的任意一根轴线均为 $x'-y'$ 像点位移的二维零值轴 $\boldsymbol{\zeta}_{Img}$，所以，(6-6-22)式、(6-6-23)式中分别与 $P_{x'}$、$P_{y'}$ 相乘的圆括弧项里的 l_{14}、l_{24} 和 m_{14}、m_{24} 都必须为零值。实际上，从分析(4-3-20)式右侧的后两项中也可以得出同样的结果，因而

$$\Delta S'_{F'x'}=\Delta\theta[l_{13}z'_qP_{x'}+l_{23}z'_qP_{y'}+(l_{31}x'_q+l_{32}y'_q+l_{34})P_{z'}] \quad (6\text{-}6\text{-}24)$$

$$\Delta S'_{F'y'}=\Delta\theta[m_{13}z'_qP_{x'}+m_{23}z'_qP_{y'}+(m_{31}x'_q+m_{32}y'_q+m_{34})P_{z'}] \quad (6\text{-}6\text{-}25)$$

(6) 根据(6-6-24)式和(6-6-25)式的结构，并考虑到第(2)点中的第二个判

断，不难看出，沿着 $l_{31}x'_q + l_{32}y'_q + l_{34} = 0$ 的直线轨迹 ll（见图 6-6-1 或图 6-6-3）而竖起的垂直于共轭光轴截面的轴线都是 $x' - z'$像点位移的二维零值轴 $\boldsymbol{\zeta}_{lnq}$，而沿着 $m_{31}x'_q + m_{32}y'_q + m_{34} = 0$ 的直线轨迹 mm 而竖起的垂直于共轭光轴截面的轴线则均为 $y' - z'$像点位移的二维零值轴 ζ_{mnq}。

无需多作解释，直线 $ll /\!/ \boldsymbol{a}$，而直线 $mm /\!/ \boldsymbol{b}$。

在此情形，如果直线 ll 和 mm 相交于有限距离，或者说，极值移向 $\boldsymbol{a}$ 和 $\boldsymbol{b}$ 互不平行，则在交点处竖起的垂直于共轭光轴截面的转轴呈现为像点位移的一根三维零值轴 $\boldsymbol{\zeta}_q$，而上述交点正好就是棱镜的另一个平面三维零值极点 C_{Π_2}；倘若直线 $ll /\!/ mm$，或者说，$\boldsymbol{a} /\!/ \boldsymbol{b}$，则二直线在有限距离处无交点，此时，除诸法线共面的奇次反射棱镜外，平面三维零值极点 C_{Π_2}趋于无穷远处。

（7）以上两点又说明，除诸法线共面奇次反射棱镜之外，光轴交截面平棱镜的另一个平面三维零值极点 C_{Π_2}和极值移向 $\boldsymbol{a}$ 与 $\boldsymbol{b}$ 平行与否，有着十分密切的关系：当 $\boldsymbol{a}$ 与 $\boldsymbol{b}$ 交叉时，极点 C_{Π_2}在有限距离；当 $\boldsymbol{a} /\!/ \boldsymbol{b}$ 时，极点 C_{Π_2}在无限远处。

综上所述，极值移向 $\boldsymbol{a}$、$\boldsymbol{b}$、$\boldsymbol{c}$ 对三个像点位移分量 $\Delta S'_{F'x'}$、$\Delta S'_{F'y'}$、$\Delta S'_{F'z'}$的表达式的结构影响很大，因此，极值移向的存在与否，以及它们彼此间的关系，在相当程度上反映了棱镜在会聚光路中的调整规律。

如果参量 $\boldsymbol{u}$、$\boldsymbol{v}$、$\boldsymbol{w}$ 对棱镜在平行光路中的调整规律起决定作用，那么参量 $\boldsymbol{a}$、$\boldsymbol{b}$、$\boldsymbol{c}$ 则对棱镜在会聚光路中的调整规律起主导作用。

以上的初步论证，使我们对光轴交截平面棱镜的平面三维零值极点的存在条件及其求解方法等方面，有了一个比较深刻的了解，然而此种论证方法尚欠全面和系统，这是由于：其一，上述分析并没有解决光轴交叉平面棱镜以及空间棱镜的有关问题；其二，即使是对于光轴交截平面棱镜，上述论证也未能概括全部有关的内容，因为它只是针对从几个具体实例中所得到的某些结果，而进行了一些推理分析而已。

鉴于上述原因，下面 6.7 节里专门讨论反射棱镜平面三维零值极点的存在条件及其求解的一般方法。

6.7 反射棱镜平面三维零值极点的存在条件及其求解的一般方法

在 6.3 节曾经给平面三维零值极点下了定义，在 6.5 节谈到了寻找平面三维零值极点的某种方法，然后又在 6.6 节求得了一些光轴交截平面棱镜的某些平面三维零值极点。

本节将系统地讨论反射棱镜平面三维零值极点的存在条件及其一般的解法，所得结论将有助于进一步揭示反射棱镜的调整规律，对会聚光路中棱镜最佳调整轴的确定具有指导意义，同时也为反射棱镜的新的分类法提供了理论依据。

1. 求解平面三维零值极点的方法

为了讨论平面三维零值极点的存在条件，可以从求解平面三维零值极点的方法着手。

在 6.5 节中的第(3)条原则指出，两根三维零值轴的交点 C_{Π} 在这两根三维零值轴所构成的平面 Π 内呈现为三维零值极点。

上述原则可以被认为是求解平面三维零值极点的一种方法。

见图 6-7-1，设 $\boldsymbol{\zeta}_{q_1}$ 和 $\boldsymbol{\zeta}_{q_2}$ 分别代表棱镜过 q_1 和 q_2 点的两根三维零值轴。如果 q_1 和 q_2 互相重合于 q 点，则 q 便是棱镜的一个平面三维零值极点。

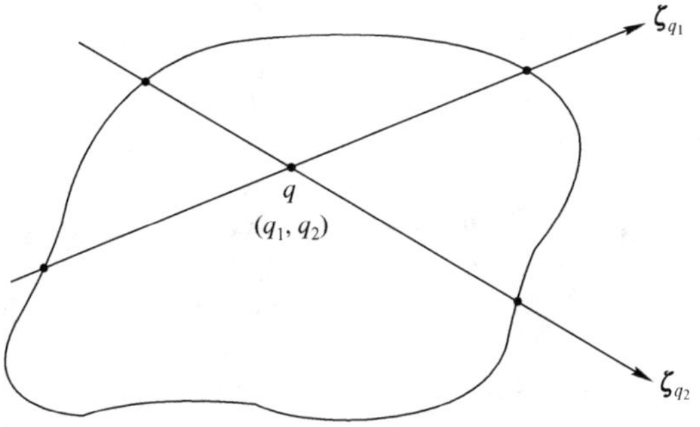

图 6-7-1　分别过 q_1、q_2 点的两根三维零值轴相交于 q 点

根据以上的思路，可以列写出相应的方程组。由于 $\boldsymbol{\zeta}_{q_1}$ 和 $\boldsymbol{\zeta}_{q_2}$ 都是三维零值轴，所以它们均应满足方程组(6-5-16)：

$$\left.\begin{aligned}
l_1(q_1)P_{1x'} + l_2(q_1)P_{1y'} + l_3(q_1)P_{1z'} = 0\\
m_1(q_1)P_{1x'} + m_2(q_1)P_{1y'} + m_3(q_1)P_{1z'} = 0\\
n_1(q_1)P_{1x'} + n_2(q_1)P_{1y'} + n_3(q_1)P_{1z'} = 0\\
l_1(q_2)P_{2x'} + l_2(q_2)P_{2y'} + l_3(q_2)P_{2z'} = 0\\
m_1(q_2)P_{2x'} + m_2(q_2)P_{2y'} + m_3(q_2)P_{2z'} = 0\\
n_1(q_2)P_{2x'} + n_2(q_2)P_{2y'} + n_3(q_2)P_{2z'} = 0
\end{aligned}\right\} \tag{6-7-1}$$

又由于 q_1 和 q_2 重合于 q 点，所以有

$$\left.\begin{aligned}
x'_{q_1} = x'_{q_2}\\
y'_{q_1} = y'_{q_2}\\
z'_{q_1} = z'_{q_2}
\end{aligned}\right\} \tag{6-7-2}$$

如果方程组(6-7-1)和(6-7-2)的联解能够给出合理的答案，则平面三维零值极点存在。

一般来讲，方程式数目过多的情况会使问题变得更加复杂，因此，为了减少方程组中的方程式的数目，宜采用另一种求解平面三维零值极点的方法。

如在 6.4 节中所知，空间同一个 q 点所对应的极值轴和零值轴彼此互相垂直。因此，也可以通过同一个点所对应的三个梯度轴 $\boldsymbol{\eta}_{F'uq}$、$\boldsymbol{\eta}_{F'vq}$、$\boldsymbol{\eta}_{F'wq}$ 之间的关系，来探

讨求解平面三维零值极点的途径。

见图 6-7-2，如果说 q 点在某一个平面内呈现为一个三维零值极点，那么，过 q 点总可以找到一根三维零值轴 $\boldsymbol{\zeta}_q$。图 6-7-2 中 $\boldsymbol{\eta}_{F'uq}$、$\boldsymbol{\eta}_{F'vq}$、$\boldsymbol{\eta}_{F'wq}$ 分别代表 $\Delta S'_{F'x'}$、$\Delta S'_{F'y'}$、$\Delta S'_{F'z'}$ 在同一个 q 点的梯度轴，由于它们都必须垂直于三维零值轴 $\boldsymbol{\zeta}_q$，所以，三根梯度轴位于同一个平面内。在此情形，倘若与 q 点对应的三根梯度轴 $\boldsymbol{\eta}_{F'uq}$、$\boldsymbol{\eta}_{F'vq}$、$\boldsymbol{\eta}_{F'wq}$ 又相互重合，如图 6-7-3 所示，则不难看出，q 点就是一个平面三维零值极点 C_{Π}，而过 q 点且垂直于梯度轴 $\boldsymbol{\eta}_{F'uq}$（或 $\boldsymbol{\eta}_{F'vq}$ 或 $\boldsymbol{\eta}_{F'wq}$）的平面即为归属平面 Π。

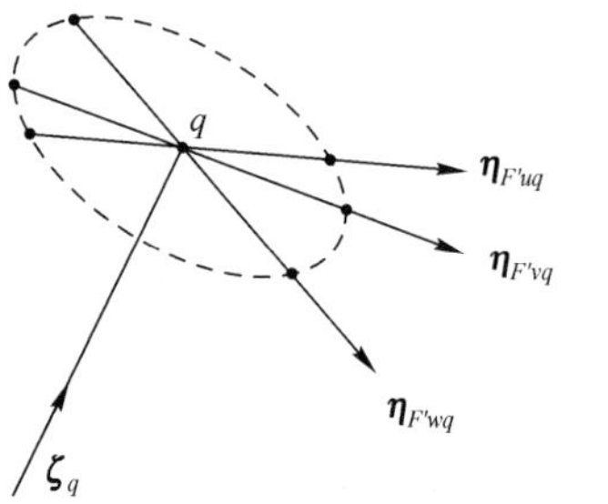

图 6-7-2　平面三维零值极点存在条件的探讨

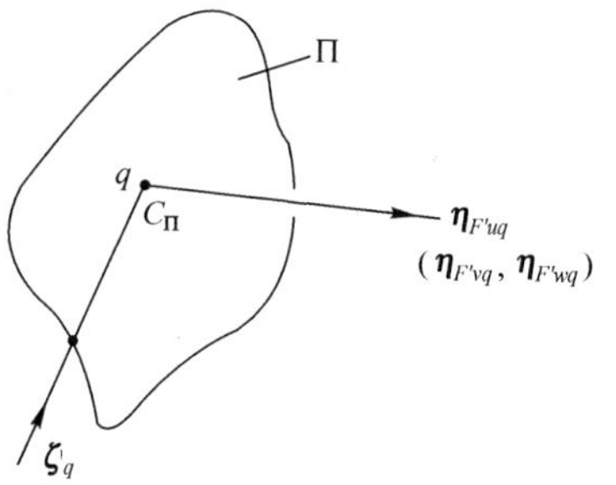

图 6-7-3　平面三维零值极点 C_{Π} 存在的条件

为了讨论的方便，重新写出三个梯度轴的表达式：

$$\left.\begin{aligned}
\boldsymbol{\eta}_{F'uq} &= \frac{\partial \Delta S'_{F'x'}}{\partial \Delta\theta_{x'}}\boldsymbol{i}' + \frac{\partial \Delta S'_{F'x'}}{\partial \Delta\theta_{y'}}\boldsymbol{j}' + \frac{\partial \Delta S'_{F'x'}}{\partial \Delta\theta_{z'}}\boldsymbol{k}' \\
\boldsymbol{\eta}_{F'vq} &= \frac{\partial \Delta S'_{F'y'}}{\partial \Delta\theta_{x'}}\boldsymbol{i}' + \frac{\partial \Delta S'_{F'y'}}{\partial \Delta\theta_{y'}}\boldsymbol{j}' + \frac{\partial \Delta S'_{F'y'}}{\partial \Delta\theta_{z'}}\boldsymbol{k}' \\
\boldsymbol{\eta}_{F'wq} &= \frac{\partial \Delta S'_{F'z'}}{\partial \Delta\theta_{x'}}\boldsymbol{i}' + \frac{\partial \Delta S'_{F'z'}}{\partial \Delta\theta_{y'}}\boldsymbol{j}' + \frac{\partial \Delta S'_{F'z'}}{\partial \Delta\theta_{z'}}\boldsymbol{k}'
\end{aligned}\right\} \tag{6-7-3}$$

根据上述的思路，三根梯度轴 $\boldsymbol{\eta}_{F'uq}$、$\boldsymbol{\eta}_{F'vq}$、$\boldsymbol{\eta}_{F'wq}$ 首先应当满足相互平行的条件，其数学表示为

$$\frac{\dfrac{\partial \Delta S'_{F'x'}}{\partial \Delta\theta_{x'}}}{\dfrac{\partial \Delta S'_{F'y'}}{\partial \Delta\theta_{x'}}} = \frac{\dfrac{\partial \Delta S'_{F'x'}}{\partial \Delta\theta_{y'}}}{\dfrac{\partial \Delta S'_{F'y'}}{\partial \Delta\theta_{y'}}} = \frac{\dfrac{\partial \Delta S'_{F'x'}}{\partial \Delta\theta_{z'}}}{\dfrac{\partial \Delta S'_{F'y'}}{\partial \Delta\theta_{z'}}} \tag{6-7-4}$$

$$\frac{\dfrac{\partial \Delta S'_{F'y'}}{\partial \Delta\theta_{x'}}}{\dfrac{\partial \Delta S'_{F'z'}}{\partial \Delta\theta_{x'}}} = \frac{\dfrac{\partial \Delta S'_{F'y'}}{\partial \Delta\theta_{y'}}}{\dfrac{\partial \Delta S'_{F'z'}}{\partial \Delta\theta_{y'}}} = \frac{\dfrac{\partial \Delta S'_{F'y'}}{\partial \Delta\theta_{z'}}}{\dfrac{\partial \Delta S'_{F'z'}}{\partial \Delta\theta_{z'}}} \tag{6-7-5}$$

其次，这三根相互平行的梯度轴必须对应于同一个 q 点，或者说，对应于同一个

$\boldsymbol{r}_q(x'_q、y'_q、z'_q)$。

实际上,(6-7-4)式和(6-7-5)式是4个以 q 点坐标 x'_q、y'_q、z'_q 为未知量的方程式。如果从两个方程组的联解中能够得到一个 q 点的答案,那么上述的后一个条件就自然得到满足。

所以,第二种解题的途径就是由(6-7-4)式和(6-7-5)式联立解 q 点坐标。

在此情形,方程组的约束度为 $1:N=K-M=3-4=-1$。这一性质是不会改变的。不过,与第一种解题的方法相比较,本方法具有方程式数目少的优点,这样解题上也会容易些。

由于方程组具有一个约束度,所以只在某种特殊情况下才有解。为了说明这些可能的特殊情况,重新在下面给出 $\Delta S'_{F'x'}$、$\Delta S'_{F'y'}$、$\Delta S'_{F'z'}$ 的下列形式的表达式:

$$\left.\begin{aligned}\Delta S'_{F'x'}&=\Delta\theta\left(\frac{\partial\Delta S'_{F'x'}}{\partial\Delta\theta_{x'}}P_{x'}+\frac{\partial\Delta S'_{F'x'}}{\partial\Delta\theta_{y'}}P_{y'}+\frac{\partial\Delta S'_{F'x'}}{\partial\Delta\theta_{z'}}P_{z'}\right)\\\Delta S'_{F'y'}&=\Delta\theta\left(\frac{\partial\Delta S'_{F'y'}}{\partial\Delta\theta_{x'}}P_{x'}+\frac{\partial\Delta S'_{F'y'}}{\partial\Delta\theta_{y'}}P_{y'}+\frac{\partial\Delta S'_{F'y'}}{\partial\Delta\theta_{z'}}P_{z'}\right)\\\Delta S'_{F'z'}&=\Delta\theta\left(\frac{\partial\Delta S'_{F'z'}}{\partial\Delta\theta_{x'}}P_{x'}+\frac{\partial\Delta S'_{F'z'}}{\partial\Delta\theta_{y'}}P_{y'}+\frac{\partial\Delta S'_{F'z'}}{\partial\Delta\theta_{z'}}P_{z'}\right)\end{aligned}\right\}\tag{6-4-8}$$

第一种可能的特殊情况是在 $\boldsymbol{\eta}_{F'uq}$、$\boldsymbol{\eta}_{F'vq}$、$\boldsymbol{\eta}_{F'wq}$ 第三根梯度轴中,有一根不存在。譬如,$\boldsymbol{\eta}_{F'uq}$ 不存在。在此情形:

$$\frac{\partial\Delta S'_{F'x'}}{\partial\Delta\theta_{x'}}=\frac{\partial\Delta S'_{F'x'}}{\partial\Delta\theta_{y'}}=\frac{\partial\Delta S'_{F'x'}}{\partial\Delta\theta_{z'}}=0\tag{6-7-6}$$

而相应地,由(6-4-8)式,得

$$\Delta S'_{F'x'}=0$$

以上结果说明,如果 $\Delta S'_{F'x'}$ 在 q 点的梯度轴(或极值轴)$\boldsymbol{\eta}_{F'uq}$ 不存在,则空间内过 q 点的任何直线均为 $\Delta S'_{F'x'}$ 的零值轴,或者说,此 q 点呈现为 $\Delta S'_{F'x'}$ 的空间一维零值极点。此时,倘若 $\Delta S'_{F'y'}$ 和 $\Delta S'_{F'z'}$ 分别在同一个 q 点所对应的梯度轴 $\boldsymbol{\eta}_{F'vq}$ 和 $\boldsymbol{\eta}_{F'wq}$ 互相重合,则 q 点呈现为一平面三维零值极点,而过 q 点且垂直于 $\boldsymbol{\eta}_{F'vq}$(或 $\boldsymbol{\eta}_{F'wq}$)的平面为归属平面。实际上,此种特殊情况相当于由(6-7-5)式里求出一个 q 点,而此 q 点又能够满足于与(6-7-6)式相对应的条件。

第二种可能的特殊情况是在 $\boldsymbol{\eta}_{F'uq}$、$\boldsymbol{\eta}_{F'vq}$、$\boldsymbol{\eta}_{F'wq}$ 等三根梯度轴中,同时有两根不存在。例如,$\boldsymbol{\eta}_{F'uq}$ 和 $\boldsymbol{\eta}_{F'vq}$ 不存在。在此情形

$$\left.\begin{aligned}\frac{\partial\Delta S'_{F'x'}}{\partial\Delta\theta_{x'}}=\frac{\partial\Delta S'_{F'x'}}{\partial\Delta\theta_{y'}}=\frac{\partial\Delta S'_{F'x'}}{\partial\Delta\theta_{z'}}=0\\\frac{\partial\Delta S'_{F'y'}}{\partial\Delta\theta_{x'}}=\frac{\partial\Delta S'_{F'y'}}{\partial\Delta\theta_{y'}}=\frac{\partial\Delta S'_{F'y'}}{\partial\Delta\theta_{z'}}=0\end{aligned}\right\}\tag{6-7-7}$$

而相应地,由(6-4-8)式,得

$$\Delta S'_{F'x'}=0,\Delta S'_{F'y'}=0$$

上述结果表明,如果 $\Delta S'_{F'x'}$ 和 $\Delta S'_{F'y'}$ 在同一个 q 点的梯度轴 $\boldsymbol{\eta}_{F'uq}$ 和 $\boldsymbol{\eta}_{F'vq}$ 同时不

存在，则空间内过此 q 点的任何直线均为 $\Delta S'_{F'x'}$ 和 $\Delta S'_{F'y'}$ 的二维零值轴，或者说，该 q 点呈现为 $\Delta S'_{F'x'}$ 和 $\Delta S'_{F'y'}$ 的空间二维零值极点。此时 q 点必然(或至少是)是一个平面三维零值极点，而过 q 点且垂直于 $\boldsymbol{\eta}_{F'wq}$ 的平面为归属平面。

根据以上的分析比较，我们倾向于第二种求解平面三维零值极点的方法，并按照此种解题的途径，将反射棱镜平面三维零值极点存在的必要和充分的条件总结如下："如果 $\Delta S'_{F'x'}$、$\Delta S'_{F'y'}$、$\Delta S'_{F'z'}$ 在同一个 q 点的三根梯度轴 $\boldsymbol{\eta}_{F'uq}$、$\boldsymbol{\eta}_{F'vq}$、$\boldsymbol{\eta}_{F'wq}$ 相互重合，则 q 点必然是棱镜的一个平面三维零值极点。"

更具体地说，"联立方程组(6-7-4)和(6-7-5)，连同使它们有解的一切因素，共同构成了棱镜存在平面三维零值极点的充要条件。"

下面讨论反射棱镜平面三维零值极点的一般解法。这实际上就是要进一步分析，那些反射棱镜存在平面三维零值极点和那些反射棱镜不存在平面三维零值极点的问题。

必须指出，当所讨论的问题涉及到反射棱镜的一些比较具体的特性时，我们的分析不能再停留在那些一般化的公式上，例如(6-5-1)式～(6-5-6)式，而应该依据反映棱镜实际规律的像点位移表达式(4-3-20)：

$$(\Delta \boldsymbol{S}'_{F'}) = \Delta\theta[\boldsymbol{E} + (-1)^{t-1}\boldsymbol{S}_{\boldsymbol{T},2\varphi}](\boldsymbol{r}_q \times \boldsymbol{P}) - (-1)^t\Delta\theta\boldsymbol{S}_{\boldsymbol{T},2\varphi}(\overrightarrow{M_0M'} \times \boldsymbol{P}) - \Delta\theta(\boldsymbol{b}' \times [(\boldsymbol{E} - \boldsymbol{S}_{\boldsymbol{T},2\varphi})(\boldsymbol{P})])$$

2. 坐标标定

在推导一般解之前，首先讨论一下坐标标定的问题。

在 6.6 节曾经针对几个光轴交截平面棱镜的实际例子，分析并求解了它们的平面三维零值极点。在这些实例里，由于 $\Delta S'_{F'z'}$ 表达式中的 $P_{z'}$ 项不存在，使问题变得比较容易解决。然而，平面三维零值极点的一般解将是一个涉及到各种类型的反射棱镜的问题，并且由文献[12]中可以看到，在一些空间棱镜的 $\Delta S'_{F'x'}$、$\Delta S'_{F'y'}$ 和 $\Delta S'_{F'z'}$ 的表达式中，不再有 $P_{x'}$ 或 $P_{y'}$ 或 $P_{z'}$ 的缺项现象。因此，按照文献[12]所选定的坐标系，它不利于对空间棱镜的平面三维零值极点的讨论。从另一方面看，为了推导反射棱镜平面三维零值极点的一般解，本来就需要有一个关于坐标标定的统一的原则，而这一问题在文献[12]中也没有得到解决，因为其中的规范化坐标只是针对平面棱镜而言的。

考虑到上述一些观点，为了简化数字推导和便于讨论，以下采用与反射棱镜的成像螺旋轴 $\boldsymbol{\lambda}$ 相联系的坐标。

顺便指出，当讨论有关三维零值的问题时，暂时更换一种坐标系的做法是可以允许的，因为，在一种坐标系中得到的某种三维零值的性质是不会随坐标的更换而有所变化的。然而对于二维零值或一维零值等问题，则不可相提并论。

按照第 2 章里给奇次反射棱镜的成像螺旋轴所下的定义，由(2-9-8)式已知，$2\varphi = 180°$ 的奇次反射棱镜的成像螺旋轴 $\boldsymbol{\lambda}$ 位于无穷远的地方，此时无法利用无穷远处的成像螺旋轴作为所选坐标系的坐标轴之一。对于这样一类的棱镜，可随便指定一个反转中心 I ,使其对应的成像螺旋轴 $\boldsymbol{\lambda}_{\mathrm{I}}$ 移至有限距离的地方,然后由 $\boldsymbol{\lambda}_{\mathrm{I}}$ 充当所选坐标系的一根坐标轴。

由此可见,关于坐标标定的问题,即使是以成像螺旋轴充当坐标系的坐标轴,也还需要区分为以下两种不同的情况。

1）全部偶次反射棱镜以及除 $2\varphi=180°$ 之外的全部奇次反射棱镜

见图 6-7-4,首先使成像螺旋轴 $\boldsymbol{\lambda}$ 充当所选坐标系的 z' 轴,然后自像点 F' 引垂线 $F'O'$ 至 $\boldsymbol{\lambda}$(z'轴),并以垂足 O' 代表坐标原点,$O'F'$ 代表 x' 轴,而 y' 轴则由右手规则确定。$\boldsymbol{b}''$代表像点 F' 的位置矢量。O 代表 O' 的共轭物点。此外,在图 6-7-4(a)上,$2d$ 为螺旋运动的轴向位移;在图 6-7-4(b)上,由于反转中心I在沿 $\boldsymbol{\lambda}$ 轴上的位置恰好使螺旋运动的轴向位移 $2d=0$,所以 e 只是反转中心 I 分别与物、像点 O、O' 的距离而已。图 6-7-4(a)和图 6-7-4(b)上的 $2d$ 和 $2e$ 具有不同的物理意义,不过在用 2ε 统一地代表 $2d$ 和 $2e$ 之后,二者在数学上就没有什么差别了。

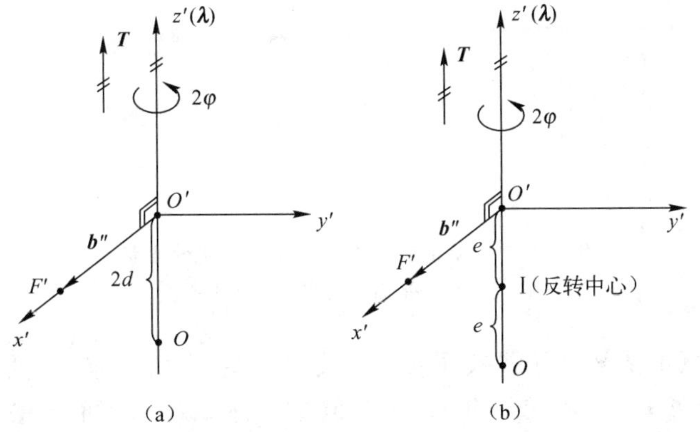

图 6-7-4　棱镜的新坐标系

(a) $t=$偶数;(b) $t=$奇数(不包括 $2\varphi=180°$)。

以后在运用(4-3-20)式的时候,如果采取上面规定的坐标系,则公式中的 $\overrightarrow{M_0M'}$ 和 $\boldsymbol{b}'$对应地变成了图 6-7-4 中的$\overrightarrow{OO'}$和 $\boldsymbol{b}''$,而且由于这里 $\boldsymbol{T}$ 的方向和 z'轴一致,使矩阵 $\boldsymbol{S}_{\boldsymbol{T},2\varphi}$ 也变得简单了。

具体地说,在选择了图 6-7-4 所示的坐标标定以后,公式(4-3-20)中的 $\overrightarrow{M_0M'}$、$\boldsymbol{b}'$和 $\boldsymbol{S}_{\boldsymbol{T},2\varphi}$分别等于:

$$\left.\begin{aligned}&\overrightarrow{M_0M'}=\overrightarrow{OO'}=2\varepsilon\boldsymbol{k}'\\&\boldsymbol{b}'=\overrightarrow{O'F'}=\boldsymbol{b}''=b''\boldsymbol{i}'\\&\boldsymbol{S}_{\boldsymbol{T},2\varphi}=\begin{pmatrix}\cos2\varphi&-\sin2\varphi&0\\\sin2\varphi&\cos2\varphi&0\\0&0&1\end{pmatrix}\end{aligned}\right\}\tag{6-7-8}$$

2）$2\varphi=180°$的奇次反射棱镜

这一范围也包括两种类型的棱镜：一类是诸法线共面的奇次反射棱镜；另一类是诸法线不共面的奇次反射棱镜。

见图6-7-5，对于这一大类的反射棱镜，只要选择一个适当的反转中心Ⅰ，使得与它相对应的成像螺旋轴 $\boldsymbol{\lambda}_{\mathrm{I}}$ 位于有限距离处以及螺旋运动的轴向位移为零即可，其他同前。为区别起见，这里的$\overrightarrow{OO'}$用矢量 $\boldsymbol{\xi}$ 表示。

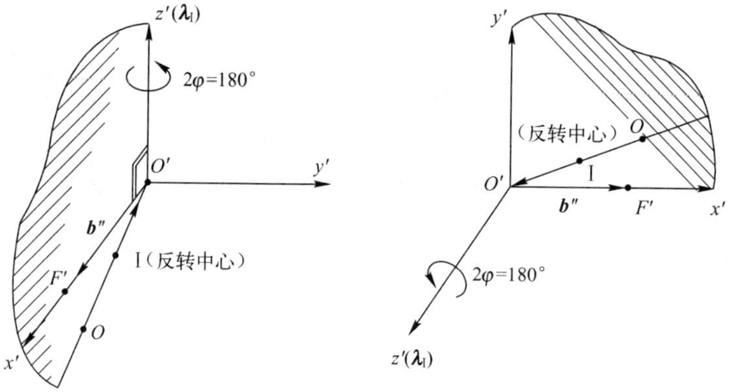

(a) (b)

图6-7-5　$2\varphi=180°$的奇次反射棱镜的坐标系

(a) 诸法线共平面；(b) 诸法线不共平面。

图6-7-5(a)表示诸法线共面的奇次反射棱镜，它所对应的矢量$\overrightarrow{OO'}$在 $x'O'z'$ 平面内，即 $\boldsymbol{\xi}=\xi_{x'}\boldsymbol{i}'+\xi_{z'}\boldsymbol{k}'$，$\xi_{y'}=0$；图6-7-5(b)表示 $2\varphi=180°$而诸法线不共面的奇次反射棱镜[①]，它所对应的矢量$\overrightarrow{OO'}$在 $x'O'y'$平面内，即 $\boldsymbol{\xi}=\xi_{x'}\boldsymbol{i}'+\xi_{y'}\boldsymbol{j}'$，$\xi_{z'}=0$。当推导公式时，为统一起见，令 $\boldsymbol{\xi}=\xi_{x'}\boldsymbol{i}'+\xi_{y'}\boldsymbol{j}'+\xi_{z'}\boldsymbol{k}'$，而在导出的结果中分别令 $\xi_{y'}=0$ 和 $\xi_{z'}=0$，便可得到分别与图6-7-5(a)和图6-7-5(b)相对应的两套公式。

同样，在选择了图6-7-5(a)、(b)所示的坐标标定以后，(4-3-20)式中的$\overrightarrow{M_0M'}$、$\boldsymbol{b}'$和 $\boldsymbol{S}_{\boldsymbol{T},2\varphi}$分别等于：

$$\left.\begin{aligned}&\overrightarrow{M_0M'}=\overrightarrow{OO'}=\boldsymbol{\xi}=\xi_{x'}\boldsymbol{i}'+\xi_{y'}\boldsymbol{j}'+\xi_{z'}\boldsymbol{k}'\\&\boldsymbol{b}'=\overrightarrow{O'F'}=\boldsymbol{b}''=b''\boldsymbol{i}'\\&\boldsymbol{S}_{\boldsymbol{T},2\varphi}=\begin{pmatrix}-1&0&0\\0&-1&0\\0&0&1\end{pmatrix}\end{aligned}\right\}\tag{6-7-9}$$

① 注：在此类棱镜中也有 $\xi_{x'}$、$\xi_{y'}$及 $\xi_{z'}$三者都不为零的。

3. 平面三维零值极点的一般解的推导

下面回到平面三维零值极点的一般解的推导上。按照两种不同的坐标标定的方式，这个问题也应分两种情况进行讨论。

1）全部偶次反射棱镜以及除 $2\varphi=180°$ 之外的全部奇次反射棱镜

将公式组(6-7-8)代入(4-3-20)式，然后求得方程组(6-7-4)式、(6-7-5)式的具体表达式如下：

$$\begin{aligned}&\frac{-(-1)^{t-1}\sin2\varphi\cdot z_q'-2\varepsilon(-1)^{t-1}\sin2\varphi}{[1+(-1)^{t-1}\cos2\varphi]z_q'+2\varepsilon(-1)^{t-1}\cos2\varphi}\\&=\frac{-[1+(-1)^{t-1}\cos2\varphi]z_q'-2\varepsilon(-1)^{t-1}\cos2\varphi}{-(-1)^{t-1}\sin2\varphi\cdot z_q'-2\varepsilon(-1)^{t-1}\sin2\varphi}\\&=\frac{(-1)^{t-1}\sin2\varphi\cdot x_q'+[1+(-1)^{t-1}\cos2\varphi]y_q'}{-[1+(-1)^{t-1}\cos2\varphi]x_q'+(-1)^{t-1}\sin2\varphi\cdot y_q'}\end{aligned}\tag{6-7-10}$$

$$\begin{aligned}&\frac{[1+(-1)^{t-1}\cos2\varphi]z_q'+2\varepsilon(-1)^{t-1}\cos2\varphi}{-[1+(-1)^{t-1}]y_q'+b''\sin2\varphi}\\&=\frac{-(-1)^{t-1}\sin2\varphi\cdot z_q'-2\varepsilon(-1)^{t-1}\sin2\varphi}{[1+(-1)^{t-1}]x_q'-b''(1-\cos2\varphi)}\\&=\frac{-[1+(-1)^{t-1}\cos2\varphi]x_q'+(-1)^{t-1}\sin2\varphi\cdot y_q'}{0}\end{aligned}\tag{6-7-11}$$

为了便于对所得的方程组(6-7-10)式、(6-7-11)式进行讨论，以下写出本情况下的三个梯度轴的表达式：

$$\begin{aligned}\boldsymbol{\eta}_{F'uq}=&\{-(-1)^{t-1}\sin2\varphi\cdot z_q'-2\varepsilon(-1)^{t-1}\sin2\varphi\}\cdot\boldsymbol{i}'+\\&\{-[1+(-1)^{t-1}\cos2\varphi]z_q'-2\varepsilon(-1)^{t-1}\cos2\varphi\}\cdot\boldsymbol{j}'+\\&\{(-1)^{t-1}\sin2\varphi\cdot x_q'+[1+(-1)^{t-1}\cos2\varphi]y_q'\}\cdot\boldsymbol{k}'\end{aligned}\tag{6-7-12}$$

$$\begin{aligned}\boldsymbol{\eta}_{F'vq}=&\{[1+(-1)^{t-1}\cos2\varphi]z_q'+2\varepsilon(-1)^{t-1}\cos2\varphi\}\cdot\boldsymbol{i}'+\\&\{-(-1)^{t-1}\sin2\varphi\cdot z_q'-2\varepsilon(-1)^{t-1}\sin2\varphi\}\cdot\boldsymbol{j}'+\\&\{-[1+(-1)^{t-1}\cos2\varphi]x_q'+(-1)^{t-1}\sin2\varphi\cdot y_q'\}\cdot\boldsymbol{k}'\end{aligned}\tag{6-7-13}$$

$$\boldsymbol{\eta}_{F'wq}=\{-[1+(-1)^{t-1}]y_q'+b''\sin2\varphi\}\cdot\boldsymbol{i}'+\{[1+(-1)^{t-1}]x_q'-b''(1-\cos2\varphi)\}\cdot\boldsymbol{j}'\tag{6-7-14}$$

比较(6-7-12)式和(6-7-13)式不难看出，在它们右侧的前两个系数之间存在以下的关系：

$$\frac{\partial\Delta S_{F'y'}'}{\partial\Delta\theta_{y'}}=\frac{\partial\Delta S_{F'x'}'}{\partial\Delta\theta_{x'}}\tag{6-7-15}$$

$$\frac{\partial\Delta S_{F'y'}'}{\partial\Delta\theta_{x'}}=-\frac{\partial\Delta S_{F'x'}'}{\partial\Delta\theta_{y'}}\tag{6-7-16}$$

令

$$K=\frac{-(-1)^{t-1}\sin2\varphi\cdot z'_q-2\varepsilon(-1)^{t-1}\sin2\varphi}{[1+(-1)^{t-1}\cos2\varphi]z'_q+2\varepsilon(-1)^{t-1}\cos2\varphi} \tag{6-7-17}$$

则由(6-7-10)式的左方等式,得

$$K=-\frac{1}{K}\text{或}\ K=\sqrt{-1} \tag{6-7-18}$$

这一矛盾的结果说明,方程组(6-7-10)、(6-7-11)在一般的情况下无解,因而,此类反射棱镜一般不一定存在平面三维零值极点。

根据(6-7-12)式、(6-7-13)式和(6-7-15)式~(6-7-18)式中的一些关系,$K=\sqrt{-1}$这个结果在实质上表明,如果在 K 的分子和分母均不为零值,或其中的任何一个不为零值,那么梯度轴 $\boldsymbol{\eta}_{F'uq}$和 $\boldsymbol{\eta}_{F'vq}$就不可能呈现平行,更不用说互相重合且对应于同一个 q 点。

因此,至少在 K 的分子和分母都等于零值的情况下,才有可能得到方程组(6-7-10)、(6-7-11)的解。这就是说,梯度轴 $\boldsymbol{\eta}_{F'uq}$和 $\boldsymbol{\eta}_{F'vq}$的前两个系数都必须等于零。

下面进一步令 K 的分子和分母为零:

$$-(-1)^{t-1}\sin2\varphi\cdot z'_q-2\varepsilon(-1)^{t-1}\sin2\varphi=0 \tag{6-7-19}$$

$$[1+(-1)^{t-1}\cos2\varphi]z'_q+2\varepsilon(-1)^{t-1}\cos2\varphi=0 \tag{6-7-20}$$

现在分几种情况进行讨论。

(1) $2\varepsilon\neq0, 2\varphi\neq180°$。这是一种最为一般的情况,它包括了全部空间棱镜以及平面棱镜中的光轴交叉平面棱镜部分。

此时,由(6-7-19)式,得

$$z'_q=-2\varepsilon \tag{6-7-21}$$

然后,将上式代入(6-7-20)式,结果出现了 $2\varepsilon=0$ 和 $2\varepsilon\neq0$ 的矛盾。

由此可见,我们已经排除了空间棱镜和光轴交叉平面棱镜存在平面三维零值极点的可能性。剩下的范围仅有光轴交截平面棱镜。

根据上述的分析和推理,不难作出这样一个判断:那些可能存在平面三维零值极点的反射棱镜的三个梯度轴的表达式具有以下的结构形式:

$$\boldsymbol{\eta}_{F'uq}=l_3(q)\cdot\boldsymbol{k}' \tag{6-7-22}$$

$$\boldsymbol{\eta}_{F'vq}=m_3(q)\cdot\boldsymbol{k}' \tag{6-7-23}$$

$$\boldsymbol{\eta}_{F'wq}=n_1(q)\cdot\boldsymbol{i}'+n_2(q)\cdot\boldsymbol{j}' \tag{6-7-24}$$

按照前述中关于平面三维零值极点存在的充要条件,由梯度轴表达式(6-7-22)、(6-7-23)、(6-7-24)可看出,在方程组(6-7-10)式、(6-7-11)式可能有解的情况下,一般存在两个平面三维零值极点 C_{Π_1}和 C_{Π_2},而它们分别解自以下两个联立方程组:

$$\left.\begin{aligned}n_1(q)=0\\n_2(q)=0\end{aligned}\right\} \tag{6-7-25}$$

和

$$\left.\begin{aligned} l_3(q) &= 0 \\ m_3(q) &= 0 \end{aligned}\right\} \tag{6-7-26}$$

这正好是在(6-7-6)式和式(6-7-7)式中提到的两种有解的特殊情况。

(2) $2\varphi \neq 180°, 2\varepsilon = 0$。将左列数据代入方程组(6-7-10)、(6-7-11)及(6-7-12)~(6-7-15),得本情况下的极点方程组:

$$\frac{-(-1)^{t-1}\sin2\varphi \cdot z'_q}{[1+(-1)^{t-1}\cos2\varphi]z'_q} = \frac{-[1+(-1)^{t-1}\cos2\varphi]z'_q}{-(-1)^{t-1}\sin2\varphi \cdot z'_q}$$
$$= \frac{(-1)^{t-1}\sin2\varphi \cdot x'_q + [1+(-1)^{t-1}\cos2\varphi]y'_q}{-[1+(-1)^{t-1}\cos2\varphi]x'_q + (-1)^{t-1}\sin2\varphi \cdot y'_q} \tag{6-7-27}$$

$$\frac{[1+(-1)^{t-1}\cos2\varphi]z'_q}{-[1+(-1)^{t-1}]y'_q + b''\sin2\varphi} = \frac{-(-1)^{t-1}\sin2\varphi \cdot z'_q}{[1+(-1)^{t-1}x'_q - b''(1-\cos2\varphi)]}$$
$$= \frac{-[1+(-1)^{t-1}\cos2\varphi]x'_q + (-1)^{t-1}\sin2\varphi \cdot y'_q}{0} \tag{6-7-28}$$

和各梯度轴表达式:

$$\begin{aligned} \boldsymbol{\eta}_{F'uq} &= \{-(-1)^{t-1}\sin2\varphi \cdot z'_q\}\boldsymbol{i}' + \{-[1+(-1)^{t-1}\cos 2\varphi]z'_q\}\boldsymbol{j}' + \\ &\quad \{(-1)^{t-1}\sin 2\varphi \cdot x'_q + [1+(-1)^{t-1}\cos2\varphi]y'_q\}\boldsymbol{k}' \\ &= l_1(q)\boldsymbol{i}' + l_2(q)\boldsymbol{j}' + l_3(q)\boldsymbol{k}' \end{aligned} \tag{6-7-29}$$

$$\begin{aligned} \boldsymbol{\eta}_{F'vq} &= \{[1+(-1)^{t-1}\cos 2\varphi]z'_q\}\boldsymbol{i}' + \{-(-1)^{t-1}\sin 2\varphi \cdot z'_q\}\boldsymbol{j}' + \\ &\quad \{-[1+(-1)^{t-1}\cos 2\varphi]x'_q + (-1)^{t-1}\sin 2\varphi \cdot y'_q\}\boldsymbol{k}' \\ &= m_1(q)\boldsymbol{i}' + m_2(q)\boldsymbol{j}' + m_3(q)\boldsymbol{k}' \end{aligned} \tag{6-7-30}$$

$$\begin{aligned} \boldsymbol{\eta}_{F'wq} &= \{-[1+(-1)^{t-1}]y'_q + b''\sin 2\varphi\}\boldsymbol{i}' + \{[1+(-1)^{t-1}]x'_q - b''(1-\cos 2\varphi)\}\boldsymbol{j}' \\ &= n_1(q)\boldsymbol{i}' + n_2(q)\boldsymbol{j}' \end{aligned} \tag{6-7-31}$$

当讨论奇次反射棱镜时,t = 奇数。此时令 $z'_q = 0$,则由于 $l_1(q)$、$l_2(q)$、$m_1(q)$ 和 $m_2(q)$ 等系数均自然消失而使梯度轴表达式变成:

$$\boldsymbol{\eta}_{F'uq} = l_3(q)\boldsymbol{k}' \tag{6-7-32}$$

$$\boldsymbol{\eta}_{F'vq} = m_3(q)\boldsymbol{k}' \tag{6-7-33}$$

$$\boldsymbol{\eta}_{F'wq} = n_1(q)\boldsymbol{i}' + n_2(q)\boldsymbol{j}' \tag{6-7-34}$$

根据上述的原理,由(6-7-32)式~(6-7-34)式不难看出,本情况下存在两个平面三维零值极点。其中,极点 $C_{\Pi_1}(x'_1, y'_1, z'_1 = 0)$ 的坐标求自联立方程:

$$\left.\begin{aligned} n_1(q) &= 0 \\ n_2(q) &= 0 \end{aligned}\right\} \tag{6-7-35}$$

对应的归属平面 $\boldsymbol{\Pi}_1$ 为通过 C_{Π_1} 点、并垂直于梯度轴 $\boldsymbol{\eta}_{F'uq} = l_3(x'_1, y'_1, 0) \cdot \boldsymbol{k}'$ 的平面,即坐标平面 $x'O'y'$;而另一个极点 $C_{\Pi_2}(x'_2, y'_2, z'_2 = 0)$ 的坐标则求自联立方程:

$$\left.\begin{array}{l} l_3(q)=0 \\ m_3(q)=0 \end{array}\right\} \tag{6-7-36}$$

其归属平面Π_2为通过C_{Π_2}点、并垂直于梯度轴$\boldsymbol{\eta}_{F'wq}=n_1(0,y_2',0)\cdot\boldsymbol{i}'+n_2(x_2',0,0)\cdot\boldsymbol{j}'$的平面。靴形屋脊棱镜$FX_J-90°$即为本情况的一例(见图6-6-3)。

当讨论偶次反射棱镜时,$t=$偶数。此时仍然令$z_q'=0$,因而可以得到相类似的梯度轴表达式.

$$\boldsymbol{\eta}_{F'uq}=l_3(q)\cdot\boldsymbol{k}' \tag{6-7-37}$$

$$\boldsymbol{\eta}_{F'vq}=m_3(q)\cdot\boldsymbol{k}' \tag{6-7-38}$$

$$\boldsymbol{\eta}_{F'wq}=n_1\cdot\boldsymbol{i}'+n_2\cdot\boldsymbol{j}' \tag{6-7-39}$$

这里,由于$n_1(q)$、$n_2(q)$已经变成为与q点坐标无关的系数,所以用n_1、n_2取代。

此时,由于变量x_q'和y_q'已在(6-7-39)式中消失,所以极点$C_{\Pi_1}(x_1',y_1',z_1'=0)$的坐标(位置)沿着与$\boldsymbol{\eta}_{F'wq}=n_1\cdot\boldsymbol{i}'+n_2\cdot\boldsymbol{j}'$相垂直的方向移至无穷远处,其对应的归属平面$\Pi_1$仍然是坐标平面$x'O'y'$;另一极点$C_{\Pi_2}(x_2',y_2',z_2'=0)$的坐标同样求自联立方程:

$$\left.\begin{array}{l} l_3(q)=0 \\ m_3(q)=0 \end{array}\right\} \tag{6-7-40}$$

而归属平面Π_2为通过C_{Π_2}点、并垂直于$\boldsymbol{\eta}_{F'wq}=n_1\cdot\boldsymbol{i}'+n_2\cdot\boldsymbol{j}'$的平面。五棱镜WⅡ-90°可列为本情况的一例(见图6-6-4)。

(3) $2\varphi=180°$,$2\varepsilon\neq0$。这里,只讨论偶次反射棱镜,$t=$偶数。将有关数据代入(6-7-12)式~(6-7-14)式,得

$$\boldsymbol{\eta}_{F'uq}=(-2z_q'-2\varepsilon)\cdot\boldsymbol{j}'+2y_q'\cdot\boldsymbol{k}' \tag{6-7-41}$$

$$\boldsymbol{\eta}_{F'vq}=(2z_q'+2\varepsilon)\cdot\boldsymbol{i}'+(-2x_q')\cdot\boldsymbol{k}' \tag{6-7-42}$$

$$\boldsymbol{\eta}_{F'wq}=-2b''\cdot\boldsymbol{j}' \tag{6-7-43}$$

同时由(6-4-8)式可以得到相应的像点位移分量的表达式:

$$\Delta S_{F'x'}'=\Delta\theta\{(-2z_q'-2\varepsilon)P_{y'}+2y_q'P_{z'}\} \tag{6-7-44}$$

$$\Delta S_{F'y'}'=\Delta\theta\{(2z_q'+2\varepsilon)P_{x'}-2x_q'P_{z'}\} \tag{6-7-45}$$

$$\Delta S_{F'z'}'=\Delta\theta\{-2b''P_{y'}\} \tag{6-7-46}$$

令$y_q'=0$,则(6-7-41)式~(6-7-43)式变成

$$\boldsymbol{\eta}_{F'uq}=(-2z_q'-2\varepsilon)\cdot\boldsymbol{j}' \tag{6-7-47}$$

$$\boldsymbol{\eta}_{F'vq}=(2z_q'+2\varepsilon)\cdot\boldsymbol{i}'-2x_q'\cdot\boldsymbol{k}' \tag{6-7-48}$$

$$\boldsymbol{\eta}_{F'wq}=-2b''\cdot\boldsymbol{j}' \tag{6-7-49}$$

由(6-7-44)式~(6-7-46)式不难看出,平面三维零值极点$C_{\Pi_1}(x_1',y_1'=0,z_1')$的坐标为

$$x_1'=0,\ z_1'=-\varepsilon$$

其归属平面Π_1为与梯度轴$\boldsymbol{\eta}_{F'wq}=-2b''\cdot\boldsymbol{j}'$相垂直、并通过$C_{\Pi_1}$点的平面,即坐标平面$x'O'z'$。

在以上所求得的极点 $C_{\Pi_1}(0,0,-\varepsilon)$ 处，梯度轴 $\boldsymbol{\eta}_{F'uq}$ 和 $\boldsymbol{\eta}_{F'vq}$ 消失。此时，由(6-7-44)式和(6-7-45)式可看出，像点位移分量 $\Delta S'_{F'x'}$ 和 $\Delta S'_{F'y'}$ 相应地也将始终等于零值，而不管 $\boldsymbol{P}$ 轴取何方向。这就是说，C_{Π_1} 同时呈现为 $x'-y'$ 像点位移的空间二维零值极点。

另一极点 C_{Π_2} 则在沿 x' 轴的无穷远处，其归属平面 Π_2 为过 $(0,0,-\varepsilon)$ 点、并垂直于 $\boldsymbol{k}'$ 的平面。

直角屋脊棱镜 $DI_J-90°$ 可视为本情况的一例（见图 6-6-1）。

在这一类中，有必要提到一些非常特殊的棱镜，它们的螺旋轴 $\boldsymbol{\lambda}$、入射光轴以及出射光轴三者完全重合，因而 $b''=0$，并由(6-7-46)式，有

$$\Delta S'_{F'z'}=0 \tag{6-7-50}$$

由(6-7-50)式及(6-7-44)式、(6-7-45)式联解，所求得此类棱镜的一个空间三维零值极点 C 的坐标：

$$\left.\begin{array}{l} x'_C=0 \\ y'_C=0 \\ z'_C=-\varepsilon \end{array}\right\} \tag{6-7-51}$$

图 6-7-6 所示的别汉屋脊棱镜可视为本情况的一例。

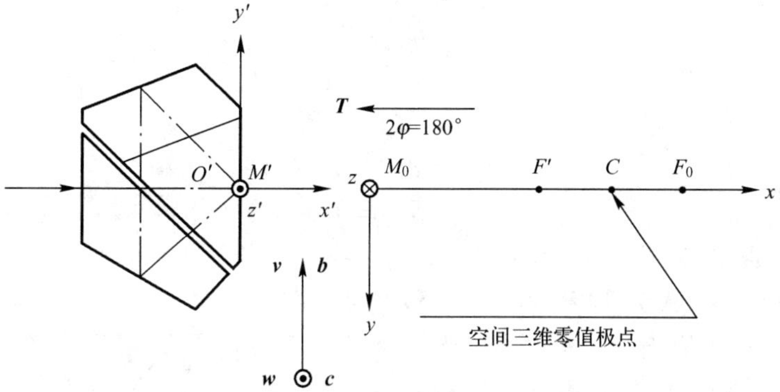

图 6-7-6　存在空间三维零值极点的偶次反射棱镜

(4) $2\varphi=0°, 2\varepsilon=0, t=$ 奇数。将左列数据代入(6-7-12)式、(6-7-13)式及(6-7-14)式，得

$$\boldsymbol{\eta}_{F'uq}=-2z'_q\cdot\boldsymbol{j}'+2y'_q\cdot\boldsymbol{k}' \tag{6-7-52}$$

$$\boldsymbol{\eta}_{F'vq}=2z'_q\cdot\boldsymbol{i}'-2x'_q\cdot\boldsymbol{k}' \tag{6-7-53}$$

$$\boldsymbol{\eta}_{F'wq}=-2y'_q\cdot\boldsymbol{i}'+2x'_q\cdot\boldsymbol{j}' \tag{6-7-54}$$

由方程组(6-7-52)～(6-7-54)可见，此类棱镜的坐标原点 O' 将是一个空间三维零值极点 C：

$$\left.\begin{array}{l} x'_C=0 \\ y'_C=0 \\ z'_C=0 \end{array}\right\} \tag{6-7-55}$$

图 6-7-7 所示的角隅棱镜 D Ⅱ$_J$ - 180°(三面垂直棱镜)即为本情况的一例。这是一个非常独特的棱镜,它的两个平面三维零值极点 C_{Π_1}和 C_{Π_2}正好重合在一起而成为一个空间三维零值极点 C,位于自三垂直面的顶点 Q 沿出射光轴方向计量 $\Delta L/2$ 的地方。

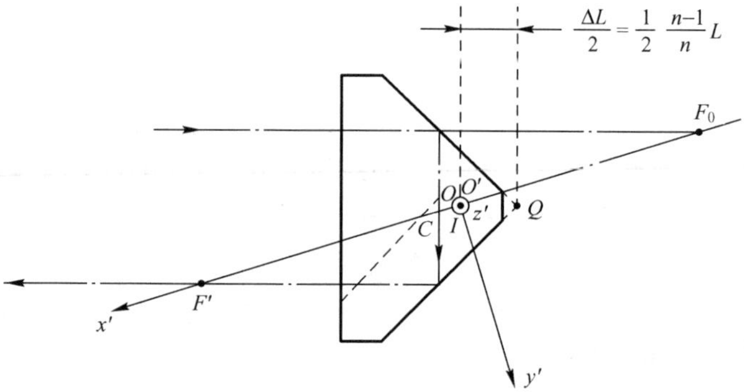

图 6-7-7 存在空间三维零值极点的奇次反射棱镜

(5) $2\varphi=0°, 2\varepsilon\neq0, t=$偶数。将左列数据代入(6-7-12)式 ~ (6-7-14)式,

$$\boldsymbol{\eta}_{F'uq}=2\varepsilon\cdot\boldsymbol{j}' \tag{6-7-56}$$

$$\boldsymbol{\eta}_{F'vq}=-2\varepsilon\cdot\boldsymbol{i}' \tag{6-7-57}$$

$$\boldsymbol{\eta}_{F'wq}=0 \tag{6-7-58}$$

并由(6-4-8)式得

$$\Delta S'_{F'x'}=\Delta\theta(2\varepsilon P_{y'}) \tag{6-7-59}$$

$$\Delta S'_{F'y'}=\Delta\theta(-2\varepsilon P_{x'}) \tag{6-7-60}$$

$$\Delta S'_{F'z'}=0 \tag{6-7-61}$$

无论是从方程组(6-7-56) ~ (6-7-58),或是从方程组(6-7-59) ~ (6-7-61),都可以看出,一切平行于 z'轴的直线均为三维零值轴,而不管它们的位置如何。显然,这些三维零值轴与一个位于沿 z'轴方向的无穷远处的空间三维零值极点 C 相对应,而归属平面为一个绕 z'轴旋转的平面。

图 6-7-8 所示的菱形棱镜可视为此类棱镜的一例。

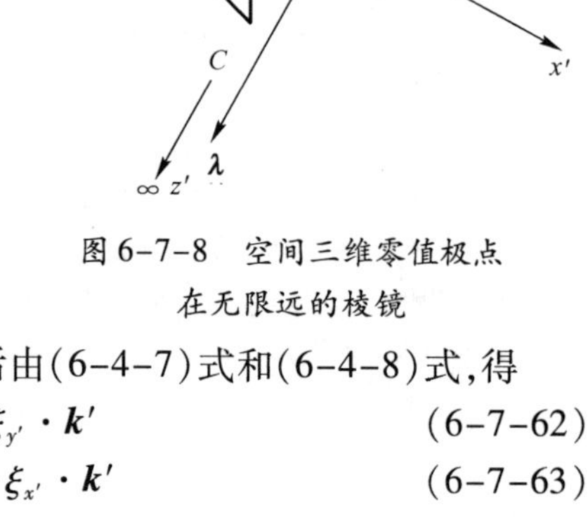

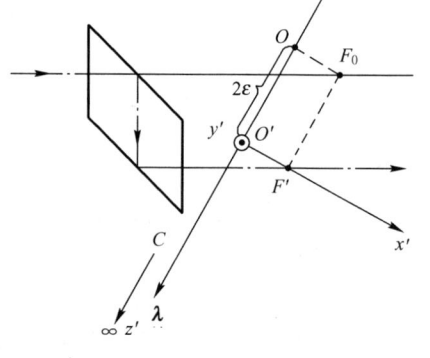

图 6-7-8 空间三维零值极点在无限远的棱镜

2) $2\varphi=180°$的奇次反射棱镜

将公式组(6-7-9)代入(4-3-20)式,然后由(6-4-7)式和(6-4-8)式,得

$$\boldsymbol{\eta}_{F'uq}=\xi_{z'}\cdot\boldsymbol{j}'-\xi_{y'}\cdot\boldsymbol{k}' \tag{6-7-62}$$

$$\boldsymbol{\eta}_{F'vq}=-\xi_{z'}\cdot\boldsymbol{i}'+\xi_{x'}\cdot\boldsymbol{k}' \tag{6-7-63}$$

$$\boldsymbol{\eta}_{F'wq}=(-2y'_q-\xi_{y'})\cdot\boldsymbol{i}'+(2x'_q+\xi_{x'}-2b'')\cdot\boldsymbol{j}' \tag{6-7-64}$$

$$\Delta S'_{F'x'} = \Delta\theta\{\xi_{z'}P_{y'} - \xi_{y'}P_{z'}\} \tag{6-7-65}$$

$$\Delta S'_{F'y'} = \Delta\theta\{-\xi_{z'}P_{x'} + \xi_{x'}P_{z'}\} \tag{6-7-66}$$

$$\Delta S'_{F'z'} = \Delta\theta\{(-2y'_q - \xi_{y'})P_{x'} + (2x'_q + \xi_{x'} - 2b'')P_{y'}\} \tag{6-7-67}$$

这里，也分几种情况进行讨论。

（1）$\xi_{x'} \neq 0, \xi_{y'} \neq 0, \xi_{z'} \neq 0$。此种数据的组合应是本类棱镜中最一般的情况（即无任何特殊）。图 6-7-9 所示的三平面镜组（$h \neq l$）可作为这一类棱镜的一个例子。

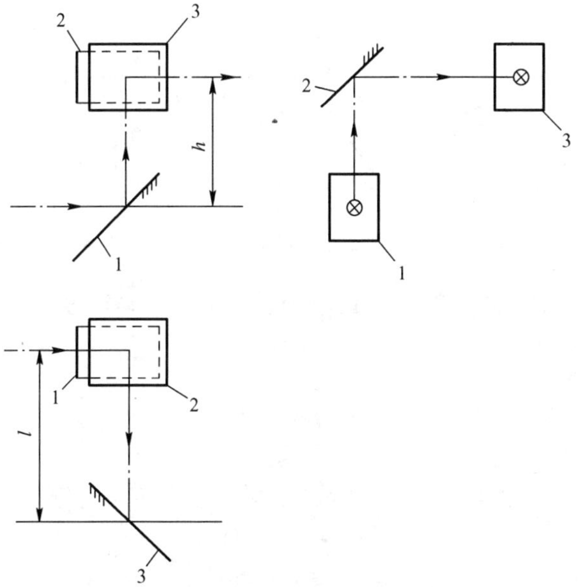

图 6-7-9　出射光轴与入射光轴相互平行的平面镜系（等效于一反射棱镜）

（2）$\xi_{x'} \neq 0, \xi_{z'} \neq 0, \xi_{y'} = 0$。此种数据的组合与诸法线共面的奇次反射棱镜相对应。

将 $\xi_{y'} = 0$ 代入(6-7-62)式～(6-7-67)式，得

$$\boldsymbol{\eta}_{F'uq} = \xi_{z'} \cdot \boldsymbol{j}' \tag{6-7-68}$$

$$\boldsymbol{\eta}_{F'vq} = -\xi_{z'} \cdot \boldsymbol{i}' + \xi_{x'} \cdot \boldsymbol{k}' \tag{6-7-69}$$

$$\boldsymbol{\eta}_{F'wq} = -2y'_q \cdot \boldsymbol{i}' + (2x'_q + \xi_{x'} - 2b'') \cdot \boldsymbol{j}' \tag{6-7-70}$$

$$\Delta S'_{F'x'} = \Delta\theta\{\xi_{z'}P_{y'}\} \tag{6-7-71}$$

$$\Delta S'_{F'y'} = \Delta\theta\{-\xi_{z'}P_{x'} + \xi_{x'}P_{z'}\} \tag{6-7-72}$$

$$\Delta S'_{F'z'} = \Delta\theta\{-2y'_qP_{x'} + (2x'_q + \xi_{x'} - 2b'')P_{y'}\} \tag{6-7-73}$$

经过对上列公式组(6-7-68)～(6-7-73)的详细分析后得知，本情况只存在一个极点 C_{Π_1}，并且位于无穷远处。它的走向，或者说，它所对应的三维零值轴的方向($P_{x'}, P_{y'}, P_{z'}$)求自下列方程组：

$$\left.\begin{aligned} \Delta S'_{F'x'} &= \Delta\theta\{\xi_{z'}P_{y'}\} = 0 \\ \Delta S'_{F'y'} &= \Delta\theta\{-\xi_{z'}P_{x'} + \xi_{x'}P_{z'}\} = 0 \end{aligned}\right\} \tag{6-7-74}$$

而其归属平面Π_1为$y'_q=0$的坐标平面$x'O'y'$。直角棱镜 DI－90°即为本情况的一例（见图6-6-5）。

应当特别指出，在诸法线共面的奇次反射棱镜的范围内，还有$\xi_{z'}$也等于零值的棱镜，这就是出射光轴与入射光轴完全重合的阿贝棱镜 FA－0°，如图6-7-10所示。

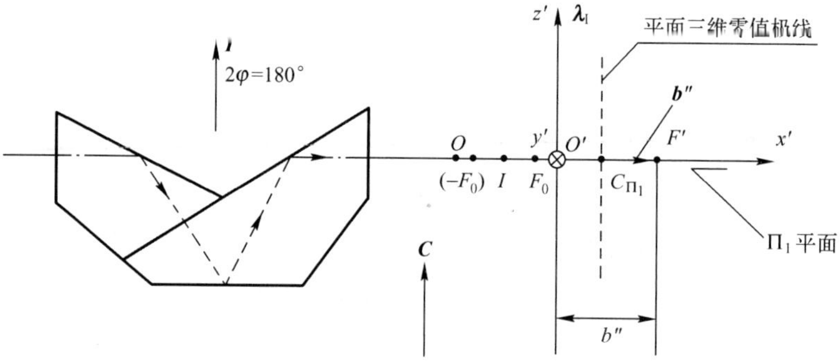

图6-7-10　存在平面三维零值极线的棱镜

此时，有：

$$\boldsymbol{\eta}_{F'uq}=0 \tag{6-7-75}$$

$$\boldsymbol{\eta}_{F'vq}=\xi_{x'}\cdot\boldsymbol{k}' \tag{6-7-76}$$

$$\boldsymbol{\eta}_{F'wq}=-2y'_q\cdot\boldsymbol{i}'+(2x'_q+\xi_{x'}-2b'')\cdot\boldsymbol{j}' \tag{6-7-77}$$

$$\Delta S'_{F'x'}=0 \tag{6-7-78}$$

$$\Delta S'_{F'y'}=\Delta\theta\{\xi_{x'}P_{z'}\} \tag{6-7-79}$$

$$\Delta S'_{F'z'}=\Delta\theta\{-2y'_qP_{x'}+(2x'_q+\xi_{x'}-2b'')P_{y'}\} \tag{6-7-80}$$

根据上列的公式组(6-7-75)～(6-7-77)或(6-7-78)～(6-7-80)，首先可以在坐标平面$x'O'y'$内找到一个平面三维零值极点$C_{\Pi_1}(x'_1,y'_1,z'_1=0)$，它的坐标求自下列方程组：

$$\left.\begin{aligned}-2y'_q&=0\\2x'_q+\xi_{x'}-2b''&=0\end{aligned}\right\} \tag{6-7-81}$$

因而

$$\left.\begin{aligned}x'_1&=x'_q=b''-\frac{\xi_{x'}}{2}\\y'_1&=y'_q=0\end{aligned}\right\} \tag{6-7-82}$$

相应的归属平面Π_1即为过C_{Π_1}点的坐标平面$x'O'y'$。经验算证明，极点C_{Π_1}也恰好在线段$\overline{F_0F'}$的平分点处。

更进一步的考察发现，如果平面三维零值极点C_{Π_1}沿着平行于z'轴的方向（如图6-7-10中的虚线所示）移动，它将继续保留其平面三维零值极点的性质，而相应的归属平面则随着此极点平移到一个新的位置，并维持与原来的Π_1平面相平行。

由此可见，在这种特殊的情况下，存在有无穷多个平面三维零值极点，不过这些极点处在同一根直线上，如图 6-7-10 中的虚线即是。按照在 6.3 节中的定义，此种由平面三维零值极点组成的直线称为平面三维零值极线，而线上各极点所对应的归属平面为过此点且垂直于极线的平面。

(3) $\xi_{x'}\neq 0, \xi_{y'}\neq 0, \xi_{z'}=0$。此种数据的组合与 $2\varphi=180°$、诸法线不共面的奇次反射棱镜相对应。

将 $\xi_{z'}=0$ 代入(6-7-62)式～(6-7-67)式，得

$$\boldsymbol{\eta}_{F'uq} = -\xi_{y'}\cdot \boldsymbol{k}' \tag{6-7-83}$$

$$\boldsymbol{\eta}_{F'vq} = \xi_{x'}\cdot \boldsymbol{k}' \tag{6-7-84}$$

$$\boldsymbol{\eta}_{F'wq} = (-2y'_q-\xi_{y'})\cdot \boldsymbol{i}' + (2x'_q+\xi_{x'}-2b'')\cdot \boldsymbol{j}' \tag{6-7-85}$$

$$\Delta S'_{F'x'} = \Delta\theta\{-\xi_{y'}P_{z'}\} \tag{6-7-86}$$

$$\Delta S'_{F'y'} = \Delta\theta\{\xi_{x'}P_{z'}\} \tag{6-7-87}$$

$$\Delta S'_{F'z'} = \Delta\theta\{(-2y'_q-\xi_{y'})P_{x'} + (2x'_q+\xi_{x'}-2b'')P_{y'}\} \tag{6-7-88}$$

按照与上述同样的道理不难看出，在本情况下也存在一根平面三维零值极线。此极线垂直于坐标平面 $x'O'y'$，二者的交点 C_{Π_1} 的坐标$(x'_1, y'_1, z'_1=0)$可求自下列方程组：

$$\left.\begin{aligned}-2y'_q-\xi_{y'}&=0\\ 2x'_q+\xi_{x'}-2b''&=0\end{aligned}\right\} \tag{6-7-89}$$

因而

$$\left.\begin{aligned}x'_1 = x'_q &= b''-\frac{\xi_{x'}}{2}\\ y'_1 = y'_q &= -\frac{\xi_{y'}}{2}\end{aligned}\right\} \tag{6-7-90}$$

同样也可以证明，极点 C_{Π_1} 正好是线段 $\overline{F_0F'}$ 的平分点，相应的归属平面也垂直于极线。

图 6-7-11 所示的菱形屋脊棱镜即为此类棱镜的一例。

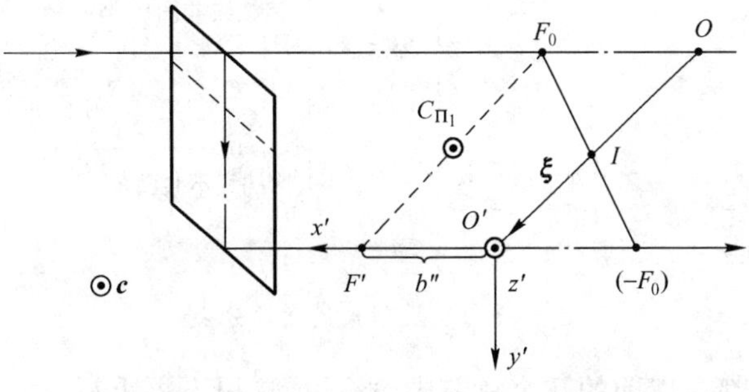

图 6-7-11　存在平面三维零值极线的棱镜

应当指出，本节中有关三维零值极点的一些讨论都是针对出射光轴上的一个可以移动的像点 F' 而言的。换句话说，如果是只考虑棱镜出射光轴上的某一个一定的像点 F'_c，那么就不能得出空间棱镜不存在三维零值极点的结论（请参考本章的最后一道习题中的提示）。

6.8 反射棱镜分类

到目前为止，我们已经有可能提出关于反射棱镜的一种新的分类方法。此种分类法所依据的标志是棱镜的成像特性和调整特性。具体地说，就是先按照成像的特性进行棱镜的粗分，然后再依据调整的特性进行棱镜的细分。

所谓调整的特性，实际上也就是棱镜在微量运动情况下的物、像关系，或者说，是棱镜运动刚起始时的物、像关系。因此，从本质上看，这是一个依照物像共轭关系的特点进行划分的反射棱镜分类法。

为了清晰起见，在以下按照上述的粗、细分的思路，以流程图的形式展示出此种反射棱镜分类法的结构和内容（图 6-8-1）。

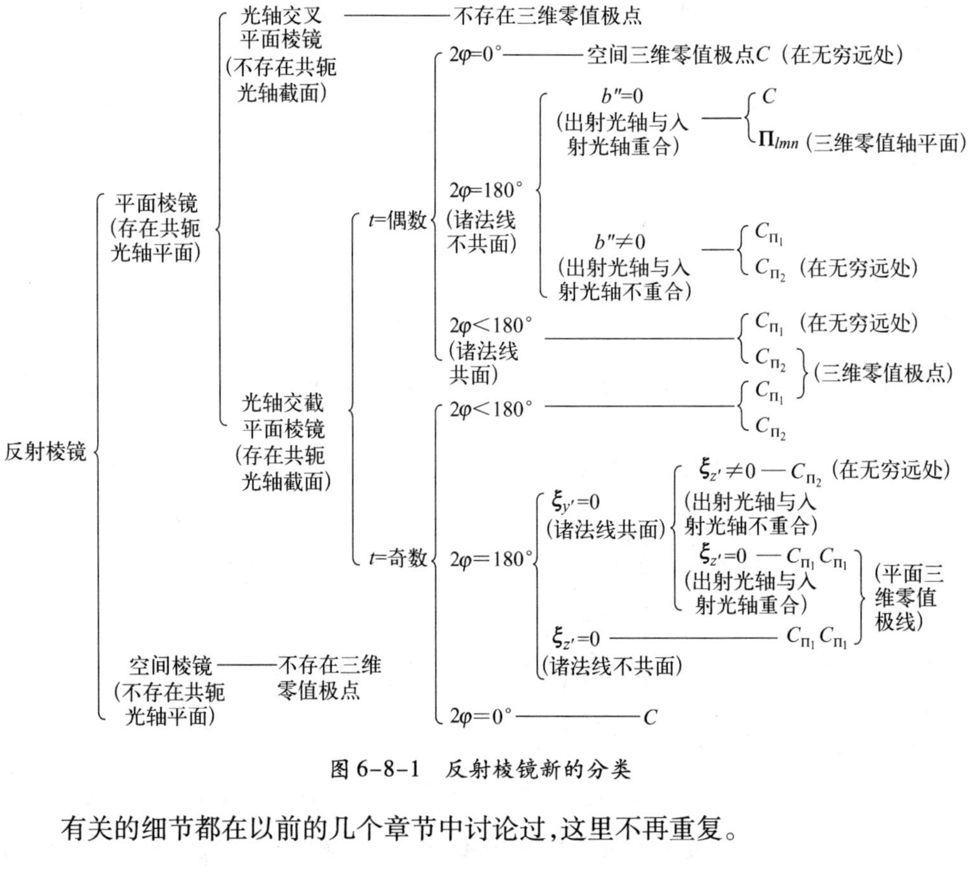

图 6-8-1 反射棱镜新的分类

有关的细节都在以前的几个章节中讨论过，这里不再重复。

6.9 反射棱镜图表

1. 成像特性参量和调整特性参量

前面几章先后提出并讨论了一些关于反射棱镜的成像特性和调整特性的参量。以下归纳了20个最主要的参量。

1）成像特性参量

特征方向 $\boldsymbol{T}$

特征角 2φ

共轭基点矢量 $\overrightarrow{M_0M'}$

成像螺旋轴 $\boldsymbol{\lambda}$ 的位置矢量 $\boldsymbol{r}_0$

反转中心 Ⅰ 的位置矢量 $\boldsymbol{r}_{\mathrm{i}}$

成像螺旋运动的轴向位移 $2d$

2）调整特性参量

x'像偏转 $\Delta\mu'_{x'}$ 的极值轴向 $\boldsymbol{u}$

y'像偏转 $\Delta\mu'_{y'}$ 的极值轴向 $\boldsymbol{v}$

z'像偏转 $\Delta\mu'_{z'}$ 的极值轴向 $\boldsymbol{w}$

x'像偏转极值（$\Delta\mu'_{x'\max}$） δ_u

y'像偏转极值（$\Delta\mu'_{y'\max}$） δ_v

z'像偏转极值（$\Delta\mu'_{z'\max}$） δ_w

x'像移动 $\Delta S'_{x'}$ 的极值移向 $\boldsymbol{a}$

y'像移动 $\Delta S'_{y'}$ 的极值移向 $\boldsymbol{b}$

z'像移动 $\Delta S'_{z'}$ 的极值移向 $\boldsymbol{c}$

x'像移动极值（$\Delta S'_{x'\max}$） δ_a

y'像移动极值（$\Delta S'_{y'\max}$） δ_b

z'像移动极值（$\Delta S'_{z'\max}$） δ_c

平面三维零值极点 $C_{\Pi_1}(x'_1,y'_1,z'_1;\Pi_1)$

平面三维零值极点 $C_{\Pi_2}(x'_2,y'_2,z'_2;\Pi_2)$

上列参量以一种最为简洁的形式，使人一目了然地看到了反射棱镜的某些重要特性，而这些特性反映了棱镜自身结构所造成的其输出与输入之间的数、性关系。

为便于工程上的应用，我们在附录A编制了一份反射棱镜图表。图表中列入的棱镜，均给出了一个调整图、一个成像特性参量表、一个调整特性参量表以及像偏转和像点位移等六个调整计算公式。

2. 图表制作过程

以下用空间棱镜 KⅡ－60°－90°为例来说明图表的制作过程。

像坐标 $O'x'y'z'$ 的标定见图6-9-1。

1）验算平行玻璃板的厚度 L

由图6-9-1 可得

$$L=\overline{M'a}+\overline{ab}+\overline{bc}$$

又

$$\overline{M'a}=\frac{D}{2}\tan 60^\circ=0.866\ D$$

$$\overline{ab}=\frac{D}{2}\cdot\frac{1}{\cos 60^\circ}=D$$

$$\overline{bc}=0.5D$$

所以

$$L=2.366\ D$$

2）求$\overrightarrow{M_0M'}$

由图6-9-1 可得

$$(\overrightarrow{M_0M'})_{x'}=(\overline{M'a}+\overline{ab}\cos 60^\circ)$$
$$=1.366\ D$$

$$(\overrightarrow{M_0M'})_{y'}=\overline{bc}-\frac{L}{n}=\left(0.5-\frac{2.366}{n}\right)D$$

$$(\overrightarrow{M_0M'})_{z'}=\overline{ab}\sin 60^\circ=0.866\ D$$

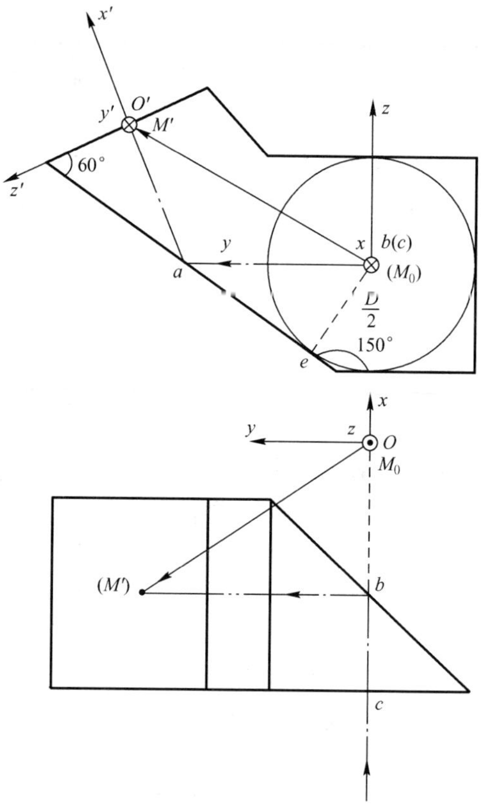

图6-9-1　KⅡ-60°-90°

所以

$$\overrightarrow{M_0M'}=1.366D\boldsymbol{i}'+(0.5D-2.366\frac{D}{n})\boldsymbol{j}'+0.866D\boldsymbol{k}'$$

3）求特征方向 $\boldsymbol{T}$

此时宜以物空间的 xyz 作为标定坐标。

由图6-9-1 得

$$\boldsymbol{i}'=0\cdot\boldsymbol{i}+\sin 30^\circ\cdot\boldsymbol{j}+\cos 30^\circ\cdot\boldsymbol{k}$$
$$\boldsymbol{j}'=\boldsymbol{i}+0\cdot\boldsymbol{j}+0\cdot\boldsymbol{k}$$
$$\boldsymbol{k}'=0\cdot\boldsymbol{i}+\cos 30^\circ\boldsymbol{j}-\sin 30^\circ\cdot\boldsymbol{k}$$

设

$$\boldsymbol{T}=\cos\alpha\cdot\boldsymbol{i}+\cos\beta\cdot\boldsymbol{j}+\cos\gamma\cdot\boldsymbol{k}$$

据 $\boldsymbol{T}$ 的性质，它应当满足以下两个方程：

$$\boldsymbol{T}\cdot\boldsymbol{i}'=\boldsymbol{T}\cdot\boldsymbol{i}$$
$$\boldsymbol{T}\cdot\boldsymbol{j}'=\boldsymbol{T}\cdot\boldsymbol{j}$$

由此

$$\sin 30^\circ\cos\beta+\cos 30^\circ\cos\gamma=\cos\alpha\qquad(6-9-1)$$

$$\cos\alpha = \cos\beta \tag{6-9-2}$$

还有

$$\cos^2\alpha + \cos^2\beta + \cos^2\gamma = 1 \tag{6-9-3}$$

由上列方程的联解得

$$\cos\alpha = \pm\sqrt{\frac{3}{7}}$$

以及与此对应的 $\boldsymbol{T}$ 的两个解：

$$\boldsymbol{T}_1 = \sqrt{\frac{3}{7}}\boldsymbol{i} + \sqrt{\frac{3}{7}}\boldsymbol{j} + \sqrt{\frac{1}{7}}\boldsymbol{k}$$

$$\boldsymbol{T}_2 = -\sqrt{\frac{3}{7}}\boldsymbol{i} - \sqrt{\frac{3}{7}}\boldsymbol{j} - \sqrt{\frac{1}{7}}\boldsymbol{k}$$

4）求特征角 2φ

根据

$$\cos 2\varphi = \frac{[\boldsymbol{T}\times\boldsymbol{j}']\cdot[\boldsymbol{T}\times\boldsymbol{j}]}{|(\boldsymbol{T}\times\boldsymbol{j})|^2}$$

得

$$\cos 2\varphi = \frac{-\cos^2\beta}{\cos^2\beta + \cos^2\gamma}$$

将 $\cos\beta$ 和 $\cos\gamma$ 的数值代入上式，得

$$\cos 2\varphi = -0.75$$

$$2\varphi = 138°36' \text{或} 221°24'$$

根据 xyz 绕 $\boldsymbol{T}$ 转 2φ 应成为 $x'y'z'$ 的原则，从图 6-9-1 中不难看出，$\boldsymbol{T}_1$ 与 $2\varphi_1 = 221°24'$ 相对应，而 $\boldsymbol{T}_2$ 则与 $2\varphi_2 = 138°36'$ 相对应。

5）求成像螺旋轴的位置 $\boldsymbol{r}_0$

根据(1-4-10)式，并考虑到该式中的 $\boldsymbol{S}$、$\boldsymbol{P}$、θ 应为 $\overrightarrow{M_0M'}$、$\boldsymbol{T}$、2φ 所取代，得

$$\boldsymbol{r}_0 = \frac{1}{2}[(\overrightarrow{M_0M'})\cdot\boldsymbol{T})\boldsymbol{T} - \overrightarrow{M_0M'}] + \frac{1}{2}\left(\frac{\sin 2\varphi}{\cos 2\varphi - 1}\right)(\overrightarrow{M_0M'}\times\boldsymbol{T})$$

由前述几项已经求得

$$\boldsymbol{T} = 0.655\boldsymbol{i}' + 0.655\boldsymbol{j}' + 0.378\boldsymbol{k}'$$

$$2\varphi = 221°24'$$

$$\overrightarrow{M_0M'} = 1.366D\boldsymbol{i}' + \left(0.5D - 2.366\frac{D}{n}\right)\boldsymbol{j}' + 0.866D\boldsymbol{k}'$$

现将上列有关数据代入 $\boldsymbol{r}_0$ 的表达式，得

$$\boldsymbol{r}_0 = \left(-0.247D - 0.677\frac{D}{n}\right)\boldsymbol{i}' + \left(0.267D + 0.675\frac{D}{n}\right)\boldsymbol{j}'$$

6）求螺旋运动的轴向位移 $2d$

根据(1-4-12)式，并考虑到 l 为 $2d$ 所取代，有

$$2d = \overrightarrow{M_0M'} \cdot \boldsymbol{T}$$

将有关数据代入得

$$2d = 1.550D - 1.550\frac{D}{n}$$

7）求四个矩阵 $\boldsymbol{S}_{\boldsymbol{T},2\varphi}$、$\boldsymbol{J}_{\boldsymbol{\mu P}}$、$\boldsymbol{J}_{\boldsymbol{SD}}$ 和 $\boldsymbol{J}_{\boldsymbol{SP}}$

现在，再把已知的 $\boldsymbol{T}$、2φ、$\overrightarrow{M_0M'}$ 和 t 等成像特性参量代入(4-3-27)式～(4-3-30)式，并考虑到(4-3-30)式中的 $\boldsymbol{m} = \overrightarrow{M_0M'}$，则可求得

$$\boldsymbol{S}_{\boldsymbol{T},2\varphi} = \begin{pmatrix} 0 & 1 & 0 \\ 0.5 & 0 & 0.866 \\ 0.866 & 0 & -0.5 \end{pmatrix}$$

$$\boldsymbol{J}_{\boldsymbol{\mu P}} = \begin{pmatrix} 1 & -1 & 0 \\ -0.5 & 1 & -0.866 \\ -0.866 & 0 & 1.5 \end{pmatrix}$$

$$\boldsymbol{J}_{\boldsymbol{SD}} = \begin{pmatrix} 1 & -1 & 0 \\ -0.5 & 1 & -0.866 \\ -0.866 & 0 & 1.5 \end{pmatrix}$$

$$\boldsymbol{J}_{\boldsymbol{SP}} = \begin{pmatrix} -z'_q - 0.866D & -z'_q & x'_q + y'_q + 1.366D \\ 0.866y'_q + z'_q - 0.866b' + 0.433D - 2.049\dfrac{D}{n} & -0.866x'_q + 0.5z'_q - 0.75D & -x'_q - 0.5y'_q + 1.5b' - 0.25D + 1.183\dfrac{D}{n} \\ -1.5y'_q + 0.5b' - 0.25D + 1.183\dfrac{D}{n} & 1.5x'_q + 0.866z'_q - b' + 1.433D & -0.866y'_q + 0.866b' - 0.433D + 2.049\dfrac{D}{n} \end{pmatrix}$$

可见本例的像移动矩阵等于像偏转矩阵：$\boldsymbol{J}_{\boldsymbol{SD}} = \boldsymbol{J}_{\boldsymbol{\mu P}}$，这实际上是全部偶次反射棱镜所共有的特性（见(4-3-13)式和(4-3-14)式）。

8）求极值轴向 $\boldsymbol{u}$、$\boldsymbol{v}$、$\boldsymbol{w}$ 和像偏转极值 δ_u、δ_v、δ_w

根据(6-1-21)式，有

$$\begin{pmatrix} \boldsymbol{\delta}_u \\ \boldsymbol{\delta}_v \\ \boldsymbol{\delta}_w \end{pmatrix} = \Delta\theta \boldsymbol{J}_{\boldsymbol{\mu P}} \begin{pmatrix} \boldsymbol{i}' \\ \boldsymbol{j}' \\ \boldsymbol{k}' \end{pmatrix} = \Delta\theta \begin{pmatrix} 1 & -1 & 0 \\ -0.5 & 1 & -0.866 \\ -0.866 & 0 & 1.5 \end{pmatrix} \begin{pmatrix} \boldsymbol{i}' \\ \boldsymbol{j}' \\ \boldsymbol{k}' \end{pmatrix}$$

由此，得

$$\delta_u = \sqrt{(1)^2 + (-1)^2 + (0)^2} \cdot \Delta\theta = 1.414\Delta\theta$$

$$\delta_v = \sqrt{(-0.5)^2 + (1)^2 + (-0.866)^2} \cdot \Delta\theta = 1.414\Delta\theta$$

$$\delta_w = \sqrt{(-0.866)^2 + (0)^2 + (1.5)^2} \cdot \Delta\theta = 1.732\Delta\theta$$

然后，把矩阵 $\boldsymbol{J}_{\boldsymbol{\mu P}}$ 的三行矩元分别除以 δ_u、δ_v、δ_w 的系数 1.414、1.414、1.732，则可求得各极值轴向：

$$\begin{pmatrix} \boldsymbol{u} \\ \boldsymbol{v} \\ \boldsymbol{w} \end{pmatrix} = \begin{pmatrix} 0.707 & -0.707 & 0 \\ -0.354 & 0.707 & -0.612 \\ -0.5 & 0 & 0.866 \end{pmatrix} \begin{pmatrix} \boldsymbol{i}' \\ \boldsymbol{j}' \\ \boldsymbol{k}' \end{pmatrix}$$

9）求极值移向 $\boldsymbol{a}$、$\boldsymbol{b}$、$\boldsymbol{c}$ 和像移动极值 δ_a、δ_b、δ_c

同理，由(6-2-13)式得

$$\begin{pmatrix}\boldsymbol{\delta}_a\\ \boldsymbol{\delta}_b\\ \boldsymbol{\delta}_c\end{pmatrix}=\Delta g J_{SD}\begin{pmatrix}\boldsymbol{i}'\\ \boldsymbol{j}'\\ \boldsymbol{k}'\end{pmatrix}$$

求得

$$\delta_a = 1.414\Delta g$$

$$\delta_b = 1.414\Delta g$$

$$\delta_c = 1.732\Delta g$$

$$\begin{pmatrix}\boldsymbol{a}\\ \boldsymbol{b}\\ \boldsymbol{c}\end{pmatrix}=\begin{pmatrix}0.707 & -0.707 & 0\\ -0.354 & 0.707 & -0.612\\ -0.5 & 0 & 0.866\end{pmatrix}\begin{pmatrix}\boldsymbol{i}'\\ \boldsymbol{j}'\\ \boldsymbol{k}'\end{pmatrix}$$

10）求像偏转 $\Delta\boldsymbol{\mu}'$ 和像点位移 $\Delta \boldsymbol{S}'_{F'}$ 的六个分量的表达式

根据(4-3-11)式、(4-3-12)式、(4-3-24)式，有：

$$(\Delta\boldsymbol{\mu}') = \Delta\theta J_{\mu P}(\boldsymbol{P})$$

$$(\Delta \boldsymbol{S}'_{F'}) = \Delta\theta J_{SP}(\boldsymbol{P}) + \Delta g J_{SD}(\boldsymbol{D})$$

现将 $\boldsymbol{J}_{\mu P}$、$\boldsymbol{J}_{SD}$ 和 $\boldsymbol{J}_{SP}$ 等已知的矩阵代入上列二式，便可求得

$$\Delta\mu'_{x'} = \Delta\theta(P_{x'} - P_{y'})$$

$$\Delta\mu'_{y'} = \Delta\theta(-0.5P_{x'} + P_{y'} - 0.866P_{z'})$$

$$\Delta\mu'_{z'} = \Delta\theta(-0.866P_{x'} + 1.5P_{z'})$$

$$\begin{aligned}\Delta S'_{F'x'} = \Delta\theta[&P_{x'}(-z'_q - 0.866D) - P_{y'}z'_q +\\ &P_{z'}(x'_q + y'_q + 1.366D)] + \Delta g(D_{x'} - D_{y'})\end{aligned}$$

$$\begin{aligned}\Delta S'_{F'y'} = \Delta\theta\Big[&P_{x'}\left(0.866y'_q + z'_q - 0.866b' + 0.433D - 2.049\frac{D}{n}\right) +\\ &P_{y'}(-0.866x'_q + 0.5z'_q - 0.75D) + P_{z'}(-x'_q - 0.5y'_q +\\ &1.5b' - 0.25D + 1.183\frac{D}{n})\Big] + \Delta g(-0.5D_{x'} + D_{y'} - 0.866D_{z'})\end{aligned}$$

$$\begin{aligned}\Delta S'_{F'z'} = \Delta\theta\Big[&P_{x'}\left(-1.5y'_q + 0.5b' - 0.25D + 1.183\frac{D}{n}\right) +\\ &P_{y'}(1.5x'_q + 0.866z'_q - b' + 1.433D) +\\ &P_{z'}\left(-0.866y'_q + 0.866b' - 0.433D + 2.049\frac{D}{n}\right)\Big] +\\ &\Delta g(-0.866D_{x'} + 1.5D_{z'})\end{aligned}$$

6.10 反射棱镜顺、逆光路调整的转换公式——反射棱镜逆光路调整法则

在一些光学系统里，反射棱镜使用时所处的实际光路有可能和棱镜图表中所

规定的光路正好反向。

在此情形，图表中给出的像运动的六个基本公式不能直接套用，而必须经过一定的转换后才能使用。如果通常习惯于把图表中所规定的棱镜光路叫做顺光路，那么与此方向相反的光路便取名为逆光路。所以，上述转换用的关系式称为"反射棱镜顺、逆光路调整的转换公式"。

在下列"反射棱镜逆光路调整法则"里，将提供两个有关的转换公式。

法则（参照图 6-10-1）："设 F 和 F' 在反射棱镜的顺、逆光路中互为棱镜的一对物、像点。在物不动的前提下，由棱镜的同样的微量位移 $\Delta\theta\boldsymbol{P}$ 和 $\Delta g\boldsymbol{D}$ 先后在顺、逆光路中所造成的像的微量位移 $\Delta\boldsymbol{S}'_{F'}$ 及 $\Delta\boldsymbol{\mu}'$ 同 $\Delta\boldsymbol{S}_F$ 及 $\Delta\boldsymbol{\mu}$ 之间应满足下述的关系，即作为棱镜共轭物、像的一方的微量位移 $\Delta\boldsymbol{S}_F$ 及 $\Delta\boldsymbol{\mu}$（或 $\Delta\boldsymbol{S}'_{F'}$ 及 $\Delta\boldsymbol{\mu}'$）将引起共轭物、像的另一方的微量位移 $-\Delta\boldsymbol{S}'_{F'}$ 及 $-\Delta\boldsymbol{\mu}'$（或 $-\Delta\boldsymbol{S}_F$ 及 $-\Delta\boldsymbol{\mu}$）。这里，$\Delta\boldsymbol{S}_F$ 和 $\Delta\boldsymbol{S}'_{F'}$ 分别代表 F 和 F' 点的小位移；$\Delta\boldsymbol{\mu}$ 和 $\Delta\boldsymbol{\mu}'$ 则为其作用线分别通过 F 和 F' 点的像偏转。而且，在单位矢量 $(-1)^t\boldsymbol{r}$ 和 $\boldsymbol{r}'$ 互为共轭方向时，有 $\Delta\mu_r = -\Delta\mu'_{r'}$，$\Delta S_{Fr} = (-1)^{t-1}\Delta S'_{F'r'}$。$t$ 为反射棱镜的反射次数。"

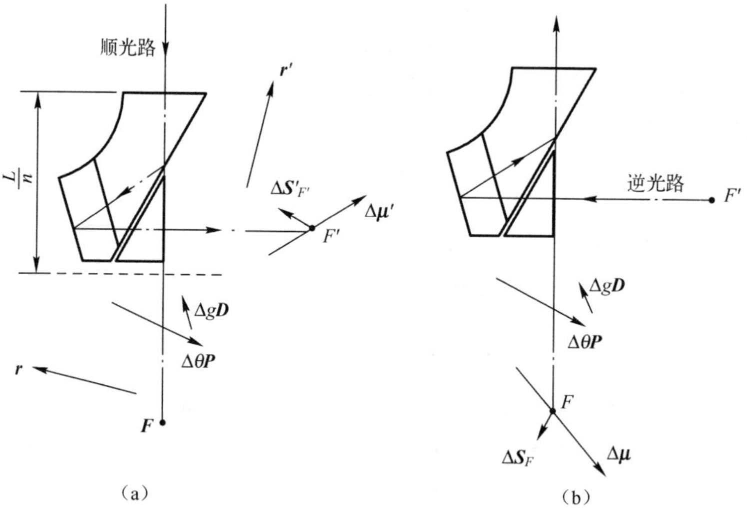

图 6-10-1　棱镜同样的小位移 $\Delta\theta\boldsymbol{P}$ 和 $\Delta g\boldsymbol{D}$ 所造成的一对共轭物、像体的运动之间的关系
(a) 顺光路；(b) 逆光路。

证明：在图 6-10-1(a)中，$\Delta\boldsymbol{S}'_{F'}$ 及 $\Delta\boldsymbol{\mu}'$ 代表顺光路时在物 F 不动的前提下由棱镜的微量位移 $\Delta\theta\boldsymbol{P}$ 及 $\Delta g\boldsymbol{D}$ 所造成的像的微量位移；而在图 6-10-1(b)中，$\Delta\boldsymbol{S}_F$ 及 $\Delta\boldsymbol{\mu}$ 则代表逆光路时在物 F' 不动的前提下由棱镜的同样的微量位移 $\Delta\theta\boldsymbol{P}$ 及 $\Delta g\boldsymbol{D}$ 所造成的像的微量位移。

现针对顺光路情况的图 6-10-1(a)，假设棱镜不再继续运动，并赋予物 F 这样的微量位移 $\Delta\boldsymbol{S}_{F_1}$ 及 $\Delta\boldsymbol{\mu}_1$，以使其共轭的像 F' 产生和原来完全相反的微量位移 $-\Delta\boldsymbol{S}'_{F'}$ 及 $-\Delta\boldsymbol{\mu}'$。这样，像 F' 恢复到了原始不动的位置。然后，把这个结果与逆光路情况的图 6-10-1(b)作一比较,便不难看出,$\Delta\boldsymbol{S}_{F_1}$ 及 $\Delta\boldsymbol{\mu}_1$ 应分别等于 $\Delta\boldsymbol{S}_F$ 及 $\Delta\boldsymbol{\mu}$。由此证明了 F 一方的微量位移 $\Delta\boldsymbol{S}_F$ 及 $\Delta\boldsymbol{\mu}$ 所引起其共轭的 F' 一方的微量位移应是 $-\Delta\boldsymbol{S}'_{F'}$ 及 $-\Delta\boldsymbol{\mu}'$。反过来,当然 F' 一方的微量位移 $\Delta\boldsymbol{S}'_{F'}$ 及 $\Delta\boldsymbol{\mu}'$ 所引起其共轭的 F 一方的微量位移则为 $-\Delta\boldsymbol{S}_F$ 及 $-\Delta\boldsymbol{\mu}$。

根据上述已经证明的关系,在偶次反射棱镜的情况上述的 $\Delta\boldsymbol{\mu}$ 和 $\Delta\boldsymbol{\mu}'$ 互为共轭方向的反向,在奇次反射棱镜的情况 $\Delta\boldsymbol{\mu}$ 和 $\Delta\boldsymbol{\mu}'$ 互为共轭方向,而综合起来,应是 $(-1)^{t-1}\Delta\boldsymbol{\mu}$ 和 $\Delta\boldsymbol{\mu}'$ 互为共轭方向;至于 $\Delta\boldsymbol{S}_F$ 和 $\Delta\boldsymbol{S}'_{F'}$,则无论是偶次反射还是奇次反射,它们总是互为共轭方向的反向,即 $-\Delta\boldsymbol{S}_F$ 和 $\Delta\boldsymbol{S}'_{F'}$ 互为共轭方向。再考虑到在法则中人为规定的 $\boldsymbol{r}$ 和 $\boldsymbol{r}'$ 二单位矢量之间的关系,便有 $\Delta\mu_r = -\Delta\mu'_r$,$\Delta S_{Fr} = (-1)^{t-1}\Delta S'_{F'r'}$。法则由此得证。

以上在讨论棱镜的物、像微量位移的对应关系时,对于棱镜究竟在转动前的位置或是转动后的位置,往往未加说明。这是由于棱镜此种位置的微量差别,它对所论问题的影响只在二阶小量或高阶小量限内的缘故。

本法则使按照顺光路编制的反射棱镜图表中的六个基本公式稍经变换后,同样可以应用于逆光路的情况,因而扩大了图表的使用范围。

例 6-10-1 见图 6-10-2,设棱镜 $FP-90°$ 在会聚光路中,求棱镜微量转动 $\Delta\theta\boldsymbol{P}$ 并微量移动 $\Delta g\boldsymbol{D}$ 时所造成的像倾斜 $\Delta\mu'_{x_1}$ 和像点小位移分量 $\Delta S'_{Fy_1}$、$\Delta S'_{Fz_1}$。

已知数据:$D=20$;$n=1.5163$;$t=3$;$b=30$。

棱镜的转轴 $\boldsymbol{P}$ 和移动方向 $\boldsymbol{D}$ 都平行于 x_1 轴,且 $\boldsymbol{P}$ 轴通过棱镜的中心 q;$\Delta\theta = 30'$;$\Delta g=0.1$。

同样,先把棱镜图表中的 FP-90°(B)的调整图画好(图 6-10-3),并将 $\boldsymbol{P}$、q、F 和 $\boldsymbol{D}$ 标定到调整图上。

考虑到棱镜的实际光路和调整图中所规定的光路正好互为顺逆向的关系,故把 F 视作调整图中的棱镜的物点,并根据棱镜物、像位置共轭法则求出其对应的像点 F'。F' 离棱镜出射面的距离应是 b':

$$b' = -\left(\frac{L}{n}+b\right) = -\left(\frac{3D}{n}+b\right)$$

首先,在调整图所示的光路中求出棱镜给定的转动和移动所造成的像点 F' 的小位移 $\Delta S'_{F'y'}$、$\Delta S'_{F'z'}$ 和像倾斜 $\Delta\mu'_{x'}$。

由图 6-10-3 可见:

$$P_{x'}=0, P_{y'}=-1, P_{z'}=0$$
$$x'_q=0, y'_q=0, z'_q=-0.5D=-10$$
$$D_{x'}=0, D_{y'}=1, D_{z'}=0$$
$$b' = -\left(\frac{3D}{n}+b\right) = -\left(\frac{60}{1.5163}+30\right) = -69.57$$

将上列数据代入 FP-90°(B)的相应的公式中,并考虑到 $\Delta\theta=30'$ 和 $\Delta g=0.1$,得

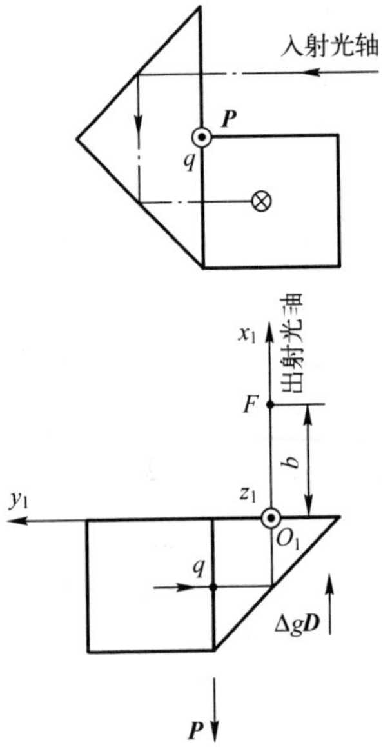

图 6-10-2　棱镜 FP－90°用于逆光路的情况

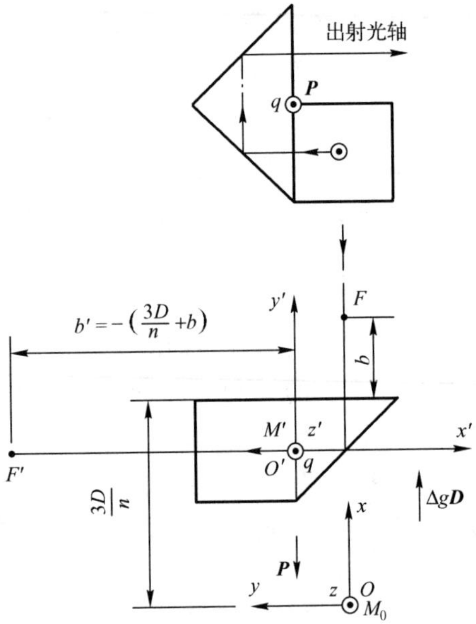

图 6-10-3　棱镜 FP－90°用于顺光路的情况

$$\Delta S'_{F'y'} = \Delta\theta\left[P_{x'}z'_q + P_{y'}(z'_q + D) - P_{z'}\left(x'_q + y'_q - 0.5D + 3\frac{D}{n}\right)\right] + \Delta g(-D_{x'} + D_{y'}) =$$

$$\frac{30}{60}\frac{\pi}{180}(-1)(-0.5\times 20 + 20) + 0.1 = 0.01$$

$$\Delta S'_{F'z'} = \Delta\theta\left[P_{x'}\left(-2y'_q - b' + 0.5D - 3\frac{D}{n}\right) + P_{y'}(2x'_q - b' - 0.5D)\right] + 2\Delta g D_{z'} =$$

$$\frac{30}{60}\frac{\pi}{180}[(-1)(-69.57) + 0.5\times 20] = -0.53$$

$$\Delta\mu'_{x'} = \Delta\theta(P_{x'} - P_{y'}) = 30'(0+1) = 30'$$

然后,根据反射棱镜逆光路调整法则,求得由棱镜同样的一些转动和移动在和调整图光路相反的逆光路情形所造成的像点位移分量 ΔS_{Fy}、ΔS_{Fz} 及像倾斜 $\Delta\mu_x$,如下:

$$\Delta S_{Fy} = (-1)^{t-1}\Delta S'_{F'y'} = \Delta S'_{F'y'} = 0.01$$

$$\Delta S_{Fz} = (-1)^{t-1}\Delta S'_{F'z'} = \Delta S'_{F'z'} = -0.53$$

$$\Delta\mu_x = -\Delta\mu'_{x'} = -30'$$

因坐标 $x_1y_1z_1$ 和调整图上的坐标 xyz 完全一致,所以

$$\Delta S'_{Fy_1} = \Delta S_{Fy} = 0.01$$

$$\Delta S'_{Fz_1} = \Delta S_{Fz} = -0.53$$

$$\Delta\mu'_{x_1} = \Delta\mu_x = -30'$$

为了确认,以下专门导出棱镜 FP－90°(B)在图 6-10-2 所示逆光路情况下的

像点位移和像倾斜公式：

$$\Delta S'_{Fy_1}=\Delta\theta\left[P_{x_1}z_{1q}+P_{y_1}(-z_{1q}+D)+P_{z_1}\left(-x_{1q}+y_{1q}-0.5D-3\frac{D}{n}\right)\right]+\Delta g(D_{x_1}+D_{y_1})$$

$$\Delta S'_{Fz_1}=\Delta\theta\left[P_{x_1}\left(-2y_{1q}+b+0.5D+3\frac{D}{n}\right)+P_{y_1}(2x_{1q}-b+0.5D)\right]+2\Delta gD_{z_1}$$

$$\Delta\mu'_{x_1}=\Delta\theta(P_{x_1}+P_{y_1})$$

并直接用 $\boldsymbol{P}$、$\boldsymbol{D}$ 和 q、F 点在坐标 $O_1x_1y_1z_1$ 中的分量和坐标值：

$$P_{x_1}=-1, P_{y_1}=0, P_{z_1}=0$$
$$x_{1q}=-0.5D=-10, y_{1q}=0.5D=10$$
$$z_{1q}=0.5D=10$$
$$D_{x_1}=1, D_{y_1}=0, D_{z_1}=0$$
$$b=30$$

以及 $\Delta\theta=30'$和 $\Delta g=0.1$ 代入逆光路公式，得

$$\Delta S'_{Fy_1}=\frac{30}{60}\frac{\pi}{180}[(-1\times10)]+0.1=0.01$$

$$\Delta S'_{Fz_1}=\frac{30}{60}\frac{\pi}{180}[(-1)\times(-2)\times10-10-69.57]=-0.53$$

$$\Delta\mu'_{x_1}=30'(-1)=-30'$$

结果完全同上。

6.11 反射棱镜调整定理[4][18][11][37][1][2][66]

6.11.1 引言

作者于 1973 年，初次在反射棱镜调整的研究中，创建了一条关于像倾斜的法则——"余弦律与差向量法则"。依据数学和物理的互动关系，这一法则，几乎在无需其他任何烦琐证明的情况下，便可以被推广到两个光轴偏分量上。后来随着棱镜调整理论的不断发展，又把法则的适应性拓宽到绕棱镜像空间一任意转轴的像偏转分量上，使该法则具有相当的普遍意义。之后，这条只隶属于棱镜微量转动的法则又被移植到棱镜微量移动的情况。从最初发现的"余弦律与差向量法则"到今日的"反射棱镜调整定理"，其间共通过了 5 次提升，历时 40 年。以下将对这一颇具学术意义的发展过程，做一个比较系统的介绍。

原创性的思想通常寓于定理形成的最初阶段；同时，出于特殊历史时期的原因，这些最原始的资料却至今从未在任何一本公开出版的图书或期刊上发表过。所以，关于像倾斜的"余弦律与差向量法则"以及随后首次升级推演思路的描述，将在本节中占有较大的篇幅。

6.11.2 关于像倾斜的“余弦律与差向量法则”——定理的雏形

1. 产生极值像倾斜的棱镜微量转动的转轴方向——像倾斜的极值轴向

首先给出3个在后面要用到的公式：

$$\boldsymbol{A}'=(-1)^t\boldsymbol{S}_{T,2\varphi}\boldsymbol{A} \tag{6-11-1}$$

式中，单位矢量 $\boldsymbol{T}$ 和 2φ 分别为棱镜的特征方向和特征角；t 为棱镜的反射面总数或称反射次数；$\boldsymbol{S}_{T,2\varphi}$ 代表绕特征方向 $\boldsymbol{T}$ 转了特征角 2φ 的转动矩阵，取名棱镜特征矩阵；$\boldsymbol{A}$ 和 $\boldsymbol{A}'$ 为共轭物、像体的方向（单位）矢量。

$$\boldsymbol{A}'=\boldsymbol{A}\cos\theta+(1-\cos\theta)(\boldsymbol{A}\cdot\boldsymbol{P})\boldsymbol{P}-\sin\theta(\boldsymbol{A}\times\boldsymbol{P}) \tag{6-11-2}$$

这就是 $\boldsymbol{A}$ 绕单位矢 $\boldsymbol{P}$ 转动 θ 而成为 $\boldsymbol{A}'$ 的转动矢量公式。

当转角为微量 $\Delta\theta$ 时，式(6-11-2)变成

$$\boldsymbol{A}'=\boldsymbol{A}+\Delta\theta(\boldsymbol{P}\times\boldsymbol{A}) \tag{6-11-3}$$

1）坐标的标定

见图6-11-1，xyz 代表棱镜的物空间内的右手系直角坐标（如果是奇次反射的棱镜，则 xyz 代表实际物空间的反向，也就是说，$(-x)(-y)(-z)$ 为物空间坐标），其中 x 代表入射光轴的方向（当然，在奇次反射棱镜的情形，x 将是入射光轴的反向）。$\boldsymbol{T}$ 代表棱镜在理想位置下的特征方向。在棱镜所在的这个理想的位置，$x'y'z'$ 代表像空间内与 xyz（或与 $(-x)(-y)(-z)$）相对应的直角坐标。显然，$x'y'z'$ 将由 xyz 绕 $\boldsymbol{T}$ 转 2φ 而成，同时也是右手系坐标。这里的 x' 将代表理想的出射光轴方向。如果 $\boldsymbol{A}_1$、$\boldsymbol{A}_2$ 和 $\boldsymbol{A}_3$ 分别代表沿着物空间坐标轴方向的3个入射的单位矢量，则在像空间内，与此相对应的3个理想的（“理想”二字的意思是指棱镜在理想的位置）单位像矢量 $\boldsymbol{A}'_{1,0}$、$\boldsymbol{A}'_{2,0}$ 和 $\boldsymbol{A}'_{3,0}$ 也将分别处在沿着像空间的3个坐标轴的方向上。

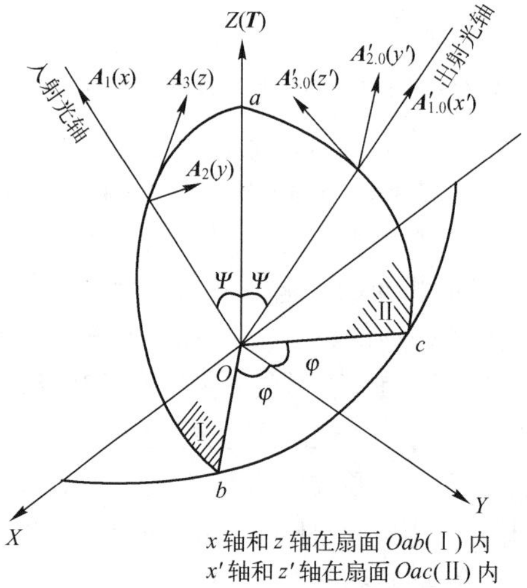

图6-11-1　坐标系的标定

应当指出,图 6-11-1 上所示的情况是与一个偶次反射的棱镜相对应的(若为奇次反射棱镜,则($-\boldsymbol{A}_1$)、($-\boldsymbol{A}_2$)、($-\boldsymbol{A}_3$)变成入射矢量,其方向对应地与($-x$)、($-y$)、($-z$)相一致)。

现在再谈一下与 x 轴相垂直的物面内的两根坐标轴 z 和 y 的方向是如何标定的,以及用 $\boldsymbol{T}$ 充当 Z 轴的坐标系 XYZ 是如何标定的。

通过特征方向 Z 轴,作 x 轴和出射光轴 x'的夹角的平分面,ψ 代表 Z 和 x 轴之间,同时也是 Z 和出射光轴 x'之间的夹角。X 轴的方向与此平分面相垂直,而且和 x 轴构成锐角。Y 轴自然在平分面内,且与 X 和 Z 构成右手系坐标。z 轴位于入射光轴 x 和特征方向 Z 所组成的平面内,与 x 轴垂直,且与 Z 构成锐角,然后再按右手系规定 y 轴的方向。在此情况下,自然有:z'在 x'和 Z 组成的平面内并且同 Z 构成锐角。

以上几个坐标均属定坐标系,但是这些定坐标系和棱镜之间是存在一定的联系的。如果说棱镜的几何形状以及棱镜在整个光学系统中所居的相对位置都是一种理想的情况,那么定坐标系中的 Z 就是棱镜的特征方向,x'代表棱镜的出射光轴,x 代表棱镜的入射光轴或入射光轴的反向(如果是奇次反射棱镜的话),而 ZY 则代表出射光轴 x'和 x 轴的平分面。当棱镜转动之后,则 Z 在空间保持原有方向不变,而棱镜的特征方向却转移到 $\boldsymbol{T}'$方向上。

设棱镜转轴方向单位矢量 $\boldsymbol{P}$ 在 XYZ 坐标系内的方向余弦为 $\cos\alpha$、$\cos\beta$ 和 $\cos\gamma$。当棱镜在调整时绕 $\boldsymbol{P}$ 转动一微量角度 $\Delta\theta$ 后,此时出射光轴方向和像面都可能发生偏转。$\boldsymbol{A}_1$、$\boldsymbol{A}_2$ 和 $\boldsymbol{A}_3$ 的像不再在理想位置 $\boldsymbol{A}'_{1,0}$、$\boldsymbol{A}'_{2,0}$ 和 $\boldsymbol{A}'_{3,0}$,而是变成 $\boldsymbol{A}'_1$、$\boldsymbol{A}'_2$ 和 $\boldsymbol{A}'_3$。

2) 公式推导

当讨论像倾斜时,只须求出像矢量 $\boldsymbol{A}'_3$ 中沿 $\boldsymbol{j}'$的误差分量就可以了,因为像倾斜只与此分量有关。

思路:

首先,在坐标系 XYZ 中解决,以 $\boldsymbol{A}_3$ 作为入射矢量;根据公式(6-11-3)找出棱镜绕转轴 $\boldsymbol{P}$(在 XYZ 中的方向余弦为 $\cos\alpha$、$\cos\beta$ 和 $\cos\gamma$)转动 $\Delta\theta$ 后的特征方向的新位置 $\boldsymbol{T}'$(单位矢量);然后,根据绕 $\boldsymbol{T}'$转 2φ 的原则,利用公式(6-11-2)找出入射矢量 $\boldsymbol{A}_3$ 的像矢量 $\boldsymbol{A}'_3$。

其次,进行坐标转换。将以上在坐标系 XYZ 中所求得的 $\boldsymbol{A}'_3$ 转换到坐标系 $x'y'z'$上。

具体步骤如下:

(1) 先取入射矢量 $\boldsymbol{A}_3$,其在坐标系 XYZ 上的三个分量可由图 6-11-2 求得

$$\boldsymbol{A}_3: A_{3X} = -\cos\psi\sin\varphi, A_{3Y} = -\cos\psi\cos\varphi, A_{3Z} = \sin\psi$$

(2) 求棱镜绕 $\boldsymbol{P}$ 转动 $\Delta\theta$ 后的特征向量的新的位置 $\boldsymbol{T}'$。

棱镜转动前的特征向量 $\boldsymbol{T}$ 在 Z 轴的位置。由式(6-11-3),

$$\boldsymbol{T}' = \boldsymbol{T} + \Delta\theta(\boldsymbol{P} \times \boldsymbol{T})$$

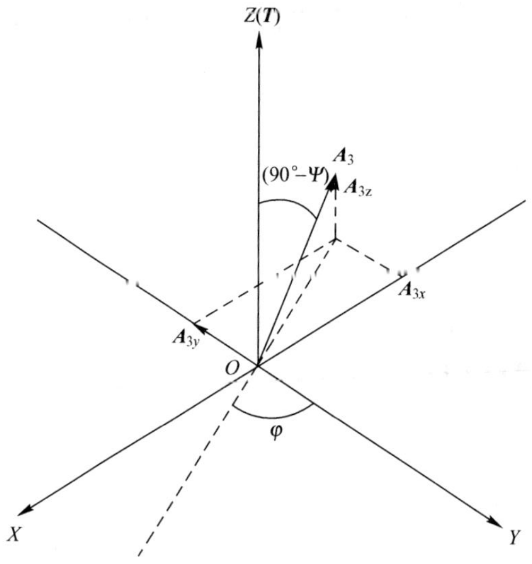

图 6-11-2 参考坐标系 XYZ

已知 $\boldsymbol{T}$ 和 $\boldsymbol{P}$ 在坐标系 XYZ 中的各分量如下:

$$\boldsymbol{P}: P_X = \cos\alpha, P_Y = \cos\beta, P_Z = \cos\gamma$$

$$\boldsymbol{T}: T_X = 0, T_Y = 0, T_Z = 1$$

将这些数据代入上式,得

$$\boldsymbol{T}': T'_X = \Delta\theta\cos\beta, T'_Y = -\Delta\theta\cos\alpha, T'_Z = 1$$

(3) 在坐标系 XYZ 内求入射矢量 $\boldsymbol{A}_3$ 经棱镜后的出射矢量 $\boldsymbol{A}'_3$。显然 $\boldsymbol{A}'_3$ 将由 $\boldsymbol{A}_3$ 绕 $\boldsymbol{T}'$ 转动 2φ 而成,所以

$$\boldsymbol{A}'_3 = \boldsymbol{A}_3\cos2\varphi + (1-\cos2\varphi)(\boldsymbol{A}_3 \cdot \boldsymbol{T}')\boldsymbol{T}' - \sin2\varphi(\boldsymbol{A}_3 \times \boldsymbol{T}')$$

将 $\boldsymbol{A}_3$ 和 $\boldsymbol{T}'$ 的分量重写于下

$$\boldsymbol{A}_3: A_{3X} = -\cos\psi\sin\varphi, A_{3Y} = -\cos\psi\cos\varphi, A_{3Z} = \sin\psi$$

$$\boldsymbol{T}': T'_X = \Delta\theta\cos\beta, T'_Y = -\Delta\theta\cos\alpha, T'_Z = 1$$

由此,$(\boldsymbol{A}'_3 \cdot \boldsymbol{T}') = -\Delta\theta\cos\beta\cos\psi\sin\varphi + \Delta\theta\cos\alpha\cos\psi\cos\varphi + \sin\psi$

$(\boldsymbol{A}_3 \times \boldsymbol{T}')_X = -\cos\psi\cos\varphi + \Delta\theta\cos a\sin\psi$

$(\boldsymbol{A}_3 \times \boldsymbol{T}')_Y = \Delta\theta\cos\beta\sin\psi + \cos\psi\sin\varphi$

$(\boldsymbol{A}_3 \times \boldsymbol{T}')_Z$ 项无须求出(详见后述)

将上列的有关项目代入 $\boldsymbol{A}'_3$ 的矢量公式,略去二阶无限小量,得

$$\boldsymbol{A}'_{3X} = -\cos\psi\sin\varphi\cos2\varphi + 2\sin^2\varphi\Delta\theta\cos\beta\sin\psi + \sin2\varphi(\cos\psi\cos\varphi - \Delta\theta\cos\alpha\sin\psi)$$

$$\boldsymbol{A}'_{3Y} = -\cos\psi\cos\varphi\cos2\varphi - 2\sin^2\varphi\Delta\theta\cos\alpha\sin\psi - \sin2\varphi(\Delta\theta\cos\beta\sin\psi + \cos\psi\sin\varphi)$$

$\boldsymbol{A}'_{3Z}$ 项无须求出(后详)。

(4) 坐标转换。

坐标系 XYZ 可经由下列两个步骤而转变成坐标系 $x'y'z'$:

第 1 步,假想 XYZ 绕 Z 转 $(90° + \varphi)$ 而变成 $X_1Y_1Z_1$(图 6-11-3),此时,Y_1 轴与

图 6-11-1 上的 y'轴相重合；

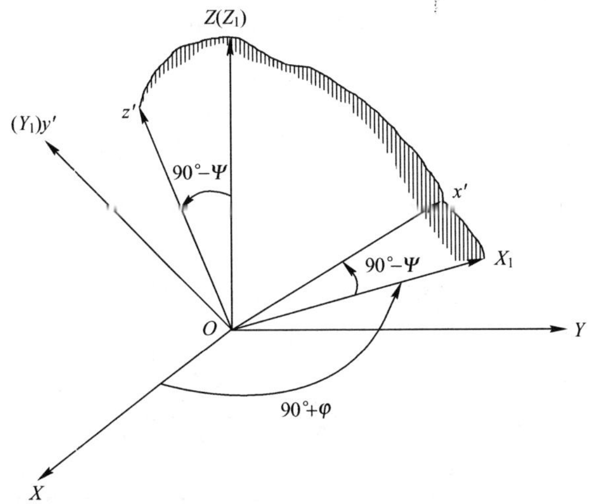

图 6-11-3 坐标系 XYZ 向着坐标系 $x'y'z'$的两次转动

第 2 步，再使 $X_1Y_1Z_1$绕$(-Y_1)$转$(90°-\psi)$，则 $X_1Y_1Z_1$变成了 $x'y'z'$。

根据坐标转换的道理，由图 6-11-3 求出坐标转换用的 9 个方向余弦，并列于表 6-11-1 中。

表 6-11-1 坐标转换的 9 个方向余弦

	X	Y	$Z(\boldsymbol{T})$
x'	$-\sin\psi\sin\varphi$	$\sin\psi\cos\varphi$	$\cos\psi$
y'	$-\cos\varphi$	$-\sin\varphi$	0
z'	$\cos\psi\sin\varphi$	$-\cos\psi\cos\varphi$	$\sin\psi$

(5) 求出射矢量 $\boldsymbol{A}_3'$在坐标系 $x'y'z'$中的表达式。

这里只求沿单位矢量$\boldsymbol{j}'$方向的分量 $A_{3y'}'$，因为像倾斜取决于此分量的大小。

由表 6-11-1，得

$$A_{3y'}'=A_{3X}'(-\cos\varphi)+A_{3Y}'(-\sin\varphi)+A_{3Z}'0$$

可见，$A_{3y'}'$的数值和 A_{3Z}'无关，这就是以上不求出 A_{3Z}'的缘故。

将有关项目代入上式，得

$$\begin{aligned}A_{3y'}'=&\frac{1}{2}\cos\psi\sin2\varphi\cos2\varphi-2\Delta\theta\cos\beta\sin\psi\sin^2\varphi\cos\varphi+\\&\Delta\theta\cos\alpha\sin\psi\sin2\varphi\cos\varphi-\cos\psi\sin2\varphi\cos^2\varphi+\\&\frac{1}{2}\cos\psi\sin2\varphi\cos2\varphi+2\Delta\theta\cos\alpha\sin\psi\sin^2\varphi\sin\varphi+\\&\Delta\theta\cos\beta\sin\psi\sin2\varphi\sin\varphi+\cos\psi\sin2\varphi\sin^2\varphi\end{aligned}$$

经整理，得

$$A_{3y'}'=2\Delta\theta\cos\alpha\sin\psi\sin\varphi \tag{6-11-4}$$

按照绕 x' 的右螺旋规则定像倾斜的正负号，由(6-11-4)式和图 6-11-4 得

$$-v = 2\Delta\theta\sin\psi\sin\varphi\cos\alpha/1$$

由此，

$$v = -2\Delta\theta\sin\psi\sin\varphi\cos\alpha \qquad (6-11-5)$$

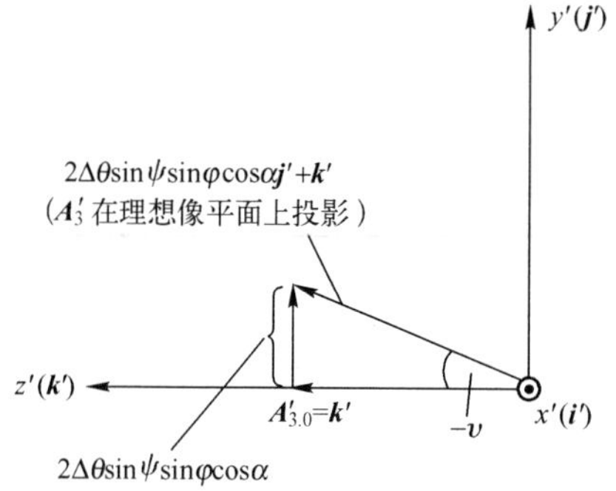

图 6-11-4　像倾斜示意图

当反射系统给定后，出射光轴和特征方向的夹角 ψ 以及半特征角 φ 即已确定。所以，由公式(6-11-5)可知，一定的反射系统的像倾斜只取决于转轴方向同 X 轴的夹角 α 以及微量转角 $\Delta\theta$。

当 $\alpha=90°$，棱镜的转轴位于 YZ 平面内，此时像倾斜 $v=0$。这说明，在微量转动的前提下，当转轴位于 YZ 平面内，则不管转轴的方向如何，而像倾斜总是等于零。因此，把棱镜的 YZ 平面叫做特征平面(宜改称像倾斜的零值轴向平面)。

当微量转角 $\Delta\theta$ 一定时，若 $\alpha=0°$，$\cos\alpha=1$ 表示绕 X 轴方向转动产生的像倾斜最大，因此把 X 轴方向叫做“像倾斜的极值轴向”。

毋用说，当棱镜绕特征方向 $\boldsymbol{T}$ 转动时，由于 $\alpha=90°$，$\beta=90°$，$\gamma=0°$，不仅像倾斜为零，而且 $\boldsymbol{A}_1'=\boldsymbol{i}'$，$\boldsymbol{A}_2'=\boldsymbol{j}'$，$\boldsymbol{A}_3'=\boldsymbol{k}'$ 表示出射光轴方向也不改变(当然这只限于棱镜在平行光路中的情况)。

为了使读者有一个全面的了解，以下给出三个像矢量 $\boldsymbol{A}_1'$、$\boldsymbol{A}_2'$、$\boldsymbol{A}_3'$ 在坐标系 $x'y'z'$ 中的表达式：

$$\boldsymbol{A}_1' = \boldsymbol{i}' + 2\Delta\theta\cos\psi\sin\varphi\cos\alpha\boldsymbol{j}' + 2\Delta\theta\sin\varphi\cos\beta\boldsymbol{k}' \qquad (6-11-6)$$

$$\boldsymbol{A}_2' = -2\Delta\theta\cos\psi\sin\varphi\cos\alpha\boldsymbol{i}' + \boldsymbol{j}' - 2\Delta\sin\psi\sin\varphi\cos\alpha\boldsymbol{k}' \qquad (6-11-7)$$

$$\boldsymbol{A}_3' = -2\Delta\theta\sin\varphi\cos\beta\boldsymbol{i}' + 2\Delta\theta\sin\psi\sin\varphi\cos\alpha\boldsymbol{j}' + \boldsymbol{k}' \qquad (6-11-8)$$

推导方法与上述类似，故从略。

不难看出，两个光轴偏分量 ξ 和 ζ 各自取决于像矢量 $\boldsymbol{A}_1'$ 中沿 $\boldsymbol{k}'$ 和 $\boldsymbol{j}'$ 的误差分量 $2\Delta\theta\sin\varphi\cos\beta$ 和 $2\Delta\theta\cos\psi\sin\varphi\cos\alpha$，见公式 6-11-6。($\xi$ 和 ζ 在平行光路中代表两个光轴偏分量，而在会聚光路中则代表两个像面偏分量。)

必须指出，虽然上述中的公式(6-11-5)～(6-11-8)是根据图 6-11-1 上所示的偶次反射的情况下推导出来的，但它们对于奇次反射也是适用的，只要把图 6-11-1上原来的物空间坐标 xyz 看成是真实的物空间坐标的反向就可以了。

3）从像倾斜公式中发现的规律

关于像倾斜的极值轴向 X 以及棱镜绕此极值轴向转动微小角度 $\Delta\theta$ 所产生的像倾斜极值 v_{max} 的求解，还可以在规律性方面做进一步探索。

图 6-11-5 和图 6-11-6 是图 6-11-1 中某些局部的再现。

由图 6-11-1 中一些已知的几何关系可见，图 6-11-5 里的像倾斜极值轴向 X 必然位于出射光轴 x' 和 x 所构成的平面内。这里虚线 Op 为 x' 和 x 夹角的平分线，它是像倾斜零值轴向平面 ZOY 和 xOx' 平面的交截线。显然，X 与 Op 相垂直。

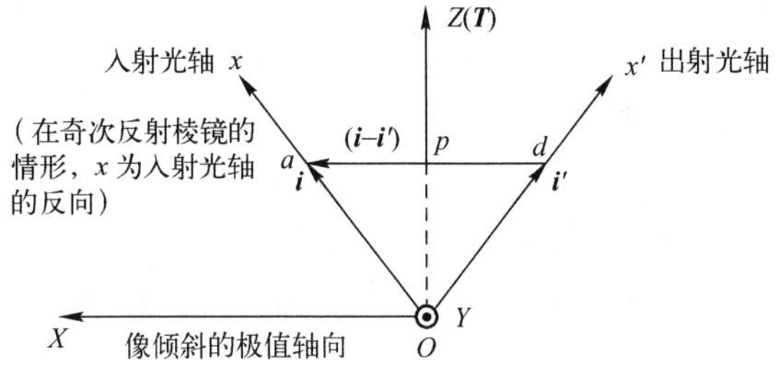

图 6-11-5　差向量$(\boldsymbol{i}-\boldsymbol{i}')$的方向

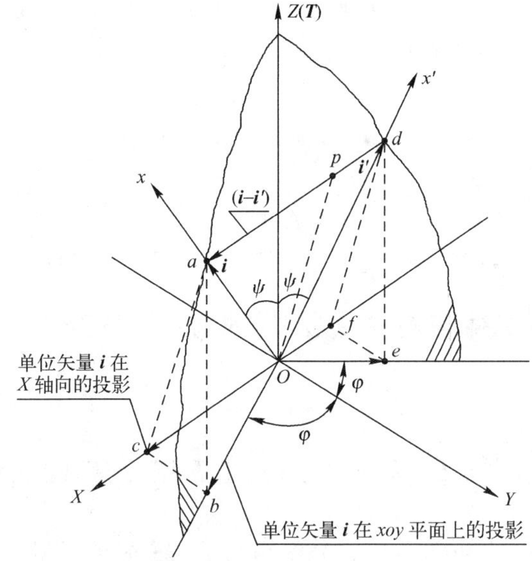

图 6-11-6　差向量$(\boldsymbol{i}-\boldsymbol{i}')$的长度

设 $\boldsymbol{i}$ 和 $\boldsymbol{i}'$ 分别为沿 x 和 x' 的单位矢。现在来考察一下，在差向量$(\boldsymbol{i}-\boldsymbol{i}')$与像倾斜公式(6-11-5)：$v=-2\Delta\theta\sin\psi\sin\varphi\cos\alpha$ 之间，是否存在一些微妙的关系。

（1）差向量$(\boldsymbol{i}-\boldsymbol{i}')$的方向。

无疑，图 6-11-5 和图 6-11-6 均表明，差向量$(\boldsymbol{i}-\boldsymbol{i}')$的方向与像倾斜 v 的极值轴向 X 轴相平行。

（2）差向量$(\boldsymbol{i}-\boldsymbol{i}')$的长度（模）。

由图 6-11-6，不难求得单位矢 $\boldsymbol{i}$ 在 X 轴上的投影长度 $\overline{Oc}$：

$$\overline{Oc} = \sin\psi\sin\varphi \tag{6-11-9}$$

又由于对称的关系，差向量$(\boldsymbol{i}-\boldsymbol{i}')$的长度$\overline{da}$应该是$\overline{Oc}$的两倍，所以差向量$(\boldsymbol{i}-\boldsymbol{i}')$的模等于

$$|\boldsymbol{i}-\boldsymbol{i}'| = 2\sin\psi\sin\varphi \tag{6-11-10}$$

（3）构建一矢参量$\boldsymbol{\delta}_u$

$$\boldsymbol{\delta}_u = \Delta\theta(\boldsymbol{i}-\boldsymbol{i}') \tag{6-11-11}$$

此参量的方向代表像倾斜v的极值轴向，其大小，正好代表像倾斜极值$v_{\max} = \delta_u = \Delta\theta|\boldsymbol{i}-\boldsymbol{i}'|$，因此矢参量本身$\boldsymbol{\delta}_u$称为像倾斜$v$的极值特性向量。

2. 余弦律与差向量法则

根据上列(1)~(3)三小段的内容以及(6-11-10)式和(6-11-11)式，可以将像倾斜的调整公式(6-11-5)转写成下列的形式：

$$v = -\boldsymbol{P}\cdot\boldsymbol{\delta}_u = -\delta_u\cos(\boldsymbol{P},\boldsymbol{\delta}_u) = -\delta_u\cos\alpha \tag{6-11-12}$$

式中，

$$\boldsymbol{\delta}_u = \Delta\theta(\boldsymbol{i}-\boldsymbol{i}') \tag{6-11-13}$$

为了去除(6-11-12)式右方的"−"号，可以在坐标标定时(见图6-11-1)，使X轴与x'成锐角，同时把差向量改成$(\boldsymbol{i}'-\boldsymbol{i})$，则(6-11-12)式和(6-11-13)式变成

$$v = \boldsymbol{P}\cdot\boldsymbol{\delta}_u = \delta_u\cos(\boldsymbol{P},\boldsymbol{\delta}_u) = \delta_u\cos\alpha \tag{6-11-14}$$

式中，

$$\boldsymbol{\delta}_u = \Delta\theta(\boldsymbol{i}'-\boldsymbol{i}) \tag{6-11-15}$$

(6-11-14)式和(6-11-15)式，就是后来所说的反射棱镜调整定理的雏型。

6.11.3 "余弦律与差向量法则"的前4次提升

1. 第1次提升

1）内容

把在像倾斜v中导出的"余弦律与差向量法则"全盘地移植到两个光轴偏的分量ξ和ζ上。

依照(6-11-14)式和(6-11-15)式，可写出y'光轴偏分量ξ和z'光轴偏分量ζ的两组类同的公式：

$$\xi = \boldsymbol{P}\cdot\boldsymbol{\delta}_v = \delta_v\cos(\boldsymbol{P},\boldsymbol{\delta}_v) = \delta_v\cos\beta \tag{6-11-16}$$

$$\boldsymbol{\delta}_v = \Delta\theta(\boldsymbol{j}'-\boldsymbol{j}) \tag{6-11-17}$$

和

$$\zeta = \boldsymbol{P}\cdot\boldsymbol{\delta}_w = \delta_w\cos(\boldsymbol{P},\boldsymbol{\delta}_w) = \delta_w\cos\gamma \tag{6-11-18}$$

$$\boldsymbol{\delta}_w = \Delta\theta(\boldsymbol{k}'-\boldsymbol{k}) \tag{6-11-19}$$

式中，$\boldsymbol{\delta}_v$和$\boldsymbol{\delta}_w$分别代表y'光轴偏和z'光轴偏的极值特性向量；$\cos\beta$和$\cos\gamma$代表棱镜的微量转动$\Delta\theta\boldsymbol{P}$分别与$\boldsymbol{\delta}_v$和$\boldsymbol{\delta}_w$的夹角余弦。

2）论证

常说数学是物理的抽象；二者是量和质的关系。这两种理解均可接受，然而还必须指出数学对物理的反作用，或者说数学和物理的互动关系。

回顾图 6-11-1，棱镜已然消逝，而$(-1)^t\boldsymbol{S}_{T,2\varphi}$取代了它在方向共轭方面的功效；经过适当的处理之后，$(-1)^t$也可去除，最终只留下一个绕 $\boldsymbol{T}$ 转 2φ 的转动矩阵。这是在某种意义上对反射棱镜的高度概括和抽象，一个非常高明的实例，高明到连棱镜都给抽象没了。既然棱镜已隐匿，那么图 6-11-1 中的一对入射光轴和出射光轴还仍然有这么重要吗？换句话说，你何尝不可以把 y 和 y' 也当做一对入射光轴和出射光轴，然后按照原来的坐标标定方式，构建出适合于该情况的一套坐标系：xyz、$x'y'z'$ 和 XYZ。相信一定会导出与公式(6-11-5)相仿的 ξ 表达式，并最终得到与 ξ 相对应的余弦律与差向量法则的公式组(6-11-16)和(6-11-17)。同理，ζ 的公式组(6-11-18)和(6-11-19)也可以得到验证。

以上只进行了逻辑推理，实际上并没有那样地去做，因为后来运用了其他便捷的方法导出了更具普遍意义的余弦律与差向量法则。然而在上述的推论中已显出数学之对于物理的反作用。

2. 第 2 次提升

为了以下讨论的方便，须重提“像偏转”$\Delta\boldsymbol{\mu}'$的定义：

“在物体不动的条件下，由反射棱镜的微量转动 $\Delta\theta\boldsymbol{P}$ 所造成像体在方向上的微量变化称为像偏转 $\Delta\boldsymbol{\mu}'$”。

1）内容

把余弦律与差向量法则推广到像偏转 $\Delta\boldsymbol{\mu}'$沿反射棱镜像空间内一任意方向单位矢 $\boldsymbol{r}'$的分量 $\Delta\mu'_{r'}$上：

$$\Delta\mu'_{r'} = \boldsymbol{P}\cdot\boldsymbol{\delta}_h = \delta_h\cos(\boldsymbol{P},\boldsymbol{\delta}_h) \tag{6-11-20}$$

$$\boldsymbol{\delta}_h = \Delta\theta(\boldsymbol{r}'-\boldsymbol{r}) = \delta_h\boldsymbol{h} \tag{6-11-21}$$

式中，$\boldsymbol{h}$ 为矢参量 $\boldsymbol{\delta}_h$方向上的单位矢。

法则的定义：

“像偏转 $\Delta\boldsymbol{\mu}'$沿反射棱镜像空间内一任意方向单位矢 $\boldsymbol{r}'$上的分量 $\Delta\mu'_{r'}$（r'像偏转）同引起像偏转的棱镜微量转动 $\Delta\theta\boldsymbol{P}$ 之间的关系受余弦律支配：$\Delta\mu'_{r'}=\boldsymbol{P}\cdot\boldsymbol{\delta}_h=\delta_h\cos(\boldsymbol{P},\boldsymbol{\delta}_h)$，而余弦律中的唯一的矢参量 $\boldsymbol{\delta}_h$可由差向量法则求得：$\boldsymbol{\delta}_h=\Delta\theta(\boldsymbol{r}'-\boldsymbol{r})$。这里，$(-1)^t\boldsymbol{r}$ 为 $\boldsymbol{r}'$在反射棱镜的物空间内的共轭单位矢；t 为反射棱镜的反射次数”。

2）论证

像偏转 $\Delta\boldsymbol{\mu}'$是伴随着刚体运动学的原理与观点被引入反射棱镜调整原理而出现的一个新概念。

所谓的像倾斜 $\boldsymbol{\upsilon}$ 和两个光轴偏分量 ξ 及 ζ，是因为它们对于后置透镜系统，甚至是观察者的不同效应而得名的。

倘若讨论的问题仅限于反射棱镜自身及其物、像空间的范围，那么像倾斜 $\boldsymbol{\upsilon}$ 和两个光轴偏分量ξ及ζ只不过是像偏转矢量$\Delta\boldsymbol{\mu}'$在棱镜像空间坐标轴x'、y'、z'上的三个分量而已：

$$\upsilon=\Delta\mu'_{x'},\quad \xi=\Delta\mu'_{y'},\quad \zeta=\Delta\mu'_{z'} \tag{6-11-22}$$

由此可见，像偏转$\Delta\boldsymbol{\mu}'$这一概念的重要作用在于它对光轴偏与像倾斜的共性进行了高度的概括。此种科学的抽象有利于进一步揭示反射棱镜调整的内在规律。

上述实例又一次说明了数学之对于物理的反作用。

以下直接推导(6-11-20)式和(6-11-21)式。文献[2]提出的求像偏转的两步法：第一步，棱镜不动，物体转动$(-\Delta\theta\boldsymbol{P})$，像体得到一个对应的转动；第二步，物体、棱镜、像体三者作为一个整体一起转动$\Delta\theta\boldsymbol{P}$，结局是物体复位，棱镜和像体二者到位，而像体两次转动的综合即为所求的像偏转$\Delta\boldsymbol{\mu}'$。考虑到$\boldsymbol{S}_{T,2\varphi}$可作为棱镜对角矢量的传递矩阵[65]，于是

$$\Delta\boldsymbol{\mu}'=\boldsymbol{S}_{T,2\varphi}(-\Delta\theta\boldsymbol{P})+\Delta\theta\boldsymbol{P}=(\boldsymbol{E}-\boldsymbol{S}_{T,2\varphi})\Delta\theta\boldsymbol{P} \tag{6-11-23}$$

据$\Delta\mu'_{r'}$的定义，得

$$\Delta\mu'_{r'}=\Delta\boldsymbol{\mu}'\cdot\boldsymbol{r}' \tag{6-11-24}$$

将(6-11-23)式代入(6-11-24)式，有

$$\Delta\mu'_{r'}=\Delta\theta\boldsymbol{P}\cdot\boldsymbol{r}'-\Delta\theta\boldsymbol{S}_{T,2\varphi}\boldsymbol{P}\cdot\boldsymbol{r}' \tag{6-11-25}$$

在法则的定义中，规定$(-1)^t\boldsymbol{r}$和$\boldsymbol{r}'$对反射棱镜呈现方向共轭的关系，所以

$$\boldsymbol{r}'=\boldsymbol{R}(-1)^t\boldsymbol{r} \tag{6-11-26}$$

式中，$\boldsymbol{R}$为棱镜的作用矩阵或反射作用矩阵：

$$\boldsymbol{R}=(-1)^t\boldsymbol{S}_{T,2\varphi} \tag{6-11-27}$$

将(6-11-27)式代入(6-11-26)式，得

$$\boldsymbol{r}'=(-1)^{2t}\boldsymbol{S}_{T,2\varphi}\boldsymbol{r}=\boldsymbol{S}_{T,2\varphi}\boldsymbol{r} \tag{6-11-28}$$

再将(6-11-28)式代入(6-11-25)式右方的第2项，得

$$\Delta\mu'_{r'}=\Delta\theta\boldsymbol{P}\cdot\boldsymbol{r}'-\Delta\theta\boldsymbol{S}_{T,2\varphi}\boldsymbol{P}\cdot\boldsymbol{S}_{T,2\varphi}\boldsymbol{r}=\Delta\theta\boldsymbol{P}\cdot\boldsymbol{r}'-\Delta\theta\boldsymbol{P}\cdot\boldsymbol{r}$$

因而

$$\Delta\mu'_{r'}=\boldsymbol{P}\cdot\Delta\theta(\boldsymbol{r}'-\boldsymbol{r}) \tag{6-11-29}$$

上式也可写成：

$$\Delta\mu'_{r'}=\boldsymbol{P}\cdot\boldsymbol{\delta}_h \tag{6-11-30}$$

$$\boldsymbol{\delta}_h=\Delta\theta(\boldsymbol{r}'-\boldsymbol{r}) \tag{6-11-31}$$

由此得证。

3. 第3次提升

为了以下讨论的方便，须重提“像移动”$\Delta\boldsymbol{S}'$的定义：

“在物体不动的条件下，由反射棱镜的微量移动$\Delta g\boldsymbol{D}$所造成像体在位置上的微量变化称为像移动$\Delta\boldsymbol{S}'$。”

1）内容

试探能否将反射棱镜微量转动情况下隶属于$\Delta\mu'_{r'}$的余弦律与差向量法则移植

到像移动 $\Delta\boldsymbol{S}'$沿反射棱镜像空间内一任意方向单位矢 $\boldsymbol{r}'$的分量 $\Delta S'_{r'}$上。

由于要保持已经在反射棱镜微量转动的余弦律与差向量法则中所采用的 $\boldsymbol{r}'=\boldsymbol{S}_{T,2\varphi}\boldsymbol{r}$ 的关系,所以在本次提升中只获得名称没能完全统一的“余弦律与差、和向量法则”。

法则的公式:

$$\Delta S'_{r'}=\boldsymbol{D}\cdot\boldsymbol{\delta}_e=\delta_e\cos(\boldsymbol{D},\boldsymbol{\delta}_e) \tag{6-11-32}$$

$$\boldsymbol{\delta}_e=\Delta g[\boldsymbol{r}'-(-1)^t\boldsymbol{r}]=\delta_e\boldsymbol{e} \tag{6-11-33}$$

式中,$\boldsymbol{e}$ 为矢参量 $\boldsymbol{\delta}_e$方向上的单位矢。

法则的定义:

“像移动 $\Delta\boldsymbol{S}'$沿反射棱镜像空间内一任意方向单位矢 $\boldsymbol{r}'$上的分量 $\Delta S'_{r'}$(r'像移动)同引起像移动的棱镜微量移动 $\Delta g\boldsymbol{D}$ 之间的关系受余弦律支配:$\Delta S'_{r'}=\boldsymbol{D}\cdot\boldsymbol{\delta}_e=\delta_e\cos(\boldsymbol{D},\boldsymbol{\delta}_e)$,而余弦律中的唯一的矢参量 $\boldsymbol{\delta}_e$可由差、和向量法则求得:$\boldsymbol{\delta}_e=\Delta g[\boldsymbol{r}'-(-1)^t\boldsymbol{r}]$。这里,$(-1)^t\boldsymbol{r}$ 为 $\boldsymbol{r}'$在反射棱镜的物空间内的共轭单位矢;t 为反射棱镜的反射次数。”

2) 论证

论证的方法与上述类似,故从略。

4. 第 4 次提升

经本次提升后,分别与反射棱镜微量转动 $\Delta\theta\boldsymbol{P}$ 和微量移动 $\Delta g\boldsymbol{D}$ 相对应的两条法则终于取得了一致的名称和统一的定义。

1) 内容

余弦律与差向量法则(一)的定义:

像偏转 $\Delta\boldsymbol{\mu}'$沿反射棱镜像空间内一任意方向单位矢 $\boldsymbol{r}'$上的分量 $\Delta\mu'_{r'}$(r'像偏转)同引起像偏转的棱镜微量转动 $\Delta\theta\boldsymbol{P}$ 之间的关系受余弦律支配:$\Delta\mu'_{r'}=\boldsymbol{P}\cdot\boldsymbol{\delta}_h=\delta_h\cos(\boldsymbol{P},\boldsymbol{\delta}_h)$,而余弦律中的唯一的矢参量 $\boldsymbol{\delta}_h$可由差向量法则求得:$\boldsymbol{\delta}_h=\Delta\theta(\boldsymbol{r}'-\boldsymbol{r})$。这里,$\boldsymbol{r}=\boldsymbol{S}_{T,-2\varphi}\boldsymbol{r}'$或 $\boldsymbol{r}'=\boldsymbol{S}_{T,2\varphi}\boldsymbol{r}$。

余弦律与差向量法则(二)的定义:

像移动 $\Delta\boldsymbol{S}'$沿反射棱镜像空间内一任意方向单位矢 $\boldsymbol{r}'$上的分量 $\Delta S'_{r'}$(r'像移动)同引起像移动的棱镜微量移动 $\Delta g\boldsymbol{D}$ 之间的关系受余弦律支配:$\Delta S'_{r'}=\boldsymbol{D}\cdot\boldsymbol{\delta}_e=\delta_e\cos(\boldsymbol{D},\boldsymbol{\delta}_e)$,而余弦律中的唯一的矢参量 $\boldsymbol{\delta}_e$可由差向量法则求得:$\boldsymbol{\delta}_e=\Delta g(\boldsymbol{r}'-\boldsymbol{r})$,这里,$\boldsymbol{r}=\boldsymbol{R}^{-1}\boldsymbol{r}'$或 $\boldsymbol{r}'=\boldsymbol{R}\boldsymbol{r}$。

2) 论证

这里的关键是如何理顺在反射棱镜物、像空间内的一对相应的方向单位矢 $\boldsymbol{r}$ 和 $\boldsymbol{r}'$之间的关系问题。

自从发现了 $\boldsymbol{S}_{T,2\varphi}$还可以作为“角矢量传递矩阵”这个崭新的概念之后,$\boldsymbol{S}_{T,2\varphi}$和 $\boldsymbol{R}$ 之间便又多了一层新的关系:“反射棱镜的特征矩阵 $\boldsymbol{S}_{T,2\varphi}$和作用矩阵 $\boldsymbol{R}$ 分别呈现为角矢量和线矢量的传递矩阵。”

无论是棱镜的微量转动 $\Delta\theta\boldsymbol{P}$ 或是微量移动 $\Delta g\boldsymbol{D}$,均属于运动学中的物理量,

因此当讨论反射棱镜的此类问题的时候，宜用二者各自的传递矩阵 $\boldsymbol{S}_{T,2\varphi}$ 和 $\boldsymbol{R}$ 规定棱镜物、像空间内的 $\boldsymbol{r}$ 和 $\boldsymbol{r}'$ 之间的关系。

由于此种处理方法合乎事物自身的内在规律，因而使分别与棱镜微量转动和微量移动相对应的法则最终达到了高度的一致。

6.11.4 反射棱镜调整定理

本文的主旨在于提出一条新的定理——“反射棱镜调整定理”，是为第 5 次提升的成果。

1）定理的定义

“在物体不动的条件下，由反射棱镜的微量转动 $\Delta\theta\boldsymbol{P}$（微量移动 $\Delta g\boldsymbol{D}$）所引起的像偏转 $\Delta\boldsymbol{\mu}'$（像移动 $\Delta\boldsymbol{S}'$）在沿棱镜像空间内一任意方向单位矢 $\boldsymbol{r}'$ 上的分量 $\Delta\mu'_{r'}$（$\Delta S'_{r'}$）所呈现的数量场 $\Delta\mu'_{r'}\{\Delta\theta\boldsymbol{P}\}$（$\Delta S'_{r'}\{\Delta g\boldsymbol{D}\}$）的梯度 $\boldsymbol{\eta}_h$（$\boldsymbol{\eta}_e$）可根据一差向量法则求得：$\boldsymbol{\eta}_h(\boldsymbol{\eta}_e)=\boldsymbol{r}'-\boldsymbol{r}$。其中，$\boldsymbol{r}'=\boldsymbol{S}_{T,2\varphi}\boldsymbol{r}$（$\boldsymbol{r}'=\boldsymbol{R}\boldsymbol{r}$），而 $\boldsymbol{S}_{T,2\varphi}$（$\boldsymbol{R}$）代表反射棱镜的角矢量（线矢量）传递矩阵。”

2）论证

将“法则”升级为定理的缘由：

（1）经过第 4 次提升后，两条法则在名称和定义上已达到了高度的统一。

（2）像偏转分量 $\Delta\mu'_{r'}$ 和像移动分量 $\Delta S'_{r'}$ 各自的极值特性向量 $\boldsymbol{\delta}_h$ 和 $\boldsymbol{\delta}_e$ 的极值性质表明，差向量（$\boldsymbol{r}'-\boldsymbol{r}$）实际上正是 $\Delta\mu'_{r'}$ 和 $\Delta S'_{r'}$ 的梯度：

$$\boldsymbol{\eta}_h=(\boldsymbol{r}'-\boldsymbol{r}) \tag{6-11-34}$$

$$\boldsymbol{\eta}_e=(\boldsymbol{r}'-\boldsymbol{r}) \tag{6-11-35}$$

而

$$\boldsymbol{\delta}_h=\Delta\theta(\boldsymbol{r}'-\boldsymbol{r})=\Delta\theta\boldsymbol{\eta}_h \tag{6-11-36}$$

$$\boldsymbol{\delta}_e=\Delta g(\boldsymbol{r}'-\boldsymbol{r})=\Delta g\boldsymbol{\eta}_e \tag{6-11-37}$$

极值特性向量与梯度之间只差一个比例系数 $\Delta\theta$ 或 Δg。

根据 $\Delta\mu'_{r'}$ 和 $\Delta S'_{r'}$ 二函数各自的变量的特点，$\boldsymbol{\eta}_h$ 和 $\boldsymbol{\eta}_e$ 也可分别取名为角梯度和线梯度。

（3）余弦律和梯度好似一对双胞胎，它们是同时存在的。既然由差向量法则所求得的结果正是所说的梯度，那么余弦律就必然会伴随而来，可不必当成是另一个新的发现。因此，差向量法则才是揭示反射棱镜调整内在规律的关键所在。这就是为什么在最后归纳出来的“反射棱镜调整定理”中不再有“余弦律”三个字的出现。

（4）差向量法则在反射棱镜调整理论中占有相当重要的地位。

（5）法则经过了 40 年实践的考验，已经发挥了很大的作用。例如，该法则在 1997 年为某合资企业一研制项目解决了一个通过一年多的努力尚未能克服的关键难题，使该项目的产品——双目体视显微镜试制成功并远销欧美。

（6）法则的宽度和深度均已达到尽头。

3)定理的数学表达方式

若用简洁的数学语言,则反射棱镜调整定理可概括如下:

$$\boldsymbol{\eta}_h(\boldsymbol{\eta}_e)=\mathrm{grad}\Delta\mu'_{r'}\{\Delta\theta\boldsymbol{P}\}(\mathrm{grad}\Delta S'_{r'}\{\Delta g\boldsymbol{D}\})=\boldsymbol{r}'-\boldsymbol{r} \tag{6-11-38}$$

式中,

$$\boldsymbol{r}=\boldsymbol{S}_{T,-2\varphi}\boldsymbol{r}'(\boldsymbol{r}=\boldsymbol{R}^{-1}\boldsymbol{r}') \tag{6-11-39}$$

6.11.5 结论

(1) 反射棱镜调整定理揭示了平行光路中棱镜调整的全部规律及会聚光路中棱镜调整的部分规律。

(2) 差向量与外界因素无关,只取决于反射棱镜的内部结构,因此差向量自身(梯度)将成为棱镜的重要的特性参量。

(3) 反射棱镜调整定理的内容和形式均十分简明。只要进行一次简单的差向量运算,一切相关的问题便迎刃而解。

(4) 在本法则的形成直至晋升定理的40年间,刚体运动学原理和观点之融入起到了极其重要的作用。“刚体运动”这一虚构的物理模型被用来模拟反射棱镜的物像关系以及像体微量运动等真实的物理现象。无疑,文献[1]中的特征矩阵与文献[2]中的两步法等卓越的贡献也均在此列。

习 题

6.1 请针对五角棱镜 WⅡ -90°制作一个完整的图表,并将所得结果与附录A中的数据进行比较。

6.2 如文中所述,一般空间棱镜不存在三维零值极点,然而在奇次反射的情形,当考虑出射光轴上某一个特定位置的像点 F'_c 时,则有可能找到一个三维零值极点。请求出 F'_c 的位置以及与之相应的三维零值极点。

提示:通过棱镜成像螺旋轴 $\boldsymbol{\lambda}$ 上的反转中心 I 作一垂直于 $\boldsymbol{\lambda}$ 的平面,并求出该平面与棱镜出射光轴的交点,而此交点即为 F'_c。

第7章　反射棱镜稳像

7.1　反射棱镜稳像的实质和意义

有些光学仪器安置在不稳定的基座上。特别是军用光学仪器,它们的基座可能是飞机、舰艇、坦克、自行火炮以及各种类型的导弹等。这些武器载体以及武器本身处于高速运动的状态。由于气流、波浪或地形以及发动机旋转等因素的影响,使光学系统给出的图像发生激烈颤动而呈现模糊,以至于无法观察和识别。对于这样的光学系统,必须进行稳定,使其成像免受基座振动的影响而给出稳定和清晰的图像。这就是对稳像概念的一种最基本的理解。

观测系统或摄测系统是瞄准具、火控系统以及导引系统中的主要组成部分之一。此类带"测"字的光学系统,它们除了获得目标的信号或图像的功能之外,往往还具有测量目标位置及其运动参数的任务。在此情形,图像的上述颤动,一方面会产生因目标的对准困难(例如用十字线压目标)而带来的测量误差;另一方面,还会因无固定准确的参考系而使所测得的目标位置及其运动参数失去应有的意义。为解决这一问题,同样也必须对光学系统进行稳像,使参考系免受基座振动的干扰。

所以,对观测系统或摄测系统而言,稳像在实质上具有稳定图像和稳定测量坐标系的双重作用。

由此可见,在军用光学中稳像的理论占有一个重要的地位。

稳像技术在民用光学仪器上也有其重要的用途。为了提高工作的质量以及减轻使用者的疲劳,一些高倍的手持双眼望远镜和电视摄像机也都要求配上稳像的装置。

在高层建筑的现代施工中,安放在滑升模板上的激光平面测控仪必须具备光轴或观测线的稳定装置,否则在滑升模板提升和调平的过程中,由于模板自身的水平度不断地变化着,测控仪就不可能扫出一个基准的水平面,因而也就无法控制滑升模板的调平精度。

某些型号的普通水平仪也已增添了自动安平的功能。

稳定的装置一般有陀螺仪、摆锤(重锤)以及水准器等。稳定装置的选择取决于基座振动的强弱、稳定精度的高低以及其他有关因素。一般来讲,飞机上的稳定装置宜用陀螺仪,滑升模板上可用摆锤。有时候,为了提高稳定的精度还可采用陀螺和摆锤或陀螺和水准器等复合型的稳定装置。新型陀螺仪的不断出现,也是值得人们注意的一个问题，虽说这些陀螺仪本身的原理并非本书的重点。

稳定的方式有整体稳定和部分稳定两种。整体稳定指稳定整个光学仪器，或者说，稳定整个光学系统。部分稳定指稳定光学系统中的某一个部件或某一个零件。在部分稳定的方式中，以稳定棱镜的办法较多。

显然，利用稳定棱镜来稳定整个光学系统的图像（或稳定整个光学系统的光轴或观测线）的办法，在本质上可视作棱镜自动调整或自动补偿的问题。因此，反射棱镜稳像和反射棱镜调整在原理上有许多共同之处。

观测稳像棱镜的内容包括反射棱镜的成像、微量转动以及有限转动等三个方面，它原来应该是本章的一个重要的组成部分。然而，如果把这一课题的论述与一个平飞轰炸瞄准具的观测稳像棱镜组结合起来，便于问题的深入展开，可以收到更好的效果。所以，这一内容将放在第3篇的第13章。

7.2 平行光路稳像

如同在反射棱镜调整中所做的那样，稳像棱镜位于平行光路中的情况叫做平行光路稳像，而稳像棱镜处在会聚光路中的情况则称为会聚光路稳像。

7.2.1 关于反射棱镜稳像的自由度问题

在平行光路中，由于稳像棱镜成像于无穷远处，所以像体只具有三个有意义的自由度，即像的转动的三个分量。这正好相当于在反射棱镜调整中与光轴偏的两个分量以及像倾斜分量相对应的三个自由度。因此，如果采取平行光路稳像的途径来解决整个光学系统的稳像，那么一个完整的稳像方案只需要解决图像的三个自由度的稳定问题。然而在会聚光路稳像的情况，一个准确而完整的稳像方案要求解决图像的六个自由度的稳定问题（见7.3节）。从这个意义上说，平行光路稳像优于会聚光路稳像。

如在上述中已提到，在平行光路稳像中，一个完整的方案需解决三自由度稳像的问题。现在要问，如果一个平行光路中的稳像棱镜允许绕空间任意方向的一根轴线作微量转动，那么它究竟（至多）能够解决几个自由度的稳定问题。虽说要在结构上保证一个反射棱镜绕空间任意方向的一根轴线转动，是件非常困难的事情，不过，先就这个问题从理论上作一番探讨还是有意义的。

见图7-2-1，任何一块反射棱镜在平行光路中的成像特性均可用它的特征方向 $\boldsymbol{T}$、特征角 2φ 以及反射次数 t 加以表示。设该棱镜绕空间的任一轴线 $\boldsymbol{P}$ 作微量转动。现将 $\boldsymbol{P}$ 分解成为 $\boldsymbol{P}_{\perp}$ 和 $\boldsymbol{P}_{/\!/}$ 两个部分，其中 $\boldsymbol{P}_{\perp}$ 垂直于 $\boldsymbol{T}$，而 $\boldsymbol{P}_{/\!/}$ 平行于 $\boldsymbol{T}$。根据已知的道理，在微量转动 $\Delta\theta\boldsymbol{P}$ 中，只有 $\Delta\theta\boldsymbol{P}_{\perp}$ 起作用，而 $\Delta\theta\boldsymbol{P}_{/\!/}$ 是不会引起像运动的。这就是说，理论上允许棱镜绕任意轴转动，但实际上只有那些方向与特征方向 $\boldsymbol{T}$ 相垂直的转轴才是有意义的。更明确地说，反射棱镜绕空间任意轴 $\boldsymbol{P}$ 所作的微量转动 $\Delta\theta\boldsymbol{P}$ 本身是一个三个自由度的问题，然而棱镜的此种三自由度的微量转动在造成像运动方面有实效的部分却只是个二自由度的问题。

上述事实可以看作是反射棱镜在平行光路中的一种稳像特性。

此种稳像特性可以直接用(4-3-9)式加以说明：

$$(\Delta\boldsymbol{\mu}') = \Delta\theta(\boldsymbol{E} - \boldsymbol{S}_{T,2\varphi})(\boldsymbol{P})$$

公式(4-3-9)也表达了一种“差向量”的法则：反射棱镜的任意一个微量转动 $\Delta\theta\boldsymbol{P}$ 所造成的像偏转矢量 $\Delta\boldsymbol{\mu}'$ 等于微量转动矢量本身 $\Delta\theta\boldsymbol{P}$ 与该矢量绕 $\boldsymbol{T}$ 转 2φ 后所成的矢量 $\Delta\theta\boldsymbol{S}_{T,2\varphi}(\boldsymbol{P})$ 之差：$\Delta\boldsymbol{\mu}' = \Delta\theta\boldsymbol{P} - \boldsymbol{S}_{T,2\varphi}(\Delta\theta\boldsymbol{P})$。

图 7-2-2 表示了此种差向量运算的结果。不难看出，无论 $\Delta\theta\boldsymbol{P}$ 取何方向，而由它所致的 $\Delta\boldsymbol{\mu}'$ 却始终垂直于 $\boldsymbol{T}$。

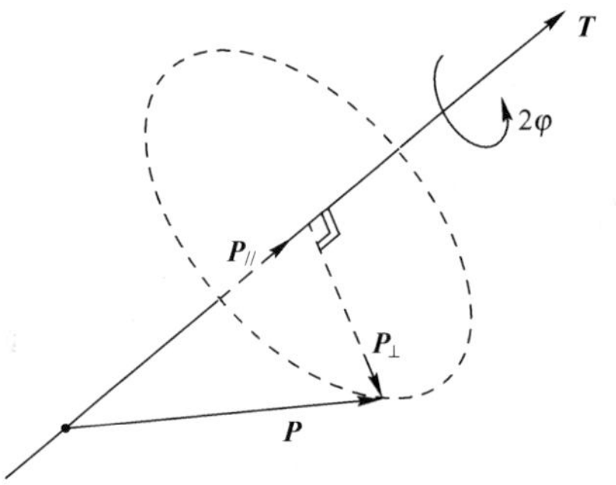

图 7-2-1 转轴单位矢量 $\boldsymbol{P}$ 的分解

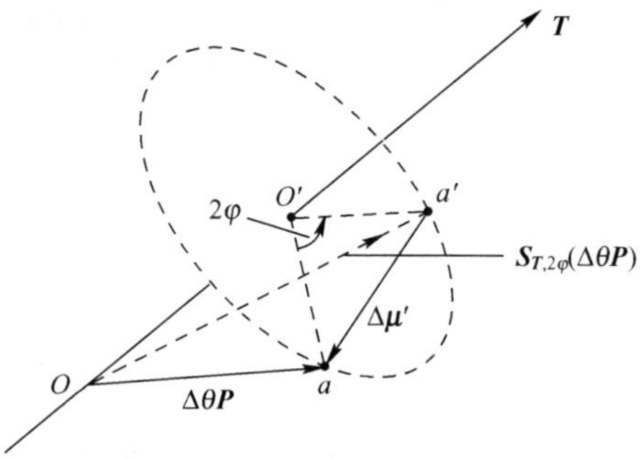

图 7-2-2 $\Delta\boldsymbol{\mu}'$ 的自由度

在平行光路中像偏转 $\Delta\boldsymbol{\mu}'$ 属于自由矢量，其位置无影响，仅其方向发挥作用，而且由于这一方向始终垂直于一个确定的矢量 $\boldsymbol{T}$，所以 $\Delta\boldsymbol{\mu}'$ 是一个二自由度的矢量。这一情况和上述的判断完全一致。

上述结论说明，在平行光路中，单棱镜不可能实现三自由度的稳像。即使是采用了三自由度的球轴支撑，单个稳像棱镜至多也只能完成二自由度的稳像。

在许多情况下，同一个棱镜需兼作扫描与稳像。在此情形，棱镜的支撑结构已经比较复杂，通常也较少采用二自由度的方向架支撑。所以，稳像棱镜一般绕定轴转动，因而在稳像方面只能解决一个自由度。

应当指出，在平行光路稳像的三个自由度中，补偿像倾斜方向上的稳像(一个自由度)往往依靠稳定整个仪器或稳定整个基座的方式加以解决。例如，在飞机上用自动驾驶仪中的航向安定器稳定了轰炸瞄准具，因而使整个光学系统在绕铅垂轴转动的方向上受到了稳定；在导弹上用倾斜陀螺(或横滚陀螺)稳定导弹绕其纵轴的转动(防止横滚)，因而使整个光学系统在绕其光轴转动的方向上受到了稳定。

在上述的情况下，光学系统本身尚需稳定两个自由度。这就是通常所说的光轴或观测线的稳定。而为了实现此种观测线的稳定，根据以上的分析，一般需要 1 ~ 2 块稳像棱镜。

当推导反射棱镜在平行光路中的稳像公式时，有必要区分微量转动稳像和有限转动稳像两种不同的情况。

7.2.2 微量转动稳像公式

为了使以下的讨论具有更多的指导意义，我们选择一种最常见的情况，即用两个棱镜的稳像系统来稳定光学系统的光轴，并在稳像棱镜的前方增加一个前置系统（图7-2-3）。根据需要，前置系统有时可能是一个伽利略式的望远镜。图7-2-3中棱镜1、2的型号是随意的。

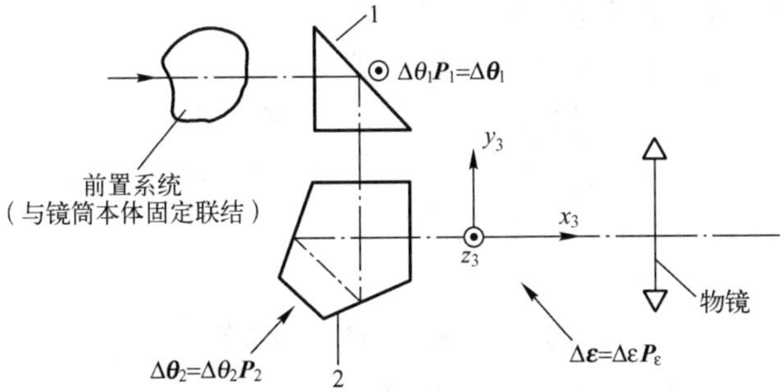

图7-2-3 平行光路稳像示意图

设 $\Delta\boldsymbol{\varepsilon}$ 代表望远镜筒随基座一起的微小摆动矢量，$\Delta\boldsymbol{\theta}_1=\Delta\theta_1\boldsymbol{P}_1$ 和 $\Delta\boldsymbol{\theta}_2=\Delta\theta_2\boldsymbol{P}_2$ 分别代表反射棱镜1和反射棱镜2为进行稳像所作的微量的补偿转动。

以下推导稳像的公式。设 $x_3y_3z_3$ ① 代表与望远镜筒相联结的动坐标。在一般情况下，选择与运动本体相联结的动坐标作为基准的参考系是最为方便的，并且将给人以非常清晰的思路。

令 $[\boldsymbol{R}_{前}]_3$、$[\boldsymbol{R}_1]_3$、$[\boldsymbol{R}_2]_3$ 分别代表前置系统、稳像棱镜1、稳像棱镜2统一在坐标 $x_3y_3z_3$ 中所表示的作用矩阵（见2.4.3节）。

解题的思路可分成两个步骤，或者说，分成两个方面：

(1) 想像整个光学系统作为一个整体，随着望远镜筒一起摆动一个微小的角度 $\Delta\boldsymbol{\varepsilon}$。在此情形，对于相对坐标系 $x_3y_3z_3$ 而言，整个望远镜筒及其光学系统变成静止的（相对静止），而原来不动的物空间反倒成为运动的，而且物空间的这个相对的微量转动显然等于 $-\Delta\boldsymbol{\varepsilon}$。然后，求出物空间的微量转动 $-\Delta\boldsymbol{\varepsilon}$ 在通过前置系统以及所有的稳像棱镜之后，于最后一块稳像棱镜的像空间内所对应的像的共轭的微量转动 $\Delta\boldsymbol{\mu}''_{扰}$。

根据已知的道理，得

$$(\Delta\boldsymbol{\mu}''_{扰})_3=(-1)^{t_\Sigma}[\boldsymbol{R}_2]_3[\boldsymbol{R}_1]_3[\boldsymbol{R}_{前}]_3(-\Delta\boldsymbol{\varepsilon})_3 \tag{7-2-1}$$

式中，t_Σ 取决于由前置系统至最后一块稳像棱镜所组成的光学系统的镜像性，如果此系统的物、像关系呈现镜像性，则 t_Σ 为奇数，否则为偶数。这里不把 t_Σ 叫做总的反射次数，是由于前置系统有时是一个望远镜系统的缘故。

如果默认(7-2-1)式中的全部矩阵，包括两个列矩阵，都对应于同一个相对坐

① 注：按照习惯，使 x_3 与最后一块稳像棱镜的出射光轴的方向相一致。

标 $x_3y_3z_3$，那么也可写成

$$(\Delta\boldsymbol{\mu}''_{扰}) = (-1)^{t_\Sigma}\boldsymbol{R}_2\boldsymbol{R}_1\boldsymbol{R}_{前}(-\Delta\boldsymbol{\varepsilon}) \tag{7-2-2}$$

（2）由于稳像源（例如，陀螺仪）的作用，稳像棱镜 1 和 2 分别作微量的补偿转动 $\Delta\theta_1\boldsymbol{P}_1 = \Delta\boldsymbol{\theta}_1$ 和 $\Delta\theta_2\boldsymbol{P}_2 = \Delta\boldsymbol{\theta}_2$，而此时光学系统中的其余部分以及物空间均保持不动。应当指出，这里的 $\Delta\boldsymbol{\theta}_1$ 和 $\Delta\boldsymbol{\theta}_2$ 都是相对动坐标 $x_3y_3z_3$ 而言的。设 $\Delta\boldsymbol{\mu}''_{1,2}$ 和 $\Delta\boldsymbol{\mu}''_2$ 分别代表由 $\Delta\boldsymbol{\theta}_1$ 和 $\Delta\boldsymbol{\theta}_2$ 在最后一个稳像棱镜（本情况为棱镜 2）的像空间内所引起的像偏转，而 $\Delta\boldsymbol{\mu}''_{补}$ 代表它们的总和：$\Delta\boldsymbol{\mu}''_{补} = \Delta\boldsymbol{\mu}''_{1,2} + \Delta\boldsymbol{\mu}''_2$。

根据已知的像偏转公式以及角矢量的成像原理，有

$$(\Delta\boldsymbol{\mu}''_2) = [\boldsymbol{E} + (-1)^{t_2-1}\boldsymbol{R}_2](\Delta\boldsymbol{\theta}_2)$$

$$(\Delta\boldsymbol{\mu}''_{1,2}) = (-1)^{t_2}\boldsymbol{R}_2[\boldsymbol{E} + (-1)^{t_1-1}\boldsymbol{R}_1](\Delta\boldsymbol{\theta}_1)$$

式中，t_1、t_2 分别代表棱镜 1、2 的反射次数。

由此：

$$(\Delta\boldsymbol{\mu}''_{补}) = (-1)^{t_2}\boldsymbol{R}_2[\boldsymbol{E} + (-1)^{t_1-1}\boldsymbol{R}_1](\Delta\boldsymbol{\theta}_1) + [\boldsymbol{E} + (-1)^{t_2-1}\boldsymbol{R}_2]$$

或合并写成

$$(\Delta\boldsymbol{\mu}''_{补}) = \sum_{i=1}^{2}\boldsymbol{K}_{i,2}[\boldsymbol{E} + (-1)^{t_i-1}\boldsymbol{R}_i](\Delta\boldsymbol{\theta}_i) \tag{7-2-3}$$

式中，$\boldsymbol{K}_{i,2}$ 代表由第 i 块稳像棱镜至最后一块稳像棱镜的角矢量成像作用矩阵[①]，而 $\boldsymbol{K}_{2,2} = 1$。

根据稳像的条件，最终应当要求 $\Delta\boldsymbol{\mu}''_{补}$ 和 $\Delta\boldsymbol{\mu}''_{扰}$ 相抵消。不过，由于两个作定轴微量补偿转动的稳像棱镜一般只能完成二自由度的稳像，而且是在绕 y_3 和绕 z_3 转动的两个自由度上。所以

$$\begin{pmatrix}0 & 1 & 0\\0 & 0 & 1\end{pmatrix}(\Delta\boldsymbol{\mu}''_{补}) = -\begin{pmatrix}0 & 1 & 0\\0 & 0 & 1\end{pmatrix}(\Delta\boldsymbol{\mu}''_{扰}) \tag{7-2-4}$$

或

$$\begin{pmatrix}0 & 1 & 0\\0 & 0 & 1\end{pmatrix}\sum_{i=1}^{2}\boldsymbol{K}_{i,2}[\boldsymbol{E} + (-1)^{t_i-1}\boldsymbol{R}_i](\Delta\boldsymbol{\theta}_i) = -$$

$$\begin{pmatrix}0 & 1 & 0\\0 & 0 & 1\end{pmatrix}(-1)^{t_\Sigma}\boldsymbol{R}_2\boldsymbol{R}_1\boldsymbol{R}_{前}(-\Delta\boldsymbol{\varepsilon}) \tag{7-2-5}$$

虽然在一般情况下不可能满足 $\Delta\mu''_{补x_3} = \Delta\mu''_{扰x_3}$，然而设计者还应力求实现这一等式。以上曾经提到，由于采取了一些其他措施，例如飞机上的自动驾驶仪中的航向安定器，通常令 $\Delta\mu''_{扰x_3} = 0$。所以，为了满足这一等式，应有：$\Delta\mu''_{补x_3} = 0$。这就是说，当用两个稳像棱镜的补偿转动来消除系统成像在两个自由度上所受的干扰时，应当尽量防止在另外一个自由度上造成额外的像倾斜误差。因此，在选择稳像棱镜的型号以及确定它们的转轴的时候，必须充分注意这些棱镜的调整特性。这要

① 注：此角矢量成像作用矩阵 $\boldsymbol{K}_{i,2}$ 与这样一个系统相对应：该系统所包含的光学元件从第 i 块棱镜之后的第一个元件算起直至包括最后一块稳像棱镜在内。

求很好地运用在第6章中所述的内容。

有时只要求测量的准确性，而二自由度的光轴稳定或观测线稳定已经保证了这样一个条件，而在观察上又不苛求，那么，在此情形，因棱镜作双自由度的观测线稳定时而带来一点额外的像倾斜也将是认可的。

(7-2-3)式也可以用在单棱镜双轴微量转动的情况。此时，$t_1 = t_2$；$\boldsymbol{R}_1 = \boldsymbol{R}_2$；$\boldsymbol{K}_{1,2} = \boldsymbol{K}_{2,2} = 1$；$\Delta\boldsymbol{\theta}_1$ 和 $\Delta\boldsymbol{\theta}_2$ 为同一个稳像棱镜绕不同轴的转角。当然，对于此种单棱镜双轴微量转动的情况，也可把(7-2-3)式简写成

$$(\Delta\boldsymbol{\mu}'_{补}) = [\boldsymbol{E} + (-1)^{t-1}\boldsymbol{R}](\Delta\boldsymbol{\theta}) \tag{7-2-6}$$

只是上式中的 $\Delta\boldsymbol{\theta}$ 应理解为一个二自由度的量：$\Delta\boldsymbol{\theta} = \Delta\boldsymbol{\theta}_1 + \Delta\boldsymbol{\theta}_2$。

(7-2-3)式也可推广到三棱镜单轴微量转动的情形。此时有

$$(\Delta\boldsymbol{\mu}'''_{补}) = \sum_{i=1}^{3}\boldsymbol{K}_{i,3}[\boldsymbol{E} + (-1)^{t_i-1}\boldsymbol{R}_i](\Delta\boldsymbol{\theta}_i) \tag{7-2-7}$$

而为了抵消图像的干扰运动，应有

$$\sum_{i=1}^{3}\boldsymbol{K}_{i,3}[\boldsymbol{E} + (-1)^{t-1}\boldsymbol{R}_i](\Delta\boldsymbol{\theta}_i) = -(-1)^{t_\Sigma}\boldsymbol{R}_3\boldsymbol{R}_2\boldsymbol{R}_1\boldsymbol{R}_{前}(-\Delta\boldsymbol{\varepsilon}) \tag{7-2-8}$$

在多棱镜定轴微量转动的稳像情况 $\Delta\boldsymbol{\mu}''_{补}$ 或 $\Delta\boldsymbol{\mu}'''_{补}$ 包含着若干个组成项：

$$(\Delta\boldsymbol{\mu}''_{补}) = \boldsymbol{K}_{1,2}(\Delta\boldsymbol{\mu}'_1) + (\Delta\boldsymbol{\mu}''_2) = (\Delta\boldsymbol{\mu}''_{1,2}) + (\Delta\boldsymbol{\mu}''_2) \tag{7-2-9}$$

$$\begin{aligned}(\Delta\boldsymbol{\mu}'''_{补}) &= \boldsymbol{K}_{1,3}(\Delta\boldsymbol{\mu}'_1) + \boldsymbol{K}_{2,3}(\Delta\boldsymbol{\mu}''_2) + (\Delta\boldsymbol{\mu}'''_3)\\ &= (\Delta\boldsymbol{\mu}'''_{1,2,3}) + (\Delta\boldsymbol{\mu}'''_{2,3}) + (\Delta\boldsymbol{\mu}'''_3)\end{aligned} \tag{7-2-10}$$

以上二式右侧各组成项分别代表各稳像棱镜的微量补偿转动在最后一块稳像棱镜的像空间内所造成的像偏转。

为了更有效地补偿 $\Delta\boldsymbol{\mu}''_{扰}$ 或 $\Delta\boldsymbol{\mu}'''_{扰}$，上述各有关的组成项应当满足一种最佳的配置方案。

在(7-2-9)式所对应的情况，$\Delta\boldsymbol{\mu}''_{补}$ 用于稳定光轴，因此要求其组成项 $\Delta\boldsymbol{\mu}''_{1,2}$ 和 $\Delta\boldsymbol{\mu}''_2$ 应当互相垂直，并且又都垂直于光轴 x_3，后一条件等效于 $\Delta\boldsymbol{\mu}''_{1,2}$ 和 $\Delta\boldsymbol{\mu}''_2$ 组成一个同光轴 x_3 相垂直的平面。读者可分析一下图7-2-3所示的情况，其中的 $\Delta\boldsymbol{\theta}_1$ 和 $\Delta\boldsymbol{\theta}_2$ 正好满足最佳的配置方案。

在(7-2-10)式所对应的情况，$\Delta\boldsymbol{\mu}'''_{补}$ 用于完成三自由度稳像，需要补偿可能发生的一切 $\Delta\boldsymbol{\mu}'''_{扰}$，因此 $\Delta\boldsymbol{\mu}'''_{补}$ 的三个组成项 $\Delta\boldsymbol{\mu}'''_{1,2,3}$、$\Delta\boldsymbol{\mu}'''_{2,3}$ 和 $\Delta\boldsymbol{\mu}'''_3$ 应当组成直角坐标的三根互相垂直的坐标轴。如果这一要求得不到满足，那么实际能够补偿的范围将受到限制。

从(7-2-1)式到(7-2-10)式的推导过程中可以清楚地看出，在微量转角稳像的情况，稳像的原理实质上就是成像和调整二者相结合的产物。

7.2.3 有限转动稳像公式

前面在讨论反射棱镜调整的时候，我们只发展了微量调整理论，其中包含微量转动的调整理论，而从未提出过有限转动的调整理论。这个道理是很清楚的。虽

然在开始进行一台光学仪器的调整时，反射棱镜的转角可能不是微量，然而调整通常是个逐次逼近的过程，等到调整接近完成的阶段，棱镜的转角或移动都将是非常微小的。因此，应用反射棱镜微量调整理论来指导光学仪器的调整实践，并且以此理论作为光学仪器结构设计的基础之一，是完全合理的。

然而稳像的情况与棱镜调整有所不同。以军用光学仪器为例，仪器所在基座的振动以及武器沿攻击曲线或导引轨迹正常飞行过程中陀螺内环相对于外环和外环相对于本体的转角（稳像棱镜的转角与这些所谓的欧拉角有直接的关系）都不可能永远呈现在微量范围。所以，若把此类光学仪器的正常的工作状态限制在微量转角稳像的情况，就将严重地降低仪器和有关武器的战术技术性能。这就是为什么要讨论有限转角稳像的缘故。

有关大角度干扰下的观测线稳定的问题将在第 14 章中进行详细讨论。

7.3 会聚光路稳像

对于某些光学系统来说，有时候必须采用会聚光路的稳像方式，有些反射棱镜也比较适合于作为会聚光路中的稳像棱镜。此外，会聚光路稳像自身还具有某些优点。

在会聚光路中，图像位于有限距离的地方，所以它具有六个自由度。因此，严格地说，会聚光路中的完整和准确的稳像是一个六自由度的问题。不过，为了简化结构起见，通常只稳定其中的三个自由度：图像绕光轴的转动以及沿与光轴相垂直的方向上的两个移动分量。这好比在棱镜调整中与像倾斜 $\Delta\mu'_{x'}$ 以及像点位移分量 $\Delta S'_{F'y'}$、$\Delta S'_{F'z'}$ 相对应的三个自由度。

此种原则可以保证视场内的图像基本不变，所以也称视场稳定。至于未加稳定的两项像面偏分量以及视度变化，则应凭借选择合适的稳像棱镜加以适当地控制。实际上，出于和前述同样的原因，我们只讨论稳定光轴或观测线的问题。

在会聚光路中，反射棱镜不允许作较大的转动，所以下述仅讨论微量转动的稳像原理。

7.3.1 稳像棱镜的选型问题

一般来讲，会聚光路中的空间有限，难于布置两块稳像棱镜，往往要用一块棱镜来实现光轴或观测线的双自由度稳定，而且为了结构紧凑起见，稳像棱镜直接安装在陀螺仪方向架的内环上。此时，稳像棱镜的补偿转动直接来自于稳像源，该转动在大小上等于整个光学系统随镜管的摆动，只是方向正相反而已。譬如，若整个光学系统倾斜 $\Delta\boldsymbol{\varepsilon}$，则稳像棱镜相对于整个光学系统的补偿转动为 $-\Delta\boldsymbol{\varepsilon}$。在此情形，反射棱镜必须具备一定的成像特性和调整特性才能充当这样的稳像棱镜。

为了说明稳像棱镜的此种选型的问题，以下讨论一个简单的例子。图 7-3-1

所示为一光轴折转 90°的照相系统。平面镜处在物镜和焦平面之间,所以属于会聚光路稳像。

先讨论用平面镜 2 作绕 z 轴方向的稳定。假设采用陀螺式的稳定装置。

按照常规,画出平面镜 2 的物、像空间内的一对完全共轭的坐标系 $Oxyz$ 和 $O'x'y'z'$,坐标原点 O 和 O'分别定在平面镜物、像空间内的一对共轭点 F 和 F'处。这里的 F 为物镜的后焦点。

解题的思路见图 7-3-2。首先,假想整个光学系统一起绕 z 轴微量转动一个 $\Delta\varepsilon$ 角,此时,自物空间原来沿光轴方向入射的平行光束 $\boldsymbol{A}$ 相对于现在的光轴倾斜了一个角度 $\Delta\varepsilon$,因而像点由原来的 F'点移至 F_1'点,而此二像点在平面镜的物空间内对应地为 F 和 F_1。

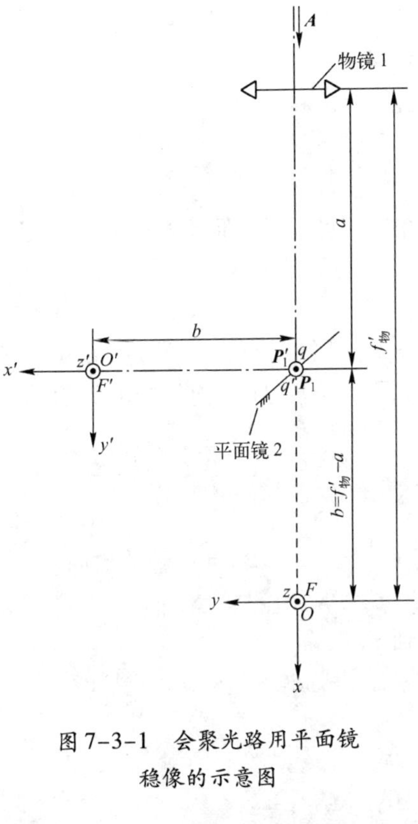

图 7-3-1 会聚光路用平面镜稳像的示意图

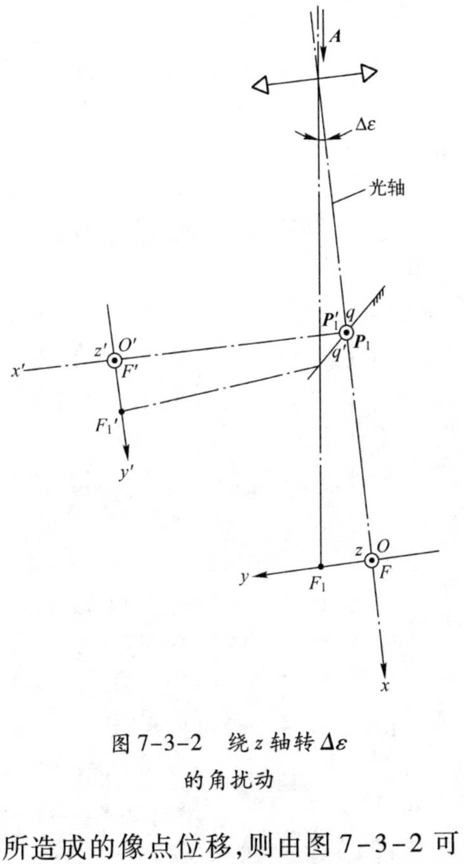

图 7-3-2 绕 z 轴转 $\Delta\varepsilon$ 的角扰动

设 $\Delta S'_{F'扰}$代表由光学系统的上述倾斜所造成的像点位移,则由图 7-3-2 可求得

$$\Delta S'_{F'扰}=\Delta\varepsilon\cdot f'_{物} \tag{7-3-1}$$

随后,由于陀螺定轴性的作用,平面镜 2 复位。按照稳像的要求,平面镜的复位补偿转动应当使像点由 F_1'恢复到 F'上。

以下作些分析计算。

设平面镜的补偿运动为绕 $\boldsymbol{P}_1$ 转 $\Delta\theta_1$,而且 $\boldsymbol{P}_1$ 轴通过光轴的折转点 q。由于平

面镜直接安装在陀螺仪的内环上，所以 $\boldsymbol{P}_1$ 平行于 z 轴，而 $\Delta\theta_1 = -\Delta\boldsymbol{\varepsilon}$。

现求平面镜 2 绕 $\boldsymbol{P}_1$ 转 $-\Delta\varepsilon$ 所造成的像点位移 $\Delta\boldsymbol{S}'_{F'补}$。

将像点位移矢量公式(4-3-2)投影到 y' 轴，并考虑到 $t=1$，得

$$\Delta S'_{F'y'补} = -\Delta\boldsymbol{\varepsilon}(P_{1z'}\rho_{F'x'} - P_{1x'}\rho_{F'z'}) - \Delta\boldsymbol{\varepsilon}(P'_{1z'}\rho'_{F'x'} - P'_{1x'}\rho'_{F'z'}) \quad (7\text{-}3\text{-}2)$$

由图 7-3-1 中可见，

$$P_{1x'} = P'_{1x'} = 0, P_{1z'} = P'_{1\gamma'} = 1$$

$$\rho_{F'x'} = \rho'_{F'x'} = f'_{物} - a, \rho_{F'z'} = \rho'_{F'z'} = 0$$

将上列数据代入(7-3-2)式，得

$$\Delta S'_{F'y'补} = -2\Delta\boldsymbol{\varepsilon}(f'_{物} - a) \quad (7\text{-}3\text{-}3)$$

另一方面，根据稳定光轴的要求，应当满足：

$$\Delta S'_{F'y'补} = -\Delta S'_{F'y'扰} \quad (7\text{-}3\text{-}4)$$

将(7-3-1)式、(7-3-3)式代入(7-3-4)式，得

$$2\Delta\boldsymbol{\varepsilon}(f'_{物} - a) = \Delta\boldsymbol{\varepsilon} \cdot f'_{物}$$

由此

$$a = f'_{物}/2 \quad (7\text{-}3\text{-}5)$$

这就是用平面镜 2 作绕 z 轴方向稳定的条件方程。可见，平面镜 2 必须在一定的位置上。

再讨论用平面镜 2 作绕 y 轴方向的稳定。

同样，假想整个光学系统一起绕 y 轴微量转动一个 $\Delta\boldsymbol{v}$ 角，如图 7-3-3(b) 所示，而平面镜 2 的复位补偿运动的转轴 $\boldsymbol{P}_2$ 通过同一个 q 点(万向架中心)，其方向平行于 y 轴，转角 $\Delta\theta_2 = -\Delta\boldsymbol{v}$。

同理，先由图 7-3-3(b) 求得 $\Delta S'_{F'扰}$：

$$\Delta S'_{F'扰} = -\Delta\boldsymbol{v} \cdot f'_{物} \quad (7\text{-}3\text{-}6)$$

因平面镜物空间内的 F_2 在 z 轴的负向，所以像点位移 $\Delta S'_{F'扰}$ 指向 z' 轴的负向。

然后，再求出由平面镜 2 绕 $\boldsymbol{P}_2$ 转 $-\Delta\boldsymbol{v}$ 所造成的像点位移 $\Delta\boldsymbol{S}'_{F'补}$。

同样，将像点位移矢量公式(4-3-2)投影到 z' 轴，得

$$\Delta S'_{F'z'补} = -\Delta\boldsymbol{v}(P_{2x'}\rho_{F'y'} - P_{2y'}\rho_{F'x'}) - \Delta\boldsymbol{v}(P'_{2x'}\rho'_{F'y'} - P'_{2y'}\rho'_{F'x'}) \quad (7\text{-}3\text{-}7)$$

由图 7-3-3(a) 可见，

$$P_{2y'} = P'_{2x'} = 0, P_{2x'} = P'_{2y'} = 1$$

$$\rho_{F'y'} = \rho'_{F'y'} = 0, \rho_{F'x'} = \rho'_{F'x'} = f'_{物} - a$$

将上列数据代入(7-3-7)式，得

$$\Delta S'_{F'z'补} = \Delta\boldsymbol{v}(f'_{物} - a) \quad (7\text{-}3\text{-}8)$$

另一方面，根据稳定光轴的要求，应当满足：

$$\Delta S'_{F'z'补} = -\Delta S'_{F'z'扰} \quad (7\text{-}3\text{-}9)$$

将(7-3-6)式、(7-3-8)式代入(7-3-9)式，得

$$\Delta\boldsymbol{v}(f'_{物} - a) = \Delta\boldsymbol{v} f'_{物}$$

由此

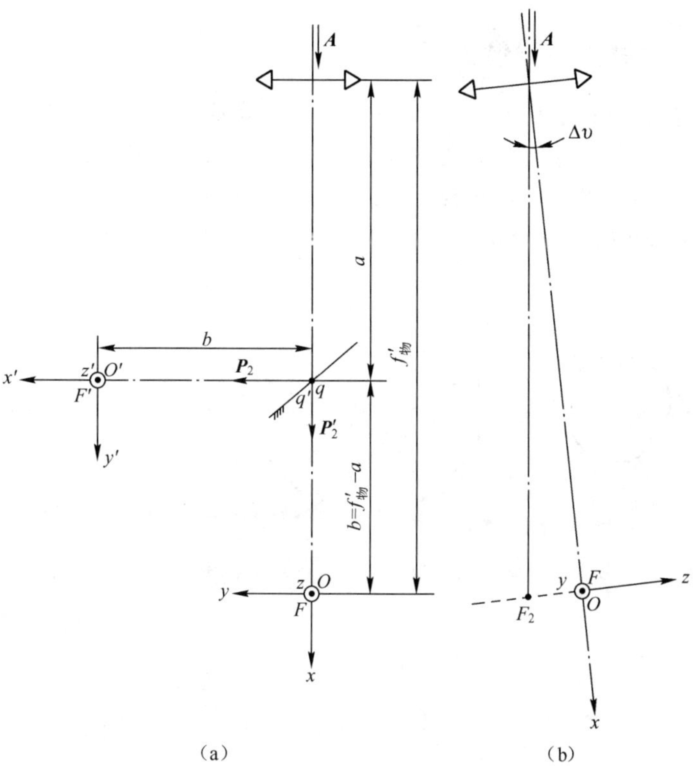

图 7-3-3　绕 y 轴转 $\Delta\upsilon$ 的角扰动

(a) 正视图;(b) 侧视图。

$$a=0 \tag{7-3-10}$$

这就是用平面镜 2 作绕 y 轴方向稳定的条件方程。当然,这个位置条件在结构上是很难实现的。

上述分析的结果说明,由于条件方程(7-3-5)式和(7-3-10)式的不一致,所以,在会聚光路中用同一块平面镜实现双向稳定,是困难的。

同时,在上述分析过程中还可以看到,两个条件方程的差别,主要来自于单平面镜的$\Delta S'_{F'y'}$和 $\Delta S'_{F'z'}$的表达式的不对称性,或者说,来自于单平面镜在绕 y' 和绕 z' 两个方向上的不相一致的调整特性。

根据前述的理论不难看到,反射棱镜的调整特性主要取决于它的成像特性,而最终与反射棱镜自身的结构有关。这就是为什么在本节之始提出了稳像棱镜的选型问题。

从附录 A 的棱镜图表中查得,别汉屋脊棱镜 $FB_J-0°$ 的成像螺旋轴与出射光轴相一致;x 和 x' 同向;y 和 y' 以及 z 和 z' 都互为反向;反射次数 $t=6$;特别是$\Delta S'_{F'y'}$和 $\Delta S'_{F'z'}$的表达式非常类似,这些都是对称性的标志,故在本节末将讨论一个以 $FB_J-0°$ 作为会聚光路稳像棱镜的实例。

7.3.2 会聚光路稳像公式

下面推导在会聚光路中用单个反射棱镜进行光轴稳定的一般公式。

见图 7-3-4，设$\boldsymbol{f}'$表示物镜的焦距矢量，其方向永远与棱镜的出射光轴 x'相一致，$\boldsymbol{f}'$的模f'只代表物镜本身的焦距，而与 F'同物镜间的实际距离无关；$\boldsymbol{C}_\mathrm{f}$ 代表与$\boldsymbol{f}'$相对应的叉乘矩阵。

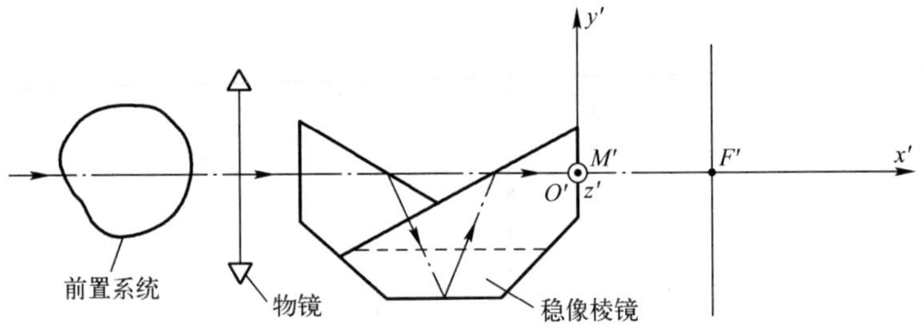

图 7-3-4　会聚光路棱镜稳像

所以
$$\boldsymbol{f}' = f' \cdot \boldsymbol{i}' \tag{7-3-11}$$

$$\boldsymbol{C}_\mathrm{f} = \begin{pmatrix} 0 & -f'_{z'} & f'_{y'} \\ f'_{z'} & 0 & -f'_{x'} \\ -f'_{z'} & f'_{x'} & 0 \end{pmatrix} = \begin{pmatrix} 0 & 0 & 0 \\ 0 & 0 & -f' \\ 0 & f' & 0 \end{pmatrix} \tag{7-3-12}$$

其他符号维持原义不变。

(1) 首先，想像整个光学系统作为一个整体，随着镜筒一起摆动一个微小的角度 $\Delta\boldsymbol{\varepsilon}$，并求出像点 F'因此而发生的小位移 $\Delta \boldsymbol{S}'_{F'扰}$：

$$(\Delta \boldsymbol{S}'_{F'扰}) = (-1)^{t_\Sigma}([\boldsymbol{R}\boldsymbol{R}_{前}(-\Delta\boldsymbol{\varepsilon})] \times \boldsymbol{f}') \tag{7-3-13}$$

或把上式右侧的叉乘变成矩阵相乘的形式：

$$(\Delta \boldsymbol{S}'_{F'扰}) = -(-1)^{t_\Sigma}\boldsymbol{C}_\mathrm{f}\boldsymbol{R}\boldsymbol{R}_{前}(-\Delta\boldsymbol{\varepsilon}) \tag{7-3-14}$$

(2) 然后，由于稳像源的作用，稳像棱镜相对于整个光学系统作微量的补偿转动 $\Delta\boldsymbol{\theta}$，并根据(4-3-24)式求出由此补偿转动所引起的像点位移 $\Delta \boldsymbol{S}'_{F'补}$：

$$(\Delta \boldsymbol{S}'_{F'补}) = \boldsymbol{J}_{SP}(\Delta\boldsymbol{\theta}) \tag{7-3-15}$$

式中，$\Delta\boldsymbol{\theta}$ 是一个二自由度的量。这在结构上可以通过将稳像棱镜直接安装在三自由度陀螺的内环上加以实现，因为内环具有相对于陀螺仪本体的两个自由度。

最后，按照稳像的要求应有

$$(\Delta \boldsymbol{S}'_{F'补}) = -(\Delta \boldsymbol{S}'_{F'扰}) \tag{7-3-16}$$

将(7-3-14)式、(7-3-15)式代入(7-3-16)式，得

$$\boldsymbol{J}_{SP}(\Delta\boldsymbol{\theta}) = (-1)^{t_\Sigma}\boldsymbol{C}_\mathrm{f}\boldsymbol{R}\boldsymbol{R}_{前}(-\Delta\boldsymbol{\varepsilon}) \tag{7-3-17}$$

这就是会聚光路光轴稳定的一般公式。当运用此公式时，仍然要注意统一坐标系的问题。

例 7-3-1　见图 7-3-5，设物镜和别汉棱镜 $\mathrm{FB_J}-0°$组成一摄测系统。该系统

可以安装在自寻的导引头上，作为自动跟踪目标的位标器。为了在跟踪过程中保证目标图像稳定起见，将别汉棱镜单独安置于三自由度陀螺仪的内环上，使棱镜光轴与转子轴（图上未表示）相重合。物镜和硅靶则固定在导引头上，并随导引头一起摆动。万向架中心在 q 点，它的位置在稳像棱镜的转轴 $\boldsymbol{P}$ 的载线上。

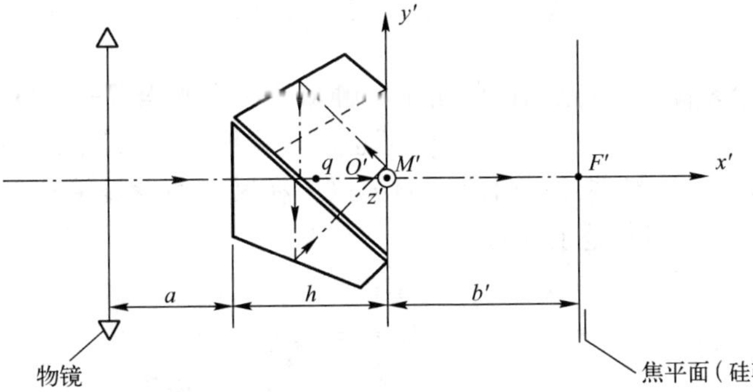

图 7-3-5　一陀螺棱镜稳像的摄测系统（q 点——陀螺仪万向架中心）

由于这里无前置系统，可以令 $\boldsymbol{R}_{前}=\boldsymbol{E}$，则(7-3-17)式在本情况变为

$$\boldsymbol{J}_{SP}(\Delta\boldsymbol{\theta})=(-1)^{t}\boldsymbol{C}_{f}\boldsymbol{R}(-\Delta\boldsymbol{\varepsilon}) \tag{7-3-18}$$

由附录 A 中查得别汉棱镜 $FB_J-0°$ 的像点位移矩阵 $\boldsymbol{J}_{SP}$ 和转动矩阵 $\boldsymbol{S}_{T,2\varphi}$ 为

$$\boldsymbol{J}_{SP}=\begin{pmatrix}0 & 0 & 0\\ 2z'_q & 0 & -2x'_q+2b'-1.299D+5.156\dfrac{D}{n}\\ -2y'_q & 2x'_q-2b'+1.299D-5.156\dfrac{D}{n} & 0\end{pmatrix} \tag{7-3-19}$$

$$\boldsymbol{R}=(-1)^{6}\boldsymbol{S}_{T,2\varphi}=\begin{pmatrix}1 & 0 & 0\\ 0 & -1 & 0\\ 0 & 0 & -1\end{pmatrix} \tag{7-3-20}$$

由于棱镜直接安装在内环上，所以

$$\Delta\boldsymbol{\theta}=-\Delta\boldsymbol{\varepsilon} \tag{7-3-21}$$

现将(7-3-19)式～(7-3-21)式以及(7-3-12)式代入(7-3-18)式，并考虑到 $t=6$，得

$$\begin{pmatrix}0 & 0 & 0\\ 2z'_q & 0 & -2x'_q+2b'-1.299D+5.156\dfrac{D}{n}\\ -2y'_q & 2x'_q-2b'+1.299D-5.156\dfrac{D}{n} & 0\end{pmatrix}$$

$$=\begin{pmatrix}0 & 0 & 0\\ 0 & 0 & -f'\\ 0 & f' & 0\end{pmatrix}\begin{pmatrix}1 & 0 & 0\\ 0 & -1 & 0\\ 0 & 0 & -1\end{pmatrix}=\begin{pmatrix}0 & 0 & 0\\ 0 & 0 & f'\\ 0 & -f' & 0\end{pmatrix}$$

而从相等二矩阵的对应矩元的关系，得

$$-2y_q'=0,2z_q'=0 \tag{7-3-22}$$

$$-2x_q'+2b'-1.299D+5.156\frac{D}{n}=f' \tag{7-3-23}$$

$$2x_q'-2b'+1.299D-5.156\frac{D}{n}=-f' \tag{7-3-24}$$

由以上几个条件方程可以看到，用于求解 x_q' 的两个方程(7-3-23)、(7-3-24)完全一致，互不矛盾，它们将给出同一个 x_q' 值。这说明，此棱镜能够同时满足绕 y' 和绕 z' 方向的光轴稳定的要求，由此证明了以上在讨论稳像棱镜选型时对于别汉棱镜 $FB_J-0°$ 所作的判断是正确的。

最后，由方程(7-3-22)、(7-3-23)求得

$$y_q'=0,z_q'=0$$

$$x_q'=\frac{-f'+2b'-1.299D+5.156\frac{D}{n}}{2}$$

考虑到 $f'=b'+\overline{M_0M'}+h+a$，有

$$f'=b'+\left(5.156\frac{D}{n}-1.299D\right)+h+a$$

所以

$$x_q'=\frac{b'-a-h}{2}$$

若令 $b'=a$，则

$$x_q'=-\frac{h}{2}$$

所求得的 q 点坐标($x_q'=-\frac{h}{2},y_q'=z_q'=0$)说明，万向架中心位于别汉棱镜的几何中心位置。这在结构实现上不会有困难。

习　题

7.1　在推导稳像公式时，为何选择与不稳定镜筒相联结的动坐标作为计算坐标系(即基准参考系)最为方便？

7.2　在7.3.2节中的例7-3-1里，试用图7-3-4所示的阿贝屋脊棱镜取代别汉屋脊棱镜后再重算一遍。

第3篇　反射棱镜共轭理论的应用

第8章　铰链式双眼观察仪器的分校光轴的原理

8.1　分校光轴的概念

铰链式双眼观察仪器分单铰链和双铰链两种。前者是两个望远镜筒合用一个铰链，而后者是每个望远镜筒都单有一个铰链。不管是哪一种，它们的光轴平行性的校正一般都分成分校光轴和合校光轴两大步骤①。

分校光轴的任务是校正单支望远镜的光轴和机械轴（即铰链轴）的平行性。

见图8-1-1，这种所谓的光轴和机械轴的平行性指的是：平行于铰链轴 O_1O_1 的入射平行光束 $\boldsymbol{B}$，经望远系统之后，其对应的出射平行光束 $\boldsymbol{B}'_{\mathrm{p}}$（用实线表示）仍应平行于铰链轴 O_1O_1。

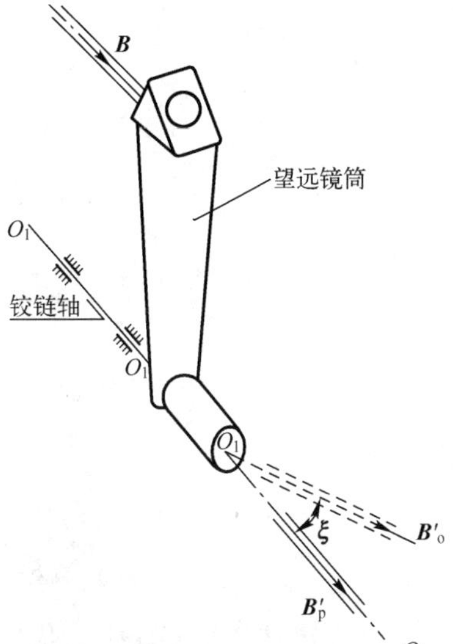

图8-1-1　望远镜光轴对铰链轴的不平行性

反之，如果平行于铰链轴的入射平行光束 $\boldsymbol{B}$ 在通过望远系统后，其对应的出射平行光束 $\boldsymbol{B}'_{\mathrm{o}}$（用虚线表示）偏离了铰链轴，即偏离了原入射光束的方向，那么偏离角 $\boldsymbol{\xi}$ 便可自然地定义为该望远系统的光轴偏。光轴偏 $\boldsymbol{\xi}$ 是一个矢量，它具有两个方向上的分量。分校光轴的任务即在于消除单支望远镜的这个光轴偏。

① 注：在某些工厂，也有一开始就进行合校而不进行“分校”这个步骤的；在用野外目标进行光轴校正时，由于无法作分校，当然也只能是单有“合校”一个步骤。

合校光轴的任务是把和同一入射平行光束相对应的左、右支望远镜的二出射平行光束之间的平行度校正到一定的公差范围内，而且当双镜筒绕铰链轴转到任意位置时，这种出射光束之间的平行度都应得到保证，起码是在几个特定的位置上应当如此。

分校光轴是合校光轴的基础，加之规律性和典型性较强，因而构成为铰链式双眼观察仪器校光轴平行性中的一个基本的问题。

分校光轴用的校正仪，一般由平行光管、产品支座以及前置镜等三部分组成（参看图 8-5-1）。

见图 8-1-2，平行光管 1 和 2 的光轴互相平行。它们的十字线中心代表平行光管光轴 O_2O_2 方向上无限远处的一个物点。

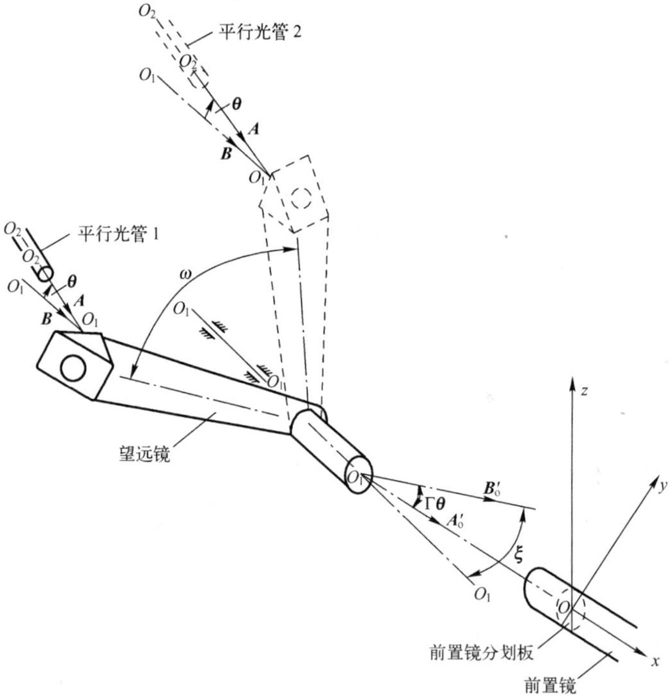

图 8-1-2　分校光轴示意图

产品固定在产品支座上。借助于产品支座上的方向和高低手轮可使产品作必要的方向转动和高低俯仰，例如普通双眼望远镜的产品支座；或借助于产品本身的测角机构和手轮使产品的望远镜部分作必要的转动，例如炮队镜光轴校正仪（图 8-5-1）。

前置镜用于检查自望远镜目镜出射的平行光束的方向。它是一个不带正像系统的刻卜勒望远镜。在前置镜的分划板刻有十字线。

按照前置镜在光轴校正仪上的安置的方式，分定位的和不定位的两种。

定位的前置镜在光轴校正仪上的位置是固定的，它的光轴和平行光管的光轴始终保持平行的关系,例如普通双眼望远镜的光轴校正仪即是;不定位的前置镜在光轴校正仪上的位置可随意转移,它的光轴和平行光管的光轴之间没有确定的相对位置,例如某种炮队镜的光轴校正仪即是(图 8-5-1)。

定位前置镜只是不定位前置镜的一种特例,为了使所得结论具有普遍的意义,以下将讨论不定位前置镜的情况。

8.2 分校光轴的方法和步骤

分校光轴的方法通常是在望远镜的两个位置上进行,如图 8-1-2 上用实线和虚线所表示的两个位置。

首先,用手将望远镜绕铰链轴 O_1O_1 扳到对着平行光管 1 的位置。在此位置,转动产品支座的或产品本身的方向和高低手轮以及适当地转移前置镜,使平行光管 1 的十字线像的中心 O' 与前置镜的十字线中心 O 相重合。这一过程简称“对准”。

然后,用手将望远镜扳到对着平行光管 2 的位置。在此位置,由于光轴偏的影响,平行光管 2 的十字线像的中心 O' 将偏离前置镜的十字线中心 O,如图 8-2-1 所示。偏离量 $\boldsymbol{\gamma}$(角值)定义为像位偏,它也是一个矢量,同样具有两个方向上的分量。像位偏的大小和方向将作为指导下一步调整的依据。这一过程简称为“判读”。在这一过程中,注意勿再转动方向和高低手轮且勿再改变前置镜光轴的方向。

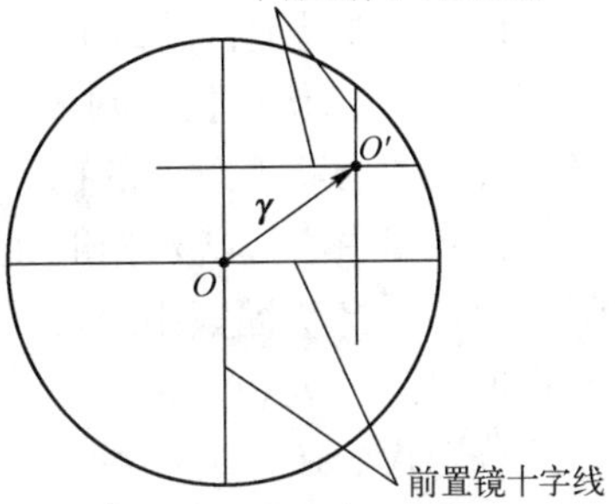

图 8-2-1 平行光管十字线像中心 O' 对前置镜十字线中心 O 的像位偏 $\boldsymbol{\gamma}$

为“一次校好”光轴,应推导像位偏 $\boldsymbol{\gamma}$ 与光轴偏 $\boldsymbol{\xi}$ 之间的函数关系。所谓一次校好,就是把存在的光轴偏在一次调整中全部消除掉,而非逐次接近的过程。

8.3 像位偏与光轴偏的关系式

见图 8-1-2,所有的直线 O_1O_1 代表望远镜铰链轴的轴线以及平行于铰链轴的方向。$\boldsymbol{A}$ 代表沿平行光管轴线 O_2O_2 射入望远镜的平行光束的方向。$\boldsymbol{\theta}$ 代表铰链轴方向 O_1O_1 对平行光管轴线 O_2O_2 的偏角,简称铰链轴偏角。在不定位前置镜的情况,铰链轴偏角 $\boldsymbol{\theta}$ 是一个未知数,但不管怎样,其量较小。设想 $\boldsymbol{B}$ 为沿铰链轴方向的入射平行光束的方向。

设望远镜在“对准”状态,如图 8-1-2 中用实线表示的位置。此时,$\boldsymbol{A}'_0$ 和 $\boldsymbol{B}'_0$ 分

别代表与 $\boldsymbol{A}$ 和 $\boldsymbol{B}$ 相对应的自望远镜出射的平行光束的方向。

由于光轴偏的存在，$\boldsymbol{B}_0'$应与铰链轴方向 O_1O_1 成一夹角 $\boldsymbol{\xi}$。又由于共轭的关系，$\boldsymbol{A}_0'$与 $\boldsymbol{B}_0'$成一夹角 $\Gamma\boldsymbol{\theta}$，$\Gamma$ 为望远系统的角放大率。根据望远系统的原理，这里的偏角 $\boldsymbol{\Gamma\theta}$ 所在的平面与偏角 $\boldsymbol{\theta}$ 所在的平面互相平行。

当望无镜转入如图 8-1-2 中用虚线表示的“判读”状态时，由平行光管 2 的十字线中心发出的平行光束的方向不变，仍用 $\boldsymbol{A}$ 表示，不过，与 $\boldsymbol{A}$ 和 $\boldsymbol{B}$ 相对应的出射平行光束变成了 $\boldsymbol{A}'$和 $\boldsymbol{B}'$(在图 8-1-2 上未表示出来)。因 $\boldsymbol{A}$ 和 $\boldsymbol{B}$ 之间的偏角 $\boldsymbol{\theta}$ 不变，所以，$\boldsymbol{A}'$和 $\boldsymbol{B}'$之间的偏角 $\boldsymbol{\Gamma\theta}$ 也不变。

由于“对准”的关系，前置镜的光轴应与出射平行光束 $\boldsymbol{A}_0'$的方向一致。

因为由望远镜出射的各种平行光束都将在前置镜的分划板上成像，所以在前置镜中选取作为判读像位偏用的坐标系 $Oxyz$，其中原点 O 在前置镜的十字线中心，x 为前置镜光轴的方向，y 和 z 为前置镜十字线的方向，这里应强调是“判读”状态下的前置镜的十字线方向，因为在某些普通双眼望远镜的光轴校正仪上，在“对准”和“判读”两个不同的状态下，前置镜内十字线的方向是不一样的，虽说光轴方向并没有改变(见第 9 章 9.5 节和 9.6 节)。

以下画出望远镜各出射平行光束在前置镜分划板上的像图。

见图 8-3-1，像位偏的判读坐标系 yOz 代表在“判读”状态下的前置镜内的十字线及其中心。O 点同时也是在“对准”状态下自望远镜出射的平行光束 $\boldsymbol{A}_0'$在前置镜分划板上的成像点。B' 和 O'点分别代表在“判读”状态下自望远镜出射的平行光束 $\boldsymbol{B}'$和 $\boldsymbol{A}'$在前置镜分划板上的成像点。O'也即平行光管 2 十字线像的中心。

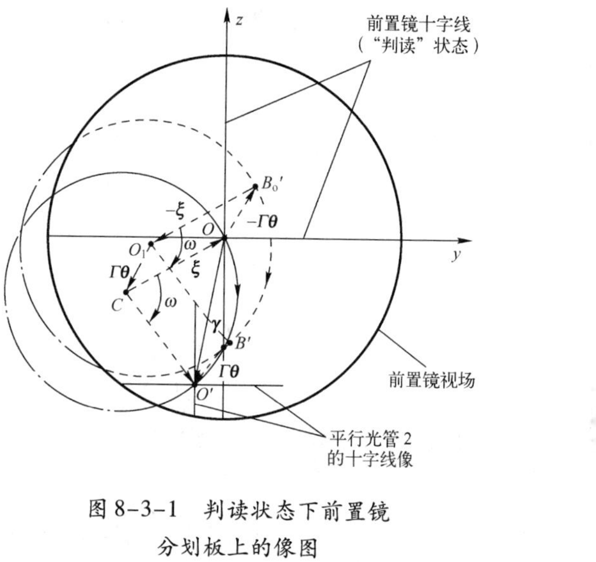

图 8-3-1　判读状态下前置镜分划板上的像图

图 8-3-1 中由 O 点至 O'点的矢量 $\overrightarrow{OO'}$将是所求的像位偏 $\boldsymbol{\gamma}$。

虚线图形说明由作图求得 B'和 O' 点的过程。首先，由 O 点出发连续作矢量 $-\boldsymbol{\Gamma\theta}$ 和 $-\boldsymbol{\xi}$ 而先后得到 B_0'和 O_1 点。B_0'为平行光束 $\boldsymbol{B}_0'$在前置镜分划板上的成像点，而 O_1 可以想像是自望远镜沿铰链轴方向 O_1O_1 出射的平行光束在前置镜分划板上的成像点(见图 8-1-2)。

当望远镜绕铰链轴 O_1O_1 按顺时针方向转动时，与 $\boldsymbol{B}$ 光束共轭的 $\boldsymbol{B}_0'$光束也将随着绕铰链轴按同一方向转动，而 $\boldsymbol{B}_0'$光束的像点 B_0'则对应地绕 O_1 点朝同样的方向旋转。假设望远镜的转角为 $\boldsymbol{\omega}$，则 B_0'点绕 O_1 点旋转 $\boldsymbol{\omega}$ 角至 B'点。可见，在望远镜绕铰链轴转动的过程中，B'点的轨迹是一个以 O_1 点为圆心、光轴偏大小 ξ 为半径的圆。

由上述知，出射光束 $\boldsymbol{A}'$ 对出射光束 $\boldsymbol{B}'$ 的偏角，与望远镜绕铰链轴的转动无关，始终保持为 $\boldsymbol{\Gamma\theta}$，所以，由图 8-3-1 上的 B' 点平移 $\boldsymbol{\Gamma\theta}$，便可求得出射光束 $\boldsymbol{A}'$ 在前置镜分划板上的成像点 O'。

由此可见，在望远镜绕铰链轴转动的过程中，O' 点的轨迹也是一个圆，而且此轨迹圆系由 B' 点的轨迹圆平移 $\boldsymbol{\Gamma\theta}$ 而成。当然，O' 点轨迹圆的圆心 C 相应地自圆心 O_1 平移了 $\boldsymbol{\Gamma\theta}$，圆的半径仍为 ξ，因而直接由 O 点绕圆心 C 按照望远镜的转动方向旋转同一个角度 ω，也可以找到 O' 点。

图中 $OB_0'O_1C$ 是一个平行四边形，所以矢量 $\overrightarrow{CO}$ 等于光轴偏矢量 $\boldsymbol{\xi}$。这说明 O' 点轨迹圆的圆心 C 也可以直接由 O 点作矢量 $-\boldsymbol{\xi}$ 求得。

以下推导像位偏 $\boldsymbol{\gamma}$ 与光轴偏 $\boldsymbol{\xi}$ 的关系式。

由图 8-3-1，得

$$\boldsymbol{\gamma}=\overrightarrow{OO'}=\overrightarrow{CO'}-\overrightarrow{CO} \tag{8-3-1}$$

式中

$$\overrightarrow{CO}=\boldsymbol{\xi}$$

用复数的指数形式来解决平面内的矢量转动是比较简练的①。$\overrightarrow{CO'}$ 可看作由 $\overrightarrow{CO}$ 绕 C 转动 ω 而成，所以

$$\overrightarrow{CO'}=\overrightarrow{CO}\mathrm{e}^{\mathrm{i}\omega}=\boldsymbol{\xi}\mathrm{e}^{\mathrm{i}\omega} \tag{8-3-2}$$

这里，规定 ω 的正值为逆时针方向，负值为顺时针方向。

将上列关系代入公式(8-3-1)，得

$$\boldsymbol{\gamma}=\boldsymbol{\xi}\mathrm{e}^{\mathrm{i}\omega}-\boldsymbol{\xi}$$

或

$$\boldsymbol{\gamma}=\boldsymbol{\xi}(\mathrm{e}^{\mathrm{i}\omega}-1) \tag{8-3-3}$$

这就是像位偏和光轴偏的函数关系式，它具有一定的普遍意义。但应当指出，这是在认定铰链轴偏角 $\boldsymbol{\theta}$ 以及光轴偏 $\boldsymbol{\xi}$ 均属小量而且略去了二阶小量的前提下推导出来的。还必须注意，(8-3-3)式中的 $\boldsymbol{\xi}$ 代表望远镜在“对准”状态下的光轴偏矢量，而 $\boldsymbol{\xi}\mathrm{e}^{\mathrm{i}\omega}$ 才是望远镜在“判读”状态下的光轴偏矢量。

如果将望远镜的光轴偏 $\boldsymbol{\xi}$ 也标定②在判读坐标系 yOz 中，令 γ_y、γ_z 和 ξ_y、ξ_z 分别代表像位偏和光轴偏在沿实轴 y 和虚轴 z 上的分量，则按照用复数表达矢量的方法，可将(8-3-3)式展开如下：

$$\gamma_y+\mathrm{i}\gamma_z=(\xi_y+\mathrm{i}\xi_z)(\mathrm{e}^{\mathrm{i}\omega}-1)$$

由于

$$\mathrm{e}^{\mathrm{i}\omega}=\cos\omega+\mathrm{i}\sin\omega$$

所以

$$\gamma_y+\mathrm{i}\gamma_z=(\xi_y+\mathrm{i}\xi_z)(\cos\omega+\mathrm{i}\sin\omega-1)$$

---

① 注：当然也可以根据图 8-3-1 上的几何图形用一般的方法求解。

② 关于光轴偏的标定详见 9.4 节。

$$= (\xi_y + \mathrm{i}\xi_z)\left(-2\sin^2\frac{\omega}{2} + \mathrm{i}\ \sin\omega \right)$$

因 $\mathrm{i}^2 = -1$,得

$$\gamma_y + \mathrm{i}\gamma_z = \left(-2\sin^2\frac{\omega}{2}\cdot\xi_y - \sin\omega\cdot\xi_z \right) + \mathrm{i}\left(\sin\omega\cdot\xi_y - 2\ \sin^2\frac{\omega}{2}\cdot\xi_z \right)$$

考虑到两个相等的复数它们的实部和虚部也应彼此相等,所以

$$\left.\begin{aligned} \gamma_y &= -2\ \sin^2\frac{\omega}{2}\cdot\xi_y - \sin\omega\cdot\xi_z \\ \gamma_z &= \sin\omega\cdot\xi_y - 2\sin^2\frac{\omega}{2}\cdot\xi_z \end{aligned}\right\} \tag{8-3-4}$$

是为像位偏分量和光轴偏分量的关系式。

无论从图 8-3-1 的构思,或是由所得的像位偏公式(8-3-3),都得出下列的一条结论:"像位偏 $\boldsymbol{\gamma}$ 只取决于光轴偏 $\boldsymbol{\xi}$ 和转角 ω,而与铰链轴对平行光管轴线的偏角 $\boldsymbol{\theta}$ 无关"。

上列结论是和"对准"这个步骤分不开的。在一般的情况下,若不作"对准"并设 $\boldsymbol{\delta}$ 代表前置镜光轴对平行光管轴线的某一任意的偏角,那么,不管望远镜处在什么位置,其出射平行光束 $\boldsymbol{A}'$ 相对于前置镜光轴的方向误差(在前置镜视场内表现为像位偏)将同时取决于 $\boldsymbol{\delta}$、$\boldsymbol{\theta}$ 和 $\boldsymbol{\xi}$ 等三个因素。可是,由于在望远镜的一个位置进行了"对准"的操作,即用调整的方法排除了在望远镜这一位置上的出射平行光束(即前述的 $\boldsymbol{A}_0'$)的方向误差,致使在望远镜绕铰链轴转 ω 至另一位置进行"判读"所得的像位偏 $\boldsymbol{\gamma}$ 呈现为出射平行光束 $\boldsymbol{A}'$ 原来在上述两个位置下的两个方向误差"之差"。既然铰链轴偏角 $\boldsymbol{\theta}$ 和前置镜偏角 $\boldsymbol{\delta}$ 此二因素在上述两个不同位置对出射平行光束的方向误差具有同等的影响,而且这种同等的影响在"之差"的减法运算中自行消去,所以,铰链轴偏角 $\boldsymbol{\theta}$ 和前置镜偏角 $\boldsymbol{\delta}$ 二者同像位偏无关。最后一个因素,也是唯一的一个因素光轴偏,它的一般表示为 $\boldsymbol{\xi}\mathrm{e}^{\mathrm{i}\omega}$,将随着望远镜绕铰链轴的转动而转动。因此,像位偏最终等于光轴偏在"判读"和"对准"两个状态下所呈现的方向不同的两个矢量之差,即 $\boldsymbol{\gamma} = \overrightarrow{CO'} - \overrightarrow{CO} = \boldsymbol{\xi}\mathrm{e}^{\mathrm{i}\omega} - \boldsymbol{\xi}$。

上述情况与读数机构中的零位调整极为类似。其中,通过调整排除了在零位读数位置的位置误差,但此零位处的位置误差归入到其他读数位置的位置误差之中,使在其他读数位置的实效误差呈现为两个位置误差之差,即所谓的位移误差,而这种位移误差和上述的像位偏是相当的。

实际上,望远镜的光轴偏 $\boldsymbol{\xi}$ 暂时是一个未知数,在校光轴时,将根据像位偏 $\boldsymbol{\gamma}$ 反过来求光轴偏 $\boldsymbol{\xi}$。

由(8-3-3)式,得

$$\boldsymbol{\xi} = \frac{\boldsymbol{\gamma}}{\mathrm{e}^{\mathrm{i}\omega} - 1} = \frac{\boldsymbol{\gamma}}{(\cos\omega - 1) + \mathrm{i}\ \sin\omega}$$

将上式右方的分母和分子均乘以$[(\cos\omega - 1) - i\sin\omega]$,并用复数取代矢量,得

$$\left.\begin{aligned} \xi_y &= -\frac{1}{2}\gamma_y + \frac{1}{2}\cot\frac{\omega}{2}\cdot\gamma_z \\ \xi_z &= -\frac{1}{2}\cot\frac{\omega}{2}\cdot\gamma_y - \frac{1}{2}\gamma_z \end{aligned}\right\} \tag{8-3-5}$$

以上的结论和公式都是针对不定位前置镜的情况得出的,但必须指出,由于定位前置镜只是不定位前置镜的一种特例,所以,这些结论和公式同样也适用于定位前置镜的情况。

8.4 分校光轴的具体实施

校光轴的实施办法将视产品的具体结构而定。但总起来,可分为镜内调整和镜外调整两类。

镜内调整指在校光轴时无需将产品从光轴校正仪上卸下,在调整操作的同时,还可以继续从前置镜内观察平行光管十字线像中心的动向,以判断操作是否妥当。例如在某些炮队镜的光轴校正仪上的实施即是。

镜外调整指在校光轴时需将产品从光轴校正仪上卸下,甚至把产品局部分解,而无法继续从前置镜内进行观察判断。例如某些普通双眼望远镜的校光轴实施即是。

在镜外调整的情形,需推导光轴偏和光学系统中某些光学零件(例如棱镜)的微量位移之间的关系式,是为光轴的调整计算,然后联合(8-3-5)式,消去光轴偏这个中间媒介,便得到像位偏与光学零件的微量位移之间的直接关系式。此种计算实例在第9章中讨论。

以下讨论镜内调整。在此情形,必须回答这样一个问题:

为清除望远镜的光轴偏,应当把平行光管十字线像的中心 O' 校正到前置镜十字线坐标 yOz(判读坐标系)上的一个什么位置?

由上述可知,望远镜在"判读"状态的光轴偏等于图8-3-1上的矢量$\overrightarrow{CO'}$,所以,为消除这个光轴偏,光学零件的补偿转移应当造成一个反向的光轴偏$\overrightarrow{O'C}$。这就是说,为消除光轴偏,应将平行光管十字线像的中心 O' 点校正到 O' 点轨迹圆的圆心 C 的位置上。从运动学的观点看,当望远镜绕铰链轴转动时,前置镜视场内的 O' 点绕一定点 C 旋转,而在 O' 点被校正到与 C 点重合之后,平行光管十字线像的中心就不再随着望远镜绕铰链轴的转动而旋转了,因回转半径等于零的缘故。这也就是望远镜的光轴与机械轴的平行性的象征。虽然此时与 O' 点(重合于 C 点)相对应的出射平行光束 $\boldsymbol{A}'$ 及其共轭的入射平行光束 $\boldsymbol{A}$ 一般都不平行于铰链轴的方向 O_1O_1,然而却分别与铰链轴的方向夹 $\boldsymbol{\theta}$ 角和 $\boldsymbol{\Gamma\theta}$ 角,这意味着已经满足了光轴和机械轴相互平行的要求,因为,此时望远镜铰链轴轴线 O_1O_1 也同时代表一对共轭的入射平行光束和出射平行光束的方向。

下面求圆心 C 的坐标位置。见图 8-4-1,令 $\boldsymbol{\gamma}'$代表 C 点的位置坐标,取名为剩余像位偏。

比较图 8-4-1 和图 8-3-1 可知

$$\boldsymbol{\gamma}' = -\boldsymbol{\xi}$$

又由(8-3-5)式得

$$\left.\begin{aligned}\gamma_y' &= \frac{1}{2}\gamma_y - \frac{1}{2}\cot\frac{\omega}{2}\cdot\gamma_z \\ \gamma_z' &= \frac{1}{2}\cos\frac{\omega}{2}\cdot\gamma_y + \frac{1}{2}\gamma_z\end{aligned}\right\} \tag{8-4-1}$$

所以,在镜内调整的情况,为了“一次校好”光轴,应当把平行光管十字线像的中心 O'校正到使它的剩余的像位偏 γ_y'和 γ_z'等于用(8-4-1)式所确定的数值。

为使用方便起见,应根据具体的 ω 值,将 $\boldsymbol{\gamma}'$和$\boldsymbol{\gamma}$的关系式(8-4-1)绘制成图表的形式。

根据图 8-3-1 上的几何关系,可按下述规则来估计圆心 C 的位置(图 8-4-2):“C 点应是以像位偏连线 OO'作底边的一个等腰三角形的顶点,三角形的顶角等于望远镜由对准状态转入判读状态的回转角 ω,且 C 点在底边 OO'朝着望远镜转动方向一侧。当然 C 点也处在边线 OO'的垂直平分线上。”

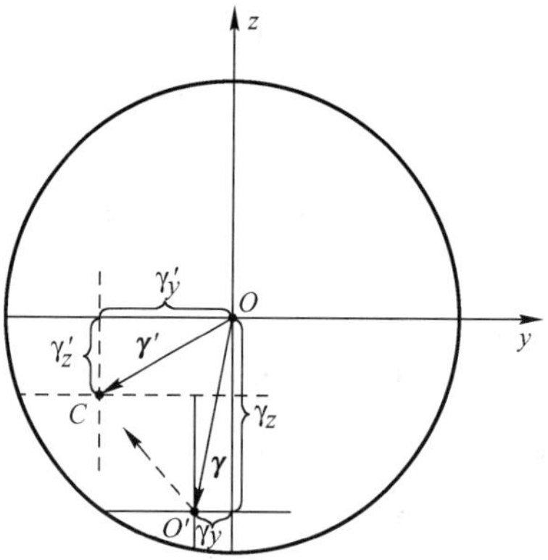

图 8-4-1 剩余像位偏 $\boldsymbol{\gamma}'$

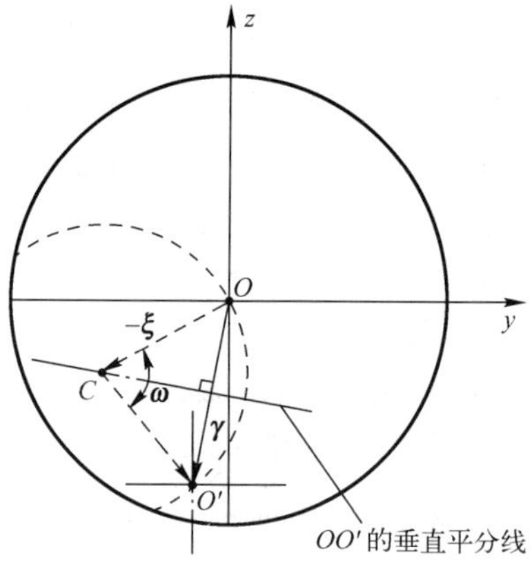

图 8-4-2 回转中心 C 位置的估判

按上述的规则把 O'点校正到一个想像的 C 点上,虽然有一定的估计误差,但最大的方便是操作者无需脱离前置镜的视场而连续地进行工作。

8.5 炮队镜的分校光轴

1. 炮队镜的有关结构及其光轴校正仪的简介

见图 8-5-1,炮队镜分上下两大部分。上面是仪器的观察部分,下面是仪器的测角机构。观察部分包括左右两个望远镜筒 7 和 8。每个望远镜可分别绕自己的

铰链轴线 O_1O_1 和 O_2O_2 转动。当两个镜筒合拢时，仪器具有一定的潜望高；当两个镜筒张开时，仪器具有较强的体视性。测角机构包括方向机构和俯仰机构。整个仪器通过测角机构下面的球轴 11 固定在三脚架的球座内。当转动方向手轮 9 和高低手轮 10 时，可使二望远镜筒作方向转动和高低俯仰。

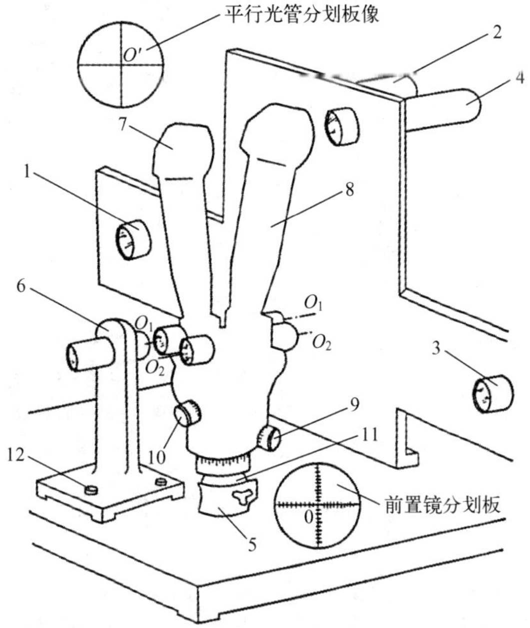

图 8-5-1　炮队镜光轴校正仪

1、2、3、4—平行光管；5—球座；6—前置镜；7、8—望远镜筒；
9—方向手轮；10—高低手轮；11—球轴；12—调整螺钉。

左、右两个望远镜的光学系统是一样的，只是在右支望远系统中多了一块分划板，如图 8-5-2 所示。

当分校左、右望远镜的光轴时，都是通过上反光镜的微量转动来改变自望远镜目镜出射的平行光束的方向。

图 8-5-3 所示为反光镜组的结构。反光镜 9 用两块压板 10 及螺钉固定在反光镜座板 1 上。球轴 5 拧在反光镜座板上，同时通过球轴使反光镜座板与盖板 2 相联结。垫圈 6 和压圈 7 用于固定球轴。整个反光镜组通过盖板及螺钉固定于镜管上。当校光轴时，先松开压圈 7，然后适当地拧动三个螺钉 3，便可以使反光镜转动。这种球铰链的结构保证反光镜可以绕平行于反射面的任意方向的轴线转动。

炮队镜的光轴校正仪如图 8-5-1 所示，它包括平行光管（1、2、3、4）、球座 5 以及前置镜 6 三个部分。

平行光管 1 和 2 用于校左望远镜的光轴，而平行光管 3 和 4 用于校右望远镜的光轴,它们一起又用于合校两望远镜的光轴平行性。

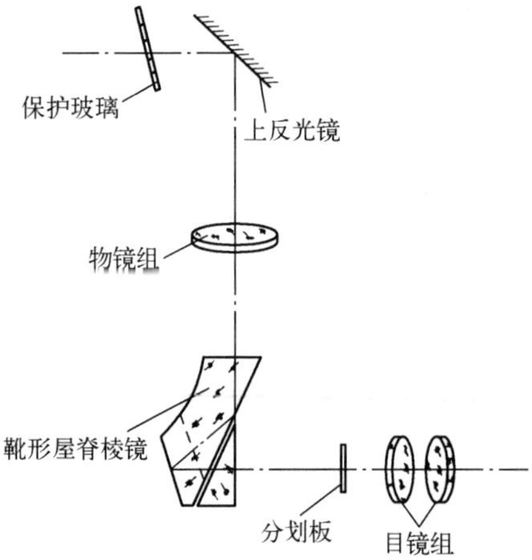

图 8-5-2　右支望远镜光学系统

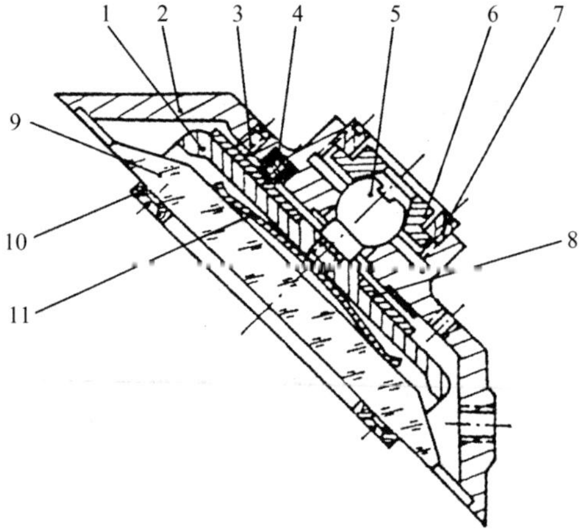

图 8-5-3　反光镜组的结构

1—反光镜座板;2—盖板;3—螺钉;4—弹簧;5—球轴;
6—垫圈;7—压圈;8—垫板;9—反光镜;
10—压板;11—片簧。

炮队镜以下部的球轴固定在球座内,依靠自身的测角机构可作方向转动和高低俯仰。

在本校正仪上,前置镜是一个独立的附件,它可以在校正仪的底座上自由转移,并借调整螺钉 12 可作高低俯仰。平行光管的光轴和前置镜的光轴之间没有固定的相对位置,属不定位前置镜的类型。此外,在“对准”和“判读”两种状态下,前置镜镜内的十字线的方向是一样的,且大致在水平和垂直的方向。

2. 炮队镜的分校光轴

炮队镜的分校光轴属镜内调整之列。见图 8-5-1,左、右镜筒均采用“水平对准”和“垂直判读”的方式,唯左镜筒的转角 $\omega = -90°$ 而右镜筒的转角 $\omega = 90°$。

将 ω 的具体数值代入(8-4-1)式,得知:对于左镜筒,为“一次校好”光轴,应当把平行光管十字线像的中心 O' 校正到使它的剩余的水平像位偏 γ_y' 和剩余的垂直像位偏 γ_z' 分别等于:

$$\left.\begin{aligned} \gamma_y' &= \frac{\gamma_z + \gamma_y}{2} \\ \gamma_z' &= \frac{\gamma_z - \gamma_y}{2} \end{aligned}\right\} \tag{8-5-1}$$

而对于右镜筒,则剩余的像位偏等于:

$$\left.\begin{aligned} r_y' &= \frac{-r_z + r_y}{2} \\ r_z' &= \frac{r_z + r_y}{2} \end{aligned}\right\} \tag{8-5-2}$$

此外,也可遵循以上提到的规则:“C 点是以连线 OO' 作底边的一个直角等腰三角形的顶点,且在底边 OO' 朝着望远镜转动方向一侧”,大致估计 C 点位置,并将 O' 点校正到该处,不过,由于难免的目测误差,须反复数次。

在特殊的情况下,当 γ_y 和 γ_z 中的一个为零或是 γ_y 和 γ_z 二者的绝对值相等时,则校正的规则变得更为简单,如图 8-5-4 所示。

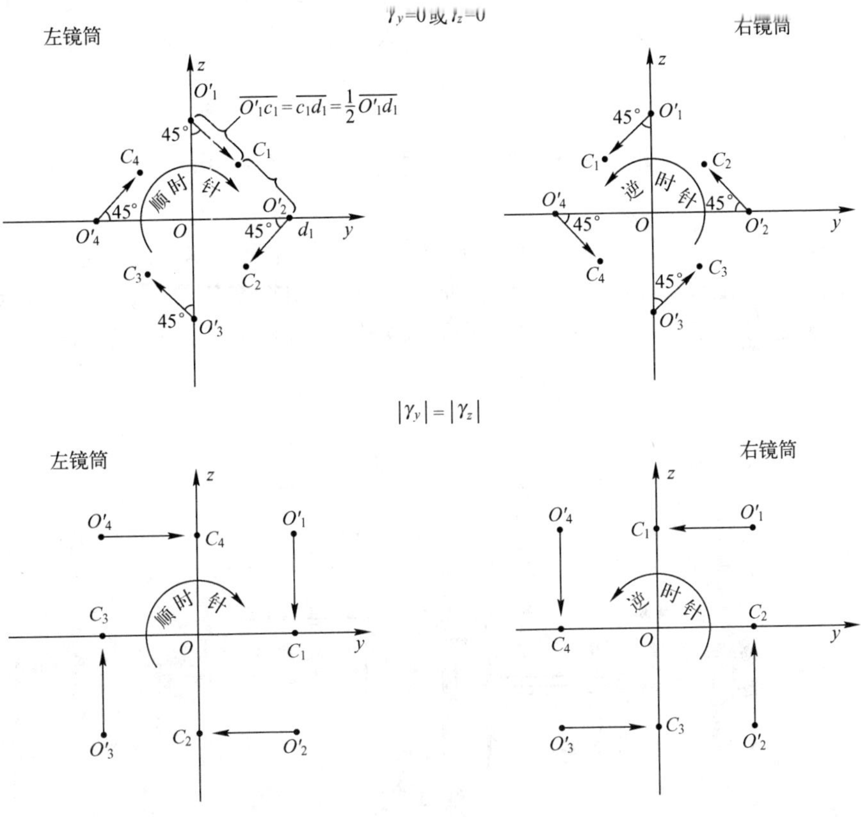

图 8-5-4　几种特殊情况的校正规则

习　题

8.1　如果没有对准和判读的操作,你能够完成分校光轴吗? 怎样完成?

8.2　见图 8-3-1,如果调整的操作(指微量转动上反光镜)仅仅是把像点 O' 拖回到原点 O,请指出此种做法将导致的后果。

第9章　双眼望远镜光轴调整计算

双眼望远镜光轴调整计算，是铰链式双眼观察仪器分校光轴实施的另一种类型，即镜外调整的情况。

9.1　双眼望远镜的铰链结构

见图9-1-1，铰链由左棱镜壳体1的支耳2、右棱镜壳体3的轴套4以及空心锥轴5三者组成。锥轴穿过支耳和轴套的锥孔，用螺塞7拉紧，销子6使支耳与锥轴固定成一体。这样，左右壳体便可绕铰链轴线作相对转动，以调整适当的目距。

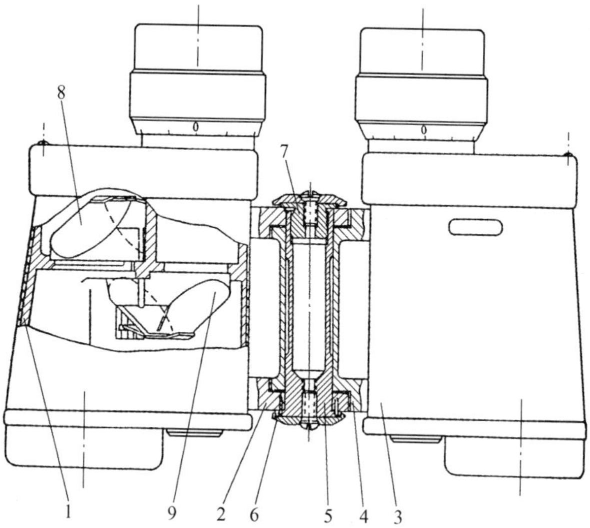

图9-1-1　双眼望远镜的铰链结构

1—壳体；2—支耳；3—壳体；4—轴套；5—空心锥轴；6—销子；7—螺塞；8—大棱镜；9—小棱镜。

9.2　光轴校正仪

见图9-2-1，光轴校正仪包括平行光管（1、2、3），产品支座4以及前置镜12三个部分。

望远镜倒置于产品支座上，即对观察者来说，左棱镜壳体5在右边，而右棱镜壳体6则反倒在左边。通过紧螺7将望远镜铰链轴的轴套部分(图9-1-1序号4)夹紧在支座的卡箍中。这样,右棱镜壳体在支座上的位置是固定的,它的物镜始终对着平行光管3,而左棱镜壳体则可绕铰链轴线转动,当校光轴时,它的物镜有时对着平行光管1,叫做大目距位置,有时对着平行光管2,叫做小目距位置。通过方向手轮8和高低手轮9可使支座上的望远镜作方向上的转动和高低上的俯仰。

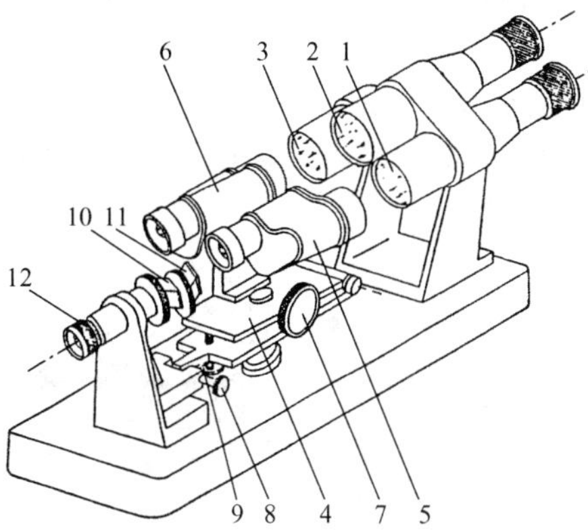

图9-2-1 光轴校正仪

1、2、3—平行光管;4—产品支座;5—左棱镜壳体;6—右棱镜壳体;7—紧螺;8—方向手轮;9—高低手轮;10、11—斜方棱镜铰链;12—前置镜。

前置镜内的分划板如图9-2-2所示,小长方格为光轴平行性的公差范围。在所用前置镜物镜的前方,设置两个带斜方棱镜的铰链10和11。由图9-2-3可见,图9-2-1中的铰链10可使斜方棱镜1、2一起绕轴线*aa*转动,铰链11又允许斜方棱镜2单独绕轴线*bb*转动,这样前置镜的物方光轴可在以*aa*为轴线、*R*为半径的圆柱体范围内平移至任一需要的位置,以便捕捉平行光管的十字线像。

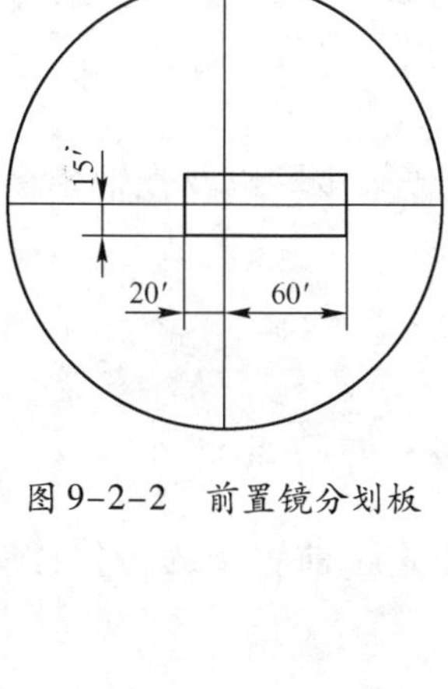

图9-2-2 前置镜分划板

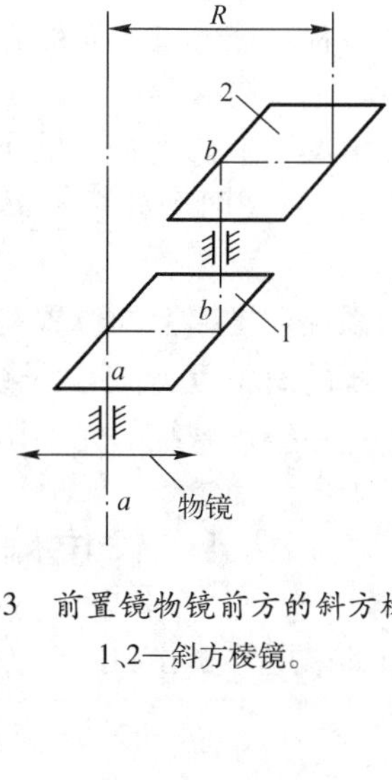

图9-2-3 前置镜物镜前方的斜方棱镜铰链

1、2—斜方棱镜。

在本校正仪上，前置镜与平行光管之间的相对位置是固定的，二者的光轴始终平行，这就是在8.1节中所提到的“定位前置镜”的类型。

9.3 校光轴的方法和步骤

关于校光轴的要求可见8.1节，这里不再重述。

重新回到图9-1-1上，弦面朝向物镜的棱镜8取名大棱镜，而弦面朝向目镜的棱镜9取名小棱镜。

见图9-3-1(a)、(b)，消除光轴偏的方法，是在棱镜弦面与靠面之间按照所规定的地方(打点处)衬垫箔片(或金属片)。以后，简称这些衬垫箔片的地方为“大内”、“大外”、“小内”、“小外”。

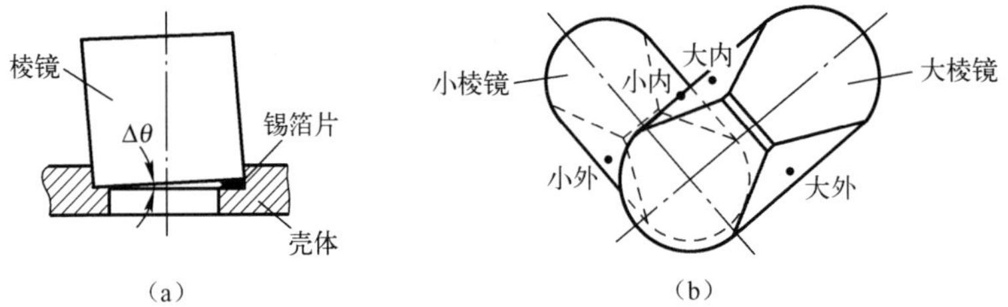

图9-3-1 锡箔片的垫处

(a) 衬垫结构；(b) 垫片位置的名称。

望远镜在支座上夹紧之后，右镜筒是固定的，而左镜筒则可绕铰链轴转动，所以，宜先校左望远系统的光轴。

以下为校左望远系统光轴的步骤：

(1) 将望远镜夹紧，使右镜筒对着平行光管3，左镜筒转到大目距位置，对着平行光管1，然后转动前置镜的双铰链到从左镜筒中看见平行光管1的十字线像为止。

(2) 转动方向手轮8和高低手轮9，使平行光管的十字线像的中心和前置镜的十字线中心相重合。这一过程简称为“大目距位置对准”。

(3) 用手将左镜筒扳到小目距位置，对着平行光管2，然后转动前置镜的双铰链到从左镜筒中看见平行光管2的十字线像为止。在此位置判读像位偏，并根据像位偏的大小和方向(两个分量)确定应在何处衬垫以及垫片的厚度。这一过程简称“小目距位置判读”。

因右望远系统在支座上的位置是固定的，它的校光轴步骤以及光轴调整计算均较左望远系统的简单且类似，故从略。

以下只讨论左望远系统的光轴调整计算。

9.4 像位偏与光轴偏的关系式

在8.3节的末尾曾指出，由于定位前置镜只是不定位前置镜的一种特例，所以，其中导出的像位偏与光轴偏的关系式(8-3-3)、(8-3-4)、(8-3-5)也都适用于本情况。但为了更加确信起见，这里不妨用另一种方法再推导一次。

1. 坐标选择和光轴偏的标定

见图 9-4-1，设 *SS* 代表校正仪的轴线，它平行于平行光管或前置镜的光轴。

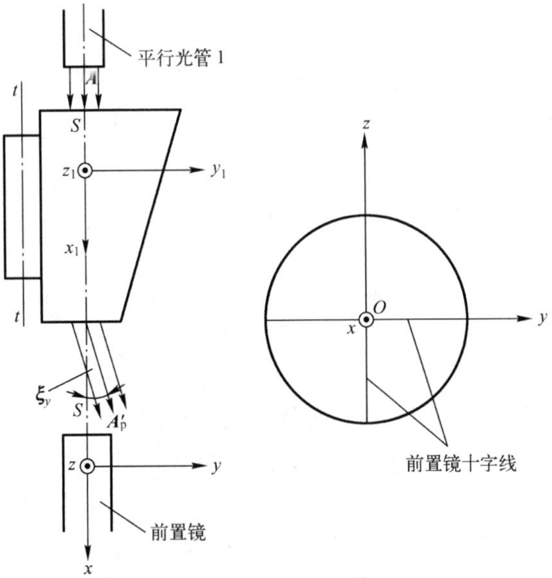

图 9-4-1　光轴偏的标定坐标系

同 8.3 节一样，选取作为判读像位偏用的定坐标系 *Oxyz*，其中原点 *O* 在前置镜十字线中心，*x* 为前置镜光轴的方向(沿 *SS* 方向)，*y* 和 *z* 为"判读"状态下的前置镜十字线的横线和竖线。在本校正仪上，由于有斜方棱镜的双铰链装置，所以在"对准"和"判读"两种不同的状态下前置镜十字线的方向是一致的。

设图 9-4-1 上的左镜筒在大目距位置，并假想铰链轴 *tt* 正好处在和校正仪轴线 *SS* 相平行的位置。此时，用单位矢量 $\boldsymbol{A}$ 代表与平行光管 1 的十字线中心相对应的平行光束的方向。

显然，$\boldsymbol{A}$ 光束沿铰链轴 *tt* 的方向射入左望远系统。用单位矢量 $\boldsymbol{A}'_p$ 代表与 $\boldsymbol{A}$ 光束相共轭的自望远系统出射的平行光束的方向。根据定义，$\boldsymbol{A}'_p$ 对铰链轴 *tt*(此时，轴线 $tt /\!/ x$)的偏离角代表左望远镜的光轴偏。

光轴偏具有两个方向上的分量。为了表示方便起见，图 9-4-1 只给出了在 *xy* 平面内的光轴偏分量 ξ_y。规定偏向 *y* 轴正向的 ξ_y 为正值。另一个光轴偏分量 ξ_z 在 *xz* 平面内。规定偏向 *z* 轴正向的 ξ_z 为正值。

光轴偏 $\boldsymbol{\xi}$ 好似标定在坐标 *xyz* 上，但严格地说，光轴偏是标定在与望远系统相联系的坐标 $x_1y_1z_1$ 上①，而当望远镜在图 9-4-1 所示的位置时，坐标 $x_1y_1z_1$ 和坐标

① x_1 即铰链轴 *tt* 的方向。

xyz 完全重合。

2. 求铰链轴 tt 在定坐标 xyz 中的方向

在图 9-4-1 上,从前置镜中看到的两个十字线中心是分开的。转动方向手轮和高低手轮使二中心重合,那么,铰链轴 tt 的方向已经偏离了校正仪的轴线 SS。为了清晰起见,在图 9-4-2 上只给出铰链轴在 xy 平面内的偏转情形,或者说,我们暂先讨论只存在一个光轴偏分量 ξ_y 的情况。

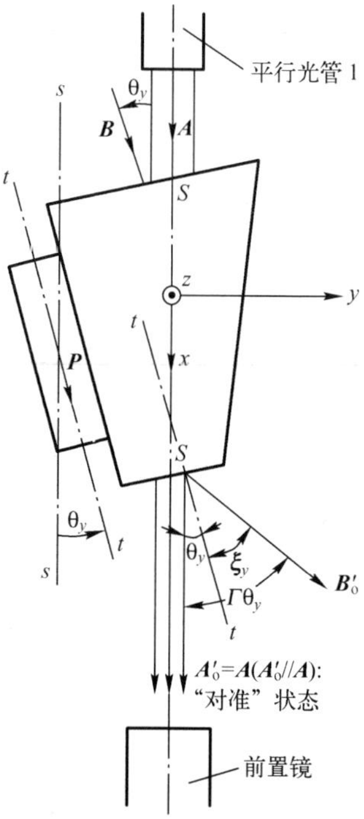

图 9-4-2 对准状态下与 tt 平行的入射矢量 $\boldsymbol{B}$ 与其出射矢量 $\boldsymbol{B}'_o$ 的关系

图 9-4-2 中 θ_y 代表铰链轴在 xy 平面内的偏角,其正负号规则同 ξ_y 的。单位矢量 $\boldsymbol{A}$ 仍表示由平行光管 1 发出而射入左望远系统的平行光束的方向。单位矢量 $\boldsymbol{A}'_o$ 代表 $\boldsymbol{A}$ 的共轭矢量。因为在"对准"状态由前置镜中看到的两个十字线中心重合,所以 $\boldsymbol{A}'_o // \boldsymbol{A}$。

假想矢量 $\boldsymbol{B}$ 沿着铰链轴 tt 的方向射入左望远系统,则其对应的出射矢量 $\boldsymbol{B}'_o$ 在 xy 平面内应与轴线 tt 夹 ξ_y 角。

根据共轭的关系,$\boldsymbol{B}'_o$ 与 $\boldsymbol{A}'_o$ 的夹角等于 $\Gamma\theta_y$,这里的 Γ 代表左望远系统的角放大率。

由图 9-4-2,得

$$\Gamma\theta_y = \theta_y + \xi_y$$

所以

$$\theta_y = \frac{\xi_y}{\Gamma - 1} \tag{9-4-1}$$

如果考虑到还存在于 xz 平面内的光轴偏分量 ξ_z,则同理可求得铰链轴在 xz 平面内的偏角 θ_z 如下:

$$\theta_z = \frac{\xi_z}{\Gamma - 1} \tag{9-4-2}$$

用单位矢量 $\boldsymbol{P}$ 代表铰链轴 tt 的方向(见图 9-4-2),并且用 $\boldsymbol{i}$、$\boldsymbol{j}$、$\boldsymbol{k}$ 代表沿 xyz 轴的单位向量,则

$$\boldsymbol{P} = \boldsymbol{i} + \frac{\xi_y}{\Gamma - 1}\boldsymbol{j} + \frac{\xi_z}{\Gamma - 1}\boldsymbol{k} \tag{9-4-3}$$

3. 求像位偏 γ_y、γ_z 与光轴偏 ξ_y、ξ_z 的关系

在图 9-4-2 所示的"对准"状态的基础上,用手(勿再转动两个手轮)扳动左镜筒,使它绕铰链轴 $\boldsymbol{P}$ 转到对准平行光管 2 的小目距位置。然后,调整前置镜的双铰链直到看见平行光管 2 的十字线像。

见图 9-4-3,设 γ_y 和 γ_z 代表此时所发生的像位偏的两个分量。规定 γ_y 的正值为向右;γ_z 的正值为向上。

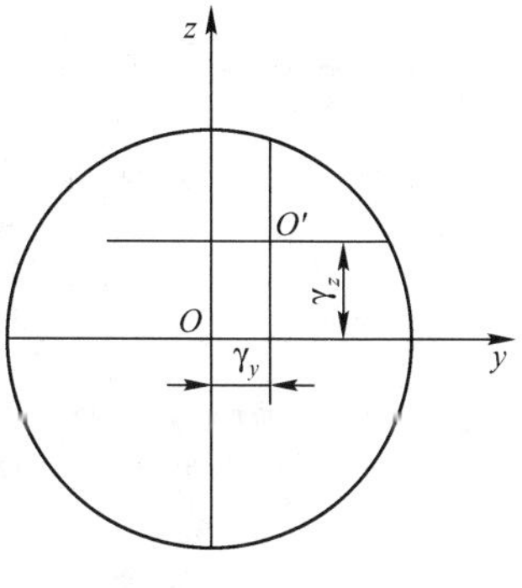

图 9-4-3 前置镜中的像位偏 $\boldsymbol{\gamma}$

现推导像位偏的表达式。

用单位矢量 $\boldsymbol{A}$ 和 $\boldsymbol{A}'$分别代表左望远镜筒在小目距位置时的入射矢量和共轭的出射矢量。显然,出射单位矢量 $\boldsymbol{A}'$在定坐标内沿 y、z 轴的两个分量 A'_y、A'_z将对应地等于所求的两个像位偏分量 γ_y、γ_z。因此,问题归结为求出射矢量 $\boldsymbol{A}'$。

为解题的方便,取与左镜筒相联系的动坐标 $x_\omega y_\omega z_\omega$。此动坐标随左镜筒一起绕铰链轴 $\boldsymbol{P}$ 转动 ω 角。当左镜筒尚未转动时,即在图 9-4-2 所示的位置,认为动坐标的三个坐标轴的方向和定坐标 xyz 的三个对应的坐标轴的方向是相一致的。换句话说,可将 $x_\omega y_\omega z_\omega$ 看作是由 xyz 绕 $\boldsymbol{P}$ 转 ω 角而成。

设 $\boldsymbol{G}_{o\omega}$和 $\boldsymbol{G}_{\omega o}$分别代表由定坐标至动坐标的坐标转换矩阵和由动坐标至定坐标的坐标逆转换矩阵;$\boldsymbol{M}$ 代表望远系统的作用矩阵,则根据 3.1 节的坐标转换法的原理,有

$$(\boldsymbol{A}')_o = \boldsymbol{G}_{\omega o}\boldsymbol{M}\,\boldsymbol{G}_{o\omega}(\boldsymbol{A})_o \tag{9-4-4}$$

式中

$$(\boldsymbol{A})_o = \begin{pmatrix} A_x \\ A_y \\ A_z \end{pmatrix} = \begin{pmatrix} 1 \\ 0 \\ 0 \end{pmatrix}$$

$$\boldsymbol{M} = \begin{pmatrix} 1 & 0 & 0 \\ 0 & \Gamma & 0 \\ 0 & 0 & \Gamma \end{pmatrix} \tag{9-4-5}$$

由公式(1-2-5),得

$$\boldsymbol{G}_{\omega o} = \begin{pmatrix} \cos\omega + 2P_x^2\sin^2\dfrac{\omega}{2} & -P_z\sin\omega + 2P_xP_y\sin^2\dfrac{\omega}{2} & P_y\sin\omega + 2P_xP_z\sin^2\dfrac{\omega}{2} \\ P_z\sin\omega + 2P_xP_y\sin^2\dfrac{\omega}{2} & \cos\omega + 2P_y^2\sin^2\dfrac{\omega}{2} & -P_x\sin\omega + 2P_yP_z\sin^2\dfrac{\omega}{2} \\ -P_y\sin\omega + 2P_xP_z\sin^2\dfrac{\omega}{2} & P_x\sin\omega + 2P_yP_z\sin^2\dfrac{\omega}{2} & \cos\omega + 2P_z^2\sin^2\dfrac{\omega}{2} \end{pmatrix} \tag{9-4-6}$$

$\boldsymbol{G}_{o\omega}$应是 $\boldsymbol{G}_{\omega o}$的转置矩阵:

$$
G_{o\omega}=\begin{pmatrix}
\cos\omega+2P_x^2\sin^2\dfrac{\omega}{2} & P_z\sin\omega+2P_xP_y\sin^2\dfrac{\omega}{2} & -P_y\sin\omega+2P_xP_z\sin^2\dfrac{\omega}{2}\\
-P_z\sin\omega+2P_xP_y\sin^2\dfrac{\omega}{2} & \cos\omega+2P_y^2\sin^2\dfrac{\omega}{2} & P_x\sin\omega+2P_yP_z\sin^2\dfrac{\omega}{2}\\
P_y\sin\omega+2P_xP_z\sin^2\dfrac{\omega}{2} & -P_x\sin\omega+2P_yP_z\sin^2\dfrac{\omega}{2} & \cos\omega+2P_z^2\sin^2\dfrac{\omega}{2}
\end{pmatrix}
\tag{9-4-7}
$$

在上列公式中的 P_x、P_y、P_z 为 $\boldsymbol{P}$ 在定坐标中的各个分量。由(9-4-3)式知

$$
P_x=1,P_y=\frac{\xi_y}{\Gamma-1},P_z=\frac{\xi_z}{\Gamma-1}\tag{9-4-8}
$$

将 $\boldsymbol{A}$ 的数据以及(9-4-5)式~(9-4-8)式代入(9-4-4)式，并考虑到可略去矩元中的 $2P_y^2\sin^2\dfrac{\omega}{2}$、$2P_yP_z\sin^2\dfrac{\omega}{2}$、$2P_z^2\sin^2\dfrac{\omega}{2}$ 以及在运算过程中出现的各项二阶小量，最后得

$$
(\boldsymbol{A}')_o=\begin{pmatrix}A'_x\\A'_y\\A'_z\end{pmatrix}=\begin{pmatrix}1\\-2\sin^2\dfrac{\omega}{2}\cdot\xi_y-\sin\omega\cdot\xi_z\\ \sin\omega\cdot\xi_y-2\sin^2\dfrac{\omega}{2}\cdot\xi_z\end{pmatrix}
$$

由于 $\gamma_y=A'_y$、$\gamma_z=A'_z$，所以

$$
\left.\begin{aligned}
\gamma_y&=-2\sin^2\frac{\omega}{2}\cdot\xi_y-\sin\omega\cdot\xi_z\\
\gamma_z&=\sin\omega\cdot\xi_y-2\sin^2\frac{\omega}{2}\cdot\xi_z
\end{aligned}\right\}\tag{9-4-9}
$$

结果说明，像位偏同望远系统的角放大率 Γ 无关，或者说，像位偏和铰链轴对平行光管光轴的偏角 θ_y、θ_z 无关。这是一个很有趣的问题，它的原因已在8.3节中谈到。

不出所料，关系式(9-4-9)和关系式(8-3-4)完全一致。

由公式(9-4-9)反过来解 ξ_y 和 ξ_z，得

$$
\left.\begin{aligned}
\xi_y&=-\frac{1}{2}\gamma_y+\frac{1}{2}\cot\frac{\omega}{2}\cdot\gamma_z\\
\xi_z&=-\frac{1}{2}\cot\frac{\omega}{2}\cdot\gamma_y-\frac{1}{2}\gamma_z
\end{aligned}\right\}\tag{9-4-10}
$$

图9-4-4表示左望远系统的两块棱镜对于坐标 $x_1y_1z_1$ 的相对方位。这里，相对方位角 α 的数值应是当左镜筒在图9-4-1所示的大目距位置时的 y 轴与大棱镜主截面的夹角。

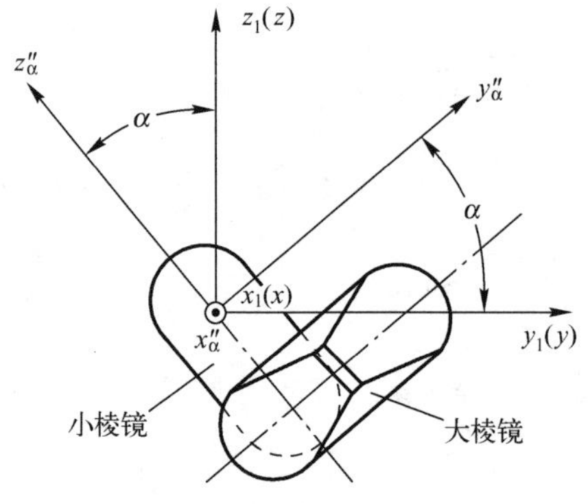

图9-4-4　三个坐标系的相对位置

为便于确定棱镜垫片的厚度，将光轴偏由坐标 $x_1y_1z_1$ 转换到与棱镜主截面相一致的坐标 $x''_\alpha y''_\alpha z''_\alpha$ 中。一般认为 x_1 轴和 x''_α 轴是一致的，所以 $x''_\alpha y''_\alpha z''_\alpha$ 可视为由 $x_1y_1z_1$ 绕 x_1 转 α 角而成。图 9-4-4 中坐标 $x_1y_1z_1$ 和坐标 xyz 对应重合，所以，光轴偏 $\boldsymbol{\xi}$ 在 xyz 上的分量 ξ_y 和 ξ_z，也就是同一光轴偏在 $x_1y_1z_1$ 中的分量。

由图 9-4-4 求得

$$\left.\begin{aligned}\xi_{y''_\alpha} &= \cos\alpha\cdot\xi_y+\sin\alpha\cdot\xi_z\\ \xi_{z''_\alpha} &= -\sin\alpha\cdot\xi_y+\cos\alpha\cdot\xi_z\end{aligned}\right\}\tag{9-4-11}$$

将(9-4-10)式代入(9-4-11)式，得

$$\left.\begin{aligned}\xi_{y''_\alpha} = &-\frac{1}{2}\left(\cos\alpha+\cot\frac{\omega}{2}\sin\alpha\right)\gamma_y\\ &-\frac{1}{2}\left(\sin\alpha-\cot\frac{\omega}{2}\cos\alpha\right)\gamma_z\\ \xi_{z''_\alpha} = &\frac{1}{2}\left(\sin\alpha-\cot\frac{\omega}{2}\cos\alpha\right)\gamma_y\\ &-\frac{1}{2}\left(\cos\alpha+\cot\frac{\omega}{2}\sin\alpha\right)\gamma_z\end{aligned}\right\}\tag{9-4-12}$$

9.5 光轴调整计算

本例属“镜外调整”，故光轴调整计算的任务是根据 9.4 节的光轴偏 $\xi_{y''_\alpha}$、$\xi_{z''_\alpha}$ 的大小，求出大小棱镜在调整时的微量转角 $\Delta\theta_{小}$、$\Delta\theta_{大}$ 以及与此对应的垫片厚度 $\Delta h_{小}$、$\Delta h_{大}$。

大小棱镜均处在会聚光路中，所以，这是一个会聚光路的光轴偏计算问题。

由 5.3 节可知，会聚光路的光轴偏计算在于确定由棱镜的微量位移所造成的像点位移。这里所指的像点，就是图 9-5-1 上的“物镜—棱镜”组的后焦点 F''，也即为目镜的前焦点。

为此，先求出与光轴偏 $\xi_{y''_\alpha}$、$\xi_{z''_\alpha}$ 相对应的像点 F'' 的小位移 $\Delta S_{y''_\alpha}$、$\Delta S_{z''_\alpha}$：

$$\left.\begin{aligned}\Delta S_{y''_\alpha} &= -\xi_{y''_\alpha}\cdot f'_{目}\\ \Delta S_{z''_\alpha} &= -\xi_{z''_\alpha}\cdot f'_{目}\end{aligned}\right\}\tag{9-5-1}$$

式中，$f'_{目}$ 为目镜焦距。

设 $\Delta S'_{y''_\alpha}$、$\Delta S'_{z''_\alpha}$ 为调整时棱镜微量转动所造成的同一像点 F'' 在焦平面 $y''_\alpha z''_\alpha$ 内的小位移。因为棱镜的微量转动旨在消除与已存在的光轴偏相对应的像点位移 $\Delta S_{y''_\alpha}$、$\Delta S_{z''_\alpha}$，所以有

$$\left.\begin{aligned}\Delta S'_{y''_\alpha} &= -\Delta S_{y''_\alpha} = \xi_{y''_\alpha}\cdot f'_{目}\\ \Delta S'_{z''_\alpha} &= -\Delta S_{z''_\alpha} = \xi_{z''_\alpha}\cdot f'_{目}\end{aligned}\right\}\tag{9-5-2}$$

由 4.3 节知，棱镜绕物轴 $\boldsymbol{P}$(单位矢量)微量转动 $\Delta\theta$ 角所造成的像点位移矢量

$\Delta \boldsymbol{S}'$可求自(4-3-2)式：

$$\Delta \boldsymbol{S}' = \Delta\theta[\boldsymbol{P} \times \boldsymbol{\rho}] + (-1)^{t-1}\Delta\theta[\boldsymbol{P}' \times \boldsymbol{\rho}'] \qquad (4-3-2)$$

式中，$\boldsymbol{P}'$为当棱镜未转动时与物轴 $\boldsymbol{P}$ 相共轭的像轴(单位矢量)；$\boldsymbol{\rho}$ 为自物轴上的任一点 q 至像点的矢量；$\boldsymbol{\rho}'$为自像轴上的任一点(通常用与 q 共轭的 q'点)至像点的矢量；t 为所论棱镜的反射次数。

为了运用(4-3-2)式，关键在于确定 q'点。为此，在图 9-5-1 中作出三个坐标系，其中 $O'x'_\alpha y'_\alpha z'_\alpha$和$O''x''_\alpha y''_\alpha z''_\alpha$为小棱镜物、像空间内的一对完全共轭的坐标系；$Ox_\alpha y_\alpha z_\alpha$ 和 $O'x'_\alpha y'_\alpha z'_\alpha$则为大棱镜物、像空间内的一对完全共轭的坐标系。必须指出，$x''_\alpha y''_\alpha z''_\alpha$ 应是右手系坐标。

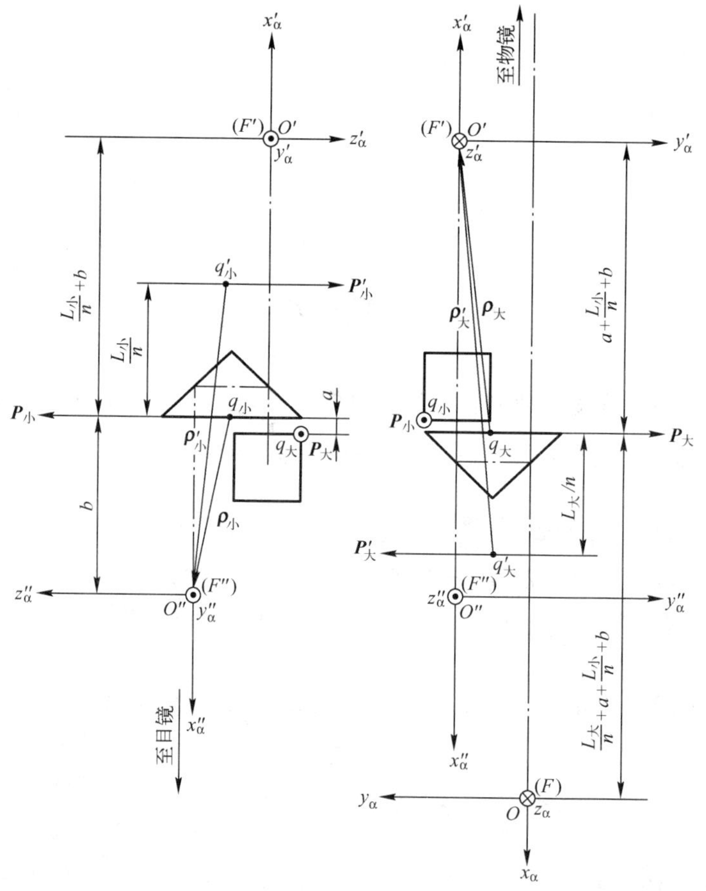

图 9-5-1　调整计算的原理图

为计算的便利，首先把小棱镜像空间内的坐标系原点 O''定在像点 F''处。应当指出，F''离小棱镜出射面的距离 b 是已知的。这样，小棱镜物空间内的坐标系原点 O'就应当定在小棱镜物空间内与 F''相共轭的 F'处，而大棱镜物空间内的坐标系原点 O 就应当定在大棱镜物空间内与 F'相共轭的 F 处。由 2.2.2 节可知，F'点在小棱镜的入射光轴上离小棱镜入射面的距离为$\left(\frac{L_{小}}{n}+b\right)$的地方，而 F 点在大棱镜的入射光轴上离大棱镜入射面的距离为$\left(\frac{L_{大}}{n}+a+\frac{L_{小}}{n}+b\right)$的地方。这里，$L_{大}$、$L_{小}$分别为大、小棱镜展开成的平行玻璃板的厚度，$a$ 为二棱镜的间隔，n 为棱镜的玻璃折射率。

将与垫“小内”相对应的转轴 $\boldsymbol{P}_{小}$（单位矢量）和转轴上的某一 $q_{小}$ 点标定在小棱镜的物空间坐标 $O'x'_{\alpha}y'_{\alpha}z'_{\alpha}$上，再将与垫“大内”相对应的转轴 $\boldsymbol{P}_{大}$（单位矢量）和转轴上的某一 $q_{大}$ 点标定在大棱镜的物空间坐标 $Ox_{\alpha}y_{\alpha}z_{\alpha}$ 上。

根据棱镜物、像空间的共轭关系，可计算出在大、小棱镜像空间内的像轴 $\boldsymbol{P}'_{大}$、$\boldsymbol{P}'_{小}$的方向以及共轭点 $q'_{大}$、$q'_{小}$的位置。在本例中，它们的方向和位置都比较规则，故顺便也画在图上。

以下求由小棱镜的微量转动矢量 $\Delta\theta_{小}\boldsymbol{P}_{小}$ 所造成的像点 F''的小位移 $\Delta S'_{y''_{\alpha}}$。

将矢量公式(4-3-2)投影到 y''_{α} 轴上，得

$$\begin{aligned}\Delta S'_{y''_{\alpha}}=&\Delta\theta_{小}(P_{小z''_{\alpha}}\rho_{小x''_{\alpha}}-P_{小x''_{\alpha}}\rho_{小z''_{\alpha}})\\&-\Delta\theta_{小}(P'_{小z''_{\alpha}}\rho'_{小x''_{\alpha}}-P'_{小x''_{\alpha}}\rho'_{小z''_{\alpha}})\end{aligned}\tag{9-5-3}$$

由图 9-5-1 中可见：

$$P_{小z''_{\alpha}}=1,P_{小x''_{\alpha}}=0,P'_{小z''_{\alpha}}=-1,P'_{小x''_{\alpha}}=0$$

$$\rho_{小x''_{\alpha}}=b,\rho'_{小x''_{\alpha}}=\frac{L_{小}}{n}+b$$

将上列数据代入(9-5-3)式，得

$$\Delta S'_{y''_{\alpha}}=\Delta\theta_{小}\left(\frac{L_{小}}{n}+2b\right)\tag{9-5-4}$$

在后述的计算中将说明，大棱镜绕 $\boldsymbol{P}_{大}$ 的微量转动只造成像点沿 z''_{α} 方向的小位移。这就是说，望远系统已有的光轴偏 $\xi_{y''_{\alpha}}$应全部由小棱镜的微量转动进行补偿。所以，由(9-5-4)式及(9-5-2)式的第一式，得

$$\Delta S'_{y''_{\alpha}}=\Delta\theta_{小}\left(\frac{L_{小}}{n}+2b\right)=\xi_{y''_{\alpha}}f'_{目}$$

由此

$$\Delta\theta_{小}=\frac{\xi_{y''_{\alpha}}f'_{目}}{\frac{L_{小}}{n}+2b}\tag{9-5-5}$$

设 $l_{小}$ 代表小棱镜的宽度（见图 9-5-2），则

$$\Delta h_{小}=\frac{\xi_{y''_{\alpha}}f'_{目}l_{小}}{\frac{L_{小}}{n}+2b}$$

或

$$\Delta h_{小} = 2.9 \times 10^{-4} \frac{\xi_{y''_\alpha} f'_{目} l_{小}}{\left(\frac{L_{小}}{n} + 2b\right)} \tag{9-5-6}$$

式中，$\xi_{y''_\alpha}$的单位为(′)；长度的单位均为 mm。

应当指出，由小棱镜的微量转动 $\Delta\theta_{小} \boldsymbol{P}_{小}$ 所造成的像点 F''的另一个小位移分量 $\Delta S'_{z''_\alpha}$为零。这就是说，在"小内"或"小外"处衬垫箔片，只能消除在 $x''_\alpha y''_\alpha$ 平面内的光轴偏，而在 $x''_\alpha z''_\alpha$ 平面内的光轴偏则必须在"大内"或"大外"处衬垫箔片。

以下求由大棱镜的微量转动矢量 $\Delta\theta_{大} \boldsymbol{P}_{大}$ 所造成的像点 F'的小位移 $\Delta S'_{z'_\alpha}$。

在此情形，认为小棱镜是不动的，所以根据小棱镜物像空间的共轭关系，可立即把 F'点的小位移 $\Delta S'_{z'_\alpha}$转换为 F''点的小位移 $\Delta S'_{z''_\alpha}$：

$$\Delta S'_{z''_\alpha} = \Delta S'_{z'_\alpha}$$

并且由于(9-5-2)式的关系，应使

$$\Delta S'_{z'_\alpha} = \xi_{z''_\alpha} f'_{目} \tag{9-5-7}$$

当用(4-3-2)式求像点 F' 的小位移时，应注意将大棱镜像空间内的坐标 $x'_\alpha y'_\alpha z'_\alpha$改成为右手系坐标，为此，可将 x'_α轴和 x_α 轴都反一个方向。在本例中，因小棱镜为偶次反射，$x'_\alpha y'_\alpha z'_\alpha$仍为右手系，所以，不存在把左手系坐标改成为右手系坐标的问题。

将矢量公式(4-3-2)投影到 z'_α轴上，得

$$\begin{aligned}\Delta S'_{z'_\alpha} = &\Delta\theta_{大}(P_{大x'_\alpha}\rho_{大y'_\alpha} - P_{大y'_\alpha}\rho_{大x'_\alpha}) - \\ &\Delta\theta_{大}(P'_{大x'_\alpha}\rho'_{大y'_\alpha} - P'_{大y'_\alpha}\rho'_{大x'_\alpha})\end{aligned} \tag{9-5-8}$$

由图 9-5-1 中可见

$$P_{大x'_\alpha} = 0, P_{大y'_\alpha} = 1, P'_{大x'_\alpha} = 0, P'_{大y'_\alpha} = -1$$

$$\rho_{大x'_\alpha} = a + \frac{L_{小}}{n} + b, \rho'_{大x'_\alpha} = \frac{L_{大}}{n} + a + \frac{L_{小}}{n} + b$$

将上列数据代入(9-5-8)式，并考虑到(9-5-7)式，得

$$\Delta S'_{z'_\alpha} = -\Delta\theta_{大}\left[\frac{L_{大}}{n} + 2\left(a + \frac{L_{小}}{n} + b\right)\right] = \xi_{z''_\alpha} f'_{目}$$

由此，得

$$\Delta\theta_{大} = -\frac{\xi_{z''_\alpha} f'_{目}}{\frac{L_{大}}{n} + 2\left(a + \frac{L_{小}}{n} + b\right)} \tag{9-5-9}$$

设 $l_{大}$ 代表大棱镜的宽度，则

$$\Delta h_{大} = -\frac{\xi_{z''_\alpha} f'_{目} l_{大}}{\left[\frac{L_{大}}{n} + 2\left(a + \frac{L_{小}}{n} + b\right)\right]}$$

或

$$\Delta h_{大} = -2.9 \times 10^{-4} \frac{\xi_{z''_\alpha} f'_{目} l_{大}}{\left[\frac{L_{大}}{n} + 2\left(a + \frac{L_{小}}{n} + b\right)\right]} \tag{9-5-10}$$

将(9-4-12)式代入(9-5-6)式和(9-5-10)式，得垫片厚度公式的最后形式如下：

$$\Delta h_{小} = -2.9 \times 10^{-4} \frac{f'_{目} l_{小}}{\left(\frac{L_{小}}{n} + 2b\right)} \left[-\frac{1}{2}\left(\cos\alpha + \cot\frac{\omega}{2}\sin\alpha\right)\gamma_y - \frac{1}{2}\left(\sin\alpha - \cot\frac{\omega}{2}\cos\alpha\right)\gamma_z \right] \tag{9-5-11}$$

$$\Delta h_{大} = -2.9 \times 10^{-4} \frac{f'_{目} l_{大}}{\left[\frac{L_{大}}{n} + 2\left(\frac{L_{小}}{n} + a + b\right)\right]} \left[\frac{1}{2}\left(\sin\alpha - \cot\frac{\omega}{2}\cos\alpha\right)\gamma_y - \frac{1}{2}\left(\cos\alpha + \cot\frac{\omega}{2}\sin\alpha\right)\gamma_z \right] \tag{9-5-12}$$

由上列二式求得的 Δh，其正值表示垫"大内"和"小内"，负值则表示垫"大外"和"小外"。

对于具体的产品和校正仪，宜将(9-5-11)式和(9-5-12)式绘制成图表，以便于校光轴时使用。

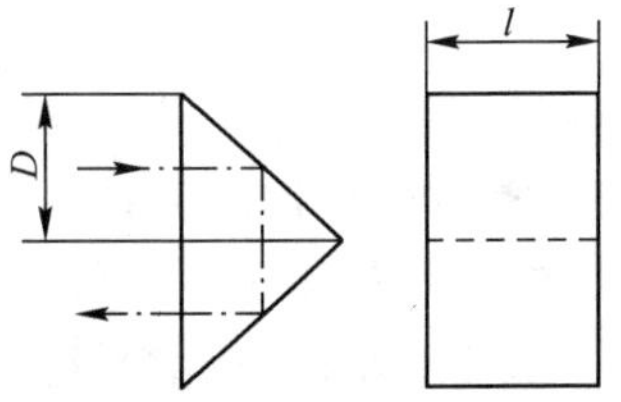

图 9-5-2 普柔棱镜的尺寸 D 和 l

例 9-5-1 已知：$\omega = 60°$；$\alpha = 45°$；$f'_{目} = 16.7$；$a = 2$；$b = 20.3$；$D_{小} = 16.5$；$D_{大} = 17.5$；$l_{小} = 16.5$；$l_{大} = 17.5$；$n = 1.5163$，$L_{小}/n = 2D_{小}/n = 21.7$；$L_{大}/n = 2D_{大}/n = 23.0$。

将以上数据代入(9-5-11)式和(9-5-12)式，得

$$\Delta h_{小} = (-1.23\gamma_y + 0.33\gamma_z) \times 10^{-3} \tag{9-5-13}$$

$$\Delta h_{大} = (0.19\gamma_y + 0.74\gamma_z) \times 10^{-3} \tag{9-5-14}$$

根据图表的制作原理，(9-5-13)式和(9-5-14)式所表示的这种函数形式可以绘制成平面的平行坐标式的图表，如图 9-5-3 所示。

这种图表的使用很方便。例如，当在小目距位置从前置镜中所观察到的像位偏为 $\gamma_y = -30'$、$\gamma_z = 60'$时，可用尺的一条直边靠在 γ_y 和 γ_z 坐标上的两个和给定像位偏数值相对应的点上，则尺的这条直边将分别在 $\Delta h_{小}$ 和 $\Delta h_{大}$ 的坐标上截出下列的垫片厚度值：

$$\Delta h_{小} = 57\mu m(垫“小内”)，\Delta h_{大} = 39\mu m(垫“大内”)$$

由上述例子可见，垫片的厚度往往很薄。在一些工厂里用多层的锡箔代替金属硬片。一定层数的锡箔在固定棱镜用的压簧的压力下呈现为一定的厚度，需经试验找出层数和厚度之间的转换关系。

工厂中的工人师傅和技术人员在生产实践中总结了一套关于垫光轴的规律

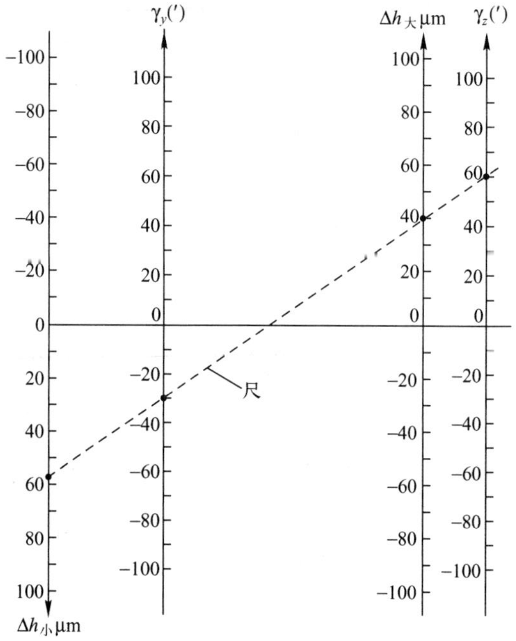

图 9-5-3　平行坐标系中的 $\Delta h-\gamma$ 关系

(即衬垫和像位偏的关系)：

像往上右移动(主要是往上)，垫“大内”；

像往下左移动(主要是往下)，垫“大外”；

像往右下移动(主要是往右)，垫“小外”；

像往左上移动(主要是往左)，垫“小内”。

这套规律同(9-5-13)式、(9-5-14)式所表示的函数关系是相吻合的。

应当指出，上述文字的规律将随 ω 和 α 角数值的不同而异。

往往采用另一种形式的光轴校正仪，它的前置镜及其支架示于图 9-5-4 上。这种结构不同于上述的带斜方棱镜的双铰链前置镜，它的分划板上的十字线将随着前置镜绕铰链的摆动而转动同样的角度。此外，望远镜在产品支座上是正置的，即对观察者来说，左棱镜壳体仍在左边，右棱镜壳体也仍在右边。

对于这种或那种不同的情况，如果能适当地选择坐标 xyz 和 $x_1y_1z_1$ 的方位以及 α、ω 角的数值和正负号，那么(9-5-11)式和(9-5-12)式仍不失其通用性(见 9.6 节)。

上述垫棱镜的方法用于粗校光轴平行性，而精校可利用物镜框内的双偏心移动物镜。

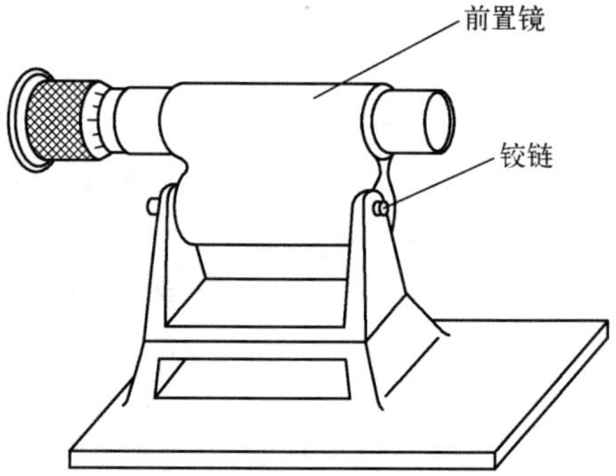

图 9-5-4　带铰链轴的前置镜

9.6 光轴校正仪使用方法的改进

以下讨论在9.5末提出的那种光轴校正仪,即如图9-5-4所示,前置镜内的分划板十字线将随着前置镜绕铰链轴一起摆动,且望远镜系正置于产品支座上的情况。

假设仍然采用大目距位置对准和小目距位置判读的方式。

图9-6-1表示左望远系统在大目距位置时的两块棱镜的方位。此时,$y''_\alpha z''_\alpha$代表和棱镜主截面相一致的坐标轴;$y_o z_o$代表和对准状态下的前置镜十字线相一致的坐标轴;α_o代表上述两对坐标轴之间的相对方位角。

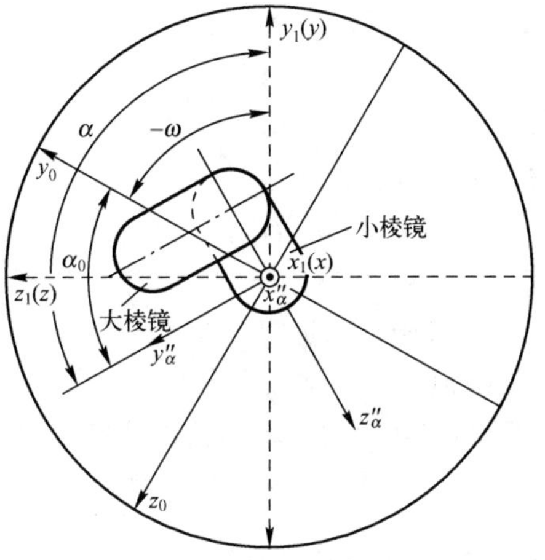

图9-6-1 调整方法改进的原理

当左镜筒自大目距位置绕望远镜铰链轴转动$-\omega$角至小目距位置时(注意:在图9-6-1上所表示的左望远系统仍是在大目距位置),前置镜也应绕自身的铰链轴(即校正仪轴线)转动同一个$-\omega$角。此时,前置镜内的十字线由$y_o z_o$转$-\omega$而成为yz。$y_1 z_1$坐标轴固定在左望远系统上。当左镜筒在大目距位置且铰链轴tt(即x_1)平行于校正仪轴线SS(即x)时,$y_1 z_1$与yz重合,这正是图9-6-1上所示的情况。

为同9.4节的坐标选择相一致,取校正仪轴线和判读像位偏时的前置镜十字线组成的xyz作为校正仪上的定坐标,而和图9-4-4上相当的α角在此应等于$\alpha_o+(-\omega)$。

由垫片厚度的表达式(9-5-11)和(9-5-12)可见,如果满足下列条件方程:

$$-\frac{1}{2}\left(\sin\alpha-\cot\frac{\omega}{2}\cos\alpha\right)=0 \qquad (9-6-1)$$

则垫片厚度公式简化为

$$\Delta h_{小} = -2.9 \times 10^{-4} \frac{f'_{目} l_{小}}{\left(\frac{L_{小}}{n} + 2b\right)} \cdot \frac{1}{2}\left(\cos\alpha + \cot\frac{\omega}{2}\sin\alpha\right)\gamma_y \tag{9-6-2}$$

$$\Delta h_{大} = 2.9 \times 10^{-4} \frac{f'_{目} l_{大}}{\left[\frac{L_{大}}{n} + 2\left(\frac{L_{小}}{n} + a + b\right)\right]} \cdot \frac{1}{2}\left(\cos\alpha + \cot\frac{\omega}{2}\sin\alpha\right)\gamma_z \tag{9-6-3}$$

或者说,大、小棱镜的垫片厚度只分别与一个像位偏分量有关。在此情形,若只存在一个坐标方向上的像位偏,则只需在一个棱镜上衬垫即可。

解条件方程(9–6–1),得

$$2\alpha = 180° - \omega \tag{9-6-4}$$

由于 $\alpha = \alpha_0 - \omega$,故(9–6–4)式所表示的条件变成

$$2\alpha_0 = 180° + \omega \tag{9-6-5}$$

(9–6–5)式说明,为实现表达式(9–6–2)和(9–6–3),前置镜十字线和左望远系统在对准状态下的相对方位角 α_0 与左镜筒的转角 ω 之间应有一定的关系。

最后指出,条件方程(9–6–5)同样适用于在小目距位置对准而在大目距位置判读的情况,而条件方程(9–6–4)也适用于在 9.4 节中所讨论的那种光轴校正仪,只是在 xyz、$x_1y_1z_1$ 和 $x''_\alpha y''_\alpha z''_\alpha$ 等坐标的标定以及在 α 和 ω 等角度的计读(基准和方向)方面应遵守统一的规则而已。

为保证 α 和 ω 等角度的实际数值和名义数值相符合,应在校正仪上设有简单的定位措施。

9.7 双眼望远镜光轴校正中的一些经验

双眼望远镜的光轴校正往往在无计算情况下进行。此时,应充分利用一些合理的经验。现将要点略述如下。

1. "回转中心"和"等边三角形"

根据 8.4 节的原理,由于在望远镜筒由对准状态转向判读状态的转角 ω 约为 60°,所以,这里的回转中心 C 应是以像位偏 OO' 作底边的一个等边三角形的顶点,而且在底边 OO' 朝着角度 ω 的转动方向的一侧,如图 9–7–1(a)所示,ω 为顺时针方向。衬垫棱镜应使从前置镜中所看到的平行光管十字线像的中心由 O' 点移至 C 点,或者说,衬垫棱镜应造成这样一个像点小位移 $\overrightarrow{O'C}$(按一定的比例尺)。

2. "主截面方向"和"大同小异"

由 9.5 节的分析说明,垫"大内"或垫"大外"只能引起像点在与大棱镜主截面相垂直的方向上的位移,垫"小内"或垫"小外"也只能引起像点在与小棱镜主截面相垂直的方向上的位移。由此可见,当讨论棱镜的衬垫时,大小棱镜的主截面方向是本质的因素,而由前置镜分划板上的这种或那种十字线所构成的坐标却是非本

质的。所以,双眼望远镜光轴校正经验中的要点之一,就是要捕捉住在判读状态下的大、小棱镜的主截面方向,如图9-7-1(b)所示,它同图9-7-1(a)都对应于同一个状态——判读状态。

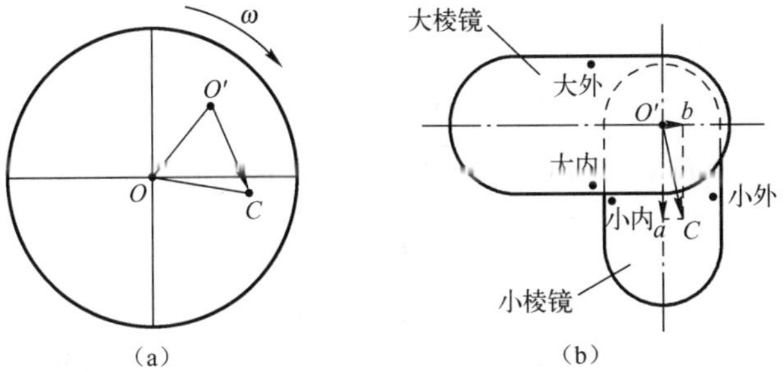

图9-7-1 调整经验的示意图

(a) 等边三角形和回转中心 C;(b) 将$\overrightarrow{O'C}$分解到相互垂直的两个棱镜主截面的方向上。

(9-5-10)式和(9-5-6)式的正负号说明,当我们从前置镜中观察像点的移动时,垫"大内"将造成像点朝"大内"一侧移动(考虑动向的基准是大棱镜的主截面),而垫"小内"却反使像点朝"小外"一侧移动(考虑动向的基准是小棱镜的主截面)。这就是所谓的"大同小异"的规律。

大、小棱镜的主截面方向以及"大内"、"大外"、"小内"、"小外"等位置,都可以从望远镜筒的外形上作出判断。

3. 矢量分解

将图9-7-1(a)上的像点小位移矢量$\overrightarrow{O'C}$平移到图9-7-1(b)上,使O'点同两个主截面方向的交点相重合。然后,把矢量$\overrightarrow{O'C}$分解到相互垂直的两个主截面方向上,得分量$\overrightarrow{O'a}$和$\overrightarrow{O'b}$。

根据"大同小异"的原则,图9-7-1(b)上的$\overrightarrow{O'a}$指向"大内"说明应当垫"大内",而$\overrightarrow{O'b}$指向"小外"则说明同时还应当垫"小内"。

分矢量$\overrightarrow{O'a}$和$\overrightarrow{O'b}$的大小,各按自己的比例反映了大、小棱镜的衬垫厚度(或锡箔的层数)。由于(9-5-10)式和(9-5-6)式的不同,一般来讲,当$\overline{O'a}=\overline{O'b}$时,小棱镜的衬垫层数应是大棱镜的衬垫层数的1.5~2倍。

实际上,以上三则要点,或者说三个步骤均靠"眼观心算",而在心算时全凭经验和规律。

9.8 对双眼望远镜的光学校正及校正时的棱镜转轴的分析

1. 为何双眼望远镜的光学校正是先校像倾斜而后校光轴

见图9-8-1,大、小棱镜位于物镜与目镜之间的会聚光路中。一般来讲,在会聚光路中试图选择一些不影响光轴偏的棱镜转轴，是比较困难的。然而，由于像倾斜的调整始终属于平行光路的问题，只要棱镜的转轴在垂直于像倾斜极值轴向 $\boldsymbol{u}$ 的平面内，那么不论转轴的方向如何，棱镜绕该转轴的微量转动都将不会破坏已经校好的像倾斜。

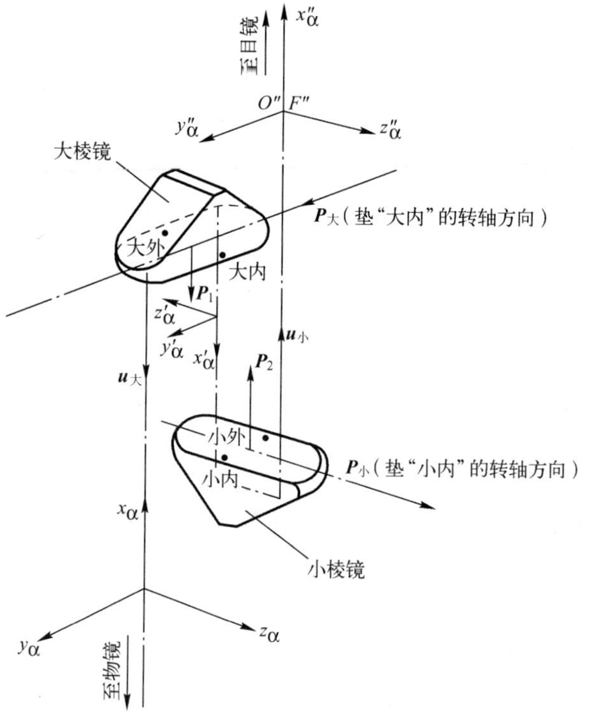

图 9-8-1 调整步骤和调整转轴的合理安排与选择

由此可见，为了使后一个校正工步不致于破坏前一个校正工步，应以先校像倾斜而后校光轴偏的顺序为妥。

2. 校像倾斜时的棱镜转轴的选择

见图 9-8-1，$\boldsymbol{u}_大$ 和 $\boldsymbol{u}_小$ 分别代表大、小棱镜的像倾斜极值轴向。一般来讲，为了减小调整时的棱镜转角，应当选择调整灵敏度较高的转轴，这里以与像倾斜极值轴向 $\boldsymbol{u}_大$、$\boldsymbol{u}_小$ 相一致的 $\boldsymbol{P}_1$、$\boldsymbol{P}_2$ 作为校像倾斜时大、小棱镜的转轴。由图 9-8-1 可见，大、小棱镜分别绕 $\boldsymbol{P}_1$ 和 $\boldsymbol{P}_2$ 的转动，都相当于改变两个棱镜主截面之间的夹角，故实际校像倾斜时只要转动一个棱镜就可以了。

3. 校光轴偏时的棱镜转轴的选择

因校光轴偏在校像倾斜之后进行，故首先要考虑到所选的转轴应以不破坏已校好的像倾斜为宜。同时需照顾到具有较高的调整灵敏度。又由于光轴偏存在两个方向上的分量，所以还有一个光轴偏二分量调整的独立性的问题。

由图 9-8-1 可见，大、小棱镜的弦面分别垂直于它们的像倾斜极值轴向 $\boldsymbol{u}_大$ 和

$\boldsymbol{u}_{小}$,所以,位于棱镜弦面内的转轴均属像倾斜的零值轴向。又考虑到上述的另外两点,最后,在弦面内选择了 $\boldsymbol{P}_{大}$ 和 $\boldsymbol{P}_{小}$ 作为校光轴时的大、小棱镜的转轴,而这些转轴正是同图 9-3-1 及图 9-8-1 中的所谓垫"大内"、"大外"和垫"小内"、"小外"完全对应的。

9.9 反射式光轴校正仪

以下再介绍一种在校正双眼望远镜光轴时常用的反射式光轴校正仪以及相应的校正方法。

见图 9-9-1,反射式光轴校正仪包括自准直式投影仪(1、2、3、4)、顶端平面镜 5 以及产品支座 6 三个部分。

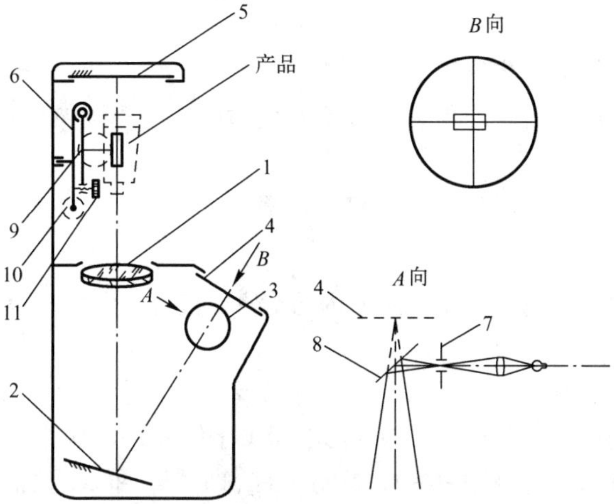

图 9-9-1　反射式光轴校正仪

1—物镜;2—平面镜;3—光阑;4—像屏;5—顶端平面镜;6—产品支座;7—光阑;8—平面镜;9—紧螺;10—方向手轮;11—前后手轮。

产品支座的结构和图 9-2-1 所示的透射式光轴校正仪的完全一样。夹持状态下的产品(即双眼望远镜)处在准直仪与顶端平面镜之间的光路中,它的物镜朝向顶端平面镜一侧,左镜筒可绕铰链轴自由转动。

自准直式投影仪由物镜 1、平面镜 2、带照明的光阑(即分划板)3 以及像屏 4 所组成的。

光阑 7 的中心小圆孔被照明而呈现的亮圆点,位于物镜的焦面上。由此亮圆点发出的光束经平面镜 8、平面镜 2 及物镜出射后,成为平行光束。出射的平行光束通过产品的左右两支望远镜后,由顶端平面镜反射回来,又经产品的左右两支望远镜重新进入准直物镜,而后在像屏上映成亮圆点像。

如果双眼望远镜的光轴平行,那么像屏上由左右两支望远镜造成的两个亮圆彼此重合,否则不重合;此外,如果左镜筒的光轴与铰链轴平行,那么当用手转动左镜筒时,左镜筒的亮圆像是不动的,否则此亮圆像将随着左镜筒绕铰链轴转动的过程而沿着某一轨迹圆移动。

根据第 8、9 两章所述的原理,用反射式光轴校正仪的校正步骤是:

(1) 校左镜筒的光轴与机械轴的一致性。首先,用手扳动左望远镜筒,估计出其亮圆像的轨迹圆的圆心,然后拨动左镜筒物镜的两个偏心框,把亮圆像校到轨迹圆的圆心上。

(2) 校右镜筒的光轴与左镜筒的光轴的平行性。拨动右镜筒物镜的两个偏心框,使右镜筒的亮圆像与左镜筒的亮圆像重合或使偏差不超过小长方格的范围(此时,另一个亮圆应在十字线中心)。

以上在校光轴时尽可能利用双眼望远镜物镜的双偏心框,这样可发挥镜内调整的优点,而当用双偏心框校不过来时,才采用垫棱镜的办法。

同透射式光轴校正仪相比较,反射式光轴校正仪有以下两个优点:①容易实现镜内调整;②校正仪的不失调性。

缺点是视场较小,有时在像屏上看不到反射回来的亮圆像。

习　题

9.1　请综合第 8、9 两章的有关内容,对分校光轴这个专题做一个扼要的总结。

9.2　在采用图 9-5-4 所示的前置镜以及将双眼望远镜正置于产品支座上的情况,设$\omega = -60°$,请利用(9-6-5)式,并以图 9-6-1 作为基础,借作图法说明满足实现(9-6-2)式和(9-6-3)式的条件,即 $\Delta h_{小}$ 和 $\Delta h_{大}$ 各自仅取决于像位偏的一个分量 γ_y 和 γ_z。

第 10 章　光轴偏和像倾斜的综合计算

10.1　综合计算的概念

在光学仪器的光学系统中,常常包含有两块以上的棱镜(或反光镜)。对于此种光学系统的校正,有时候,选择其中的某一块棱镜侧重于调整光轴偏,而选择另一块棱镜侧重于调整像倾斜。当然,还存在其他的选择方式,如第 9 章中所述。

在此情形,应力求调整工步的独立性。例如,光轴偏对系统中的某个棱镜绕某一转轴的转动敏感,而对另一个棱镜绕某一转轴的转动不敏感,那么,一般应当挑选那个敏感的棱镜绕敏感转轴的转动作为调整光轴偏用。同样,对选择侧重于调整像倾斜用的棱镜,也应作类似的考虑。这样,可以缩短光学系统校正的反复过程。

如图 8-5-2 所示炮队镜的光学系统,位于物镜上方的反光镜的转动,一般来讲,会同时造成光轴偏和像倾斜,然而,物空间的光轴偏在转换为像空间的光轴偏时,其数值将扩大 Γ 倍,Γ 为望远系统的角放大率,而像倾斜的数值却保持不变。所以,这里选择上反光镜侧重于校光轴是适宜的,而靴形屋脊棱镜则侧重于校像倾斜。

虽然如此,但由于结构上的以及其他多方面的原因,有时调整零件及其转轴的选择并不那么理想。例如图 8-5-2 中的靴形屋脊棱镜,当其绕 $\boldsymbol{P}_1$ 轴(见图 5-3-3)的转动作为调整像倾斜用时,它却带来了数量上比像倾斜要大十余倍的光轴偏。

因此,校正工步之间的独立性是相对的,不独立性(相互联系)则是绝对的。

“综合计算”中的“综合”二字的含义就在于必须考虑到校正工步之间的这种联系性。

综合计算的方式与具体仪器以及具体的校正工艺有关。

以图 8-5-2 所示炮队镜的光学系统为例,下述的校正工艺是一种切实可行的方案。

首先,用转动上反光镜将光轴校好[①]。在光轴已经调好的前提下,由于像倾斜的存在,须转动靴形屋脊棱镜以调整像倾斜。此时,作为综合计算(不是孤立的或片面的计算)的任务,就是要考虑到由于靴形屋脊棱镜转动所带来的两个部分像倾

① 注:见 8.5 节,对此种炮队镜来说,所谓光轴校好,就是使仪器的入射平行光束和对应的出射平行光束彼此平行而且都平行于铰链轴。

斜的变化。

像倾斜的第一个变化是由于靴形屋脊棱镜的转动所直接造成的;而像倾斜的第二个变化则是由于靴形屋脊棱镜的转动所间接造成的。

后一个像倾斜变化的产生过程是这样的:由于靴形屋脊棱镜的转动同时带来了光轴的变化(这里表现为会聚光路中的光轴偏计算),因此必须再一次进行光轴调整,而上反光镜在这次光轴恢复调整中的补充转动又必将带来了像倾斜的变化,将这个像倾斜的变化折算到靴形屋脊棱镜的同一个像空间中,这就是上述的像倾斜的第二个变化。因为它实际上是由于上反光镜的补充转动所造成的,故称之为靴形屋脊棱镜转动所间接造成的像倾斜部分。

应当使由于靴形屋脊棱镜的转动所直接和间接造成的像倾斜的两个变化的总和在数量上等于待校正的像倾斜,方向上相反(即正负号相反),而基于这一条件所求得的靴形屋脊棱镜所应有的微量转角才是正确的,并且避免了再一次的重复的调整循环。

10.2 推导必要的公式

综合计算是由许多个基本的计算环节所组成的。对图 8-5-2 所示的炮队镜的光学系统来说,这些基本的计算环节有:单反光镜的转动所造成的像倾斜和光轴偏(这里为平行光路中的光轴偏计算)以及靴形屋脊棱镜的转动所造成的像倾斜和光轴偏(这里为会聚光路中的光轴偏计算)。

应当把与这些基本的计算环节有关的公式推导出来,并将相应的坐标画到光学系统的简图上。

首先求单反光镜的光轴偏和像倾斜公式。把反射棱镜图表中和反光镜相当于 $DI-90°$ 的调整图搬到这里(图 10-2-1)。因为反光镜绕垂直于镜面的轴线(即特征方向)的转动不会造成任何的影响,所以假设反光镜的转轴 $\boldsymbol{P}$ 位于镜面内,并用 γ 角标定 $\boldsymbol{P}$。

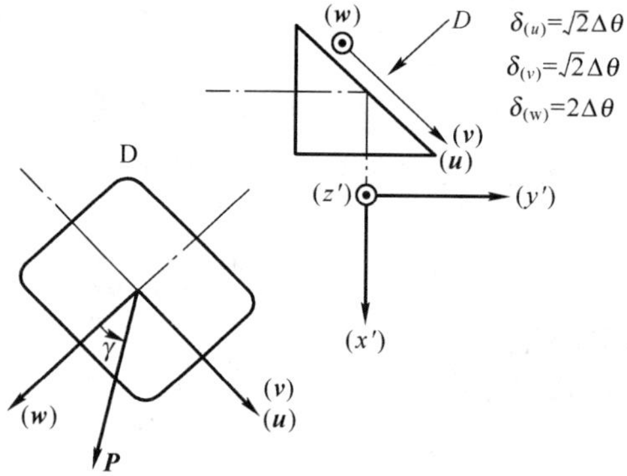

图 10-2-1　上反射镜的调整图

由图 10-2-1,得像倾斜 $\Delta\mu'_{(x')}$ 和光轴偏 $\Delta\mu'_{(y')}$、$\Delta\mu'_{(z')}$ 的公式如下：

$$\Delta\mu'_{(x')} = \sqrt{2}\sin\gamma \cdot \Delta\theta_{反} \tag{10-2-1}$$

$$\Delta\mu'_{(y')} = \sqrt{2}\sin\gamma \cdot \Delta\theta_{反} \tag{10-2-2}$$

$$\Delta\mu'_{(z')} = 2\cos\gamma \cdot \Delta\theta_{反} \tag{10-2-3}$$

式中,$\Delta\theta_{反}$ 代表反光镜的微量转角。这里用坐标$(x')(y')(z')$取代原来的 $x'y'z'$是为了避免同靴形屋脊棱镜的像空间坐标相混淆①。

再求靴形屋脊棱镜的像倾斜公式。同样,把反射棱镜图表中的靴形屋脊棱镜 $FX_J-90°$的调整图移到这里(图 10-2-2),并将棱镜在调整像倾斜时的两种可能的转轴 $\boldsymbol{P}_1$ 及 $\boldsymbol{P}_2$(图 5-3-3)标定在图上。

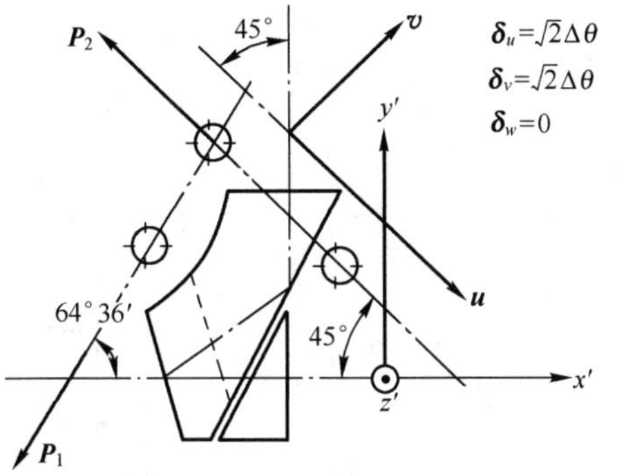

图 10-2-2　靴形屋脊棱镜的调整图

由图 10-2-2,求得 $\boldsymbol{P}_1$ 和 $\boldsymbol{P}_2$ 与 $\boldsymbol{u}$ 轴的夹角分别为 70°24′和 180°,所以,棱镜绕 $\boldsymbol{P}_1$ 或绕 $\boldsymbol{P}_2$ 微量转动所造成的像倾斜公式分别为

$$\Delta\mu'_{x'\boldsymbol{P}_1} = \sqrt{2} \cdot \Delta\theta_{1棱} \cdot \cos 70°24' = 0.48\Delta\theta_{1棱} \tag{10-2-4}$$

$$\Delta\mu'_{x'\boldsymbol{P}_2} = \sqrt{2} \cdot \Delta\theta_{2棱} \cdot \cos 180° = -\sqrt{2}\Delta\theta_{2棱} \tag{10-2-5}$$

式中,$\Delta\theta_{1棱}$或 $\Delta\theta_{2棱}$分别代表靴形屋脊棱镜在调整像倾斜时绕 $\boldsymbol{P}_1$ 轴或 $\boldsymbol{P}_2$ 轴的微量转角;$\Delta\mu'_{x'\boldsymbol{P}_1}$代表由棱镜绕 $\boldsymbol{P}_1$ 转动 $\Delta\theta_{1棱}$所造成的像倾斜;$\Delta\mu'_{x'\boldsymbol{P}_2}$代表由棱镜绕 $\boldsymbol{P}_2$ 转动 $\Delta\theta_{2棱}$所造成的像倾斜。

靴形屋脊棱镜所造成的光轴偏属于会聚光路中的光轴偏,它们的公式已在 5.3 节中求得,即(5-3-6)式～(5-3-9)式,由此可得

$$\Delta S'_{y'\boldsymbol{P}_1} = -11.1\Delta\theta_{1棱} \tag{10-2-6}$$

$$\Delta S'_{z'\boldsymbol{P}_1} = 126.4\Delta\theta_{1棱} \tag{10-2-7}$$

$$\Delta S'_{y'\boldsymbol{P}_2} = 0 \tag{10-2-8}$$

$$\Delta S'_{z'\boldsymbol{P}_2} = 39.2\Delta\theta_{2棱} \tag{10-2-9}$$

式中,$\Delta S'_{y'\boldsymbol{P}_1}$和 $\Delta S'_{z'\boldsymbol{P}_1}$代表由棱镜绕 $\boldsymbol{P}_1$ 转动 $\Delta\theta_{1棱}$所造成的像点(即物镜的实际后焦

---

① 注:同理,反光镜的极值轴向采用符号$(\boldsymbol{u})$、$(\boldsymbol{v})$、$(\boldsymbol{w})$以区别于靴形屋脊棱镜的 $\boldsymbol{u}$、$\boldsymbol{v}$、$\boldsymbol{w}$。

点 F')在垂直于出射光轴的像平面内的小位移;$\Delta S'_{y'P_2}$和 $\Delta S'_{z'P_2}$则代表由棱镜绕 $\boldsymbol{P}_2$ 转动 $\Delta\theta_{2棱}$所造成的像点 F'的类似的小位移。

所有与上列公式(10-2-1)~(10-2-9)相对应的坐标都标在光学系统图 10-2-3上。$Oxyz$ 和 $O'x'y'z'$代表靴形屋脊棱镜物像空间内的一对完全共轭的坐标系,原点 O 和 O'分别定在棱镜物像空间的一对共轭点 F_0 和 F'处。

还必须推导三个折算公式。

求由靴形屋脊棱镜像空间坐标 $O'x'y'z'$ 中的像点位移 $\Delta S'_y$ 和 $\Delta S'_z$ 折算为物镜和反射镜之间的坐标$(x')(y')(z')$中的光轴偏(角值)$\Delta\mu'_{(y')}$和 $\Delta\mu'_{(z')}$的转换公式:

在图 10-2-3 上,利用棱镜物像空间的对应关系,把像空间中像点 F'沿像面 $y'O'z'$ 的小位移变换为物空间中的 F_0 点沿 yOz 平面的小位移:

$$\Delta S_y = \Delta S'_{y'},\Delta S_z = \Delta S'_{z'}$$

然后,根据坐标系 $Oxyz$ 和坐标$(x')(y')(z')$的相对关系(见图 10-2-3),得

$$\Delta\mu'_{(y')} = \frac{\Delta S_z}{f'_{物}} = \frac{\Delta S'_{z'}}{f'_{物}} \tag{10-2-10}$$

$$\Delta\mu'_{(z')} = \frac{\Delta S_y}{f'_{物}} = \frac{\Delta S'_{y'}}{f'_{物}} \tag{10-2-11}$$

式中,$f'_{物}$为物镜焦距。

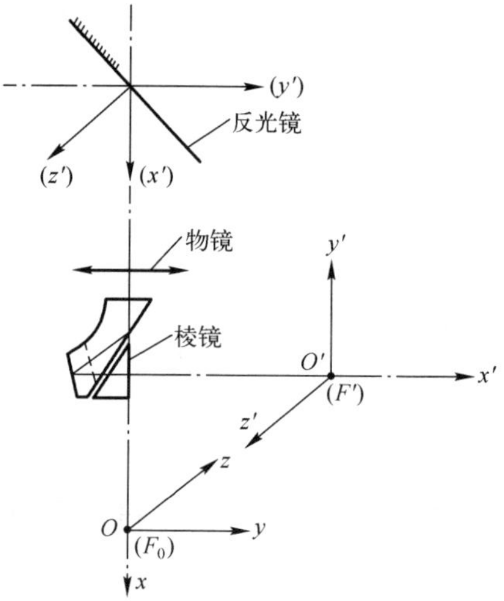

图 10-2-3　棱镜像点位移分量向上反射镜光轴偏分量的转换

再求由物镜和反光镜之间的像倾斜 $\Delta\mu'_{(x')}$折算为棱镜像空间中的像倾斜$\Delta\mu'_{x'}$的转换公式:

应当指出,物镜的存在并不改变像倾斜的正负号。

由于(x')轴和 x 轴同向,所以

$$\Delta\mu_x = \Delta\mu'_{(x')}$$

根据奇次反射棱镜的物像空间内的对应的转动关系,有

$$\Delta\mu'_{x'} = -\Delta\mu_x$$

所以

$$\Delta\mu'_{x'} = -\Delta\mu'_{(x')} \tag{10-2-12}$$

公式(10-2-12)中的 $\Delta\mu'_{(x')}$应理解为由于反光镜的补充转动所带来的像倾斜,而 $\Delta\mu'_{x'}$就是上述的像倾斜的第二个变化。

10.3　综合计算

先讨论棱镜绕 $\boldsymbol{P}_1$ 转 $\Delta\theta_{1棱}$的情况。

设 δ_1 代表由棱镜绕 $\boldsymbol{P}_1$ 转 $\Delta\theta_{1棱}$所直接和间接造成的像倾斜的两个部分的总和。

显然,公式(10-2-4)所给出的 $\Delta\mu'_{x'P_1}$是像倾斜的第一个变化值;公式(10-2-12)

则给出了像倾斜的第二个变化值，后者实际上是由反光镜的转动所造成的。

由此

$$\delta_1 = \Delta\mu'_{x'P_1} + \Delta\mu'_{x'} \tag{10-3-1}$$

以下的主要问题在于求 $\Delta\mu'_{x'}$。

(1) 根据公式(10-2-6)和(10-2-7)中的 $\Delta S'_{y'P_1}$ 和 $\Delta S'_{z'P_1}$ 求出由棱镜转动在望远系统物空间内所造成的光轴偏(角值) $\Delta\mu'_{(y')棱}$ 和 $\Delta\mu'_{(z)'棱}$。

由公式(10-2-10)、(10-2-11)，得

$$\Delta\mu'_{(y')棱} = \frac{\Delta S_{zP_1}}{f'_{物}} = \frac{\Delta S'_{z'P_1}}{f'_{物}} = \frac{126.4\Delta\theta_{1棱}}{f'_{物}}$$

$$\Delta\mu'_{(z')棱} = \frac{\Delta S_{yP_1}}{f'_{物}} = \frac{\Delta S'_{y'P_1}}{f'_{物}} = -\frac{11.1\Delta\theta_{1棱}}{f'_{物}}$$

(2) 求 $\Delta\theta_{反}$ 和 γ。将上一步骤中所求得的 $\Delta\mu'_{(y')棱}$ 和 $\Delta\mu'_{(z')棱}$ 的数值变换一下正负号(因反光镜的补充转动是为了消除棱镜转动所带来的光轴偏)，然后分别代入公式(10-2-2)和公式(10-2-3)的左方，得

$$-\frac{126.4\Delta\theta_{1棱}}{f'_{物}} = \sqrt{2}\Delta\theta_{反}\sin\gamma$$

$$\frac{11.1\Delta\theta_{1棱}}{f'_{物}} = 2\Delta\theta_{反}\cos\gamma$$

联解，得

$$\tan\gamma = -16.1, \gamma = 93°33'$$

$$\Delta\theta_{反} = -\frac{89.7}{f'_{物}} \cdot \Delta\theta_{1棱}$$

(3) 求 $\Delta\mu'_{(x')}$。由公式(10-2-1)，得

$$\Delta\mu'_{(x')} = -\frac{126.4}{f'_{物}} \cdot \Delta\theta_{1棱}$$

(4) 求 $\Delta\mu'_{x'}$。由公式(10-2-12)，得

$$\Delta\mu'_{x'} = \frac{126.4}{f'_{物}} \cdot \Delta\theta_{1棱}$$

将 $f'_{物} = 199.8\text{mm}$ 代入，得

$$\Delta\mu'_{x'} = 0.63\Delta\theta_{1棱}$$

(5) 求 δ_1。由公式(10-3-1)，得

$$\delta_1 = \Delta\mu'_{x'P_1} + \Delta\mu'_{x'} = 1.11\Delta\theta_{1棱} \tag{10-3-2}$$

这就是综合计算下的靴形屋脊棱镜绕 $\boldsymbol{P}_1$ 微量转动所产生的像倾斜 δ_1 和微量转角 $\Delta\theta_{1棱}$ 之间的关系式。显然，这同孤立计算的像倾斜公式(10-2-4)的差别是很大的。

因这里的像倾斜正负号规则和习惯的恰巧相反，所以应用时应把公式(10-3-2)变一下正负号：

$$\delta_1 = -1.11\Delta\theta_{1棱}$$

同理，利用公式(10-2-1)~(10-2-3)、(10-2-5)、(10-2-8)~(10-2-12)，可求得棱镜绕 $\boldsymbol{P}_2$ 转 $\Delta\theta_{2棱}$ 的情况下的像倾斜调整公式如下(已考虑到习惯的正负号规则)：

$$\delta_2 = 1.22\Delta\theta_{2棱} \tag{10-3-3}$$

本章内容虽和具体仪器以及具体工艺相关，但却仍具有一定的典型性和代表性。

10.4 关于棱镜调整转轴的选择

现在的任务是在光轴校好的前提下来讨论用靴形屋脊棱镜调整像倾斜时，如何选择一根合理的转轴 $\boldsymbol{P}$ 以保证像倾斜和光轴二者调整的独立性，并且尽可能勿要造成其它的负作用，如像面偏和视差等。

根据第 6 章“反射棱镜调整规律”的结论，通过对靴形屋脊棱镜的调整图 10-4-1的分析不难看出，能够满足上述要求的棱镜调整转轴应是在主截面内过平面三维零值极点 C_{Π_1} 而且平行于像倾斜极值轴向 $\boldsymbol{u}$ 的轴线 $\boldsymbol{P}$。C_{Π_1} 点的位置坐标可以由附录 A 里的反射棱镜图表中查到。

当然，是否最后选择这样一根转轴，尚须经过结构上的论证。

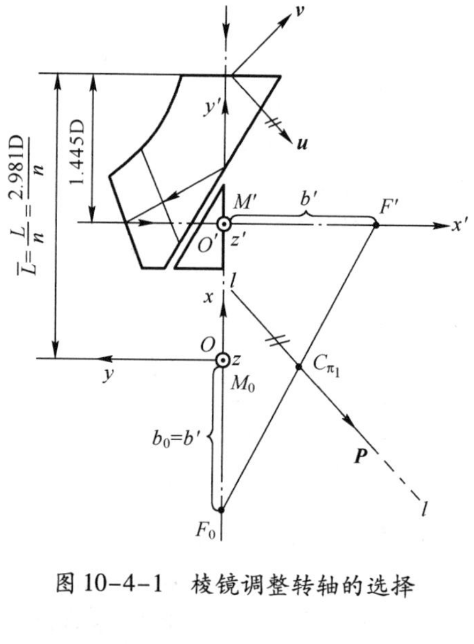

图 10-4-1 棱镜调整转轴的选择

习　题

10.1 在开始综合计算之前，是否要把光轴先调好？光轴的调整如何进行？

10.2 请详细地推导(10-3-3)式所表示的结果。

第 11 章　测角仪器的调整

测角仪是光学仪器中重要的一类。它被广泛地应用于科学技术的诸多领域。

在本章将讨论的经纬仪和潜望测角仪正好代表着光学测角仪器中两种不同的类型。

经纬仪的瞄准线或视轴,虽然出自光学的望远镜筒,然而一旦这根瞄准线由望远镜投向物空间之后,它在测量空间的高低扫描和方向扫描便纯属机械运动,因为这些扫描运动是由整个望远镜绕水平轴的俯仰以及绕铅垂轴的旋转所造成的,而无需借助于任何一块反射棱镜的扫描运动。因此,经纬仪瞄准线的扫描方法是纯机械式的。

潜望测角仪的瞄准线也来自望远镜,不过最终通过测角仪顶端的直角棱镜(或平面镜)的反射后才投入物空间。瞄准线的高低扫描由顶端棱镜的俯仰来实现,而方向扫描则与经纬仪的情况一样。所以,瞄准线的此种扫描方法属光机混合式的。

纯光学式是另一种类型。其扫描方法可完全依靠反射棱镜。第 3 章图 3-1-1 所示的周视瞄准镜系此类一典型实例。

11.1　经 纬 仪

11.1.1　概述

经纬仪是一种典型的测角仪器,用于测量方向角(水平角)和高低角(垂直角)。

仪器的主要组成部分有瞄准镜、轴系和读数系统,如图 11-1-1 所示。

轴系由横轴和竖轴组成。瞄准镜提供的瞄准轴可绕横轴转动,同时还可随照准部一起绕竖轴转动,因此能实现对空间任一方位的目标的瞄准。

测量原理要求瞄准轴垂直于横轴、横轴垂直于竖轴且三轴交于一点。使用时,借水准器及安平转螺将竖轴调整到铅垂状态,因而横轴也将处于水平位置。

坐标系的建立如图 11-1-2 所示。设直角坐标系 $Oxyz$,并画出以 O 点为圆心、$|\boldsymbol{A}|$ 为半径的球面。这里,O 代表测者位置,叫做测点;单位矢量 $\boldsymbol{A}$ 代表瞄准轴的任意方向。

因与测点位置有关,$Oxyz$ 可称为地形坐标系。Oz 代表铅垂轴,指向天顶,而与之相垂直的 xOy 平面代表测点 O 的水平面,或称为测点地平圆,二者构成了经纬仪的主要的测量基准。通过 z 轴因而垂直于水平面的无数大圆为子午圆,其中与 zOy 平面重合的那一个设定为零位子午圆。

瞄准轴 $\boldsymbol{A}$ 的方向可以用球坐标系的 β 和 ε 来标定。β 为方位角,在水平面 xOy

内度量,由零位子午面起计,其正值转向与 z 轴正向呈现左螺旋的关系;ε 为高低角,在子午面内度量,从水平面起计,向上为正,向下为负。相应的度盘给出 β、ε 的读数。

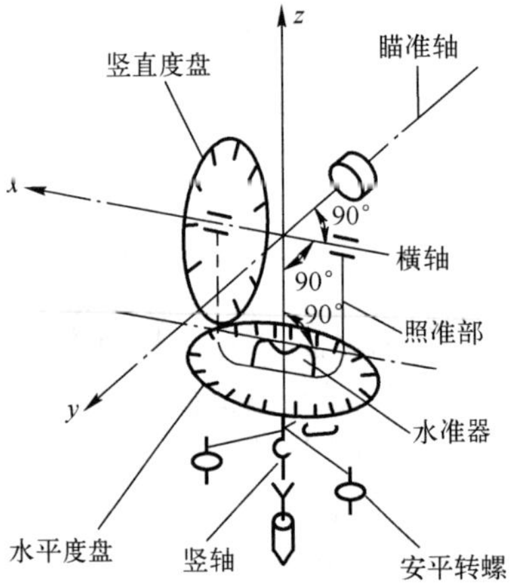

图 11-1-1　经纬仪的结构原理

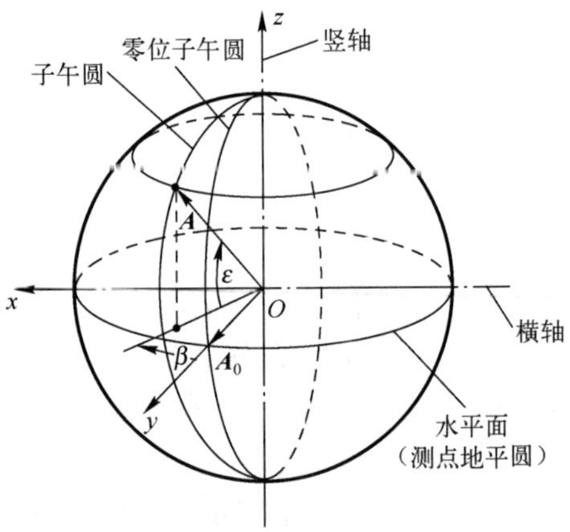

图 11-1-2　经纬仪的坐标系

11.1.2　误差分析

见图 11-1-3(a)、(b),当经纬仪度盘的读数均为零时:$\beta=0$,$\varepsilon=0$,零位瞄准

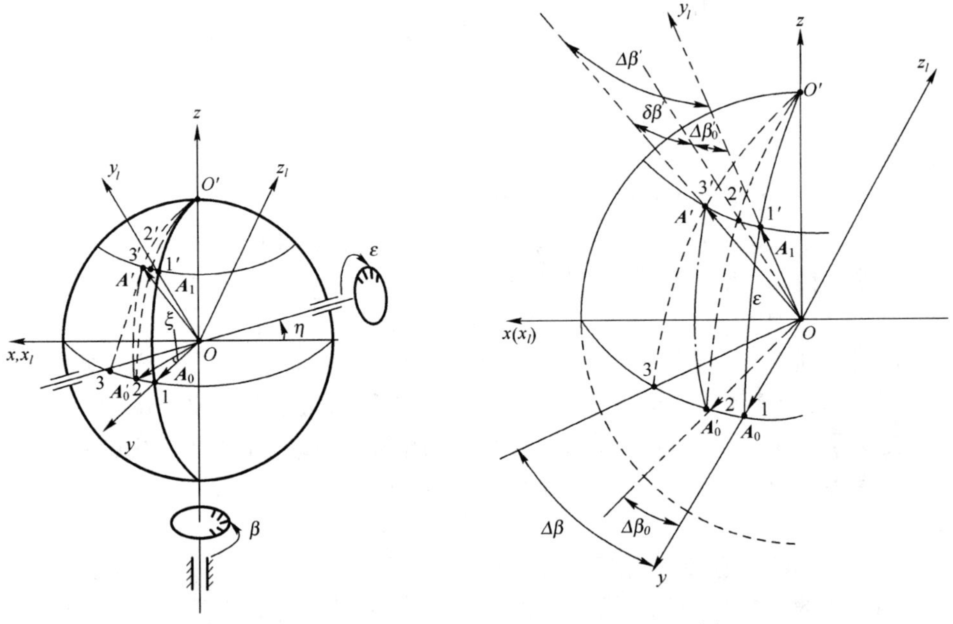

(a)　　　　　　　　　　　　(b)

图 11-1-3　经纬仪的高低行程差 $\delta\beta'$

(a)确定高低行程差的原理;(b)图(a)的局部放大。

轴本应处在 $\boldsymbol{A}_0$ 的方向，而且当瞄准镜绕横轴转动时，它应在零位子午面内扫描。然而，由于三轴倾斜误差的存在，实际的零位瞄准轴侧偏到水平面内 $\boldsymbol{A}_0'$的方向，$\Delta\beta_0$ 代表初始的方向角误差；在接着进行的垂直扫描，当高低角由 0 增至 ε 的过程，瞄准轴 $\boldsymbol{A}_0'$的端点 2 也不走子午圆$\widehat{2\,2'}$，而是沿着点划线所示的轨迹，逐渐偏移至 3′点。这就是说，实际的零位瞄准轴 $\boldsymbol{A}_0'$最终到达了 $\boldsymbol{A}'$的方向。

图 11-1-3(b) 中在扫描斜锥面 $O\ 1'\ 2'\ 3'$内度量的几个角度之间存在下列关系：

$$\delta\beta' = \Delta\beta' - \Delta\beta_0' \tag{11-1-1}$$

式中，$\delta\beta'$称为高低行程差或方向偏移。

$\Delta\beta'$和 $\Delta\beta_0'$在水平面内对应的角度为 $\Delta\beta$ 和 $\Delta\beta_0$。当这些角度很小时，在略去高阶小量的情形，可由图 11-1-4 中求得彼此间的关系：

$$\left.\begin{aligned}\Delta\beta_0' &= \Delta\beta_0 \cos\varepsilon\\ \Delta\beta' &= \Delta\beta \cos\varepsilon\end{aligned}\right\} \tag{11-1-2}$$

由此

$$\delta\beta' = \Delta\beta' - \Delta\beta_0 \cos\varepsilon \tag{11-1-3}$$

$\Delta\beta_0$ 也是 $\Delta\beta'$ 在 $\varepsilon = 0$ 的取值，即 $\Delta\beta_0 = \Delta\beta'\big|_{\varepsilon=0}$。$33'O'$为过矢量 $\boldsymbol{A}'$端点的子午圆，所以 $\Delta\beta$ 代表瞄准轴在 $\boldsymbol{A}'$方向所对应的方向角误差（由零位子午面起计）。

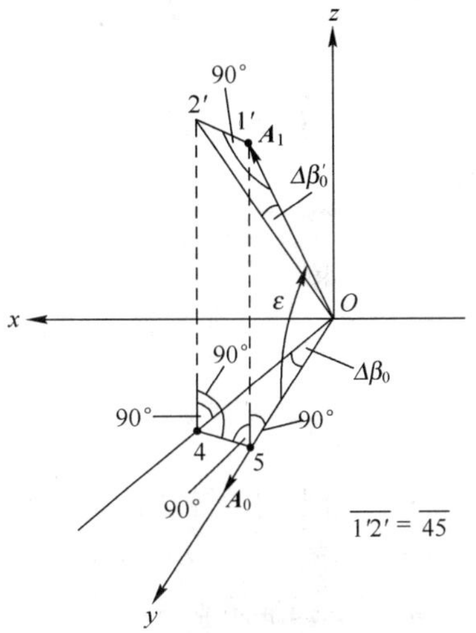

图 11-1-4　扫描斜面内的 $\Delta\beta'$与水平面内对应的 $\Delta\beta_0$ 的关系

与上述类同，应当有水平行程差或高低偏移 $\delta\varepsilon'$，即

$$\delta\varepsilon' = \Delta\varepsilon_2' - \Delta\varepsilon_1' \tag{11-1-4}$$

式中，$\Delta\varepsilon_2'$和 $\Delta\varepsilon_1'$分别代表方向角为 β_2 和 β_1 处的高低角误差。

经纬仪调整的主要任务是要把方向偏移 $\delta\beta'$和高低偏移 $\delta\varepsilon'$控制在一定的范围内。

11.1.3　原始误差与已知数据

1. 瞄准轴照准差 ξ——瞄准轴对横轴的不垂直度

见图 11-1-3(a) 按右螺旋规则，设单位矢量 $\boldsymbol{P}_\xi$ 代表微量转角 ξ 的转轴

$$\boldsymbol{P}_\xi = -\boldsymbol{k}$$

则微转动轴矢量 $\xi\boldsymbol{P}_\xi$ 等于：

$$\xi\boldsymbol{P}_\xi = -\xi\boldsymbol{k} \tag{11-1-5}$$

而与其相当的转动矩阵为 $\boldsymbol{S}_{\boldsymbol{k},-\xi}$。

2. 横轴倾斜误差 η——横轴对竖轴的不垂直度

设 $\boldsymbol{P}_\eta$ 为 η 的转轴，$\boldsymbol{P}_\eta = \boldsymbol{j}$，所以

$$\eta \boldsymbol{P}_{\eta} = \eta \boldsymbol{j} \tag{11-1-6}$$

而与其相当的转动矩阵为 $\boldsymbol{S}_{j,\eta}$。

3. 竖轴倾斜误差 ζ——竖轴对铅垂的倾斜误差。

见图 11-1-5，按右螺旋规则，设单位矢量 $\boldsymbol{P}_{\zeta}$ 代表竖轴倾斜 ζ 的转轴，并用 β_{ζ} 表示它的方向，由 x 轴的负向量起。现在把 β_{ζ} 看成是一个转角，并设 $\boldsymbol{P}_{\beta_{\zeta}}$ 为对应的转轴，则根据第 2 小节中所述的原理，可以将与竖轴倾斜相当的转动矩阵 $\boldsymbol{S}_{\zeta}$ 写成：

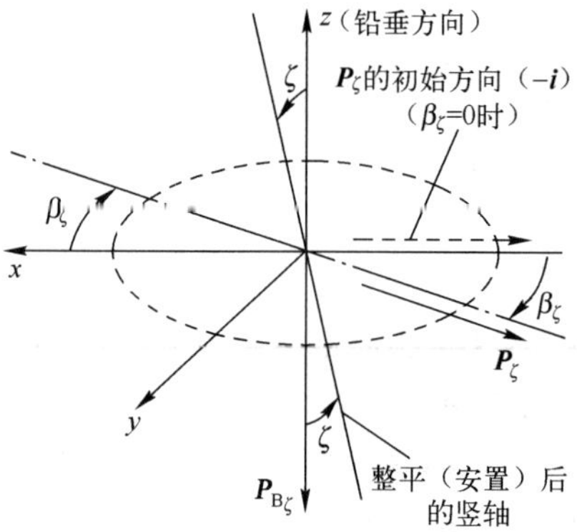

图 11-1-5　竖轴倾斜 ζ 的标定

$$\boldsymbol{S}_{\zeta} = \boldsymbol{S}_{\boldsymbol{P}_{\beta_{\zeta}},\beta_{\zeta}} \boldsymbol{S}_{\boldsymbol{P}_{\zeta},\zeta} \boldsymbol{S}_{\boldsymbol{P}_{\beta_{\zeta}},-\beta_{\zeta}} \tag{11-1-7}$$

由于

$$\boldsymbol{P}_{\zeta} = -\boldsymbol{i}, \boldsymbol{P}_{\beta_{\zeta}} = -\boldsymbol{k}$$

所以

$$\boldsymbol{S}_{\zeta} = \boldsymbol{S}_{\boldsymbol{k},-\beta_{\zeta}} \boldsymbol{S}_{\boldsymbol{i},-\zeta} \boldsymbol{S}_{\boldsymbol{k},\beta_{\zeta}} \tag{11-1-8}$$

式中

$$S_{\boldsymbol{k},-\beta_{\zeta}} = \begin{pmatrix} \cos\beta_{\zeta} & \sin\beta_{\zeta} & 0 \\ -\sin\beta_{\zeta} & \cos\beta_{\zeta} & 0 \\ 0 & 0 & 1 \end{pmatrix} \tag{11-1-9}$$

而与 $\boldsymbol{S}_{i,-\zeta}$ 相当的微转动轴矢量 $\zeta\boldsymbol{P}_{\zeta}$ 为

$$\zeta\boldsymbol{P}_{\zeta} = -\zeta\boldsymbol{i} \tag{11-1-10}$$

4. 高低扫描矩阵 $\boldsymbol{S}_{\boldsymbol{P}_{\varepsilon},\varepsilon}$

由图 11-1-3(a)，

$$\boldsymbol{P}_{\varepsilon} = \boldsymbol{i}$$

所以

$$\boldsymbol{S}_{\boldsymbol{P}_{\varepsilon},\varepsilon} = \boldsymbol{S}_{\boldsymbol{i},\varepsilon} = \begin{pmatrix} 1 & 0 & 0 \\ 0 & \cos\varepsilon & -\sin\varepsilon \\ 0 & \sin\varepsilon & \cos\varepsilon \end{pmatrix} \tag{11-1-11}$$

5. 由 xyz 向 $x_l y_l z_l$ 的坐标转换矩阵 $\boldsymbol{G}_{0l}$

由图 11-1-3(a)可见，光线坐标 $x_l y_l z_l$ 系由 xyz 绕 $\boldsymbol{i}$ 转动 ε 角而成，所以

$$\boldsymbol{G}_{0l} = \boldsymbol{S}_{\boldsymbol{i},-\varepsilon} = \begin{pmatrix} 1 & 0 & 0 \\ 0 & \cos\varepsilon & \sin\varepsilon \\ 0 & -\sin\varepsilon & \cos\varepsilon \end{pmatrix} \tag{11-1-12}$$

11.1.4　高低行程差与水平行程差

按照小误差独立作用原理，一般都单独地处理每一项倾斜误差的影响。以下采用比较严密的矩阵法：

$$(\boldsymbol{A}')_l = \boldsymbol{S}_{i,-\varepsilon}\boldsymbol{S}_{k,-\beta_\zeta}\boldsymbol{S}_{i,-\zeta}\boldsymbol{S}_{k,\beta_\zeta}\boldsymbol{S}_{j,\eta}\boldsymbol{S}_{i,\varepsilon}\boldsymbol{S}_{k,-\xi}(\boldsymbol{A}_0)_0 \tag{11-1-13}$$

以上矩阵七连乘的算式可以给出更加精确的结果,不过这并非目前想要达到的目的。现在要做的是试图利用微量转动的算法公式(4-4-6)把公式(11-1-13)再化简回去。

根据用算法公式(4-4-6)推导像偏转 $\Delta\boldsymbol{\mu}'$ 时所获得的经验,可以立即把算式(11-1-13)写成:

$$(\Delta\boldsymbol{\mu}')_l = \boldsymbol{S}_{i,-\varepsilon}\boldsymbol{S}_{k,-\beta_\zeta}[(-\zeta\boldsymbol{i}) + \boldsymbol{S}_{k,\beta_\zeta}][\eta\boldsymbol{j} + \boldsymbol{S}_{i,\varepsilon}(-\xi\boldsymbol{k})] \tag{11-1-14}$$

由此可得

$$(\Delta\boldsymbol{\mu}')_l = \boldsymbol{S}_{i,-\varepsilon}[\boldsymbol{S}_{k,-\beta_\zeta}(-\zeta\boldsymbol{i}) + \eta\boldsymbol{j} + \boldsymbol{S}_{i,\varepsilon}(-\xi\boldsymbol{k})] \tag{11-1-15}$$

将(11-1-9)式、(11-1-11)式及(11-1-12)式代入(11-1-15)式,经整理得

$$(\Delta\boldsymbol{\mu}')_l = \begin{pmatrix} -\zeta\cos\beta_\zeta \\ \eta\cos\varepsilon + \zeta\sin\beta_\zeta\cos\varepsilon \\ -\xi - \eta\sin\varepsilon - \zeta\sin\beta_\zeta\sin\varepsilon \end{pmatrix} \tag{11-1-16}$$

注意到正负号的差别,有

$$\Delta\beta' = -\Delta\mu'_{z_l} = \xi + \eta\sin\varepsilon + \zeta\sin\beta_\zeta\sin\varepsilon \tag{11-1-17}$$

$$\Delta\varepsilon' = \Delta\mu'_{x_l} = -\zeta\cos\beta_\zeta \tag{11-1-18}$$

当方向角为任意值 β 时,(11-1-17)式和(11-1-18)式变成

$$\Delta\beta' = \xi + \eta\sin\varepsilon + \zeta\sin\varepsilon\sin(\beta_\zeta - \beta) \tag{11-1-19}$$

$$\Delta\varepsilon' = -\zeta\cos(\beta_\zeta - \beta) \tag{11-1-20}$$

将 $\varepsilon = 0$ 代入(11-1-19)式得

$$\Delta\beta_0 = \xi \tag{11-1-21}$$

上式表明,初始方向角误差与 β 无关。

将(11-1-19)式和(11-1-21)式代入(11-1-3)式,得

$$\begin{aligned}\delta\beta' &= \delta\beta'_\xi + \delta\beta'_\eta + \delta\beta'_\zeta \\ &= \xi(1 - \cos\varepsilon) + \eta\sin\varepsilon + \zeta\sin\varepsilon\sin(\beta_\zeta - \beta)\end{aligned} \tag{11-1-22}$$

又由(11-1-20)和(11-1-4)二式得

$$\delta\varepsilon' = \zeta[\cos(\beta_\zeta - \beta_1) - cos(\beta_\zeta - \beta_2)] \tag{11-1-23}$$

11.2 潜望测角仪

11.2.1 概述

潜望测角仪广泛地应用于军事领域。例如火炮阵地的方向盘、炮队镜和周视瞄准镜等,特别是潜艇中的潜望镜以及在此基础上发展起来的各种天文导航潜望镜系统。

潜望测角仪是另一种类型的测角仪。

见图 11-2-1,下方望远镜光轴在上方反光镜或直角棱镜的物空间呈现为本测角仪的瞄准轴。

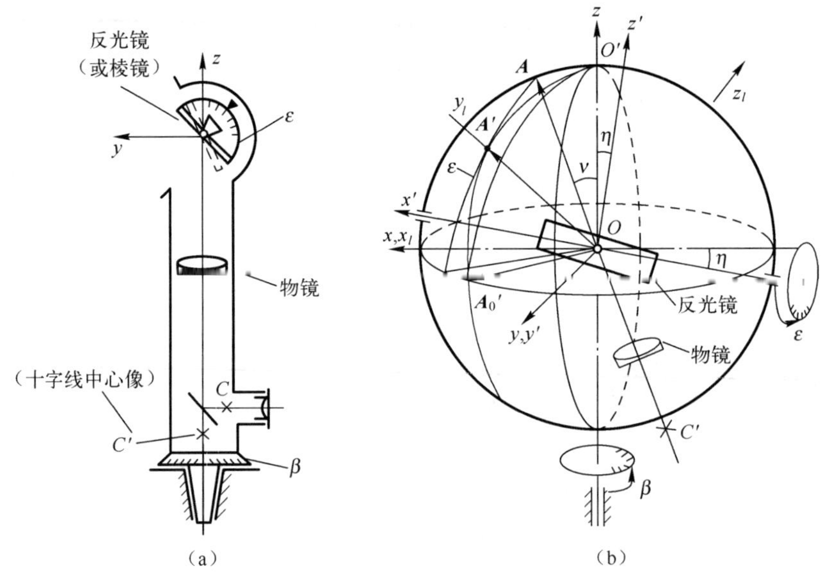

图 11-2-1　潜望测角仪

(a) 光学与运动原理图;(b) 误差项 η 与 ν 的标定。

瞄准轴可随着反光镜绕横轴的转动做高低扫描,以测量目标的高低角 ε,其值在垂直度盘读取,同时还可随着整个仪器一起绕竖轴转动做方向扫描,以测量目标的方向角 β,其值在水平度盘读取。

同样,瞄准轴应垂直于横轴而横轴应垂直于竖轴,且三轴交于一点。使用时,必须将竖轴调整到铅垂状态。反射镜的反射面应当与横轴相平行。

下方望远镜的物方光轴似乎也必须与竖轴相平行。然而测角仪瞄准轴在当前子午面内的偏斜不会造成水平角的测量误差,至于引起的垂直角测量误差则可以借移动垂直角度盘的零位除去。所以,对望远镜光轴的要求可以改写成:下方望远镜的物方光轴应该与通过竖轴的一个平面相平行,同时又必须和另一个通过横轴的平面相垂直。换句话说,望远镜光轴有影响的方向误差只出现在图 11-2-1(b)的 xz 平面内(后详)。

11.2.2　原始误差与已知数据

1. 照准差 ξ

见图 11-2-2,在与横轴一起倾斜的动坐标 $x'y'z'$ 中,设 ξ 的转轴 $\boldsymbol{P}_\xi$ 为

$$\boldsymbol{P}_\xi = -\frac{\sqrt{2}}{2}\boldsymbol{j}' - \frac{\sqrt{2}}{2}\boldsymbol{k}'$$

则微转动轴矢量 $\xi\boldsymbol{P}_\xi$ 等于:

$$\xi\boldsymbol{P}_\xi = -\xi\left(\frac{\sqrt{2}}{2}\boldsymbol{j}' + \frac{\sqrt{2}}{2}\boldsymbol{k}'\right) \tag{11-2-1}$$

2. 横轴倾斜误差 η

见图 11-2-2,设

$$P_\eta = -j$$

则

$$\eta P_\eta = -\eta j \qquad (11\text{-}2\text{-}2)$$

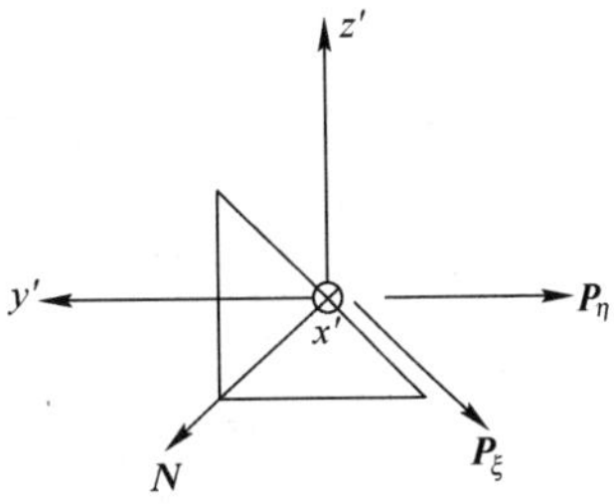

图 11-2-2 照准差 ξ 及其轴 P_ξ 的标定

3. 竖轴倾斜误差 ζ

一切规定参照 11.1“经纬仪”一节。

4. 望远镜光轴对理想平面 yz 的侧向倾斜 ν(ν 角在 xz 平面内)

角度 ν 表示,上方棱镜的输入矢量 A 存在一微量的侧向倾斜。然而为了适应刚体运动学的解题途径,宜将此输入的倾斜矢量 A 相应地转换成一刚体(A)的微转动轴矢量 νP_ν:

$$P_\nu = j$$
$$\nu P_\nu = \nu j \qquad (11\text{-}2\text{-}3)$$

5. 直角棱镜的作用矩阵 $S_{N,180^\circ}$(当前位置)

$$N = \frac{\sqrt{2}}{2}j' - \frac{\sqrt{2}}{2}k'$$

$$S_{N,180^\circ} = \begin{pmatrix} -1 & 0 & 0 \\ 0 & 0 & -1 \\ 0 & -1 & 0 \end{pmatrix} \qquad (11\text{-}2\text{-}4)$$

6. 高低扫描矩阵 $S_{P\alpha,\alpha}$

暂时令 α 为棱镜的高低转角,P_α 为转轴,则

$$P_\alpha = i$$

$$S_{P_\alpha,-\alpha} = S_{i,-\alpha} = \begin{pmatrix} 1 & 0 & 0 \\ 0 & \cos\alpha & \sin\alpha \\ 0 & -\sin\alpha & \cos\alpha \end{pmatrix} \qquad (11\text{-}2\text{-}5)$$

7. 由 xyz 向 $x_l y_l z_l$ 的坐标转换矩阵 G_{0l}

$$G_{0l} = S_{i,-2\alpha} = \begin{pmatrix} 1 & 0 & 0 \\ 0 & \cos2\alpha & \sin2\alpha \\ 0 & -\sin2\alpha & \cos2\alpha \end{pmatrix} \qquad (11\text{-}2\text{-}6)$$

11.2.3 高低行程差与水平行程差

在推导公式中,如果采用了适当的坐标系将有助于减小解题的难度。这里,建议用动坐标 $x'y'z'$ 作为计算的坐标系。

关于竖轴倾斜 ζ 的影响,可以利用已知的结果,所以此处只有考虑 ν、ξ 和 η 三项误差。

综合运用已知的原理,可以直接写出由以上三项误差所造成的像偏转$(\Delta\mu')_l$:

$$(\Delta\boldsymbol{\mu}')_l = \boldsymbol{S}_{\boldsymbol{P}_\alpha,-2\alpha}\{\boldsymbol{S}_{\boldsymbol{P}_\alpha,\alpha}\boldsymbol{S}_{N,180^\circ}\boldsymbol{S}_{\boldsymbol{P}_\alpha,-\alpha}(\nu\boldsymbol{P}_\nu - \eta\boldsymbol{P}_\eta) + \boldsymbol{S}_{\boldsymbol{P}_\alpha,\alpha}(\boldsymbol{E} - \boldsymbol{S}_{N,180^\circ})(\xi\boldsymbol{P}_\xi) + (\eta\boldsymbol{P}_\eta)\} \quad (11-2-7)$$

对(11-2-7)式的几点说明：

(1) 大括弧内第一项右侧小括弧中的$(\nu\boldsymbol{P}_\nu - \eta\boldsymbol{P}_\eta)$。它代表在定坐标 xyz 中的输入 $\nu\boldsymbol{j}$ 向动坐标转换后的结果，再乘以扫描棱镜的动态特征矩阵，便给出了输入部分在棱镜像空间所造成的像偏转。

(2) 大括弧内第二项右侧小括弧中的照准差矢量 $\xi\boldsymbol{P}_\xi$。$\xi\boldsymbol{P}_\xi$ 的发生可以分成两个步骤：第一步，棱镜随横轴及动坐标 $x'y'z'$一起倾斜 η；第二步，已经处在 $x'y'z'$中的棱镜做相对于动坐标的微量转动 $\xi\boldsymbol{P}_\xi$。无疑，棱镜绕横轴的扫描运动 $\boldsymbol{S}_{\boldsymbol{P}_\alpha,\alpha}$也在动坐标中。

另一方面，$\xi\boldsymbol{P}_\xi$ 又与棱镜扫描 $\boldsymbol{S}_{\boldsymbol{P}_\alpha,\alpha}$一起转动，因此，这种调整结构属于非独立型，照准差 ξ 在棱镜像空间所造成的像偏转应求自(4-6-2)式，而不是(4-6-1)式。

(3) 大括弧内的第三项 $\eta\boldsymbol{P}$ 是为了把前两项在动坐标 $x'y'z'$ 中所求得的像偏转总和再由 $x'y'z'$转换回定坐标 xyz。

(4) 大括弧外的 $\boldsymbol{S}_{\boldsymbol{P}_\alpha,-2\alpha}$是由定坐标 xyz 向光线坐标 $x_ly_lz_l$ 的坐标转换矩阵。

(11-2-7)式还可进一步化简

$$(\Delta\boldsymbol{\mu}')_l = \boldsymbol{S}_{\boldsymbol{P}_\alpha,-\alpha}\boldsymbol{S}_{N,180^\circ}\boldsymbol{S}_{\boldsymbol{P}\alpha,-\alpha}(\nu\boldsymbol{P}_\nu - \eta\boldsymbol{P}_\eta) + \boldsymbol{S}_{\boldsymbol{P}_\alpha,-\alpha}(\boldsymbol{E} - \boldsymbol{S}_{N,180^\circ})(\xi\boldsymbol{P}_\xi) + \boldsymbol{S}_{\boldsymbol{P}_\alpha,-2\alpha}(\eta\boldsymbol{P}_\eta) \quad (11-2-8)$$

将(11-2-1) ~ (11-2-6)式代入(11-2-8)式，注意到 $\varepsilon = 2\alpha$，并经整理，得

$$(\Delta\boldsymbol{\mu}')_l = \begin{pmatrix} 0 \\ -\sqrt{2}\xi\left(\cos\frac{\varepsilon}{2} + \sin\frac{\varepsilon}{2}\right) - \eta\cos\varepsilon \\ -\nu - \sqrt{2}\xi\left(\cos\frac{\varepsilon}{2} - \sin\frac{\varepsilon}{2}\right) - \eta(1 - \sin\varepsilon) \end{pmatrix} \quad (11-2-9)$$

由此

$$\Delta\beta' = -\Delta\mu'_{z_l} = \nu + \sqrt{2}\xi\left(\cos\frac{\varepsilon}{2} - \sin\frac{\varepsilon}{2}\right) + \eta(1 - \sin\varepsilon) \quad (11-2-10)$$

$$\Delta\varepsilon' = \Delta\mu'_{x_l} = 0 \quad (11-2-11)$$

将 $\varepsilon = 0$ 代入(11-2-10)式得：

$$\Delta\beta_o = \nu + \eta + \sqrt{2}\xi \quad (11-2-12)$$

将(11-2-10)式和(11-2-12)式代入(11-1-3)式，得

$$\delta\beta' = \nu(1 - \cos\varepsilon) + \sqrt{2}\xi\left(\cos\frac{\varepsilon}{2} - \sin\frac{\varepsilon}{2} - \cos\varepsilon\right) + \eta(1 - \sin\varepsilon - \cos\varepsilon) \quad (11-2-13)$$

最后引入竖轴倾斜 ζ 的影响，参照(11-1-22)式与(11-1-23)式，得

$$\delta\beta' = \nu(1 - \cos\varepsilon) + \sqrt{2}\xi\left(\cos\frac{\varepsilon}{2} - \sin\frac{\varepsilon}{2} - \cos\varepsilon\right) + \eta(1 - \sin\varepsilon - \cos\varepsilon) + \zeta\sin\varepsilon\sin(\beta_\zeta - \beta) \quad (11-2-14)$$

$$\delta\varepsilon' = \zeta[\cos(\beta_\zeta - \beta_1) - \cos(\beta_\zeta - \beta_2)] \qquad (11-2-15)$$

上列二式将用于讨论有关此类测角仪的调整问题。

现在返回来对(11-2-7)式做进一步的分析。将该式大括弧内第一、第三两项中的 $\boldsymbol{\eta P_\eta}$ 进行合并，得

$$(\Delta\boldsymbol{\mu}')_l = \boldsymbol{S}_{\boldsymbol{P}_\alpha,-2\alpha}\{\boldsymbol{S}_{\boldsymbol{P}_\alpha,\alpha}(\boldsymbol{E} - \boldsymbol{S}_{N,180^\circ})\boldsymbol{S}_{\boldsymbol{P}_\alpha,-\alpha}(\eta\boldsymbol{P}_\eta) + \boldsymbol{S}_{\boldsymbol{P}_\alpha,\alpha}(\boldsymbol{E} - \boldsymbol{S}_{N,180^\circ})(\xi\boldsymbol{P}_\xi) + \boldsymbol{S}_{\boldsymbol{P}_\alpha,\alpha}\boldsymbol{S}_{N,180^\circ}\boldsymbol{S}_{\boldsymbol{P}_\alpha,-\alpha}(\nu\boldsymbol{P}_\nu)\} \qquad (11-2-16)$$

与(4-6-1)式、(4-6-2)式相对照，(11-2-16)式表明，测角仪的横轴倾斜 $\boldsymbol{\eta P_\eta}$ 与照准差 $\boldsymbol{\xi P_\xi}$ 分别属于调整结构的两种不同的基本模型：$\boldsymbol{\eta P_\eta}$ 属于独立型；$\boldsymbol{\xi P_\xi}$ 属于非独立型。

11.2.4 调整

1. 原始误差之间的相互补偿

由(11-2-14)式知，在方向偏移 $\delta\beta'$ 的四项组成中，由照准差 ξ 和横轴倾斜 η 分别引起的部分 $\delta\beta'_{\xi\varepsilon}$ 和 $\delta\beta'_{\eta\varepsilon}$ 随高低角 ε 的变化规律(曲线)比较接近，换句话说，二者的误差传动比：

$$\frac{\delta\beta'_{\xi\varepsilon}}{\xi} = \sqrt{2}\left(\cos\frac{\varepsilon}{2} - \sin\frac{\varepsilon}{2} - \cos\varepsilon\right) \qquad (11-2-17)$$

$$\frac{\delta\beta'_{\eta\varepsilon}}{\eta} = 1 - \sin\varepsilon - \cos\varepsilon \qquad (11-2-18)$$

比较相似。

见图 11-2-3(a)，分别用 ξ 和 η 标注的两根曲线相应地代表(11-2-17)式和(11-2-18)式的误差传动比的变化规律。曲线的数据在表 11-2-1 的前两行。

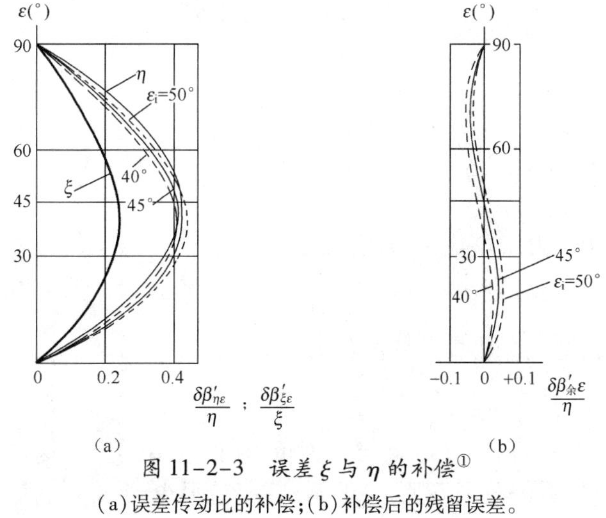

图 11-2-3 误差 ξ 与 η 的补偿①

(a)误差传动比的补偿；(b)补偿后的残留误差。

① 此图摘自文献[26]。

表 11-2-1　补偿后的残留误差计算数据①

$\delta\beta'_{\xi\varepsilon}/\xi;\delta\beta'_{\eta\varepsilon}/\eta$	−90°	−60°	−45°	−30°	−15°	
$\delta\beta'_{\xi\varepsilon}/\xi$	2.000	1.224	0.848	0.507	0.220	
$\delta\beta'_{\eta\varepsilon}/\eta$	2.000	1.366	1.000	0.634	0.293	
$(\delta\beta'_{\eta\varepsilon}/\eta)-(\delta\beta'_{\xi\varepsilon}/\xi)$	0	0.142	0.152	0.127	0.072	
$(\delta\beta'_{\xi\varepsilon}/\xi)\times1.76$	3.52	2.153	1.492	0.892	0.388	
剩余误差 $\dfrac{\delta\beta'_{余\varepsilon}}{\eta}=1.76\dfrac{\delta\beta'_{\xi\varepsilon}}{\xi}-\dfrac{\delta\beta'_{\eta\varepsilon}}{\eta}$	−1.52	−0.787	−0.492	−0.258	−0.095	
$\delta\beta'_{\xi\varepsilon}/\xi;\delta\beta'_{\eta\varepsilon}/\eta$	−10°	0	+30°	+45°	+60°	+90°
$\delta\beta'_{\xi\varepsilon}/\xi$	0.138	0	−0.224	−0.235	−0.189	0
$\delta\beta'_{\eta\varepsilon}/\eta$	0.189	0	−0.366	−0.413	−0.366	0
$(\delta\beta'_{\eta\varepsilon}/\eta)-(\delta\beta'_{\xi\varepsilon}/\xi)$	0.051	0	−0.142	−0.179	−0.177	0
$(\delta\beta'_{\xi\varepsilon}/\xi)\times1.76$	0.246	0	−0.394	−0.413	−0.332	0
剩余误差 $\dfrac{\delta\beta'_{余\varepsilon}}{\eta}=1.76\dfrac{\delta\beta'_{\xi\varepsilon}}{\xi}-\dfrac{\delta\beta'_{\eta\varepsilon}}{\eta}$	−0.057	0	−0.028	0	+0.034	0

在 ε 为 0～90°的范围，二误差传动比并非十分接近，不过变化趋势一致。为改善二曲线的逼近程度，可变更一原始误差的大小，例如 ξ，即在其误差传动比上乘上一个因子 C。设 $\dfrac{\delta\beta'_{余\varepsilon}}{\eta}$ 代表二误差相互补偿后的残留量相对值，则

$$\frac{\delta\beta'_{余\varepsilon}}{\eta}=C\frac{\delta\beta'_{\xi\varepsilon}}{\xi}-\frac{\delta\beta'_{\eta\varepsilon}}{\eta} \tag{11-2-19}$$

令 $\dfrac{\delta\beta'_{余\varepsilon}}{\eta}=0$，则

$$C_i\frac{\delta\beta'_{\xi\varepsilon_i}}{\xi}-\frac{\delta\beta'_{\eta\varepsilon_i}}{\eta}=0 \tag{11-2-20}$$

由方程(11-2-20)，可求得成对的(ε_i,C_i)值。

图 11-2-3(b)上给出了(ε_i,C_i)分别为(45°,1.76)和(40°,1.78)、(50°,1.82)三组参数的残留误差 $\dfrac{\delta\beta'_{余\varepsilon}}{\eta}$ 曲线。三者相比，在 0～90°区间参数为(45°,1.76)的情况为最佳。

由表 11-2-1 中的数据得知，当 ε 为负值时，残留误差迅速增加。不过，用潜望镜向水平面下俯瞰的范围不大，一般不到 −5°，很少到 −10°，所以只需考虑 ε =

① 此表摘自文献[26]。

0 ~ 90°的正值区间。在此情形,ξ 和 η 可当作一项原始误差处理,对于它们的调整,只要设一个补偿环。若设在横轴上,可将其一端做成偏心轴承;若设在上方棱镜座上,则可用调整螺钉或修锉的办法。总之,$\xi = 1.76\eta$ 等效于 $\eta = 0.568\xi$。

上述讨论实际上涉及到数学中的一个叫做函数逼近的问题。以上采用了函数逼近中的插值法。平方逼近或最小二乘法也是函数逼近中的一种比较常用的方法。

(11-2-14)式和(11-2-15)式表明,潜望测角仪剩余的两项原始误差 ν 和 ζ 对方向偏移 $\delta\beta'$ 和高低偏移 $\delta\varepsilon'$ 的影响有很大的差异,所以不具备互相补偿的可能性。它们的调整应单独设置补偿环。为消除瞄准镜光轴的侧向倾斜 ν,可侧向移动分划板 C 或是利用偏心框侧向移动物镜(图 11-2-1(a))

2. 校验台

图 11-2-4 所示的校验台用于实测潜望测角仪的高低行程差和水平行程差。

平行光管 a、b、c 一起模拟水平地平圆,a 管与 b、c 管的夹角为 $\beta = \pm 90°$;由 a 向上的一组平行光管模拟垂直子午圆,a 管为零位平行光管,对应于 $\varepsilon = 0$ 和 $\beta = 0$,其上方的四个平行光管分别对应于 $\varepsilon = 30°$、$45°$、$60°$、$90°$,后者代表天顶。

箭头代表平行光管的光轴,它们应交会于一点,设为 O,而产品潜望测角仪上方棱镜的转动中心也应在此点上。

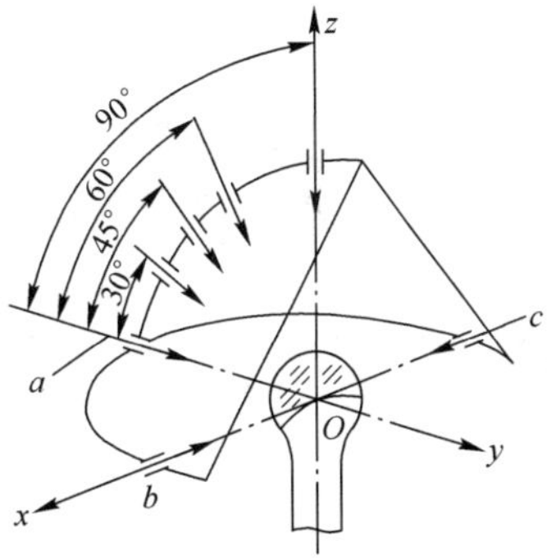

图 11-2-4　潜望测角仪的校正仪

按照已知(11-2-14)式和(11-2-15)式的结构,校验的步骤宜采取较为合理的下列顺序:

(1) 产品安置后,先使测角仪十字线中心与零位平行光管 a 的十字线中心对准,然后分别在左右侧的平行光管 b、c 中读取高低偏移 $\delta\varepsilon'$ 的大小及正负号。由(11-2-15)式知,此项行程差只受竖轴倾斜 ζ 的影响,所以据此可将测角仪整平,使 $\zeta \to 0$。

(2) 重新对准零位平行光管 a,然后沿垂直的子午圆指向 $\varepsilon = 90°$ 的天顶平行光管。由(11-2-14)式知,当 $\varepsilon = 90°$ 以及 $\zeta \to 0$ 时,$\delta\beta'$ 只取决于瞄准镜光轴侧向倾斜 ν。因此,若有方向偏移出现,则可转动物镜的偏心框,或侧向移动分划板,直到把 $\delta\beta'$ 控制在一定的范围。

(3) 再次对准平行光管 a,然后指向 $\varepsilon = 45°$ 的平行光管。若出现超差的方向偏移 $\delta\beta'$,则依照前面的结论,可以在照准差 ξ 和横轴倾斜 η 中任选一项作为补偿环,以完全消除在 ε 为 45°处的高低偏移 $\delta\beta'$。

(4) 最后还要检查 $\varepsilon = 30°$ 和 60°两处的残留方向偏移。若残留误差超出公差,则应在此前先将两项原始误差 ξ 和 η 自身的数值控制得更严一些。

习　题

11.1　请说明为什么算法(4-4-6)式可以应用于属于纯机械学问题的公式(11-1-13)上。

11.2　请说明(11-2-7)式中每一项的物理意义。

第 12 章　对一米体视测距仪的基端棱镜的调整分析

12.1　基端棱镜的光路

测距仪左右末端杯筒中的棱镜称作基端棱镜。图 12-1-1 所示的 *abc* 为一米体视测距仪的左支基端棱镜及其相应的光路。右支基端棱镜的情况与此完全对称。

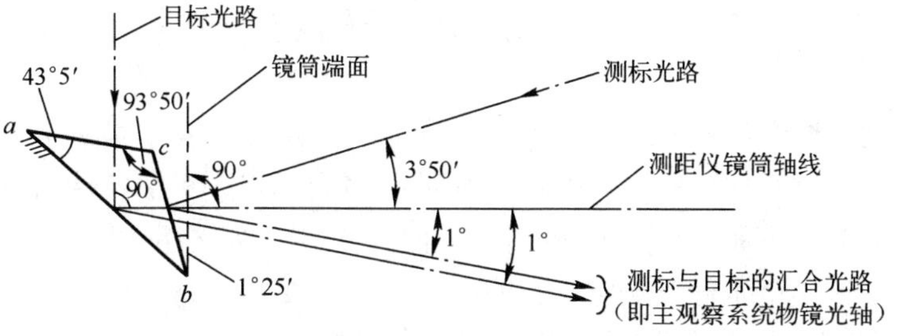

图 12-1-1　体视测距仪左支基端棱镜及其相应的光路

基端棱镜的主截面是一个顶角为 93°50′的等腰三角形。它有两个反射面。全反射面 *ab* 使进入棱镜的目标光路折转 91°;半镀反光层 *cb* 使测标光路折转 4°50′。

半镀反光层 *cb* 应与测距仪镜筒端面成 1°25′的夹角,以使出射的目标光路与出射的测标光路相汇合,即相互平行,并且平行于主观察系统的物镜光轴,而后者与测距仪镜筒轴线成 1°的夹角。

12.2　基端棱镜座的构造

见图 12-2-1,基端棱镜 1 用立柱和压板 2 固定在棱镜座 3 上,并借板条 4、5 定位。棱镜座通过三个螺钉固定在镜筒端部的三个凸台 *A*、*B*、*C* 上(图 12-2-2),并用两个销子定位。

棱镜座上的三个螺钉过孔为长圆形,在打出定位销后,可在长圆孔的范围内使棱镜座绕镜筒轴线微量转动,以校正目标光路的光轴和像倾斜。

当修锉三个凸台 *A*、*B*、*C* 时,可使棱镜绕平行于镜筒端面的任意一根轴线微量转动,以校正测标中心和测标光轴。

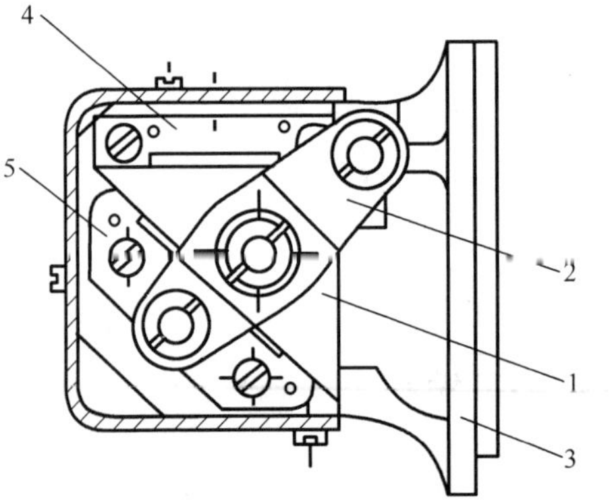

图 12-2-1 基端棱镜座的结构

1—基端棱镜;2—压板;3—棱镜座;4、5—板条。

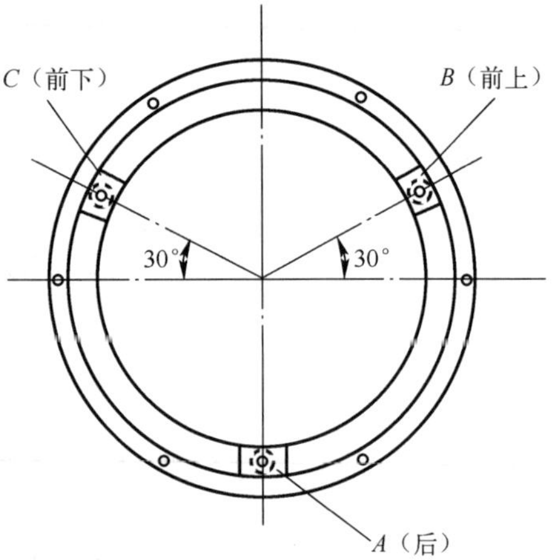

图12-2-2 镜管左端部视图(由左向里看)

12.3 基端棱镜的极值特性向量

基端棱镜处在平行光路中,所以为了讨论它的调整特性,只需求出在目标光路中的反射面 ab 以及在测标光路中的反射面 cb 各自的三个极值特性向量即可。

为区别起见,分别设 $x_1'y_1'z_1'$ 和 $x_2'y_2'z_2'$ 代表反射面 ab 和反射面 cb 的像空间坐标。实际上,这两个坐标是对应重合的。

按照6.1节反射棱镜调整法则中的差向量法则,分别由图12-3-1和图12-3-2求得目标光路和测标光路的两组极值特性向量 $\boldsymbol{\delta}_{u_1}$、$\boldsymbol{\delta}_{v_1}$、$\boldsymbol{\delta}_{w_1}$ 和 $\boldsymbol{\delta}_{u_2}$、$\boldsymbol{\delta}_{v_2}$、$\boldsymbol{\delta}_{w_2}$。为清晰起见,它们的方向,即极值轴向 $\boldsymbol{u}_1$、$\boldsymbol{v}_1$、$\boldsymbol{w}_1$ 和 $\boldsymbol{u}_2$、$\boldsymbol{v}_2$、$\boldsymbol{w}_2$ 标定在与测距仪相联系的坐标 XYZ 上。见图12-3-3和图12-3-4,X 轴代表测距仪镜筒轴线,由外向里;Y 轴代表目标入射光轴的方向;Z 轴垂直于基端棱镜的主截面,由上向下。

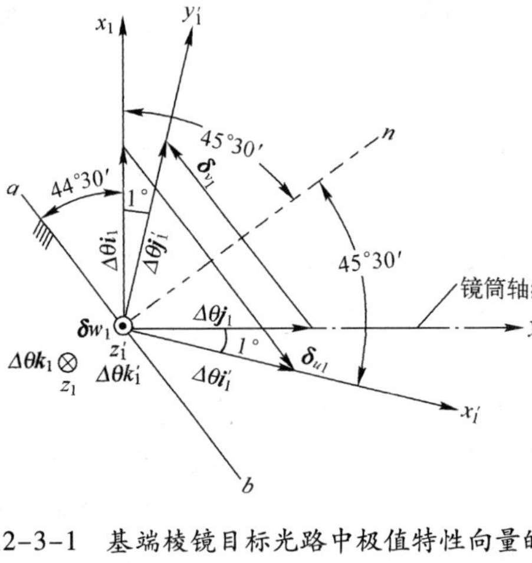

图 12-3-1 基端棱镜目标光路中极值特性向量的图解

为下一步计算的需要，表 12-3-1 中给出了两组极值轴向在 XYZ 中的方向余弦。

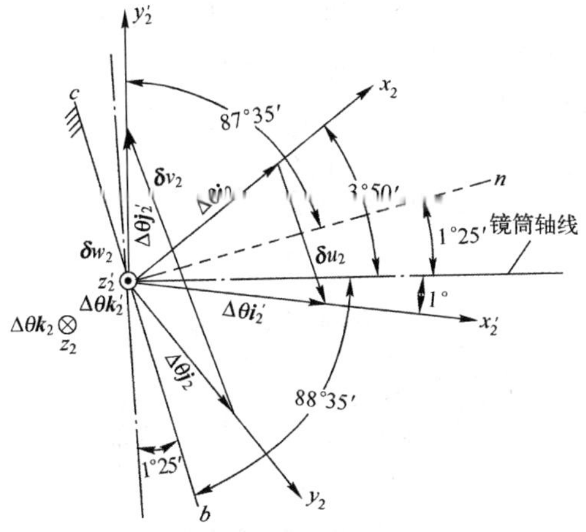

图 12-3-2　基端棱镜测标光路中极值特性向量的图解

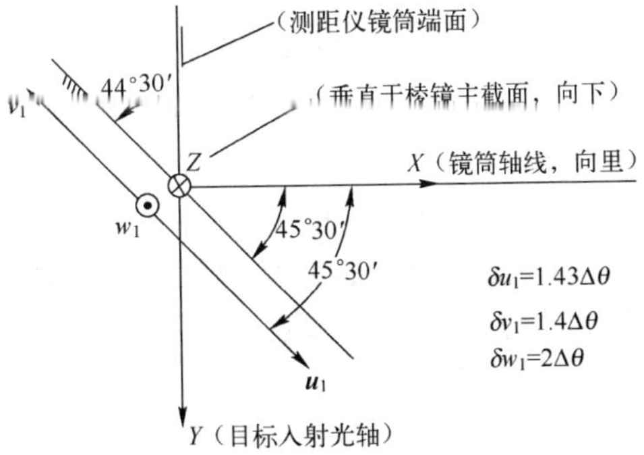

图 12-3-3　目标光路中棱镜的极值特性向量

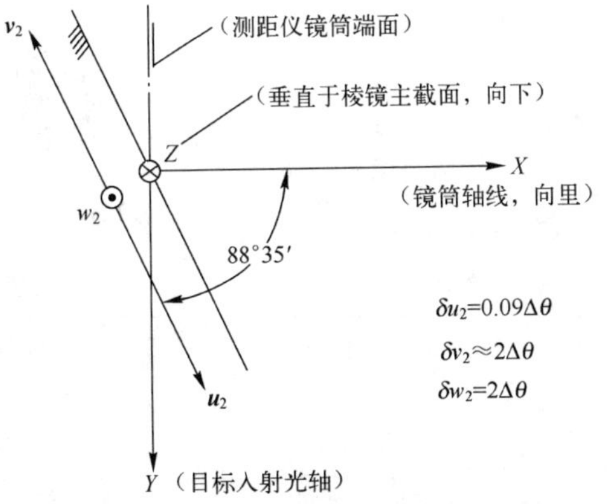

图 12-3-4　测标光路中棱镜的极值特性向量

表 12-3-1　各极值轴向在 XYZ 中的方向余弦

	u_1	v_1	w_1	u_2	v_2	w_2
X	cos45°30′	cos134°30′	cos90°	cos88°35′	cos91°25′	cos90°
Y	cos44°30′	cos135°30′	cos90°	cos1°25′	cos178°35′	cos90°
Z	cos90°	cos90°	cos180°	cos90°	cos90°	cos180°

12.4　基端棱镜的调整特性的分析

根据棱镜座结构的特点，选择几种不同的转轴，计算棱镜绕这些转轴微量转动 $\Delta\theta$ 时分别在目标光路和测标光路中所造成的像倾斜和光轴偏。同时，按照两种光路的相对光轴偏即为测距仪失调的道理，求出棱镜几种不同转动下的高低失调和距离失调。

这里选择的转轴是测距仪镜管轴线以及与此相垂直的任意方向，即平行于镜管端面的任意一根轴线。后者实际上是由修锉三个凸台中的某一个凸台或某两个凸台加以实现的，所以可以从讨论修锉每一个凸台所发生的情况着手。

按照6.1节反射棱镜调整法则中的余弦律，为求得棱镜绕任意轴微量转动所造成的像倾斜和光轴偏，必须先求出转轴同各极值轴向的夹角余弦。

设 $\boldsymbol{P}_0$、$\boldsymbol{P}_A$、$\boldsymbol{P}_B$、$\boldsymbol{P}_C$、分别代表棱镜座绕镜管轴线转动以及单独修锉凸台 A、B、C 所对应的转轴单位矢量。

由图12-4-1，不难求得各转轴单位矢量在 XYZ 中的表达式：

$$\left.\begin{aligned}\boldsymbol{P}_0&=\boldsymbol{i}\\ \boldsymbol{P}_A&=\overrightarrow{CB}^\circ=-\boldsymbol{k}\\ \boldsymbol{P}_B&=\overrightarrow{AC}^\circ=-\frac{\sqrt{3}}{2}\boldsymbol{j}+\frac{1}{2}\boldsymbol{k}\\ \boldsymbol{P}_C&=\overrightarrow{BA}^\circ=\frac{\sqrt{3}}{2}\boldsymbol{j}+\frac{1}{2}\boldsymbol{k}\end{aligned}\right\}\qquad(12\text{-}4\text{-}1)$$

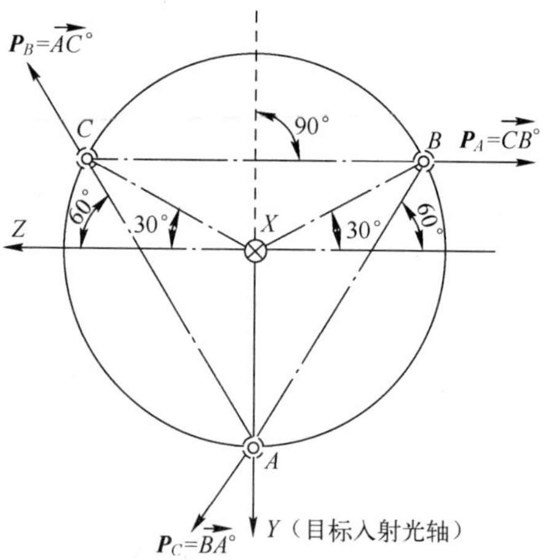

图12-4-1　基端棱镜的各调整转轴

式中，$\boldsymbol{i}$、$\boldsymbol{j}$、$\boldsymbol{k}$ 为沿 X、Y、Z 轴的单位矢量。

由表12-3-1及(12-4-1)式中的方向余弦，可求得各转轴矢量与两组极值轴向的夹角余弦，结果列入表12-4-1内。

表12-4-1　各转轴分别与各极值轴向的夹角余弦

极值轴向 / 夹角余弦 / 转轴	$\boldsymbol{u}_1$	$\boldsymbol{v}_1$	$\boldsymbol{w}_1$
$\boldsymbol{P}_0=\boldsymbol{i}$	cos45°30′	cos134°30′	cos90°
$\boldsymbol{P}_A=-\boldsymbol{k}$	cos90°	cos90°	cos0°
$\boldsymbol{P}_B=-\frac{\sqrt{3}}{2}\boldsymbol{j}+\frac{1}{2}\boldsymbol{k}$	$-\frac{\sqrt{3}}{2}\cos 44°30'$	$-\frac{\sqrt{3}}{2}\cos 135°30'$	$-\frac{1}{2}$
$\boldsymbol{P}_C=\frac{\sqrt{3}}{2}\boldsymbol{j}+\frac{1}{2}\boldsymbol{k}$	$\frac{\sqrt{3}}{2}\cos 44°30'$	$\frac{\sqrt{3}}{2}\cos 135°30'$	$-\frac{1}{2}$
极值轴向 / 夹角余弦 / 转轴	$\boldsymbol{u}_2$	$\boldsymbol{v}_2$	$\boldsymbol{w}_2$
$\boldsymbol{P}_0=\boldsymbol{i}$	cos88°35′	cos91°25′	cos90°
$\boldsymbol{P}_A=-\boldsymbol{k}$	cos90°	cos90°	cos0°
$\boldsymbol{P}_B=-\frac{\sqrt{3}}{2}\boldsymbol{j}+\frac{1}{2}\boldsymbol{k}$	$-\frac{\sqrt{3}}{2}\cos 1°25'$	$-\frac{\sqrt{3}}{2}\cos 178°35'$	$-\frac{1}{2}$
$\boldsymbol{P}_C=\frac{\sqrt{3}}{2}\boldsymbol{j}+\frac{1}{2}\boldsymbol{k}$	$\frac{\sqrt{3}}{2}\cos 1°25'$	$\frac{\sqrt{3}}{2}\cos 178°35'$	$-\frac{1}{2}$

最后，由图 12-3-3、图 12-3-4 中的像偏转极值乘以表 12-4-1 中的相应的夹角余弦，便可求得基端棱镜绕各转轴微量转动 $\Delta\theta$ 时分别在目标光路和测标光路中所造成的像倾斜和光轴偏以及测距仪的高低失调和距离失调，结果列入表 12-4-2 内。

表 12-4-2 中关于棱镜转动以及测距仪目方像空间坐标偏转的方向，采用了如图 12-4-2 所示的前后、左右、上下的表示方法，这是为了便于利用左、右支基端棱镜完全对称这一特点，使讨论左支基端棱镜时所得结论同样也适用于右支基端棱镜的缘故。

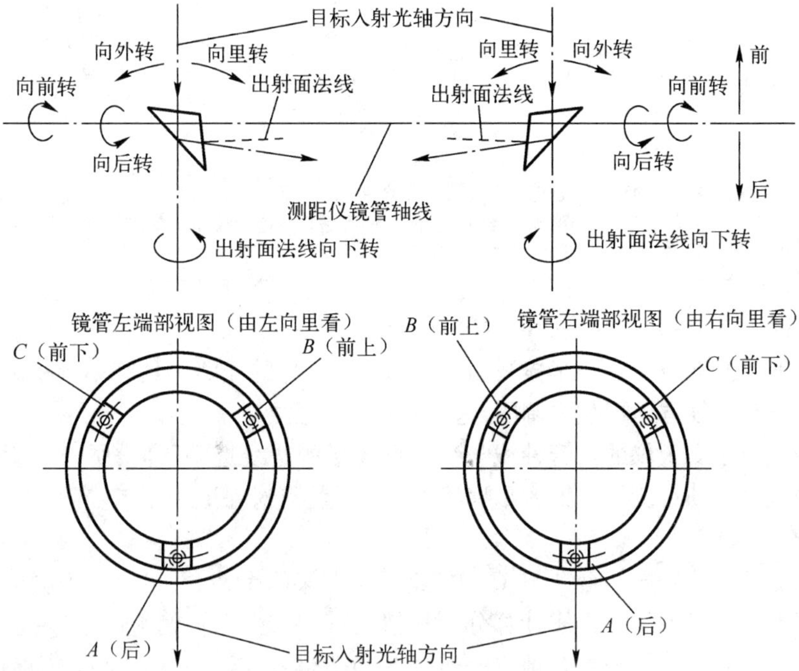

图 12-4-2　各种方向的示意箭头

表 12-4-2　左、右支基端棱镜的微量转动对目标和测标光路影响的共同规律

序号	校正方法		对目标像的影响		对测标像的影响		高低失调	距离失调
	转动轴	转角 $\Delta\theta$ 的方向	目标像倾斜	目标光轴偏	测标像倾斜	测标光轴偏		
1	$\boldsymbol{P}_0$ 沿镜管轴线，向里	棱镜仰起向后转	$\Delta\theta$ 向里斜	$-\Delta\theta\Gamma = -10\Delta\theta$ 向上偏	微量	$-0.05\Delta\theta\Gamma = -0.5\Delta\theta$ 向上偏	目标像高 $9.5\Delta\theta$	微量
2	$\boldsymbol{P}_A = \overrightarrow{CB}^{\circ}$ 垂直于棱镜主截面的轴线，向上（修锉凸台 A）	向外转	0	$2\Delta\theta\Gamma = 20\Delta\theta$ 发散	0	$2\Delta\theta\Gamma = 20\Delta\theta$ 发散	0	0

序号	校正方法		对目标像的影响		对测标像的影响		高低失调	距离失调
	转动轴	转角 $\Delta\theta$ 的方向	目标像倾斜	目标光轴偏	测标像倾斜	测标光轴偏		
3	$\boldsymbol{P}_B=\overrightarrow{AC}°$（修锉凸台 B）	向下并向里转	$-0.88\Delta\theta$ 向外斜	$0.87\Delta\theta\Gamma=$ $8.7\Delta\theta$ 向下偏 $-\Delta\theta\Gamma=$ $-10\Delta\theta$ 会聚	微量	$1.73\Delta\theta\Gamma=$ $17.3\Delta\theta$ 向下偏 $\Delta\theta\Gamma$ = $-10\Delta\theta$ 会聚	测标像低 $0.6\Delta\theta$	0
4	$\boldsymbol{P}_C=\overrightarrow{BA}°$（修锉凸台 C）	向上并向里转	$0.88\Delta\theta$ 向里斜	$-0.87\Delta\theta\Gamma=$ $-8.7\Delta\theta$ 向上偏 $-\Delta\theta\Gamma=$ $-10\Delta\theta$ 会聚	微量	$-1.73\Delta\theta\Gamma=$ $-17.3\Delta\theta$ 向上偏 $-\Delta\theta\Gamma=$ $-10\Delta\theta$ 会聚	测标像高 $8.6\Delta\theta$	0

注：表中各种像偏转的正负号是与左支基端棱镜的像空间坐标 $x_1'y_1'z_1'$ 和 $x_2'y_2'z_2'$ 相对应的，而像的向里斜或向外斜以及光轴的会聚发散或向上偏向下偏则是指自测距仪目镜的出射的情况而言，至于高低失调中关于孰像高低之判断乃前置镜中所见。

从表 12－4－2 中的数据可看出以下几个特点：

（1）本基端棱镜在一米体视测距仪的这种具体的光路中具有小量距离失调的性质。但在光轴方面仍是失调的，这是它不及角镜之处。

（2）由于测距仪的镜管轴线与半镀反光层的法线近乎同向，所以棱镜绕镜管轴线的微量转动对测标光轴的影响甚小。这一特点对保证校正工步间的独立性颇为有利。

（3）适当地修锉凸台 A、B、C 中的某一个或某两个凸台，可以校正测标光路中的任意方向的光轴偏。具体计算分两种情况：第一，当光轴偏纯属会聚或发散时，或单独地修锉凸台 A 或等量地修锉凸台 B 和凸台 C；第二，当光轴偏纯属高低[①]或兼有高低和会聚发散时，则首先依据光轴偏的高或低，确定是修锉凸台 C 或是修锉凸台 B，并算出为消除高低所需的修锉量。然后，把伴随这一修锉量（凸台 C 或凸台 B）而产生的光轴会聚，连同原有的会聚或发散一并考虑，再按照第一种情况计算单独地修锉凸台 A 或等量地修锉凸台 B 和凸台 C 的修锉量。综合两次计算的结果，便找出了应当修锉的每一个凸台的修锉量。

（4）若左、右支两个基端棱镜绕镜管轴线同时向前或向后转动同一大小的角度，可以校正左、右两支目标光路的相对像倾斜，而不破坏目标光路中的光轴高低。

根据以上特点，总校中有关基端棱镜的几项工序宜作如下安排：

---

① 注：高即向上偏；低即向下偏。

第一步,测标定中心和校测标光轴,方法是修锉凸台;

第二步,校目标光轴的高低,方法是使棱镜座绕镜管轴线转;

第三步,校目标像倾斜和目标相对像倾斜,方法是使左、右支两棱镜座绕镜管轴线同向等量转动。

后两步应当兼顾。

详尽的讨论应当联系一米体视测距仪的整个光学系统。

习　题

12.1　请根据图 12-1-1 上所给出的数据,验证出射的目标光路与测标光路的平行性。

12.2　请验算表 12-4-2 序号 3、4 中目标光轴偏和测标光轴偏等数据。

第13章　观测系统的扫描与稳像——稳像、观测系统的设计

本章将讨论一种用在平飞轰炸瞄准具上的观测系统。所以，为了便于对此种观测系统的扫描和稳像等问题进行一些比较深入的分析讨论，首先，必须对平飞轰炸的瞄准图以及与之相关的瞄准问题有个概略的了解。

13.1　平飞轰炸瞄准图

瞄准图是一个几何图形，它代表飞机对目标的某种相对位置，而在这样一种相对位置下，自飞机投掷的炸弹（理论上）能够命中目标。

图13-1-1是一个平飞轰炸的瞄准图。

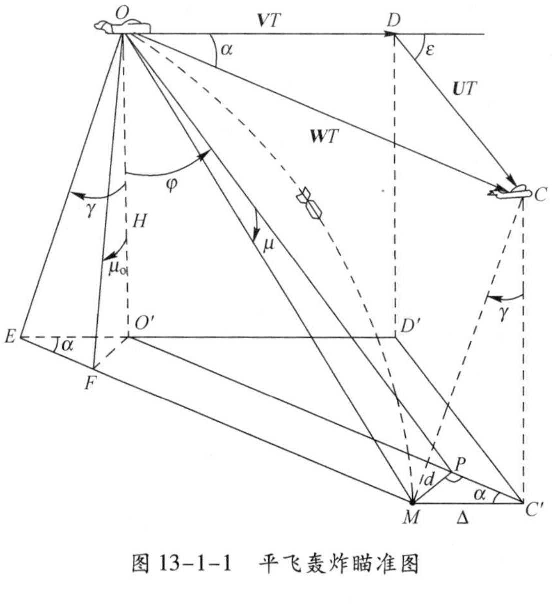

图13-1-1　平飞轰炸瞄准图

图13-1-1中，飞机作水平直线等速飞行。$\boldsymbol{V}$为飞机的空速矢量，即飞机对空气的相对速度矢量，与飞机的纵轴方向一致（忽略攻角）；$\boldsymbol{U}$为水平风矢量，一般情况为侧向风；$\boldsymbol{W}$为飞机的地速矢量，即飞机对地的相对速度矢量，与飞机实际的移动方向一致。

地速同空速之间的夹角α称偏流角。根据矢量合成，有：

$$\boldsymbol{W}=\boldsymbol{V}+\boldsymbol{U} \tag{13-1-1}$$

三个矢量构成的三角形称为航行三角形，如图13-1-2所示。由图13-1-2可见，飞机移动的轨迹沿 **W** 方向，而飞机头则始终朝着 **V** 的方向。

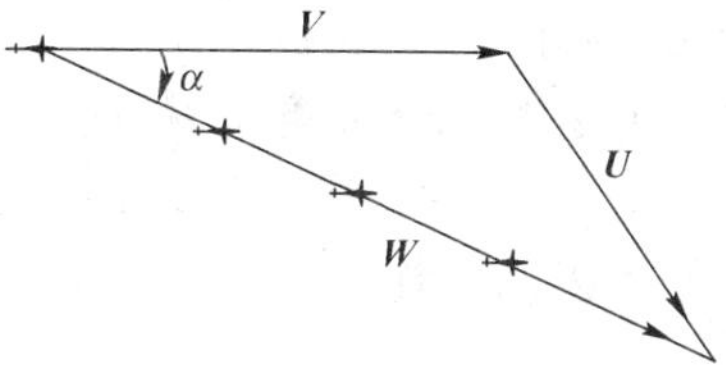

图13-1-2 航行三角形

设 O 为投弹点，并想像飞机在投弹后仍保持直线等速飞行。经时间 T，炸弹落到地面 M 点的瞬间，飞机沿地速方向移动到 C 点。此时，从飞机上发现的弹着点 M 应处在飞机纵轴的正后下方，距离为退曳长 Δ，而对应的角度为退曳角 γ。

由于在风矢量的方向上，飞机、炸弹和空气三者一起移动，彼此之间无相对运动，只是在空速矢量的方向上存在炸弹与空气之间的相对运动，因而才出现空气对炸弹的阻力。所以，退曳长 Δ 在沿空速 **V** 的反向，而非地速 **W** 的反向。

为了下述的方便，引入几个术语：

与空速 **V** 一致的直线 OD 称航向线；与地速 **W** 一致的直线 OC 称航迹线；过航向线的铅垂面 $ODD'O'$ 称航向面；过航迹线的铅垂面 $OCC'O'$ 称航迹面。

一般来讲，瞄准图上与投弹点 O 相对应的弹着点 M，应是目标在投弹瞬间所占据的位子，同时也就是所谓的瞄准点。因此，瞄准图上的投弹点与瞄准点的连线 OM 称为瞄准线。

此外，$OCME$ 称瞄准面；φ 代表瞄准角，μ 代表瞄准线横偏角；μ_0 代表瞄准面横偏角；ε 代表相对风向角。

从瞄准图上还不难看出，当飞机沿航迹线 OC 上连续投下一批炸弹，那么这些炸弹的弹着点都应位于直线 FM 的延长线上。因此，直线 FM 取名爆炸线。

爆炸线 FM 平行于航迹面，它们之间的距离 d 取名为横偏长。由图13-1-1求得

$$d=\Delta\sin\alpha \tag{13-1-2}$$

见瞄准图，可以用 α、φ、μ 三个角度来表示投弹瞬间的目标对飞机的相对位置。

由图13-1-1推得

$$\tan\varphi=\frac{WT}{H}-\frac{\Delta}{H}\cos\alpha \tag{13-1-3}$$

$$\tan\mu=\frac{\Delta}{H}\sin\alpha\cos\varphi \tag{13-1-4}$$

式中，H 为轰炸高度。

炸弹落下时间 T 和退曳长 Δ 称为弹道诸元，它们的数值取决于原始诸元 H、V、θ：

$$T=T(H、V、\theta) \tag{13-1-5}$$

$$\Delta=\Delta(H、V、\theta) \tag{13-1-6}$$

式中,θ 为炸弹的标准落下时间,它反映了炸弹的弹道性能,一定型号的炸弹具有一定的 θ 值。

地速 $\boldsymbol{W}$ 和偏流角 α 称为航行诸元,在航行或瞄准过程中测定。

由(13-1-3)式和(13-1-4)式可见,为了求得瞄准诸元 φ 和 μ,必须引入和测定原始诸元及航行诸元,然后解算弹道诸元及瞄准诸元。

13.2 瞄　准

为了使投弹命中目标,必须将飞机引导到如瞄准图 13-1-1 所表示的那样一种"机-目"的相对位置,而为达此目的的一切实施的总和称为瞄准。

根据上述的道理,一般平飞轰炸瞄准可分为两个步骤:方向瞄准和距离瞄准。

13.2.1　方向瞄准

由上述可知,平飞于一定航迹上的飞机,它所投下的一切炸弹都落在一条叫做爆炸线的直线上。因此,为了使投下的炸弹有可能命中目标,首先应适当地转移飞机,直至爆炸线通过目标,如图 13-2-1 所示。

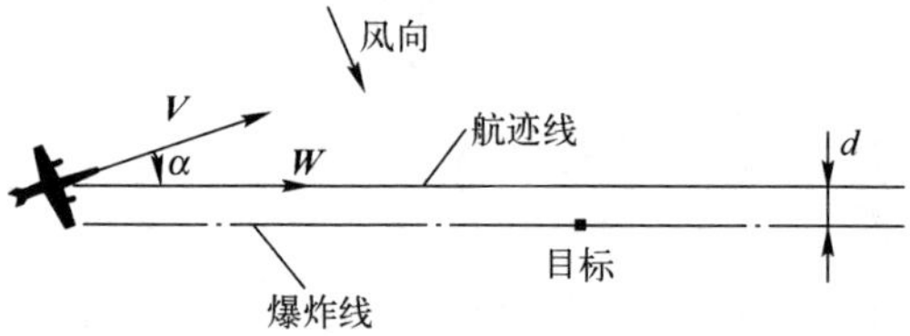

图 13-2-1　方向瞄准

所谓爆炸线通过目标,其含义是指在飞机完成方向瞄准后继续飞行的过程中爆炸线应始终压住目标,而不只是一个瞬间压住目标。

无疑,爆炸线通过目标是投弹命中目标的一个必要条件,但还不足以构成充要条件。

13.2.2　距离瞄准

在完成了方向瞄准后,飞机进入了轰炸航迹。在此情形,必须把握投弹的时机,才能使落弹命中目标。由瞄准图知,投弹的时机应是在飞机到达同目标的距离为 $WT-\Delta\cos\alpha$(沿 $\boldsymbol{W}$ 的方向计算)的瞬间①。所以,距离瞄准的实质是依据距离来确定一个投弹的瞬间。

图 13-2-2 表示一个完整的瞄准过程。其中,AB 段为方向瞄准过程,BO 段为距离瞄准过程,而 O 为投弹点。

---

① 注:实际上,距离是由角度加以控制的。

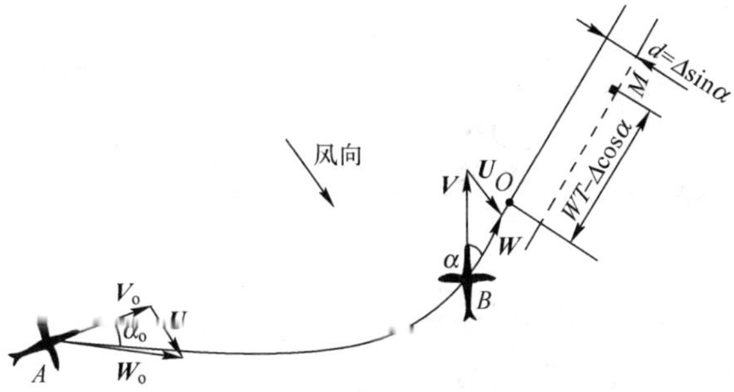

图 13-2-2 距离瞄准

以上只是一个初步的概念。关于实施瞄准的细节并不要求读者非常清楚。

13.3 观测系统

见图 13-3-1，观测系统是一个望远系统，兼有观察和测量的双重任务，因而也是整个瞄准具的测量器的一个组成部分。

在物镜前方的平行光路中有两个立方棱镜，其一为横偏棱镜，其二为观测棱镜。在零位时，两立方棱镜的反射面均处在铅垂面的状态。在物镜后焦面的分划板上刻有十字线。十字线中心 C 通过前方的物镜及观测棱镜系统而投向物空间的平行光束的方向，就是观测线的方向。零位观测线应处在铅垂线的方向。

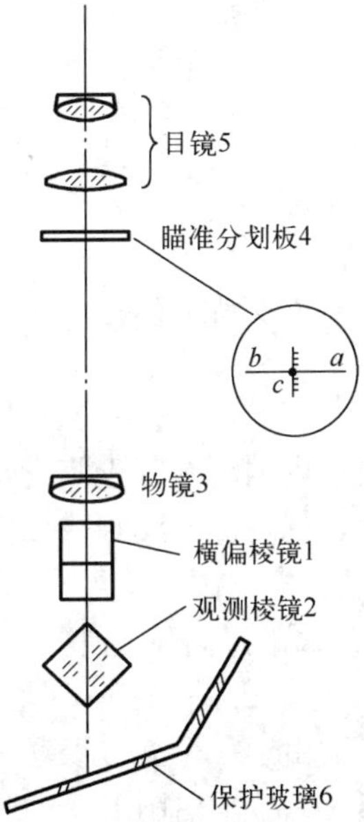

图 13-3-1 观测系统

十字线的纵线 ab 称为航向标。在进行方向瞄准的过程中，航向标可以用于测量偏流角 α，而在完成方向瞄准转入实施距离瞄准的时候，航向标投射到物空间而在地面上所对应的影像 $a'b'$（图 13-3-2）将代表爆炸线。

测量的参数将和瞄准的参数（φ 和 μ）进行比较，彼此一一对应，须有统一的计读坐标系（即测量参考系），因此要求观测系统能够在轰炸空间内模拟出和瞄准图相对应的坐标系。

观测系统安装在瞄准具中。在完成方向瞄准之后，观测系统和整个瞄准具一起绕铅垂轴相对于飞机航向转动一偏流角 α。此时，观测棱镜的主截面，即图 13-3-1 的图面，与瞄准图中的航迹面相一致。

见图 13-3-2，观测棱镜的回转可使观测线 $O'C'$ 纵向转动，并在压住目标 M 时测量目标的观测角 β。横偏棱镜的回转（转角较小）可使观测线相对观测棱镜的主截面倾斜一横偏角 μ'，同时使航向标 ab 在地面上映影的直线横偏一距离 d 而模拟出所需的爆炸线 $a'b'$。

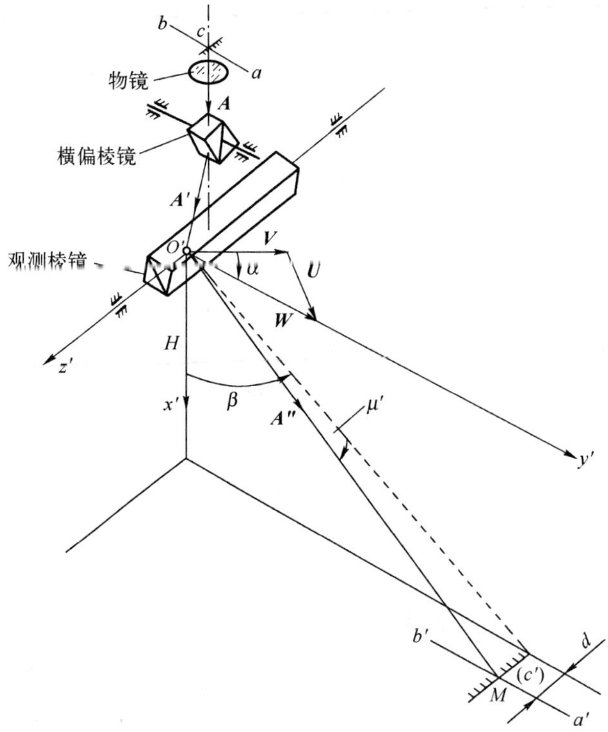

图 13-3-2　观测棱镜组扫描图

为保持横偏长 d 不变，图 13-3-2 上的 $\tan\mu'$ 应等于：

$$\tan\mu' = \frac{\Delta}{H}\sin\alpha\cos\beta \tag{13-3-1}$$

而在观测角 β 等于瞄准角 φ 时，(13-3-1)式和(13-1-4)式取得一致，μ' 便变成 μ。

现在推导观测线在空间坐标 $x'y'z'$ 中的观测角 β 及横偏角 μ' 与观测棱镜转角 $\beta_{棱}$ 及横偏棱镜转角 $\mu_{棱}$ 之间的关系，而所得的关系式将作为测量目标坐标的依据。

见图 13-3-3，将入射的观测线单位矢量 $\boldsymbol{A}$ 及横偏棱镜反射面的法线单位矢量 $\boldsymbol{N}_1$ 标定在图 13-3-2 所示的坐标系 $x'y'z'$ 上。

由于一个立方棱镜只相当于一个单平面镜，所以，不妨直接套用反射矢量公式(1-1-1)。由图 13-3-3，可求得 $\boldsymbol{A}$ 和 $\boldsymbol{N}_1$ 在坐标 $x'y'z'$ 的分量：

$$A_{x'} = 1, A_{y'} = 0, A_{z'} = 0$$

$$N_{1x'} = -\sin(-\mu_{棱}) = \sin\mu_{棱}, N_{1y'} = 0, N_{1z'} = \cos(-\mu_{棱}) = \cos\mu_{棱}$$

由反射矢量公式，得

$$\boldsymbol{A}' = \boldsymbol{A} - 2(\boldsymbol{A}\cdot\boldsymbol{N}_1)\boldsymbol{N}_1$$

将上列数据代入上式，先求得

$$-2(\boldsymbol{A}\cdot\boldsymbol{N}_1) = -2\sin\mu_{棱}$$

而后得

$$A'_{x'} = A_{x'} - 2(\boldsymbol{A}\cdot\boldsymbol{N}_1)N_{1x'} = \cos 2\mu_{棱}$$

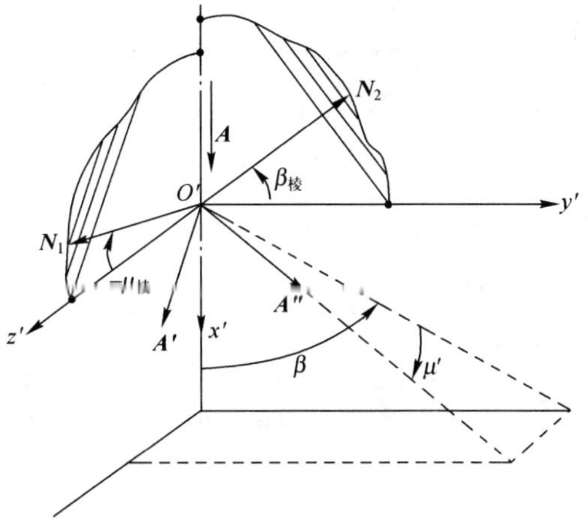

图 13-3-3　入射矢量 $\boldsymbol{A}$ 和棱镜法线 $\boldsymbol{N}_1$、$\boldsymbol{N}_2$ 在坐标 $x'y'z'$ 中的标定

$$A'_{y'} = A_{y'} - 2(\boldsymbol{A} \cdot \boldsymbol{N}_1) N_{1y'} = 0$$

$$A'_{z'} = A_{z'} - 2(\boldsymbol{A} \cdot \boldsymbol{N}_1) N_{1z'} = -\sin 2\mu_{棱}$$

设 $\boldsymbol{N}_2$ 为观测棱镜反射面的法线单位矢量，$\boldsymbol{A}''$为经观测棱镜出射的观测线单位矢量，并将它们标定在同一坐标系 $x'y'z'$上。

由图 13-3-3 求得 $\boldsymbol{N}_2$ 在各坐标轴上的分量：

$$N_{2x'} = -\sin\beta_{棱}, N_{2y'} = \cos\beta_{棱}, N_{2z'} = 0$$

再次使用反射矢量公式，由上列数据得

$$-2(\boldsymbol{A}' \cdot \boldsymbol{N}_2) = 2\cos 2\mu_{棱} \sin\beta_{棱}$$

所以

$$A''_{x'} = A'_{x'} - 2(\boldsymbol{A}' \cdot \boldsymbol{N}_2) N_{2x'} = \cos 2\mu_{棱} \cos 2\beta_{棱}$$

$$A''_{y'} = A'_{y'} - 2(\boldsymbol{A}' \cdot \boldsymbol{N}_2) N_{2y'} = \cos 2\mu_{棱} \sin 2\beta_{棱}$$

$$A''_{z'} = A'_{z'} - 2(\boldsymbol{A}' \cdot \boldsymbol{N}_2) N_{2z'} = -\sin 2\mu_{棱}$$

最后，由图 13-3-4 得　$\tan\beta = \dfrac{A''_{y'}}{A''_{x'}} = \tan 2\beta_{棱}$

$$\sin\mu' = \frac{A''_{z'}}{1} = -\sin 2\mu_{棱}$$

因而，有

$$\beta = 2\beta_{棱} \tag{13-3-2}$$

$$\mu' = -2\mu_{棱} \tag{13-3-3}$$

(13-3-3)式中的负号是由于在图 13-3-3 上分别对 $\mu_{棱}$ 和 μ'所规定的正、负方向而人为造成的。

所得结果表明，观测线在空间的两个坐标角 β、μ'与棱镜转角 $\beta_{棱}$、$\mu_{棱}$之间呈现 2 倍的简单关系。

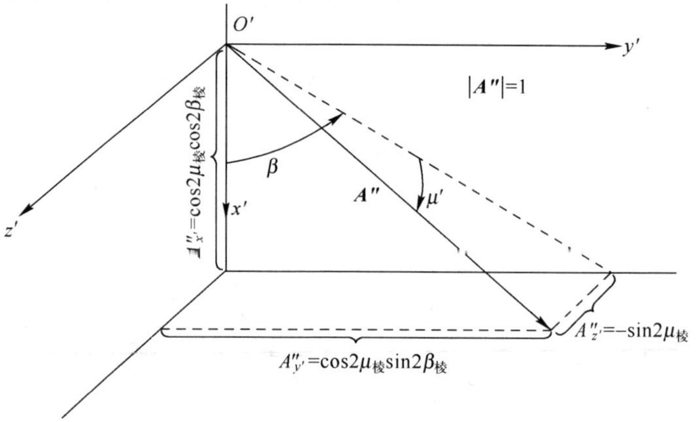

图 13-3-4　观测线空间位置的标定

13.4　观测系统稳像

在前述中已经提到,观测系统具有观察与测量的两种功能。

本观测系统用于测量目标对飞机的相对位置。测量的过程大致如下:在瞄准具中设有观测角传动链和横偏角传动链。通过这两条传动链可以分别操纵观测棱镜和横偏棱镜,使各自转动$\beta_{棱}$和$\mu_{棱}$。此时,分划板十字线中心 C 所对应的观测线 $O'C'$(图 13-3-2)在空间进行扫描。在扫描的过程中,观测线在空间的位置,或者说,观测线对于观测系统的相对位置,可以用两个角度μ'和β加以表示,其中,μ'为观测线同观测系统的子午面(即观测棱镜的主截面,图 13-3-2 中的 $x'O'y'$坐标面)之间的夹角,取名观测线横偏角,β为观测线在子午面内扫过的投影角,取名观测角。显然,μ'角的计读基准是观测系统的子午面;而β角的计读基准则除了上述的子午面之外,还应加上光轴,或者说,零位观测线(即当横偏棱镜和观测棱镜均在零位时的观测线的方向)。

观测线的观测角β和横偏角μ'分别按照(13-3-2)式和(13-3-3)式所表示的规律与观测棱镜及横偏棱镜各自的转角$\beta_{棱}$和$\mu_{棱}$发生联系。这就是说,通过$\beta_{棱}$和$\mu_{棱}$的大小,可以反映出β和μ'的量值。

当测量目标对于飞机的相对位置时,应当使观测线 $O'C'$通过目标,换句话说,就是用十字线中心 C'去压住目标[①]。

一旦观测线通过被测的目标时,则代表观测线的空间位置的两个角度β'和μ',同样也反映了"机 - 目"连线对于上述的子午面以及光轴的相对位置。

观测系统所测得的角度β和μ',随时都被送到瞄准具的比较器中,与来自计算

① 瞄准具中有协调机构及自动协调机构,它们的功能是在测定地速后保持观测线连续通过目标。

机所求得的瞄准角 φ 和瞄准线横偏角 μ 进行比较。当 $\beta=\varphi$ 和 $\mu'=\mu$ 等条件得到满足的时候，比较器便发出投弹信号，挂弹钩即自动释放而将炸弹投下。

由瞄准图 13-1-1 上可见，瞄准线横偏角 μ 的计读基准是铅垂的航迹面 $OCC'O'$，而在航迹面内度量的瞄准角 φ 的计读基准则是铅垂线 OO'。既然 β 和 μ' 各自与 φ 和 μ 相对应，无疑，它们应当具有同样的基准，也就是说，β、μ' 的测量基准必须与 φ、μ 的计读基准取得一致，否则，比较就无基础，测量遂成空有其名。

由于瞄准具安置于飞机上，说得更确切一些，它安装在自动驾驶仪的航向安定器上①。虽然是进行平飞轰炸，然而由于种种原因，在任何一个瞬间，飞机在前后方向上和左右方向上都存在有微量的俯仰和横滚，而且随机变化，频率也很高。在此情形，如果瞄准具的光学系统与飞机作一种固定的联结，那么不管二者之间的相对位置调整得怎样准确，而在实际飞行的时候，观测系统随着飞机俯仰和横滚，因而无任何基准可言，更确切地说，就是不存在准确的测量基准。

鉴于上述原因，必须对观测系统进行稳定（俗称稳像）。这就是说，应当在飞机与观测系统之间引入某种补偿的环节。本观测系统的横偏棱镜和观测棱镜安装在一陀螺仪的方向架的外环中（见图 13-5-1），二棱镜以适当的传动方式与方向架的内、外环相联结。这样，在飞机微量俯仰与横滚时，陀螺仪首先感受到飞机的倾斜角，然后以上述传动方式所确定的传动比，使观测棱镜和横偏棱镜分别得到适当的补偿转动，以保持观测系统原先已经调整好的基准面不受飞机摆动的影响而居于正确的位置。具体地说，就是永远保持观测系统的子午面于垂直状态以及它的零位观测线于铅垂的方向。

以上通过一个具体的例子再一次说明了为什么稳像的实质隐含有稳定测量参考系的意义。

以下是推导公式前的铺垫（参见图 13-3-2、图 13-4-1、图 13-5-1、图 13-5-2 以及公式(4-5-1)、(4-6-1)）。

本实例是某国第二次世界大战后的一个正式产品的光学观测稳像棱镜组。这里采用平行光路三自由度的稳像原理。稳像棱镜组在物镜前方，由上方的横偏棱镜 1 和下方的观测棱镜 2 所组成。每个棱镜都具有测量和稳像的双重作用。

定坐标系 $x'y'z'$ 与含地面目标在内的轰炸空间相联结，动坐标 $x_2'y_2'z_2'$ 则与瞄准具（或观测镜镜筒）相联结。在飞机不受干扰的情况，定、动二坐标系是对应平行的。x' 代表铅垂方向，y' 代表飞机平飞状态下的移动方向，z' 与 x'、y' 构成右手系。

三自由度稳像的含义就是同时在绕 x'、绕 y' 以及绕 z' 的三个方向上都能得到稳定。瞄准具通过方向瞄准机构而安装在飞机自动驾驶仪的航向稳定器的大陀螺轴上，并因此解决了整个观测系统绕 x' 方向的稳定。由于自动驾驶仪控制飞机俯仰和横滚的安平器与瞄准具之间没有任何直接的联系，所以在瞄准具内单独设置

① 瞄准具通过方向瞄准机构而与航向安定器相联系。

了一个小型的三自由度陀螺，并由它的内外环和瞄准具壳体间的两个自由度的相对运动来带动棱镜1、2以及后者的转轴，以实现在绕 y' 和绕 z' 两个方向上的稳定。

$\Delta\boldsymbol{\varepsilon}$ 代表飞机波动所致的绕动，即动坐标 $x_2'y_2'z_2'$ 相对于定坐标 $x'y'z'$ 的微量转动矢量；$\Delta\boldsymbol{\theta}_1$ 和 $\Delta\boldsymbol{\theta}_2$ 分别代表由稳像陀螺传给棱镜1、2作稳像用的补偿角矢量；同时，棱镜1、2还分别由横偏角 μ 传动链和观测角 β 传动链获得有限转角 $\mu_{棱}$ 和 $\beta_{棱}$。无疑，$\Delta\boldsymbol{\theta}_1$ 和 $\mu_{棱}$ 通过一差动器（加法机构）独立地传给棱镜1；$\Delta\theta_2$ 和 $\beta_{棱}$ 则应通过另一差动器传给棱镜2。

本例同时涉及棱镜的有限转动、微量转动以及成像三个问题。我们必须牢牢把握刚体运动的观念，以稳定像体为准则，采用动坐标 $x_2'y_2'z_2'$ 作为计读基准，应用基于刚体运动学的棱镜调整原理，求出由 $\Delta\boldsymbol{\theta}_1$ 和 $\Delta\boldsymbol{\theta}_2$ 在棱镜2的像空间中所造成的像偏转 $\Delta\boldsymbol{\mu}''_{补}=\Delta\boldsymbol{\mu}_{1,2}+\Delta\boldsymbol{\mu}''_2$，这里，$\Delta\boldsymbol{\mu}''_2$ 为棱镜2的 $\Delta\boldsymbol{\theta}_2$ 直接在棱镜2的像空间造成的像偏转，$\Delta\boldsymbol{\mu}''_{1,2}$ 为棱镜1的 $\Delta\boldsymbol{\theta}_1$ 先在棱镜1的像空间造成的像偏转然后再经棱镜2传递到后者的像空间中。而由条件 $\Delta\boldsymbol{\mu}''_{补}+\Delta\boldsymbol{\varepsilon}=0$ 求得的 $\Delta\boldsymbol{\theta}_1$ 和 $\Delta\boldsymbol{\theta}_2$ 便得以保证，一个受干扰的观测系统能够向含目标的固定的轰炸空间 $x'y'z'$ 投射出一个具有三自由度稳定的像体。由于测角用的观测线以及与观测线相垂直的像平面均属于该像体（刚体）中的一个组成部分，因而它们在 $x'y'z'$ 坐标内也都得到了稳定。在上述解题的过程中，棱镜1、2的特征矩阵均为动态的，如 $\boldsymbol{S}_{1,\mu_{棱}}=\boldsymbol{S}_{\boldsymbol{P}_1,\mu_{棱}}\boldsymbol{S}_1\boldsymbol{S}_{\boldsymbol{P}_1,-\mu_{棱}}$ 和 $\boldsymbol{S}_{2,\beta_{棱}}=\boldsymbol{S}_{\boldsymbol{P}_2,\beta_{棱}}\boldsymbol{S}_2\boldsymbol{S}_{\boldsymbol{P}_2,-\beta_{棱}}$。棱镜有限转动因素的引入就是如此简单。

如果要直接从稳定观测线（即稳定视场内像面中心的位置）以及稳定像面绕中心的方向出发，则问题会变得比较复杂。

本反射棱镜组具有很强的典型性和综合性。其典型性是显而易见的，因为在4.6节和11.2节中都已经提到，扫描棱镜的微量转动是从多类不同光学仪器中抽象出来的一种共同的重要技术，而观测稳像棱镜组正是反映此种技术的一个实例。综合性主要表现为本棱镜组结构原理的多样性和复杂性：它的每一块棱镜均兼作大转动的扫描和微偏转的补偿，并且构成一双棱镜组，使该棱镜组的误差角矢量传输线更具特色。此外，在调整量 $\Delta\boldsymbol{\theta}_1$ 和 $\Delta\boldsymbol{\theta}_2$ 所含的三个标量补偿中，一个属独立型，另二属特殊型，它们和在11.2节中照准差 $\boldsymbol{\xi}$ 所属的非独立型，正好在扫描棱镜调整结构的模型上给出了一个全面的展示。

根据上述的思路，下面来推导由于横偏棱镜和观测棱镜在扫描过程中的微量补偿转动 $\Delta\boldsymbol{\theta}_1$ 和 $\Delta\boldsymbol{\theta}_2$ 在最后一个稳像棱镜（本情况为观测棱镜2）的像空间内所引起的像偏转 $\Delta\boldsymbol{\mu}''_{补}$ 的表达式。

如上所述，

$$\Delta\boldsymbol{\mu}''_{补}=\Delta\boldsymbol{\mu}''_{1,2}+\Delta\boldsymbol{\mu}''_2 \tag{13-4-1}$$

式中，$\Delta\boldsymbol{\mu}''_{1,2}$ 和 $\Delta\boldsymbol{\mu}''_2$ 系分别由 $\Delta\boldsymbol{\theta}_1$ 和 $\Delta\boldsymbol{\theta}_2$ 所作的贡献。

根据在第3章和第4章里所讲的原理，尤其是在4.4节、4.5节和4.6节中的论述，可分别求得 $\Delta\boldsymbol{\mu}''_2$ 和 $\Delta\boldsymbol{\mu}''_{1,2}$ 如下：

$$(\Delta\boldsymbol{\mu}''_2)=\boldsymbol{S}_{\boldsymbol{P}_2,\beta_{棱}}(\boldsymbol{E}-\boldsymbol{S}_2)\boldsymbol{S}_{\boldsymbol{P}_2,-\beta_{棱}}(\Delta\boldsymbol{\theta}_2) \tag{13-4-2}$$

或

$$(\Delta\boldsymbol{\mu}''_2) = (\boldsymbol{E} - \boldsymbol{S}_{\boldsymbol{P}_2,\beta_{棱}}\boldsymbol{S}_2\boldsymbol{S}_{\boldsymbol{P}_2,-\beta_{棱}})(\Delta\boldsymbol{\theta}_2) \tag{13-4-3}$$

$$(\Delta\boldsymbol{\mu}''_{1,2}) = \boldsymbol{S}_{\boldsymbol{P}_2,\beta_{棱}}\boldsymbol{S}_2\boldsymbol{S}_{\boldsymbol{P}_2,-\beta_{棱}}(\boldsymbol{E} - \boldsymbol{S}_{\boldsymbol{P}_1,\mu_{棱}}\boldsymbol{S}_1\boldsymbol{S}_{\boldsymbol{P}_1,-\mu_{棱}})(\Delta\boldsymbol{\theta}_1) \tag{13-4-4}$$

综合以上结果,得

$$(\Delta\boldsymbol{\mu}''_{补}) = (\boldsymbol{E} - \boldsymbol{S}_{\boldsymbol{P}_2,\beta_{棱}}\boldsymbol{S}_2\boldsymbol{S}_{\boldsymbol{P}_2,-\beta_{棱}})(\Delta\boldsymbol{\theta}_2) + \boldsymbol{S}_{\boldsymbol{P}_2,\beta_{棱}}\boldsymbol{S}_2\boldsymbol{S}_{\boldsymbol{P}_2,-\beta_{棱}}(\boldsymbol{E} - \boldsymbol{S}_{\boldsymbol{P}_1,\mu_{棱}}\boldsymbol{S}_1\boldsymbol{S}_{\boldsymbol{P}_1,-\mu_{棱}})(\Delta\boldsymbol{\theta}_1) \tag{13-4-5}$$

式中,$\boldsymbol{S}_1$、$\boldsymbol{S}_2$ 分别代表横偏棱镜和观测棱镜的特征矩阵;$\boldsymbol{P}_1$、$\boldsymbol{P}_2$ 分别为横偏棱镜和观测棱镜扫描转动时的转轴,在本情况下为 y'、z' 轴。为简单起见,再引入符号 $\boldsymbol{S}_{2,\beta_{棱}}$ 和 $\boldsymbol{S}_{1,\mu_{棱}}$:

$$\boldsymbol{S}_{2,\beta_{棱}} = \boldsymbol{S}_{\boldsymbol{P}_2,\beta_{棱}}\boldsymbol{S}_2\boldsymbol{S}_{\boldsymbol{P}_2,-\beta_{棱}} \tag{13-4-6}$$

$$\boldsymbol{S}_{1,\mu_{棱}} = \boldsymbol{S}_{\boldsymbol{P}_1,\mu_{棱}}\boldsymbol{S}_1\boldsymbol{S}_{\boldsymbol{P}_1,-\mu_{棱}} \tag{13-4-7}$$

则(13–4–5)式可写成:

$$(\Delta\boldsymbol{\mu}''_{补}) = (\boldsymbol{E} - \boldsymbol{S}_{2,\beta_{棱}})(\Delta\boldsymbol{\theta}_2) + \boldsymbol{S}_{2,\beta_{棱}}(\boldsymbol{E} - \boldsymbol{S}_{1,\mu_{棱}})(\Delta\boldsymbol{\theta}_1) \tag{13-4-8}$$

由于与观测系统一起摆动 $\Delta\boldsymbol{\varepsilon}$ 的动坐标 $x'_2y'_2z'_2$ 被看作是相对静止的,所以,相对 $x'_2y'_2z'_2$ 而言,静止的轰炸空间转动了 $-\Delta\boldsymbol{\varepsilon}$。

因此,为了实现稳像,最后应当满足下列方程:

$$(\Delta\boldsymbol{\mu}''_{补}) = (-\Delta\boldsymbol{\varepsilon}) \tag{13-4-9}$$

将(13–4–8)式代入(13–4–9)式,则最后得

$$(\boldsymbol{E} - \boldsymbol{S}_{2,\beta_{棱}})(\Delta\boldsymbol{\theta}_2) + \boldsymbol{S}_{2,\beta_{棱}}(\boldsymbol{E} - \boldsymbol{S}_{1,\mu_{棱}})(\Delta\boldsymbol{\theta}_1) = -(\Delta\boldsymbol{\varepsilon}) \tag{13-4-10}$$

现把(13–4–10)式应用于本实例。

见图 13–4–1,首先求出棱镜 1、2 在各自的动坐标中的作用矩阵 $\boldsymbol{S}_1$、$\boldsymbol{S}_2$。因为这两个棱镜的动坐标的原始方向(零位)与轰炸空间的定坐标 $x'y'z'$ 的方向相一致,所以,$\boldsymbol{S}_1$ 和 $\boldsymbol{S}_2$ 实际上就是处于零位的横偏棱镜和观测棱镜在定坐标 $x'y'z'$[①] 中所表示的作用矩阵。于是,由已知的公式求得

$$\boldsymbol{S}_1 = \begin{pmatrix} -1 & 0 & 0 \\ 0 & -1 & 0 \\ 0 & 0 & 1 \end{pmatrix}, \quad \boldsymbol{S}_2 = \begin{pmatrix} -1 & 0 & 0 \\ 0 & 1 & 0 \\ 0 & 0 & -1 \end{pmatrix}$$

又由于转轴 $\boldsymbol{P}_1$ 和 $\boldsymbol{P}_2$ 正好是 y' 和 z' 轴,所以有

$$\boldsymbol{S}_{\boldsymbol{P}_1,\mu_{棱}} = \begin{pmatrix} \cos\mu_{棱} & 0 & \sin\mu_{棱} \\ 0 & 1 & 0 \\ -\sin\mu_{棱} & 0 & \cos\mu_{棱} \end{pmatrix}$$

$$\boldsymbol{S}_{\boldsymbol{P}_2,\beta_{棱}} = \begin{pmatrix} \cos\beta_{棱} & -\sin\beta_{棱} & 0 \\ \sin\beta_{棱} & \cos\beta_{棱} & 0 \\ 0 & 0 & 1 \end{pmatrix}$$

① 这里的定坐标代表动坐标的初始位置。

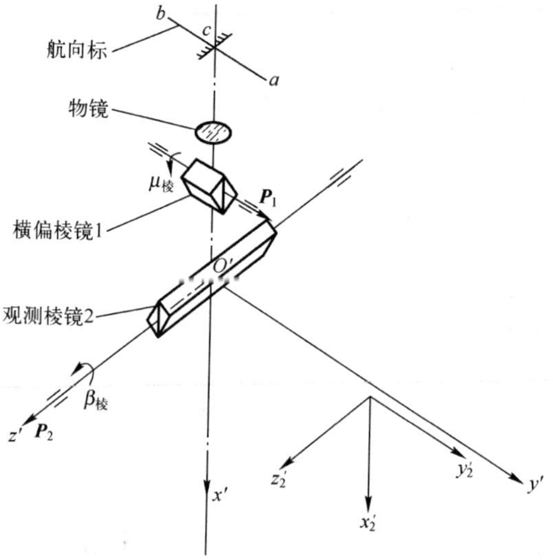

图 13-4-1 观测-稳像棱镜组

将以上矩阵代入(13-4-6)式、(13-4-7)式,得

$$S_{1,\mu_{棱}}=\begin{pmatrix}-\cos2\mu_{棱} & 0 & \sin2\mu_{棱}\\ 0 & -1 & 0\\ \sin2\mu_{棱} & 0 & \cos2\mu_{棱}\end{pmatrix} \tag{13-4-11}$$

$$S_{2,\beta_{棱}}=\begin{pmatrix}-\cos2\beta_{棱} & -\sin2\beta_{棱} & 0\\ -\sin2\beta_{棱} & \cos2\beta_{棱} & 0\\ 0 & 0 & -1\end{pmatrix} \tag{13-4-12}$$

根据前面对稳定本观测系统的测量基准所作的论述,可以假设:

$$(\Delta\boldsymbol{\theta}_1)=\begin{pmatrix}0\\ \Delta\theta_{1y'_2}\\ 0\end{pmatrix},(\Delta\boldsymbol{\theta}_2)=\begin{pmatrix}0\\ \Delta\theta_{2y'_2}\\ \Delta\theta_{2z'_2}\end{pmatrix} \tag{13-4-13}$$

这里,$\Delta\theta_{1y'_2}=\Delta\theta_1$;$\Delta\theta_{2y'_2}$的引入是为了把观测棱镜的转轴 $\boldsymbol{P}_2$ 恢复到水平的位置,因而能够将该棱镜的主截面维持在铅垂的状态。

此外,考虑到自动驾驶仪的航向安定器已提供了 $\Delta\varepsilon_{x'}=0$ 的保证,所以,令干扰 $\Delta\boldsymbol{\varepsilon}$ 为

$$\Delta\boldsymbol{\varepsilon}=\begin{pmatrix}0\\ \Delta\varepsilon_{y'}\\ \Delta\varepsilon_{z'}\end{pmatrix} \tag{13-4-14}$$

现将(13-4-11)~(13-4-14)等式代入(13-4-10)式,得

$$\begin{pmatrix}\Delta\mu''_{补x'_2}\\ \Delta\mu''_{补y'_2}\\ \Delta\mu''_{补z'_2}\end{pmatrix}=\begin{pmatrix}(\Delta\theta_{2y'_2}-2\Delta\theta_{1y'_2})\sin2\beta_{棱}\\ \Delta\theta_{2y'_2}+(2\Delta\theta_{1y'_2}-\Delta\theta_{2y'_2})\cos2\beta_{棱}\\ 2\Delta\theta_{2z'_2}\end{pmatrix}=\begin{pmatrix}0\\ -\Delta\varepsilon_{y'}\\ -\Delta\varepsilon_{z'}\end{pmatrix}$$

由此，有

$$\left.\begin{aligned}&-\Delta\varepsilon_{x'}=0=(\Delta\theta_{2y'_2}-2\Delta\theta_{1y'_2})\sin2\beta_{棱}\\&-\Delta\varepsilon_{y'}=\Delta\theta_{2y'_2}+(2\Delta\theta_{1y'_2}-\Delta\theta_{2y'_2})\cos2\beta_{棱}\\&-\Delta\varepsilon_{z'}=2\Delta\theta_{2z'_2}\end{aligned}\right\}\qquad(13-4-15)$$

最后，由方程组(13-4-15)求得

$$\Delta\theta_{2y'_2}=-\Delta\varepsilon_{y'}\qquad(13-4-16)$$

$$\Delta\theta_{2z'_2}=-\frac{1}{2}\Delta\varepsilon_{z'}\qquad(13-4-17)$$

$$\Delta\theta_{1y'_2}=\Delta\theta_1=\frac{1}{2}\Delta\theta_{2y'_2}=-\frac{1}{2}\Delta\varepsilon_{y'}\qquad(13-4-18)$$

由上列结果可见，$\Delta\theta_1=-\frac{1}{2}\Delta\varepsilon'_{y'}$ 和 $\Delta\theta_{2z'_2}=-\frac{1}{2}\Delta\varepsilon_{y'}$ 表明，二稳像棱镜在随着观测系统一起倾斜之后，应各自再绕自身的轴线反转一半的角度；$\Delta\theta_{2y'_2}=-\Delta\varepsilon_{y'}$ 则说明，观测棱镜的转轴必须始终保持水平。

条件(13-4-18)使方程组(13-4-15)中的 $\sin2\beta_{棱}$ 和 $\cos2\beta_{棱}$ 两项的系数为零，因此，不管观测线在何位置(即不管 $\beta_{棱}$ 多大)都能实现整个像体的三自由度稳定。

为了使读者确信起见，我们根据以上所求得的结果(见(13-4-17)式，(13-4-18)式)，返回来，按照比较直观的计算方法，验证该结果的正确性。

见图 13-4-2，与整个观测系统相固连的动坐标 $x'_2y'_2z'_2$ 的原始方向与图 13-3-2 中所示的定坐标 $x'y'z'$ 相一致。随着整个观测系统的微量摆动 $\Delta\boldsymbol{\varepsilon}(0,\Delta\varepsilon_{y'},\Delta\varepsilon_{z'})$，动坐标从它的原始方向 $x'y'z'$ 出发，按照图中所规定的转动顺序，先绕 z' 轴转 $\Delta\varepsilon_{z'}$ 而变成 $x'_1y'_1z'_1$ 的方向，然后，再绕 y'_1 轴转 $\Delta\varepsilon_{y'}$ 而到达最后的 $x'_2y'_2z'_2$ 的方向。

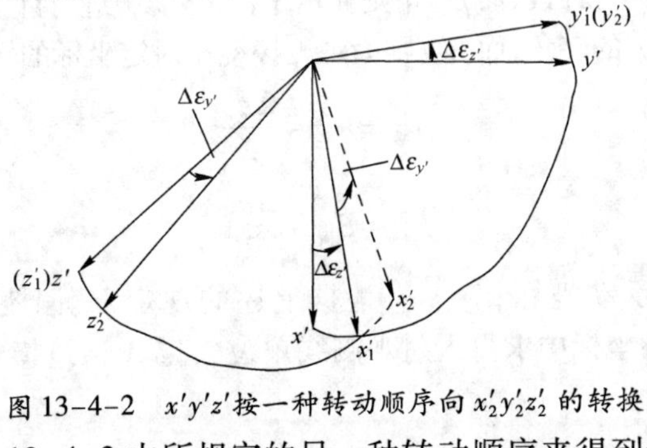

图 13-4-2　$x'y'z'$ 按一种转动顺序向 $x'_2y'_2z'_2$ 的转换

也可以按照图 13-4-3 中所规定的另一种转动顺序来得到动坐标 $x'_2y'_2z'_2$ 的最后的方向。

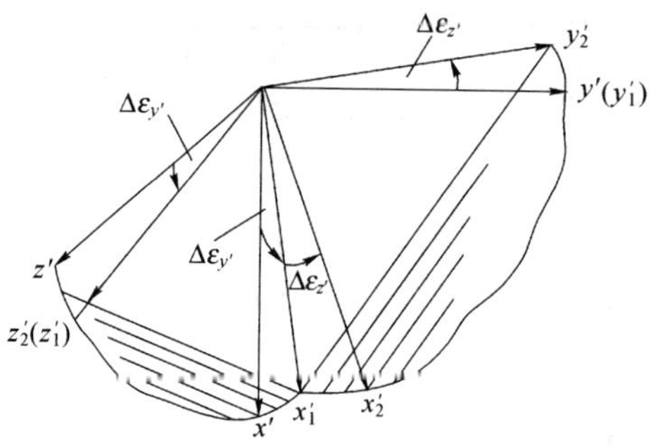

图 13-4-3　$x'y'z'$按另一种转动顺序向 $x_2'y_2'z_2'$ 的转换

由于 $\Delta\varepsilon_{y'}$ 和 $\Delta\varepsilon_{z'}$ 均属微量转角，所以，在略去二阶及高阶小量的情况下，上述两种不同转动顺序所得到的动坐标的最后方向 $x_2'y_2'z_2'$ 是等效的。

由图 13-4-3，根据与(3-1-9)式相类同的原理，可求得由动坐标 $x_2'y_2'z_2'$ 向定坐标 $x'y'z'$转换的坐标转换矩阵 $\boldsymbol{G}_{2'0'}$ 如下：

$$\boldsymbol{G}_{2'0'}=\boldsymbol{S}_{j,\Delta\varepsilon_{y'}}\boldsymbol{S}_{k,\Delta\varepsilon_{z'}}=$$

$$\begin{pmatrix}\cos\Delta\varepsilon_{y'} & 0 & \sin\Delta\varepsilon_{y'}\\ 0 & 1 & 0\\ -\sin\Delta\varepsilon_{y'} & 0 & \cos\Delta\varepsilon_{y'}\end{pmatrix}\begin{pmatrix}\cos\Delta\varepsilon_{z'} & -\sin\Delta\varepsilon_{z'} & 0\\ \sin\Delta\varepsilon_{z'} & \cos\Delta\varepsilon_{z'} & 0\\ 0 & 0 & 1\end{pmatrix}=$$

$$\begin{pmatrix}1 & 0 & \Delta\varepsilon_{y'}\\ 0 & 1 & 0\\ -\Delta\varepsilon_{y'} & 0 & 1\end{pmatrix}\begin{pmatrix}1 & -\Delta\varepsilon_{z'} & 0\\ \Delta\varepsilon_{z'} & 1 & 0\\ 0 & 0 & 1\end{pmatrix}=$$

$$\begin{pmatrix}1 & -\Delta\varepsilon_{z'} & \Delta\varepsilon_{y'}\\ \Delta\varepsilon_{z'} & 1 & 0\\ -\Delta\varepsilon_{y'} & 0 & 1\end{pmatrix} \tag{13-4-19}$$

设 $\mu_{棱}'$ 和 $\beta_{棱}'$ 分别代表横偏棱镜 1 和观测棱镜 2 的转角。为了方便起见，$\mu_{棱}'$ 角将在动坐标 $x_2'y_2'z_2'$ 中进行计读，而 $\beta_{棱}'$ 角则在定坐标 $x'y'z'$中进行计读。换句话说，$\mu_{棱}'$ 是横偏棱镜相对动坐标的转角，而 $\beta'_{棱}$ 则为观测棱镜相对定坐标的转角。所以，有

$$\mu_{棱}'=\mu_{棱}-\frac{\Delta\varepsilon_{y'}}{2} \tag{13-4-20}$$

$$\beta_{棱}'=\beta_{棱}+\frac{\Delta\varepsilon_{z'}}{2} \tag{13-4-21}$$

图 13-4-4 表示动坐标 $x_2'y_2'z_2'$。根据上述的规定，横偏棱镜绕 y_2' 轴转动了 $(-\mu_{棱}')$。首先在动坐标中求得入射观测线单位矢量 $\boldsymbol{A}$ 通过横偏棱镜后的出射单位矢量 $\boldsymbol{A}'$：

$$\left.\begin{aligned}A_{x_2'}'&=\cos2\mu_{棱}'\\ A_{y_2'}'&=0\\ A_{z_2'}'&=-\sin2\mu_{棱}'\end{aligned}\right\} \tag{13-4-22}$$

然后，将$(\boldsymbol{A}')_{2'}$转换到定坐标$x'y'z'$中。此时，由坐标转换公式有

$$(\boldsymbol{A}')_{0'} = \boldsymbol{G}_{2'0'}(\boldsymbol{A}')_{2'} \tag{13-4-23}$$

将(13-4-19)式、(13-4-22)式代入(13-4-23)式，得

$$\begin{pmatrix} A'_{x'} \\ A'_{y'} \\ A'_{z'} \end{pmatrix} = \begin{pmatrix} 1 & -\Delta\varepsilon_{z'} & \Delta\varepsilon_{y'} \\ \Delta\varepsilon_{z'} & 1 & 0 \\ -\Delta\varepsilon_{y'} & 0 & 1 \end{pmatrix} \begin{pmatrix} \cos 2\mu'_{棱} \\ 0 \\ -\sin 2'\mu_{棱} \end{pmatrix} = \begin{pmatrix} \cos 2\mu'_{棱} - \Delta\varepsilon_{y'}\sin 2\mu'_{棱} \\ \Delta\varepsilon_{z'}\cos 2\mu'_{棱} \\ -\Delta\varepsilon_{y'}\cos 2\mu'_{棱} - \sin 2\mu'_{棱} \end{pmatrix}$$

所以

$$\left.\begin{aligned} A'_{x'} &= \cos 2\mu'_{棱} - \Delta\varepsilon_{y'}\sin 2\mu'_{棱} \\ A'_{y'} &= \Delta\varepsilon_{z'}\cos 2\mu'_{棱} \\ A'_{z'} &= -\Delta\varepsilon_{y'}\cos 2\mu'_{棱} - \sin 2\mu'_{棱} \end{aligned}\right\} \tag{13-4-24}$$

现在求最后自观测棱镜出射的观测线矢量$\boldsymbol{A}''$。见图 13-4-5，根据上述的假设，观测棱镜在定坐标$x'y'z'$中绕z'轴转动了$\beta'_{棱}$角。由图 13-4-5 可得

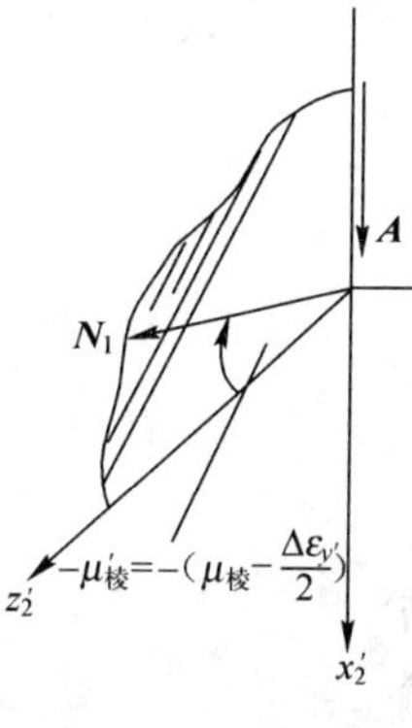

图 13-4-4　验算过程中$\boldsymbol{A}'$的确定

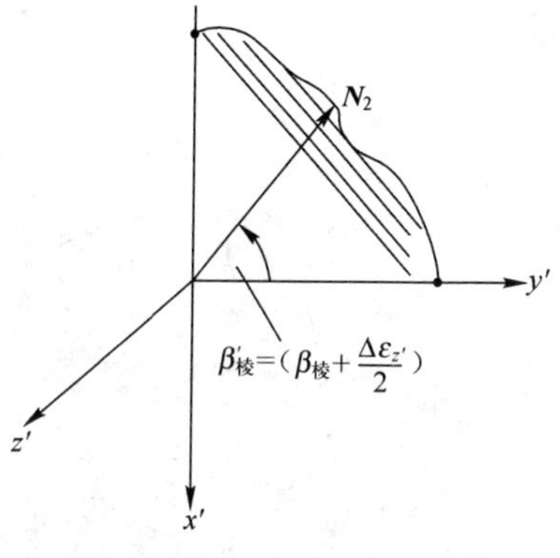

图 13-4-5　验算过程中$\boldsymbol{A}''$的确定

$$N_{2x'} = -\sin\beta'_{棱},\ N_{2y'} = \cos\beta'_{棱},\ N_{2z'} = 0$$

由此，有

$$-2(\boldsymbol{A}'\cdot\boldsymbol{N}_2) = 2\sin\beta'_{棱}\cos 2\mu'_{棱} - 2\Delta\varepsilon_{y'}\sin\beta'_{棱}\sin 2\mu'_{棱} - 2\Delta\varepsilon_{z'}\cos\beta'_{棱}\cos 2\mu'_{棱}$$

然后，由反射矢量公式，得

$$A''_{x'} = A'_{x'} - 2(\boldsymbol{A}'\cdot\boldsymbol{N}_2)N_{2x'} =$$

$$\cos 2\mu'_{棱} - \Delta\varepsilon_{y'}\sin 2\mu'_{棱} - 2\sin^2\beta'_{棱}\cos 2\mu'_{棱} + 2\Delta\varepsilon_{y'}\sin^2\beta'_{棱}\sin 2\mu'_{棱} +$$

$$\Delta\varepsilon_{z'}\sin 2\beta'_{棱}\cos 2\mu'_{棱} = \cos 2\beta'_{棱}\cos 2\mu'_{棱} - \Delta\varepsilon_{y'}\cos 2\beta'_{棱}\sin 2\mu'_{棱} + \Delta\varepsilon_{z'}\sin 2\beta'_{棱}\cos 2\mu'_{棱}$$

将(13-4-20)式、(13-4-21)式代入上式，并在展开中略去二阶和高阶小量，得

$$A''_{x'} = \cos 2\mu_{棱}\cos 2\beta_{棱}$$

同样，还可得到

$$A''_{y'}=\cos2\mu_{棱}\ \sin2\beta_{棱}$$

$$A''_{z'}=-\sin2\mu_{棱}$$

以上所求得的观测线 A''在轰炸空间的定坐标 $x'y'z'$ 中的方向，与 13.3 节中的结果完全一致。A''在 $x'y'z'$ 中的分量 $A''_{x'}$、$A''_{y'}$、$A''_{z'}$仅取决于 $\mu_{棱}$ 和 $\beta_{棱}$，而与观测系统随瞄准具的微量摆角 $\Delta\varepsilon_{y'}$、$\Delta\varepsilon_{z'}$无关。

上述结论，一方面验证了(13-4-10)式的正确性，另一方面使读者对稳定观测线的含义有一个更加直观的了解。这就是说，一旦由 $\mu_{棱}$ 传动链(见图 13-5-1)和 $\beta_{棱}$ 传动链使横偏棱镜和观测棱镜分别转动了 $\mu_{棱}$ 和 $\beta_{棱}$ 角，则观测线 A''将在轰炸空间的定坐标 $x'y'z'$中占据了一个唯一取决于 $\mu_{棱}$ 和 $\beta_{棱}$ 的确定的方向，而将不会受到飞机的微量俯仰和微量横滚 $\Delta\varepsilon$ 的干扰。

13.5 棱镜-陀螺稳像部件的结构

图 13-5-1 所示的棱镜-陀螺稳像结构是按照前述的扫描原理和稳像原则进

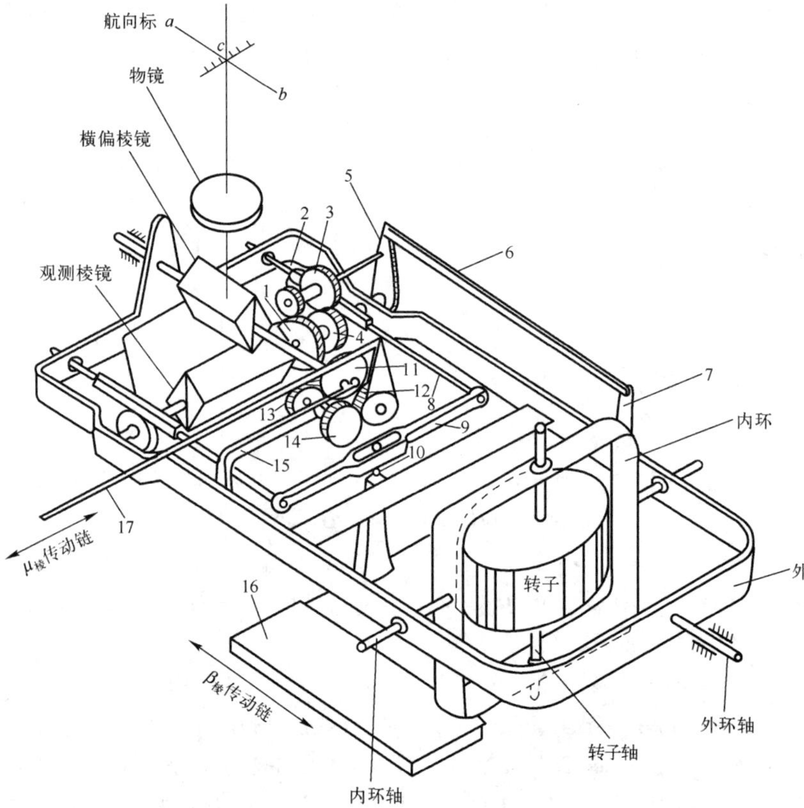

图 13-5-1 棱镜-陀螺稳像部件的结构

1—太阳轮；2、3—行星轮；4—太阳轮；5—系杆；6—连杆；7—陀螺内环稳定臂；
8—双齿条；9—双齿条推杆；10—传动销；11—太阳轮；12—太阳轮；13、14—行星轮；
15—陀螺外环稳定臂；16—观测角传动齿板；17—横偏角传动杆。

行设计的。该部件可以根据平飞轰炸瞄准的要求，对轰炸空间进行扫描，建立正确的坐标系，以测量目标对于飞机的相对位置，并且，由于陀螺仪的作用，能够完成(13-4-16)~(13-4-18)式所规定的补偿条件，实现观测线的稳定。

三自由度陀螺仪具有绕内环轴和绕外环轴两个方向的稳定作用，因此能够实现二自由度稳像，在一定的条件下可以满足观测线稳定的要求。

然而，仍然需要适当地布置棱镜系统与方向架之间的相对关系。见图 13-5-1，首先，由于外环的空间易于扩展，所以，横偏棱镜和观测棱镜和转轴都支撑在外环上，而且为了实现 $\Delta\theta_{2y'}=-\Delta\varepsilon_{y'}$ 的要求，应使观测棱镜的转轴处于垂直于外环轴的方向，而横偏棱镜的转轴则处于垂直于内环轴的方向，这样就能使观测棱镜的转轴始终保持在水平位置。此外，为了满足 $\Delta\theta_1=-\dfrac{1}{2}\Delta\varepsilon_{y'}$ 和 $\Delta\theta_{2z'}=-\dfrac{1}{2}\Delta\varepsilon_{z'}$ 的补偿条件，观测棱镜和横偏棱镜各自的转动又分别通过差动器与内环和外环的复位运动相联系。

由于以上两个差动器完全一样，所以，这里只对观测棱镜的差动器作一简单介绍，以了解其作用所在。

为了清晰起见，图 13-5-2 上给出了观测棱镜的圆柱齿轮差动器的平面图形。

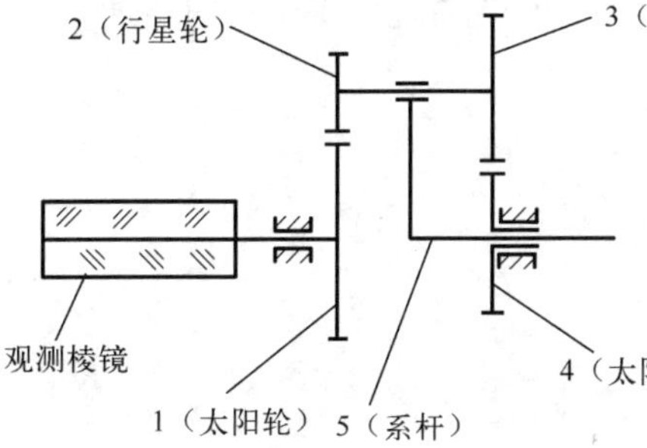

图 13-5-2　差动器

差动器是一个二自由度的机构，它允许有两个独立的输入。其中，来自观测角传动链的运动由太阳轮 4 输入，而来自陀螺仪的内环的补偿运动则通过平行四边形机构而由系杆 5 输入。以下推导差动器的运动学公式。

$$\frac{n_1-n_5}{n_4-n_5}=\frac{z_4\cdot z_2}{z_3\cdot z_1}=i_{4,1}$$

式中，n 代表转数；z 代表凿数；$i_{4,1}$ 代表由齿轮 4 至齿轮 1 的普通轮系的传速比。

通过选择适当的齿数，可使 $i_{4,1}=1/2$，则

$$\frac{n_1-n_5}{n_4-n_5}=\frac{1}{2}$$

或

$$n_1=\frac{1}{2}n_4+\frac{1}{2}n_5 \tag{13-5-1}$$

如果令 $n_4=2\beta_{棱}$，$n_5=-\Delta\varepsilon_{z'}$，则

$$n_1 = \beta_{棱} - \frac{1}{2}\Delta\varepsilon_{z'} \tag{13-5-2}$$

由于观测棱镜与太阳轮 1 作固定联结，所以观测棱镜绕其转轴的转角为$\left(\beta_{棱} - \frac{1}{2}\Delta\varepsilon_{z'}\right)$。

通过对本实例的分析与讨论可以看出，反射棱镜稳像是对棱镜成像、有限转动以及微量位移等理论的综合运用。由此可见，把这些问题统一地归并到反射棱镜共轭理论之中，是反映了事物的本来面目的。

习 题

13.1 为什么说反射棱镜成像、扫描（大转动）、调整（微量位移）以及稳像等内容形成了一个金字塔的结构，而反射棱镜稳像处在塔顶的地位?

13.2 请论证本章中对发生在同一棱镜上的大转动和微量转动所作的区别对待的处理方法。

提示：把微量转角矢量 $\Delta\boldsymbol{\theta}$ 分成两个分量 $\Delta\theta_{/\!/}$ 和 $\Delta\theta_{\perp}$，其中 $\theta_{/\!/}$ 的转轴平行于棱镜的转轴（即大转动的轴），$\Delta\theta_{\perp}$ 的转轴垂直于棱镜的转轴。

第 14 章　大角度干扰观测线稳定

以往在设计稳像棱镜组时，通常认为基座的干扰摆动角很小，因而略去其二阶和高阶小量，以简化公式和结构。实际上，在某些情况下，基座的摆动角并不是很小，例如，飞机、坦克以及舰艇等。因此，有必要对大角度干扰下的观测线稳定的原理及其实施方案作一介绍。

观测线稳定是一个二自由度的问题，或称二自由度稳像。它能够使像平面内的图像获得沿该平面内两个相互垂直方向上的位置的稳定。虽然它不能保证图像在像平面内的转动方向上的稳定，然而此种现象在原理上并不影响目标方位的测定，因而不会造成瞄准的误差。还应指出，当测量点目标时，例如星际导航的情形，则在二自由度的观测线稳定和三自由度的全视场稳定二者之间，就不再存在实质性差别了。

14.1　扫描稳像棱镜组的结构

为方便起见，本章仍然选择了第 13 章所采用的平飞轰炸瞄准具及扫描棱镜组作为讨论大角度干扰观测线稳定的基础。因此，第 13 章的有关内容和插图均可借鉴。

在大角度干扰的情形，为了稳定观测线而所需引入的补偿角将呈现为扫描角（观测角）和干扰角（基座摆动角）所构成的一个比较复杂的函数，再也无法将稳像棱镜组直接安置在陀螺仪环架上，陀螺仪将从光学观测头中分离出去，而仅仅作为一种用于测量基座摆动角的传感器。此时，计算机将参与完成计算及控制等任务。

为了结构紧凑，棱镜组常兼有扫描与稳像的双重作用。

图 14-1-1 表示所采用的扫描稳像棱镜组的结构。如同在第 13 章中讨论的棱镜 - 陀螺稳像部件一样，这里也有三个补偿量，其中一个补偿量输入横偏棱镜，两个补偿量输入观测棱镜。

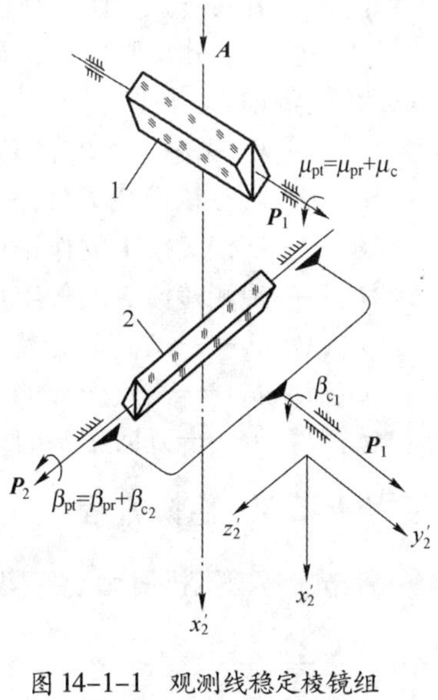

图 14-1-1　观测线稳定棱镜组

14.2 原　理

14.2.1 坐标系和符号

具体见图 14-2-1 ~ 图 14-2-5 和图 14-1-1。

$x'y'z'$——定坐标，与地面相联结。

$x_2'y_2'z_2'$——动坐标，与望远观测系统的壳体相联结。其中，y_2' 平行于横偏棱镜 1 的转轴，同样也平行于观测棱镜 2 的框架外轴，z_2' 平行于观测棱镜框架内轴的零位（当补偿角 $\beta_{C_1}=0$ 时的框架内轴的方向）。此动坐标在推导公式过程作为一个最基本的参考系。$x_2'y_2'z_2'$ 的起始方向对应平行于定坐标 $x'y'z'$。

$x_2y_2z_2$——动坐标，与飞机相联结。上述的动坐标 $x_2'y_2'z_2'$ 可以看作是由 $x_2y_2z_2$ 绕 x_2 转动一偏流角 α 而成。设置 $x_2y_2z_2$ 的目的是为了便于考虑飞机干扰摆动的三个欧拉角以及处理这些欧拉角与陀螺传感器的框架转角之间的关系。

xyz——定坐标，同样与地面相联结，不过，它的方向对应地与动坐标 $x_2y_2z_2$ 的起始方向相平行。

$\boldsymbol{A}$——横偏棱镜的入射矢量，它代表由十字线叉点 C 经物镜后而射向此棱镜的平行光束的方向。

$\boldsymbol{P}_1$——横偏棱镜的转轴。

$\boldsymbol{P}_2$——观测棱镜的转轴。

μ_{pr}——横偏棱镜的转角，绕 $\boldsymbol{P}_1$ 转动。

β_{pr}——观测棱镜的转角，绕 $\boldsymbol{P}_2$ 转动。

μ_c——引入横偏棱镜的补偿角，绕 $\boldsymbol{P}_1$ 转动。

β_{c_1}、β_{c_2}——引入观测棱镜框架的两个补偿角，其中 β_{c_1} 绕观测棱镜外环轴（与横偏棱镜转轴 $\boldsymbol{P}_1$ 相平行）转动，β_{c_2} 绕 $\boldsymbol{P}_2$ 转动。

μ_{pt}——横偏棱镜绕 $\boldsymbol{P}_1$ 的总的转角，$\mu_{pt}=\mu_{pr}+\mu_c$。

β_{pt}——观测棱镜绕 $\boldsymbol{P}_2$ 的总的转角，$\beta_{pt}=\beta_{pr}+\beta_{c_2}$。

$\boldsymbol{R}_1$——横偏棱镜 1 的作用矩阵（在与横偏棱镜相联结的动坐标内的表示）。

$\boldsymbol{R}_2$——观测棱镜 2 的作用矩阵（在与观测棱镜相联结的动坐标[①]内的表示）。

λ_1、λ_2、λ_3——飞机干扰摆动的三个欧拉角。

ϕ_1、ϕ_2、ϕ_3——垂直陀螺的三个框架角。

ψ_1、ψ_2、ψ_3——方向陀螺的三个框架角。

14.2.2 稳像方程

首先，考虑飞机尚无干扰摆动因而棱镜组也无需作补偿转动的情况。此时，设

① 注：这些动坐标的起始方向对应地平行于动坐标 $x_2'y_2'z_2'$。这些动坐标都没有在图中表示出来。

$\boldsymbol{A}''$代表平行光束 $\boldsymbol{A}$ 通过棱镜组 1、2 而投向观测空间的观测线的方向。根据刚定义的以及本书中常规的符号，由已知公式可求得在观测空间定坐标 $x'y'z'$ 中表示的观测线方向$(\boldsymbol{A}'')_{0'}$：

$$(\boldsymbol{A}'')_{0'}=\boldsymbol{S}_{\boldsymbol{P}_2,\beta_{pr}}\boldsymbol{R}_2\boldsymbol{S}_{\boldsymbol{P}_2,-\beta_{pr}}\boldsymbol{S}_{\boldsymbol{P}_1,\mu_{pr}}\boldsymbol{R}_1\boldsymbol{S}_{\boldsymbol{P}_1,-\mu_{pr}}(\boldsymbol{A})_{2'} \qquad (14-2-1)$$

其次，再考虑飞机有了干扰摆动而且棱镜作了补偿转动后的情况。此时，设 $\boldsymbol{A}''_r$ 代表平行光束中 $\boldsymbol{A}$ 通过棱镜组 1、2 而投向观测空间的观测线的方向。同样，可求得在观测空间坐标 $x'y'z'$ 中表示的观测线方向$(\boldsymbol{A}''_r)_{0'}$。

$$(\boldsymbol{A}''_r)_{0'}=\boldsymbol{G}_{2'0'}\boldsymbol{S}_{\boldsymbol{P}_1,\beta_{c_1}}\boldsymbol{S}_{\boldsymbol{P}_2,\beta_{pr}+\beta_{c_2}}\boldsymbol{R}_2\boldsymbol{S}_{\boldsymbol{P}_2,-(\beta_{pr}+\beta_{c_2})}\boldsymbol{S}_{\boldsymbol{P}_1,-\beta_{c_1}}\boldsymbol{S}_{\boldsymbol{P}_1,\mu_{pr}+\mu_c}\boldsymbol{R}_1\boldsymbol{S}_{\boldsymbol{P}_1,-(\mu_{pr}+\mu_c)}(\boldsymbol{A})_{2'} \qquad (14-2-2)$$

观测线稳定要求保证观测线在观测空间中的方向唯一地取决于棱镜组的测量角 β_{pr}和 μ_{pr}，而不受飞机干扰摆角 λ_1、λ_2、λ_3 的影响，或者说，这些干扰摆角对观测线空间方向的作用将被引入棱镜组补偿角 β_{c_1}、β_{c_2}、μ_c的作用所抵消掉。

因此，稳定观测线的条件应是

$$(\boldsymbol{A}''_r)_{0'}=(\boldsymbol{A}'')_{0'} \qquad (14-2-3)$$

将(14-2-1)式及(14-2-2)式代入(14-2-3)式，得

$$\begin{aligned}&\boldsymbol{S}_{\boldsymbol{P}_2,\beta_{pr}}\boldsymbol{R}_2\boldsymbol{S}_{\boldsymbol{P}_2,-\beta_{pr}}\boldsymbol{S}_{\boldsymbol{P}_1,\mu_{pr}}\boldsymbol{R}_1\boldsymbol{S}_{\boldsymbol{P}_1,\mu_{pr}}(\boldsymbol{A})'_2\\&=\boldsymbol{G}_{2'0'}\boldsymbol{S}_{\boldsymbol{P}_1,\beta_{c_1}}\boldsymbol{S}_{\boldsymbol{P}_2,\beta_{pr}+\beta_{c_2}}\boldsymbol{R}_2\boldsymbol{S}_{\boldsymbol{P}_2,-(\beta_{pr}+\beta_{c_2})}\boldsymbol{S}_{\boldsymbol{P}_1,-\beta_{c_1}}\boldsymbol{S}_{\boldsymbol{P}_1,\mu_{pr}+\mu_c}\boldsymbol{R}_1\boldsymbol{S}_{\boldsymbol{P}_1,-(\mu_{pr}+\mu_c)}(\boldsymbol{A})_{2'}\end{aligned} \qquad (14-2-4)$$

公式(14-2-4)就是本情况下所谓的稳像方程。

14.2.3　动坐标与定坐标之间的坐标转换——求 $\boldsymbol{G}_{2'0'}$

在图 14-2-1 中，(a)和(c)分别表示两个动坐标 $x'_2y'_2z'_2$ 和 $x_2y_2z_2$ 的起始方向与它们各自的定坐标 $x'y'z'$和 xyz 的平行关系；(b)表示两个动坐标中的一个 $x'_2y'_2z'_2$ 可以相对于另一个动坐标 $x_2y_2z_2$ 绕 x'_2(或 x_2)转动一偏流角 α，在第 13 章里已提到过，在完成它向瞄准之后 α 取一定值。毫无疑问，当 $\alpha=0$ 时，$x'_2y'_2z'_2$ 对应地平行于 $x_2y_2z_2$。由此可见，两个定坐标 $x'y'z'$与 xyz 之间也应当有一个绕 x'(或 x)转动一个 α 角的相对关系。

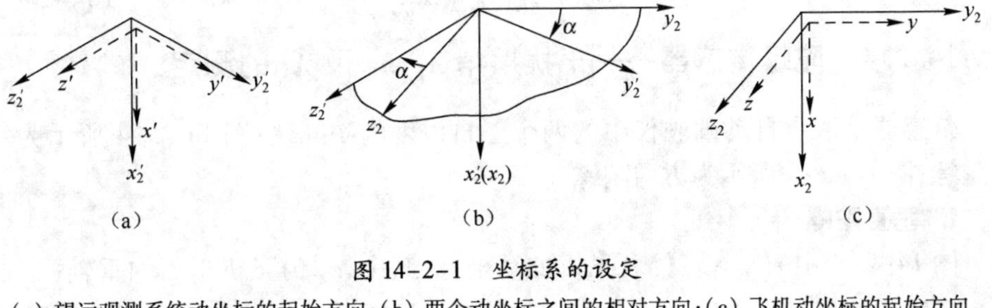

图 14-2-1　坐标系的设定

(a) 望远观测系统动坐标的起始方向；(b) 两个动坐标之间的相对方向；(c) 飞机动坐标的起始方向。

图 14-2-2 表示与飞机相联结的动坐标 $x_2y_2z_2$ 如何从它的起始方向（与定坐标 xyz 相平行），经过绕某些轴线逐步转动三个欧拉角 λ_1、λ_2、λ_3 之后而达到其最终方向的过程。首先，xyz 绕 x 转 λ_1 而成为 $x_ay_az_a$，然后 $x_ay_az_a$ 再绕 z_a 转 λ_2 而成为 $x_by_bz_b$，最后 $x_by_bz_b$ 绕 y_b 转 λ_3 而成为 $x_2y_2z_2$，这里，$x_ay_az_a$ 和 $x_by_bz_b$ 代表由 xyz 向 $x_2y_2z_2$ 转换过程中两个中间的动坐标。

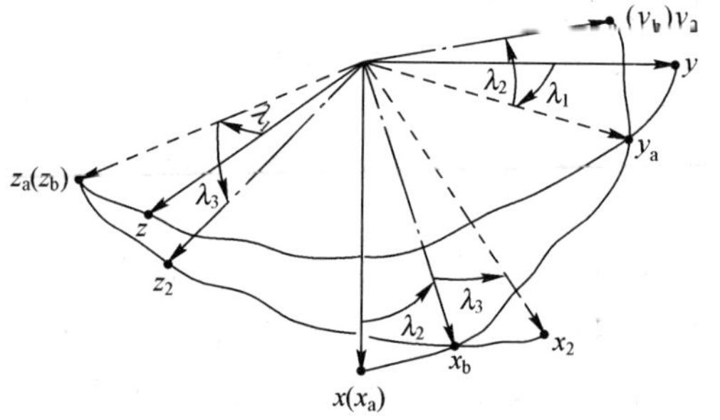

图 14-2-2　三个欧拉角（干扰）的引入

由上述分析可知，动坐标 $x_2'y_2'z_2'$ 的运动是由另一动坐标 $x_2y_2z_2$ 的干扰摆动所引起，而且后述的传感器也均直接与测量飞机的摆角有关，所以由动坐标 $x_2'y_2'z_2'$ 向定坐标 $x'y'z'$ 的坐标转换，或者说坐标转换矩阵 $\boldsymbol{G}_{2'0'}$ 的求解，宜通过如图 14-2-3 所示的途径。

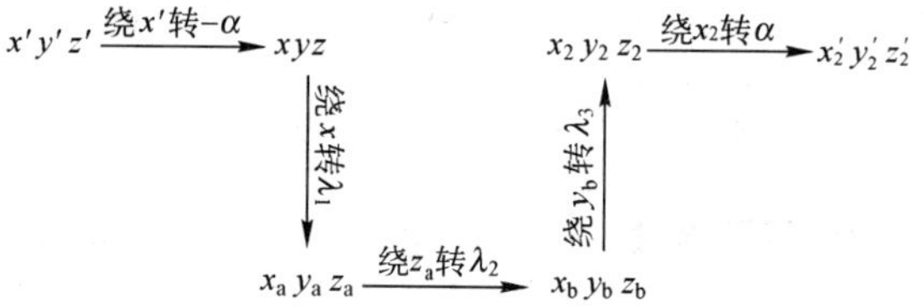

图 14-2-3　坐标转换路线图

由此

$$\boldsymbol{G}_{2'0'} = \boldsymbol{G}_{00'}\boldsymbol{G}_{20}\boldsymbol{G}_{2'2} \tag{14-2-5}$$

式中

$$\boldsymbol{G}_{2'2} = \boldsymbol{S}_{i,\alpha}, \boldsymbol{G}_{00'} = \boldsymbol{S}_{i,-\alpha} \tag{14-2-6}$$

$$\boldsymbol{G}_{20} = \boldsymbol{S}_{i,\lambda_1}\boldsymbol{S}_{k,\lambda_2}\boldsymbol{S}_{j,\lambda_3} \tag{14-2-7}$$

14.2.4　陀螺传感器——干扰摆角 λ_1、λ_2 及 λ_3 的测定

传感器是取自自动驾驶仪中的两个三自由度的陀螺仪：图 14-2-4 所示为垂直陀螺；图 14-2-5 所示为方向陀螺。

1. 垂直陀螺

图 14-2-4 中的 $x_2y_2z_2$ 代表飞机的动坐标，其中，x_2 为飞机平面的垂轴（摇摆轴）；y_2 为机身纵轴（横滚轴）；z_2 为机翼轴（俯仰轴）。

陀螺仪的壳体，包括其外环轴的轴承 K，固定在机座上。它在飞机上的正确安装应保证以下两点：其一，转子轴与定坐标 xyz 中的 x 轴相平行；其二，外环轴与动坐标 $x_2y_2z_2$ 中的 y_2 轴相平行。在此情形，内环轴将自然代表由 xyz 向 $x_2y_2z_2$ 转换过程中两个中间的动坐标的 $z_a(z_b)$ 轴。

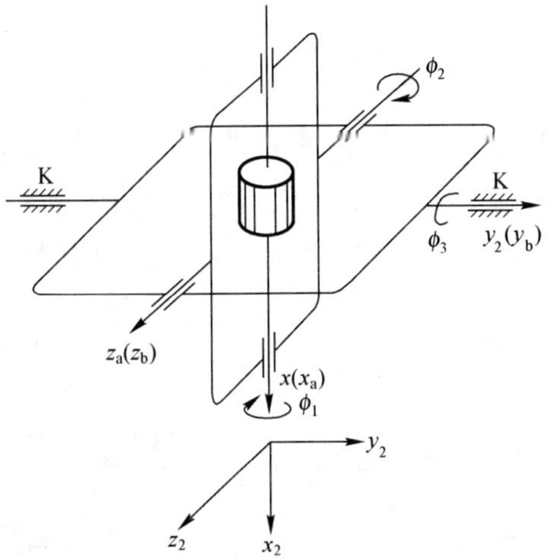

图 14-2-4　垂直陀螺

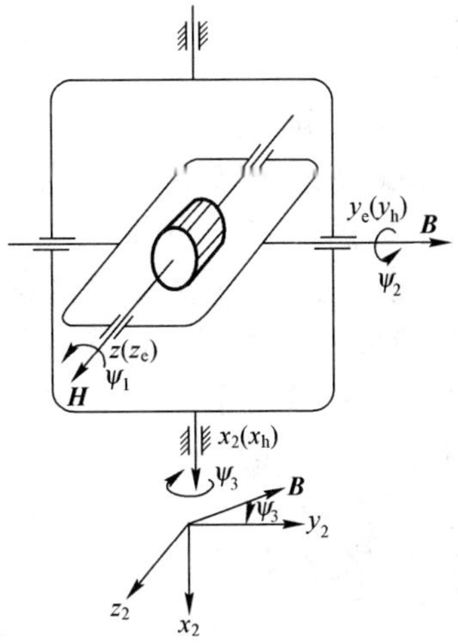

图 14-2-5　方向陀螺

根据以上的分析，可以画出垂直陀螺的三个欧拉角 ϕ_1、ϕ_2 和 ϕ_3 在模拟由 xyz 向 $x_2y_2z_2$ 的坐标转换过程中的顺序及相应的转轴，如图 14-2-6 所示。

$$xyz \xrightarrow{\text{绕 } x \text{ 转 } \phi_1} x_ay_az_a \xrightarrow{\text{绕 } z_a \text{ 转 } \phi_2} x_by_bz_b \xrightarrow{\text{绕 } y_b \text{ 转 } \phi_3} x_2y_2z_2$$

图 14-2-6　坐标转换顺序

不难看出，图 14-2-6 上所表示的坐标转换链与图 14-2-3 上所表示的坐标转换链中的相应部分具有同样的结构，或者说，具有相同的制式。

实际上，为了避免不必要的麻烦，设计者总是有意识地取一个陀螺传感器的欧拉角制式作为飞机干扰摆动的欧拉角制式。

在此情形，图 14-2-6 表示的转换过程中两个中间的动坐标才会完全等同于图 14-2-3 中的 $x_ay_az_a$ 和 $x_by_bz_b$。这样，垂直陀螺便能够直接测出 λ_2 和 λ_3：

$$\phi_2 = \lambda_2, \phi_3 = \lambda_3 \qquad (14-2-8)$$

转角 λ_1 的转轴与转子轴线相平行，所以垂直陀螺无法测定 λ_1，这一角度应由方向陀螺测定。

2. 方向陀螺

它在飞机上的正确安装也应保证两点：其一，转子轴与定坐标 xyz 中的 z 轴相平行；其二，外环轴与动坐标 $x_2y_2z_2$ 中的 x_2 轴相平行。内环轴将顺此而代表由 xyz 向 $x_2y_2z_2$ 转换过程中两个中间的动坐标的 $y_e(y_h)$ 轴。

无疑，方向陀螺在飞机上安装的方向是不同的，因此，在由同一个定坐标 xyz 向同一个动坐标 $x_2y_2z_2$ 的转换过程中，它的按顺序排列的三个欧拉角 ψ_1、ψ_2 和 ψ_3

所对应的转轴均有变化，其坐标转换的途径如图 14-2-7 所示。

$$xyz \xrightarrow{\text{绕 } z \text{ 转 } \psi_1} x_e y_e z_e \xrightarrow{\text{绕 } y_e \text{ 转 } \psi_2} x_h y_h z_h \xrightarrow{\text{绕 } x_h \text{ 转 } \psi_3} x_2 y_2 z_2$$

图 14-2-7　坐标转换途径

显然，图 14-2-7 上所表示的坐标转换链与图 14-2-3 上所表示的坐标转换链中的相应部分具有不同的结构，或者说，具有不同的制式。

在此情形，图 14-2-7 表示的转换过程中两个中间的动坐标 $x_e y_e z_e$ 和 $x_h y_h z_h$ 已经不再是图 14-2-3 中的 $x_a y_a z_a$ 和 $x_b y_b z_b$ 了，因此方向陀螺不能直接测出 $\boldsymbol{\lambda}_1$。

不过，可以这样想像：飞机的动坐标从同一个原始方向 xyz 出发，经由图 14-2-3 和图 14-2-7 所指示的两条不同的途径，最终达到了同样的方向 $x_2 y_2 z_2$，所以，飞机基座（即动坐标 $x_2 y_2 z_2$）与方向陀螺外框架轴（x_2 或 x_h）之间的相对转角 ψ_3 将表现为 $\boldsymbol{\lambda}_1$、$\boldsymbol{\lambda}_2$ 和 $\boldsymbol{\lambda}_3$ 的一个复杂的函数。

由图 14-2-5 可见，在任何情况下，转子轴单位矢量 $\boldsymbol{H}$ 和内环轴单位矢量 $\boldsymbol{B}$ 都将保持正交的关系：

$$\boldsymbol{H} \cdot \boldsymbol{B} = 0 \tag{14-2-9}$$

本条件将被用于推导以上所提到的那个复杂的函数关系。

由（14-2-7）式，得

$$\boldsymbol{G}_{02} = \boldsymbol{G}_{20}^{-1} = \boldsymbol{S}_{j,-\lambda_3} \boldsymbol{S}_{k,-\lambda_2} \boldsymbol{S}_{i,-\lambda_1} =$$

$$\begin{pmatrix} \cos\lambda_3 & 0 & -\sin\lambda_3 \\ 0 & 1 & 0 \\ \sin\lambda_3 & 0 & \cos\lambda_3 \end{pmatrix} \begin{pmatrix} \cos\lambda_2 & \sin\lambda_2 & 0 \\ -\sin\lambda_2 & \cos\lambda_2 & 0 \\ 0 & 0 & 1 \end{pmatrix} \begin{pmatrix} 1 & 0 & 0 \\ 0 & \cos\lambda_1 & \sin\lambda_1 \\ 0 & -\sin\lambda_1 & \cos\lambda_1 \end{pmatrix} =$$

$$\begin{pmatrix} \cos\lambda_3\cos\lambda_2 & \cos\lambda_3\sin\lambda_2\cos\lambda_1 + \sin\lambda_3\sin\lambda_1 & \cos\lambda_3\sin\lambda_2\sin\lambda_1 - \sin\lambda_3\cos\lambda_1 \\ -\sin\lambda_2 & \cos\lambda_2\cos\lambda_1 & \cos\lambda_2\sin\lambda_1 \\ \sin\lambda_3\cos\lambda_2 & \sin\lambda_3\sin\lambda_2\cos\lambda_1 - \cos\lambda_3\sin\lambda_1 & \sin\lambda_3\sin\lambda_2\sin\lambda_1 + \cos\lambda_3\cos\lambda_1 \end{pmatrix} \tag{14-2-10}$$

以下分别求出单位矢量 $\boldsymbol{H}$ 和 $\boldsymbol{B}$ 在动坐标 $x_2 y_2 z_2$ 中所表示的列矩阵 $(\boldsymbol{H})_2$ 和 $(\boldsymbol{B})_2$。

由于三自由度陀螺的定轴性，$\boldsymbol{H}$ 在定坐标 xyz 中保持一定的方向：

$$(\boldsymbol{H})_0 = \begin{pmatrix} 0 \\ 0 \\ 1 \end{pmatrix} \tag{14-2-11}$$

所以，有

$$(\boldsymbol{H})_2 = \boldsymbol{G}_{02}(\boldsymbol{H})_0 = \begin{pmatrix} \cos\lambda_3\sin\lambda_2\sin\lambda_1 - \sin\lambda_3\cos\lambda_1 \\ \cos\lambda_2\sin\lambda_1 \\ \sin\lambda_3\sin\lambda_2\sin\lambda_1 + \cos\lambda_3\cos\lambda_1 \end{pmatrix} \tag{14-2-12}$$

由图 14-2-5 可得

$$(\boldsymbol{B})_2=\begin{pmatrix}0\\ \cos\psi_3\\ -\sin\psi_3\end{pmatrix} \tag{14-2-13}$$

将(14-2-12)式、(14-2-13)式代入(14-2-9)式,得

$$\tan\psi_3=\frac{\cos\lambda_2\sin\lambda_1}{\sin\lambda_3\sin\lambda_2\sin\lambda_1+\cos\lambda_3\cos\lambda_1} \tag{14-2-14}$$

最后,将(14-2-8)式代入(14-2-14)式,并解得

$$\tan\lambda_1=\frac{\tan\psi_3\cos\phi_3}{\cos\phi_2-\tan\psi_3\sin\phi_3\sin\phi_2} \tag{14-2-15}$$

14.2.5 工作式的推导

为简单起见,令 $\alpha=0$,则

$$\boldsymbol{G}_{2'0'}=\boldsymbol{G}_{20} \tag{14-2-16}$$

将(14-2-16)式及(14-2-7)式代入(14-2-4)式之后,(14-2-4)式右部中原来前两个矩阵的乘积变成

$$\boldsymbol{G}_{2'0'}\boldsymbol{S}_{\boldsymbol{P}_1,\beta_{C_1}}=\boldsymbol{S}_{\boldsymbol{i},\lambda_1}\boldsymbol{S}_{\boldsymbol{k},\lambda_2}\boldsymbol{S}_{\boldsymbol{j},\lambda_3}\boldsymbol{S}_{\boldsymbol{P}_1,\beta_{C_1}} \tag{14-2-17}$$

在 $\alpha=0$ 的情形,上式中的 $\boldsymbol{P}_1$ 轴和 $\boldsymbol{j}$ 轴是相互平行的。因此,令 $\beta_{C_1}=-\lambda_3$,有

$$\boldsymbol{S}_{\boldsymbol{P}_1,\beta_{C_1}}=\boldsymbol{S}_{\boldsymbol{j},-\lambda_3} \tag{14-2-18}$$

因而

$$\boldsymbol{G}_{2'0'}\boldsymbol{S}_{\boldsymbol{P}_1,\beta_{C_1}}=\boldsymbol{S}_{\boldsymbol{i},\lambda_1}\boldsymbol{S}_{\boldsymbol{k},\lambda_2}\boldsymbol{S}_{\boldsymbol{j},\lambda_3}\boldsymbol{S}_{\boldsymbol{j},-\lambda_3}=\boldsymbol{S}_{\boldsymbol{i},\lambda_1}\boldsymbol{S}_{\boldsymbol{k},\lambda_2} \tag{14-2-19}$$

这就是说,如果把观测棱镜的转轴 $\boldsymbol{P}_2$ 始终保持在水平状态,则使稳像方程(14-2-4)得到简化。

为了后述的方便,引入两个新符号 μ_r 和 β_r:

$$\mu_r=2\mu_{pt}+\lambda_3=2\mu_{pt}+\phi_3 \tag{14-2-20}$$

$$\beta_r=2\beta_{pt}+\lambda_2=2\beta_{pt}+\phi_2 \tag{14-2-21}$$

由此

$$\mu_{pt}=0.5(\mu_r-\lambda_3)=0.5(\mu_r-\phi_3) \tag{14-2-22}$$

$$\beta_{pt}=0.5(\beta_r-\lambda_2)=0.5(\beta_r-\phi_2) \tag{14-2-23}$$

式中,μ_{pt}和 β_{pt}分别为横偏棱镜和观测棱镜绕自身轴线的总的转角:

$$\mu_{pt}=\mu_{pr}+\mu_C \tag{14-2-24}$$

$$\beta_{pt}=\beta_{pr}+\beta_{C_2} \tag{14-2-25}$$

已知

$$\boldsymbol{R}_1=\begin{pmatrix}1&0&0\\0&1&0\\0&0&-1\end{pmatrix},\ \boldsymbol{R}_2=\begin{pmatrix}1&0&0\\0&-1&0\\0&0&1\end{pmatrix} \tag{14-2-26}$$

$$(\boldsymbol{A})_{2'}=\begin{pmatrix}1\\0\\0\end{pmatrix} \tag{14-2-27}$$

将(14-2-18)式、(14-2-19)式、(14-2-26)式、(14-2-27)式等代入稳像方程(14-2-4),并考虑到 $\boldsymbol{S}_{P_1,\mu_{pr}}=\boldsymbol{S}_{j,\mu_{pr}}$;$\boldsymbol{S}_{P_2,\beta_{pr}}=\boldsymbol{S}_{k,\beta_{pr}}$ 以及(14-2-20)式、(14-2-21)式中的符号,得观测线稳定的方程组:

$$\cos\beta_r\cos\mu_r=\cos2\beta_{pr}\cos2\mu_{pr} \tag{14-2-28}$$

$$\cos\lambda_1\sin\beta_r\cos\mu_r+\sin\lambda_1\sin\mu_r=\sin2\beta_{pr}\cos2\mu_{pr} \tag{14-2-29}$$

$$\sin\lambda_1\sin\beta_r\cos\mu_r-\cos\lambda_1\sin\mu_r=-\sin2\mu_{pr} \tag{14-2-30}$$

最后,由(14-2-29)式、(14-2-30)式的解,以及(14-2-15)式、(14-2-22)式、(14-2-23)式等公式,可以求得下列的一组工作式:

$$\lambda_1=\arctan\left(\frac{\tan\psi_3\cos\phi_3}{\cos\phi_2-\tan\psi_3\sin\phi_3\sin\phi_2}\right) \tag{14-2-31}$$

$$\mu_r=\arcsin(\sin2\beta_{pr}\cos2\mu_{pr}\sin\lambda_1+\sin2\mu_{pr}\cos\lambda_1) \tag{14-2-32}$$

$$\beta_r=\arcsin\left(\frac{\sin2\beta_{pr}\cos2\mu_{pr}-\sin\mu_r\sin\lambda_1}{\cos\mu_r\cos\lambda}\right) \tag{14-2-33}$$

$$\mu_{pt}=0.5(\mu_r-\phi_3) \tag{14-2-34}$$

$$\beta_{pt}=0.5(\beta_r-\phi_2) \tag{14-2-35}$$

14.3 实验系统

本实验系统由 Z80 单板机、陀螺传感器以及步进电动机等所组成。该开环系统实现了工作式组(14-2-31)~(14-2-35)的计算与控制等任务。图 14-3-1 和图 14-3-2表示本系统有关的原理框图。图 14-3-3 表示方案原理样机的全貌。

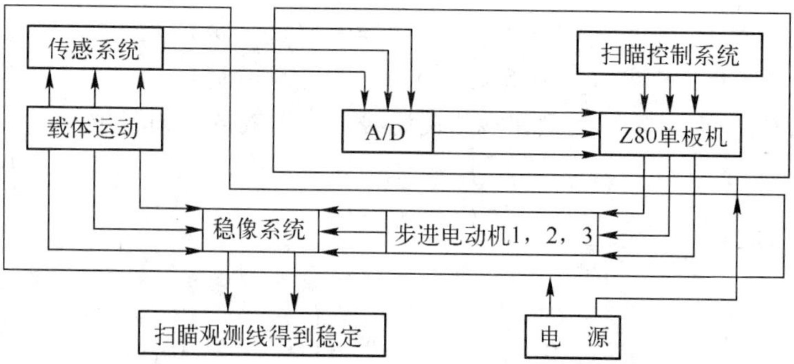

图 14-3-1　系统的原理框图

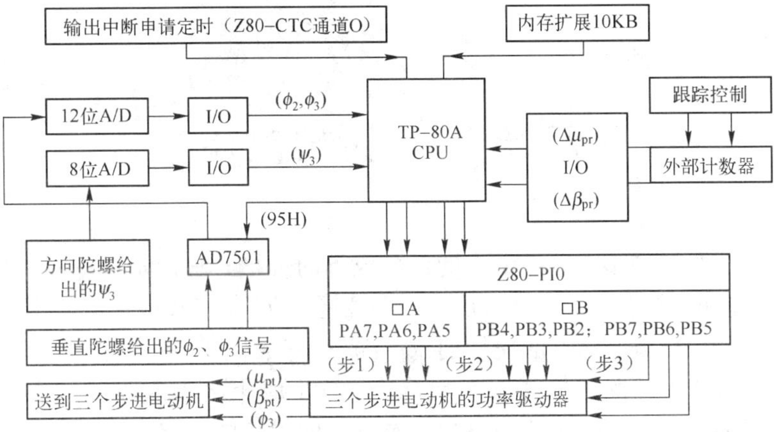

图 14-3-2 系统工作原理框图

图 14-3-3 方案原理样机全貌

图 14-3-3 中的各组成部分含义如下：

①——功放电路电源；

②——功率放大电路；

③——计算控制电路板；

④——TP801 单板计算器；

⑤——12 位 A/D 转换器；

⑥——单板机电源（右）；陀螺角度传感器电源（左）；

⑦——陀螺电源；

⑧——观测系统；

⑨——陀螺角度传感器。

习 题

14.1 请从稳像的观点，说明观测棱镜组与基座之间的柔性联结的功能。

14.2 如果 $\alpha\neq0$，它将造成什么样的影响？在此情形，应如何重新考虑补偿量？

第 15 章　新型棱镜

本章内容是我们多年研究工作的部分成果的总结。它们是一些结构新颖、组合巧妙、性能和功能有所提高和扩展的新型棱镜和新型棱镜组。

这些新型棱镜具有潜在的应用前景。随着相关技术的发展，特别是光学材料与光学加工技术的不断进步，它们的潜能将会逐步地释放出来。

有关像旋转器和圆束偏器的概念以及它们的模型的建立，将会加深读者对存在于反射棱镜内部结构中的某些规律性的了解。

15.1　反射式圆束偏器——单平面镜

圆对称光束偏折器简称圆束偏器。这个专业术语与后面将要介绍的新型棱镜有着非常密切的关系，所以有必要提前把圆束偏器的含义作个介绍。

事实上，单平面镜是按照前面定义的圆对称光束偏折器中的一个典型代表。所以，圆束偏器的定义可以返回来从一个单平面镜的扫描特性中引出。

见图 15-1-1，单位矢量 $\boldsymbol{N}$ 代表平面镜法线方向，单位矢量 $\boldsymbol{A}$ 和 $\boldsymbol{A}'$ 分别代表沿法线方向入射和按原方向返回的入射光线和反射光线的方向。

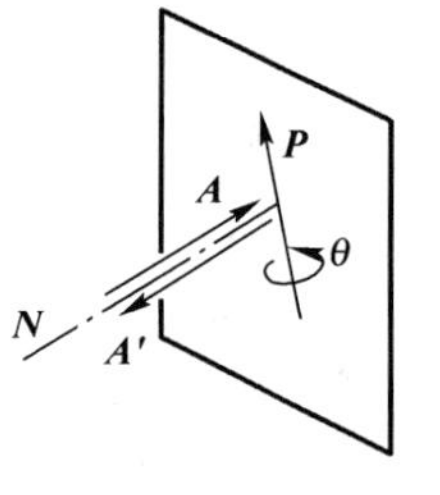

图 15-1-1　最简单的反射式圆束偏器

众所周知，在入射光线方向 $\boldsymbol{A}$ 不变的情况下，当平面镜绕镜面内或与镜面平行的一根任意方向的轴线 $\boldsymbol{P}$ 转动一任意大小的角度 θ 时，则反射光线的方向 $\boldsymbol{A}'$ 也将绕同一轴线 $\boldsymbol{P}$ 转动两倍的角度 2θ。由于这一情况对于法线 $\boldsymbol{N}$ 而言是轴对称的，或者说是圆对称的，因此，一般把一个单平面镜叫做圆对称光束偏折器，或反射式圆束偏器。

其实，上述情况与入射光线 $\boldsymbol{A}$ 的方向无关，换句话说，圆束偏器是平面镜的一种属性。正是由于平面镜具有这样的特性，所以它才广泛地被用作各种式样的扫描器。

反射式圆束偏器具有很多特点，其中，口径（孔径）可以做得很大而厚度却很薄，几乎等于零，这实在是一个无与伦比的优势。然而，平面镜也有一个弱点，即难以实现如图 15-1-1 所示的那种共轴的情况。

常见的平行光路中的平面镜扫描系统如图 15-1-2 所示，那里用了两块平面镜，其中，一块是固定平面镜，另一块活动平面镜安装在一十字框架中，可分别绕两根相互垂直的轴线，如铅垂轴和水平轴，作两个自由度的扫描。由图 15-1-2 中可见，本扫描系统使光轴发生旁移 l，因而增加了整个光学系统的横向尺寸。

上述分析只是为了说明光轴的旁移（l）是与单平面镜的一个弱点相联系的，而无意全面否定图 15-1-2 所示的平面镜扫描系统，事实上此种系统一直被广泛采用。

图 15-1-3 上也给出了平面镜在会聚光路中使用于共轴情况下的一个例子，不过它的局限性是十分明显的。

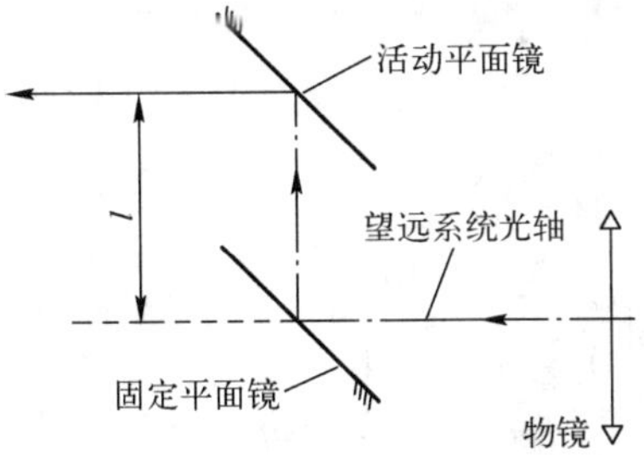

图 15-1-2　一种光轴旁移的扫描系统

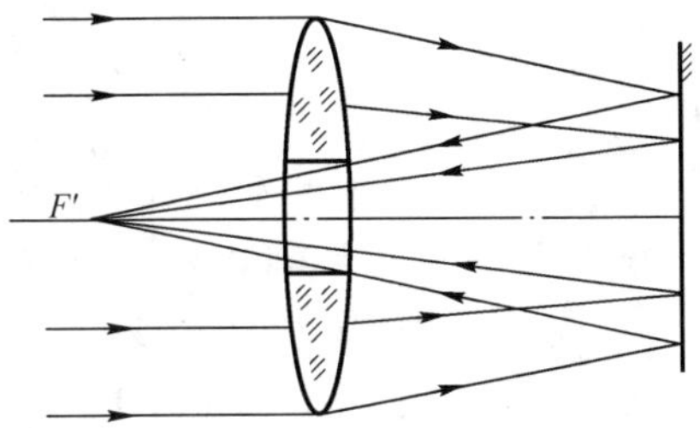

图 15-1-3　会聚光路中单平面镜共轴扫描器

由此可见，有必要发掘另外一些形式的圆束偏器，而它们能够比较有利地满足使出射光轴与入射光轴相重合的要求。

15.2　透射式圆束偏器——道威屋脊棱镜等

早在 20 世纪 70 年代初，为了解决一激光平面测控仪的自动安平技术的需要，我们曾经发现了某些共光轴的反射棱镜，它们具有其调整性能对光轴呈现对称性的特点，后续的研究进一步指出，这些棱镜也符合圆束偏器的定义。此类棱镜有道威屋脊棱镜（威尔斯棱镜）、阿贝屋脊棱镜、别汉屋棱镜等。

现以道威屋脊棱镜为例，对透射式圆束偏器的原理作一论述。

见图 15-2-1，道威屋脊棱镜的出射光轴与入射光轴相重合。$\boldsymbol{A}$ 代表沿入射光轴方向的入射平行光束；$\boldsymbol{A}'$ 代表对应的沿出射光轴方向的出射平行光束；$\boldsymbol{P}$ 代表在与光轴相垂直的平面内的一根任意方向的轴线。

设在入射光束方向 $\boldsymbol{A}$ 不变的情况下，棱镜绕轴线 $\boldsymbol{P}$ 转动一任意角 θ，试证明出射光束的方向 $\boldsymbol{A}'$ 也将绕同一轴线 $\boldsymbol{P}$ 转动两倍的角度 2θ。

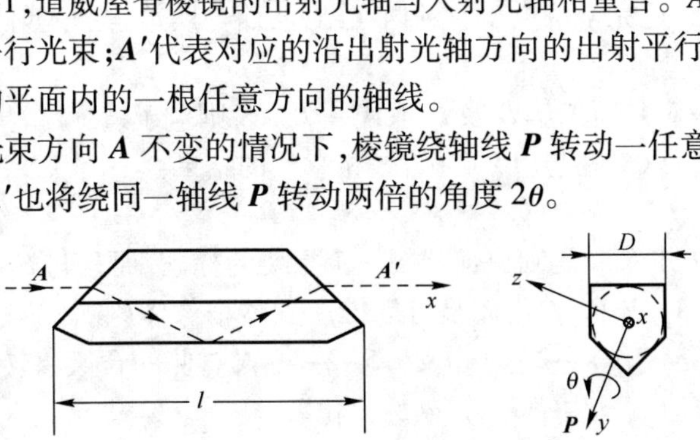

图 15-2-1　透射式圆束偏器

设定坐标系 xyz，其中 x 与光轴相平行，y 在垂直于光轴的平面内可任意标定，但为方便起见，取 $\boldsymbol{P}$ 轴的方向。$\boldsymbol{A}'_\theta$、$\boldsymbol{R}$ 以及 $\boldsymbol{S}_{P,\theta}$ 为三个规范的符号，分别代表棱镜绕 $\boldsymbol{P}$ 转动 θ 后的出射平行光束的方向、棱镜的作用矩阵以及绕 $\boldsymbol{P}$ 转 θ 的转动矩阵。

由已知(3-3-1)式、(2-4-3)式

$$(\boldsymbol{A}'_\theta)=\boldsymbol{S}_{P,\theta}\boldsymbol{R}\boldsymbol{S}_{P,-\theta}(\boldsymbol{A}) \tag{15-2-1}$$

$$(\boldsymbol{A})=\boldsymbol{R}^{-1}(\boldsymbol{A}') \tag{15-2-2}$$

将(15-2-2)式代入(15-2-1)式：

$$(\boldsymbol{A}'_\theta)=\boldsymbol{S}_{P,\theta}\boldsymbol{R}\boldsymbol{S}_{P,\theta}\boldsymbol{R}^{-1}(\boldsymbol{A}') \tag{15-2-3}$$

式中

$$\boldsymbol{R}=\begin{pmatrix}1&0&0\\0&-1&0\\0&0&-1\end{pmatrix},\boldsymbol{R}^{-1}=\begin{pmatrix}1&0&0\\0&-1&0\\0&0&-1\end{pmatrix}$$

$$\boldsymbol{S}_{P,\theta}=\begin{pmatrix}\cos\theta&0&\sin\theta\\0&1&0\\-\sin\theta&0&\cos\theta\end{pmatrix},\boldsymbol{S}_{P,-\theta}=\begin{pmatrix}\cos\theta&0&-\sin\theta\\0&1&0\\\sin\theta&0&\cos\theta\end{pmatrix} \tag{15-2-4}$$

将(15-2-4)式代入 (15-2-3)式，并经整理，得

$$(\boldsymbol{A}'_\theta)=\begin{pmatrix}\cos2\theta&0&\sin2\theta\\0&1&0\\-\sin2\theta&0&\cos2\theta\end{pmatrix} \tag{15-2-5}$$

或

$$(\boldsymbol{A}'_\theta)=\boldsymbol{S}_{P,2\theta}(\boldsymbol{A}') \tag{15-2-6}$$

(15-2-5)式表明，棱镜绕 $\boldsymbol{P}$(y 轴)转 θ 后的出射平行光束 $\boldsymbol{A}'_\theta$，可以由棱镜未转动时的出射平行光束 $\boldsymbol{A}'$绕同一轴线 $\boldsymbol{P}$ 转动一两倍角 2θ 而成。

论证的过程同时说明了圆对称光束偏折器的定义和原理。

应当指出，在开始时就已选定的一对共轭矢量 $\boldsymbol{A}$ 及 $\boldsymbol{A}'$，后来同整个论证过程以及所得的结论之间，并无任何本质上的联系。换句话说，道威屋脊棱镜之所以呈现为一圆束偏器，这完全取决于它的内在结构，而与所选定的入射平行光束的方向 $\boldsymbol{A}$ 无关。

如果以另一对共轭矢量 $\boldsymbol{B}$ 及 $\boldsymbol{B}'$取代 $\boldsymbol{A}$ 及 $\boldsymbol{A}'$，则对于道威屋脊棱镜一类的圆束偏器而言，仍然可以得到与(15-2-6)式相一致的结果：

$$(\boldsymbol{B}'_\theta)=\boldsymbol{S}_{P,2\theta}(\boldsymbol{B}') \tag{15-2-7}$$

上述分析说明，$\boldsymbol{S}_{P,2\theta}$是圆束偏器的一个重要的标志，而且与 $\boldsymbol{S}_{P,2\theta}$相关的对象不必是具体的 $\boldsymbol{A}'(\boldsymbol{A})$或 $\boldsymbol{B}'(\boldsymbol{B})$，而是可以推广到整个像体(物体)或整个像空间(物空间)上。这就是说，(15-2-6)式及(15-2-7)式右侧的含义将转成“整个像体或整个像空间在方向上发生绕 $\boldsymbol{P}$ 转 2θ 的变化”。

如果把圆束偏器的定义再放宽一点，比如说，只要求出射光轴与入射光轴相互平行而不一定要重合，那么在现有的反射棱镜里，又可以找出两种不同变型的圆束

偏器,它们各自的一个代表分别表示在图 15-2-2 及图 15-2-3 上。

图 15-2-2 上的列曼屋脊棱镜和 15.2 节开始列举的道威屋脊棱镜等均为偶次反射棱镜,它们的出射光轴和入射光轴也均为同向,差别仅在于是否存在光轴旁移。因此,这些圆束偏器的反射棱镜可以归入一个大类。

图 15-2-3 上的等腰棱镜 DⅢ -180°和 15.1 节中所讨论的单平面镜均为奇次的反射系统,它们的出射光轴和入射光轴也均为反向,差别也仅在于是否存在光轴旁移。因此,这些圆束偏器的反射系统可以归入另一个大类。

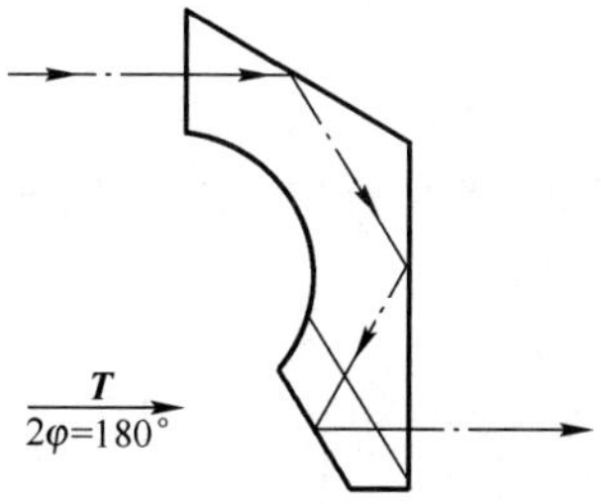

图 15-2-2 列曼屋脊棱镜

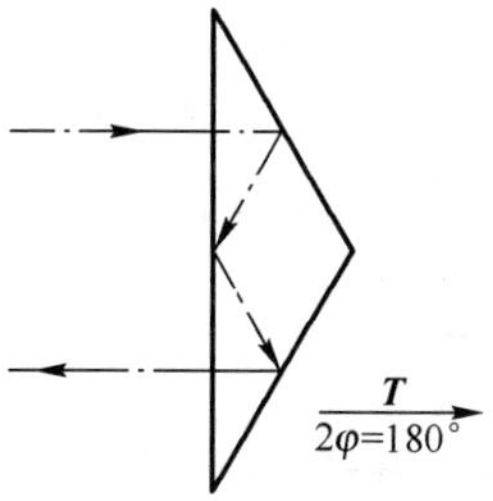

图 15-2-3 等腰棱镜 DⅢ -180°

还须指出,不管是哪一种式样的圆束偏器,它们的特征方向 $\boldsymbol{T}$ 都与光轴相平行,而特征角 2φ 均为 180°。

15.3 圆束偏器的模型

根据前两节的分析及所得的结论,在图 15-3-1(a)、(b)中给出了圆 束偏器的两种模型。模型中标注了作为一个圆束偏器所必备的条件。其中,合理地融入了反射系统的成像特性参量 $\boldsymbol{T}$ 和 2φ。由图 15-3-1 中看出,特征方向 $\boldsymbol{T}$、入射光轴和出射光轴三者应相互平行,实际上,只要提出 $\boldsymbol{T}$ 与入射光轴或出射光轴二者之一平行,再加上 $2\varphi=180°$就已足够,因为有了这些条件,另一根光轴也将因此而与前二者平行。

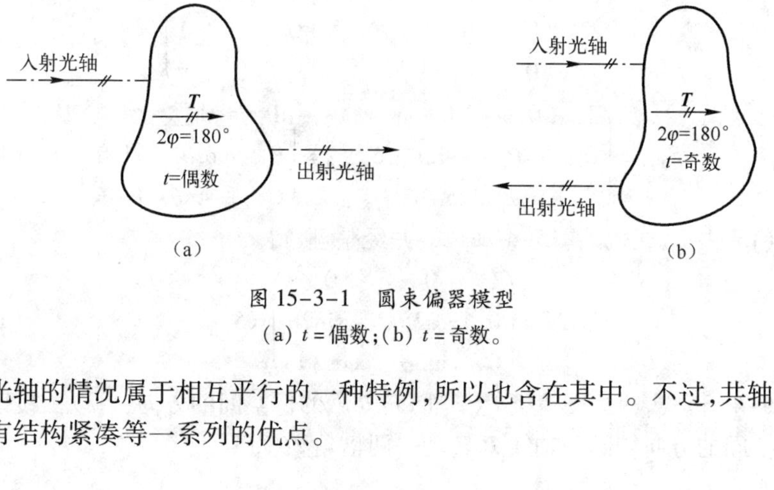

图 15-3-1 圆束偏器模型
(a) t = 偶数;(b) t = 奇数。

共光轴的情况属于相互平行的一种特例,所以也含在其中。不过,共轴的圆束偏器具有结构紧凑等一系列的优点。

同样，依据前两节的论述，对于圆束偏器的扫描特性，作如下的归纳："在物空间的方向不变的情况下，当棱镜或反射镜系统绕与光轴相垂直的一根任意方向的轴线 **P** 转动一任意大小的角度 θ 时，其共轭的像空间（对转动前的反射系统而言）将在方向上发生绕同一轴线 **P** 转动一两倍角 2θ 的变化。"

以上只强调方向上的变化，而不涉及位置的迁移。

15.4 像旋转器的模型

道威棱镜在平行光路中作为一个像方位的补偿器已有悠久的历史。功能与其相当的别汉棱镜可主要用于会聚光路中，其结构也极富特色。二者分别表示在图15-4-1及图15-4-2上。

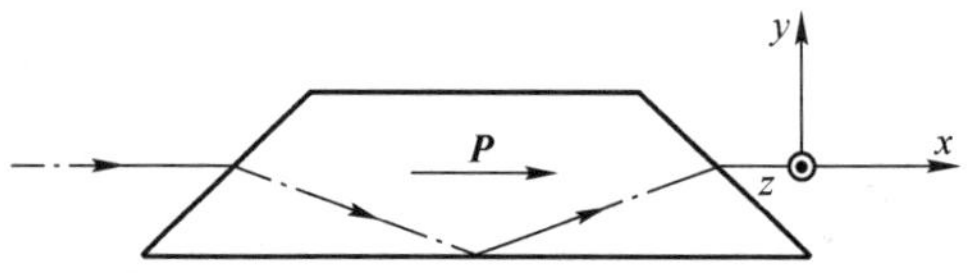

图 15-4-1　平行光路中的像旋转器

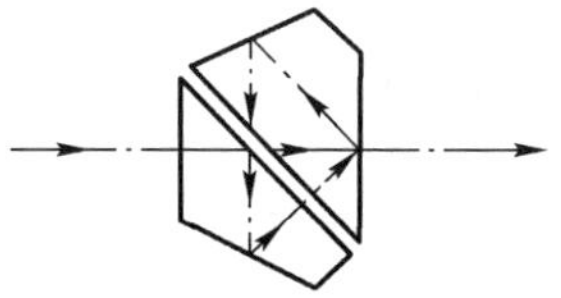

图 15-4-2　会聚光路中的像旋转器

此类棱镜统称为像旋转器。像旋转器的含义也将在下述的论证过程中自然明了。

见图 15-4-1，道威棱镜的转轴 **P** 和入射光轴及出射光轴三者完全重合。

设定坐标 xyz，其中 x 与光轴相平行，y 在棱镜的主截面内；θ 代表棱镜绕 **P** 轴的任意转角。

论证的方法就是求出(15-2-3)式右侧的四个矩阵连乘的结果。令

$$\boldsymbol{M} = \boldsymbol{S}_{P,\theta}\boldsymbol{R}\boldsymbol{S}_{P,-\theta}\boldsymbol{R}^{-1} \tag{15-4-1}$$

依据本例子的具体情况，有

$$\boldsymbol{R} = \begin{pmatrix} 1 & 0 & 0 \\ 0 & -1 & 0 \\ 0 & 0 & 1 \end{pmatrix}, \boldsymbol{R}^{-1} = \begin{pmatrix} 1 & 0 & 0 \\ 0 & -1 & 0 \\ 0 & 0 & 1 \end{pmatrix}$$

$$\boldsymbol{S}_{P,\theta} = \begin{pmatrix} 1 & 0 & 0 \\ 0 & \cos\theta & -\sin\theta \\ 0 & \sin\theta & \cos\theta \end{pmatrix}, \boldsymbol{S}_{P,-\theta} = \begin{pmatrix} 1 & 0 & 0 \\ 0 & \cos\theta & \sin\theta \\ 0 & -\sin\theta & \cos\theta \end{pmatrix} \tag{15-4-2}$$

将(15-4-2)式代入(15-4-1)式，并经整理，得

$$\boldsymbol{M} = \begin{pmatrix} 1 & 0 & 0 \\ 0 & \cos2\theta & -\sin2\theta \\ 0 & \sin2\theta & \cos2\theta \end{pmatrix} = \boldsymbol{S}_{P,2\theta} \tag{15-4-3}$$

(15-4-3)式表明，棱镜绕 **P**(x 轴)转 θ 后的像空间的方向，可以由棱镜未转动时的像空间的方向绕同一轴线 **P** 转动一两倍角 2θ 得到。

同理，如果把像旋转器的条件也放宽一些，比如只要求出射光轴与入射光轴相互平行而不一定要重合，那么便可以多找到一些如图 15-4-3 及图 15-4-4 上所示的像旋转器。

这些变型的像旋转器在棱镜的转轴 $\boldsymbol{P}$ 平行于出射光轴（或入射光轴）的情况下，能够满足（15-4-3）式所提出的条件。

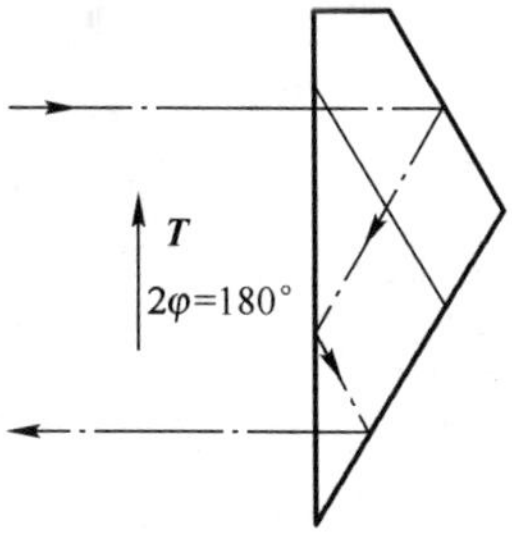

图 15-4-3　光轴反向旁移的像旋转器

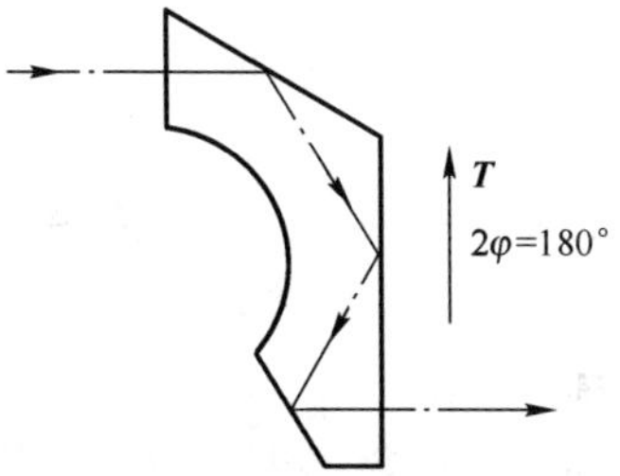

图 15-4-4　光轴同向旁移的像旋转器

毫无疑问，光轴旁移的像旋转器不可能充当像方位的补偿器，尤其是像道威棱镜在周视镜中的那种连续转动进行像倾斜补偿的情况。不过，在微量像倾斜的调整上，它们还是可以发挥作用的。

同样，在图 15-4-5 上给出了像旋转器的两种模型。模型中标注了作为一个像旋转器所必备的条件：特征方向 $\boldsymbol{T}$ 与出射光轴 x' 相垂直及 $2\varphi = 180°$。在此情形，入射光轴自然会与出射光轴相平行，或者说，与特征方向相垂直。

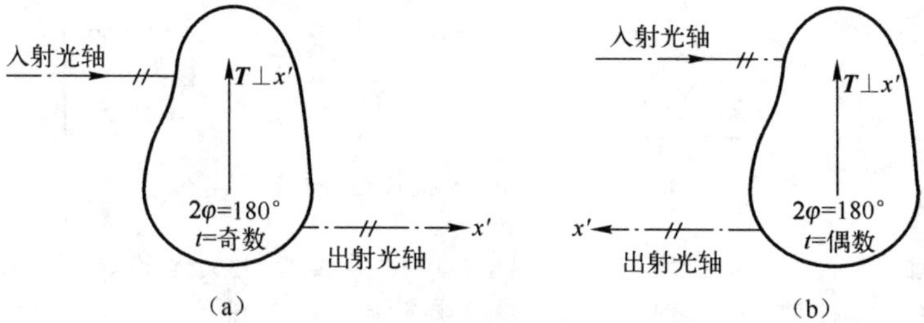

图 15-4-5　像旋转器模型

(a) t = 奇数；(b) t = 偶数。

如果把像旋转器和圆束偏器二者的模型互相对照一下，读者定能从中发现一些规律，而这些规律性在一定程度上说明了棱镜的此种分类得当与否。

下面对像旋转器的像方位变化特性作一描述："在物体的方向不变的情况下，当棱镜绕与光轴平行的一根任意位置的轴线 $\boldsymbol{P}$ 转动一任意大小的角度 θ 时，其共轭的像体（对未转动时的棱镜而言）将在方向上发生绕同一轴线 $\boldsymbol{P}$ 转动一两倍角 2θ 的变化。"

以上同样只强调方向上的变化，而不考虑位置的迁移。

不过，当像旋转器用在像方位补偿中时，例如道威棱镜在周视镜中使用的那种情况,则必须同时注意成像的位置。在此条件下使用的像旋转器必须满足入射光轴、出射光轴以及棱镜转轴三者相互重合的要求。

以下几节,只讨论那些共轴的像旋转器和共轴的圆束偏器。

15.5 分离式圆束偏器——三轴稳像棱镜组

在15.3和15.4节,我们从棱镜运动中的成像特性分别讨论了像旋转器和圆束偏器。下面换一个角度,由棱镜静止时的成像性质再对它们作一番考察。

图15-5-1所示的道威屋脊棱镜是在15.2节中提到的一种圆束偏器。在另一方面,它又是大家所熟悉的正像器。物体通过道威屋脊棱镜[①]成一个上下左右均翻转的全倒像,因此,它能把通常由物镜所成的倒像再倒过来,或者说,再正过来。这就是它取名为正像器的来由。

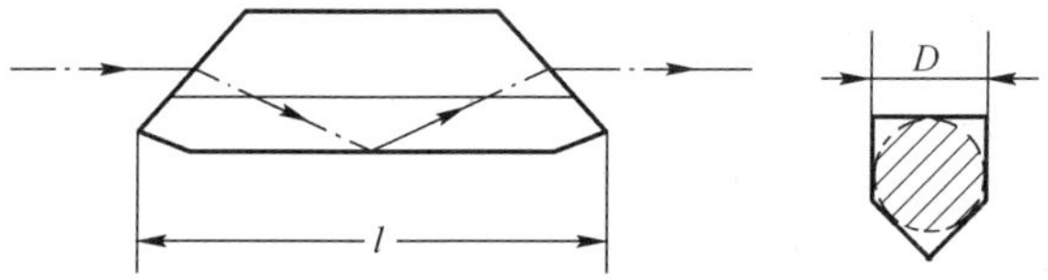

图15-5-1 圆束偏器

图15-5-2所示的道威棱镜是15.4节中提到的一种像旋转器。从另一方面看,物体通过道威棱镜成一个上下(或左右)翻转的半倒像。

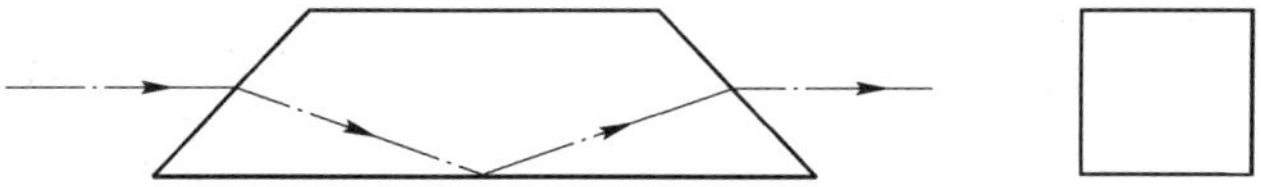

图15-5-2 像旋转器

由以上的分析不难看出,如果把两个道威棱镜作正交配置,如图15-5-3所示,一个道威棱镜绕光轴相对另一个道威棱镜转了90°,那么,物体通过如此串联起来的两个道威棱镜之后,也将成一个上下左右均翻转的全倒像,其成像效果好比通过单个道威脊棱镜一样。

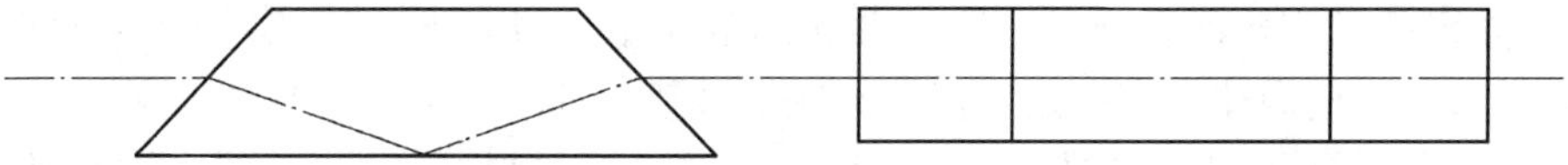

图15-5-3 分离式圆束偏器

上述结果说明,正交配置串联式双道威棱镜组和单个道威屋脊棱镜具有同样

---

① 道威屋脊棱镜也可称为屋脊道威棱镜。

的作用矩阵 $\boldsymbol{R}$。因而依据(15-4-1)式可以断定，此双道威棱镜组，作为一个整体，也呈现为一个圆束偏器。

此种关系可以推广到其他类同的棱镜上。例如，图 15-5-4 表示由两个别汉棱镜适当组合而成的圆束偏器，其整体作用等效于单个别汉屋脊棱镜。图 15-5-5 表示由两个立方棱镜适当组合而成的圆束偏器。不过，双立方棱镜组究竟等效于一个什么样的棱镜(或棱镜组)，这个问题留给读者在阅读完本章之后思考。

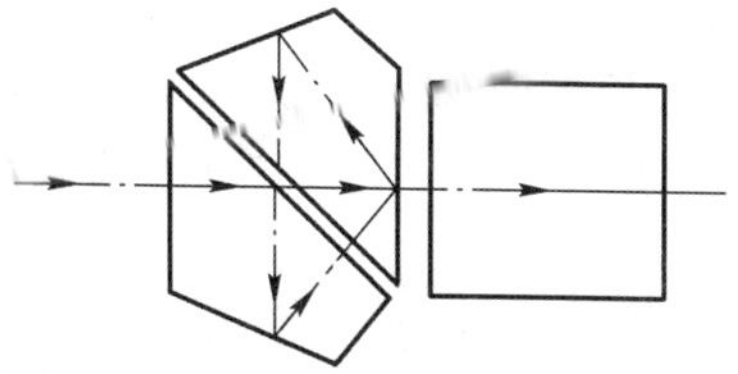

图 15-5-4 别汉棱镜的分离式圆束偏器

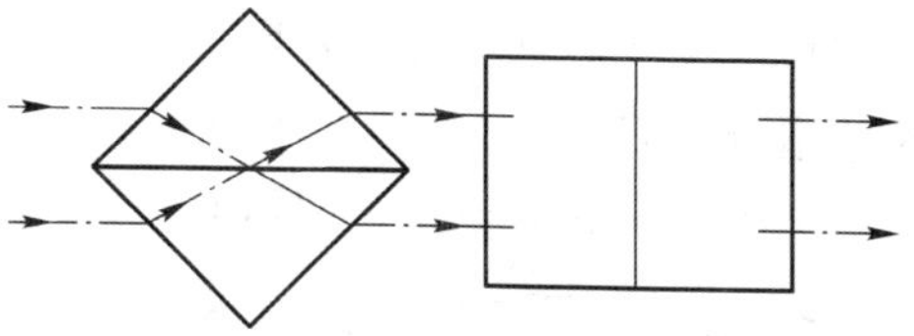

图 15-5-5 立方棱镜的分离式圆束偏器

通过上述的一些例子，我们已经可以作出下列的结论："一个圆束偏器可以由两个像旋转器适当组合而成。"本结论具有一定的普遍意义。

由两个像旋转器组合的圆束偏器，在结构上与单个圆束偏器有所区别，因此用一个专门的术语加以称呼——分离式圆束偏器。

分离式结构的特点是：两个组成部分既可以作整体运动，又允许在必要时其中的一个组成部分相对于另一个组成部分单独动作。因此，分离式圆束偏器与整体式圆束偏器相比较，具有更多的自由度。

分离式圆束偏器还有稳像的功能。以图 15-5-3 ~ 图 15-5-5 中的任一个例子作参考，分离式圆束偏器作为一个整体可以绕与光轴相垂直的轴线微量转动而具有两个自由度的光轴稳定的功能，必要时，分离式圆束偏器中的某一个像旋转器又可以单独绕光轴微量转动而具有一个自由度的像倾斜的补偿功能。所以，分离式圆束偏器兼有圆束偏器及像旋转器的功能，而呈现为一个全视场三自由度的图像补偿器(稳定器)。分离式圆束偏器因此而获得另一个名称——三轴稳像棱镜组。

15.6 双道威屋脊棱镜组及多道威屋脊棱镜组

下面重新回到道威屋脊棱镜的问题上(参见图 15-5-1 及图 15-2-1)。

前面已有不少关于这一棱镜的讨论。道威屋脊棱镜既是正像器，又是圆束偏器，因此有正像、扫描与稳像等功能，称得上是一个多功能光学元件。

然而，道威屋脊棱镜也存在一个弱点。如图 15-5-1 所示，用 r 代表它的轴向长度 l 对口径 D 的比值，$r = l/D$，并称之为长径比。对于棱镜的常用玻璃，$n = 1.5163$，道威屋脊棱镜的长径比达到相当可观的数值 $r \approx 4.64$。这一不利的因素限制了它的静态视场以及扫描范围，特别是使它几乎不可能应用于大口径的情况。例如，$D = 100$ mm，则 $l \approx 464$ mm，如此庞大而沉重的棱镜非一般仪器所能包含！

可是，在这一棱镜的成像特性中，也蕴涵着一个可以用来克服困难的有利条件。如所知，道威屋脊棱镜的特征方向 $\boldsymbol{T}$ 与其光轴平行，所以，当通过这一棱镜观测远物时，不管棱镜绕其光轴或与光轴平行的任意轴线转动多大的角度，观察者将会发现，他所看到的物像竟然没有任何变化（如果物体位于实际上的无限远）。

由此可见，如果把一些道威屋脊棱镜并列地组合在一起，确保它们的光轴彼此平行，那么，不管各个棱镜绕其光轴所取的方位如何，这样的棱镜组一定能形成远物的统一的像。

按照上述原则构成的双道威屋脊棱镜组、四道威屋脊棱镜组以及多道威屋脊棱镜组分别表示在图 15-6-1、图 15-6-2 以及图 15-6-3 上。毫无疑问，这些棱镜组仍不失其正像器与圆束偏器的功能。

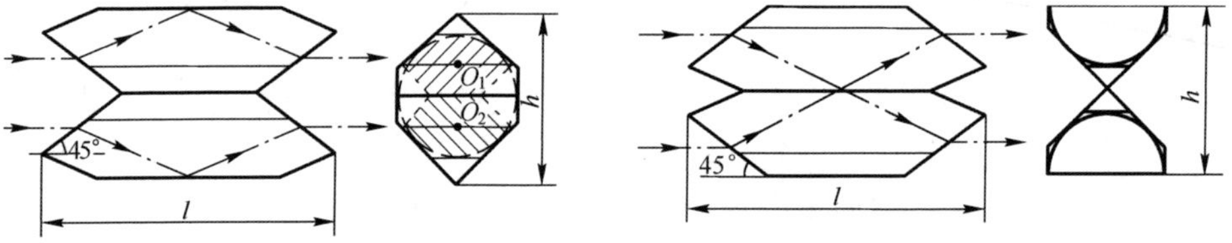

（a） （b）

图 15-6-1 双道威屋脊棱镜组

（a）底对底；（b）尖对尖。

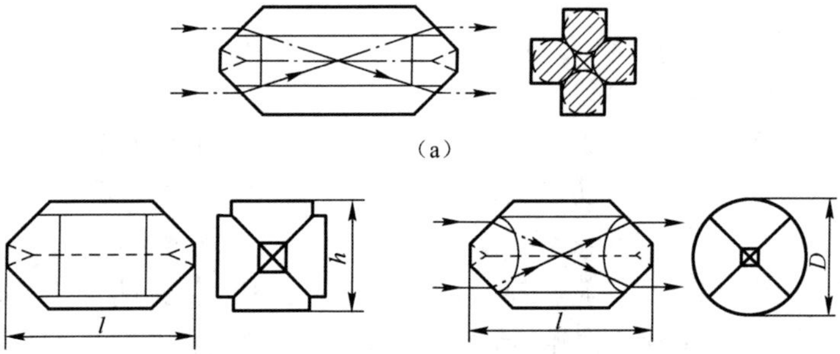

（a）

（b） （c）

图 15-6-2 四道威屋脊棱镜组

（a）尖对尖；（b）正方外形；（c）圆形外形。

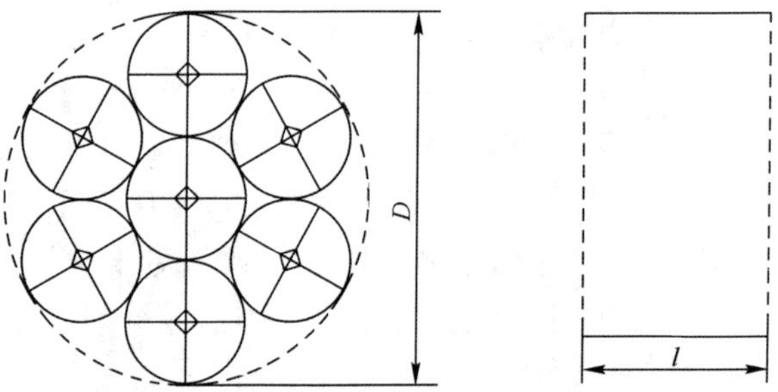

图 15-6-3 以四道威屋脊棱镜组为单元的组合

上述棱镜组均属研究工作的阶段产物。双道威屋脊棱镜组最早提出，其降低长径比 r 的效能尚不够显著，然而它的价值在于观念上的突破，因为在这以前，只出现过有人把不带屋脊的道威棱镜组合在一起——立方棱镜。

图 15-6-1(b)所示的双道威屋脊棱镜组显然是一个不太合理的结构，然而它却启示了四道威屋脊棱镜组的创意，因为两个屋脊对顶处的两侧正好是为另外两个屋脊留出了必要的空间，而四个屋脊在一起恰好充满了一个 360°的空间。在科学研究工作中切勿放过任何一个细微的线索。

四道威屋脊棱镜组大致能把长径比 r 的数值降低到原来单个道威屋脊棱镜的此数值的 1/2。为了继续减小 r 值，自然产生了多道威屋脊组。

棱镜组的长径比 r 等于其轴向长度 l 对等效通光口径 D_0 之比，其中 D_0^2 等于棱镜组的全部横向通光面积 A 除以 $\frac{\pi}{4}$：$D_0=\sqrt{\frac{4A}{\pi}}$。

不难看出，棱镜组的长径比 r 将随棱镜的总数 m 的平方根值成反比地下降：$r\propto 1/\sqrt{m}$。

在图 15-6-1～图 15-6-3 中，除了图 15-6-2(a)所示的四道威屋脊棱镜组以外，其他的一些单元道威屋脊棱镜的横截面形状均已有所改变，而这种变化的目的在于改善各棱镜横截面的配接情况。即使如此，棱镜组横截面的利用率仍然不很理想，如图 15-6-1(a)所示，只有那些对光轴 O_1 及 O_2 呈现对称的面积(有阴影线)才是通光部分。

15.7 方截面道威屋脊棱镜

方截面道威屋脊棱镜(图 15-7-1)是一个结构新颖的道威屋脊棱镜。棱镜垂直于光轴的横截面是一个正四方形；平面 1、2 构成 90°屋脊；平面 3、4 为未经抛光的非工作面。

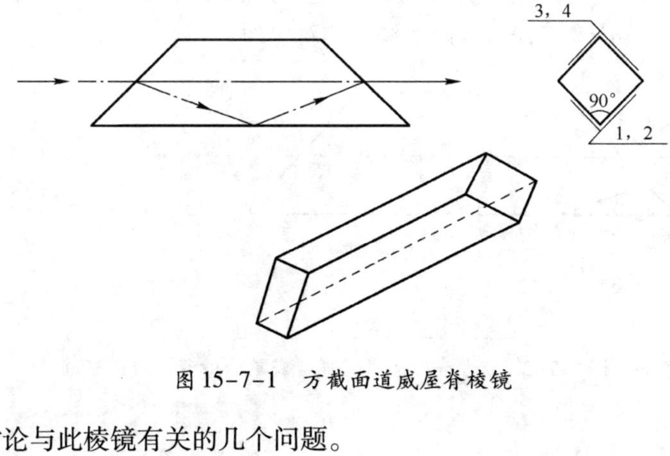

图 15-7-1　方截面道威屋脊棱镜

以下讨论与此棱镜有关的几个问题。

1. 长径比 r

见图 15-7-2，由折射定律及图上的几何关系，有

$$\sin i = n\sin i' \tag{15-7-1}$$

$$\frac{l}{2} = \frac{h}{2}\left[1 + \tan(45° + i')\right] \tag{15-7-2}$$

$$h = \sqrt{2}b \tag{15-7-3}$$

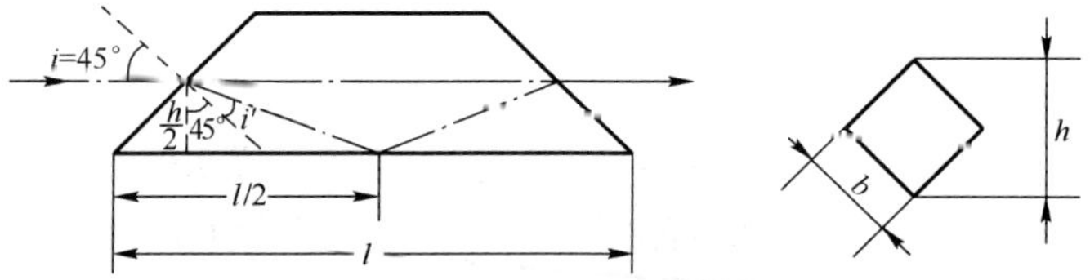

图 15-7-2　方截面道威屋脊棱镜的长径比

由上列三个公式的联解，并注意到 $i = 45°$，得

$$r = \frac{l}{b} = \sqrt{2}\left\{1 + \tan\left[45° + \sin^{-1}\left(\frac{\sqrt{2}}{2n}\right)\right]\right\} \tag{15-7-4}$$

设玻璃折射率 $n = 1.5163$，代入(15-7-4)式得

$$r \approx 5.98$$

2. 通光口径

方截面道屋脊棱镜容许进入其口径的轴向光束全部通过。所以，对轴向光束来讲，它是满通光口径的情况。不过要有一个前提，它的 l 与 h 或 b 的关系应当满足(15-7-2)式或(15-7-4)式的要求，以使得互相重合的入射光轴和出射光轴正好通过方截面的中心。

满通光口径的论证从图解法开始。见图 15-7-3，Ⅰ Ⅱ(Ⅲ)Ⅲ′(Ⅳ′)Ⅳ″Ⅴ″Ⅵ″代表光轴光线通过方截面道威屋脊棱镜的光路。首先，讨论一种比较简单的情况，非光轴光线只在一个方向上发生平移，例如在上下方向上，向下偏一个 e 的距离，12(3)3′(4′)4″5″6″代表此旁移光线通过棱镜的光路。在此情形，两条光线的光路均在同一个平面 $abcd$ 内，或者说，在棱镜的对称面。

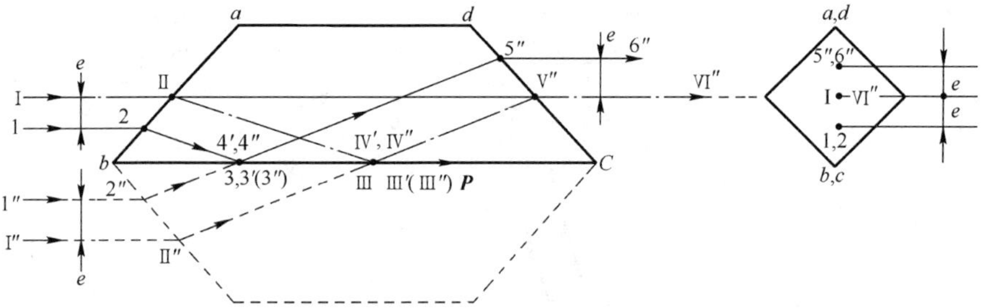

图 15-7-3[①]　方截面道威屋脊棱镜单向旁移光线的追迹

① 注：本图中有关在符号右上角上带一撇“′”和带两撇“″”的规则与图 2-2-1 同。

非光轴光线的入射段为$\overline{12}$，出射段为$\overline{5''6''}$，从左视图上看，1、2 重合成一个点，5″、6″重合成另一个点。现在的问题就是要考察一下，入射段和出射段分别在垂直于光轴的横截面内的投影点 1(2) 及 5″(6″)，是否对光轴中心Ⅰ(Ⅵ″)呈现极对称状态。

为此，将棱镜展开到其反射部的像空间。这里的棱镜反射部是一个 90°的屋脊，所以，利用绕屋脊棱 ***P*** 转 180°的成像作用，求得与Ⅰ Ⅱ Ⅲ及 123 相对应的Ⅰ″Ⅱ″Ⅲ″及 1″2″3″。展开后，两条光线在棱镜内部的光路被拉直而变成为两根直线Ⅱ″Ⅲ″Ⅳ″Ⅴ″及 2″3″4″5″。

从图 15-7-3 上简单的几何关系不难看出，5″(6″)点对光轴中心的上偏量也为 e，因此，这里所论的非光轴光线的入射点和出射点对棱镜光轴的极对称状态是存在的。

以下把考察的范围扩大到在两个方向上平移的非光轴光线上。见图 15-7-4，仍然用 12(3)3′(4′)4″5″6″代表旁移光线通过棱镜的光路，不过，此时的非光轴光线除了保留了原方向上的偏移量 e 之外，还在另一个与原方向相垂直的方向上，右偏了一个 a 的距离，这一情况可以从左视图或顶视图上看清。

双向平移轴向光线虽然不像歪斜光线那么复杂，但它的光路再也不在同一个平面内，因此有必要就其光路的各个分段作一交待。

为了讨论的方便，设坐标系 $Oxyz$，其中 x 与屋脊棱 ***P*** 相重合，原点 O 在入射面的下顶尖处，Oxy 与棱镜的对称面相重合。

123(3′)为折射段，其入射光线和折射光线的走向真实地表示在正视图上，而光线所在平面的位置则清楚地表示在其他两个视图上，此平面平行于棱镜的对称面 Oxy，并位于它的右侧距离为 a 的地方。折射光线 23 与屋脊面 E 的交点 3(3′)，应先在左视图中找出它在 y 轴方向上的位置，然后再在正视图中求得它在 x 轴方向上的位置。

3′4′4″5″为反射段，它包含了光线 23 先后通过两个屋脊面 E 和 F 时由它们出射的两根反射光线 3′4′和 4″5″。

为了找出光线在屋脊面 F 及出射面上的交点 4″和 5″，按照在图 15-7-3 上所用的方法，将棱镜展开到其反射部的像空间。将进入屋脊之前的光线段 123 和ⅠⅡⅢ绕屋脊棱 ***P*** 转 180°，以求得它们在棱镜反射部的像空间中的对应部分 1″2″3″和Ⅰ″Ⅱ″Ⅲ″。

然后想像一下展开后的情况，光线在棱镜内部的光路应被拉直而变成直线 2″3″4″5″及Ⅱ″Ⅲ″Ⅳ″Ⅴ″。

既然未知点 4″和 5″必须位于 2″3″的延长线上，而且二者又应当分别位于屋脊面 F 和出射面上，所以首先可分别在左视图和正视图上找到交点 4″和 5″的投影位置，然后再分别在这两个视图上得到另一个交点的投影位置。

同样，从图 15-7-4 上简单的几何关系可以看出，双向平移轴向光线的出射点 5″和入射点 2 对光轴中心Ⅰ(Ⅵ″)呈现极对称状态。

鉴于方截面是一个轴对称的形状，所以方截面道威屋脊棱镜对轴向的入射光束是满通光的。

顺便指出在光路 12(3)3′(4′)4″5″6″中的两个值得注意的地方。

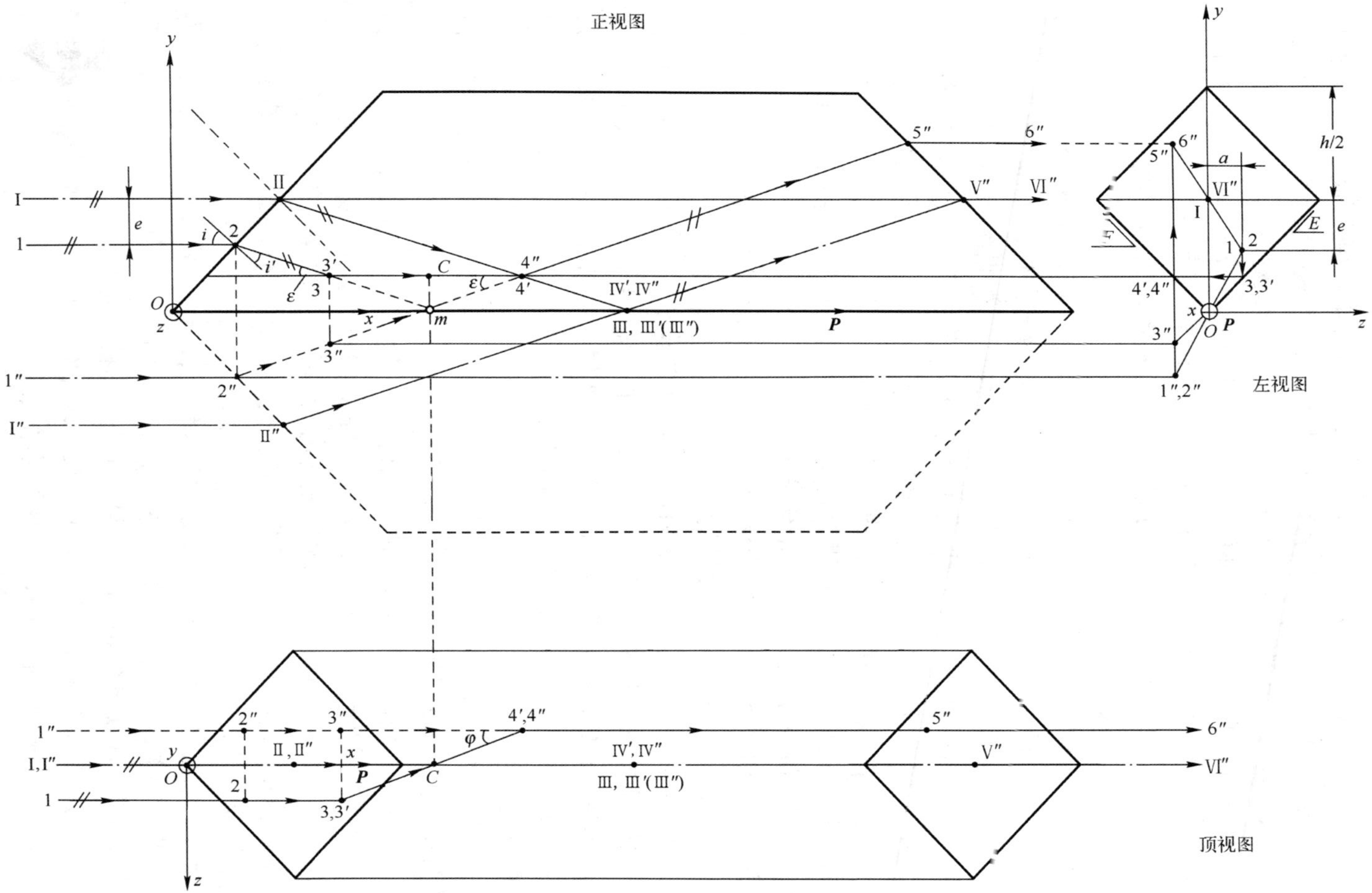

图15-7-4　方截面道威屋脊棱镜双向旁移光线的追迹

在左视图中,23 和 $3'4'$代表对屋脊面 E 的入射光线和反射光线在此视图平面上的投影;同时,$3'4'$和 $4''5''$又代表对屋脊面 F 的入射光线和反射光线在同一视图平面上的投影。显然,这些入射光线和反射光线在视图平面上的投影同相应反射面的法线之间的关系正好与反射定律的情况相符合。这不是巧合,而是受到与反射定律相关的一条法则所支配的一种必然的现象。以下给出这一法则的文字表述:“入射光线与反射光线在任意一个法平面上的投影仍然符合反射定律。”

这里,法平面指通过反射面法线的平面。无疑,不管是对哪一个屋脊面来讲,图 15-7-4 中的左视图平面,都正好是上述法则所定义的法平面。由此可见,在以上采用的图解法中,这条法则也是很有用的。

下面考虑一下光线从屋脊面 E 到屋脊面 F 之间的过渡情况。为了便于讨论,把棱镜的对称面以及与之平行的平面称作垂直面,而与对称面相垂直并且平行于屋脊棱的平面称作水平面。显然,垂直面内的所有光线都将在相应的水平面内从一个屋脊面反射到另一个屋脊面。

在图 15-7-4 上,$(3)3'$、$(4')4''$以及 $3''$等三个点子分别在正视图和顶视图中所形成的两个投影三角形$\triangle(3)3'(4')4''3''$和$\triangle 3''(4')4''(3)3'$完全相等,所以两个对应的投影角相等:$\varphi=\varepsilon$。

由正视图和左视图中可以看出,φ 代表水平面内的光线 $3'4'$对垂直面的倾斜角,ε 则代表垂直面内的光线 $3''4''$对水平面的倾斜角;又从正视图中得知,垂直面的光线 23 与 $2''3''$具有同样大小的倾斜角,因而 23 与 $2''3''$的延长线 $3''4''$无疑也具有同样的倾角。上述分析表明,在垂直面内向下倾斜 ε 角的入射光线 23,经屋脊面 E 反射后,变成了在水平面内向左倾斜 φ 角的反射光线 $3'4'$,而且倾斜角的大小不变,$\varphi=\varepsilon$。

还应指出,顶视图和正视图中的 C 点为光线段 $3'4'$的中点,它也恰好是光线 $3'4'$与棱镜对称面的交点。正视图中的小圆圈 m 则代表分别在三个彼此平行的垂直面内的两根光线 23、$2''3''$以及一根屋脊棱 $\boldsymbol{P}$ 所共有的一个交叉点。不难看出,C 点和 m 点在 x 轴的方向上具有同样的坐标值,而且此坐标值对轴向入射光线而言,仅取决于光线的平移量 e,而与另一平移量 a 无关。

为了加深印象,在图 15-7-5 上画出了七根轴向入射光线通过方截面道威屋脊棱镜的光路,它们具有同一个平移量 e 和不同的平移量 a。

图 15-7-5 上有些空缺的标号留给读者作为练习。请找出每一根光线的踪迹,并在一些黑点上标上任意适当的号码(见章末习题 15.1)。

3. 渐晕

视场边缘光束通过方截面道威屋脊棱镜时,也会有光束切割现象——渐晕。

切割的状况比较复杂,它不仅取决于视场角的大小,而且还和光束的入射方向有关。甚至在同一视场角、同一入射方向的光束中,对平移量不一样的光线,其切割程度也有所差异。

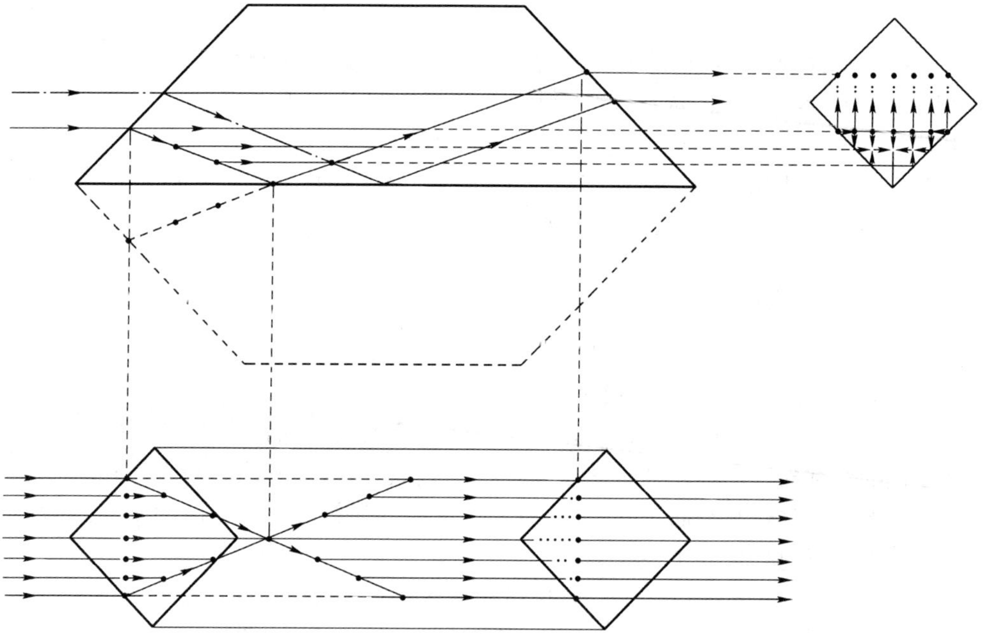

图 15-7-5　章末习题 15.1 备用

15.8　棱镜内部的光路追迹

图解法的棱镜光路追迹固然有它的优点,但缺乏普遍性,在某些空间关系比较复杂的情况还无法应付。所以,想要彻底解决问题,还需凭借解析法,虽然烦琐一些。同时,解析法也将为计算机程序的编制提供一个参考的数学模型。

本方法的原理通过一计算实例加以阐明,这个例子就是追迹图 15-7-4 所示的双向平移的轴向光线 12(3)3′(4′)4″5″6″。

1. 数据准备

屋脊面 1 方程　$$y-z=0 \tag{15-8-1}$$

屋脊面 1 法线　$$\boldsymbol{N}_1=\frac{\sqrt{2}}{2}\boldsymbol{j}-\frac{\sqrt{2}}{2}\boldsymbol{k} \tag{15-8-2}$$

屋脊面 2 方程　$$y+z=0 \tag{15-8-3}$$

屋脊面 2 法线　$$\boldsymbol{N}_2=\frac{\sqrt{2}}{2}\boldsymbol{j}+\frac{\sqrt{2}}{2}\boldsymbol{k} \tag{15-8-4}$$

出射面 3 方程　$$x+y=l \tag{15-8-5}$$

出射面 3 法线　$$\boldsymbol{N}_3=\frac{\sqrt{2}}{2}\boldsymbol{i}+\frac{\sqrt{2}}{2}\boldsymbol{j} \tag{15-8-6}$$

$\boldsymbol{A}$:光线 23 的方向。

$\boldsymbol{A}'$:光线 3′4′的方向。

$\boldsymbol{A}''$：光线 4″5″的方向。

这里，示范性地推导平面 3 的方程（15-8-5）。虽然所讨论的具体问题并不复杂，但为了增强解题方法上的普遍意义，所以还是把它当作一个三维空间的问题加以对待。

由（1-6-1）式给出一平面方程：

$$(\boldsymbol{r}-\boldsymbol{r}_0)\cdot\boldsymbol{n}^0=0 \tag{15-8-7}$$

式中，$\boldsymbol{n}^0$ 代表平面的法线单位矢量；$\boldsymbol{r}_0$ 为由坐标原点 O 至平面内一已知点 $M_0(x_0, y_0, z_0)$ 的向径（矢量）；$\boldsymbol{r}$ 代表自坐标原点 O 至平面内任意一个点子 $M(x,y,z)$ 的向径。

由图 15-8-1，有

$$\boldsymbol{n}^0=\boldsymbol{N}_3=\frac{\sqrt{2}}{2}\boldsymbol{i}+\frac{\sqrt{2}}{2}\boldsymbol{j}$$

$$\boldsymbol{r}_0=l\boldsymbol{i}$$

$$\boldsymbol{r}=x\boldsymbol{i}+y\boldsymbol{j}+z\boldsymbol{k}$$

将以上关系代入（15-8-7）式，并经整理，得

$$x+y=l$$

这就是出射面的方程式。

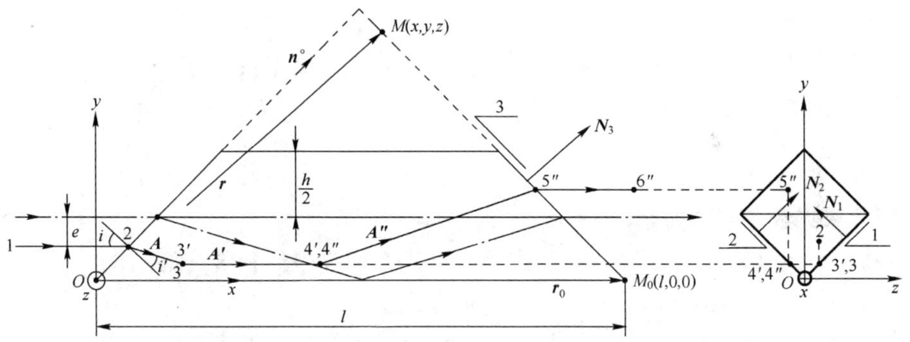

图 15-8-1　棱镜内部光路追迹计算

2. 求光线 23 的方程

（1-7-2）式给出一直线方程：

$$\frac{x-x_{\mathrm{i}}}{\cos\alpha}=\frac{y-y_{\mathrm{i}}}{\cos\beta}=\frac{z-z_{\mathrm{i}}}{\cos\gamma} \tag{15-8-8}$$

式中，x_i、y_i、z_i 为直线上一已知点的坐标；$\cos\alpha$、$\cos\beta$、$\cos\gamma$ 为直线的方向余弦；x、y、z 为直线上任意点的坐标。

由图 15-8-1 求得点 2 的坐标(x_2, y_2, z_2)及 $\boldsymbol{A}$：

$$x_2=\frac{h}{2}-e,\ y_2=\frac{h}{2}-e,\ z_2=a \tag{15-8-9}$$

$$\boldsymbol{A}=\cos(45^\circ-i')\boldsymbol{i}-\sin(45^\circ-i')\boldsymbol{j} \tag{15-8-10}$$

或

$$\cos\alpha=\cos(45^\circ-i'),\cos\beta=-\sin(45^\circ-i'),\cos\gamma=0 \tag{15-8-11}$$

将以上公式代入(15-8-8)式,得光线 23 的方程:

$$\left.\begin{aligned}&y=-\tan(45^\circ-i')x+\left(\frac{h}{2}-e\right)[1+\tan(45^\circ-i')]\\&z=a\end{aligned}\right\} \tag{15-8-12}$$

3. 求 A'

由反射矢量公式

$$\boldsymbol{A}'=\boldsymbol{A}-2(\boldsymbol{A}\cdot\boldsymbol{N}_1)\boldsymbol{N}_1 \tag{15-8-13}$$

将(15-8-2)式及(15-8-10)式代入(15-8-13)式,得

$$-2(\boldsymbol{A}\cdot\boldsymbol{N}_1)\boldsymbol{N}_1=\sin(45^\circ-i')(\boldsymbol{j}-\boldsymbol{k})$$

然后再与 $\boldsymbol{A}$ 合并,得

$$\boldsymbol{A}'=\cos(45^\circ-i')\boldsymbol{i}-\sin(45^\circ-i')\boldsymbol{k} \tag{15-8-14}$$

$\boldsymbol{A}'$与 $\boldsymbol{A}$ 对照表明,经过屋脊面 1 的反射后,原来认为是在垂直面内向下倾斜的入射光线 $\boldsymbol{A}$,现在已变成了在水平面内向左倾斜的反射光线 $\boldsymbol{A}'$,然而倾斜角的大小不变。这一结果和图解法所得一致。

4. 求点 3(3′)的坐标(x_3,y_3,z_3)

点 3 是光线 23 与屋脊面 1 的交点,所以,为了得到点 3,求(15-8-1)式与(15-8-12)式的联解,得

$$\left.\begin{aligned}&x_{3'}=x_3=-\cot(45^\circ-i')a+\left(\frac{h}{2}-e\right)[1+\cot(45^\circ-i')]\\&y_{3'}=y_3=a\\&z_{3'}=z_3=a\end{aligned}\right\} \tag{15-8-15}$$

5. 求光线 3′4′的方程

将(15-8-14)式及(15-8-15)式代入直线方程式(15-8-8),得

$$\left.\begin{aligned}&\frac{x-x_{3'}}{\cos(45^\circ-i')}=\frac{y-a}{0}=\frac{z-a}{-\sin(45^\circ-i')}\\&x_{3'}=-\cot(45^\circ-i')a+\left(\frac{h}{2}-e\right)[1+\cot(45^\circ-i')]\end{aligned}\right\} \tag{15-8-16}$$

6. 求光线 3′4′与屋脊面 2 的交点 4′(4″)的坐标($x_{4'},y_{4'},z_{4'}$)

求直线方程(15-8-16)与平面方程(15-8-3)的联解,得

$$\left.\begin{aligned}&x_{4''}=x_{4'}=\cot(45^\circ-i')a+\left(\frac{h}{2}-e\right)[1+\cot(45^\circ-i')]\\&y_{4''}=y_{4'}=a\\&z_{4''}=z_{4'}=-a\end{aligned}\right\} \tag{15-8-17}$$

7. 求 A''

将(15-8-14)式中的 $\boldsymbol{A}'$及(15-8-4)式中的 $\boldsymbol{N}_2$ 代入反射矢量公式,得

$$-2(\boldsymbol{A}'\cdot\boldsymbol{N}_2)\boldsymbol{N}_2=\sin(45^\circ-i')(\boldsymbol{j}+\boldsymbol{k})$$

然后再与 $\boldsymbol{A}'$ 合并，得

$$\boldsymbol{A}''=\cos(45°-i')\boldsymbol{i}+\sin(45°-i')\boldsymbol{j} \tag{15-8-18}$$

$\boldsymbol{A}''$ 与 $\boldsymbol{A}'$ 对照表明，经过屋脊面 2 的反射后，原来认为是在水平面内向左倾斜的入射光线 $\boldsymbol{A}'$，现在已变成了在垂直面内向上倾斜的反射光线 $\boldsymbol{A}''$，然而倾斜角的大小不变。这一结果也和图解法所得一致。

8. 求光线 4″5″的方程

将(15-8-17)式及(15-8-18)式代入直线方程式(15-8-8)，得

$$\left.\begin{aligned}&\frac{x-x_{4''}}{\cos(45°-i')}=\frac{y-a}{\sin(45°-i')}=\frac{z+a}{0}\\&x_{4''}=\cot(45°-i')a+\left(\frac{h}{2}-e\right)[1+\cot(45°-i')]\end{aligned}\right\} \tag{15-8-19}$$

9. 求光线 4″5″与出射面 3 的交点 5″的坐标($x_{5''},y_{5''},z_{5''}$)

由(15-8-19)式，得

$$x=\cot(45°-i')(y-a)+x''_4 \tag{15-8-20}$$

由(15-8-5)式，得

$$x=l-y \tag{15-8-21}$$

将(15-8-19)式中的 $x_{4''}$ 以及(15-8-21)式中的 x 代入(15-8-20)式，并经整理，得

$$y_{5''}=\frac{l-\left(\frac{h}{2}-e\right)[1+\cot(45°-i')]}{1+\cot(45°-i')} \tag{15-8-22}$$

由(15-7-2)式，得

$$l=h[1+\tan(45°+i')] \tag{15-8-23}$$

将(15-8-23)式代入(15-8-22)式，并注意到 $\tan(45°+i')=\cot(45°-i')$，得

$$y_{5''}=\frac{h}{2}+e \tag{15-8-24}$$

此外，由(15-8-19)式及(15-8-21)式求得交点 5″的另外两个坐标：

$$z_{5''}=-a \tag{15-8-25}$$

$$x_{5''}=h\left[\frac{1}{2}+\tan(45°+i')\right]-e \tag{15-8-26}$$

比较(15-8-9)式及(15-8-24)、(15-8-25)式，并考虑到平移量 a、e 的随意性，便不难得出在图解法结果中已提及的本新型棱镜对轴向入射光线和轴向入射光束所具有的极对称与满通光口径等方面的结论。

在上述的整个计算过程，没有提到在入射面和出射面处的两次折射，这是因为两个折射面的入射光线分别处在 $z=+a$ 和 $z=-a$ 的平面内，而此二平面均平行于棱镜的主截面，因而折射的计算比较简单的缘故。

当考虑歪斜的入射光线时，由于光线对棱镜主截面或与之平行的平面成一夹角，则为了排除空间关系的困扰，需要引入折射矢量公式(17-4-3)。然而，整个追迹计算的思路及过程均无任何实质性的变化。

15.9 方截面道威屋脊棱镜阵列

方截面道威屋脊棱镜的提出，主要是为了构建最佳的棱镜阵列。它极大地改善了棱镜组合时横截面的配接情况。

图 15-9-1 表示一个由 88 块方截面道威屋脊棱镜组成的棱镜阵列，其通光口径接近于一个圆形。根据前面 15.7 节和 15.8 节的分析，本棱镜阵列在直径为 D 的圆范围内，对轴向光束应是满通光的。所以，棱镜阵列的长径比 r 为

$$r=\frac{l}{D}=\frac{l}{10b}=\frac{r_0}{10}$$

式中，r_0 为单元方截面道威屋脊棱镜的长径比。

将 $r_0\approx5.98$ 代入上式，得

$$r=0.598$$

可见，与单个方截面道威屋脊棱镜相比较，本棱镜组的长径比仅为原来的 1/10。

图 15-9-2 表示 10×10 的方截面道威屋脊棱镜阵列。

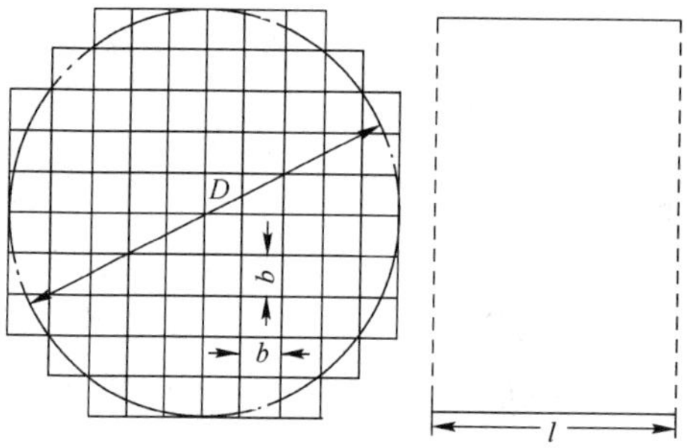

图 15-9-1　88 块方截面道威脊棱镜阵列

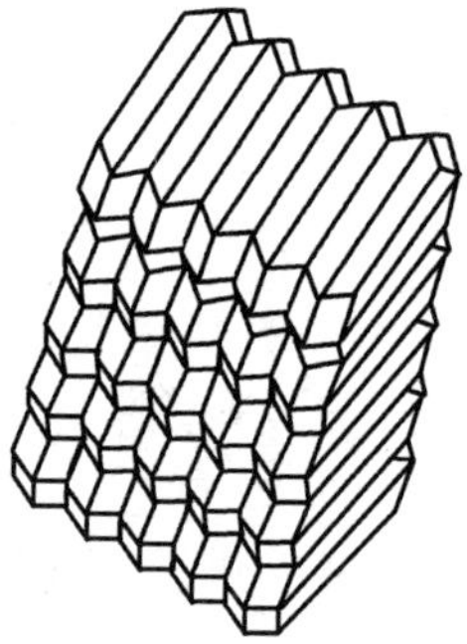

图 15-9-2　10×10 道威屋脊棱镜阵列

15.10 道威棱镜阵列

为了加工方便起见，根据分离式圆束偏器的结构原理，如图 15-10-1 所示，每一个方截面道威屋脊棱镜均可为两个适当配置的道威棱镜所取代。这样，上述的 10×10 方截面道威屋脊棱镜组便变成了两个 10×10 的道威棱镜阵列，如图 15-10-2 所示。

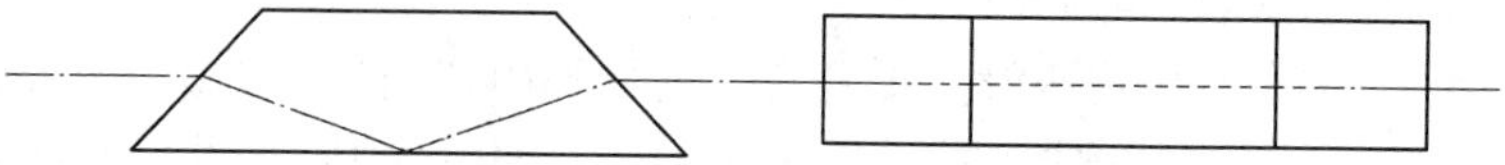

图 15-10-1　分离式道威棱镜圆束偏器

显然，在图 15-10-2 所示的道威棱镜阵列中，每十个道威棱镜可做成一个整片，于是(10×10)+(10×10)的阵列便变成了(10×1)+(1×10)的阵列，如图 15-10-3所示。

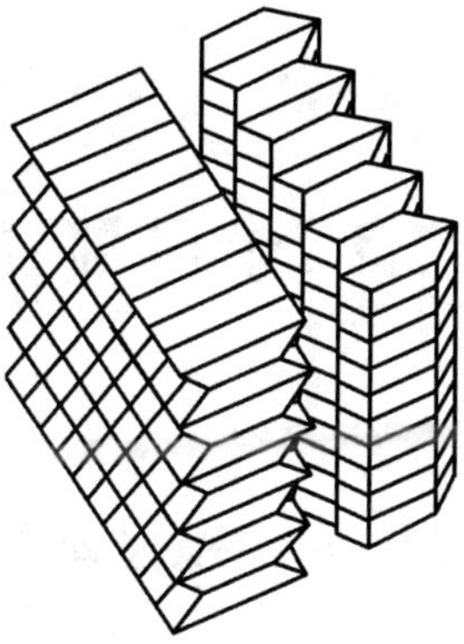

图 15-10-2 (10×10)+(10×10)分离式道威棱镜阵列

在必要时,或为了保证足够的刚度,或从加工方便考虑,可将过长的道威棱镜片分成若干段。例如,每片分为两段而变成图 15-10-4 所示的(10×2)+(2×10)的道威棱镜阵列。

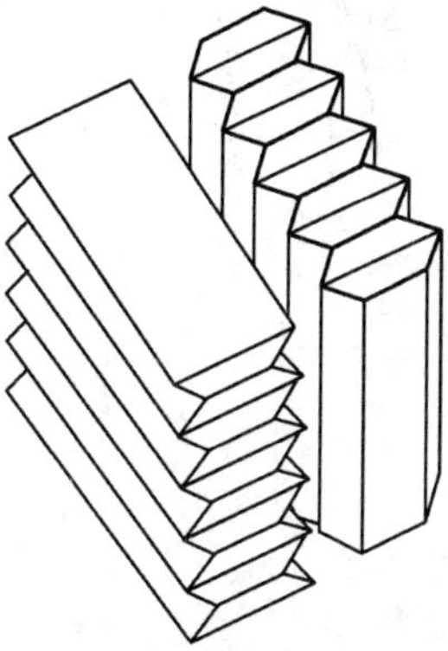

图 15-10-3 (10×1)+(1×10)分离式道威棱镜阵列

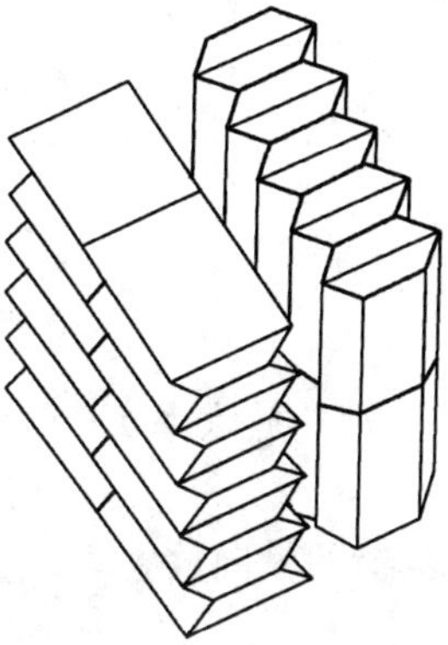

图 15-10-4 (10×2)+(2×10)或(10×n)+(n×10)分离式道威棱镜阵列

事实上,在图 15-10-3 或图 15-10-4 上,每个半部都是一个像旋转器,而由同样的两个半部所构成的正交配置串联式组合,便呈现为一个分离式的圆束偏器。因此,与图 15-9-2 所表示的圆束偏器相比较,道威棱镜阵列还具有分离式圆束偏器的一些优点。

应当指出,不管是方截面道威屋脊棱镜阵列,还是道威棱镜阵列,它们在渐晕及扫描范围方面,都没有改变阵列中单元棱镜原来的状态。

习 题

15.1 见图 15-7-5,请依照 7 根光线的光路,在一些黑点上标上任意适当的号码。

15.2 请计算方截面道威屋脊棱镜在下列情况的渐晕系数:入射光束与棱镜主截面相平行,倾斜角为 ±5°。

第 16 章　新型双目显微镜的设计

16.1　显微镜基本知识

显微镜的功能是把微小的物体放大，以便看清物体的细节。

见图 16-1-1，如同望远系统一样，显微镜的光学系统同样由物镜和目镜组成。不过，显微物镜的作用在于把近处的微小物体成像于目镜的前焦点处，而目镜则仍然充当放大镜的角色。

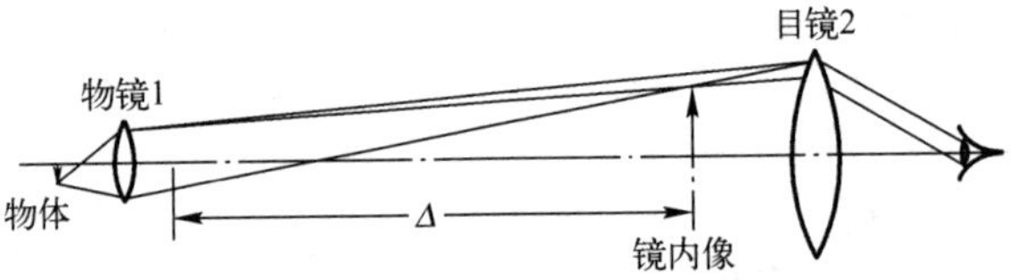

图 16-1-1　显微系统

显微镜的视角放大率 Γ 应由两个部分组成：

$$\Gamma = \beta_1 \cdot \Gamma_2 \tag{16-1-1}$$

式中，β_1 为物镜的横向放大率；Γ_2 为目镜的视角放大率。

已知

$$\beta_1 = -\frac{\Delta}{f_1'}, \Gamma_2 = \frac{250}{f_2'} \tag{16-1-2}$$

将上式的 β_1 和 Γ_2 代入(16-1-1)式，得

$$\Gamma = -\frac{\Delta}{f_1'} \cdot \frac{250}{f_2'} \tag{16-1-3}$$

式中，Δ 代表由物镜后焦点 F_1' 至目镜前焦点 F_2 的光学间隔，或称“光学筒长”。

16.2　双目显微镜的一个固有的问题

单目显微镜固然可用，可是缺乏体视感，而且使用不方便，眼睛易于疲损。

然而，双目显微镜在结构实现上总会遇到一个难题。见图 16-2-1，由标本物体中心 O 发出的主光线 Oa、Ob 分别与左、右支显微系统的物镜光轴 O_1O_1、O_2O_2 倾斜一 θ 角。该倾角 θ 在图 16-2-2 所示的右支显微系统中相当于入射光线 Ob 的倾角($-u_1$)，而当光线通过目镜之后则变成为倾角u_2'。

由图 16-2-2 得

$$-u_1=\frac{h}{-f_1-\delta} \tag{16-2-1}$$

$$u_2'=\frac{-h'}{f_2'} \tag{16-2-2}$$

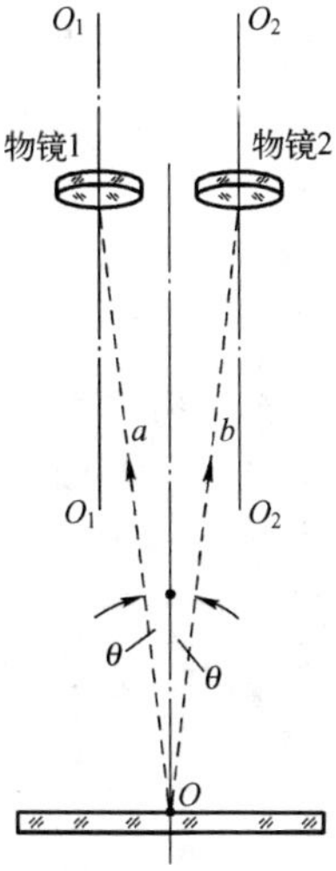

图 16-2-1　双目显微镜的入射光轴的不平行性

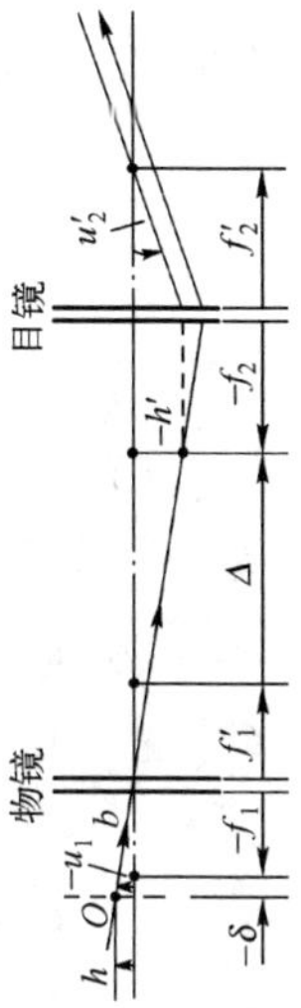

图16-2-2　右支显微系统

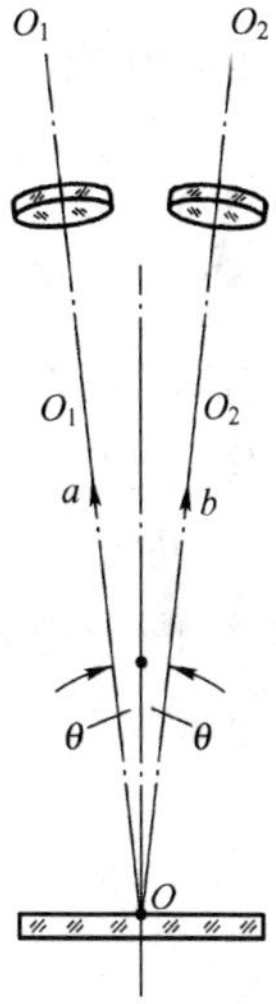

图 16-2-3　双目显微镜的一种不现实的方案

二式合并得

$$\gamma=\frac{u_2'}{u_1}=\frac{h'}{h}\cdot\frac{f_1'-\delta}{f_2'}$$

由于 δ 较小,所以

$$\gamma\approx\frac{h'}{h}\cdot\frac{f_1'}{f_2'}$$

或

$$\gamma\approx\beta_1\cdot\frac{f_1'}{f_2'} \tag{16-2-3}$$

设 $\Delta=160, f_1'=16, f_2'=25, u_1=-6°$,则

$$\gamma\approx-6.4, u_2'\approx 38.4°$$

左支显微系统有反向的倾角,使物点 O 通过左、右两支的出射光束成 $2\theta'=2|u_2'|\approx 76.8°$ 的夹角①。显然,这不可能是一个现实的方案。

图 16-2-3 表示一种改进后的状况。左、右支的两物镜光轴 O_1O_1、O_2O_2 分别与 Oa、Ob 相重合。这样,两出射光束的夹角减少到 2θ(譬如 2θ = 12°)。

① 即使用准确的公式也无济于事,因为 $2\theta'$ 仍然达到 68°。

本方案在出射光轴平行性方面有所改进，但仍然远不够理想，而且难以控制左、右支两目镜的间距。

16.3 解题的途径

解题的方法并不是唯一的。一般讲，有大物镜法和棱镜微量偏转法。以下着重讨论后一种方法。

16.3.1 棱镜微量偏转法

1. 光学系统

图 16-3-1 表示一双目体视显微镜的一个分支的光学系统。物平面 1 与物镜 2 的前焦平面重合，所以物镜后方为平行光束。半五角棱镜 4 处在伽利略 3 和刻卜勒(5 和 7)两个望远系统之间的平行光路中。由此可见，此显微系统采用了"放大镜 + 伽利略 + 刻卜勒"的模式。

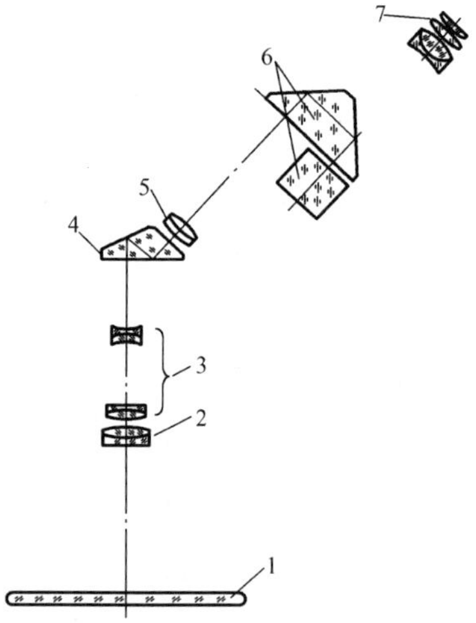

图 16-3-1 双目体视显微镜一分支光学系统的示意图

1—工作台板;2—物镜;3—伽利略系统;4—半五角棱镜;5—补助物镜;6—普罗棱镜;7—目镜。

2. 原理

图 16-3-2 表示此双目体视显微镜右分支的两个视图。视图中不包括伽利略和刻卜勒两个望远系统，因为它们与下面将要讲述的原理无关。

见正视图(图 16-3-2(a))，标本物体中心 O 在左、右支的中间位置，对左、右物镜光轴有方向相反、大小相同的偏移 e。半五角棱镜未转动前在 $abcd$ 的位置。

在图 16-3-2 及图 16-3-3 上，设固定坐标 xyz，x 为零位半五角棱镜的入射光轴；y 轴指向正前方；z 与 x、y 构成右手系。$x'y'z'$为对应的像坐标。

已知棱镜的特征方向 $\boldsymbol{T}$ 和特征角 2φ 示于图 16-3- 2(a)上。

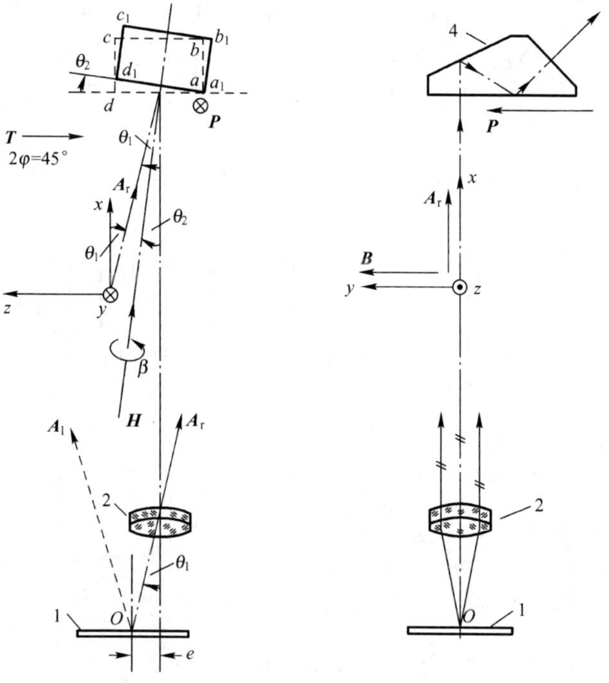

（a）　　　　　　　　　　　　（b）

图 16-3-2　双目视显微镜的右分支

(a) 正视图;(b) 侧视图。

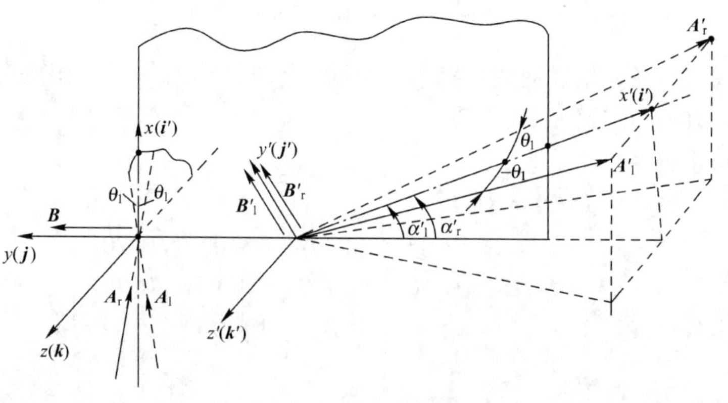

图 16-3-3　固定的物、像坐标系

1）原始光轴偏和像倾斜

见正视图(图 16-3-2(a)),由中心物点 O 的输入光束,经右支物镜后变成对光轴倾斜 θ_1 角的平行光束 $\boldsymbol{A}_r$,而左支物镜的出射平行光束为 $\boldsymbol{A}_1$。$\boldsymbol{B}$ 代表沿 y 轴的物体方向。

由 $\boldsymbol{S}_{T,2\varphi}$ 求得棱镜的作用矩阵 $\boldsymbol{R}$ 为

$$
\boldsymbol{R}=(-1)^{t}\boldsymbol{S}_{T,2\varphi}=\begin{pmatrix}\cos45^\circ & \sin45^\circ & 0\\ -\sin45^\circ & \cos45^\circ & 0\\ 0 & 0 & 1\end{pmatrix}=\begin{pmatrix}0.707 & 0.707 & 0\\ -0.707 & 0.707 & 0\\ 0 & 0 & 1\end{pmatrix} \tag{16-3-1}
$$

设 $\boldsymbol{A}'_{\mathrm{l}}$、$\boldsymbol{A}'_{\mathrm{r}}$分别代表与 $\boldsymbol{A}_{\mathrm{l}}$、$\boldsymbol{A}_{\mathrm{r}}$ 相对应的出射平行光束；$\boldsymbol{B}'_{\mathrm{l}}$、$\boldsymbol{B}'_{\mathrm{r}}$ 分别代表与 $\boldsymbol{B}$ 相对应的左、右支的像体方向，则

$$
(\boldsymbol{A}'_{\mathrm{r}})=\boldsymbol{R}(\boldsymbol{A}_{\mathrm{r}})=\begin{pmatrix}0.707 & 0.707 & 0\\ -0.707 & 0.707 & 0\\ 0 & 0 & 1\end{pmatrix}\begin{pmatrix}\cos\theta_1\\ 0\\ -\sin\theta_1\end{pmatrix}=\begin{pmatrix}0.707\cos\theta_1\\ -0.707\cos\theta_1\\ -\sin\theta_1\end{pmatrix} \tag{16-3-2}
$$

由于对称的关系，有

$$
(\boldsymbol{A}'_{\mathrm{l}})=\begin{pmatrix}0.707\cos\theta_1\\ -0.707\cos\theta_1\\ \sin\theta_1\end{pmatrix} \tag{16-3-3}
$$

由此

$$
\cos(\boldsymbol{A}'_{\mathrm{l}},\boldsymbol{A}'_{\mathrm{r}})=\boldsymbol{A}'_{\mathrm{l}}\cdot\boldsymbol{A}'_{\mathrm{r}}=\cos^2\theta_1-\sin^2\theta_1=\cos2\theta_1 \tag{16-3-4}
$$

(16-3-4)式表明，由左、右半五角棱的输出平行光束 $\boldsymbol{A}'_{\mathrm{l}}$、$\boldsymbol{A}'_{\mathrm{r}}$ 之间的夹角等于两倍的倾角 $2\theta_1$，或者说，左、右支棱镜的 y'光轴偏分别为 $-\theta_1$ 和 $+\theta_1$。

此外，$\boldsymbol{A}'_{\mathrm{l}}$、$\boldsymbol{A}'_{\mathrm{r}}$ 在 xy 平面上的投影相对于 $-y$ 轴的倾斜角 α'_{l}、α'_{r} 分别等于：

$$
\tan\alpha'_{\mathrm{l}}=\frac{A'_{\mathrm{l}x}}{-A'_{\mathrm{l}y}}=1,\ \tan\alpha'_{\mathrm{r}}=\frac{A'_{\mathrm{r}x}}{-A'_{\mathrm{r}y}}=1
$$

所以，$\alpha'_{\mathrm{l}}=\alpha'_{\mathrm{r}}=45^\circ$。这表明 $\boldsymbol{A}'_{\mathrm{l}}$、$\boldsymbol{A}'_{\mathrm{r}}$ 在 xy 平面上的投影均与 x'轴相重合，或者说，左、右支棱镜的 z'光轴偏都为零值。

同样可求得

$$
(\boldsymbol{B}'_{\mathrm{r}})=\boldsymbol{R}(\boldsymbol{B})=\begin{pmatrix}0.707 & 0.707 & 0\\ -0.707 & 0.707 & 0\\ 0 & 0 & 1\end{pmatrix}\begin{pmatrix}0\\ 1\\ 0\end{pmatrix}=\begin{pmatrix}0.707\\ 0.707\\ 0\end{pmatrix} \tag{16-3-5}
$$

显然，有

$$
(\boldsymbol{B}'_{\mathrm{l}})=(\boldsymbol{B}'_{\mathrm{r}}) \tag{16-3-6}
$$

$\boldsymbol{B}'_{\mathrm{r}}$ 和 $\boldsymbol{B}'_{\mathrm{l}}$ 一致地与像坐标中的 y'轴相重合，这表明零位半五角棱镜不产生像倾斜。

设 $\zeta_{x'}$、$\zeta_{y'}$和 $\zeta_{z'}$分别代表半五角棱镜在零位时的像倾斜、y'光轴偏和 z'光轴偏。因为棱镜在零位，所以称之为待修正的原始值。例如，$\zeta_{x'}$为像倾斜的原始值，或原始像倾斜。

归纳以上所得，各待修正的原始值为

$$
\zeta_{x'}=0,\zeta_{y'}=\theta_1\ 或\ \boldsymbol{\theta}_1=\zeta_{y'}\boldsymbol{j}',\zeta_{z'}=0 \tag{16-3-7}
$$

这些非零的原始值需要用棱镜适当的微量转动加以修正。

2）图解法(图 16-3-4)

作图法求半五角棱镜微量转动所依据的原理是“余弦律与差向量法则”。

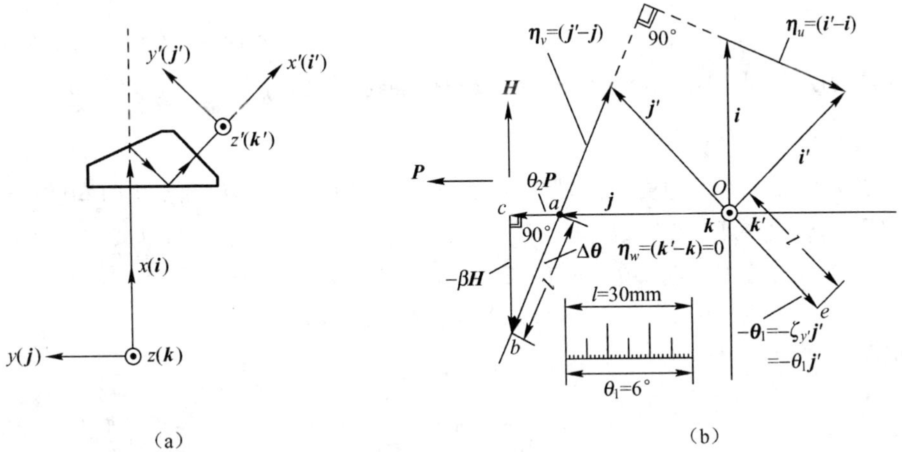

图 16-3-4　基于余弦律与差向量法则的图解法

(a) 物、像坐标;(b) 极值特性向量。

图 16-3-4(a)给出半五角棱镜的物、像坐标 xyz 和 $x'y'z'$ 以及相应的单位矢量 $\boldsymbol{i}$、$\boldsymbol{j}$、$\boldsymbol{k}$ 和 $\boldsymbol{i}'$、$\boldsymbol{j}'$、$\boldsymbol{k}'$。因为是偶次反射棱镜($t=2$)，所以这里不存在物坐标反向的问题。

图 16-3-4(b)表示现场求解像偏转的三个极值特性向量 $\boldsymbol{\delta}_u$、$\boldsymbol{\delta}_v$、$\boldsymbol{\delta}_w$ 的过程。已知

$$\boldsymbol{\delta}_u=\Delta\theta\boldsymbol{\eta}_u=\Delta\theta(\boldsymbol{i}'-\boldsymbol{i})$$
$$\boldsymbol{\delta}_v=\Delta\theta\boldsymbol{\eta}_v=\Delta\theta(\boldsymbol{j}'-\boldsymbol{j})$$
$$\boldsymbol{\delta}_w=\Delta\theta\boldsymbol{\eta}_w=\Delta\theta(\boldsymbol{k}'-\boldsymbol{k})$$

所以，只要求出像偏转的三个梯度轴向 $\boldsymbol{\eta}_u$、$\boldsymbol{\eta}_v$、$\boldsymbol{\eta}_w$ 即可。所得结果为

$$\boldsymbol{\eta}_u\perp\boldsymbol{\eta}_v,\ |\boldsymbol{\eta}_u|=|\boldsymbol{\eta}_v|=0.765,\ \boldsymbol{\eta}_w=0 \qquad (16-3-8)$$

$\boldsymbol{\eta}_u$ 和 $\boldsymbol{\eta}_v$ 的垂直关系表明，当棱镜绕 $\boldsymbol{\eta}_v$ 轴向微量转动时，产生的 y' 光轴偏 $\Delta\mu'_{y'}$ 达到极值 $\Delta\mu'_{y'\max}$，而 x' 像偏转即像倾斜 $\Delta\mu'_{x'}$ 为零。$\boldsymbol{\eta}_w=0$ 表明，在略去二阶及高阶小量的情形，无论棱镜绕何轴线作微量转动，都不会产生 z' 光轴偏。幸好原始值 $\zeta_{z'}=0$，否则半五角棱镜无法消除已有的 $\zeta_{z'}$。

由(16-3-7)式可见，半五角棱镜的微量转动应产生这样一个 $\Delta\mu'_{y'}$，以补偿原始的 θ_1：

$$\Delta\mu'_{y'}=-\theta_1=-6°$$

设比例尺 m_{θ_1}：

$$\theta_1=m_{\theta_1}\cdot l,\ m_{\theta_1}=\frac{\theta_1}{l}=\frac{6°}{30\text{ mm}}=0.2°/\text{mm}$$

沿$\boldsymbol{j}'$的反向，自 O 点起始截取一代表 $\theta=6°$的线段$\overline{Oe}=l=30$ mm。

再次回到图 16-3-4 上。为了要产生 $\Delta\boldsymbol{\mu}'_{y'}=-6°$，理论上最佳的选择应是让半五角棱镜绕极值特性向量的反向 $-\boldsymbol{\delta}_v$（或梯度轴向的反向 $-\boldsymbol{\eta}_v$）微量转动一个 $\Delta\theta$，以满足：

$$\Delta\mu'_{y'}=\Delta\mu'_{y'\max}=-\delta_v=-\Delta\theta\,|\boldsymbol{\eta}_v|=-0.765\Delta\theta=-6° \qquad (16\text{-}3\text{-}9)$$

为求得 $\Delta\boldsymbol{\theta}$，在同一图上沿 $\boldsymbol{\eta}_v$的反向，按同样的比例尺 m_{θ_1} 自 a 点起始截取一代表 $\delta_v=6°$的线段$\overline{ab}=l=30$mm。

必须指出，$\overline{ab}$线段的长度 l 按照比例尺 m_{θ_1} 只代表棱镜绕 $-\boldsymbol{\delta}_v$ 微量转动 $\Delta\theta$ 所造成的 y'像偏转分量（或 y'光轴偏）$\Delta\boldsymbol{\mu}'_{y'}=\delta_v$ 的大小，但并不代表微量转角 $\Delta\theta$ 的大小。

无疑，ab的长度 l 与 $\Delta\theta$ 之间存在着一定的关系。由（16-3-9）式，有

$$|\boldsymbol{\eta}_v|\cdot\Delta\theta=6°=m_{\theta_1}\cdot l$$

因而

$$\Delta\theta=\frac{m_{\theta_1}}{|\boldsymbol{\eta}_v|}\cdot l=\frac{m_{\theta_1}}{|\boldsymbol{\eta}_v|}\cdot\overline{ab} \qquad (16\text{-}3\text{-}10)$$

由上式可见，线段$\overline{ab}$将按照另一种比例尺 $m_{\Delta\theta}$代表微量转角 $\Delta\theta$ 的大小，而

$$m_{\Delta\theta}=\frac{m_{\theta_1}}{|\boldsymbol{\eta}_v|}=\frac{0.2°/\text{mm}}{0.765}=0.26°/\text{mm}$$

由此

$$\Delta\theta=m_{\Delta\theta}\cdot\overline{ab}=0.26\times30=\frac{6°}{0.765}=7.84°$$

由于棱镜微转动轴矢量 $\Delta\boldsymbol{\theta}\perp\boldsymbol{\eta}_u$，所以对零值的原始倾斜 $\zeta_{x'}$没有影响。

再见图 16-3-4，从结构上看直接实现微量转动 $\Delta\boldsymbol{\theta}$ 不太方便，故将它分解成

$$\Delta\boldsymbol{\theta}=\theta_2\boldsymbol{P}-\beta\boldsymbol{H} \qquad (16\text{-}3\text{-}11)$$

式中，转轴单位矢量 $\boldsymbol{P}$ 和 $\boldsymbol{H}$ 如图 16-3-4 所示：$\boldsymbol{P}/\!/y$；$\boldsymbol{H}$ 垂直于棱镜底面。

转角 θ_2 和 β 按比例尺 $m_{\Delta\theta}$求得：

$$\theta_2=3.12°,\beta=7.02°$$

应当指出，$\Delta\theta$、θ_2、β 等转角已经不算真正意义上的微小量，然而在运用余弦律与差向量法则时以及在上列的（16-3-11）式中，还是把它们当作微小量对待。这样的做法导致误差较大的结果。不过作为一个初步的答案以及据此做出定性的分析与判断还是可以的。

由第 7 章 7.2.1 小节已知，单个反射棱镜以其微量转动所致的补偿作用至多只具备两个独立的自由度，因而在一般情况下不足以应对平行光路中待调整的像偏转矢量的三个分量。这就是说，变量数少于方程式的数目。不过，上述图解法所得的结果表明，在本情况，作为一个特殊的案例，仅仅凭借单个半五角棱镜适当的微量转动就能够克服双目显微镜固有的出射光束不平行性的缺陷，并排除派生的像倾斜。

3）解析法

解析法求半五角棱镜微量转动所依据的原理是交替地应用近似的和精确的原理公式：前者为余弦律与差向量法则，把微量转动视为矢量，由此求得近似的初始解；后者所谓精确的方法是仍然把微量转动看作矩阵，在初始解的基础上求出残留的、待补偿的调整量。如此重复以上两个步骤，逐次逼近，直至得到满意的结果为止。

（1）求半五角棱镜的初始解。见图 16–3–2（a）和图 16–3–3，设半五角棱镜在零位。

① 有关数据：

$$\boldsymbol{R}=\begin{pmatrix}\cos45^\circ & \sin45^\circ & 0\\ -\sin45^\circ & \cos45^\circ & 0\\ 0 & 0 & 1\end{pmatrix}$$

$$\boldsymbol{P}=\begin{pmatrix}0\\1\\0\end{pmatrix},\boldsymbol{H}=\begin{pmatrix}1\\0\\0\end{pmatrix},\boldsymbol{\zeta}=\begin{pmatrix}0\\\theta_1\\0\end{pmatrix}=\begin{pmatrix}0\\6^\circ\\0\end{pmatrix}\tag{16–3–12}$$

② 求 $\boldsymbol{\eta}_u$ 和 $\boldsymbol{\eta}_v$。设 xyz 为计算坐标系统。

$$\boldsymbol{i}'=\boldsymbol{Ri}=\begin{pmatrix}\cos45^\circ & \sin45^\circ & 0\\ -\sin45^\circ & \cos45^\circ & 0\\ 0 & 0 & 1\end{pmatrix}\begin{pmatrix}1\\0\\0\end{pmatrix}=\begin{pmatrix}\cos45^\circ\\-\sin45^\circ\\0\end{pmatrix}$$

$$\boldsymbol{\eta}_u=\boldsymbol{i}'-\boldsymbol{i}=\begin{pmatrix}\cos45^\circ-1\\-\sin45^\circ\\0\end{pmatrix}\tag{16–3–13}$$

$$\boldsymbol{j}'=\boldsymbol{Rj}=\begin{pmatrix}\cos45^\circ & \sin45^\circ & 0\\ -\sin45^\circ & \cos45^\circ & 0\\ 0 & 0 & 1\end{pmatrix}\begin{pmatrix}0\\1\\0\end{pmatrix}=\begin{pmatrix}\sin45^\circ\\\cos45^\circ\\0\end{pmatrix}$$

$$\boldsymbol{\eta}_v=\boldsymbol{j}'-\boldsymbol{j}=\begin{pmatrix}\sin45^\circ\\\cos45^\circ-1\\0\end{pmatrix}\tag{16–3–14}$$

③ 求由棱镜微量转动 $\theta_2\boldsymbol{P}$ 和 $\beta\boldsymbol{H}$ 分别造成的像倾斜和光轴偏 $\Delta\mu'_{1x'}$、$\Delta\mu'_{2x'}$、$\Delta\mu'_{1y'}$、$\Delta\mu'_{2y'}$：

$$\left.\begin{aligned}\Delta\mu'_{1x'}&=\theta_2\boldsymbol{P}\cdot\boldsymbol{\eta}_u=-\theta_2\sin45^\circ=-0.707\theta_2\\ \Delta\mu'_{2x'}&=\beta\boldsymbol{H}\cdot\boldsymbol{\eta}_u=\beta(\cos45^\circ-1)=-0.293\beta\\ \Delta\mu'_{1y'}&=\theta_2\boldsymbol{P}\cdot\boldsymbol{\eta}_v=\theta_2(\cos45^\circ-1)=-0.293\theta_2\\ \Delta\mu'_{2y'}&=\beta\boldsymbol{H}\cdot\boldsymbol{\eta}_v=\beta\sin45^\circ=0.707\beta\end{aligned}\right\}\tag{16–3–15}$$

④ 列出补偿方程：

$$\Delta\mu'_{1x'}+\Delta\mu'_{2x'}=-\zeta_{x'}\tag{16–3–16}$$

$$\Delta\mu'_{1y'}+\Delta\mu'_{2y'}=-\zeta_{y'} \tag{16-3-17}$$

将(16-3-12)式、(16-3-15)式中的有关部分代入(16-3-16)式、(16-3-17)式,得

$$-0.707\theta_2-0.293\beta=0 \tag{16-3-18}$$

$$-0.293\theta_2+0707\beta=-6° \tag{16-3-19}$$

⑤ 方程联解——光轴偏和像倾斜的综合计算。由(16-3-18)式和(16-3-19)式的联解,得

$$\theta_2=3°$$

$$\beta=-7.24°$$

(2) 用准确公式验算

准确公式的推导见图 16-3-2(a),半五角棱镜首先绕 $\boldsymbol{P}$ 转动一微小角度 θ_2,然后再绕 $\boldsymbol{H}$ 转动另一微小角度 β。当进行精确计算时,必须指出转轴 $\boldsymbol{H}$ 垂直于已经完成绕 $\boldsymbol{P}$ 转动 θ_2 之后的棱镜的底面,即图中的 a_1d_1 而非 ad。

如同第 3 章 3.1 节的例 3-1-2 中所做的那样,首先应求出转动棱镜在定坐标 xyz 中的作用矩阵 $\boldsymbol{R}_{\mathrm{k}}$:

$$\boldsymbol{R}_{\mathrm{k}}=\boldsymbol{G}_{\mathrm{mf}}\boldsymbol{R}\boldsymbol{R}_{\mathrm{fm}} \tag{16-3-20}$$

式中,$\boldsymbol{G}_{\mathrm{fm}}$ 和 $\boldsymbol{G}_{\mathrm{mf}}$ 分别代表由定坐标向动坐标以及由动坐标向定坐标的坐标转换矩阵:

$$\left.\begin{aligned}\boldsymbol{G}_{\mathrm{fm}}&=\boldsymbol{S}_{\boldsymbol{H},-\beta}\boldsymbol{S}_{\boldsymbol{P},-\theta_2}\\ \boldsymbol{G}_{\mathrm{mf}}&=\boldsymbol{S}_{\boldsymbol{P},\theta_2}\boldsymbol{S}_{\boldsymbol{H},\beta}\end{aligned}\right\} \tag{16-3-21}$$

式中

$$\left.\begin{aligned}\boldsymbol{S}_{\boldsymbol{P},\theta_2}=\boldsymbol{S}_{\boldsymbol{j},\theta_2}&=\begin{pmatrix}\cos\theta_2&0&\sin\theta_2\\0&1&0\\-\sin\theta_2&0&\cos\theta_2\end{pmatrix}\\ \boldsymbol{S}_{\boldsymbol{P},-\theta_2}=\boldsymbol{S}_{\boldsymbol{j},-\theta_2}&=\begin{pmatrix}\cos\theta_2&0&-\sin\theta_2\\0&1&0\\\sin\theta_2&0&\cos\theta_2\end{pmatrix}\\ \boldsymbol{S}_{\boldsymbol{H},\beta}=\boldsymbol{S}_{\boldsymbol{i},\beta}&=\begin{pmatrix}1&0&0\\0&\cos\beta&-\sin\beta\\0&\sin\beta&\cos\beta\end{pmatrix}\\ \boldsymbol{S}_{\boldsymbol{H},-\beta}=\boldsymbol{S}_{\boldsymbol{i},-\beta}&=\begin{pmatrix}1&0&0\\0&\cos\beta&\sin\beta\\0&-\sin\beta&\cos\beta\end{pmatrix}\end{aligned}\right\} \tag{16-3-22}$$

为书写方便,设

$$\boldsymbol{R}_{\mathrm{k}}=\begin{pmatrix}r_{11}&r_{12}&r_{13}\\r_{21}&r_{22}&r_{23}\\r_{31}&r_{32}&r_{33}\end{pmatrix} \tag{16-3-23}$$

将(16-3-1)式、(16-3-21)式、(16-3-22)式代入(16-3-20)式,求得(16-3-23)式中的诸矩元 r_{ij} 如下:

$$\left.\begin{aligned}
r_{11}&=\frac{\sqrt{2}}{2}\cos^2\theta_2+\sin^2\theta_2\left(\frac{\sqrt{2}}{2}\sin^2\beta+\cos^2\beta\right)\\
r_{12}&=\frac{\sqrt{2}}{2}\cos\theta_2\cos\beta+\left(\frac{\sqrt{2}}{2}-1\right)\sin\theta_2\sin\beta\cos\beta\\
r_{13}&=\frac{\sqrt{2}}{2}\sin\beta+\sin\theta_2\cos\theta_2\left(\frac{\sqrt{2}}{2}\sin^2\beta+\cos^2\beta-\frac{\sqrt{2}}{2}\right)\\
r_{21}&=\left(\frac{\sqrt{2}}{2}-1\right)\sin\theta_2\sin\beta\cos\beta-\frac{\sqrt{2}}{2}\cos\theta_2\cos\beta\\
r_{22}&=1+\left(\frac{\sqrt{2}}{2}-1\right)\cos^2\beta\\
r_{23}&=\left(\frac{\sqrt{2}}{2}-1\right)\cos\theta_2\sin\beta\cos\beta+\frac{\sqrt{2}}{2}\sin\theta_2\cos\beta\\
r_{31}&=-\frac{\sqrt{2}}{2}\sin\beta+\sin\theta_2\cos\theta_2\left(\frac{\sqrt{2}}{2}\sin^2\beta+\cos^2\beta-\frac{\sqrt{2}}{2}\right)\\
r_{32}&=-\frac{\sqrt{2}}{2}\sin\theta_2\cos\beta+\left(\frac{\sqrt{2}}{2}-1\right)\cos\theta_2\sin\beta\cos\beta\\
r_{33}&=\frac{\sqrt{2}}{2}\sin^2\theta_2+\cos^2\theta_2\left(\frac{\sqrt{2}}{2}\sin^2\beta+\cos^2\beta\right)
\end{aligned}\right\}\tag{16-3-24}$$

见图 16-3-2 与图 16-3-3,$\boldsymbol{A}_l$、$\boldsymbol{A}_r$ 分别为左、右支的入射矢量,$\boldsymbol{B}$ 为左、右支共同的输入矢量,它们相应地在左、右支已转动了 θ_2 和 β 角的半五角棱镜的像空间呈现为 $\boldsymbol{A}'_{r,k}$、$\boldsymbol{A}'_{l,k}$、$\boldsymbol{B}'_{l,k}$、$\boldsymbol{B}'_{r,k}$。

同样,先针对右支半五角棱镜,有

$$(\boldsymbol{A}'_{r,k})=\boldsymbol{R}_k(\boldsymbol{A}_r)\tag{16-3-25}$$

$$(\boldsymbol{B}'_{r,k})=\boldsymbol{R}_k(\boldsymbol{B})\tag{16-3-26}$$

将已知的 $\boldsymbol{A}_r$ 和 $\boldsymbol{B}$ 代入(16-3-23)式,得

$$(\boldsymbol{A}'_{r,k})=\begin{pmatrix}r_{11}\cos\theta_1-r_{13}\sin\theta_1\\ r_{21}\cos\theta_1-r_{23}\sin\theta_1\\ r_{31}\cos\theta_1-r_{33}\sin\theta_1\end{pmatrix}\tag{16-3-27}$$

$$(\boldsymbol{B}'_{r,k})=\begin{pmatrix}r_{12}\\ r_{22}\\ r_{32}\end{pmatrix}\tag{16-3-28}$$

为了书写和讨论的方便,设

$$(\boldsymbol{A}'_{r,k}) = \begin{pmatrix} a_{11} \\ a_{21} \\ a_{31} \end{pmatrix}; \boldsymbol{B}'_{r,k} = \begin{pmatrix} b_{11} \\ b_{21} \\ b_{31} \end{pmatrix} \tag{16-3-29}$$

则

$$\left.\begin{aligned} a_{11} &= r_{11}\cos\theta_1 - r_{13}\sin\theta_1 \\ a_{21} &= r_{21}\cos\theta_1 - r_{23}\sin\theta_1 \\ a_{31} &= r_{31}\cos\theta_1 - r_{33}\sin\theta_1 \end{aligned}\right\} \tag{16-3-30}$$

$$\left.\begin{aligned} b_{11} &= r_{12} \\ b_{21} &= r_{22} \\ b_{31} &= r_{32} \end{aligned}\right\} \tag{16-3-31}$$

由于左、右支呈现对称的关系，有

$$(\boldsymbol{A}'_{1,k}) = \begin{pmatrix} a_{11} \\ a_{21} \\ -a_{31} \end{pmatrix}, (\boldsymbol{B}'_{1,k}) = \begin{pmatrix} b_{11} \\ b_{21} \\ -b_{31} \end{pmatrix} \tag{16-3-32}$$

设$\zeta_{y',1}$和$\zeta_{x',1}$分别代表一次残留的y'光轴偏和像倾斜，不难看出，为了求得这两个残留的待修正量，应当先找出左、右支的两个出射矢量之间和两个像方向矢量之间的夹角$(\boldsymbol{A}'_{r,k},\boldsymbol{A}'_{1,k})$和$(\boldsymbol{B}'_{r,k},\boldsymbol{B}'_{1,k})$：

$$\cos(\boldsymbol{A}'_{r,k},\boldsymbol{A}'_{1,k}) = a_{11}^2 + a_{21}^2 - a_{31}^2$$

$$\cos(\boldsymbol{B}'_{r,k},\boldsymbol{B}'_{1,k}) = b_{11}^2 + b_{21}^2 - b_{31}^2$$

由于

$$a_{11}^2 + a_{21}^2 + a_{31}^2 = 1$$

$$b_{11}^2 + b_{21}^2 + b_{31}^2 = 1$$

所以

$$\cos(\boldsymbol{A}'_{r,k},\boldsymbol{A}'_{1,k}) = 1 - 2a_{31}^2 \tag{16-3-33}$$

$$\cos(\boldsymbol{B}'_{r,k},\boldsymbol{B}'_{1,k}) = 1 - 2b_{31}^2 \tag{16-3-34}$$

可见，为了得到上列两个夹角的数值，只需知道r_{31}、r_{32}和r_{33}等三个矩元即可。残留的待修正量$\zeta_{y',1}$、$\zeta_{x',1}$的绝对值分别等于对应的夹角绝对值的1/2：

$$|\zeta_{y',1}| = \frac{1}{2}|(\boldsymbol{A}'_{r,k},\boldsymbol{A}'_{1,k})| = \frac{1}{2}|\arccos(1 - 2a_{31}^2)| \tag{16-3-35}$$

$$|\zeta_{x',1}| = \frac{1}{2}|(\boldsymbol{B}'_{r,k},\boldsymbol{B}'_{1,k})| = \frac{1}{2}|\arccos(1 - 2b_{31}^2)| \tag{16-3-36}$$

至于$\zeta_{y',1}$和$\zeta_{x',1}$的正、负号要视a_{31}和b_{31}的正负号而定（待后）。

现将$\theta_2 = 3°$，$\beta = 7.24°$代入(16-3-24)式的r_{31}、r_{33}和r_{32}中，得

$$r_{31} = 0.1041$$

$$r_{32} = -0.0001$$

$$r_{33} = 0.9943$$

再把上列数据以及 $\theta_1=6°$ 分别代入(16-3-30)式中的 a_{31} 和(16-3-31)式中的 b_{31},得

$$a_{31}=-0.0004$$

$$b_{31}=-0.0001$$

最终由(16-3-35)式、(16-3-36)式,求得

$$|\zeta_{y',1}|=1.38',\ |\zeta_{x',1}|=0.34'$$

由图 16-3-3 可见,在正负号上 $\zeta_{y',1}$ 与 a_{31} 相反,而 $\zeta_{x',1}$ 与 b_{31} 的正负号则相同,所以

$$\zeta_{y',1}=1.38',\zeta_{x',1}=-0.34' \tag{16-3-37}$$

如果认为上列残留的待修正量还不够满意,需要进行再一次的逼近,则可以依照上面所做的那样,重新进行一个循环。

将(16-3-37)式中的两项作为 $\zeta_{y'}$ 和 $\zeta_{x'}$ 代入(16-3-16)式和(16-3-17)式,并考虑到(16-3-16)式中的一些关系,有

$$-0.707\Delta\theta_{2,1}-0.293\Delta\beta_1=0.34' \tag{16-3-38}$$

$$-0.293\Delta\theta_{2,1}+0.707\Delta\beta_1=-1.38' \tag{16-3-39}$$

式中,$\Delta\theta_{2,1}$ 和 $\Delta\beta_1$ 分别为棱镜上一次的微量转角 θ_2 和 β 的增量:

$$\theta_{2,1}=\theta_2+\Delta\theta_{2,1} \tag{16-3-40}$$

$$\beta_1=\beta+\Delta\beta_1 \tag{16-3-41}$$

由(16-3-38)、(16-3-39)二式的联解,得

$$\Delta\theta_{2,1}=0.28',\Delta\beta_1=-1.84'$$

由此

$$\theta_{2,1}=3°+0.28'=3.005°$$

$$\beta_1=-7.24°-1.84'=-7.27°$$

将上列的 $\theta_{2,1}$ 和 β_1 作为 θ_2 和 β 代入一些相关的公式,便可以求出二次逼近的一些中间数据以及残留值 $\zeta_{y',2}$ 和 $\zeta_{x',2}$,如表 16-3-1 所示。

表 16-3-1　二次逼近的计算结果

r_{31}	r_{33}	r_{32}	a_{31}	b_{31}	$\zeta_{y',2}$	$\zeta_{x',2}$
0.1046	0.9945	-0.00004	0	-0.00004	0	0.14′

16.3.2 大物镜方案

为了克服 16.3.1 小节所提出的难题,图 16-3-5 上的 MBS-1 型双目显微镜采用了一个左、右支系统共用的大物镜 4。此种解题途径的优点是原理极为简单,缺点是需要一块尺寸较大的物镜。

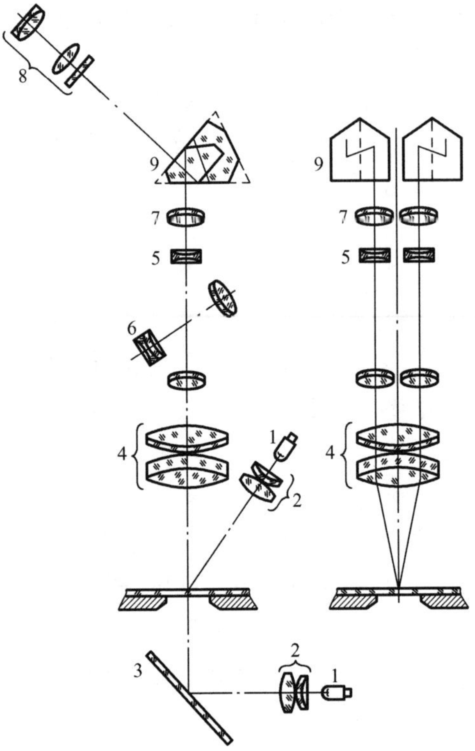

图 16-3-5　MBS－1 型显微镜光学系统

1—光源；2—聚光镜；3—反射镜；4—物镜；

5、6—伽利略系统；7—透镜；8—目镜；9—棱镜。

习　题

16.1　试比较棱镜微量偏转法与大物镜方案的优缺点。

16.2　见图 16-3-1，若半五角棱镜 4 位于补助物镜 5 的后方，试问计算方法有何变化？

第17章 反射棱镜光学平行差分析与计算

在前述的棱镜调整原理及一些相关的实例中，当讨论由棱镜的微量位移所造成的像空间的偏移时，根据小误差独立作用法则，可以假设棱镜本身是理想的，不存在任何制造误差。然而，棱镜制造误差永远难免，而且当研究另一些问题时，其影响不容忽视。

反射棱镜制造误差有多方面的内容。不过，下述仅限于反射棱镜诸反射面与折射面的方位误差，即棱镜的几何误差。

有制造误差的反射棱镜是一个相当复杂的光学零件，所以，为简单起见，本章只讨论平行光路的问题。因此，以下只需注意反射棱镜各工作平面的方向误差，而不必考虑它们的位置误差。

有误差的反射棱镜经展开后已不再呈现为一块平行玻璃板。取代它的是一块楔玻璃板，而它在平行光路中的影响只相当于一个楔镜的作用。

根据已知的棱镜展开的原理，今后在讨论一实际的（非理想的）反射棱镜的物、像空间的关系时，可以把该反射棱镜等效为一个有误差的平面镜系统与一块楔玻璃板串联而成的复合系统。

楔玻璃板（或楔镜）的入射面法线与出射面法线之间的方向偏差，称为反射棱镜的光学平等差 $\Delta\boldsymbol{N}$（或 $\boldsymbol{P}_{\Delta N}$）。光学平行差引起了色散，而且由此产生的色差不能由共轴的透镜系统进行完全的补偿，因此必须严格控制。光学平行差还会使入射光束发生偏转，因而产生了光轴偏。由于此种光束偏转的非线性，玻璃板楔形角的作用将造成一直线物在成像中的像弯曲缺陷而并非像倾斜。换一句话，就是说这种偏转不同于刚体的微量转动。这一论断将在后述中得到证实。

至于有误差的平面镜系统，它仍不失其作为一平面反射系统的本质。这就是说，刚体运动学的原理对它依旧适用。诸反射面的方向误差将在平面镜系统的像空间中造成一像偏转 $\Delta\boldsymbol{\mu}'_{\mathrm{r}}$，而在平行光路中 $\Delta\boldsymbol{\mu}'_{\mathrm{r}}$ 的三个适当的分量分别代表两个光轴偏分量和一个像倾斜分量。一般来讲，光轴偏和像倾斜可以在调整时作适当的补偿。

由上述可见，棱镜折射部（即楔玻璃板）的光学平行差 $\Delta\boldsymbol{N}$（或 $\boldsymbol{P}_{\Delta N}$）以及棱镜反射部（即有误差的平面镜系统）的像偏转 $\Delta\boldsymbol{\mu}'_{\mathrm{r}}$ 二者构成一实际反射棱镜的两个重要的技术指标。

像偏转 $\Delta\boldsymbol{\mu}'_{\mathrm{r}}$ 取决于反射面的方向误差。而光学平行差 $\Delta\boldsymbol{N}$（$\boldsymbol{P}_{\Delta N}$）则除了诸反射面的方向误差之外，同时还与诸折射面的方向误差有关。不过二者都按照各自的方式与棱镜反射部（即平面镜系统）的成像特性相联系。无疑，$\Delta\boldsymbol{N}$（$\boldsymbol{P}_{\Delta N}$）与 $\Delta\boldsymbol{\mu}'_{\mathrm{r}}$

之间也一定存在着非常密切的关系。

综上所述,本章的任务有三点:

(1) 求棱镜反射部的像偏转 $\Delta\boldsymbol{\mu}'_r$,其中包含着光轴偏和像倾斜。

(2) 求反射棱镜或楔玻璃板的光学平行差 $\Delta \boldsymbol{N}(\boldsymbol{P}_{\Delta N})$。[①]

(3) 求楔玻璃板(或楔镜)所造成的出射光线的偏转,其中含光轴偏和像弯曲。

本章内容将为反射棱镜的精度分析与公差计算奠定必要的基础。

17.1 光学平行差

为了后述的方便,补充几个与反射棱镜有关的专用术语。

(1)光轴折线。入射光轴在棱镜内所走过的光路以及出射光轴一起形成的折线称为光轴折线。例如,图 17-1-1、图 17-1-2、图 17-1-3 上的 *ABC* 和 *ABCD*。

前两种情况的光轴折线位于同一个平面内;后一种情况 的光轴折线位于空间。

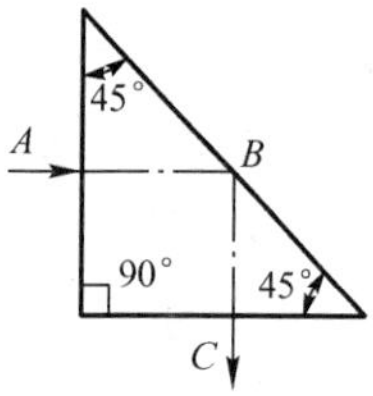

图 17-1-1
棱镜 DⅠ-90°

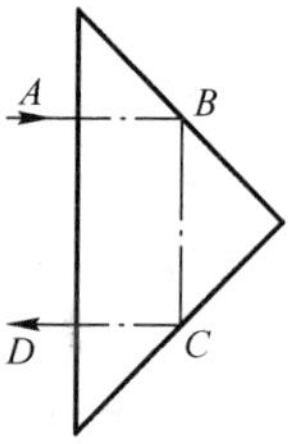

图 17-1-2
棱镜 DⅡ-180°

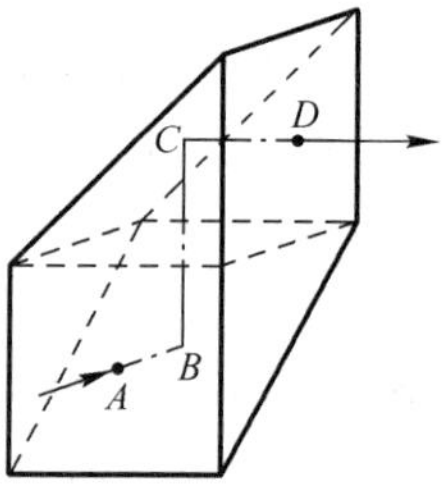

图 17-1-3 光轴折线非共面的棱镜

(2) 入射光轴截面。由棱镜光轴折线上最初入射的两根折线所决定的平面称为入射光轴截面。例如,图 17-1-3 上的直线 AB 和 BC 所构成的平面。

(3) 出射光轴截面。由棱镜光轴折线上最后出射的两根折线所决定的平面称为出射光轴截面。例如,图 17-1-3 上的直线 BC 和 CD 所构成的平面。

(4) 像方光轴截面。入射光轴截面在棱镜反射部像空间中的共轭像平面。

言下之意,入射光轴截面也称物方光轴截面,它与像方光轴截面对棱镜反射部呈现为一对共轭的物、像平面。

换一种说法,出射光轴截面不一定是入射光轴截面在棱镜反射部中的像平面。国 17-1-3 的反射棱镜正是说明此种情况的一个例子。

1. 光学平行差的定义

见图 17-1-4,如果把棱镜出射面的法线(规定向内)$\boldsymbol{N}'_{mr}$看作沿逆光路方向的

① 由后述可知,通常求像方光学平行差 $\Delta \boldsymbol{N}'(\boldsymbol{P}'_{\Delta N'})$。

入射光线，经各反射面逐次反射后，光线在到达棱镜入射面之前（$\boldsymbol{N}_{mr}$）对入射面法线（规定向外）$\boldsymbol{N}_{0r}$的方向偏差 $\Delta\boldsymbol{N}$，称为反射棱镜的光学平行差。

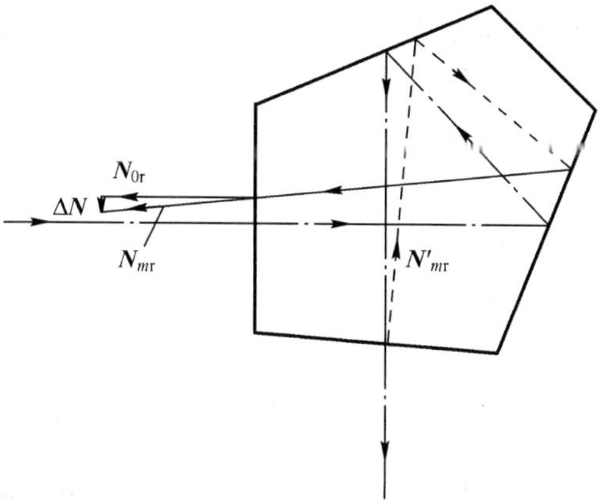

图 17-1-4　光学平行差示意图

1）第一光学平行差

光学平行差在平行于入射光轴截面的方向上的分量，称为第一光学平行差，并记作 $\Delta\boldsymbol{N}_{\mathrm{I}}$。

2）第二光学平行差

光学平行差在垂直于入射光轴截面的方向上的分量，称为第二光学平行差，并记作 $\Delta\boldsymbol{N}_{\mathrm{II}}$。

根据上述定义，光学平行差代表棱镜展开到棱镜反射部物空间而成的楔玻璃板的出射面对入射面的平行差。

如前所述，棱镜也可以展开到棱镜反射部的像空间中，因此，光学平行差还可以换一种方式定义。

3）像方光学平行差

见图 17-1-5，如果把棱镜入射面的法线（规定向外）$\boldsymbol{N}_{0r}$视为棱镜反射部的物矢量，那么，其像矢量 $\boldsymbol{N}'_{0r}$对出射面法线（规定向内）$\boldsymbol{N}'_{mr}$的方向偏差 $\Delta\boldsymbol{N}'$，称为反射棱镜的像方光学平行差。

显然，这里定义的光学平行差代表棱镜展开到棱镜反射部像空间中而成的楔玻璃板的出射面对入射面的平行差。

4）像方第一光学平行差

像方光学平行差在平行于像方光轴截面的方向上的分量，称为像方第一光学平行差，并记作 $\Delta\boldsymbol{N}'_{\mathrm{I}}$。

5）像方第二光学平行差

像方光学平行差在垂直于像方光轴截面的方向上的分量，称为像方第二光轴平行差，并记作 $\Delta\boldsymbol{N}'_{\mathrm{II}}$。

实际上，无论是光学平行差，或是像方光学平行差，它们都将代表反射棱镜在展开后与一平行玻璃板的偏离程度。或者说，它们表示棱镜展开后所成的楔玻璃板的楔角大小和楔棱的方向。二者无本质差别，而本章采用后者。

2. 光学平行差的数学表达方式

首先针对一块普通的楔镜（图 17-1-6），讨论其入射面 1 和出射面 2 之间的平行差。

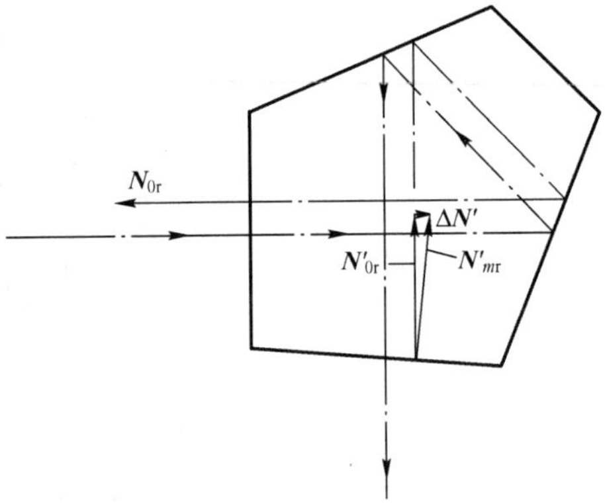

图 17-1-5 像方光学平行差

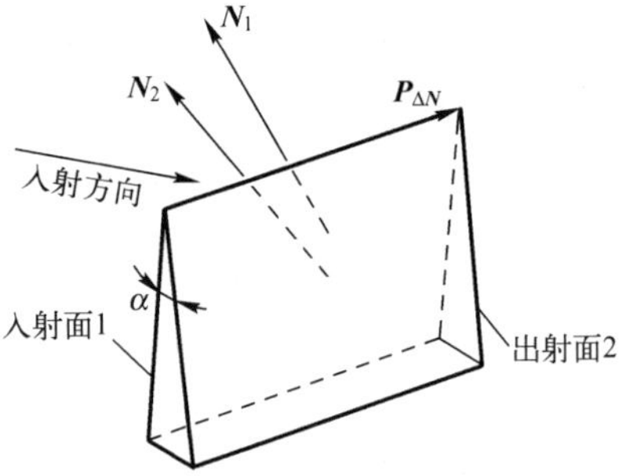

图 17-1-6 楔镜及其参量

平行差是一个二自由度的平面矢量，其表达的方式有两种：

(1) 方式一：

$$\Delta \boldsymbol{N} = \boldsymbol{N}_2 - \boldsymbol{N}_1 \tag{17-1-1}$$

式中，$\boldsymbol{N}_1$ 和 $\boldsymbol{N}_2$ 分别为楔镜入射面和出射面的法线单位矢量；由于 $\boldsymbol{N}_1$ 和 $\boldsymbol{N}_2$ 的差别很小，所以 $\Delta \boldsymbol{N}$ 在同时垂直于 $\boldsymbol{N}_1$ 和 $\boldsymbol{N}_2$ 的平面内。

(2) 方式二：

$$\boldsymbol{P}_{\Delta N} = \boldsymbol{N}_2 \times \boldsymbol{N}_1 \tag{17-1-2}$$

若将（17-1-1）式代入（17-1-2）式，得

$$\boldsymbol{P}_{\Delta N} = \Delta \boldsymbol{N} \times \boldsymbol{N}_1$$

略去二阶小量后，则

$$\boldsymbol{P}_{\Delta N} = \Delta \boldsymbol{N} \times \boldsymbol{N} \tag{17-1-3}$$

$\boldsymbol{N}$ 为楔玻璃板入射面法线和出射面法线的标准值。

见图 17-1-6，$\boldsymbol{P}_{\Delta N}$的方向代表楔镜入射面与出射面的交棱的方向，而 $\boldsymbol{P}_{\Delta N}$的另一些意义，详见后述。

现将（17-1-1）式和（17-1-3）式应用于反射棱镜，并注意本书规定的一些符号，便可以得到它的物、像方的光学平行差：

$$\Delta \boldsymbol{N} = \boldsymbol{N}_{mr} - \boldsymbol{N}_{0r} \tag{17-1-4}$$

$$\Delta \boldsymbol{N}' = \boldsymbol{N}'_{mr} - \boldsymbol{N}'_{0r} \tag{17-1-5}$$

$$\boldsymbol{P}_{\Delta N} = \Delta \boldsymbol{N} \times \boldsymbol{N}_0 \tag{17-1-6}$$

$$P'_{\Delta N'} = \Delta N' \times N'_m \tag{17-1-7}$$

式中,N_0 和 N'_m 分别为反射棱镜的理想入射面和理想出射面的法线单位矢量;而 N_{0r} 和 N'_{mr} 则分别为反射棱镜的实际入射面和实际出射面的法线矢量,无疑,N'_{0r} 为 N_{0r} 在棱镜反射部中的共轭的像矢量,而 N_{mr} 则为 N'_{mr} 在棱镜反射部中的共轭的物矢量。

由于 $N_0 = N_m$ 和 $N'_m = N'_0$,所以(17-1-6)式和(17-1-7)式也可写成

$$P_{\Delta N} = \Delta N \times N_m \tag{17-1-8}$$

$$P'_{\Delta N'} = \Delta N' \times N'_0 \tag{17-1-9}$$

在棱镜反射部的物、像空间中,对应的光学平行差之间应有下列的关系:

$$\Delta N' = R(\Delta N) \tag{17-1-10}$$

$$\Delta N'_{\mathrm{I}} = R(\Delta N_{\mathrm{I}}) \tag{17-1-11}$$

$$\Delta N'_{\mathrm{II}} = R(\Delta N_{\mathrm{II}}) \tag{17-1-12}$$

$$\Delta P'_{\Delta N'} = S_{T,2\varphi}(P_{\Delta N}) \tag{17-1-13}$$

3. 光学平行差的测量

为了进一步了解光学平行差的意义,有必要掌握一些关于如何测量光学平行差的知识。

自准直管是测量棱镜光学平行差的有效工具。它是一个刻卜勒式的望远镜,带有内部照明光源,通过物镜一端向外发出平行光束,同时,利用同一个物镜可接收自被测物反射回来的平行光束,而检验者借助另一端的目镜观察所接收到的返回平行光束在物镜焦面上呈现的像。

例如,当测量图 17-1-1 所示的直角棱镜时,使其入射面对着自准直管的物镜并与自准直管的光轴相垂直。自准直管发出的平行光束在到达棱镜入射面时,少部分自入射面反射回来,大部分垂直射入棱镜,而此射入部分的平行光束在到达棱镜出射面时,又有一部分自出射面反射回来。这样,自准直管接收到分别自棱镜入射面和出射面反射回来的两组平行光。一般来讲,由于被测棱镜都存在有一定的光学平行差,所以此两组平行光在物镜焦面上呈现为两分离的像,如图 17-1-7 上所示的 A 和 B。根据测量时棱镜相对于自准直管的位置状态,A、B 的横向距离与纵向距离给出了 ΔN_{I} 与 ΔN_{II}。

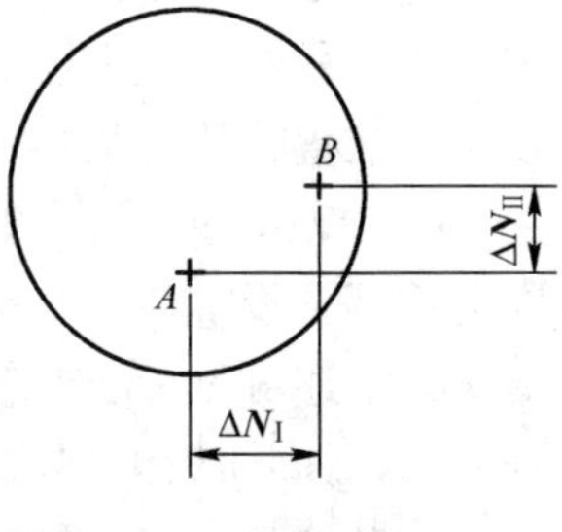

图 17-1-7 棱镜 DⅠ-90°光学平行差检测

假如被测的直角棱镜应用于二次反射的情况,如图 17-1-2 所示。此时,若以整个弦面对着自准直管的物镜,则情况变得比较复杂,在目镜视场中一般会看到五个反射像 A、B、C、D、E,如图 17-1-8 所示。

造成这一复杂现象的原因是,此时的弦面既是入射面又是出射面。现用纸片把出射面那半边弦面盖住,使自准直管发出的光线只能从入射面那一半弦面垂直射入,则视场中就只留下了 A、C 两个像。A 是入射面的反射像,C 则为出射面反射

回来的。纸片挡住了从出射面出射的 B 像;同时也挡住了进入出射面的光线,因而 D、E 两个像也将从视场中消失。同样,A、C 的横向距离与纵向距离分别给出 $\Delta \boldsymbol{N}_{\mathrm{I}}$ 与 $\Delta \boldsymbol{N}_{\mathrm{II}}$。

事实上,只要分清每个反射像的来由,那么,多个反射像的出现是不会影响测量的。在本例中,D、B 的横向距离与 A、C 的横向距离相等,而且 D、B 两个像比较亮,用它来读出 $\Delta \boldsymbol{N}_{\mathrm{I}}$ 会更准确些。

自准直管分划板刻尺读数按一定的比值反映光学平行差分量的角值。例如,分划板上对物镜张角为 1′的格值,当所量的棱镜的玻璃折射率为 n 时,则这一格值计读的光学平行差为 $60/2n$(角秒)。

有些棱镜,例如道威棱镜、立方棱镜等,它们的光轴不垂直于入射面。当测量这些棱镜的光学平行差时,仍然要假定光线是垂直入射的,如图 17-1-9 所示。

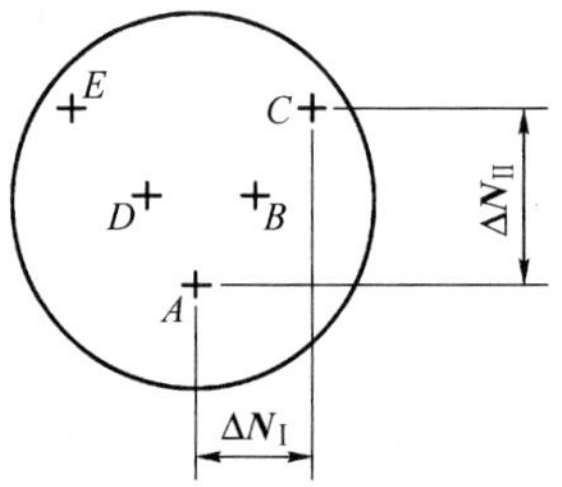

图 17-1-8　棱镜 DⅡ-180°光学平行差检测

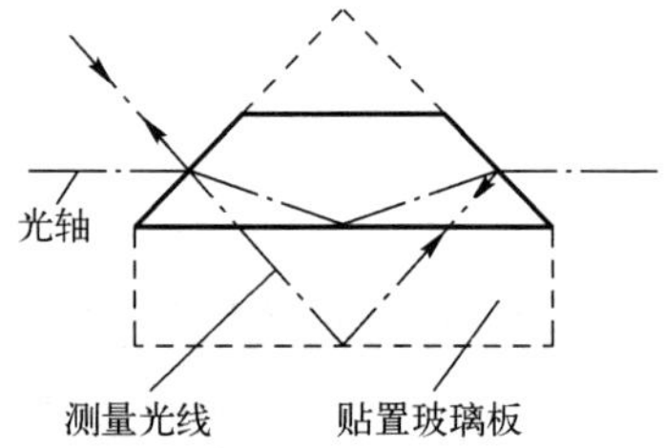

图 17-1-9　道威棱镜学光平行差检测

当测量此类棱镜的光学平行差时,往往会遇到这样一个困难,即从入射面垂直进入的光线根本就无法到达出射面,或是到达者甚少,反射回来的则更少,因而难以在自准直管的视场内找到或看清来自棱镜出射面的反射像。克服这一困难的是,如图 17-1-9 所示,在道威棱镜的反射面处贴置一块平行度很高并具有适当厚度的玻璃平板。

由上述可见,光学平行差的提出是非常合理的,它使设计、检验和使用三者达到了统一,因而极大地改善了反射棱镜的生产技术管理工作。

无疑,图纸上直接规定的光学平行差要依靠制造加以保证。因此,必须分析清楚光学平行差的两个分量各自是由哪些几何误差所造成的。明确这些关系,便于在制造中修正这些误差。

17.2　原始误差与基准

1. 原始误差与误差的自由度

原始误差一般指制造误差。就所论问题的范围,一个反射棱镜的原始误差就是它的各个工作面的方向误差,或者说,它的每一个反射面和折射面的法线的方向误差。

如图 17-2-1 所示，单位矢量 $\boldsymbol{N}$ 代表某反射面或折射面的法线方向，$\Delta\boldsymbol{N}$ 为 $\boldsymbol{N}$ 的增量，即它的误差。显然，作为方向误差，那么只有当位于垂直于 $\boldsymbol{N}$ 的平面内才是有意义的。所以，棱镜的一个工作面的方向误差的自由度数为 2。

如果任选一个计读坐标系，则一个反射棱镜的误差自由度总数等于其工作面总数与 2 相乘。

2. 基准

实际上，计读坐标系总会标定在反射棱镜的某些几何元素上。这就是所谓的基准的问题。

用图 17-2-2 所示的单一主截面的五棱镜为例来说明反射棱镜基准选择的一些问题。

通常，选择棱镜的入射面以及它与相邻的某一个工作面的交棱作为基准。例如，这里的入射面 $ABCD$ 和交棱 BC。

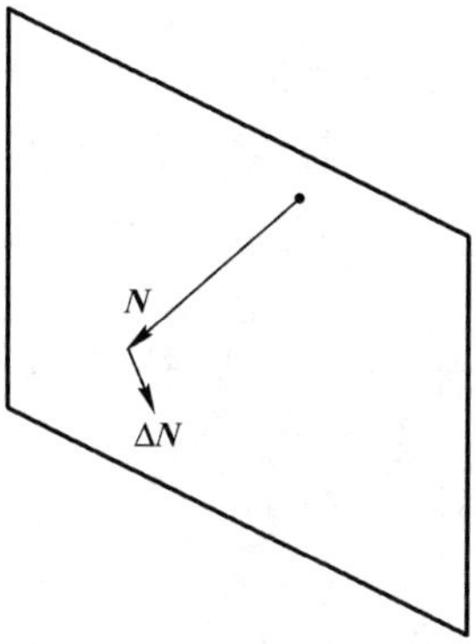

图 17-2-1　平面法线的方向误差

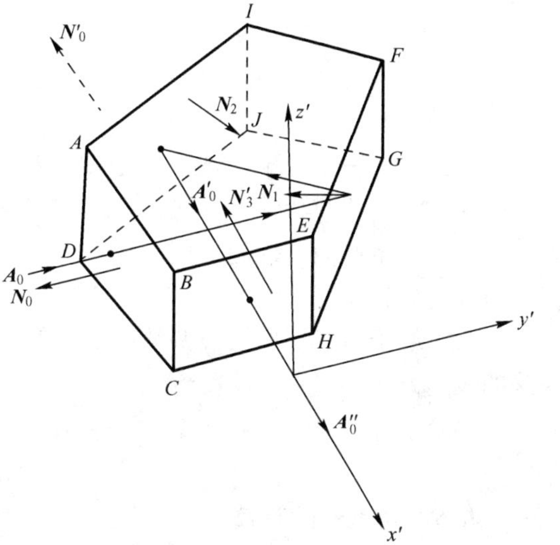

图 17-2-2　棱镜的基准

如所知，在平行光路中计读坐标系自身具有 3 个自由度，所以，用来标定计读坐标系的几何元素也必须具备 3 个自由度。

当入射面 $ABCD$ 被设定为基准面之后，它的方向的 2 个标量误差便消失了；又加上交棱 BC 被选择为基准棱之后，相邻反射面 $BCHE$ 的方向也失去了一个标量误差，因为该反射面只能绕基准棱 BC 作转动。

因此，对于平行光路的问题，基准的设定可以使一反射棱镜的原始误差的总数减少 3 个。

经标定后的计读坐标系 $x'y'z'$ 与相对应的基准面及基准棱之间应存在有以下的关系：坐标轴 x' 和 y' 所在的平面应与基准棱 BC 相垂直，同时还垂直于基准面 $ABCD$；z' 轴应与 BC 相平行；x' 轴应平行于理想的出射面 $BCHE$ 的法线 $\boldsymbol{N}'_3$，或者说，

x'轴应当与入射面的法线 $\boldsymbol{N}_0$，或垂直入射的光线 $\boldsymbol{A}_0$ 展开到理想的反射部的像空间中而成的 $\boldsymbol{N}'_0$ 或 $\boldsymbol{A}'_0$ 相平行。可见，$x'y'$坐标面代表棱镜理想的主截面，而 z'轴垂直于此主截面。在此情形，两个反射面和出射面的理想的方向 $\boldsymbol{N}_1$，$\boldsymbol{N}_2$ 和 $\boldsymbol{N}'_3$ 均应平行于 $x'y'$坐标面，而且在与 $x'y'$坐标面相平行的平面内也应处于一个正确的方向。

3 反射棱镜工作面法线方向误差的两种表达方式

图 17-2-3 是图 17-2-2 的一个局部。$x'y'z'$是经标定后的计读坐标系，$\boldsymbol{N}_2$ 代表理想反射面 $ADJI$ 的法线单位矢量，因而平行于 $x'-y'$平面。1234 为过 $\boldsymbol{N}_2$ 且平行于 $x'-y'$面的平面，而 5678 则是过 $\boldsymbol{N}_2$ 且垂直于 $x'-y'$面的平面。

一平面方向或其法线方向的变化有两种表达方式。

1）增量法

如图 17-2-3 所示，$\Delta\boldsymbol{N}_2$ 为法线单位矢量 $\boldsymbol{N}_2$ 的增量，使实际的法线矢量变成 $\boldsymbol{N}_{2r}$：

$$\boldsymbol{N}_{2r} = \boldsymbol{N}_2 + \Delta\boldsymbol{N}_2 \tag{17-2-1}$$

式中，$\Delta\boldsymbol{N}_2 \perp \boldsymbol{N}_2$。$\Delta\boldsymbol{N}_{2\alpha}$和 $\Delta\boldsymbol{N}_{2\beta}$为 $\Delta\boldsymbol{N}_2$在上述两个相互垂直的平面内的分量。

2）偏转法

在图 17-2-3 中，$\boldsymbol{\gamma}_2$代表使法线单位矢量 $\boldsymbol{N}_2$产生方向变化的偏转矢量。$\boldsymbol{\gamma}_2$的方向为微量转动的转轴的方向，$\boldsymbol{\gamma}_2$的长短为偏转角的大小，而转角和转轴方向之间的正负号关系遵循右螺旋法则。同样，$\boldsymbol{\gamma}_2 \perp \boldsymbol{N}_2$。$\boldsymbol{\gamma}_{2\alpha}$和 $\boldsymbol{\gamma}_{2\beta}$为 $\boldsymbol{\gamma}_2$在两个相互垂直的平面内的分量。

为了便于与在反射棱镜调整中的一些公式相配合，在后述中将主要采用偏转法的表达方式。

去除下标后，在 $\boldsymbol{\gamma}$、$\boldsymbol{N}$ 及 $\Delta\boldsymbol{N}$ 之间，有

$$\Delta\boldsymbol{N} = \boldsymbol{\gamma} \times \boldsymbol{N} \tag{17-2-2}$$

4. 90°角屋脊的等效

反射棱镜通常包含有两种典型的成像单元：其一当然是指单一的反射面；其二则为由两个单反射面组成夹角为 90°的屋脊，简称 90°角屋脊，或者直接叫做屋脊。

如果像对待一般的反射面那样，分别地去处理一屋脊的两个反射面，则问题会变得比较复杂。

通常，把一屋脊当作一个特殊的角镜，如图 17-2-4 所示，两面角 $\beta = 90°$。如所知，对角镜来说，出射光线 $\boldsymbol{A}'$可由其相应的入射光线 $\boldsymbol{A}$ 绕交棱 $\boldsymbol{P}$ 转动 $2\beta = 180°$ 而成。

将屋脊棱 $\boldsymbol{P}$ 作转轴矢量以及转角 $\theta = 2\beta = 180°$代入转动矢量（1-2-2）式，得

$$\boldsymbol{A}' = (-\boldsymbol{A}) - 2[(-\boldsymbol{A}) \cdot \boldsymbol{P}]\boldsymbol{P} \tag{17-2-3}$$

为比较起见，重写单平面镜的反射矢量公式于下：

$$\boldsymbol{A}' = \boldsymbol{A} - 2(\boldsymbol{A} \cdot \boldsymbol{N})\boldsymbol{N} \tag{17-2-4}$$

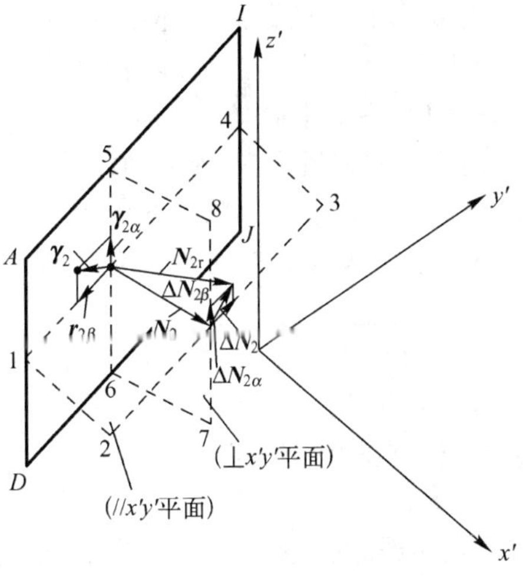

图 17-2-3　一工作面方向误差的表示

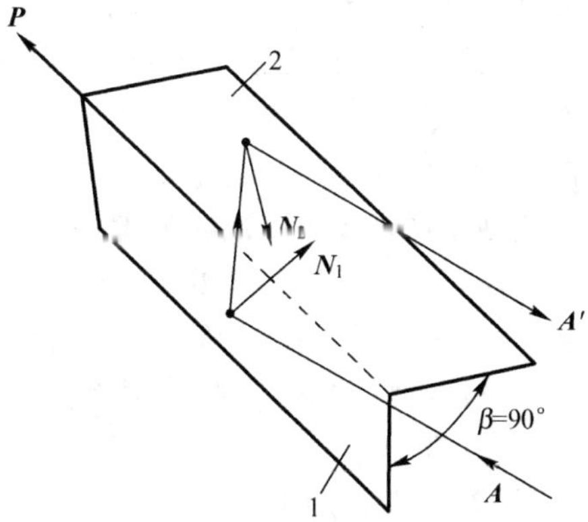

图 17-2-4　一 90°角屋脊的等效

对照以上二式，不难看出 90°角屋脊可以等效为法线 $\boldsymbol{N}$ 与屋脊棱 $\boldsymbol{P}$ 相平行的单平面镜，只是把输入矢量 $\boldsymbol{A}$ 反向而成为 $(-\boldsymbol{A})$ 即可。

从另一方面，法线矢量 $\boldsymbol{N}$ 为单反射面的特征方向，屋脊棱 $\boldsymbol{P}$ 则为屋脊的特征方向，而且二者的转换角 2φ 都等于 180°，因此它们的作用矩阵 $\boldsymbol{R}_N$ 和 $\boldsymbol{R}_P$ 也都相仿：

$$\boldsymbol{R}_N = (-1)^t \boldsymbol{S}_{N,180°} = (-1)^1 \boldsymbol{S}_{N,180°} = -\boldsymbol{S}_{N,180°}$$

$$\boldsymbol{R}_P = (-1)^t \boldsymbol{S}_{P,180°} = (-1)^2 \boldsymbol{S}_{P,180°} = \boldsymbol{S}_{P,180°}$$

以上二式表明，屋脊的物像关系是输入物直接绕屋脊棱转 180°便成为其共轭像，而单反射面的物像关系则必须是输入物先要反向然后再绕法线转 180°才能得到它的共轭像。

在讨论光学平行差的时候，以上提到的输入物其实就是反射棱镜入射面的法线 $\boldsymbol{N}_0$，或是它在展开过程中所呈现的某一个像。当 $\boldsymbol{N}_0$ 反向成为 $-\boldsymbol{N}_0$ 时，入射面所在的平面并没有发生任何变化。因此，排除了一些非本质的差异之后，一 90°角屋脊与一单反射面之间具有高度的替换性。

以上的分析比较并非真的想要用一个单反射面来取代一个屋脊，它的用意只是为了便于后面的讨论。

5. 角偏差与棱差

本小节对反射棱镜各工作面的方向误差做一个合理的分类。

由前述得知，屋脊棱 $\boldsymbol{P}$ 同法线 $\boldsymbol{N}$ 无本质差异，可以一样对待。

以下讨论只限于单一主截面的简单棱镜。参考图 17-11-1 所示的屋脊五棱镜，它属于单一主截面的简单棱镜。此类棱镜的一个特点是所有工作面的法线 $\boldsymbol{N}_i$ 及屋脊棱 $\boldsymbol{P}_i$ 都平行于代表主截面的 $x'-y'$ 平面。

据图 17-2-3 中所示的偏转法的方式，标出屋脊五棱镜的全部偏转误差矢量 $\boldsymbol{\gamma}_i$，并把它们分解成为下标为“α”和“β”的两类分量 $\boldsymbol{\gamma}_{i\alpha}$ 和 $\boldsymbol{\gamma}_{i\beta}$。可以看出，所有的 $\boldsymbol{\gamma}_{i\alpha}$ 都垂直于 $x'-y'$ 平面，而所有的 $\boldsymbol{\gamma}_{i\beta}$ 则都平行于 $x'-y'$ 平面。

由上述可知，在把棱镜展开到其反射部的像空间的过程中，入射面以及它的法线 $\boldsymbol{N}_0$ 将顺着棱镜光路进行的方向，依次地绕每一个成像单元的法线矢量 $\boldsymbol{N}_{i\mathrm{r}}$ 或屋脊棱 $\boldsymbol{P}_{i\mathrm{r}}$ 转动 180°，而最后呈现为反射部像空间中的法线像矢量 $\boldsymbol{N}'_{0\mathrm{r}}$，当然，其间也必须包括使输入物进行反向处理的一些步骤。

现在假设一反射棱镜的入射面是理想的，例如图 17-11-1 中所示屋脊五棱镜的 AB 面。显然，入射面应垂直于代表主截面的 $x'-y'$ 平面。

在下述中将讨论 $\boldsymbol{\gamma}_{i\alpha}$ 和 $\boldsymbol{\gamma}_{i\beta}$ 两类偏转误差分量究竟有何不同之处。

1）角偏差（$\boldsymbol{\gamma}_{i\alpha}$ 类）

图 17-2-5 是图 17-11-1 的一个局部。偏转误差矢量 $\boldsymbol{\gamma}_1$ 的一个分量 $\boldsymbol{\gamma}_{1\alpha}$ 使理想的屋脊棱 $\boldsymbol{P}_1$ 变成为 $\boldsymbol{P}_{1\mathrm{r}}$，不过由于 $\boldsymbol{\gamma}_{1\alpha}$ 垂直于主截面 $x'-y'$，所以实际的屋脊棱 $\boldsymbol{P}_{1\mathrm{r}}$ 仍然保持了与 $x'-y'$ 平面相平行的状态。本来入射面 AB 应当绕 $\boldsymbol{P}_1$ 转 180°而成为 $A'B'$，而现在变成了绕 $\boldsymbol{P}_{1\mathrm{r}}$ 转 180°而呈现为 $A'_\mathrm{r}B'_\mathrm{r}$，但由于上述的原因，入射面的这个实际的像面 $A'_\mathrm{r}B'_\mathrm{r}$ 依然与主截面 $x'-y'$ 相垂直，只是在平行于主截面的方向上偏转了一个大小为 $2\boldsymbol{\gamma}_{1\alpha}$ 的角度。

这一情况可以推广到其他的 $\boldsymbol{\gamma}_{i\alpha}$。此类误差所造成的楔玻璃板的楔形角位于主截面内，而玻璃板的入射面和出射面都仍然维持着与基准棱 z' 的相互平行的关系，而只是在围绕 z' 旋转的方向上有微小的偏差。

由图 17-11-1 可见，一些相邻成像单元的 $\boldsymbol{\gamma}_{i\alpha}$ 常常可以归并为对应单元之间的夹角的误差。例如，$\boldsymbol{\gamma}'_{3\alpha}-\boldsymbol{\gamma}_{1\alpha}=\Delta_\mathrm{c}112.5°$。

鉴于上述的一些关系，反射棱镜的工作面法线或屋脊棱的这一类偏转误差被称为角偏差。

2）棱差（$\boldsymbol{\gamma}_{i\beta}$ 类）

图 17-2-6 仍然是图 17-11-1 的同一个局部，只不过其上标明了偏转误差矢量 $\boldsymbol{\gamma}_1$ 的另一个分量 $\boldsymbol{\gamma}_{1\beta}$。$\boldsymbol{\gamma}_{1\beta}$ 使实际的屋脊棱 $\boldsymbol{P}_{1\mathrm{r}}$ 翘离了主截面，而不再平行

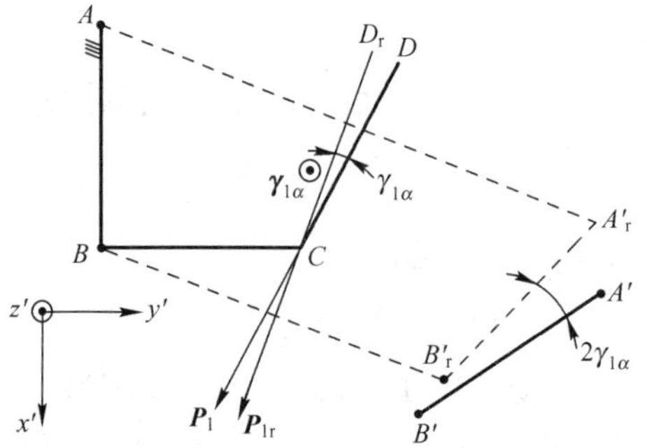

图 17-2-5　一屋脊棱 $\boldsymbol{P}_1$ 的角误差 $\boldsymbol{\gamma}_{1\alpha}$

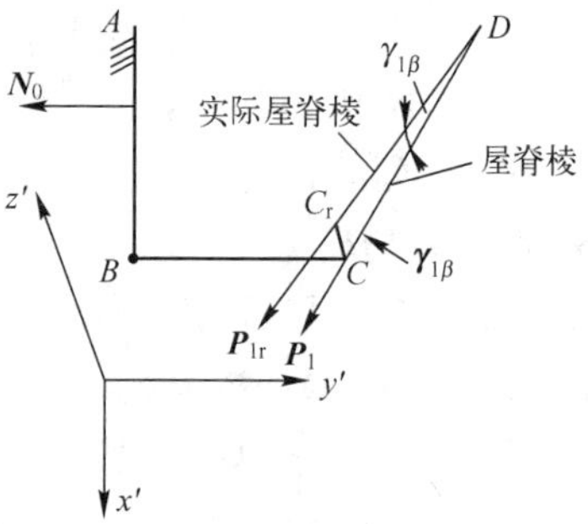

图 17-2-6　一屋脊棱 $\boldsymbol{P}_1$ 的棱差 $\boldsymbol{\gamma}_{1\beta}$

于 $x'-y'$ 平面。在此情形，入射面 AB 绕 $\boldsymbol{P}_{1r}$ 转 180°后而在屋脊的像空间中所成的像平面已不再与主截面 $x'-y'$ 相垂直，且经反射面 EA（图 17-11-1）最终在反射部的像空间所呈现的像面（即楔玻璃板的入射面）一般也不会与主截面相垂直。

这一情况也适用于其他的 $\boldsymbol{\gamma}_{i\beta}$。其实，由于 $\boldsymbol{\gamma}_{i\beta}$ 的存在，相应工作面的法线或相应屋脊的屋脊棱也都发生了相对于 $x'-y'$ 平面的倾斜，或者说，这些矢量 $\boldsymbol{N}_{i\alpha}$ 和 $\boldsymbol{P}_{i\beta}$ 不再与基准棱 x' 相垂直。显然，$\boldsymbol{\gamma}_{i\beta}$ 类的偏转误差使楔玻璃板的楔形角产生在和主截面相垂直的平面内。

根据上述的情况，反射棱镜的工作面法线或屋脊的此类偏转误差被称为“棱差”。国外有“尖塔差”之称。实际上，所指相同。

为了后述内容的需要，现在来讨论一下由某一个成像单元的棱差给整个反射棱镜所造成的光学平行差。

见图 17-2-7，仍然以屋脊五棱镜为例。$\boldsymbol{P}_1$ 为屋脊 $CDFG$ 的屋脊棱单位矢量，$\boldsymbol{\gamma}_{1\beta}$ 为屋脊的棱差，$\boldsymbol{N}_0$ 为理想的入射面 AB 的法线单位矢量，$\boldsymbol{N}'_{01}$ 为 $\boldsymbol{N}_0$ 在屋脊的像空间中的理想像，$\boldsymbol{N}_2$ 为理想反射面 AE 的法线单位矢量。

对于某一个单独的成像单元来说，可以把制造误差的问题当作该成像单元的微量转动的问题（即调整的问题）来加以解决。

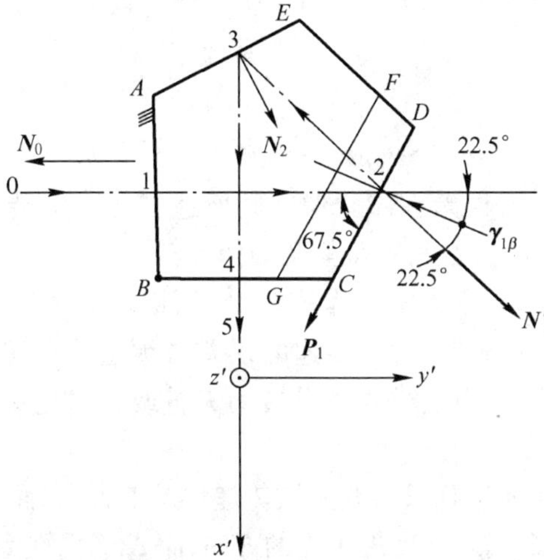

图 17-2-7　屋脊 $\boldsymbol{P}_i(DC)$ 的棱差 $\gamma_{1\beta}$ 对棱镜光学平行差的贡献

由像偏转的公式(4-3-11)、(4-3-13)有

$$(\Delta\mu') = \boldsymbol{J}_{\mu P}(\Delta\theta \boldsymbol{P}) = (\boldsymbol{E} - \boldsymbol{S}_{T,2\varphi})(\Delta\theta \boldsymbol{P}) \qquad (17\text{-}2\text{-}5)$$

用屋脊棱 $\boldsymbol{P}_1$ 的 $\boldsymbol{S}_{P_1,180^\circ}$、$\boldsymbol{\gamma}_{1\beta}$ 以及由此棱差在屋脊像空间中所造成的像偏转 $\Delta\boldsymbol{\mu}'_{01}$ 取代(17-2-5)式中的相对应的量，得

$$(\Delta\boldsymbol{\mu}'_{01}) = (\boldsymbol{E} - \boldsymbol{S}_{P_1,180^\circ})(\boldsymbol{\gamma}_{1\beta}) \qquad (17\text{-}2\text{-}6)$$

并由(17-2-2)式得

$$\Delta \boldsymbol{N}'_{01} = \Delta \boldsymbol{\mu}'_{01} \times \boldsymbol{N}'_{01} \tag{17-2-7}$$

式中

$$\Delta \boldsymbol{N}'_{01} = \boldsymbol{S}_{\boldsymbol{P}_1,180^\circ} \boldsymbol{N}_0 \tag{17-2-8}$$

其实,从图 17-2-7 也可很容易地找到 $\boldsymbol{N}'_{01}$,它就是镜内光轴$\overline{23}$段的反向。

通常,$\boldsymbol{\gamma}_{1\beta}$与 $\boldsymbol{P}_1$ 相垂直,所以

$$\boldsymbol{S}_{\boldsymbol{P}_1,180^\circ} \boldsymbol{\gamma}_{1\beta} = (-\boldsymbol{\gamma}_{1\beta})$$

由此

$$\Delta \boldsymbol{\mu}'_{01} = 2\boldsymbol{\gamma}_{1\beta}$$

又由图 17-2-7 上得知,$\boldsymbol{\gamma}_{1\beta}$与 $\boldsymbol{N}'_{01}$之间夹角为 180° - 22.5°,因而有

$$\Delta \boldsymbol{N}'_{01} = 2\gamma_{1\beta}\sin(180^\circ - 22.5^\circ)\boldsymbol{k}'$$

$$\Delta N'_{01} = 0.766\gamma_{1\beta}$$

实际上,$\boldsymbol{\gamma}_{1\alpha}$和 $\boldsymbol{\gamma}_{1\beta}$可以合并在一起计算,而且也可以把一个成像单元由自身的偏转误差 $\boldsymbol{\gamma}_i$ 在其像空间所造成的像偏转 $\Delta\boldsymbol{\mu}'_{0i}$都转换到反射部的像空间后进行叠加而求得总的像偏转 $\Delta\boldsymbol{\mu}'$(这个符号在以后的 17.10 节中改成 $\Delta\boldsymbol{\mu}'_{\mathrm{r}}$)。

仍然以图 17-2-7 中的屋脊作为例子,有

$$\Delta \boldsymbol{\mu}'_1 = \boldsymbol{S}_2 \Delta \boldsymbol{\mu}'_{01}$$

或

$$\Delta \boldsymbol{\mu}'_1 = \boldsymbol{S}_{\boldsymbol{N}_2,180^\circ}(\boldsymbol{E} - \boldsymbol{S}_{\boldsymbol{P}_1,180^\circ})(\boldsymbol{\gamma}_1) \tag{17-2-9}$$

式中,$\Delta\boldsymbol{\mu}'_1$代表由屋脊自身误差在屋脊像空间所造成的像偏转 $\Delta\boldsymbol{\mu}'_{01}$再经由其后续的反射面而最终在反射部像空间中所呈现的像偏转。

根据 $\boldsymbol{S}_{\boldsymbol{N}_2,180^\circ}$在(17-2-9)式中的作用,它应当被定义为"误差传递矩阵"。不过,本定义要求一个前提,那就是,被传递的误差必须是按右螺旋规则沿转轴方向表示的矢量,即在讨论棱镜调整时的微量转动矢量或在讨论棱镜制造误差时的偏转误差矢量。

还必须指出,误差传递矩阵只会改变被传递误差的方向,而不会影响它的大小。例如,(17-2-9)式中的 $\boldsymbol{S}_{\boldsymbol{N}_2,180^\circ}$只改变 $\Delta\boldsymbol{\mu}'_{01}$的方向,而 $\Delta\boldsymbol{\mu}'_{01}$仍维持原来的数值。

屋脊角 90°的误差主要导致双像差,通常控制在若干秒内,因此它对光学平行差的影响可以忽略。

17.3 解题的一般途径

所谓解题的一般途径就是指解题方法中的一些原则问题,这些原则不涉及到哪一种具体的反射棱镜,因而具有较普遍的适用性。

在第 2 章曾提到,反射棱镜的展开(或棱镜的拉直)能够极大地暴露反射棱镜的物像空间的共轭关系,而且可以分清棱镜的折射部(两个折射面的组合)和反射部(诸反射面的组合)各自在棱镜成像中所起的作用。此种分析方法当时对解决棱镜调整的问题帮助很大,而现在对考虑制造误差的影响也仍然是非常有益的。

展开把反射棱镜中的光路拉直了,因而使我们能够清晰地看到光路的情况。虽然拉直后的出射光路在空间上不一定就是反射棱镜的真实的出射光路,然而它却通过一定的物像关系而与真实的光路相联系着。

现在讨论的是一块各反射面和折射面均有制造误差的实际的反射棱镜。应当指出,实际反射棱镜的展开与理想反射棱镜的情况没有原则上的差别。实际棱镜经过对于它的各个实际反射面的展开后,一般呈现为一块微楔角玻璃板。同理,楔玻璃板的出射光路在空间位置上不一定就是实际反射棱镜的出射光路,不过两种出射光路却对实际的棱镜反射部呈现共轭的物像关系。

棱镜既可以展开到棱镜反射部的物空间中,也可以展开到棱镜反射部的像空间中,因此,相应地也存在着两种解题的方法。

1. 第一种方法——将棱镜展开到其反射部的物空间

图 17-3-1 表示一五角棱镜按此方法展开后的结果,它转换成为一微楔角玻璃板 $abgh$ 和棱镜反射部 $cde'f'$ 的串联系统。楔玻璃板为串联系统中的先导部分。这就是说,光线按照图中带圆圈的数字的顺序先通过楔玻璃板,然后再通过棱镜反射部。

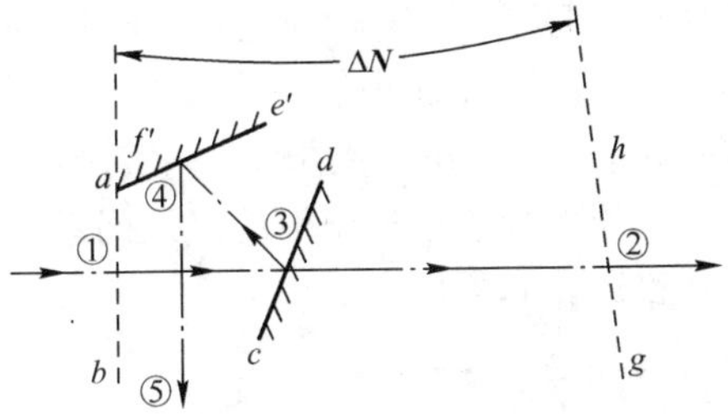

图 17-3-1 把棱镜展开到反射部物空间的方法

本方法的解题步骤如下:

(1) 将实际的反射棱镜相对其实际反射部展开成一块物方微楔角玻璃板——求物方光学平行差。在这一过程中,反射棱镜的全部几何误差(各反射面和折射面的角偏差和棱差)归化为光学平行差,同时光路被拉直。

(2) 处理一微楔角玻璃板的成像问题——重点在于求解无穷远处的竖直物经一微楔角玻璃板后产生的光轴偏和像弯曲。在这一过程中,棱镜反射部暂时缺失。这表明反射部各反射面的几何误差与这一步骤的成像没有直接的关系。间接的影响则是由于这些误差在形成物方光学平行差中的作用而产生的。

(3) 将微楔角玻璃板的出射光路转换到实际的棱镜反射部的像空间,把它重新恢复为实际反射棱镜的出射光路——求出各反射面的几何误差在实际棱镜反射部的像空间中所造成的光轴偏和像倾斜,同时把楔玻璃板像空间中的光轴偏和像弯曲转换到实际棱镜反射部的同一个像空间中,最后两组来源不同的光轴偏进行叠加,而像倾斜则与像弯曲综合在一起。

现将上述三个步骤之间的联系小结如下:

第一步骤把一个实际的反射棱镜转换成由一个实际折射部(物方楔玻璃板)和

一个实际反射部(有反射面误差的平面镜系统)构成的串联组合,其中楔玻璃板在先,而平面镜系统在后;第二步骤解决物方楔玻璃板的物像关系;第三步骤解决有制造误差的平面镜系统的物像关系。最终求得实际反射棱镜像空间中的有误差的图像。

2. 第二种方法——将棱镜展开到其反射部的像空间

图 17-3-2 表示一五角棱镜按此方法展开后的结果,它转换成为棱镜反射部 $cde'f'$和一微楔角玻璃板 $a''b''g''h''$的串联系统。棱镜反射部为串联系统中的先导部分。这就是说,光线按照图中带圆圈的数字的顺序先通过棱镜反射部,然后再通过楔玻璃板。

本方法的解题步骤如下:

(1) 将实际的反射棱镜相对其实际反射部展开成一块像方微楔角玻璃板——求像方光学平行差。

(2) 求出各反射面的几何误差在实际棱镜反射部的像空间所造成的光轴偏和像倾斜。

(3) 处理像方微楔角玻璃板的成像问题——求像方微楔角玻璃板所造成的光轴偏和像弯曲。

(4) 把由实际棱镜反射部所造成的光轴偏和像倾斜以及由楔玻璃板所造成的光轴偏和像弯曲综合到一起,以求得最后的光轴偏和像弯曲。

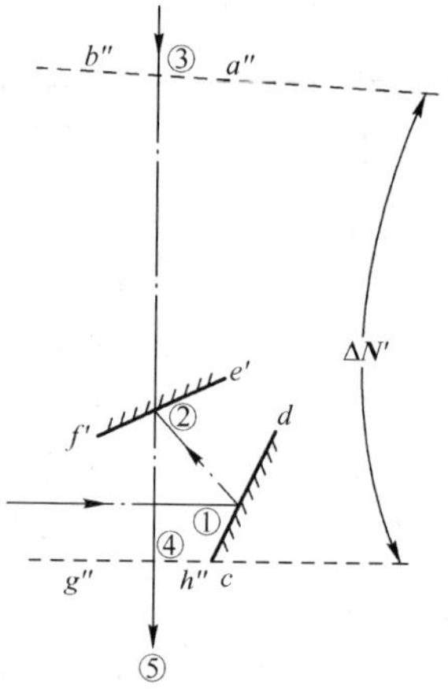

图 17-3-2 把棱镜展开到反射部像空间的方法

在上述两种方法的各个步骤中都会涉及到基准的问题,这将结合后述的一些实例加以说明。

为处理微楔角玻璃板的成像问题,将在以后的几节中推导一些有关折射和楔镜光路计算的矢量公式。

17.4 折射矢量公式

1. 折射定律的矢量表示

在图 17-4-1 上,用单位矢量 $\boldsymbol{A}$、$\boldsymbol{A}'$以及 $\boldsymbol{N}$(方向朝外)分别代表入射光线、折射光线以及折射面法线的方向;n 和 n'代表为折射面分隔的两种介质的折射率;i 和 i'分别为入射角和折射角。

由参考文献[41]得知,折射定律的全部内容可用如下矢量公式表示:

$$n(\boldsymbol{A}\times\boldsymbol{N})=n'(\boldsymbol{A}'\times\boldsymbol{N}) \quad (17\text{-}4\text{-}1)$$

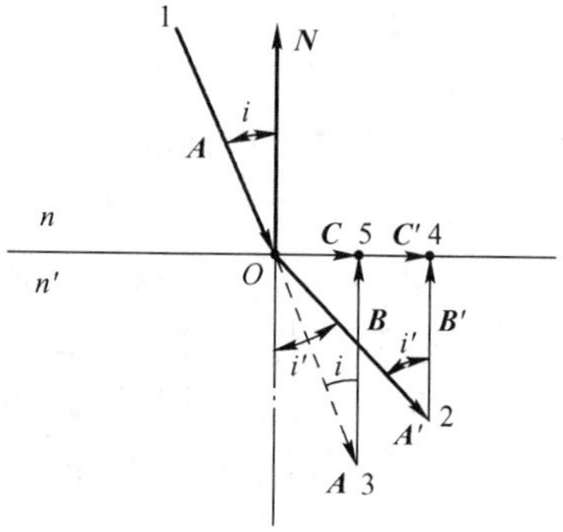

图 17-4-1 光线折射矢量图

2. 折射矢量公式的推导

用 $\boldsymbol{N}$ 叉乘(17-4-1)式,得

$$n\{\boldsymbol{A}-\boldsymbol{N}(\boldsymbol{A}\cdot\boldsymbol{N})\}=n'\{(\boldsymbol{A}'-\boldsymbol{N}(\boldsymbol{A}'\cdot\boldsymbol{N})\} \tag{17-4-2}$$

式中

$$(\boldsymbol{A}'\cdot\boldsymbol{N}) = -\cos i' = -\sqrt{1-\sin^2 i'} = \\ -\sqrt{1-\left(\frac{n}{n'}\right)^2(1-\cos^2 i)} = \\ -\sqrt{1-\left(\frac{n}{n'}\right)^2+\left(\frac{n}{n'}\right)^2(\boldsymbol{A}\cdot\boldsymbol{N})^2}$$

代入(17-4-2)式,得

$$\boldsymbol{A}'=\frac{n}{n'}\{\boldsymbol{A}-\boldsymbol{N}(\boldsymbol{A}\cdot\boldsymbol{N})\}-\boldsymbol{N}\sqrt{1-\left(\frac{n}{n'}\right)^2+\left(\frac{n}{n'}\right)^2(\boldsymbol{A}\cdot\boldsymbol{N})^2} \tag{17-4-3}$$

这就是折射矢量公式。

17.5 折射三棱镜交棱的作用

1. 存在于折射中的一个重要现象(公式)

设 $\boldsymbol{P}$ 为与法线 $\boldsymbol{N}$ 相垂直的任意方向,则将 $\boldsymbol{P}$ 叉乘(17-4-1)式,得

$$n(\boldsymbol{A}\cdot\boldsymbol{P})=n'(\boldsymbol{A}'\cdot\boldsymbol{P}) \tag{17-5-1}$$

上式表明,入射光线和折射光线与垂直于法线的任意方向之间的夹角余弦同各自的折射率成反比。

2. 光线通过折射棱镜主截面外折射的一个重要的特性

将(17-5-1)式应用于图 17-5-1 所示的图形,有

$$(\boldsymbol{A}\cdot\boldsymbol{P}_N)=n(\boldsymbol{A}'\cdot\boldsymbol{P}_N)=(\boldsymbol{A}''\cdot\boldsymbol{P}_N) \tag{17-5-2}$$

式中,交棱矢量 $\boldsymbol{P}_N$ 为

$$\boldsymbol{P}_N=\boldsymbol{N}_2\times\boldsymbol{N}_1=\sin\alpha\cdot\boldsymbol{P} \tag{17-5-3}$$

式中,$\boldsymbol{N}_1$ 和 $\boldsymbol{N}_2$ 分别为折射棱镜入射面和出射面法线的单位矢量,它们的方向均迎向各自的入射光线。

设 $\boldsymbol{v}_1$、$\boldsymbol{v}_2$、$\boldsymbol{v}_3$ 分别为 $\boldsymbol{A}$、$\boldsymbol{A}'$、$\boldsymbol{A}''$对 $\boldsymbol{P}$ 的夹角,则由(17-5-2)式,有

$$\cos\boldsymbol{v}_1=\cos\boldsymbol{v}_3$$

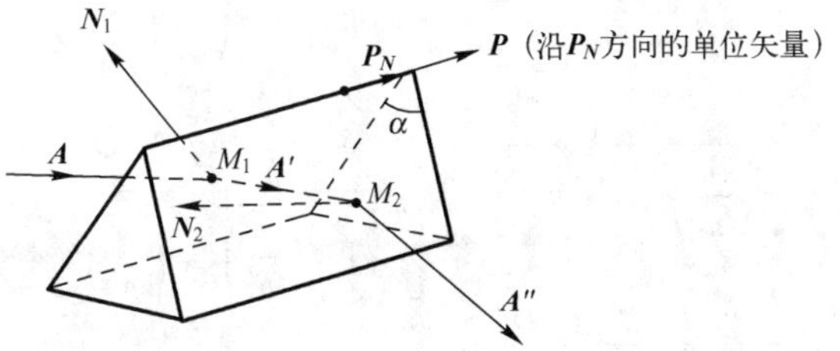

图 17-5-1 光线通过折射棱镜主截面外的情况

或

$$\boldsymbol{v}_1=\boldsymbol{v}_3 \tag{17-5-4}$$

(17-5-4)式表示,当一折射棱镜置于同一介质中,任一出射光线可以看作是由其对应的入射光线绕棱镜交棱转动某一角度而成。

楔镜是折射棱镜的一个特例,所以上述结论也适用于楔镜。

17.6 由楔镜造成的平行光束的偏转 $\Delta A''$

楔镜貌似简单,其实复杂。为推导 $\Delta\boldsymbol{A}''$的表达式,需做一些铺垫。

1. 折射面法线方向微量变化 $\Delta\boldsymbol{N}$ 所引起的折射光线矢量 $\boldsymbol{A}'$的微量变化 $\Delta\boldsymbol{A}'$(图 17-4-1)

折射光线 $\boldsymbol{A}'$的这一微量变化 $\Delta\boldsymbol{A}'$可以由(17-4-3)式对 $\boldsymbol{N}$ 的微分求得。为清晰起见,也可直接用$(\boldsymbol{N}+\Delta\boldsymbol{N})$和$(\boldsymbol{A}'+\Delta\boldsymbol{A}')$分别取代(17-4-3)式中的 $\boldsymbol{N}$ 和 $\boldsymbol{A}'$(然后在展开中略去二阶小量):

$$\boldsymbol{A}'+\Delta\boldsymbol{A}'=\frac{n}{n'}\{\boldsymbol{A}-(\boldsymbol{N}+\Delta\boldsymbol{N})[\boldsymbol{A}\cdot(\boldsymbol{N}+\Delta\boldsymbol{N})]\}-(\boldsymbol{N}+\Delta\boldsymbol{N})$$
$$\sqrt{1-\left(\frac{n}{n'}\right)^2+\left(\frac{n}{n'}\right)^2[\boldsymbol{A}\cdot(\boldsymbol{N}+\Delta\boldsymbol{N})]^2} \tag{17-6-1}$$

式中,右侧的第二部分可按下列方式展开:

$$-(\boldsymbol{N}+\Delta\boldsymbol{N})\sqrt{1-\left(\frac{n}{n'}\right)^2+\left(\frac{n}{n'}\right)^2[(\boldsymbol{A}\cdot\boldsymbol{N})^2+(\boldsymbol{A}\cdot\Delta\boldsymbol{N})^2+2(\boldsymbol{A}\cdot\boldsymbol{N})(\boldsymbol{A}\cdot\Delta\boldsymbol{N})]}$$

$$=-(\boldsymbol{N}+\Delta\boldsymbol{N})\sqrt{1-\left(\frac{n}{n'}\right)^2+\left(\frac{n}{n'}\right)^2(\boldsymbol{A}\cdot\boldsymbol{N})^2+2\left(\frac{n}{n'}\right)^2(\boldsymbol{A}\cdot\boldsymbol{N})(\boldsymbol{A}\cdot\Delta\boldsymbol{N})}$$

$$=-(\boldsymbol{N}+\Delta\boldsymbol{N})\sqrt{\left[1-\left(\frac{n}{n'}\right)^2+\left(\frac{n}{n'}\right)^2(\boldsymbol{A}\cdot\boldsymbol{N})^2\right]}\sqrt{1+\frac{2\left(\frac{n}{n'}\right)^2(\boldsymbol{A}\cdot\boldsymbol{N})(\boldsymbol{A}\cdot\Delta\boldsymbol{N})}{1-\left(\frac{n}{n'}\right)^2+\left(\frac{n}{n'}\right)^2(\boldsymbol{A}\cdot\boldsymbol{N})^2}}$$

$$=-(\boldsymbol{N}+\Delta\boldsymbol{N})\sqrt{\left[1-\left(\frac{n}{n'}\right)^2+\left(\frac{n}{n'}\right)^2(\boldsymbol{A}\cdot\boldsymbol{N})^2\right]}\left\{1+\frac{\left(\frac{n}{n'}\right)^2(\boldsymbol{A}\cdot\boldsymbol{N})(\boldsymbol{A}\cdot\Delta\boldsymbol{N})}{1-\left(\frac{n}{n'}\right)^2+\left(\frac{n}{n'}\right)^2(\boldsymbol{A}\cdot\boldsymbol{N})^2}\right\}$$

$$=-\boldsymbol{N}\sqrt{\left[1-\left(\frac{n}{n'}\right)^2+\left(\frac{n}{n'}\right)^2(\boldsymbol{A}\cdot\boldsymbol{N})^2\right]}-\boldsymbol{N}\left[\frac{\left(\frac{n}{n'}\right)^2(\boldsymbol{A}\cdot\boldsymbol{N})(\boldsymbol{A}\cdot\Delta\boldsymbol{N})}{\sqrt{1-\left(\frac{n}{n'}\right)^2+\left(\frac{n}{n'}\right)^2(\boldsymbol{A}\cdot\boldsymbol{N})^2}}\right]$$
$$-\Delta\boldsymbol{N}\sqrt{\left[1-\left(\frac{n}{n'}\right)^2+\left(\frac{n}{n'}\right)^2(\boldsymbol{A}\cdot\boldsymbol{N})^2\right]} \tag{17-6-2}$$

将(17-6-2)式代入(17-6-1)式,并考虑到(17-4-3)式,得

$$\Delta \boldsymbol{A}' = -\frac{n}{n'}(\boldsymbol{A}\cdot\boldsymbol{N})\Delta\boldsymbol{N} - \frac{n}{n'}\boldsymbol{N}(\boldsymbol{A}\cdot\Delta\boldsymbol{N}) - \boldsymbol{N}\left[\frac{\left(\frac{n}{n'}\right)^2(\boldsymbol{A}\cdot\boldsymbol{N})(\boldsymbol{A}\cdot\Delta\boldsymbol{N})}{\sqrt{1-\left(\frac{n}{n'}\right)^2+\left(\frac{n}{n'}\right)^2(\boldsymbol{A}\cdot\boldsymbol{N})^2}}\right]$$

$$-\Delta\boldsymbol{N}\sqrt{1-\left(\frac{n}{n'}\right)^2+\left(\frac{n}{n'}\right)^2(\boldsymbol{A}\cdot\boldsymbol{N})^2} \tag{17-6-3}$$

由于

$$\cos i = -(\boldsymbol{A}\cdot\boldsymbol{N}),\quad \cos i' = \sqrt{1-\left(\frac{n}{n'}\right)^2+\left(\frac{n}{n'}\right)^2(\boldsymbol{A}\cdot\boldsymbol{N})^2}$$

可将(17-6-3)式整理成折射增量矢量公式的最终形式:

$$\Delta\boldsymbol{A}' = \left(\frac{n}{n'}\cos i - \cos i'\right)\Delta\boldsymbol{N} + \left[\frac{\frac{n}{n'}\cos i - \cos i'}{\cos i'}\right]\frac{n}{n'}(\boldsymbol{A}\cdot\Delta\boldsymbol{N})\boldsymbol{N} \tag{17-6-4}$$

式中,$(\boldsymbol{A}\cdot\Delta\boldsymbol{N})$代表由于折射面法线的改向而引起的入射角余弦的变化。

还存在另外一种折射增量公式,它表示由于入射光线矢量 $\boldsymbol{A}$ 的微量变化 $\Delta\boldsymbol{A}$ 所引起的折射光线矢量 $\boldsymbol{A}'$的微量变化 $\Delta\boldsymbol{A}'$。

略去推导过程,直接写出上述情况下的 $\Delta\boldsymbol{A}'$的表达式:

$$\Delta\boldsymbol{A}' = \frac{n}{n'}\Delta\boldsymbol{A} + \left[\frac{\frac{n}{n'}\cos i - \cos i'}{\cos i'}\right]\frac{n}{n'}(\Delta\boldsymbol{A}\cdot\boldsymbol{N})\boldsymbol{N} \tag{17-6-5}$$

当将(17-6-5)式应用于棱镜出射面处,$n'=1$,则有

$$\Delta\boldsymbol{A}' = n\Delta\boldsymbol{A} + \left[\frac{n\cos i - \cos i'}{\cos i'}\right]n(\Delta\boldsymbol{A}\cdot\boldsymbol{N})\boldsymbol{N} \tag{17-6-6}$$

当 $\Delta\boldsymbol{A}$ 与 $\boldsymbol{N}$ 相垂直时,$\Delta\boldsymbol{A}\cdot\boldsymbol{N}=0$,则(17-6-6)变成

$$\Delta\boldsymbol{A}' = n\Delta\boldsymbol{A} \tag{17-6-7}$$

2. 楔玻璃板的光学平行差 $\Delta\boldsymbol{N}$ 所引起的出射光线矢量 $\boldsymbol{A}''$的微量变化 $\Delta\boldsymbol{A}''$(图 17-6-1)

图 17-6-1 表示光学平行差 $\Delta\boldsymbol{N}$ 全部发生在楔玻璃板的出射面上。此时 $\boldsymbol{A}'$不存在误差,因此可直接套用(17-6-4)式,并注意到 $n'=1$,i'与 i 的易位,以及用 $\Delta\boldsymbol{A}''$取代(17-6-4)式中的 $\Delta\boldsymbol{A}'$,得

$$\Delta\boldsymbol{A}'' = (n\cos i' - \cos i)\Delta\boldsymbol{N} + \left[\frac{n\cos i' - \cos i}{\cos i}\right]n(\boldsymbol{A}'\cdot\Delta\boldsymbol{N})\boldsymbol{N}$$

据(17-5-1)式,可得 $n(\boldsymbol{A}'\cdot\Delta\boldsymbol{N}) = (\boldsymbol{A}\cdot\Delta\boldsymbol{N})$,因此有

$$\Delta\boldsymbol{A}'' = (n\cos i' - \cos i)\Delta\boldsymbol{N} + \left[\frac{n\cos' i - \cos i}{\cos i}\right](\boldsymbol{A}\cdot\Delta\boldsymbol{N})\boldsymbol{N} \tag{17-6-8}$$

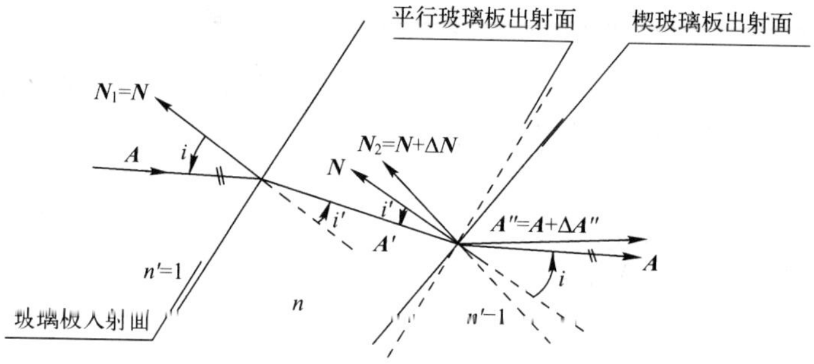

图 17-6-1　平行光路中楔玻璃板光学平行差 $\Delta\boldsymbol{N}$ 对出射光线 $\boldsymbol{A}''$ 所造成的微量变化 $\Delta\boldsymbol{A}''$

根据(17-5-4)式的含义,并考虑到 $\Delta\boldsymbol{A}''$ 属微量级的情况,可以将(17-6-8)式梳理成为如下式所示的形式(参见(1-2-8)式):

$$\Delta\boldsymbol{A}=\Delta\theta(\boldsymbol{P}\times\boldsymbol{A}) \tag{17-6-9}$$

利用 $\cos i=-(\boldsymbol{A}\cdot\boldsymbol{N})$,将(17-6-8)式写成

$$\Delta\boldsymbol{A}''=\left(\frac{n\cos i'-\cos i}{\cos i}\right)[(\boldsymbol{A}\cdot\Delta\boldsymbol{N})\boldsymbol{N}-(\boldsymbol{A}\cdot\boldsymbol{N})\Delta\boldsymbol{N}] \tag{17-6-10}$$

由三重矢积 $(\boldsymbol{a}\times\boldsymbol{b})\times\boldsymbol{c}=(\boldsymbol{a}\cdot\boldsymbol{c})\boldsymbol{b}-(\boldsymbol{b}\cdot\boldsymbol{c})\boldsymbol{a}$,上式变成

$$\Delta\boldsymbol{A}''=\left(\frac{n\cos i'-\cos i}{\cos i}\right)[(\Delta\boldsymbol{N}\times\boldsymbol{N})\times\boldsymbol{A}] \tag{17-6-11}$$

该式已接近所期盼的类型。

见图 17-6-2,这是一块与楔玻璃板(图 17-6-1)相对应的楔镜,它反映了一定的光学平行差。用 $\boldsymbol{P}_{\Delta N}$ 代表楔镜的交棱矢量,以区别于一般情况下的 $\boldsymbol{P}_N$(图 17-5-1),实质上二者无异。

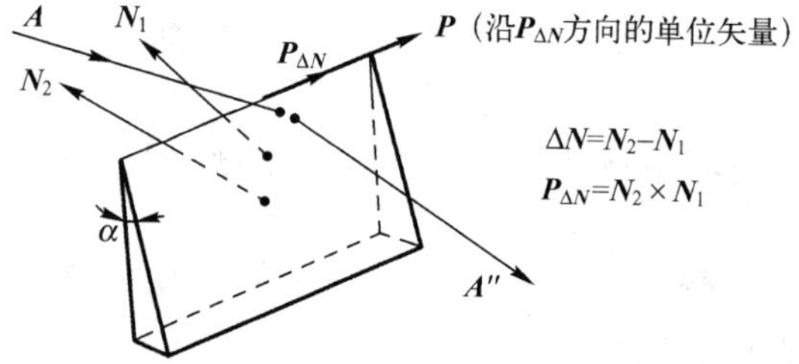

图 17-6-2　与一块楔玻璃板相对应的楔镜

由(17-5-3)式,得

$$\boldsymbol{P}_{\Delta N}=\boldsymbol{N}_2\times\boldsymbol{N}_1=\sin\alpha\cdot\boldsymbol{P}\approx\alpha\boldsymbol{P} \tag{17-6-12}$$

在图 17-6-1 上,好像光学平行差完全发生反射棱镜的出射面上。其实这并不重要,也可以把光学平行差全部移至入射面,假定 $\boldsymbol{N}_1=\boldsymbol{N}-\Delta\boldsymbol{N}$ 和 $\boldsymbol{N}_2=\boldsymbol{N}$,问题的关键是需要维持(17-1-1)式的关系:

$$\Delta \boldsymbol{N} = \boldsymbol{N}_2 - \boldsymbol{N}_1$$

因为上式是推导(17-6-11)式的一个条件。

实际上,只是在以上二式的前提下,才会有(17-1-3)式:

$$\boldsymbol{P}_{\Delta N} = \Delta \boldsymbol{N} \times \boldsymbol{N}$$

现将(17-1-3)式代入(17-6-11)式,并引入 η_i:

$$\Delta \boldsymbol{A}'' = \eta_i \boldsymbol{P}_{\Delta N} \times \boldsymbol{A} \tag{17-6-13}$$

$$\eta_i = \frac{n\cos i' - \cos i}{\cos i} \tag{17-6-14}$$

去除 $\cos i'$ 后,上式也可写成

$$\eta_{\mathrm{i}} = \sqrt{n^2 + (n^2 - 1)\tan^2 i} - 1 \tag{17-6-15}$$

或

$$\eta_{\mathrm{i}} = \sqrt{1 + \frac{n^2 - 1}{\cos^2 i}} - 1 \tag{17-6-16}$$

式中,i 和 i' 分别为入射光线在楔玻璃板(或楔镜)的入射面处的入射角和折射角;n 为玻璃折射率。

如果 $\Delta \boldsymbol{N}$ 代表光学平行差的线矢量,那么 $\boldsymbol{P}_{\Delta N}$ 可称为光学平行差的轴矢量(或棱矢量)。

(17-6-13)式的结构完全符合所要求的形式。其中的 $\boldsymbol{P}_{\Delta N}$(或 $\alpha \boldsymbol{P}$)已呈现为一个按右螺旋规则沿转轴方向表示的矢量。

最后由图 17-6-1 及图 17-6-2 中可见,楔玻璃板的出射平行光束 $\boldsymbol{A}''$ 为

$$\boldsymbol{A}'' = \boldsymbol{A} + \eta_i \boldsymbol{P}_{\Delta N} \times \boldsymbol{A} \tag{17-6-17}$$

如前所述,在平行光路中无需考虑楔玻璃板的厚度,它等效为一块楔镜。所以,光线偏转公式(17-6-13)或(17-6-17)也适用于楔镜。有时候,也把它们叫做楔镜偏转公式。

17.7 楔镜在平行光路成像中所造成的光轴偏和像弯曲

见图 17-7-1,光学平行差为 $\Delta \boldsymbol{N}$ 的楔玻璃板 $adbc$ 代表反射棱镜 abc 展开到反射面 ab 的物空间之后的情况。单位矢量 $\boldsymbol{B}_0$ 代表在棱镜主截面内的远处竖直物,它与棱镜入射光轴交于 O 点;单位矢量 $\boldsymbol{A}_0$ 代表由 O 点发出且沿着入射光轴方向的平行光束;单位矢量 $\boldsymbol{A}$ 代表自 B_0 物上某点 e 发出且平行于主截面的平行光束;xyz 为反射棱镜的计读坐标系。

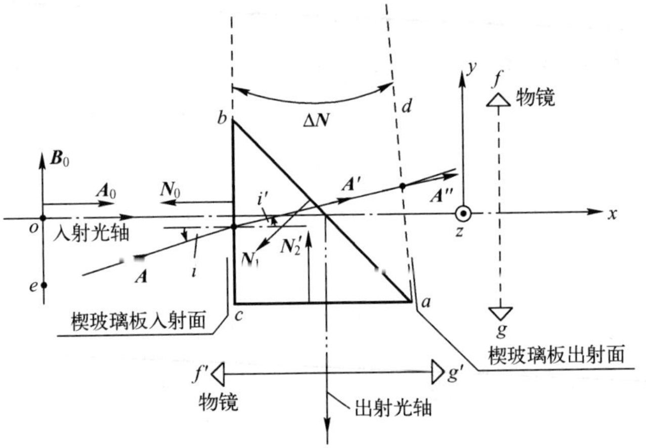

图 17-7-1　楔镜对平行光路的影响

1. 光轴偏

(17-6-13)式的物理意义和数学结构表明，当用上述的 $\boldsymbol{A}_0$ 取代 $\boldsymbol{A}$ 时，则该式的 $\Delta\boldsymbol{A}''$给出由楔镜所造成的光轴偏的线量或角值（因为 $\boldsymbol{A}''$的模为 1）。

$$\Delta\boldsymbol{A}'' = \eta_i \boldsymbol{P}_{\Delta N} \times \boldsymbol{A}_0 = \eta_i(\Delta\boldsymbol{N} \times \boldsymbol{N}_0) \times \boldsymbol{A}_0$$

在本情况下，由于 $\boldsymbol{A}_0$ 垂直于棱镜入射面，所以令 $i=0$ 得

$$\eta_i = \frac{n\cos i' - \cos i}{\cos i} = n-1$$

于是

$$\Delta\boldsymbol{A}'' = (n-1)(\Delta\boldsymbol{N} \times \boldsymbol{N}_0) \times \boldsymbol{A}_0 \tag{17-7-1}$$

利用三重矢积，将(17-7-1)式展开得

$$\Delta\boldsymbol{A}'' = (n-1)\{(\boldsymbol{A}_0 \cdot \Delta\boldsymbol{N})\boldsymbol{N}_0 - (\boldsymbol{A}_0 \cdot \boldsymbol{N}_0)\Delta\boldsymbol{N}\} \tag{17-7-2}$$

由于 $\boldsymbol{A}_0 \perp \Delta\boldsymbol{N}$ 和 $\boldsymbol{A}_0 = -\boldsymbol{N}_0$，有

$$\boldsymbol{A}_0 \cdot \Delta\boldsymbol{N} = 0, \boldsymbol{A}_0 \cdot \boldsymbol{N}_0 = -1$$

代入(17-7-2)式，得

$$\Delta\boldsymbol{A}'' = (n-1)\Delta\boldsymbol{N} \tag{17-7-3}$$

由于 $\Delta\boldsymbol{N} = \Delta\boldsymbol{N}_{\mathrm{I}} + \Delta\boldsymbol{N}_{\mathrm{II}}$，因此

$$\Delta\boldsymbol{A}'' = (n-1)(\Delta\boldsymbol{N}_{\mathrm{I}} + \Delta\boldsymbol{N}_{\mathrm{II}})$$

当光学平行差的两个分量 $\Delta\boldsymbol{N}_{\mathrm{I}}$ 和 $\Delta\boldsymbol{N}_{\mathrm{II}}$ 轮流为零时，则

$$\Delta\boldsymbol{A}'' = (n-1)\Delta\boldsymbol{N}_{\mathrm{I}} \tag{17-7-4}$$

$$\Delta\boldsymbol{A}'' = (n-1)\Delta\boldsymbol{N}_{\mathrm{II}} \tag{17-7-5}$$

这就是常见的楔镜偏转公式 $\delta = (n-1)\alpha$。

2. 像弯曲

本小段将讨论一远处竖直物 $\boldsymbol{B}_0$（图 17-1-1）通过一楔玻璃板 $adbc$ 的成像问

题。为了捕捉到具体的像，在棱镜之后设置一物镜$f'g'$。fg 为物镜在棱镜反射部物空间的对应物。

据(17-6-17)式：

$$\boldsymbol{A}'' = \boldsymbol{A} + \eta_i \boldsymbol{P}_{\Delta N} \times \boldsymbol{A}$$

以下求$\boldsymbol{A}''$在物镜后焦面上的成像点的位置(y,z)。

将棱镜坐标 xyz 的原点 O 置于物镜的中心，并写出通过坐标原点 O 而且平行于$\boldsymbol{A}''$的直线的方程：

$$\frac{x-0}{A''_x} = \frac{y-0}{A''_y} = \frac{z-0}{A''_z} \tag{17-7-6}$$

设物镜焦距$f' = 1$，则焦平面的方程为

$$x = 1 \tag{17-7-7}$$

将(17-7-7)式代入(17-7-6)式，得

$$y = \frac{A''_y}{A''_x}, z = \frac{A''_z}{A''_x} \tag{17-7-8}$$

通常，望远镜的物方视场在10°以内，即$|i| \leqslant 5°$，此时$A''_x \approx 1$，由此

$$y = A''_y, z = A''_z \tag{17-7-9}$$

最后指出，(17-6-13)式或(17-6-17)式与(5-1-1)式极为相似，但却有本质的差别。η_i 的存在说明楔镜的成像机制不符合刚体运动的规律。这就是为什么竖直物通过楔镜的成像呈现弯曲而非倾斜的缘故。

17.8 双像差

在17.2节的末尾曾提到，屋脊角90°的误差将导致双像差。可以把到达屋脊的平行光束①分为两半，其中一半先射到屋脊的某一个屋脊面，接着反射到另一个屋脊面，然后再由后一个屋脊面反射出去；另一半则按照相反的顺序通过两个屋脊面射出。如果屋脊角准确地等于90°，那么由屋脊出射的两半仍然相互平行而形成一个统一的平行光束，这样，就不会出现双像。实际上，屋脊角的误差总是存在的，因此，屋脊的一入射平行光束在经它出射后变成了彼此间有一微小夹角的二平行光束，因而可能呈现双像。

如所知，光线通过一角镜的两次反射后，它的出射方向可由入射光线绕角镜的交棱转动一两倍于角镜两面角的角度而求得。

为此，应推导角镜反射增量矢量公式。先据(1-2-2)式，写出适用于角镜的转动矢量公式：

$$\boldsymbol{A}_2 = \boldsymbol{A}_1\cos2\varphi + (1-\cos2\varphi)(\boldsymbol{A}_1 \cdot \boldsymbol{P}_1)\boldsymbol{P}_1 - \sin2\varphi(\boldsymbol{A}_1 \times \boldsymbol{P}_1) \tag{17-8-1}$$

式中，$\boldsymbol{P}_1$ 为角镜的交棱；φ 为角镜的两面角；$\boldsymbol{A}_1$、$\boldsymbol{A}_2$ 分别代表入射光线方向和出射

① 为了易于理解，故假设入射光束为平行光束，实际上屋脊棱镜也用于会聚光路中。

光线方向的单位矢量。

在(17-8-1)式中,求 $\boldsymbol{A}_2$ 对两面角 φ 的微分,然后用增量取代微分,便得到角镜反射增量矢量公式:

$$\delta\boldsymbol{A}_2 = -2\sin2\varphi\delta\varphi\boldsymbol{A}_1 + 2\sin2\varphi\delta\varphi(\boldsymbol{A}_1 \cdot \boldsymbol{P}_1)\boldsymbol{P}_1 - 2\cos2\varphi\delta\varphi(\boldsymbol{A}_1 \times \boldsymbol{P}_1)$$

用 $2\varphi = 180°$代入,得

$$\delta\boldsymbol{A}_2 = 2\delta\varphi(\boldsymbol{A}_1 \times \boldsymbol{P}_1) \tag{17-8-2}$$

由于从有屋脊角误差的屋脊出射的两半都具有 $\delta\boldsymbol{A}_2$ 的偏转,而且方向相反,所以双像差应是$\delta\boldsymbol{A}_2$ 的二倍。设 $\Delta\boldsymbol{A}_2$ 代表双像差,则

$$\Delta\boldsymbol{A}_2 = 2\delta\boldsymbol{A}_2 = 4\delta\varphi(\boldsymbol{A}_1 \times \boldsymbol{P}_1) \tag{17-8-3}$$

通常自屋脊出射的光线还要通过一个或若干个反射面的反射后才到达棱镜的出射面,所以还需利用下列的平面镜反射增量矢量公式一次或若干次:

$$\Delta\boldsymbol{A}_{i+1} = \Delta\boldsymbol{A}_i - (\Delta\boldsymbol{A}_i \cdot \boldsymbol{N}_i)\boldsymbol{N}_i \tag{17-8-4}$$

首次应用(17-8-4)式时,令 $i=2$,再次令 $i=3$,依此类推。然后,将最后一个 $\Delta\boldsymbol{A}_{i+1}$ 代替(17-6-6)式中的 $\Delta\boldsymbol{A}$:

$$\Delta\boldsymbol{A}' = n\ \Delta\boldsymbol{A}_{i+1} + \left(\frac{n\cos i - \cos i'}{\cos i'}\right)n(\Delta\boldsymbol{A}_{i+1} \cdot \boldsymbol{N})\boldsymbol{N} \tag{17-8-5}$$

而得出的 $\Delta\boldsymbol{A}'$便是由屋脊角误差 $\delta\varphi$ 最终造成的双像差。

实际上,在绝大多数的情况下,(17-8-4)式中的$(\Delta\boldsymbol{A}_i \cdot \boldsymbol{N}_i)=0$,(17-8-5)式中的$(\Delta\boldsymbol{A}_{i+1} \cdot \boldsymbol{N})=0$,所以,双像差 $\Delta\boldsymbol{A}'$等于:

$$\Delta\boldsymbol{A}' = 4n\delta\varphi(\boldsymbol{A}_1 \times \boldsymbol{P}_1) \tag{17-8-6}$$

或用 γ 代表双像差的大小:

$$\begin{aligned}\gamma &= 4n\delta\varphi\,|\boldsymbol{A}_1 \times \boldsymbol{P}_1| \\ &= 4n\delta\varphi\sin\beta\end{aligned} \tag{17-8-7}$$

式中,β 为屋脊的入射光线与屋脊棱的夹角。

为加深对前述原理和公式的理解,将在以后的几节中列举若干个计算实例。

17.9 计算实例——直角屋脊棱镜

1. 按照将棱镜展开到其反射部物空间的方法

(1) 原始误差与基准(图 17-9-1)。

CD——基准面。

C——基准棱。

xyz——标定在基准面和基准棱上的计读坐标系。

$\boldsymbol{N}_0$——入射面法线。

$\boldsymbol{P}_1$——屋脊棱。

$\boldsymbol{N}_2'$——出射面法线。

$\boldsymbol{A}_0$——垂直入射光线。

$\boldsymbol{B}_0$——无穷远处的竖直物。

$\Delta\boldsymbol{P}_1$——屋脊棱的方向误差。

$\Delta\boldsymbol{N}_2'$——出射面的方向误差。

$\boldsymbol{P}_{1r}$——实际的屋脊棱，即有误差的屋脊棱。

$\boldsymbol{N}_{2r}'$——实际的出射面法线矢量，即有误差的出射面法线。

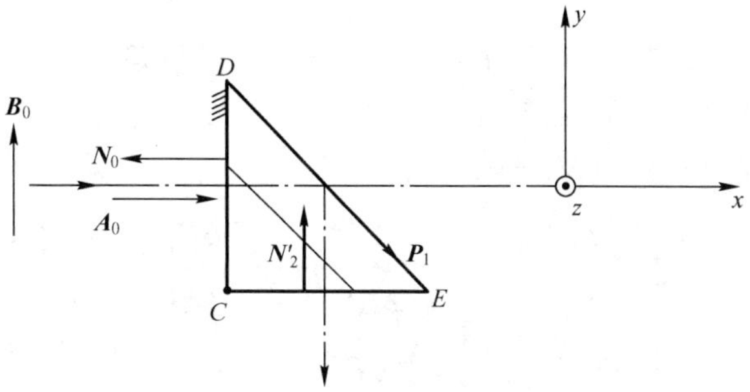

图 17-9-1　直角屋脊棱镜 $DI_J-90°$

由图 17-9-1，有

$$\boldsymbol{A}_0=\boldsymbol{i}$$

$$\boldsymbol{B}_0=\boldsymbol{j}$$

$$\boldsymbol{N}_0=-\boldsymbol{i}$$

$$\boldsymbol{P}_1=\frac{\sqrt{2}}{2}\boldsymbol{i}-\frac{\sqrt{2}}{2}\boldsymbol{j}$$

$$\boldsymbol{N}_2'=\boldsymbol{j}$$

设 $\Delta\boldsymbol{P}_1$ 为

$$\Delta\boldsymbol{P}_1=\Delta P_{1x}\boldsymbol{i}+\Delta P_{1y}\boldsymbol{j}+\Delta P_{1z}\boldsymbol{k}$$

无疑，有影响的 $\Delta\boldsymbol{P}_1$ 必然与 $\boldsymbol{P}_1$ 相垂直。

由 $\Delta\boldsymbol{P}_1\cdot\boldsymbol{P}_1=0$，得 $\Delta P_{1x}=\Delta P_{1y}$，所以

$$\Delta\boldsymbol{P}_1=\Delta P_{1y}\boldsymbol{i}+\Delta P_{1y}\boldsymbol{j}+\Delta P_{1z}\boldsymbol{k} \tag{17-9-1}$$

$$\boldsymbol{P}_{1r}=\boldsymbol{P}_1+\Delta\boldsymbol{P}_1=\left(\frac{\sqrt{2}}{2}+\Delta P_{1y}\right)\boldsymbol{i}-\left(\frac{\sqrt{2}}{2}-\Delta P_{1y}\right)\boldsymbol{j}+\Delta P_{1z}\boldsymbol{k} \tag{17-9-2}$$

设 $\Delta\boldsymbol{N}_2'$ 为

$$\Delta\boldsymbol{N}_2'=\Delta N_{2x}'\boldsymbol{i}+\Delta N_{2y}'\boldsymbol{j}+\Delta N_{2z}'\boldsymbol{k}$$

因为 C 是基准棱，所以 $\Delta N_{2z}'=0$。

同理，由 $\Delta\boldsymbol{N}_2'\cdot\boldsymbol{N}_2'=0$，得 $N_{2y}'=0$，所以

$$\Delta\boldsymbol{N}_2'=\Delta\boldsymbol{N}_{2x}'\boldsymbol{i} \tag{17-9-3}$$

$$\Delta \boldsymbol{N}'_{2r} = \boldsymbol{N}'_2 + \Delta \boldsymbol{N}'_2 = \Delta N'_{2x}\boldsymbol{i} + \boldsymbol{j} \tag{17-9-4}$$

设 $\boldsymbol{R}_r$、$\boldsymbol{R}_r^{-1}$ 代表实际棱镜反射部顺光路和逆光路的作用矩阵，$\boldsymbol{S}_{\boldsymbol{P}_{1r},180°}$ 代表绕 $\boldsymbol{P}_{1r}$ 转 180°的转动矩阵，则据已知公式，有

$$\boldsymbol{R}_r^{-1} = \boldsymbol{R}_r = \boldsymbol{S}_{\boldsymbol{P}_{1r},180°} = \begin{pmatrix} 2\sqrt{2}\Delta P_{1y} & -1 & \sqrt{2}\Delta P_{1z} \\ -1 & -2\sqrt{2}\Delta P_{1y} & -\sqrt{2}\Delta P_{1z} \\ \sqrt{2}\Delta P_{1z} & -\sqrt{2}\Delta P_{1z} & -1 \end{pmatrix} \tag{17-9-5}$$

(2) 将棱镜的实际出射面展开到其实际反射部的物空间——求光学平行差 $\Delta \boldsymbol{N}$。

见图 17-9-1，以实际出射面的法线 $\boldsymbol{N}'_{2r}$ 作为实际棱镜反射部的像空间中的像矢量，而求出它在该反射部的物空间中的物矢量 $\boldsymbol{N}_{2r}$：

$$\begin{aligned}(\boldsymbol{N}_{2r}) &= \boldsymbol{R}_r^{-1}(\boldsymbol{N}'_{2r}) = \boldsymbol{S}_{\boldsymbol{P}_{1r},180°}(\boldsymbol{N}'_{2r}) \\ &= \begin{pmatrix} 2\sqrt{2}\Delta P_{1y} & -1 & \sqrt{2}\Delta P_{1z} \\ -1 & -2\sqrt{2}\Delta P_{1y} & -\sqrt{2}\Delta P_{1z} \\ \sqrt{2}\Delta P_{1z} & -\sqrt{2}\Delta P_{1z} & -1 \end{pmatrix}\begin{pmatrix} \Delta N'_{2x} \\ 1 \\ 0 \end{pmatrix} \\ &= \begin{pmatrix} -1 \\ -\Delta N'_{2x} - 2\sqrt{2}\Delta P_{1y} \\ -\sqrt{2}\Delta P_{1z} \end{pmatrix}\end{aligned} \tag{17-9-6}$$

由此求得光学平行差 $\Delta \boldsymbol{N}$ 如下：

$$(\Delta \boldsymbol{N}) = (\boldsymbol{N}_{2r}) - (\boldsymbol{N}_0) = \begin{pmatrix} 0 \\ -\Delta N'_{2x} - 2\sqrt{2}\Delta P_{1y} \\ -\sqrt{2}\Delta P_{1z} \end{pmatrix} \tag{17-9-7}$$

或

$$\Delta \boldsymbol{N} = -(\Delta N'_{2x} + 2\sqrt{2}\Delta P_{1y})\boldsymbol{j} - \sqrt{2}\Delta P_{1z}\boldsymbol{k} \tag{17-9-8}$$

由此，有

$$\Delta \boldsymbol{N}_{\mathrm{I}} = -(\Delta N'_{2x} + 2\sqrt{2}\Delta P_{1y})\boldsymbol{j} = \Delta \boldsymbol{N}_{\mathrm{I}}\boldsymbol{j} \tag{17-9-9}$$

$$\Delta \boldsymbol{N}_{\mathrm{II}} = -\sqrt{2}\Delta P_{1z}\boldsymbol{k} = \Delta \boldsymbol{N}_{\mathrm{II}}\boldsymbol{k} \tag{17-9-10}$$

而

$$\Delta N_{\mathrm{I}} = -(\Delta N'_{2x} + 2\sqrt{2}\Delta P_{1y}) \tag{17-9-11}$$

$$\Delta N_{\mathrm{II}} = -\sqrt{2}\Delta P_{1z} \tag{17-9-12}$$

(3) 处理微楔角玻璃板的成像问题——求微楔角玻璃板对沿光轴方向入射的平行光束 $\boldsymbol{A}_0$ 及无穷远处的竖直物 $\boldsymbol{B}_0$ 所造成的光轴偏 $\Delta \boldsymbol{A}$ 和像弯曲(这一内容暂缺，将在 17.11 节的实例中讨论)。

设 $\boldsymbol{A}$ 代表入射平行光束 $\boldsymbol{A}_0$ 经楔玻璃板后的出射方向，则有

$$\boldsymbol{A} = \boldsymbol{A}_0 + \Delta \boldsymbol{A} \tag{17-9-13}$$

在本情况下，$\boldsymbol{A}_0$ 为垂直入射，所以由(17-7-3)式，得

$$(\Delta \boldsymbol{A}) = (n-1)(\Delta \boldsymbol{N}) = (n-1)\begin{pmatrix} 0 \\ -\Delta N'_{2x} - 2\sqrt{2}\Delta P_{1y} \\ -\sqrt{2}\Delta P_{1z} \end{pmatrix} \tag{17-9-14}$$

并由(17-9-13)式，得

$$(\boldsymbol{A}) = \begin{pmatrix} 1 \\ 0 \\ 0 \end{pmatrix} + (n-1)\begin{pmatrix} 0 \\ -\Delta N'_{2x} - 2\sqrt{2}\Delta P_{1y} \\ -\sqrt{2}\Delta P_{1z} \end{pmatrix} \tag{17-9-15}$$

(4) 将微楔角玻璃板的出射光路相对实际的棱镜反射部作转换，重新恢复为实际反射棱镜的出射光路——求棱镜的光轴偏 $\Delta \boldsymbol{A}'_t$ 和像倾斜 δ'_t。

设 $\boldsymbol{A}'_0$ 代表平行光束 $\boldsymbol{A}_0$ 通过理想棱镜后的出射方向，$\boldsymbol{A}'_r$ 代表同一平行光束 $\boldsymbol{A}_0$ 通过实际棱镜后的出射方向，$\boldsymbol{B}'_r$ 代表竖直物矢量 $\boldsymbol{B}_0$ 由实际棱镜所形成的像矢量，$\boldsymbol{R}$ 代表理想棱镜的作用矩阵。据此定义，有

$$\boldsymbol{A}'_r = \boldsymbol{A}'_0 + \Delta \boldsymbol{A}'_t \tag{17-9-16}$$

$$\delta'_t = \frac{B'_{rz}}{B'_{rx}} \tag{17-9-17}$$

根据棱镜及其反射部的物像空间的共轭关系，有

$$(\boldsymbol{A}'_r) = \boldsymbol{R}_r(\boldsymbol{A}) = \boldsymbol{S}_{P_{1r},180°}(\boldsymbol{A}) =$$

$$\begin{pmatrix} 2\sqrt{2}\Delta P_{1z} \\ -1 \\ \sqrt{2}\Delta P_{1z} \end{pmatrix} + (n-1)\begin{pmatrix} \Delta N'_{2x} + 2\sqrt{2}\Delta P_{1y} \\ 0 \\ \sqrt{2}\Delta P_{1z} \end{pmatrix} = \begin{pmatrix} -n\Delta N_{\mathrm{I}} - \Delta 90° \\ -1 \\ -n\Delta N_{\mathrm{II}} \end{pmatrix} \tag{17-9-18}$$

$$(\boldsymbol{A}'_0) = \boldsymbol{R}(\boldsymbol{A}_0) = \begin{pmatrix} 0 & -1 & 0 \\ -1 & 0 & 0 \\ 0 & 0 & -1 \end{pmatrix}\begin{pmatrix} 1 \\ 0 \\ 0 \end{pmatrix} = \begin{pmatrix} 0 \\ -1 \\ 0 \end{pmatrix} \tag{17-9-19}$$

然后，由(17-9-16)式求得棱镜的光轴偏：

$$(\Delta \boldsymbol{A}'_t) = \begin{pmatrix} -n\Delta N_{\mathrm{I}} - \Delta 90° \\ 0 \\ -n\Delta N_{\mathrm{II}} \end{pmatrix} \tag{17-9-20}$$

同样，有

$$(\boldsymbol{B}'_r) = \boldsymbol{R}_r(\boldsymbol{B}_0)$$

$$= \begin{pmatrix} -1 \\ -2\sqrt{2}\Delta P_{1y} \\ -\sqrt{2}\Delta P_{1z} \end{pmatrix} \tag{17-9-21}$$

然后，由(17-9-17)式求得棱镜的像倾斜：

$$\delta'_t = \frac{B'_{rz}}{B'_{rx}} = \sqrt{2}\Delta P_{1z} = -\Delta N_{\mathrm{II}} \tag{17-9-22}$$

2. 按照将棱镜展开到其反射部像空间的方法

(1) 原始数据。

基准、计读坐标系以及符号均保持不变(图 17-9-1)。

(2) 将作为基准的入射面展开到实际棱镜反射部的像空间——求光学平行差 $\Delta\boldsymbol{N}'$。

为了符号的一致性,设 $\boldsymbol{N}_{0r}$ 代表棱镜实际入射面的法线。因入射面被选作基准,故 $\boldsymbol{N}_{0r}$ 与理想入射面的法线 $\boldsymbol{N}_0$ 相一致:

$$\boldsymbol{N}_{0r} = \boldsymbol{N}_0 = -\boldsymbol{i} \tag{17-9-23}$$

见图 17-9-1,以入射面的法线 $\boldsymbol{N}_{0r}$ 作为实际棱镜反射部的物空间中的物矢量,而求出它在该反射部的像空间中的像矢量 $\boldsymbol{N}'_{0r}$:

$$(\boldsymbol{N}'_{0r}) = \boldsymbol{R}_r(\boldsymbol{N}_{0r}) = \boldsymbol{R}_r(\boldsymbol{N}_0) = \boldsymbol{S}_{\boldsymbol{P}_{1r},180^\circ}(\boldsymbol{N}_0)$$

$$= \begin{pmatrix} 2\sqrt{2}\Delta P_{1y} & -1 & \sqrt{2}\Delta P_{1z} \\ -1 & -2\sqrt{2}\Delta P_{1y} & -\sqrt{2}\Delta P_{1z} \\ \sqrt{2}\Delta P_{1z} & -\sqrt{2}\Delta P_{1z} & -1 \end{pmatrix}\begin{pmatrix} -1 \\ 0 \\ 0 \end{pmatrix}$$

$$= \begin{pmatrix} -2\sqrt{2}\Delta P_{1y} \\ 1 \\ -\sqrt{2}\Delta P_{1z} \end{pmatrix} \tag{17-9-24}$$

由此求得光学平行差 $\Delta\boldsymbol{N}'$ 如下:

$$(\Delta\boldsymbol{N}') = (\boldsymbol{N}'_{2r}) - (\boldsymbol{N}'_{0r}) =$$

$$\begin{pmatrix} \Delta N'_{2x} \\ 1 \\ 0 \end{pmatrix} - \begin{pmatrix} -2\sqrt{2}\Delta P_{1y} \\ 1 \\ -\sqrt{2}\Delta P_{1z} \end{pmatrix} = \begin{pmatrix} \Delta N'_{2x} + 2\sqrt{2}\Delta P_{1y} \\ 0 \\ \sqrt{2}\Delta P_{1z} \end{pmatrix} \tag{17-9-25}$$

或

$$\Delta\boldsymbol{N}' = (\Delta N'_{2x} + 2\sqrt{2}\Delta P_{1y})\boldsymbol{i} + \sqrt{2}\Delta P_{1z}\boldsymbol{k} \tag{17-9-26}$$

由此,有

$$\Delta\boldsymbol{N}'_{\mathrm{I}} = (\Delta N'_{2x} + 2\sqrt{2}\Delta P_{1y})\boldsymbol{i}$$

$$\Delta\boldsymbol{N}'_{\mathrm{II}} = \sqrt{2}\Delta P_{1z}\boldsymbol{k}$$

不难看出,$\Delta\boldsymbol{N}$ 和 $\Delta\boldsymbol{N}'$ 构成了实际棱镜反射部物、像空间的一对共轭矢量。$\Delta\boldsymbol{N}$ 为物矢量,称物方光学平行差;$\Delta\boldsymbol{N}'$ 为像矢量,称像方光学平行差。据此,有

$$(\Delta\boldsymbol{N}') = \boldsymbol{R}_r(\Delta\boldsymbol{N}) \tag{17-9-27}$$①

至于分别在棱镜反射部物、像空间中的第一、二光学平行差之间的对应关系如何,则将视棱镜结构的差异而有所区别。

---

① 其实这里可以写成:$(\Delta\boldsymbol{N}') = \boldsymbol{R}(\Delta\boldsymbol{N})$。

（3）求实际的棱镜反射部所造成的光轴偏和像倾斜——求 $\boldsymbol{A}_0$ 和 $\boldsymbol{B}_0$ 由实际棱镜反射部所形成的像光束 $\boldsymbol{A}'_{0r}$ 和像矢量 $\boldsymbol{B}'_{0r}$。

由于 $\boldsymbol{A}_0$ 的方向与 $\boldsymbol{N}_{0r}$（或 $\boldsymbol{N}_0$）的方向正相反，所以可利用上一个步骤的结果，直接由(17-9-24)式求得 $\boldsymbol{A}'_{0r}$：

$$(\boldsymbol{A}'_{0r}) = -(\boldsymbol{N}'_{0r}) = \begin{pmatrix} 2\sqrt{2}\Delta P_{1y} \\ -1 \\ \sqrt{2}\Delta P_{1z} \end{pmatrix} \tag{17-9-28}$$

而

$$(\boldsymbol{B}'_{0r}) = \boldsymbol{R}_r(\boldsymbol{B}_0) = \boldsymbol{S}_{\boldsymbol{P}_{1r},180°}(\boldsymbol{B}_0) = \begin{pmatrix} -1 \\ -2\sqrt{2}\Delta P_{1y} \\ -\sqrt{2}\Delta P_{1z} \end{pmatrix} \tag{17-9-29}$$

（4）处理像方微楔角玻璃板的成像问题——求像方微楔角玻璃板自身所造成的光轴偏 $\Delta\boldsymbol{A}'$ 和像弯曲（暂缺）。

同理，由(17-7-3)式，得

$$(\Delta\boldsymbol{A}') = (n-1)(\Delta\boldsymbol{N}') = (n-1)\begin{pmatrix} \Delta N'_{2x} + 2\sqrt{2}\Delta P_{1y} \\ 0 \\ \sqrt{2}\Delta P_{1z} \end{pmatrix} \tag{17-9-30}$$

（5）将实际棱镜反射部和像方微楔角玻璃板各自所造成的光轴偏和像倾斜进行叠加——求棱镜的光轴偏 $\Delta\boldsymbol{A}'_t$ 和像倾斜 δ'_t。

由(17-9-19)式、(17-9-28)式及(17-9-30)式，得

$$\begin{aligned}(\Delta\boldsymbol{A}'_t) &= (\boldsymbol{A}'_r) - (\boldsymbol{A}'_0) = (\Delta\boldsymbol{A}'_{0r}) + (\Delta\boldsymbol{A}') - (\boldsymbol{A}'_0) \\ &= \begin{pmatrix} 2\sqrt{2}\Delta P_{1y} \\ -1 \\ \sqrt{2}\Delta P_{1z} \end{pmatrix} + (n-1)\begin{pmatrix} \Delta N'_{2x} + 2\sqrt{2}\Delta P_{1y} \\ 0 \\ \sqrt{2}\Delta P_{1z} \end{pmatrix} - \begin{pmatrix} 0 \\ -1 \\ 0 \end{pmatrix} \\ &= \begin{pmatrix} -n\Delta N_{\mathrm{I}} - \Delta 90° \\ 0 \\ -n\Delta N_{\mathrm{II}} \end{pmatrix}\end{aligned} \tag{17-9-31}$$

由(17-9-17)式及(17-9-29)式，得

$$\delta'_t = \frac{B'_{0rz}}{B'_{0rx}} = \sqrt{2}\Delta P_{1z} = -\Delta N_{\mathrm{II}} \tag{17-9-32}$$

可见，两种求解方法所得结果完全一致。

在上述中，两种不同解法所得的结果均用物方光学平行差的分量 ΔN_{I} 和 ΔN_{II} 加以表达，这主要是为了比较两种结果之间是否存在差异时便于判断的缘故。

由上述的计算实例看出，把棱镜展开到其反射部像空间的方法不需要来回转换，解题的流程比较清晰和顺畅，因此在后述中均采用此种解题的途径。

17.10 棱镜制造误差分析与计算的新方法

大约 30 年前,在我的思想上曾经萌生过这样一个念头,那就是棱镜调整原理是否也可以用来解决反射棱镜制造误差分析与计算的问题。可是调整谈的是棱镜的外部误差,而制造引起的却是棱镜的内部误差;调整是棱镜整体的微量位移,而制造误差每个反射面各异,哪来的整体位移啊。这些观念始终困扰着我,一直把它们看成是性质不同的两类问题。

直到 2010 年,由于在下述的几个观念性、概念性和技术性的问题上取得了突破之后,才得以顺利地把反射棱镜调整的原理移植到反射棱镜制造误差的分析与计算上。具体地说,有下列几点发现和突破:

(1) 对于一个有制造误差的反射棱镜,如何求得其等效楔玻璃板的光学平行差,无疑是一项头等重要的任务,然而,仔细地分析光学平行差的形成过程和求解方法,却发现原来棱镜的反射部在其中起到了主导的作用,而且此种作用是通过棱镜各反射面和屋脊的误差在反射部像空间中所造成的像偏转 $\Delta\boldsymbol{\mu}'_r$ 施展出来的。像偏转 $\Delta\boldsymbol{\mu}'_r$ 的某些分量代表实际反射部的光轴偏和像倾斜,它们也正是在棱镜制造误差分析与计算中需要求解的一些重要项目。

因此,对于一个有制造误差的反射棱镜,参量 $\Delta\boldsymbol{\mu}'_r$ 不仅与光学平行差 $\Delta N'$ ($\boldsymbol{P}'_{\Delta N'}$)具有同等重要的意义,而且在某种程度上呈现为问题的核心。

(2) 为了应用棱镜调整的原理来求解实际反射部的像偏转 $\Delta\boldsymbol{\mu}'_r$,把反射部分解成为许多如单反射面和 90°角屋脊等最基本的成像单元,而在对待每一个基本成像单元时,棱镜调整和棱镜制造误差这样两种似乎很不一样的问题之间就不再存在实质性的区别。在按照棱镜调整原理逐个求得每一个成像单元各自的像空间中的像偏转之后,再把它们经由各自的后续成像单元传递到反射部的统一的像空间内进行叠加,便可以得到反射部的总量像偏转 $\Delta\boldsymbol{\mu}'_r$。

(3) 在第(1)点里已经提到了利用反射部像偏转 $\Delta\boldsymbol{\mu}'_r$来求解棱镜的像方光学平行差 $\Delta N'$的问题。此种设想首先出自于刚体运动学的观点。有必要再强调一下,$\Delta\boldsymbol{\mu}'_r$ 代表着反射部像空间像体的微量偏转,它意味着一种刚体的微量转动,而刚体上的任何一个几何无素都要受到此微量转动的影响。具体的做法是先求出棱镜理想入射面法线单位矢量 $\boldsymbol{N}_0$ 在理想反射部像空间的像矢量 $\boldsymbol{N}'_0$。于是,在考虑到棱镜入射面和出射面自身的偏转误差 $\boldsymbol{\gamma}_0$ 和 $\boldsymbol{\gamma}'_m$ 之后,便可以轻而易举地得到棱镜的像方光学平行差 $\Delta N'$。此种求光学平行差的新方法在方法论上可称是"化强攻为巧取,打了个迂回"。

以上三点密不可分。突破点是把反射部分解成一个个的基本成像单元,关键是刚体运动学的观点,而总的指导思想应是举一反三。

1. 由反射部各工作面的偏转误差($\boldsymbol{\gamma}_i$)所造成的反射部像空间的像偏转 $\Delta\boldsymbol{\mu}'_r$

由于本节概述中的指引以及(17-2-9)式的启示,几乎无需任何推导,便可以直接写出反射部像偏转 $\Delta\boldsymbol{\mu}'_{\mathrm{r}}$ 的表达式：

$$\Delta\boldsymbol{\mu}'_{\mathrm{r}}=\sum_{i=1}^{m-1}\boldsymbol{S}_{m-1}\cdots\boldsymbol{S}_{i+1}\boldsymbol{J}_{\boldsymbol{\mu}\boldsymbol{P},i}(\boldsymbol{\gamma}_i) \tag{17-10-1}$$

并据(4-3-13)式，有

$$\boldsymbol{J}_{\boldsymbol{\mu}\boldsymbol{P},i}=\boldsymbol{E}-\boldsymbol{S}_i$$

在上列二式中，i 代表反射部成像单元的序号；$(m-1)$ 为成像单元总数，屋脊和单反射面一样，都计数为一个成像单元，所以"0"和"m"分别代表非成像单元，即入射面和出射面的相关参量的下标，例如理想入射面法线单位矢量 $\boldsymbol{N}_0$ 和理想出射面法线单位矢量 $\boldsymbol{N}'_m$；$\boldsymbol{S}_i$ 代表第 i 个成像单元的误差传递矩阵(特征矩阵)，例如反射面或屋脊的误差传递矩阵为 $\boldsymbol{S}_{\boldsymbol{N}_i,180°}$ 或 $\boldsymbol{S}_{\boldsymbol{P}_i,180°}$，这里被传递的误差必须是按照偏转法的方式所表达的误差，如 $\boldsymbol{\gamma}_i$，$\boldsymbol{\gamma}_{i\alpha}$，$\boldsymbol{\gamma}_{i\beta}$ 以及 $\Delta\theta\boldsymbol{P}$ 等；$\boldsymbol{E}$ 代表单位矩阵。

假如 $m=3$，则

$$\Delta\boldsymbol{\mu}'_{\mathrm{r}}=\boldsymbol{S}_2(\boldsymbol{E}-\boldsymbol{S}_1)(\boldsymbol{\gamma}_1)+(\boldsymbol{E}-\boldsymbol{S}_2)(\boldsymbol{\gamma}_2) \tag{17-10-2}$$

应当指出，误差传递矩阵 $\boldsymbol{S}_i$ 的下标序号"i"的最高阶位为"$m-1$"。这表明 $\boldsymbol{S}_m$ 是没有任何意义的，而最高阶位的误差传递矩阵为 $\boldsymbol{S}_{m-1}$。

2. 由棱镜诸工作面的偏转误差($\boldsymbol{\gamma}_i$)所造成的像方光学平行差 $\Delta\boldsymbol{N}'$ 与 $\boldsymbol{P}'_{\Delta\boldsymbol{N}'}$

设 $\boldsymbol{N}'_0$、$\boldsymbol{N}'_m$ 和 $\boldsymbol{N}'_{0\mathrm{r}}$、$\boldsymbol{N}'_{m\mathrm{r}}$ 分别为棱镜展开后的玻璃板的入射面和出射面法线的理想方向和实际方向，$\Delta\boldsymbol{N}'_0$ 和 $\Delta\boldsymbol{N}'_m$ 为相应法线的方向误差，则

$$\Delta\boldsymbol{N}'=\boldsymbol{N}'_{m\mathrm{r}}-\boldsymbol{N}'_{0\mathrm{r}}=(\boldsymbol{N}'_m+\Delta\boldsymbol{N}'_m)-(\boldsymbol{N}'_0+\Delta\boldsymbol{N}'_0) \tag{17-10-3}$$

由于

$$\boldsymbol{N}'_m=\boldsymbol{N}'_0$$

所以

$$\Delta\boldsymbol{N}'=\Delta\boldsymbol{N}'_m-\Delta\boldsymbol{N}'_0 \tag{17-10-4}$$

又由(1-2-8)式，有

$$\Delta\boldsymbol{N}'_0=[\boldsymbol{S}_{\boldsymbol{T},2\varphi}(\boldsymbol{\gamma}_0)+\Delta\boldsymbol{\mu}'_{\mathrm{r}}]\times\boldsymbol{N}'_0$$
$$\Delta\boldsymbol{N}'_m=\boldsymbol{\gamma}'_m\times\boldsymbol{N}'_m=\boldsymbol{\gamma}'_m\times\boldsymbol{N}'_0$$

将此二式代入(17-10-4)式，得

$$\Delta\boldsymbol{N}'=[\boldsymbol{\gamma}'_m-\boldsymbol{S}_{\boldsymbol{T},2\varphi}(\boldsymbol{\gamma}_0)-\Delta\boldsymbol{\mu}'_{\mathrm{r}}]\times\boldsymbol{N}'_0 \tag{17-10-5}$$

或

$$\Delta\boldsymbol{N}'=[\boldsymbol{\gamma}'_m-\boldsymbol{S}_{\boldsymbol{T},2\varphi}(\boldsymbol{\gamma}_0)-\Delta\boldsymbol{\mu}'_{\mathrm{r}}]\times\boldsymbol{N}'_m \tag{17-10-6}$$

由(17-1-9)式，有

$$\boldsymbol{P}'_{\Delta\boldsymbol{N}'}=\Delta\boldsymbol{N}'\times\boldsymbol{N}'_0 \tag{17-10-7}$$

或

$$\boldsymbol{P}'_{\Delta\boldsymbol{N}'}=\Delta\boldsymbol{N}'\times\boldsymbol{N}'_m \tag{17-10-8}$$

将(17-10-5)式和(17-10-6)式分别代入(17-10-7)式和(17-10-8)式，得

$$\boldsymbol{P}'_{\Delta\boldsymbol{N}'}=\{[\boldsymbol{\gamma}'_m-\boldsymbol{S}_{\boldsymbol{T},2\varphi}(\boldsymbol{\gamma}_0)-\Delta\boldsymbol{\mu}'_{\mathrm{r}}]\times\boldsymbol{N}'_0\}\times\boldsymbol{N}'_0 \tag{17-10-9}$$

或

$$\boldsymbol{P}'_{\Delta N'} = \{[\boldsymbol{\gamma}'_m - \boldsymbol{S}_{T,2\varphi}(\boldsymbol{\gamma}_0) - \Delta\boldsymbol{\mu}'_r] \times \boldsymbol{N}'_m\} \times \boldsymbol{N}'_m \qquad (17-10-10)$$

3. 由楔镜或楔玻璃板造成的平行光束的偏转 $\Delta\boldsymbol{A}''$

为了本节内容的完整性，把在 17.6 节已经得到的几个公式重写于下，并使它的符号适应于反射部像空间的情况。

$$\boldsymbol{A}'' = \boldsymbol{A}' + \eta_i \boldsymbol{P}'_{\Delta N'} \times \boldsymbol{A}' \qquad (17-10-11)$$

$$\Delta\boldsymbol{A}'' = \boldsymbol{A}'' - \boldsymbol{A}' = \eta_i \boldsymbol{P}'_{\Delta N'} \times \boldsymbol{A}' \qquad (17-10-12)$$

$$\eta_i = \sqrt{n^2 + (n^2 - 1)\tan^2 i} - 1 \qquad (17-10-13)$$

式中，$\boldsymbol{A}'$和 $\boldsymbol{A}''$分别为像方楔玻璃板的入射平行光束和出射平行光束的方向。

(17-10-1)式、(17-10-10)式和(17-10-11)式可以看作是一部"三步曲"，它比较完整地描述和解决了反射棱镜制造误差分析与计算的问题。

17.11 计算实例二——屋脊五棱镜

1. 基准及计读坐标系

AB——基准面。

B——基准棱。

$x'y'z'$——标定在基准面和基准棱上的计读坐标系(见图 17-11-1)。

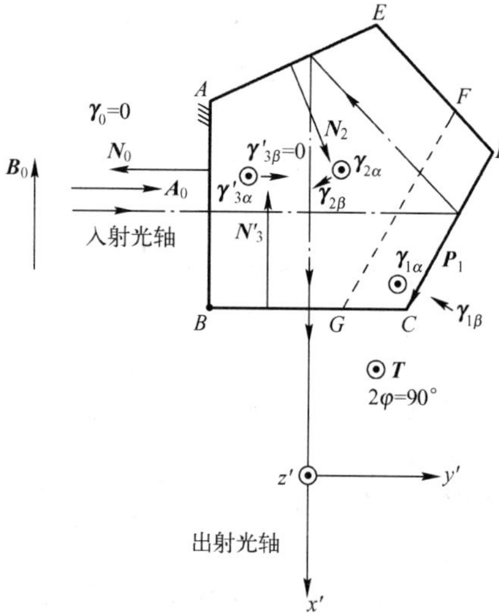

图 17-11-1　标有角偏差和棱差的屋脊五棱镜

2. 已知原始数据

$$\boldsymbol{N}_0 = -\boldsymbol{j}'$$

$$\boldsymbol{P}_1 = \cos 22.5°\boldsymbol{i}' - \cos 67.5°\boldsymbol{j}'$$

$$= 0.924\boldsymbol{i}' - 0.383\boldsymbol{j}'$$

$$\boldsymbol{N}_2 = \cos 22.5°\boldsymbol{i}' + \cos 67.5°\boldsymbol{j}'$$

$$=0.924\boldsymbol{i}'+0.383\boldsymbol{j}'$$

$$\boldsymbol{N}_3'=-\boldsymbol{i}'$$

$$\boldsymbol{\gamma}_0=0$$

$$\begin{aligned}\boldsymbol{\gamma}_1&=\boldsymbol{\gamma}_{1\alpha}+\boldsymbol{\gamma}_{1\beta}\\&=-\gamma_{1\beta}\cos67.5°\boldsymbol{i}'-\gamma_{1\beta}\cos22.5°\boldsymbol{j}'+\gamma_{1\alpha}\boldsymbol{k}'\\&=-0.383\gamma_{1\beta}\boldsymbol{i}'-0.924\gamma_{1\beta}\boldsymbol{j}'+\gamma_{1\alpha}\boldsymbol{k}'\end{aligned}$$

$$\begin{aligned}\boldsymbol{\gamma}_2&=\boldsymbol{\gamma}_{2\alpha}+\boldsymbol{\gamma}_{2\beta}\\&=\gamma_{2\beta}\cos67.5°\boldsymbol{i}'-\gamma_{2\beta}\cos22.5°\boldsymbol{j}'+\gamma_{2\alpha}\boldsymbol{k}'\\&=0.383\gamma_{2\beta}\boldsymbol{i}'-0.924\gamma_{2\beta}\boldsymbol{j}'+\gamma_{2\alpha}\boldsymbol{k}'\end{aligned}$$

$$\boldsymbol{\gamma}_3'=\boldsymbol{\gamma}_{3\alpha}'=\gamma_{3\alpha}'\boldsymbol{k}'$$

$$\boldsymbol{S}_1=\boldsymbol{S}_{\boldsymbol{P}_1,180°}=\begin{pmatrix}0.707&-0.707&0\\-0.707&-0.707&0\\0&0&-1\end{pmatrix}$$

$$\boldsymbol{S}_2=\boldsymbol{S}_{\boldsymbol{N}_2,180°}=\begin{pmatrix}0.707&0.707&0\\0.707&-0.707&0\\0&0&-1\end{pmatrix}$$

$$\boldsymbol{S}_{\boldsymbol{T},90°}=\boldsymbol{S}_2\boldsymbol{S}_1=\begin{pmatrix}0&-1&0\\1&0&0\\0&0&1\end{pmatrix}$$

$$\boldsymbol{J}_{\boldsymbol{\mu P},1}=\boldsymbol{E}-\boldsymbol{S}_1$$

$$\boldsymbol{S}_2\boldsymbol{J}_{\boldsymbol{\mu P},1}=\boldsymbol{S}_2(\boldsymbol{E}-\boldsymbol{S}_1)=\boldsymbol{S}_2-\boldsymbol{S}_2\boldsymbol{S}_1=\begin{pmatrix}0.707&1.707&0\\-0.293&-0.707&0\\0&0&-2\end{pmatrix}$$

$$\boldsymbol{J}_{\boldsymbol{\mu P},2}=\boldsymbol{E}-\boldsymbol{S}_2=\begin{pmatrix}0.293&-0.707&0\\-0.707&1.707&0\\0&0&2\end{pmatrix}$$

3. 求反射部像空间的像偏转 $\Delta\boldsymbol{\mu}_r'$（由反射部各反射面与屋脊的偏转误差 $\boldsymbol{\gamma}_1$ 和 $\boldsymbol{\gamma}_2$ 所致）

本例的 $m=3$，所以将有关的数据代入（17-10-2）式，得

$$\Delta\boldsymbol{\mu}_r'=\begin{pmatrix}-1.848\gamma_{1\beta}+0.766\gamma_{2\beta}\\0.766\gamma_{1\beta}-1.848\gamma_{2\beta}\\-2\gamma_{1\alpha}+2\gamma_{2\alpha}\end{pmatrix}\tag{17-11-1}$$

式中，$\Delta\mu_{rx'}'$ 为像倾斜，而 $\Delta\mu_{ry'}'$ 和 $\Delta\mu_{rz'}'$ 分别代表 y' 光轴偏和 z' 光轴偏。

4. 求光学平行差 $\Delta\boldsymbol{N}'$ 和 $P_{\Delta N'}$

据（17-10-5）式及（17-10-7）式，并考虑到 $\boldsymbol{\gamma}_0=0$ 和 $m=3$，有

$$\Delta \boldsymbol{N}' = (\boldsymbol{\gamma}'_{3\alpha} - \Delta\boldsymbol{\mu}'_{\mathrm{r}}) \times \boldsymbol{N}'_0 \tag{17-11-2}$$

$$\boldsymbol{P}'_{\Delta N'} = [(\boldsymbol{\gamma}'_{3\alpha} - \Delta\boldsymbol{\mu}'_{\mathrm{r}}) \times \boldsymbol{N}'_0] \times \boldsymbol{N}'_0 \tag{17-11-3}$$

将已求得的 $\Delta\boldsymbol{\mu}'_{\mathrm{r}}$ 代入(17-11-2)式和(17-11-3)式,并考虑到 $\boldsymbol{N}'_0 = -\boldsymbol{i}'$ 及 $\boldsymbol{\gamma}'_3 = \gamma'_{3\alpha}\boldsymbol{k}'$,得

$$\Delta \boldsymbol{N}' = \begin{pmatrix} 0 \\ -\gamma'_{3\alpha} - 2\gamma_{1\alpha} + 2\gamma_{2\alpha} \\ -0.766\gamma_{1\beta} + 1.848\gamma_{2\beta} \end{pmatrix} \tag{17-11-4}$$

$$\boldsymbol{P}'_{\Delta N'} = \begin{pmatrix} 0 \\ 0.766\gamma_{1\beta} - 1.848\gamma_{2\beta} \\ -\gamma'_{3\alpha} - 2\gamma_{1\alpha} + 2\gamma_{2\alpha} \end{pmatrix} \tag{17-11-5}$$

式中的第三个矩元可以归并为角度误差:

$$\begin{aligned} -\gamma'_{3\alpha} - 2\gamma_{1\alpha} + 2\gamma_{2\alpha} &= -3\gamma'_{3\alpha} + (2\gamma'_{3\alpha} - 2\gamma_{1\alpha}) + 2\gamma_{2\alpha} \\ &= 3\Delta 90° + 2\Delta_C 112.5° + 2\Delta_E 112.5° \end{aligned}$$

5. 求楔镜所造成的光轴偏和像弯曲

重写(17-10-12)式和(17-10-13)式如下:

$$\Delta \boldsymbol{A}'' = \eta_i \boldsymbol{P}'_{\Delta N'} \times \boldsymbol{A}'$$

$$\eta_i = \sqrt{n^2 + (n^2 - 1)\tan^2 i} - 1$$

1) 求光轴偏

(17-10-12)式的物理意义和数学结构表明,当入射角 $i = 0$ 时,$\eta_i \boldsymbol{P}'_{\Delta N'}$ 项代表由楔镜所致的光轴偏。

此光轴偏应与反射部像空间的光轴偏 $\Delta\mu'_{\mathrm{r}y'}$ 和 $\Delta\mu'_{\mathrm{r}z'}$ 叠加在一起。

2) 像弯曲

图 17-11-2 表示一屋脊五棱镜被展开到它的反射部像空间后的情况。

对楔玻璃板来说,$\boldsymbol{B}'_0$ 是在远处位于棱镜主截面内并垂直于光轴的一直线物。$\boldsymbol{A}'$ 代表来自 $\boldsymbol{B}'_0$ 的一束平行光的方向,而 $\boldsymbol{A}''$ 则代表它穿过楔玻璃板后的平行光束的方向。

据(17-10-11)式:

$$\boldsymbol{A}'' = \boldsymbol{A}' + \eta_i \boldsymbol{P}'_{\Delta N'} \times \boldsymbol{A}'$$

以下求 $\boldsymbol{A}''$ 在物镜后焦面上的成像点的位置 (y', z')。

利用 17.7 节"2. 像弯曲"的推导结果,把其中的输入光束 $\boldsymbol{A}$ 改为 $\boldsymbol{A}'$,坐标 $Oxyz$ 变成 $O'x'y'z'$,便可求得

$$y' = A''_{y'},\ z' = A''_{z'} \tag{17-11-6}$$

已知

$$\boldsymbol{A}' = \begin{pmatrix} 1 \\ \sin i \\ 0 \end{pmatrix} = \begin{pmatrix} 1 \\ i \\ 0 \end{pmatrix}$$

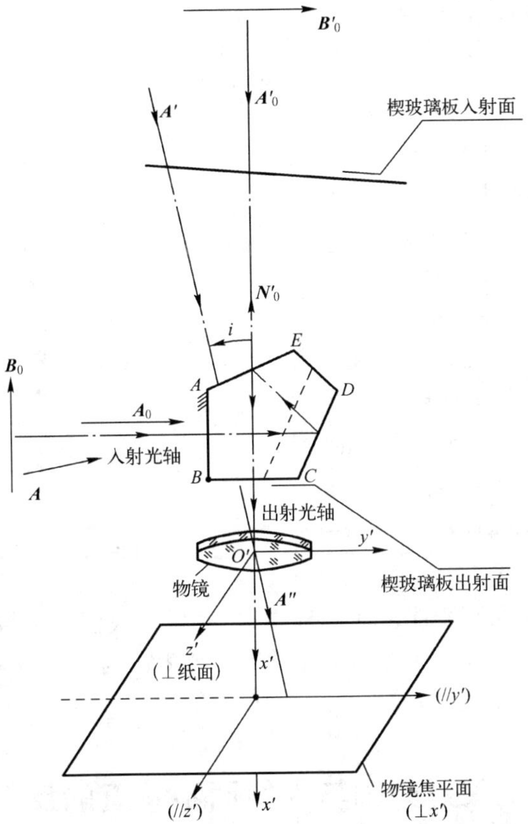

图 17-11-2　屋脊五棱镜展开到反射部像空间的情况

代入(17-10-11)式,得

$$\boldsymbol{A}'' = \begin{pmatrix} 1 \\ i \\ 0 \end{pmatrix} + \boldsymbol{\eta}_i \begin{pmatrix} 0 \\ -\gamma'_{3\alpha} - 2\gamma_{1\alpha} + 2\gamma_{2\alpha} \\ -0.766\gamma_{1\beta} + 1.848\gamma_{2\beta} \end{pmatrix}$$

由此

$$\left.\begin{aligned} y' &= i + \boldsymbol{\eta}_i(-\gamma'_{3\alpha} - 2\gamma_{1\alpha} + 2\gamma_{2\alpha}) \\ z' &= \boldsymbol{\eta}_i(-0.766\gamma_{1\beta} + 1.848\gamma_{2\beta}) \end{aligned}\right\} \qquad (17\text{-}11\text{-}7)$$

选择来自直线物 $\boldsymbol{B}'_0$(即 $\boldsymbol{B}_0$)的 11 束平行光束:$i = 5°, 4°, 3°, 2°, 1°, 0°, -1°, -2°, -3°, -4°, -5°$,并设 $\gamma_{1\alpha} = \gamma_{2\alpha} = \gamma'_{3\alpha} = \gamma_{1\beta} = \gamma_{2\beta} = 3'$,而由相关公式求得的数据列于表 17-11-1 中。图 17-11-3 以夸大的方式表达了像弯曲的现象。

像弯曲应与反射部所造成的像倾斜 $\Delta\mu'_x$ 叠加在一起。

本算例并非对棱镜的精度分析,也不是公差计算,所以没有考虑该棱镜是单件生产还是批量生产以及与之相关的对原始误差处理的极限法或是概率法等问题。[①]

---

① 注:该棱镜被看作是一块已经加工完毕的产品。

表 17-11-1 计算结果

i	η_i	y'	z'
5°	0.50319	5° − 1.5096′	1.6336′
4°	0.50204	4° − 1.5061′	1.6296′
3°	0.50114	3° − 1.5034′	1.6267′
2°	0.50051	2° − 1.5015′	1.6247′
1°	0.50013	1° − 1.5004′	1.6234′
0°	0.50000	0° − 1.5000′	1.6250′
−1°	0.50013	−1° − 1.5004′	1.6234′
−2°	0.50051	−2° − 1.5015′	1.6247′
−3°	0.50114	−3° − 1.5034′	1.6267′
−4°	0.50204	−4° − 1.5061′	1.6296′
−5°	0.50319	−5° − 1.5096′	1.6336′

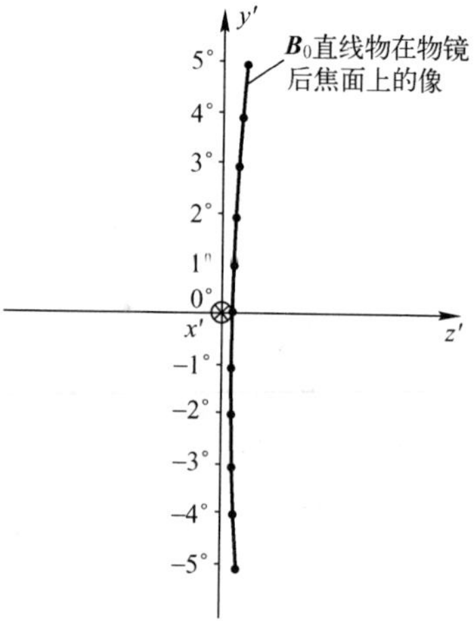

图 17-11-3 直线物的弯曲像

不过,计算的结果至少能够明确地指出,究竟一块楔玻璃板(楔镜)是会造成像倾斜还是像弯曲。同时,还揭示了光学平行差 $\boldsymbol{P}'_{\Delta N'}$ 与它所带来的像弯曲的大小及弯曲的方向之间的联系。

17.12 入射光轴与入射面不垂直的反射棱镜

有时入射光轴与入射面并非垂直关系,如道威棱镜。

见图 17-12-1,入射面法线 $\boldsymbol{N}_0$ 和入射光轴之间的夹角 $i_0 = 45°$。$\boldsymbol{N}'_0$ 为 $\boldsymbol{N}_0$ 在理想反射部像空间的像,它应平行于理想出射面的法线 $\boldsymbol{N}'_2$。棱镜经展开到其实际反射部的像空间中应呈现为一楔玻璃板,156789 为与之相当的楔镜,而后者的出射面 1578 与棱镜的出射面 1234 相重合。$\boldsymbol{P}'_{\Delta N'}$ 为楔棱,$\alpha = |\boldsymbol{P}'_{\Delta N'}|$ 为楔角的大小,它们代表棱镜的光学平行差。

$x'y'z'$ 为计读坐标系,x' 与出射光轴重合,$x' - y'$ 平面与棱镜的主截面重合,所以 $x'y'z'$ 叫做光轴坐标系,而 $x' - z'$ 称为光轴平面。

$x'y'z'$ 绕 z' 转 i_0 而成为 $x'_n y'_n z'_n$,此时 x'_n 与法线 $\boldsymbol{N}'_2$ 或 $\boldsymbol{N}'_0$ 相重合,而 $x'_n - y'_n$ 平面仍在主截面内,所以 $x'_n y'_n z'_n$ 取名法线坐标系,而 $x'_n - z'_n$ 称为法线平面。

z'_n 与 z' 相重合,而光轴平面 $x' - z'$ 和法线平面 $x'_n - z'_n$ 均垂直于主截面。

$\boldsymbol{A}$ 代表入射的平行光束,它在棱镜的主截面之外。若观察者迎着出射光轴的方向看去,设 $\boldsymbol{A}$ 来自视场的右上方。$\boldsymbol{A}'$ 为 $\boldsymbol{A}$ 在理想反射部像空间的像。对楔镜来说,$\boldsymbol{A}'$ 属于入射光束,但为了作图的方便,把它延长到 $O'h$ 的位置。

为了求出 $\boldsymbol{A}'$ 通过楔镜后的出射光束 $\boldsymbol{A}''$,必须先求得它的入射角,即 $\boldsymbol{A}'$ 与 x'_n 的夹角 i。

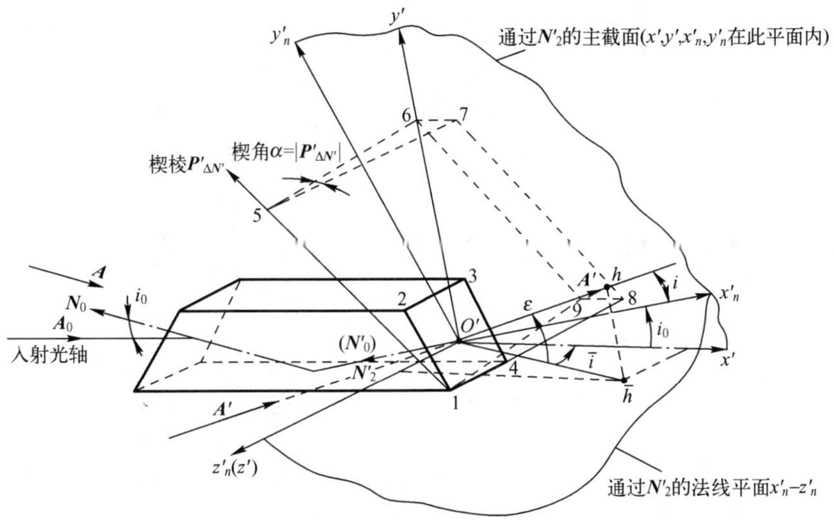

图 17-12-1 入射光轴与入射面不垂直的反射棱镜

通常,$\boldsymbol{A}'$的方向先标定在光轴坐标系$x'y'z'$中,ε代表$\boldsymbol{A}'$与光轴平面$x'-z'$之间的夹角,$\bar{i}$代表$\boldsymbol{A}'$在光轴平面$x'-z'$上的投影$O'\bar{h}$与x'之间的夹角。由此可得到$\boldsymbol{A}'$在$x'y'z'$中的三个分量,然后利用坐标转换矩阵$\boldsymbol{G}_{0'n'}$把这些分量转换到$x'_ny'_nz'_n$中而求得$\boldsymbol{A}'$在$x'_ny'_nz'_n$中的三个分量,并最终获得$\boldsymbol{A}'$在$x'_ny'_nz'_n$的两个相应的角度ε_n与$\bar{i}_n$(图上未标出)。

如所知:

$$\cos i = \cos\varepsilon_n \cos\bar{i}_n \tag{17-12-1}$$

后续步骤已然清楚,不再赘述。

17.13 计算实例三——KⅡ-90°-90°空间棱镜

本例讨论的对象是一块空间棱镜。该棱镜不具备单一的主截面。为了设定角偏差和棱差的方便,空间棱镜被分解为两个简单的直角棱镜。见图 17-13-1,xyz和$x'y'z'$为棱镜的一对共轭的物、像坐标;入射光轴截面平行于xy坐标平面;出射光轴截面平行于$x'z'$坐标平面。显然,这里的出射光轴截面与入射光轴截面并非共轭的一对,所以,当判断像方光学平行差$\Delta\boldsymbol{N}'$中的哪个分量为第一光学平行差或是第二光学平行差时,以像方光轴截面($x'y'$坐标平面)为准。

1. 基准及计读坐标系

ABCE——基准面。

BC——基准棱。

$x'y'z'$——标定在基准面和基准棱上的计读坐标系(一旦被设定为计读坐标系

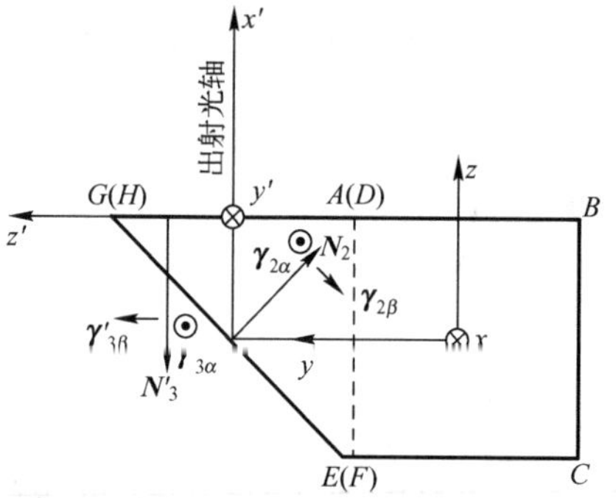

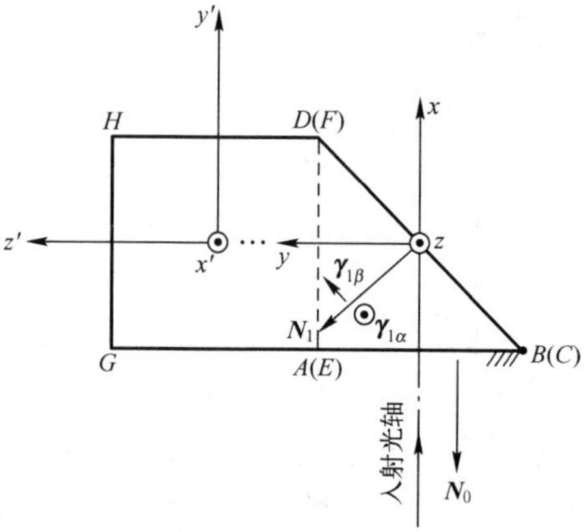

图 17-13-1　标有角偏差和棱差的空间棱镜 KⅡ -90° -90°

之后,就不必再考虑它究竟是在棱镜物空间还是像空间的问题。有时只为某种需要,可暂时当作像空间坐标系用)。

2. 已知原始数据

$$\boldsymbol{N}_0 = -\boldsymbol{j}'$$

$$\boldsymbol{N}_1 = -\frac{\sqrt{2}}{2}\boldsymbol{j}' + \frac{\sqrt{2}}{2}\boldsymbol{k}'$$

$$\boldsymbol{N}_2 = \frac{\sqrt{2}}{2}\boldsymbol{i}' - \frac{\sqrt{2}}{2}\boldsymbol{k}'$$

$$\boldsymbol{N}'_3 = \boldsymbol{N}'_0 = -\boldsymbol{i}'$$

$$\boldsymbol{\gamma}_0 = 0$$

$$\boldsymbol{\gamma}_{1\alpha} = \gamma_{1\alpha}\boldsymbol{i}'$$

$$\boldsymbol{\gamma}_{1\beta} = 0$$

$$\boldsymbol{\gamma}_{2\alpha} = -\gamma_{2\alpha}\boldsymbol{j}'$$

$$\boldsymbol{\gamma}_{2\beta} = -\frac{\sqrt{2}}{2}\gamma_{2\beta}\boldsymbol{i}' - \frac{\sqrt{2}}{2}\gamma_{2\beta}\boldsymbol{k}'$$

$$\boldsymbol{\gamma}'_{3\alpha} = -\gamma'_{3\alpha}\boldsymbol{j}'$$

$$\boldsymbol{\gamma}'_{3\beta}=\gamma'_{3\beta}\boldsymbol{k}'$$

$$\boldsymbol{S}_1=\boldsymbol{S}_{N_1,180^\circ}=\begin{pmatrix}-1 & 0 & 0\\ 0 & 0 & -1\\ 0 & -1 & 0\end{pmatrix}$$

$$\boldsymbol{S}_2=\boldsymbol{S}_{N_2,180^\circ}=\begin{pmatrix}0 & 0 & -1\\ 0 & -1 & 0\\ -1 & 0 & 0\end{pmatrix}$$

$$\boldsymbol{S}_{\boldsymbol{T},2\varphi}=S_2S_1=\begin{pmatrix}0 & 1 & 0\\ 0 & 0 & 1\\ 1 & 0 & 0\end{pmatrix}$$

$$\boldsymbol{J}_{\boldsymbol{\mu P},1}=\boldsymbol{E}-\boldsymbol{S}_1=\begin{pmatrix}2 & 0 & 0\\ 0 & 1 & 1\\ 0 & 1 & 1\end{pmatrix}$$

$$\boldsymbol{J}_{\boldsymbol{\mu P},2}=\boldsymbol{E}-\boldsymbol{S}_2=\begin{pmatrix}1 & 0 & 1\\ 0 & 2 & 0\\ 1 & 0 & 1\end{pmatrix}$$

$$\boldsymbol{S}_2\boldsymbol{J}_{\boldsymbol{\mu P},1}=\boldsymbol{S}_2-\boldsymbol{S}_2\boldsymbol{S}_1=\begin{pmatrix}0 & -1 & -1\\ 0 & -1 & -1\\ -2 & 0 & 0\end{pmatrix}$$

将相应的数据代入(17–10–2)式,得

$$\Delta\boldsymbol{\mu}'_{\mathrm{r}}=\begin{pmatrix}-\sqrt{2}\gamma_{2\beta}\\ -2\gamma_{2\alpha}\\ -2\gamma_{1\alpha}-\sqrt{2}\gamma_{2\beta}\end{pmatrix}$$

再将相应的数据代入(17–10–6)式,得像方光学平行差 $\Delta\boldsymbol{N}'$

$$\Delta\boldsymbol{N}'=\begin{pmatrix}0\\ -\gamma'_{3\beta}-\sqrt{2}\gamma_{2\beta}-2\gamma_{1\alpha}\\ -\gamma'_{3\alpha}+2\gamma_{2\alpha}\end{pmatrix}$$

其中,像方第一光学平行差 $\Delta\boldsymbol{N}'_{\mathrm{I}}$ 和像方第二光学平行差 $\Delta\boldsymbol{N}'_{\mathrm{II}}$ 分别为

$$\Delta\boldsymbol{N}'_{\mathrm{I}}=(-\gamma'_{3\beta}-\sqrt{2}\gamma_{2\beta}-2\gamma_{1\alpha})\boldsymbol{j}'$$

$$\Delta\boldsymbol{N}'_{\mathrm{II}}=(-\gamma'_{3\alpha}+2\gamma_{2\alpha})\boldsymbol{k}'$$

反射棱镜微量位移的理论最初只应用在棱镜调整上,后来拓展到棱镜稳像,现在又应用到了反射棱镜制造误差分析与计算上。

其实,只要对第 13 章中所述的稳像观测系统的棱镜组,从其功能与结构上进行一番仔细的分析,就不难发现棱镜稳像是上述三者之中的一种最为一般的情况,而棱镜调整与棱镜制造误差分析只不过是棱镜稳像在某些不同条件下的两种类型的特例而已。

构建了求解由棱镜各反射面与屋脊的原始误差在反射棱镜反射部像空间所造成的像偏转总量 $\Delta\boldsymbol{\mu}'_{\mathrm{r}}$ 的一个综合的公式(17-10-1)是本章的一个最重要的贡献,加上利用$\Delta\boldsymbol{\mu}'_{\mathrm{r}}$求光学平行差的公式(17-10-10)以及楔镜偏转公式(17-10-11),三者一起为编制软件和反射棱镜制造误差的工程图表创造了极其有利的条件。

17.14 光学平行差公差的计算

本节旨在讨论反射棱镜各工作面角偏差和棱差公差的计算原理。计算的条件是:①从一个完整的光学系统出发;②把原始误差视为随机量。

瑞利判据(标准)是计算与制定光学公差主要的基础,因此,一个相当的篇幅会用来对与此标准有关的一些问题做一个比较全面的介绍。

17.14.1 瑞利判据——分辨率与光程差

1. 特殊函数

1) 圆柱函数(见图 17-14-1 和图 17-14-2)

$$\mathrm{cyl}(r)=\begin{cases}1, & 0<r<\dfrac{1}{2}\\ \dfrac{1}{2}, & r=\dfrac{1}{2}\\ 0, & r>\dfrac{1}{2}\end{cases}\tag{17-14-1}$$

$$\mathrm{cyl}\left(\frac{r}{d}\right)=\begin{cases}1, & 0<r<\dfrac{d}{2}\\ \dfrac{1}{2}, & r=\dfrac{d}{2}\\ 0, & r>\dfrac{d}{2}\end{cases}\tag{17-14-2}$$

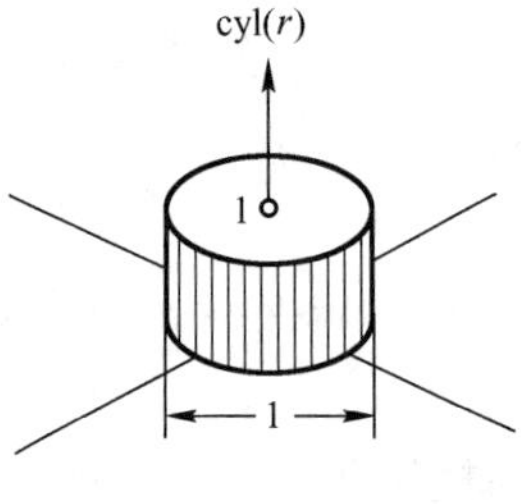

图 17-14-1 cyl(r)函数

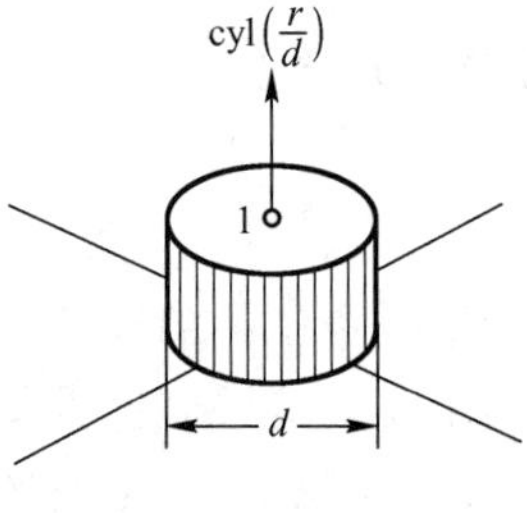

图 17-14-2 cyl$\left(\dfrac{r}{d}\right)$函数

2）somb 函数（见图 17-14-3）

$$\mathrm{somb}\left(\frac{r}{d}\right)=\frac{2J_1\left(\frac{\pi r}{d}\right)}{\frac{\pi r}{d}} \qquad (17-14-3)$$

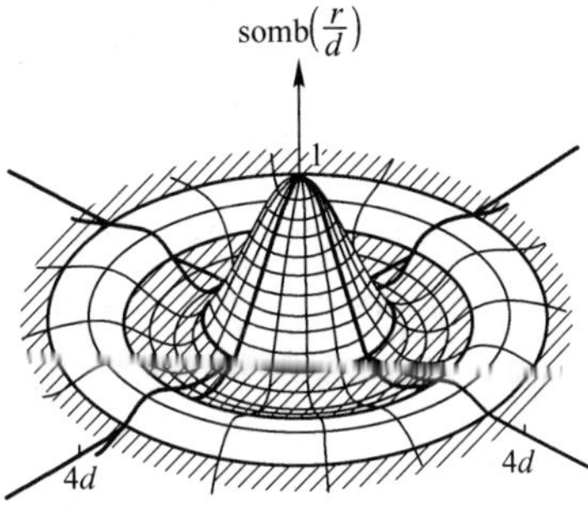

图 17-14-3　somb 函数

式中，$J_1(\quad)$为一阶第一类贝塞尔函数。

somb(　)和 $\mathrm{somb}^2(\quad)$是两个重要的函数（见图 17-14-4）。在成像系统具有圆形限制光瞳的情形，此二函数分别代表系统的相干光和非相干光的脉冲响应。

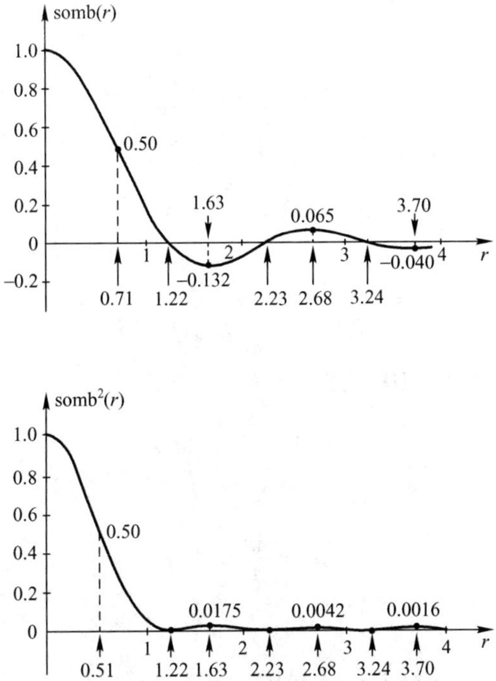

图 17-14-4　somb(r)和 $\mathrm{somb}^2(r)$的径向剖面

2. 二维傅里叶变换

$$f(x,y)=\iint_{-\infty}^{\infty}F(\xi,\eta)\,\mathrm{e}^{\mathrm{j}2\pi(\xi x+\eta y)}\,\mathrm{d}\xi\mathrm{d}\eta \qquad (17-14-4)$$

式中

$$F(\xi,\eta)=\iint_{-\infty}^{\infty}f(x,y)\,\mathrm{e}^{-\mathrm{j}2\pi(\xi x+\eta y)}\,\mathrm{d}x\mathrm{d}y \qquad (17-14-5)$$

3. 零阶汉克尔变换

当(17-14-4)式和(17-14-5)式中的$f(x,y)$为圆对称（径向对称）函数时，则二维傅里叶变换转化成为零阶汉克尔变换：

$$G(\rho)=2\pi\int_0^{\infty} g(r)J_0(2\pi\rho r)r\mathrm{d}r \tag{17-14-6}$$

$$g(r)=2\pi\int_0^{\infty} G(\rho)J_0(2\pi\rho r)\rho\mathrm{d}\rho \tag{17-14-7}$$

式中,$J_0(\quad)$为零阶第一类贝塞尔函数。

以下用符号 $H_0\{\quad\}$表示零阶汉克尔变换。

作为一个例子,设 $g(r)=\mathrm{cyl}(r)$,求它的零阶汉克尔变换:

$$G(\rho)=H_0\{\mathrm{cyl}(r)\}=2\pi\int_0^{\infty}\mathrm{cyl}(r)J_0(2\pi\rho r)r\mathrm{d}r$$

$$=2\pi\int_0^{\frac{1}{2}} J_0(2\pi\rho r)r\mathrm{d}r \tag{17-14-8}$$

设 $x=2\pi\rho r$,则由于

$$r=\frac{x}{2\pi\rho},\mathrm{d}r=\frac{\mathrm{d}x}{2\pi\rho}$$

上式变为

$$G(\rho)=\frac{1}{2\pi\rho^2}\int_0^{\pi\rho} J_0(x)x\,\mathrm{d}x \tag{17-14-9}$$

又由参考文献[29]给出

$$\alpha J_1(\alpha)=\int_0^{\alpha}\beta J_0(\beta)\mathrm{d}\beta \tag{17-14-10}$$

将(17-14-9)式与(17-14-10)式作一比较,不难求得

$$G(\rho)=\frac{1}{2\rho}J_1(\pi\rho) \tag{17-14-11}$$

而根据(17-14-3)式,得

$$G(\rho)=\frac{\pi}{4}\mathrm{somb}(\rho) \tag{17-14-12}$$

所以

$$G(\rho)=H_0\{\mathrm{cyl}(r)\}=\frac{\pi}{4}\mathrm{somb}(\rho) \tag{17-14-13}$$

通常,圆柱函数呈现为 $\mathrm{cyl}\left(\frac{r}{d}\right)$,则根据二维傅里叶变换的缩放性质有

$$G(\rho)=H_0\left\{\mathrm{cyl}\left(\frac{r}{d}\right)\right\}=\frac{\pi d^2}{4}\mathrm{somb}(d\rho) \tag{17-14-14}$$

4. 光波衍射

1）标量衍射理论的概念

见图 17-14-5,用一轴向的平面波(从左向右)去照明一尺寸比波长大得多的光阑,并在右方不同距离的平面上观察其光强图形。

在离光阑较近的地方,所得的图形与几何光学的规律相符。然而在比较远的所谓菲涅耳区开始的地方,光强分布图形却完全超出了几何光学所预测的范围,而

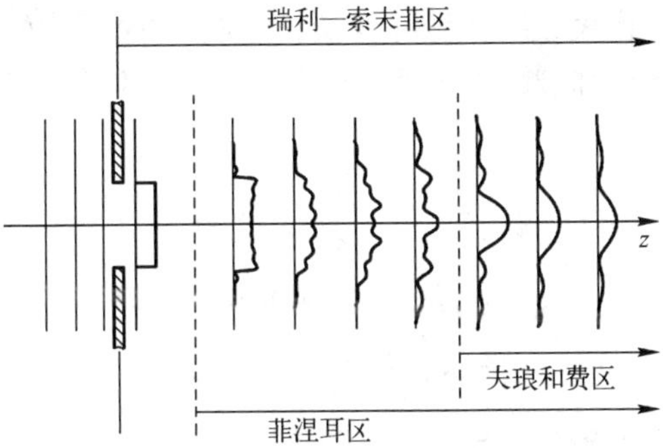

图 17-14-5　平面波通过光阑的衍射

且随着距离的不断增加这种光强分布图形也不断发生变化，有时图形中心较亮，有时图形中心却较暗。可是，到了另外一个更远的夫琅和费区开始后，光强分布图形虽然仍与几何光学相违背，但却变得稳定，只是比例尺变化而已。

图 17-14-5 说明，夫琅和费区包含在菲涅耳区内，而所有这些区域又都包含在瑞利—索末菲区内。在瑞利—索末菲区中衍射理论的一个最主要的近似是把光当作标量处理，即只考虑电场或磁场的一个横分量的标量振幅，而假定其他分量也可以用同样的方法处理。事实说明，当衍射孔径比波长大得多且在离孔径较远的地方观察衍射场时，瑞利—索末菲理论给出了非常精确的结果。

2）夫琅和费衍射

图 17-14-6 表示一任意波场由 $z=z_1$ 平面向 $z=z_2$ 平面的传播。$u_1(x,y)$ 代表在 z_1 处的衍射孔内的光场复振幅，$u_2(x,y)$ 代表在 z_2 处的观察平面上的衍射场。

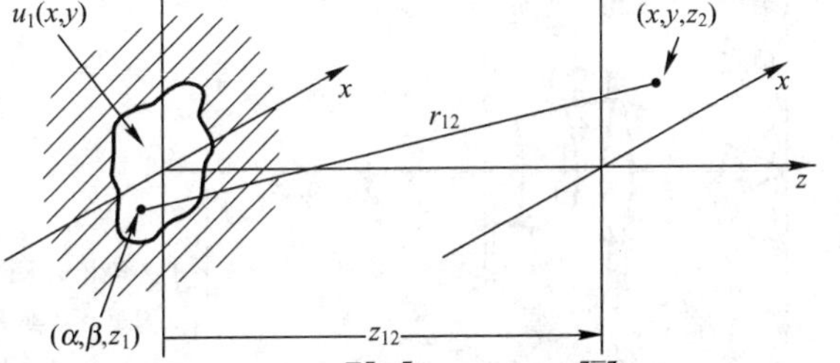

图 17-14-6　由 z_1 平面向 z_2 平面传播的一任意波场

夫琅和费衍射也称远场衍射。在满足远场衍射的条件下，可求得 $u_2(x,y)$ 与 $u_1(x,y)$ 的下列关系（推导过程从略）：

$$u_2(x,y)=B_{12}q\left(x,y;\frac{2}{\lambda z_{12}}\right)FF\{u_1(x,y)\}$$

或

$$u_2(x,y)=B_{12}q\left(x,y;\frac{1}{\lambda z_{12}}\right)U_1(\xi,\eta)\bigg|_{\xi=\frac{x}{\lambda z_{12}},\eta=\frac{y}{\lambda z_{12}}} \tag{17-14-15}$$

式中，符号 $FF\{\quad\}$ 代表二维傅里叶变换；$U_1(\xi,\eta)$ 代表 $u_1(x,y)$ 的傅里叶变换或空间频谱；ξ 和 η 代表空间频率，它们的因次为长度的倒数，即 $[L]^{-1}$；符号 B_{12} 和 $q\left(x,y,\frac{1}{\lambda z_{12}}\right)$ 分别为

$$B_{12}=\frac{e^{jkz_{12}}}{j\lambda z_{12}} \tag{17-14-16}$$

$$q\left(x,y;\frac{1}{\lambda z_{12}}\right)=e^{j\pi\frac{1}{\lambda z_{12}}(x^2+y^2)} \tag{17-14-17}$$

通常把 $q(\quad)$ 称为二次位相因子。

(17-14-6)式说明，夫琅和费区观察平面上的输出 $u_2(x,y)$ 正好与输入信号 $u_1(x,y)$ 的傅里叶变换 $U_1(\xi,\eta)$ 成正比。频谱面内的一个 (x,y) 点按照一定的比例尺代表信号空间频谱的一个频率 (ξ,η)：$\xi=\frac{x}{\lambda z_{12}}$；$\eta=\frac{x}{\lambda z_{12}}$。

设 $I_2(x,y)$ 代表观察平面上衍射图样的强度，则

$$\begin{aligned}I_2(x,y)&=|u_2(x,y)|^2\\&=\left(\frac{1}{\lambda z_{12}}\right)^2\left|U_1\left(\frac{x}{\lambda z_{12}},\frac{y}{\lambda z_{12}}\right)\right|^2\end{aligned} \tag{17-14-18}$$

5. 透镜对衍射的作用

远场衍射呈现为输入信号的空间频谱，它固然重要，然而由于距离 z_{12} 太大，不便于使用。透镜所产生的二次位相因子能够使远场近移。

1）会聚球面波照明的效应

见图 17-14-7，夫琅和费平面被近移至光源点的共轭平面。

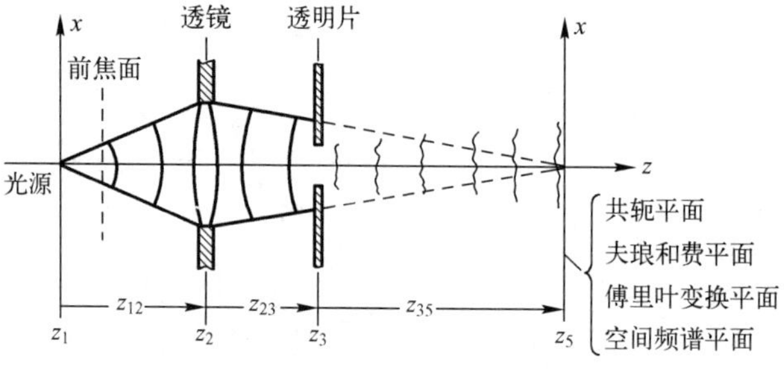

图 17-14-7　会聚球面波照明下的衍射

此处要求透镜有足够大的通光孔径，以保证透明片为本系统的障碍衍射物体。

设 $t_3(x,y)$ 为透明片的复振幅透过率（或复透过率），即

$$t_3(x,y)=\frac{u_3^+(x,y)}{u_3^-(x,y)} \tag{17-14-19}$$

式中，$u_3^-(x,y)$ 和 $u_3^+(x,y)$ 分别为透明片的输入和输出光场。而夫琅和费平面 Z_5 上的光场复振幅 $u_5(x,y)$ 等于：

$$u_5(x,y)=\left(\frac{Az_{25}}{z_{35}}\right)B_l e^{jkz_{23}}B_{35}q\left(x,y;\frac{1}{\lambda z_{35}}\right)T_3\left(\frac{x}{\lambda z_{35}},\frac{y}{\lambda z_{35}}\right) \quad (17-14-20)$$

强度 $I_5(x,y)$ 则等于：

$$I_5(x,y)=|u_5(x,y)|^2=|AB_l|^2\left(\frac{z_{25}}{z_{35}}\right)^2\left(\frac{1}{\lambda_{35}}\right)^2\left|T_3\left(\frac{x}{\lambda z_{35}},\frac{y}{\lambda z_{35}}\right)\right|^2 \quad (17-14-21)$$

2）特例一（图 17-14-8）

透明片与透镜重合，此时 $z_{23}=0$，则

$$u_5(x,y)=AB_lB_{35}q\left(x,y;\frac{1}{\lambda z_{35}}\right)T_3\left(\frac{x}{\lambda z_{35}},\frac{y}{\lambda z_{35}}\right) \quad (17-14-22)$$

$$I_5(x,y)=|AB_l|^2\left(\frac{1}{\lambda z_{35}}\right)^2\left|T_3\left(\frac{x}{\lambda z_{35}},\frac{y}{\lambda z_{35}}\right)\right|^2 \quad (17-14-23)$$

3）特例二（图 17-14-9）

如果在特例一中，改用平面波照明，则

$$u_5(x,y)=AB_l\frac{e^{jkf}}{j\lambda f}q\left(x,y;\frac{1}{\lambda y}\right)T_3\left(\frac{x}{\lambda f},\frac{y}{\lambda f}\right) \quad (17-14-24)$$

$$I_5(x,y)=|AB_l|^2\left(\frac{1}{\lambda f}\right)^2\left|T_3\left(\frac{x}{\lambda f},\frac{y}{\lambda f}\right)\right|^2 \quad (17-14-25)$$

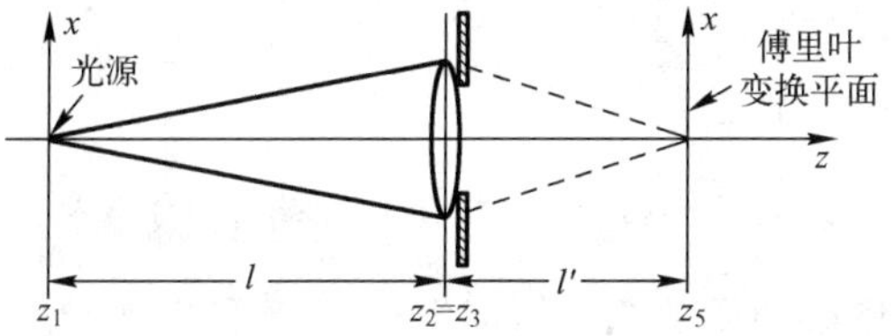

图 17-14-8　衍射物紧贴一正透镜的情况

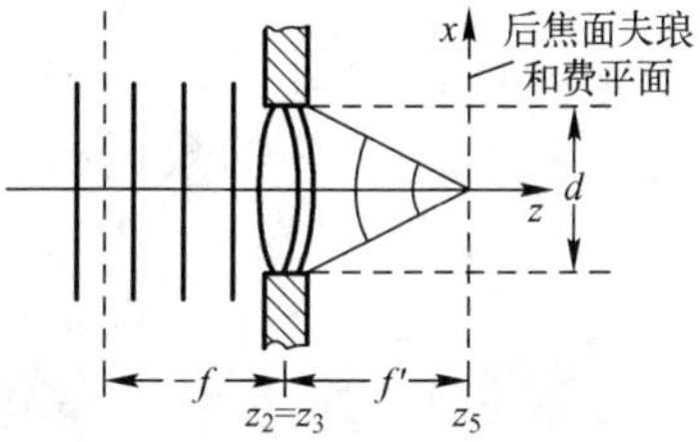

图 17-14-9　衍射物紧贴正透镜以及用平面波照明的情况

6. 艾利圆（衍射光斑）

在上述的两个特例中，假设透明片就是物镜自身的镜框，此时 $t_3=\mathrm{cyl}\left(\frac{r}{d}\right)$，则根据（17-14-14）式，（17-14-23）式变成

$$I(r)=|AB_l|^2\left(\frac{1}{\lambda l'}\right)^2\left(\frac{\pi d^2}{4}\right)^2|\mathrm{somb}(d\rho)|^2\Big|_{\rho=\frac{r}{\lambda l'}} \quad (17-14-26)$$

式中，空间频率

$$\rho=\frac{r}{\lambda l'} \quad (17-14-27)$$

而（17-14-25）式则变成

$$I(r)=|AB_l|^2\left(\frac{1}{\lambda f'}\right)^2\left(\frac{\pi d^2}{4}\right)^2|\mathrm{somb}(d\rho)|^2\Big|_{\rho=\frac{r}{\lambda f'}} \quad (17-14-28)$$

式中，空间频率

$$\rho = \frac{r}{\lambda f'} \qquad (17-14-29)$$

以下只关心艾利圆的相对强度,因而可不必考虑(17-14-28)式中的常系数。现将(17-14-29)式中的空间频率ρ代入(17-14-28)式,并注意到关系式(17-14-3),则

$$\frac{I(r)}{I(0)} = \left| \frac{2J_1\left(\frac{\pi dr}{\lambda f'}\right)}{\frac{\pi dr}{\lambda f'}} \right|^2 \qquad (17-14-30)$$

引入无因次量w:

$$w = \frac{\pi dr}{\lambda f'} \qquad (17-14-31)$$

则

$$\frac{I(r)}{I(0)} = \left| \frac{2J_1(w)}{w} \right|^2 \qquad (17-14-32)$$

(17-14-32)式给出了衍射艾利斑的相对强度分布,如图 17-14-10 所示;表 17-14-1 提供了绘图所需的数据。由图 17-14-10 可见,艾利斑的中心强度最高 $I(0) = I_{max}$,而随着w的增加,相对强度$I(r)/I(0)$衰减得很快。表 17-14-2 的数据指出,第一、二、三个暗环出现在w= 3.832, 7.016, 10.173 处;第一、二个亮环的高峰出现在w=5.136 和 8.417 处,然而此二高峰对中心强度的相对值仅为 0.0175 和 0.0042。

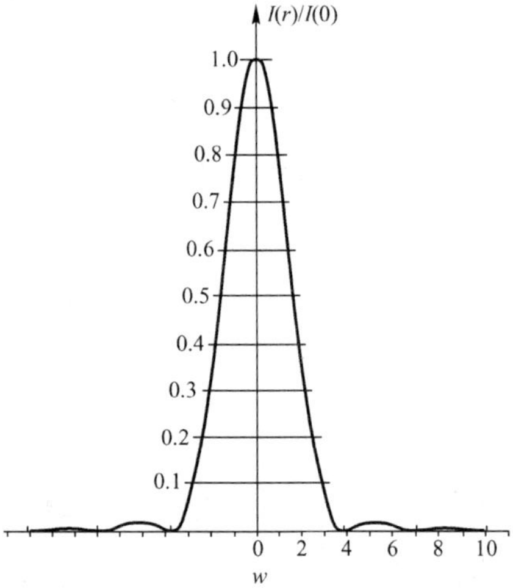

图 17-14-10 艾利圆相对强度分布

表 17-14-1 贝塞尔函数值以及艾利圆相对强度值

w	$J_1(w)$	相对强度	w	$J_1(w)$	相对强度
0.0	0.0	1.0	6.5	-0.154	0.0022
0.5	0.242	0.939	7.0	-0.005	0.0000
1.0	0.440	0.775	7.5	0.135	0.0013
1.5	0.558	0.553	8.0	0.235	0.0034
2.0	0.577	0.333	8.5	0.273	0.0041
2.5	0.497	0.158	9.0	0.245	0.0030
3.0	0.339	0.0511	9.5	0.161	0.0012
3.5	0.137	0.0062	10.0	0.044	0.0000
4.0	-0.066	0.0011	10.5	-0.079	0.0002
4.5	-0.231	0.0106	11.0	-0.177	0.0010
5.0	-0.328	0.0172	11.5	-0.228	0.0016
5.5	-0.341	0.0154	12.0	-0.223	0.0014
6.0	-0.277	0.0085	12.5	-0.165	0.0007

表 17-14-2　艾利圆的各种参量值

环	无因次参数 w	相对强度 I/I_0	环内光量/%	环外光量/%
中心亮斑	0.0	1.0	83.9	—
第一暗环	3.832	—	—	16.1
第一亮环	5.136	0.0175	7.1	—
第二暗环	7.016	—	—	9.0
第二亮环	8.417	0.0042	2.8	—
第三暗环	10.173	—	—	6.2
第三亮环	11.620	0.0016	1.5	—
第四暗环	13.324	—	—	4.7

图 17-14-11 给出艾利衍射斑的照片，并指出孔径大的物镜给出较小的艾利斑，因而有较高的分辨率。

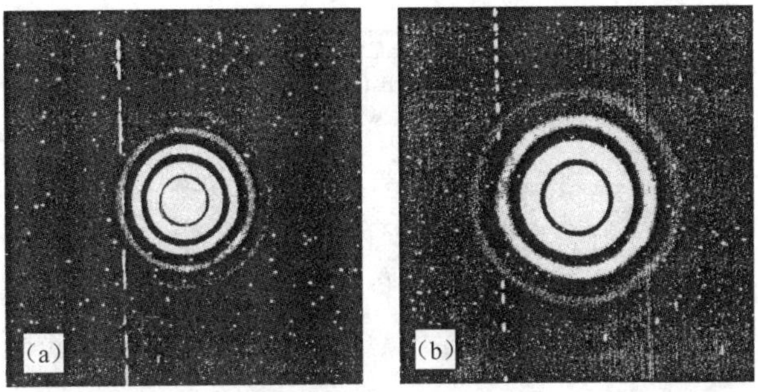

图 17-14-11　直径不同的两种圆形光瞳的夫琅和费衍射图样
(a) 直径为 d;(b) 直径为 $d/1.7$。

实际上，83.9% 的光能集中在艾利圆的中央亮斑。设 σ 代表中央亮斑（或第一暗环）的半径，它与 $w=3.832$ 相对应。由(17-14-31)式得

$$r=\frac{\lambda f'w}{\pi d} \tag{17-14-33}$$

用 $w=3.832$ 代入上式，所求得的 r 值即为 σ：

$$\sigma=\frac{3.832}{\pi}\lambda\left(\frac{f'}{d}\right)=1.22\lambda\left(\frac{f'}{d}\right) \tag{17-14-34}$$

σ 也称为艾利斑半径。

7. 分辨率中的瑞利判据

望远物镜的分辨率代表其成像面上依然可以分得开的两个最近的艾利斑所对应的两个远处物点（如两个星点）对物镜的张角 θ。

瑞利判据认为：若一个中央亮斑的中心落在另一个亮斑的边缘，则二者呈现为尚可分得开的最小距离。这一间隔正好等于上述的艾利斑半径 σ，如图 17-14-12 所示。因此，

$$\theta=\frac{\sigma}{f'}$$

将(17-14-34)式代入上式,得

$$\theta = 1.22\frac{\lambda}{d} \qquad (17-14-35)$$

通常略去系数 1.22(即 3.832/π),则(17-14-34)式、(17-14-35)式变成

$$\sigma = \lambda\left(\frac{f'}{d}\right) \qquad (17-14-36)$$

$$\theta = \frac{\lambda}{d} \qquad (17-14-37)$$

令 U'_m 为像方孔径角,有

$$\sin U'_m = \frac{1}{2}\frac{d}{l'}$$

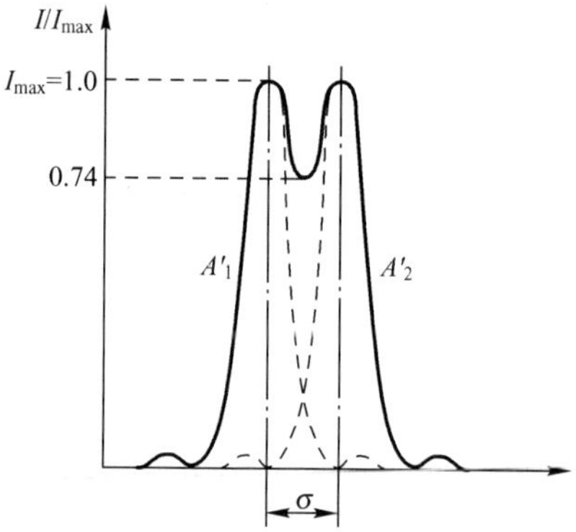

图 17-14-12 两点分辨的瑞利判据

令 $l' = f'$,并代入(17-14-36)式,得

$$\sigma = \frac{0.5\lambda}{\sin U'_m} \qquad (17-14-38)$$

8. 光程差(OPD)

图 17-14-13 所示是一个理想的光学系统。用实线表示、半径为 l' 的球面波前来自系统的出射光瞳,并将会聚于焦点 F。参考点 C 代表像点接受面的所在处,它相对于 F 有一个轴向移动 δ(离焦量)。以下推导实线球面波前在参考点 C 处成像而带来的光程差,或者说,由于成像参考点 C 相对 F 点的离焦量 δ 所引起的光程差 OPD。

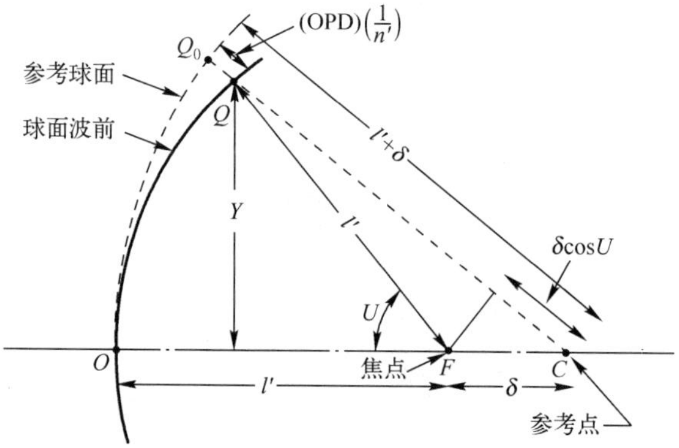

图 17-14-13 参考点 C 自焦点 F 发生一轴向移动 δ 所引起的光程差(OPD)

首先,以 C 为圆心、$(l'+\delta)$ 为半径作一虚线的参考球面,它与真实的成像球面波前相交于光轴的 O 点。

显然,成像球面波前上以入射高度 Y 为半径的 Q 环的光程差 OPD 应是沿着参考球面半径方向计量的、由参考球面至成像波前之间的距离,当然还要乘以像空间介质的折射率 n'。

由图 17-14-13 上的几何关系，有

$$\frac{\mathrm{OPD}}{n'}=(l'+\delta-\delta\cos U'-l')=\delta(1-\cos U') \tag{17-14-39}$$

就本例所需的精度，下列的近似式已足够应对：

$$\cos U'=1-\frac{1}{2}\sin^2 U'$$

将它代入(17-14-39)式，得

$$\mathrm{OPD}=\frac{1}{2}n'\delta\sin^2 U' \tag{17-14-40}$$

如所知，瑞利判据为 1/4 的波长，令

$$\mathrm{OPD}=\frac{1}{4}\lambda$$

则由(17-14-40)式，求得离焦量的容差为

$$\delta_a=\pm\frac{\lambda}{2n'\sin^2 U'_m} \tag{17-14-41}$$

式中，U'_m 为波前边缘对应光线的斜角。

在图 17-14-14 上，可由轴向离焦量容差 δ_a 求得垂轴离焦量容量 h_a：

$$h_a=\delta_a\sin U'_m \tag{17-14-42}$$

由此

$$h_a=\pm\frac{\lambda}{2n'\sin U'_m}=\frac{0.5\lambda}{n'\sin U'_m} \tag{17-14-43}$$

图 17-14-14 中的 G 点代表垂轴参考点，它与垂轴离焦量的容差 h_a 相对应。实线球面波前的焦点为 F；虚线部分代表以参考点 G 为圆心、$(l'+\delta_a)$ 为半径所作的参考球面。

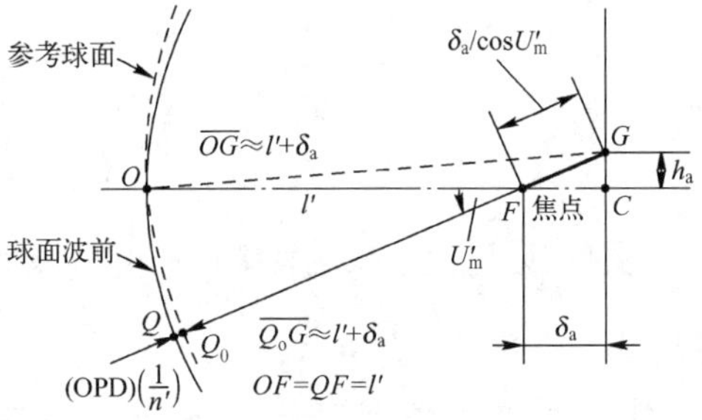

图 17-14-14　垂轴离焦量 h 的容差 h_a

现在的任务是要证明，实际成像球面波前在其边缘 Q 点处的光程差 OPD$(n'\times\overline{QQ_0})$应该等于$\frac{\lambda}{4}$。

由图 17-14-14 上的几何关系，有

$$\frac{\mathrm{OPD}}{n'}=l'+\frac{\delta_a}{\cos U'_m}-(l'+\delta_a)=\delta_a\left(\frac{1}{\cos U'_m}-1\right) \tag{17-14-44}$$

同样，将下列的近似公式：

$$\cos U'_m=1-\frac{1}{2}\sin^2 U'_m$$

代入(17-14-44)式，得

$$\frac{\mathrm{OPD}}{n'}=\frac{1}{2}\delta_a\sin^2 U'_m$$

再将(17-14-41)式中的 δ_a 代入上式,得

$$OPD = \frac{1}{2}n'\frac{\lambda}{2n'\sin^2 U'_m}\sin^2 U'_m$$

所以

$$OPD = \frac{\lambda}{4}$$

这一结果表明,按照(17-14-42)式由 δ_a 求得的 h_a((17-14-43)式)同样受到了瑞利判据$\frac{1}{4}\lambda$ 的支配。

现在返回来,讨论一下在整个艾利斑的范围内究竟存在有多大的光程差。为此,先将(17-14-42)式变成一般的形式:

$$h = \delta\sin U' \tag{17-14-45}$$

然后,把(17-14-40)式中的 δ 代入(17-14-45)式,并考虑到 $n' = 1$,得

$$h = \frac{2\ OPD}{\sin U'} \tag{17-14-46}$$

再把(17-14-38)式恢复为其准确的表达式,并用 U'取代 U'_m,则

$$\sigma = \frac{0.61\lambda}{\sin U'} \tag{17-14-47}$$

令上列二式中的

$$h = \sigma$$

则

$$2\ OPD = 0.61\lambda \tag{17-14-48}$$

结果说明,艾利斑边缘对其中心的光程差为$\frac{0.61}{2}\lambda$,所以整个艾利斑内的最大光程差应成双倍而等于 0.61λ。

在可见光范围,平均波长 $\lambda_{av} = 0.55\mu m$,$\lambda/4 = 0.14\mu m$。按照瑞利判据(标准),规定目视光学系统允许的极限波像差不应超过 $\Delta_w = 0.14\mu m$。而从这一公差总量 Δ_w 中,将分出一部分$(\Delta_w)_{允许}$来限制系统全部光学零件在有效光束或工作光束范围内、会影响到成像质量的制造误差。据参考文献[26]推荐:

$$(\Delta_w)_{允许} = 0.1\mu m \tag{17-14-49}$$

系统中光学零件的有效光束或工作光束定义如下:由系统视场中心一物点发出的光束,通过入射光瞳进入系统(一般是先进入系统的物镜),中间经过一系列的光学零件,最后通过出射光瞳由系统射出而进入观察者的眼瞳中(一般是在经过目镜后再由出射光瞳出射)。在较好的照明条件下,眼瞳的直径 $d_e = 2mm$,而当出射光瞳的直径大于眼瞳时,则 2mm 的 d_e 便成为出射光瞳处的有效光束的直径:$d'_p = d_e$(眼瞳一般均贴靠在出射光瞳处)。然后,由出射光瞳再沿着逆光路的方向返回去,则与出射光瞳处孔径 d_e 相对应的光束将逐次地在一系列的光学零件上找到各自的有效光束以及它们的孔径 d_p。

17.14.2 单面偏心透镜的楔镜效应

除了有制造误差的反射棱镜展开后呈现为一楔玻璃板之外，由于加工和胶合的误差，透镜也会产生楔镜的效应。

见图 17-14-15，一透镜由于其单面偏心 C 而呈现的微楔角 θ 可视为三角形 C_1C_2O 的外角：

$$\theta = \theta_1 + \theta_2$$

所以

$$\theta = C\left(\frac{1}{r_1} - \frac{1}{r_2}\right) \tag{17-14-50}$$

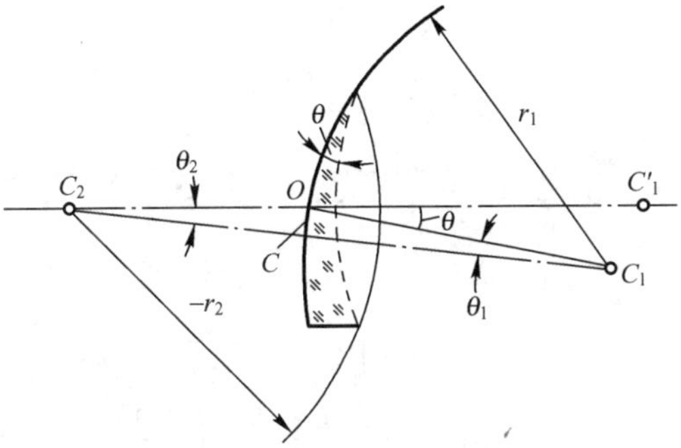

图 17-14-15　单面偏心 C 所造成的楔角 θ

17.14.3 光楔楔角公差的计算

光楔楔角公差主要依据光楔可能引起的色差量。无论是轴向色差或是垂轴色差，均宜表达成波像差的形式，即用光程差 OPD 进行度量。这一做法的目的是便于用瑞利判据来确定它们的公差。

图 17-14-16 上的光楔既可看作是一实际反射棱镜的展开，也可视为一单面偏心透镜的效应。

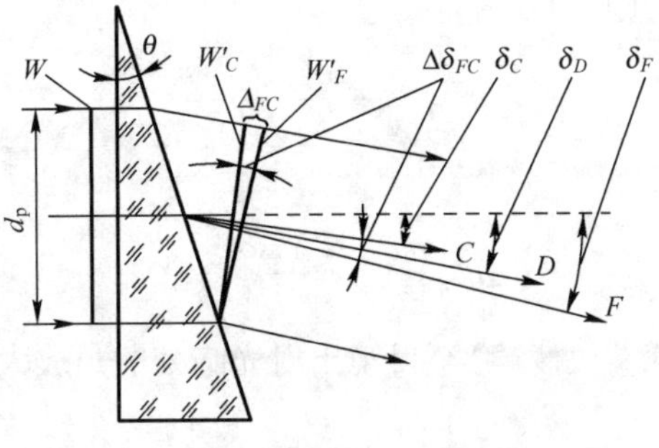

图 17-14-16　非单色光通过折射光楔的情况

设 θ 代表光楔的楔角；d_p 为该光学零件的有效光束的孔径；w 为进入光楔的非单色平行光波；w'_C 和 w'_F 分别代表 w 通过光楔后的 C 光和 F 光的平面波波前；$\Delta\delta_{FC}$ 为波前 w'_C 与 w'_F 之间的夹角；Δ_{FC} 为 w'_C 与 w'_F 在有效光束孔径 d_p 内最大的光程差。

设$(\Delta_{FC})_{允许}$代表 Δ_{FC} 的容差。对于至关紧要的技术，例如天文光学仪器的零件，参考文献[26]建议用

$$(\Delta_{FC})_{允许}=0.1\mu m \tag{17 14 51}$$

当计算零件楔角公差时，宜将垂轴色差表达成角量 $\Delta\delta_{FC}$：

$$\Delta\delta_{FC}=\frac{\Delta_{FC}}{d_p} \tag{17-14-52}$$

因而

$$(\Delta\delta_{FC})_{允许}=\frac{(\Delta_{FC})_{允许}}{d_p} \tag{17-14-53}$$

通常，可先求出在目镜之后，即出射光瞳处的$(\Delta\delta_{FC})_{允许}$：

$$(\Delta\delta_{FC})_{允许}=\frac{(\Delta_{FC})_{允许}}{d'_p} \tag{17-14-54}$$

现用$(\Delta_{FC})_{允许}=0.1\mu m=0.1\times10^{-3}mm$ 代入上式，得

$$(\Delta\delta_{FC})_{允许}=\frac{0.1\times10^{-3}}{d'_p}=\frac{20''}{d'_p} \tag{17-14-55}$$

通常，$d'_p=2mm$，所以

$$(\Delta\delta_{FC})_{允许}=10'' \tag{17-14-56}$$

最后分别确定反射棱镜等效玻璃板的楔角公差以及透镜单面偏心距的公差。

1. 棱镜等效玻璃板楔角 θ 的公差 $\theta_{允许}$

见图(17-14-16)，有

$$\Delta\delta_{FC}=\delta_F-\delta_C=(n_F-n_C)\theta=\frac{(n-1)\theta}{v} \tag{17-14-57}$$

式中，v 为玻璃的色散系数。设$(\Delta\delta_{FC})_{i,允许}(i=1,2,\cdots)$代表反射棱镜所在位置的色差角量 $\Delta\delta_{FC}$的公差，则

$$\theta_{允许}=\frac{(\Delta\delta_{FC})_{i,允许}v}{n_D-1} \tag{17-14-58}$$

由于

$$(\Delta\delta_{FC})_{i,允许}=\frac{(\Delta\delta_{FC})_{允许}}{\gamma} \tag{17-14-59}$$

式中，γ 为反射棱镜(第 i 块棱镜)至目镜出射光瞳处的角放大率：

$$\gamma=\frac{d_p}{d'_p} \tag{17-14-60}$$

式中，d_p 和 d'_p 分别为当前棱镜和出射光瞳处有效光束的孔径。

(17-14-58)式~(17-14-58)式的联解给出

$$\theta_{允许}=\frac{(\Delta\delta_{FC})_{允许}v}{(n_D-1)\gamma}=\frac{(\Delta\delta_{FC})_{允许}v}{(n_D-1)d_p/d'_p} \tag{17-14-61}$$

式中,$(\Delta\delta_{FC})_{允许}$为出射光瞳处的色差角量的公差,应由(17-14-55)式确定。各零件有效光束孔径 $d_{p,i}(i=1,2,\cdots)$的数值可以在进行光学系统外形尺寸计算的时候得到。

2. 透镜单面偏心 C 的公差 $C_{允许}$

根据(17-14-50)式,有

$$C=(n_D-1)f'\theta \tag{17-14-62}$$

所以

$$C_{允许}=(n_D-1)f'\theta_{允许} \tag{17-14-63}$$

将(17-14-61)式中的 $\theta_{允许}$代入(17-14-63)式,得

$$C_{允许}=(\Delta\delta_{FC})_{允许}vf'd'_p/d_p \tag{17-14-64}$$

17.14.4 公差的分配

以下只考虑平均分配的情况。

1. 标量原始误差

$$(\Delta_w)_{均标允许}=(\Delta_w)_{允许}/\sqrt{m_{标}} \tag{17-14-65}$$

式中,$(\Delta_w)_{允许}$为光程差公差总量;$m_{标}$ 为标量原始误差的数量;$(\Delta_w)_{i,标允许}$为平均分配到每项标量原始误差的公差。

2. 矢量原始误差

$$(\Delta_w)_{均矢允许}=\sqrt{2}(\Delta_w)_{允许}/\sqrt{m_{矢}} \tag{17-14-66}$$

式中,$m_{矢}$ 为矢量原始误差的数量;$(\Delta_w)_{i,矢允许}$为平均分配到每项矢量原始误差的公差。

刚讨论过的透镜的楔镜误差以及棱镜的光学平行差均属于矢量原始误差。

公差的带权分配应考虑各项原始误差的权系数,后者为由各原始误差至总指标误差的误差传动比。

17.15 计算实例四——周视瞄准镜

这是一个经典军用光学仪器的光学系统。图 17-14-17 中的注解已够清楚,无需更多的说明。

本例的任务是确定直角棱镜 2 各工作面的角误差和棱差的公差。

1. 光学性能与精度指标(只给出有关的)

放大倍数 $\gamma=4$;入射光瞳 $d_{入}=16$mm;方向角和俯仰角的刻度值 $\Delta\varphi(\Delta\varepsilon)=0.001$(角弧)$=3.6'$。

文献[60]推荐,在本系统目镜后的色差角量公差$(\Delta\delta_{FC})_{允许}=0.3'$。

不难求得系统出射光瞳直径$d_{出}$

$$d_{出}=\frac{d_{入}}{\gamma}=4\text{mm}>d_{眼}=2\text{mm}$$

所以出射光瞳有效光束的孔径$d'_{\text{p}}=2\text{mm}$。

在出瞳大于眼瞳的情况,由(17-14-51)式~(17-14-56)式已知$(\Delta\delta_{FC})_{允许}=10''$与$(\Delta_{FC})_{允许}=0.1\mu\text{m}$是相呼应的,所以,这里规定的$(\Delta\delta_{FC})_{允许}=0.3'=20''$,就好比是$(\Delta\delta_{FC})_{允许}=0.2\mu\text{m}$。由于周视瞄准镜(见图17-15-1)是一个中等精度的测角仪器(角分级),因此,$20''$的$(\Delta\delta_{FC})_{允许}$应该是一个比较合理的精度指标。

棱镜2处有效光束的孔径d_{p}应等于:

$$d_{\text{p}}=\gamma\cdot d'_{\text{p}}=8\text{mm}$$

2. 公差分配

由(17-14-66)式可写出

$$(\Delta\delta_{FC})_{均矢允许}=\sqrt{2}(\Delta\delta_{FC})_{允许}/\sqrt{m}_{矢} \tag{17-15-1}$$

因为分划板6是球面波前的会聚处,有效光束孔径为零值,所以它对光程差没有影响。令$m_{矢}=10$及$(\Delta\delta_{FC})_{允许}=0.3'$,得

$$(\Delta\delta_{FC})_{均矢允许}=0.14'$$

3. 直角棱镜2的光学平行差的公差

根据(17-14-58)式,有

$$\theta_{允许}=\frac{(\Delta\delta_{FC})_{均矢允许}v}{(n_D-1)\gamma} \tag{17-15-2}$$

将$n_D=1.5163$、$v=64.1$、$\gamma=4$以及$(\Delta\delta_{FC})_{均矢允许}=0.14'$,代入(17-15-2)式,得

$$\theta_{允许}=4'$$

4. 直角棱镜2的光学平行差

1)基准及计读坐标系(见图17-15-2)

AB——基准面。

B——基准棱。

$x'y'z'$——标定在基准面和基准棱上的计读坐标系。

2)已知原始数据

$$\boldsymbol{N}_0=-\boldsymbol{j}'$$

$$\boldsymbol{N}_1=0.707\boldsymbol{i}'-0.707\boldsymbol{j}'$$

$$\boldsymbol{N}'_2=-\boldsymbol{i}'$$

$$\boldsymbol{\gamma}_0=0$$

$$\boldsymbol{\gamma}_1=\boldsymbol{\gamma}_{1\alpha}+\boldsymbol{\gamma}_{1\beta}=-0.707\gamma_{1\beta}\boldsymbol{i}'-0.707\gamma_{1\beta}\boldsymbol{j}'+\gamma_{1\alpha}\boldsymbol{k}'$$

$$\boldsymbol{\gamma}'_2=\boldsymbol{\gamma}'_{2\alpha}=\gamma'_{2\alpha}\boldsymbol{k}'$$

$$\boldsymbol{S}_1=\boldsymbol{S}_{N,180^\circ}=\begin{pmatrix}0&-1&0\\-1&0&0\\0&0&-1\end{pmatrix}$$

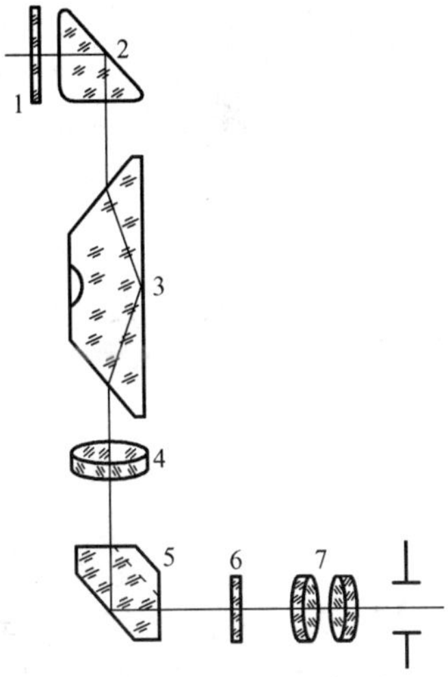

图 17-15-1 周视瞄准镜光学系统

1—保护玻璃;2—头部棱镜;3—道威棱镜;
4—物镜;5—直角屋脊棱镜;
6—分划板;7—目镜。

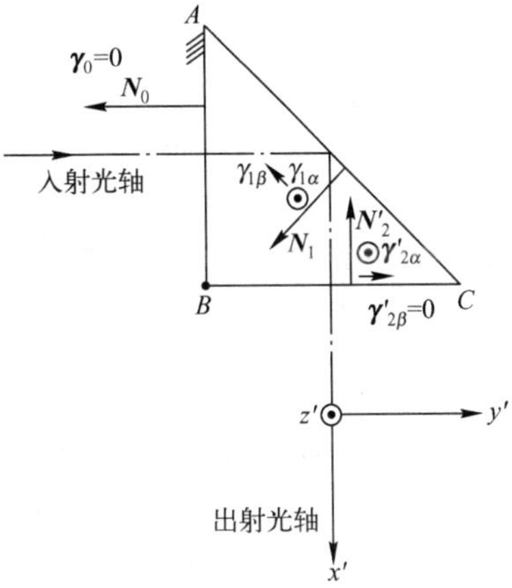

图 17-15-2 标有角偏差和棱差的直角棱镜

$$J_{\mu P,1}=E-S_1=\begin{pmatrix}1&1&0\\1&1&0\\0&0&2\end{pmatrix}$$

3）求反射部像空间的像偏转 $\Delta\boldsymbol{\mu}'_r$

本例的 $m=2$,所以将有关数据代入(17-10-1)式,得

$$\Delta\boldsymbol{\mu}'_r=\boldsymbol{J}_{\mu P,1}(\boldsymbol{\gamma}_1)=\begin{pmatrix}-\sqrt{2}\gamma_{1\beta}\\-\sqrt{2}\gamma_{1\beta}\\2\gamma_{1\alpha}\end{pmatrix}\tag{17-15-3}$$

4）求光学平行差 $\Delta N'$

据(17-10-5)式,并考虑到 $\boldsymbol{\gamma}_0=0$ 和 $m=2$,得

$$\Delta\boldsymbol{N}'=(\boldsymbol{\gamma}'_{2\alpha}-\Delta\boldsymbol{\mu}'_r)\times\boldsymbol{N}'_0=\begin{pmatrix}\sqrt{2}\gamma_{1\beta}\\\sqrt{2}\gamma_{1\beta}\\\gamma'_{2\alpha}-2\gamma_{1\alpha}\end{pmatrix}\times\begin{pmatrix}-1\\0\\0\end{pmatrix}=\begin{pmatrix}0\\2\gamma_{1\alpha}-\gamma'_{2\alpha}\\\sqrt{2}\gamma_{1\beta}\end{pmatrix}\tag{17-15-4}$$

由此

$$\Delta N'_{\mathrm{I}}=2\gamma_{1\alpha}-\gamma'_{2\alpha}\tag{17-15-5}$$

$$\Delta N'_{\mathrm{II}}=\sqrt{2}\gamma_{1\beta} \tag{17-15-6}$$

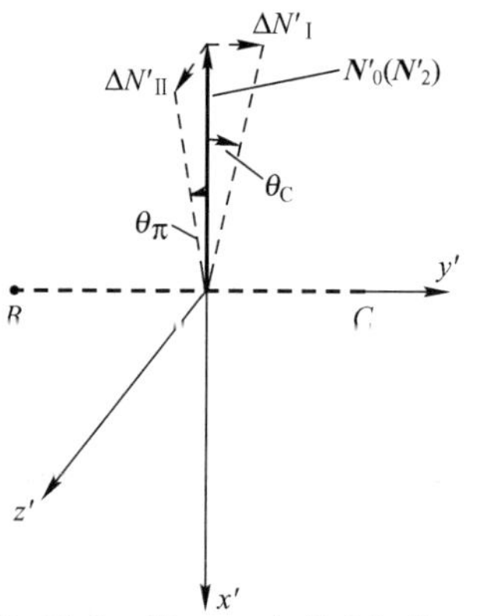

图 17-15-3　第一、二光学平行差 $\Delta N'_{\mathrm{I}}$、$\Delta N'_{\mathrm{II}}$与棱镜展开后所成楔玻璃板的楔角分量 θ_{C}、θ_{π} 的关系

棱镜光学平行差的两个分量 $\Delta N'_{\mathrm{I}}$、$\Delta N'_{\mathrm{II}}$ 表面上是线量，然而由图 17-15-3 可见，由于 $\boldsymbol{N}'_0$ 或 $\boldsymbol{N}'_2$ 均为单位矢量，所以 $\Delta N'_{\mathrm{I}}$ 和 $\Delta N'_{\mathrm{II}}$ 实际上呈现为角量，并分别与文献[26]、[60]中的 θ_{C} 和 θ_{π} 相对应。这里，对于光轴折线位于同一个平面内的那些棱镜（见图 17-1-1、图 17-1-2），θ_{C} 代表棱镜诸工作面的角偏差 $\gamma_{i\alpha}$所致楔玻璃板的楔角分量；θ_{π} 则代表诸工作面的棱差 $\gamma_{i\beta}$所致楔玻璃板的另一个楔角分量。θ_{C} 和 θ_{π} 在两个相互垂直的平面内。

现在回到公式(17-15-5)，其右侧部分应是棱镜的两个 45°角之间的差量，若记作 $\delta 45°$，则

$$\delta 45° = \angle A - \angle C = 2\gamma_{1\alpha} - \gamma'_{2\alpha} \tag{17-15-7}$$

理由很简单：即使 $\angle A$ 和 $\angle C$ 都不等于 45°，但只要保持 $\angle A = \angle C$，便可使 $\Delta N'_{\mathrm{I}}$ 为零，因为等腰三角形 $\triangle ABC$ 的展开是不会产生 $\Delta N'_{\mathrm{I}}$ 或 θ_{C} 的。

由以上的分析，有

$$\theta_{\mathrm{C}} = \Delta N'_{\mathrm{I}} = 2\gamma_{1\alpha} - \gamma'_{2\alpha} = \delta 45° \tag{17-15-8}$$

$$\theta_{\pi} = \Delta N'_{\mathrm{II}} = \sqrt{2}\gamma_{1\beta} \tag{17-15-9}$$

5）确定 $\delta 45°$和 $\gamma_{1\beta}$的公差

首先将已求得的直角棱镜光学平行差的公差 $\theta_{允许} = 4'$分配到 θ_{C} 和 θ_{π} 上。由于

$$\theta^2_{允许} = \theta^2_{\mathrm{C},允许} + \theta^2_{\pi,允许} \tag{17-15-10}$$

由此

$$\theta_{\mathrm{C},允许} = \theta_{\pi,允许} = \theta_{允许}/\sqrt{2}$$

所以

$$\theta_{\mathrm{C},允许} = \theta_{\pi,允许} = 3'$$

最后，由(17-15-8)式、(17-15-9)式，得

$$(\delta 45°)_{允许} = \theta_{\mathrm{C},允许} = 3'$$

$$(\gamma_{1\beta})_{允许} = \theta_{\pi,允许}/\sqrt{2} = 2'$$

棱镜的 90°可以用自由公差，$(\Delta 90°)_{允许} = 10'$。

习　题

17.1　求图 P17－1 上所示道威棱镜的像方光学平行差 $\Delta \boldsymbol{N}'$及在主截面内的

远处竖直物 $\boldsymbol{B}_0$ 的弯曲像。

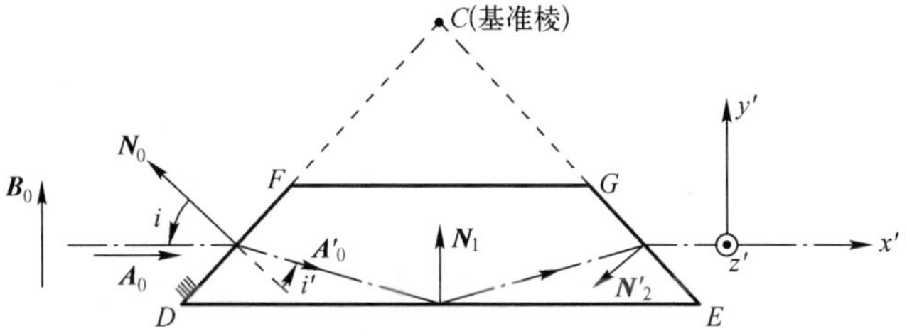

图 P17-1　道威棱镜

17.2　用另一种方式求楔玻璃板光学平行差 $\Delta\boldsymbol{N}$ 所引起的出射光线矢量 $\boldsymbol{A}''$ 的微量变化 $\Delta\boldsymbol{A}''$(参见图 17-6-1),此时假设 $\Delta\boldsymbol{N}$ 完全发生在楔玻璃板的入射面上。

17.3　请说明用棱镜调整原理解决反射棱镜制造误差问题的优点。

17.4　求图 17-13-1 所示空间棱镜的物方光学平行差 $\Delta\boldsymbol{N}$,然后与 $\Delta\boldsymbol{N}'$ 做一比较,并说明它们之间的关系。

17.5　请按照 17.15 节的方式,计算图 17-15-1 中直角屋脊棱镜各工作面角偏差和棱差的公差。

附　录

附录 A　反射棱镜图表

反射棱镜图表包含 54 块常用的反射棱镜。对于列入的每一块棱镜，均给出一个调整图、一个成像特性参量表、一个调整特性参量表以及像偏转和像点位移等六个调整计算公式。

等 腰 棱 镜

D Ⅰ-0°

（道威棱镜）

调 整 图

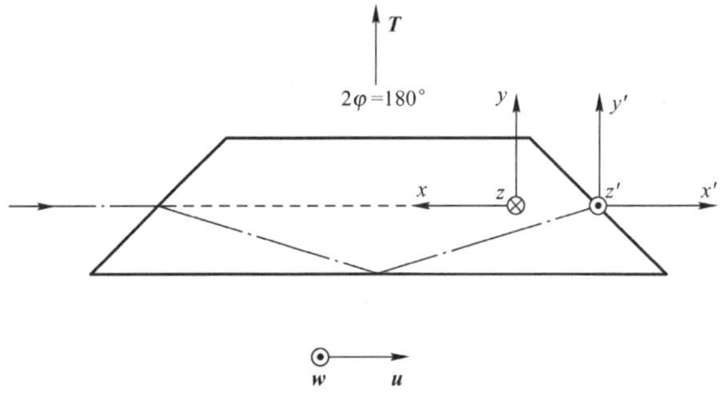

图 A-1

成像特性参量

<table>
<tr><td colspan="2" rowspan="2">方向余弦</td><td colspan="3">像坐标基底</td><td>$2\varphi=180^\circ$</td></tr>
<tr><td>$\boldsymbol{i}'(x')$</td><td>$\boldsymbol{j}'(y')$</td><td>$\boldsymbol{k}'(z')$</td><td>$\boldsymbol{T}$</td></tr>
<tr><td rowspan="3">物空间
坐标基底</td><td>$\boldsymbol{i}(x)$</td><td colspan="3" rowspan="3">$\boldsymbol{S}_{T,2\varphi}=\begin{pmatrix}-1 & 0 & 0\\ 0 & 1 & 0\\ 0 & 0 & -1\end{pmatrix}$</td><td>0</td></tr>
<tr><td>$\boldsymbol{j}(y)$</td><td>1</td></tr>
<tr><td>$\boldsymbol{k}(z)$</td><td>0</td></tr>
<tr><td colspan="3">$t=1 \quad L=\dfrac{2nD}{\sqrt{2n^2-1}-1}$</td><td colspan="3">$2d=$</td></tr>
<tr><td colspan="6">$\overrightarrow{M_0M'}=$</td></tr>
<tr><td colspan="6">$\boldsymbol{r}_0=$</td></tr>
<tr><td colspan="6">$\boldsymbol{r}_i=$</td></tr>
</table>

调整特性参量

<table>
<tr><td colspan="2" rowspan="2">方向余弦</td><td colspan="3">像 坐 标</td></tr>
<tr><td>x'</td><td>y'</td><td>z'</td></tr>
<tr><td rowspan="3">r'像偏转极值轴向</td><td>$\boldsymbol{u}$</td><td>1</td><td>0</td><td>0</td></tr>
<tr><td>$\boldsymbol{v}$</td><td>/</td><td>/</td><td>/</td></tr>
<tr><td>$\boldsymbol{w}$</td><td>0</td><td>0</td><td>1</td></tr>
<tr><td colspan="2">r'像偏转极值</td><td>$\delta_u = 2\Delta\theta$</td><td>$\delta_v = 0$</td><td>$\delta_w = 2\Delta\theta$</td></tr>
<tr><td rowspan="3">r'像移动极值移向</td><td>$\boldsymbol{a}$</td><td></td><td></td><td></td></tr>
<tr><td>$\boldsymbol{b}$</td><td></td><td></td><td></td></tr>
<tr><td>$\boldsymbol{c}$</td><td></td><td></td><td></td></tr>
<tr><td colspan="2">r'像移动极值</td><td>$\delta_a =$</td><td>$\delta_b =$</td><td>$\delta_c =$</td></tr>
<tr><td rowspan="8">三维零值极点</td><td rowspan="4">C_{Π_1}</td><td colspan="3">$x_1' =$</td></tr>
<tr><td colspan="3">$y_1' =$</td></tr>
<tr><td colspan="3">$z_1' =$</td></tr>
<tr><td colspan="3">Π_2 平面:</td></tr>
<tr><td rowspan="4">C_{Π_2}</td><td colspan="3">$x_2' =$</td></tr>
<tr><td colspan="3">$y_2' =$</td></tr>
<tr><td colspan="3">$z_2' =$</td></tr>
<tr><td colspan="3">Π_2 平面:</td></tr>
</table>

平行光路(像偏转 $\Delta\boldsymbol{\mu}'$)

像倾斜:

$$\Delta\mu'_{x'} = 2\Delta\theta P_{x'}$$

光轴偏:

$$\Delta\mu'_{y'} = 0$$

$$\Delta\mu'_{z'} = 2\Delta\theta P_{z'}$$

等腰棱镜

D Ⅰ-45°

调 整 图

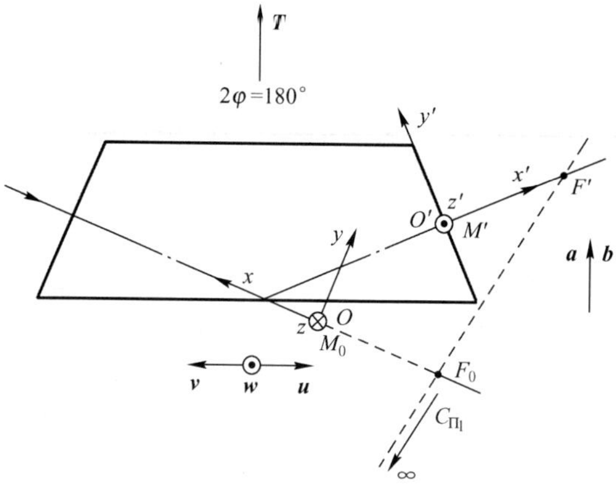

图 A-2

成像特性参量

<table>
<tr><td colspan="2" rowspan="2">方向余弦</td><td colspan="3">像坐标基底</td><td rowspan="2">$2\varphi=180°$
$\boldsymbol{T}$</td></tr>
<tr><td>$\boldsymbol{i}'(x')$</td><td>$\boldsymbol{j}'(y')$</td><td>$\boldsymbol{k}'(z')$</td></tr>
<tr><td rowspan="3">物空间坐标基底</td><td>$\boldsymbol{i}(x)$</td><td colspan="3" rowspan="3">$\boldsymbol{S}_{T,2\varphi}=\begin{pmatrix}-0.707 & 0.707 & 0\\ 0.707 & 0.707 & 0\\ 0 & 0 & -1\end{pmatrix}$</td><td>0.383</td></tr>
<tr><td>$\boldsymbol{j}(y)$</td><td>0.924</td></tr>
<tr><td>$\boldsymbol{k}(z)$</td><td>0</td></tr>
<tr><td colspan="3">$t=1 \quad L=2.414D$</td><td colspan="3">$2d=$</td></tr>
<tr><td colspan="6">$\overrightarrow{M_0M'}=\left(2.060D-1.707\dfrac{D}{n}\right)\boldsymbol{i}'+\left(-0.853D+1.707\dfrac{D}{n}\right)\boldsymbol{j}'$</td></tr>
<tr><td colspan="6">$\boldsymbol{r}_0=\infty$</td></tr>
<tr><td colspan="6">$\boldsymbol{r}_i=\infty$</td></tr>
</table>

调整特性参量

	方向余弦	像坐标 x'	像坐标 y'	像坐标 z'
r'像偏转极值轴向	$\boldsymbol{u}$	0.924	−0.383	0
	$\boldsymbol{v}$	−0.924	0.383	0
	$\boldsymbol{w}$	0	0	1
r'像偏转极值		$\delta_u = 1.848\Delta\theta$	$\delta_v = 0.765\Delta\theta$	$\delta_w = 2\Delta\theta$
r'像移动极值移向	$\boldsymbol{a}$	0.383	0.924	0
	$\boldsymbol{b}$	0.383	0.924	0
	$\boldsymbol{c}$	/	/	/
r'像移动极值		$\delta_a = 0.765\Delta g$	$\delta_b = 1.848\Delta g$	$\delta_c = 0$
平面三维零值极点	C_{Π_1}沿 $\overrightarrow{F_0F'}$ 方向趋于∞	$x_1' = \infty$		
		$y_1' = \infty$		
		$z_1' = 0$		
		Π_1 平面：共轭光轴截面 $x'O'y'$		
	C_{Π_2} 不存在	$x_2' =$		
		$y_2' =$		
		$z_2' =$		
		Π_2 平面：		

平行光路(像偏转 $\Delta\boldsymbol{\mu}'$)

像倾斜：

$$\Delta\mu_{x'}' = \Delta\theta(1.707P_{x'} - 0.707P_{y'})$$

光轴偏：

$$\Delta\mu_{y'}' = \Delta\theta(-0.707P_{x'} + 0.293P_{y'})$$
$$\Delta\mu_{z'}' = 2\Delta\theta P_{z'}$$

会聚光路(像点位移 $\Delta S_{F'}'$)

视差：

$$\Delta S_{F'x'}' = \Delta\theta[0.707P_{x'}z_q' - 0.293P_{y'}z_q' + P_{z'}(-0.707x_q' + 0.293y_q' - 0.853D)] + \Delta g(0.293D_{x'} + 0.707D_{y'})$$

光轴偏：

$$\Delta S_{f'y'}' = \Delta\theta\left[1.707P_{x'}z_q' - 0.707P_{y'}z_q' + P_{z'}\left(-1.707x_q' + 0.707y_q' + 2b' - 2.060D + 2.414\frac{D}{n}\right)\right] + \Delta g(0.707D_{x'} + 1.707D_{y'})$$

$$\Delta S_{F'z'}' = \Delta\theta\left[P_{x'}\left(0.707b' - 0.853D + 1.707\frac{D}{n}\right) + P_{y'}\left(-0.293b' - 2.060D + 1.707\frac{D}{n}\right)\right]$$

等腰棱镜

D Ⅰ-60°

调 整 图

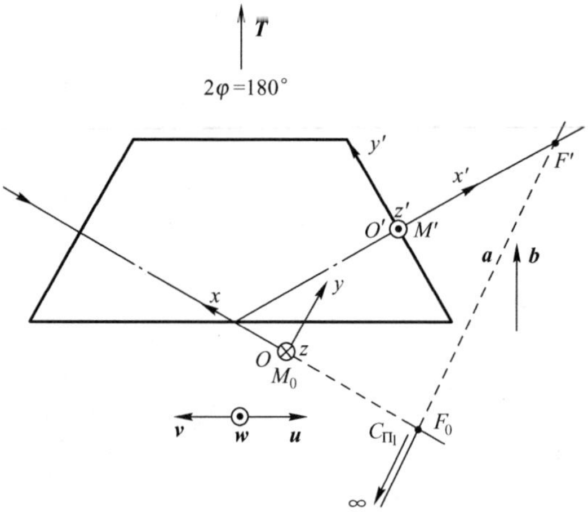

图 A-3

成像特性参量

	方向余弦	像坐标基底			$2\varphi=180°$ $\boldsymbol{T}$
		$\boldsymbol{i}'(x')$	$\boldsymbol{j}'(y')$	$\boldsymbol{k}'(z')$	
物空间坐标基底	$\boldsymbol{i}(x)$	$\boldsymbol{S}_{\boldsymbol{T},2\varphi}=\begin{pmatrix}-0.5 & 0.866 & 0\\ 0.866 & 0.5 & 0\\ 0 & 0 & -1\end{pmatrix}$			0.5
	$\boldsymbol{j}(y)$				0.866
	$\boldsymbol{k}(z)$				0
$t=1\quad L=1.732D$			$2d=$		
$\overrightarrow{M_0M'}=\left(1.299D-0.866\dfrac{D}{n}\right)\boldsymbol{i}'+\left(-0.75D+1.5\dfrac{D}{n}\right)\boldsymbol{j}'$					
$\boldsymbol{r}_0=\infty$					
$\boldsymbol{r}_i=\infty$					

调整特性参量

		像坐标		
	方向余弦	x'	y'	z'
r'像偏转极值轴向	$\boldsymbol{u}$	0.866	−0.5	0
	$\boldsymbol{v}$	−0.866	0.5	0
	$\boldsymbol{w}$	0	0	1
r'像偏转极值		$\delta_u = 1.732\Delta\theta$	$\delta_v = \Delta\theta$	$\delta_w = 2\Delta\theta$
r'像移动极值移向	$\boldsymbol{a}$	0.5	0.886	0
	$\boldsymbol{b}$	0.5	0.886	0
	$\boldsymbol{c}$	/	/	/
r'像移动极值		$\delta_a = \Delta g$	$\delta_b = 1.732\Delta g$	$\delta_c = 0$
平面三维零值极点	C_{Π_1}沿$\overrightarrow{F_0F'}$方向趋于∞	$x'_1 = \infty$		
		$y'_1 = \infty$		
		$z'_1 = 0$		
		Π_1 平面：共轭光轴截面 $x'O'y'$		
	C_{Π_2}不存在	$x'_2 =$		
		$y'_2 =$		
		$z'_2 =$		
		Π_2 平面：		

平行光路（像偏转 $\Delta\boldsymbol{\mu}'$）

像倾斜：

$$\Delta\mu'_{x'} = \Delta\theta(1.5P_{x'} - 0.866P_{y'})$$

光轴偏：

$$\Delta\mu'_{y'} = \Delta\theta(-0.866P_{x'} + 0.5P_{y'})$$

$$\Delta\mu'_{z'} = 2\Delta\theta P_{z'}$$

会聚光路（像点位移 $\Delta S'_{F'}$）

视差：

$$\Delta S'_{F'x'} = \Delta\theta[0.866P_{x'}z'_q - 0.5P_{y'}z'_q + P_{z'}(-0.866x'_q + 0.5y'_q - 0.75D)] + \Delta g(0.5D_{x'} + 0.866D_{y'})$$

光轴偏：

$$\Delta S'_{F'y'} = \Delta\theta\left[1.5P_{x'}z'_q - 0.866P_{y'}z'_q + P_{z'}\left(-1.5x'_q + 0.866y'_q + 2b' - 1.299D + 1.732\frac{D}{n}\right)\right] + \Delta g(0.866D_{x'} + 1.5D_{y'})$$

$$\Delta S'_{F'z'}=\Delta\theta\left[P_{x'}\left(0.866b'-0.75D+1.5\frac{D}{n}\right)+P_{y'}\left(-0.5b'-1.299D+0.866\frac{D}{n}\right)\right]$$

等腰棱镜

D Ⅰ-80°

调　整　图

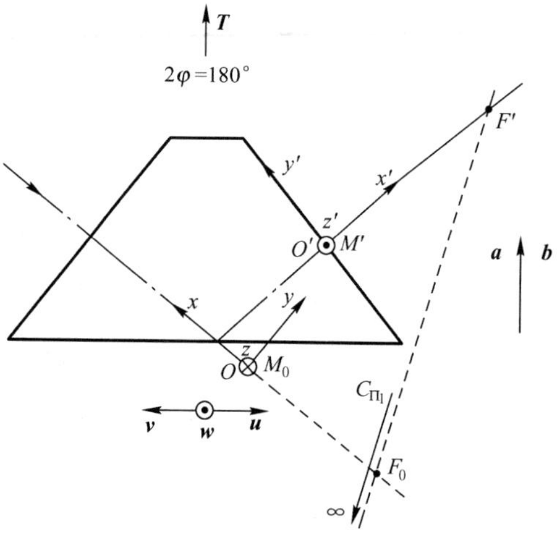

图 A-4

成像特性参量

方向余弦		像坐标基底 $i'(x')$	像坐标基底 $j'(y')$	像坐标基底 $k'(z')$	$2\varphi=180°$ T
物空间坐标基底	$i(x)$	$S_{T,2\varphi}=\begin{pmatrix}-0.174 & 0.985 & 0\\ 0.985 & 0.174 & 0\\ 0 & 0 & -1\end{pmatrix}$			0.643
	$j(y)$				0.766
	$k(z)$				0
$t=1\quad L=1.192D$			$2d=$		
$\overrightarrow{M_0M'}=\left(0.7D-0.207\frac{D}{n}\right)i'+\left(-0.587D+1.174\frac{D}{n}\right)j'$					
$r_0=\infty$					
$r_i=\infty$					

调整特性参量

	方向余弦	像坐标 x'	像坐标 y'	像坐标 z'
r'像偏转极值轴向	$\boldsymbol{u}$	0.766	−0.643	0
	$\boldsymbol{v}$	−0.766	0.643	0
	$\boldsymbol{w}$	0	0	1
r'像偏转极值		$\delta_u = 1.532\Delta\theta$	$\delta_v = 1.286\Delta\theta$	$\delta_w = 2\Delta\theta$
r'像移动极值移向	$\boldsymbol{a}$	0.643	0.766	0
	$\boldsymbol{b}$	0.643	0.766	0
	$\boldsymbol{c}$	/	/	/
r'像移动极值		$\delta_a = 1.286\Delta g$	$\delta_b = 1.532\Delta g$	$\delta_c = 0$
平面三维零值极点	C_{Π_1}沿 $\overrightarrow{F_0F'}$ 方向趋于 ∞	$x_1' = \infty$		
		$y_1' = \infty$		
		$z_1' = 0$		
		Π_1 平面：共轭光轴截面 $x'O'y'$		
	C_{Π_2} 不存在	$x_2' =$		
		$y_2' =$		
		$z_2' =$		
		Π_2 平面：		

平行光路(像偏转 $\Delta\boldsymbol{\mu}'$)

像倾斜：

$$\Delta\mu_{x'}' = \Delta\theta(1.174P_{x'} - 0.985P_{y'})$$

光轴偏：

$$\Delta\mu_{y'}' = \Delta\theta(-0.985P_{x'} + 0.826P_{y'})$$

$$\Delta\mu_{z'}' = 2\Delta\theta P_{z'}$$

会聚光路(像点位移 $\Delta S_{F'}'$)

视差：

$$\Delta S_{F'x'}' = \Delta\theta[0.985P_{x'}z_q' - 0.826P_{y'}z_q' + P_{z'}(-0.985x_q' + 0.826y_q' - 0.587D)] + \Delta g(0.826D_{x'} + 0.985D_{y'})$$

光轴偏：

$$\Delta S'_{F'y'} = \Delta\theta\left[1.174P_{x'}z'_q - 0.985P_{y'}z'_q + P_{z'}\left(-1.174x'_q + 0.985y'_q + 2b' - 0.7D + 1.192\frac{D}{n}\right)\right] + \Delta g(0.985D_{x'} + 1.174D_{y'})$$

$$\Delta S'_{F'z'} = \Delta\theta\left[P_{x'}\left(0.985b' - 0.587D + 1.174\frac{D}{n}\right) + P_{y'}\left(-0.826b' - 0.7D + 0.207\frac{D}{n}\right)\right]$$

等腰棱镜

D I–90°

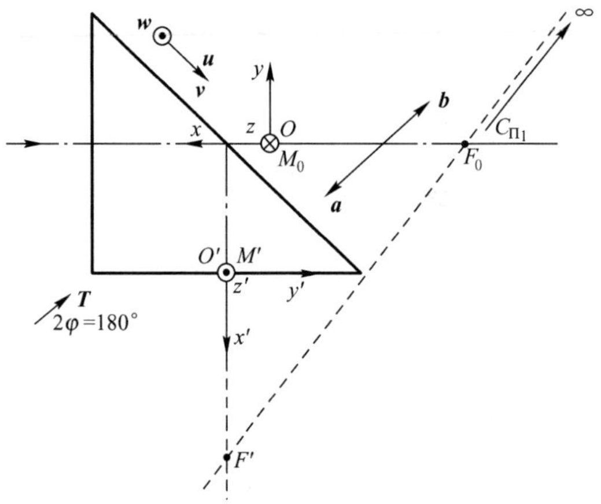

图 A–5

调 整 图

成像特性参量

<table>
<tr><td colspan="2" rowspan="2">方向余弦</td><td colspan="3">像坐标基底</td><td rowspan="2">$2\varphi=180°$
$\boldsymbol{T}$</td></tr>
<tr><td>$\boldsymbol{i}'(x')$</td><td>$\boldsymbol{j}'(y')$</td><td>$\boldsymbol{k}'(z')$</td></tr>
<tr><td rowspan="3">物空间
坐标基底</td><td>$\boldsymbol{i}(x)$</td><td colspan="3" rowspan="3">$\boldsymbol{S}_{\boldsymbol{T},2\varphi}=\begin{pmatrix}0 & -1 & 0\\ -1 & 0 & 0\\ 0 & 0 & -1\end{pmatrix}$</td><td>−0.707</td></tr>
<tr><td>$\boldsymbol{j}(y)$</td><td>0.707</td></tr>
<tr><td>$\boldsymbol{k}(z)$</td><td>0</td></tr>
<tr><td colspan="3">$t=1 \quad L=D$</td><td colspan="3">$2d=$</td></tr>
<tr><td colspan="6">$\overrightarrow{M_0M'}=0.5D\boldsymbol{i}'+\left(0.5D-\frac{D}{n}\right)\boldsymbol{j}'$</td></tr>
<tr><td colspan="6">$\boldsymbol{r}_0=\infty$</td></tr>
<tr><td colspan="6">$\boldsymbol{r}_i=\infty$</td></tr>
</table>

调整特性参量

		像坐标		
	方向余弦	x'	y'	z'
r'像偏转极值轴向	$\boldsymbol{u}$	0.707	0.707	0
	$\boldsymbol{v}$	0.707	0.707	0
	$\boldsymbol{w}$	0	0	1
r'像偏转极值		$\delta_u = 1.414\Delta\theta$	$\delta_v = 1.414\Delta\theta$	$\delta_w = 2\Delta\theta$
r'像移动极值移向	$\boldsymbol{a}$	0.707	−0.707	0
	$\boldsymbol{b}$	−0.707	0.707	0
	$\boldsymbol{c}$	/	/	/
r'像移动极值		$\delta_a = 1.414\Delta g$	$\delta_b = 1.414\Delta g$	$\delta_c = 0$
平面三维零值极点	C_{Π_1}沿 $\overrightarrow{F_0F'}$ 方向趋于 ∞	$x_1' = \infty$		
		$y_1' = \infty$		
		$z_1' = 0$		
		Π_1 平面：共轭光轴截面 $x'O'y'$		
	C_{Π_2} 不存在	$x_2' =$		
		$y_2' =$		
		$z_2' =$		
		Π_2 平面：		

平行光路（像偏转 $\Delta\boldsymbol{\mu}'$）

像倾斜：

$$\Delta\mu'_{x'} = \Delta\theta(P_{x'} + P_{y'})$$

光轴偏：

$$\Delta\mu'_{y'} = \Delta\theta(P_{x'} + P_{y'})$$

$$\Delta\mu'_{z'} = 2\Delta\theta P_{z'}$$

会聚光路（像点位移 $\Delta S'_{F'}$）

视差：

$$\Delta S'_{F'x'} = \Delta\theta[-P_{x'}z'_q - P_{y'}z'_q + P_{z'}(x'_q + y'_q + 0.5D)] + \Delta g(D_{x'} - D_{y'})$$

光轴偏：

$$\Delta S'_{F'y'} = \Delta\theta\left[P_{x'}z'_q + P_{y'}z'_q + P_{z'}\left(-x'_q - y'_q + 2b' - 0.5D + \frac{D}{n}\right)\right] + \Delta g(-D_{x'} + D_{y'})$$

$$\Delta S'_{F'z'} = \Delta\theta\left[P_{x'}\left(-b' + 0.5D - \frac{D}{n}\right) + P_{y'}(-b' - 0.5D)\right]$$

等腰棱镜

D I-105°

调 整 图

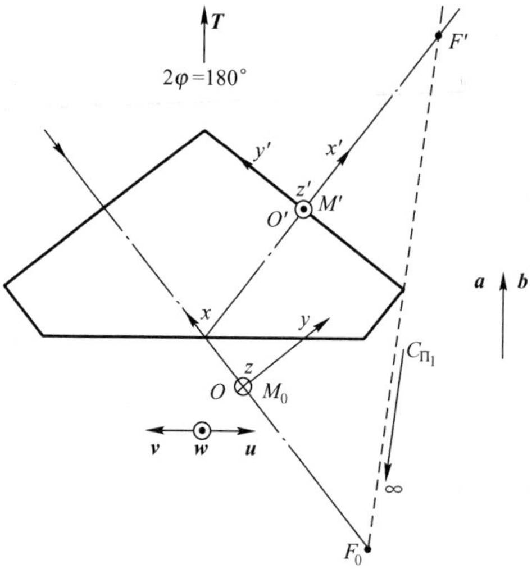

图 A-6

成像特性参量

<table>
<tr><td colspan="2" rowspan="2">方向余弦</td><td colspan="3">像坐标基底</td><td rowspan="2">$2\varphi=180°$
$\boldsymbol{T}$</td></tr>
<tr><td>$\boldsymbol{i}'(x')$</td><td>$\boldsymbol{j}'(y')$</td><td>$\boldsymbol{k}'(z')$</td></tr>
<tr><td rowspan="3">物空间
坐标基底</td><td>$\boldsymbol{i}(x)$</td><td colspan="3" rowspan="3">$\boldsymbol{S}_{T,2\varphi}=\begin{pmatrix}0.259 & 0.966 & 0\\ 0.966 & -0.259 & 0\\ 0 & 0 & -1\end{pmatrix}$</td><td>0.793</td></tr>
<tr><td>$\boldsymbol{j}(y)$</td><td>0.609</td></tr>
<tr><td>$\boldsymbol{k}(z)$</td><td>0</td></tr>
<tr><td colspan="4">$t=1\quad L=1.303D$</td><td colspan="2">$2d=$</td></tr>
<tr><td colspan="6">$\overrightarrow{M_0M'}=\left(0.483D-0.337\dfrac{D}{n}\right)\boldsymbol{i}'+\left(-0.629D+1.258\dfrac{D}{n}\right)\boldsymbol{j}'$</td></tr>
<tr><td colspan="6">$\boldsymbol{r}_0=\infty$</td></tr>
<tr><td colspan="6">$\boldsymbol{r}_i=\infty$</td></tr>
</table>

调整特性参量

		像坐标		
	方向余弦	x'	y'	z'
r'像偏转极值轴向	$\boldsymbol{u}$	0.609	−0.793	0
	$\boldsymbol{v}$	−0.609	0.793	0
	$\boldsymbol{w}$	0	0	1
r'像偏转极值		$\delta_u=1.218\Delta\theta$	$\delta_v=1.587\Delta\theta$	$\delta_w=2\Delta\theta$
r'像移动极值移向	$\boldsymbol{a}$	0.793	0.609	0
	$\boldsymbol{b}$	0.793	0.609	0
	$\boldsymbol{c}$	/	/	/
r'像移动极值		$\delta_a=1.587\Delta g$	$\delta_b=1.218\Delta g$	$\delta_c=0$
平面三维零值极点	C_{Π_1}沿$\overrightarrow{F_0F'}$方向趋于∞	$x_1'=\infty$		
		$y_1'=\infty$		
		$z_1'=0$		
		Π_1 平面：共轭光轴截面 $x'O'y'$		
	C_{Π_2}不存在	$x_2'=$		
		$y_2'=$		
		$z_2'=$		
		Π_2 平面：		

平行光路（像偏转 $\Delta\boldsymbol{\mu}'$）

像倾斜：

$$\Delta\mu_{x'}'=\Delta\theta(0.741P_{x'}-0.966P_{y'})$$

光轴偏：

$$\Delta\mu_{y'}'=\Delta\theta(-0.966P_{x'}+1.259P_{y'})$$

$$\Delta\mu_{z'}'=2\Delta\theta P_{z'}$$

会聚光路（像点位移 $\Delta S_{F'}'$）

视差：

$$\Delta S_{F'x'}'=\Delta\theta\left[0.966P_{x'}z_q'-1.259P_{y'}z_q'+P_{z'}\left(-0.966x_q'+1.259y_q'-0.629D+0.651\frac{D}{n}\right)\right]+\Delta g(1.259D_{x'}+0.966D_{y'})$$

光轴偏：

$$\Delta S'_{F'y'} = \Delta\theta\left[0.741P_{x'}z'_q - 0.966P_{y'}z'_q + P_{z'}\left(-0.741x'_q + 0.966y'_q + 2b' - 0.483D + 1.128\frac{D}{n}\right)\right] +$$
$$\Delta g(0.966D_{x'} + 0.741D_{y'})$$
$$\Delta S'_{F'z'} = \Delta\theta\left[P_{x'}\left(0.966b' - 0.629D + 1.258\frac{D}{n}\right) + P_{y'}\left(-1.259b' - 0.483D + 0.337\frac{D}{n}\right)\right]$$

屋脊棱镜

D I $_J$-0°

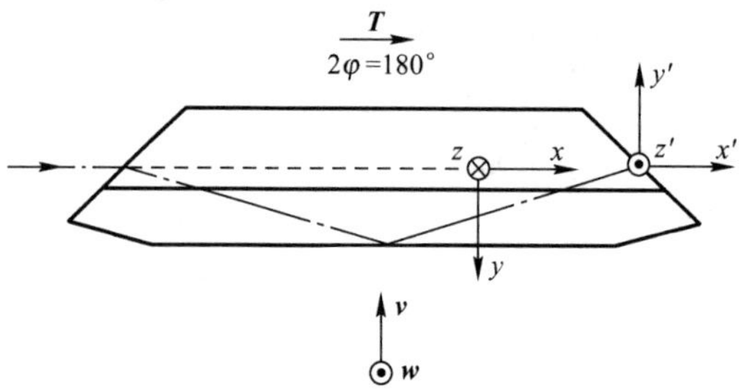

图 A-7

调 整 图

成像特性参量

<table>
<tr><td colspan="2" rowspan="2">方向余弦</td><td colspan="3">像坐标基底</td><td rowspan="2">2φ = 180°
T</td></tr>
<tr><td>i′(x′)</td><td>j′(y′)</td><td>k′(z′)</td></tr>
<tr><td rowspan="3">物空间
坐标基底</td><td>i(x)</td><td colspan="3" rowspan="3">$S_{T,2\varphi} = \begin{pmatrix} 1 & 0 & 0 \\ 0 & -1 & 0 \\ 0 & 0 & -1 \end{pmatrix}$</td><td>1</td></tr>
<tr><td>j(y)</td><td>0</td></tr>
<tr><td>k(z)</td><td>0</td></tr>
<tr><td colspan="3">$t = 2 \quad L = \frac{2.828nD}{\sqrt{2n^2 - 1} - 1}$</td><td colspan="3">$2d =$</td></tr>
<tr><td colspan="6">$\overrightarrow{M_0M'} =$</td></tr>
<tr><td colspan="6">$r_0 =$</td></tr>
<tr><td colspan="6">$r_i =$</td></tr>
</table>

调整特性参量

<table>
<tr><td colspan="2" rowspan="2">方向余弦</td><td colspan="3">像 坐 标</td></tr>
<tr><td>x'</td><td>y'</td><td>z'</td></tr>
<tr><td rowspan="3">r'像偏转极值轴向</td><td>$\boldsymbol{u}$</td><td>/</td><td>/</td><td>/</td></tr>
<tr><td>$\boldsymbol{v}$</td><td>0</td><td>1</td><td>0</td></tr>
<tr><td>$\boldsymbol{w}$</td><td>0</td><td>0</td><td>1</td></tr>
<tr><td colspan="2">r'像偏转极值</td><td>$\delta_u = 0$</td><td>$\delta_v = 2\Delta\theta$</td><td>$\delta_w = 2\Delta\theta$</td></tr>
<tr><td rowspan="3">r'像移动极值轴向</td><td>$\boldsymbol{a}$</td><td></td><td></td><td></td></tr>
<tr><td>$\boldsymbol{b}$</td><td></td><td></td><td></td></tr>
<tr><td>$\boldsymbol{c}$</td><td></td><td></td><td></td></tr>
<tr><td colspan="2">r'像移动极值</td><td></td><td></td><td></td></tr>
<tr><td rowspan="8">三维零值极</td><td rowspan="4">C_{Π_1}</td><td colspan="3">$x_1' =$</td></tr>
<tr><td colspan="3">$y_1' =$</td></tr>
<tr><td colspan="3">$z_1' =$</td></tr>
<tr><td colspan="3">Π_1 平面：</td></tr>
<tr><td rowspan="4">C_{Π_2}</td><td colspan="3">$x_2' =$</td></tr>
<tr><td colspan="3">$y_2' =$</td></tr>
<tr><td colspan="3">$z_2' =$</td></tr>
<tr><td colspan="3">Π_2 平面：</td></tr>
</table>

平行光路（像偏转 $\Delta\boldsymbol{\mu}'$）

像倾斜：

$$\Delta\mu'_{x'} = 0$$

光轴偏：

$$\Delta\mu'_{y'} = 2\Delta\theta P_{y'}$$
$$\Delta\mu'_{z'} = 2\Delta\theta P_{z'}$$

屋脊棱镜

D Ⅰ$_J$-45°

调 整 图

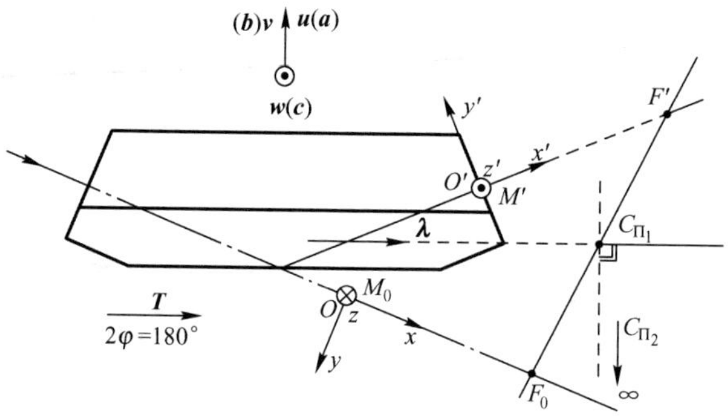

图 A-8

成像特性参量

<table>
<tr><td colspan="2" rowspan="2">方向余弦</td><td colspan="3">像坐标基底</td><td rowspan="2">$2\varphi=180°$
$\boldsymbol{T}$</td></tr>
<tr><td>$\boldsymbol{i}'(x')$</td><td>$\boldsymbol{j}'(y')$</td><td>$\boldsymbol{k}'(z')$</td></tr>
<tr><td rowspan="3">物空间
坐标基底</td><td>$\boldsymbol{i}(x)$</td><td colspan="3" rowspan="3">$\boldsymbol{S}_{\boldsymbol{T},2\varphi}=\begin{pmatrix} 0.707 & -0.707 & 0 \\ -0.707 & -0.707 & 0 \\ 0 & 0 & -1 \end{pmatrix}$</td><td>0.924</td></tr>
<tr><td>$\boldsymbol{j}(y)$</td><td>-0.383</td></tr>
<tr><td>$\boldsymbol{k}(z)$</td><td>0</td></tr>
<tr><td colspan="4">$t=2 \quad L=3.558D$</td><td colspan="2">$2d=3.288D-3.288\dfrac{D}{n}$</td></tr>
<tr><td colspan="6">$\overrightarrow{M_0M'}=\left(3.037D-2.516\dfrac{D}{n}\right)\boldsymbol{i}'+\left(-1.258D+2.516\dfrac{D}{n}\right)\boldsymbol{j}'$</td></tr>
<tr><td colspan="6">$\boldsymbol{r}_0=-0.261\dfrac{D}{n}\boldsymbol{i}'-0.628\dfrac{D}{n}\boldsymbol{j}'$</td></tr>
<tr><td colspan="6">$\boldsymbol{r}_i=$</td></tr>
</table>

调整特性参量

	方向余弦	像坐标 x'	像坐标 y'	像坐标 z'
r'像偏转极值轴向	$\boldsymbol{u}$	0.383	0.924	0
	$\boldsymbol{v}$	0.383	0.924	0
	$\boldsymbol{w}$	0	0	1
r'像偏转极值		$\delta_u = 0.765\Delta\theta$	$\delta_v = 1.848\Delta\theta$	$\delta_w = 2\Delta\theta$
r'像移动极值移向	$\boldsymbol{a}$	0.383	0.924	0
	$\boldsymbol{b}$	0.383	0.924	0
	$\boldsymbol{c}$	0	0	1
r'像移动极值		$\delta_a = 0.765\Delta g$	$\delta_b = 1.848\Delta g$	$\delta_c = 2\Delta g$
平面三维零值极点	C_{Π_1}在$\overline{F_0F'}$线段的中点	$x_1' = \frac{1}{2}\left(1.707b' - 3.037D + 2.516\frac{D}{n}\right)$		
		$y_1' = \frac{1}{2}\left(-0.707b' + 1.258D - 2.516\frac{D}{n}\right)$		
		$z_1' = 0$		
		Π_1 平面：共轭光轴截面 $x'O'y'$		
	C_{Π_2}沿Π_1与Π_2的交线的方向趋于∞	$x_2' = \infty$		
		$y_2' = \infty$		
		$z_2' =$		
		Π_2 平面：过C_{Π_1}且垂直于$\boldsymbol{\lambda}$		

平行光路（像偏转 $\Delta\boldsymbol{\mu}'$）

像倾斜：

$$\Delta\mu_{x'}' = \Delta\theta(0.293P_{x'} + 0.707P_{y'})$$

光轴偏：

$$\Delta\mu_{y'}' = \Delta\theta(0.707P_{x'} + 1.707P_{y'})$$

$$\Delta\mu_{z'}' = 2\Delta\theta P_{z'}$$

会聚光路（像点位移 $\Delta S_{F'}'$）

视差：

$$\Delta S_{F'x'}' = \Delta\theta[0.707P_{x'}z_q' - 0.293P_{y'}z_q' + P_{z'}(-0.707x_q' + 0.293y_q' - 1.258D)] + \Delta g(0.293D_{x'} + 0.707D_{y'})$$

光轴偏：

$$\Delta S_{F'y'}' = \Delta\theta\Big[1.707P_{x'}z_q' - 0.707P_{y'}z_q' + P_{z'}\Big(-1.707x_q' + 0.707y_q' +$$

$$2b' - 3.037D + 3.558\frac{D}{n}\Big)\Big] + \Delta g(0.707D_{x'} + 1.707D_{y'})$$

$$\Delta S'_{F'z'} = \Delta\theta\Big[P_{x'}\Big(-2y'_q - 0.707b' + 1.258D - 2.516\frac{D}{n}\Big) +$$

$$P_{y'}\Big(2x'_q - 1.707b' + 3.037D - 2.516\frac{D}{n}\Big)\Big] + 2\Delta g D_{z'}$$

屋脊棱镜

D Ⅰ$_J$-60°

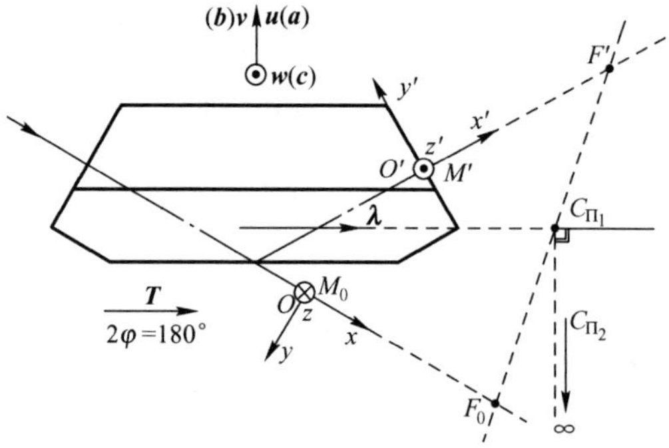

图 A-9

调 整 图

成像特性参量

<table>
<tr><td colspan="2" rowspan="2">方向余弦</td><td colspan="3">像坐标基底</td><td rowspan="2">2φ = 180°
T</td></tr>
<tr><td>$\boldsymbol{i}'(x')$</td><td>$\boldsymbol{j}'(y')$</td><td>$\boldsymbol{k}'(z')$</td></tr>
<tr><td rowspan="3">物空间
坐标基底</td><td>$\boldsymbol{i}(x)$</td><td colspan="3" rowspan="3">$\boldsymbol{S}_{T,2\varphi} = \begin{pmatrix} 0.5 & -0.866 & 0 \\ -0.866 & -0.5 & 0 \\ 0 & 0 & -1 \end{pmatrix}$</td><td>0.866</td></tr>
<tr><td>$\boldsymbol{j}(y)$</td><td>-0.5</td></tr>
<tr><td>$\boldsymbol{k}(z)$</td><td>0</td></tr>
<tr><td colspan="3">$t = 2 \quad L = 2.646D$</td><td colspan="3">$2d = 2.292D - 2.291\frac{D}{n}$</td></tr>
<tr><td colspan="6">$\overrightarrow{M_0M'} = \left(1.985D - 1.323\frac{D}{n}\right)\boldsymbol{i}' + \left(-1.146D + 2.291\frac{D}{n}\right)\boldsymbol{j}'$</td></tr>
<tr><td colspan="6">$\boldsymbol{r}_0 = -0.331\frac{D}{n}\boldsymbol{i}' - 0.573\frac{D}{n}\boldsymbol{j}'$</td></tr>
<tr><td colspan="6">$\boldsymbol{r}_i =$</td></tr>
</table>

调整特性参量

	方向余弦	像坐标 x'	像坐标 y'	像坐标 z'
r'像偏转极值轴向	$\boldsymbol{u}$	0.5	0.866	0
	$\boldsymbol{v}$	0.5	0.866	0
	$\boldsymbol{w}$	0	0	1
r'像偏转极值		$\delta_u = \Delta\theta$	$\delta_v = 1.732\Delta\theta$	$\delta_w = 2\Delta\theta$
r'像移动极值移向	$\boldsymbol{a}$	0.5	0.866	0
	$\boldsymbol{b}$	0.5	0.866	0
	$\boldsymbol{c}$	0	0	1
r'像移动极值		$\delta_a = \Delta g$	$\delta_b = 1.732\Delta g$	$\delta_c = 2\Delta g$
平面三维零值极点	C_{Π_1}在$\overline{F_0F'}$线段的中点	$x_1' = \frac{1}{2}\left(1.5b' - 1.984D + 1.323\frac{D}{n}\right)$		
		$y_1' = \frac{1}{2}\left(-0.866b' + 1.146D - 2.291\frac{D}{n}\right)$		
		$z_1' = 0$		
		Π_1 平面：共轭光轴截面 $x'O'y'$		
	C_{Π_2}沿Π_1与Π_2的交线的方向趋于∞	$x_2' = \infty$		
		$y_2' = \infty$		
		$z_2' =$		
		Π_2 平面：过C_{Π_1}且垂直于$\boldsymbol{\lambda}$		

平行光路（像偏转 $\Delta\boldsymbol{\mu}'$）

像倾斜：

$$\Delta\mu_{x'}' = \Delta\theta(0.5P_{x'} + 0.866P_{y'})$$

光轴偏：

$$\Delta\mu_{y'}' = \Delta\theta(0.866P_{x'} + 1.5P_{y'})$$

$$\Delta\mu_{z'}' = 2\Delta\theta P_{z'}$$

会聚光路（像点位移 $\Delta S_{F'}'$）

视差：

$$\Delta S_{F'x'}' = \Delta\theta[0.866P_{x'}z_q' - 0.5P_{y'}z_q' + P_{z'}(-0.866x_q' + 0.5y_q' - 1.146D)] + \Delta g(0.5D_{x'} + 0.866D_{y'})$$

光轴偏：

$$\Delta S_{F'y'}' = \Delta\theta\left[1.5P_{x'}z_q' - 0.866P_{y'}z_q' + P_{z'}\left(-1.5x_q' + 0.866y_q' + 2b' - 1.984D + 2.646\frac{D}{n}\right)\right] + \Delta g(0.866D_{x'} + 1.5D_{y'})$$

$$\Delta S'_{F'z'} = \Delta\theta\Big[P_{x'}\Big(-2y'_q - 0.866b' + 1.146D - 2.291\frac{D}{n}\Big)\Big] +$$

$$P_{y'}\Big(2x'_q - 1.5b' + 1.984D - 1.323\frac{D}{n}\Big)\Big] + 2\Delta g D_{z'}$$

屋 脊 棱 镜

D I $_J$–80°

调 整 图

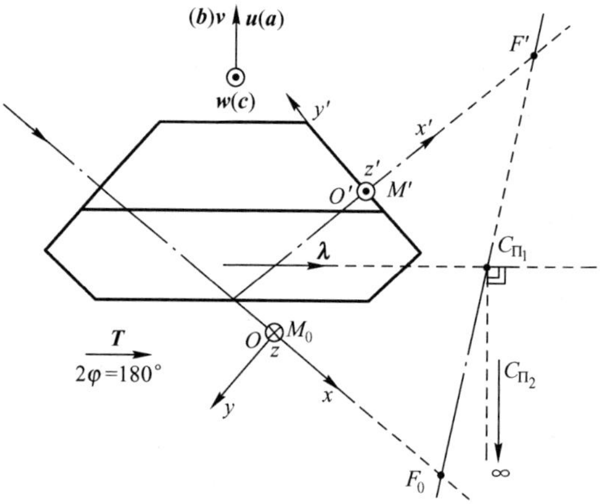

图 A–10

成像特性参量

<table>
<tr><td colspan="2" rowspan="2">方向余弦</td><td colspan="3">像坐标基底</td><td>2φ = 180°</td></tr>
<tr><td>$i'(x')$</td><td>$j'(y')$</td><td>$k'(z')$</td><td>T</td></tr>
<tr><td rowspan="3">物空间
坐标基底</td><td>$i(x)$</td><td colspan="3" rowspan="3">$S_{T,2\varphi} = \begin{pmatrix} 0.174 & -0.985 & 0 \\ -0.985 & -0.174 & 0 \\ 0 & 0 & -1 \end{pmatrix}$</td><td>0.766</td></tr>
<tr><td>$j(y)$</td><td>−0.643</td></tr>
<tr><td>$k(z)$</td><td>0</td></tr>
<tr><td colspan="3">$t = 2 \quad L = 1.960D$</td><td colspan="3">$2d = 1.501D - 1.502\frac{D}{n}$</td></tr>
<tr><td colspan="6">$\overrightarrow{M_0M'} = \left(1.150D - 0.340\frac{D}{n}\right)i' + \left(-0.965D + 1.931\frac{D}{n}\right)j'$</td></tr>
<tr><td colspan="6">$r_0 = -0.405\frac{D}{n}i' - 0.483\frac{D}{n}j'$</td></tr>
<tr><td colspan="6">$r_i =$</td></tr>
</table>

调整特性参量

<table>
<tr><td colspan="2" rowspan="2">方向余弦</td><td colspan="3">像 坐 标</td></tr>
<tr><td>x'</td><td>y'</td><td>z'</td></tr>
<tr><td rowspan="3">r'像偏转极值轴向</td><td>$\boldsymbol{u}$</td><td>0. 643</td><td>0. 766</td><td>0</td></tr>
<tr><td>$\boldsymbol{v}$</td><td>0. 643</td><td>0. 766</td><td>0</td></tr>
<tr><td>$\boldsymbol{w}$</td><td>0</td><td>0</td><td>1</td></tr>
<tr><td colspan="2">r'像偏转极值</td><td>$\delta_u = 1.286\Delta\theta$</td><td>$\delta_v = 1.532\Delta\theta$</td><td>$\delta_w = 2\Delta\theta$</td></tr>
<tr><td rowspan="3">r'像移动极值移向</td><td>$\boldsymbol{a}$</td><td>0. 643</td><td>0. 766</td><td>0</td></tr>
<tr><td>$\boldsymbol{b}$</td><td>0. 643</td><td>0. 766</td><td>0</td></tr>
<tr><td>$\boldsymbol{c}$</td><td>0</td><td>0</td><td>1</td></tr>
<tr><td colspan="2">r'像移动极值</td><td>$\delta_a = 1.286\Delta g$</td><td>$\delta_b = 1.532\Delta g$</td><td>$\delta_c = 2\Delta g$</td></tr>
<tr><td rowspan="8">平面三维零值极点</td><td rowspan="4">C_{Π_1} 在$\overline{F_0F'}$线段的中点</td><td colspan="3">$x_1' = \frac{1}{2}\left(1.174b' - 1.150D + 0.340\frac{D}{n}\right)$</td></tr>
<tr><td colspan="3">$y_1' = \frac{1}{2}\left(-0.985b' + 0.965D - 1.931\frac{D}{n}\right)$</td></tr>
<tr><td colspan="3">$z_1' = 0$</td></tr>
<tr><td colspan="3">Π_1 平面:
共轭光轴截面 $x'O'y'$</td></tr>
<tr><td rowspan="4">C_{Π_2} 沿 Π_1 与 Π_2 的交线的方向趋于∞</td><td colspan="3">$x_2' = \infty$</td></tr>
<tr><td colspan="3">$y_2' = \infty$</td></tr>
<tr><td colspan="3">$z_2' =$</td></tr>
<tr><td colspan="3">Π_2 平面:
过 C_{Π_1} 且垂直于 $\boldsymbol{\lambda}$</td></tr>
</table>

平行光路(像偏转 $\Delta\boldsymbol{\mu}'$)

像倾斜:

$$\Delta\mu_{x'}' = \Delta\theta(0.826P_{x'} + 0.985P_{y'})$$

光轴偏:

$$\Delta\mu_{y'}' = \Delta\theta(0.985P_{x'} + 1.174P_{y'})$$

$$\Delta\mu_{z'}' = 2\Delta\theta P_{z'}$$

会聚光路(像点位移 $\Delta S_{F'}'$)

视差:

$$\Delta S_{F'x'}' = \Delta\theta[0.985P_{x'}z_q' - 0.826P_{y'}z_q' + P_{z'}(-0.985x_q' + 0.826y_q' - 0.965D)] + \Delta g(0.826D_{x'} + 0.985D_{y'})$$

光轴偏:

$$\Delta S_{F'y'}' = \Delta\theta\left[1.174P_{x'}z_q' - 0.985P_{y'}z_q' + P_{z'}\left(-1.174x_q' + 0.985y_q' + 2b' -\right.\right.$$

$$1.150D+1.960\frac{D}{n}\Big)\Big]+\Delta g(0.985D_{x'}+1.174D_{y'})$$

$$\Delta S'_{F'z'}=\Delta\theta\Big[P_{x'}\Big(-2y'_q-0.985b'+0.965D-1.931\frac{D}{n}\Big)+$$

$$P_{y'}\Big(2x'_q-1.174b'+1.150D-0.340\frac{D}{n}\Big)\Big]+2\Delta gD_{z'}$$

直角屋脊棱镜

D I $_J$-90°

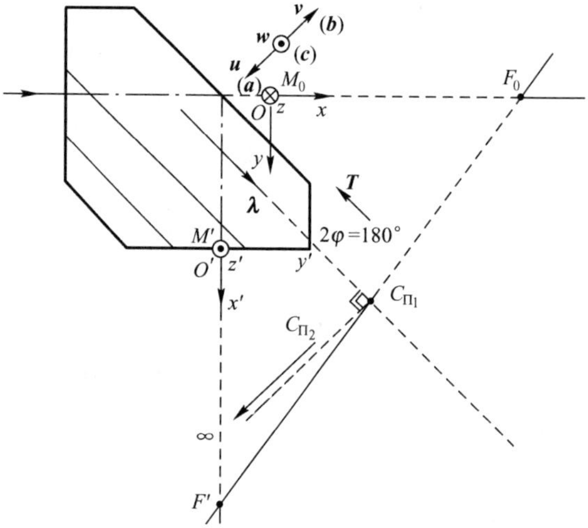

图 A-11

调　整　图

成像特性参量

方向余弦		像坐标基底 $i'(x')$	$j'(y')$	$k'(z')$	$2\varphi=180°$ T
物空间坐标基底	$i(x)$	$S_{T,2\varphi}=\begin{pmatrix}0&1&0\\1&0&0\\0&0&-1\end{pmatrix}$			-0.707
	$j(y)$				-0.707
	$k(z)$				0
$t=2\quad L=1.732D$			$2d=-1.225D+1.225\frac{D}{n}$		
$\overrightarrow{M_0M'}=0.866Di'+\Big(0.866D-1.732\frac{D}{n}\Big)j'$					
$r_0=-0.433\frac{D}{n}i'+0.433\frac{D}{n}j'$					
$r_i=$					

调整特性参量

<table>
<tr><td colspan="2" rowspan="2">方向余弦</td><td colspan="3">像 坐 标</td></tr>
<tr><td>x'</td><td>y'</td><td>z'</td></tr>
<tr><td rowspan="3">r'像偏转极值轴向</td><td>$\boldsymbol{u}$</td><td>0.707</td><td>-0.707</td><td>0</td></tr>
<tr><td>$\boldsymbol{v}$</td><td>-0.707</td><td>0.707</td><td>0</td></tr>
<tr><td>$\boldsymbol{w}$</td><td>0</td><td>0</td><td>1</td></tr>
<tr><td colspan="2">r'像偏转极值</td><td>$\delta_u = 1.414\Delta\theta$</td><td>$\delta_v = 1.414\Delta\theta$</td><td>$\delta_w = 2\Delta\theta$</td></tr>
<tr><td rowspan="3">r'像移动极值移向</td><td>$\boldsymbol{a}$</td><td>0.707</td><td>-0.707</td><td>0</td></tr>
<tr><td>$\boldsymbol{b}$</td><td>-0.707</td><td>0.707</td><td>0</td></tr>
<tr><td>$\boldsymbol{c}$</td><td>0</td><td>0</td><td>1</td></tr>
<tr><td colspan="2">r'像移动极值</td><td>$\delta_a = 1.414\Delta g$</td><td>$\delta_b = 1.414\Delta g$</td><td>$\delta_c = 2\Delta g$</td></tr>
<tr><td rowspan="8">平面三维零值极点</td><td rowspan="4">C_{Π_1} 在$\overline{F_0F'}$线段的中点</td><td colspan="3">$x'_1 = \frac{1}{2}(b' - 0.866D)$</td></tr>
<tr><td colspan="3">$y'_1 = \frac{1}{2}\left(b' - 0.866D + 1.732\frac{D}{n}\right)$</td></tr>
<tr><td colspan="3">$z'_1 = 0$</td></tr>
<tr><td colspan="3">Π_1 平面：
共轭光轴截面 $x'O'y'$</td></tr>
<tr><td rowspan="4">C_{Π_2} 沿 Π_1 与 Π_2 的交线的方向趋于∞</td><td colspan="3">$x'_2 = \infty$</td></tr>
<tr><td colspan="3">$y'_2 = \infty$</td></tr>
<tr><td colspan="3">$z'_2 =$</td></tr>
<tr><td colspan="3">Π_2 平面：
过 C_{Π_1} 且垂直于 $\boldsymbol{\lambda}$</td></tr>
</table>

平行光路（像偏转 $\Delta\boldsymbol{\mu}'$）

像倾斜：

$$\Delta\mu'_{x'} = \Delta\theta(P_{x'} - P_{y'})$$

光轴偏：

$$\Delta\mu'_{y'} = \Delta\theta(-P_{x'} + P_{y'})$$
$$\Delta\mu'_{z'} = 2\Delta\theta P_{z'}$$

会聚光路（像点位移 $\Delta S'_{F'}$）

视差：

$$\Delta S'_{F'x'} = \Delta\theta[-P_{x'}z'_q - P_{y'}z'_q + P_{z'}(x'_q + y'_q + 0.866D)] + \Delta g(D_{x'} - D_{y'})$$

光轴偏：

$$\Delta S'_{F'y'} = \Delta\theta\left[P_{x'}z'_q + P_{y'}z'_q + P_{z'}\left(-x'_q - y'_q + 2b' - 0.866D + 1.732\frac{D}{n}\right)\right] + \Delta g(-D_{x'} + D_{y'})$$

$$\Delta S'_{F'z'} = \Delta\theta\left[P_{x'}\left(-2y'_q + b' - 0.866D + 1.732\frac{D}{n}\right) + P_{y'}(2x'_q - b' + 0.866D)\right] + 2\Delta g D_{z'}$$

直角棱镜

DⅡ-180°

调　整　图

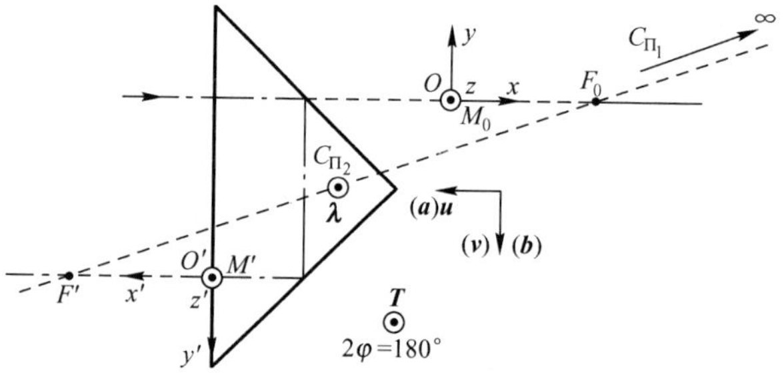

图 A-12

成像特性参量

方向余弦		像坐标基底 $i'(x')$	像坐标基底 $j'(y')$	像坐标基底 $k'(z')$	$2\varphi=180°$ T
物空间坐标基底	$i(x)$	$S_{T,2\varphi}=\begin{pmatrix}-1&0&0\\0&-1&0\\0&0&1\end{pmatrix}$			0
	$j(y)$				0
	$k(z)$				1
$t=2\quad L=2D$			$2d=0$		
$\overrightarrow{M_0M'}=2\frac{D}{n}i'+Dj'$					
$r_0=-\frac{D}{n}i'-0.5Dj'$					
$r_i=$					

调整特性参量

	方向余弦	像坐标 x'	像坐标 y'	像坐标 z'
r'像偏转极值轴向	$\boldsymbol{u}$	1	0	0
	$\boldsymbol{v}$	0	1	0
	$\boldsymbol{w}$	/	/	/
r'像偏转极值		$\delta_u=2\Delta\theta$	$\delta_v=2\Delta\theta$	$\delta_w=0$
r'像移动极值移向	$\boldsymbol{a}$	1	0	0
	$\boldsymbol{b}$	0	1	0
	$\boldsymbol{c}$	/	/	/
r'像移动极值		$\delta_a=2\Delta g$	$\delta_b=2\Delta g$	$\delta_c=0$
平面三维零值极点	C_{Π_1}沿$\overrightarrow{F_0F'}$方向趋于∞	$x_1'=\infty$		
		$y_1'=\infty$		
		$z_1'=0$		
		Π_1 平面：共轭光轴截面 $x'O'y'$		
	C_{Π_2}	$x_2'=-\dfrac{D}{n}$		
		$y_2'=-\dfrac{D}{2}$		
		$z_2'=0$		
		Π_2 平面：过 $\boldsymbol{\lambda}$ 并平行于$\overrightarrow{F_0F'}$		

平行光路（像偏转 $\Delta\boldsymbol{\mu}'$）

像倾斜：

$$\Delta\mu_{x'}'=2\Delta\theta P_{x'}$$

光轴偏：

$$\Delta\mu_{y'}'=2\Delta\theta P_{y'}$$

$$\Delta\mu_{z'}'=0$$

会聚光路（像点位移 $\Delta S_{F'}'$）

视差：

$$\Delta S_{F'x'}'=\Delta\theta[-2P_{y'}z_q'+P_{z'}(2y_q'+D)]+2\Delta gD_{x'}$$

光轴偏：

$$\Delta S'_{F'y'} = \Delta\theta\left[2P_{x'}z'_q + P_{z'}\left(-2x'_q - 2\frac{D}{n}\right)\right] + 2\Delta g D_{y'}$$

$$\Delta S'_{F'z'} = \Delta\theta\left[DP_{x'} + P_{y'}\left(-2b' - 2\frac{D}{n}\right)\right]$$

斜 方 棱 镜

XⅡ-0°

调　整　图

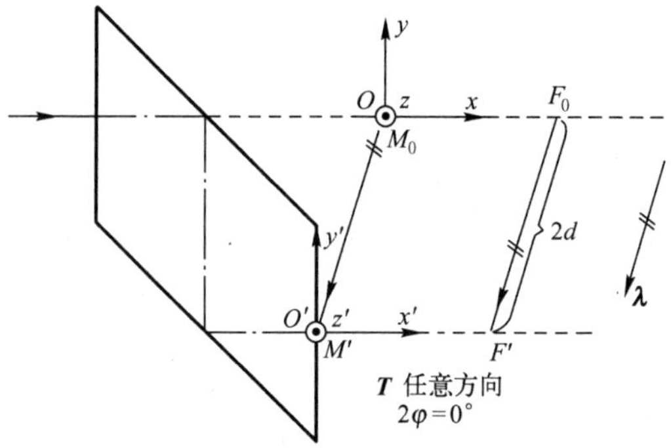

图 A-13

成像特性参量

<table>
<tr><td colspan="2" rowspan="2">方向余弦</td><td colspan="3">像坐标基底</td><td rowspan="2">$2\varphi=0°$
$\boldsymbol{T}$ 任意方向</td></tr>
<tr><td>$\boldsymbol{i}'(x')$</td><td>$\boldsymbol{j}'(y')$</td><td>$\boldsymbol{k}'(z')$</td></tr>
<tr><td rowspan="3">物空间
坐标基底</td><td>$\boldsymbol{i}(x)$</td><td colspan="3" rowspan="3">$\boldsymbol{S}_{T,2\varphi}=\begin{pmatrix}1&0&0\\0&1&0\\0&0&1\end{pmatrix}$</td><td></td></tr>
<tr><td>$\boldsymbol{j}(y)$</td><td></td></tr>
<tr><td>$\boldsymbol{k}(z)$</td><td></td></tr>
<tr><td colspan="3">$t=2 \quad L=2D$</td><td colspan="3">$2d=\sqrt{\left(D-2\frac{D}{n}\right)^2+D^2}$</td></tr>
<tr><td colspan="6">$\overrightarrow{M_0M'}=\left(D-2\frac{D}{n}\right)\boldsymbol{i}'-D\boldsymbol{j}'$</td></tr>
<tr><td colspan="6">$\boldsymbol{r}_0=\infty$（纯移动，沿着$\overrightarrow{M_0M'}$的方向）</td></tr>
<tr><td colspan="6">$\boldsymbol{r}_i=$</td></tr>
</table>

调整特性参量

<table>
<tr><td rowspan="2" colspan="2">方向余弦</td><td colspan="3">像 坐 标</td></tr>
<tr><td>x'</td><td>y'</td><td>z'</td></tr>
<tr><td rowspan="3">r'像偏转极值轴向</td><td>$\boldsymbol{u}$</td><td>/</td><td>/</td><td>/</td></tr>
<tr><td>$\boldsymbol{v}$</td><td>/</td><td>/</td><td>/</td></tr>
<tr><td>$\boldsymbol{w}$</td><td>/</td><td>/</td><td>/</td></tr>
<tr><td colspan="2">r'像偏转极值</td><td>$\delta_u=0$</td><td>$\delta_v=0$</td><td>$\delta_w=0$</td></tr>
<tr><td rowspan="3">r'像移动极值轴向</td><td>$\boldsymbol{a}$</td><td>/</td><td>/</td><td>/</td></tr>
<tr><td>$\boldsymbol{b}$</td><td>/</td><td>/</td><td>/</td></tr>
<tr><td>$\boldsymbol{c}$</td><td>/</td><td>/</td><td>/</td></tr>
<tr><td colspan="2">r'像移动极值</td><td>$\delta_a=0$</td><td>$\delta_b=0$</td><td>$\delta_c=0$</td></tr>
<tr><td rowspan="4">空间三维零值极点沿$\overrightarrow{F_0F'}$方向趋于∞</td><td rowspan="3">C</td><td colspan="3">$x'=\infty$</td></tr>
<tr><td colspan="3">$y'=\infty$</td></tr>
<tr><td colspan="3">$z'=0$</td></tr>
<tr><td colspan="4">注:空间三维零值极点C位在沿$\overrightarrow{F_0F'}$方向趋于∞的地方,即所有与$\overrightarrow{F_0F'}$相平行的轴线均为三维零值轴</td></tr>
</table>

平行光路(像偏转$\Delta\boldsymbol{\mu}'$)

像倾斜:

$$\Delta\mu'_{x'}=0$$

光轴偏:

$$\Delta\mu'_{y'}=0$$

$$\Delta\mu'_{z'}=0$$

会聚光路(像点位移$\Delta S'_{F'}$)

视差:

$$\Delta S'_{F'x'}=D\Delta\theta P_{z'}$$

光轴偏:

$$\Delta S'_{F'y'}=\Delta\theta P_{z'}\left(D-2\frac{D}{n}\right)$$

$$\Delta S'_{F'z'}=\Delta\theta\left[-DP_{x'}+P_{y'}\left(-D+2\frac{D}{n}\right)\right]$$

半五棱镜

BⅡ-40°

调 整 图

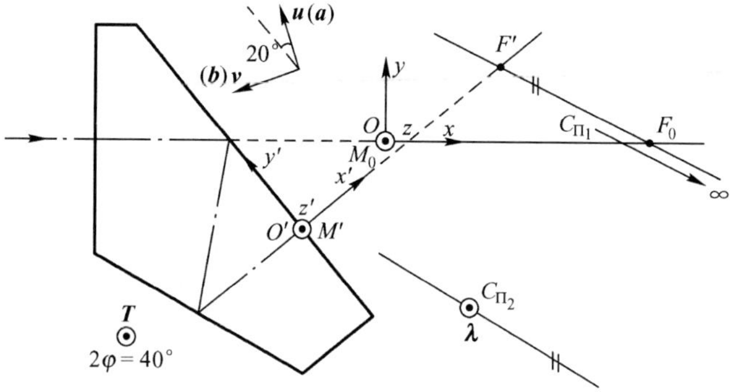

图 A-14

成像特性参量

<table>
<tr><td colspan="2" rowspan="2">方向余弦</td><td colspan="3">像坐标基底</td><td rowspan="2">$2\varphi=40°$
$\boldsymbol{T}$</td></tr>
<tr><td>$\boldsymbol{i}'(x')$</td><td>$\boldsymbol{j}'(y')$</td><td>$\boldsymbol{k}'(z')$</td></tr>
<tr><td rowspan="3">物空间
坐标基底</td><td>$\boldsymbol{i}(x)$</td><td colspan="3" rowspan="3">$\boldsymbol{S}_{\boldsymbol{T},2\varphi}=\begin{pmatrix}0.766 & -0.643 & 0\\ 0.643 & 0.766 & 0\\ 0 & 0 & 1\end{pmatrix}$</td><td>0</td></tr>
<tr><td>$\boldsymbol{j}(y)$</td><td>0</td></tr>
<tr><td>$\boldsymbol{k}(z)$</td><td>1</td></tr>
<tr><td colspan="3">$t=2 \quad L=1.969D$</td><td colspan="3">$2d=0$</td></tr>
<tr><td colspan="6">$\overrightarrow{M_0M'}=\left(0.456D-1.509\dfrac{D}{n}\right)\boldsymbol{i}'+\left(-0.883D+1.266\dfrac{D}{n}\right)\boldsymbol{j}'$</td></tr>
<tr><td colspan="6">$\boldsymbol{r}_0=\left(0.985D-0.985\dfrac{D}{n}\right)\boldsymbol{i}'+\left(1.068D-2.706\dfrac{D}{n}\right)\boldsymbol{j}'$</td></tr>
<tr><td colspan="6">$\boldsymbol{r}_i=$</td></tr>
</table>

调整特性参量

<table>
<tr><td colspan="2">方向余弦</td><td colspan="3">像 坐 标</td></tr>
<tr><td colspan="2"></td><td>x'</td><td>y'</td><td>z'</td></tr>
<tr><td rowspan="3">r'像偏转极值轴向</td><td>$\boldsymbol{u}$</td><td>0.342</td><td>0.940</td><td>0</td></tr>
<tr><td>$\boldsymbol{v}$</td><td>−0.940</td><td>0.342</td><td>0</td></tr>
<tr><td>$\boldsymbol{w}$</td><td>/</td><td>/</td><td>/</td></tr>
<tr><td colspan="2">r'像偏转极值</td><td>$\delta_u = 0.684\Delta\theta$</td><td>$\delta_v = 0.684\Delta\theta$</td><td>$\delta_w = 0$</td></tr>
<tr><td rowspan="3">r'像移动极值移向</td><td>$\boldsymbol{a}$</td><td>0.342</td><td>0.940</td><td>0</td></tr>
<tr><td>$\boldsymbol{b}$</td><td>−0.940</td><td>0.342</td><td>0</td></tr>
<tr><td>$\boldsymbol{c}$</td><td>/</td><td>/</td><td>/</td></tr>
<tr><td colspan="2">r'像移动极值</td><td>$\delta_a = 0.684\Delta g$</td><td>$\delta_b = 0.684\Delta g$</td><td>$\delta_c = 0$</td></tr>
<tr><td rowspan="8">平面三维零值极点</td><td rowspan="4">C_{Π_1} 沿$\overrightarrow{F_0F'}$方向趋于∞</td><td colspan="3">$x_1' = \infty$</td></tr>
<tr><td colspan="3">$y_1' = \infty$</td></tr>
<tr><td colspan="3">$z_1' = 0$</td></tr>
<tr><td colspan="3">Π_1 平面：
共轭光轴截面 $x'O'y'$</td></tr>
<tr><td rowspan="4">C_{Π_2}</td><td colspan="3">$x_2' = 0.985D - 0.985\dfrac{D}{n}$</td></tr>
<tr><td colspan="3">$y_2' = 1.068D - 2.706\dfrac{D}{n}$</td></tr>
<tr><td colspan="3">$z_2' = 0$</td></tr>
<tr><td colspan="3">Π_2 平面：
过 $\boldsymbol{\lambda}$ 并平行于$\overrightarrow{F_0F'}$</td></tr>
</table>

平行光路（像偏转 $\Delta\boldsymbol{\mu}'$）

像倾斜：

$$\Delta\mu_{x'}' = \Delta\theta(0.234P_{x'} + 0.643P_{y'})$$

光轴偏：

$$\Delta\mu_{y'}' = \Delta\theta(-0.643P_{x'} + 0.234P_{y'})$$

$$\Delta\mu_{z'}' = 0$$

会聚光路（像点位移 $\Delta S_{F'}'$）

视差：

$$\Delta S_{F'x'}' = \Delta\theta[0.643P_{x'}z_q' - 0.234P_{y'}z_q' + P_{z'}(-0.643x_q' + 0.234y_q' + 0.383D)] + \Delta g(0.234D_{x'} + 0.643D_{y'})$$

光轴偏：

$$\Delta S'_{F'y'} = \Delta\theta\Big[0.234P_{x'}z'_q + 0.643P_{y'}z'_q + P_{z'}\Big(-0.243x'_q - 0.643y'_q +$$

$$0.917D - 1.969\frac{D}{n}\Big)\Big] + \Delta g(-0.643D_{x'} + 0.243D_{y'})$$

$$\Delta \boldsymbol{S}'_{F'z'} = \Delta\theta\Big[P_{x'}\Big(0.643b' - 0.883D + 1.266\frac{D}{n}\Big) +$$

$$P_{y'}\Big(-0.234b' - 0.456D + 1.509\frac{D}{n}\Big)\Big]$$

半 五 棱 镜

B Ⅱ-45°

调 整 图

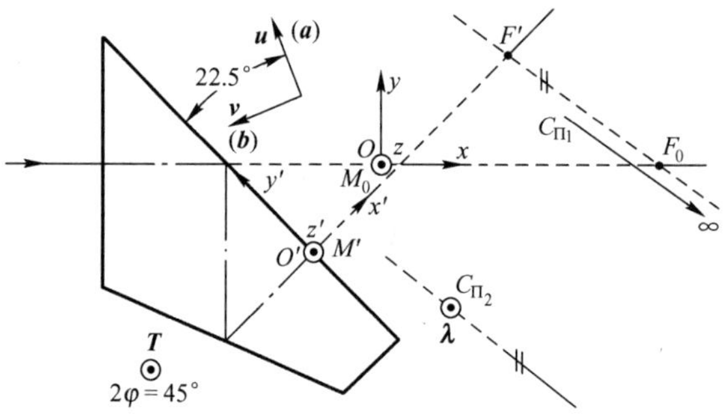

图 A-15

成像特性参量

方向余弦		像坐标基底 $i'(x')$	$j'(y')$	$k'(z')$	$2\varphi=45°$ $\boldsymbol{T}$
物空间坐标基底	$\boldsymbol{i}(x)$	$\boldsymbol{S}_{T,2\varphi} = \begin{pmatrix} 0.707 & -0.707 & 0 \\ 0.707 & 0.707 & 0 \\ 0 & 0 & 1 \end{pmatrix}$			0
	$\boldsymbol{j}(y)$				0
	$\boldsymbol{k}(z)$				1
$t=2\quad L=1.707D$			$2d=0$		
$\overrightarrow{M_0M'} = \left(0.354D - 1.207\frac{D}{n}\right)\boldsymbol{i}' + \left(-0.854D + 1.207\frac{D}{n}\right)\boldsymbol{j}'$					
$\boldsymbol{r}_0 = \left(0.854D - 0.854\frac{D}{n}\right)\boldsymbol{i}' + \left(0.854D - 2.060\frac{D}{n}\right)\boldsymbol{j}'$					
$\boldsymbol{r}_i =$					

调整特性参量

<table>
<tr><td colspan="2" rowspan="2">方向余弦</td><td colspan="3">像 坐 标</td></tr>
<tr><td>x'</td><td>y'</td><td>z'</td></tr>
<tr><td rowspan="3">r'像偏转极值轴向</td><td>$\boldsymbol{u}$</td><td>0.383</td><td>0.924</td><td>0</td></tr>
<tr><td>$\boldsymbol{v}$</td><td>-0.924</td><td>0.383</td><td>0</td></tr>
<tr><td>$\boldsymbol{w}$</td><td>/</td><td>/</td><td>/</td></tr>
<tr><td colspan="2">r'像偏转极值</td><td>$\delta_u = 0.765\Delta\theta$</td><td>$\delta_v = 0.765\Delta\theta$</td><td>$\delta_w = 0$</td></tr>
<tr><td rowspan="3">r'像移动极值移向</td><td>$\boldsymbol{a}$</td><td>0.383</td><td>0.924</td><td>0</td></tr>
<tr><td>$\boldsymbol{b}$</td><td>-0.924</td><td>0.383</td><td>0</td></tr>
<tr><td>$\boldsymbol{c}$</td><td>/</td><td>/</td><td>/</td></tr>
<tr><td colspan="2">r'像移动极值</td><td>$\delta_a = 0.765\Delta g$</td><td>$\delta_b = 0.765\Delta g$</td><td>$\delta_c = 0$</td></tr>
<tr><td rowspan="9">平面三维零值极点</td><td rowspan="4">C_{Π_1} 沿$\overrightarrow{F_0F'}$方向趋于∞</td><td colspan="3">$x_1' = \infty$</td></tr>
<tr><td colspan="3">$y_1' = \infty$</td></tr>
<tr><td colspan="3">$z_1' = 0$</td></tr>
<tr><td colspan="3">Π_1 平面：
共轭光轴截面 $x'O'y'$</td></tr>
<tr><td rowspan="4">C_{Π_2}</td><td colspan="3">$x_2' = 0.854D - 0.854\dfrac{D}{n}$</td></tr>
<tr><td colspan="3">$y_2' = 0.854D - 2.060\dfrac{D}{n}$</td></tr>
<tr><td colspan="3">$z_2' = 0$</td></tr>
<tr><td colspan="3">Π_2 平面：
过 $\boldsymbol{\lambda}$ 并平行于$\overrightarrow{F_0F'}$</td></tr>
</table>

平行光路（像偏转 $\Delta\boldsymbol{\mu}'$）

像倾斜：

$$\Delta\mu_{x'}' = \Delta\theta(0.293P_{x'} + 0.707P_{y'})$$

光轴偏：

$$\Delta\mu_{y'}' = \Delta\theta(-0.707P_{x'} + 0.293P_{y'})$$

$$\Delta\mu_{z'}' = 0$$

会聚光路（像点位移 $\Delta S_{F'}'$）

视差：

$$\Delta S_{F'x'}' = \Delta\theta[0.707P_{x'}z_q' - 0.293P_{y'}z_q' + P_{z'}(-0.707x_q' + 0.293y_q' + 0.354D)] + \Delta g(0.293D_{x'} + 0.707D_{y'})$$

光轴偏：

$$\Delta S'_{F'y'} = \Delta\theta\Big[0.293P_{x'}z'_q + 0.707P_{y'}z'_q + P_{z'}\Big(-0.293x'_q - 0.707y'_q + 0.854D - 1.707\frac{D}{n}\Big)\Big] + \Delta g(-0.707D_{x'} + 0.293D_{y'})$$

$$\Delta S'_{F'z'} = \Delta\theta\Big[P_{x'}\Big(0.707b' - 0.854D + 1.207\frac{D}{n}\Big) + P_{y'}\Big(-0.293b' - 0.354D + 1.207\frac{D}{n}\Big)\Big]$$

半五棱镜

BⅡ-60°

调　整　图

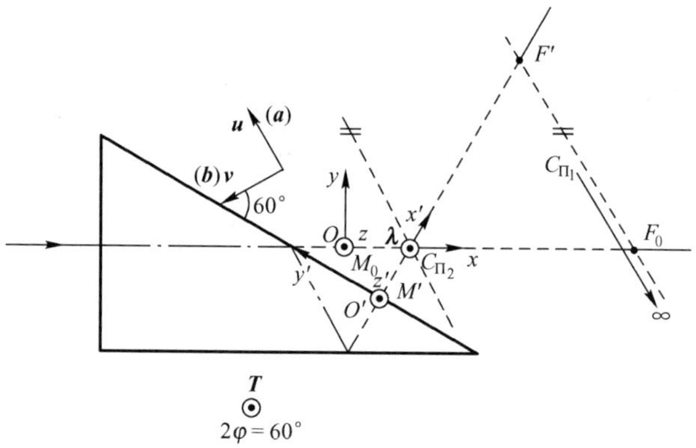

图 A-16

成像特性参量

		像坐标基底			$2\varphi=60°$
	方向余弦	$\boldsymbol{i}'(x')$	$\boldsymbol{j}'(y')$	$\boldsymbol{k}'(z')$	$\boldsymbol{T}$
物空间坐标基底	$\boldsymbol{i}(x)$	$S_{T,2\varphi}=\begin{pmatrix}0.5 & -0.866 & 0\\ 0.866 & 0.5 & 0\\ 0 & 0 & 1\end{pmatrix}$			0
	$\boldsymbol{j}(y)$				0
	$\boldsymbol{k}(z)$				1
$t=2\quad L=1.732D$			$2d=0$		
$\overrightarrow{M_0M'}=\left(0.433D-0.866\dfrac{D}{n}\right)\boldsymbol{i}'+\left(-1.25D+1.5\dfrac{D}{n}\right)\boldsymbol{j}'$					
$\boldsymbol{r}_0=\left(0.866D-0.866\dfrac{D}{n}\right)\boldsymbol{i}'+\left(D-1.5\dfrac{D}{n}\right)\boldsymbol{j}'$					
$\boldsymbol{r}_i=$					

调整特性参量

	方向余弦	像坐标 x'	像坐标 y'	像坐标 z'
r'像偏转极值轴向	$\boldsymbol{u}$	0.5	0.866	0
	$\boldsymbol{v}$	-0.866	0.5	0
	$\boldsymbol{w}$	/	/	/
r'像偏转极值		$\delta_u=\Delta\theta$	$\delta_v=\Delta\theta$	$\delta_w=0$
r'像移动极值移向	$\boldsymbol{a}$	0.5	0.866	0
	$\boldsymbol{b}$	-0.866	0.5	0
	$\boldsymbol{c}$	/	/	/
r'像移动极值		$\delta_a=\Delta g$	$\delta_b=\Delta g$	$\delta_c=0$
平面三维零值极点	C_{Π_1} 沿$\overrightarrow{F_0F'}$方向趋于∞	$x_1'=\infty$		
		$y_1'=\infty$		
		$z_1'=0$		
		Π_1 平面：共轭光轴平面 $x'O'y'$		
	C_{Π_2}	$x_2'=0.866D-0.866\dfrac{D}{n}$		
		$y_2'=D-1.5\dfrac{D}{n}$		
		$z_2'=0$		
		Π_2 平面：过 $\boldsymbol{\lambda}$ 并平行于$\overrightarrow{F_0F'}$		

平行光路（像偏转 $\Delta\boldsymbol{\mu}'$）

像倾斜：

$$\Delta\mu_{x'}'=\Delta\theta(0.5P_{x'}+0.866P_{y'})$$

光轴偏：

$$\Delta\mu_{y'}'=\Delta\theta(-0.866P_{x'}+0.5P_{y'})$$

$$\Delta\mu_{z'}'=0$$

会聚光路（像点位移 $\Delta S_{F'}'$）

视差：

$$\Delta S_{F'x'}'=\Delta\theta[0.866P_{x'}z_q'-0.5P_{y'}z_q'+P_{z'}(-0.866x_q'+0.5y_q'+0.25D)]+\Delta g(0.5D_{x'}+0.866D_{y'})$$

光轴偏：

$$\Delta S'_{F'y'} = \Delta\theta\Big[0.5P_{x'}z'_q + 0.866P_{y'}z'_q + P_{z'}\Big(-0.5x'_q - 0.866y'_q +$$

$$1.299D - 1.732\frac{D}{n}\Big)\Big] + \Delta g(-0.866D_{x'} + 0.5D_{y'})$$

$$\Delta S'_{F'z'} = \Delta\theta\Big[P_{x'}\Big(0.866b' - 1.25D + 1.5\frac{D}{n}\Big) + P_{y'}(-0.5b' -$$

$$0.433D + 0.866\frac{D}{n}\Big)\Big]$$

五 棱 镜

W Ⅱ-60°

调 整 图

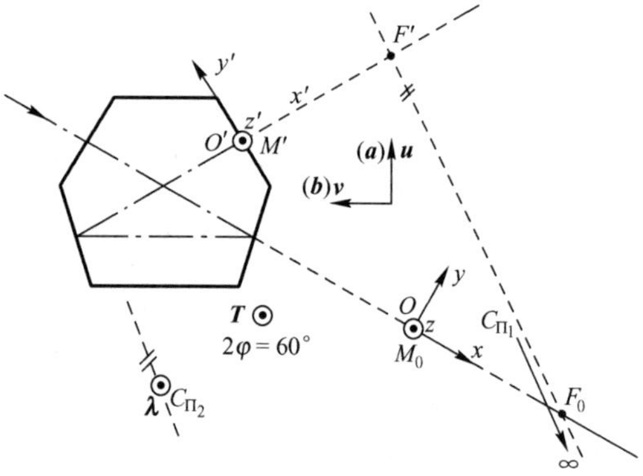

图 A-17

成像特性参量

方向余弦		像坐标基底 $i'(x')$	$j'(y')$	$k'(z')$	$2\varphi=60°$ T
物空间坐标基底	$i(x)$	$S_{T,2\varphi}=\begin{pmatrix}0.5 & -0.866 & 0\\ 0.866 & 0.5 & 0\\ 0 & 0 & 1\end{pmatrix}$			0
	$j(y)$				0
	$k(z)$				1
$t=2 \quad L=5.464D$			$2d=0$		
$\overrightarrow{M_0M'}=\left(1.299D-2.732\frac{D}{n}\right)i'+\left(-0.75D+4.732\frac{D}{n}\right)j'$					
$r_0=-2.732\frac{D}{n}i'+\left(1.5D-4.732\frac{D}{n}\right)j'$					
$r_i=$					

调整特性参量

	方向余弦	像坐标 x'	像坐标 y'	像坐标 z'
r'像偏转极值轴向	$\boldsymbol{u}$	0.5	0.866	0
	$\boldsymbol{v}$	-0.866	0.5	0
	$\boldsymbol{w}$	/	/	/
r'像偏转极值		$\delta_u=\Delta\theta$	$\delta_v=\Delta\theta$	$\delta_w=0$
r'移动极值移向	$\boldsymbol{a}$	0.5	0.866	0
	$\boldsymbol{b}$	-0.866	0.5	0
	$\boldsymbol{c}$	/	/	/
r'像移动极值		$\delta_a=\Delta g$	$\delta_b=\Delta g$	$\delta_c=0$
平面三维零值极点	C_{Π_1} 沿$\overrightarrow{F_0F'}$方向趋于∞	$x_1'=\infty$		
		$y_1'=\infty$		
		$z_1'=0$		
		Π_1 平面：共轭光轴截面 $x'O'y'$		
	C_{Π_2}	$x_2'=-2.732\dfrac{D}{n}$		
		$y_2'=1.5D-4.732\dfrac{D}{n}$		
		$z_2'=0$		
		Π_2 平面：过 $\boldsymbol{\lambda}$ 并平行于$\overrightarrow{F_0F'}$		

平行光路(像偏转 $\Delta\boldsymbol{\mu}'$)

像倾斜：

$$\Delta\mu_{x'}'=\Delta\theta(0.5P_{x'}+0.866P_{y'})$$

光轴偏：

$$\Delta\mu_{y'}'=\Delta\theta(-0.866P_{x'}+0.5P_{y'})$$

$$\Delta\mu_{z'}'=0$$

会聚光路(像点位移 $\Delta S_{F'}'$)

视差：

$$\Delta S_{F'x'}'=\Delta\theta[0.866P_{x'}z_q'-0.5P_{y'}z_q'+P_{z'}(-0.866x_q'+0.5y_q'-0.75D)]+\Delta g(0.5D_{x'}+0.866D_{y'})$$

光轴偏：

$$\Delta S'_{F'y'} = \Delta\theta\Big[0.5P_{x'}z'_q + 0.866P_{y'}z'_q + P_{z'}\Big(-0.5x'_q - 0.866y'_q + 1.299D - 5.464\frac{D}{n}\Big)\Big] + \Delta g(-0.866D_{x'} + 0.5D_{y'})$$

$$\Delta S'_{F'z'} = \Delta\theta\Big[P_{x'}\Big(0.866b' - 0.75D + 4.732\frac{D}{n}\Big) + P_{y'}\Big(-0.5b' - 1.299D + 2.732\frac{D}{n}\Big)\Big]$$

五 棱 镜

WⅡ-80°

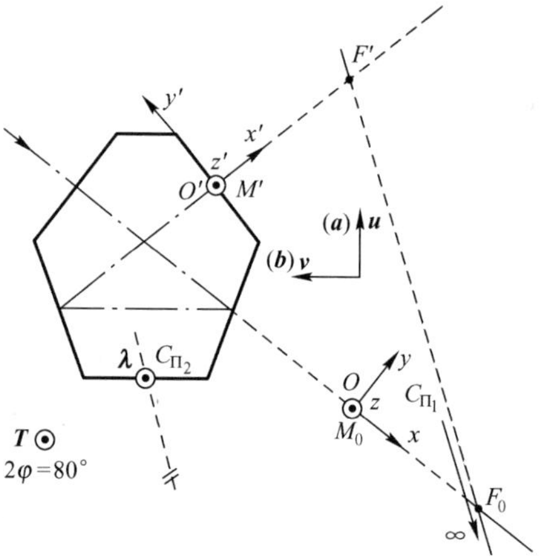

图 A-18

调 整 图

成像特性参量

方向余弦		像坐标基底 $i'(x')$	像坐标基底 $j'(y')$	像坐标基底 $k'(z')$	$2\varphi=80°$ T
物空间坐标基底	$i(x)$	$S_{T,2\varphi}=\begin{pmatrix}0.174 & -0.985 & 0\\ 0.985 & 0.174 & 0\\ 0 & 0 & 1\end{pmatrix}$			0
	$j(y)$				0
	$k(z)$				1
$t=2$ $L=3.940D$			$2d=0$		
$\overrightarrow{M_0M'}=\left(0.7D-0.684\frac{D}{n}\right)i'+\left(-0.587D+3.880\frac{D}{n}\right)j'$					
$r_0=-1.970\frac{D}{n}i'+\left(0.711D-2.348\frac{D}{n}\right)j'$					
$r_i=$					

调整特性参量

<table>
<tr><td colspan="2" rowspan="2">方向余弦</td><td colspan="3">像 坐 标</td></tr>
<tr><td>x'</td><td>y'</td><td>z'</td></tr>
<tr><td rowspan="3">r'像偏转极值轴向</td><td>$\boldsymbol{u}$</td><td>0.643</td><td>0.766</td><td>0</td></tr>
<tr><td>$\boldsymbol{v}$</td><td>−0.766</td><td>0.643</td><td>0</td></tr>
<tr><td>$\boldsymbol{w}$</td><td>/</td><td>/</td><td>/</td></tr>
<tr><td colspan="2">r'像偏转极值</td><td>$\delta_u = 1.286\Delta\theta$</td><td>$\delta_v = 1.286\Delta\theta$</td><td>$\delta_w = 0$</td></tr>
<tr><td rowspan="3">r'像移动极值移向</td><td>$\boldsymbol{a}$</td><td>0.643</td><td>0.766</td><td>0</td></tr>
<tr><td>$\boldsymbol{b}$</td><td>−0.766</td><td>0.643</td><td>0</td></tr>
<tr><td>$\boldsymbol{c}$</td><td>/</td><td>/</td><td>/</td></tr>
<tr><td colspan="2">r'像移动极值</td><td>$\delta_a = 1.286\Delta g$</td><td>$\delta_b = 1.286\Delta g$</td><td>$\delta_c = 0$</td></tr>
<tr><td rowspan="8">平面三维零值极点</td><td rowspan="4">C_{Π_1} 沿$\overrightarrow{F_0F'}$方向趋于∞</td><td colspan="3">$x'_1 = \infty$</td></tr>
<tr><td colspan="3">$y'_1 = \infty$</td></tr>
<tr><td colspan="3">$z'_1 = 0$</td></tr>
<tr><td colspan="3">Π_1 平面：
共轭光轴截面 $x'O'y'$</td></tr>
<tr><td rowspan="4">C_{Π_2}</td><td colspan="3">$x'_2 = -1.970\dfrac{D}{n}$</td></tr>
<tr><td colspan="3">$y'_2 = 0.711D - 2.349\dfrac{D}{n}$</td></tr>
<tr><td colspan="3">$z'_2 = 0$</td></tr>
<tr><td colspan="3">Π_2 平面：
过 $\boldsymbol{\lambda}$ 并平行于$\overrightarrow{F_0F'}$</td></tr>
</table>

平行光路（像偏转 $\Delta\boldsymbol{\mu}'$）

像倾斜：

$$\Delta\mu'_{x'} = \Delta\theta(0.826P_{x'} + 0.985P_{y'})$$

光轴偏：

$$\Delta\mu'_{y'} = \Delta\theta(-0.985P_{x'} + 0.826P_{y'})$$
$$\Delta\mu'_{z'} = 0$$

会聚光路（像点位移 $\Delta\boldsymbol{S}'_{F'}$）

视差：

$$\Delta S'_{F'x'} = \Delta\theta[0.985P_{x'}z'_q - 0.826P_{y'}z'_q + P_{z'}(-0.985x'_q + 0.826y'_q - 0.587D)] + \Delta g(0.826D_{x'} + 0.985D_{y'})$$

光轴偏：

$$\Delta S'_{F'y'}=\Delta\theta\Big[0.826P_{x'}z'_q+0.985P_{y'}z'_q+P_{z'}\Big(-0.826x'_q-0.985y'_q+0.7D-3.940\frac{D}{n}\Big)\Big]+\Delta g(-0.985D_{x'}+0.826D_{y'})$$

$$\Delta S'_{F'z'}=\Delta\theta\Big[P_{x'}\Big(0.985b'-0.587D+3.880\frac{D}{n}\Big)+P_{y'}\Big(-0.826b'-0.7D+0.684\frac{D}{n}\Big)\Big]$$

五 棱 镜

W Ⅱ-90°

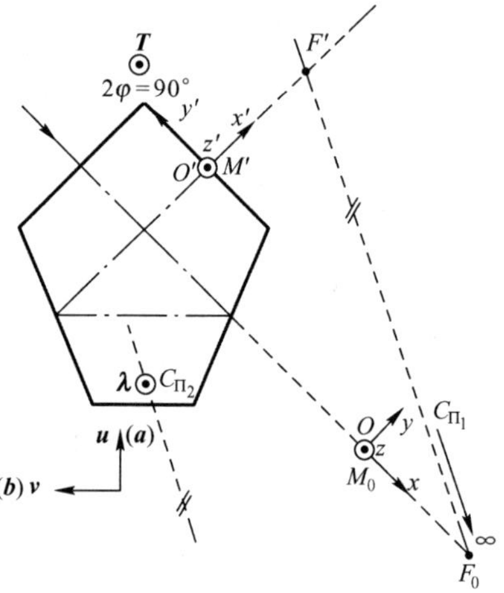

图 A-19

调 整 图

成像特性参量

方向余弦		像坐标基底 $i'(x')$	$j'(y')$	$k'(z')$	$2\varphi=90°$ T
物空间坐标基底	$i(x)$	$S_{T,2\varphi}=\begin{pmatrix}0&-1&0\\1&0&0\\0&0&1\end{pmatrix}$			0
	$j(y)$				0
	$k(z)$				1
$t=2\quad L=3.414D$			$2d=0$		
$\overrightarrow{M_0M'}=0.5Di'+\Big(-0.5D+3.414\frac{D}{n}\Big)j'$					
$r_0=-1.707\frac{D}{n}i'+\Big(0.5D-1.707\frac{D}{n}\Big)j'$					
$r_i=$					

调整特性参量

<table>
<tr><td colspan="2" rowspan="2">方向余弦</td><td colspan="3">像 坐 标</td></tr>
<tr><td>x'</td><td>y'</td><td>z'</td></tr>
<tr><td rowspan="3">r'像偏转极值轴向</td><td>$\boldsymbol{u}$</td><td>0.707</td><td>0.707</td><td>0</td></tr>
<tr><td>$\boldsymbol{v}$</td><td>−0.707</td><td>0.707</td><td>0</td></tr>
<tr><td>$\boldsymbol{w}$</td><td>/</td><td>/</td><td>/</td></tr>
<tr><td colspan="2">r'像偏转极值</td><td>$\delta_u = 1.414\Delta\theta$</td><td>$\delta_v = 1.414\Delta\theta$</td><td>$\delta_w = 0$</td></tr>
<tr><td rowspan="3">r'像移动极值移向</td><td>$\boldsymbol{a}$</td><td>0.707</td><td>0.707</td><td>0</td></tr>
<tr><td>$\boldsymbol{b}$</td><td>−0.707</td><td>0.707</td><td>0</td></tr>
<tr><td>$\boldsymbol{c}$</td><td>/</td><td>/</td><td>/</td></tr>
<tr><td colspan="2">r'像移动极值</td><td>$\delta_a = 1.414\Delta g$</td><td>$\delta_b = 1.414\Delta g$</td><td>$\delta_c = 0$</td></tr>
<tr><td rowspan="8">平面三维零值极点</td><td rowspan="4">C_{Π_1} 沿$\overrightarrow{F_0F'}$方向趋于∞</td><td colspan="3">$x'_1 = \infty$</td></tr>
<tr><td colspan="3">$y'_1 = \infty$</td></tr>
<tr><td colspan="3">$z'_1 = 0$</td></tr>
<tr><td colspan="3">Π_1 平面:
共轭光轴截面 $x'O'y'$</td></tr>
<tr><td rowspan="4">C_{Π_2}</td><td colspan="3">$x'_2 = -1.707\dfrac{D}{n}$</td></tr>
<tr><td colspan="3">$y'_2 = 0.5D - 1.707\dfrac{D}{n}$</td></tr>
<tr><td colspan="3">$z'_2 = 0$</td></tr>
<tr><td colspan="3">Π_2 平面:
过 $\boldsymbol{\lambda}$ 并平行于$\overrightarrow{F_0F'}$</td></tr>
</table>

平行光路(像偏转 $\Delta\boldsymbol{\mu}'$)

像倾斜:

$$\Delta\mu'_{x'} = \Delta\theta(P_{x'} + P_{y'})$$

光轴偏:

$$\Delta\mu'_{y'} = \Delta\theta(-P_{x'} + P_{y'})$$

$$\Delta\mu'_{z'} = 0$$

会聚光路(像点位移 $\Delta S'_{F'}$)

视差:

$$\Delta S'_{F'x'} = \Delta\theta[P_{x'}z'_q - P_{y'}z'_q + P_{z'}(-x'_q + y'_q - 0.5D)] + \Delta g(D_{x'} + D_{y'})$$

光轴偏:

$$\Delta S'_{F'y'} = \Delta\theta\left[P_{x'}z'_q + P_{y'}z'_q + P_{z'}\left(-x'_q - y'_q + 0.5D - 3.414\frac{D}{n}\right)\right] + \Delta g(-D_{x'} + D_{y'})$$

$$\Delta S'_{F'z'} = \Delta\theta\left[P_{x'}\left(b' - 0.5D + 3.414\frac{D}{n}\right) + P_{y'}(-b' - 0.5D)\right]$$

五 棱 镜

WL Ⅱ-90°

调 整 图

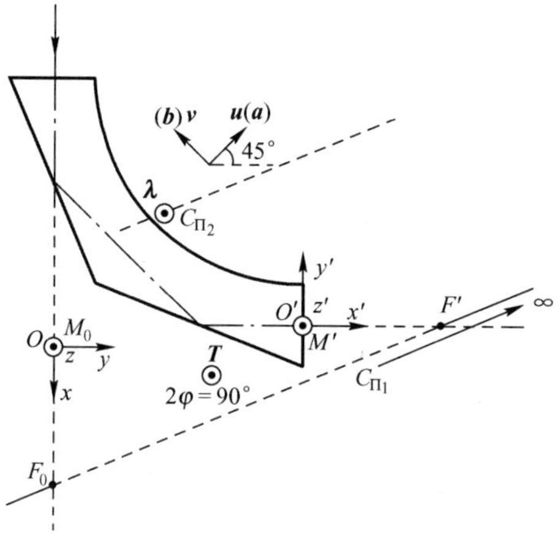

图 A-20

成像特性参量

<table>
<tr><td rowspan="2" colspan="2">方向余弦</td><td colspan="3">像坐标基底</td><td rowspan="2">$2\varphi=90°$
$\boldsymbol{T}$</td></tr>
<tr><td>$\boldsymbol{i}'(x')$</td><td>$\boldsymbol{j}'(y')$</td><td>$\boldsymbol{k}'(z')$</td></tr>
<tr><td rowspan="3">物空间
坐标基底</td><td>$\boldsymbol{i}(x)$</td><td colspan="3" rowspan="3">$\boldsymbol{S}_{T,2\varphi}=\begin{pmatrix}0 & -1 & 0\\ 1 & 0 & 0\\ 0 & 0 & 1\end{pmatrix}$</td><td>0</td></tr>
<tr><td>$\boldsymbol{j}(y)$</td><td>0</td></tr>
<tr><td>$\boldsymbol{k}(z)$</td><td>1</td></tr>
<tr><td colspan="4">$t=2 \quad L=4.828D$</td><td colspan="2">$2d=0$</td></tr>
<tr><td colspan="6">$\overrightarrow{M_0M'}=2.914D\,\boldsymbol{i}'+\left(-2.914D+4.828\frac{D}{n}\right)\boldsymbol{j}'$</td></tr>
<tr><td colspan="6">$\boldsymbol{r}_0=-2.414\frac{D}{n}\boldsymbol{i}'+\left(2.914D-2.414\frac{D}{n}\right)\boldsymbol{j}'$</td></tr>
<tr><td colspan="6">$\boldsymbol{r}_i=$</td></tr>
</table>

调整特性参量

<table>
<tr><td colspan="2" rowspan="2">方向余弦</td><td colspan="3">像坐标</td></tr>
<tr><td>x'</td><td>y'</td><td>z'</td></tr>
<tr><td rowspan="3">r'像偏转极值轴向</td><td>$\boldsymbol{u}$</td><td>0.707</td><td>0.707</td><td>0</td></tr>
<tr><td>$\boldsymbol{v}$</td><td>−0.707</td><td>0.707</td><td>0</td></tr>
<tr><td>$\boldsymbol{w}$</td><td>/</td><td>/</td><td>/</td></tr>
<tr><td colspan="2">r'像偏转极值</td><td>$\delta_u = 1.414\Delta\theta$</td><td>$\delta_v = 1.414\Delta\theta$</td><td>$\delta_w = 0$</td></tr>
<tr><td rowspan="3">r'像移动极值移向</td><td>$\boldsymbol{a}$</td><td>0.707</td><td>0.707</td><td>0</td></tr>
<tr><td>$\boldsymbol{b}$</td><td>−0.707</td><td>0.707</td><td>0</td></tr>
<tr><td>$\boldsymbol{c}$</td><td>/</td><td>/</td><td>/</td></tr>
<tr><td colspan="2">r'像移动极值</td><td>$\delta_a = 1.414\Delta g$</td><td>$\delta_b = 1.414\Delta g$</td><td>$\delta_c = 0$</td></tr>
<tr><td rowspan="8">平面三维零值极点</td><td rowspan="4">C_{Π_1} 沿$\overrightarrow{F_0F'}$方向趋于∞</td><td colspan="3">$x_1' = \infty$</td></tr>
<tr><td colspan="3">$y_1' = \infty$</td></tr>
<tr><td colspan="3">$z_1' = 0$</td></tr>
<tr><td colspan="3">Π_1 平面：共轭光轴截面 $x'O'y'$</td></tr>
<tr><td rowspan="4">C_{Π_2}</td><td colspan="3">$x_2' = -2.414\dfrac{D}{n}$</td></tr>
<tr><td colspan="3">$y_2' = 2.914D - 2.414\dfrac{D}{n}$</td></tr>
<tr><td colspan="3">$z_2' = 0$</td></tr>
<tr><td colspan="3">Π_2 平面：过 $\boldsymbol{\lambda}$ 并平行于$\overrightarrow{F_0F'}$</td></tr>
</table>

平行光路(像偏转 $\Delta\boldsymbol{\mu}'$)

像倾斜：

$$\Delta\mu'_{x'} = \Delta\theta(P_{x'} + P_{y'})$$

光轴偏：

$$\Delta\mu'_{y'} = \Delta\theta(-P_{x'} + P_{y'})$$

$$\Delta\mu'_{z'} = 0$$

会聚光路(像点位移 $\Delta S'_{F'}$)

视差：

$$\Delta S'_{F'x'} = \Delta\theta[P_{x'}z'_q - P_{y'}z'_q + P_{z'}(-x'_q + y'_q - 2.914D)] + \Delta g(D_{x'} + D_{y'})$$

光轴偏:

$$\Delta S'_{F'y'} = \Delta\theta\left[P_{x'}z'_q + P_{y'}z'_q + P_{z'}\left(-x'_q - y'_q + 2.914D - 4.828\,\frac{D}{n}\right)\right] +$$
$$\Delta g(-D_{x'} + D_{y'})$$

$$\Delta S'_{F'z'} = \Delta\theta\left[P_{x'}\left(b' - 2.914D + 4.828\,\frac{D}{n}\right) + P_{y'}(-b' - 2.914D)\right]$$

四 棱 镜

D Ⅱ-90°

调　整　图

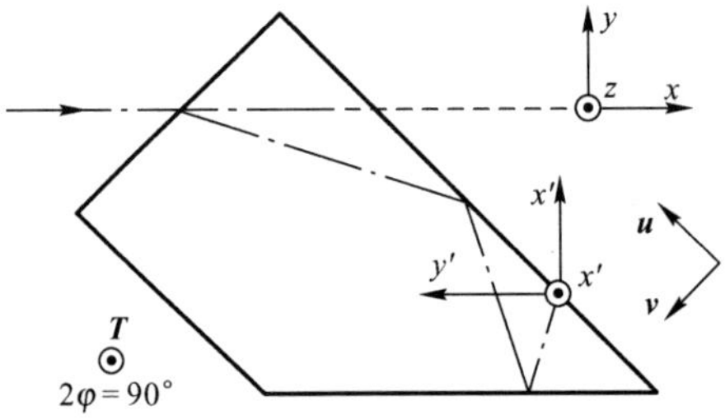

图 A-21

成像特性参量

<table>
<tr><td colspan="2" rowspan="2">方向余弦</td><td colspan="3">像坐标基底</td><td rowspan="2">$2\varphi=90°$
$\boldsymbol{T}$</td></tr>
<tr><td>$\boldsymbol{i}'(x')$</td><td>$\boldsymbol{j}'(y')$</td><td>$\boldsymbol{k}'(z')$</td></tr>
<tr><td rowspan="3">物空间
坐标基底</td><td>$\boldsymbol{i}(x)$</td><td colspan="3" rowspan="3">$\boldsymbol{S}_{T,2\varphi} = \begin{pmatrix} 0 & -1 & 0 \\ 1 & 0 & 0 \\ 0 & 0 & 1 \end{pmatrix}$</td><td>0</td></tr>
<tr><td>$\boldsymbol{j}(y)$</td><td>0</td></tr>
<tr><td>$\boldsymbol{k}(z)$</td><td>1</td></tr>
<tr><td colspan="3">$t=2 \quad L=2nD$</td><td colspan="3">$2d=$</td></tr>
<tr><td colspan="6">$\overrightarrow{M_0M'}=$</td></tr>
<tr><td colspan="6">$\boldsymbol{r}_0=$</td></tr>
<tr><td colspan="6">$\boldsymbol{r}_i=$</td></tr>
</table>

调整特性参量

		像坐标		
方向余弦		x'	y'	z'
r'像偏转极值轴向	$\boldsymbol{u}$	0.707	0.707	0
	$\boldsymbol{v}$	−0.707	0.707	0
	$\boldsymbol{w}$	/	/	/
r'像偏转极值		$\delta_u = 1.414\Delta\theta$	$\delta_v = 1.414\Delta\theta$	$\delta_w = 0$
r'像移动极值移向	$\boldsymbol{a}$			
	$\boldsymbol{b}$			
	$\boldsymbol{c}$			
r'像移动极值				
三维零值极点	C_{Π_1}	$x_1' =$		
		$y_1' =$		
		$z_1' =$		
		Π_1 平面：		
	C_{Π_2}	$x_2' =$		
		$y_2' =$		
		$z_2' =$		
		Π_2 平面：		

平行光路（像偏转 $\Delta\boldsymbol{\mu}'$）

像倾斜：

$$\Delta\mu'_{x'} = \Delta\theta(P_{x'} + P_{y'})$$

光轴偏：

$$\Delta\mu'_{y'} = \Delta\theta(-P_{x'} + P_{y'})$$
$$\Delta\mu'_{z'} = 0$$

空间棱镜

KⅡ-60°-90°

调 整 图

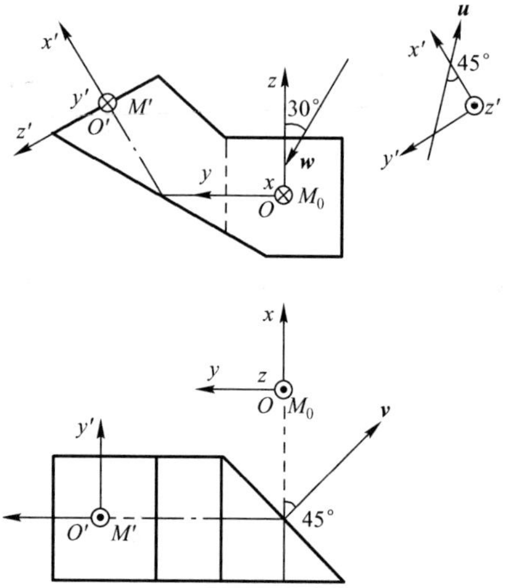

图 A-22

成像特性参量

<table>
<tr><td colspan="2" rowspan="2">方向余弦</td><td colspan="3">像坐标基底</td><td rowspan="2">$2\varphi=221°24'$
$\boldsymbol{T}$</td></tr>
<tr><td>$\boldsymbol{i}'(x')$</td><td>$\boldsymbol{j}'(y')$</td><td>$\boldsymbol{k}'(z')$</td></tr>
<tr><td rowspan="3">物空间
坐标基底</td><td>$\boldsymbol{i}(x)$</td><td colspan="3" rowspan="3">$\boldsymbol{S}_{T,2\varphi}=\begin{pmatrix}0 & 1 & 0\\ 0.5 & 0 & 0.866\\ 0.866 & 0 & -0.5\end{pmatrix}$</td><td>0.655</td></tr>
<tr><td>$\boldsymbol{j}(y)$</td><td>0.655</td></tr>
<tr><td>$\boldsymbol{k}(z)$</td><td>0.378</td></tr>
<tr><td colspan="4">$t=2\quad L=2.366D$</td><td colspan="2">$2d=1.550D-1.550\dfrac{D}{n}$</td></tr>
<tr><td colspan="6">$\overrightarrow{M_0M'}=1.366D\boldsymbol{i}'+\left(0.5D-2.366\dfrac{D}{n}\right)\boldsymbol{j}'+0.866D\boldsymbol{k}'$</td></tr>
<tr><td colspan="6">$\boldsymbol{r}_0=\left(-0.247D-0.677\dfrac{D}{n}\right)\boldsymbol{i}'+\left(0.267D+0.676\dfrac{D}{n}\right)\boldsymbol{j}'-0.033D\boldsymbol{k}'$</td></tr>
<tr><td colspan="6">$\boldsymbol{r}_i=$</td></tr>
</table>

调整特性参量

方向余弦		像坐标 x'	像坐标 y'	像坐标 z'
r'像偏转极值轴向	$\boldsymbol{u}$	0.707	−0.707	0
	$\boldsymbol{v}$	−0.354	0.707	−0.612
	$\boldsymbol{w}$	−0.5	0	0.866
r'像偏转极值		$\delta_u = 1.414\Delta\theta$	$\delta_v = 1.414\Delta\theta$	$\delta_w = 1.732\Delta\theta$
r'像移动极值移向	$\boldsymbol{a}$	0.707	−0.707	0
	$\boldsymbol{b}$	−0.354	0.707	−0.612
	$\boldsymbol{c}$	−0.5	0	0.866
r'像移动极值		$\delta_a = 1.414\Delta g$	$\delta_b = 1.414\Delta g$	$\delta_c = 1.732\Delta g$
三维零值极点不存在	C_{Π_1}	$x_1' =$		
		$y_1' =$		
		$z_1' =$		
		Π_1 平面：		
	C_{Π_2}	$x_2' =$		
		$y_2' =$		
		$z_2' =$		
		Π_2 平面：		

平行光路（像偏转 $\Delta\boldsymbol{\mu}'$）

像倾斜：

$$\Delta\mu'_{x'} = \Delta\theta(P_{x'} - P_{z'})$$

光轴偏：

$$\Delta\mu'_{y'} = \Delta\theta(-0.5P_{x'} + P_{y'} - 0.866P_{z'})$$

$$\Delta\mu'_{z'} = \Delta\theta(-0.866P_{x'} + 1.5P_{z'})$$

会聚光路（像点位移 $\Delta S'_{F'}$）

视差：

$$\Delta S'_{F'x'} = \Delta\theta[P_{x'}(-z'_q - 0.866D) - P_{y'}z'_q + P_{z'}(x'_q + y'_q + 1.366D)] + \Delta g(D_{x'} - D_{y'})$$

光轴偏：

$$\Delta S'_{F'y'} = \Delta\theta\left[P_{x'}\left(0.866y'_q + z'_q - 0.866b' + 0.433D - 2.049\frac{D}{n}\right) + P_{y'}(-0.866x'_q + 0.5z'_q - 0.75D) + P_{z'}\left(-x'_q - 0.5y'_q + 1.5b' - 0.25D + 1.183\frac{D}{n}\right)\right] + \Delta g(-0.5D_{x'} + D_{y'} - 0.866D_{z'})$$

$$\Delta S'_{F'z'} = \Delta\theta\Big[P_{x'}\Big(-1.5y'_q + 0.5b' - 0.25D + 1.183\frac{D}{n}\Big) + P_{y'}(1.5x'_q + 0.866z'_q - b' + 1.433D) + P_{z'}\Big(-0.866y'_q + 0.866b' - 0.433D + 2.049\frac{D}{n}\Big)\Big] + \Delta g(-0.866D_{x'} + 1.5D_z{}')$$

空间棱镜

KⅡ-80°-90°

调 整 图

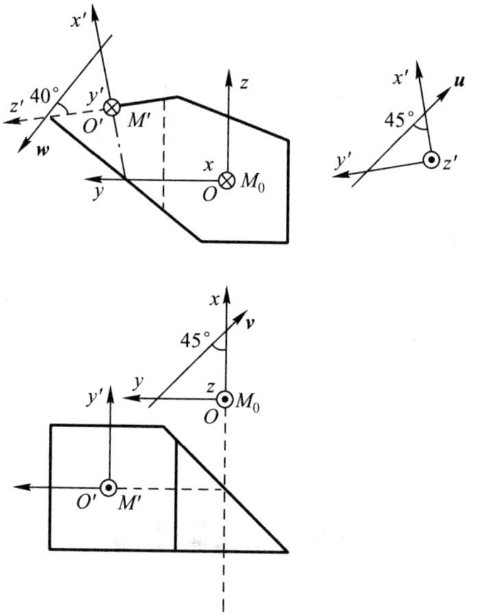

图 A-23

成像特性参量

物空间坐标基底 \ 方向余弦		像坐标基底 $i'(x')$	像坐标基底 $j'(y')$	像坐标基底 $k'(z')$	$2\varphi = 234°4'$ T
物空间坐标基底	$i(x)$	$S_{T,2\varphi} = \begin{pmatrix} 0 & 1 & 0 \\ 0.174 & 0 & 0.985 \\ 0.985 & 0 & -0.174 \end{pmatrix}$			0.608
	$j(y)$				0.608
	$k(z)$				0.510
$t = 2 \quad L = 1.874D$			$2d = 1.139D - 1.139\frac{D}{n}$		
$\overrightarrow{M_0M'} = 0.731D\boldsymbol{i}' + \left(0.5D - 1.874\frac{D}{n}\right)\boldsymbol{j}' + 0.766D\boldsymbol{k}'$					
$\boldsymbol{r}_0 = \left(-0.073D - 0.59\frac{D}{n}\right)\boldsymbol{i}' + \left(0.12D + 0.59\frac{D}{n}\right)\boldsymbol{j}' - 0.057D\boldsymbol{k}'$					
$\boldsymbol{r}_i =$					

调整特性参量

方向余弦		像坐标 x'	像坐标 y'	像坐标 z'
r'像偏转极值轴向	$\boldsymbol{u}$	0.707	−0.707	0
	$\boldsymbol{v}$	−0.123	0.707	−0.696
	$\boldsymbol{w}$	−0.643	0	0.766
r'像偏转极值		$\delta_u = 1.414\Delta\theta$	$\delta_v = 1.414\Delta\theta$	$\delta_w = 1.532\Delta\theta$
r'像移动极值移向	$\boldsymbol{a}$	0.707	−0.707	0
	$\boldsymbol{b}$	−0.123	0.707	−0.696
	$\boldsymbol{c}$	−0.643	0	0.766
r'像移动极值		$\delta_a = 1.414\Delta g$	$\delta_b = 1.414\Delta g$	$\delta_c = 1.532\Delta g$
三维零值极点不存在	C_{Π_1}	$x_1' =$		
		$y_1' =$		
		$z_1' =$		
		Π_1 平面:		
	C_{Π_2}	$x_2' =$		
		$y_2' =$		
		$z_2' =$		
		Π_2 平面:		

平行光路(像偏转 $\Delta\boldsymbol{\mu}'$)

像倾斜:

$$\Delta\mu'_{x'} = \Delta\theta(P_{x'} - P_{y'})$$

光轴偏:

$$\Delta\mu'_{y'} = \Delta\theta(-0.174P_{x'} + P_{y'} - 0.985P_{z'})$$

$$\Delta\mu'_{z'} = \Delta\theta(-0.985P_{x'} + 1.174P_{z'})$$

会聚光路(像点位移 $\Delta S'_{F'}$)

视差:

$$\Delta S'_{F'x'} = \Delta\theta[P_{x'}(-z'_q - 0.766D) - P_{y'}z'_q + P_{z'}(x'_q + y'_q + 0.731D)] + \Delta g(D_{x'} - D_{y'})$$

光轴偏:

$$\Delta S'_{F'y'} = \Delta\theta\left[P_{x'}\left(0.985y'_q + z'_q - 0.985b' + 0.493D - 1.845\frac{D}{n}\right) + P_{y'}(-0.985x'_q + 0.174z'_q - 0.586D) + P_{z'}\left(-x'_q - 0.174y'_q + 1.174b' - 0.087D + 0.325\frac{D}{n}\right)\right] + \Delta g(-0.174D_{x'} + D_{y'} - 0.985D_{z'})$$

$$\Delta S'_{F'z'}=\Delta\theta\left[P_{x'}\left(-1.174y'_q+0.174b'-0.087D+0.325\frac{D}{n}\right)+P_{y'}(1.174x'_q+0.985z'_q-b'+0.881D)+P_{z'}\left(-0.985y'_q+0.985b'-0.493D+1.846\frac{D}{n}\right)\right]+\Delta g(-0.985D_{x'}+1.174D_{z'})$$

空间棱镜

KⅡ-90°-90°

调 整 图

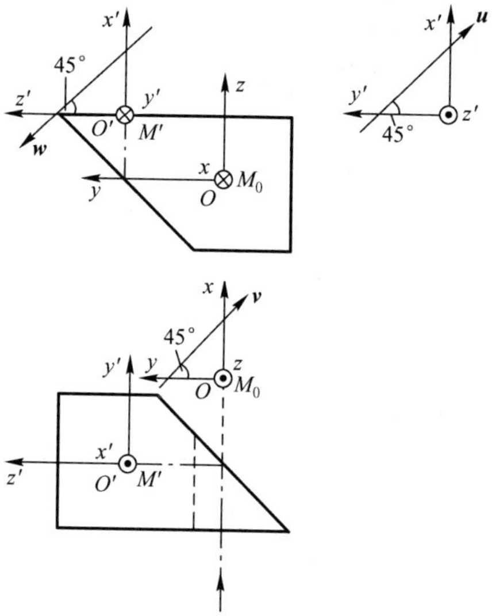

图 A-24

成像特性参量

<table>
<tr><td rowspan="2">方向余弦</td><td colspan="3">像坐标基底</td><td rowspan="2">$2\varphi=240°$
$\boldsymbol{T}$</td></tr>
<tr><td>$\boldsymbol{i}'(x')$</td><td>$\boldsymbol{j}'(y')$</td><td>$\boldsymbol{k}'(z')$</td></tr>
<tr><td rowspan="3">物空间坐标基底</td><td>$\boldsymbol{i}(x)$</td><td colspan="3" rowspan="3">$\boldsymbol{S}_{T,2\varphi}=\begin{pmatrix}0&1&0\\0&0&1\\1&0&0\end{pmatrix}$</td><td>0.577</td></tr>
<tr><td>$\boldsymbol{j}(y)$</td><td>0.577</td></tr>
<tr><td>$\boldsymbol{k}(z)$</td><td>0.577</td></tr>
<tr><td colspan="3">$t=2\quad L=1.707D$</td><td colspan="3">$2d=0.985D-0.985\dfrac{D}{n}$</td></tr>
<tr><td colspan="6">$\overrightarrow{M_0M'}=0.5D\boldsymbol{i}'+\left(0.5D-1.707\dfrac{D}{n}\right)\boldsymbol{j}'+0.707D\boldsymbol{k}'$</td></tr>
<tr><td colspan="6">$\boldsymbol{r}_0=-0.569\dfrac{D}{n}\boldsymbol{i}'+\left(0.069D+0.569\dfrac{D}{n}\right)\boldsymbol{j}'-0.069D\boldsymbol{k}'$</td></tr>
<tr><td colspan="6">$\boldsymbol{r}_i=$</td></tr>
</table>

调整特性参量

	方向余弦	像坐标 x'	像坐标 y'	像坐标 z'
r'像移动极值移向	$\boldsymbol{u}$	0.707	−0.707	0
	$\boldsymbol{v}$	0	0.707	−0.707
	$\boldsymbol{w}$	−0.707	0	0.707
r'像偏转极值		$\delta_u = 1.414\Delta\theta$	$\delta_v = 1.414\Delta\theta$	$\delta_w = 1.414\Delta\theta$
r'像移动极值移向	$\boldsymbol{a}$	0.707	−0.707	0
	$\boldsymbol{b}$	0	0.707	−0.707
	$\boldsymbol{c}$	−0.707	0	0.707
r'像移动极值		$\delta_a = 1.414\Delta g$	$\delta_b = 1.414\Delta g$	$\delta_c = 1.414\Delta g$
三维零值极点不存在	C_{Π_1}	$x'_1 =$		
		$y'_1 =$		
		$z'_1 =$		
		Π_1 平面：		
	C_{Π_2}	$x'_2 =$		
		$y'_2 =$		
		$z'_2 =$		
		Π_2 平面：		

平行光路（像偏转 $\Delta\boldsymbol{\mu}'$）

像倾斜：

$$\Delta\mu'_{x'} = \Delta\theta(P_{x'} - P_{y'})$$

光轴偏：

$$\Delta\mu'_{y'} = \Delta\theta(P_{y'} - P_{z'})$$

$$\Delta\mu'_{z'} = \Delta\theta(-P_{x'} + P_{z'})$$

会聚光路（像点位移 $\Delta S'_{F'}$）

视差：

$$\Delta S'_{F'x'} = \Delta\theta[P_{x'}(-z'_q - 0.707D) - P_{y'}z'_q + P_{z'}(x'_q + y'_q + 0.5D)] + \Delta g(D_{x'} - D_{y'})$$

光轴偏：

$$\Delta S'_{F'y'} = \Delta\theta\left[P_{x'}\left(y'_q + z'_q - b' + 0.5D - 1.707\frac{D}{n}\right) + P_{y'}(-x'_q - 0.5D) + P_{z'}(-x'_q + b')\right] + \Delta g(D_{y'} - D_{z'})$$

$$\Delta S'_{F'z'}=\Delta\theta\left[-P_{x'}y'_q+P_{y'}(x'_q+z'_q-b'+0.707D)+P_{z'}\left(-y'_q+b'-0.5D+1.707\frac{D}{n}\right)\right]+\Delta g(-D_{x'}+D_{z'})$$

空间棱镜

KⅡ-100°-90°

调　整　图

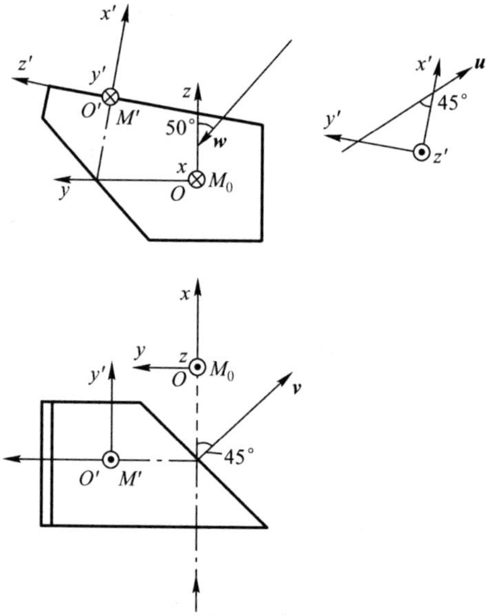

图 A-25

成像特性参量

方向余弦		像坐标基底			$2\varphi=245°36'$
		$i'(x')$	$j'(y')$	$k'(z')$	T
物空间坐标基底	$i(x)$	$S_{T,2\varphi}=\begin{pmatrix}0 & 1 & 0\\ -0.174 & 0 & 0.985\\ 0.985 & 0 & 0.174\end{pmatrix}$			0.541
	$j(y)$				0.541
	$k(z)$				0.645
$t=2\quad L=1.954D$			$2d=1.057D-1.057\dfrac{D}{n}$		
$\overrightarrow{M_0M'}=0.5Di'+\left(0.5D-1.954\dfrac{D}{n}\right)j'+0.800Dk'$					
$r_0=-0.692\dfrac{D}{n}i'+\left(0.071D+0.691\dfrac{D}{n}\right)j'-0.059Dk'$					
$r_i=$					

调整特性参量

		像坐标		
	方向余弦	x'	y'	z'
r'像偏转极值轴向	$\boldsymbol{u}$	0.707	−0.707	0
	$\boldsymbol{v}$	0.123	0.707	−0.696
	$\boldsymbol{w}$	−0.766	0	0.643
r'像偏转极值		$\delta_u = 1.414\Delta\theta$	$\delta_v = 1.414\Delta\theta$	$\delta_w = 1.285\Delta\theta$
r'像偏转极值轴向	$\boldsymbol{a}$	0.707	−0.707	0
	$\boldsymbol{b}$	0.123	0.707	−0.696
	$\boldsymbol{c}$	−0.766	0	0.643
r'像移动极值		$\delta_a = 1.414\Delta g$	$\delta_b = 1.414\Delta g$	$\delta_c = 1.285\Delta g$
三维零值极点不存在	C_{Π_1}	$x_1' =$		
		$y_1' =$		
		$z_1' =$		
		Π_1 平面:		
	C_{Π_2}	$x_2' =$		
		$y_2' =$		
		$z_2' =$		
		Π_2 平面:		

平行光路(像偏转 $\Delta\boldsymbol{\mu}'$)

像倾斜:

$$\Delta\mu_{x'}' = \Delta\theta(P_{x'} - P_{y'})$$

光轴偏:

$$\Delta\mu_{y'}' = \Delta\theta(0.174P_{x'} + P_{y'} - 0.985P_{z'})$$

$$\Delta\mu_{z'}' = \Delta\theta(-0.985P_{x'} + 0.826P_{z'})$$

会聚光路(像点位移 $\Delta S_{F'}'$)

视差:

$$\Delta S_{F'x'}' = \Delta\theta[P_{x'}(-z_q' - 0.800D) - P_{y'}z_q' + P_{z'}(x_q' + y_q' + 0.5D)] + \Delta g(D_{x'} - D_{y'})$$

光轴偏:

$$\Delta S_{F'y'}' = \Delta\theta\left[P_{x'}\left(0.985y_q' + z_q' - 0.985b' + 0.493D - 1.924\frac{D}{n}\right) + P_{y'}(-0.985x_q' - 0.174z_q' - 0.632D) + P_{z'}\left(-x_q' + 0.174y_q' + 0.826b' + 0.087D - 0.340\frac{D}{n}\right)\right] + \Delta g(0.174D_{x'} + D_{y'} - 0.985D_{z'})$$

$$\Delta S'_{F'z'}=\Delta\theta\left[P_{x'}\left(-0.826y'_q-0.174b'+0.087D-0.340\frac{D}{n}\right)+P_{y'}(0.826x'_q+0.985z'_q-b'+0.701D)+P_{z'}\left(-0.985y'_q+0.985b'-0.492D+1.924\frac{D}{n}\right)\right]+\Delta g(-0.985D_{x'}+0.826D_{z'})$$

空间棱镜

KⅡ-120°-90°

调 整 图

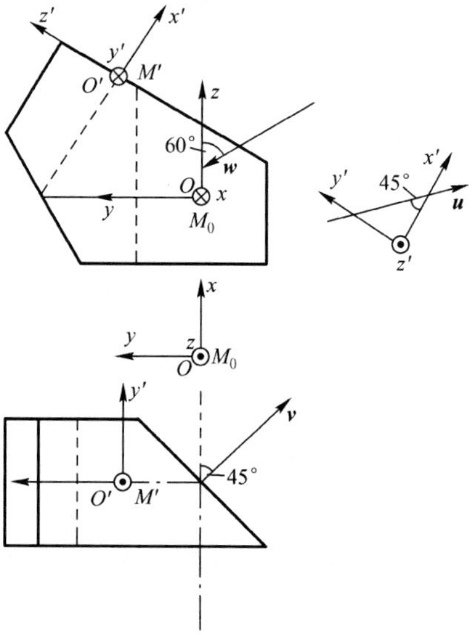

图 A-26

成像特性参量

方向余弦		像坐标基底			$2\varphi=255°31'$
		$\boldsymbol{i}'(x')$	$\boldsymbol{j}'(y')$	$\boldsymbol{k}'(z')$	$\boldsymbol{T}$
物空间坐标基底	$\boldsymbol{i}(x)$	$\boldsymbol{S}_{T,2\varphi}=\begin{pmatrix}0&1&0\\-0.5&0&0.866\\0.866&0&0.5\end{pmatrix}$			0.447
	$\boldsymbol{j}(y)$				0.447
	$\boldsymbol{k}(z)$				0.775
$t=2\quad L=2.823D$			$2d=1.263D-1.262\dfrac{D}{n}$		
$\overrightarrow{M_0M'}=0.5D\boldsymbol{i}'+\left(0.5D-2.823\dfrac{D}{n}\right)\boldsymbol{j}'+1.053D\boldsymbol{k}'$					
$\boldsymbol{r}_0=-1.129\dfrac{D}{n}\boldsymbol{i}'+\left(0.065D+1.129\dfrac{D}{n}\right)\boldsymbol{j}'-0.037D\boldsymbol{k}'$					
$\boldsymbol{r}_i=$					

调整特性参量

		像坐标		
方向余弦		x'	y'	z'
r'像偏转极值轴向	$\boldsymbol{u}$	0. 707	−0. 707	0
	$\boldsymbol{v}$	0. 353	0. 707	−0. 612
	$\boldsymbol{w}$	−0. 866	0	0. 5
r'像偏转极值		$\delta_u = 1.414\Delta\theta$	$\delta_v = 1.414\Delta\theta$	$\delta_w = \Delta\theta$
r'像移动极值移向	$\boldsymbol{a}$	0. 707	−0. 707	0
	$\boldsymbol{b}$	0. 353	0. 707	−0. 612
	$\boldsymbol{c}$	−0. 866	0	0. 5
r'像移动极值		$\delta_a = 1.414\Delta g$	$\delta_b = 1.414\Delta g$	$\delta_c = \Delta g$
三维零值极点不存在	C_{Π_1}	$x_1' =$		
		$y_1' =$		
		$z_1' =$		
		Π_1 平面：		
	C_{Π_2}	$x_2' =$		
		$y_2' =$		
		$z_2' =$		
		Π_2 平面：		

平行光路(像偏转 $\Delta\boldsymbol{\mu}'$)

像倾斜：

$$\Delta\mu'_{x'} = \Delta\theta(P_{x'} - P_{y'})$$

光轴偏：

$$\Delta\mu'_{y'} = \Delta\theta(0.5P_{x'} + P_{y'} - 0.866P_{z'})$$

$$\Delta\mu'_{z'} = \Delta\theta(-0.866P_{x'} + 0.5P_{z'})$$

会聚光路(像点位移 $\Delta S'_{F'}$)

视差：

$$\Delta S'_{F'x'} = \Delta\theta[P_{x'}(-z'_q - 1.053D) - P_{y'}z'_q + P_{z'}(x'_q + y'_q + 0.5D)] + \Delta g(D_{x'} - D_{y'})$$

光轴偏：

$$\Delta S'_{F'y'} = \Delta\theta\left[P_{x'}\left(0.866y'_q + z'_q - 0.866b' + 0.433D - 2.445\frac{D}{n}\right) + P_{y'}(-0.866x'_q - 0.5z'_q - 0.959D) + P_{z'}\left(-x'_q + 0.5y'_q + 0.5b' + 0.25D - 1.411\frac{D}{n}\right)\right] + \Delta g(0.5D_{x'} + D_{y'} - 0.866D_{z'})$$

$$\Delta S'_{F'z'}=\Delta\theta\left[P_{x'}\left(-0.5y'_q-0.5b'+0.25D-1.411\frac{D}{n}\right)+P_{y'}(0.5x'_q+0.866z'_q-b'+0.662D)+\right.$$

$$\left.P_{z'}\left(-0.866y'_q+0.866b'-0.433D+2.445\frac{D}{n}\right)\right]+\Delta g(-0.866D_{x'}+0.5D_{z'})$$

空间棱镜

DⅡ$_J$-180°

调　整　图

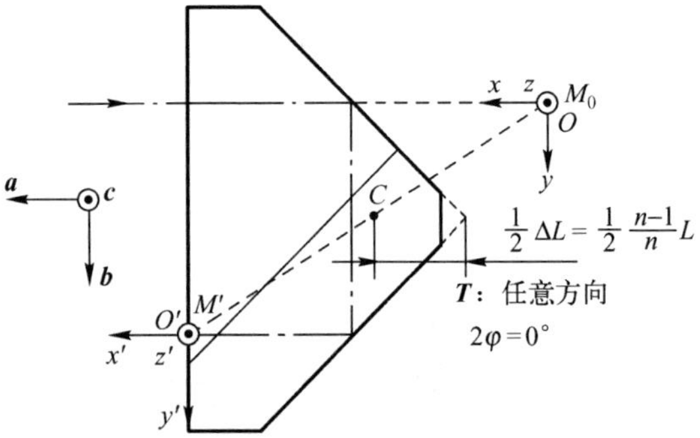

图 A-27

成像特性参量

<table>
<tr><td colspan="2">方向余弦</td><td colspan="3">像坐标基底</td><td rowspan="2">$2\varphi=0°$
T 任意方向</td></tr>
<tr><td colspan="2"></td><td>$i'(x')$</td><td>$j'(y')$</td><td>$k'(z')$</td></tr>
<tr><td rowspan="3">物空间
坐标基底</td><td>$i(x)$</td><td colspan="3" rowspan="3">$S_{T,2\varphi}=\begin{pmatrix}1&0&0\\0&1&0\\0&0&1\end{pmatrix}$</td><td></td></tr>
<tr><td>$j(y)$</td><td></td></tr>
<tr><td>$k(z)$</td><td></td></tr>
<tr><td colspan="4">$t=3\quad L=2.957D$</td><td colspan="2">$2d=0$</td></tr>
<tr><td colspan="6">$\overrightarrow{M_0M'}=2.957\frac{D}{n}i'+1.225Dj'$</td></tr>
<tr><td colspan="6">r_0 = 任意值</td></tr>
<tr><td colspan="6">$r_i=-1.479\frac{D}{n}i'-0.613Dj'$</td></tr>
</table>

调整特性参量

		像坐标		
	方向余弦	x'	y'	z'
r'像偏转极值轴向	$\boldsymbol{u}$	/	/	/
	$\boldsymbol{v}$	/	/	/
	$\boldsymbol{w}$	/	/	/
r'像偏转极值		$\delta_u=0$	$\delta_v=0$	$\delta_w=0$
r'像移动极值轴向	$\boldsymbol{a}$	1	0	0
	$\boldsymbol{b}$	0	1	0
	$\boldsymbol{c}$	0	0	1
r'像移动极值		$\delta_a=2\Delta g$	$\delta_b=2\Delta g$	$\delta_c=2\Delta g$
空间三维零值极点	C	$x'=-1.479\dfrac{D}{n}$		
		$y'=-0.613D$		
		$z'=0$		
	注:两个平面三维零值极点 C_{Π_1} 和 C_{Π_2} 相重合于 C 而成为空间三维零值极点			

平行光路(像偏转 $\Delta\boldsymbol{\mu}'$)

像倾斜:

$$\Delta\mu'_{x'}=0$$

光轴偏:

$$\Delta\mu'_{y'}=0$$

$$\Delta\mu'_{z'}=0$$

会聚光路(像点位移 $\Delta\boldsymbol{S}'_{F'}$)

视差:

$$\Delta S'_{F'x'}=\Delta\theta[-2P_{y'}z'_q+P_{z'}(2y'_q+1.225D)]+2\Delta gD_{x'}$$

光轴偏:

$$\Delta S'_{F'y'}=\Delta\theta\left[2P_{x'}z'_q+P_{z'}\left(-2x'_q-2.957\frac{D}{n}\right)\right]+2\Delta gD_{y'}$$

$$\Delta S'_{F'z'}=\Delta\theta\left[P_{x'}(-2y'_q-1.225D)+P_{y'}\left(2x'_q+2.957\frac{D}{n}\right)\right]+2\Delta gD_{z'}$$

屋脊棱镜

BⅡ$_J$–45°

调 整 图

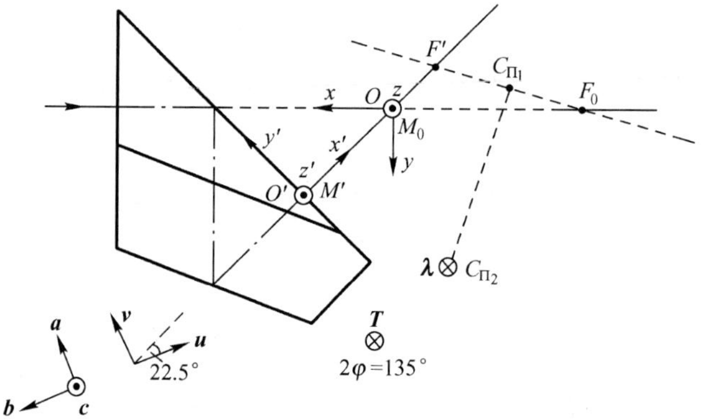

图 A-28

成像特性参量

<table>
<tr><td colspan="2" rowspan="2">方向余弦</td><td colspan="3">像坐标基底</td><td rowspan="2">$2\varphi=135°$
$\boldsymbol{T}$</td></tr>
<tr><td>$\boldsymbol{i}'(x')$</td><td>$\boldsymbol{j}'(y')$</td><td>$\boldsymbol{k}'(z')$</td></tr>
<tr><td rowspan="3">物空间
坐标基底</td><td>$\boldsymbol{i}(x)$</td><td colspan="3" rowspan="3">$\boldsymbol{S}_{T,2\varphi}=\begin{pmatrix}-0.707 & 0.707 & 0\\ -0.707 & -0.707 & 0\\ 0 & 0 & 1\end{pmatrix}$</td><td>0</td></tr>
<tr><td>$\boldsymbol{j}(y)$</td><td>0</td></tr>
<tr><td>$\boldsymbol{k}(z)$</td><td>−1</td></tr>
<tr><td colspan="4">$t=3\quad L=2.111D$</td><td colspan="2">$2d=0$</td></tr>
<tr><td colspan="6">$\overrightarrow{M_0M'}=\left(0.354D-1.493\dfrac{D}{n}\right)\boldsymbol{i}'+\left(-1.021D+1.493\dfrac{D}{n}\right)\boldsymbol{j}'$</td></tr>
<tr><td colspan="6">$\boldsymbol{r}_0=\left(1.056D-1.056\dfrac{D}{n}\right)\boldsymbol{i}'+\left(0.938D-2.549\dfrac{D}{n}\right)\boldsymbol{j}'$</td></tr>
<tr><td colspan="6">$\boldsymbol{r}_i=\left(1.056D-1.056\dfrac{D}{n}\right)\boldsymbol{i}'+\left(0.938D-2.549\dfrac{D}{n}\right)\boldsymbol{j}'$</td></tr>
</table>

调整特性参量

	方向余弦	像坐标 x'	像坐标 y'	像坐标 z'
r'像偏转极值轴向	$\boldsymbol{u}$	0.924	−0.383	0
	$\boldsymbol{v}$	0.383	0.924	0
	$\boldsymbol{w}$	/	/	/
r'像偏转极值		$\delta_u = 1.848\Delta\theta$	$\delta_v = 1.848\Delta\theta$	$\delta_w = 0$
r'像偏转极值轴向	$\boldsymbol{a}$	0.383	0.924	0
	$\boldsymbol{b}$	−0.924	0.383	0
	$\boldsymbol{c}$	0	0	1
r'像移动极值		$\delta_a = 0.765\Delta g$	$\delta_b = 0.765\Delta g$	$\delta_c = 2\Delta g$
平面三维零值极点	C_{Π_1}	$x_1' = \dfrac{1}{2}\left(1.707b' - 0.354D + 1.493\dfrac{D}{n}\right)$		
		$y_1' = \dfrac{1}{2}\left(-0.707b' + 1.021D - 1.493\dfrac{D}{n}\right)$		
		$z_1' = 0$		
		Π_1 平面：共轭光轴截面 $x'O'y'$		
	C_{Π_2}	$x_2' = 1.056D - 1.056\dfrac{D}{n}$		
		$y_2' = 0.937D - 2.548\dfrac{D}{n}$		
		$z_2' = 0$		
		Π_2 平面：过 $\boldsymbol{\lambda}$ 和 C_{Π_1}		

会聚光路平行光路（像偏转 $\Delta\boldsymbol{\mu}'$）

像倾斜：

$$\Delta\mu_{x'}' = \Delta\theta(1.707P_{x'} - 0.707P_{y'})$$

光轴偏：

$$\Delta\mu_{y'}' = \Delta\theta(0.707P_{x'} + 1.707P_{y'})$$

$$\Delta\mu_{z'}' = 0$$

会聚光路（像点位移 $\Delta S_{F'}'$）

视差：

$$\Delta S_{F'x'}' = \Delta\theta[0.707P_{x'}z_q' - 0.293P_{y'}z_q' + P_{z'}(-0.707x_q' + 0.293y_q' + 0.472D)] + \Delta g(0.293D_{x'} + 0.707D_{y'})$$

光轴偏：

$$\Delta S'_{F'y'}=\Delta\theta[0.293P_{x'}z'_q+0.707P_{y'}z'_q+P_{z'}(-0.293x'_q-0.707y'_q+0.972D-2.111\frac{D}{n})]+\Delta g(-0.707D_{x'}+0.293D_{y'})$$

$$\Delta S'_{F'z'}=\Delta\theta\left[P_{x'}\left(-2y'_q-0.707b'+1.021D-1.493\frac{D}{n}\right)+P_{y'}\left(2x'_q-1.707b'+0.354D-1.493\frac{D}{n}\right)\right]+2\Delta g D_{z'}$$

空间棱镜

BⅡ$_J$-60°

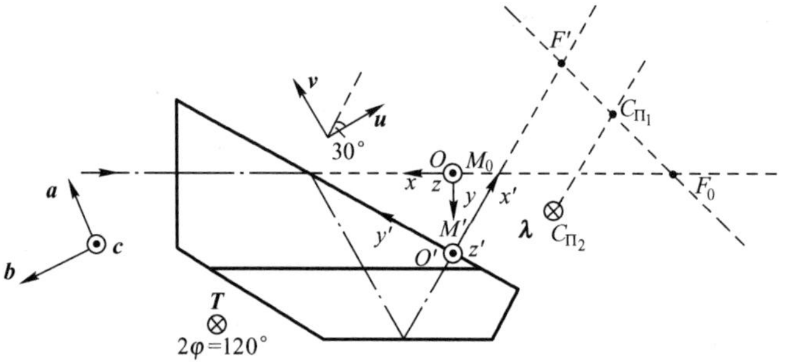

图 A-29

调 整 图

成像特性参量

<table>
<tr><td colspan="2" rowspan="2">方向余弦</td><td colspan="3">像坐标基底</td><td rowspan="2">$2\varphi=120^\circ$
$\boldsymbol{T}$</td></tr>
<tr><td>$\boldsymbol{i}'(x')$</td><td>$\boldsymbol{j}'(y')$</td><td>$\boldsymbol{k}'(z')$</td></tr>
<tr><td rowspan="3">物空间
坐标基底</td><td>$\boldsymbol{i}(x)$</td><td colspan="3" rowspan="3">$$S_{T,2\varphi}=\begin{pmatrix}-0.5 & 0.866 & 0\\ -0.866 & -0.5 & 0\\ 0 & 0 & 1\end{pmatrix}$$</td><td>0</td></tr>
<tr><td>$\boldsymbol{j}(y)$</td><td>0</td></tr>
<tr><td>$\boldsymbol{k}(z)$</td><td>-1</td></tr>
<tr><td colspan="3">$t=3\quad L=2.801D$</td><td colspan="3">$2d=0$</td></tr>
<tr><td colspan="6">$$\overrightarrow{M_0M'}=\left(0.433D-1.401\frac{D}{n}\right)\boldsymbol{i}'+\left(-1.922D+2.426\frac{D}{n}\right)\boldsymbol{j}'$$</td></tr>
<tr><td colspan="6">$$\boldsymbol{r}_0=\left(1.448D-1.4\frac{D}{n}\right)\boldsymbol{i}'+\left(1.336D-2.426\frac{D}{n}\right)\boldsymbol{j}'$$</td></tr>
<tr><td colspan="6">$$\boldsymbol{r}_i=\left(1.448D-1.4\frac{D}{n}\right)\boldsymbol{i}'+\left(1.336D-2.426\frac{D}{n}\right)\boldsymbol{j}'$$</td></tr>
</table>

调整特性参量

<table>
<tr><td colspan="2" rowspan="2">方向余弦</td><td colspan="3">像坐标</td></tr>
<tr><td>x'</td><td>y'</td><td>z'</td></tr>
<tr><td rowspan="3">r'像偏转极值轴向</td><td>$\boldsymbol{u}$</td><td>0.866</td><td>−0.5</td><td>0</td></tr>
<tr><td>$\boldsymbol{v}$</td><td>0.5</td><td>0.866</td><td>0</td></tr>
<tr><td>$\boldsymbol{w}$</td><td>/</td><td>/</td><td>/</td></tr>
<tr><td colspan="2">r'像偏转极值</td><td>$\delta_u = 1.732\Delta\theta$</td><td>$\delta_v = 1.732\Delta\theta$</td><td>$\delta_w = 0$</td></tr>
<tr><td rowspan="3">r'像偏转极值轴向</td><td>$\boldsymbol{a}$</td><td>0.5</td><td>0.866</td><td>0</td></tr>
<tr><td>$\boldsymbol{b}$</td><td>−0.866</td><td>0.5</td><td>0</td></tr>
<tr><td>$\boldsymbol{c}$</td><td>0</td><td>0</td><td>1</td></tr>
<tr><td colspan="2">r'像移动极值</td><td>$\delta_a = \Delta g$</td><td>$\delta_b = \Delta g$</td><td>$\delta_c = 2\Delta g$</td></tr>
<tr><td rowspan="8">平面三维零值极点</td><td rowspan="4">C_{Π_1}</td><td colspan="3">$x_1' = \frac{1}{2}\left(1.5b' - 0.433D + 1.401\frac{D}{n}\right)$</td></tr>
<tr><td colspan="3">$y_1' = \frac{1}{2}\left(-0.866b' + 1.922D - 2.426\frac{D}{n}\right)$</td></tr>
<tr><td colspan="3">$z_1' =$</td></tr>
<tr><td colspan="3">Π_1 平面：
共轭光轴截面 $x'O'y'$</td></tr>
<tr><td rowspan="4">C_{Π_2}</td><td colspan="3">$x_2' = 1.448D - 1.401\frac{D}{n}$</td></tr>
<tr><td colspan="3">$y_2' = 1.336D - 2.426\frac{D}{n}$</td></tr>
<tr><td colspan="3">$z_2' = 0$</td></tr>
<tr><td colspan="3">Π_2 平面：
过 $\boldsymbol{\lambda}$ 和 C_{Π_1}</td></tr>
</table>

会聚光路平行光路（像偏转 $\Delta\boldsymbol{\mu}'$）

像倾斜：

$$\Delta\mu_{x'}' = \Delta\theta(1.5P_{x'} - 0.866P_{y'})$$

光轴偏：

$$\Delta\mu_{y'}' = \Delta\theta(0.866P_{x'} + 1.5P_{y'})$$

$$\Delta\mu_{z'}' = 0$$

会聚光路（像点位移 $\Delta S_{F'}'$）

视差：

$$\Delta S_{F'x'}' = \Delta\theta[0.866P_{x'}z_q' - 0.5P_{y'}z_q' + P_{z'}(-0.866x_q' + 0.5y_q' + 0.586D)] + \Delta g(0.5D_{x'} + 0.866D_{y'})$$

光轴偏：

$$\Delta S_{F'y'}' = \Delta\theta\left[0.5P_{x'}z_q' + 0.866P_{y'}z_q' + P_{z'}\left(-0.5x_q' - 0.866y_q' + 1.881D - 2.801\frac{D}{n}\right)\right] + \Delta g(-0.866D_{x'} + 0.5D_{y'})$$

$$\Delta S_{F'z'}' = \Delta\theta\left[P_{x'}\left(-2y_q' - 0.866b' + 1.922D - 2.426\frac{D}{n}\right) + P_{y'}\left(2x_q' - 1.5b' + 0.433D - 1.401\frac{D}{n}\right)\right] + 2\Delta g D_{z'}$$

屋脊五棱镜

WⅡ$_J$-90°

调 整 图

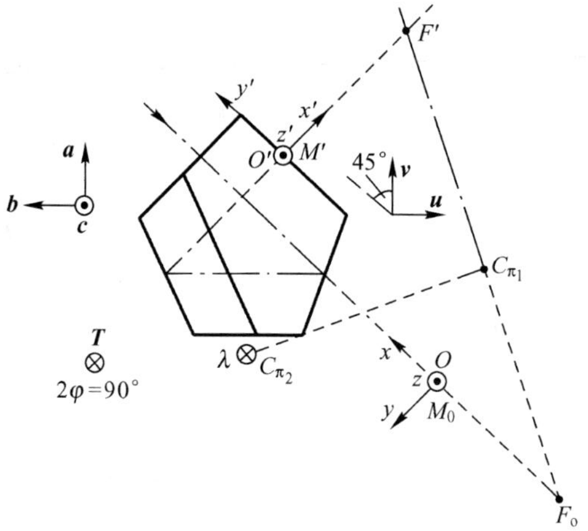

图 A-30

成像特性参量

<table>
<tr><td colspan="2" rowspan="2">方向余弦</td><td colspan="3">像坐标基底</td><td rowspan="2">2φ = 90°
T</td></tr>
<tr><td>i' (x')</td><td>j' (y')</td><td>k' (z')</td></tr>
<tr><td rowspan="3">物空间
坐标基底</td><td>i (x)</td><td colspan="3" rowspan="3">$S_{T,2\varphi}=\begin{pmatrix}0 & 1 & 0\\ -1 & 0 & 0\\ 0 & 0 & 1\end{pmatrix}$</td><td>0</td></tr>
<tr><td>j (y)</td><td>0</td></tr>
<tr><td>k (z)</td><td>-1</td></tr>
<tr><td colspan="3">$t=3$ $L=4.223D$</td><td colspan="3">$2d=0$</td></tr>
<tr><td colspan="6">$\overrightarrow{M_0M'}=0.5D\boldsymbol{i}'+\left(-0.5D+4.223\dfrac{D}{n}\right)\boldsymbol{j}'$</td></tr>
<tr><td colspan="6">$\boldsymbol{r}_0=-2.112\dfrac{D}{n}\boldsymbol{i}'+\left(0.5D-2.112\dfrac{D}{n}\right)\boldsymbol{j}'$</td></tr>
<tr><td colspan="6">$\boldsymbol{r}_i=-2.112\dfrac{D}{n}\boldsymbol{i}'+\left(0.5D-2.112\dfrac{D}{n}\right)\boldsymbol{j}'$</td></tr>
</table>

调整特性参量

<table>
<tr><td colspan="2" rowspan="2">方向余弦</td><td colspan="3">像 坐 标</td></tr>
<tr><td>x'</td><td>y'</td><td>z'</td></tr>
<tr><td rowspan="3">r'像偏转极值轴向</td><td>$\boldsymbol{u}$</td><td>0.707</td><td>-0.707</td><td>0</td></tr>
<tr><td>$\boldsymbol{v}$</td><td>0.707</td><td>0.707</td><td>0</td></tr>
<tr><td>$\boldsymbol{w}$</td><td>/</td><td>/</td><td>/</td></tr>
<tr><td colspan="2">r'像偏转极值</td><td>$\delta_u = 1.414\Delta\theta$</td><td>$\delta_v = 1.414\Delta\theta$</td><td>$\delta_\omega = 0$</td></tr>
<tr><td rowspan="3">r'像移动极值移向</td><td>$\boldsymbol{a}$</td><td>0.707</td><td>0.707</td><td>0</td></tr>
<tr><td>$\boldsymbol{b}$</td><td>-0.707</td><td>0.707</td><td>0</td></tr>
<tr><td>$\boldsymbol{c}$</td><td>0</td><td>0</td><td>1</td></tr>
<tr><td colspan="2">r'像移动极值</td><td>$\delta_a = 1.414\Delta g$</td><td>$\delta_b = 1.414\Delta g$</td><td>$\delta_c = 2\Delta g$</td></tr>
<tr><td rowspan="8">平面三维零值极点</td><td rowspan="4">C_{Π_1}</td><td colspan="3">$x_1' = \frac{1}{2}(b' - 0.5D)$</td></tr>
<tr><td colspan="3">$y_1' = \frac{1}{2}\left(-b' + 0.5D - 4.223\frac{D}{n}\right)$</td></tr>
<tr><td colspan="3">$z_1' = 0$</td></tr>
<tr><td colspan="3">Π_1平面：
共轭光轴截面 $x'O'y'$</td></tr>
<tr><td rowspan="4">C_{Π_2}</td><td colspan="3">$x_2' = -2.112\frac{D}{n}$</td></tr>
<tr><td colspan="3">$y_2' = 0.5D - 2.112\frac{D}{n}$</td></tr>
<tr><td colspan="3">$z_2' = 0$</td></tr>
<tr><td colspan="3">Π_2平面：
过 $\boldsymbol{\lambda}$ 和 C_{Π_1}</td></tr>
</table>

平行光路（像偏转 $\Delta\boldsymbol{\mu}'$）

像倾斜：

$$\Delta\mu_{x'}' = \Delta\theta(P_{x'} - p_{y'})$$

光轴偏：

$$\Delta\mu_{y'}' = \Delta\theta(P_{x'} + P_{y'})$$

$$\Delta\mu_{z'}' = 0$$

会聚光路（像点位移$\Delta S_{F'}'$）

视差：

$$\Delta S_{F'x'}' = \Delta\theta[P_{x'}z_q' - P_{y'}z_q' + P_{z'}(-x_q' + y_q' - 0.5D)] + \Delta g(D_{x'} + D_{y'})$$

光轴偏：

$$\Delta S'_{F'y'}=\Delta\theta\left[P_{x'}z'_q+P_{y'}z'_q+P_{z'}\left(-x'_q-y'_q+0.5D-4.223\frac{D}{n}\right)\right]+\Delta g(-D_{x'}+D_{y'})$$

$$\Delta S'_{F'z'}=\Delta\theta\left[P_{x'}\left(-2y'_q-b'+0.5D-4.223\frac{D}{n}\right)+P_{y'}(2x'_q-b'+0.5D)\right]+2\Delta gD_{z'}$$

屋脊棱镜

KⅡ$_J$−100°−90°

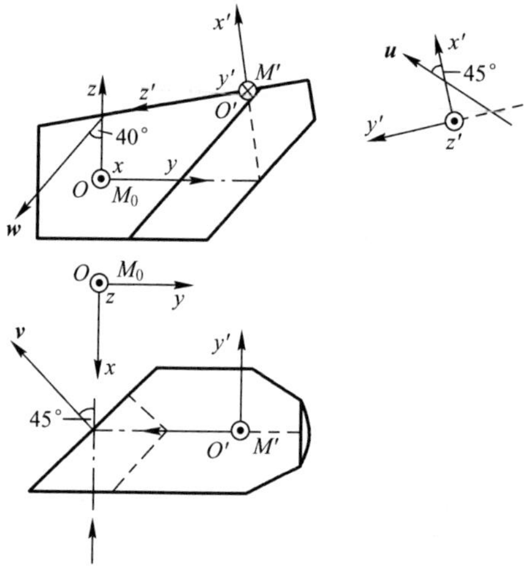

图 A–31

调 整 图

成像特性参量

方向余弦		像坐标基底 $i'(x')$	$j'(y')$	$k'(z')$	$2\varphi=234°4'$ T
物空间坐标基底	i (x)	$S_{T,2\varphi}=\begin{pmatrix}0 & -1 & 0\\ -0.174 & 0 & -0.985\\ 0.985 & 0 & -0.174\end{pmatrix}$			−0.608
	j (y)				0.608
	k (z)				−0.510
$t=3$ $L=2.532D$			$2d=0$		
$\overrightarrow{M_0M'}=0.5D\boldsymbol{i}'+\left(0.5D-2.532\frac{D}{n}\right)\boldsymbol{j}'-1.286D\boldsymbol{k}'$					
$\boldsymbol{r}_0=\left(-0.966D-0.797\frac{D}{n}\right)\boldsymbol{i}'+\left(-1.067D+0.798\frac{D}{n}\right)\boldsymbol{j}'+\left(-0.12D+1.901\frac{D}{n}\right)\boldsymbol{k}'$					
$\boldsymbol{r}_i=\left(-0.766D-1.265\frac{D}{n}\right)\boldsymbol{i}'+\left(-1.266D+1.266\frac{D}{n}\right)\boldsymbol{j}'+\left(0.047D+1.508\frac{D}{n}\right)\boldsymbol{k}'$					

调整特性参量

方向余弦		像坐标 x'	像坐标 y'	像坐标 z'
r'像偏转极值轴向	$\boldsymbol{u}$	0.707	0.707	0
	$\boldsymbol{v}$	0.123	0.707	0.697
	$\boldsymbol{w}$	-0.643	0	0.766
r'像偏转极值		$\delta_u = 1.414\Delta\theta$	$\delta_v = 1.414\Delta\theta$	$\delta_w = 1.532\Delta\theta$
r'像移动极值移向	$\boldsymbol{a}$	0.707	-0.707	0
	$\boldsymbol{b}$	-0.123	0.707	-0.697
	$\boldsymbol{c}$	0.766	0	0.643
r'像移动极值		$\delta_a = 1.414\Delta g$	$\delta_b = 1.414\Delta g$	$\delta_c = 1.285\Delta g$
三维零值极点不存在	C_{Π_1}	$x'_1 =$		
		$y'_1 =$		
		$z'_1 =$		
		Π_1平面:		
	C_{Π_2}	$x'_2 =$		
		$y'_2 =$		
		$z'_2 =$		
		Π_2平面:		

平行光路（像偏转 $\Delta\boldsymbol{\mu}'$）

像倾斜：

$$\Delta\mu'_{x'} = \Delta\theta(P_{x'} + P_{y'})$$

光轴偏：

$$\Delta\mu'_{y'} = \Delta\theta(0.174P_{x'} + P_{y'} + 0.985P_{z'})$$

$$\Delta\mu'_{y'} = \Delta\theta(-0.985P_{x'} + 1.174P_{z'})$$

会聚光路（像点位移 $\Delta S'_{F'}$）

视差：

$$\Delta S'_{F'x'} = \Delta\theta[P_{x'}(-z'_q + 1.287D) - P_{y'}z'_q + P_{z'}(x'_q + y'_q + 0.500D)] + \Delta g(D_{x'} - D_{y'})$$

光轴偏：

$$\Delta S'_{F'y} = \Delta\theta\left[P_{x'}\left(0.986y'_q + z'_q - 0.985b' + 0.493D - 2.496\frac{D}{n}\right)\right] + P_{y'}(-0.986x'_q + 0.174z'_q -$$

$$0.716D) + P_{z'}\left(-x'_q - 0.174y'_q + 1.174b' - 0.087D + 0.440\frac{D}{n}\right)\Big] +$$

$\Delta g(-0.174D_{x'}+D_{y'}-0.985D_{z'})$

$$\Delta S'_{F'z'}=\Delta\theta\left[P_{x'}\left(-0.826y'_q-0.174b'+0.087D-0.440\frac{D}{n}\right)+P_{y'}(0.826x'_q-0.986z'_q-b'+1.180D)+P_{z'}\left(0.986y'_q-0.985b'+0.493D-2.496\frac{D}{n}\right)\right]+\Delta g(0.985D_{x'}+0.826D_{z'})$$

列曼棱镜

LⅢ-0°

调 整 图

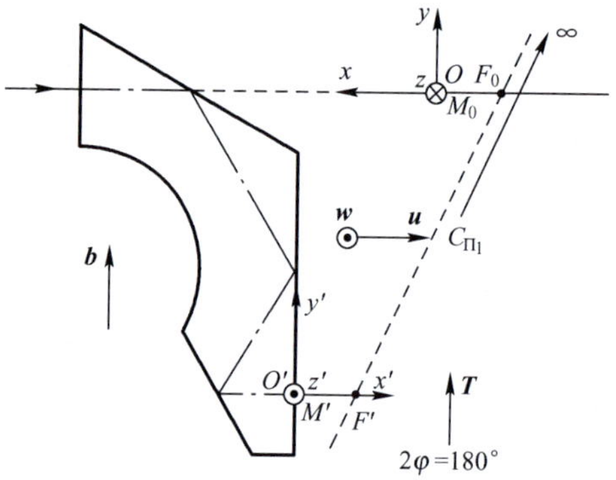

图 A-32

成像特性参量

<table>
<tr><td colspan="2">方向余弦</td><td colspan="3">像坐标基底</td><td rowspan="2">$2\varphi=180°$
$\boldsymbol{T}$</td></tr>
<tr><td colspan="2"></td><td>$\boldsymbol{i}'(x')$</td><td>$\boldsymbol{j}'(y')$</td><td>$\boldsymbol{k}'(z')$</td></tr>
<tr><td rowspan="3">物空间
坐标基底</td><td>$\boldsymbol{i}\ (x)$</td><td colspan="3" rowspan="3">$\boldsymbol{S}_{T,2\varphi}=\begin{pmatrix}-1&0&0\\0&1&0\\0&0&-1\end{pmatrix}$</td><td>0</td></tr>
<tr><td>$\boldsymbol{j}\ (y)$</td><td>1</td></tr>
<tr><td>$\boldsymbol{k}\ (z)$</td><td>0</td></tr>
<tr><td colspan="3">$t=3\qquad L=4.330D$</td><td colspan="3">$2d=$</td></tr>
<tr><td colspan="6">$\overrightarrow{M_0M'}=\left(1.732D-4.330\frac{D}{n}\right)\boldsymbol{i}'-2.5D\boldsymbol{j}'$</td></tr>
<tr><td colspan="6">$\boldsymbol{r}_0=\infty$</td></tr>
<tr><td colspan="6">$\boldsymbol{r}_i=\infty$</td></tr>
</table>

调整特性参量

<table>
<tr><td colspan="2" rowspan="2">方向余弦</td><td colspan="3">像 坐 标</td></tr>
<tr><td>x'</td><td>y'</td><td>z'</td></tr>
<tr><td rowspan="3">r'像偏转极值轴向</td><td>$\boldsymbol{u}$</td><td>1</td><td>0</td><td>0</td></tr>
<tr><td>$\boldsymbol{v}$</td><td>/</td><td>/</td><td>/</td></tr>
<tr><td>$\boldsymbol{w}$</td><td>0</td><td>0</td><td>1</td></tr>
<tr><td colspan="2">r'像偏转极值</td><td>$\delta_u = 2\Delta\theta$</td><td>$\delta_v = 0$</td><td>$\delta_w = 2\Delta\theta$</td></tr>
<tr><td rowspan="3">r'像移动极值移向</td><td>$\boldsymbol{a}$</td><td>/</td><td>/</td><td>/</td></tr>
<tr><td>$\boldsymbol{b}$</td><td>0</td><td>1</td><td>0</td></tr>
<tr><td>$\boldsymbol{c}$</td><td>/</td><td>/</td><td>/</td></tr>
<tr><td colspan="2">r'像移动极值</td><td>$\delta_a = 0$</td><td>$\delta_b = 2\Delta g$</td><td>$\delta_c = 0$</td></tr>
<tr><td rowspan="9">平面三维零值极点</td><td rowspan="4">C_{Π_1}沿$\overrightarrow{F_0F'}$方向趋于∞</td><td colspan="3">$x_1' = \infty$</td></tr>
<tr><td colspan="3">$y_1' = \infty$</td></tr>
<tr><td colspan="3">$z_1' = 0$</td></tr>
<tr><td colspan="3">Π_1平面:
共轭光轴截面 $x'O'y'$</td></tr>
<tr><td rowspan="5">C_{Π_2}
不存在</td><td colspan="3">$x_2' =$</td></tr>
<tr><td colspan="3">$y_2' =$</td></tr>
<tr><td colspan="3">$z_2' =$</td></tr>
<tr><td colspan="3">Π_2平面:</td></tr>
<tr><td colspan="3"></td></tr>
</table>

平行光路（像偏转 $\Delta\boldsymbol{\mu}$）

像倾斜:

$$\Delta\mu'_{x'} = 2\Delta\theta P_{x'}$$

光轴偏:

$$\Delta\mu'_{y'} = 0$$

$$\Delta\mu'_{z'} = 2\Delta\theta P_{z'}$$

会聚光路（像点位移$\boldsymbol{\Delta S'_{F'}}$）

视差:

$$\Delta S'_{F'x'} = 2.5D\Delta\theta P_{z'}$$

光轴偏：

$$\Delta S'_{F'y'}=\Delta\theta\left[2P_{x'}z'_{q'}+P_{z'}\left(-2x'_q+2b'-1.732D+4.330\frac{D}{n}\right)\right]+2\Delta gD_{y'}$$

$$\Delta S'_{F'z'}=\Delta\theta\left[-2.5DP_{x'}+P_{y'}\left(-1.732D+4.330\frac{D}{n}\right)\right]$$

等腰棱镜

DⅢ -45°

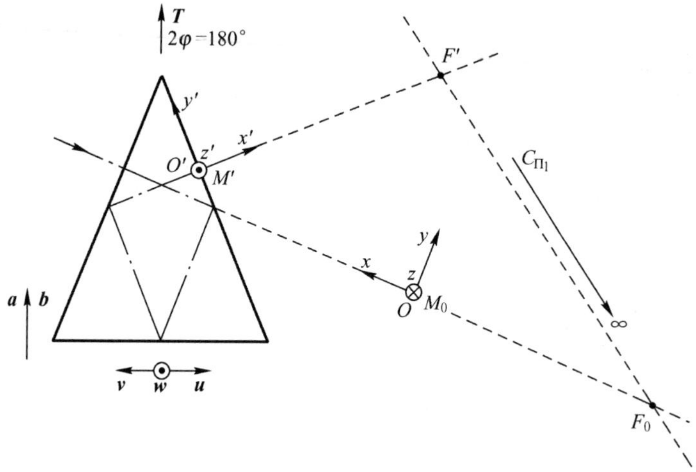

图 A-33

调 整 图

成像特性参量

方向余弦		像坐标基底			2φ = 180° **T**
		$\boldsymbol{i}'(x')$	$\boldsymbol{j}'(y')$	$\boldsymbol{k}'(z')$	
物空间坐标基底	$\boldsymbol{i}$ (x)	$S_{T,2\varphi}=\begin{pmatrix}-0.707 & 0.707 & 0\\ 0.707 & 0.707 & 0\\ 0 & 0 & -1\end{pmatrix}$			0.383
	$\boldsymbol{j}$ (y)				0.924
	$\boldsymbol{k}$ (z)				0
$t=3$ $L=2.414D$			$2d=$		
$\overrightarrow{M_0M'}=\left(0.354D-1.707\frac{D}{n}\right)\boldsymbol{i}'+\left(-0.146D+1.707\frac{D}{n}\right)\boldsymbol{j}'$					
$\boldsymbol{r}_0=\infty$					
$\boldsymbol{r}_i=\infty$					

调整特性参量

		像坐标		
	方向余弦	x'	y'	z'
r'像偏转极值轴向	$\boldsymbol{u}$	0.924	−0.383	0
	$\boldsymbol{v}$	−0.924	0.383	0
	$\boldsymbol{w}$	0	0	1
r'像偏转极值		$\delta_u = 1.848\Delta\theta$	$\delta_v = 0.765\Delta\theta$	$\delta_w = 2\Delta\theta$
r'像移动极值移向	$\boldsymbol{a}$	0.383	0.924	0
	$\boldsymbol{b}$	0.383	0.924	0
	$\boldsymbol{c}$	/	/	/
r'像移动极值		$\delta_a = 0.765\Delta g$	$\delta_b = 1.848\Delta g$	$\delta_c = 0$
平面三维零值极点	C_{Π_1}沿$\overrightarrow{F_0F'}$方向趋于∞	$x'_1 = \infty$		
		$y'_1 = \infty$		
		$z'_1 = 0$		
		Π_1平面： 共轭光轴截面 $x'O'y'$		
	C_{Π_2}不存在	$x'_2 =$		
		$y'_2 =$		
		$z'_2 =$		
		Π_2平面：		

平行光路（像偏转 $\Delta\boldsymbol{\mu}'$）

像倾斜：

$$\Delta\mu'_{x'} = \Delta\theta(1.707P_{x'} - 0.707P_{y'})$$

光轴偏：

$$\Delta\mu'_{y'} = \Delta\theta(-0.707P_{x'} + 0.293P_{y'})$$

$$\Delta\mu'_{z'} = 2\Delta\theta P_{z'}$$

会聚光路（像点位移 $\Delta\boldsymbol{S}'_{F'}$）

视差：

$$\Delta S'_{F'x'} = \Delta\theta[0.707P_{x'}z'_q - 0.293P_{y'}z'_q + P_{z'}(-0.707x'_q + 0.293y'_q - 0.146D)] + \Delta g(0.293D_{x'} + 0.707D_{y'})$$

光轴偏：

$$\Delta S'_{F'y'} = \Delta\theta[1.707P_{x'}z'_q - 0.707P_{y'}z'_q + P_{z'}(-1.707x'_q + 0.707y'_q + 2b' - 0.354D + 2.414\frac{D}{n})] + \Delta g(0.707D_{x'} + 1.707D_{y'})$$

$$\Delta S'_{F'z'} = \Delta\theta\left[P_{x'}\left(0.707b' - 0.146D + 1.707\frac{D}{n}\right) + P_{y'}\left(-0.293b' - 0.354D + 1.707\frac{D}{n}\right)\right]$$

等 腰 棱 镜

DⅢ-180°

调 整 图

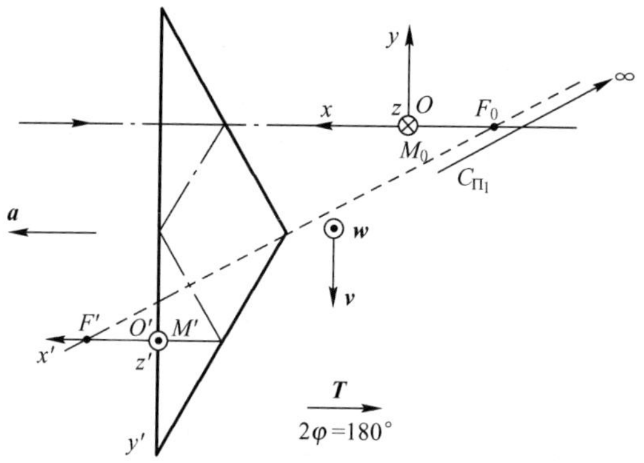

图 A-34

成像特性参量

<table>
<tr><td colspan="2">方向余弦</td><td colspan="3">像坐标基底</td><td rowspan="2">$2\varphi=180°$
$\boldsymbol{T}$</td></tr>
<tr><td colspan="2"></td><td>$\boldsymbol{i}'(x')$</td><td>$\boldsymbol{j}'(y')$</td><td>$\boldsymbol{k}'(z')$</td></tr>
<tr><td rowspan="3">物空间
坐标基底</td><td>$\boldsymbol{i}(x)$</td><td colspan="3" rowspan="3">$\boldsymbol{S}_{T,2\varphi}=\begin{pmatrix}1&0&0\\0&-1&0\\0&0&-1\end{pmatrix}$</td><td>-1</td></tr>
<tr><td>$\boldsymbol{j}(y)$</td><td>0</td></tr>
<tr><td>$\boldsymbol{k}(z)$</td><td>0</td></tr>
<tr><td colspan="3">$t=3$　　$L=1.732D$</td><td colspan="3">$2d=$</td></tr>
<tr><td colspan="6">$\overrightarrow{M_0M'}=1.732\frac{D}{n}\boldsymbol{i}'+D\boldsymbol{j}'$</td></tr>
<tr><td colspan="6">$\boldsymbol{r}_0=\infty$</td></tr>
<tr><td colspan="6">$\boldsymbol{r}_i=\infty$</td></tr>
</table>

调整特性参量

<table>
<tr><td colspan="2" rowspan="2">方向余弦</td><td colspan="3">像　坐　标</td></tr>
<tr><td>x'</td><td>y'</td><td>z'</td></tr>
<tr><td rowspan="3">r'像偏转极值轴向</td><td>$\boldsymbol{u}$</td><td>/</td><td>/</td><td>/</td></tr>
<tr><td>$\boldsymbol{v}$</td><td>0</td><td>1</td><td>0</td></tr>
<tr><td>$\boldsymbol{w}$</td><td>0</td><td>0</td><td>1</td></tr>
<tr><td colspan="2">r'像偏转极值</td><td>$\delta_u = 0$</td><td>$\delta_v = 2\Delta\theta$</td><td>$\delta_w = 2\Delta\theta$</td></tr>
<tr><td rowspan="3">r'像移动极值移向</td><td>$\boldsymbol{a}$</td><td>1</td><td>0</td><td>0</td></tr>
<tr><td>$\boldsymbol{b}$</td><td>/</td><td>/</td><td>/</td></tr>
<tr><td>$\boldsymbol{c}$</td><td>/</td><td>/</td><td>/</td></tr>
<tr><td colspan="2">r'像移动极值</td><td>$\delta_a = 2\Delta g$</td><td>$\delta_b = 0$</td><td>$\delta_c = 0$</td></tr>
<tr><td rowspan="8">平面三维零值极点</td><td rowspan="4">C_{Π_1}沿$\overrightarrow{F_0F'}$方向趋于∞</td><td colspan="3">$x_1' = \infty$</td></tr>
<tr><td colspan="3">$y_1' = \infty$</td></tr>
<tr><td colspan="3">$z_1' = 0$</td></tr>
<tr><td colspan="3">Π_1平面：
共轭光轴截面$x'O'y'$</td></tr>
<tr><td rowspan="4">C_{Π_2}不存在</td><td colspan="3">$x_2' =$</td></tr>
<tr><td colspan="3">$y_2' =$</td></tr>
<tr><td colspan="3">$z_2' =$</td></tr>
<tr><td colspan="3">Π_2平面：</td></tr>
</table>

平行光路（像偏转 $\Delta\boldsymbol{\mu}'$）

像倾斜：

$$\Delta\mu'_{x'} = 0$$

光轴偏：

$$\Delta\mu'_{y'} = 2\Delta\theta P_{y'}$$

$$\Delta\mu'_{z'} = 2\Delta\theta P_{z'}$$

会聚光路（像点位移 $\Delta S'_F$）

视差：

$$\Delta S'_{F'x'} = \Delta\theta[-2P_{y'}z'_q + P_{z'}(2y'_q + D)] + 2\Delta g D_{x'}$$

光轴偏：

$$\Delta S'_{F'y'} = \Delta\theta P_{z'}\left(2b' + 1.732\,\frac{D}{n}\right)$$

$$\Delta S'_{F'z'} = \Delta\theta\left[D P_{x'} + P_{y'}\left(-2b' - 1.732\,\frac{D}{n}\right)\right]$$

列曼屋脊棱镜

LⅢ$_J$ −0°

($A = 2.667D$)

调 整 图

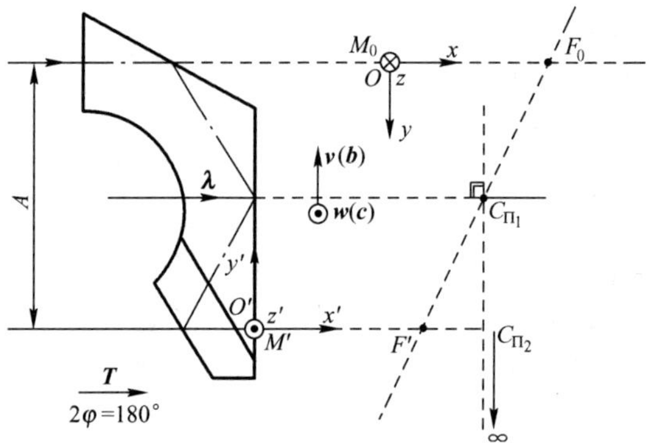

图 A-35

成像特性参量

方向余弦		像坐标基底 $\boldsymbol{i}'(x')$	$\boldsymbol{j}'(y')$	$\boldsymbol{k}'(z')$	$2\varphi=180°$ $\boldsymbol{T}$
物空间坐标基底	$\boldsymbol{i}\ (x)$	$\boldsymbol{S}_{\boldsymbol{T},2\varphi}=\begin{pmatrix}1 & 0 & 0\\ 0 & -1 & 0\\ 0 & 0 & -1\end{pmatrix}$			1
	$\boldsymbol{j}\ (y)$				0
	$\boldsymbol{k}\ (z)$				0
$t=4$　　$L=4.619D$			$2d=1.732D-4.619\,\frac{D}{n}$		
$\overrightarrow{M_0M'}=\left(1.732D-4.619\,\frac{D}{n}\right)\boldsymbol{i}'-2.667D\boldsymbol{j}'$					
$\boldsymbol{r}_0=1.334D\boldsymbol{j}'$					
$\boldsymbol{r}_i=$					

调整特性参量

<table>
<tr><td colspan="2" rowspan="2">方向余弦</td><td colspan="3">像　坐　标</td></tr>
<tr><td>x'</td><td>y'</td><td>z'</td></tr>
<tr><td rowspan="3">r'像偏转极值轴向</td><td>$\boldsymbol{u}$</td><td>/</td><td>/</td><td>/</td></tr>
<tr><td>$\boldsymbol{v}$</td><td>0</td><td>1</td><td>0</td></tr>
<tr><td>$\boldsymbol{w}$</td><td>0</td><td>0</td><td>1</td></tr>
<tr><td colspan="2">r'像偏转极值</td><td>$\delta_u = 0$</td><td>$\delta_v = 2\Delta\theta$</td><td>$\delta_w = 2\Delta\theta$</td></tr>
<tr><td rowspan="3">r'像移动极值移向</td><td>$\boldsymbol{a}$</td><td>/</td><td>/</td><td>/</td></tr>
<tr><td>$\boldsymbol{b}$</td><td>0</td><td>1</td><td>0</td></tr>
<tr><td>$\boldsymbol{c}$</td><td>0</td><td>0</td><td>1</td></tr>
<tr><td colspan="2">r'像移动极值</td><td>$\delta_a = 0$</td><td>$\delta_b = 2\Delta g$</td><td>$\delta_c = 2\Delta g$</td></tr>
<tr><td rowspan="8">平面三维零值极点</td><td rowspan="4">C_{Π_1}</td><td colspan="3">$x_1' = \frac{1}{2}\left(2b' - 1.732D + 4.619\frac{D}{n}\right)$</td></tr>
<tr><td colspan="3">$y_1' = 1.334D$</td></tr>
<tr><td colspan="3">$z_1' = 0$</td></tr>
<tr><td colspan="3">Π_1平面：
共轭光轴截面$x'O'y'$</td></tr>
<tr><td rowspan="4">C_{Π_2}沿Π_1与Π_2的交线的方向趋于∞</td><td colspan="3">$x_2' = x_1'$</td></tr>
<tr><td colspan="3">$y_2' = \infty$</td></tr>
<tr><td colspan="3">$z_2' = 0$</td></tr>
<tr><td colspan="3">Π_2平面：
过C_{Π_1}且垂直于$\boldsymbol{\lambda}$</td></tr>
</table>

平行光路（像偏转 $\Delta\boldsymbol{\mu}'$）

像倾斜：

$$\Delta\mu_{x'}' = 0$$

光轴偏：

$$\Delta\mu_{y'}' = 2\Delta\theta P_{y'}$$

$$\Delta\mu_{z'}' = 2\Delta\theta P_{z'}'$$

会聚光路（像点位移 $\Delta S_{F'}'$）

视差：

$$\Delta S_{F'x'}' = 2.667D\Delta\theta P_{z'}$$

光轴偏：

$$\Delta S'_{F'y'} = \Delta\theta\left[2P_{x'}z'_q + P_{z'}\left(-2x'_q + 2b' - 1.732D + 4.619\frac{D}{n}\right)\right] + 2\Delta g D_{y'}$$

$$\Delta S'_{F'z'} = \Delta\theta\left[P_{x'}(-2y'_q + 2.667D) + P_{y'}\left(2x'_q - 2b' + 1.732D - 4.169\frac{D}{n}\right)\right] + 2\Delta g D_{z'}$$

列曼屋脊棱镜

$LⅢ_J - 0°$

($A = 3D$)

调 整 图

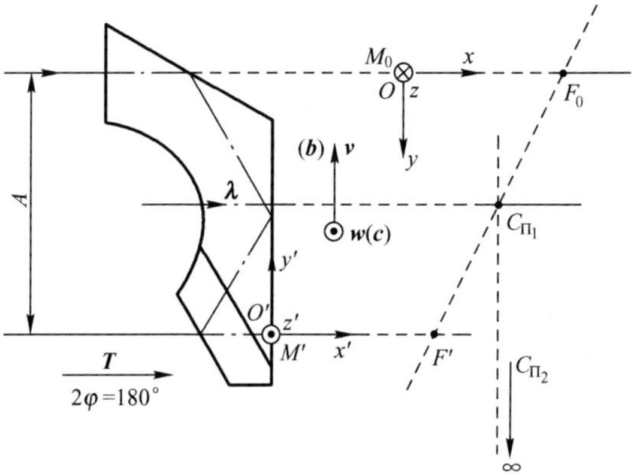

图 A-36

成像特性参量

		像坐标基底			$2\varphi=180°$
	方向余弦	$\boldsymbol{i}'(x')$	$\boldsymbol{j}'(y')$	$\boldsymbol{k}'(z')$	$\boldsymbol{T}$
物空间坐标基底	$\boldsymbol{i}$ (x)	$\boldsymbol{S}_{T,2\varphi} = \begin{pmatrix} 1 & 0 & 0 \\ 0 & -1 & 0 \\ 0 & 0 & -1 \end{pmatrix}$			1
	$\boldsymbol{j}$ (y)				0
	$\boldsymbol{k}$ (z)				0
$t=4$ $L=5.196D$			$2d = 1.732D - 5.196\dfrac{D}{n}$		
$\overrightarrow{M_0M'} = \left(1.732D - 5.196\dfrac{D}{n}\right)\boldsymbol{i}' - 3D\boldsymbol{j}'$					
$\boldsymbol{r}_0 = 1.5D\boldsymbol{j}'$					
$\boldsymbol{r}_i =$					

调整特性参量

<table>
<tr><td colspan="2" rowspan="2">方向余弦</td><td colspan="3">像 坐 标</td></tr>
<tr><td>x'</td><td>y'</td><td>z'</td></tr>
<tr><td rowspan="3">r'像偏转极值轴向</td><td>$\boldsymbol{u}$</td><td>/</td><td>/</td><td>/</td></tr>
<tr><td>$\boldsymbol{v}$</td><td>0</td><td>1</td><td>0</td></tr>
<tr><td>$\boldsymbol{w}$</td><td>0</td><td>0</td><td>1</td></tr>
<tr><td colspan="2">r'像偏转极值</td><td>$\delta_u=0$</td><td>$\delta_v=2\Delta\theta$</td><td>$\delta_w=2\Delta\theta$</td></tr>
<tr><td rowspan="3">r'像移动极值移向</td><td>$\boldsymbol{a}$</td><td>/</td><td>/</td><td>/</td></tr>
<tr><td>$\boldsymbol{b}$</td><td>0</td><td>1</td><td>0</td></tr>
<tr><td>$\boldsymbol{c}$</td><td>0</td><td>0</td><td>1</td></tr>
<tr><td colspan="2">r'像移动极值</td><td>$\delta_a=0$</td><td>$\delta_b=2\Delta g$</td><td>$\delta_c=2\Delta g$</td></tr>
<tr><td rowspan="8">平面三维零值极点</td><td rowspan="4">C_{Π_1}</td><td colspan="3">$x_1'=\frac{1}{2}\left(2b'-1.732D+5.196\frac{D}{n}\right)$</td></tr>
<tr><td colspan="3">$y_1'=1.5D$</td></tr>
<tr><td colspan="3">$z_1'=0$</td></tr>
<tr><td colspan="3">Π_1平面：
共轭光轴截面$x'O'y$</td></tr>
<tr><td rowspan="4">C_{Π_2}沿Π_1与Π_2的交线的方向趋于∞</td><td colspan="3">$x_2'=x_1'$</td></tr>
<tr><td colspan="3">$y_2'=\infty$</td></tr>
<tr><td colspan="3">$z_2'=0$</td></tr>
<tr><td colspan="3">Π_2平面：
过C_{Π_1}且垂直于$\boldsymbol{\lambda}$</td></tr>
</table>

平行光路（像偏转 $\Delta\boldsymbol{\mu}'$）

像倾斜：

$$\Delta\mu_{x'}'=0$$

光轴偏：

$$\Delta\mu_{y'}'=2\Delta\theta P_{y'}$$

$$\Delta\mu_{z'}'=2\Delta\theta P_{z'}$$

会聚光路（像点位移 $\Delta \boldsymbol{S}_{F'}'$）

视差：

$$\Delta S_{F'x'}'=3D\Delta\theta P_{z'}$$

光轴偏：

$$\Delta S'_{F'y'}=\Delta\theta\left[2P_{x'}z'_q+P_{z'}\left(-2x'_q+2b'-1.732D+5.196\frac{D}{n}\right)\right]+2\Delta gD_{y'}$$

$$\Delta S'_{F'z'}=\Delta\theta\left[P_{x'}(-2y'_q+3D)+P_{y'}\left(2x'_q-2b'+1.732D-5.196\frac{D}{n}\right)\right]+2\Delta gD_{z'}$$

等腰屋脊棱镜

DⅢ$_J$ -45°

（斯米特屋脊棱镜）

调 整 图

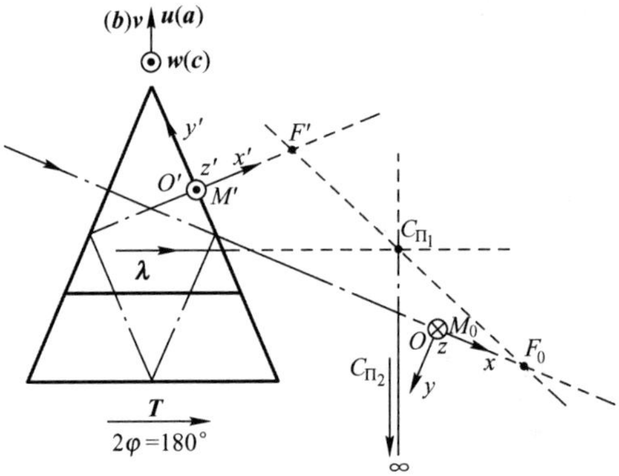

图 A-37

成像特性参量

<table>
<tr><td colspan="2" rowspan="2">方向余弦</td><td colspan="3">像坐标基底</td><td>2φ=180°</td></tr>
<tr><td>i′(x′)</td><td>j′(y′)</td><td>k′(z′)</td><td>T</td></tr>
<tr><td rowspan="3">物空间
坐标基底</td><td>i (x)</td><td colspan="3" rowspan="3">$S_{T,2\varphi}=\begin{pmatrix}0.707 & -0.707 & 0\\ -0.707 & -0.707 & 0\\ 0 & 0 & -1\end{pmatrix}$</td><td>0.924</td></tr>
<tr><td>j (y)</td><td>-0.383</td></tr>
<tr><td>k (z)</td><td>0</td></tr>
<tr><td colspan="3">$t=4\qquad L=3.04D$</td><td colspan="3">$2d=0.482D-2.810\dfrac{D}{n}$</td></tr>
<tr><td colspan="6">$\overrightarrow{M_0M'}=\left(0.445D-2.150\dfrac{D}{n}\right)\boldsymbol{i}'+\left(-0.185D+2.150\dfrac{D}{n}\right)\boldsymbol{j}'$</td></tr>
<tr><td colspan="6">$\boldsymbol{r}_0=-0223\dfrac{D}{n}\boldsymbol{i}'-0.537\dfrac{D}{n}\boldsymbol{j}'$</td></tr>
<tr><td colspan="6">$\boldsymbol{r}_i=$</td></tr>
</table>

调整特性参量

	方向余弦	像坐标 x'	像坐标 y'	像坐标 z'
r'像偏转极值轴向	$\boldsymbol{u}$	0.383	0.924	0
	$\boldsymbol{v}$	0.383	0.924	0
	$\boldsymbol{w}$	0	0	1
r'像偏转极值		$\delta_u = 0.765\Delta\theta$	$\delta_v = 1.848\Delta\theta$	$\delta_w = 2\Delta\theta$
r'像移动极值移向	$\boldsymbol{a}$	0.383	0.924	0
	$\boldsymbol{b}$	0.383	0.924	0
	$\boldsymbol{c}$	0	0	1
r'像移动极值		$\delta_a = 0.765\Delta g$	$\delta_b = 1.848\Delta g$	$\delta_c = 2\Delta g$
平面三维零值极点	C_{Π_1}	$x_1' = \frac{1}{2}\left(1.707b' - 0.445D + 2.150\frac{D}{n}\right)$		
		$y_1' = \frac{1}{2}\left(-0.707b' + 0.185D - 2.150\frac{D}{n}\right)$		
		$z_1' = 0$		
		Π_1平面：共轭光轴截面 $x'O'y'$		
	C_{Π_2}沿Π_1与Π_2的交线的方向趋于∞	$x_2' = \infty$		
		$y_2' = \infty$		
		$z_2' =$		
		Π_2平面：过C_{Π_1}且垂直于$\boldsymbol{\lambda}$		

平行光路（像偏转 $\Delta\boldsymbol{\mu}'$）

像倾斜：

$$\Delta\mu_{x'}' = \Delta(0.293P_{x'} + 0.707P_{y'})$$

光轴偏：

$$\Delta\mu_{y'}' = \Delta\theta(0.707P_{x'} + 1.707P_{y'})$$

$$\Delta\mu_{z'}' = 2\Delta\theta P_{z'}$$

会聚光路（像点位移 $\Delta S_{F'}'$）

视差：

$$\Delta S_{F'x'}' = \Delta\theta[0.707P_{x'}z_q' - 0.293P_{y'}z_q' + P_{z'}(-0.707x_q' + 0.293y_q' - 0.185D)] + \Delta g(0.293D_{x'} + 0.707D_{y'})$$

光轴偏：

$$\Delta S'_{F'y'} = \Delta\theta[1.707P_{x'}z'_q - 0.707P_{y'}z'_q + P_{z'}(-1.707x'_q + 0.707y'_q + 2b' - 0.445D + 3.04\frac{D}{n})] + \Delta g(0.707D_{x'} + 1.707D_{y'})$$

$$\Delta S'_{F'z'} = \Delta\theta\left[P_{x'}\left(-2y'_q - 0.707b' + 0.185D - 2.150\frac{D}{n}\right) + P_{y'}(2x'_q - 1.707b' + 0.445D - 2.150\frac{D}{n})\right] + 2\Delta g D_{z'}$$

屋脊棱镜

DⅢ$_J$ -180°

调　整　图

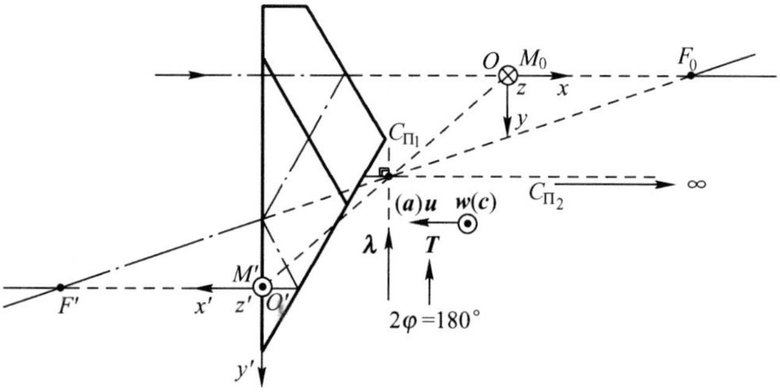

图 A-38

成像特性参量

	方向余弦	像坐标基底 $i'(x')$	$j'(y')$	$k'(z')$	$2\varphi=180°$ T
物空间坐标基底	$i\ (x)$	$S_{T,2\varphi}=\begin{pmatrix}-1&0&0\\0&1&0\\0&0&-1\end{pmatrix}$			0
	$j\ (y)$				-1
	$k\ (z)$				0
$t=4$　　$L=2.802D$			$2d=-1.681D$		
$\overrightarrow{M_0M'}=2.802\frac{D}{n}i'+1.618Dj'$					
$r_0=-1.401\frac{D}{n}i'$					
$r_i=$					

调整特性参量

<table>
<tr><td colspan="2" rowspan="2">方向余弦</td><td colspan="3">像 坐 标</td></tr>
<tr><td>x'</td><td>y'</td><td>z'</td></tr>
<tr><td rowspan="3">r'像偏转极值轴向</td><td>$\boldsymbol{u}$</td><td>1</td><td>0</td><td>0</td></tr>
<tr><td>$\boldsymbol{v}$</td><td>/</td><td>/</td><td>/</td></tr>
<tr><td>$\boldsymbol{w}$</td><td>0</td><td>0</td><td>1</td></tr>
<tr><td colspan="2">r'像偏转极值</td><td>$\delta_u = 2\Delta\theta$</td><td>$\delta_v = 0$</td><td>$\delta_w = 2\Delta\theta$</td></tr>
<tr><td rowspan="3">r'像移动极值移向</td><td>$\boldsymbol{a}$</td><td>1</td><td>0</td><td>0</td></tr>
<tr><td>$\boldsymbol{b}$</td><td>/</td><td>/</td><td>/</td></tr>
<tr><td>$\boldsymbol{c}$</td><td>0</td><td>0</td><td>1</td></tr>
<tr><td colspan="2">r'像移动极值</td><td>$\delta_a = 2\Delta g$</td><td>$\delta_b = 0$</td><td>$\delta_c = 2\Delta g$</td></tr>
<tr><td rowspan="8">平面三维零值极点</td><td rowspan="4">C_{Π_1}</td><td colspan="3">$x_1' = -1.401\dfrac{D}{n}$</td></tr>
<tr><td colspan="3">$y_1' = -0.809D$</td></tr>
<tr><td colspan="3">$z_1' = 0$</td></tr>
<tr><td colspan="3">Π_1平面：
共轭光轴截面$x'O'y'$</td></tr>
<tr><td rowspan="4">C_{Π_2}沿Π_1与Π_2的交线的方向趋于∞</td><td colspan="3">$x_2' = \infty$</td></tr>
<tr><td colspan="3">$y_2' = y_1'$</td></tr>
<tr><td colspan="3">$z_2' =$</td></tr>
<tr><td colspan="3">Π_2平面：
过C_{Π_1}且垂直于$\boldsymbol{\lambda}$</td></tr>
</table>

平行光路（像偏转$\Delta\boldsymbol{\mu}'$）

像倾斜：

$$\Delta\mu_{x'}' = 2\Delta\theta P_{x'}$$

光轴偏：

$$\Delta\mu_{y'}' = 0$$

$$\Delta\mu_{z'}' = 2\Delta\theta P_{z'}$$

会聚光路（像点位移$\Delta S_{F'}'$）

视差：

$$\Delta S_{F'x'}' = \Delta\theta[-2P_{y'}z_q' + P_{z'}(2y_q' + 1.618D)] + 2\Delta g D_{x'}$$

光轴偏：

$$\Delta S'_{F'y'} = \Delta\theta P_{z'}\left(2b' + 2.802\,\frac{D}{n}\right)$$

$$\Delta S'_{F'z'} = \Delta\theta\left[P_{x'}(-2y'_q - 1.618D) + P_{y'}\left(2x'_q + 2.802\,\frac{D}{n}\right)\right] + 2\Delta g D_{z'}$$

立方棱镜

FL-0

调 整 图

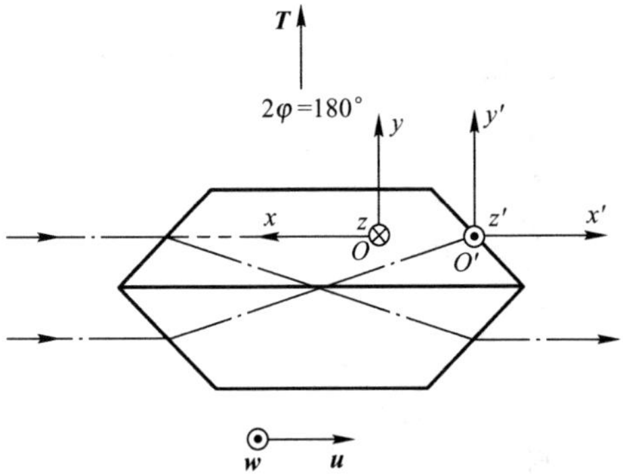

图 A-39

成像特性参量

<table>
<tr><td colspan="2" rowspan="2">方向余弦</td><td colspan="3">像坐标基底</td><td rowspan="2">$2\varphi = 180°$
$\boldsymbol{T}$</td></tr>
<tr><td>$\boldsymbol{i}'(x')$</td><td>$\boldsymbol{j}'(y')$</td><td>$\boldsymbol{k}'(z')$</td></tr>
<tr><td rowspan="3">物空间
坐标基底</td><td>$\boldsymbol{i}\ (x)$</td><td colspan="3" rowspan="3">$S_{T,2\varphi} = \begin{pmatrix} -1 & 0 & 0 \\ 0 & 1 & 0 \\ 0 & 0 & -1 \end{pmatrix}$</td><td>0</td></tr>
<tr><td>$\boldsymbol{j}\ (y)$</td><td>1</td></tr>
<tr><td>$\boldsymbol{k}\ (z)$</td><td>0</td></tr>
<tr><td colspan="3">$t = 1 \qquad L = \dfrac{n}{\sqrt{2n^2 - 1} - 1}D$</td><td colspan="3">$2d$</td></tr>
<tr><td colspan="6">$\overrightarrow{M_0M'} =$</td></tr>
<tr><td colspan="6">$\boldsymbol{r}_0 =$</td></tr>
<tr><td colspan="6">$\boldsymbol{r}_i =$</td></tr>
</table>

调整特性参量

<table>
<tr><td colspan="2" rowspan="2">方向余弦</td><td colspan="3">像 坐 标</td></tr>
<tr><td>x'</td><td>y'</td><td>z'</td></tr>
<tr><td rowspan="3">r'像偏转极值轴向</td><td>$\boldsymbol{u}$</td><td>1</td><td>0</td><td>0</td></tr>
<tr><td>$\boldsymbol{v}$</td><td>/</td><td>/</td><td>/</td></tr>
<tr><td>$\boldsymbol{w}$</td><td>0</td><td>0</td><td>1</td></tr>
<tr><td colspan="2">r'像偏转极值</td><td>$\delta_u = 2\Delta\theta$</td><td>$\delta_v = 0$</td><td>$\delta_w = 2\Delta\theta$</td></tr>
<tr><td rowspan="3">r'像移动极值移向</td><td>$\boldsymbol{a}$</td><td></td><td></td><td></td></tr>
<tr><td>$\boldsymbol{b}$</td><td></td><td></td><td></td></tr>
<tr><td>$\boldsymbol{c}$</td><td></td><td></td><td></td></tr>
<tr><td colspan="2">r'像移动极值</td><td>$\delta_a =$</td><td>$\delta_b =$</td><td>$\delta_c =$</td></tr>
<tr><td rowspan="8">平面三维零值极点</td><td rowspan="4">C_{Π_1}</td><td colspan="3">$x_1' =$</td></tr>
<tr><td colspan="3">$y_1' =$</td></tr>
<tr><td colspan="3">$z_1' =$</td></tr>
<tr><td colspan="3">Π_1平面:</td></tr>
<tr><td rowspan="4">C_{Π_2}</td><td colspan="3">$x_2' =$</td></tr>
<tr><td colspan="3">$y_2' =$</td></tr>
<tr><td colspan="3">$z_2' =$</td></tr>
<tr><td colspan="3">Π_2平面:</td></tr>
</table>

平行光路（像偏转 $\Delta\boldsymbol{\mu}'$）

像倾斜:

$$\Delta\mu'_{x'} = 2\Delta\theta P_{x'}$$

光轴偏:

$$\Delta\mu'_{y'} = 0$$

$$\Delta\mu'_{z'} = 2\Delta\theta P_{z'}$$

复合棱镜

FB－0°

（别汉棱镜）

调　整　图

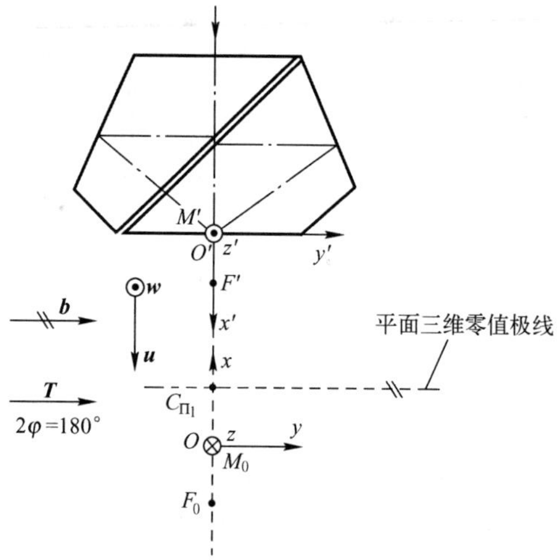

图 A-40

成像特性参量

<table>
<tr><td colspan="2" rowspan="2">方向余弦</td><td colspan="3">像坐标基底</td><td rowspan="2">$2\varphi=180°$
$\boldsymbol{T}$</td></tr>
<tr><td>$\boldsymbol{i}'(x')$</td><td>$\boldsymbol{j}'(y')$</td><td>$\boldsymbol{k}'(z')$</td></tr>
<tr><td rowspan="3">物空间
坐标基底</td><td>$\boldsymbol{i}$（x）</td><td colspan="3" rowspan="3">$\boldsymbol{S}_{T,2\varphi}=\begin{pmatrix}-1 & 0 & 0\\ 0 & 1 & 0\\ 0 & 0 & -1\end{pmatrix}$</td><td>0</td></tr>
<tr><td>$\boldsymbol{j}$（y）</td><td>1</td></tr>
<tr><td>$\boldsymbol{k}$（z）</td><td>0</td></tr>
<tr><td colspan="3">$t=5$　　$L=4.621D$</td><td colspan="3">$2d=$</td></tr>
<tr><td colspan="6">$\overrightarrow{M_0M'}=\left(1.207D-4.621\dfrac{D}{n}\right)\boldsymbol{i}'$</td></tr>
<tr><td colspan="6">$\boldsymbol{r}_0=\infty$</td></tr>
<tr><td colspan="6">$\boldsymbol{r}_i=\infty$</td></tr>
</table>

调整特性参量

<table>
<tr><td colspan="2">方向余弦</td><td colspan="3">像 坐 标</td></tr>
<tr><td colspan="2"></td><td>x'</td><td>y'</td><td>z'</td></tr>
<tr><td rowspan="3">r'像偏转极值轴向</td><td>$\boldsymbol{u}$</td><td>1</td><td>0</td><td>0</td></tr>
<tr><td>$\boldsymbol{v}$</td><td>/</td><td>/</td><td>/</td></tr>
<tr><td>$\boldsymbol{w}$</td><td>0</td><td>0</td><td>1</td></tr>
<tr><td colspan="2">r'像偏转极值</td><td>$\delta_u=2\Delta\theta$</td><td>$\delta_v=0$</td><td>$\delta_w=2\Delta\theta$</td></tr>
<tr><td rowspan="3">r'像移动极值移向</td><td>$\boldsymbol{a}$</td><td>/</td><td>/</td><td>/</td></tr>
<tr><td>$\boldsymbol{b}$</td><td>0</td><td>1</td><td>0</td></tr>
<tr><td>$\boldsymbol{c}$</td><td>/</td><td>/</td><td>/</td></tr>
<tr><td colspan="2">r'像移动极值</td><td>$\delta_a=0$</td><td>$\delta_b=2\Delta g$</td><td>$\delta_c=0$</td></tr>
<tr><td rowspan="5">平面平面三维零值极线</td><td rowspan="4">C_{Π_1}沿$\boldsymbol{b}$的方向形成一极线</td><td colspan="3">$x_1'=\frac{1}{2}\left(2b'-1.207D+4.621\frac{D}{2}\right)$</td></tr>
<tr><td colspan="3">$y_1'=$任意值</td></tr>
<tr><td colspan="3">$z_1'=0$</td></tr>
<tr><td colspan="3">Π_1平面：
过C_{Π_1}且垂直于$\boldsymbol{b}$</td></tr>
<tr><td>极线方向</td><td colspan="3">平行于$\boldsymbol{b}$</td></tr>
</table>

平行光路（像偏转 $\Delta\boldsymbol{\mu}'$）

像倾斜：

$$\Delta\mu'_{x'}=2\Delta\theta P_{x'}$$

光轴偏：

$$\Delta\mu'_{y'}=0$$

$$\Delta\mu'_{z'}=2\Delta\theta P_{z'}$$

会聚光路（像点位移 $\Delta S'_{F'}$）

视差：

$$\Delta S'_{F'x'}=0$$

光轴偏：

$$\Delta S'_{F'y'}=\Delta\theta\left[2P_{x'}z'_q+P_{z'}\left(-2x'_q+2b'-1.207D+4.621\frac{D}{n}\right)\right]+2\Delta gD_{y'}$$

$$\Delta S'_{F'z'}=\Delta\theta P_{y'}\left(-1.207D+4.621\frac{D}{n}\right)$$

复 合 棱 镜

FA –0°

调 整 图

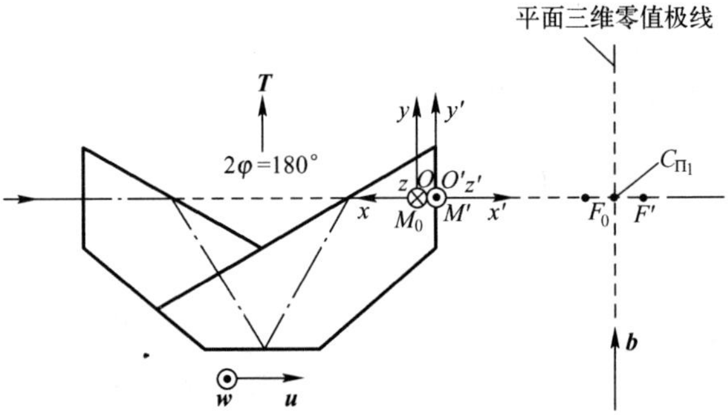

图 A–41

成像特性参量

<table>
<tr><td colspan="2" rowspan="2">方向余弦</td><td colspan="3">像坐标基底</td><td rowspan="2">$2\varphi=180°$
$\boldsymbol{T}$</td></tr>
<tr><td>$\boldsymbol{i}'(x')$</td><td>$\boldsymbol{j}'(y')$</td><td>$\boldsymbol{k}'(z')$</td></tr>
<tr><td rowspan="3">物空间
坐标基底</td><td>$\boldsymbol{i}$ (x)</td><td colspan="3" rowspan="3">$\boldsymbol{S}_{T,2\varphi}=\begin{pmatrix}-1 & 0 & 0\\ 0 & 1 & 0\\ 0 & 0 & -1\end{pmatrix}$</td><td>0</td></tr>
<tr><td>$\boldsymbol{j}$ (y)</td><td>1</td></tr>
<tr><td>$\boldsymbol{k}$ (z)</td><td>0</td></tr>
<tr><td colspan="3">$t=3$ $L=5.196D$</td><td colspan="3">$2d=$</td></tr>
<tr><td colspan="6">$\overrightarrow{M_0M'}=\left(3.464D-5.196\frac{D}{n}\right)\boldsymbol{i}'$</td></tr>
<tr><td colspan="6">$\boldsymbol{r}_0=\infty$</td></tr>
<tr><td colspan="6">$\boldsymbol{r}_i=\infty$</td></tr>
</table>

调整特性参量

<table>
<tr><td colspan="2" rowspan="2">方向余弦</td><td colspan="3">像　坐　标</td></tr>
<tr><td>x'</td><td>y'</td><td>z'</td></tr>
<tr><td rowspan="3">r'像偏转极值轴向</td><td>$\boldsymbol{u}$</td><td>1</td><td>0</td><td>0</td></tr>
<tr><td>$\boldsymbol{v}$</td><td>/</td><td>/</td><td>/</td></tr>
<tr><td>$\boldsymbol{w}$</td><td>0</td><td>0</td><td>1</td></tr>
<tr><td colspan="2">r'像偏转极值</td><td>$\delta_u = 2\Delta\theta$</td><td>$\delta_v = 0$</td><td>$\delta_\omega = 2\Delta\theta$</td></tr>
<tr><td rowspan="3">r'像移动极值移向</td><td>$\boldsymbol{a}$</td><td>/</td><td>/</td><td>/</td></tr>
<tr><td>$\boldsymbol{b}$</td><td>0</td><td>1</td><td>0</td></tr>
<tr><td>$\boldsymbol{c}$</td><td>/</td><td>/</td><td>/</td></tr>
<tr><td colspan="2">r'像移动极值</td><td>$\delta_a = 0$</td><td>$\delta_b = 2\Delta g$</td><td>$\delta_c = 0$</td></tr>
<tr><td rowspan="5">平面三维零值极线</td><td rowspan="4">C_{Π_1}沿 $\boldsymbol{b}$ 的方向形成一极线</td><td colspan="3">$x_1' = \frac{1}{2}\left(2b' - 3.464D + 5.196\frac{D}{n}\right)$</td></tr>
<tr><td colspan="3">$y_1' =$ 任意值</td></tr>
<tr><td colspan="3">$z_1' = 0$</td></tr>
<tr><td colspan="3">Π_1 平面：
过 C_{Π_1} 且垂直于 $\boldsymbol{b}$</td></tr>
<tr><td>极线方向</td><td colspan="3">平行于 $\boldsymbol{b}$</td></tr>
</table>

平行光路（像偏转 $\Delta\boldsymbol{\mu}'$）

像倾斜：

$$\Delta\mu'_{x'} = 2\Delta\theta P_{x'}$$

光轴偏：

$$\Delta\mu'_{y'} = 0$$

$$\Delta\mu'_{z'} = 2\Delta\theta P_{z'}$$

会聚光路（像点位移 $\Delta S'_{F'}$）

视差：

$$\Delta S'_{F'x'} = 0$$

光轴偏：

$$\Delta S'_{F'y'} = \Delta\theta\left[2P_{x'}z'_q + P_{z'}\left(-2x'_q + 2b' - 3.464D + 5.196\frac{D}{n}\right)\right] + 2\Delta g D_{y'}$$

$$\Delta S'_{F'z'} = \Delta\theta P_{y'}\left(-3.464D + 5.196\frac{D}{n}\right)$$

潜望棱镜

FQ-0°

调　整　图

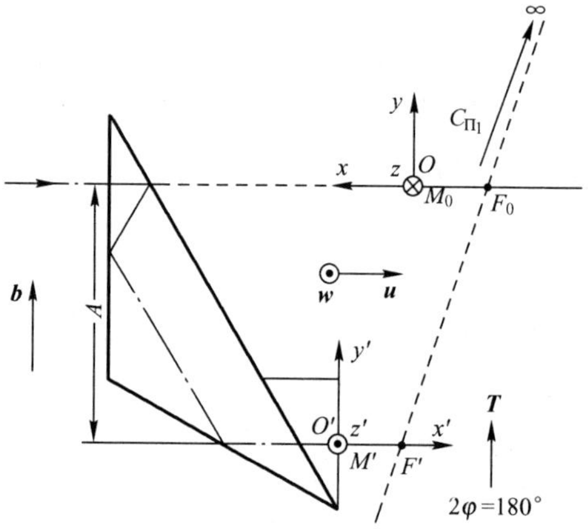

图 A-42

成像特性参量

<table>
<tr><td colspan="2" rowspan="2">方向余弦</td><td colspan="3">像坐标基底</td><td rowspan="2">$2\varphi = 180°$
$\boldsymbol{T}$</td></tr>
<tr><td>$\boldsymbol{i}'(x')$</td><td>$\boldsymbol{j}'(y')$</td><td>$\boldsymbol{k}'(z')$</td></tr>
<tr><td rowspan="3">物空间
坐标基底</td><td>$\boldsymbol{i}\ (x)$</td><td colspan="3" rowspan="3">$\boldsymbol{S}_{T,2\varphi} = \begin{pmatrix} -1 & 0 & 0 \\ 0 & 1 & 0 \\ 0 & 0 & -1 \end{pmatrix}$</td><td>0</td></tr>
<tr><td>$\boldsymbol{j}\ (y)$</td><td>1</td></tr>
<tr><td>$\boldsymbol{k}\ (z)$</td><td>0</td></tr>
<tr><td colspan="3">$t = 3\qquad L = 1.155\ (A + D)$</td><td colspan="3">$2d =$</td></tr>
<tr><td colspan="6">$\overrightarrow{M_0M'} = \left[0.577\ (A+D)\ \ -1.155\ \frac{(A+D)}{n}\right]\boldsymbol{i}' - A\boldsymbol{j}'$</td></tr>
<tr><td colspan="6">$\boldsymbol{r}_0 = \infty$</td></tr>
<tr><td colspan="6">$\boldsymbol{r}_i = \infty$</td></tr>
</table>

调整特性参量

方向余弦		像坐标 x'	像坐标 y'	像坐标 z'
r'像偏转极值轴向	$\boldsymbol{u}$	1	0	0
	$\boldsymbol{v}$	/	/	/
	$\boldsymbol{w}$	0	0	1
r'像偏转极值		$\delta_u = 2\Delta\theta$	$\delta_v = 0$	$\delta_w = 2\Delta\theta$
r'像移动极值移向	$\boldsymbol{a}$	/	/	/
	$\boldsymbol{b}$	0	1	0
	$\boldsymbol{c}$	/	/	/
r'像移动极值		$\delta_a = 0$	$\delta_b = 2\Delta g$	$\delta_c = 0$
平面三维零值极点	C_{Π_1}沿$\overrightarrow{F_0F'}$方向趋于∞	$x_1' = \infty$		
		$y_1' = \infty$		
		$z_1' = 0$		
		Π_1平面：共轭光轴截面$x'O'y'$		
	C_{Π_2}不存在	$x_2' =$		
		$y_2' =$		
		$z_2' =$		
		Π_2平面：		

平行光路（像偏转 $\Delta\boldsymbol{\mu}'$）

像倾斜：

$$\Delta\mu'_{x'} = 2\Delta\theta P_{x'}$$

光轴偏：

$$\Delta\mu'_{y'} = 0$$

$$\Delta\mu'_{z'} = 2\Delta\theta P_{z'}$$

会聚光路（像点位移 $\Delta S'_{F'}$）

视差：

$$\Delta S'_{F'x'} = A\Delta\theta P_{z'}$$

光轴偏：

$$\Delta S'_{F'y'} = \Delta\theta\left\{2P_{x'}z'_q + P_{z'}\left[-2x'_q + 2b' - 0.577(A+D) + 1.155\frac{(A+D)}{n}\right]\right\} + 2\Delta g D_{y'}$$

$$\Delta S'_{F'z'} = \Delta\theta\left\{-AP'_{x'} + P_{y'}\left[-0.577(A+D) + 1.155\frac{(A+D)}{n}\right]\right\}$$

复 合 棱 镜

FY－60°

调　整　图

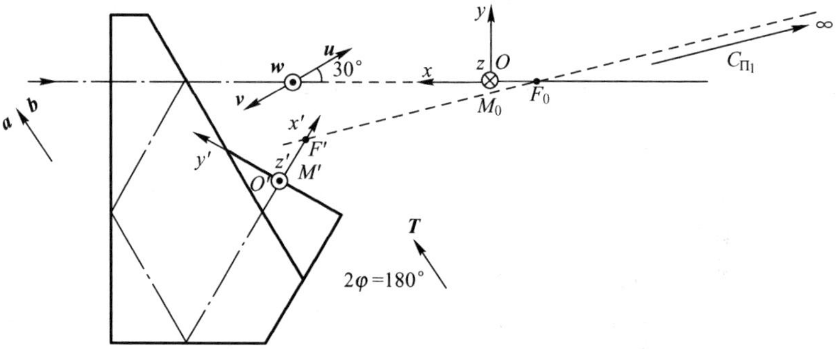

图 A-43

成像特性参量

<table>
<tr><td colspan="2" rowspan="2">方向余弦</td><td colspan="3">像坐标基底</td><td rowspan="2">2φ = 180°
T</td></tr>
<tr><td>i'(x')</td><td>j'(y')</td><td>k'(z')</td></tr>
<tr><td rowspan="3">物空间
坐标基底</td><td>i (x)</td><td colspan="3" rowspan="3">$S_{T,2\varphi} = \begin{pmatrix} -0.5 & 0.866 & 0 \\ 0.866 & 0.5 & 0 \\ 0 & 0 & -1 \end{pmatrix}$</td><td>0.5</td></tr>
<tr><td>j (y)</td><td>0.866</td></tr>
<tr><td>k (z)</td><td>0</td></tr>
<tr><td colspan="3">$t=3$　　$L=4.330D$</td><td colspan="3">$2d=$</td></tr>
<tr><td colspan="6">$\overrightarrow{M_0M'} = -2.165\frac{D}{n}\boldsymbol{i}' + \left(-1.5D + 3.750\frac{D}{n}\right)\boldsymbol{j}'$</td></tr>
<tr><td colspan="6">$\boldsymbol{r}_0 = \infty$</td></tr>
<tr><td colspan="6">$\boldsymbol{r}_i = \infty$</td></tr>
</table>

调整特性参量

<table>
<tr><td colspan="2" rowspan="2">方向余弦</td><td colspan="3">像 坐 标</td></tr>
<tr><td>x'</td><td>y'</td><td>z'</td></tr>
<tr><td rowspan="3">r'像偏转极值轴向</td><td>$\boldsymbol{u}$</td><td>0.866</td><td>−0.5</td><td>0</td></tr>
<tr><td>$\boldsymbol{v}$</td><td>−0.866</td><td>0.5</td><td>0</td></tr>
<tr><td>$\boldsymbol{w}$</td><td>0</td><td>0</td><td>1</td></tr>
<tr><td colspan="2">r'像偏转极值</td><td>$\delta_u=1.732\Delta\theta$</td><td>$\delta_v=\Delta\theta$</td><td>$\delta_w=2\Delta\theta$</td></tr>
<tr><td rowspan="3">r'像移动极值移向</td><td>$\boldsymbol{a}$</td><td>0.5</td><td>0.866</td><td>0</td></tr>
<tr><td>$\boldsymbol{b}$</td><td>0.5</td><td>0.866</td><td>0</td></tr>
<tr><td>$\boldsymbol{c}$</td><td>/</td><td>/</td><td>/</td></tr>
<tr><td colspan="2">r'像移动极值</td><td>$\delta_a=\Delta g$</td><td>$\delta_b=1.732\Delta g$</td><td>$\delta_c=0$</td></tr>
<tr><td rowspan="8">平面三维零值极点</td><td rowspan="4">C_{Π_1}沿$\overrightarrow{F_0F'}$方向趋于∞</td><td colspan="3">$x_1'=\infty$</td></tr>
<tr><td colspan="3">$y_1'=\infty$</td></tr>
<tr><td colspan="3">$z_1'=0$</td></tr>
<tr><td colspan="3">Π_1平面：共轭光轴截面$x'O'y'$</td></tr>
<tr><td rowspan="4">C_{Π_2}不存在</td><td colspan="3">$x_2'=$</td></tr>
<tr><td colspan="3">$y_2'=$</td></tr>
<tr><td colspan="3">$z_2'=$</td></tr>
<tr><td colspan="3">Π_2平面：</td></tr>
</table>

平行光路（像偏转 $\Delta\boldsymbol{\mu}'$）

像倾斜：

$$\Delta\mu'_{x'}=\Delta\theta(1.5P_{x'}-0.866P_{y'})$$

光轴偏：

$$\Delta\mu_{y'}=\Delta\theta(-0.866P_{x'}+0.5P_{y'})$$

$$\Delta\mu'_{z'}=2\Delta\theta P_{z'}$$

会聚光路（像点位移 $\Delta S'_{F'}$）

视差：

$$\Delta S'_{F'x'}=\Delta\theta[0.866P_{x'}z'_q-0.5P_{y'}z'_q+P_{z'}(-0.866x'_q+0.5y'_q+0.75D)]+\Delta g(0.5D_{x'}+0.866D_{y'})$$

光轴偏：

$$\Delta S'_{F'y'} = \Delta\theta\left[1.5P_{x'}z'_q - 0.866P_{y'}z'_q + P_{z'}\left(-1.5x'_q + 0.866y'_q + 2b' - 1.299D + 4.330\frac{D}{n}\right)\right] + \Delta g(0.866D_{x'} + 1.5D_{y'})$$

$$\Delta S'_{F'z'} = \Delta\theta\left[P_{x'}\left(0.866b' - 1.5D + 3.750\frac{D}{n}\right) + P_{y'}\left(-0.5b' + 2.165\frac{D}{n}\right)\right]$$

靴 形 棱 镜

FX－90°

调 整 图

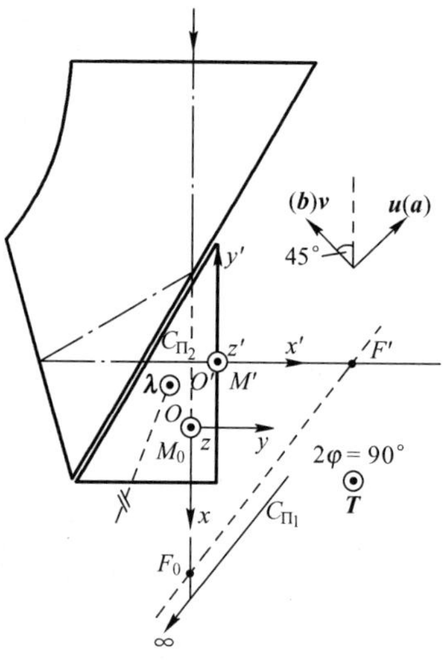

图 A-44

成像特性参量

<table>
<tr><td colspan="2" rowspan="2">方向余弦</td><td colspan="3">像坐标基底</td><td>2φ = 90°</td></tr>
<tr><td>i′(x′)</td><td>j′(y′)</td><td>k′(z′)</td><td>T</td></tr>
<tr><td rowspan="3">物空间
坐标基底</td><td>i (x)</td><td colspan="3" rowspan="3">$S_{T,2\varphi} = \begin{pmatrix} 0 & -1 & 0 \\ 1 & 0 & 0 \\ 0 & 0 & 1 \end{pmatrix}$</td><td>0</td></tr>
<tr><td>j (y)</td><td>0</td></tr>
<tr><td>k (z)</td><td>1</td></tr>
<tr><td colspan="3">$t = 2 \quad L = 2.309D$</td><td colspan="3">$2d = 0$</td></tr>
<tr><td colspan="6">$\overrightarrow{M_0M'} = 0.077D\boldsymbol{i}' + \left(-1.232D + 2.309\frac{D}{n}\right)\boldsymbol{j}'$</td></tr>
<tr><td colspan="6">$\boldsymbol{r}_0 = \left(0.577D - 1.155\frac{D}{n}\right)\boldsymbol{i}' + \left(0.655D - 1.155\frac{D}{n}\right)\boldsymbol{j}'$</td></tr>
<tr><td colspan="6">$\boldsymbol{r}_i =$</td></tr>
</table>

调整特性参量

	方向余弦	像坐标 x'	像坐标 y'	像坐标 z'
r'像偏转极值轴向	$\boldsymbol{u}$	0.707	0.707	0
	$\boldsymbol{v}$	−0.707	0.707	0
	$\boldsymbol{w}$	/	/	/
r'像偏转极值		$\delta_u = 1.414\Delta\theta$	$\delta_v = 1.414\Delta\theta$	$\delta_w = 0$
r'像移动极值移向	$\boldsymbol{a}$	0.707	0.707	0
	$\boldsymbol{b}$	−0.707	0.707	0
	$\boldsymbol{c}$	/	/	/
r'像移动极值		$\delta_a = 1.414\Delta g$	$\delta_b = 1.414\Delta g$	$\delta_c = 0$
平面三维零值极点	C_{Π_1}沿$\overrightarrow{F_0F'}$方向趋于∞	$x'_1 = \infty$		
		$y'_1 = \infty$		
		$z'_1 = 0$		
		Π_1平面：共轭光轴截面 $x'O'y'$		
	C_{Π_2}	$x'_2 = 0.578D - 1.155\dfrac{D}{n}$		
		$y'_2 = 0.655D - 1.155\dfrac{D}{n}$		
		$z'_2 = 0$		
		Π_2平面：过 $\boldsymbol{\lambda}$ 并平行于$\overrightarrow{F_0F'}$		

平行光路（像偏转 $\Delta\boldsymbol{\mu}'$）

像倾斜：

$$\Delta\mu'_{x'} = \Delta\theta(P_{x'} + P_{y'})$$

光轴偏：

$$\Delta\mu'_{y'} = \Delta(-P_{x'} + P_{y'})$$

$$\Delta\mu'_{z'} = 0$$

会聚光路（像点位移 $\Delta S'_{F'}$）

视差：

$$\Delta S'_{F'x'} = \Delta\theta[P_{x'}z'_q - P_{y'}z'_q + p_{z'}(-x'_q + y'_q - 0.077D) + \Delta g(D_{x'} + D_{y'})$$

光轴偏：

$$\Delta S'_{F'y'} = \Delta\theta\left[P_{x'}z'_q + P_{y'}z'_q + P_{z'}\left(-x'_q - y'_q + 1.232D - 2.309\frac{D}{n}\right)\right] + \Delta g(-D_{x'} + D_{y'})$$

$$\Delta S'_{F'z'} = \Delta\theta\left[P_{x'}\left(b' - 1.232D + 2.309\frac{D}{n}\right) + P_{y'}(-b' - 0.077D)\right]$$

复合棱镜

$FY_J-60°$

调 整 图

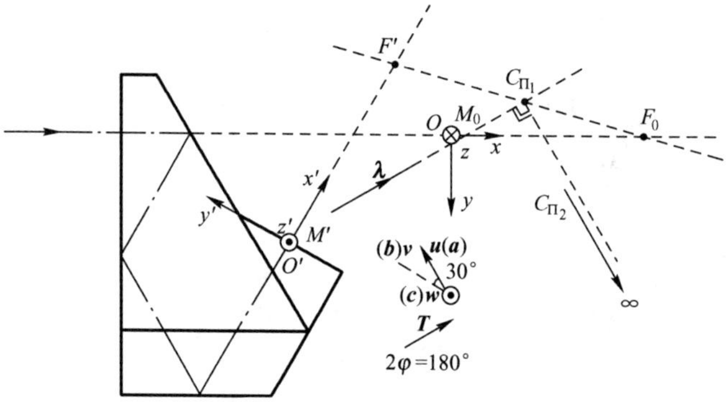

图 A-45

成像特性参量

方向余弦		像坐标基底 $i'(x')$	像坐标基底 $j'(y')$	像坐标基底 $k'(z')$	$2\varphi=180°$ T
物空间坐标基底	$i\ (x)$	$S_{T,2\varphi}=\begin{pmatrix}0.5 & -0.866 & 0\\ -0.866 & -0.5 & 0\\ 0 & 0 & -1\end{pmatrix}$			0.866
	$j\ (y)$				-0.5
	$k\ (z)$				0
$t=4$　　$L=4.468D$			$2d=0.750D-3.869\frac{D}{n}$		
$\overrightarrow{M_0M'}=\left(-0.069D-2.234\frac{D}{n}\right)i'+\left(-1.620D+3.869\frac{D}{n}\right)j'$					
$r_0=\left(0.359D-0.558\frac{D}{n}\right)i'+\left(0.622D-0.967\frac{D}{n}\right)j'$					
$r_i=$					

调整特性参量

	方向余弦	像坐标 x'	像坐标 y'	像坐标 z'
r'像偏转极值轴向	$\boldsymbol{u}$	0.5	0.866	0
	$\boldsymbol{v}$	0.5	0.866	0
	$\boldsymbol{w}$	0	0	1
r'像偏转极值		$\delta_u = \Delta\theta$	$\delta_v = 1.732\Delta\theta$	$\delta_w = 2\Delta\theta$
r'像移动极值移向	$\boldsymbol{a}$	0.5	0.866	0
	$\boldsymbol{b}$	0.5	0.866	0
	$\boldsymbol{c}$	0	0	1
r'像移动极值		$\delta_a = \Delta g$	$\delta_b = 1.732\Delta g$	$\delta_c = 2\Delta g$
平面三维零值极点	C_{Π_1}在$\overline{F_0F'}$线段的中点	$x_1' = \frac{1}{2}\left(1.5b' + 0.069D + 2.234\frac{D}{n}\right)$		
		$y_1' = \frac{1}{2}\left(-0.866b' + 1.620D - 3.869\frac{D}{n}\right)$		
		$z_1' = 0$		
		Π_1平面：共轭光轴截面$x'O'y'$		
	C_{Π_2}沿Π_1与Π_2的交线的方向趋于∞	$x_2' = \infty$		
		$y_2' = \infty$		
		$z_2' = 0$		
		Π_2平面：过C_{Π_1}且垂直于$\boldsymbol{\lambda}$		

平行光路（像偏转 $\Delta\boldsymbol{\mu}'$）

像倾斜：

$$\Delta\mu'_{x'} = \Delta\theta(0.5P_{x'} + 0.866P_{y'})$$

光轴偏：

$$\Delta\mu'_{y'} = \Delta\theta(0.866P_{x'} + 1.5P_{y'})$$

$$\Delta\mu'_{z'} = 2\Delta\theta P_{z'}$$

会聚光路（像点位移 $\Delta S_{F'}$）

视差：

$$\Delta S'_{F'x'} = \Delta\theta[0.866P_{x'}z_q' - 0.5P_{y'}z_q' + P_{z'}(-0.866x_q' + 0.5y_q' + 0.870D)] + \Delta g(0.5D_{x'} + 0.866D_{y'})$$

光轴偏：

$$\Delta S'_{F'y'} = \Delta\theta\left[1.5P_{x'}z_q' - 0.866P_{y'}z_q' + P_{z'}\left(-1.5x_q' + 0.866y_q' + 2b' - 1.368D + 4.468\frac{D}{n}\right)\right] +$$

$$\Delta g(0.866D_{x'}+1.5D_{y'})$$

$$\Delta S'_{F'z'}=\Delta\theta\left[P_{x'}\left(-2y'_q-0.866b'+1.620D-3.869\frac{D}{n}\right)+P_{y'}\left(2x'_q-1.5b'-0.069D-2.234\frac{D}{n}\right)\right]+2\Delta gD_{z'}$$

复合棱镜

$FX_J-90°$

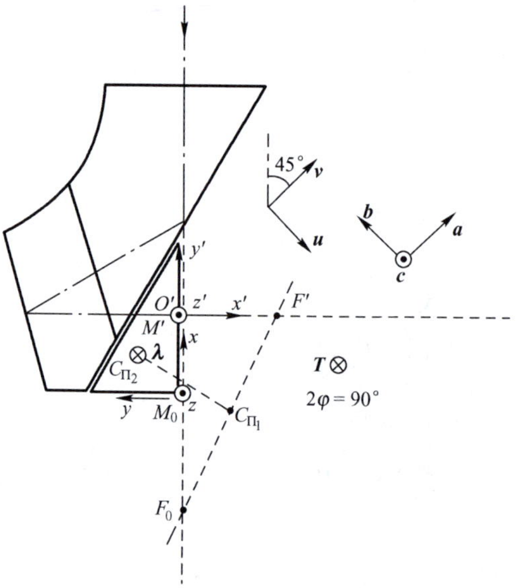

图 A-46

调 整 图

成像特性参量

方向余弦		像坐标基底 $i'(x')$	$j'(y')$	$k'(z')$	$2\varphi=90°$ T
物空间坐标基底	i (x)	$S_{T,2\varphi}=\begin{pmatrix}0&1&0\\-1&0&0\\0&0&1\end{pmatrix}$			0
	j (y)				0
	k (z)				−1
$t=3$ $L=2.981D$			$2d=0$		
$\overrightarrow{M_0M'}=-0.046D\boldsymbol{i}'+\left(-1.445D+2.981\dfrac{D}{n}\right)\boldsymbol{j}'$					
$\boldsymbol{r}_0=\left(0.746D-1.491\dfrac{D}{n}\right)\boldsymbol{i}'+\left(0.699D-1.491\dfrac{D}{n}\right)\boldsymbol{j}'$					
$\boldsymbol{r}_i=\left(0.746D-1.491\dfrac{D}{n}\right)\boldsymbol{i}'+\left(0.699D-1.491\dfrac{D}{n}\right)\boldsymbol{j}'$					

调整特性参量

<table>
<tr><td colspan="2" rowspan="2">方向余弦</td><td colspan="3">像 坐 标</td></tr>
<tr><td>x'</td><td>y'</td><td>z'</td></tr>
<tr><td rowspan="3">r'像偏转极值轴向</td><td>$\boldsymbol{u}$</td><td>0.707</td><td>-0.707</td><td>0</td></tr>
<tr><td>$\boldsymbol{v}$</td><td>0.707</td><td>0.707</td><td>0</td></tr>
<tr><td>$\boldsymbol{w}$</td><td>/</td><td>/</td><td>/</td></tr>
<tr><td colspan="2">r'像偏转极值</td><td>$\delta_u = 1.414\Delta\theta$</td><td>$\delta_v = 1.414\Delta\theta$</td><td>$\delta_\omega = 0$</td></tr>
<tr><td rowspan="3">r'像移动极值移向</td><td>$\boldsymbol{a}$</td><td>0.707</td><td>0.707</td><td>0</td></tr>
<tr><td>$\boldsymbol{b}$</td><td>-0.707</td><td>0.707</td><td>0</td></tr>
<tr><td>$\boldsymbol{c}$</td><td>0</td><td>0</td><td>1</td></tr>
<tr><td colspan="2">r'像移动极值</td><td>$\delta_a = 1.414\Delta g$</td><td>$\delta_b = 1.414\Delta g$</td><td>$\delta_c = 2\Delta g$</td></tr>
<tr><td rowspan="8">平面三维零值极点</td><td rowspan="4">C_{Π_1}</td><td colspan="3">$x_1' = \frac{1}{2}(b' + 0.046D)$</td></tr>
<tr><td colspan="3">$y_1' = \frac{1}{2}\left(-b' + 1.445D - 2.981\frac{D}{n}\right)$</td></tr>
<tr><td colspan="3">$z_1' = 0$</td></tr>
<tr><td colspan="3">Π_1平面：
共轭光轴平面 $x'O'y'$</td></tr>
<tr><td rowspan="4">C_{Π_2}</td><td colspan="3">$x_2' = 0.746D - 1.491\frac{D}{n}$</td></tr>
<tr><td colspan="3">$y_2' = 0.700D - 1.491\frac{D}{n}$</td></tr>
<tr><td colspan="3">$z_2' = 0$</td></tr>
<tr><td colspan="3">Π_2平面：
过 $\boldsymbol{\lambda}$ 和 C_{Π_1}</td></tr>
</table>

平行光路（像偏转 $\Delta\boldsymbol{\mu}'$）

像倾斜：

$$\Delta\mu'_{x'} = \Delta\theta(P_{x'} - P_{y'})$$

光轴偏：

$$\Delta\mu'_{y'} = \Delta\theta(P_{x'} + P_{y'})$$

$$\Delta\mu'_{z'} = 0$$

会聚光路（像点位移 $\Delta S'_{F'}$）

视差：

$$\Delta S'_{F'x'} = \Delta\theta[P_{x'}z'_q - P_{y'}z'_q + P_{z'}(-x'_q + y'_q + 0.046D)] + \Delta g(D_{x'} + D_{y'})$$

光轴偏：

$$\Delta S'_{F'y'} = \Delta\theta\left[P_{x'}z'_q + P_{y'}z'_q + P_{z'}\left(-x'_q - y'_q + 1.445D - 2.981\frac{D}{n}\right)\right] + \Delta g(-D_{x'} + D_{y'})$$

$$\Delta S'_{F'z'} = \Delta\theta\left[P_{x'}\left(-2y'_q - b' + 1.445D - 2.981\frac{D}{n}\right) + P_{y'}(2x'_q - b' - 0.046D)\right] + 2\Delta g D_{z'}$$

复合棱镜

FP－0°

调　整　图

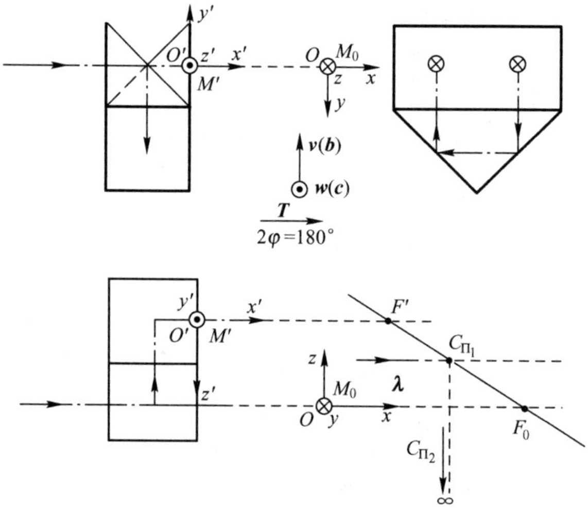

图 A-47

成像特性参量

<table>
<tr><td colspan="2" rowspan="2">方向余弦</td><td colspan="3">像坐标基底</td><td>2φ = 180°</td></tr>
<tr><td>i′(x′)</td><td>j′(y′)</td><td>k′(z′)</td><td>T</td></tr>
<tr><td rowspan="3">物空间
坐标基底</td><td>i (x)</td><td colspan="3" rowspan="3">$S_{T,2\varphi} = \begin{pmatrix} 1 & 0 & 0 \\ 0 & -1 & 0 \\ 0 & 0 & -1 \end{pmatrix}$</td><td>1</td></tr>
<tr><td>j (y)</td><td>0</td></tr>
<tr><td>k (z)</td><td>0</td></tr>
<tr><td colspan="3">$t = 4 \quad L = 4D$</td><td colspan="3">$2d = D - 4\frac{D}{n}$</td></tr>
<tr><td colspan="6">$\overrightarrow{M_0M'} = \left(D - 4\frac{D}{n}\right)\boldsymbol{i}' - D\boldsymbol{k}'$</td></tr>
<tr><td colspan="6">$\boldsymbol{r}_0 = 0.5D\boldsymbol{k}'$</td></tr>
<tr><td colspan="6">$\boldsymbol{r}_i =$</td></tr>
</table>

调整特性参量

<table>
<tr><td colspan="2" rowspan="2">方向余弦</td><td colspan="3">像 坐 标</td></tr>
<tr><td>x'</td><td>y'</td><td>z'</td></tr>
<tr><td rowspan="3">r'像偏转极值轴向</td><td>$\boldsymbol{u}$</td><td>/</td><td>/</td><td>/</td></tr>
<tr><td>$\boldsymbol{v}$</td><td>0</td><td>1</td><td>0</td></tr>
<tr><td>$\boldsymbol{w}$</td><td>0</td><td>0</td><td>1</td></tr>
<tr><td colspan="2">r'像偏转极值</td><td>$\delta_u=0$</td><td>$\delta_v=2\Delta\theta$</td><td>$\delta_w=2\Delta\theta$</td></tr>
<tr><td rowspan="3">r'像移动极值移向</td><td>$\boldsymbol{a}$</td><td>/</td><td>/</td><td>/</td></tr>
<tr><td>$\boldsymbol{b}$</td><td>0</td><td>1</td><td>0</td></tr>
<tr><td>$\boldsymbol{c}$</td><td>0</td><td>0</td><td>1</td></tr>
<tr><td colspan="2">r'像移动极值</td><td>$\delta_a=0$</td><td>$\delta_b=2\Delta g$</td><td>$\delta_c=2\Delta g$</td></tr>
<tr><td rowspan="8">平面三维零值极点</td><td rowspan="4">C_{Π_1}在$\overline{F_0F'}$线段的中点</td><td colspan="3">$x_1'=\frac{1}{2}\left(2b'-D+4\frac{D}{n}\right)$</td></tr>
<tr><td colspan="3">$y_1'=0$</td></tr>
<tr><td colspan="3">$z_1'=\frac{1}{2}D$</td></tr>
<tr><td colspan="3">Π_1平面：
共轭光轴截面 $x'O'z'$</td></tr>
<tr><td rowspan="4">C_{Π_2}沿Π_1与Π_2的交线的方向趋于∞</td><td colspan="3">$x_2'=x_1'$</td></tr>
<tr><td colspan="3">$y_2'=0$</td></tr>
<tr><td colspan="3">$z_2'=\infty$</td></tr>
<tr><td colspan="3">Π_2平面：
过C_{Π_1}且垂直于$\boldsymbol{\lambda}$（或过C_{Π_1}且平行于$\boldsymbol{b}$和$\boldsymbol{c}$）</td></tr>
</table>

平行光路（像偏转 $\Delta\boldsymbol{\mu}'$）

像倾斜：

$$\Delta\mu_{x'}'=0$$

光轴偏：

$$\Delta\mu_{y'}'=2\Delta\theta P_{y'}$$
$$\Delta\mu_{z'}'=2\Delta\theta P_{z'}$$

会聚光路（像点位移 $\Delta S_{F'}'$）

视差：

$$\Delta S_{F'x'}'=-\Delta\theta P_{y'}D$$

光轴偏：

$$\Delta S'_{F'y'} = \Delta\theta\left[P_{x'}(2z'_q - D) + P_{z'}\left(-2x'_q + 2b' - D + 4\frac{D}{n}\right)\right] + 2\Delta g D_{y'}$$

$$\Delta S'_{F'z'} = \Delta\theta\left[-2P_{x'}y'_q + P_{y'}\left(2x'_q - 2b' + D - 4\frac{D}{n}\right)\right] + 2\Delta g D_{z'}$$

复合棱镜

FP-0°

调 整 图

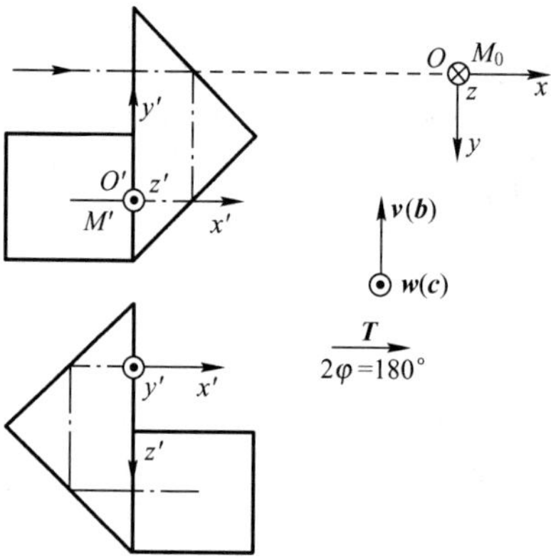

图 A-48

成像特性参量

方向余弦		像坐标基底 $i'(x')$	像坐标基底 $j'(y')$	像坐标基底 $k'(z')$	$2\varphi=180°$ T
物空间坐标基底	$i\ (x)$	$S_{T,2\varphi}=\begin{pmatrix}1 & 0 & 0\\ 0 & -1 & 0\\ 0 & 0 & -1\end{pmatrix}$			1
	$j\ (y)$				0
	$k\ (z)$				0
$t=4 \quad L=4D$			$2d=-4\dfrac{D}{n}$		
$\overrightarrow{M_0M'}=-4\dfrac{D}{n}i'-Dj'-Dk'$					
$r_0=0.5Dj'+0.5Dk'$					
$r_i=$					

调整特性参量

<table>
<tr><td colspan="2" rowspan="2">方向余弦</td><td colspan="3">像 坐 标</td></tr>
<tr><td>x'</td><td>y'</td><td>z'</td></tr>
<tr><td rowspan="3">r'像偏转极值轴向</td><td>$\boldsymbol{u}$</td><td>/</td><td>/</td><td>/</td></tr>
<tr><td>$\boldsymbol{v}$</td><td>0</td><td>1</td><td>0</td></tr>
<tr><td>$\boldsymbol{w}$</td><td>0</td><td>0</td><td>1</td></tr>
<tr><td colspan="2">r'像偏转极值</td><td>$\delta_u=0$</td><td>$\delta_v=2\Delta\theta$</td><td>$\delta_w=2\Delta\theta$</td></tr>
<tr><td rowspan="3">r'像移动极值移向</td><td>$\boldsymbol{a}$</td><td>/</td><td>/</td><td>/</td></tr>
<tr><td>$\boldsymbol{b}$</td><td>0</td><td>1</td><td>0</td></tr>
<tr><td>$\boldsymbol{c}$</td><td>0</td><td>0</td><td>1</td></tr>
<tr><td colspan="2">r'像移动极值</td><td>$\delta_a=0$</td><td>$\delta_b=2\Delta g$</td><td>$\delta_c=2\Delta g$</td></tr>
<tr><td rowspan="8">平面三维零值极点</td><td rowspan="4">C_{Π_1}</td><td colspan="3">$x_1'=b'+2\dfrac{D}{n}$</td></tr>
<tr><td colspan="3">$y_1'=\dfrac{D}{2}$</td></tr>
<tr><td colspan="3">$z_1'=\dfrac{D}{2}$</td></tr>
<tr><td colspan="3">Π_1平面：
$\overline{F_0F'}$线段的中点（即C_{Π_1}）和条件$P_{y'}=P_{z'}$所决定的平面</td></tr>
<tr><td rowspan="4">C_{Π_2}沿Π_1与Π_2的交线的方向趋于∞</td><td colspan="3">$x_2'=b'+2\dfrac{D}{n}$</td></tr>
<tr><td colspan="3">$y_2'=\infty$</td></tr>
<tr><td colspan="3">$z_2'=\infty$</td></tr>
<tr><td colspan="3">Π_2平面：
过C_{Π_1}且垂直于$\boldsymbol{\lambda}$</td></tr>
</table>

平行光路（像偏转$\Delta\boldsymbol{\mu}'$）

像倾斜：

$$\Delta\mu'_{x'}=0$$

光轴偏：

$$\Delta\mu'_{y'}=2\Delta\theta P_{y'}$$
$$\Delta\mu'_{z'}=2\Delta\theta P_{z'}$$

会聚光路（像点位移$\Delta \boldsymbol{S}'_{F'}$）

视差：

$$\Delta S'_{F'x'}=\Delta\theta(-DP_{y'}+DP_{z'})$$

光轴偏：

$$\Delta S'_{F'y'}=\Delta\theta\left[P_{x'}(2z'_q-D)+P_{z'}\left(-2x'_q+2b'+4\frac{D}{n}\right)\right]+2\Delta g D_{y'}$$

$$\Delta S'_{F'z'} = \Delta\theta\left[P_{x'}(-2y'_q + D) + P_{y'}\left(2x'_q - 2b' - 4\frac{D}{n}\right)\right] + 2\Delta g D_{z'}$$

复合棱镜

FP－90°（A）

调　整　图

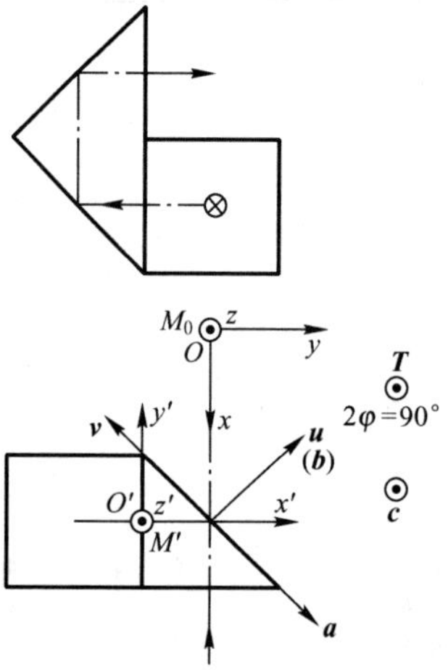

图 A-49

成像特性参量

		像坐标基底			$2\varphi=90°$
	方向余弦	$i'(x')$	$j'(y')$	$k'(z')$	T
物空间坐标基底	$i\ (x)$	$S_{T,2\varphi}=\begin{pmatrix}0 & -1 & 0\\ 1 & 0 & 0\\ 0 & 0 & 1\end{pmatrix}$			0
	$j\ (y)$				0
	$k\ (z)$				1
$t=3\quad L=3D$			$2d=0$		
$\overrightarrow{M_0M'}=-0.5D\boldsymbol{i}'+\left(0.5D-3\frac{D}{n}\right)\boldsymbol{j}'+D\boldsymbol{k}'$					
$\boldsymbol{r}_0=\left(0.5D-1.5\frac{D}{n}\right)\boldsymbol{i}'+1.5\frac{D}{n}\boldsymbol{j}'$					
$\boldsymbol{r}_i=\left(0.5D-1.5\frac{D}{n}\right)\boldsymbol{i}'+1.5\frac{D}{n}\boldsymbol{j}'-0.5D\boldsymbol{k}'$					

调整特性参量

	方向余弦	像坐标 x'	像坐标 y'	像坐标 z'
r'像偏转极值轴向	$\boldsymbol{u}$	0.707	0.707	0
	$\boldsymbol{v}$	-0.707	0.707	0
	$\boldsymbol{w}$	/	/	/
r'像偏转极值		$\delta_u = 1.414\Delta\theta$	$\delta_v = 1.414\Delta\theta$	$\delta_w = 0$
r'像移动极值移向	$\boldsymbol{a}$	0.707	-0.707	0
	$\boldsymbol{b}$	0.707	0.707	0
	$\boldsymbol{c}$	0	0	1
r'像移动极值		$\delta_a = 1.414\Delta g$	$\delta_b = 1.414\Delta g$	$\delta_c = 2\Delta g$
三维零值极点不存在	C_{Π_1}	$x_1' =$		
		$y_1' =$		
		$z_1' =$		
		Π_1平面:		
	C_{Π_2}	$x_2' =$		
		$y_2' =$		
		$z_2' =$		
		Π_2平面:		

平行光路（像偏转 $\Delta\boldsymbol{\mu}'$）

像倾斜:

$$\Delta\mu'_{x'} = \Delta\theta(P_{x'} + P_{y'})$$

光轴偏:

$$\Delta\mu'_{y'} = \Delta\theta(-P_{x'} + P_{y'})$$

$$\Delta\mu'_{z'} = 0$$

复聚光路（像点位移 $\Delta S'_{F'}$）

视差:

$$\Delta S'_{F'x'} = \Delta\theta[P_{x'}(-z'_q - D) - P_{y'}z'_q + P_{z'}(x'_q + y'_q - 0.5D)] + \Delta g(D_{x'} - D_{y'})$$

光轴偏:

$$\Delta S'_{F'y'}=\Delta\theta\left[P_{x'}z'_q+P_{y'}(-z'_q-D)+P_{z'}\left(-x'_q+y'_q+0.5D-3\frac{D}{n}\right)\right]+\Delta g(D_{x'}+D_{y'})$$

$$\Delta S'_{F'z'}=\Delta\theta\left[P_{x'}\left(-2y'_q+b'-0.5D+3\frac{D}{n}\right)+P_{y'}(2x'_q-b'-0.5D)\right]+2\Delta gD_{z'}$$

复合棱镜

FP－90°（B）

调　整　图

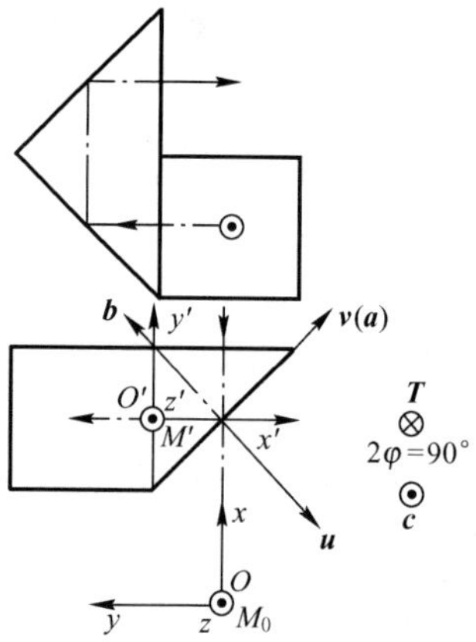

图 A-50

成像特性参量

方向余弦		像坐标基底 $i'(x')$	像坐标基底 $j'(y')$	像坐标基底 $k'(z')$	$2\varphi=90°$ T
物空间坐标基底	i (x)	$S_{T,2\varphi}=\begin{pmatrix}0&1&0\\-1&0&0\\0&0&1\end{pmatrix}$			
	j (y)				
	k (z)				
$t=3\quad L=3D$			$2d=0$		
$\overrightarrow{M_0M'}=-0.5Di'+\left(-0.5D+3\frac{D}{n}\right)j'+Dk'$					
$r_0=\left(0.5D-1.5\frac{D}{n}\right)i'-1.5\frac{D}{n}j'$					
$r_i=\left(0.5D-1.5\frac{D}{n}\right)i'-1.5\frac{D}{n}j'-0.5Dk'$					

调整特性参量

	方向余弦	像坐标 x'	像坐标 y'	像坐标 z'
r'像偏转极值轴向	$\boldsymbol{u}$	0.707	−0.707	0
	$\boldsymbol{v}$	0.707	0.707	0
	$\boldsymbol{w}$	/	/	/
r'像偏转极值		$\delta_u = 1.414\Delta\theta$	$\delta_v = 1.414\Delta\theta$	$\delta_w = 0$
r'像移动极值移向	$\boldsymbol{a}$	0.707	0.707	0
	$\boldsymbol{b}$	−0.707	0.707	0
	$\boldsymbol{c}$	0	0	1
r'像移动极值		$\delta_a = 1.414\Delta g$	$\delta_b = 1.414\Delta g$	$\delta_c = 2\Delta g$
三维零值极点不存在	C_{Π_1}	$x_1' =$		
		$y_1' =$		
		$z_1' =$		
		Π_1平面:		
	C_{Π_2}	$x_2' =$		
		$y_2' =$		
		$z_2' =$		
		Π_2平面:		

平行光路（像偏转 $\Delta\boldsymbol{\mu}'$）

像倾斜：

$$\Delta\mu'_{x'} = \Delta\theta(P_{x'} - P_{y'})$$

光轴偏：

$$\Delta\mu'_{y'} = \Delta\theta(P_{x'} + P_{y'})$$

$$\Delta\mu'_{z'} = 0$$

会聚光路（像点位移$\Delta S'_{F'}$）

视差：

$$\Delta S'_{F'x'} = \Delta\theta[P_{x'}(z'_q + D) - P_{y'}z'_q + P_{z'}(-x'_q + y'_q + 0.5)] + \Delta g(D_{x'} + D_{y'})$$

光轴偏：

$$\Delta S'_{F'y'} = \Delta\theta\left[P_{x'}z'_q + P_{y'}(z'_q + D) + P_{z'}\left(-x'_q - y'_q + 0.5D - 3\frac{D}{n}\right)\right] + \Delta g(-D_{x'} + D_{y'})$$

$$\Delta S'_{F'z'} = \Delta\theta\left[P_{x'}\left(-2y'_q - b' + 0.5D - 3\frac{D}{n}\right) + P_{y'}(2x'_q - b' - 0.5D)\right] + 2\Delta g D_{z'}$$

复 合 棱 镜

$FB_J-0°$

（别汉屋脊棱镜）

调 整 图

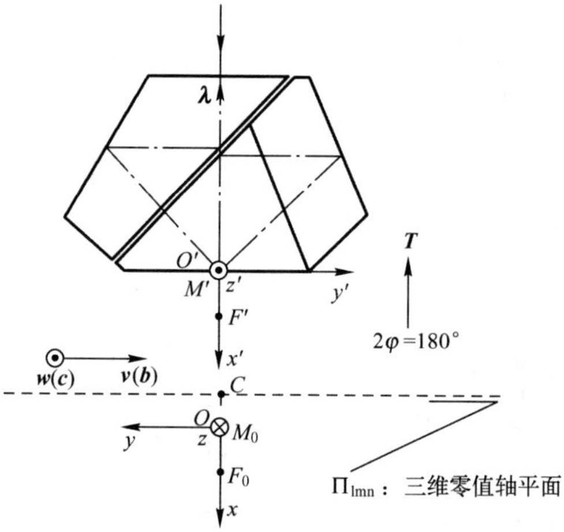

图 A-51

成像特性参量

<table>
<tr><td colspan="2" rowspan="2">方向余弦</td><td colspan="3">像坐标基底</td><td rowspan="2">$2\varphi=180°$
$\boldsymbol{T}$</td></tr>
<tr><td>$\boldsymbol{i}'(x')$</td><td>$\boldsymbol{j}'(y')$</td><td>$\boldsymbol{k}'(z')$</td></tr>
<tr><td rowspan="3">物空间
坐标基底</td><td>$\boldsymbol{i}\ (x)$</td><td colspan="3" rowspan="3">$\boldsymbol{S}_{T,2\varphi}=\begin{pmatrix}1&0&0\\0&-1&0\\0&0&-1\end{pmatrix}$</td><td>-1</td></tr>
<tr><td>$\boldsymbol{j}\ (y)$</td><td>0</td></tr>
<tr><td>$\boldsymbol{k}\ (z)$</td><td>0</td></tr>
<tr><td colspan="3">$t=6\quad L=5.156D$</td><td colspan="3">$2d=-1.299D+5.156\dfrac{D}{n}$</td></tr>
<tr><td colspan="6">$\overrightarrow{M_0M'}=\left(1.299D-5.156\dfrac{D}{n}\right)\boldsymbol{i}'$</td></tr>
<tr><td colspan="6">$\boldsymbol{r}_0=0$</td></tr>
<tr><td colspan="6">$\boldsymbol{r}_i=$</td></tr>
</table>

调整特性参量

<table>
<tr><td colspan="2" rowspan="2">方向余弦</td><td colspan="3">像 坐 标</td></tr>
<tr><td>x'</td><td>y'</td><td>z'</td></tr>
<tr><td rowspan="3">r'像偏转极值轴向</td><td>$\boldsymbol{u}$</td><td>/</td><td>/</td><td>/</td></tr>
<tr><td>$\boldsymbol{v}$</td><td>0</td><td>1</td><td>0</td></tr>
<tr><td>$\boldsymbol{w}$</td><td>0</td><td>0</td><td>1</td></tr>
<tr><td colspan="2">r'像偏转极值</td><td>$\delta_u=0$</td><td>$\delta_v=2\Delta\theta$</td><td>$\delta_w=2\Delta\theta$</td></tr>
<tr><td rowspan="3">r'像移动极值移向</td><td>$\boldsymbol{a}$</td><td>/</td><td>/</td><td>/</td></tr>
<tr><td>$\boldsymbol{b}$</td><td>0</td><td>1</td><td>0</td></tr>
<tr><td>$\boldsymbol{c}$</td><td>0</td><td>0</td><td>1</td></tr>
<tr><td colspan="2">r'像移动极值</td><td>$\delta_a=0$</td><td>$\delta_b=2\Delta g$</td><td>$\delta_c=2\Delta g$</td></tr>
<tr><td rowspan="4">空间三维零值极点和三维零值轴平面</td><td rowspan="3">C在$\overline{F_0F'}$线段的中点</td><td colspan="3">$x_1'=\frac{1}{2}\left(2b'-1.299D+5.156\frac{D}{n}\right)$</td></tr>
<tr><td colspan="3">$y_1'=0$</td></tr>
<tr><td colspan="3">$z_1'=0$</td></tr>
<tr><td>Π_{lmn}</td><td colspan="3">过C且垂直于$\boldsymbol{\lambda}$</td></tr>
</table>

平行光路（像偏转 $\Delta\boldsymbol{\mu}'$）

像倾斜：

$$\Delta\mu'_{x'}=0$$

光轴偏：

$$\Delta\mu'_{y'}=2\Delta\theta P_{y'}$$
$$\Delta\mu'_{z'}=2\Delta\theta P_{z'}$$

会聚光路（像点位移 $\Delta S'_{F'}$）

视差：

$$\Delta S'_{F'x'}=0$$

光轴偏：

$$\Delta S'_{F'y'}=\Delta\theta\left[2P_{x'}z'_q+P_{z'}\left(-2x'_q+2b'-1.299D+5.156\frac{D}{n}\right)\right]+2\Delta gD_{y'}$$

$$\Delta S'_{F'z'}=\Delta\theta\left[-2P_{x'}y'_q+P_{y'}\left(2x'_q-2b'+1.299D-5.156\frac{D}{n}\right)\right]+2\Delta gD_{z'}$$

复 合 棱 镜

$\mathbf{FB_J-0°}$

（别汉屋脊棱镜）

$L=5.714D$

调 整 图

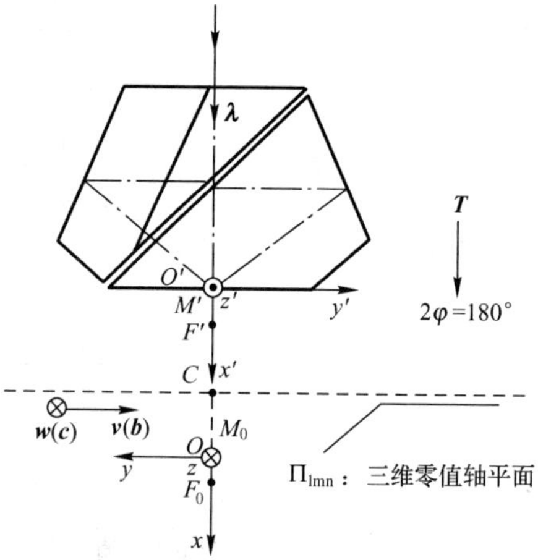

图 A-52

成像特性参量

<table>
<tr><td colspan="2" rowspan="2">方向余弦</td><td colspan="3">像坐标基底</td><td rowspan="2">2φ = 180°
T</td></tr>
<tr><td>$\boldsymbol{i}'(x')$</td><td>$\boldsymbol{j}'(y')$</td><td>$\boldsymbol{k}'(z')$</td></tr>
<tr><td rowspan="3">物空间
坐标基底</td><td>$\boldsymbol{i}$ (x)</td><td colspan="3" rowspan="3">$\boldsymbol{S}_{T,2\varphi}=\begin{pmatrix}1&0&0\\0&-1&0\\0&0&-1\end{pmatrix}$</td><td>1</td></tr>
<tr><td>$\boldsymbol{j}$ (y)</td><td>0</td></tr>
<tr><td>$\boldsymbol{k}$ (z)</td><td>0</td></tr>
<tr><td colspan="3">$t=6 \quad L=5.714D$</td><td colspan="3">$2d=1.492D-5.714\dfrac{D}{n}$</td></tr>
<tr><td colspan="6">$\overrightarrow{M_0M'}=\left(1.492D-5.714\dfrac{D}{n}\right)\boldsymbol{i}'$</td></tr>
<tr><td colspan="6">$\boldsymbol{r}_0=0$</td></tr>
<tr><td colspan="6">$\boldsymbol{r}_i=$</td></tr>
</table>

调整特性参量

	方向余弦	像坐标 x'	像坐标 y'	像坐标 z'
r'像偏转极值轴向	$\boldsymbol{u}$	/	/	/
	$\boldsymbol{v}$	0	1	0
	$\boldsymbol{w}$	0	0	1
r'像偏转极值		$\delta_u=0$	$\delta_v=2\Delta\theta$	$\delta_w=2\Delta\theta$
r'像移动极值移向	$\boldsymbol{a}$	/	/	/
	$\boldsymbol{b}$	0	1	0
	$\boldsymbol{c}$	0	0	1
r'像移动极值		$\delta_a=0$	$\delta_b=2\Delta g$	$\delta_c=2\Delta g$
空间三维零值极点和三维零值轴平面	C 在$\overline{F_0F'}$线段的中点	$x_1'=\frac{1}{2}\left(2b'-1.492D+5.714\frac{D}{n}\right)$		
		$y_1'=0$		
		$z_1'=0$		
	Π_{lmn}	过 C 且垂直于 $\boldsymbol{\lambda}$		

平行光路（像偏转 $\Delta\boldsymbol{\mu}'$）

像倾斜：

$$\Delta\mu_{x'}'=0$$

光轴偏：

$$\Delta\mu_{y'}'=2\Delta\theta P_{y'}$$
$$\Delta\mu_{z'}'=2\Delta\theta P_{z'}$$

会聚光路（像点位移 $\Delta S_{F'}'$）

视差：

$$\Delta S_{F'x'}=0$$

光轴偏

$$\Delta S_{F'y'}'=\Delta\theta\left[2P_{x'}z_q'+P_{z'}\left(-2x_q'+2b'-1.492D+5.714\frac{D}{n}\right)\right]+2\Delta gD_{y'}$$

$$\Delta S_{F'z'}'=\Delta\theta\left[-2P_{x'}y_q'+P_{y'}\left(2x_q'-2b'+1.492D-5.714\frac{D}{n}\right)\right]+2\Delta gD_{z'}$$

复 合 棱 镜

$FB_J-0°$

（别汉屋脊棱镜）

$L=5.312D$

调 整 图

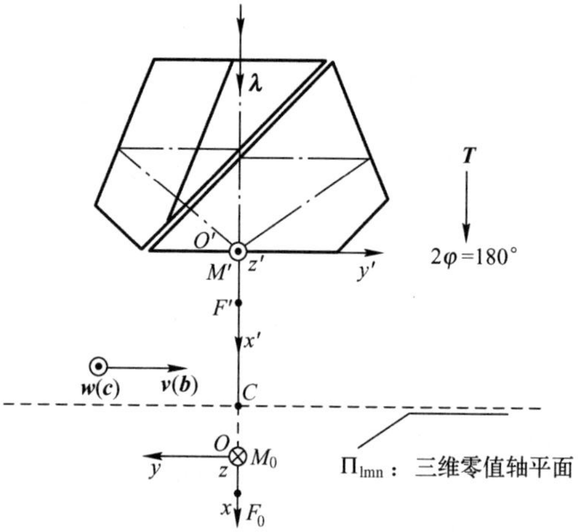

图 A–53

成像特性参量

<table>
<tr><td rowspan="2" colspan="2">方向余弦</td><td colspan="3">像坐标基底</td><td>$2\varphi=180°$</td></tr>
<tr><td>$\boldsymbol{i}'(x')$</td><td>$\boldsymbol{j}'(y')$</td><td>$\boldsymbol{k}'(z')$</td><td>$\boldsymbol{T}$</td></tr>
<tr><td rowspan="3">物空间
坐标基底</td><td>$\boldsymbol{i}\ (x)$</td><td colspan="3" rowspan="3">$S_{T,2\varphi}=\begin{pmatrix}1 & 0 & 0\\0 & -1 & 0\\0 & 0 & -1\end{pmatrix}$</td><td>1</td></tr>
<tr><td>$\boldsymbol{j}\ (y)$</td><td>0</td></tr>
<tr><td>$\boldsymbol{k}\ (z)$</td><td>0</td></tr>
<tr><td colspan="3">$t=6\quad L=5.312D$</td><td colspan="3">$2d=1.326D-5.312\dfrac{D}{n}$</td></tr>
<tr><td colspan="6">$\overrightarrow{M_0M'}=\left(1.326D-5.312\dfrac{D}{n}\right)\boldsymbol{i}'$</td></tr>
<tr><td colspan="6">$\boldsymbol{r}_0=0$</td></tr>
<tr><td colspan="6">$\boldsymbol{r}_i=$</td></tr>
</table>

调整特性参量

		像坐标		
方向余弦		x'	y'	z'
r'像偏转极值轴向	$\boldsymbol{u}$	/	/	/
	$\boldsymbol{v}$	0	1	0
	$\boldsymbol{w}$	0	0	1
r'像偏转极值		$\delta_u=0$	$\delta_v=2\Delta\theta$	$\delta_w=2\Delta\theta$
r'像移动极值移向	$\boldsymbol{a}$	/	/	/
	$\boldsymbol{b}$	0	1	0
	$\boldsymbol{c}$	0	0	1
r'像移动极值		$\delta_a=0$	$\delta_b=2\Delta g$	$\delta_c=2\Delta g$
空间三维零值极点和三维零值轴平面	C_{Π_1}在$\overline{F_0F'}$线段的中点	$x_1'=\frac{1}{2}\left(2b'-1.326D+5.312\frac{D}{n}\right)$		
		$y_1'=0$		
		$z_1'=0$		
	Π_{lmn}	过 C 且垂直于 $\boldsymbol{\lambda}$		

平行光路（像偏转 $\Delta\boldsymbol{\mu}'$）

像倾斜：

$$\Delta\mu'_{x'}=0$$

光轴偏：

$$\Delta\mu'_{y'}=2\Delta\theta P_{y'}$$
$$\Delta\mu'_{z'}=2\Delta\theta P_{z'}$$

会聚光路（像点位移 $\Delta S'_{F'}$）

视差：

$$\Delta S'_{F'x'}=0$$

光轴偏：

$$\Delta S'_{F'y'}=\Delta\theta\left[2P_{x'}z'_q+P_{z'}\left(-2x'_q+2b'-1.326D+5.312\frac{D}{n}\right)\right]+2\Delta gD_{y'}$$

$$\Delta S'_{F'z'}=\Delta\theta\left[-2P_{x'}y'_q+P_{y'}\left(2x'_q-2b'+1.326D-5.312\frac{D}{n}\right)\right]+2\Delta gD_{z'}$$

复 合 棱 镜

$\mathbf{FA_J-0°}$

调 整 图

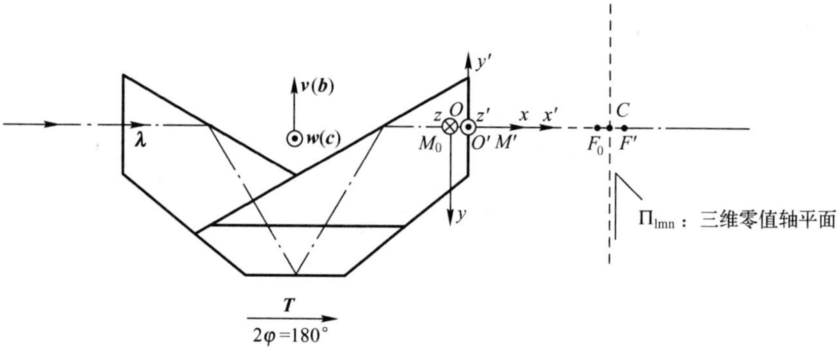

图 A-54

成像特性参量

<table>
<tr><td colspan="2" rowspan="2">方向余弦</td><td colspan="3">像坐标基底</td><td rowspan="2">$2\varphi=180°$
$\boldsymbol{T}$</td></tr>
<tr><td>$\boldsymbol{i}'(x')$</td><td>$\boldsymbol{j}'(y')$</td><td>$\boldsymbol{k}'(z')$</td></tr>
<tr><td rowspan="3">物空间
坐标基底</td><td>$\boldsymbol{i}\ (x)$</td><td colspan="3" rowspan="3">$\boldsymbol{S}_{\boldsymbol{T},2\varphi}=\begin{pmatrix}1&0&0\\0&-1&0\\0&0&-1\end{pmatrix}$</td><td>1</td></tr>
<tr><td>$\boldsymbol{j}\ (y)$</td><td>0</td></tr>
<tr><td>$\boldsymbol{k}\ (z)$</td><td>0</td></tr>
<tr><td colspan="3">$t=4\quad L=5.196D$</td><td colspan="3">$2d=3.464D-5.196\frac{D}{n}$</td></tr>
<tr><td colspan="6">$\overrightarrow{M_0M'}=\left(3.464D-5.196\frac{D}{n}\right)\boldsymbol{i}'$</td></tr>
<tr><td colspan="6">$\boldsymbol{r}_0=0$</td></tr>
<tr><td colspan="6">$\boldsymbol{r}_i=$</td></tr>
</table>

调整特性参量

<table>
<tr><td colspan="2" rowspan="2">方向余弦</td><td colspan="3">像 坐 标</td></tr>
<tr><td>x'</td><td>y'</td><td>z'</td></tr>
<tr><td rowspan="3">r'像偏转极值轴向</td><td>$\boldsymbol{u}$</td><td>/</td><td>/</td><td>/</td></tr>
<tr><td>$\boldsymbol{v}$</td><td>0</td><td>1</td><td>0</td></tr>
<tr><td>$\boldsymbol{w}$</td><td>0</td><td>0</td><td>1</td></tr>
<tr><td colspan="2">r'像偏转极值</td><td>$\delta_u=0$</td><td>$\delta_v=2\Delta\theta$</td><td>$\delta_w=2\Delta\theta$</td></tr>
<tr><td rowspan="3">r'像移动极值移向</td><td>$\boldsymbol{a}$</td><td>/</td><td>/</td><td>/</td></tr>
<tr><td>$\boldsymbol{b}$</td><td>0</td><td>1</td><td>0</td></tr>
<tr><td>$\boldsymbol{c}$</td><td>0</td><td>0</td><td>1</td></tr>
<tr><td colspan="2">r'像移动极值</td><td>$\delta_a=0$</td><td>$\delta_b=2\Delta g$</td><td>$\delta_c=2\Delta g$</td></tr>
<tr><td rowspan="4">空间三维零值极点和三维零值轴平面</td><td rowspan="3">C 在$\overline{F_0F'}$线段的中点</td><td colspan="3">$x_1'=\frac{1}{2}\left(2b'-3.464D+5.196\frac{D}{n}\right)$</td></tr>
<tr><td colspan="3">$y_1'=0$</td></tr>
<tr><td colspan="3">$z_1'=0$</td></tr>
<tr><td>Π_{lmn}</td><td colspan="3">过 C 且垂直于 $\boldsymbol{\lambda}$</td></tr>
</table>

平行光路（像偏转 $\Delta\boldsymbol{\mu}'$）

像倾斜：

$$\Delta\mu_{x'}'=0$$

光轴偏：

$$\Delta\mu_{y'}'=2\Delta\theta P_{y'}$$

$$\Delta\mu_{z'}'=2\Delta\theta P_{z'}$$

会聚光路（像点位移 $\Delta S_{F'}'$）

视差：

$$\Delta S_{F'x'}'=0$$

光轴偏：

$$\Delta S_{F'y'}'=\Delta\theta\left[2P_{x'}z_q'+P_{z'}\left(-2x_q'+2b'-3.464D+5.196\frac{D}{n}\right)\right]+2\Delta gD_{y'}$$

$$\Delta S_{F'z'}'=\Delta\theta\left[-2P_{x'}y_q'+P_{y'}\left(2x_q'-2b'+3.464D-5.196\frac{D}{n}\right)\right]+2\Delta gD_{z'}$$

附录B　程　　序

本程序基于 DJS－8 FORTRAN 语言，它专用于完成棱镜调整图表中的一些共同的运算①。

已知数据为 t、L、T_x、T_y、T_z、2φ 以及矢量 $\overrightarrow{M'M_0}=\left(A_{01}D+B_{01}\dfrac{D}{n}\right)\boldsymbol{i}'+\left(A_{02}D+B_{02}\dfrac{D}{n}\right)\boldsymbol{j}'+\left(A_{03}D+B_{03}\dfrac{D}{n}\right)\boldsymbol{k}'$中的 A_{01}、A_{02}、A_{03}、B_{01}、B_{02}、B_{03}等6个系数。这些就是棱镜的成像特性参量。

以上12个参量分别与程序中的 T、LEN、TX、TY、TZ、$TWOFAI$、A（1）、A（2）、A（3）、B（1）、B（2）、B（3）等变量相对应。

应当指出，由于$\overrightarrow{M'M_0}=-\overrightarrow{M_0M'}$，所以，与（2－3－1）式相比较，有

$$A_{01}=-A_1,A_{02}=-A_2,A_{03}=-A_3$$
$$B_{01}=-B_1,B_{02}=-B_2,B_{03}=-B_3$$

所求诸项为：

（1）矩阵 $\boldsymbol{S}_{T,2\varphi}$；

（2）调整特性参量 $\boldsymbol{\delta}_u$、$\boldsymbol{\delta}_v$、$\boldsymbol{\delta}_w$或像偏转极值 δ_u、δ_v、δ_w和极值轴向 $\boldsymbol{u}$、$\boldsymbol{v}$、$\boldsymbol{w}$；

（3）平行光路中像偏转 $\Delta\boldsymbol{\mu}'$的三个分量 $\Delta\mu'_{x'}$、$\Delta\mu'_{y'}$、$\Delta\mu'_{z'}$的计算公式；

（4）会聚光路中像点位移 $\Delta S'_{F'}$的的三个分量 $\Delta S'_{F'x'}$、$\Delta S'_{F'y'}$、$\Delta S'_{F'z'}$的计算公式。

B.1　数学公式和计算方法

1. 矩阵 $S_{T,2\varphi}$

设

$$\boldsymbol{S}_{T,2\varphi}=\begin{pmatrix} r_{11} & r_{12} & r_{13} \\ r_{21} & r_{22} & r_{23} \\ r_{31} & r_{32} & r_{33} \end{pmatrix} \tag{B-1}$$

而由(2－4－24)式知

① 本程序稍加扩大后便能够获得图表中的全部数据。

$$
\left.\begin{aligned}
r_{11} &= \cos 2\varphi + 2T_x^2 \sin^2\varphi \\
r_{12} &= -T_z \sin 2\varphi + 2T_x T_y \sin^2\varphi \\
r_{13} &= T_y \sin 2\varphi + 2T_x T_z \sin^2\varphi \\
r_{21} &= T_z \sin 2\varphi + 2T_x T_y \sin^2\varphi \\
r_{22} &= \cos 2\varphi + 2T_y^2 \sin^2\varphi \\
r_{23} &= -T_x \sin 2\varphi + 2T_y T_z \sin^2\varphi \\
r_{31} &= -T_y \sin 2\varphi + 2T_x T_z \sin^2\varphi \\
r_{32} &= T_x \sin 2\varphi + 2T_y T_z \sin^2\varphi \\
r_{33} &= \cos 2\varphi + 2T_z^2 \sin^2\varphi
\end{aligned}\right\} \tag{B-2}
$$

2. 调整特性参量

设单位方阵 $\boldsymbol{E}$

$$
\boldsymbol{E} = \begin{pmatrix} e_{11} & e_{12} & e_{13} \\ e_{21} & e_{22} & e_{23} \\ e_{31} & e_{32} & e_{33} \end{pmatrix} = \begin{pmatrix} 1 & 0 & 0 \\ 0 & 1 & 0 \\ 0 & 0 & 1 \end{pmatrix} \tag{B-3}
$$

则由(6－1－15)式,有

$$
\left.\begin{aligned}
\delta_u &= \sqrt{(e_{11}-r_{11})^2 + (e_{12}-r_{12})^2 + (e_{13}-r_{13})^2} \\
\delta_v &= \sqrt{(e_{21}-r_{21})^2 + (e_{22}-r_{22})^2 + (e_{23}-r_{23})^2} \\
\delta_w &= \sqrt{(e_{31}-r_{31})^2 + (e_{32}-r_{32})^2 + (e_{33}-r_{33})^2}
\end{aligned}\right\} \tag{B-4}
$$

而 $\boldsymbol{u}$、$\boldsymbol{v}$、$\boldsymbol{w}$ 在 $x'y'z'$ 中的 9 个方向余弦等于：

$$
\left.\begin{aligned}
u_{x'} &= \cos\alpha_1 = \frac{e_{11}-r_{11}}{\delta_u} \\
u_{y'} &= \cos\beta_1 = \frac{e_{12}-r_{12}}{\delta_u} \\
u_{z'} &= \cos\gamma_1 = \frac{e_{13}-r_{13}}{\delta_u} \\
v_{x'} &= \cos\alpha_2 = \frac{e_{21}-r_{21}}{\delta_v} \\
v_{y'} &= \cos\beta_2 = \frac{e_{22}-r_{22}}{\delta_v} \\
v_{z'} &= \cos\gamma_2 = \frac{e_{23}-r_{23}}{\delta_v} \\
w_{x'} &= \cos\alpha_3 = \frac{e_{31}-r_{31}}{\delta_w} \\
w_{y'} &= \cos\beta_3 = \frac{e_{32}-r_{32}}{\delta_w} \\
w_{z'} &= \cos\gamma_3 = \frac{e_{33}-r_{33}}{\delta_w}
\end{aligned}\right\} \tag{B-5}
$$

3. 平行光路中的像偏转 $\Delta\boldsymbol{\mu}'$

由(4－3－9)式知

$$\Delta\boldsymbol{\mu}' = \Delta\theta(\boldsymbol{E} - \boldsymbol{S}_{\boldsymbol{T},2\varphi})\boldsymbol{P} \tag{B-6}$$

展开后,得

$$\left.\begin{aligned}\Delta\mu'_{x'} &= \Delta\theta[(e_{11}-r_{11})P_{x'} + (e_{12}-r_{12})P'_{y} + (e_{13}-r_{13})P_{z'}]\\ \Delta\mu'_{y'} &= \Delta\theta[(e_{21}-r_{21})P_{x'} + (e_{22}-r_{22})P_{y'} + (e_{23}-r_{23})P_{z'}]\\ \Delta\mu'_{z'} &= \Delta\theta[(e_{31}-r_{31})P_{x'} + (e_{32}-r_{32})P_{y'} + (e_{33}-r_{33})P_{z'}]\end{aligned}\right\} \tag{B-7}$$

由(B-7)式可见,为了得到各像偏转分量的计算公式,只需求出差矩阵($\boldsymbol{E} - \boldsymbol{S}_{\boldsymbol{T},2\varphi}$)的9个矩元就可以。

4. 会聚光路中的像点位移 $\Delta\boldsymbol{S}'_{F'}$

由文献[12]的(1－3－10)式得

$$\begin{aligned}\Delta\boldsymbol{S}'_{F'} = &-\Delta\theta(\boldsymbol{P}\times\boldsymbol{r}_q) + (-1)^{t-1}\Delta\theta[\boldsymbol{S}_{\boldsymbol{T},2\varphi}(\boldsymbol{P})]\times[\boldsymbol{S}_{\boldsymbol{T},2\varphi}(\overrightarrow{\boldsymbol{M}'\boldsymbol{M}}_0 - \boldsymbol{r}_q)]\\ &+[\Delta\theta(\boldsymbol{E}-\boldsymbol{S}_{\boldsymbol{T},2\varphi})(\boldsymbol{P})]\times b'\boldsymbol{i}' + \{[\boldsymbol{E}+(-1)^{t-1}\boldsymbol{S}_{\boldsymbol{T},2\varphi}](\Delta\boldsymbol{g})\}\end{aligned} \tag{B-8}$$

(B-8)式在形式上与(4－3－25)式有所差异,然而在实质上却完全等同。上式中的 $\Delta\boldsymbol{g}$ 应是(4－3－25)式中的 $\Delta g\boldsymbol{D}$:

$$\Delta\boldsymbol{g} = \Delta g\boldsymbol{D}$$

因而

$$\Delta g_{x'} = \Delta gD_{x'},\ \Delta g_{y'} = \Delta gD_{y'},\ \Delta g_{z'} = \Delta gD_{z'}$$

在文献[12]中,有(B-8)式的详细推导。读者自行推导时,可参考图 B-1,并注意图中的 $\boldsymbol{\rho}_{M'} = -\boldsymbol{r}_q$。

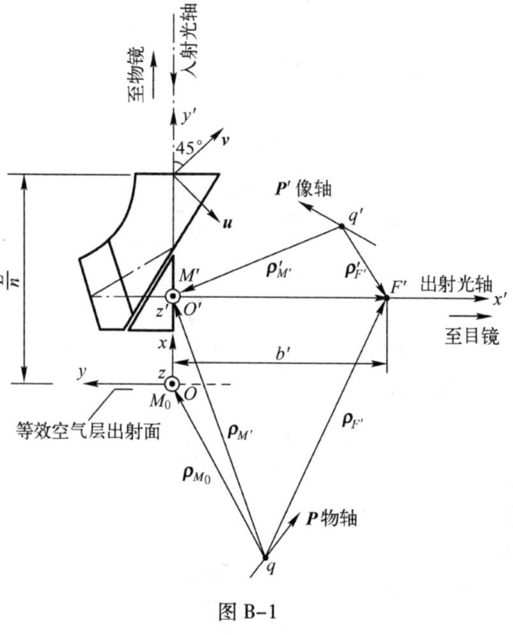

图 B-1

将(B-1)式、(B-2)式的$\boldsymbol{S}_{\boldsymbol{T},2\varphi}$和$\overrightarrow{M'M_0} = \left(A_{01}D + B_{01}\dfrac{D}{n}\right)\boldsymbol{i}' + \left(A_{02}D + B_{02}\dfrac{D}{n}\right)\boldsymbol{j}' + \left(A_{03}D + B_{03}\dfrac{D}{n}\right)\boldsymbol{k}'$代入(B-8)式,并经展开运算和归并后,得

$$\begin{aligned}\Delta S'_{F'x'} = \Delta\theta\Big[& P_{x'}\left(S_{111}x'_q + S_{112}y'_q + S_{113}z'_q + S_{114}b' + S_{115}D \right.\\ & \left. + S_{116}\frac{D}{n}\right) + P_{y'}\left(S_{121}x'_q + S_{122}y'_q + S_{123}z'_q + S_{124}b' + \right.\\ & \left. S_{125}D + S_{126}\frac{D}{n}\right) + P_{z'}\left(S_{131}x'_q + S_{132}y'_q + S_{133}z'_q + \right.\\ & \left.\left. S_{134}b' + S_{135}D + S_{136}\frac{D}{n}\right)\right] + \\ & S_{11}\Delta g_{x'} + S_{12}\Delta g_{y'} + S_{13}\Delta g_{z'}\end{aligned} \tag{B-9}$$

$$\begin{aligned}\Delta S'_{F'y'} = \Delta\theta\Big[& P_{x'}\left(S_{211}x'_q + S_{212}y'_q + S_{213}z'_q + S_{214}b' + S_{215}D + \right.\\ & \left. S_{216}\frac{D}{n}\right) + P_{y'}\left(S_{221}x'_q + S_{222}y'_q + S_{223}z'_q + S_{224}b' + \right.\\ & \left. S_{225}D + S_{226}\frac{D}{n}\right) + P_{z'}\left(S_{231}x'_q + S_{232}y'_q + S_{233}z'_q + \right.\\ & \left.\left. S_{234}b' + S_{235}D + S_{236}\frac{D}{n}\right)\right] + S_{21}\Delta g_{x'} + S_{22}\Delta g_{y'} + S_{23}\Delta g_{z'}\end{aligned} \tag{B-10}$$

$$\begin{aligned}\Delta S'_{F'z'} = \Delta\theta\Big[& P_{x'}\left(S_{311}x'_q + S_{312}y'_q + S_{313}z'_q + S_{314}b' + S_{315}D + S_{316}\frac{D}{n}\right) + \\ & P_{y'}\left(S_{321}x'_q + S_{322}y'_q + S_{323}z'_q + S_{324}b' + S_{325}D + S_{326}\frac{D}{n}\right) + \\ & P_{z'}\left(S_{331}x'_q + S_{332}y'_q + S_{333}z'_q + S_{334}b' + S_{335}D + S_{336}\frac{D}{n}\right)\Big] + \\ & S_{31}\Delta g_{x'} + S_{32}\Delta g_{y'} + S_{33}\Delta g_{z'}\end{aligned} \tag{B-11}$$

式中,S_{ijk}和S_{ij}为归并的系数,它们的数值都取决于输入的已知数据。

由(B-9)~(B-11)式可见,为了得到像点小位移各分量的计算公式,必须求出63个系数S_{ijk}和S_{ij}($i=1,2,3;j=1,2,3;k=1,2,\cdots,6$)的数值。

如果采用直接的求法,须推导出63个系数的表达式,颇为繁琐。因此,为了简化源程序,这里采用了下述间接的方法。

如果将$\Delta\theta = P_{x'} = x'_q = 1$和$\Delta g_{x'} = \Delta g_{y'} = \Delta g_{z'} = P_{y'} = P_{z'} = y'_q = z'_q = b' = D = \dfrac{D}{n} = 0$代入(B-9)~(B-11)式,得

$$\Delta S'_{F'x'} = S_{111}$$
$$\Delta S'_{F'y'} = S_{211}$$
$$\Delta S'_{F'z'} = S_{311}$$

同样,当$\Delta\theta = P_{y'} = y'_q = 1$而其余变量均为零时,得

$$\Delta S'_{F'x'} = S_{122}$$

$$\Delta S'_{F'y'} = S_{222}$$

$$\Delta S'_{F'z'} = S_{322}$$

又当 $\Delta g_{x'} = 1$，而 $\Delta\theta$ 和其余变量均为零时，则得

$$\Delta S'_{F'x'} = S_{11}$$

$$\Delta S'_{F'y'} = S_{21}$$

$$\Delta S'_{F'z'} = S_{31}$$

依此类推，可求出全部系数 S_{ijk} 和 S_{ij} 的数值。

由此可见，只要在程序中组织适当的循环，便可以从一个统一的公式(B-8)中得到全部系数 S_{ijk} 和 S_{ij} 的数值，而这个统一的公式又是现成的。

B.2 框图

由(B-8)式可见，公式中包含的基本的运算环节是一个方阵和一另一个列矩阵

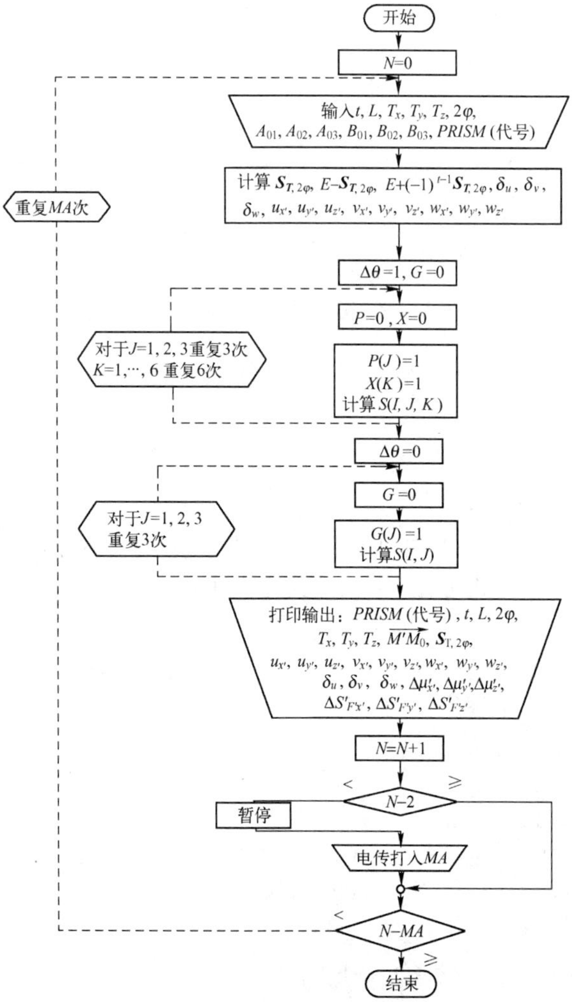

图 B-2　主程序段 MUISFK 框图

矢量的乘法以及两个矢量的矢积。所以,在本程序的结构中引入了和上述运算环节相对应的两个子程序段。此外,还设置了一个和公式(B-8)相应的子程序段。

在主程序段框图中出现的符号名 $P(J)$、$G(J)$ 和 $X(K)$ 按照 $J=1,2,3$ 和 $K=1,2,\cdots,6$ 的顺序对应地代表变量 $P_{x'}$、$P_{y'}$、$P_{z'}$、$\Delta g_{x'}$、$\Delta g_{y'}$、$\Delta g_{z'}$ 和 x'_q、y'_q、z'_q、b'、D、$\dfrac{D}{n}$。符号名 *MA* 代表所需计算的棱镜的数目。当程序执行"PAUSE"(暂停)①后,在电传机上写入此共名量 *MA* 的具体数字。

各程序段框图中其他符号名的含义都可从同 B.1 中的有关公式以及 B.3 中的源程序的对照中识别。

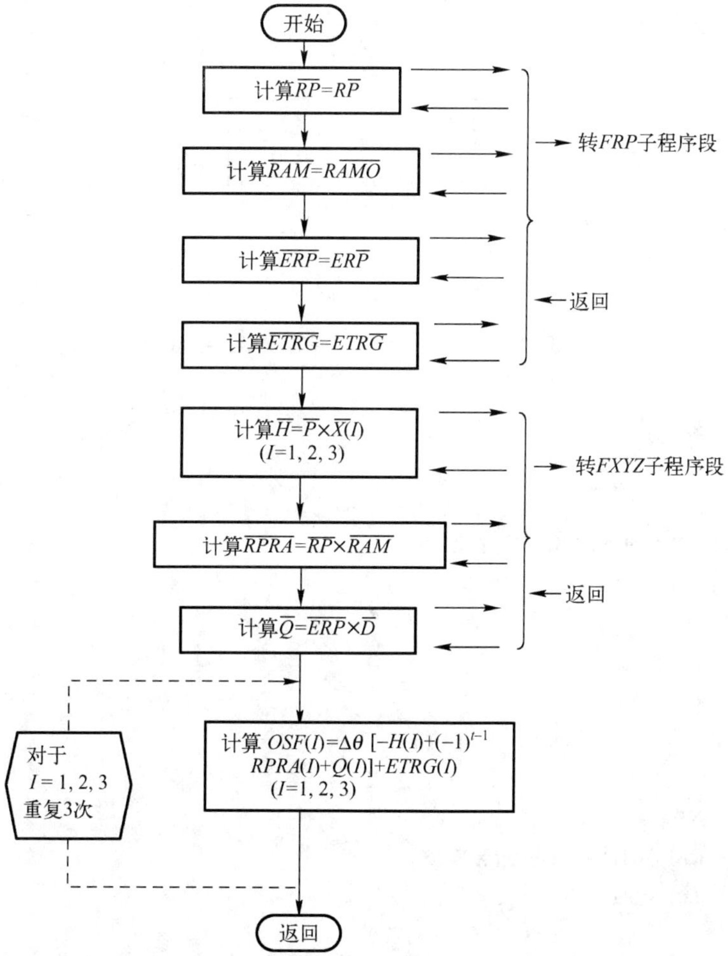

图 B-3 子程序段 SF 框图

---

① 注:第一块棱镜的数据运算完毕后的"暂停",是为检查一下电子计算机的运算结果是否正确用。

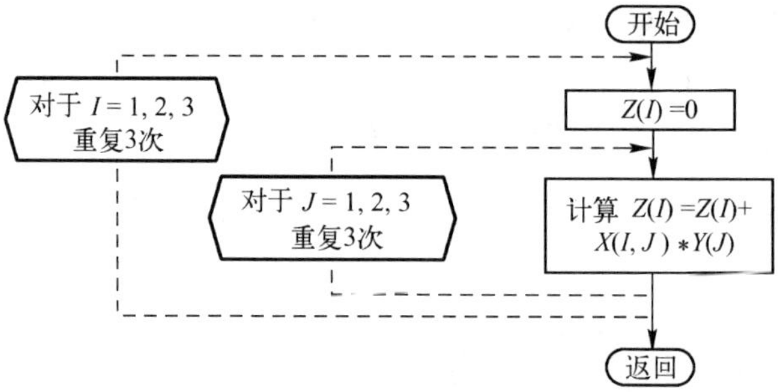

图 B-4　矩阵乘矢量子程序段 FRP 框图

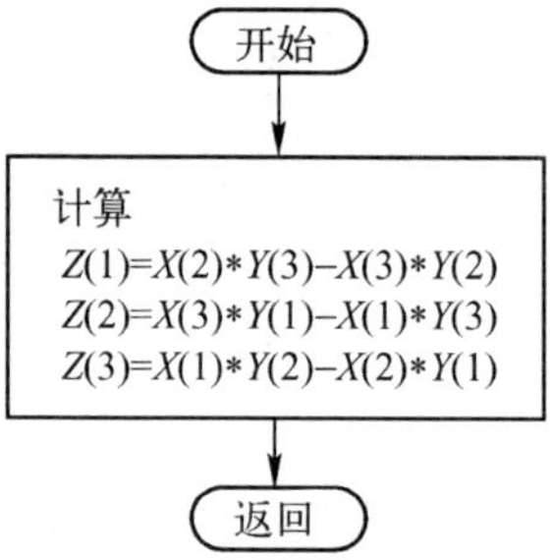

图 B-5　矢量矢积子程序段 FXYZ 框图

B.3　源程序[①]

```
      PAGE  1
      SUBROUTING FRP(X,Y,Z)
      DIMENSION X(3,3),Y(3),Z(3)
      DO  101  I=1,3
      Z( I ) =0.0
      DO  101  J=1,3
101   Z( I ) =Z(I) +X( I ,J) * Y(J)
      RETURN
      END
      SUBROUTINE  FXYZ(X,Y,Z)
      DIMENSION  X(3),Y(3),Z(3)
      Z(1) =X(2) * Y(3) -X(3) * Y(2)
      Z(2) =X(3) * Y(1) -X(1) * Y(3)
      Z(3) =X(1) * Y(2) -X(2) * Y(1)
      RETURN
```

① 注:本源程序中的某些语句超过规定行数,是由于书的版面不够宽所致。

```
      END
      SUBROUTINE  SF (X,P,A,B,G,OSF)
      INTEGER  T
      DIMENSION  X(6),P(3),A(3),B(3),G(3),OSF(3),AMO(3)D(3),RP(3),
      RAM(3),ERP(3),ETRG(3),H(3),RPRA(3),Q(3),E(3,3),R(3,3),C(3),ER
      (3,3)ETR(3,3)
      PUBLIC  E,R. T. DELTST,ER,ETR
      C =0. 0
      C(1) =1. 0
      DO  1 1 1   I =1,3
      AMO( I ) =A( I ) * X(5) +B( I ) * X(6) -X( I )
1 1 1 D( I ) =C( I ) * X(4)
      CALL  FRP(R,P,RP)
      CALL  FRP(R,AMO,RAM)
      CALL  FRP(ER,P,ERP)
      CALL  FRP(ETR,G,ETRG)
      CALL  FXYZ(P,X,H)
      CALL  FXYZ(RP,RAM,RPRA)
      CALL  FXYZ(ERP,D,Q)
      DO  1 3 3   I =1,3
1 3 3 OSF( I ) =DELTST * ( -H( I ) +( -1) * * (T -1) * RPRA( I ) +Q( I )) +
      ETRG( I )
      RETURN
      END
      PAGE  2
      MASTER  MUISFK
      INTEGER  MA,T
      REAL  LEN,AS,DELTST,FTF,BS,BC
      DIMENSION  A(3),B(3),OSF1(3),SFG1(3),SFG(3,3),UVW(3,3),ER(3,3),
      ERP(3,3),OSF(3,3,6),P(3),G(3),DL(3),DELT(3),X(6),E(3,3),R(3,3),
      ETR(3,3)
      PUBLIC  MA,E,R,T,DELTST,ER,ETR
      N =0
      E =0. 0
      DO  2   I =1,3
    2 E( I , I ) =1. 0
  9 9 READ(1)  T,LEN,TX,TY,TZ,TWOFAI,A,B,PRISM
      FTF = TWOFAI * 3. 14159/180. 0
      AS = ( SIN( FTF/2. 0) ) * * 2 * 2. 0
      BS = SIN( FTF)
```

```
      BC = COS(FTF)
      R(1,1) = BC + TX * TX * AS
      R(1,2) = - TZ * BS + TX * TY * AS
      R(1,3) = TY * BS + TX * TZ * AS
      R(2,1) = TZ * BS + TX * TY * AS
      R(2,2) = BC + TY * TY * AS
      R(2,3) = - TX * BS + TY * TZ * AS
      R(3,1) = - TY * BS + TX * TZ * AS
      R(3,2) = TX * BS + TY * TZ * AS
      R(3,3) = BC + TZ * TZ * AS
      DO 16 I = 1,3
      DL(I) = 0.0
      DO 16 J = 1,3
      ER(I,J) = E(I,J) - R(I,J)
      ETR(I,J) = E(I,J) + (-1) * * (T-1) * R(I,J)
16    DL(I) = DL(I) + ER(I,J) * * 2
      DO 19 I = 1,3
      DO 19 J = 1,3
      DELT(I) = SQRT(DL(I))
      IF(.00004 - DELT(I))18,18,17
17    UVW(I,J) = 0.0
      DELT(I) = 0.0
      GOTO 19
18    UVW(I,J) = ER(I,J)/DELT(I)
19    CONTINUE
      DELTST = 1.0
      G = 0.0
      DO 31 J = 1,3
      DO 31 K = 1,6
      X = 0.0
      P = 0.0
      P(J) = 1.0
      X(K) = 1.0
      CALL SF(X,P,A,B,G,OSF1)
      DO 31 I = 1,3
31    OSF(I,J,K) = OSF1(I)
      DELTST = 0.0
      X = 0.0
      P = 0.0
      DO 32 J = 1,3
```

```
      G = 0.0
      G(J) = 1.0
      CALL  SF(X,P,A,B,G,SFG1)
      DO  32  I = 1,3
32    SFG(I,J) = SFG1(I)
      PAGE  3
      WRITE  (2,5)  PRISM
5     FORMAT  (///50X,7HPRISM△(,A8,1H)/30X,20(5H★★★★★))
      WRITE  (2,10)T,LEN,TWOFAI,TX,TY,TZ,(A(I),B(I),I = 1,3)
10    FORMAT  (/5X,7H△GIVEN:,6X,2HT = ,I2/18X,2HL = ,F9.5/17X,3H2O = ,
      F8.2/17X,3HTX = ,F9.5,6X,3HTY = ,F9.5,6X,3HTZ = ,F9.5/10X,7HM,MO = D
      (,F9.5,3H△ + △,F9.5,9H/N)I△ + △D(,F9.5,3H△ + △,F9.5,9H/N)J△ +
      △D(,F9.5,3H△ + △,F9.5,4H/N)K)
      WRITE(2,15)((R(I,J),J = 1,3),I = 1,3)
15    FORMAT(/5X,20HTRANSFOR△ - △MATRIX△R:,3(/20X,3F15.5))
      WRITE  (2,20)  UVW
20    FORMAT  (/5X,23HCHARACTER I △ - △DATA△△UVW:,10X,1HU,11X,1HV,
      11X,1HW,/30X,1HI,3F12.5/30X,1HJ,3F12.5/30X,1HK,3F12.5/)
      WRITE(2,25)  DELT
25    FORMAT  (25X,3HOX = ,F10.5,7X,3HOY = ,F10.5,7X,3HOZ = ,F10.5/20X,
      50HPROBLEM△OF△PARALLEL△RAYS△(DEVIATION△OF△IMAGE△MU△△))
      WRITE(2,30)  ((ER(1,J),J = 1,3),I = 1,3)
30    FORMAT(/5X,10HIMAGE△LEAN,8H△MX△ = △O(,F10.5,2HPX,3H△ + △,
      F10.5,2HPY,3H△ + △,F10.5,3HPZ)/5X,9HDEVIATION,1X,8H△MY△ = △O(,
      F10.5,2HPX,3H△ + △,F10.5,2HPY,3H△ + △,F10.5.3HPZ)/15X,8H△MZ△ =
      △O(,F10.5,2HPX,3H△ + △,F10.5,2HPY,3H△ + △,F10.5,3HPZ)/20X,
      60HPROBLEM△OF△CONVERGENT△RAYS(DISPLACEMENT△OF△IMAGE△POINT
      △△SF△))
      WEITE(2,35)((OSF(1,J,K),K = 1,6),J = 1,3),(SFG(1,J),J = 1,3)
35    FORMAT(/5X,8HPARALLAX,3X,12H△SFX△ = △O(PX(,F9.5,5HXQ△ + △,F9.5,
      5HYQ△ + △,F9.5,5HZQ△ + △,F9.5,5HB△△ + △,F9.5,5HD△△ + △,F9.5,
      6HD/N△△)/25X,3HPY(,6(F9.5,5X),1H),/25X,3HPZ(,6(F9.5,5X),2H)),
      /28X,F9.5,5H△GX + △F9.5,5H△GY + △,F9.5,3H△GZ)
      WEITE(2,40)((OSF(2,J,K),K = 1,6),J = 1,3),(SFG(2,J),J = 1,3)
40    FORMAT(/5X,9HDEVIATION,2X,12H△SFY△ = △O(PX(,F9.5,5HXQ△ + △,F9.5,
      5HYQ△ + △,F9.5,5HZQ△ + △,F9.5,5HB△△ + △,F9.5,5HD△△ + △,F9.5,
      6HD/N△△)/25X,3HPY(,6(F9.5,5X),1H),/25X,3HPZ(,6(F9.5,5X),2H)),/
      28X,F9.5,5H△GX + △,F9.5,5H△GY + △,F9.5,3H△GZ)
      WRITE(2,45)((OSF(3,J,K),K = 1,6),J = 1,3),(SFG(3,J),J = 1,3)
45    FORMAT(/16X,12H△SFZ△ = △O(PX(,F9.5,5HXQ△ + △,F9.5,5HYQ△ + △,
```

```
      F9.5,5HZQ△+△,F9.5,5HB△△+△,F9.5,5HD△△+△,F9.5,6HD/N△△)/25X,
      3HPY(,6(F9.5,5X),1H),/25X,3HPZ(,6(F9.5,5X),2H)),/28X,F9.5,5H△GX+
      △,F9.5,5H△GY+△,F9.5,3H△GZ,)
      N=N+1
      IF(N-2)  50,60,60
50    PAUSE
60    CONTINUE
      IF(N-MA)  99,100,100
100   STOP
      END
      FINISH
```

附录 C　符号表以及对某些符号规则的说明

$\boldsymbol{N}$	平面镜法线方向单位矢量
$\boldsymbol{A}$	经常代表物矢量，或代表沿入射平行光束方向的矢量
$\boldsymbol{A}'$	经常代表像矢量，或代表沿出射平行光束方向的矢量
$\boldsymbol{P}$	转轴方向单位矢量
θ	转角，它的正、负号按照它同转轴 $\boldsymbol{P}$ 的螺旋关系确定，通常取右螺旋规则
$\boldsymbol{R}$	反射棱镜或平面镜系统的作用矩阵（或反射作用矩阵）
$(\boldsymbol{A})_1$	矢量 $\boldsymbol{A}$ 在坐标 $x_1y_1z_1$ 中的列矩阵表示
$(\boldsymbol{A})_{1'}$	矢量 $\boldsymbol{A}$ 在坐标 $x_1'y_1'z_1'$ 中的列矩阵表示
$(\boldsymbol{A})$ 或 $(\boldsymbol{A})_0$	矢量 $\boldsymbol{A}$ 在坐标 xyz 中的列矩阵表示
说明：	为了克服因坐标 xyz 无脚注而在符号规则上所造成的困难，想像它的脚注为“0”，所以，在本书中不会出现坐标 $x_0y_0z_0$

示例：

$$(\boldsymbol{A})=(\boldsymbol{A})_0=\begin{pmatrix}A_x\\A_y\\A_z\end{pmatrix},(\boldsymbol{A})_{0'}=\begin{pmatrix}A_{x'}\\A_{y'}\\A_{z'}\end{pmatrix},(\boldsymbol{A})_{2'}=\begin{pmatrix}A_{x_2'}\\A_{y_2'}\\A_{z_2'}\end{pmatrix}$$

$[\boldsymbol{R}]_2$	作用矩阵 $\boldsymbol{R}$ 在坐标 $x_2y_2z_2$ 中的表示
$\boldsymbol{S}$	转动矩阵
$\boldsymbol{S}_{\boldsymbol{P},\theta}$	绕 $\boldsymbol{P}$ 轴转 θ 角的转动矩阵

$\boldsymbol{G}$	坐标转换矩阵
$(\boldsymbol{G})_{01}$或$\boldsymbol{G}_{01}$	由坐标 xyz 向坐标 $x_1y_1z_1$ 的坐标转换矩阵
$(\boldsymbol{G})_{10}$或$\boldsymbol{G}_{10}$	由坐标 $x_1y_1z_1$ 向坐标 xyz 的坐标转换矩阵
D	反射棱镜的口径
n	反射棱镜玻璃的折射率
L	反射棱镜展开而成的平行玻璃板的厚度
t	平面镜系统或反射棱镜的反射次数
M_0、M'	反射棱镜的一对共轭基点，物点 M_0 为入射光轴和等效空气层出射面的交点，像点 M' 为出射光轴和棱镜出射面的交点
$\boldsymbol{T}$	反射棱镜的特征方向（单位矢量）
2φ	反射棱镜的特征角
$\boldsymbol{S}_{\boldsymbol{T},2\varphi}$	绕 $\boldsymbol{T}$ 转 2φ 的特征矩阵（偏转误差传递矩阵或角矢量传递矩阵）
$\boldsymbol{\lambda}$	反射棱镜的成像螺旋轴
$\boldsymbol{r}_0$	反射棱镜成像螺旋轴 $\boldsymbol{\lambda}$ 的空间位置参量，该量的始点为 M'，终点为自 M' 至 $\boldsymbol{\lambda}$ 的垂线的垂足
I	奇次反射棱镜的反转中心
$\boldsymbol{r}_i$	反转中心 I 的位置矢量，矢量的始点为 M'
$2d$	反射棱镜成像螺旋运动的轴向位移
$\boldsymbol{g}$	经常代表物点的位置矢量
$\boldsymbol{g}'$	经常代表像点的位置矢量
$\boldsymbol{g}'_\theta$	平面镜系统转动 θ 角后的像点的位置矢量
$\boldsymbol{A}'_\theta$	平面镜系统转动 θ 角后的像矢量
$\boldsymbol{P}$	物轴单位矢量
$\boldsymbol{P}'$	像轴单位矢量
q、q'	分别为在物、像轴上的一对共轭点
F'	像点，通常位于棱镜的出射光轴上
$\boldsymbol{r}_q$	q 点的位置矢量
b'	由 M'至 F'的距离
$\boldsymbol{\rho}_{F'}$、$\boldsymbol{\rho}'_{F'}$	分别为自 q 和 q'至 F'的矢量
$\Delta\theta$	反射棱镜绕 $\boldsymbol{P}$ 的微小转角
$\Delta\boldsymbol{\mu}'$	像偏转，由棱镜的微量转动 $\Delta\theta\boldsymbol{P}$ 所造成
$\Delta\boldsymbol{S}'_{F'}$	像点位移
$\boldsymbol{D}$	棱镜移动方向的单位矢量
$\boldsymbol{D}'$	与 $\boldsymbol{D}$ 共轭的单位矢量

Δg	棱镜沿 $\boldsymbol{D}$ 方向的微量移动
$\Delta \boldsymbol{S}'$	像移动，由棱镜的微量移动 $\Delta g\boldsymbol{D}$ 所造成
$\boldsymbol{J}_{\mu P}$	像偏转矩阵
$\boldsymbol{J}_{SD}$	像移动矩阵
$\boldsymbol{J}_{SP}$	像点位移矩阵
$\boldsymbol{C}_q$	与 $\boldsymbol{r}_q$ 对应的叉乘矩阵
$\boldsymbol{C}_{\mathrm{m}}$	与$\overrightarrow{M_0M'}$对应的叉乘矩阵
$\mathrm{C}_{b'}$	与 $\boldsymbol{b}'$对应的叉乘矩阵
$\boldsymbol{E}$	三阶单位方阵
r'	棱镜像空间一任意方向
$\boldsymbol{r}'$	沿 r'方向的单位矢量
$\Delta\mu_r'$	r'像偏转，即像偏转 $\Delta\boldsymbol{\mu}'$在 r'方向上的分量
$\Delta\mu_x'$	x'像偏转
$\Delta\mu_y'$	y'像偏转
$\Delta\mu_z'$	z'像偏转
$\boldsymbol{\delta}_h$	r'像偏转的极值特性向量
$\boldsymbol{\delta}_u$	x'像偏转的极值特性向量
$\boldsymbol{\delta}_v$	y'像偏转的极值特性向量
$\boldsymbol{\delta}_w$	z'像偏转的极值特性向量
$\boldsymbol{\eta}_h$	r'像偏转的梯度（轴向）
$\boldsymbol{\eta}_u$	x'像偏转的梯度（轴向）
$\boldsymbol{\eta}_v$	y'像偏转的梯度（轴向）
$\boldsymbol{\eta}_w$	z'像偏转的梯度（轴向）
$\boldsymbol{h}$	r'像偏转的极值轴向（单位矢量）
$\boldsymbol{u}$	x'像偏转的极值轴向（单位矢量）
$\boldsymbol{v}$	y'像偏转的极值轴向（单位矢量）
$\boldsymbol{w}$	z'像偏转的极值轴向（单位矢量）
δ_h	r'像偏转极值
δ_u	x'像偏转极值
δ_v	y'像偏转极值
δ_w	z'像偏转极值
$\Delta S_{r'}'$	r'像移动，即像移动 $\Delta\boldsymbol{S}'$在 r'方向上的分量
$\Delta S_{x'}'$	x'像移动
$\Delta S_{y'}'$	y'像移动

$\Delta S'_{z'}$	z'像移动
$\boldsymbol{\delta}_e$	r'像移动的极值特性向量
$\boldsymbol{\delta}_a$	x'像移动的极值特性向量
$\boldsymbol{\delta}_b$	y'像移动的极值特性向量
$\boldsymbol{\delta}_c$	z'像移动的极值特性向量
$\boldsymbol{\eta}_e$	r'像移动的梯度（移向）
$\boldsymbol{\eta}_a$	x'像移动的梯度（移向）
$\boldsymbol{\eta}_b$	y'像移动的梯度（移向）
$\boldsymbol{\eta}_c$	z'像移动的梯度（移向）
$\boldsymbol{e}$	r'像移动的极值移向（单位矢量）
$\boldsymbol{a}$	x'像移动的极值移向（单位矢量）
$\boldsymbol{b}$	y'像移动的极值移向（单位矢量）
$\boldsymbol{c}$	z'像移动的极值移向（单位矢量）
δ_e	r'像移动极值
δ_a	x'像移动极值
δ_b	y'像移动极值
δ_c	z'像移动极值
$\boldsymbol{\eta}_{F'hq}$	r'像点位移的梯度（轴）
$\boldsymbol{\eta}_{F'uq}$	x'像点位移的梯度（轴）
$\boldsymbol{\eta}_{F'vq}$	y'像点位移的梯度（轴）
$\boldsymbol{\eta}_{F'\omega q}$	z'像点位移的梯度（轴）
$\boldsymbol{\eta}_{F'ep}$	r'像点位移对转轴位置变量（x'_q、y'_q、z'_q）的梯度
$\boldsymbol{\eta}_{F'ap}$	x'像点位移对转轴位置变量（x'_q、y'_q、z'_q）的梯度
$\boldsymbol{\eta}_{F'bp}$	y'像点位移对转轴位置变量（x'_q、y'_q、z'_q）的梯度
$\boldsymbol{\eta}_{F'cp}$	z'像点位移对转轴位置变量（x'_q、y'_q、z'_q）的梯度
$\boldsymbol{\zeta}_{\mathrm{d}q}$	r'像点位移的零值轴
$\boldsymbol{\zeta}_{\mathrm{l}q}$	x'像点位移的一维零值轴
$\boldsymbol{\zeta}_{\mathrm{m}q}$	y'像点位移的一维零值轴
$\boldsymbol{\zeta}_{\mathrm{n}q}$	z'像点位移的一维零值轴
$\boldsymbol{\zeta}_{\mathrm{lm}q}$	$x'-y'$像点位移的二维零值轴
$\boldsymbol{\zeta}_{\mathrm{mn}q}$	$y'-z'$像点位移的二维零值轴
$\boldsymbol{\zeta}_{\mathrm{nl}q}$	$z'-x'$像点位移的二维零值轴
$\boldsymbol{\zeta}_q$	过 q 点的三维零值轴
Π_1	x'像点位移的一维零值轴平面

Π_m	y'像点位移的一维零值轴平面
Π_n	z'像点位移的一维零值轴平面
Π_{lm}	$x'-y'$像点位移的二维零值轴平面
Π_{mn}	$y'-z'$像点位移的二维零值轴平面
Π_{nl}	$z'-x'$像点位移的二维零值轴平面
Π_{lmn}	三维零值轴平面
C_Π	以 Π 为归属平面的平面三维零值极点
C	空间三维零值极点
$C_\Pi C_\Pi$	三维零值极线

以下的符号专用于第 17 章。

m	（$m-1$）为反射棱镜的成像单元总数，屋脊和单反射面一样，都计数为一个成像单元。所以“0”和“m”分别为非成像单元，即入射面和出射面相关元素，例如法线的下标
$\boldsymbol{N}_0$	理想入射面法线单位矢量
$\boldsymbol{N}'_m$	理想出射面法线单位矢量
$\boldsymbol{N}_i$	第 i 个理想反射面法线单位矢量
$\boldsymbol{P}_i$	第 i 个理想屋脊棱单位矢量
$\Delta\boldsymbol{N}_0$	入射面法线矢量的增量
$\Delta\boldsymbol{N}'_m$	出射面法线矢量的增量
$\Delta\boldsymbol{N}_i$	第 i 个反射面法线矢量的增量
$\Delta\boldsymbol{P}_i$	第 i 个屋脊棱矢量的增量
$\boldsymbol{\gamma}_0$	入射面的偏转误差
$\boldsymbol{\gamma}_{0\alpha}$	入射面的角偏差
$\boldsymbol{\gamma}_{0\beta}$	入射面的棱差
$\boldsymbol{\gamma}'_m$	出射面的偏转误差
$\boldsymbol{\gamma}'_{m\alpha}$	出射面的角偏差
$\boldsymbol{\gamma}'_{m\beta}$	出射面的棱差
$\boldsymbol{\gamma}_i$	第 i 个反射面（屋脊棱）的偏转误差
$\boldsymbol{\gamma}_{i\alpha}$	第 i 个反射面（屋脊棱）的角偏差
$\boldsymbol{\gamma}_{i\beta}$	第 i 个反射面（屋脊棱）的棱差
$\boldsymbol{N}_{0r}$	实际入射面法线矢量 $\boldsymbol{N}_{0r}=\boldsymbol{N}_0+\Delta\boldsymbol{N}_0$
$\boldsymbol{N}'_{mr}$	实际出射面法线矢量 $\boldsymbol{N}'_{mr}=\boldsymbol{N}'_m+\Delta\boldsymbol{N}'_m$

$\boldsymbol{N}_{ir}$	第 i 个实际反射面的法线矢量 $\boldsymbol{N}_{ir}=\boldsymbol{N}_i+\Delta\boldsymbol{N}_i$
$\boldsymbol{P}_{ir}$	第 i 个实际屋脊棱矢量 $\boldsymbol{P}_{ir}=\boldsymbol{P}_i+\Delta\boldsymbol{P}_i$
$\boldsymbol{R}_i$	第 i 个成像单元的作用矩阵（方向共轭矩阵），反射棱镜的成像单元或是一个单反射面，或是一个屋脊
$\boldsymbol{S}_i$	第 i 个成像单元的误差传递矩阵（特征矩阵），这里被传递的误差必须是按照偏转法的方式所表达的误差，例如 $\boldsymbol{\gamma}_i$，$\boldsymbol{\gamma}_{i\alpha}$，$\boldsymbol{\gamma}_{i\beta}$ 以及 $\Delta\theta\boldsymbol{P}$ 等，$\boldsymbol{R}_i=(-1)^t\boldsymbol{S}_i$①
$\boldsymbol{S}_{\boldsymbol{N}_i,180°}$	第 i 个反射面的误差传递矩阵（特征矩阵），也可笼统地用 $\boldsymbol{S}_i$ 代表
$\boldsymbol{S}_{\boldsymbol{P}_i,180°}$	第 i 个屋脊的误差传递矩阵（特征矩阵），也可笼统地用 $\boldsymbol{S}_i$ 代表
$\boldsymbol{S}_{\boldsymbol{T},2\varphi}$	整个反射棱镜或是它的反射部的误差传递矩阵（特征矩阵），$\boldsymbol{T}$ 为棱镜的特征方向，2φ 为特征角
$\boldsymbol{R}$	整个反射棱镜或是它的反射部的作用矩阵（方向共轭矩阵）$\boldsymbol{R}=(-1)^t\boldsymbol{S}_{\boldsymbol{T},2\varphi}$，$t$ 为棱镜反射面的总数
$\boldsymbol{A}_0$	沿理想入射光轴方向入射的平行光束单位矢量（通常垂直于理想入射面）
$\boldsymbol{B}_0$	位于无穷远处、在理想主截面内并与理想入射光轴相垂直的直线物单位矢量
$\boldsymbol{N}'_0$、$\boldsymbol{A}'_0$、$\boldsymbol{B}'_0$、	$\boldsymbol{N}_0$、$\boldsymbol{A}_0$、$\boldsymbol{B}_0$ 经理想反射部后的像矢量
$\boldsymbol{N}'_{0r}$	棱镜反射部像空间的实际的 $\boldsymbol{N}'_0$
$\Delta\boldsymbol{N}_0$	$\Delta\boldsymbol{N}'_0=\boldsymbol{N}'_{0r}-\boldsymbol{N}'_0$ 或 $\boldsymbol{N}'_{0r}=\boldsymbol{N}'_0+\Delta\boldsymbol{N}'_0$
$\Delta\boldsymbol{N}$	（物方）光学平行差
$\Delta\boldsymbol{N}_{\mathrm{I}}$	（物方）第一光学平行差
$\Delta\boldsymbol{N}_{\mathrm{II}}$	（物方）第二光学平行差
$\boldsymbol{P}_{\Delta\boldsymbol{N}}$	楔玻璃板或楔镜的交棱矢量（楔棱矢量）
$\Delta\boldsymbol{N}'$	像方光学平行差
$\Delta\boldsymbol{N}'_{\mathrm{I}}$	像方第一光学平行差
$\Delta\boldsymbol{N}'_{\mathrm{II}}$	像方第二光学平行差
$\boldsymbol{P}'_{\Delta\boldsymbol{N}}$	像方楔玻璃板或楔镜的交棱矢量（楔棱矢量）
$\Delta\boldsymbol{\mu}'_r$	棱镜反射部的像偏转
$\Delta\boldsymbol{\mu}'_{0i}$	第 i 个成像单元由自身的 $\boldsymbol{\gamma}_i$（或分量 $\boldsymbol{\gamma}_{i\alpha}$ 及 $\boldsymbol{\gamma}_{i\beta}$）在其像空间中所造成的像偏转

① 单反射面的 $t=1$，屋脊的 $t=2$。

$\Delta\boldsymbol{\mu}'_i$	$\Delta\boldsymbol{\mu}'_{0i}$对 $\Delta\boldsymbol{\mu}'_r$的贡献
$\boldsymbol{N}'_{0i}$	$\boldsymbol{N}_0$在第 i 个成像单元的像空间的理想像
$\Delta\boldsymbol{N}'_{0i}$	$\Delta\boldsymbol{N}'_{0i}=\Delta\boldsymbol{\mu}'_{0i}\times\boldsymbol{N}'_{0i}$，由 $\boldsymbol{\gamma}_i$在第 i 个成像单元的像空间中所造成的光学平行差

附录D　部分题解

第1章

1.2　利用在习题1.1中所得到的结果，有

$$(\boldsymbol{A}_{\mathrm{p}})=\boldsymbol{A}\cdot\boldsymbol{P}(\boldsymbol{P})=(\boldsymbol{P})(\boldsymbol{A}\cdot\boldsymbol{P})$$
$$=(\boldsymbol{P})(\boldsymbol{P})^{\mathrm{T}}(\boldsymbol{A})$$

为一方面，据定义有

$$(\boldsymbol{A}_{\mathrm{p}})=\boldsymbol{M}_{\mathrm{p}}(\boldsymbol{A})$$

对照以上二式，得

$$\boldsymbol{M}_{\mathrm{p}}=(\boldsymbol{P})(\boldsymbol{P})^{\mathrm{T}}$$
$$=\begin{pmatrix}P_x\\P_y\\P_z\end{pmatrix}(P_x\quad P_y\quad P_z)$$

由此

$$\boldsymbol{M}_{\mathrm{p}}=\begin{pmatrix}P_x^2 & P_xP_y & P_xP_z\\P_yP_x & P_y^2 & P_yP_z\\P_zP_x & P_zP_y & P_z^2\end{pmatrix}\tag{D-1}$$

1.3　首先，将矢量积 $\boldsymbol{D}=\boldsymbol{A}\times\boldsymbol{B}$ 展开：

$$D_x\boldsymbol{i}+D_y\boldsymbol{j}+D_z\boldsymbol{k}=(\boldsymbol{A}_y\boldsymbol{B}_z-\boldsymbol{A}_z\boldsymbol{B}_y)\boldsymbol{i}+(A_zB_x-A_xB_z)\boldsymbol{j}+(A_xB_y-A_yB_x)\boldsymbol{k}$$

由此

$$D_x=0\cdot B_x-A_zB_y+A_yB_z$$
$$D_y=A_zB_x+0\cdot B_y-A_xB_z$$
$$D_z=-A_yB_x+A_xB_y+0\cdot B_z$$

根据矩阵相乘的定义，可将上列方程组写成

$$(\boldsymbol{D})=\boldsymbol{C}_A(\boldsymbol{B})$$

式中

$$\boldsymbol{C}_A=\begin{pmatrix}0 & -A_z & A_y\\A_z & 0 & -A_x\\-A_y & A_x & 0\end{pmatrix}\tag{D-2}$$

1.5 见图 D-1，用夹角固定为90°的两个单位矢量 $\boldsymbol{A}$ 和 $\boldsymbol{B}$ 分别代表虎克联结的十字连接头的两对销轴的方向。

图 D-2 给出了机构在 $\theta=0$ 和 $\varphi=0$ 时的平面视图和局部的侧视图。

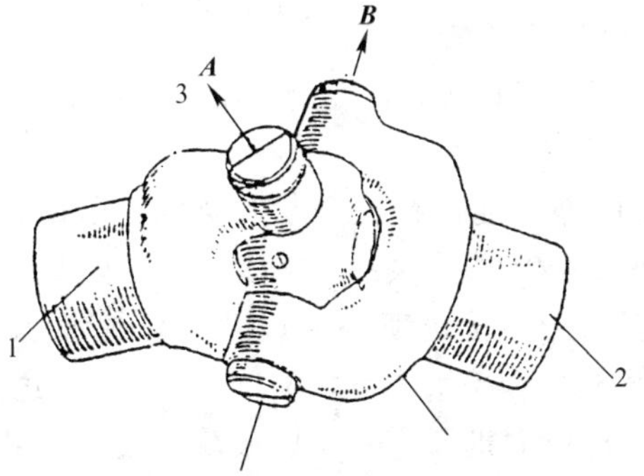

图 D-1

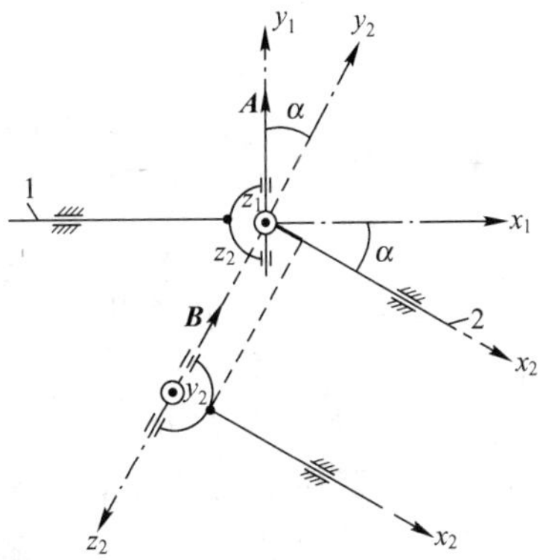

图 D-2

设两个定坐标 $x_1y_1z_1$ 和 $x_2y_2z_2$，在主动轴1 和从动轴2 相关地转动了 θ 和 φ 角之后，矢量 $\boldsymbol{A}$ 和 $\boldsymbol{B}$ 分别在坐标 $x_1y_1z_1$ 和 $x_2y_2z_2$ 中的表示为

$$(\boldsymbol{A})_1=\begin{pmatrix}A_{x_1}\\A_{y_1}\\A_{z_1}\end{pmatrix}=\begin{pmatrix}0\\\cos\theta\\\sin\theta\end{pmatrix}$$

$$(\boldsymbol{B})_2=\begin{pmatrix}B_{x_2}\\B_{y_2}\\B_{z_2}\end{pmatrix}=\begin{pmatrix}0\\\sin\varphi\\-\cos\varphi\end{pmatrix}$$

对矢量 $\boldsymbol{B}$ 作坐标转换，得

$$(\boldsymbol{B})_1=\begin{pmatrix}B_{x_1}\\B_{y_1}\\B_{z_1}\end{pmatrix}=\begin{pmatrix}\cos\alpha & \sin\alpha & 0\\-\sin\alpha & \cos\alpha & 0\\0 & 0 & 1\end{pmatrix}\begin{pmatrix}0\\\sin\varphi\\-\cos\varphi\end{pmatrix}$$

由此

$$(\boldsymbol{B})_1=\begin{pmatrix}\sin\alpha\sin\varphi\\\cos\alpha\sin\alpha\\-\cos\varphi\end{pmatrix}$$

因为 $\boldsymbol{A}$ 和 $\boldsymbol{B}$ 互相垂直，所以

$$(\boldsymbol{A})_1^{\mathrm{T}}(\boldsymbol{B})_1=0$$

因而

$$\cos\theta\cos\alpha\sin\varphi-\sin\theta\cos\varphi=0$$

因此，得

$$\tan\varphi = \frac{1}{\cos\alpha}\tan\theta$$

第 2 章

2.1 观察者看到的是棱镜展开与归化全过程的结果。

2.2 观察者所看到的五角棱镜的出射面 $g''h''$ 在等效空气层的出射面 g_0h_0 的地方。

2.3 因为棱镜是依照一定的物像关系的原则而进行展开与归化的，所以通过揭示展开与归化过程的实质，便能够找回棱镜的物像关系。

2.4 在传统上，等效空气层的提出仅出于简化棱镜外形尺寸计算的考虑，而并未显示其中的物像关系；本书则从棱镜的物像关系中去理解等效空气层的物理概念，此法揭示了棱镜成像的内在规律，它既有助于进一步发展反射棱镜的共轭理论，又能够加深对棱镜外形尺寸计算的理解。

2.5 在图 D-3 上，假设 12…5′6′是一根边缘光线通过棱镜的光路，它与棱镜出射面交在最靠外的 5′点。这就是说，入射光线 12 将决定棱镜的通光口径的尺寸。实际上，光线在通常棱镜的实际光路中，既有反射，又有折射。因此，想要从实际光路的考察中来做出究竟哪些边缘光线将最后决定棱镜尺寸的判断，这的确不是一件很容易做到的事情。毫无疑问，如果上述的工作能够在棱镜的物空间内来完成，那么事情就会变得容易得多。为此目的，我们把棱镜的出射面视为棱镜像空间中的一个像平面，而找出它在棱镜物空间中所对应的物平面。由于棱镜空间的介质为空气，加上这个物平面与平行玻璃板出射面的特殊关系，它被称为等效空气层的出射面。以上，又一次借机复述了我们在提出等效空气气层中的主导思想。至于如何具体地确定棱镜的等效空气层，则是一个技术性的问题。

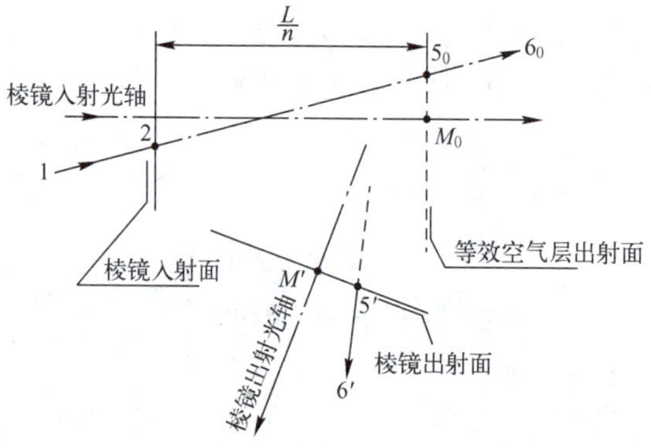

图 D-3　题 2.5 图

既然等效空气层和入射光线都处在棱镜的物空间内，入射光线 12 将沿直线前进而与等效空气层出射面相交于5_0点，离光轴的高度为$\overline{M_0 5_0}$。依照二共轭空间之间的关系，有

$$\overline{M_0 5_0}=\overline{M'5'}$$

显然，实际光束在棱镜出射面上的交截图案将在等效空气层出射面上得到复制。虽然图案会因倒像或半倒像而有所不同，但这对棱镜尺寸计算无影响。

2.6 本题的答案在本质上应与题 2.1 的相同，只是这里的棱镜先展开到其反射部的像空间而成为像方平行玻璃板，然后像方平行玻璃板再归化成棱镜像空间中的等效空气层。观察者将在等效空气层的入射面 $a''b''$处看到棱镜的入射面 ab。

2.7 见图 D-4，在别汉棱镜置入物镜光路中之后，原先被视为物镜的像点F_0现在变成了棱镜的虚物点；F'为 F_0由棱镜所形成的像点。

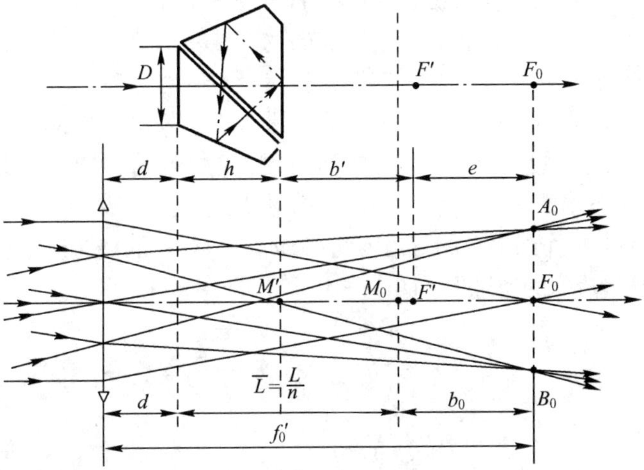

图 D-4　题 2.7 图

首先，通过棱镜的展开与归化，得到厚度为 L/n 的等效空气层以及一对共轭基点 M_0和 M'。

由图 D-4 中的几何关系和光学关系，有

$$d+\frac{L}{n}+b_0=f'_0 \tag{D-3}$$

$$d+h+b'+e=f'_0 \tag{D-4}$$

$$b'=b_0 \tag{D-5}$$

式中，e 为物点 F_0和像 F'之间的距离。

由上列的三个方程的联解，得

$$e=\frac{L}{n}-h \tag{D-6}$$

$$b' = b_0 = f'_0 - \mathrm{d} - \frac{L}{n} \tag{D-7}$$

由附录 A 中查得别汉棱镜的有关数据：

$$L = kD' = 4.6213D, h = 1.207D \tag{D-8}$$

最后，将 $f'_0 = 120\text{mm}$，$d = 20\text{mm}$，$D = 20\text{mm}$ 以及 $n = 1.5163$ 等数据代入（D-6）式~（D-8）式，得

$$e = 36.815\text{mm}, b' = b_0 = 39.045\text{mm}$$

结果表明，别汉棱镜置入物镜像点 F_0 左移。

2.8 反射棱镜的展开与后续的归化在实质上是反射棱镜成像的一个逆过程。光线从棱镜像空间中的像图出发，沿着逆光路的方向，首先，在所谓展开的过程中，未经过在棱镜出射面的折射，便直接通过棱镜反射部，而在反射部的物空间中形成对应的物图。在此过程中，反射部自身消失，而棱镜中在其反射部之后的一部分也随着呈现在反射部的物空间中，而与棱镜中在反射部之前的另一部分一起组合成一块平行玻璃板，然后，刚形成的物图改变名义而成为平行玻璃板像空间中的像图。光线继续从这个像图出发，仍然沿着逆光路的方向，先后在平行玻璃板的出射面和入射面处发生两次折射后，进入玻璃板的物空间，而在棱镜的物空间中（和平行玻璃板共有同一个物空间）构成共轭的物图。在此过程中，平行玻璃板自身也随着消失，而被压缩成一等效空气层。

图 D-5 所示是一个最简单的直角棱镜 $abcde'f'$ 的展开图，它能够最清楚地表达以上所述的反射棱镜成像的逆过程。图中采用了与图 2-2-1 相同的符号规则。

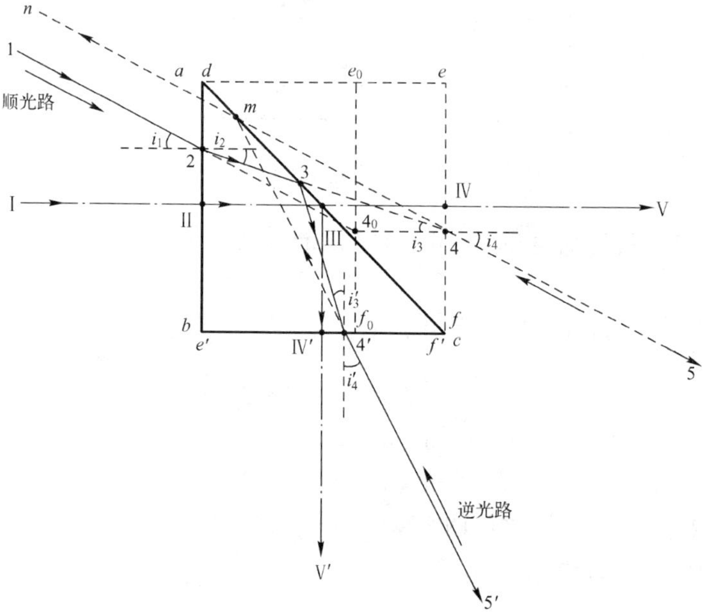

图 D-5　题 2.8 图

1234′5′代表倾斜入射光线 12 通过直角棱镜的光路，$abfe$ 代表棱镜展开后所成的一块平行玻璃板，abf_0e_0为等效空气层。

沿着逆光路方向返回的光线 5′4′，没有经过在棱镜出射面 $e'f'$处的折射便直接射入棱镜，然后在与反射面 cd 的交点 m 处发生反射而沿反射光线 mn 的方向自棱镜反射部出射。

由于光线 45 是出射光线 4′5′在棱镜反射部（即反射面 cd）物空间中所对应的物光线，所以上述的反射光线 mn 与光线 45 彼此重合。现在做这样的想像，把光线 mn 沿其反向后移到平行玻璃板出射面 fe 的外面，或者说，退至光线 54 的地方。实际上，光线 54 就是自棱镜反射部出射的光线 mn。

然后，光线 54（即光线 mn）继续朝着逆光路的一方面射向平行玻璃板，先在与玻璃板出面的交点 4 处发生折射而沿直线 432 的方向进入平行玻璃板板，接着又在与玻璃板入射面的交点 2 处发生折射而沿着 21 的方向自平行玻璃板的入射面（即棱镜的入射面）ab 出射。

见图 D-5，上述分析表明，光线 5′4′沿着逆光路方向，先后通过了棱镜反射部与平行玻璃板而转变成光线 21。由光线的可逆性得知，如果光线 12 沿着顺光路方向，先后通过平行玻璃板与棱镜反射部，则必定会转变成光线 4′5′。

可见，由平行玻璃板与棱镜反射部串联起来的组合系统与原来的反射棱镜具有等效的作用。它们都能使入射光线 12 变成同一根出射光线 4′5′，虽说两种情况的中间光路不尽相同。

2.11 如前所述，刚体的一般运动被分解成一个平移和一个定点转动，其目的在于求得运动终了时刚体上的每一个点子的空间位置，而与此对照，以上详细地讨论了棱镜的方向共轭和棱镜的位置共轭，其任务无非是为了找出棱镜物空间内的一任意物点在它的像空间内所对应的共轭像点。因为，这正是棱镜成像要解决的一个最根本的问题。

以下结合两个具体的棱镜进行讨论，其中一块是偶次反射棱镜，另一块是奇次反射棱镜。

图 D-6 所示为一偶次反射棱镜 WⅡ-90°。设 M_0和 M'表示棱镜的一对共轭基点；xyz 和 $x'y'z'$在此分别代表棱镜的一对共轭的物坐标和像坐标；$\boldsymbol{T}$ 和 2φ 代表棱镜的特征方向和特征角。在本情况下，$\boldsymbol{T}$ 的方向和 2φ 的大小可以很容易地从 xyz 和 $x'y'z'$的关系中判断出来。

如所知，棱镜物、像空间内的任何一对共轭点的连线矢量都可以视为同刚体等效运动中的平移矢量 $\boldsymbol{S}$ 相当，不过，为了方便起见，在一般情况下还是利用现成的$\overrightarrow{M_0M'}$。

设 q 代表一任意物点，$\boldsymbol{r}$ 代表 q 对 M_0的位置矢量。

现将物点 q 按下列顺序进行二次变换：

（1）平移。把过 M_0点的矢量$\overrightarrow{\boldsymbol{M_0q}}$平移$\overrightarrow{\boldsymbol{M_0M'}}$而成为过 $\boldsymbol{M'}$点的矢量$\overrightarrow{\boldsymbol{M'q''}}$。

（2）转动。矢量$\overrightarrow{\boldsymbol{M'q''}}$再绕通过 $\boldsymbol{M'}$点的转轴 $\boldsymbol{T}$ 转动 2φ 而成为矢量$\overrightarrow{\boldsymbol{M'q'}}$，便可求得物点 q 的共轭像点 q'。

图 D-7 表示一奇次反射棱镜 $FX_J-90°$。这里，除了 xyz 代表反转物坐标以外，其他的一切符号的含义同前。

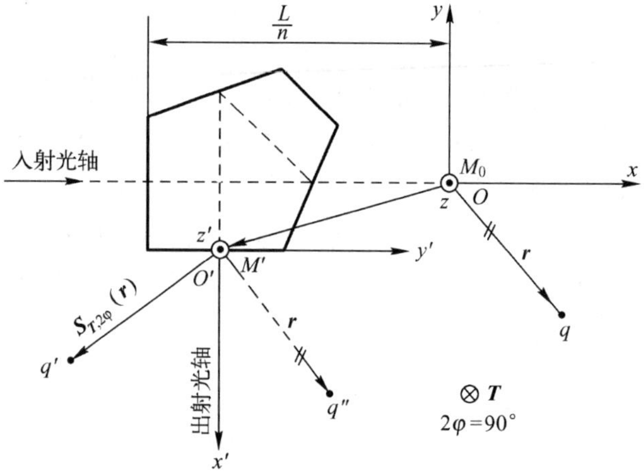

图 D-6　题 2.11 图（一）

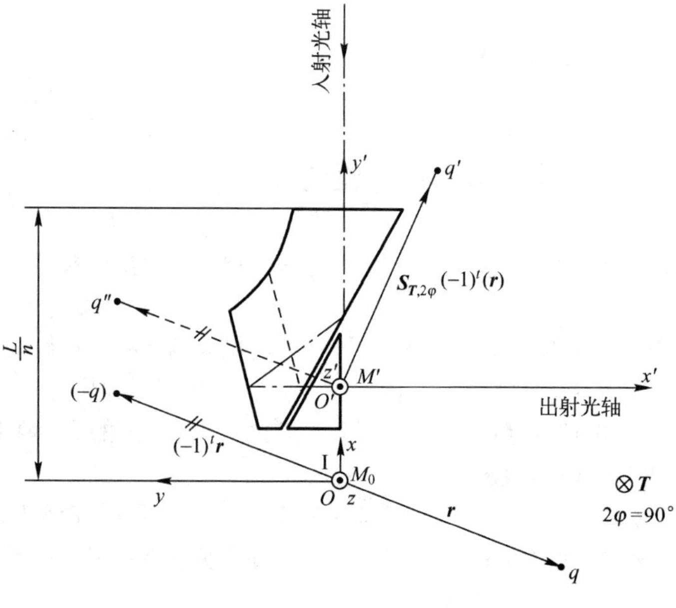

图 D-7　题 2.11 图（二）

因为在奇次反射棱镜的情形，在转动和平移之前，须先作一次反转的变换。

为此，应选择一个反射中心。如前所述，反转中心的选择可以是任意的，不过为了暂时讨论问题的方便，这里把反射中心 I 选在 M_0以保持 M'和 M_0仍然不失为原像①和反转物中的一对相应点，或换句话说，就是在反转后的平移变换中，依旧可以取平移矢量 $\boldsymbol{S}=\overrightarrow{\boldsymbol{M}_0\boldsymbol{M}'}$。

此时，物点 q 按顺序作下列三次变换：

(1) 反转。把 $\boldsymbol{r}$ 变成 $(-1)^t\boldsymbol{r}$，得反转物点 $(-q)$。

(2) 平移。把过 M_0点的矢量$\overrightarrow{M_0(-q)}=(-1)^t\boldsymbol{r}$ 平移$\overrightarrow{M_0M'}$而成为过 M'点的矢量$\overrightarrow{M'q''}$。

(3) 转动。矢量$\overrightarrow{M'q''}$再绕通过 M'点的转轴 $\boldsymbol{T}$ 转 2φ 而成为矢量$\overrightarrow{M'q'}=\boldsymbol{S}_{T,2\varphi}(-1)^t(\boldsymbol{r})$，由此得物点 q 的共轭像点 q'。

由上述可见，关于求棱镜一任意物点的共轭像点的问题，它除了与棱镜的位置共轭有关以外，同时还取决于棱镜的方向共轭。实际上，上述关系是显而易见的，因为由追踪像点的路线 $qM_0M'q'$中可以看到，除了需要棱镜的位置共轭参量$\overrightarrow{M_0M'}$作为定位之外，还必须有棱镜的方向共轭参量 $\boldsymbol{S}_{T,2\varphi}$来作定向。说得更明确一些，就是要根据一给定的任意物矢量$\overrightarrow{M_0q}$，找出其共轭的像矢量$\overrightarrow{M'q'}$。

上述内容同时说明，在已知棱镜的位置共轭参量和方向共轭参量之后，便可求得棱镜一任意物点的共轭像点。

第 3 章

3.3 为了确定一物点 F 通过一旋转平面镜系所成的像点 F'_θ（见图 3-2-2），需要实现两种类型的过渡：其一为由物空间向像空间的过渡；其二为由静止空间向运动空间的过渡或反之由运动空间向静止空间的过渡。显然，平面镜系的一对共轭点 M 和 M'（或棱镜的一对共轭基点 M_0 和 M'）将用于前一种过渡。至于后一种过渡，则应区分为两种情况：第一种情况发生在棱镜的物空间内，此时物轴 $\boldsymbol{P}$ 充当静止空间与运动空间的边界线，界线上的任何一个点子，例如 q，都具有双重性，它既属于静止空间，同时也可归入运动空间，因此，借助于 q 点实现了由静止空间中的 F 点向运动空间中的 M 点的过渡；第二种情况相应地发生在棱间的像空间内，此时像轴 $\boldsymbol{P}'$充当彼此间具有相对运动的两个空间的边界线，界线上的任何一个点子，例如 q'，均可视为上述两个不同空间的一个共有的点子，所以，借助于 q'点实现了由一个相对静止的空间中的 M'点向另一个相对运动的空间的 F'_θ点的过渡。

---

① 注：“原像”就是指原来的像因为只是物变成反转物而像并没有变。

第 4 章

4.3

（1）按照图 P4－1 中的已知数据，计算$\overline{L}=L/n$ 及 b_0，然后标出一对共轭点F_0和 F'的位置。这里，F'为远物通过“物镜—棱镜”组所成的像点。

（2）建立一对完全共轭的坐标系 $Oxyz$ 和 $O'x'y'z'$，坐标原点 O 和 O'分别定在F_0和 F'处。坐标 $O'x'y'z'$因充当计算时的参考系，故务必为右手系。

（3）求 $\boldsymbol{P}$ 分别在物、像坐标中的分量：

$$P_x=-1, P_y=0, P_z=0$$

$$P_{x'}=0, P_{y'}=1, P_{z'}=0$$

（4）求 q 点（见图 P4－1）在两个坐标系中的坐标：

$$x_q=-91.1, y_q=20, z_q=0$$

$$x'_q=-60.1, y'_q=0, z'_q=0$$

（5）求 $\boldsymbol{P}'$和 q'分别在坐标系 $O'x'y'z'$中的分量和坐标：

$$P'_{x'}=P_x=-1, P'_{y'}=P_y=0, P'_{z'}=P_z=0$$

$$x'_{q'}=x_q=-91.1, y'_{q'}=y_q=20, z'_{q'}=z_q=0$$

（6）求矢量$\boldsymbol{\rho}_{F'}$和$\boldsymbol{\rho}'_{F'}$分别在坐标 $x'y'z'$中的分量：

$$\rho_{F'x'}=-x'_q=60.7, \rho_{F'y'}=-y'_q=0, \rho_{F'z'}=-z'_q=0$$

$$\rho'_{F'x'}=-x'_{q'}=91.1, \rho'_{F'y'}=-y'_{q'}=-20, \rho'_{F'z'}=-z'_{q'}=0$$

（7）求像点位移 $\Delta\boldsymbol{S}'_{F'}$的 y'和 z'分量。将有关数据代入（4－3－2）式，得

$$\Delta S'_{F'y'}=\Delta\theta[(P_{z'}\rho_{F'x'}-P_{x'}\rho_{F'z'})+(P'_{z'}\rho'_{F'x'}-P'_{x'}\rho'_{F'z'})]=0$$

$$\Delta S'_{F'z'}=\Delta\theta[(P_{x'}\rho_{F'y'}-P_{y'}\rho_{F'x'})+(P'_{x'}\rho'_{F'y'}-P'_{y'}\rho'_{F'x'})]=-40.7\Delta\theta$$

（8）求光轴偏。设目镜焦距$f'_{\mathrm{e}}=30\mathrm{mm}$，则两个光轴偏分量等于：

$$\xi_{z'}=-\frac{\Delta S'_{F'y'}}{f_{\mathrm{e}}}=0$$

$$\xi_{y'}=\frac{\Delta S'_{F'z'}}{f_{\mathrm{e}}}=\frac{-40.7\Delta\theta}{30}=-67.8'$$

（9）求像倾斜。据（4－3－1）式，得

$$\Delta\mu'_{x'}=\Delta\theta P_{x'}+\Delta\theta P'_{x'}=\Delta\theta(P_{x'}+P'_{x'})=-50'$$

第 15 章

15.1 见图 D-8。

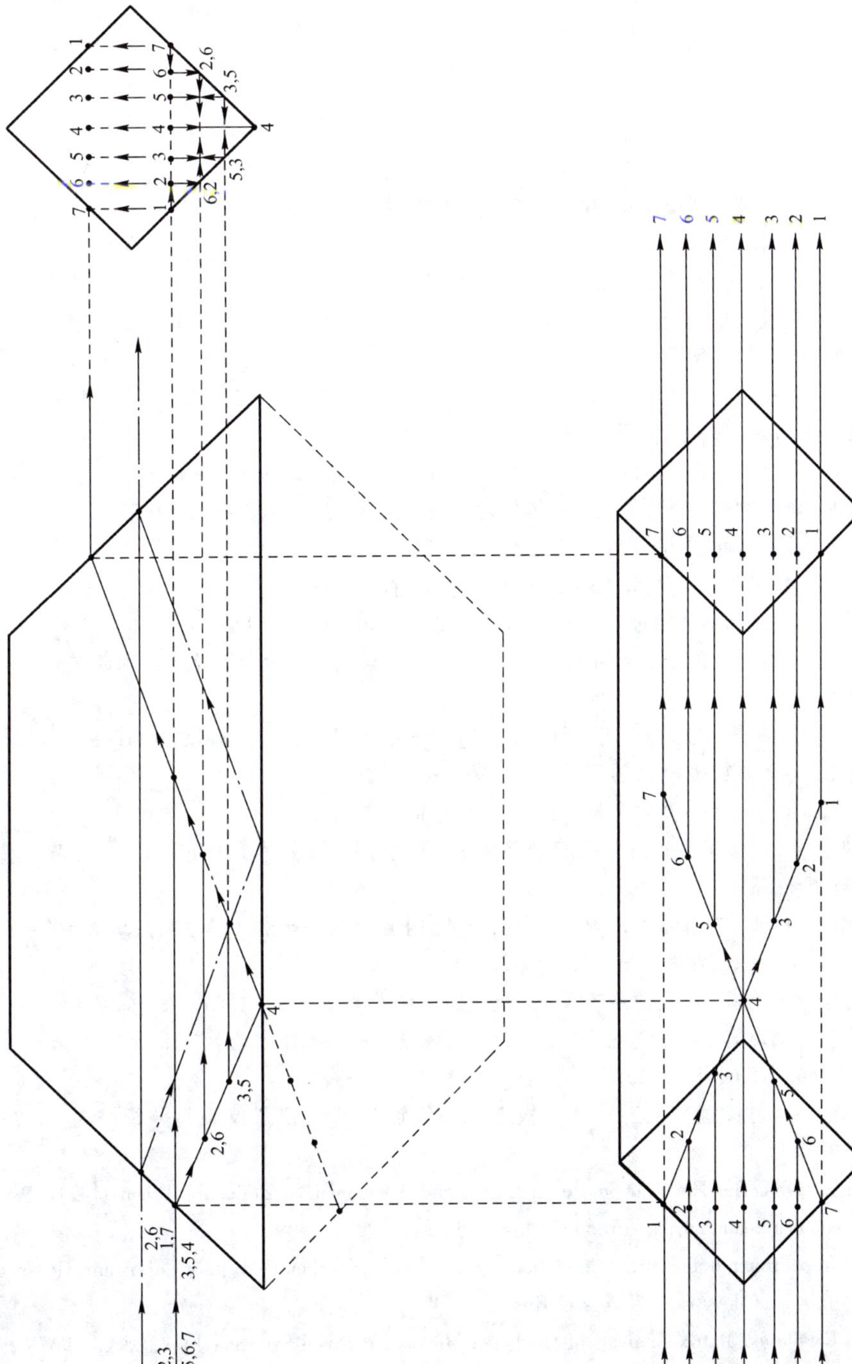

图D-8　题15.1图

参 考 文 献

[1] 唐家范．反射棱镜位置误差产生的像倾斜和光轴变化［J］．云光技术，1972，3.

[2] 何绍宇，郑长英．棱镜位移和微量旋转引起的光路变化［G］．光学设计文集，北京：第一机械工业部情报所，1973.

[3] 麦伟麟．反射棱镜的光学平行差［J］．五机部标准化通讯，1965，2.

[4] 连铜淑．棱镜调整（光轴和像倾斜计算）［M］．北京：北京工业学院出版社，1973.

[5] 唐家范．四元数在光学仪器中的应用［J］．云光技术，1975，4.

[6] 连铜淑．棱镜调整（光轴偏和像倾斜计算）［J］．云光技术，1976，2.

[7] 连铜淑．双眼望远镜光轴调整计算［J］．云光技术，1977，1.

[8] 邱松发，任之文．棱镜像倾斜计算［J］．光学技革与情报，1973，1.

[9] 谢尧廷．利用物像关系计算反射棱镜位置误差的影响［J］．云光技术，1975，6.

[10] 连铜淑，棱镜调整理论［J］．工程光学，1978，1.

[11] 连铜淑，棱镜调整［M］．北京：国防工业出版社，1978.

[12] 连铜淑．棱镜调整（原理和图表）［M］．北京：国防工业出版社，1979.

[13] 北京工业学院光学仪器教研室．光学仪器装配与校正［M］．北京：国防工业出版社，1980.

[14] 汤自义，须耀辉、王志坚．反射棱镜［M］．北京：国防工业出版社，1981.

[15] 谷素梅．光学稳像的矩阵方程［J］．工程光学，1980，2.

[16] 毛文炜．棱镜调整的矩阵分析［J］．云光技术，1981，5.

[17] 李迎旭．计算棱镜微量旋转引起光路变化的“几何法”公式的补充［J］．云光技术，1983，6.

[18] 连铜淑．特征方向和最大像倾斜方向的向量法求解，棱镜调整（光轴和像倾斜计算）附录［M］．北京工业学院出版社，1973.

[19] 何志华，康松高．平面镜系成像的原理结构［J］．光学技术，1983，4.

[20] 连铜淑．论我国棱镜调整理论中的一个重要体系——“刚体运动学”体系［J］．云光技术，1984，5，6，1985，3.

[21] 连铜淑．反射棱镜平面三维零值极点的一般解［J］．仪器仪表与分析监测，1986，2，3.

[22] Lian Tongshu. The Theory of lmage Formation and Adjustment of Reflecting Prisms［G］. Acta Polytechnica Scandinavico，Applied Physics Series，1985，(149).

[23] I E Efros. Principle and Structure of Bomb Sight［M］. Moskow：Military Publishing House of the Ministry of the Armed Forces of Russia，1947.

[24] John C Polasek. Matrix Analysis of Gimbaled Mirror and Prism System［J］. JOSA，1967，57 (10).

[25] 唐良桂．平面镜系统物像关系［J］．长城光学仪器厂，1972.

[26] G V Pogarev. Adjustment of Optical Instruments［M］. Leningrad：Machine Building Publishing House，1982.

[27] I A Greim. Mirror and Reflecting Prism Systems [M]. USSR: Machine Building Publishing House, 1981.
[28] R E Hopkins. Mirror and Prism Systems, in "Applied Optics and Optical Engineering" (R. Kingslake, ed.), VOL. 3 [M]. New York: Academic Press, 1965.
[29] 麦伟麟. 光学传递函数及其数理基础 [M]. 北京：国防工业出版社，1979.
[30] 迟泽英，徐金镛. 应用光学 [M]. 南京：华东工学院出版社，1984.
[31] 王因明. 光学计量仪器设计 [M]. 北京：机械工业出版社，1982.
[32] 毛英泰. 误差理论与精度分析 [M]. 北京：国防工业出版社，1982.
[33] 连铜淑. 我国在"反射棱镜共轭理论"方面的研究成果 [J]. 云光技术，1987，6.
[34] 连铜淑. 反射棱镜稳像理论 [J]. 云光技术，1988，3.
[35] 浙江大学. 应用光学 [M]. 北京：中国工业出版社，1961.
[36] 张以谟. 应用光学 [M]. 北京：机械工业出版社，1982.
[37] 连铜淑. 反射棱镜共轭理论 [M]. 北京：北京理工大学出版社，1988.
[38] Lian Tongshu. Theory of Conjugation for Reflecting Prisms [M]. Beijing: Academic International Publishers——A Pergamon - CNPIEC Joint Venture, 1991.
[39] R Kingslake. Optical System Design [M]. New York and London: Academic Press, 1983.
[40] Eugene Hecht, Alferd Zajac. Optics [M]. California: Addison-Wesley Publishing Company, 1974.
[41] A I Tydorovskee. Theory of Optical Instruments [M]. Moskow: Publishing House of Academy of Sciences, 1948.
[42] 艾必惠，尹白云. 手工光学仪器的稳定 [J]. 云光技术，1983，4.
[43] 王俊华，编译. 日本富士照相光学有限公司的稳像装置简介 [J]. 云光技术，1987，6.
[44] 连铜淑. 反射棱镜稳像理论及其应用 [J]. 云光技术，1988，2，3.
[45] 连铜淑. 三轴稳像棱镜组 [J]. 云光技术，1989，3，4.
[46] 姚武，连铜淑. 大角度干扰观测线计算机稳定的研究——二棱镜扫描稳像系统 [J]. 云光技术，1992，2.
[47] 连铜淑，赵跃进，杨彦峰. 一种新型的扫描稳像棱镜——双等腰屋脊棱镜 [J]. 云光技术，1992，6.
[48] 杨颜峰，连铜淑. 会聚光路图像自动稳定与跟踪 [J]. 光学技术，1992，6.
[49] 赵跃进，连铜淑. 新型的扫描稳像棱镜 [J]. 光学技术，1993，2.
[50] 毛文炜，王民强，连铜淑. 新基下的棱镜作用矩阵 [J]. 清华大学学报（自然科学版），1993，2.
[51] 连铜淑. 反射棱镜制造误差所致像倾斜的计算方法 [J]. 云光技术，1993，4.
[52] 赵跃进、连铜淑、于晓梅. 单片机控制的图像稳定系统 [J]. 兵工学报，1993，2.
[53] 赵跃进，于晓梅. Discal Image Rotator [J]. Proc. SPIE, 1994, Vol. 2238: 184 - 188.
[54] 邓岗，连铜淑. 光电混合联合变换相关器的三维跟踪原理 [J]. 光学学报，1995，6.
[55] 何万涛，连铜淑. 光学模式识别实时硬件执行系统滤波器综合技术 [J]. 激光技术，1996，20（3）.
[56] Lian Tongshu, Chang Ming-Wen. New Types of Reflecting Prisms and Reflecting Prism Assembly [J]. SPIE, Optical Engineering, 1996, 35 (12): 3427 - 3431.

[57] 王志坚，汤自义．GB/T 7660.3—1987 反射棱镜像偏转特性［S］．中国标准出版社，1988.
[58] 张坤石．潜艇光电装备技术［M］．哈尔滨：哈尔滨工程大学出版社，2007.
[59] 迟泽英，陈文建，应用光学与光学设计基础［M］．南京：东南大学出版社，2008.
[60] G V Pogarev，N G Kiselev. Problems of Optical Adjustment［M］. Leningrad：Machine Building Publishing House，1989.
[61] 连铜淑．反射棱镜制造误差的分析与计算［J］．科技导报，2010，28（9）：68－72.
[62] 母国光，战元龄．光学［M］．北京：人民教育出版社，1978.
[63] 王之江．光学设计理论基础［M］．北京：科学出版社，1965.
[64] 王大珩．我国光学科学技术的若干进展［J］．光学学报，1981，1（1）.
[65] 连铜淑．反射棱镜调整法则［J］．科技导报，2013，31（19）：33－38.
[66] 连铜淑．反射棱镜调整定理［J］．科技导报，2013，31（25）：15－21.
[67] 迟泽英，陈文建．应用光学与光学设计基础［M］．北京：高等教育出版社，2013.
[68] 连铜淑．方截面等腰屋脊棱镜：中国，93207182.1
[69] 连铜淑．分离式圆束偏器：中国，93207971.7
[70] 赵跃进．盘形像旋转器及其组件：中国，93208188.6
[71] 赵跃进，连铜淑．会聚光路中的三轴稳像棱镜组［J］．光学学报，1992，12（8）.
[72] 胡海岩．科学与艺术演讲录［M］．北京：国防工业出版社，2013.

致　谢

本书可能是我一生学术工作的总结，所以要感谢的人士很多。

作者首先要感谢唐仲文学长拨冗为书撰序。数十年来唐兄始终为班上公认之精神领袖。他的关心与指导给了我极大的鼓励，使我倍感亲切和荣幸。

作者要特别感谢周立伟院士。因为是周院士的热心鼓励和鼎力推荐，才为本书的撰写和问世提供了许多必要的、甚至是决定性的条件。出乎我意料之外的是，他在2010的下半年居然用了整整两个月的时间，通读了我20多年前出版的两本专著——《反射棱镜共轭理论》中文版和改进的英文版，并且就其中一些原则性和思想性的问题多次同我进行了相当深入的交流。后来我终于明晓周院士的用意，令我感动万分。在新书出版申请通过了基金评审委员会批准后，周院士又对新书的写作提出了许多宝贵的指导性意见。他的一些思想已经反映在本书稿的某些篇、章。事实上，新增的“绪论”就是经过周立伟院士审阅后进行了较多修改而写成的。

母国光院士非常爽快地接受了周立伟院士的邀请，和周院士一起担任了本书稿的专家推荐。如今母院士已西去，中国光学界为失去这位光学大家而痛惜不已。我唯有通过此书寄托我对母先生深切的思念。

两院院士王越老校长和金国藩院士对本书的出版也给予了极大的关注和支持，特别是我在对外的学术交流工作中曾多次得到了二位热情和宝贵的帮助。我借此机会向王校长和金先生表示诚挚的谢意。

在基金评审委员会办公室2011年9月初给我发来“拟给予资助”的通知书中，评审委员会对书稿提出的具体修改意见是：①希望作者在前言中较为详细地叙述自己的学派体系的形成和发展过程；②补充一些有关创新思路和科学方法的叙述。为回应这两点意见，在书稿中增添了约1.7万字的“绪论”并重写和增写了一些章、节。关于第②点意见，绪论中只做总的论述，细节上的改进则分散到各个章节之中，并与具体的内容相结合。我非常感谢评审委员会的全体成员，他们的宝贵意见使我能站在委员们的高度来重新审视我过往的研究工作，而在对于诸多学术问题所做的概括和梳理之中获益良多，这在某种程度上相当于给了我一次再创造的机会。

本书主要接受基金会的资助，也有幸得到赵维谦教授主持的“国家重大科学仪器开发专项‘激光差动共焦成像与检测仪器研发与应用研究’（No. 2011YQ040136）”和赵跃进教授主持的自然科学基金重点项目“高分辨率、高帧频 MEMS 非制冷红外探测器研究（No. 61036006）”二课题提供的部分资助。所以，在感激基金会的同时，也要谢谢两位赵老师对我本人及写书过程的关心和支持。

我从事光学仪器和应用光学的教学与研究 60 年，一路走来，风风雨雨，如果没有几位“贵人”的出现，我无法走到今天这个地步。他们是：蔡家骅教授、侯迁编审、迟泽英教授、卞松玲教授、郭英智教授以及戴传衡教授。我谨向各位致以由衷的敬意。六位在 1973 – 1978 年期间先后给我的支持，帮助我在光学仪器调整领域找到了一项基础性、方向性并具有突破口作用的重大课题，从而决定了我后来直至今日近 40 年的教学工作和研究方向，并且帮助我克服了自 1973 年后为发表我的第一本棱镜专著而遇到的持续了多年的巨大困难。

饮水思源，每当取得一点成绩，都忘不了老师、领导和长辈们的栽培。已故的尊敬的周培源院士、钱伟长院士、王大珩院士、郑林庆教授、宋景赢教授、赵富鑫教授、吴祝云先生、蒋孟起先生、尊敬的魏思文院长、李维临教授、林汉藩教授、严沛然教授、刘振中书记、慈母郑桃英女士以及离退休的时生书记、李森院长、陈信书记、简秀文教授、梁晋文教授、吴大昌教授、马志清院长、赵登先书记、崔仁海书记、匡吉研究员，等等。是他们教给我基础和专业知识以及教我懂得如何做人。我满怀着对老一代科学家、革命家和长辈、前辈们的敬重、感恩和思念之情。

党委书记郭大成教授、校长胡海岩院士、程慕胜教授、朱恩怀教授、张明文教授、赵淑德教授、谈天民教授、焦文俊教授、中国科学技术出版社社长苏青博士、副校长 杨树兴教授、丁汉章教授、唐家范高工、何绍宇研究员、须耀辉教授、王志坚教授、赵跃进教授、于晓梅教授、汤自义高工、尤定华教授、毛文炜教授、邓必鑫教授、艾必惠高工、尹白云高工、康立民教授、戚康男教授、李达成教授、徐端颐教授、尤政教授、李庆祥教授、严瑛白教授、殷纯永教授、沈钊教授、冯铁荪教授、邬敏贤教授、吴庆时学长、吴锦明学长、方志良教授、赵瑜教授、杨颜峰博士、姚武博士、林宁博士、华宏博士、王琦教授、王惠民教授、邱松发教授、邱丽荣教授、陈广仁编审、林善生博士、张厚涵教授、乔平教授、莫善德学长、钟辰同资深经济师、缪家耀高工、杨贺东研究员、连铜和经济师、吴文娟讲师、李禾博士、吴文钧博士、徐大雄教授、陶纯堪教授、徐金镛教授、陈进榜教授、朱日宏教授、陈钱教授、陈文建教授、李春宏教授、李武森教授、张以谟教授、唐晋发教授、薛新国教授、张坤石研究员、何志华教授、韩新志教授、盛鸿亮教授、苏大图教授、罗文碧教授、唐良桂教授、周广荫技师、武志广技师、周仁忠教授、许社全教授、邓仁亮教授、秦秉坤教授、何献忠教授、邹异松教授、赵达尊教授、周文秀教授、朱正芳教授、赵建文高工、赵立平教授、张经武教授、安连生教授、彭利铭教授、鄂江教授、李兰东教授、钱杏芳教授、袁子怀教授、袁曾凤教授、康景利教授、张仲廉教授、王仲春教授、赵业玲编审、倪国强教授、魏平教授、郝群教授、薛唯教授、韩宝玲教授、金伟其教授、邹锐教授、赵长明教授、许廷发教授、黄一帆教授、王涌天教授、李艳秋教授、辛建国教授、高春清教授、张庆生教授、皮安荣教授、武红教授、邓岗博士、何万涛博士、公慧博士、揭德尔高工、许惠英高工、陈秀芸高工、程蓉蓉高工、赵玉琳编审、周霞高工以及刘洁工程师等女士和先生多年来在反射棱镜的科学研究、学术交流以及文献出版等方面为我提供了宝贵的帮助和便利的条件。我非常珍惜各位专家、同事、同窗和亲友们的深情厚谊，感激之心，自不待言。

本书所含多种光学仪器产品的调整实验几乎都是在相关的光学厂里进行的。麦伟麟高工、谢尧庭高工、王山高工、赵展洋高工、张忠远高工、郭玉祥高工、刘伯修高工、朱昌琛高工以及徐鲁萍高工等都曾为我多次在他（她）们各自所在工厂里进行的实验工作做了精心的安排和指导，其中包括很多技术人员和工人师傅的热情帮助。我在此向他（她）们表达衷心的感谢。

在国际光学工程界，我必须向以下三位致谢：美国 Rochester 大学光学研究生院终身教授 Rudolf Kingslake 1992 年来函对我那本英文专著所做出的评价令我十分激动；苏联列宁格勒光学精密机械学院教授 G. V. Pogarev 慷慨给我的两本赠书（参考文献［26］，［60］）使我受益匪浅；苏联莫斯科鲍曼高等技术学院教授 G. I. Fedotov 是我在 1950 年代跟随学习 3 年的苏联专家，他在军用光学仪器知识方面是我的启蒙老师，一位知识渊博和可尊敬的导师。

连铜淑
2012 年 4 月

内 容 简 介

本书介绍了反射棱镜与平面镜系统于静止和运动两种状态下的物、像空间共轭关系的一般理论。在此基础上，探讨了用平面镜、反射棱镜作光学调整和光学稳像的一般规律和原理。

通过计算，对几种典型光学仪器的光学系统的调整、扫描、稳像等问题，以及某些棱镜在光学系统中的调整或稳像的特性，进行了系统而深入的分析论证。对反射棱镜光学平行差的分析以及平行差公差的计算也有较详细的讨论。若干篇章则属于设计型和研究探索性的内容。

书中还介绍了必要的数理基础，并提供了含 54 块常用棱镜的一套具有实用价值的反射棱镜（调整）图表。

本书的一个最重要的特色是，作者在平面镜棱镜系统成像与转动原理的研究中创建了崭新的“刚体运动学”学派的理论体系——反射棱镜共轭理论，并据此提出了一系列新的概念、定理、法则、公式、矩阵、参量、新型棱镜以及某些新型光学仪器的设计原理①。

本书可作为高等院校光学仪器、应用光学、光学工程以及光电信息工程与技术等相关专业研究生和本科生的教材或参考书，对从事光学仪器研究、设计、制造与修理的科技人员均有参考价值。

Abstract

The *Mirror and Prism Systems* contains mainly the material which is intended to provide a thorough, mathematical description of the relationships between the object and image spaces for the mirror and prism systems as well as a few basic theorems and rules which underlie them.

Unlike lenses, the reflecting prisms or mirrors are often used as moving parts, mostlikely rotating, in optical systems, and only in this way can optical systems be designed to perform a great diversity of functions.

Even though a reflecting prism is rigidly fixed in an optical system, and really appears to be stationary while the instrument embodying the system is put into operation,

① 注：含同行专家的某些成果。

it might also subject to a slight tilt or a small shift while the whole optical system as well as the prism itself is being adjusted at the stage of assembly. Then , one still has to consider the effect resulting from a small displacement, either linear or angular, of a reflecting prism.

Therefore, it is reasonable that this book should also cover that portion which deals with the object and image relationship for the mirror and prism systems in movement.

Thus, the material included in this text has a close bearing on the principle, design, and manufacture of optical instruments, and will prove to be useful especially for the adjustment of prisms, and in design of scanners, trackers, image stabilizers, prism mountings and so on.

The present volume is in three parts:

In the first part, we present mainly a review of various relevant topics of mathematics and kinematics for easy reference.

In the second part, we provide a complete theoretical treatment of the problem of the relation between two conjugate spaces for reflecting prisms. It is again divided into two sections: one, referred to as the theoretical foundation, which covers the material of image formation for reflecting prisms, image motion due to a finite rotation of a mirror system and image motion caused by a small displacement, either linear or angular, of a reflecting prism; and the other, regarded as the applied foundation, in which are included a thorough study of the principle and rules as well as theorems of adjustment for a single reflecting prism, the principle of adjustment for a multiple prism system——transmission and summation of image motion in such a system, and the principle of adjustment for a scanning prism. Based on all these fundamentals, a variety of technique problems regarding the adjustment of reflecting prisms for different optical instruments can be settled including a task of image stabilization by using prisms as compensators and an approach to calculating the optical parallelism of reflecting prisms caused by manufacturing errors. The whole of the second part is given a title of *Theory of Conjugation for Reflecting Prisms*. The importance attached to these theoretical topics becomes apparent with the observation that they comprise nearly 70% of the material in this text.

Following the development of these strong theoretical and applied foundations, several previously and currently manufactured typical optical instruments are examined and discussed in the third part in full detail with regard to the problems of adjustment, image stabilization, and optical parallelism, thus showing how to apply the basic theory developed in the second part as well as the mathematical and kinematical tools mentioned in the first part to solve practical engineering tasks. Besides, included in this part are also some specific material of research in developing the new types of reflecting prisms and novel optical instruments, like the chapters 15 and 16.

A set of carefully planned problems is provided at the end of each chapter to help guide the reader through the learning process in an orderly manner. Some of these problems might hopefully lead to the reader's thinking being in harmony with that of the author.

Fifty-four commonly used reflecting prisms are tabulated in the appendix, where for each prism a table is given with one adjustment diagram, one matrix, six formulas and twenty characteristic parameters.

This book is the final result of the author's nearly sixty years of continuous devotion to teaching and research work in the fields of instrumentation and applied optics, plus some contributions by my colleagues.

As a matter of fact, we have initiated and developed a new *academic school of research* during the whole evolving process of the *Theory of Conjugation for Reflecting Prisms* besed on the principle of kinematics of rigid bodies.

So, an imaginary physical model called *rigid body's kinematics model* has been designed to simulate the real physical phenomena of both image formation and image motion for reflecting prisms. Thanks to this approach, the theory presented here includes a series of new concepts, theorems, rules, formulas, parameters, tabulation and program as well as the new types of reflecting prisms and reflecting prism assembly.

The material is planned for a graduate level course, and also presented in a form to make it useful for reference, for individual study, and for short courses.

This monograph will prove valuable to researchers, technicians, teachers and students who are interested in optical instrumentation and applied optics.